“十一五”国家重点图书

现代农业科技专著大系

中国水稻遗传育种与品种系谱

（1986—2005）

万建民　主编

中国农业出版社

《中国水稻遗传育种与品种系谱（1986—2005）》

编 委 会

序　一

水稻是世界上最重要的粮食作物之一，水稻的产量增加、品质改良和抗性提高对解决全球粮食问题、提高人们生活质量、减轻环境污染均具有举足轻重的作用。水稻生产实践的历史证明，在增加产量、改善品质和提高抗性的诸多因素中，品种选育是最经济、最有效且最具潜力的重要因素。

20世纪50年代以来，世界水稻育种发生了两次大的突破：第一次是50年代末至60年代初开始的“矮化育种”；第二次是70年代中期开始的“杂交稻育种”。第一次水稻育种突破是以提高经济系数为主要增产途径，第二次水稻育种突破是以提高经济系数和生物量并重为主要增产途径，不仅使水稻育种发生了根本性的变化，也使我国及世界的水稻生产发生了两次大的飞跃，对于满足不断增长的人类对粮食的需求起到了关键性的作用。更为重要的是，在50年代至80年代的30年间，水稻育种理论日趋成熟，育成品种层出不穷，为我国水稻育种实现跨越式发展奠定了良好的基础。为了反映当时我国水稻育种成绩，总结育种经验，我国科学家林世成和闵绍楷于1991年主编出版了《中国水稻品种及其系谱》一书，系统整理并记录了1986年以前我国水稻育成品种的亲

缘、选育方法、年代及其系谱，为提高我国水稻育种科学水平、促进水稻生产做出了特殊贡献。

随着现代农业和生物技术的不断发展，近20年来，随着常规育种、杂种优势利用育种的不断进步，细胞工程育种、分子标记辅助育种、转基因育种、分子设计育种等新技术日新月异，水稻育种方法呈现多元化发展的良好局面，三系杂交稻、两系杂交稻和超级稻新品种（组合）不仅数量多，而且时代特色明显。《中国水稻遗传育种与品种系谱（1986—2005）》一书不仅充分反映了我国现阶段水稻育成品种的系谱和选育方法，而且从遗传学、分子生物学、基因组学水平上对育种理论、育种新技术进行了系统论述，以全新的视角解读我国水稻育种取得的巨大成就。该书主编及其著作团队均为长期从事水稻遗传、资源及品种选育领域的专家，精通水稻育种理论，了解国内外水稻育种动态，熟悉我国各阶段水稻品种(组合)的特色。经过他们的潜心研究和精心编撰，该书具有结构缜密、内容全面、理论性强、数据翔实等特点。该书的出版不仅对于推动我国水稻育种事业迈上一个新台阶、实现水稻生产的跨越式发展具有重要的指导意义，而且对未来水稻育种工作者具有重要的参考价值。

通读全书，收获颇多，欣然作序以慰著作者之辛劳。

袁隆平

2011.十二.八

序 二

20世纪90年代初，当我得到林世成和闵绍楷先生主编的《中国水稻品种及其系谱》时，如获至宝。作为一个多年从事水稻育种的科技工作者，我清楚地认识到品种系谱对于育种家选择育种亲本具有多么重要的参考价值。之后，每当我在配制杂交组合遇到亲本选择问题时，总会参考这本书，仔细研究候选亲本的“家族史”及其特性，从而减少了育种的盲目性，加快了育种进程。然而，由于这本书收录的品种仅限于1986年以前，而且以地方品种和常规育成品种为主，随着品种的更新换代和杂交稻、超级稻育种的蓬勃发展，已逐渐显现出系谱资料的不足。同时，我国水稻育种工作在20世纪80年代中后期进入了一个高速发展期，每年通过国家级和省级审定的水稻品种数以百计，要查阅新育成品种的基本信息颇费周折，而且各省情况复杂，难度可想而知。此外，由于审定品种的简介通常只注重优良特性的介绍，而忽略了亲本的追踪，要想完全了解各个品种的遗传背景或来源，需要查阅大量文献资料，费时费力。

《中国水稻遗传育种与品种系谱(1986—2005)》一书不仅收录了近20年来通过国家级和省级审定的2 400余份水稻品种，而且详细列出了每个品种的主要特点和优良特性，绘制了重要品种的系谱图，全面系统地反映了我国新育成水稻品种的现状，弥补了新育成品种信息不全的缺陷，再次为广大水稻育种工作者提供了一本重要的参考书和工具书。

纵观全书结构，不难看出，本书的另一鲜明特点，是在注重品种系谱研究和特性介绍的同时，还非常注重育种理论的整理、归纳和总结。本书的前六章分别回顾了我国水稻育种成就、水稻种质资源研究与利用现状以及高产育种、抗性育种、品质育种和新技术育种的理论、方法和技术，并从遗传学、分子生物学、基因组学等方面对相关理论和技术进行了系统阐述。因此，将水稻育种理论研究与品种改良实践有机结合的编著思路，使得本书不仅适合广大水稻育种工作者作为重要参考书，而且适合作为大专院校相关专业研究生的教科书。

水稻育种的成功与否主要取决于对育种理论的研究程度和对亲本材料的熟悉程度，本书著作者正好抓住了水稻育种的两大关键因素。相信本书的出版将对我国水稻育种事业的发展产生深远影响。

朱英国

2008年12月23日

前 言

水稻是我国最重要的粮食作物之一，它以占全国28.1%的粮食播种面积，生产出全国40.2%的粮食，对保障我国的粮食安全具有举足轻重的意义。实践证明，优良水稻品种在提高稻米产量、改进稻米品质、增强病虫抗性、适应轻型栽培等方面已经并将继续发挥不可替代的作用。因此，不断选育具有多种遗传背景、品质优良的高产水稻品种并迅速大面积推广应用，是水稻育种的首要任务。

新中国成立以来，特别是改革开放以来，我国的水稻育种和生产取得了举世瞩目的成就，矮化育种、杂种优势利用、超级稻选育均走在世界水稻育种的前列。据统计，我国自主育成的水稻优良品种超过4 000个，它们在各个历史阶段为大幅度提高我国水稻产量发挥了巨大的作用。与新中国成立初期相比，2005年，我国水稻单产提高了231%，达到每公顷6.26t；水稻总产提高了271%，达到18 059.2万t。与此同时，应该清醒地认识到，随着水稻生产的发展、人民生活水平的提高、环境保护意识的增强，我国对水稻品种的要求越来越高，水稻育种面临的任务也越来越艰巨，任重而道远。因此，有必要系统地总结前人的育种经验，全面展示我国水稻育种成就，深入追溯育种亲本系谱及其相互关系，从而为育种者进一步利用国内外优异水稻种质、选配合适亲本、设计育种技术路线等提供有益的信息和借鉴。20世纪90年代初，由林世成、闵绍楷主编的《中国水稻品种及其系谱》专著问世，该书总结了自新中国成立以来至1985年期间我国主要水稻育成品种的育种技术和亲本系谱，具有重要的参考价值。近20年来，中国水稻育种的理论和实践再度取得了一系列瞩目的进展，育成了2 400余份常规稻和杂交稻品种。毫无疑问，深入总结我国近20年来水稻育种理论的发展成就，系统整理育成品种的亲缘、选育方法和系谱，是一项具有历史性意义的工作。这是这本《中国水稻遗传育种与品种系谱(1986—2005)》诞生的基础。

全书分上、下两篇，共十六章。上篇六章，第一章是我国水稻育种的回顾与展望，第二章至第六章分别综述了种质资源利用、超高产育种、品质育种、抗性育种和新技术育种的理论、技术和经验；下篇十章，是全书的主体部分，分别论述了自1986年至2005年我国育成的主要常规早籼、中籼、晚籼、早粳、中粳、晚粳、旱稻、三系杂交籼稻、杂交粳稻和两系杂交稻的概况、品种演变、主要品种系谱和亲缘关系。此外，在附录中列出了1986—2005年期间育成的2 476份常规、杂交稻品种的育成年代、育种方法和主要经济性状，供广大读者进一步参考。

《中国水稻遗传育种与品种系谱(1986—2005)》的编写是由中国农业科学院作物科学研究所主持，邀请国内著名水稻专家和育种家分章主撰。在广泛征求相关领域育种者的意见和建议后，分别于2006年11月、2007年10月和2008年5月召开编委会，三易其稿，于2008年12月定稿交中国农业出版社。在本书编著过程中，得到了中国农业科学院翟虎渠院长、华南农业大学卢永根院士和中国农业科学院作物科学研究所董玉琛院士的悉心指导，还得到全国各水稻研究单位领导和专家的大力支持和帮助，“杂交稻之父”袁隆平院士和武汉大学朱英国院士亲自为本书写了序言。本书的出版凝聚了全国水稻育种工作者的心血和汗水，在此一并表示诚挚的谢意。

本书集科学性、系统性、实用性、资料性于一体，是水稻育种和品种系谱的专著，内容丰富，可供作物育种和遗传资源研究者、高等院校师生参考。希望本书的出版对中国水稻育种、研究和生产的发展起到促进作用。由于我国水稻品种的多样性和复杂性，育种者众多，资料难于收全，尽管在统稿过程中注意了数据的补充、核实和写作结构的一致，但限于编著者水平，书中的疏漏和错误难免，敬请广大读者不吝指正。

编　者

2008年12月

野生稻资源　　（杨庆文提供）

水稻品种的形态多样性　　（韩龙植提供）

品种资源的苗期评价　（汤圣祥提供）

广州国家野生稻圃　（汤圣祥提供）

国外新引进品种的田间评价　（汤圣祥提供）

巴西陆稻在云南山顶种植　（陈秀华提供）

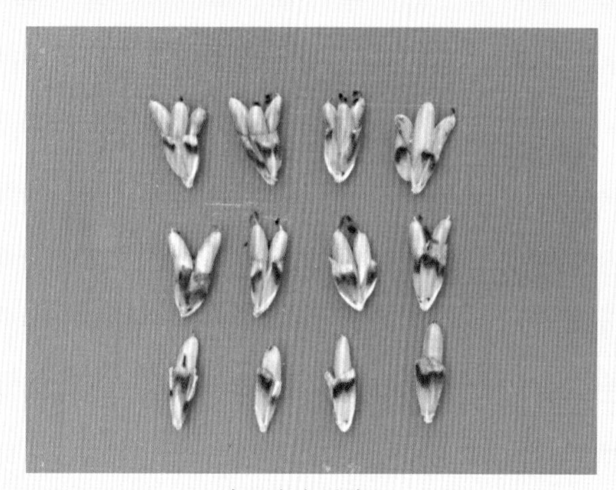

多子房水稻种子　（汤圣祥提供）

中外育种家观察评价新品种国稻3号

（汤圣祥提供）

袁隆平院士在田间指导杂交水稻育种

（王伟平提供）

精确定量栽培高产试验亩产达1 287.62kg的协优107

（万建民提供）

两系杂交水稻优良品种两优培九　（王精敏提供）

津粳杂2号生产田　（刘学军提供）

两系杂交稻皖稻153　（李泽福提供）

辽粳326　（邵国军提供）

沈农9741 （陈温福提供）

培矮64S的株叶型（王伟平提供）

优质超级稻松粳9号 （潘国君提供）

优质两系杂交稻培杂泰丰 （陈志强提供）

杂交粳稻制种田 （刘学军提供）

直立穆型超级稻沈农265 （陈温福提供）

目录

序一
序二
前言

上篇　水稻遗传育种的理论与实践

第一章　水稻育种回顾与展望

第一节　水稻生产概况 …… 1
一、水稻在粮食生产中的地位 …… 1
二、水稻面积、单产和总产 …… 1
三、我国水稻在世界水稻生产中的地位 …… 3
第二节　种植区划和品种类型 …… 4
一、稻区区域结构 …… 4
二、稻区季节结构 …… 7
三、品质结构 …… 9
第三节　育种目标和育种方法 …… 9
一、育种目标的演变 …… 9
二、主要育种方法 …… 12
第四节　水稻育种成就 …… 14
一、超级稻选育与示范推广为粮食安全提供保障 …… 14
二、优质稻选育与推广为高效农业做贡献 …… 17
三、抗性水稻育种取得经济和环境保护双重效益 …… 19
第五节　水稻育种面临的挑战与展望 …… 21
参考文献 …… 22

第二章　水稻种质资源的研究与利用

第一节　水稻种质资源的收集、评价和保存现状 …… 24

目录

一、水稻种质资源的考察与收集 …… 25
二、水稻种质资源的鉴定与评价 …… 25
三、水稻种质资源的整理与编目 …… 27
四、水稻种质资源的繁种保存 …… 29
五、水稻种质资源的标准化整理 …… 30
六、水稻种质资源的繁殖更新与提供利用 …… 30
第二节 栽培稻基因的发掘与利用 …… 31
一、控制粒型及粒重基因 …… 31
二、控制粒数的基因 …… 32
三、调控抽穗期的基因 …… 33
四、株高基因 …… 34
五、叶片形态基因 …… 36
六、株型基因 …… 38
七、籽粒颜色基因 …… 39
八、茎秆强度基因 …… 40
九、抗旱相关性状基因 …… 40
十、耐盐和耐冷基因 …… 45
十一、抗病基因 …… 47
第三节 野生稻遗传多样性、基因发掘与创新利用 …… 51
一、野生稻种质资源概况 …… 52
二、野生稻的优异特性 …… 52
三、野生稻的遗传多样性 …… 54
四、野生稻中有利基因的定位与克隆 …… 57
五、野生稻基因发掘与利用展望 …… 59
第四节 中国水稻核心种质研究 …… 60
一、核心种质的理论研究 …… 60
二、核心种质的管理与应用 …… 67
参考文献 …… 69

第三章 水稻超高产育种

第一节 水稻产量潜力 …… 80
一、水稻产量潜力的理论估算 …… 80
二、中国水稻产量提高的历程 …… 82

三、世界各国水稻现实生产力 …………………………………… 84
四、水稻小面积的最高产量及产量差距 ……………………………… 84
第二节　水稻超高产育种理论 …………………………………… 85
一、国外水稻超高产育种研究概况 ………………………………… 86
二、中国水稻超高产育种计划 ……………………………………… 88
第三节　超级稻育种实践 ………………………………………… 92
一、超级稻育种目标 ……………………………………………… 92
二、超级稻研究任务 ……………………………………………… 93
三、超级稻育种技术路线 ………………………………………… 93
四、超级稻理想株型设计 ………………………………………… 94
五、超级稻育种策略 ……………………………………………… 95
六、我国超级稻育种进展 ………………………………………… 97
第四节　展望 ……………………………………………………… 101
参考文献 …………………………………………………………… 101

第四章　品质育种

第一节　我国水稻品质育种历史与主要成就 ………………………… 105
一、优质稻米起步阶段（1985—1990年） ……………………… 105
二、优质稻米全面提升阶段（1991—2002年） ………………… 106
三、优质稻米协调发展阶段（2002年后） ……………………… 110
第二节　主要品质性状及遗传 …………………………………… 115
一、稻米品质评价 ………………………………………………… 116
二、品质主要性状经典遗传 ……………………………………… 118
第三节　品质育种方法和技术 …………………………………… 126
一、主要品质性状快速简便、高效实用的鉴别体系 ……………… 127
二、水稻主要品质性状QTL/基因定位与分子育种 ……………… 129
第四节　稻米品质研究热点和展望 ……………………………… 134
一、功能食品兴起与功能性稻米研究 …………………………… 134
二、稻米抗性淀粉研究 …………………………………………… 137
三、品质育种展望 ………………………………………………… 138
参考文献 …………………………………………………………… 139

目录

第五章　抗性育种

第一节　水稻抗病育种 …… 146
一、抗病育种概述 …… 146
二、水稻三大病害抗病育种基础理论研究 …… 146
三、水稻抗病育种实践 …… 150
第二节　水稻抗虫育种 …… 153
一、水稻抗虫性 …… 153
二、水稻抗虫性的遗传 …… 156
三、抗虫资源及其鉴定 …… 160
四、水稻抗虫育种 …… 162
第三节　水稻耐冷和耐热性的遗传和育种 …… 165
一、水稻耐冷性的遗传和育种 …… 166
二、水稻耐热性的遗传和育种 …… 171
第四节　水稻耐盐碱育种 …… 173
一、水稻耐盐碱种质的鉴定 …… 174
二、水稻耐盐性的遗传分析 …… 176
三、水稻耐盐品种的选育 …… 178
第五节　展望 …… 179
参考文献 …… 180

第六章　水稻遗传育种新技术

第一节　分子标记辅助育种 …… 187
一、水稻分子标记的发展 …… 187
二、质量性状回交转育的分子标记辅助选择 …… 188
三、数量性状的分子标记辅助选择 …… 189
四、目的基因聚合的分子标记选择 …… 190
五、分子标记辅助育种技术的问题及展望 …… 191
第二节　水稻航天育种 …… 191
一、空间环境对作物种子的生物效应 …… 192
二、空间诱变在新品种选育中的应用 …… 192
三、空间诱变育种研究问题和展望 …… 193

第三节　水稻细胞工程育种 …… 193
一、单倍体育种（花培育种） …… 194
二、其他细胞工程手段在水稻育种中的应用 …… 195
第四节　水稻转基因育种 …… 195
一、品质 …… 196
二、抗虫 …… 196
三、抗病 …… 196
四、抗非生物逆境 …… 197
五、转基因技术的问题及展望 …… 197
第五节　水稻分子设计育种 …… 198
一、分子设计育种体系的特点 …… 199
二、水稻分子设计育种的基础研究 …… 200
三、水稻分子设计育种的软件平台 …… 203
四、我国水稻分子设计育种的技术路线和研究重点 …… 205
五、分子设计育种实例 …… 205
参考文献 …… 212

下篇　中国水稻品种及其系谱

第七章　常规早籼稻品种及其系谱

第一节　概述 …… 217
一、早籼稻种植沿革 …… 217
二、早籼稻种植区划 …… 217
三、1986—2005 年全国早籼稻生产情况 …… 218
第二节　品种演变 …… 220
一、品种演变 …… 220
二、育种方法 …… 221
三、育种目标 …… 221
第三节　主要品种系谱 …… 221
一、湘早籼 3 号衍生品种 …… 224
二、特青、桂朝 2 号衍生品种 …… 231
三、嘉育 293 衍生品种 …… 233
四、浙辐 802 衍生品种、湘矮早 9 号和浙 733 衍生品种 …… 238

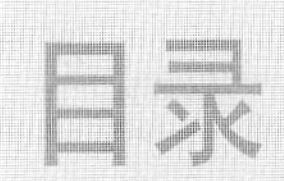

五、广陆矮4号衍生品种 …… 243
六、红410衍生品种 …… 245
七、78130衍生品种 …… 249
八、其他品种系谱 …… 250
参考文献 …… 256

第八章　常规中籼稻品种及其系谱

第一节　概述 …… 258
一、华中中籼稻作区 …… 259
二、西南高原中籼区 …… 260
第二节　品种演变 …… 261
第三节　主要品种系谱 …… 263
一、以特青为基础的衍生品种 …… 263
二、以桂朝2号为基础的衍生品种 …… 267
三、以IR8为基础的衍生品种 …… 270
四、以BG90-2为基础的衍生品种 …… 273
五、以其他亲源为基础的衍生品种 …… 276
六、中籼糯稻品种 …… 278
参考文献 …… 283

第九章　常规晚籼稻品种及其系谱

第一节　概述 …… 284
一、长江中下游双季稻作区 …… 285
二、华南双季稻作区 …… 286
第二节　品种演变 …… 287
第三节　主要品种及其系谱 …… 289
一、以红410为基础的主要衍生品种 …… 291
二、以桂朝2号为基础的主要衍生品种 …… 292
三、以IR841为基础的主要衍生品种 …… 294
四、以80-66为基础的主要衍生品种 …… 295
五、湘、赣育成的主要晚籼品种 …… 296
六、粳籼89及其系列衍生品种 …… 298

七、以特青为基础的主要衍生品种 …… 300
八、三二矮及其主要衍生品种 …… 303
九、其他华南晚籼主要品种 …… 304
参考文献 …… 307

第十章　常规早粳稻品种及其系谱

第一节　概述 …… 308
一、华北半湿润单季粳稻区 …… 309
二、东北半湿润早熟单季粳稻区 …… 309
三、西北干燥单季早粳稻区 …… 310
第二节　品种演变 …… 310
一、高产品种为主体时代 …… 311
二、高产向优质、高产转变时代 …… 313
第三节　主要品种系谱 …… 314
一、合江 20 的衍生品种 …… 315
二、合江 22 的衍生品种 …… 321
三、越光的衍生品种 …… 325
四、吉粳 53 的衍生品种 …… 329
五、松前的衍生品种 …… 333
六、笹锦的衍生品种 …… 338
七、辽粳 5 号的衍生品种 …… 347
八、红旗 12 的衍生品种 …… 353
九、科青 3 号的衍生品种 …… 358
十、喜峰的衍生品种 …… 360
十一、虾夷的衍生品种 …… 361
十二、砦 2 号的衍生品种 …… 364
十三、其他品种亲源为基础的衍生品种 …… 364
参考文献 …… 369

第十一章　常规中粳稻品种及其系谱

第一节　概述 …… 371
一、江淮和黄河平原中粳稻区 …… 373

二、云贵高原中粳稻区 …… 374
第二节　品种演变 …… 374
第三节　主要品种系谱 …… 376
一、轰早生及其衍生品种 …… 377
二、武育粳3号及其衍生品种 …… 382
三、南粳11及其衍生品种 …… 386
四、滇榆1号及其衍生品种 …… 388
五、云粳135及其衍生品种 …… 391
六、紫金糯及其衍生品种 …… 391
七、日本晴及其衍生品种 …… 393
八、苏协粳及其衍生品种 …… 394
九、冀粳14号及其衍生品种 …… 395
十、中花8号及其衍生品种 …… 397
十一、由Modan衍生的抗条纹叶枯病品种 …… 399
十二、红旗21及其衍生品种 …… 401
十三、农垦46及其衍生品种 …… 402
参考文献 …… 404

第十二章　常规晚粳稻品种及其系谱

第一节　概述 …… 408
第二节　品种演变 …… 409
一、形态类型 …… 412
二、产量 …… 413
三、生育期 …… 414
四、抗性 …… 415
五、品质 …… 415
第三节　主要品种系谱 …… 416
一、秀水02、嘉48、秀水63及其衍生品种 …… 416
二、双丰1号、宝农14、宝农34及其衍生品种 …… 424
三、农垦58和测21及其衍生品种 …… 425
四、秀水11和越光及其衍生品种 …… 427
五、秀水04、武运粳和武育粳系列衍生品种 …… 429
参考文献 …… 437

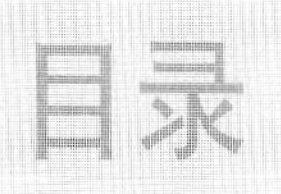

第十三章　旱稻品种及其系谱

第一节　概述 …… 438
一、西南山地旱稻区 …… 440
二、南方丘陵旱稻区 …… 441
三、华北平原旱稻区 …… 441
四、三北寒地旱稻区 …… 442
第二节　品种演变 …… 443
一、西南山区旱稻品种的演变 …… 443
二、南方丘陵区旱稻品种的演变 …… 446
三、华北平原旱稻品种的演变 …… 447
四、三北寒地旱稻品种的演变 …… 450
第三节　主要品种系谱 …… 451
一、杂交育成品种 …… 451
二、人工诱变品种 …… 466
三、系统选育品种 …… 467
四、国外引进品种 …… 470
参考文献 …… 472

第十四章　三系杂交籼稻品种及其亲本系谱

第一节　概述 …… 473
一、华南双季杂交籼稻区 …… 474
二、华中双单季稻稻作区 …… 475
三、西南高原单双季稻稻作区 …… 478
第二节　品种演变 …… 479
一、主栽品种实现品种单一向良种集团当家的转变 …… 479
二、野败胞质不育型为主向多胞质广泛利用的转变 …… 481
三、以品种资源筛选为主向创新培育为主的转变 …… 482
第三节　三系杂交籼稻保持系及不育系系谱 …… 485
一、野败型保持系及不育系 …… 485
二、矮败型保持系及不育系 …… 491
三、冈型保持系及不育系 …… 491

四、D型保持系及不育系 …… 492
五、K型保持系及不育系 …… 492
六、印水型保持系及不育系 …… 494
七、红莲型保持系及不育系 …… 494
八、其他细胞质保持系及不育系 …… 495
第四节　三系杂交籼稻恢复系系谱 …… 498
一、野败型恢复系系谱 …… 498
二、红莲型恢复系系谱 …… 513
第五节　三系杂交籼稻品种系谱 …… 513
一、野败型杂交籼稻品种 …… 513
二、矮败型杂交籼稻品种 …… 529
三、冈型杂交籼稻品种 …… 531
四、D型杂交籼稻品种 …… 533
五、K型杂交籼稻品种 …… 536
六、印水型杂交籼稻品种 …… 537
七、红莲型杂交籼稻品种 …… 542
八、其他胞质不育系组配的杂交籼稻品种 …… 543
参考文献 …… 545

第十五章　杂交粳稻品种及其亲本系谱

第一节　概述 …… 548
一、杂交粳稻发展历史及现状 …… 548
二、杂交粳稻种植区划及种植制度 …… 549
三、发展杂交粳稻的主要问题及对策 …… 552
四、杂交粳稻发展前景 …… 553
第二节　品种演变 …… 554
一、高产为主要育种目标阶段（1965—1987） …… 554
二、高产和抗性兼顾育种阶段（1988—1999） …… 555
三、兼顾高产和抗性基础上加强品质育种阶段（2000—2005） …… 555
第三节　杂交粳稻主要品种系谱 …… 556
一、主要不育系 …… 556
二、主要恢复系 …… 570

三、主要杂交粳稻品种 …… 576
参考文献 …… 602

第十六章　两系杂交稻品种及其亲本系谱

第一节　概述 …… 605
一、两系杂交稻发展简史 …… 605
二、两系杂交稻种植区划 …… 609
第二节　品种演变 …… 611
一、试验、示范阶段 …… 611
二、中试开发、推广阶段 …… 612
三、多熟期、多类型稳定发展阶段 …… 612
第三节　两系杂交稻主要品种系谱 …… 615
一、两系杂交稻不育系 …… 615
二、两系杂交稻恢复系 …… 622
三、两系杂交稻品种 …… 628
参考文献 …… 637

附表　中国现代育成品种（1986—2005）的系谱及主要特性和种植面积 …… 639

上 篇

水稻遗传育种的理论与实践

第一章 1

水稻育种回顾与展望

第一节　水稻生产概况

一、水稻在粮食生产中的地位

在我国主要粮食作物中，水稻播种面积最大，总产和单产水平最高。1986—2005年期间，水稻、小麦和玉米三种主要粮食作物平均播种面积分别为3 072.71万hm^2、2 786.25万hm^2和2 276.42万hm^2，分别占粮食平均播种面积10 935.59万hm^2的28.10%、25.48%和20.82%；平均总产分别为18 236.59万t、9 873.81万t和10 658.02万t，分别占粮食平均总产45 328.66万t的40.23%、21.78%和23.51%；平均单产分别为5 946.08kg/hm^2、3 543.76kg/hm^2和4 681.93kg/hm^2，水稻较小麦和玉米单产分别高67.79%和27.00%。近年来，随着玉米生产的快速发展，水稻在粮食生产中的比例略有下降。从面积看，1986年水稻占粮食面积的比重为29.09%，2005年下降为27.66%，最低的2003年仅为26.67%；从总产看，1986年稻谷总产占粮食总产的比重为43.99%，2005年为37.31%，下降了6.68个百分点。从单产看，1986年水稻单产较粮食、小麦和玉米单产分别高51.23%、75.57%和44.06%，而2005年分别高34.87%、46.43%和18.40%，表明小麦等其他主要粮食作物的单产提高速度快于水稻。

二、水稻面积、单产和总产

新中国成立以来，我国水稻面积先升后降，在1976年达到最高点的3 621.70万hm^2，随后稳定下降，到2005年下降为2 881.70万hm^2。单产稳步提高，从1949年的1 892.10kg/hm^2提高到2005年的6 260.25kg/hm^2。总产呈波浪式上升趋势，从1949年的 4 864.50 万 t 增加到 2005 年的 18 059.00 万 t（图 1-1，表 1-1）。1986—2005 年期间，播种面积最大的是 1990 年的 3 306.45 万 hm²，最小的是 2003 年的 2 650.80 万 hm²，年均播种面积 3 071.1 万 hm²，2005 年较 1986 年播种面积减少 344.92 万 hm²，减幅 10.7%，年均减少 0.53%。总产最高是 1997 年的 20 073.60 万 t，最低是 2003 年的 16 065.50万 t，年均总产 18 236.60 万 t，2005 年较 1986 年总产提高 836.60 万 t，增幅 4.86%，平均每年提高 0.24%。单产最高的是 1998 年的 6 366.15kg/hm²，最低的是 1988 年的 5 286.75kg/hm²，年均单产为 5 946.08kg/hm²，2005 年较 1986 年单产提高 922.65kg/hm²，增幅 17.29%，平均每年提高 0.86%。

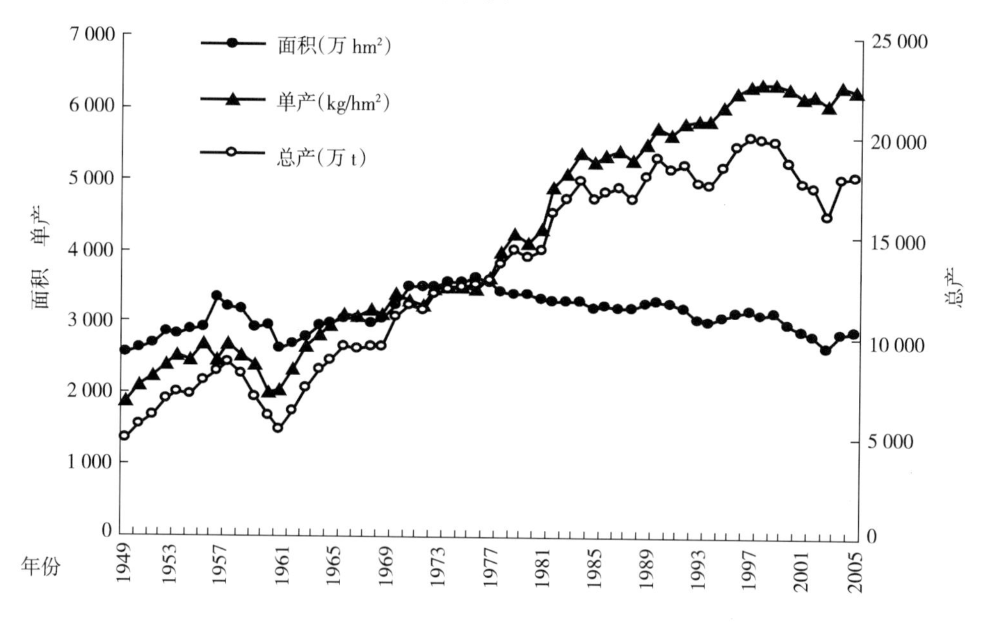

图 1-1　1949—2005 年全国水稻生产趋势图

表 1-1　1949—2006 年全国水稻面积、单产和总产

年份	面积（万 hm²）	单产（kg/hm²）	总产（万 t）	年份	面积（万 hm²）	单产（kg/hm²）	总产（万 t）
1949	2 570.90	1 892.10	4 864.50	1963	2 771.50	2 661.60	7 376.50
1950	2 614.90	2 107.20	5 510.00	1964	2 960.60	2 803.50	8 300.00
1951	2 693.30	2 248.20	6 055.30	1965	2 982.50	2 941.20	8 772.00
1952	2 838.20	2 410.95	6 842.70	1966	3 052.90	3 124.65	9 539.00
1953	2 832.10	2 516.55	7 127.20	1967	3 043.00	3 078.75	9 368.50
1954	2 872.20	2 466.90	7 085.20	1968	2 989.40	3 162.15	9 453.00
1955	2 917.30	2 674.50	7 802.50	1969	3 043.20	3 123.90	9 506.50
1956	3 331.20	2 476.05	8 248.00	1970	3 235.80	3 399.15	10 999.00
1957	3 224.10	2 691.45	8 677.30	1971	3 491.80	3 299.25	11 520.50
1958	3 191.50	2 533.20	8 084.80	1972	3 514.20	3 225.60	11 335.50
1959	2 903.40	2 389.05	6 936.40	1973	3 509.00	3 469.20	12 173.50
1960	2 960.70	2 017.35	5 972.90	1974	3 551.20	3 489.15	12 390.50
1961	2 627.60	2 041.50	5 364.20	1975	3 572.80	3 514.35	12 556.00
1962	2 693.50	2 338.50	6 298.60	1976	3 621.70	3 473.55	12 580.50

（续）

年份	面积（万 hm²）	单产（kg/hm²）	总产（万 t）	年份	面积（万 hm²）	单产（kg/hm²）	总产（万 t）
1977	3 552.60	3 618.90	12 856.50	1992	3 208.90	5 803.05	18 622.20
1978	3 442.10	3 978.15	13 693.00	1993	3 035.60	5 847.75	17 751.10
1979	3 387.30	4 243.80	14 375.00	1994	3 017.00	5 831.10	17 593.30
1980	3 387.80	4 129.65	13 990.50	1995	3 074.40	6 024.75	18 522.70
1981	3 329.50	4 323.60	14 395.50	1996	3 140.70	6 212.25	19 510.20
1982	3 307.10	4 886.25	16 159.50	1997	3 176.40	6 319.50	20 073.60
1983	3 313.60	5 096.10	16 886.50	1998	3 121.50	6 366.15	19 871.20
1984	3 317.80	5 372.55	17 825.50	1999	3 128.50	6 344.70	19 848.90
1985	3 207.00	5 256.30	16 856.90	2000	2 966.60	6 271.50	18 790.80
1986	3 226.62	5 337.60	17 222.40	2001	2 881.20	6 163.35	17 758.10
1987	3 219.28	5 417.85	17 441.60	2002	2 820.20	6 189.15	17 454.00
1988	3 198.75	5 286.75	16 910.80	2003	2 650.80	6 060.60	16 065.50
1989	3 270.04	5 508.45	18 013.00	2004	2 837.90	6 310.65	17 908.90
1990	3 306.45	5 726.10	18 933.10	2005	2 881.70	6 260.25	18 059.00
1991	3 259.10	5 640.15	18 381.30	2006	2 929.30	6 230.00	18 210.00

三、我国水稻在世界水稻生产中的地位

我国水稻总产居世界第一，播种面积居第二。根据 1986—2005 年 20 年间的平均值，我国水稻播种面积占世界水稻播种面积的 20.87%，占世界总产的 33.37%，单产较世界平均单产高 59.91%（表 1-2）。与 1986 年比较，2005 年我国水稻播种面积和总产占世界的比重分别下降了 3.85 和 8.45 个百分点。1986 年中国水稻单产较世界高 64.21%，而 2005 年较世界高 52.95%，下降了 11.26 个百分点，表明世界主要产稻国的单产得到了一定程度的提高（为了便于比较，表 1-2 中国水稻生产数据采用联合国粮农组织数据库的数据，与其他地方的生产数据略有不同）。

表 1-2 1986—2005 年中国及世界水稻生产情况

年份	面积（万 hm²）			单产（kg/hm²）			总产（万 t）		
	中国	世界	占世界比重（%）	中国	世界	较世界平均单产高（%）	中国	世界	占世界比重（%）
1986	3 279.76	14 447.07	22.70	5 327.23	3 244.08	64.21	17 472.05	46 867.52	37.28
1987	3 269.43	14 132.44	23.13	5 403.46	3 265.11	65.49	17 666.25	46 143.99	38.29
1988	3 245.85	14 640.26	22.17	5 281.88	3 329.48	58.64	17 144.19	48 744.49	35.17
1989	3 317.56	14 893.28	22.28	5 500.59	3 453.92	59.26	18 248.52	51 440.26	35.48
1990	3 351.90	14 697.41	22.81	5 716.60	3 528.04	62.03	19 161.48	51 853.02	36.95
1991	3 301.88	14 663.35	22.52	5 623.80	3 535.40	59.07	18 569.26	51 840.55	35.82
1992	3 248.74	14 728.67	22.06	5 795.90	3 586.60	61.60	18 829.19	52 826.24	35.64
1993	3 074.59	14 584.70	21.08	5 846.20	3 631.00	61.01	17 974.69	52 957.19	33.94
1994	3 053.72	14 716.17	20.75	5 828.80	3 659.90	59.26	17 799.44	53 859.84	33.05
1995	3 110.75	14 949.92	20.81	6 021.00	3 660.30	64.49	18 729.80	54 720.49	34.23
1996	3 175.39	15 018.61	21.14	6 205.00	3 788.90	63.77	19 703.29	56 904.77	34.63
1997	3 212.92	15 101.68	21.28	6 311.10	3 823.40	65.07	20 277.18	57 739.80	35.12
1998	3 157.15	15 169.71	20.81	6 352.90	3 820.00	66.31	20 057.16	57 947.73	34.61

（续）

年份	面积（万 hm²）			单产（kg/hm²）			总产（万 t）		
	中国	世界	占世界比重（%）	中国	世界	较世界平均单产高（%）	中国	世界	占世界比重（%）
1999	3 163.71	15 696.28	20.16	6 334.40	3 894.70	62.64	20 040.33	61 132.93	32.78
2000	3 030.15	15 412.21	19.66	6 264.20	3 886.40	61.18	18 981.41	59 897.54	31.69
2001	2 914.40	15 193.15	19.18	6 152.40	3 936.30	56.30	17 930.49	59 804.31	29.98
2002	2 850.88	14 763.35	19.31	6 185.50	3 914.90	58.00	17 634.22	57 797.05	30.51
2003	2 678.01	14 894.58	17.98	6 060.60	3 914.90	54.81	16 230.43	58 311.18	27.83
2004	2 832.70	15 129.55	18.72	6 263.80	4 003.80	56.45	17 743.40	60 575.85	29.29
2005	2 911.60	15 447.55	18.85	6 252.75	4 088.08	52.95	18 205.51	63 150.85	28.83
平均	3 110.50	14 904.41	20.87	5 921.85	3 703.14	59.91	18 419.91	55 193.15	33.37

注：根据 FAO 统计数据库整理。

第二节　种植区划和品种类型

一、稻区区域结构

1. 六大稻区划分

以我国行政区划为基础，结合全国水稻生产的自然生态、水系流域、季节分布、耕作制度以及水稻占粮食生产的比重等情况，将全国分为华北、东北、西北、长江中下游、西南以及华南等六大稻区。同时，为了便于统计分析，本文按照整建制省所在区域进行划区统计；由于缺乏统计数据，青海省、台湾省、香港、澳门特别行政区以及南海诸岛未列入本章的统计。华北稻区包括北京、天津、山西、内蒙古、河北、山东、河南等 7 省（直辖市、自治区），东北稻区包括辽宁、吉林和黑龙江等 3 省，西北稻区包括陕西、甘肃、宁夏和新疆等 4 省（自治区），长江中下游稻区包括上海、江苏、浙江、安徽、江西、湖北和湖南等 7 省（直辖市），西南稻区包括云南、贵州、四川、重庆和西藏等 5 省（直辖市、自治区），华南稻区包括福建、广东、广西、海南等 4 省（自治区）。根据图 1－2 和图 1－

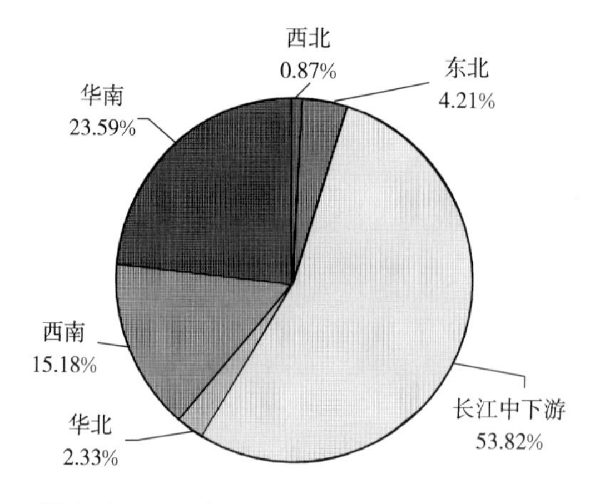

图 1－2　1986 年 6 大稻区水稻面积情况

3、表1-3和表1-4，1986—2005年期间，华北、东北、西北、长江中下游、西南以及华南稻区6个稻区平均播种面积占全国的比重分别是2.84%、6.78%、0.96%、51.84%、15.33%和22.25%。与1986年比较，2005年6个稻区中播种面积占全国比重上升的有华北、东北、西北和西南，分别提高了0.52%、5.65%、0.14%和0.81%；比重下降的有长江中下游和华南稻区，分别下降了3.50%和3.63%。1986—2005年期间，播种面积持续下降的是长江中下游、西南和华南稻区，2005年较1986年分别下降了16.50%、5.92%和24.44%，而东北稻区的播种面积增加了148.39万 hm^2，增幅达到109.18%。

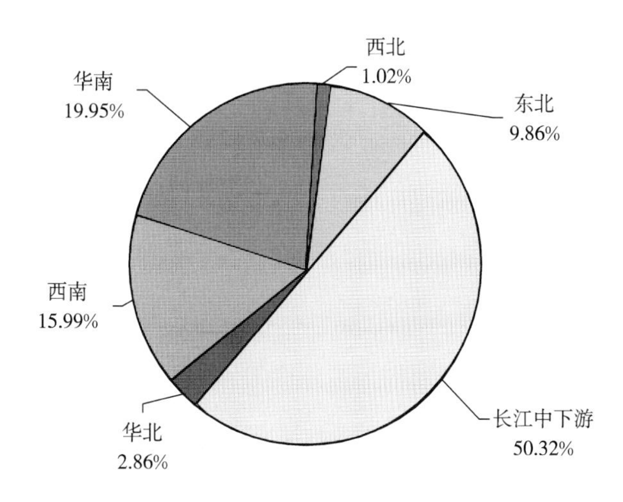

图1-3　2005年6大稻区水稻面积情况

表1-3　1986—2005年六大稻区的播种面积（万 hm^2）

年份	全国	华北	东北	西北	长江中下游	西南	华南
1986	3 226.62	75.23	135.91	28.14	1 736.59	489.72	761.03
1987	3 219.28	75.42	148.21	29.09	1 734.09	477.27	755.20
1988	3 198.75	74.83	148.69	29.66	1 721.39	480.93	743.25
1989	3 270.04	82.19	154.72	30.41	1 758.88	485.28	758.56
1990	3 306.45	87.96	163.52	30.95	1 770.32	489.11	764.59
1991	3 259.10	96.50	172.80	30.80	1 730.20	484.40	744.40
1992	3 208.90	96.60	177.70	30.50	1 695.10	485.80	723.20
1993	3 035.60	82.90	164.70	29.90	1 606.90	469.00	682.20
1994	3 017.00	81.60	162.30	28.40	1 590.80	465.70	688.20
1995	3 074.40	85.70	173.70	28.20	1 626.20	468.60	692.00
1996	3 140.70	95.40	202.00	30.40	1 648.80	470.10	694.00
1997	3 176.40	102.70	234.20	31.00	1 648.90	466.50	693.10
1998	3 121.50	100.70	252.20	30.40	1 585.60	463.00	689.60
1999	3 128.50	106.20	258.20	30.80	1 600.50	461.70	671.10
2000	2 966.60	95.30	268.00	30.70	1 493.80	442.90	635.90
2001	2 881.20	79.30	276.90	29.50	1 394.20	470.90	630.40
2002	2 820.20	84.80	278.70	28.80	1 359.20	465.10	603.60
2003	2 650.80	77.00	233.30	25.80	1 279.90	455.50	579.30
2004	2 837.90	81.40	273.20	28.20	1 411.90	461.70	581.50
2005	2 881.70	82.30	284.30	29.30	1 450.10	460.70	575.00
平均	3 071.10	87.20	208.20	29.50	1 592.20	470.70	683.30

表 1-4　1986—2005 年六大稻区的稻谷总产（万 t）

年份	全国	华北	东北	西北	长江中下游	西南	华南
1986	17 222.4	404.2	716.6	169.1	9 962.8	2 784.4	3 185.3
1987	17 441.6	391.8	785.9	177.2	9 870.9	2 779.6	3 436.2
1988	16 910.8	324.6	801.8	174.8	9 655.2	2 746.4	3 208.0
1989	18 013.0	459.1	686.5	191.3	10 171.4	2 893.6	3 611.1
1990	18 933.1	538.8	973.0	200.5	10 392.8	3 074.2	3 753.9
1991	18 381.3	538.7	1 013.4	210.6	9 884.7	3 051.4	3 682.5
1992	18 622.2	559.6	1 091.8	187.2	10 061.4	3 021.2	3 701.0
1993	17 751.1	537.6	1 053.5	166.5	9 674.9	2 854.9	3 463.7
1994	17 593.3	523.1	1 019.3	161.7	9 758.4	2 861.4	3 269.4
1995	18 522.7	576.8	1 028.6	162.9	10 101.5	3 035.5	3 617.4
1996	19 510.2	638.2	1 322.3	214.2	10 451.8	3 177.8	3 705.9
1997	20 073.6	698.7	1 622.8	213.4	10 575.6	3 203.7	3 759.4
1998	19 871.2	730.6	1 690.2	226.3	10 254.0	3 173.9	3 796.2
1999	19 848.9	682.6	1 764.8	200.2	10 190.2	3 229.6	3 781.5
2000	18 790.8	594.8	1 794.1	223.7	9 531.9	3 178.1	3 432.9
2001	17 758.1	430.7	1 722.7	217.2	9 142.7	2 957.7	3 287.1
2002	17 454.0	573.7	1 697.2	211.9	8 966.8	2 885.5	3 118.9
2003	16 065.5	412.1	1 512.4	166.8	7 869.4	3 064.8	3 040.0
2004	17 908.9	563.3	1 969.1	182.7	9 108.3	3 146.2	2 939.3
2005	18 059.0	583.0	2 011.3	208.2	9 186.5	3 146.9	2 923.3
平均	18 236.6	538.1	1 313.9	193.3	9 740.6	3 013.3	3 435.7

注：根据中国农业信息网数据库整理。

从单产和总产的情况看，由于华北、东北、西北稻区全部是一季中稻，西南稻区一季中稻的比重占 90%左右，因此这四个稻区单产水平高于单双季混合种植的长江中下游稻区和以双季稻种植为主的华南稻区。从 1986—2005 年 20 年间的平均单产水平看，西北单产最高，达到 6 535.28kg/hm^2，1998 年达到最高，为 7 444.08kg/hm^2；华南单产最低，单产最高的 1999 年为 5 635.11kg/hm^2，1986 年最低，仅为 4 185.53kg/hm^2。因此，因单产水平高低的差异，各稻区总产占全国的比重略有变化，2005 年华北、东北、西北、长江中下游、西南以及华南稻区占全国总产的比例分别是 3.23%、11.14%、1.15%、50.87%、17.43%和 16.19%。

1987 年由中国水稻研究所主编的《中国水稻种植区划》，将我国水稻种植区划分为 6 大稻作区，分别是华南双季稻区，包括福建、广东、广西、云南等省（自治区）的南部地区，台湾全省和南海诸岛；华中双单季稻稻作区，包括江苏、上海、浙江、安徽、江西、湖南、湖北、四川等 8 省（直辖市）的全部和大部，以及陕西、河南两省的南部；西南高原单双季稻稻作区，包括湖南、贵州、云南、四川、西藏、广西、青海等省（自治区）的部分或大部分；华北单季稻稻作区，包括北京市、天津市和山东省的全部，河北、河南省大部，陕西、山西、江苏和安徽省的一部分；东北早熟单季稻稻作区，包括黑龙江和吉林省的全部，辽宁省大部和内蒙古自治区的大兴安岭地区、哲里木盟中部的西辽河灌区；西北干燥区单季稻稻作区，包括新疆维吾尔自治区、宁夏回族自治区的全部，甘肃省、内蒙古自治区、山西省的大部、青海省的北部和日月山以东部分，陕西省、河北省的北部和辽宁省的西北部。

2. 南北稻区分布结构

我国南北方稻区的划分以秦岭、淮河为界，秦岭、淮河以南称南方稻区，以北称北方稻区。由于目前公开的统计资料缺乏分县级数据，本章将 6 大稻区中的长江中下游稻区、西南稻区和华南稻区 16 省（直辖市、自治区）界定为南方稻区，其余部分划为北方稻区。按照传统的以秦岭、淮河为界，陕西省的水稻主要分布在陕南地区，应属于南方稻区，而江苏、安徽省淮河以北的稻区属于北方稻区，不过由于缺乏数据难以进行定量描述。根据上述界定整理出表 1－5，1986—2005 年期间，南方稻区年均水稻播种面积和总产分别占全国水稻播种面积和总产的 89.47％和 88.79％，单产较全国水稻平均单产低 0.60％。2005 年，南方稻区水稻面积和总产分别占全国的 86.27％和 84.48％，分别较 1986 年的 92.59％和 92.51％下降了 6.32 和 8.03 个百分点。

表 1－5　1986—2005 年南方稻区的水稻生产

年份	面积（万 hm^2）			单产（kg/hm^2）			总产（万 t）		
	全国	南方稻区	占全国比重（％）	全国	南方稻区	与全国平均单产比较（％）	全国	南方稻区	占全国比重（％）
1986	3 226.62	2 987.43	92.59	5 337.60	5 333.29	－0.08	17 222.40	15 932.80	92.51
1987	3 219.28	2 966.63	92.15	5 417.85	5 422.61	0.09	17 441.60	16 086.90	92.23
1988	3 198.75	2 945.65	92.09	5 286.75	5 299.30	0.24	16 910.80	15 609.90	92.31
1989	3 270.04	3 002.79	91.83	5 508.45	5 553.63	0.82	18 013.00	16 676.40	92.58
1990	3 306.45	3 024.10	91.46	5 726.10	5 694.65	－0.55	18 933.10	17 221.20	90.96
1991	3 259.1	2 958.93	90.79	5 640.15	5 616.43	－0.42	18 381.30	16 618.60	90.41
1992	3 208.9	2 904.19	90.50	5 803.05	5 779.11	－0.41	18 622.20	16 783.60	90.13
1993	3 035.60	2 758.09	90.86	5 847.75	5 798.75	－0.84	17 751.10	15 993.50	90.10
1994	3 017.00	2 744.77	90.98	5 831.10	5 788.91	－0.72	17 593.30	15 889.20	90.31
1995	3 074.40	2 786.84	90.65	6 024.75	6 011.97	－0.21	18 522.70	16 754.40	90.45
1996	3 140.70	2 812.89	89.56	6 212.25	6 162.87	－0.79	19 510.20	17 335.50	88.85
1997	3 176.40	2 808.61	88.42	6 319.50	6 244.61	－1.19	20 073.60	17 538.70	87.37
1998	3 121.50	2 738.17	87.72	6 366.15	6 290.38	－1.19	19 871.20	17 224.10	86.68
1999	3 128.50	2 733.19	87.36	6 344.70	6 293.50	－0.81	19 848.90	17 201.30	86.66
2000	2 966.60	2 602.20	87.72	6 271.50	6 217.13	－0.87	18 790.80	16 178.20	86.10
2001	2 881.20	2 495.46	86.61	6 163.35	6 166.20	0.05	17 758.10	15 387.50	86.65
2002	2 820.20	2 427.78	86.09	6 189.15	6 166.62	－0.36	17 454.00	14 971.20	85.78
2003	2 650.80	2 314.73	87.32	6 060.60	6 037.08	－0.39	16 065.50	13 974.20	86.98
2004	2 837.90	2 455.03	86.51	6 310.65	6 188.84	－1.93	17 908.90	15 193.80	84.84
2005	2 881.70	2 485.90	86.27	6 260.25	6 137.29	－1.96	18 059.00	15 256.70	84.48
平均	3 071.08	2 747.67	89.47	5 946.08	5 910.15	－0.60	18 236.59	16 191.39	88.79

注：根据中国农业信息网数据库整理。

二、稻区季节结构

依据 1986—2005 年 20 年间的平均值，全国早稻、中稻和双季晚稻的播种面积结构比是 26∶46∶28，总产结构比是 23∶52∶25，早稻和双季晚稻单产较中稻分别低 21.22％和 19.72％。从 20 年期间季节结构变化的情况看，早稻、中稻和双季晚稻播种面积占稻谷播种面积的比例，从 1986 年的 30∶39∶31 发展为 2005 年的 21∶56∶23，早稻和晚稻分别下降了 9 个百分点和 8 个百分点，而中稻上升了 17 个百分点。总产结构从 1991 年 29：45：26 发展为 2005 年的 18：63：19；早稻和晚稻分别下降了 11 个百分点和 7 个百分点，中稻的比重上升了 18 个百分点（表 1-6）。

表 1-6　1986—2005 年全国水稻生产的季节结构

年份	单产（kg/hm^2）			面积（万 hm^2）			总产（万 t）		
	早稻	中稻	晚稻	早稻	中稻	晚稻	早稻	中稻	晚稻
1986	5 199.74	6 123.90	4 468.35	954.26	1 272.61	999.74	4 961.9	7 793.3	4 467.2
1987	5 087.55	6 066.90	4 867.20	936.97	1 305.53	976.78	4 766.9	7 920.5	4 754.2
1988	5 098.95	5 835.51	4 709.31	922.03	1 320.95	955.77	4 701.4	7 708.4	4 501.0
1989	5 124.01	6 142.49	4 997.38	936.45	1 356.01	977.57	4 798.4	8 329.3	4 885.3
1990	5 370.12	6 493.35	5 126.51	941.77	1 380.81	983.87	5 057.4	8 966.1	5 043.8
1991	5 064.30	6 385.65	5 428.95	913.25	1 382.42	963.33	4 624.9	8 827.7	5 229.8
1992	5 301.75	6 495.45	5 507.85	876.83	1 417.82	914.40	4 648.7	9 209.4	5 036.4
1993	5 144.55	6 505.05	5 617.05	799.91	1 214.33	1 021.27	4 115.1	7 899.3	5 736.6
1994	5 106.75	6 470.85	5 607.00	800.17	1 246.19	970.79	4 086.2	8 063.9	5 443.2
1995	5 149.20	6 737.70	5 856.15	819.93	1 245.62	1 008.86	4 222.0	8 392.6	5 908.1
1996	5 309.25	7 082.85	5 691.90	828.41	1 402.74	909.48	4 398.2	9 935.4	5 176.7
1997	5 609.25	7 167.00	5 578.80	816.11	1 465.38	895.10	4 577.7	10 502.4	4 993.5
1998	5 189.70	7 321.95	5 760.00	780.83	1 496.23	844.37	4 052.3	10 955.3	4 863.6
1999	5 407.80	7 150.35	5 723.25	757.55	1 529.97	840.86	4 096.7	10 939.8	4 812.5
2000	5 501.70	7 003.50	5 459.25	681.97	1 557.29	756.93	3 752.0	10 906.48	4 132.3
2001	5 322.60	6 768.75	5 605.35	638.83	1 537.05	705.37	3 400.3	10 404.0	3 953.9
2002	5 157.60	6 914.85	5 368.95	587.27	1 576.41	656.45	3 028.9	10 900.7	3 524.4
2003	5 274.15	6 670.80	5 284.95	559.03	1 488.10	603.66	2 948.4	9 926.8	3 190.3
2004	5 418.00	7 090.00	5 179.00	594.64	1 606.79	636.44	3 221.6	11 391.4	3 295.9
2005	5 287.75	7 012.12	5 286.92	602.79	1 627.24	654.71	3 187.4	11 410.4	3 461.4
平均	5 256.21	6 671.94	5 356.17	787.45	1 421.47	863.79	4 132.3	9 519.2	4 620.5

注：根据 1987—2006 年《中国农业年鉴》整理。

1. 早稻

早稻播种面积从 1986 年的 954.26 万 hm^2 减少为 2005 年的 602.79 万 hm^2，减幅达 36.8%，其中 2003 年早稻播种面积为 559.03 万 hm^2，较 1986 年减少 395.23 万 hm^2，减幅达 41.4%。总产从 1986 年的 4 961.9 万 t 减少到 2005 年的 3 187.4 万 t，减少 1 774.5 万 t，减幅为 35.8%，其中 2003 年早稻总产 2 948.4 万 t，较 1986 年减少 2 013.5 万 t，减幅达到 40.6%。单产从 1986 年的 5 199.74kg/hm^2，提高到 2005 年的 5 287.75kg/hm^2，提高 88.01kg/hm^2，增幅为 1.7%，其中早稻单产最高是 1997 年的5 609.25kg/hm^2。

2. 中稻

中稻播种面积从 1986 年的 1 272.61 万 hm^2 增加到 2005 年的 1 627.24 万 hm^2，增幅 27.9%。总产从 1986 年的 7 793.3 万 t 增加到 2005 年的 11 410.4 万 t，增加 3 617.1 万 t，增幅 46.4%。单产从 1986 年的 6 123.90kg/hm^2，提高到 2005 年的 7 012.12kg/hm^2，提高了 888.22kg/hm^2，增幅 14.5%，其中单产最高是 1998 年的 7 321.95kg/hm^2。

3. 双季晚稻

双季晚稻播种面积从 1986 年的 999.74 万 hm^2 减少到 2005 年的 654.71 万 hm^2，减幅 34.5%，其中 2003 年为 603.66 万 hm^2，较 1986 年减少 396.08 万 hm^2，减幅 39.6%。总

产从1986年的4 467.2万t减少到2005年的3 461.4万t，减少1 005.8万t，减幅22.5%；其中2003年总产为3 190.3万t，较1986年减少1 276.9万t，减幅28.6%。单产水平从1986年的4 468.35kg/hm^2，提高到2005年的5 286.92kg/hm^2，提高了818.57kg/hm^2，增幅18.3%，其中单产最高的是1995年的5 856.15kg/hm^2。

三、品质结构

1. 优质稻

2000年全国优质稻面积1 200.51万hm^2，占当年水稻播种面积的40.1%；2005年优质稻面积达到1 836.53万hm^2，占水稻播种面积的62.4%，较2000年增加636.02万hm^2，增幅53.0%，年均增幅8.8%。据中国水稻研究所调查，由于各地评价优质稻品种的标准不一致，目前仍很难确定实际优质稻面积，但我国优质稻品种所占比重确实得到了进一步提高。据农业部稻米及制品监督检验测试中心分析，2000年食用优质籼稻品种达标率为17%，食用优质粳稻品种占39%，平均达标率为23%；2006年食用优质籼稻和粳稻品种的达标率分别为38%和50%，平均达标率为40%，提高了17个百分点。

2. 杂交稻

2005年我国杂交稻面积在1 730万hm^{2}左右，占我国水稻种植面积的60%。在30个水稻生产省（直辖市、自治区）中，超过20个省（直辖市、自治区）种植杂交水稻。杂交水稻种植面积占水稻种植面积达50%以上的有16个省（直辖市、自治区），其中四川、贵州两省达到90%以上。2005年推广面积在0.67万hm^{2}以上的水稻品种637个，种植面积2 284万hm^2，约占全国水稻种植面积的79.2%。其中常规稻品种259个，播种面积789万hm^2，平均每个品种3.1万hm^2；杂交稻组合379个，种植面积1 495万hm^2，平均每个组合3.9万hm^2。

3. 籼稻与粳稻

目前，我国籼稻主要分布在南方稻区以及北方稻区的河南和陕西两省，粳稻分布在全国27个省、自治区、直辖市，其中北方稻区15个，南方稻区12个。据有关资料分析，2005年我国籼稻面积约占全国水稻面积的74%，粳稻面积约占25%，其余为糯稻等品种类型。籼稻面积在50万hm^{2}以上的有湖南、江西、广东、广西、安徽、湖北、四川、福建、贵州、重庆、浙江等11个省、自治区、直辖市；粳稻面积在50万hm^{2}以上的有辽宁、吉林、黑龙江、江苏等4省，10万～50万hm^{2}之间还有上海、浙江、安徽、河南、山东、云南等6省、直辖市。

第三节 育种目标和育种方法

一、育种目标的演变

根据水稻产业发展需要和各稻作带的特殊要求制订育种目标是育种工作的关键。总体来说，水稻的育种目标包括丰（丰产）、抗（抗病虫性、抗逆性）、早（早熟）、优（优质）四个方面。新育成品种必须具备丰产性和稳产性，即不仅单产要高而且对当地经常出现的自然灾害要有抗性或耐性，以避免年度间产量的较大波动。早熟性是品种稳产和提高单位面积产量的基础。优质包括两重含义，一是食用优质：适口性好，营养性好；二是专用优质：直链淀粉和蛋白质含量等高，加工品质好。

1. 20世纪80年代* 以前的育种目标

为满足我国不同时期对水稻生产的要求，水稻育种的主要方向也不断地进行调整。20世纪50年代中期以前，生产上应用的水稻品种基本上都是高秆地方品种。高秆品种存在不耐肥抗倒、收获指数低、生育期长等缺点，为此，育种者制定了通过增强茎秆强度从而增加抗倒性等育种目标，取得了一定的进展，但仍不能解决高秆品种在台风暴雨下倒伏的问题。60年代初，我国和国际水稻研究所开始了矮化育种，解决了抗倒、高产等主要问题，单产大幅度提高，被称为亚洲绿色革命。70年代中期，为了利用杂种优势以提高单产，我国开展了杂交水稻育种，取得了举世瞩目的成就。

2. 20世纪80年代至90年代初水稻育种的主要目标

改革开放以来，我国的粮食生产已基本满足了人们的粮食需求，特别是粮食产量在1984年达到了创纪录的4.07亿t后，人们不再满足于吃得饱，还要求吃得好，对水稻育种提出了新的育种目标，即“优质、高产和多抗”。除了科学技术部、农业部的育种攻关目标由“高产、优质、多抗”改为“优质、高产和多抗”外，各省（直辖市、自治区）相继提出了自己的育种目标。浙江省于1988年和1994年相继提出了“8812计划”（水稻籼粳亚种间杂种优势利用研究）和“9410工程”（食用早籼优质米新品种选育）。“8812计划”第一个五年的育种目标是，要求选育出比汕优6号增产15%～20%、熟期相仿、抗病虫、耐寒、米质好、株高适中的籼粳杂交稻新品种；第二个五年是育成一个比协优413再增产5%或产量、熟期、抗性与之相仿而米质达到协优46的新品种。通过协作攻关，先后育成协优9308、Ⅱ优2070、协优9516等一批高产优质杂交稻新品种和舟903、嘉育948、中优早81等一批早籼优质米新品种。

3. 现阶段水稻育种的主要目标

20世纪90年代末至21世纪初，随着我国经济的进一步发展，人们生活水平的进一步提高，尤其是粮食深加工工业的快速发展，对各种稻米及其制品的需求变得多种多样，如味精、米粉干和红曲米等粮食加工企业要求总淀粉含量高的早稻米，黄酒生产企业要求糯性好的晚粳稻，也需要价格便宜的早籼糯，八宝粥等生产企业要紫黑糯，营养米粉企业需要易消化的稻米，等等。因此，对育种工作者来说，除继续坚持优质、高产、多抗的总体育种目标外，其他育种目标更加细化、更加具体。仅从优质来分，就可以分为食用优质、专用优质（饲料用优质、加工用优质）、功能优质等几方面；而从环境友好来说，则要求氮、磷、钾高效，以达到实现高产、少施化肥的目标，从而减少大量施用化肥对环境的副作用；从食用安全的角度，要求新育成的品种抗稻瘟病、白叶枯病、纹枯病等主要病害和白背飞虱、褐飞虱、螟虫等主要虫害，以期减少农药的施用量，降低农药对环境的污染和农产品的农药残留。

（1）国家“863”高科技计划和科技攻关对水稻提出的育种目标

①特优质米新品种 长江流域稻区和华南稻区品质达国家一级优质稻谷标准、可供出

* 本书年代如无特殊说明，均指20世纪。

口和替代进口的"超泰米"籼稻新品种；北方稻区和长江流域稻区的品质达国家一级优质稻谷标准粳稻品种。产量比同等品质对照品种增产5%以上，中抗稻瘟病、白叶枯病和稻飞虱等两种以上病虫害，熟期适中。

②广适应性优质米品种　长江流域稻区和华南稻区品质达国家二级优质稻谷标准的广适性优质籼稻新品种；北方稻区和长江流域稻区品质达国家二级优质稻谷标准的广适性粳稻品种。产量比同等品质对照品种增产8%以上，抗稻瘟病或具有稻瘟病持久抗性，中抗白叶枯病，抗稻飞虱或抗稻瘿蚊，熟期适中，适应性广。

③超高产专用型优质品种　产量比同熟期对照品种增产15%以上，中抗稻瘟病、白叶枯病、稻飞虱等两种以上病虫害，蛋白质含量10%以上或直链淀粉含量24%以上，熟期适中。

④水分或养分高效利用（耐旱或耐低P、K）**品种**　米质达国标二级，产量与同等品质对照品种相仿，中抗稻瘟病、白叶枯病、稻飞虱等两种以上病虫害，熟期适中。

⑤环境友好新品种　抗稻瘟病、白叶枯病和白背飞虱、褐飞虱和螟虫等主要病虫害的2～3种以上，生育期适中、产量超过当地主栽品种或相仿，米质达到国标三级或以上。

（2）超级稻育种目标

超级稻品种是指采用理想株型塑造或与杂种优势利用相结合的技术路线育成的产量潜力大、配套超高产栽培技术后比现有水稻品种在产量上有大幅度提高，并兼顾品质与抗性的水稻新品种。超级稻品种在产量、品质和抗性等方面都有具体的指标要求。农业部通过认定，对达到各项指标的品种确认为"超级稻"品种。根据农业部《超级稻品种确认办法》（农办科［2008］38号），超级稻品种各项主要指标见表1-7。

表1-7　超级稻品种产量、米质和抗性指标

区域	长江流域早熟早稻	长江流域中迟熟早稻	长江流域中熟晚稻；华南感光型晚稻	华南早晚兼用稻；长江流域迟熟晚稻；东北早熟粳稻	长江流域一季稻；东北中熟粳稻	长江上游迟熟一季稻；东北迟熟粳稻
生育期（d）	≤105	≤115	≤125	≤132	≤158	≤170
百亩*方产量（kg/hm^2）	≥8 250	≥9 000	≥9 900	≥10 800	≥11 700	≥12 750
品质	北方粳稻达到部颁2级米以上（含）标准，南方晚籼达到部颁3级米以上（含）标准，南方早籼和一季稻达到部颁4级米以上（含）标准。					
抗性	抗当地1～2种主要病害					
示范面积	品种审定后2年内有1年生产示范面积0.333万hm^2以上					

（3）水稻育种的远景目标

①水稻有利基因发掘和育种新技术研究　以稻种资源为基础，拓宽水稻有利基因的资源发掘范围，发掘新的抗病、抗逆、高产、优质及营养高效利用基因；以常规育种技术为根本，实现常规育种技术与分子育种技术的整合，提高育种效率；以微量、快速为原则，

* 亩为非法定计量单位，1亩＝667m^2。

发展早世代、定量化特性快速鉴定技术。

②高产、优质、多抗水稻新品种（组合）**选育** 在育种理论和种质创新的基础上，培育株型优良、品质好、抗性强的超级杂交稻组合；米质达国标一级优质标准、可用于出口和高档消费的常规稻品种；用于加工用的高直链淀粉含量籼稻品种和糯稻品种。

③资源高效利用水稻新品种（组合）**选育** 利用水稻不同基因型对水分、营养元素利用效率的差别，鉴定出抗旱和营养高效利用种质，开展基因精细定位和克隆研究，通过常规或分子育种手段，选育资源高效利用品种。

④水稻虚拟育种和基因设计育种研究 利用水稻基因组计划的丰富的生物信息，开展水稻虚拟育种研究；利用发掘的新种质和克隆的新基因，开展基因设计育种。

二、主要育种方法

世界各主要产稻国水稻育种技术的发展史表明，育种都是从选择和利用自然变异开始的，其后杂交育种成为主流，随之诱变育种、组织培养育种，特别是杂种优势利用等技术纷纷展现，今后生物技术在育种上的应用更将成为众所关注的热点。

1. 常规育种技术

(1) 系统育种

系统育种指的是从品种原始群体中选择优异单株、单穗或单粒，进而对其后代株系或穗系进行鉴定比较，而后择优繁殖推广的方法。系统育种包含两个层面：其一，从现有品种中选择性状完全不同的新品种；其二，通过对现有品种的提纯复壮，提高品种的整齐度和一致性，从而提高产量。系统育种在新中国成立初期经常采用，特别是对农家品种的改良。随着杂交育种的开展和对提纯复壮工作的重视，系统育种在新品种选育中的地位随之下降，育成的品种数量也越来越少，至今仅作为新品种选育中的补充手段。

(2) 杂交育种

杂交育种是指通过不同亲本间的有性杂交实现遗传基因重组，再经过若干世代的性状分离、选择和鉴定，以获得符合育种目标的新品种的育种方法。大体是，应用具有不同农艺性状或具有互补性农艺性状的亲本，通过去雄授粉等方法，获得杂交种子，并通过分离世代的选择，育成符合育种目标、农艺性状普遍或某些主要性状如抗性明显超过双亲的新品种。

(3) 诱变育种

诱变育种是指利用物理、化学因素诱发作物产生性状突变，并从中鉴定、选拔优良品种的方法。利用诱变创造突变体早在1934年就有报道，但利用诱变技术育成品种的报道最初出现在1957年的我国台湾省。迄今为止，我国已育成了约100个水稻诱变新品种，其中包括20世纪70～80年代我国南方稻区推广面积最大的早稻品种原丰早和浙辐802。

(4) 航天育种

航天育种是利用返回式卫星或宇宙飞船将农作物种子或无性繁殖材料带到200～400km太空环境，利用外太空的微重力、宇宙射线、高真空、弱磁场和太阳粒子等诱导植物种子或材料发生可遗传的变异，经选育或选配育成植物新品种。广义上的航天育种还包括利用高空气球携带植物材料诱导变异的育种。航天育种的显著特点是：多因素综合诱变和有益诱变增多，变异幅度大，抗逆性强等。在“十五”期间，科学技术部在国家

“863”高科技计划中首次将航天育种技术正式立项，使得我国航天育种技术实现了跨越式发展，选育了水稻特优航 1 号、Ⅱ优航 1 号等优良新品种。

2. 杂种优势利用

（1）三系法杂交水稻

三系法是当前水稻行之有效的杂种优势利用方法。该方法是通过育成胞质雄性不育系（A），雄性不育保持系（B）和恢复系（R）实现三系配套，进行杂交稻 F_1 种子的生产和不育系的繁殖。三系法的育种程序和生产环节比较复杂，选育新组合的周期长、速度慢，种子成本较高，对进一步迅速发展杂交水稻不利。近年，研究者们试图创造出更先进、更有效的方法取而代之。

（2）两系法杂交水稻

两系法是指利用光（温）敏核雄性不育系生产杂交稻种子的方法。光（温）敏不育是由核基因控制，育性的表达受控于所处环境的光照和温度条件，既可自身繁殖，又可用于制种，一系两用。两系法不但可使杂交种生产程序减少一个环节，从而降低种子生产成本，而且配组自由，理论上凡正常品种均可作为恢复系，选到强优势组合的几率高于三系法。缺点是籼型温敏核雄性不育系易受外界温度波动的影响而出现育性不稳定现象。

（3）一系法杂交水稻

通常，杂种一代经自交后产生分离，产量和品质下降，因此杂交稻种子需年年生产。通过培育不分离的杂种一代，生产上不需年年制种的方法称为一系法。利用无融合生殖特性固定杂种优势被认为是最经典和认识上容易领会的一系法杂交水稻。无融合生殖是指不经过受精作用（两性细胞融合）而形成胚或种子的一种特殊生殖方法。自 20 世纪 30 年代以来，国内外许多专家先后提出利用无融合生殖固定杂种优势的设想，并成功地育成了无融合生殖的巴费尔草品种。我国在三系法杂交水稻投入生产应用后，赵世绪（1977）、袁隆平（1987）等相继提出用无融合生殖固定水稻杂种优势的设想。目前有不少研究者除从水稻中筛选无融合生殖材料外，还开展把粟亚科狼尾草属等植物的无融合生殖特性导入水稻的探索性研究。迄今，一系法杂交水稻仍处于试验阶段。

3. 生物技术育种

生物技术是以现代生命科学理论为基础，利用生物体及其细胞的、亚细胞的和分子的组成部分，结合工程学、信息学等手段开展研究及制造产品，或改造动物、植物、微生物等，并使其具有所希望的品质、特性，从而为社会提供商品和服务的综合性技术体系。

（1）分子标记辅助选择育种

分子标记辅助选择是将分子标记应用于作物改良的一种辅助手段，其基本原理是利用与目标基因紧密连锁或表现共分离的分子标记对选择个体进行目标区域以及全基因组筛选，从而减少连锁累赘，获得期望的个体，达到提高育种效率的目的。随着水稻功能基因组研究和分子遗传学的发展，水稻分子标记辅助选择的理论基础和技术手段将越来越完善，水稻分子标记辅助选择具有广阔的应用前景，并将逐步发展成为水稻育种的一种经典技术。

（2）细胞工程技术

细胞工程技术是生物技术的一个重要组成部分，包括花药培养技术、体细胞无性系技术、细胞突变体筛选技术、原生质体培养和体细胞融合以及培养等。利用这项技术可以对细胞的某些生物学特性按人们的意愿进行改造，达到改良品种、创造新种等目的。其中，花药培养技术是指水稻花药或花粉粒离体培养，诱导小孢子形成愈伤组织进而分化成完整的水稻植株。Niizeki 和 Oono 首次通过花药培养诱导获得水稻的小孢子再生植株，开辟了水稻单倍体育种的新途径。我国于 1970 年开始了水稻花药培养的研究及其在育种上的应用，不久便跃居该领域的国际领先地位延续至今。通过花培技术已选育出一大批新品种（系），如水稻新品种中花 11。体细胞无性系变异技术是指水稻的叶鞘和枝梗、叶、胚囊、幼穗、幼胚、根、成熟胚等均能诱导出愈伤组织，并能产生再生植株。由任何形式的细胞培养所再生的植株统称为体细胞无性系，将这些植株所表现出来的变异称为体细胞无性系变异。通过愈伤组织诱导、绿苗分化等一系列组织培养过程，可产生各种性状的变异，包括质量性状变异和数量性状变异。随着研究的深入，水稻体细胞无性系变异的范围在扩大，变异的深度在加强，特别是进入 20 世纪 90 年代以来，水稻体细胞无性系变异的育种应用取得了突破性进展，一批品种或组合相继审定，并在生产上大面积推广应用。如中国水稻研究所育成的黑珍米、中组 1 号等。

（3）水稻遗传转化技术

植物遗传转化技术是应用 DNA 重组技术，将外源基因通过生物、物理或化学等手段导入植物基因组，以获得外源基因稳定遗传和表达的植物遗传改良的一门技术，它是植物基因工程和分子生物学研究中的一个重要环节。近年来，随着植物遗传转化技术的迅速发展，各国育种家愈来愈广泛地应用基因工程等现代技术手段于育种研究中，试图将一些控制优良性状的外源基因导入水稻，以培育高产、优质、抗性强的水稻新品种。在早期的水稻转基因成功的实例中，都以基因枪法、PEG 法、电融合法、花粉管通道法、激光介导法和 DNA 吸收法等直接转化法为主。目前，水稻遗传转化以农杆菌介导法为主，并形成了较稳定的转化体系，转基因已进入实用化时代。转基因技术在水稻遗传改良上的应用，主要包括抗虫性改良、抗病性改良、抗逆性改良、品质性状改良和产量性状改良。

第四节　水稻育种成就

我国于 20 世纪 50 年代后期开始矮化育种，是水稻“绿色革命”的发源地之一。70 年代中期，我国率先在世界上实现了杂交水稻三系配套，并建立了种子生产体系。进入 90 年代后，我国在充分发掘有利基因资源和创新育种方法的基础上，启动超级稻育种计划，在世界上首先育成超级稻品种并大面积推广。同时，在保持一定高产水平上，米质改良也获得重大突破。

一、超级稻选育与示范推广为粮食安全提供保障

20 世纪 60 年代，我国实现了品种矮秆化，70 年代，又在世界上成功育成和推广三系杂交水稻，从而使我国的水稻单产先后实现了两次飞跃。然而，80 年代以后，水稻品种的产量始终徘徊不前，并有下降的趋势，粮食安全问题受到了广泛的关注。

水稻高产育种是世界性的永恒课题，各产稻国纷纷实施了水稻超高产育种计划。为争

取早日实现我国水稻单产的第三次飞跃，我国科学家在总结国内外经验和教训的基础上，于1996年提出了我国超级稻育种设想：即采用理想株型塑造与籼粳杂种优势利用相结合的技术路线，大幅度提高水稻单产。经多年努力，中国超级稻，尤其是超级杂交稻育种取得了重大突破，同时对超级稻超高产的生理、遗传基础也进行了较为深刻的阐述。

1. 提高生物学产量是超级稻高产的生理基础

水稻籽粒产量是生物学产量和收获指数的乘积，生物学产量是水稻籽粒产量的基础，收获指数大小表示了干物质在营养器官和生殖器官中的分配比例。纵观现代水稻育种进程，其实质就是提高生物学产量和收获指数。

从收获指数与生物学产量对产量进步贡献的分析发现，中国水稻品种由高秆变矮秆，收获指数从0.385提高到0.545，提高了41.5%，而生物学产量从11 045kg/hm^2（736.3kg/亩）提高到11 816kg/ hm^2（787.7kg/亩），仅提高了7%，因此，高秆变矮秆的增产贡献主要依靠收获指数提高来实现；杂交水稻的收获指数与矮秆常规水稻相仿，而生物学产量提高了27.2%，杂交水稻引起的产量增加主要是由于提高了生物学产量（表1-8）。

表1-8　不同类型水稻品种增产的生物学基础

年代	类型	经济产量 (kg/ hm^2)	生物学产量 (kg/ hm^2)	收获指数
40～60	高秆品种	4 224	11 045	0.385
60～80	矮秆品种	6 417	11 816	0.545
70～90	杂交稻	8 202	15 027	0.545

协优9308是中国水稻研究所通过籼粳杂交育成的超级杂交稻组合，具有株型挺拔、后期青秆黄熟的形态特征和超高产潜力。研究表明，协优9308的生物学产量较协优63高42.7%（$P<0.01$），而其收获指数较协优63略低3.9%（$P>0.05$），说明协优9308的产量提高是通过生物学产量的提高来达到的（翟虎渠等，2002）。分析两者抽穗前后生物学产量构成，发现协优9308抽穗前后的生物学产量分别较协优63高29.5%和48.3%，且其抽穗后的物质生产对产量的贡献率较协优63高9.7%，表明抽穗后的光合碳同化对协优9308的产量形成甚为重要。测定两者日干物质的生产量，发现协优9308整个生育期平均日干物质生产量较协优63高32.2%，但以抽穗后日干物质生产量的优势更为明显（高35.3%）。由此可见生物学产量尤其是抽穗后的生物学产量是协优9308超高产形成的基础。

近年来，我国水稻品种在云南某些地区屡创产量世界纪录。杨从党（2002）对其高产原因从生理学角度进行了分析，发现云南涛源和宾川水稻产量分别比杭州高80%和66%，导致云南产量较高的主要原因是生物产量较高。生物学产量差异主要在幼穗分化期以后，尤其是灌浆结实期。在云南生态条件下，中后期能容纳较高的叶面积指数，使花后物质生产量大，同时花后物质运转率较高。

杨惠杰等（2001）分析了超高产水稻的产量与生物学产量和收获指数的关系，发现超高产水稻稻谷产量与干物质积累量呈高度正相关，福建龙海和云南涛源两地两者的相关系数分别为0.886 7** 和0.884 7**，但产量与收获指数的关系不密切，两者相关系数分别为0.183 2和0.415 2。生物学产量对稻谷产量的贡献率，福建和云南两地分别为91%和78%，而收获指数对稻谷产量的贡献率，分别仅占9%和22%。超高产水稻在福建和云南栽培，其收获指数分别变动于0. 490～0. 551和0. 496～0. 553，品种间差异较小，两地的收获指数也相近。云南稻谷产量比福建高73. 8%，主要是由于云南有较高的生物学产量(云南比福建高71. 2 %)。由此看来，超高产水稻产量潜力的进一步提高，可能更多地依靠增加生物学产量而不是依靠提高收获指数。

2. 籼粳亚种间杂交是超级稻产量优势的遗传基础

中国超级稻育种的技术路线是理想株型塑造与强杂种优势利用相结合。育种内涵是通过扩大亲本的亲缘关系，达到强杂种优势与优良株型的结合。由于杂交稻是杂种 F_1，很难像常规稻那样通过杂交后代的不断的遗传重组进行定向选择，因此亲本的选配至关重要。在亲本的籼粳分化程度检测和提高杂交稻产量潜力的亲本选配理论方面，已有一些研究。孙传清等（2000）研究了杂种优势与亲本遗传分化的关系，以培矮64S、108 S、N422S、LS2S等4个两系不育系为母本，以韩国籼稻、中国南方的早中籼（简称中国籼）、东北粳（分东北普通粳和杂交粳稻恢复系）、华北粳、非洲粳、美国粳等6个生态型的47个育成品种为父本，按照NC－II设计，配制188个组合。在所配的组合类型中N422S/中国籼单株粒重最高，其次是N422S/韩国籼、培矮64S/东北粳、108S/中国籼，这些组合类型均为籼粳亚种间的组合，说明亚种间具有巨大的杂种优势。不同组合类型的产量构成因素分析表明，与中国南方的早中籼和韩国育成籼稻品种配组的 F_1 在穗数上具有明显的优势，与东北粳杂恢复系、美国稻配组的 F_1 在穗粒数上具有明显的优势，而与非洲粳配组的 F_1 在千粒重上具有明显的优势，华北粳在穗数和穗粒数上处于中间型，推测中国籼稻和韩国籼稻可能具有穗数上的优势基因，美国稻和东北粳具有粒数上的优势基因，非洲粳具有粒重上的优势基因。

杂种优势与双亲籼粳分化的相关关系分析表明，超亲优势与双亲的籼粳分化关系明显，且DNA上的差异与超亲优势的相关系数明显大于形态指数的差异与超亲优势间的相关系数，说明以双亲在基因组上的差异来研究或预测杂种优势要优于表型性状。分析优势组合类型和强优势组合双亲的形态指数和DNA籼粳TDj值的差异发现，双亲要么在形态上籼粳分化差异较大，要么是在DNA上的籼粳分化的差异较大，要么是在形态和DNA上差异均大，说明无论是形态上籼粳分化的差异，还是基因组上籼粳分化的差异，都是杂种优势产生的重要基础。

程式华等（2000）通过用较为典型的籼型保持系协青早B和籼粳中间型保持系064B与株型各异、籼粳分化程度不一的籼粳交DH群体的不同株系配组，分析杂种一代的优势和株型的变化，以明确亲本籼粳分化度对杂种 F_1 产量及产量性状的影响。结果表明，无论是用协青早B还是064B作测交母本，测交杂种并未显示出单纯随父本的粳型成分增加而单株籽粒产量提高。协青早B的籼粳形态指数为6，表现为典型的籼型属性，当父本的籼粳形态指数在7～13时（籼至偏籼），测交杂种的单株籽粒产量呈递增趋势，在15～19（偏粳至粳）时产量呈递减趋势，其中12～16（偏籼至偏粳）间呈现较高的产量水平。064B的形态指数为11，表现为中间偏籼型，其测交杂种的单株籽粒产量呈双峰分布，峰值分别出现在父本形态指数为11（偏籼）和15（偏粳）时。父本粳型分子标记指数与单株籽粒产量的关系与籼粳形态指数表达的有所差异，但协青早 B 的测交杂种和 064B 的测交杂种在父本的粳型分子标记指数分别大于 0.6（形态指数大于 15）和 0.5（形态指数大于 14）时，单株籽粒产量呈递减趋势。

进一步对产量构成因子的分析表明，两类测交组合的单株有效穗数的峰值均出现在籼粳形态指数为 15 处，随后急剧下降；协青早 B/DH 群体测交组合和 064B/DH 群体测交组合在粳型分子标记指数分别大于 0.4 和 0.2 时，单株穗数呈逐步下降趋势。测交母本对测交杂种的每穗粒数有影响，但两类测交组合每穗粒数基本上均随父本的籼粳形态指数和粳型分子标记指数的提高而增加。而两类测交组合的千粒重差异由母本决定，父本的籼粳分化对杂种的千粒重几乎没有影响，在籼粳形态指数为 12～15 时，结实率较高；当粳型分子标记指数大于 0.6 时，结实率开始明显下降。由此可知，两类测交杂种在父本籼粳形态指数为 11～15 或粳型分子标记小于 0.6 时具有较高的单株产量水平，与这些杂种具有较多的单株穗数、适中的每穗粒数和较高的结实率密切相关。

3. 育成并推广了一批超级稻品种

经过全国联合攻关，我国已育成一批达到产量指标的超级稻新品种，如协优 9308、Ⅱ优明 86、Ⅱ优航 1 号、Ⅱ优 162、D 优 527、Ⅱ优 7 号、Ⅱ优 602、Ⅲ优 98 等三系超级杂交稻，两优培九、准两优 527 等两系超级杂交稻，以及沈农 265、沈农 606 等超级常规稻新品种。这些新品种均通过了省级以上审定，经相关部门组织专家验收，达到了百亩示范片验收平均单产超过 10.5t/hm^2（700kg/亩），小面积高产田块单产 12 t/hm^2（800kg/亩）的高产水平。据不完全统计，超级稻新品种 1999—2004 年已在生产上累计推广种植 1 093万 hm^2（1.64 亿亩）。根据对比调查，超级稻新品种大面积单产一般能达到 9 t/hm^2（600kg/亩），比普通品种增产 750 kg/hm^2（50kg/亩）。部分超级稻品种，除了产量高外，在米质和抗性方面也表现良好，深受农民欢迎。

2004 年，中国超级稻选育与试验示范项目组共有 10 项成果获奖。其中国家奖 2 项，省级奖 8 项。中国超级稻研究经过 8 年的艰苦攻关，终于取得公认的成就。由中国水稻研究所主持完成的“超级稻协优 9308 的选育、超高产生理研究及生产集成技术示范推广”成果荣获 2004 年度国家科技进步二等奖；由江苏省农业科学院主持完成的“两系法超级杂交稻两优培九的育成与应用技术体系”成果荣获 2004 年度国家技术发明二等奖。而且两项成果的关键技术均获得了国家发明专利。

为了加强超级稻的推广，农业部科技教育司向全国推荐了近年来育成的达到或基本符合超级稻标准的 28 个新品种作为 2005 年超级稻主推品种，此外，各省（直辖市、自治区）也推荐了一批超级稻品种进行示范推广。

二、优质稻选育与推广为高效农业做贡献

稻米提供人类淀粉、蛋白质、脂肪及其他营养成分，保障人们的能量和健康需求。稻米又是国际贸易的重要商品之一，随着我国人民生活水平的日益提高，对外贸易的发展，水稻的品质问题越来越引起各方面的重视。特别是 20 世纪 90 年代以来，水稻单产突破了 6 t/hm^2，总产保持在 1.7 亿～2.0 亿 t，而常年稻谷消费量在 1.8 亿～1.9 亿 t，在水稻主产区出现了结构性过剩。我国水稻生产在实现总量基本平衡、丰年有余的历史性转变后，

其质量和结构问题已成为制约水稻产业发展的主要矛盾。我国已于2001年底加入世界贸易组织（WTO），而稻米是目前我国大宗粮食中具有相对价格优势的农产品。提高稻米品质，增强稻米市场竞争力，已成为水稻研究的热点，并在品质育种效率和新品种选育方面取得明显进展。

1. 现代仪器设备在品质鉴定中广为应用

近年来，随着其他学科向农业学科的渗透，一批先进的仪器设备在水稻品质育种中得到应用，对提高品质育种效率起到了积极的作用。包括近红外分析仪、食味分析仪、黏度速测仪、质地分析仪、色谱仪等，其中近红外分析仪在国内应用最为广泛。

近红外分析仪依据不同物质对近红外辐射可产生特征性吸收，不同波段的吸收强度与该物质的分子结构和浓度存在对应关系，来分析被测物中某种成分的含量。利用定量分析软件，根据多组分混合物中每一种物质的含量与该混合物光谱的相关性计算出相关模型，利用该模型对未知混合物的光谱进行预测，根据光谱特点可得到混合物中该组分的含量。该技术的最大优点在于快速、简便，一旦建立起有效的回归方程，可在样品扫描几秒钟内显示结果；另外一份样品可同时对多项指标进行测定，而且无损测定样品，由于该技术具有快速、简便、样品无损测定等特点，非常适合在遗传育种中利用。我国在20世纪80年代大批引进近红外设备，由于受当时硬件、软件技术条件的限制和缺少强有力的技术支持，大量设备未得到很好应用，加上该仪器设备价格较高，近红外设备在农业上应用较少。90年代初在谷物、蔬菜、饲料品质分析中开始利用。舒庆尧等（1999）采用NIRSystem6400型近红外分析仪，进行精米粉样品表观直链淀粉含量测定研究，取得较好效果。唐绍清等（2004）利用近红外反射光谱技术进行了稻米脂肪含量测定。

2. 分子技术改良稻米品质受到重视

与产量、抗性一样，近年有关稻米品质性状分子标记研究受到重视。何平等（1998）及He等（1999）用窄叶青8号和京系17为亲本构建的DH群体及其分子连锁图谱，对影响稻米蒸煮品质关键指标直链淀粉含量（AC）、糊化温度（GT）、胶稠度（GC）及垩白的QTL进行定位，认为AC受一个主效基因*Wx*和一个微效QTL作用，分别位于第6和第5染色体上；控制GC的2个QTL分别位于第2和第7染色体上；GT受一个主效基因*alk*和一个微效QTL作用，均位于第6染色体上；控制垩白粒率的两个QTL位于第8和第12染色体上；控制垩白大小的只有一个微效QTL，位于第3染色体上。直链淀粉含量、糊化温度、胶稠度等稻米蒸煮食用品质已建立相关标记。

稻米香味的分子标记研究近10多年取得明显进展。金庆生等（1995）将KDML105的香味基因初步定位在第8染色体上，1996年将香味基因标记在RFLP标记jas500和C222之间，遗传图距分别为15.8 cM和27.8 cM，Louis等（2005）克隆了位于第8染色体上的香味基因*fgr*。

通过基因工程方法进行品质的改良也取得较大进展。目前已成功克隆了至少一种以上参与淀粉合成的AGDP、GBSS、SBE和DBE等关键酶，为遗传操作奠定基础。胡昌泉（2003）和苏军等（2004）将控制支链淀粉合成的淀粉分支酶基因RBE1、可溶性淀粉合成酶基因SSS导入籼稻的恢复系和保持系中，获得了稳定遗传的淀粉含量有较大改变的转基因籼稻。国际水稻研究所通过转基因技术培育的金色稻（Golden rice），显著提高了

β-胡萝卜素（维生素 A 前体）含量，国内多家单位已引进进行育种利用。

3. 我国稻米品质改良成效显著

进入 20 世纪 90 年代以来，我国稻米品质改良研究取得了长足的进步，如湖南软米、中优早 3 号等两个早籼品种分别获得第一、第二届农业博览会金奖。近几年来，中国水稻研究所、广东省农业科学院水稻研究所、湖南省水稻研究所、江西省农业科学院水稻研究所等单位相继育成一批品质符合市场要求的早晚稻优质品种，如早籼优质品种中鉴 100、中优早 5 号、南集 3 号、中优早 81、绿黄占、赣早籼 37 等，这些早籼优质品种的品质主要指标均达部颁二级米标准，表现垩白少，垩白粒率 10%～20%，整精米粒率 50%以上，米粒细长，直链淀粉含量 15%～23%，米饭柔软可口，具有一定的商品开发价值，一些稻米开发企业定点、定基地进行合同收购。特别是 90 年代中后期，以可供出口的一级优质籼稻中香 1 号、北方优质粳稻龙粳 8 号等品种成功实现产业化开发为标志，我国优质稻育种研究已进入国际先进行列。中香 1 号品种为湖南常德金健米业公司所利用，开发出金健牌强身米等名牌大米，畅销深圳、香港市场，该公司因此成为我国首家上市的粮食股份有限公司。近年来，品质主要指标达部颁一级米标准的晚籼优质稻品种如中健 2 号、丰矮占、粤香占、湘晚籼 5 号、湘晚籼 10 号、湘晚籼 11、赣晚籼 19、923、伍农晚 3 号等的品质已接近或达到国际王牌大米泰国香米 KDML105 水平，以此开发出了珍珠强身米、龙凤牌中国香米、聚福香米、秀龙香丝米、碧云大米等。目前我国优质食用稻品种品质（部颁优质米三级标准或以上）达标率为 28.5%（籼稻品种达标率为 18.3%，粳稻品种达标率为 49.7%）；2003 年种植面积在 3.33 万 hm^2 以上的常规稻品种近 50%达到优质化。

另一方面，与国外优质米相比，我国稻米仍有较大的差距。我国优质稻新品种（系），籽粒长、千粒重均小于国外名牌大米。直链淀粉含量是影响稻米蒸煮及食味品质的重要因素，国外名牌大米直链淀粉含量平均值为 20.1%，变幅为 18.6%～21.8%，位于中、低直链淀粉含量的临界值附近，我国上述 9 个优质稻直链淀粉含量平均值为 17. 5%，变幅为 10.1%～18.8%，都属于低直链淀粉含量类型，其米饭松散性往往较差。研究表明，籼稻的直链淀粉含量与胶稠度呈负相关，一些籼稻品种虽然胶稠度软，直链淀粉含量低，米饭柔软，但松散性往往较差。而国外名牌大米胶稠度（82.5mm）和直链淀粉含量（20.1%）均大于我国的优质稻米，米饭柔软而松散，更受消费者欢迎。

为改变杂交稻品质低下的局面，近年来，国内一些育种单位主攻优质、高异交率的不育系，如中国水稻研究所育成的印水型不育系中 9A、四川省农业科学院育成的川香 29A、广东省农业科学院育成的粤丰 A 等，配制出了一批米质指标尤其是透明度大有改观的杂交稻新品种，如国稻 1 号、国稻 3 号、丰优香占、扬两优 6 号、两优 8828 等，其产量与品质兼顾，稻米品质达到了国标优质 3 级以上。

三、抗性水稻育种取得经济和环境保护双重效益

抗病虫育种是水稻抗性育种的主题之一。现今对为害最大的稻瘟病、白叶枯病以及稻飞虱、白背飞虱等病虫害抗性已有较为深入的研究，并取得令人瞩目的育种成果。

1. 发掘出新的抗病虫基因

近年来从栽培稻或野生稻中发掘了一些新的抗病虫基因，为抗病虫育种提供了良好的

资源，如国际水稻研究所从非洲长药野生稻中发掘出对水稻白叶枯病具有广谱抗性的基因 *Xa*21；中国农业科学院作物科学研究所从广西普通野生稻中发掘出对水稻白叶枯病具有广谱抗性的基因 *Xa23*；中国水稻研究所从云南地方品种中发掘出白背飞虱抗性基因 *Wb-ph6*（*t*）等。中国水稻研究所用高产感稻瘟病的籼稻品种中 156 与抗稻瘟病的地方品种农家品种谷梅 2 号构建重组自交系群体，通过扩展和致密遗传图谱，较精确地确定了抗稻瘟病主基因 *Pi25*（*t*）、*Pi26*（*t*）和 Pib^{gm} 的位置。*Pi25*（*t*）和 *Pi26*（*t*）位于第 6 染色体近着丝粒的连锁区间中，其协同作用产生广谱和全生育期抗性，其中，*Pi25*（*t*）与两侧标记 A7 和 RG456 分别相距 1.7 cM 和 1.5 cM，它们位于一个 123kb 的 BAC 克隆上；*Pi26*（*t*）位于标记 K17 和 R2123 之间，与 R2123 相距 2.0 cM。Pib^{gm} 位于第 2 染色体长臂近末端处，与 RM208 完全共分离。

2. 基因聚合进一步提高抗性

利用多种技术手段，聚合多个抗性基因于一体，可以显著提高抗病性。国际水稻研究所将多个白叶枯病抗性基因聚合到 IR24 遗传背景中，最多的聚合了 4 个白叶枯病抗性基因（*Xa4*，*xa5*，*xa13*，*Xa21*）。从这些材料对浙江省 4 个主要流行小种的抗性看，单抗性基因材料的抗白叶枯病表现均不理想，而基因聚合材料中则有相当一部分对 4 个白叶枯病生理小种均为抗或高抗（表 1-9）。

表 1-9 抗白叶枯病水稻基因聚合材料对浙江省主要白叶枯病菌小种的抗性表现

（郑康乐等，1998）

品系名称	基因	对各小种的抗感反应*			
		Ⅲ (94-17)	Ⅳ (95-3)	Ⅴ (94-30)	Ⅵ (94-52)
IR24	—	5.0	7.0	5.0	9.0
IRBB4	*Xa4*	4.3	4.1	3.0	5.0
IRBB5	*xa5*	3.0	5.0	2.1	6.0
IRBB13	*xa13*	5.4	5.0	7.0	9.0
IRBB21	*Xa21*	5.0	8.2	5.3	9.0
IRBB50	*Xa4*+*xa5*	1.0	1.0	2.0	2.3
IRBB51	*Xa4*+*xa13*	3.0	3.0	4.6	5.2
IRBB52	*Xa4*+*Xa21*	2.8	1.7	3.0	1.6
IRBB53	*xa5*+*xa13*	4.5	4.2	4.3	5.0
IRBB54	*xa5*+*Xa21*	1.0	1.0	1.0	4.9
IRBB55	*xa13*+*Xa21*	5.0	5.0	3.8	5.0
IRBB56	*Xa4*+*xa5*+*xa13*	1.5	5.0	4.1	4.3
IRBB57	*Xa4*+*xa5*+*Xa21*	1.0	1.0	1.0	1.0
IRBB58	*Xa4*+*xa13*+*Xa21*	1.7	1.5	4.5	4.7
IRBB59	*xa5*+*xa13*+*Xa21*	1.0	1.0	1.0	1.0
IRBB60	*Xa4*+*xa5*+*xa13*+*Xa21*	1.0	1.0	1.3	1.5

* 病斑面积：1=0～3%，2=4%～6%，3=7%～12%，4=13%～25%，5=26%～50%，6=51%～75%，7=76%～87%，8=88%～94%，9=95%～100%。

国际水稻研究所的这套抗白叶枯病材料已在中国杂交水稻育种中发挥了重要的作用。中国水稻研究所利用 4 基因聚合材料 IRBB60，应用分子标记辅助选择育成高配合力抗病恢复系 R8006，配制出国稻 1 号、国稻 3 号、国稻 6 号和Ⅱ优 8006 等优良杂交品种。

不同抗性基因聚合能提高品种的综合特性。中国水稻研究所通过基因聚合，育成了兼具高抗白叶枯病（*xa5*）、抗稻瘟病、白背飞虱和褐飞虱，且米质指标达到国标 1 级米标准的优质中晚籼兼用型新品系中组 14。据分析，“九五”期间鉴定了 332 份我国新育成的水稻品种（材料）对稻瘟病、白叶枯病、细菌性条斑病、白背飞虱和褐飞虱的抗性。筛选出中抗上述一种水稻病虫害的品种（材料）共计 397 份（次），双抗和三抗的品种（材料）分别为 76、19 个，四抗品种有 6 个。

3. 转 Bt 抗螟虫水稻已接近开发阶段

对生产上连年大发生的稻螟虫（二化螟、三化螟）以及稻纵卷叶螟，虽然水稻品种资源中一直缺少可有效利用的高抗种质资源，但近 10 多年来通过转基因技术育成的抗性优异的抗螟虫和稻纵卷叶螟转基因水稻取得重要突破。迄今，国内外有 10 多个研究组采用农杆菌介导或基因枪等方法相继育成了抗上述害虫的转基因水稻品系，类型涉及籼稻、粳稻，也包括常规稻和杂交稻，所导入的基因主要有 Bt 内毒素蛋白基因 *cry1Ab*、*cry1Ac* 和豇豆胰蛋白酶抑制剂基因 *cpti*（*SCK*）等。我国转基因水稻的研究现阶段在世界上居于领先水平，中国科学院遗传与发育生物学研究所和福建省农业科学院合作培育的转 *cry1Ac*＋*SCK* 双价基因明恢 86（籼稻）及其杂交组合、浙江大学培育的转 *cry1Ab* 基因克螟稻（粳稻）、华中农业大学培育的转 *cry1Ab*/*cry1Ac* 融合基因汕优 63（杂交稻）等抗虫转基因水稻均已进入生产性试验阶段，对螟虫和稻纵卷叶螟的防治效果均在 90％以上，部分品系全水稻生育期防效甚至可达 100％，即使在田间螟虫和稻纵卷叶螟大发生或特大发生的情况下亦完全免疫，无需化学防治；这些转基因水稻对稻苞虫、稻螟蛉等其他次要鳞翅目害虫亦有明显抗虫效果，在稻虫综合防治中展现出巨大应用前景。但出于对转基因水稻的食用安全性和其潜在生态风险的担忧，目前我国尚无转基因水稻获准商品化生产。

第五节 水稻育种面临的挑战与展望

进入 21 世纪，人类将面临人口、资源、环境等问题，针对这些问题而开展的育种可称为适应性育种或持续性育种，即针对农业发展中存在的或新出现的问题，采取相应的育种手段进行解决，以保障整个农业的持续发展。如果育种上没有大的突破，粮食安全和经济发展将面临威胁，政治和社会稳定也将受到重大影响。提高水稻产量和品质、增强水稻抗性和省力栽培是国民经济与社会发展对水稻育种的三项重大需求。

经济发展、人口增长和耕地减少直接影响水稻的总产。联合国粮农组织指出，2000 年全世界有 826 万人仍然处于饥饿和寒冷之中，解决温饱问题仍然是十分严峻的挑战，并且预计到 2010 年，发展中国家谷物缺口将从目前的 1 亿 t 增加到 1.6 亿 t 以上。在中国，为充分满足今后对稻米的需求，必须在 2010 年前育成一批产量比现有品种增产 25％左右、品质较好的突破性新品种。因此优质超级稻育种将是可持续农业发展中具战略性的研究内容。

其次，全球气候变暖有可能使水稻减产。国际水稻研究所的研究表明，水稻生长期平均夜间最低温度每升高 1℃，水稻产量就下降 10%。气象专家预计，21 世纪全球气温可能再上升 1.5～4.5℃，这意味着届时亚洲水稻产量可能会下降一半左右。气候的变暖，还有利于病、虫害的发生和繁殖蔓延。因此针对全球气候变化的趋势，将提出并实施新的水稻育种计划，包括耐紫外辐射、耐高温、耐旱、抗病虫害的基因发掘、创新和利用。

第三，亚洲和中国水稻生产将面临人力资源危机。稻农数量不断减少，平均年龄上升，而其教育和专业技术水平又没有提高。随着对省力栽培的日益重视，应加强开展适宜直播、耐除草剂、再生力强和肥料高效利用的水稻品种选育。

参考文献

曹立勇，占小登，庄杰云，等.2005. 利用分子标记辅助育种技术育成高产抗病杂交水稻国稻 1 号 [J]. 杂交水稻，20 (3)：16-18.

程式华，廖西元，闵绍楷.1998. 中国超级稻研究：背景、目标和有关问题的思考 [J]. 中国稻米 (1)：3-5.

程式华，翟虎渠.2000. 杂交水稻超高产育种策略 [J]. 农业现代化研究，21 (3)：147-150.

程式华，庄杰云，曹立勇，等.2004. 超级杂交稻分子育种研究 [J]. 中国水稻科学，18 (5)：377-383.

何平，李仕贵，李晶诏，等.1998. 影响稻米品质几个性状的基因座位分析 [J]. 科学通报，43 (16)：1 747-1 750.

胡昌泉，徐军望，苏军，等.2003. 农杆菌介导法获得转可溶性淀粉合成酶基因籼稻 [J]. 福建农业学报，18 (2)：65-68.

胡培松，万建民，翟虎渠.2002. 中国水稻生产新特点与稻米品质改良 [J]. 中国农业科技导报，4 (4)：33-39.

胡培松.2003. 功能性稻米研究与开发 [J]. 中国稻米 (5)：3-5.

金庆生.1995. 用 RAPD 和 RFLP 定位水稻香味基因（Ⅰ）[J]. 浙江农业学报，7 (6)：439-442.

金庆生.1996. 用 RAPD 和 RFLP 定位水稻香味基因（Ⅱ）[J]. 浙江农业学报，8 (1)：19-23.

李冬虎，傅强，王锋，等.2004. 转 *sck/cry1Ac* 双基因抗虫水稻对二化螟和稻纵卷叶螟的抗虫效果[J]. 中国水稻科学，18：43-47.

李任华，徐才国，何予卿，等.1998. 水稻亲本遗传分化程度与籼粳杂种优势的关系 [J]. 作物学报，24 (5)：564-576.

舒庆尧，吴殿星，夏英武，等.1999. 用近红外反射光谱技术测定精米粉样品表观直链淀粉含量的研究 [J].中国水稻科学，13 (3)：189-192.

苏军，胡昌泉，吴方喜，等.2004. 农杆菌介导获得转淀粉分枝酶基因 *rbel* 籼稻 [J]. 福建农林大学学报，33 (1)：64-67.

孙传清，姜廷波，陈亮，等.2000. 水稻杂种优势与遗传分化关系的研究 [J]. 作物学报，26 (6)：5-7.

唐绍清，石春海，焦桂爱.2004. 利用近红外反射光谱技术测定稻米中脂肪含量的研究初报 [J]. 中国水稻科学，18 (6)：563-566.

王熹，陶龙兴，俞美玉，等.2002. 超级杂交稻协优 9308 生理模型的研究 [J]. 中国水稻科学，16 (1)：38-44.

王兴春，杨长登，李西明，等.2004. 分子标记辅助选择与花药培养相结合快速聚合水稻白叶枯病抗性基因［J］．中国水稻科学，18（1）：7－10.

杨惠杰，李义珍，杨仁崔，等．2001．超高产水稻的干物质生产特性研究［J］．中国水稻科学，15（4）：265－270.

杨振玉，刘万友，华泽田，等．1992．籼粳亚种间杂种 F_1 的分类与杂种优势关系的研究［G］//两系法杂交水稻研究论文集．北京：中国农业出版社．

翟虎渠，曹树青，万建民，等．2002．超高产杂交稻灌浆期光合功能与产量的关系［J］．中国科学：C辑，32（3）：211－217.

章琦，赵炳宇，赵开军，等．2000．普通野生稻的抗水稻白叶枯病新基因 *Xa23*（*t*）的鉴定和分子标记定位［J］．作物学报，26：536－542.

郑康乐，庄杰云，王汉荣．1998．基因聚合提高了水稻对白叶枯病的抗性［J］．遗传，20（4）：4－6.

HE P，LI S G，QIAN Q，et al. 1999. Genetic analysis of rice grain quality［J］. Theoretical and Applied Genetics，98：502－508.

HUANG N，ANGELES E R，DOMINGO J，et al. 1997. Pyramiding of bacterial blight resistance genes in rice：marker－assisted selection using RFLP and PCR［J］. Theoretical and Applied Genetics，95：313－320.

JIANG G H，XU C G，TU J M，et al. 2004. Pyramiding of insect－and disease－resistance genes into an elite indica，cytoplasm male sterile restorer line of rice，'Minghui 63'［J］. Plant Breeding，123：112－116.

LOUIS M，BRADBURY L，et al. 2005. The gene for fragrance in rice［J］. Plant Biotechnology Journal，3（3）：363－370.

YE X，AL－BABILI S，KLOTI A. 2000. Engineering the pro－vitamin A（β－carotene）biosynthetic pathway into（carotenoid－free）rice endosperm［J］. Science，287：303－305.

ZHUANG J Y，MA W B，WU J L，et al. 2002. Mapping of leaf and neck blast resistance genes with resistance analog，RAPD and RFLP in rice［J］. Euphytica，128：363－370.

2 第二章 水稻种质资源的研究与利用

第一节 水稻种质资源的收集、评价和保存现状

回顾水稻育种的发展历程，每一次水稻育种的重大突破都与水稻优异种质的发掘和利用有着密切的联系。20 世纪 50～60 年代矮仔占、矮脚南特、广场矮和 IR8 等矮秆种质资源在水稻育种中的有效利用，使中国水稻单产提高了 20%；70 年代水稻野败型、G 型、D 型和矮败型等不育系在杂种优势中的利用，使水稻单产又提高了 20%；80～90 年代光温敏核不育和新株型等种质资源在水稻育种中的应用又给水稻超高产育种带来新的突破和飞跃。可见，水稻种质资源是水稻育种的重要物质基础和关键所在。而大量收集和保存水稻种质资源是挖掘和利用水稻优异种质的重要前提。

世界许多国家已充分认识到种质资源对作物育种的卓越贡献，非常重视种质资源的收集与保存研究。国际植物遗传资源研究所（IPGRI）、国际水稻研究所（IRRI）等国际农业研究机构和美国、日本、韩国等国家从 20 世纪 70～80 年代开始建立植物种质库，从国内外广泛收集植物种质资源。至今全世界收集保存的水稻种质资源约有 42 万份（含复份），其中，IRRI 10.7 万份、中国 7.8 万份、印度 5.4 万份、日本 4.0 万份、韩国 2.7 万份、泰国 2.4 万份、西非水稻发展协会（WARDA）2.0 万份、美国 1.7 万份、巴西 1.4 万份、老挝 1.2 万份、热带农业国际研究所（IITA）1.2 万份。

随着全球贸易一体化进程的加快，各国对作物种质资源的争夺更加激烈。中国是亚洲栽培稻（*Oryza sativa* L.）的起源地之一，稻作历史悠久，水稻种质资源非常丰富，其数量之多列世界之最。因此，持续开展水稻种质资源的考察与收集、鉴定与评价、整理编目与繁种保存、繁殖更新与提供利用是保护我国水稻种质资源、推动我国水稻育种持续稳定发展的重要保证和举措。

一、水稻种质资源的考察与收集

随着农业高等院校和农业研究机构的成立，我国最早在20世纪初，开始调查和收集水稻种质资源。20世纪30年代对我国长江流域及其以南的江苏、安徽、湖南、广西、广东、云南和四川等省（自治区）开展水稻地方品种的调查和收集，征集到水稻种质资源3 000余份。50年代在广东、湖南、湖北、江苏、浙江、四川等14省（直辖市、自治区）进行一次全国性的水稻种质资源的征集工作，收集水稻种质资源5.7万余份。70年代末至80年代初，组织全国各省（直辖市、自治区）农业科研单位，开展全国性水稻种质资源的补充征集、全国野生稻资源和云南省水稻种质资源的重点考察征集工作，补充征集各类水稻种质资源1万余份，其中包括普通野生稻、药用野生稻和疣粒野生稻种质资源3 238份，云南稻种1 991份；同期还首次从西藏自治区的4个县收集水稻种质资源30份。在国家“七五”（1986—1990）、“八五”（1991—1995）和“九五”（1996—2000）三个五年计划科技攻关期间，分别对神农架和三峡地区、海南岛和湖北、四川、陕西、贵州、广西、云南、江西和广东等省、自治区进行考察和收集，收集水稻种质资源3 500余份。“十五”期间，在科学技术部基础性工作、国家科技基础条件平台重点项目和农业部作物种质资源保护项目的资助下，开展国内选育品种的收集和国外种质资源的引进工作，从国内外收集水稻种质资源2 000余份。

二、水稻种质资源的鉴定与评价

水稻种质资源鉴定评价的性状包括形态特征、生物学特性、抗逆性、抗病虫性和品质特性。栽培稻种质资源的鉴定评价必选项目包括亚种类型、水旱性、粘糯性、光温性、熟期性、播种期、抽穗期、全生育期、株高、茎秆长、穗长、穗粒数、有效穗数、结实率、千粒重、谷粒长度、谷粒宽度、谷粒形状、种皮色等性状和抗病虫性（稻瘟病的苗瘟、叶瘟、穗颈瘟、穗节瘟，白叶枯病、纹枯病、细菌性条斑病、褐飞虱、白背飞虱）、抗逆性（苗期抗旱性、发芽期耐盐性、苗期耐盐性、发芽期耐碱性、芽期耐冷性、苗期耐冷性）以及品质特性（糙米率、精米率、整精米率、精米粒长、精米粒宽、精米长宽比、垩白粒率、垩白大小、垩白度、透明度、糊化温度、胶稠度、直链淀粉含量、蛋白质含量）。野生稻种质资源的鉴定评价必选项目包括叶耳颜色、生长习性、茎基部叶鞘色、见穗期、叶片茸毛、叶舌形状、芒、开花期芒色、柱头颜色、花药长度、地下茎、谷粒长、谷粒宽、内外颖表面、成熟期内外颖颜色、百粒重、种皮颜色、外观品质等。杂交水稻“三系”种质资源的鉴定评价必选项目除包括栽培稻必选项目外，还包括不育类型、不育株率、花药开裂程度、花粉不育度、花粉败育类型、不育系的可恢力、保持系的保持力、恢复系的恢复力、不育系的异交结实率等。

截至2005年，我国完成了26 298份水稻种质资源的抗逆性鉴定，占入库种质的38.04%；完成了57 812份水稻种质资源的抗病虫性鉴定，占入库种质的83.62%；完成了30 794份水稻种质资源的品质特性鉴定，占入库种质的44.54%。表2-1列出了截至2005年通过鉴定评价所筛选出的水稻优异种质份数，表明在我国水稻种质资源中蕴藏着丰富的抗旱、耐盐、耐冷、抗白叶枯病、抗稻瘟病、抗褐飞虱、抗白背飞虱等优异种质。抗逆性和抗病虫性表现为极强或高抗的优异种质有 1 695 份，其中地方稻种、国外引进稻种、选育稻种、野生稻种分别占 77.6%、1.5%、10.1%和 10.8%；表现强或抗的优异种质有 4 549 份，其中地方稻种、国外引进稻种、选育稻种、野生稻种分别占 60.3%、16.2%、12.8%和 10.7%。表 2-2 列出了至今筛选出的部分水稻优异种质资源的种质名称。

表 2-1　筛选出的抗逆性和抗病虫性水稻优异种质份数

种质类型	抗旱		耐盐		耐冷		抗白叶枯病	
	极强	强	极强	强	极强	强	高抗	抗
地方稻种	132	493	17	40	142	—	12	165
国外引进稻种	3	152	22	11	7	30	3	39
选育稻种	2	65	2	11	—	50	6	67
野生稻种	—	—	—	—	—	—	16	117

种质类型	抗稻瘟病			抗纹枯病		抗褐飞虱			抗白背飞虱		
	免疫	高抗	抗	高抗	抗	免疫	高抗	抗	免疫	高抗	抗
地方稻种	—	816	1 380	0	11	—	111	324	—	122	329
国外引进稻种	—	5	148	5	14	—	0	218	—	1	127
选育稻种	—	63	145	3	7	—	24	205	—	13	32
野生稻种	13	8	188	—	10	3	89	98	45	71	73

注：表内栽培稻种的数据来自国家种质数据库；野生稻种数据来自张万霞等（2004）。

表 2-2　筛选出的部分水稻优异种质资源

（应存山等，1996；罗玉坤等，1997；韩龙植等，2002）

类　型	主要特性	水稻优异种质资源名称
矮秆	株高矮于 75cm	黑里壳、河北矮源、三系 10 号、台 24、盘徐稻、ITA398、IAT408、红松、红籼、矮仔占、矮麻、矮鬼、矮芒籼粘、矮芒白米粘、褐秆籼粘、本地香糯、驼粘、特大粒、青冬、宫香、朽柄、金刚、大淀、春风、奥胜、Q95、黄和观稻、秆黄白米粘
大穗	每穗粒数≥250 粒	驼儿糯、昆明大日谷、汲浜、早献壳、八百粒糯、大杯子谷、黄瓜谷、鸟嘴晚禾、嘉平、大白背子谷、老黄毛、青秆背、疙瘩晚谷、大白谷、大方白谷、红宝石、54-BC-68、Kumri、Nato、Belle PaTna、IRAT1169、毫刚、陆稻农林 2 号、福山、JW15、BK9、嘉农 428、通山三粒寸、Q347、ITA303、ITA182、蛋壳糯、寸谷糯
大粒	千粒重≥40g	二粒寸、特大粒、天鹅谷、洪巢鼠尾、宝大粒、三粒寸、竹云糯、三棵寸、SLG-1、小田 2 号、Hrborio、Cyauco、Albolia Piecoe、Arborio、夏-940、夏-951、夏-953、夏 972
优质	外观好，垩白少	黑头红、E164、金麻粘、麻谷、苏御糯、广陵香糯、扬稻 4 号、金陵 57、台南 17、台中籼育 214、K103、八重黄金、北陆 129、宫香米、秋田小町、珍富稻
	蛋白质含量≥14.70%	三春种、早糯、大红芒、硬头京、红勿、黄壳粘、红毛糯、黄米仔、泸开早 282、杨柳谷、冷水糯、麻谷、红谷、三百颗、早冬红、早禾糯、麻壳红、温矮早、大红脚、铁秋、红壳糯
	食味佳	越光、一母惚、屉锦、秋田小町、一品稻、一味稻、周安稻、金星 1 号、五优稻 3 号
特种米	香稻	山香糯、大香糯、细香禾、香禾子、洋县香米、香玉 1 号、香粳 203、夹沟香稻、宫城香、武香籼 107、广陵香糯、汉中香糯、香珍糯、明水香稻、上农香糯、津香糯、香宝 1 号
	有色稻	鸭血糯、接骨糯、香血糯、乌贡 1 号、龙锦 1 号、黑珍米、黑宝、汉中黑糯、河姆渡黑米、矮黑糯、上农黑糯 07、黑优粘、桂黑糯、紫香糯、珍黑 701、朝紫、红衣、赤珍珠

（续）

类　型	主要特性	水稻优异种质资源名称
广亲和性		Gogo Sirah、NaVa76、New bomet、苦发谷、夏至白、籼粳7号、轮回422、02428、OS4、Catoloc、早沙粳、SMR、阿诺塔马岩、CPSL0117、京13、中大菲、七矮占
遗传标记		复粒稻、葱叶稻、白秆稻（无叶舌、无叶耳、无叶节）、H7（闭花受精）
抗逆性	抗旱	毫变1、老来红、乌尖红、旱谷、大麻谷、白旱糯、本地红谷、织金水兰粘、贵定大麻谷、兴义小麻谷、思茅青秆粘、务川包齐等、北洋糯、望水白、南通陆稻、宜兴旱稻、启东旱稻、IAPAR9、农林糯12、RD89、IRAT109、IRAT144、旱稻297、旱稻502、尚南旱稻
	耐盐	有芒白稻、有芒旱稻、黄粳稻、长脚大穗头、没芒鬼、竹系26、晚慢种、红壳糯、苏80-85、万太郎米、关东51、兰胜、美国稻、宜矮1号、珍珠42、竹广29、长白9号、辽盐16
	耐冷	黑壳粘、霍香谷、早麻谷、红芒大足、酒谷、竹桠糯、红谷、红须贵州禾、高雄育122、肥东塘稻、矮丰、有芒水稻、白芒、大红芒、小红芒旱稻、旱稻红芒、大白芒、兴国、合系15、滇靖8号、靖粳7号、滇系1号、合系41、云粳9号、丽江新团谷、昆明小白谷、吉粳81、吉粳83、日哈克、望娘、山形80、圆粒、生拨、梦清
抗病性	抗稻瘟病	三江、合川1号、AN花培42、Y382、台中育214、K33、南农2159、铁粳青、小爱2号、风景稻、双77020、红麻粘、独立秆、蜜蜂糯、青冬、蒲圻御谷、白秆南谷粳、延8891
	抗白叶枯病	扬稻4号、盐粳2号、金陵57、南粳36、苏农3037、麻谷、千斤糯、碑子糯、浠水鸟嘴糯、红糯、桐子糯、台南17、CTG778、森博纳特、BJ1、八朔糯、藤143、小北、秋力、中新120
	抗纹枯病（中抗）	水稻霸王、野稻、江二矮、南56、棉花条、Tetep、Jawa14、IET4699、IR20、IR42、IR64
	抗细菌性条斑病	玻璃占、晚铁矮、二糯、花皮山糯、毫米麻巢白、福矮早、金丝早粒、优特、广矮、麻早谷、苦根谷、白谷糯、华竹、扯糯、双桂1号、窄叶1号、溪晚4号、华竹40、广矮3784
	双抗（稻瘟病、白叶枯病）	中国93、蒲圻白壳糯、崇阳糯、晚选
	抗三病（稻瘟病、白叶枯病和纹枯病）	绥阳粘、瓮安川谷、穿谷
抗虫性	抗褐飞虱	滦平小黄子、红脚粘、双脚尖、野禾、青水赤、矮子谷、百早、麻渣谷、紫米谷、沙草谷、紫糯、红秆谷、大洒谷、怀安老头稻、杨西糯、南京14、阳城糯、苦心稻、矮子谷、陕西糯
	抗白背飞虱	细白粘、矮珍、白子谷、早麻谷、小哨谷、泥巴谷、地毛谷、长毛谷、高脚苏、小红谷、乌禾子、青山松、黄皮晚、安远早、古山禾、野红、乌金早、苦心稻、利川大白谷、罗田麻

三、水稻种质资源的整理与编目

在鉴定评价的基础上，对水稻种质资源进行整理和编目是入国家长期库保存的必要环节。在“六五”（1981—1985）和“七五”（1986—1990）期间，整理编目的水稻种质资源为61 358份，占编目总数的78.58%；“八五”（1991—1995）和“九五”（1996—2000）期间，所编目的水稻种质资源为14 607份，占编目总数的18.71%；“十五”（2001—2005）期间，所编目的水稻种质资源为1 603份，占2.05%（表2-3）。截至2006年，我国共编目水稻种质资源 78 086 份，其中各种类型所占的百分比大小顺序为：地方稻种（68.21%）>国外引进稻种（12.76%）>野生稻种（9.51%）>选育稻种（7.21%）>杂交稻“三系”资源（2.15%）>遗传材料（0.16%）。在所编目的水稻地方品种中，编目数量较多的省（直辖市、自治区）包括广西、云南、广东、贵州、湖南、四川、江西、江苏、浙江、福建和湖北（表 2-4）。在所编目的稻种资源中，68 123 份是从国内收集的种质资源，占编目总数的 87.24%。至今编写和出版了《中国稻种资源目录》8 册、《中国优异稻种资源》1 册，共约 600 万字。编目内容包括基本信息、形态特征和生物学特性、品质特性、抗逆性、抗病虫性和其他特征特性。

表 2-3 中国编目的水稻种质资源份数

种质类型　　时期	1981—1985	1986—1990	1991—1995	1996—2000	2001—2005	2006	合计
地方稻种	25 925	20 933	3 645	2 151	605	4	53 263（68.21%）
选育稻种	1 004	1 392	1 689	1 070	242	236	5 633（7.21%）
国外引进稻种	2 983	3 400	2 303	394	729	154	9 963（12.76%）
杂交稻“三系”资源	—	1 039	566	—	21	51	1 677（2.15%）
野生稻种	—	4 655	2 289	380	—	100	7 424（9.51%）
遗传材料	—	—	120	—	6	—	126（0.16%）
合计	29 912（38.31%）	31 419（40.24%）	10 612（13.59%）	3 995（5.12%）	1 603（2.05%）	545（0.70%）	78 086（100%）

注：“三系”包括不育系、保持系和恢复系；括弧内数字为各类型水稻种质资源占总编目数的百分比。

表 2-4 各省（直辖市、自治区）水稻地方品种的编目和入国家种质库份数

省（直辖市、自治区）	省（直辖市、自治区）代码	编目	入库	省（直辖市、自治区）	省（直辖市、自治区）代码	编目	入库
北京	01	9	9	湖北	17	1 696	1 467
河北	02	326	285	湖南	18	5 011	4 789
内蒙古	03	10	8	河南	19	365	358
山西	04	170	166	四川	20	4 087	3 964
辽宁	05	88	88	云南	21	6 489	5 392
吉林	06	86	86	贵州	22	5 682	5 437
黑龙江	07	125	123	陕西	24	673	562
上海	08	304	304	甘肃	25	7	7
江苏	09	2 551	2 536	西藏	26	38	27
浙江	10	2 221	2 079	新疆	27	16	16
安徽	11	735	723	宁夏	28	18	18
江西	12	3 182	2 974	天津	29	27	26
福建	13	1 909	1 890	台湾	30	1 446	1 303
山东	14	129	123	海南	31	473	465
广东	15	5 686	5 512	重庆	32	79	78
广西	16	9 625	8 537	合计		53 263	49 352

四、水稻种质资源的繁种保存

中国对水稻种质资源的大规模保存工作从20世纪80年代开始。表2-5表明，在国家科技攻关的资助下，中国以前几十年征集、考察和收集的水稻种质资源为基础，在1981—1990年期间，经鉴定评价和整理编目，在国家长期库中保存水稻种质资源52 065份，占入库总数的74.74%；1991—2000年期间保存水稻种质资源15 771份，占入库总数的22.64%；2001—2006年期间保存水稻种质资源1 834份，只占入库总数的2.63%。截至2006年，在国家长期库中收集保存的水稻种质资源共有69 660份，其中各种类型所占百分比大小顺序为：地方稻种（70.84%）>国外引进稻种（12.28%）>野生稻种（8.18%）>选育稻种（6.82%）>杂交稻“三系”资源（1.60%）>遗传材料（0.29%）。在所保存的水稻地方品种中，保存数量较多的省份包括广西、云南、广东、贵州、湖南、四川、江西、江苏、浙江、福建和湖北。

表2-5　国家长期库中保存的稻种资源份数

种质类型　期间	1981—1990	1991—1995	1996—2000	2001—2005	2006	合计
地方稻种	41 355	5 586	1 813	594	4	49 352（70.84%）
选育稻种	1 656	1 609	1 056	199	229	4 749（6.82%）
国外引进稻种	5 046	2 515	361	511	120	8 553（12.28%）
杂交水稻“三系”资源	534	508	—	20	51	1 113（1.60%）
野生稻种	3 474（5 130）*	1 769（3 232）*	356	—	100	5 699（8.18%）
遗传材料	—	198	—	6	—	204（0.29%）
合计	52 065（74.73%）	12 185（17.49%）	3 586（5.15%）	1 330（1.91%）	504（0.72%）	69 660（100%）

*　入圃数；括弧内百分比为各种类型水稻种质资源占入库总份数的比率。

表2-6　国家长期库保存的稻种资源中籼稻和粳稻、水稻和陆稻、粘稻和糯稻的份数

种质类型	籼　粳		水　陆		粘　糯	
	籼稻	粳稻	水稻	陆稻	粘稻	糯稻
地方稻种	32 485（65.82%）	16 867（34.18%）	45 444（92.08%）	3 908（7.92%）	39 932（80.91%）	9 420（19.09%）
选育稻种	2 634（55.46%）	2 115（44.54%）	4 729（99.58%）	20（0.42%）	4 310（90.76%）	439（9.24%）
国外引进稻种	4 503（52.71%）	4 040（47.29%）	8 351（97.75%）	192（2.25%）	7 986（93.48%）	557（6.52%）
合计	39 622（63.25%）	23 022（36.75%）	58 524（93.42%）	4 120（6.58%）	52 228（83.37%）	10 416（16.63%）

注：表内数据来源于国家种质数据库；括弧内数字为占总数的百分比。

从国家长期库中保存的水稻种质资源类型看（表2-6），在入库保存的49 352份地方稻种中，籼稻和粳稻分别占65.82%和34.18%，水稻和陆稻分别占92.08%和7.92%，粘稻和糯稻分别占80.91%和19.09%；在4 749份选育稻种中，籼稻和粳稻分别占55.46%和44.54%，水稻和陆稻分别占99.58%和0.42%，粘稻和糯稻分别占90.76%和

9.24%；在 8 543 份国外引进稻种中，籼稻和粳稻分别占 52.71%和 47.29%，水稻和陆稻分别占 97.75%和 2.25%，粘稻和糯稻分别占 93.48%和 6.52%。从总体看，在入国家长期库的 62 644 份地方稻种、选育稻种、国外引进稻种等水稻种质资源中，籼稻和粳稻分别占 63.25%和 36.75%，水稻和陆稻分别占 93.42%和 6.58%，粘稻和糯稻分别占 83.37%和 16.63%。籼稻、水稻和粘稻的数量分别显著多于粳稻、陆稻和糯稻。

五、水稻种质资源的标准化整理

针对至今在水稻种质资源的鉴定与评价以及研究利用中所采用的术语、鉴定程序、鉴定技术方法、评价指标和分级标准等缺乏统一规范和系统性的这一局面，制定了统一的水稻种质资源规范标准。水稻种质资源描述规范规定了水稻种质资源的描述符及其分级标准，以便对水稻种质资源进行标准化整理和数字化表达；水稻种质资源数据标准规定了水稻种质资源各描述符的字段名称、类型、长度、小数位、代码等，以便建立统一的、规范的水稻种质资源数据库；水稻种质资源数据质量控制规范规定了水稻种质资源数据采集全过程中的质量控制内容和质量控制方法，以保证数据的系统性、可比性和可靠性。韩龙植等（2006）编辑出版的《水稻种质资源的描述规范和数据标准》，对水稻种质资源 155 个描述符的描述规范、数据标准和质量控制规范进行了描述。描述符类别包括基本信息、形态特征和生物学特性、品质特性、抗逆性、抗病虫性和其他特征特性。

为了水稻种质资源的共享利用，对 5 万余份中国水稻地方品种进行了共性描述和特性整理，对 5 000 余份水稻种质资源构建了水稻地上部植株体、穗部、籽粒的图像数据库，并将该数据库保存于国家种质信息库。共性描述特性包括平台资源号、资源编号、种质名称、种质外文名、科名、属名、种名、原产地、省、国家、来源地、资源归类编码、资源类型、主要特性、主要用途、气候带、生长习性、生育周期、特征特性、具体用途、观测地点、系谱、选育单位、选育年份、海拔、经度、纬度、土壤类型、生态系统类型、年均温度、年均降雨量、图像、记录地址、保存单位、单位编号、库编号、圃编号、引种号、采集号、保存资源类型、保存方式、实物状态、共享方式、获取途径、联系方式、源数据主键等。

六、水稻种质资源的繁殖更新与提供利用

将水稻种质资源向育种及相关研究单位积极提供利用是水稻种质资源研究的重要任务之一。进入 21 世纪，中国政府非常重视种质资源的繁殖更新与提供利用。在农业部作物种质资源保护项目的资助下，2001 年至 2006 年由中国农业科学院作物科学研究所和中国水稻研究所牵头，组织云南、贵州、四川、广东、广西、湖南、湖北、浙江、江苏、安徽、福建、江西、吉林、黑龙江等全国 14 个省（直辖市、自治区）农业科学院开展了水稻种质资源的繁殖更新工作，共繁殖更新水稻种质资源近 3 万份，入国家中期库保存，为水稻种质资源的提供和利用创造了良好的资源条件。2001 年以来，结合水稻种质资源的繁殖更新，为全国 100 余个科研及教学单位的水稻育种、遗传及生理生化、基因定位、遗传多样性和水稻进化等研究提供水稻种质资源 32 569 份次，平均每年提供 5 428 份次，促进了水稻育种及其相关基础理论研究的发展。值得注意的是，目前水稻种质资源的保存与

提供利用两者之间仍然存在着一定相互脱节现象，种质资源的提供利用效果不够理想。今后应更加重视水稻种质资源在水稻育种中的可持续利用，通过优异种质资源的展示、优异种质资源通讯的刊载、优异种质资源目录的出版和网上公布、资源研究人员与育种者之间的紧密合作等途径，将已筛选出的水稻优异种质向育种研究者广泛宣传和提供利用；持续开展水稻种质资源的繁殖更新与优异种质的筛选；有效地建立水稻种质资源的提供利用的服务体系与种质利用效果信息的反馈机制，从而提高水稻种质资源的利用效率，推动水稻育种的快速发展。

第二节　栽培稻基因的发掘与利用

随着籼稻 9311 和粳稻日本晴的基因组测序计划的完成，水稻已经成为禾本科作物开展基因定位、基因克隆、功能验证及其后基因组研究的模式植物，中国及世界各国的许多科学家在这些方面已取得了重要进展。根据国家水稻数据中心网站http：//www.ricedata.cn/gene.htm统计，截至 2007 年，国际上已定位 513 个质量性状基因，定位 QTL 8 000 多个；已克隆具有明显表型性状的功能基因 83 个，其中中国科学家克隆22 个。

一、控制粒型及粒重基因

水稻粒重是产量的重要构成因子之一，因此一直是水稻产量性状基因发掘的重点。栽培稻种质资源中蕴藏着控制水稻千粒重的优异基因。目前，国内外科学家相继在栽培稻中发掘了不少控制水稻粒重的 QTL。粒重由粒长、粒宽和粒厚组成，均属于数量遗传。已经克隆的粒长基因 *GS3* 和粒宽基因 *GW2* 均由我国科学家在栽培稻中定位与克隆。

林鸿宣等（1995）用特三矮 2 号/CB1128 和外引 2 号/CB1128 两个群体检测到 5 个粒长 QTL，其中 2 个主效 QTL 和 2 个微效 QTL 同时控制粒宽，并检测到 5 个控制粒厚的 QTL，其中位于 5 号染色体的 *tg5* 为主效基因。邢永忠等（2001）利用珍籼 97B/明恢 63 衍生的 $F_{2:3}$ 家系和 F_9 重组自交系检测到 3 号染色体区域控制粒长的主效 QTL，其贡献率已达 50%，在 5 号染色体 RG360～C734B 区域检测到影响粒宽的基因 *gw5*，其贡献率达 40%以上。徐建龙等（2002）应用 292 个 Lemont 特青 F_{13}重组自交系（RIL）和 272 个标记的遗传连锁图谱分析粒重及籽粒长、宽、厚、长/宽、体积和容重 6 个相关性状的遗传，检测到影响千粒重的 11 个 QTL 分别位于第 1、2、3、4、5、10 和 12 染色体上，联合贡献率为 53.9%。2003 年林荔辉和吴为人利用以两个籼稻品种 H359 和 Acc8558 为亲本杂交建立的重组自交系群体及相应的分子标记连锁图，对水稻粒重进行了 QTL 定位分析，检测到 16 个与粒重有关的 QTL，可解释 81.40%的表型变异，分布在 8 条不同的染色体上，其中有 5 个分布在第 3 条染色体上。Jiang 等（2005）利用珍籼 97B/武玉粳 2 号的 DH 系群体检测到 7 个控制粒厚的 QTL。2006 年 Zhou 等利用蜀恢 527 为轮回亲本与一个小粒品种配置组合，得到 BC_2F_2 的群体中 800 株隐性长粒，并将控制水稻粒长的一个主效基因 *Lk24*（*t*）定位在 P12EcoRV 和 P22SacⅠ之间的 1.4cM 范围内。Ishimaru（2003）利用 NIL 对控制水稻千粒重的 QTL*twg6* 进行了研究，利用籼粳组合 Nipponbare/Kasalath 高代回交群体，通过 3 年重复试验，初步定位了一个控制千粒重的 QTL，位于第 6 染色体 R674 和 C556 标记之间。

张启发研究小组（Fan，2006）利用明恢 63 作为轮回亲本与川七配置组合，将控制粒重的基因 *GS3* 定位在 3 号染色体的 7.9kb 的片断范围内，其候选基因包括 5 个外显子，全长编码 232 个氨基酸，与大粒变异的基因序列比较，在 *GS3* 基因第二外显子区发现一个终止突变，该突变引起蛋白的 C 端的 178 个氨基酸缺失，从而增加粒重。据检测，绝大多数大粒种质都含有此终止位点。

林鸿宣研究小组（Song，2007）利用 WY3 和丰矮粘 1（FAZ1）杂交，组配 BC_3F_2 回交群体，成功将控制粒宽的基因 *GW2* 定位于 2 号染色体的 8.2kb 的范围，并将其克隆。该基因包括 8 个外显子和 7 个内含子。序列比较结果显示：*GW2* 的等位基因在外显子 4 上的一个核苷酸缺失造成了翻译的提前终止，切断了 310 个残余氨基酸，从而增加了细胞的数量，使得颖壳宽度增加。功能预测显示 *GW2* 具有泛素链接酶 E3 的功能。该基因对水稻品质性状影响不大，在育种上有很大利用价值。

目前利用分子聚合育种和分子标记辅助选择育种，将定位和克隆的粒重与粒型的 QTL 在不同品种中进行聚合和选择，已经得到了一批双基因聚合或多基因聚合系，对于水稻产量的提高将会起到很大推动作用。

二、控制粒数的基因

水稻粒数是构成最终产量的重要因素，而水稻粒数主要由一次枝梗及其后续分化的更高一级枝梗上的小花数决定。许多科学家利用不同的群体对每穗粒数进行初步定位，发现控制穗粒数的位点在染色体上分布广泛，且受环境的影响较大。根据 http：//www.gramene.org 网站数据统计，截至 2008 年，已定位到与穗粒数或小花数相关的 QTL 数目多达 1 150 多个，在水稻的 12 条染色体上均有分布（图 2-1），其中位于第 1 号染色体上的 *Gn1* 是被检测的比较多的位点。另外，不同的枝梗的发育突变体对研究小花的形成发育起到了关键作用，只是这类突变体数目较少，目前报道的仅有 *FZP* 和 *LAX*

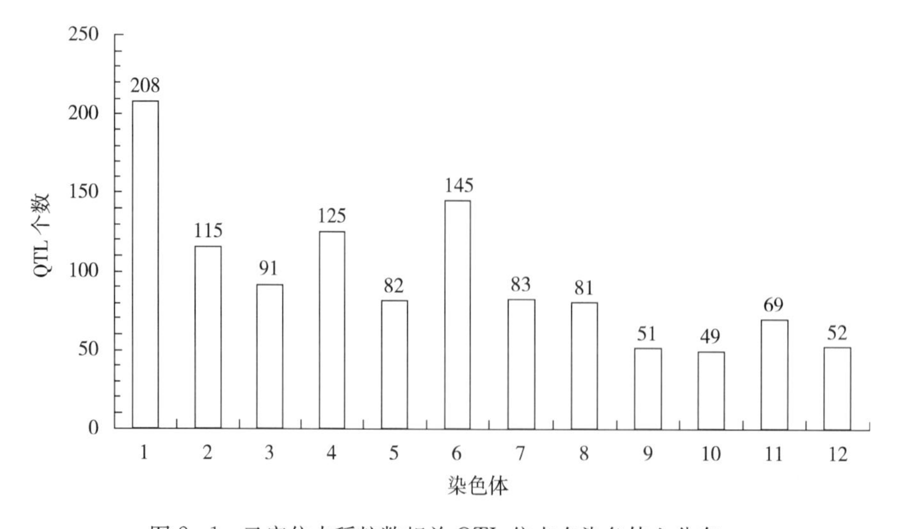

图 2-1　已定位水稻粒数相关 QTL 位点在染色体上分布

两种类型。

日本科学家 Motoyuki（2005）等在《Science》上报道了位于第 1 号染色体上控制穗粒数的基因 *Gnla*，此基因控制细胞分裂素氧化酶（*OsCKX2*），能够降解细胞分裂素，如果降低细胞分裂素氧化酶的表达，就能够使细胞分裂素在水稻开花组织中积累，并增加生殖生长的生物器官量，从而增加大约 21%的产量。*Gnla* 在增加穗重的同时，还会造成倒伏，中国水稻研究所将矮秆 *sd1* 基因导入携带有 *Gnla* 的株系中，获得了既抗倒又高产的中间育种材料。

目前的研究表明，控制枝梗上小穗分化的基因可能是 *FZP*（Frizzle panicle）基因，由一对隐性基因控制，尽管其突变体一次、二次枝梗发育正常，但枝梗不能分化形成小穗，取而代之的是在生长小穗的位置上不断产生分枝。薛勇彪研究小组（段远霖，2003）将 *FZP* 基因精细定位在第 7 号染色体物理位置 144kb 的范围。除了 *FZP* 基因控制小穗分化基因以外，*LAX*（Lax panicle）基因控制枝梗上后续小穗的分化。Komatsu 等（2003）将 *LAX* 基因分离并克隆，该基因主要在腋生分生组织中表达。

三、调控抽穗期的基因

水稻抽穗期（生育期）是决定品种地区与季节适应性的重要农艺性状，抽穗期遗传研究对指导育种实践、品种改良及品种推广均具有重要意义。水稻早熟基因的发现和利用将有助于解决早熟与丰产难以兼顾的矛盾，也有利于克服籼粳亚种间 F_1 超亲迟熟的障碍。因此，发掘和鉴定水稻抽穗期基因（QTL），开展抽穗期基因定位、克隆等方面的研究，并深入探讨水稻抽穗期基因的分子作用机理，具有重要的理论意义和应用价值。关于抽穗期定位的 QTL 位点已有许多报道，如图 2-2 所示，主要分布第 2、3、4、6、7、8、10 及 12 等染色体。

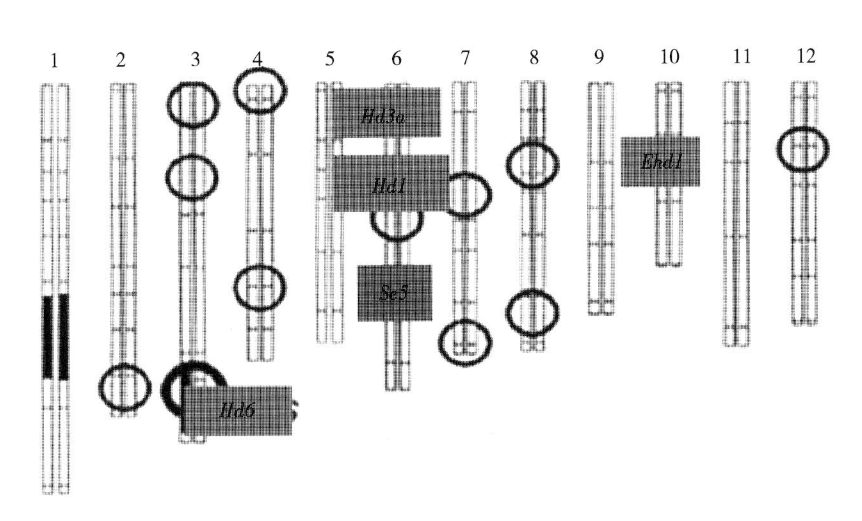

图 2-2　水稻抽穗期定位的 QTL 分布

（参考朱英国等，带方框表示已克隆基因）

水稻抽穗期基因 QTL 已克隆 5 个，其中有 4 个用图位克隆法克隆，一个用候选基因法克隆。除了 *Ehd1* 外，其余 4 个均在拟南芥中找到同源基因。

Yano 等（2000）利用图位克隆方法克隆 12kb 的控制水稻抽穗期的感光基因 *Hd1*，进一步的序列分析表明：*Hd1* 由 2 个外显子构成，这 2 个外显子编码一个含 395 个氨基酸残基的蛋白。自然变异和转化研究表明，*Hd1* 可能具有在短日下促进开花而在长日下抑制开花的作用。

Takahashi 等（2001）把 *Hd6* 定位在第 3 染色体一段长为 26.4kb 的区域，该区域含有一个 *CK2α* 基因，互补分析证明它编码酪蛋白质激酶 *CK2* 的 α-亚基，*Hd6* 可能是水稻光周期控制途径的一个重要基因。Kojima 等（2002）克隆了 *Hd3a*，该基因与拟南芥的 *FT* 基因同源，转基因植株提早抽穗。表达分析发现，在短日条件下该基因的表达受与拟南芥 *CO* 基因同源的 *Hd1* 基因调控。Doi 等（2004）同样用图位克隆法克隆了另一抽穗期 QTL（*Ehd1*），该基因编码含 341 个氨基酸的 B 型 RR 蛋白（B-type response regulator protein），与其他抽穗期相关基因不同的是，该基因在拟南芥中找不到同源基因。

Izawa 等（2000）用人工突变体为材料，克隆了 *SE5* 基因。*SE5* 基因编码的蛋白实际上是一个与拟南芥 *HY1* 同源的编码血红素氧化酶，这种酶与光敏色素发色团的生物合成有关，并参与光敏色素的合成。*SE5* 在长日下抑制开花，它的突变体 *se5* 却能在长日下促进开花且在开花中完全失去感光反应。在恒定不变的光照条件下 *se5* 的突变体能开花，而野生稻却不能开花，故认为光敏色素发色团在水稻开花的光周期控制过程中起着关键作用。

四、株高基因

第一个自然矮秆突变系是印度学者 Par-nell 等于 1922 年发现的，该自然矮秆突变系是由 1 个隐性单基因控制，1936 年 Oryoji 首次报道了 1 个由 1 对隐性基因控制的人工诱变产生的矮小型突变系，随后科学家们开始广泛地对矮生性状的遗传基础进行研究，并进行了相应的基因发掘和生理生化分析。

对于目前发现的矮化基因，分类比较繁杂。鉴于其发现时间和性质，对矮化基因的分类，主要有 *d* 系列、*sd* 系列、*eui* 等。

1. 以 *d* 命名的水稻矮化基因

日本水稻基因连锁群的命名委员会将矮化基因和少部分半矮秆基因统一为 *d* 符号，将其编号为 *d1* 到 *d61*，其中缺 *d8*、*d15*、*d16*、*d25*、*d3* 和 *d36*，共有 55 个以 *d* 命名的矮秆基因。

d1、*d2*、*d3*、*d6*、*d11*、*d12*、*d35* 和 *d61* 已被克隆，结果列于表 2-7。其中 *d1* 和 *d61* 基因的矮化作用是通过影响内源激素信号传导发生的，其中 *d1* 的显性基因 *D1* 通过编码 GTP 结合蛋白的 A 亚基来参与赤霉素信号传导，而 *d1* 由于碱基缺失丧失这种编码功能导致赤霉素信号传导受阻，使水稻发生矮化。*d61* 的作用是使油菜素甾醇（Brassinosteroid，BR）及其受体的合成受阻造成植株矮化。Zhi 等（2003）克隆了水稻 *D2* 基因，通过对该基因的研究发现，*D2* 基因编码一个油菜素甾醇合成酶系的重要组成部分 P450，而水稻矮秆基因 *d2* 则缺失了这种编码功能，引起水稻植株的矮化。

表 2-7　已克隆 *d* 矮化基因

（隋炯明，2007，有修改）

基因符号	野生型编码产物	染色体	克隆方法	参考文献
D1	G蛋白 α 亚基	5	图位克隆	Fujisawa et al，1999
D2	P450（CYP90D2） 3β-脱氢酶	1	图位克隆	Hong et al，2003
D3	F-box 蛋白	4	图位克隆	Ishikawa et al，2005
D6	OSH15	7	反转座子标签	Sato et al，1999
D11	P450（CYP724BI）3α-还原酶	4	图位克隆	Tanabe et al，2005
D12	苯丙醇	?	图位克隆	Nishikubo et al，2000
D18	OsGA3ox2	1	图位克隆	Itoh et al，2001
—	OsGA3ox2	5	同源克隆	Sakamoto et al，2001
—	OsGA3ox2	1	同源克隆	Saki et al，2003
—	OsGA3ox2	5	同源克隆	Saki et al，2003
D35	贝壳杉烯氧化酶	6	同源克隆	Itoh et al，2004
D61	受体蛋白激酶	1	同源克隆	Yamamuro et al，2000

2. 半矮生基因

半矮生基因（Semidwarf，*sd*）在生产中应用价值最大，推广也最成功。其他矮化基因多同时具有植株畸形，不能完成正常植株的生长、生殖功能，在目前生产中的利用价值很小。

sd1 为赤霉素（GA）的合成缺陷型，位于水稻第 1 染色体上，其位点上具有等位基因 *sd1a* 和 *sd1h*，其中，*sd1a* 对 *sd1h* 为显性。另外隐性基因 *isd1* 的存在也能抑制 *sd1* 的表达，从而使带有 *sd1* 基因的个体表现为高秆。目前来看，*sd1* 基因比较有应用价值，对其研究也就比较多，因此可以大致把矮化基因分成与 *sd1* 基因相关和与 *sd1* 基因不相关的基因两类。与 *sd1* 基因有关的基因，它们的植株为 GA 合成缺陷体，它们与 *sd1* 位点相同或共占复合位点；而与 *sd1* 不相关的基因，可能与生长素（IAA）、油菜素甾醇以及信号转导、调节基因等相关。半矮生基因的定位克隆情况列于表 2-8。

表 2-8　*sd* 半矮秆基因的定位克隆

（谷福林等，2003，有修改）

基因	染色体	性状描述	参考文献
sd1	1	直立叶，穗正常	Cho et al，1994
sd2	—	来源于高秆 Calrose 品种的突变系	Foster et al，1978
sd3		RRU2RR250/Bluebell 的突变系	Foster et al，1978
sd4	—	来源于高秆 Calrose 品种的突变系	Mackill and Rutger，1979
sd5	—	来源于高秆长粒品种 Labelle 的突变系	Mackill and Rutger，1979
sd6	—	来源于 Callfornia Belle 品种的 γ 辐射系	Hu et al，1987

（续）

基因	染色体	性状描述	参考文献
sd7	5	来源于台中 65X 射线辐射突变系	Tsai et al，1989，1991
sd8	—	一个品系	Tsai et al，1994
sd9	—	来源于 Ginbozu 的辐射处理突变系	Tanisaka et al，1994
sd10	—		Kurok and Tanisaka；1997
sdg	5	来源于桂阳矮 1 号与南京 6 号的杂交后代	顾铭洪等，1988；梁国华等，1994
sdt（*t*）	5	来源于矮泰引 2 号与南京 6 号的杂交后代	梁国华等，1995；李欣等，2001；Jiang et al，2002
sdt2		来源于矮泰引 3 号与南京 6 号的杂交后代	赵祥强等，2005
sdt3	11	多蘖矮与浙辐 802 的回交后代	隋炯明等，2006

3. 隐性高株基因

隐性高株基因 *eui*（Elongated uppermost internode）最初是指能使最上节间伸长的单隐性基因。Glrlc 是不受细胞质影响的高秆隐性材料，其所有节间均有所伸长，并且遵循一定比例。它是一对隐性基因，同时含有矮秆基因，与矮生植株杂交后，F_1 代均为矮株，F_2 代分离出高株，一般可以认为隐性高秆的基因型是 *euieuidd*，正常高秆的是 *EuiEuiDD*。

目前发现了三个隐性高株基因，*eui1*、*eui2* 和 *euil*（*t*）。具有隐性 *eui1* 基因的稻株可以在孕穗期和抽穗始期于剑叶和穗中发现大量 GA1，且 GA3 的敏感性也有所提高，从而诱导上节间剧烈伸长；*eui2* 基因表达主要在抽穗始期，表达部位在剑叶，表现为 GA1 含量和 GA1/ABA 比例的剧增，未表现出对 GA3 敏感性的变化。

Eui 类型与普通稻株各性状间的差异不明显，结实率略有下降，千粒重有所增加，该基因在杂交不育系中已经开始应用，目前已经育成带有 *eui* 的三系和两系不育系，减少赤霉素的使用和节省了制种成本，因此，有较大的应用前景。

五、叶片形态基因

叶是植物进行光合作用的主要器官，对植物的生命活动起着重要的作用。叶的发育是植物形态构建的一个重要方面，与植物株型的形成密切相关。探明叶的发育机理，不仅能更多地了解植物叶的发育机制，而且能通过生物设计对株型进行改良。因此，对叶发育机理进行深入的研究具有重要的理论意义和应用价值。

叶片形态是水稻“理想株型”的重要组成部分，是当前高产水稻育种关注的重点，因此，叶片的姿态、大小及其光合能力在株型改良及高产栽培体系中的作用一直是水稻遗传育种学家和栽培学家关注的焦点之一。育种家提出的几种水稻高产理论株型模式，都体现出这一点。如杨守仁提出的“短枝立叶，大穗直穗”株型模式中的“立叶”；国际水稻研究所新株型模式中的“叶色浓绿，厚而直立”；周开达的“重穗型”模式中提到“叶片内卷直立”；袁隆平的超高产杂交稻的理想株型模式中的上三叶“长、直、窄、凹”。

由于叶片在水稻光合作用乃至产量上的重要性，迄今为止，国内外科学家们已对水稻叶片的性状进行了大量研究，但大部分研究工作都集中在叶片的生理机能上，就其遗传控制及分子水平机制的研究较少，尤其对卷叶的机理研究尚显不足。

前人研究表明，在不同遗传背景下，水稻卷叶性状一般受一对或几对隐性基因控制，也有研究提出该性状受不完全显性的单基因控制（表 2-9）。近年的研究主要通过突变和轮回亲本回交培育的近等基因系定位水稻卷叶性状基因。

表 2-9 水稻已鉴定的卷叶基因

基因	发现者和时间	实验材料	染色体	标记或功能	遗传特性
rl1	Nagao et al，1964	L29，T65，H342	1	Morph2000：100—110	隐性
rl2	Mori et al，1973	H684	4	Morph2000：30—	隐性
rl3，*rl1*	Iwata and Omura，1975；Yoshimura et al，1982	FL160，FL161，FL162，FL491，FL509，H0794	12	Morph2000：30—	隐性
rl4，*rl2*	Iwata and Omura，1977	M50	1	Morph2000：45.0—50.0	隐性
rl5，*rl3*	Iwata et al，1979	CM1339，CM1999，FL364FL531，FL532 FL590，FL591	3	Morph2000：175—201	隐性
rl6	Thakur，1984		7	Morph2000：0.0—48.0	隐性
rl7	李仕贵，1998	DH 系窄叶青 8 号/京系 17	5	RG13-RG573	两对隐性基因互作
RL-A	沈革志，2003	中花 11 T-DNA 插入突变体	T-DNA 插入		单基因显性遗传
rl8	邵云健，2005	91SP068/奇妙香 F_2 无性系	5	RM6954-RM6841	不完全显性
rl	邵云健，2005	珍汕 97B/奇妙香	2	INDEL112.6-INDEL113	一对不完全隐性基因
rl9	严长杰，2005	中花 11 突变体/Dular	9	RM6475-RM6839	单基因隐性遗传
rl10	梅曼彤，2007	QHZ 突变体/02428	3	SNP121679-InDel422395	单基因隐性遗传
rl10	何广华，2007	II-32B	9	Rlc3-rlc12	单基因隐性遗传
OsAGO7	张景六，2007	中花 11 T-DNA 插入突变体	T-DNA 插入	拟南芥 *ZIP/Ago7* 同源基因	单基因显性遗传
Rl9	严松，2008	中花 11 突变体/Dular		拟南芥 *KANADIs* 基因同源基因，编码 GARP 蛋白	单基因隐性遗传

在 Gramene 网站（http：//www.gramene.org）上公布了 6 个控制卷叶的隐性基因 *rl1*、*rl2*、*rl3*、*rl4*、*rl5* 和 *rl6*，分别在第 1、4、12、1、3 和 7 染色体上。Kinoshita 和 Khush 等研究表明，已经在水稻经典遗传图谱上标定的 6 个控制卷叶性状的基因（*rl1*、*r2*、*r3*、*r4*、*r5*、*r6*）均为隐性基因。*rl1* 和 *rl4* 定位在 1 号染色体，*rl2* 定位在 4 号染色体，*rl3* 定位在 12 号染色体，*rl5* 定位在 3 号染色体，*rl6* 定位在 7 号染色体。

有关水稻卷叶基因精细定位或克隆的研究报道较少。严长杰等（2005）利用卷叶突变体及其SSR和STS标记将*rl9*定位在水稻第9染色体上，是隐性单基因，位于AP005904上c23和c28之间大约42kb的区段内，这为*rl9*基因的图位克隆奠定了基础。严松等（2008）用图位克隆方法克隆了*rl9*基因，*rl9*基因包含6个外显子和5个内含子，有1 134bp的编码序列，编码377个氨基酸，是拟南芥*KANADIs*基因的同源基因，编码GARP蛋白。*rl9*主要在根、叶、花中表达。*rl9*绿色荧光蛋白融合蛋白的瞬时表达表明：*rl9*蛋白位于细胞核中，是一个转录因子。邵元健等（2005）利用卷叶亲本的回交BC_4F_2和BC_4F_3为研究材料，精细定位了控制卷叶性状的1对不完全隐性主基因（*rl*），推测*rl*可能参与了microRNA（miRNA）系统对叶片发育的调控。梅曼彤等（2007）利用卷叶性状突变体的回交F_2为材料，将卷叶基因*rl10*精细定位在第3条染色体上，该基因编码的黄素抑制单加氧酶（Flavin-containing monooxygenase，FMO）在突变体中沉默，导致卷叶突变体的产生。何广华等（2007）利用籼稻II-32B突变体构建定位群体将一个隐性单基因*rl10*定位在第9号染色体上，同源性分析，该基因与拟南芥中*KANKANDI*基因家族同源，编码类似*MYB*域的转录因子。张景六等（2007）利用T-DNA标记在水稻中分离了一个卷叶基因，该基因编码是一个由1 048个氨基酸构成的蛋白质，包含PAZ和PIWI保守域，属于*Argonaute*（*AGO*）基因家族，是拟南芥*ZIP*/*Ago7*的同源基因，命名为*OsAGO7*。此基因过量表达时，可引起叶片卷曲。该基因为水稻中第一个被克隆的卷叶性状基因。

六、株型基因

水稻株型的主要评价指标有分蘖角度、叶片与主茎的夹角、剑叶与主茎的夹角等。水稻的分蘖角度是水稻的重要的农艺性状之一，与产量密切相关。而且，植株的紧凑程度与植株的采光和通风透气有重要关系，是培育理想株型的重要指标。黎志康等（1999）用Lemont和特青的杂交后代定位了控制水稻分蘖角度的5个QTL，其中*Ta*位于第11染色体上，贡献率达到23%，同时，他们还定位了两个叶片与主茎角度的QTL和5个剑叶与主茎的QTL。到目前为止，国内外科学家已定位的控制分蘖角度的QTL有38个，但只有少数几个QTL已经克隆出来。

水稻的分蘖数目是最重要的农艺性状之一，与产量有密切关系。李学勇等（2003）在Nature杂志上首次报道了控制水稻分蘖的重要基因*MOC1*，是我国科学家在水稻上克隆到的重要农艺性状基因。中国水稻研究所利用转基因手段将*MOC1*转移到一系列主栽品种和杂交稻中，选育分蘖适中的材料，在适宜的水肥栽培条件下，可得到800kg/亩左右的产量。

李家洋等（2007）利用IRRI的突变体与ZF802回交，分离得到了一个隐性散生基因*LAZY1*，该基因具有负向调控水稻生长素运输方向的作用，从而使得散生程度或者植株分蘖角度发生改变。同年孙传清课题组（2007）也分离克隆了与分蘖角度有关的显性散生基因*TAC1*，少量的表达*TAC1*的等位基因，会造成水稻茎秆的不对称性生长，从而形成紧凑的直立株型，同时研究表明*TAC1*的等位基因广泛存在在高纬度和高海拔种植的粳稻中。这些株型相关基因的克隆，会为株型育种提供可利用的资源。

七、籽粒颜色基因

水稻的颜色是一类经常用于遗传和育种研究的标记性状，国内外对水稻颜色的遗传研究由来已久。在植物体内，构成颜色的物质主要是植物次生代谢过程中产生的类黄酮物质——花色苷。早期的研究认为，水稻组织中花色苷的生物合成过程主要包括 *C*、*A*、*P* 三种基因，其中，*C* 和 *A* 两种基因与花色苷的形成有关，而 *P* 基因则是组织特异性调节因子。随着分子生物学的发展，对植物体内花色苷生物合成调控机理的研究也不断深入。研究认为，植物中花色苷生物合成过程所涉及的基因多在转录水平受到调节因子的调控，调控过程可能是由含有 R2R3 - Myb DNA 结合结构域的转录因子、含有 basic helix-loop-helix（bHLH）结构域的转录因子以及含有 WD 重复序列的蛋白组成的复合体完成，其可能的相互作用机理如图 2 - 3 所示。

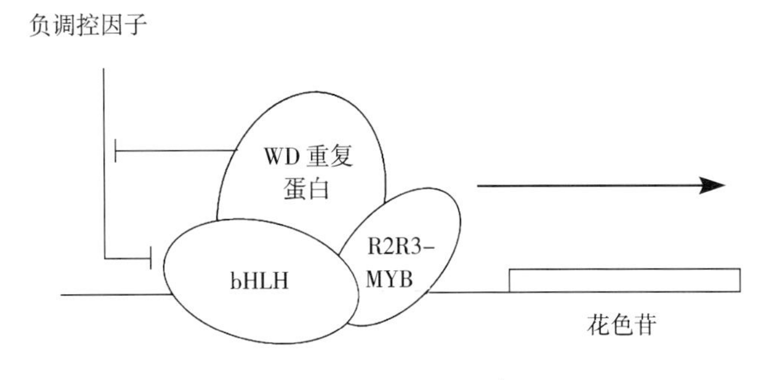

图 2 - 3　花色苷生物合成途径调控模型

（Francesca，2006）

在植物中，对玉米、金鱼草、矮牵牛等的花色苷代谢途径研究已经比较成熟。随着水稻基因组测序计划的完成，作为模式作物，水稻花色苷代谢途径的研究也逐步展开。

Hu 等（1996）利用水稻与玉米基因组同线性关系，将玉米 *R*/*B* 基因在水稻中的同源基因 *Ra* 定位在第 4 染色体并克隆。研究发现，该基因编码包含有 basic helix-loop-helix（bHLH）结构域的转录因子，在花色苷生物合成途径中起调节作用；此后，他们又发现 *Ra* 实际由 *Ra1* 和 *Ra2* 两个基因组成。此外，该研究小组还在第 1 染色体发现了一个在保守的 bHLH 结构域及 C 末端与 *Ra1* 基因高度一致的基因 *Rb*。

Reddy 等（1998）在比对了水稻与玉米基因组基础上，利用玉米中 C 基因序列为探针，成功地克隆了水稻中的同源基因 *OsC1*，该基因位于水稻第 6 染色体上，编码 R2R3 - Myb 类转录因子。该转录因子在水稻花色苷生物合成过程中起关键作用。

Sakamoto 等（2001）利用玉米中 *B* 基因序列为探针，确定了控制水稻紫叶的 Plw 位点由 *OSB1* 和 *OSB2* 两个基因构成。其中，位于第 4 染色体上的 *OSB1* 与 Hu 等（1996）发现的 *Ra1* 基因是同一个基因。Sweeney 等（2006）采用图位克隆的方法，成功克隆了控制水稻红色果皮的 *Rc* 基因。该基因位于水稻第 7 染色体上，同样是编码包含 bHLH 结构域的转录因子。Furukawa 等（2007）根据前人研究结果，利用水稻基因组注释系统（RiceGAAS）在水稻第 1 染色体上分离得到 *Rd* 基因。进一步研究发现，该基因编码花色苷生物合成过程中重要的二氢黄酮醇-4-还原酶（DFR）。

此外，王彩霞等（2007）将控制水稻种皮紫色的基因 *Pb* 精细定位在第 4 染色体 25kb 的区间内，而在该区间内刚好存在同属 Myc 家族的 *Ra* 和 *bhlh16* 两个基因。对候选基因的分析认为，*Pb* 可能与 *Ra1* 为同一个基因。Cui 等（2007）将控制水稻棕色颖壳腹沟的抑制基因 *ibf* 精细定位在第 9 染色体 90kb 的区间内，通过基因注释及 RT-PCR 分析，将编码包含 kelch 结构域的 F-box 蛋白 *OsKF1* 作为 *ibf* 的候选基因。

在水稻不同组织的颜色构成中，除了花色苷以外，还存在如木质素等其他物质。Zhang 等（2007）成功克隆了一个控制水稻木质素合成的基因 *GH2*，该基因编码一种肉桂醇脱氢酶，其突变会造成水稻颖壳和节间呈现金黄色。研究结果显示 *GH2* 编码的蛋白是水稻木质素生物合成过程中合成松柏醇和芥子醇前体的一个重要的多功能脱氢酶。

花色苷生物合成途径的调节被称为植物体内生化代谢途径调节的模式过程，因此，弄清模式作物水稻的花色苷生物合成的调控机理，对于研究其他植物花色苷合成途径以及改变植物花色、果色及植物营养成分都具有重要的指导意义。

八、茎秆强度基因

茎秆强度是一个非常重要的农艺性状，不仅在抵抗倒伏、增加粮食产量上有重要贡献，而且对水稻秸秆饲料利用也有重大影响。

水稻是典型的吸硅作物，硅含量的多少对水稻茎秆强度的影响非常大。适当提高水稻植株的硅含量，可以提高水稻基部节间的机械强度、提高植株的抗倒伏性。通过提高硅在植株表面的沉积量而提高植株对病虫害的抗性，减少蒸腾量和代谢而提高水稻产量。缺硅会导致水稻不能正常生长甚至死亡。目前水稻的硅含量研究主要集中在生理方向，从遗传方向研究的比较少，主要在茎秆强度相关性状的 QTL 定位方面。

关于控制茎秆强度的基因到目前为止已经报道的有 10 余个。Ma（2004）对控制水稻茎秆吸硅量的遗传因子做 QTL 分析，结果发现在水稻的 1、3、5 号染色体上各有一个控制水稻茎秆硅含量的 QTL。穆平等（2004）利用 DH 群体定位了控制水稻茎秆强度的 2 对上位性 QTL，分别位于 1-10、5-12 号染色体上，其贡献率分别为 24.01%和 36.45%。沈革志等（2002）对脆秆突变体 bcm581-1 进行分析，发现控制脆秆性状是由隐性单基因控制的。李家洋课题组（2003）成功分离克隆到控制纤维素合成基因 *BC1*，该基因是调控次生细胞生物合成的重要基因，而次生细胞是支撑植株躯干的主要机械强度来源，并证明 *BC1* 是参与纤维素沉积的重要蛋白，该基因的缺失造成植物茎秆极脆易折断，但不倒伏。

九、抗旱相关性状基因

全球水资源短缺现象愈来愈严重，而且水资源分布不均，已成为制约农业生产的主要限制因素之一。作物抗旱性是极为复杂的生物适应现象，受基因和环境的共同影响，充分挖掘利用栽培稻中的抗旱有利基因，提高作物抗旱能力，对于我国乃至世界粮食安全都具有十分重要的现实意义。

水、旱稻的抗旱性为复杂性状，是形态组织、生理生化等多种性状相互作用的综合表现。国内学者已对水稻抗旱相关性状进行了大量的研究，如干旱胁迫下的产量变化、生理生化、根系等性状，但由于遗传机制十分复杂，使得抗旱基因的发掘进展相对缓慢。

1. 产量相关性状

作物的抗旱性主要是由避旱性和抗旱性相互作用构成的一个复杂的综合性状，而避旱性和抗旱性又受到多种因素的影响。这些因素与抗旱性都有一定的联系或相关，都对抗旱性有一定的作用，但这种作用是微效的，许多因素的综合作用才促成了抗旱性的形成。旱种条件下水稻产量及其构成因素均有所降低，但不同性状的降低程度不同。作物的综合抗旱能力最终表现在产量上，因此许多研究者把产量性状作为评价抗旱性的重要指标之一，根据产量表现来判定作物品种（系）的抗旱性。产量性状在抗旱育种上有重要的用途，干旱环境下作物产量的改良，一方面可通过产量 QTL 的直接选择，或间接通过产量组分性状有利 QTL 的聚合来实现。李自超课题组（穆平等，2005）以粳型陆稻 IRAT109 和粳型水稻越富杂交的 116 个株系的 DH 群体为材料，研究了水、旱栽培对水稻产量及其构成因素 QTL 表达的影响。结果表明，结实率、穗粒数对旱胁迫的敏感性较大，而千粒重、有效穗数对旱胁迫的敏感性较小，结实率、穗粒数是决定旱田条件下高产的重要因素。水田条件共检测到 11 个加性 QTL 和 13 对上位性 QTL，旱田条件下检测到 18 个加性 QTL 和 17 对上位性 QTL。检测到 11 个控制产量性状的 QTL 区域存在一因多效或紧密连锁，其中 3 个区域是控制根系性状 QTL 的热点区。发现 8 个加性 QTL 和 8 对上位性 QTL 对表型变异贡献率大于 10%。这些高贡献率 QTL，特别是旱田条件下的高贡献率 QTL 对旱稻产量性状分子育种具有一定的指导作用。在抗旱育种对产量及其构成因素进行选择时，应利用结实率、单株产量等对干旱较敏感的性状进行，并结合该性状旱田条件下检测到的高贡献率 QTL 进行分子标记辅助选择，以提高选择效率。Xu 等（2005）利用特青和 Lemont 构建导入系群体，在水、旱田环境下对株高、产量相关性状进行 QTL 分析，共定位到 36 个 QTL。来自特青的等位基因能增加产量和水旱条件下性状的稳定性而促进耐旱性，并且发现多数耐旱的 QTL 与避旱的 QTL 位点是不同的。赵秀琴等（2007）又利用这套高代回交导入系定位了灌溉（对照）与自然降雨（干旱胁迫）环境下影响单株籽粒产量及其穗部相关性状的 QTL。2 种环境下共检测到 32 个影响单株粒籽产量、千粒重和每穗实粒数的主效 QTL，根据不同环境表达的情况将其分成 3 类，第 1 类 10 个 QTL，在两种环境下均被检测到；第 2 类 14 个 QTL，只在对照条件下检测到；第 3 类 8 个 QTL，受干旱胁迫诱导，只在胁迫条件下被检测到。此外还检测到 9 个影响胁迫与对照条件下性状差值的 QTL。认为在 2 种条件下均检测到的相对稳定的 3 个 QTL（*QGn11b*、*QGn12* 和 *QGn11b*）及影响两种条件下性状差值（即性状稳定性）的 9 个 QTL 可能对耐旱性有直接贡献。鉴别出一些受遗传背景和环境影响较小的 QTL，*QGn3b*、*QGw1*、*QGw5*、*QGy1*、*QGy5*、*QGy8* 和 *QGy10*。把不同来源的耐旱 QTL 聚合，有可能增强聚合个体的耐旱性。另一方面，胁迫条件下的产量损失与 GN 和 GW 的损失呈高度正相关，第 1 染色体 OSR3～RM104 区间影响 GN 和第 5 染色体 RM289～RM249 区间影响 GW 的 QTL 均与影响 GY 的 QTL 定位在一起，而且基因效应方向相同，增加性状值的有利等位基因均来自特青。通过标记辅助选择可能实现这两个染色体区间上影响 GN 和 GW 的特青有利等位基因的聚合，也有可能提高干旱条件下的产量水平。Yue 等（2005，2006）利用珍籼 97 和 IRAT109 组配重组自交系在不同的环境条件下对抗旱反应指数、相对产量、相对可育小穗和四个植株水分状况的性状进行研究，总共定位到控制 8 个抗旱相关性状的 39 个 QTL；又利用该群体对产量和根系等抗旱相关性状进行分析，发现产量性状与根系性状不相关，试验群体表现耐旱和避旱性的分离。对照和旱胁迫条件下，7 个产量和适应性性状的相对值发现 27 个 QTL，对照条件 5 个根系性状检测到 36 个 QTL，胁迫条件下 7 个根系性状检测到 38 个 QTL，反映出作物耐旱和避旱的复杂性。比较发现只有很少部分控制适应性的性状和产量性状的 QTL 与根系性状的 QTL 位置相近，说明了避旱和耐旱有着截然不同的遗传基础。

2. 生理相关性状

植物在遇到干旱胁迫时体内会产生一系列的生理生化反应，调动自身防御胁迫系统，启动一系列与逆境有关的基因表达。生理生化变化在维持干旱胁迫下植物体内环境的稳定性方面有重要作用，是植物在长期进化过程中发展起来的对环境的适应性反应。与水稻抗旱相关的生理性状主要有渗透调节、叶片水势、叶片渗透势、群体冠层温度、叶片卷叶度、叶片相对含水量等，国内外科学家已对这些性状在水分或干旱胁迫下 QTL 进行了定位。Liley 等（1996，1997）利用重组自交系定位了 1 个控制水稻渗透调节基因（*OA*），5 个控制耐脱水的 QTL，其中 2 个与根系的 QTL 紧密连锁。Price 等（1997）利用 Azucena×Bala 的 F_2 群体在第 1 染色体 RG20b-RZ14 区间检测到干旱环境下卷叶度的 QTL。Tripathy 等（2000）利用 DH 群体研究胁迫下细胞膜稳定性的变化，发现细胞膜稳定性与叶片相对含水量没有显著相关，细胞膜的遗传力为 34%，并且在群体呈正态分布，说明其是多基因控制的数量性状。干旱环境在 1、3、7、8、9、11 和 12 号染色体上检测出 9 个控制细胞膜稳定性的主效 QTL 和 4 个上位性互作 QTL。Courtois 等（2000）利用 DH 群体通过 2 年 3 个地点的试验，共发现 11 个控制叶片卷曲度的 QTL，10 个叶片干枯度的 QTL 和 11 个相对含水量的 QTL；Robin 等（2003）利用高世代回交群体在温室条件下对渗透调节基因进行定位，共在 1、2、3、4、5、7、8 和 10 号染色体上发现 14 个 QTL，总共可解释 58%的表型变异。干旱胁迫下渗透调节能维持膨压，保持细胞持续生长，这些主效渗透调节基因的定位有利于后续耐旱基因的克隆与分子辅助育种中的应用。

郭龙彪等（2004）利用窄叶青 4 号和京系 17 的 DH 群体，分析水分胁迫下叶片卷叶度、相对含水量和电导率 3 个性状的表现，并进行 QTL 分析，共检测到 6 个 QTL 位点。刘鸿艳等（2005）在抗旱鉴定大棚内测定水稻珍汕 97B 和旱稻 IRAT109 重组自交系群体冠层温度、叶水势和结实率，QTL 分析检测到 44 个主效 QTL 和 45 对显著的互作位点与冠层温度、叶水势和结实率的表达有关，与已有的抗旱 QTL 定位结果比较，发现有 19 个主效 QTL 与已定位的抗旱 QTL 位于相同的或紧密相连的染色体区段。干旱环境下较高的光合速率和植株水分含量有助于提高或维持作物产量的稳定性，挖掘这些与耐旱性密切相关的分子标记有助于提高耐旱品种的选育效率。赵秀琴等（2008）利用已构建的特青和 Lemont 导入系群体，从中筛选 55 个材料对气孔导度、蒸腾速率、叶绿素含量和胞间 CO_2 浓度等影响植物光合作用的形态、生理性状进行 QTL 定位，共定位到 40 个 QTL，分布在水稻染色体的21个区间；同时，还利用这套材料在PVC管中栽培，研究发现，植株水分相关性状（相对含水量、叶片水势、渗透势、卷叶度）均与籽粒产量显著相关。检测到7个相对含水量QTL，7个叶片水势QTL，5个渗透势QTL及5个卷叶QTL。另检测到5个产量QTL，7个生物量QTL。*QLwp5*、*QLr5*、*QRwc5*、*QY5* 和水分环境表现稳定的产量QTL（*QGy5*）同时分布在RM509～RM163区域，并且效应方向一致，从遗传学角度解释了籽粒产量与水分相关性状之间的显著相关性。另外，*QLr5*、*QRwc5*、*QY5*、*QLr2*、*QLr7*、*QLr8*、*QLr9*、*QRwc3*、*QRwc4a*、*QRwc12* 及 *QY7* 等11个QTL曾在不同遗传背景群体中被检测到，它们控制相同目标性状。研究认为，RM509～RM163区域及 *QLr2*、*QLr7*、*QLr8*、*QLr9*、*QRwc3*、*QRwc4a*、*QRwc12* 和 *QY7* 所分布的染色体区域对水分环境或者遗传背景相对稳定，在水稻分子标记辅助选择（MAS）耐旱育种实践中有较重要的利用价值。

叶片水势（LWP）是反映整个植株水势的一个重要指标。高叶片水势的保持被认为与耐脱水机制有关，是水稻避旱性的一个重要生理指标。曲延英等（2008）利用越富和IRAT109的120个重组自交系在水、旱田条件种植，于始穗期测量叶片凌晨水势和中午水势。结果表明，叶片水势在重组自交系间变异显著。相关性分析表明，旱田中午叶片水势与抗旱系数及旱田单株产量呈极显著正相关，旱田叶片水势变化与抗旱系数及旱田单株产量呈极显著负相关，说明旱田中午叶片水势高且能保持凌晨基础叶片水势的品种更具抗旱性。共检测到6个叶片水势加性QTL，其中旱田凌晨叶片水势2个，分别解释表型变异的5.4%和7.9%，旱田中午叶片水势1个，解释表型变异的10.0%，旱田叶片水势变化2个，分别解释表型变异的11.6%和9.5%，水田叶片水势变化1个。共检测到5对上位性效应QTL。抗旱系数共检测到3个加性QTL和2对上位性QTL。叶片水势遗传力较低，田间直观选择效果差，利用分子标记对叶片水势进行辅助选择将会提高选择效率。

3. 根系相关性状

水稻根系的研究包括根长、根深、根粗、根的分布密度、根重、根茎比、根系穿透力、拔根拉力、根的渗透调节等。根系性状多数都是数量性状，遗传机制复杂，根粗、根干重、根密度遗传力高，而拔根拉力和根数遗传力低。强壮发达的根系有利于干旱条件下植株水分的吸收。较高的根系渗透调节不但有利于土壤水分吸收，而且能增加根系的生存能力和复原抗性的能力。改良植物根系对提高抗旱性有重要作用，多数水稻抗旱性的QTL定位都涉及了根系相关性状的QTL分析。Champoux等（1995）首次利用127个RFLP标记对水稻根系的形态性状进行QTL定位研究；Ray等（1996）用同一群体对水稻根的穿透力等根系性状进行QTL定位，发现19个QTL与总根数有关，6个控制根穿透指数的QTL；Yadav等（1997）利用DH群体对旱种条件下控制根粗、最长根长、总根重、深根重和根冠比等性状的基因进行定位，发现根系性状的QTL相对集中分布在1、2、3、6、7、8和9号染色体上，单个QTL可以解释的表型变异为4%～22%。每个性状都受3～6个位于不同染色体的QTL控制，发现一些主效的QTL同时控制多个根系性状。不同位点间的互作效应对根系的形成有重要作用，并且位点间的互作效应有可能会掩盖基因的加性效应，影响QTL的检测。

李自超课题组等（2005）利用水、旱稻品种构建的DH群体、RIL群体和渗入系在各种环境下对根系性状进行了大量、系统的研究，证明根基粗与抗旱性呈显著正相关。在水旱田环境下检测到控制根基粗和根数的 7 个加性效应位点，还发现了 4 个控制抗旱系数的 QTL。对这些根系性状的 QTL 与环境互作分析发现，互作效应在 1.1%～19.9%之间，环境对根系性状的影响比较大，发现了 5 个根系性状 QTL 集中分布区域。在根管培养条件下对分蘖期根数、根基粗、最长根长、根鲜重和根干重等根系性状进行研究，认为根基粗、最长根长与抗旱系数呈显著正相关，抗旱性强的材料根系性状表现为根粗较粗、根系较长和根数较少等特点。还检测到控制 7 个根系性状的 18 个加性 QTL 和 18 对上位性 QTL，发现了一些贡献率较高、无环境互作的 QTL。控制最长根长的 1 对上位性 QTL *mrl3* 和 *mrl8* 对表型变异的贡献率为 21.51%，控制根基粗的 1 对上位性 QTL *brt3* 和 *brt11a* 贡献率为 13.03%，控制根鲜重和根干重的 1 个加性和 1 对上位性 QTL 贡献率分别为 13.50%和 25.64%。共检测到 9 个加性 QTL 和 2 对上位性 QTL 存在环境互作，其中根基粗、最长根长没检测到环境互作 QTL。认为在旱稻育种中，应选择粗根、长根的根系类型为主，同时兼顾根重较大、根数适中等其他根系性状，QTL 聚合工作中要选择贡献率大，相对稳定的 QTL 位点（穆平等，2003）。2008 年又利用同样的两个水、旱稻品种越富和 IRAT109 构建了 RIL 群体，研究根基粗、根数等根系性状在苗期、分蘖期等 5 个时期的动态发育规律，并进行了 QTL 分析。发现 5 个时期根基粗都与最长根长有显著相关，而与根数不相关。最长根长只在苗期与根数相关。6 个根系相关性状在 5 个发育时期共检测到 84 个加性 QTL，86 对上位性 QTL，加性效应是控制根基粗、根数和最长根长的主要因素，而根鲜重、根干重和根体积主要由上位性效应所控制。发现 12 加性 QTL 在不同时期都表达，还在第 9 染色体发现两个主效、稳定的 QTL 位点（*brt9a*，*brt9b*）（Qu et al，2008）。2008 年该课题组正利用这两个水、旱稻品种构建 600 多个系的渗入系群体，对其中的 400 多份材料进行详细的抗旱相关性状的表型鉴定和基因型分析，并筛选了各个相关性状的近等基因系，利用这些渗入系材料正在进行精细定位、图位克隆和聚合育种工作。相对其他性状来说，抗旱性遗传机制比较复杂，到目前为止还没有水稻抗旱相关性状基因图位克隆的报道。

4. 干旱胁迫诱导表达基因

干旱胁迫在植物体内诱导一系列生理生化反应，同时植物对干旱胁迫响应及其抗旱、避旱机制涉及一系列基因的差异表达，形成基因表达调控网络。只有真正解析该网络，才能揭示植物抗旱的机理，实现对植物抗旱能力的调控。

根据抗旱基因作用方式的不同，将抗旱基因分成两类：第一类是功能基因，其编码产物对水稻抗旱性直接起保护作用，如胚胎发育晚期丰富蛋白（LEA）、脯氨酸合成关键酶基因 Δ1 -吡咯啉- 5 -羧酸合成酶（P5C5）和鸟氨酸- δ 氨基转移酶（δOAT）、海藻糖合成酶基因海藻糖- 6 -磷酸合酶（TPS）和海藻糖- 6 -磷酸磷酸酯酶（TPP）等；Xiao 等（2007）将水稻胚胎发育晚期丰富蛋白基因 *OsLEA3 - 1* 超表达，其使水稻耐旱能力明显增加，说明 Lea 蛋白对水稻具有保护作用。同时对脯氨酸合成途径的关键酶 P5CS 和 δOAT 表达基因的克隆与转基因研究表明，通过转基因工程来提高脯氨酸的含量可以有效提高水稻的抗旱能力。Igarashi 等（1997）从水稻（*Oryza sativa* L.）品种 Akibare 的 cDNA 文库中分离并鉴定了一个 *P5CS* 的 cDNA（cos*P5CS*），Northern blotting 分析表明 *P5CS* 基因是被干旱胁迫所诱导，同时也可以被高盐、脱水、ABA 和低温等其他逆境胁迫诱导。Zhu 等将 ABA 特异启动子与 *P5CS* 基因一并转入水稻中，*P5CS* 表达量转基因植株在逆境胁迫下较对照提高了 2.5 倍，同时发现在水分胁迫下第 2 代转基因植株根和茎鲜重明显增加。Ray 等（1999）通过对组成型启动子（Act1）和干旱诱导启动子启动 *P5CS* 在水稻的表达，干旱胁迫 72h 后，脯氨酸含量提高 7 倍。吴其亮（2003）等将拟南芥 *δOAT* 基因导入到水稻，获得 *δOAT* 基因超量表达的转基因株系，在干旱条件下，转基因水稻的脯氨酸含量是对照的 5～15 倍，同时其萌发率、苗高、根长及产量都显著高于对照。

第二类是调节基因，其编码产物在信号转导和基因表达过程中起调节功能基因的作用。Kazuo 等（2007）从水稻中分离得到的 NAC 型转录因子 *OsNAC6* 基因，能被一些生物胁迫和非生物胁迫的诱导，在干旱等胁迫反应中 *OsNAC6* 基因发挥转录激活因子的功能，超表达 *OsNAC6* 基因的转基因水稻抗旱性明显提高。Joseph G 等（2003）从水稻中分离了 5 个 *DREB* 同源基因 *OsDREB1A*，*OsDREB1B*，*OsDREB1C*，*OsDREB1D* 和 *OsDREB2A*，其中 *OsDREB2A* 受干旱和高盐胁迫诱导。同拟南芥中 *DREB1A* 基因一样，将 *OsDREB1A* 在拟南芥中超表达，能够提高拟南芥 *DREB1A* 下游胁迫诱导基因的表达，从而提高拟南芥对干旱、高盐和低温胁迫的抗性。Cao 等（2006）从水稻中分离鉴定了 4 个乙烯诱导表达的转录因子基因 *OsBIERF1*、2、3、4，其中 *OsBIERF1* 和 *OsBIERF4* 能够受 PEG（干旱）诱导并快速提高表达量，能够证明这 2 个基因可能参与水稻抵御干旱胁迫的应答调控反应。

十、耐盐和耐冷基因

1. 耐盐基因

在我国的现有耕地中，至少有 800 万 hm^2 的土地由于不当的灌溉和施肥，导致土壤中盐分积累，不同程度地影响了作物的产量，通过遗传改良提高作物的耐盐性是解决这一农业问题的最有效途径之一。

Yeo 等（1990）研究了几种生理性状与耐盐植株的表型（以植株存活率为指标）之间的关系，结果表明，植株的活力指标（苗长、根长、地上部分鲜干重）与存活率有较强的相关性，地上部分 Na^+ 浓度越低，耐盐性越强，所以植株的活力，地上部分 Na^+ 浓度及植株的存活率可以作为耐盐指标。随着分子生物学的日益发展，很多研究人员利用分子标记对水稻耐盐性进行了 QTL 定位，Zhang 等（1995）在 7 号染色体上检测到 1 个参与水稻耐盐的 QTL；Lin 等（1998）在 5 号染色体上只定位到 1 个对水稻幼苗存活天数有较小影响的 QTL；Gong 等（1999）以及 Prasad 等（2000）在 1 号和 6 号染色体上也分别定位到了与耐盐相关的 QTL。Koyama 等（2001）在水稻地上部分鉴定到了 5 个耐盐相关性状的 10 个 QTL，即 1 个 Na^+ 及 3 个 K^+ 吸收的 QTL，2 个 Na^+ 及 2 个 K^+ 浓度的 QTL，还有 2 个 Na^+/K^+ 比率的 QTL。Lin 等（2004）在盐处理条件下鉴定到 3 个影响幼苗存活天数的 QTL，分别位于 1、6 以及 7 号染色体；鉴定到 8 个与水稻耐盐相关生理性状的 QTL，其中有两个效应较大的 QTL，即与地上部分 Na^+ 浓度相关的 *qSNC7* 可以解释表型变异的 48.5%，与地上部分 K^+ 浓度相关的 *qSKC1* 可以解释表型变异的 40.1%。

林鸿宣研究小组（Ren et al，2005）成功分离克隆了位于第 1 染色体的耐盐基因 *SKC1*，是中国科学家首次克隆到的第一个 QTL，也是世界上在植物中克隆的第一个耐盐 QTL，由 3 个外显子和 2 个内含子构成，该基因只在维管束中表达，主要集中在木质部周围的薄壁细胞中。其编码一个 *HKT* 家族的离子转运蛋白（554 个氨基酸），专一性地运输 Na^+，不参与 K^+、Li^+ 等其他阳离子的运输。*SKC1* 在木质部周围的薄壁细胞中表达，盐胁迫时在根部的表达量显著提高而在地上部的表达没有变化。功能研究表明 *SKC1* 基因在水稻控制 K^+、Na^+ 从根部向地上部运输过程中起着重要作用。

2. 耐冷基因

低温冷害是我国和世界上水稻生产主要的限制因子之一，水稻的耐冷性是由多个 QTL 控制的数量性状，发掘耐冷基因并应用于遗传育种对于抵抗自然冷害具有重要的理论和现实意义。水稻的耐冷性一般集中在发芽期、芽期、苗期和孕穗开花期四个时期。国际上对芽期耐冷性鉴定通常以发芽率为评价指标；苗期耐冷主要以秧苗的苗色、分蘖、生长量为评价指标；孕穗开花期以减数分裂期冷处理后的结实率或相对结实率为鉴定指标。

在耐冷基因的遗传机制方面，主要集中在对水稻耐冷 QTL 的定位的研究上。严长杰等（1999）利用籼稻品种南京 11 和粳稻品种巴利拉组合 F_1 花药培养获得的 DH 群体，在芽期进行耐冷基因定位，结果发现在第 7 染色体上 G379b - RG4 区间存在有与耐冷性有关的基因 *Cts7*。钱前等（1999）利用 DH 群体，对在 6～10℃低温下的水稻苗期耐冷性进行 QTL 分析。结果表明，在 1、2、3、4 号染色体上分别检测到与苗期耐冷性有关的 4 个 QTL。叶昌荣等（2001）利用 55 个 RFLP 探针对农林 20/冲腿组合 F_3 系统在 19℃冷水处理下进行孕穗期耐冷性 QTL 分析结果表明，其 QTL 主要分布在 1、3、4、5、6、7、8、10 和 12 号染色体上，在 3 和 7 染色体上具有效应较大的 QTL。朱英国课题组（2005）利用重组自交系在第 3、7、11 染色体上定位到了 3 个苗期耐冷主效 QTL。乔永利等（2005）利用密阳 23 和吉冷 1 号组配群体定位到了 3 个芽期耐冷 QTL，分别位于第 2、4 和第 7 染色体上。韩龙植等（2005）利用密阳 23 和吉冷 1 号组配群体，定位到与孕穗期耐冷相关的 5 个 QTL 位点，分别位于第 1、2、4、11 和 12 染色体。万建民等（2007）利用 Asominori 和 IR24 组配重组自交系也定位到与芽期耐冷相关的 3 个 QTL，位于第 5 和第 12 染色体上。罗利军等（2007）利用 DH 系在 1、2、8 号染色体上定位到了 5 个苗期的耐冷 QTL。李自超等（2008）利用世界上最耐冷的地方品种昆明小白谷和不耐冷的十和田组配近等基因系，在孕穗期定位了 4 个稳定的 QTL，分别位于第 1、4、5、10 染色体上。

在国际上，日本学者 Kato 等（2001，2004）也在 1、3、4、6、10、11 号染色体上找到与水稻孕穗期耐冷性有关的 QTL，并在第 4 染色体上精细定位到了 56kb 的区间内。Fujino 等（2004）利用回交自交系定位了 3 个芽期耐冷 QTL，分别为 *qLTG3 -1*，*qLTG3 -2* 和 *qLTG4*，并在 2008 年成功克隆到了 *qLTG3 -1*，这是目前为止利用图位克隆方法得到的第 1 个水稻耐冷基因。Andaya 和 Mackill（2003）利用籼粳交重组自交系在第 1、2、3、5、6、7、9 和 12 号染色体上都定位到了孕穗期耐冷 QTL，在第 12 号染色体定位到 1 个苗期耐冷主效的 QTL *qCTS12a*。Andaya 和 Tai 在第 4 染色体上精细定位了 1 个苗期耐冷的 QTL *qCTS4*（128kb）。Kuroki 等（2007）在第 8 染色体发现一个贡献率为 26.6%的孕穗期 QTL *qCTB8*，并且把它定位在 RM5647 - PLA61 之间大约 193kb 的区间内。

一些耐冷相关的基因用图位克隆以外的方法被克隆。Dubouzet 等（2003）用同源克隆的方法在水稻中找到了与拟南芥 DREB（CBF）转录因子家族同源的 5 个基因，*OsDREB1A*，*OsDREB1B*，*OsDREB1C*，*OsDREB1D* 和 *OsDREB2A*。CBF/DREB 转录因子低温条件下诱导的目的基因包括亲水蛋白、冷调节蛋白、LEA 蛋白、冷冻富积蛋白、过氧化物酶抑制子、烯醇化酶、半胱氨酸蛋白酶抑制子同源物和膜蛋白等至少 12 种基因。Junghe Hur 等（2004）在水稻中克隆了一个新基因 *OsP5CS2*，它编码脯氨酸合成关键酶吡咯羧化合成酶（P5CS）蛋白。脯氨酸、LEA（Late embryogenesis abundant）蛋白和亲水多肽及可溶性糖等已被证明对植物的低温耐性起重要作用。Oliver 等（2005）在水稻中克隆了结合酸转化酶 *OSINV4*。水稻对低温最敏感的时期与绒毡层活力最强（四分体到早期的单核时期）的时期一致，这个时期低温会导致花粉囊中蔗糖积累，伴随着细胞壁结合酸转化酶的活性下降和成熟花粉粒中的淀粉损耗。两个细胞壁 *OSINV1*、*OSINV4* 和一个液泡 *OSINV2* 基因的表达分析表明，*OSINV4* 具有花粉囊特异性，冷处理下表达，在耐冷的水稻栽培品种中，低温胁迫下 *OSINV4* 的表达不减少，花粉囊中蔗糖不积累，花粉粒的形成不受影响，Toshiyuki 等（2005）证明雄性不育恢复基因 *Rf1* 能增强低温条件下水稻的育性。Candida 等（2004）发现一个水稻中低温相关的转录因子 *Osmyb4*，它只受低温胁迫诱导，不受其他非生物胁迫和 ABA 诱导，瞬时表达证明 *myb4* 转录激活 *PAL2*，*ScD9*，*SAD* 和 *COR15a* 冷诱导启动子。通过测定膜或光合体系的稳定性，*Myb4* 超表达植株的耐冷性整体上有显著的提高。转基因植株中，*Myb4* 参与不同的低温诱导途径，说明 *Myb4* 在耐冷中起着控制开关的作用。

水稻耐冷是一个多途径多基因控制的复杂性状，尽管目前已经定位了一些 QTL，少数的基因用各种方法被克隆到。但是，要找到与水稻耐冷相关的大部分控制基因，了解水稻耐冷调控机制，还有待进一步深入地研究。

十一、抗病基因

纹枯病、稻瘟病和白叶枯病是水稻的三大病害，每年给全球水稻造成巨大损失。这三大病害中，纹枯病通常被认为缺乏高抗基因，目前已有报道鉴定出抗纹枯病的主效 QTL 位点。稻瘟病和白叶枯病则研究得比较详细和深入。

1. 抗白叶枯病基因

植物抗病基因的克隆研究是当前研究植物抗病反应机制的热点，水稻白叶枯病抗病基因的克隆研究已经走在了抗病育种的前沿。截至目前，经国际注册确认和期刊报道的水稻白叶枯病抗性基因共 30 个，其中 *Xa22*（*t*）、*Xa26*（*t*）、*xa26*（*t*）、*Xa27*（*t*）、*xa28*（*t*）、*Xa29*（*t*）和 *3* 个 *Xa25*（*t*）为暂定名基因，有待订正（表 2 - 10）。在 30 个基因中，21 个为显性基因（*Xa*），9 个为隐性基因（*xa*）；13 个表现全生育期抗性，15 个为成株期抗性，*Xa21* 和 *Xa25*（*t*）两个基因在分蘖后期表达抗性。已被定位的抗性基因有 17 个，已经克隆的有 7 个基因，*Xa1*、*Xa4*、*Xa5*、*Xa21*、*Xa26*、*Xa27* 和 *Xa13*，上述基因均是用图位克隆的方法获得。其中除了 *Xa21* 和 *Xa27* 来源于野生稻，其他抗病基因来源于栽培稻。

表 2-10 已鉴定的水稻抗白叶枯病基因

基因名称	原命名	所用菌株（小种）	代表品种	染色体	连锁标记
Xa1#		日本菌株 X-17	黄玉，Java14	4	C600（0cM），XNpb235（0cM），U08$_{750}$（1.5cM）
Xa2		X-17，X-14	Rantai Emas 2	4	XNpb197，XNpb235
Xa3*	Xaw	印尼菌株 T7174，T7147，T7133	早生爱国 3，Java14	11	XNbp181（2.3cM），XNbp186，G181
	Xa4b	菲律宾菌株 PX061（1）	Semora Mangga		
	Xa6	菲律宾菌株 PX025（1）	Zenith		
	xa9	菲律宾菌株 PX061（1）	Sateng		
Xa4#		菲律宾菌株 PX025（1）	TKM-6，IR20，IR22	11	XNpb181（1.7cM），XNpb78（1.7cM）G181，M55
	Xa4a	菲律宾菌株 PX061（1）	Sigadis		
xa5#		菲律宾菌株 PX025（1）	DZ192，IR1545-339	5	RG556（<1cM），RG207（<1cM），RM122（0.7cM），RM390（0.4cM）
Xa7*		菲律宾菌株 PX061（1）	DV85，DV86，DZ78	6	G1091（6.0cM）AFLP31-10（3cM）
xa8*		菲律宾菌株 PX061（1）	PI231128	未定位	
Xa10		菲律宾 4 个小种	Cas209	11	007$_{2000}$（5.3cM）
Xa11*	Xapt	印尼菌系 T7174	IR944-102-2-3	未定位	
Xa12*	Xakg	印尼菌系 Xo-7306（V）	黄玉，Java14	4	
xa13		菲律宾小种 1，2，4，6	BJ1	5	RI28（5.1cM），G136（3.8cM）
Xa14		菲律宾小种 3，5	TN1	4	RG620（20.1cM）
xa15*		日本小种 Ⅰ，Ⅱ，Ⅲ，Ⅳ	M41 诱变体	未定位	
Xa16*		日本小种Ⅴ	Tetep	未定位	
Xa17*		日本小种Ⅱ	阿苏稔	未定位	
Xa18*		缅甸菌株	IR24，密阳 23，丰锦	未定位	
xa19*		6 个菲律宾小种	IR24 的诱变体 XM5	未定位	
xa20*		6 个菲律宾小种	IR24 的诱变体 XM6	未定位	
Xa21**,#		菲律宾小种 1，2，4，6	长药野生稻（IR-BB-21）	11	RG103（0cM），248
Xa22（t）*			扎昌龙	11	CR543（7.1cM），RZ536（10.7cM）
Xa23		菲律宾小种 6	普通野生稻（CBB23）	11	OSR6（5.4cM）RM206（1.9cM）
xa24（t）		菲律宾小种 1，2，4，6	DV85，DV86，Aus295	未定位	
Xa25（t）**			小粒野生稻 78-15	未定位	
Xa25		菲律宾小种 9	明恢 63	12	G1314（7.3cM）
Xa25（t）*		抗菲律宾小种 1，3，4 中国Ⅳ型菌	明恢 63 体细胞无性系突变体 HX3	未定位	

（续）

基因名称	原命名	所用菌株（小种）	代表品种	染色体	连锁标记
xa26（*t*）*		中抗菲律宾小种1～3，抗菲律宾小种5	Nep Bha Bong	未定位	
Xa26（*t*）#		中国菌株JL691	明恢63	11	RM224（0.21cM）
Xa27（*t*）*,#		菲律宾小种2，5	Arai Raj	6	M964（0cM）
xa28（*t*）*		菲律宾小种2	Lota sail	未定位	
Xa29（*t*）*		菲律宾小种1	药用野生稻	1	

注：*　成熟期抗性基因；**　分蘖后期表达抗性；#　已克隆。

Sakaguchi在“黄玉”（Kogyoku）中发现了高抗日本生理小种T1的抗病基因*Xa1*，并初步定位在水稻第4染色体上。随后Yoshimura等（1998）进一步将*Xa1*基因分离克隆。*Xa1*基因的cDNA全长5 910bp，由4个外显子和3个内含子组成，*Xa1*的产物在防御反应信号传递途径中与其他蛋白相互作用接收和传递信号。另外，*Xa1*基因的表达是诱导型的，它受水稻白叶枯病病原菌的诱导而表达。

1977年在水稻品种DZ192中发现了隐性抗白叶枯病的基因*xa5*，对菲律宾生理小种1、2、3、5具有抗性。在中国和日本科学家的努力下，利用扩大研究群体对基因所在区域继续进行重组事件的分析，经过测序分析，最终将该基因克隆。*xa5*基因由106个氨基酸组成，编码产物为39位氨基酸发生突变的转录因子IIA的γ小亚基。显性基因或隐性基因的转录不受该突变的影响，为组成型表达。

*Xa26*基因是从中国水稻品种明恢63中发现的，对中国菌系JL691具有抗性，随后Sun等（2004）将其克隆。研究结果表明，*Xa26*基因为受体激酶类抗病基因。*Xa26*基因的表达属于组成型表达，病原菌接种后不影响转录水平上的表达强度。*Xa26*基因属于相同类的几个基因串联重复。

*Xa4*基因，是以图位克隆法从水稻近等基因系“IRBB4”中分离克隆的，该基因也编码LRR受体激酶类蛋白质，*Xa4*和*Xa26*属于同一个基因家族的不同成员。抗性分析发现籼稻品种特青和93-11与IRBB4的抗谱相同。

*xa13*基因为隐性抗病基因，来源于水稻品种BJ1，对菲律宾小种P6具有抗性。经过多位科学家的努力，将其克隆（Sun，2004；Chu，2006a）。*xa13*基因由5个外显子组成，编码307个氨基酸，是一类新型的抗病基因。

2. 抗稻瘟病基因

20世纪60年代中期，日本率先开展了水稻品种抗稻瘟病基因分析的研究工作，鉴定了最初的8个抗性位点上的14个基因，并建立了一套抗稻瘟病基因分析用的鉴别体系（Japanese differential cultivars，JDCs）。随后，菲律宾和中国也分别建立近等基因系，用于开展稻瘟病抗性基因的遗传研究工作。截至2007年12月，至少55个抗稻瘟病位点共63个主效基因已通过国际注册确认或期刊报道（表2-11），且成簇分布于除第3染色体外的各染色体。其中，62个为显性基因（*Pi*），1个为隐性基因（*pi*），包括*Pib*、*Pita*、*Piz5*、*Pizt*、*Pi9*和*Pid2*等6个已被克隆基因（全部采用图位克隆获得，*Piz5*、*Pizt*和*Pi9*同为*Piz*基因位点上的复等位基因）。

*Pib*是第一个被克隆的抗稻瘟病基因（Wang et al，1999），编码1 251个氨基酸，其

氨基酸末端包含一个核苷酸结合位点（NBS 结构），羧基末端包含 17 个富亮氨酸重复（LRR），属于 *NBS-LRR* 抗病基因族成员，受温度和黑暗条件的诱导表达。*Pita* 是一个编码 928 个氨基酸的细胞质膜受体蛋白，含 NBS 结构和富亮氨酸 LRD 结构域。抗病基因 *Pita* 与感病基因 *pita* 仅有 1 个氨基酸的差异，其抗病机制是 *Pita* 基因的编码产物能与稻瘟病菌的无毒基因 *AVR-Pita* 表达产物相互作用引发抗病反应（Gregory et al，2000）。*Pi9* 是已克隆的抗谱最广的基因（Qu et al，2006），也是一个具 NBS-LRR 结构的抗性基因，它和 *Pi2*、*Pizt* 是复等位基因，*Pi2* 和 *Pizt* 仅有 8 个氨基酸的差异。*Pid2* 是一个编码 825 个氨基酸的蛋白激酶，其氨基端含有 B-lectin 结构域，羧基端是一个典型的丝氨酸/苏氨酸激酶结构域（STK），属于新的抗病基因类型，其抗感差异也是一个单碱基突变造成的。

表 2-11　截至 2007 年 12 月已定位的主效稻瘟抗性基因

基　因	所用菌株（小种）	代表品种	染色体	连锁标记
Pia	B90002	Aichi Asahi	11	
*Pib**	BN209	IR24，BL1	2	
Pif		Chugoku 31-1	11	
Pii（*Pi3*，*Pi5*）	PO6-6，PO3-82-51	Tetep	9	S04G03 与 C1454 之间的 170kb 内
Pik	PO6-6，Ca89 等	Kusabue	11	R543（2.0cM）
	V850196	Shin 2，IR24	11	
	PO6-6，Ca89 等	K60	11	
	PO6-6，Ca89 等	K3	11	
	PO6-6，Ca89 等	Tsuyuake	11	
Pish	Kyu77-07A	Shin-2	1	与 *pi-t* 连锁
Pit	V86010	K59	1	
Pita	IK81-3，IK81-25 等	Pai-kan-tao	12	RG241（5.2cM），RZ397（3.3cM）
	IK81-3，IK81-25 等	Pi NO. 4	12	XNpb 088（0.7cM）
Piz	IE-1k	Fukunishiki	6	MRG5836（2.9cM）
	IK81-3，IK81-25 等	A5173	6	RZ612（7.2cM），RG64（2.1cM）
	IK81-25，PO6-6 等	Toride 1	6	
	PO-6-6	75-1-127	6	
Pid1（*t*）	ZB13	地谷	2	G1314A（1.2cM），G45（10.6cM）
*Pid2**	ZB15	地谷	6	RM527（3.2cM），RM3（3.4cM）
Pi1	IK81-3，PO6-6 等	LAC	11	RZ536（7.9cM），Npb181（3.5cM）
Pi6	—	Apura	12	RG869-RG397
Pi7	—	Moroberekan	11	RG103A-RG16
Pi8	日本小种 007.0 等	Kasalath	6	与基因 *Amp-3* 和 *Pgi-2* 连锁
Pi10（*t*）	菲律宾小种 106	Tongil	5	RRF6（3.8cM），RRH18（2.9cM）
Pi11（*Pizh*）	中 10-8-1，研 54-04	窄叶青 8 号	8	BP127A（14.9cM）
Pi12（*t*）		Moroberekan	11	
Pi13	—	Maowangu	6	与基因 *Amp-3* 连锁
Pi14	—	Maowangu	2	与基因 *Amp-1* 连锁
Pi15（*t*）	CHL0416 等	GA25	9	BAPi15h486（0.35cM）
Pi16（*t*）	日本小种 007.0 等	Aus373	2	与基因 *Amp-1* 连锁
Pi17（*t*）	—	DJ123	7	与基因 *Est9* 连锁

（续）

基　因	所用菌株（小种）	代表品种	染色体	连锁标记
Pi18	KI-313	Suweon 365	11	RZ536（5.4cM）
Pi19	CHNO58-3-1	Aichi Asahi	12	跟 *Pi-ta2* 紧密连锁或等位
Pi20	BN111	IR24	12	XNph88（1.0cM）
pi21	—	Owarihatamochi	4	*G271*（5.0cM），*G317*（8.5cM）
Pi21（*t*）	KJ-101	Suweon 365	12	RG869
Pi22（*t*）	KJ-201	Suweon 365	6	可能与 *Pi-2* 等位
Pi23（*t*）		Suweon 365	5	
Pi24	92-183（ZC15）	中 156	12	RG241A（0cM）
Pi25	92-183（ZC15）	谷梅 2 号	6	A7（1.7cM），RG456（1.5cM）
Pi26	Ca89	谷梅 2 号	6	B10（5.7cM），R674（25.8cM）
Pi27（*t*）	CHL0335 等	Q14	1	RM151（12.1cM），RM259（9.8cM）
Pi33	PH14，PH19 等	IR64		Y2643L（0.9cM），M72（0.7cM）
Pi34	—	Chubu 32	11	C1172-C30038
Pi35（*t*）	—	Hokkai 188	1	RM1216-RM1003
Pi36（*t*）	CHL39	Q61	8	RM5647-CRG2
Pi37（*t*）	CHL1405 等	St. No. 1	1	RM543（0.7cM），RM319（1.6cM）
Pi44（*t*）	C9240-1 等	Moroberekan	11	AF349（3.3cM）
Pi62（*t*）		Yashiro-mochi	12	
Pi157（*t*）		Moroberekan	12	
Pb1	—	Modan	11	C189（1.2cM）
PiCO39（*t*）	6082	CO39	11	S2712（1.0cM）
Pih-1（*t*）	ZB1	红脚占	12	RG869（5.1cM）
Pitq1	IB-54，IG-1	特青	6	C236-RG653
Pitq5	IB-54	特青	2	RG520-RZ446b
Pitq6	IG-1	特青	12	RG869-RZ397
Pilm2	IC-17，IB-49	Lemont	11	R4-RZ536
PiGD-1（*t*）	PO6-6	三黄占 2 号	8	XLRfr-8（3.6cM）
PiGD-2（*t*）	PO6-6	三黄占 2 号	10	*r16*（3.9cM）
PiGD-3（*t*）	PO6-6	三黄占 2 号	12	RM179（4.8cM）
Pig（*t*）	Ken53-33	Guangchangzhan	2	RM166（4.0cM），RM208（6.3cM）
Pigm（*t*）	CH109，CH199 等	谷梅 4 号	6	C5483-C0428
Piy（*t*）	四川-43 菌系	云引	11	RM202（3.8cM）

注：* 为已克隆基因。

第三节　野生稻遗传多样性、基因发掘与创新利用

普通野生稻（*Oryza rufipogon* Griff.）是亚洲栽培稻（*Oryza sativa* L.）的野生祖先种。在野生稻驯化为栽培稻的过程中，在形态特征、生态特征、生理生化特性、适应性以及遗传多样性等方面已发生了深刻的分化。由于在漫长的进化过程中，经过长期的自然选择，野生稻具有丰富的遗传多样性，蕴涵抗病、抗虫、耐冷、耐盐、细胞质雄性不育等优良特性，是天然的基因库，保存着栽培稻不具有或已经消失了的特异基因。

在水稻育种史上，野生稻曾起过巨大作用，如 20 世纪 30 年代水稻育种家丁颖利用中国普通野生稻作亲本育成了中山 1 号及系列品种。国际水稻研究所利用印度的一年生野生稻作

抗源亲本育成了一系列高产多抗品种。70 年代初，我国利用野生稻细胞质雄性不育基因，实现了杂交稻的三系配套，实现了我国水稻育种的第二次飞跃。在普通野生稻利用中尽管有以上成功事例，但其利用的只是野生稻资源中的一小部分。Sun 等（2001）研究发现，栽培稻的等位基因数约为野生稻的 60%，野生稻在演化成栽培稻的过程中，等位基因减少，基因多样性下降，一些基因已在栽培稻中丢失。随后的研究发现，普通野生稻在核基因组、线粒体基因组和叶绿体基因组的遗传分化类型远远多于栽培稻。面对现今育种中出现的基因库狭窄的问题，利用野生稻的优异基因进行种质创新具有十分重要的理论意义和实践价值。

一、野生稻种质资源概况

野生稻广泛分布于亚洲、非洲、美洲和大洋洲。一般认为稻属有 22 个种，包括 20 个野生稻种和 2 个栽培稻种。最近，Vaughan 等（2003）又发现了一个新种（*O. rhizomatis*），因此，稻属有 23 个种。基于细胞学、形态学和分子生物学的分析，野生稻可分为 AA、BB、CC、DD（或 EE）、FF、GG、BBCC、CCDD、HHJJ 染色体组。栽培稻和它的近缘野生种都具有 AA 组染色体，CC 组也是基本的染色体组型，它可以与其他染色体组结合形成具有 2 个染色体组的种，B、C 和 D 染色体组间彼此有某种亲和性。

我国野生稻资源十分丰富，目前有 3 种野生稻，即普通野生稻、药用野生稻和疣粒野生稻。野生稻的分布范围南自海南省三亚市，北至江西省东乡县；东至台湾省桃园县（目前已经消失），西至云南省盈江县。其中普通野生稻分布于海南、广东、广西、云南、江西、福建以及湖南等省（自治区）；药用野生稻分布范围相对要小一些，海南、广东、广西、云南均有发现；疣粒野生稻仅分布于云南、海南两省（全国野生稻资源考察协作组，1984）。以分布海拔为例，普通野生稻分布在 2.5～780m，药用野生稻 25～1 000m，疣粒野生稻 50～1 000m，正是由于它们所分布的地理环境的差异造成了我国野生稻遗传的多样性，我国野生稻的遗传多样性要大于南亚和东南亚。

经过近 50 年的努力，我国野生种质资源考察收集工作成效显著，保存初具规模。到 2000 年，全国共收集野生稻资源 6 766 份，其中国内普通野生稻 5 909 份、药用野生稻 713 份和疣粒野生稻 144 份；并对所有野生稻资源的学名、采集地、生长习性、始穗期、种皮颜色、百粒重、抗病虫性等 20 多个性状进行了详细调查。另外，在广东省农业科学院水稻研究所（广州）和广西壮族自治区农业科学院作物品种资源研究所（南宁）建立了 2 个国家野生稻种质资源圃，收集野生稻种质入圃保存。到 1997 年已入圃保存的野生稻种质 8 933 份，其中广州圃保存 4 300 份，南宁圃保存 4 633 份。这些工作为开展野生稻优异特性评价及种质创新提供了重要基础。2002 年开始，针对我国野生稻资源破坏严重的问题，中国农业科学院组织云南、广东、广西、海南、江西、福建和湖南有关专家对我国野生稻资源进行了再次考察收集，至 2007 年底，已收集 836 个居群，20 000 多份（次），妥善保存于国家种质库和种质圃。

二、野生稻的优异特性

1. 抗病虫性

野生稻资源中具有许多优异性状，在抗病虫方面尤为突出。研究表明，对于一些严重为害生产的如白叶枯病、稻瘟病、纹枯病、褐飞虱、白背飞虱、叶蝉、稻瘿蚊、黄萎病以及普矮病等病虫害，野生稻中均筛选到具有重要利用价值的抗性材料，而且抗性强、抗谱广。IRRI 的研究结果表明，从野生稻中检出抗性基因的几率比栽培稻要高出 50 倍。印度中央水稻研究所发现长雄野生稻和紧穗野生稻高抗白叶枯病。广东省农业科学院水稻研究所从当地的普通野生稻中鉴定出抗本地菌系的材料。有的抗病基因，例如抗纹枯病基因，迄今为止从栽培稻中筛选出的抗性材料极少，但从普通野生稻、短舌野生稻、小粒野生稻和宽叶野生稻中都筛选到了高抗材料。并且许多野生稻表现为多抗，如小粒野生稻抗稻瘟病、白叶枯病及纹枯病。药用野生稻具有抗三化螟、褐飞虱、白背飞虱、稻瘿蚊、稻瘟病及白叶枯病等优异特性，是重要的抗性基因源。

2. 耐逆性

由于野生稻分布广泛，生态条件复杂，形成了许多耐不良环境的特性，如耐寒、耐盐、耐旱、耐涝及耐瘠薄等。江西东乡野生稻分布在 28°14′N、116°36′E、海拔 47.6m 的红壤小低丘地区，是中国乃至世界上分布最北的野生稻，具有较强的耐寒性。研究结果表明，东乡野生稻在其原生境 1 月平均气温 5.2℃，极端最低气温－8.5℃，虽然地上部分全部枯死，但近地表的茎秆及地表以下茎节仍有生命力。湖北省农业科学院将东乡野生稻地下茎移至武汉（30°37′N）进行自然繁殖和越冬研究，在 1981—1991 年冬季月平均最低温度 1.3℃、极端最低温度－12.8℃的情况下，东乡野生稻能安全越冬，而华南、印度、湖南野生稻不能越冬。东乡野生稻在芽期、苗期及抽穗期也有很强的耐寒性，欧阳颔等观察表明抽穗期日平均气温在 13.7℃时，仍正常开花散粉，结实率达 33.3%。另外，一年生野生稻有随水上涨在高节位产生分蘖和不定根的能力，具有很强的耐淹能力。广东省农业科学院和广西壮族自治区农业科学院分别从野生稻中鉴定出一批抗寒、耐涝、耐旱的材料。

3. 优质特性

多数普通野生稻米粒细长，腹白小，甚至无腹白，多为玻璃质，米粒坚硬不易断裂。据对原产我国的 3 733 份普通野生稻的外观品质调查，外观品质优良的占 39.1%，其中云南 14 份野生稻的外观品质全为优。广西药用野生稻不但外观品质极好，且蛋白质含量均在 11%以上，有的高达 16%，是优质育种的好亲源，同时药用野生稻具有较高的药用价值。江西省对东乡野生稻资源特性评估测定还发现，1kg 干重的稻米中，19 种氨基酸含量高达 112.3～112.8g；广东省农业科学院的研究结果表明，药用野生稻种子蛋白质含量高于栽培稻。

4. 细胞质雄性不育性

细胞质雄性不育性在野生稻中普遍存在，它是水稻杂种优势利用的基础。野生稻细胞质雄性不育性的发现对杂交水稻的育成和推广起了非常关键的作用。李必湖首先在我国的海南发现了野败型不育系，于 1973 年实现了杂交水稻的“三系”配套。随后，朱英国等利用红芒野生稻（来自华南的普通野生稻）与莲塘早杂交，培育了红莲系型不育系。在我国，水稻不育系的不育胞质来源中，约一半来源于野生稻，且选育出了一批优良杂交稻组合。

5. 其他优异农艺性状

野生稻具有强大的生长优势，表现在分蘖力强，根系发达，再生能力强。另外，野生稻还具有花药大、柱头外露、开花时间长等特点，可以用于不育系选育。野生稻的功能叶耐衰老，对解决杂交稻后期早衰问题也具有重要的应用价值。袁平荣等（1998）研究表明，野生稻与籼稻和粳稻杂交 F_1 的结实率均较高，具有广亲和特性。

三、野生稻的遗传多样性

1. 野生稻遗传多样性研究的意义

遗传多样性在狭义上指种内不同群体之间或一个群体内不同个体的遗传变异总和，本质是生物体在遗传物质上的变异，即编码遗传信息的核酸（DNA 或 RNA）在组成和结构上的变异。因此，遗传多样性成为保护生物学中的重要内容。野生稻是栽培稻的祖先种，在长期的自然进化过程中形成了丰富的遗传多样性，作为栽培稻将来培育的重要基因来源，野生稻遗传多样性对今后粮食生产起着举足轻重的作用。

随着农村经济发展及城市化进程加快，耕地的开垦和建设用地的增加，野生稻原生地受到了严重破坏，群体数量急剧减少甚至濒临灭绝，野生稻的保护被提上日程。通过对野生稻遗传多样性的分析，可以揭示野生稻在物种及居群水平上的进化历史，探讨其起源与演化过程，最终为保护提供可靠的依据。因此，野生稻遗传多样性的研究有益于正确制定遗传资源收集和保护的策略，还可为拓宽水稻育种的遗传基础、提高育成品种的抗性提供理论指导。

2. 野生稻遗传多样性研究进展

（1）野生稻遗传多样性形态学研究

形态特征的研究是最原始最直接的研究方法，对野生稻表型性状的观察然后进行分类是最早采用的多样性研究，这个方法直观，简便易行，在分子生物学手段相对落后的情况下，对野生稻的多样性研究起到了很大作用，现在仍然是野生稻多样性研究的最重要环节之一。

周进等（1992）用数量分类方法，对产于湖南、江西两省的普通野生稻居群和性状进行了聚类分析，初步揭示了分布于我国北界的普通野生稻居群的类型和性状间的关系，表明环境因素是决定居群类型的重要原因，充分说明了海拔高度的特殊性和它们之间的遗传异质性。庞汉华等（1996）根据 10 个能鉴别普通野生稻和栽培稻的形态性状对中国的 500 多份普通野生稻进行了观察和聚类分析，将中国普通野生稻分为多年生和一年生两大类群并确定了多种变异类型；袁平荣等（1998）经过原地观察及性状比较，认为云南元江的普通野生稻与栽培稻隔离得较好，是较纯且原始的普通野生稻，适宜于作为中国栽培稻起源演化的对比材料。潘大建等（2002）选择来自广东佛冈县地处山林区远离稻田的一个普通野生稻生境中的 25 份野生稻样本，以国外多年生、一年生普通野生稻 7 份样本和广东地方栽培稻 8 个品种为对照进行种植观察，调查了 21 个形态生物学性状。通过模糊聚类分析，可将 25 份样本分为 4 类，各类与对照材料之间表现不同的遗传差异。说明该生境野生稻存在较丰富的遗传变异。李自超等（2004）以中国普通野生稻初级核心种质中广西普通野生稻部分中的 223 份为材料，通过表型性状与地理分布分析，判定其表型性状多样性中心是在北纬 21°～22°和 22°～23°，4 种生长习性中，匍匐型的表型水平多样性最高。

但表型性状经常会因环境因素的影响而发生变化，仅依赖表型性状是不够的，还必须进行更深层次的比较和验证。

（2）野生稻遗传多样性生化水平研究

生化标记主要包括同工酶和等位酶标记，主要优点是：表现近中性，对植物经济性状一般没有大的不良影响；直接反映了基因产物差异，受环境影响较小。

黎杰强等（1999）用酯酶同工酶对来自广东和海南的58份普通野生稻样本进行了研究，发现同一小生境的植物会有不同的酶带和酶谱类型，说明分子水平的变异与形态变异不一定同步，水稻不同小生境的植物可能有相同或相似的变异演化路线。Masahiro等（1999）用17个同工酶位点分析泰国中心平原的野生稻居群遗传多样性，对比该地区1985—1994年十年居群遗传多样性变化，结果显示该地区野生稻遗传多样性相比之下急剧下降，栽培稻与野生稻基因交流频繁，需实行野生稻原生境保护。高立志等（2000）用12种酶系统17个等位酶位点对采自云南思茅地区疣粒野生稻7个居群的164个个体进行了遗传多样性的研究，发现疣粒野生稻的遗传多样性水平极低，但居群间的遗传分化较大。对这样在较小的地理区域内居群间就呈现出剧烈遗传分化的物种来说，大多居群均有保护的价值。Tania（2002）利用同工酶位点分析太平洋和大西洋沿岸不同气候带的*Oryza latifolia*居群，发现居群内遗传多样性变异很大，来自同一大陆太平洋及大西洋的居群亲缘关系比较近，聚类分析时分别聚在一起。多数居群偏离了哈迪一温伯格平衡，高频率的杂合模式表明*Oryza latifolia*的繁育系统可能比较复杂。

目前可使用的生化标记数量还相当有限，且有些酶的染色方法和电泳技术有一定难度，因此其实际应用受到一定限制。

（3）野生稻遗传多样性分子水平研究

随着分子生物学的不断发展，分子标记技术相应运用到野生稻的研究当中，给野生稻遗传多样性研究开辟新的领域，RAPD、RFLP、AFLP、SSR等标记不同程度地被运用到野生稻遗传多样性的研究当中。

①随机引物多态性扩增（RAPD） Buso等（1998）把RAPD标记与同工酶结合分析亚马孙河流域*glumaepatula*野生稻居群，总遗传多样性的贡献大部分来自居群间的遗传多样性，检验结果成为*glumaepatula*野生稻物种保护决策的基准。Ge等（1999）用20个产生多样性的RAPD标记比较分析来自中国和巴西的野生稻居群，总遗传变异的61.8%存在于大陆之间，居群内的变异占23.3%，而地区内居群间遗传变异为14.9%。由于美洲与亚洲*O. rufipogon*遗传多样性的差异，多数人认为美洲的*O. rufipogon*应成为一个独立的种，*O. glumaepatula*。

钱韦等（2000）用RAPD标记对中国疣粒野生稻的遗传多样性进行了研究，认为中国的疣粒野生稻在物种水平的遗传多样性很低。陈成斌等（2002）用四个RAPD引物对广西药用野生稻进行分析，结果表明所用引物均能扩增出丰富的DNA片段以及片段类型，说明广西药用野生稻DNA多态性丰富，遗传多样性明显，应改变过去认为其性状类型单一的观点。

RAPD对设备、条件及实验操作的要求都很高，其稳定性和重复性都比较差，并且作为显性标记时，不能用来区别杂合和纯合基因型，现已很少使用。

②限制性酶切长度多态性（RFLP）和扩增的限制性片段长度多态性（AFLP） 王振山等（1996）对我国现存的、保存较好的3个野生稻自然群体的基因组DNA进行了限制性酶切片段长度多态性（Restriction fragment length polymorphism，RFLP）分析。从分子水平上证明广西桂林和江西东乡野生稻自然群体是我国现有的、与栽培稻隔离较好的

两个野生稻群体，这两个野生稻自然群体的遗传多样性均较低。Sun 等（2001）用 44 对单拷贝的 RFLP 标记用于估算来自亚洲 10 多个国家的 122 份普通野生稻和 75 份栽培稻的遗传多样性，比较结果发现普通野生稻遗传多样性远高于栽培稻，其丰富的基因源具有很高的育种利用潜在价值。Cai 等（2004）把 RFLP 与同工酶及形态分析相结合，分析亚洲区 7 个野生稻居群，居群间的地理分布区别明显，地理隔离及生态环境对居群的适应性分化影响起到很大作用。

熊立仲等（1998）以一个栽培稻和野生稻 F_2 作图群体以及依据群体建立的 AFLP（Amplified fragment length polymorphism）标记连锁图，分析了 SSR 标记和 AFLP 标记的多态性遗传行为以及其在染色体上的分布。共定位了 28 个 SSR 标记和 172 个 AFLP 标记，丰富了 F_2 水稻的分子标记连锁图。

RFLP 与 AFLP 两种方法都具有反应所需 DNA 量少，得到的条带丰富，灵敏性高，快速高效等特点，但操作复杂，费用昂贵，对 DNA 质量要求较高，在进行大量样本的检测时较少采用。

③微卫星标记（SSR）　SSR（Simple sequence repeat）是短的、串联的简单重复序列，广泛存在于真核细胞的基因组中，比 RFLP 和 RAPD 标记更能有效地揭示遗传多样性。它具有位点丰富、分布均匀、多态性强、测定分析迅速、易于使用、引物序列公开发表等特点，特别适用于大量样本的研究，为群体遗传多样性及进化研究、种质评估、分子标记辅助育种提供了有力的工具。

Gao 等（2002）对比 SSR 标记与同工酶检测中国 5 个自然居群遗传多样性效果，SSR 分子标记能检测到更多遗传多样性。对比结果证明 SSR 是一种快捷有效的检测野生稻群体遗传多样性的方法，也是野生稻保护的重要评估参数。朱作峰等（2002）利用 30 对 SSR 引物对野生稻与栽培稻进行遗传多样性分析，发现野生稻的多样性明显大于栽培稻，可以用来区别栽培稻与野生稻。王艳红等（2003）用 SSR 标记对来自 7 个省 17 个居群的普通野生稻进行研究，表明普通野生稻的起源为两广地区。余萍等（2004）以广西 223 份普通野生稻为材料，34 对 SSR 引物进行遗传多样性分析，在两个区域内所包含的普通野生稻数量多，遗传多样性大，初步判断为 DNA 水平上的广西普通野生稻遗传多样性中心。盖红梅等（2005）用 24 对 SSR 引物对沿河分布最长的广西武宣濛江流域的 12 个普通野生稻居群 343 份材料的遗传结构进行研究。结果表明该地普通野生稻遗传多样性丰富。任民等（2005）利用 25 个微卫星位点对广西贺州、崇左、防城港 3 市 8 个居群 301 份普通野生稻材料的遗传多样性和遗传结构进行研究，结果表明桂东南地区普通野生稻遗传多样性丰富。孙希平等（2007）利用 39 对 SSR 引物对海南 114 份普通野生稻、146 份疣粒野生稻和 81 份药用野生稻进行扩增，检测结果表明普通野生稻的遗传多样性最高，疣粒野生稻次之，药用野生稻最小。普通野生稻群体的遗传多样性主要来自群间，药用野生稻和疣粒野生稻无论居群间还是居群内遗传变异都很小，各居群个体间出现部分交叉，在进行原生境保护时只需保护遗传多样性水平高的居群即可。李亚非等（2007）研究广西境内北回归线沿线野生稻的遗传多样性并对其遗传结构进行分析，发现该地区无论种内与居群水平遗传多样性都高于同类研究水平，并且各居群的分布符合“隔离—距离”模型。

李自超研究室（Wang et al，2008a；Wang et al，2008b）利用 SSR 分子标记，对中国普通野生稻遗传结构、遗传多样性分布及其遗传演化进行了系统研究。提出中国普通野生稻分为两大生态群，南部亚热带型（SSP）和中部亚热带型（MSP），根据籼粳稻特异位点和单倍型分布，前者是偏籼类型，后者为偏粳类型；SSP 分化出 5 个地理群，海南群（HN）、广东-广西 1 群（GD-GX1）、广西 2 群（GX2）、福建群（FJ）和云南群（YN）；MSP 分化出 2 个地理群，江西-湖南 1 群（JX-HuN1）和湖南 2 群（HuN2），其中，GD-GX1 是材料份数最多和分布最广的类群，并且与其他各类群的遗传距离最近；HN 是遗传多样性最高、SSR 分子量最小的类群，可能是中国普通野生稻最原始类型。

四、野生稻中有利基因的定位与克隆

野生稻综合农艺性状差，不利基因出现频率高且多与有利基因连锁，这些都限制了野生稻在育种中的应用。对如何利用野生稻的优异基因，Tanksley 等（1996a，1996b）提出了高代回交 QTL 分析法（Advanced backcross QTL analysis，AB-QTL），为野生稻优异基因的定位和利用提供了一个有效的途径。AB-QTL 分析法将 QTL 的分析与育种直接联系起来，即将 QTL 的分析推迟到回交的 BC_2 和 BC_3 等高代群体，在 BC_2 或 BC_3 群体中检测得到的 QTL，可以再通过 1～2 次回交得到 QTL 的近等基因系。该近等基因系一方面可以验证所定位的 QTL 的真实性，另一方面它又是经过改良的品种，可以直接用于生产。此方法尤其适用于对野生资源中的有利基因的研究和利用。

随后，Zamir 等（2001）又提出了渗入系分析法。渗入系（Introgression line）也称染色体片断代换系（Chromosomal segment substituted line），是通过系统回交和自交并利用分子标记辅助选择的手段使供体染色体片段渗入到受体亲本中。由于渗入系的遗传背景与受体亲本大部分相同，只有少数渗入片段的差异，因此，渗入系和受体亲本的任何表现型差异均由渗入片段所引起，这样简化了遗传背景，可以精细评价渗入片断的效应。渗入系特别有利于从野生稻中发掘转移有利基因，以具有优良种质的野生稻为供体亲本，选用生产上大面积使用的品种作为受体亲本，通过多代回交并借助分子标记辅助选择可以构建一套覆盖整个野生稻基因组的渗入系，利用这套渗入系通过重复表型鉴定和统计分析可以全面分析野生稻各个渗入区段的效应，这样极大地便利了野生稻有利基因的发掘转移，这些渗入系不仅是遗传分析和功能鉴定的良好材料，而且有些渗入系本身就是优良的育种中间材料，如果确实表现优越，可以直接作为优良品种推广应用。Tian 等（2006）构建了以桂朝 2 号为遗传背景的江西东乡普通野生稻渗入系，Tan 等（2007）构建了以特青为遗传背景的云南元江普通野生稻，并且利用这两套渗入系不仅定位了一批影响产量、稻米品质、抗性的 QTL，而且获得了包含野生稻优异种质的优良中间材料，具有重要的应用价值。

1. 产量性状

Xiao 等（1996）最早利用 AB-QTL 分析法在低产的马来西亚野生稻第 1 和第 2 染色体上分别检测一个 QTL（*yld1*，*yld2*），分别解释了 18％和 17％产量表型变异。Xiao 等（1998）进一步研究表明，来自野生稻 51％的 QTL 能改善栽培稻的农艺性状。邓化冰等（2005）以超级杂交中稻恢复系 9311 为轮回亲本，通过分子标记辅助选择，获得了携带高产 QTL *yld1.1*，*yld2.1* 及同时携带 *yld1.1* 和 *yld2.1* 的 3 套近等基因系。田间试验表明，野生稻增产 QTL 近等基因系的产量均高于受体，说明将野生稻增产 QTL 转移至杂交稻恢复系中，能提高其产量水平。Moncada 等（2001）利用 AB-QTL 策略检测了普通野生稻中有利于改良栽培稻性状的 QTL，发现来自野生稻 56%的 QTL 能改善栽培稻的农艺性状。随后 Septiningsih 等（2003）和 Thomson 等（2003）同样利用 AB-QTL 分析法分析了来自马来西亚的普通野生稻中的有利基因。Brondani 等（2002）发现在展颖野生稻中存在控制分蘖和穗数的正向 QTL。李德军等（2002）利用该法在中国江西东乡普通野生稻第 2 和第 11 染色体上分别检测一个 QTL（*qGY2-1*，*qGY11-2*），贡献率分别为 16%和 11%，分别能使其受体亲本桂朝 2 号单株产量增加 25.9%和 23.2%。随后利用携带 *qGY2-1* 的渗入系与桂朝 2 号回交，采用染色体片段迭代法，将 *qGY2-1* 精细定位到 102.9kb 区域内。对 *qGY2-1* 所在区域的基因组序列比较分析发现，这段序列是一个存在广泛等位变异的富含亮氨酸受体激酶（LRK）基因簇。通过等位基因在结构和表达上的差异分析，发现富含亮氨酸受体激酶基因簇是产量 QTL 很好的候选基因。

2. 抗病虫性

王布哪等（2001）选用抗源来自药用野生稻的抗褐飞虱品系 B5 为父本，与感虫品种台中本地 1 号杂交，利用 F_2 集团分离分析法，在第 3 和第 4 染色体上定位了 2 个抗褐飞虱基因，分别位于第 3 染色体的 G1318 和 R1925 以及第 4 染色体的 C820 和 S11182 之间。Yang 等（2002）研究发现，来自宽叶野生稻的抗褐飞虱品系 B14 的抗性由一个显性基因控制，与第 4 染色体上的 3 个 SSR（RM335，RM261，RM185）连锁，命名为 *Bph12*。Hu 等（2002）利用紧穗野生稻与“02428”杂交后代，在第 2 染色体上定位了一个抗褐飞虱的显性主效基因（*Bph13*）。

Khush 等（1990）和章琦等（2002）分别从非洲的长药野生稻（*O. longistaminata*）和广西的普通野生稻（*O. rufipogon*）中定位了抗白叶枯病的 *Xa21* 和 *Xa23*。利用携带有长药野生稻 *Xa21* 基因的近等基因系，将 *Xa21* 定位于第 11 染色体，然后采用图位克隆法克隆了 *Xa21* 基因。*Xa23* 是迄今已知基因中抗谱最广、抗性导入效应很强的一个完全显性的全生育期抗性基因。小粒野生稻（*O. minuta*）的基因组为 BBCC，与栽培稻有较远的亲缘关系，具有高抗白叶枯、稻瘟病，以及抗虫、抗逆等优良特性。陈艳等（2003）通过分子标记分析找到了与高抗 4 个菲律宾白叶枯病小种的 *Xamin*（*t*）紧密连锁的分子标记。

3. 耐逆性

刘凤霞等（2003）利用桂朝 2 号和江西东乡野生稻构建的高代回交群体，在第 1、6 和 11 染色体上定位了 3 个影响孕穗开花期的耐冷性 QTL，其中 2 个 QTL 位点来自野生稻的等位基因能提高回交群体孕穗开花期的耐冷性。周少霞等（2005）以江西东乡普通野生稻为供体、桂朝 2 号为受体构建的野生稻基因渗入系为材料，利用 30%的 PEG 人工模拟干旱环境，对渗入系二叶一心苗期进行抗旱鉴定，共定位了 11 个与抗旱有关的 QTL，其中在第 2、6 和 12 染色体上发现了 4 个 QTL 的加性效应值为正，即来自东乡野生稻的等位基因能使渗入系的抗旱性增强。奎丽梅等（2008）利用以籼稻品种特青为遗传背景的云南元江普通野生稻（*O. rufipogon* Griff.）渗入系，定位了 4 个抽穗开花期耐热性相关的 QTL，其中位于第 1 和 3 染色体上的 2 个 QTL（*qHT1* 和 *qHT3*），来自元江普通野生稻的等位基因，能提高群体的耐热性。

4. 品质性状

袁玲等（2002）利用台中本地1号与有野生稻亲缘的B14构建的重组自交系，将控制直链淀粉含量的基因位于第6染色体短臂RM225和RM276之间，控制粒长的QTL定位于第2染色体RM240附近。刘家富等（2007）利用特青为遗传背景的元江野生稻渗入系，在第5染色体RM598附近定位了增加长宽比、减少垩白粒率的QTL，在第8染色体RM152附近检测到显著降低垩白粒率和垩白度的QTL。随后，Garcia-Oliveira等（2008）利用同样的群体，检测到31个分别影响籽粒中铁、锌、锰、铜、钙、镁、磷、钾等8个矿质元素含量QTL，其中26个QTL来自云南元江普通野生稻等位基因表现为增加籽粒矿质元素含量。这些研究结果充分显示了利用野生稻的优异基因改良栽培稻品质性状的巨大潜力。

5. 驯化相关性状

野生稻拥有的一些驯化相关性状对加快育种利用是有用的。如柱头外露对不育系来说是一个重要的性状，能够提高异交率。长花药性状对恢复系来说是一个重要性状，具有提高花粉量的潜力，并且花药长度与耐冷性关系密切。与栽培稻相比，野生稻种子一般有较强的休眠性，可将休眠基因导入栽培品种中来控制穗发芽。Xiong等（1999）定位了44个驯化相关性状QTL。Cai和Morishima（2002）定位了24个驯化相关性状的QTL，并发现驯化相关的性状和籼粳分化性状QTL趋于聚集在一起。Cai和Morishima（2000）定位了4个控制落粒性的QTL和多个控制休眠性的QTL。李晨等（2001）对株高、花药长度、柱头外露率等性状进行了QTL定位。

近年来，野生稻中与驯化相关基因的克隆取得了重要进展。Sweeney等（2006）利用普通野生稻与栽培稻的BC_2F_2群体定位并克隆了红米基因（*Rc*），来自于普通野生稻的等位基因表现为显性。该基因为编码一个bHLH（Basic helix-loop-helix）结构域的转录因子，来自栽培稻隐性白米等位基因在第6个外显子上存在一个14bp的缺失，并且该缺失导致了bHLH结构域的破坏，从而影响蛋白功能。Li等（2006b）与Lin等（2007）分别利用栽培稻与一年生野生稻（*O. nivara*）及栽培稻与多年生的云南元江普通野生稻杂交构建的遗传群体，采用图位克隆方法成功分离了控制野生稻落粒性的基因*Sh4*和*SHA1*，这两个基因是等位的，编码一个与MYB转录因子同源的蛋白，在野生稻和栽培稻之间一个单碱基的变异造成的（*g237t*）导致其编码的蛋白质一个氨基酸的变异（K79N），从而由野生稻极易落粒变成栽培稻的不易落粒。

五、野生稻基因发掘与利用展望

我国野生稻种质资源的评价、鉴定、利用具有一定基础，筛选了一批具有特殊种质特性的材料，定位了一批改良栽培稻产量、品质、耐逆、抗病虫新基因。水稻作为模式植物和世界上最重要的粮食作物之一，其基因组学研究取得了重要进展。不仅构建了高密度连锁图谱及两个亚种的基因组工作框架图，粳稻（日本晴）基因组精细图也提前完成，国内外科学家已成功克隆和鉴定了多个重要水稻功能基因。可以预见，随着现代生物技术的迅速发展，分子育种技术与常规育种技术的紧密结合，将从野生稻中发掘、定位及克隆一批具有重要应用前景的新基因，用于水稻育种实践中，使我国水稻育种继续保持国际领先地位，为确保我国粮食安全做出新的贡献。

第四节　中国水稻核心种质研究

植物种质资源是新品种选育及育种研究最重要的物质基础。据统计，目前世界范围内征集到的种质资源已达610多万份。如此庞大的资源群体数量给植物种质资源的保存、评价、鉴定和利用带来了很大困难。1984年，澳大利亚学者Frankel首次提出了核心种质（Core collection）的概念，并与Brown（1989）将其进一步发展，为种质资源的高效利用提供了一条有效的途径。中国国家种质资源库编目入库的稻种资源已达7万余份，其中地方稻种资源已达5万余份，数量最多。中国稻种资源不仅数量多，而且类型复杂，是公认的水稻遗传多样性中心之一和稻作起源中心之一。中国农业大学、中国水稻研究所和中国农业科学院品种资源研究所自1995年在国家“九五”攻关项目的支持下开始了水稻核心种质的研究。1998年10月我国启动了“973”项目“农作物资源核心种质构建、重要新基因发掘与有效利用研究”，使得中国水稻、小麦和大豆核心种质研究工作能够系统而深入地进行。

一、核心种质的理论研究

1. 与核心种质概念有关的某些界定

首先，核心种质本身的术语。所发表的英文术语虽然有两个，即Core collection（Frankel，1984）和Core set（Mahajan et al，1996），但是，前面一个是常用英文术语。在中文的翻译中相对混乱一些，多数称核心种质。此外，还有核心样品（魏兴华等，1999）、核心收集品（张秀荣等，1998）和核心样本（崔艳华等，2003）等说法。这些翻译过来的术语应该说都没有原则性的问题，但是，作为大规模种质资源的一个有代表性的样本，笔者认为“核心种质”更贴切一些。

其次，与核心种质功能有关的概念。由核心种质的原始定义可以得到核心种质的两个基本功能，即多样性（遗传代表性）和实用性（利于保存、评价和研究）。其中，更强调多样性。由此，一些所谓的抗旱核心种质、磷高效核心种质等虽然实用性更强了，但是，却不符合多样性了。当然，很多育种家担心，核心种质强调了多样性，其实用性尤其对于育种的实用性就会受到限制。于是，李自超等（1999）在核心种质“973”项目研究过程中，提出了应用核心种质、专用核心种质或功能核心种质的概念。核心种质不应该是一个孤零零的种质库，应该成为一个体系，首先包括通用的核心种质，即兼顾多样性和实用性的最初的核心种质概念，同时建立专用核心种质，即方便于某特定实用性的核心种质。

第三，核心种质包含材料的范围。目前所建立的核心种质多数只是单一物种甚至更低层次的核心种质，很少见到包括了一个作物种及其近缘种的核心种质。其实，对于一个栽培的物种来说，其多样性以及实用性都是和他们的近缘种，尤其是其近缘野生种分不开的。因此，完整的核心种质应该包括作物种及其近缘种（尤其是其近缘野生种），而且，在构建时最好考虑到各自的遗传信息。诚然，两者考虑的重点可能不同，栽培种可能需要重点考虑实用性尤其是综合表现，而野生近缘种则重点考虑其丰富的多样性。已经建立的水稻核心种质包括普通野生稻、地方品种、现代育成品种以及国外引进稻种资源。除建立了整个中国稻种资源的核心种质外，贵州、浙江、云南等省份也建立了本省水稻资源的核心种质。

第四，核心种质的数量。这一问题涉及核心种质的功能和范围。首先应将核心种质看作一个体系，包括作为保留资源的原始库、（不同物种或材料的）核心种质以及应用核心种质等，必要时甚至还包括一些其他级别的核心种质，即应该有不同物种的核心种质以及不同级别的核心种质等。由此，核心种质应该包含不止一个库，确切地说应该不只一个种质信息库。水稻核心种质体系中包括了原始库、初级核心种质、核心种质、微核心种质和专用核心种质。

最后，核心种质的动态性。这一问题是指核心种质的组成和规模是否可以改变。从构建核心种质的过程以及核心种质的功能看，回答是肯定的。因为，在构建核心种质时我们不可能掌握每个个体的所有信息，而且，随时都会有新的遗传资源被发现或创制，因此，所选择的材料必然只能保证一定的代表性。在保存、育种和研究的实践过程中，核心种质体系中的每一个层次的材料规模和组成都应该随着实际情况做出相应的变化，即核心种质应该是动态的。

2. 核心种质的取样比例

多数研究表明，核心种质的取样比例（Sampling proportion）在5%～30%之间。Diwan等（1995）对美国一年生苜蓿资源的研究表明7%是最适宜的核心种质规模。Perry等（1991）则建议美国大豆资源的核心种质规模为15%。Hari D等（2003）通过聚类方法选取10%的比例构建了国际热带半干旱研究所的花生核心种质。李自超等（2000）在云南稻种资源核心种质的研究中提出10%的总体取样比例可达到97%以上的保留比例，5%的总体取样比例可达到96%以上的保留比例。魏兴华等（2001）在构建浙江粳稻地方品种核心种质时，分别按5.3%、6.5%及10.4%的比例从1 567份总收集品中提取核心种质，结果表明均保持了原有样品70%以上的性状变异。由此可见，对于核心种质的取样规模还远没有得到一致的结论。究其原因之一，目前所有的种质的规模，要么过于理论化，要么没有任何理论支持；另外，缺乏一个评价标准，表明怎样才算达到了适宜的规模。

对于具有7万份中国稻种资源的群体，在信息量比较少的情况下，如何获得比较理想的核心种质？经过多年研究，提出了分类、分层逐渐构建核心种质的体系。即，最初在信息量比较少的情况下，首先获得一个规模较大、代表性比较强的初级核心种质，然后，在逐渐增加信息量的情况下，逐渐压缩得到比较理想的核心种质。据此，首先构建了中国稻种资源的初级核心种质，包括普通野生稻、地方品种和育成品种，总计5 000余份。在分析了这5 000余份初级核心种质36个SSR位点的多态性后，通过分析群体规模和遗传变异数量间的关系，对整个中国稻种资源7份材料的总体变异数进行了预测，并分析了不同类型的变异随群体规模变化的情况。在平衡考虑了变异和遗传冗余的增加关系以及不同类型变异的变化规律的基础上，在初级核心种质下建立核心种质，在核心种质下建立微核心种质，提出了确定其各自规模的理论。中国水稻核心种质的取样比例为2.5%，共1 560份；微核心种质的取样比例为0.5%，共311份，其保留原始资源总的变异的比例分别为90%和75%。

3. 核心种质的取样方法

根据数据信息的应用可以将核心种质的取样方法分为：不分组随机、不分组聚类、分组随机、分组聚类和其他。其中分组取样的方法称为系统取样法，可以分为三个层次，即：确定总体取样规模，确定分组方法和材料分配比例，最后确定分组内材料的选取方法（图 2-4）。

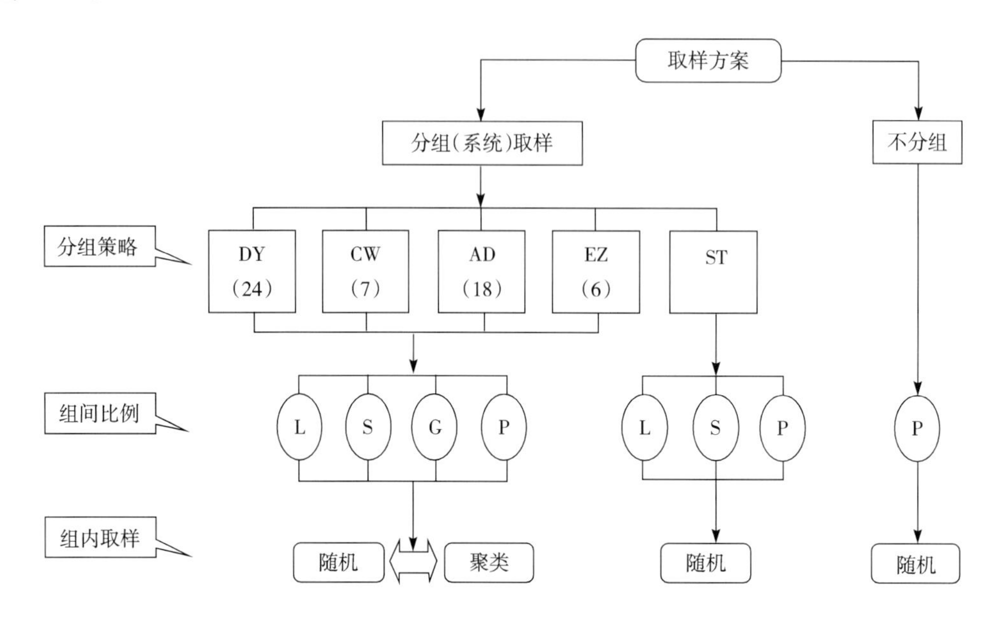

图 2-4　云南稻种资源核心种质取样方案

（图中分组策略中 DY 为栽培稻的丁颖分类体系，CW 为栽培稻的程—王分类体系，AD 为行政地区，EZ 为稻作种植区划，ST 为单一性状；取样比例方法中 P 为简单比例，L 为对数比例，G 为遗传多样性比例，S 为平方根比例）

（1）核心种质不同分组的取样比例

核心种质取样中对材料的分组：稻种资源的分组是根据收集整理好的数据，将遗传上相似的种质材料划分为一组，如根据地理起源或生态类型等分组。在构建核心种质时必须充分考虑到生物多样性的层次结构，将整个资源材料分为若干互不重叠的小组，然后在组内选择有代表性的材料，常见的分组标准及方法有按分类体系分组、按地理及农业生态分组、按育种体系分组和多数据组合分组。根据稻种资源的特征和所收集的数据不同，采用的分组标准和方法也各有不同。如李自超等（2003）在研究云南稻种资源取样方案时提出以丁颖分类体系和程—王分类体系进行分组，其效果优于以生态区划或行政地区分组。

分组间的取样比例：对分组方法中每个分组取样比例的确定，应依据组内具体变异情况而定，以免在表现比较一致的组内造成重复，或在变异较大的组中造成某些不应该的丢失。对于某些数据较多的种质资源来说，很容易对每个组的遗传多样性进行评估，可以根据各个分组的变异情况确定各个分组的取样比例。用这种方法所取的样品能够代表原来整个资源的多样性，又不至于含有太多重复。但是，对于有些各种数据比较缺乏的种质资源来说，很难比较精确地估计出每个分组的多样性，而不得不在每个组中按比例取样。

系统取样是给予各资源以不同的权重，使得在所构建的核心种质中减少高重复等位变异数而增加稀有等位变异的比例。

李自超等（2003）以国家品种资源库编目入库的中国地方稻种资源 50 526 份的 26 个数量和质量性状为基本数据，研究了中国地方稻种资源的初级核心种质取样策略，包括分组原则、组内取样比例和组内取样方法的研究。分组原则为按丁颖分类体系、按中国稻作生态区划、按中国稻作生态区内分籼粳两亚种、按中国行政省或自治区、按中国行政省或自治区内分籼粳两亚种、按单一性状 6 种分组原则和不分组的大随机；分组后的组内取样量采用了组内个体数量的简单比例（P）、平方根比例（S）、对数比例（L）和多样性指数比例（G）4 种方法；组内取样方法均用随机方法。应用遗传多样性指数、表型方差、表型频率方差、变异系数和表型保留比 5 个参数作为初选指标。发现最佳的分组原则和取样比例的组合有两种：一是以丁颖分类体系分组、组内以对数比例（L）取样；二是以丁颖分类体系分组、组内以平方根比例（S）取样。

（2）核心种质材料的选取

以合理的取样方法确定核心种质的入选材料是构建核心种质最关键的环节之一。在整个资源或分组后的每个分组内选取材料的方法总体上分为三类，即随机、间隔和聚类取样。

目前大多数学者认为，随机的取样方法虽然能够获得原有资源总体的无偏样本，但却难以构建理想的核心种质，这是因为大多数作物总收集品中不同来源及遗传背景的种质材料其数量并不相等，而且其变异程度也不尽一致，因而整个种质资源的遗传多样性也就呈非均匀分布。事实上，一些稀有的、特殊的乃至重要的基因往往仅存在于种质资源的部分甚至个别类型或材料中，若按大随机的方法从原有资源中提取规模急剧减少的核心种质，势必会导致其遗传多样性的损失。即便是根据资源群体的遗传结构进行了分组，仍然在组内会存在类似现象。因此，在有一定信息可以利用的情况下，首选的核心种质材料的选择方法是聚类取样。根据比较可靠的数据信息，可以将材料进一步分为遗传相似的不同组，而不同组间具有明显的遗传差异。根据聚类结果以及需要取样的规模，确定聚类的分组，在每个聚类的分组中选取一份材料作为该组的代表。这样，可以保证最大程度的代表性又可以最大程度地避免重复保持异质性。

（3）核心种质的逐级分层体系

中国稻种资源核心种质是基于逐级分层体系（Stepwise hierarchical system of core collection）构建的（图 2-5）（李自超等，未发表），该体系不同于现有的核心种质一步构建（即直接由基础种质到核心种质）。要点包括：1）取样逐级实现，即从基础种质到初级核心种质、核心种质、微核心种质，最后建立专用核心种质，其功能由注重多样性到注重实用性；2）每一级取样均通过系统取样；3）随着不同级别核心种质的构建，获得更详细和可靠的数据信息，并用于下一级别取样的依据。在建立中国稻种资源核心种质的过程中，首先，利用现有表型数据由基础种质构建了初级核心种质；然后，利用 SSR 数据由初级核心种质建立了核心种质和微核心种质。每一个级别中，使其对上一级别（核心）种质的遗传代表性均不低于 90%。由此，建立了由 1 560 份中国稻种资源组成的核心种质，其对中国稻种资源基础种质的代表性在 DNA 和表型水平上均达到 90%；同时，建立了由 311 份种质构成的微核心种质，其代表性均达 75%左右（图 2-6）。中国稻种资源的核心种质体系中，除上述基础种质、初级核心种质、核心种质和微核心种质外，为促进核心种

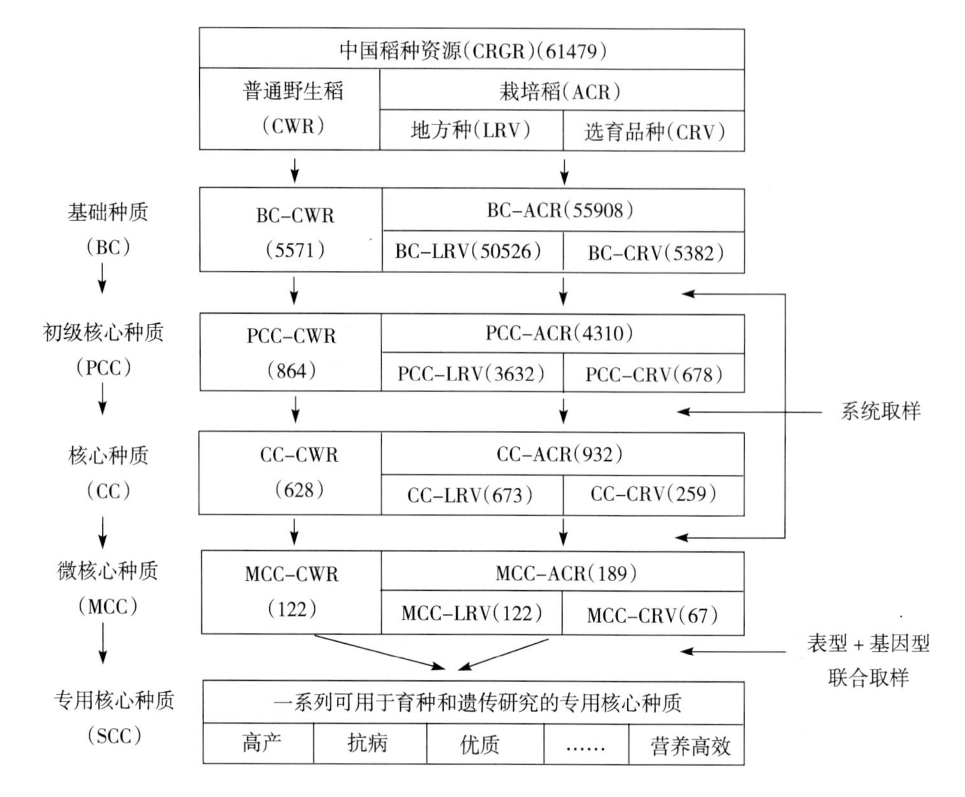

图 2-5　中国稻种资源的逐步分级核心种质体系

(其中，BC——基础种质，PCC——初级核心种质，CC——核心种质，MCC——微核心种质，SCC——专用核心种质，CWR——普通野生稻，CRGR——中国稻种资源，ACR——亚洲栽培稻，LRV——地方稻种，CRV——选育品种；括号中的数字表示群体的规模)

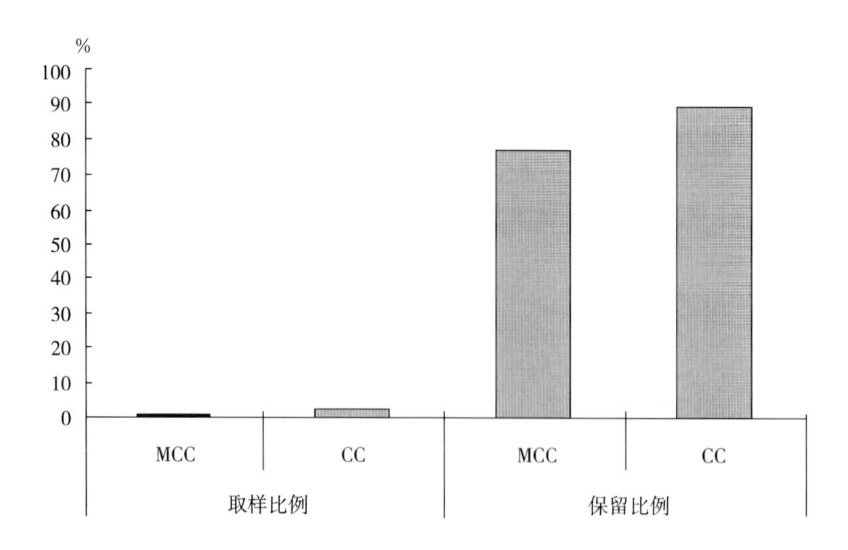

图 2-6　中国稻种资源核心种质及微核心种质取样比例及 SSR 变异保留比例

(其中：MCC——微核心种质，CC——核心种质)

质在育种和遗传研究中的利用，针对需要可进一步构建一系列的专用核心种质，以满足特定育种目标和遗传研究。专用核心种质依据DNA数据和为特定目标鉴定的农艺性状而构建，根据基因型和表现型进行联合筛选取样。

4. 核心种质的检验与评价

（1）核心种质的基本特征

采用何种方法和指标有效地检验和评价核心种质对整个种质资源多样性的代表性是核心种质研究中的又一重点和难点。一个核心种质的质量如何，需要明确核心种质应该具有什么样的基本特征。核心种质应有4个基本特征：

①异质性。核心种质是从现有遗传资源中选出的数量有限的一部分材料，彼此间在生态类型和遗传组成上的相似性要尽可能地小，从而最大限度地去除遗传上的重复。

②多样性和代表性。核心种质不是全部收集品的简单压缩，它代表了本物种及其野生近缘种尽可能多的遗传组成和生态类型多样性。

③实用性。由于核心种质的规模急剧减小，且与备份的保留种质存在密切联系，因此，极大地方便了对遗传资源的保存、评价与创新利用，使对种质资源进行更为深入的研究成为可能。

④动态性。核心种质是满足当前及未来遗传研究和育种目标需要的重要的材料来源，因此，应该在核心种质与保留种质之间保持材料上的动态交流与调整。

（2）核心种质的遗传代表性

根据核心种质的基本特征，检验核心种质的遗传代表性（Genetic representativeness）就是检验核心种质是否保留了种质资源的主要遗传类型、多数遗传变异以及较高的遗传多样性。生化水平上的同工酶、储藏蛋白及DNA分子标记等数据因受环境影响较小，多态性高，检验迅速，因此能更直接地评价生物遗传多样性且更直观地反映生物的进化。孙传清等（2001）以122份野生稻和75份栽培稻在44个RFLP位点的多样性为资料，采用逐步聚类法和分组随机法构建核心样本。研究结果表明，栽培稻遗传多样性的减少幅度小于野生稻；逐步聚类法构建的核心种质比分组随机法更有代表性；等位基因数是检验核心种质遗传多样性的首选参数。中国水稻稻种资源初级核心种质、核心种质和微核心种质分别保留了整个稻种资源95%、90%和75%的遗传变异。

（3）利用统计参数对核心种质遗传多样性的评价

目前，国内外研究者大都根据所利用的不同性状数据的平均数、标准差、变异系数、方差、极差及遗传多样性指数等作为核心种质的检验指标进行评价。Diwan（1995）认为，如果有少于30%的性状的均值及变异幅度与原种质资源的均值与变异幅度存在显著性差异，且核心种质与原种质资源的各性状的变异幅度之比不低于70%，则可以认为该核心种质代表了原种质资源的遗传变异。李自超等（2000）在云南稻种资源核心种质研究中认为，表型方差、表型频率方差、变异系数、多样性指数及表型保留比例等5种参数是检验核心种质较为理想的指标。胡晋等（2000）提出用方差、极差、均值和变异系数等参数作为核心种质的检验指标进行评价，核心种质各性状的方差和变异系数应不小于原群体的方差和变异系数，而极差与均值则应基本保持不变。张洪亮等（2003）对检验核心种质的参数进行了比较研究，结果表明，在所选的8个参数中，多样性指数、表型方差、表型频率方差及变异系数为对比不同核心种质取样方法间优劣的有效参数；而表型保留比例是检验核心种质最终有效性和取样比例必不可少的参数。其他三个参数表型平均数离差、最大值离差和最小值离差则仅可用于检验核心种质的参考指标。

核心种质检验的几个常用参数公式：

保留比例（Ratio of phenotype retained，RPR）

$$RPR=\frac{\sum_{i}M_i}{\sum_{i}M_{i0}}$$

表型频率方差（Variance of phenotypic frequency，VPF）

$$VPF=\frac{\sum_{i}\frac{\sum_{j}(P_{ij}-\overline{P_i})^2}{M_i-1}}{N}$$

遗传多样性指数（Index of genetic diversity，I）

$$I=\frac{-\sum_{i}\sum_{j}P_{ij}LogP_{ij}}{N}$$

变异系数（Coeffecient of variation，CV）

$$CV=\frac{\sum_{i}\frac{\frac{\sum_{j}(X_{ij}-\overline{X_i})^2}{M_i-1}}{\overline{X_i}}}{N}$$

表型方差（Variance of phenotypic value，VPV）

$$VPV=\frac{STD_i\left(\sum_{i}\frac{\sum_{j}(X_{ij}-\overline{X_i})^2}{M_i-1}\right)}{N}$$

最大值离差（Deviation of phenotypic maximum，D_{Max}）

$$D_{Max}=\frac{STD_i(Max_i-Max_{i0})}{N}$$

最小值离差（Deviation of phenotypic minimum，D_{min}）

$$D_{min}=\frac{STD_i(Min_i-Min_{i0})}{N}$$

平均值离差（Deviation of phenotypic mean，D_{mea}）

$$D_{mea}=\frac{STD_i(|Mea_i-Mea_{i0}|)}{N}$$

其中，M_{i0}为原始库中第i个性状的表现型个数；M_i为所得核心样品第i个性状的表现型个数；Min_{i0}为原始库中第i个性状的最小表型值；Min_i为核心样品第i个性状的最小表型值；Max_{i0}为原始库中第i个性状的最大表型值；Max_i为核心样品第i个性状的最大表型值；Mea_{i0}为原始库中第i个性状的平均表型值；Mea_i为核心样品第i个性状的平均表型值；STD_i示对第i个性状做标准化处理；N为计算过程中所涉及的性状总数；P_{ij}

为第 i 个性状第 j 个表现型的频率；X_{ij} 为第 i 个性状第 j 个材料的表型值；P_i 为第 i 个性状各表型频率的平均；X_i 为第 i 个性状各表现型的平均值。

二、核心种质的管理与应用

1. 核心种质的管理和保存

建立核心库的最后一步是核心库入选样品的处理。入选的核心种质样品仍然保存在原来的总基因库内，只是在数据库中进行注释，标明哪些样品属于核心种质。选出一套核心种质后，通过评价可以发现不同性状的供体，提供育种家利用，或将具有优良农艺性状的遗传资源直接在生产中加以利用。核心种质的利用者也应将核心种质的效果和其他有用信息反馈给管理者，以便进一步增加核心种质的信息量。此外，应建立完善的繁种、供种及管理体制，以保证核心种质的有效利用。

2. 核心种质在种质资源鉴定评价中的应用

因为具有丰富的多样性和高度的遗传代表性，稻种资源核心种质可成为稻种资源鉴定和评价的模式群体，从而提高种质资源的鉴定和评价的效率。曾亚文等（2002）通过对856份云南稻种核心种质的再生力与籼粳、水陆和粘糯的关系的分析，从不同类型的云南稻种核心种质中选出了具有强再生力的品种。申时全等（2001）通过对云南827份核心稻种资源的结实率进行分析，筛选出占原群体31.7%的262份抗旱品种。另外，云南省农业科学院在云南稻种资源核心种质的耐冷性、矿质元素含量、土壤养分的利用、耐热性等方面也开展了深入研究（申时全等，2005；曾亚文等，2006a）。国内外对其他作物的核心种质也进行了比较系统和深入的农艺性状评价，证明核心种质是资源评价和鉴定的有效手段，如法国多年生黑麦草、花生、甘蓝、豇豆等。由中国农业大学承担的二期973项目，正在与中国农业科学院作物科学研究所、中国水稻研究所、华中农业大学等单位合作，开展中国稻种资源核心种质重要形态和农艺性状的鉴定和评价工作，并以此为基础建立多个重要性状的专用核心种质。目前，正在构建的专用核心种质涉及的目标性状包括高蛋白、高直链淀粉、氮高效、磷高效、耐冷、抗白叶枯和纹枯病等。此外，在对300多份中国稻种资源微核心种质进行了大量多点表型鉴定和评价以及对SSR多样性分析的基础上，对其他重要农艺性状的专用核心种质的构建工作正在进行之中。这一系列专用核心种质的构建，在近几年内将促进我国稻种资源在育种和遗传研究中的利用，为水稻重要、复杂农艺和生物学性状的选育以及遗传机理研究提供帮助。

3. 核心种质在育种上的应用

核心种质含有丰富的遗传变异，成为扩大育种材料的遗传基础和获得更多优异变异的首选资源。中国农业大学在前期建立了中国稻种资源核心种质的基础上，正以核心种质日本晴为轮回亲本，创建了各种重要农艺性状数千个渗入系和近等基因系。这些渗入系和近等基因系出现了大量的分离，为选育综合表现好的水稻优良品种提供了丰富的材料。同时，水稻的专用核心种质，为这些重要农艺性状的育种提供了基因源。胡兰香等（2005）利用国际水稻研究所提供的127份核心种质资源作为供体亲本，与籼型优良恢复系752为受体亲本作杂交回交，构建了3 300份近等基因系。研究结果表明，在近等基因系中可以筛选到许多有利基因，如抗稻瘟病、耐低磷和耐旱等，且其中95%的导入系对野败籼型不育系具有良好的恢复能力，表现出较强的杂种优势。因此，利用核心种质资源改良当地的优良亲本，可以培育出符合生产目标的水稻优良新品种。另外，周少川等（2005）提出将水稻育种学与水稻种质资源学相结合，建立核心种质育种平台，促进水稻优良新品种的选育，且已经开始了相关研究的探索。

4. 核心种质在基因发掘和基因功能研究中的应用

获得高产、优质、高效的新品种是我国粮食安全的重要保证，然而，传统育种存在许多无法克服的问题，如育种年限长、优良变异选择的非直接性和不可预见性等。20 世纪末以来迅速发展的分子生物学和基因组学为育种提供了一项快速、有目的选育新品种的技术——分子设计育种技术，其前提是获得各种性状的优良基因和紧密连锁的分子标记。目前，一些控制重要农艺性状的基因已经被克隆，如水稻株高、穗粒数、抽穗期、分蘖等。但是，这些基因大多是通过利用两个在某个性状上存在明显差异的品种克隆获得。利用单一的群体研究一个性状只能反映与该性状有关的基因在两个研究亲本间的差异情况，所检测到的等位变异或许不是控制该性状的最优状态，即我们或许没有找到控制该性状的某个位点上的优势等位基因。更为重要的是，很多重要的农艺性状是一些连续变异的复杂性状，它们多数由多个基因控制，利用单一群体检验所得的只是控制这些性状的一部分基因，无法获得控制该性状的最优基因型组合，即得不到优势基因型。实际上，在丰富的种质资源中还存在着许多这些基因的等位基因以及不同的基因型。如何发现和获得这些基因无疑是复杂性状相关基因发掘和鉴定的关键所在，而如何利用好我国拥有的 6 万多份水稻种质资源是人们非常关心的问题。目前，我国已经建立了中国 6 万多份水稻种质资源的核心种质及微核心种质，入选核心种质及微核心种质的材料不仅保留了大量的优异农艺性状，而且存在较大的遗传变异。因此，核心种质和微核心种质是等位基因分析和复杂性状基因的发掘和鉴定的一个非常好的材料平台。由种质资源发掘和鉴定优势等位基因和优势基因型的重要技术之一是等位基因分析和关联分析。利用多样性丰富的中国稻种资源核心种质，综合运用分子生物学、生物信息学及统计学知识对控制水稻重要农艺性状的功能基因进行等位及关联分析，不仅可以找到控制某个基因功能的最关键变异，发掘表型效应最明显的优势新等位基因和基因型，而且可以开发基于功能基因序列的 SNP、InDel 标记，为水稻分子设计育种提供基因及标记资源，这有助于重要性状形成和进化机理的研究。目前，已经分析了均匀分布于水稻基因组的 200 多对 SSR 标记在包括 300 余份材料的微核心种质中的多样性，利用关联分析获得了部分重要性状相关的位点（表 2-12）。对这些关联位点的进一步验证和研究工作正在进行。

表 2-12　中国稻种资源微核心种质部分重要性状关联分析结果

稻类	性状	性状数	关联位点数	每性状均位点数	变幅
栽培稻	形态性状	8	311	38.9	13～104
	产量性状	10	399	39.9	20～84
	品质性状	12	385	32.1	9～55
	低温胁迫	5	89	17.5	1～52
	抗病性	7	66	9.4	4～17
野生稻	产量性状	3	15	5	4～6

参 考 文 献

陈成斌，黄娟，徐志健，等．2002. 广西药用野生稻遗传多样性的分子评价［J］．中国农学通报，18（3）：13－16，29.

陈艳，胡军，钱韦，等．2003. 水稻白叶枯抗性基因 *Xa－min*（*t*）的抗谱鉴定及其分子标记的筛选[J]．自然科学进展，13（9）：1 001－1 004.

段远霖，李维明，吴为人，等．2003. 水稻小穗分化调控基因 *fzp*（*t*）的遗传分析和分子标记定位[J]．中国科学：C辑，33（1）：27－32.

盖红梅，陈成斌，沈法富，等．2005. 广西武宣濠江流域普通野生稻居群遗传多样性及保护研究［J］．植物遗传资源学报，6（2）：156－162.

高立志，葛颂，洪德元．2000. 普通野生稻 *Oryza rufipogon* Griff. 生态分化的初探［J］．作物学报，26（2）：210－216.

顾兴友，顾铭洪．1995. 一种水稻卷叶性状的遗传分析［J］．遗传，17（5）：20－23.

韩龙植，曹桂兰．2005. 中国稻种资源收集、保存和更新现状［J］．植物遗传资源学报，6（3）：359－364.

韩龙植，黄清港，盛锦山，等．2002. 中国稻种资源农艺性状鉴定、编目和繁种入库概况［J］．植物遗传资源科学，3（2）：40－45.

韩龙植，魏兴华．2006．水稻种质资源描述规范和数据标准［M］．北京：中国农业出版社．

韩龙植．2005. 水稻孕穗期耐冷性 QTLs 分析［J］．作物学报，131（15）：653－657.

胡晋，徐海明，朱军．2000. 基因型值多次聚类法构建作物种质资源核心库［J］．生物数学学报，15：103－109.

黄兴奇．2005. 云南作物种质资源［M］．昆明：云南出版社．

孔萌萌．2006. 控制水稻叶绿体发育基因 *OsALB23* 的定位［J］．植物生理与分子生物学学报，32（4）：433－437.

奎丽梅，谭禄宾，涂建，等．2008. 云南元江野生稻抽穗开花期耐热 QTL 定位［J］．农业生物技术学报，16：462－464.

黎杰强，罗葆兴，潘大建，等．1999. 广东、海南普通野生稻酯酶同工酶的研究［J］．华南师范大学学报：自然科学版，4：78－84.

李晨，潘大建，孙传清，等．2006. 水稻糙米高蛋白基因的 QTL 定位［J］．植物遗传资源学报，7（2）：170－174.

李晨，孙传清，穆平，等．2001. 栽培稻与普遍野生稻两个重要分类性状花药长度和柱头外露率的 QTL 分析［J］．遗传学报，28：746－751.

李仕贵，马玉清，何平，等．1998. 一个未知的卷叶基因的识别和定位［J］．四川农业大学学报，16（4）：391－393.

李欣．2001. 水稻半矮秆基因 *sdt* 的染色体定位研究［J］．遗传学报，28（1）：33－40.

李亚非，陈成斌，张万霞，等．2007. 我国北回归线区域普通野生稻遗传多样性和遗传结构研究［J］．植物遗传资源学报，8（3）：280－284.

李自超，余萍，张洪亮，等．2004. 广西普通野生稻（*Oryza rufipogon* Griff.）表型性状和 SSR 多样性研究［M］//中国野生稻研究与利用．北京：气象出版社．

李自超，张洪亮，曹永生，等．2003. 中国地方稻种资源初级核心种质取样策略研究［J］．作物学报，

29：20－24.
李自超，张洪亮，孙传清，等.1999. 植物遗传资源核心种质研究现状与展望［J］. 中国农业大学学报，4（5）：51－62.
李自超，张洪亮，曾亚文，等.2000. 云南地方稻种资源核心种质取样方案研究［J］. 中国农业科学，33（5）：1－7.
梁国华.1995. 矮泰引-2中半矮秆基因的分离与鉴定研究［J］. 中国水稻科学，9（3）：189－192.
梁国华. 1994. 水稻半矮秆基因 *sdg* 的染色体定位研究［J］. 遗传学报，21（4）：297－304.
林鸿宣，闵绍楷，熊振民，等.1995. 应用 RFLP 图谱分析籼稻粒型数量性状基因座位［J］. 中国农业科学，28（4）：1－7.
林世成，闵绍楷.1991. 中国水稻品种及其系谱［M］. 上海：上海科学技术出版社.
刘道峰.2003. 水稻类病变突变体 *lmi* 的鉴定及其基因定位［J］. 科学通报，48（8）：831－835.
刘凤霞，孙传清，谭禄宾，等.2003. 江西东乡野生稻孕穗开花期耐冷基因定位［J］. 科学通报，48（17）：1 864－1 867.
刘家富，奎丽梅，朱作峰，等.2007. 普通野生稻稻米加工品质和外观品质性状 QTL 定位［J］. 农业生物技术学报，15（1）：90－96.
罗玉坤，杨金华.1997. 中国优特稻种资源评价［M］. 北京：中国农业出版社.
穆平，李自超，李春平，等.2003. 水、旱稻根系性状与抗旱性相关分析及其 QTL 定位［J］. 科学通报，48（20）：2 162－2 169.
穆平，李自超，李春平，等.2004. 水、旱条件下水稻茎秆主要抗倒伏性状的 QTL 分析［J］. 遗传学报，31（7）：717－723.
潘大建，梁能，范芝兰.2002. 广东特殊生境的普通野生稻（*Oryza rufipogon* Griff.）遗传变异研究［J］. 植物遗传资源科学，3（2）：8－12.
庞汉华，陈成斌.2002. 中国野生稻资源［M］. 南宁：广西科学技术出版社.
庞汉华，王象坤.1996. 中国普通野生稻资源中一年生类型的研究［J］. 作物品种资源，3：8－11.
庞汉华，应存山.1993. 中国野生稻的种类、地理分布与研究利用［M］//中国稻种资源. 北京：中国农业科技出版社.
庞汉华.1997. 中国野生稻优异种质资源的概况［M］//中国优质稻种资源. 北京：中国农业出版社.
钱前，曾大力，何平，等.1999. 水稻籼粳交 DH 群体苗期的耐冷性 QTLs 分析［J］. 科学通报，22：2 402－2 407.
钱前，郭龙彪，杨长登，等.2007. 水稻基因设计育种［M］. 北京：科学出版社.
钱韦，葛颂，洪德元.2000. 采用 RAPD 和 ISSR 标记探讨中国疣粒野生稻的遗传多样性［J］. 植物学报，42（7）：741－750.
乔永利.2005. 水稻芽期耐冷性 QTL 的分子定位［J］. 中国农业科学，38（2）：217－221.
曲延英，穆平，李雪琴，等.2008. 水、旱栽培条件下水稻叶片水势与抗旱性的相关分析及其 QTL 定位［J］. 作物学报，34（02）：198－206.
任民，陈成斌，荣廷昭，等.2005. 桂东南地区普通野生稻遗传多样性研究［J］. 植物遗传资源学报，6（1）：31－36.
邵元健，陈宗祥，张亚芳，等.2005. 一个水稻卷叶主效 QTL 的定位及其物理图谱的构建［J］. 遗传学报，32（5）：501－506.
申时全，曾亚文，李自超，等.2001. 云南稻种核心种质不同生态群间分蘖初期耐热性鉴定［J］. 植物遗传资源科学，2（1）：18－21.
申时全，曾亚文，普晓英，等.2005. 云南地方稻核心种质耐低磷特性研究［J］. 应用生态学报，16

(8)：1 569 -1 572.
沈革志 . 2002. 水稻脆秆突变体 *bern581 -1* 茎秆形态结构观察、理化测定和遗传分析 [J] . 实验生物学报,35 (4)：307 - 310.
孙希平，杨庆文，李润植，等 . 2007. 海南三种野生稻遗传多样性的比较研究 [J] . 作物学报，33 (7)：1 100 -1 107.
汤圣祥，江云球，张本敦，等 . 1999. 中国稻区的生物多样性 [J] . 生物多样性，7 (1)：73 - 78.
王布哪，黄臻，舒理惠，等 . 2001. 两个来源于野生稻的抗褐飞虱新基因的分子标记定位 [J] . 科学通报，46：46 - 49.
王彩霞，舒庆尧 . 2007. 水稻紫色种皮基因 *Pb* 的精细定位与候选基因分析 [J] . 科学通报，52 (21)：2 517 -2 523.
王建成，胡晋，张彩芳，等 . 2007. 建立在基因型值和分子标记信息上的水稻核心种质评价参数 [J] . 中国水稻科学，210：51 - 58.
王艳红，王辉，高立志 . 2003. 普通野生稻 *Oryza rufipogon* Griff. 的 SSR 遗传多样性研究 [J] . 西北植物学报，23 (10)：1 750 - 1 754.
王振山，朱立煌，刘志勇，等 . 1996. 野生稻天然群体限制性酶切片段长度 (RFLP) 多态性研究 [J] . 农业生物技术学报，4 (2)：111 - 117.
魏兴华，汤圣祥，余汉勇，等 . 2001. 浙江粳稻地方品种核心样品的构建方法 [J] . 作物学报，27 (3)：324 -328.
吴其亮，范战民，郭蕾，等 . 2003. 通过 *δOAT* 基因获得抗盐抗旱水稻 [J] . 科学通讯，48 (19)：2 050 -2 056.
邢永忠，谈移芳，徐才国，等 . 2001. 利用水稻重组自交系定位谷物外观性状的数量性状基因 [J] . 植物学报，43 (8) ：840 - 845.
熊立仲，王石平，刘克德，等 . 1998. 微卫星 DNA 和 AFLP 标记在水稻分子标记连锁图上的分布 [J] . 植物学报，40 (7)：605 - 614.
熊振民，蔡洪法 . 1992. 中国水稻 [M] . 北京：中国农业科技出版社 .
徐建龙，薛庆中，罗利军，等 . 2002. 水稻粒重及其相关性状的遗传解析 [J] . 中国水稻科学，16：6 -10.
严长杰，李欣，程祝宽，等 . 1999. 利用分子标记定位水稻芽期耐冷性基因 [J] . 中国水稻科学，13 (03)：134 -138.
严长杰 . 2005. 一个新的水稻卷叶突变体 *rl9* (*t*) 的遗传分析和基因定位 [J] . 科学通报，50 (24)：2 757 -2 762.
杨守仁 . 1984. 水稻理想株型育种的理论和方法初论 [J] . 中国农业科学 (11)：613.
杨庆文，陈大洲 . 2004. 中国野生稻研究与利用 [M] . 北京：气象出版社 .
叶昌荣，加藤明，齐藤浩二，等 . 2001. 云南稻种冲腿的孕穗期耐冷性 QTL 分析 (英文) [J] . 中国水稻科学，15 (1)：14 - 17.
应存山，盛锦山，罗利军，等 . 1997. 中国优异稻种资源 [M] . 北京：中国农业出版社 .
应存山 . 1993. 中国稻种资源 [M] . 北京：中国农业科技出版社 .
余萍，李自超，张洪亮，等 . 2003. 中国普通野生稻初级核心种质取样策略 [J] . 中国农业大学学报，8 (5)：37 - 41.
余萍，李自超，张洪亮，等 . 2004. 广西普通野生稻 (*Oryza rufipogon* Griff.) 表型性状和 SSR 多样性研究 [J] . 遗传学报，31 (9)：934 - 940.
袁隆平 . 2000. 杂交水稻超高产育种 [J] . 杂交水稻，15：31 - 33.

袁平荣，杨从党，周能，等 .1998. 云南元江普通野生稻分化的研究——普通野生稻与籼粳亲和性的初步研究 [J] . 农业考古，01：38 - 40.

曾亚文，李绅崇，普晓英，等 .2006a. 云南稻核心种质孕穗期耐冷性状间的相关性与生态差异 [J] . 中国水稻科学，20 (3)：265 - 270.

曾亚文，刘家富，汪禄祥，等 .2003. 云南稻核心种质矿质元素含量及其变种类型 [J] . 中国水稻科学，17 (1)：25 - 30.

张洪亮，李自超，曹永生，等 .2003. 表型水平上检验水稻核心种质的参数比较 [J] . 作物学报，29 (2)：252 -257.

赵祥强 .2005. 矮泰引- 3 中半矮秆基因的分子定位 [J] . 遗传学报，32 (2)：189 - 196.

赵秀琴，徐建龙，朱苓华，等 .2008. 利用回交导入系定位干旱环境下水稻植株水分状况相关 QTL [J] . 作物学报，34 (10)：1 696 - 1 703.

中国农业科学院 .1986. 中国稻作学 [M] . 北京：农业出版社 .

中国农业科学院作物品种资源研究所 .1991. 中国稻种资源目录（野生稻种）. 北京：农业出版社 .

中国农业科学院作物品种资源研究所 .1991. 中国稻种资源目录（国外引进稻种）. 北京：农业出版社 .

中国农业科学院作物品种资源研究所 .1992. 中国稻种资源目录（地方稻种）第二分册 [M] . 北京：农业出版社 .

中国农业科学院作物品种资源研究所 .1992. 中国稻种资源目录（地方稻种）第一分册 [M] . 北京：农业出版社 .

中国农业科学院作物品种资源研究所 .1992 . 中国稻种资源目录（上）[M] . 北京：农业出版社 .

中国农业科学院作物品种资源研究所 .1992. 中国稻种资源目录（下）[M] . 北京：农业出版社 .

中国农业科学院作物品种资源研究所 .1996. 中国稻种资源目录（1988—1993） [M] . 北京：中国农业出版社 .

中国农业科学院作物品种资源研究所 .1996. 中国稻种资源目录（国内选育稻种和杂交稻“三系”资源）. 北京：中国农业出版社 .

中国农业科学院作物品种资源研究所 .1996. 中国栽培稻种分类 [M] . 北京：中国农业出版社 .

钟义明 .2003. 水稻含隐性抗白叶枯病基因 *Xa5* 的 24kb 片段的鉴定与基因预测 [J] . 科学通报，48 (19)：2 057 -2 061.

周进，汪向明，钟扬 .1992. 湖南、江西普通野生稻居群变异的数量分类研究 [J] . 武汉植物学研究，10 (3)：235 - 242.

周开达，马玉清，刘太清 .1995. 杂交水稻亚种间重穗型组合选育——杂交水稻高产育种的理论与实践 [J] . 四川农业大学学报，13 (4)：403 - 407.

周开达，汪旭东，李仁贵，等 .1997. 亚种间重穗型杂交稻研究 [J] . 中国农业科学，30 (5)：91 - 93.

周少霞，田丰，朱作峰，等 .2006. 江西东乡野生稻苗期抗旱基因定位 [J] . 遗传学报，33 (6)：551 -558.

朱作峰，孙传清，付永彩，等 .2002. 用 SSR 标记比较亚洲栽培稻与普通野生稻的遗传多样性 [J] . 中国农业科学，35 (12)：1 437 - 1 441.

AKIMOTO M，SHIMAMOTO Y，MORISHIMA H. 1999. The extinction of genetic resources of Asian wild rice *Oryza rufipogon* Griff. ：A case study in Thailand [J] . Genetic Resources and Crop Evolution，46：419 - 425.

ASHIKARI M. 2005. Cytokinin oxidase regulates rice grain production [J] . Science，309 (29)：741 -745.

BRONDANI C，RANGGEL P H N，BRONDANI R P V，et al. 2002. QTL mapping and introgression of yieldrelated traits from *Oryza glumaepatula* to cultivated rice (*Oryza sativa*) using microsatellite markers [J] . Theoretical and Applied Genetics, 104: 1 192 - 1 203.

Brown A H D. 1989. The case for core collections [M] //BROWN A H D, et al. The use of plant genetic resources. Cambridge, England: Cambridge Uni Press.

BUSO G S C, RANGEL P H, FERREIRA M E. 1998. Analysis of genetic variability of South American wild rice populations (*Oryza glumaepatula*) with isozymes and RAPD markers [J] . Molecular Ecology, 7: 107 -117.

CAI H W, MORISHIMA H. 2000. Genomic regions affecting seed shattering and seed dormancy in rice [J] . Theoretical and Applied Genetics, 100: 840 - 846.

CAI H W, MORISHIMA H. 2002. QTL clusters reflect character associations in wild and cultivated rice [J] . Theoretical and Applied Genetics, 104: 1 217 - 1 228.

CAI H W, WANG X K, MORISHIMA H. 2004. Comparison of population genetic structure of common wild rice (*Oryza rufipogon*), as revealed by analyses of quantitative traits, allozymes, and RFLPs [J] . Heredity, 92: 409 - 417.

CAO Y F, SONG F M, ROBERT M, et al. 2006. Molecular characterization of four rice genes encoding ethylene-responsive transcriptional factors and their expressions in response to biotic and abiotic stress [J] . Journal of Plant Physiology, 163: 1 167 - 1 178.

CHAMPOUX M C, WANG G, SARKARUNG S, et al. 1995. Locating genes associated with root morphology and drought avoidance in rice via linkage to molecular markers [J] . Theoretical and Applied Genetics, 90: 969 - 981.

CHARMET G, BALFOURIER F. 1995. The use of geo-statistics for sampling a core collection of perennial ryegrass populations [J] . Genetic Resource and Crop Evolution, 42: 303 - 309.

CHARMET G, BALFOURIER F, RAVEL C, et al. 1993. Genotype x environment interactions in a core collection of French perennial ryegrass populations [J] . Theoretical and Applied Genetics, 86 (6): 731 - 736.

CHEN X W. 2006. A B-lectin receptor kinase gene conferring rice blast resistance [J] . The Plant Journal, 46: 794 - 804.

CHO Y. 1994. The semidwarf gene *sdl* of rice (*Oryza sativa* L.), Ⅱ. Molecular, mapping and marker assisted selection [J] . Theoretical and Applied Genetics, 89: 54 - 59.

CHU Z H. 2006a. Targeting *xa13*, a recessive gene for bacterial blight resistance in rice [J] . Theoretical and Applied Genetics, 112: 455 - 461.

COURTOIS B, MCLAREN G M, SINHA P K, et al. 2000. Mapping QTLs associated with drought avoidance in upland rice [J] . Molecular Breeding, 6: 55 - 66.

CUI J, FAN S C, SHAO T, et al. 2007. Characterization and fine mapping of the ibf mutant in rice [J] . Journal of Integrative Plant Biology, 49 (5): 678 -685.

DIWAN N, MCLNTOSH M S, BAUCHAN G R. 1995. Methods of developing a core collection of annual Medicago species [J] . Theoretical and Applied Genetics, 90: 755 - 761.

DOI K. 2007. Independently of *Hdl* promotion of flowering and controls FT-like gene expression Ehd1, a Btype response regulator in rice, confers short-day [J] . Genes & Development , 18: 926 -936.

DUBOUZET J G, SAKUMA Y, LTO Y. 2003. *OsDREB* genes in rice, *Oryza sativa* L., encode transcription activators that function in drought-, high-salt-and cold-responsive gene expression [J] . The Plant Journal, 33: 751 - 763.

ELLIS P R, PINK D A C, PHELPS K, et al. 1998. Evaluation of a core collection of *Brassica oleracea* accessions for resistance to *Brevicoryne brassicae*, the cabbage aphid [J] . Euphytica, 103: 149 - 160.

FAN C C. 2006. *GS3*, a major QTL for grain length and weight and minor QTL for grainwidth and thickness in rice, encodes a putative transmembrane protein [J] . Theoretical and Applied Genetics, 112: 1 164 - 1 171.

FAN C C, YU Q, XING Y Z, et al. 2005. The main effects, epistatic effects and environmental interactions of QTLs on the cooking and eating quality of rice in a doubled-haploid line population [J] . Theoretical and Applied Genetics, 110: 1 445 - 1 452.

FOSTER. 1978b. Inheritance of semi-dwarfism in *Oryza sativa* L [J] . Rice Genetics, 88: 559 - 574.

FRANKEL O H. 1984. Genetic perspectives of germplasm conservation [M] //ARBER W, LLIMENSEE K, PEACOCK W J, et al. Genetic manipulation: impact on man and society. Cambridge: Cambridge University Press.

FUJITA M, FUJITA Y, NOUTOSHI Y. 2006. Crosstalk between abiotic and biotic stress responses: a current view from the points of convergence in the stress signaling networks [J] . Current Opinion in Plant Biology, 9: 436 - 442.

FURUKAWA T, MAEKAWA M, OKI T, et al. 2007. The *Rc* and *Rd* genes are involved in proanthocyanidin synthesis in rice pericarp [J] . The Plant Journal, 49: 91 -102.

FUZHEN L. 2005. Genetic analysis and high-resolution mapping of apremature senescence gene *Pse* (*t*) in rice (*Oryza sativa* L.) [J] . Genome, 48 (4): 738 - 746 (9).

GAO L Z, SCHAAL B A, ZHANG C H, et al. 2002. Assessment of population genetic structure in common wild rice *Oryza rufipogon* Griff. using microsatellite and allozyme markers [J] . Theoretical and Applied Genetics, 106: 173 - 180.

GE S, OLIVEIRA G C X, SCHAAL B A, et al. 1999. RAPD variation within and between natural populations of the wild rice *Oryza rufipogon* from China and Brazil [J] . Heredity, 82: 638 - 644.

GONG J M, HE P, QIAN Q, et al. 1999. Identification of salt-tolerance QTL in rice (*Oryza sativa* L.) [J] . Chinese Science Bulletin, 44: 68 - 71.

GREGORY T. 2000. A Single amino acid difference distinguishes resistant and susceptible alleles of the rice blast resistance gene *Pi-ta* [J] . The Plant Cell, 12: 2 033 - 2 045.

HE P, LI S G, LI J S. 1998. Analysis on gene loci affecting characters of rice grain quality [J] . Chinese Science Bulletin, 16 : 1 747 - 1 750.

HOLBROOK C C, PATRICIA T, XUE H Q. 2000. Evaluation of the core collection approach for identifying resistance to *Meloidogyne arenaria* in peanut [J] . Crop Science, 40: 1 172 - 1 175.

HOLBROOK C C, ANDERSON W F. 1995. Evaluation of a core collection to identify resistance to late leafspot in peanut [J] . Crop Science, 35 (6): 1 700 - 1 702.

HONG Z. 2003. A rice brassinosteroid-deficient mutant, ebisu dwarf (*d2*), is caused by a loss of function of a new member of cytochrome P450 [J] . The Plant Cell, 15: 2 900 - 2 910.

HU C H. 1987. A newly induced semidwarfing gene with agro-nomic potentiality [J] . Rice Genetics Newsletter, 4: 72 - 74.

HU J, ANDERSON B, WESSLER S R. 1996. Isolation and characterization of rice R genes: evidence for distinct evolutionary paths in rice and maize [J] . Genetics, 142: 1 021 - 1 031.

IGARASHI Y, YOSHIBA Y, SANADA Y, et al. 1997. Characterization of the gene for delta1-pyrroline-5-carboxylate synthetase and correlation between the expression of the gene and salt tolerance in *Oryza sativa* L. [J] . Plant Molecular Biology, 33 (5): 857 - 865.

ISHIMARU K. 2003. Identification of a locus increasing rice yield and physiological analysis of its function [J] . Plant Physiology, 133: 1 083 - 1 090.

JARADAT A A. 1995. The dynamics of a core collection [M] //HODGKIN T, Brown A H D, HINTUM VAN T H L, et al. Core collection of plant genetic resources. Rome, Italy: International Plant Genetic Resources Institute (IPGRI), A Wiley-Sayce Publication.

JIANG G H, HONG X Y, XU C G, et al. 2005. Identification of quantitative trait loci for grain appearance quality using a double haploid rice population [J] . Journal of Integrative Plant Biology, 47 : 1 391 -1 403.

JOHNSON R C, BERGMAN J W, FLYNN C R. 1999. Oil and meal characteristics of core and non-core safflower accessions from the USDA collection [J] . Genetic Resources and Crop Evolution, 46: 611 - 618.

KHUSH G S, BACALANGCO E, OGAWA T. 1990. A new gene for resistance to bacterial blight from *O. longistaminata* [J] . Rice Genetics Newsletter, 7: 121 - 122.

KOMATSU K. 2003. LAX and SPA: Major regulators of shoot branching in rice [J] . Proceeding of the National Academy of Science, USA, 100 (20): 11 765 -11 770.

KOYAMA M L, LEVESLEY A, KPEBNER R M D, et al. 2001. Quantitative trait loci for component physiological traits determining salt tolerance in rice [J] . Plant Physiology, 125: 406 - 422.

KUMIKO K. 2000. Trial of positional cloning of the brittle culm (*bc-3*) gene of rice using high efficiency AFLP [J] . Plant and Cell Physiology, 41: 189.

LI C B, ZHOU A L, SANG T. 2006. Rice domestication by reducing shattering [J] . Science, 311: 1 936 -1 939.

LI D J, SUN C Q, FU Y C, et al. 2002. Identification and mapping of genes for improving yield from Chinese common wild rice (*O. rufipogon* Griff.) using advanced backcross QTL analysis [J] . Chinese Science Bulletin, 18: 1 533 - 1 537.

LI Z C, ZHANG H L, ZENG Y W, et al. 2002. Studies on sampling for establishment of core collection of rice landrace in Yunnan, China [J] . Genetic Resources and Crop Evolution, 49 (1): 67 - 72.

LI P J. 2007. LAZY1 controls rice shoot gravitropism through regulating polar auxin transport [J] . Cell Research, 17: 402 - 410.

LI X Y. 2003. Control of tillering in rice [J] . Nature, 422 (10): 618 - 621.

LI Z C, MU P, LI C P, et al. 2005. QTL mapping of the root traits in a double haploid population from a cross between upland and lowland japonica rice under three environments [J] . Theoretical and Applied Genetics, 110: 1 244 -1 252.

LILLEY J M, LUDLOW M M, McCouch S R, et al. 1996. Locating QTL for osmotic adjustment and dehydration tolerance in rice [J] . Journal of Experimental Botany, 47 (30): 1 427 - 1 436.

LILLEY J M, LUDLOW M M. 1997. Expression of osmotic adjustment and dehydration tolerance in diverse rice lines [J] . Field Crop Research, 48: 185 - 197.

LIN H X, YANAGIHARA S, ZHUANG J Y, et al. 1998. Identification of QTLs for salt tolerance in rice via molecular markers [J] . Chinese Journal of Rice Science, 12: 72 - 78.

LIN H X, ZHU M Z, YANO M, et al. 2004. QTLs for Na^+ and K^+ uptake of the shoots and roots controlling rice salt tolerance [J] . Theoretical and Applied Genetics, 108: 253 - 260.

LIN Z W, GRIFFITH M E, LI X R, et al. 2007. Origin of seed shattering in rice (*Oryza sativa* L.) [J] .

Planta, 226 (1): 11 - 20.

LUO A. 2006. *EUI1*, encoding a putative cytochrome P450 monooxygenase, regulates internode elongation [J]. Plant & Cell Physiology, 47: 181 - 191.

LUO Z K, YANG Z L, ZHONG B, et al. 2007. Genetic analysis and fine mapping of a dynamic rolled leaf gene, *RL10 (t)*, in rice [J]. Genome, 50: 811 - 817.

LWATA N, ORNURA T S. 1975. Sincerely yours, studies on the trisomies in rice plants (*Oryza sativa* L.) [J]. Japanese Journal of Breeding, 25: 363 - 368.

LZAWA T. 2000. Phytochromes confer the photoperiodic control of flowering in rice (a short-day plant) [J]. The Plant Journal, 22 (5): 391 - 399.

MA J F, MITANI N, NAGAO S, et al. 2004. Characterization of the silicon uptake system an d molecular mapping of the silicon transporter gene in rice [J]. Plant Physiology, 136: 3 284 - 3 289.

MA J F, TAMAI T, WISSUWA M, et al. 2004. QTL analysis for silicon uptake in rice [J]. Plant and Cell Physiology Supplement, 45: 86.

MONCADA P, MARTINEZ C P, BORRERO J, et al. 2001. Quantitative trait loci for yield and yield components in an *Oryza sativa* × *Oryza rufipogon* BC_2F_2 population evaluated in an upland environment [J]. Theoretical and Applied Genetics, 102: 41 - 52.

MONNA L. 2002. Positional cloning of rice semidwarfing gene, *sd1*: rice "Green Revolution Gene" encodes a mutant enzyme Involved in gibberellin synthesis [J]. DNA Research, 9: 11 - 17.

MURALIHARAN K S, SIDDIQ E A. 1990. New frontiers in rice research [C] //Directorate of rice research Hyderabad, India: 68 - 75.

NAKASHIMAL K, TRAN L P, NGUYEN D V. 2007. Functional analysis of a NAC-type transcription factor *OsNAC6* involved in abiotic and biotic stress-responsive gene expression in rice [J]. The Plant Journal, 51: 617 - 630.

NOIROT M, HAMON S, ANTHONY F. 1996. The principal component scoring: a new method of constituting a core collection using quantitative data [J]. Genetic Resources and Crop Evolution, 43: 1 - 6.

ORTIZ R, RUIZ-TAPIA E N, MUJICA-SANCHEZ A. 1998. Sampling strategy for a core collection of peruvian quinoa germplasm [J]. Theoretical and Applied Genetics, 96: 485 - 483.

PRASAD S R, BAGALI P G, HITTALMANI S, et al. 2000. Molecular mapping of quantitative trait loci associated with seedling tolerance to salt stress in rice (*Oryza sativa* L.) [J]. Current Science, 78: 162 - 164.

PRICE A H, YOUNG E M, TOMOS A D. 1997. Quantitative trait loci associated with stomatal conductance, leaf rolling and heading date mapped in upland rice (*Oryza sativa* L.) [J]. New Phytologist, 137: 83 - 91.

QU S H, et al. 2006. The broad-spectrum blast resistance gene *Pi9* encodes an NBS-LRR protein and is a member of a multigene family in rice [J]. Genetics, 172: 1 901 - 1 904.

QU Y Y, MU P, ZHANG H L, et al. 2008. Genetic analysis and QTL mapping for root morphological traits at different growth stages in rice [J]. Genetics, 133: 187 - 200.

RAY W, JIN S, JAYAPRAKASH T. 1999. How to obtain optimal gene expression in transgenic plants [M]. Beijing: Symposium of the Seventh Genomics.

RAY J D, YU L, MCCOUCH S R, et al. 1996. Mapping quantitative trait loci associated with root penetration ability in rice (*Oryza sativa* L.) [J]. Theoretical and Applied Genetics, 92: 627 - 636.

REDDY V S, SCHEFFLER B E, WIENAND U, et al. 1998. Cloning and characterization of the rice homologue of maize C1 anthocyanin regulatory gene [J]. Plant Molecular Biology, 36: 497 - 498.

REN Z H. 2005. A rice quantitative trait locus for salt tolerance encodes a sodium transporter [J]. Nature Genetics, 37 (10): 1 141 - 1 146.

SAKAMOTO W, OHMORI T, KAGEYAMA K, et al. 2001. The purple leaf (*Pl*) locus of rice: the *plw* allele has a complex organization and includes two genes encoding basic helix-loop-helix proteins involved in anthocyanin biosynthesis [J]. Plant& Cell Physiology, 42: 982 - 991.

SANCHEZ A C. 1999. Genetic and physical mapping of *xa13*, a recessive bacterial gene in rice [J]. Theoretical and Applied Genetics, 98: 1 022 - 1 028.

SEPTININGSIH E M, PRASETIYONO J, LUBIS E, et al. 2003. Identification of quantitative trait loci for yield and yield components in an advanced backcross population derived from the *Oryza sativa* variety IR64 and the wild relative *O. rufipogon* [J]. Theoretical and Applied Genetics, 107: 1 419 - 1 432.

SHI Z Y, WANG J, WAN X S, et al. 2007. Over-expression of rice *OsAGO7* gene induces upward curling of the leaf blade that enhanced erect-leaf habit [J]. Planta, 226: 99 - 108.

SONG W, WANG G, CHEN L, et al. 1995. A receptor kinase-like protein encoded by the rice disease resistance gene, *Xa21* [J]. Science, 270: 1 804 - 1 806.

SONG X J. 2007. A QTL for rice grain width and weight encodes a previously unknown ring type E3 ubiquitin ligase [J]. Nature Genetics, 39: 623 - 630.

SONG Y. 2008. Rolled Leaf 9, encoding a GARP protein, regulates the leaf abaxial cell fate in rice [J]. Plant Molecular Biology, 68: 239 - 250.

SUN C Q, WANG X K, LI Z C, et al. 2001. Comparison of the genetic diversity of common wild rice (*Oryza rufipogon* Griff.) and cultivated rice (*O. sativa* L.) using RFLP markers [J]. Theoretical and Applied Genetics, 102: 157 - 162.

SUN C Q, WANG X K, LI Z C, et al. 2001. Comparison of the genetic diversity of common wild rice (*Oryza rufipogon* Griff) and cultivated rice (*Oryza sativa* L.) using RFLP markers [J]. Theoretical and Applied Genetics, 102: 157 - 162.

SUN C Q, WANG X K, YOSHIMURA A, et al. 2002. Genetic differentiation for nuclear, mitochondrial and chloroplast genomes in common wild rice (*O. rufipogon* Griff.) and cultivated rice (*O. sativa* L.) [J]. Theoretical and Applied Genetics, 104: 1 335 - 1 345.

SUN X. 2004. *Xa26*, a gene conferring resistance to *Xanthomonas oryzae* pv. *oryzae* in rice, encodes an LRR receptor kinase-like protein [J]. The Plant Journal, 37: 517 - 527.

SWEENEY M T, THOMSON M J, PFEIL B E, et al. 2006. Caught red-handed: *Rc* encodes a basic Helix-Loop-Helix protein conditioning red pericarp in rice [J]. The Plant Cell, 18: 283 - 294.

TAKAHASHI Y. 2001. *Hd6*, a rice quantitative trait locus involved in photoperiod sensitivity, encodes the alpha subunit of protein kinase CK2 [J]. Proceeding of the National Academy of Science, USA, 98: 7 922 - 7 927.

TAN L B, LIU F X, XUE W, et al. 2007. Development of *Oryza rufipogon* and *Oryza sativa* introgression lines and assessment for yield-related quantitative trait loci [J]. Journal of Integrative Plant Biology, 49: 871 - 884.

TAN Y F, LI J X, YU S B, et al. 1999. The three important traits for cooking and eating quality of rice grains are controlled by a single locus in an elite rice hybrid, Shanyou 63 [J]. Theoretical and Applied Genetics, 99: 642 -648.

TANIA Q, JORGE L. 2002. Isozyme diversity and analysis of the mating system of the wild rice *Oryza lat-*

ifolia Desv. in costa rica [J] . Genetic Resources and Crop Evaluation, 49: 633-643.

TANISAKA T. 1994. Two useful semidwarf genes in a short-culmmutant line HS90 of rice [J] . Breeding Science, 44: 397-403.

TANKSLEY S D, GRANDILLO S, FULTON T M, et al. 1996b. Advanced backcross QTL analysis in a cross between an elite processing line of tomato and its wild relative *L. pimpinellifolium* [J] . Theoretical and Applied Genetics, 92: 213-224.

TANKSLEY S D, NELSON J C. 1996a. Advanced backcross QTL analysis: a method for the simultaneous discovery and transfer of valuable QTLs from unadapted germplasm into elite breeding lines [J] . Theoretical and Applied Genetics, 92: 191-203.

THOMSON M J, TAI T H, MCCLUNG A M, et al. 2003. Mapping quantitative trait loci for yield, yield components and morphological traits in an advanced backcross population between *Oryza rufipogon* and the *Oryza sativa* cultivar Jefferson [J] . Theoretical and Applied Genetics, 107: 479-493.

TIAN F, LI D J, FU Q, et al. 2006. Construction of introgression lines carrying wild rice (*Oryza rufipogon* Griff.) segments in cultivated rice (*O. sativa* L.) background and characterization of introgressed segments associated with yield-related traits [J] . Theoretical and Applied Genetics, 112: 570-580.

TRIPATHY J N, ZHANG J, ROBIN S, et al. 2000. QTLs for cell-membrane stability mapped in rice (*Oryza sativa* L.) under drought stress [J] . Theoretical and Applied Genetics, 100: 1 197-1 202.

TSAI K H. 1989. An induced dwarfing gene *sd7* (*t*), obtained in Taichung65 [J] . Rice Genetics Newsletter, 6: 99-101.

TSAI K H. 1994. Detection of a new semidwarfing gene, *sd8* (*t*) [J] . Rice Genetics Newsletter, 11: 80-83.

TSAI K H. 1991. Tight linkage of genes *d7* (*t*) and *d1* found in across of Taichung 65 isogeniclines [J] . Rice Genetics Newsletter, 8: 104.

UEGUCHI-TANAKA M. 2005. Gibberellin insensitive dwarf1 encodes a soluble receptor for gibberellin [J] . Nature, 437: 693-698.

UPADHYAYA H D, ORTIZ R, BRAMEL P J, et al. 2003. Development of a groundnut core collection using taxonomical, geographical and morphological descriptors [J] . Genetic Resources and Crop Revolution, 50: 139-148.

WANG M X, ZHANG H L, ZHANG D L, et al. 2008a. Geographical genetic diversity and divergence of common wild rice (*O. rufipogon* Griff.) in China [J] . Chinese Science Bulletin, 53 (22): 3 559-3 566.

WANG M X, ZHANG H L, ZHANG D L, et al. 2008b. Genetic structure of *Oryza rufipogon* Griff. in China [J] . Hereidity, 101: 527-535.

WANG Z X. 1999. The *Pib* gene for rice blast resistance belongs to the nucleotide binding and leucinerich repeat class of plant disease resistance genes [J] . The Plant Journal, 19 (1), 55-64.

XIAO B, HUANG Y, TANG N, et al. 2007. Over-expression of a LEA gene in rice improves drought resistance under the field conditions [J] . Theoretical and Applied Genetics, 115 (1): 35-46.

XIAO J, GRANDILLO S, AHN S N, et al. 1996. Gene from wild rice improve yield [J] . Nature, 384: 223-224.

XIAO J, LI J, GRANDILLO S, AHN S N, et al. 1998. Identification of trait-improving quantitative trait loci alleles from a wild rice relative, *Oryza rufipogon* [J] . Genetics, 150: 899-909.

XIONG L Z, LIU K D, DAI X K, et al. 1999. Identification of genetic factors controlling domestication related traits of rice using an F_2 population of a cross between *Oryza sativa* and *O. rufipogon* [J]. Theoretical and Applied Genetics, 98: 243 - 251.

XU L M. 2008. Identification and mapping of quantitative trait loci for cold tolerance at the booting stage in a japonica rice near-isogenic line [J]. Plant Science, 174: 340 - 347.

YADAV R, COURTOIS B, HUANG N, et al. 1997. Mapping genes controlling root morphology and root distribution in a double haploid population of rice [J]. Theoretical and Applied Genetics, 94: 619 -632.

YAMAMURO C. 2000. Loss of function of a rice brassinosteroid insensitivel homolog prevents internode elongation and bending of the lamina joint [J]. The Plant Cell, 12: 1 591 - 1 605.

YANO M. 2000. *Hd1*, a major photoperiod sensitivity quantitative trait locus in rice, is closely related to the arabidopsis flowering time gene constans [J]. The Plant Cell, 12: 2 473 -2 483.

YEO A R, YEO M E, FLOWERS S A, et al. 1990. Screening of rice (*Oryza sativa* L.) genotypes for physiological characters contributing to salinity resistance, and their relationship to overall performance [J]. Theoretical and Applied Genetics, 79: 377 - 384.

YI J C, ZHUANG C X, WANG X J, et al. 2007. Genetic analysis and molecular mapping of a rolling leaf mutation gene in rice [J]. Journal of Integrative Plant Biology, 49 (12): 1 746 - 1 753.

YOSHIMURA S. 1998. Expression of *Xa1*, a bacterial blight-resistance gene in rice, is induced by bacterial inoculation [J]. Proceeding of the National Academy of Science, USA, 95 (4): 1 663 - 1 668.

YU B S. 2007. TAC1, a major quantitative trait locus controlling tiller angle in rice [J]. The Plant Journal, 52: 891 - 898.

YUE B, XIONG L Z, XUE W Y, et al. 2005. Genetic analysis for drought resistance of rice at reproductive stage in field with different types of soil [J]. Theoretical and Applied Genetics, 111: 1 127 - 1 136.

YUE B, XUE W Y, XIONG L H, et al. 2006. Genetic basis of drought resistance at reproductive stage in rice: separation of drought tolerance from drought avoidance [J]. Genetics, 172: 1 213 - 1 228.

ZHANG G Y, GUO Y, CHEN S Y, et al. 1995. RFLP tagging of a salt tolerance gene in rice [J]. Plant Science, 110: 227 - 234.

ZHANG G. 1996. RAPD and RFLP mapping of the bacterial blight resistance gene *xa13* in rice [J]. Theoretical and Applied Genetics, 65 - 70.

ZHANG K W, QIAN Q, HUANG Z J, et al. 2006. Gold hull and internode 2 encodes a primarily multifunctional cinnamyl-alcohol dehydrogenase in rice [J]. Plant Physiology, 140: 972 - 983.

ZHOU L Q, WANG Y P, LI S G. 2006. Genetic analysis and physical mapping of *Lk24* (*t*), a major gene controlling grain length in rice, with a BC_2F_2 population [J]. Acta Genetica Sinica, 33 (1): 72 -79.

ZHU J K, HASEGAWA F M, BRESSAN R A. 1997. Molecular aspects of osmotic stressing plants [J]. Critical Reviews in Plant Sciences, 16: 253 - 277.

3 第三章

水稻超高产育种

水稻是我国最重要的粮食作物，依靠科技进步大幅度提高水稻单产，是人多地少的中国保障粮食安全的必然选择。我国在20世纪50年代后期利用矮秆基因率先育成高产抗倒的矮秆品种，使水稻单产实现了第一次飞跃；20世纪70年代中期，我国在世界上首次实现杂交水稻的优势利用，从而使我国水稻单产实现了第二次飞跃。但自20世纪80年代中期以来，虽然新的杂交品种和改良常规品种不断推出，但其产量潜力没有新的突破。为实现水稻产量的第三次突破，我国于1996年提出并实施了超级稻育种研究项目，至今已取得了重大进展。

第一节　水稻产量潜力

水稻产量潜力是单位土地面积上的稻株在其生育时期内形成稻谷产量的潜在能力。在充分理想条件下所能形成的稻谷产量称为潜在生产力或理论生产力，在某一特定生产条件下所形成的稻谷产量称为现实生产力。

一、水稻产量潜力的理论估算

太阳辐射是水稻产量形成的能量源泉。水稻一生中所积累的干物质约有90%来自叶片光合产物。因此通过光能利用率估算光合产量潜力是产量潜力估算的主要方法。按水稻全生育期太阳辐射能量估算法为：

大田理论光能利用率（%）＝可见光能占太阳总辐射能量的百分率×同化器官的光能吸收率×光能转化率×净光合作用占总光合作用的百分率

水稻理论产量（kg/hm^2）＝（大田理论光能利用率×水稻生长期间每公顷太阳辐射能量×经济系数）/形成1kg碳水化合物所需要的能量

研究表明，稻谷主要成分中，碳水化合物占90%，其中约90%来自抽穗后光合产物，因此提出了按稻谷形成期太阳辐射量估算法，依据以下几点进行综合推算产量潜力：

①水稻光合生产的日数，即本田期日数，或所谓“产量形成期”日数（从抽穗前10日至成熟期的日数）。

②单位稻田面积上每天入射的太阳辐射量。

③能利用于光合作用的有效辐射占总辐射的比率，据计算为44.4%～50%。

④有效辐射中除去反射、漏射而为叶层吸收的比率，约为70%～90%。

⑤吸收的光能转变为化学能的效率，理论值为28%，而据实测，有的仅为15%。

⑥扣除呼吸消耗的能量净同化量占总同化量的比率，据测定，该值约为50%。

⑦合成1g碳水化合物所需的化学能15 675J/g，或合成1g糙米所需的化学能14 630 J/g。

⑧净积累的干物质向谷粒的转移率。中国学者按全生长期干物质总积累量×收获指数（转移率），估算稻谷产量，确定转移率为50%。日本学者认为籽粒物质来源于抽穗前的贮藏性干物质（主要在抽穗前10日积累）和抽穗至成熟期的光合产物，糙米产量相当于抽穗前10日至成熟期（即所谓产量形成期）的干物质净积累量，确定转移率为100%。

其中：

①×②＝水稻本田期或“产量形成期”入射的太阳总辐射量；

③×④×⑤×⑥＝理论上最高的光能利用率；

⑦×⑧＝能量—干物质的转换系数及向谷粒的转移率；

①×②×③×④×⑤×⑥×⑦×⑧＝潜在的最高产量。

能量—干物质—产量的转换是相对稳定的。太阳总辐射量则因地区、季节、品种生长期的不同而异。不同科学家计算的最高光能利用率也有些差异：武田（1966）为6.7%，村田（1966）为5.5%，薛德榕（1981）为4.4%，高亮之等（1984）为单季稻2.7%～4.3%，双季稻3.7%～4.5%。

据研究，达到潜在的最高产量，相当于还原一个分子CO_2需要8个光量子的光能转化效率28%；已经达到的高产纪录，相当于还原一个分子CO_2需要15个光量子的光能转化效率15%，特称为现实的最高产量或现实生产力。我们的目标是大面积产量向现实最高产量攀升，现实最高产量向潜在最高产量攀升。

由于估算方法不同，应用的参数有异，不同学者提出的水稻产量潜力不尽相同。日本学者吉田昌一认为，水稻在热带的极限产量是15.9t/hm^2，在温带的产量最高可以达到18t/hm^2。水稻强化栽培技术的创始人马达加斯加的劳兰预计，水稻的最高产量可以达到30t/hm^2。一般估计，目前水稻平均光能利用率只有1%，而水稻生产过程中光能利用率极限可以达到5%。根据袁隆平的估计，认为光能利用率在2.5%时，早稻的产量可以达到15t/hm^2，晚稻产量可以达到17t/hm^2，中稻产量可以达到22～23t/hm^2。表3-1列出了不同作者对不同地区估算的最高理论产量。

中国是水稻生产大国，南至海南的三亚，北至黑龙江的漠河，都有水稻分布。由于各稻区的光能资源分布差异较大，因而估算的潜在生产力变幅也较大。高亮之（1984）基于我国不同地区对光能利用的可能性，计算出我国稻谷产量可达到 16.125～26.625t/hm²（表 3-2）。

表 3-1 按光能利用率估算的水稻最高理论产量

（高亮之，1984；张旭，1998）

光能利用率（%）			最高理论产量估算（t/hm²）	作 者
3	长江下游	单季稻	21.240	竺可桢，1964
4	华南稻区		26.595	松岛，1975
4.4	广州地区	早稻	16.290	薛德榕，1977
		中稻	17.130	
		晚稻	23.670	
4.9	贵阳地区	中稻	23.295	刘振业，1978
5	京、津地区	一季稻	18.750	汤佩松，1963
5.5			30.000	村田，1965
6.7			45.000	武田，1973
8.3	广州地区	早稻	24.560	李明启，1980

表 3-2 中国各稻区水稻光能利用率（%）与生产力（t/hm²）

稻区	华南	西南	华中	华北	西北	东北
单季稻潜在光能利用率	3.5～3.7	2.9～3.7	2.7～3.3	2.9～3.9	3.5～4.3	2.9～3.5
双季稻潜在光能利用率	3.7～4.1	4.1～4.5	4.1～4.5	—	—	—
单季早稻现实生产力	9.0～9.75	8.25～9.0	8.625～9.375	—	—	—
单季早稻潜在生产力	16.875～18.375	15.375～16.875	16.125～17.625	—	—	—
双季稻现实生产力	9.0～11.25	7.875～8.625	8.25～9.0	—	—	—
双季稻潜在生产力	16.875～18.375	15.0～16.125	15.375～16.875	—	—	—
单季稻现实生产力	10.5～11.25	8.625～11.25	10.5～11.25	10.125～12.75	10.5～14.25	10.125～12.0
单季稻潜在生产力	19.5～21.0	16.125～21.0	19.5～21.0	18.75～24.0	19.5～26.625	19.2～22.5

二、中国水稻产量提高的历程

图 3-1 是中国 1949—2005 年的水稻种植面积、稻谷单产和总产的变化历程。可以看出，播种面积升降幅度较大，单产和总产呈波浪式攀升。1997 年总产达历史最高峰（20 073.7 万 t），比 1949 年增长 313%，占谷物总产的 45%；次年（1998 年）单产达历史最高峰（6 366kg/hm²），比 1949 年增长 237%。综合分析播种面积、单产和总产三项指标，蔡洪法等（1992）将我国水稻生产划分为五个发展阶段：

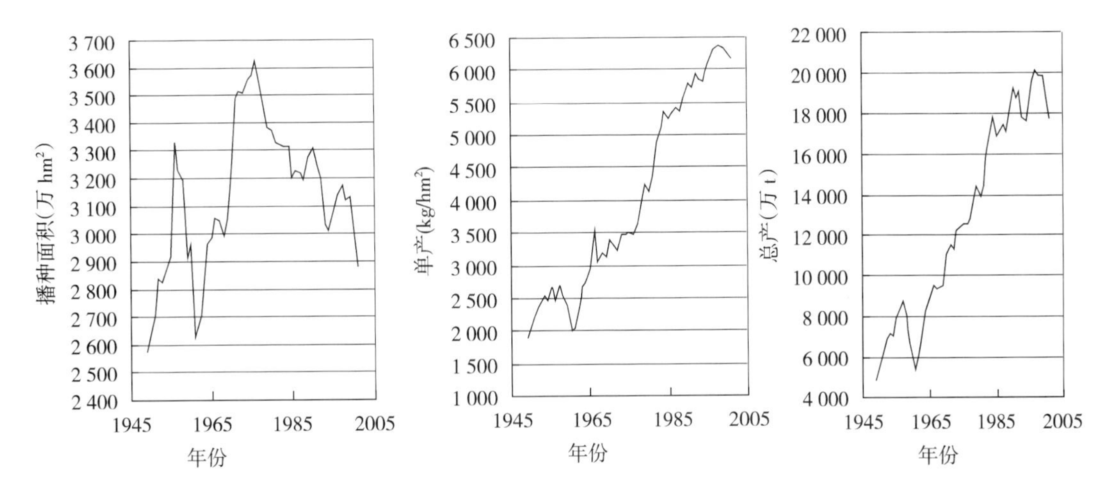

图 3-1　1949—2001 年中国水稻播种面积、单产和总产量
（郑景生，2003）

1. 恢复发展阶段（1949—1957 年）

新中国成立之初，农民种田热情高涨，播种面积、单产、总产均增长。8 年间分别增长 25.4%、42.1%和 78.4%。

2. 连续下降阶段（1958—1961 年）

由于发生严重自然灾害，加上政策失误，出现播种面积、单产、总产均下降，4 年间分别降低 18.5%、24.0%和 38.2%。

3. 稳定发展阶段（1962—1976 年）

矮秆品种的育成推广和大面积单季稻改双季稻，再次推动播种面积、单产、总产增长。1976 年播种面积达历史最高峰（3 621.7 万 hm^2），比 1949 年扩大 40.9%，比 1961 年扩大 37.8%。单产在 1976 年前跳跃性提高，产量由 1961 年的 2 040kg/hm^2，跳到 1966 年的 3 533kg/hm^2，5 年提高 73.2%，平均每年增产 299kg/hm^2。其后单产徘徊。此期由于播种面积扩大，总产仍然稳定增长，1976 年比 1961 年总产增长 134.5%，平均每年增产稻谷 481 万 t。

4. 快速发展阶段（1977—1984 年）

杂交水稻和新一代常规矮秆良种的大面积推广，化肥施用量成倍增长，加上农村实行家庭联产承包责任制，激发了农民生产积极性，在播种面积有所减少情况下，单产快速提高，稻谷产量由 1976 年的 3 473kg/hm^2 提高到 1984 年的 5 370kg/hm^2，8 年间提高 54.6%，平均每年增产 237kg/hm^2。由此推动总产快速增长，8 年间增长 41.7%，平均每年增产稻谷 655.6 万 t，是总产增长最快的时期。

5. 徘徊发展阶段（1985—2001 年）

随着种植业结构的调整，水稻播种面积台阶式下降，1985—1988 年降为 3 200 万 hm^2 左右，1993—1995 年降为 3 000 万 hm^2 左右，2000 年以后又降到 2 900 万 hm^2 以下，仅相当于 1955 年水平。而单产呈波浪式上升，1985—2001 年的 17 年间，有 9 年增产，8 年减产，但增幅大于减幅。由于新一代高产、多抗品种的育成，又有一批适应不同生态地区的栽培技术推广，水稻单产在已经较高水平上大幅度提高，1998 年达历史最高峰，平均

6 366kg/hm^2，比 1984 年增产 18.5%。播种面积和单产的变化，引起总产呈波浪式上升。1985—1992 年总产缓缓登上一个新高峰，随后下降，1995—1997 年再次止跌回升，1997 年达历史最高峰，其后 4 年复又减产，2001 年的总产降到 1984 年的水平。显然，总产徘徊不前，在于播种面积减少，抵消了单产提高的正效应。

回首中国 55 年来水稻产量的发展历程，可以获得四点重要启示：一是保护耕地，保证播种面积对提高总产至关重要；二是单产不断提高，是推动总产不断增长的主要因素，55 年来总产的增长，10%依靠播种面积的扩大，90%依靠单产的提高，预料今后趋势依然；三是依靠良种良法配套技术体系和病虫防治体系的不断开拓创新；四是利用充足的肥料，尤其是 N、P、K 配套的化学肥料。

三、世界各国水稻现实生产力

根据美国农业部公布的 2002 年各国水稻单产和面积，世界平均稻谷产量是 3.8t/hm^2，中国单产为 6.29t/hm^2，比世界平均单产高 65.5%。如不考虑种植面积极小的摩洛哥和欧盟国家，则中国水稻单产排在埃及（9.04t/hm^2）、澳大利亚（8.94t/hm^2）、美国（7.3t/hm^2）、秘鲁（6.94t/hm^2）、韩国（6.87t/hm^2）和日本（6.8t/hm^2）之后，列世界第 7 位。仅就水稻单产而言，中国与世界先进水平仍有 2.65～2.75t/hm^2 的差距。

中国在亚洲各国中稻谷单产名列前茅，仅次于韩国和日本。全世界种植面积大于中国的国家只有印度，种植面积比中国多 1 000 多万 hm^2，其单产仅为 2.9t/hm^2，不及中国的一半。

四、水稻小面积的最高产量及产量差距

目前为止，在水稻小面积超高产研究方面，非洲国家马达加斯加采用强化栽培技术，水稻单产达到 21t/hm^2，比目前世界最高水平埃及的 9.04t/hm^2 高出 1.3 倍。日本报道的最高纪录为 12.2t/hm^2。中国报道的最高纪录为Ⅱ优航 1 号在福建尤溪创造的 13.92t/hm^2，以及云南永胜创造的 18.47t/hm^2。中国小面积水稻超高产纪录见表3-3。

表 3-3 的高产纪录多数是在云南永胜县涛源乡获得的。据初步研究，该地区具有特殊的生态条件，表现为光辐射强，日夜温差大，非常利于水稻的结实和灌浆。一般水稻品种都能在那里获得高产。因此，云南永胜的试验结果只能作为生态条件最适宜时的产量潜力，而不能代表现实生产力。在水稻主产区创造的单产纪录，则反映了高产水稻品种与环境的互作结果。

表 3-3 中国各稻区创造的水稻小面积超高产纪录

（程式华，2005）

稻区	地点	类型	品种	产量（t/hm^2）	纪录年代	备注
华北	辽宁大连	单季稻	黎优 57	11.57	—	
西北	宁夏巴湖	单季稻	秀优 57	12.07	—	
东北	辽宁沈阳	单季稻	沈农 265	12.14	1999	
东北	辽宁沈阳	单季稻	沈农 606	12.60	2002	
东北	辽宁沈阳	单季稻	沈农 016	12.08	2004	
东北	辽宁沈阳	单季稻	沈农 6014	12.15	2005	
东北	辽宁辽阳	单季稻	辽优 1052	11.88	—	

（续）

稻区	地点	类型	品种	产量（t/hm²）	纪录年代	备注
华中	江苏徐州	单季稻	赣化2号	12.93	1983	
华中	湖南湘潭	双季晚稻	培优特青	11.63	1994	
华中	湖南黔阳	单季稻	培优特青	12.97	1994	
华中	湖南湘潭	单季稻	P88S/0293	12.11	2003	
华东	浙江新昌	单季稻	协优9308	12.27	2000	
华东	浙江天台	单季稻	内2优6号	12.39	2004	
华东	浙江嵊州	单季稻	中浙优1号	12.51	2004	
华南	福建龙海	双季晚稻	汕优6号	12.05	—	
华南	福建尤溪	单季稻	汕优明86	12.77	2001	6.757hm²
华南	福建尤溪	单季稻	Ⅱ优航1号	13.92	2004	6.747hm²
华南	广东揭东	早稻	广超6号	11.06	2001	7.46hm²
华南	广东汕头	双季晚稻	特青2号	12.37	1986	
华南	广东汕头	双季晚稻	胜优1号	12.85	1988	
华南	海南三亚	单季稻	P88S/0293	12.50	2004	
西南	四川汉源	单季稻	D优527	13.27	—	
西南	四川汉源	单季稻	Ⅱ优7号	13.86	—	
西南	四川泸县	单季稻	Ⅱ优602	11.06	—	
西南	四川宜宾	单季稻	桂朝2号	15.80	1983	
西南	云南大理	单季稻	桂朝2号	15.10	1983	
西南	云南永胜	单季稻	桂朝2号	16.13	1983	
西南	云南永胜	单季稻	滇榆1号	15.21	1983	
西南	云南永胜	单季稻	四喜粘	17.01	1987	
西南	云南永胜	单季稻	培优特青	17.11	1994	
西南	云南永胜	单季稻	65396	17.07	1999	
西南	云南永胜	单季稻	Ⅱ优084	18.47	2003	0.067 7hm²
西南	云南永胜	单季稻	Ⅱ优明86	17.94	2001	0.747 7hm²
西南	云南永胜	单季稻	特优175	17.78	2001	0.747hm²
西南	云南永胜	单季稻	Ⅱ优7954	17.93	2004	
西南	云南永胜	单季稻	Ⅱ优6号	18.30	2004	0.713 7hm²
西南	云南永胜	单季稻	Ⅱ优28	18.45	2005	0.077 7hm²

第二节　水稻超高产育种理论

水稻是世界上最主要的粮食作物之一，与小麦具有同等重要地位。在中国，水稻更是第一重要的粮食作物，产量占全国粮食总产的近一半，所以水稻在粮食作物中占有极其重要的地位。因此，国内外学者就如何提高水稻产量的研究从未停止过，特别是由于主要产稻国在工业化过程中不断蚕食耕地，耕地面积逐渐减少，而人口增加却不可逆转，粮食安全成为国际社会普遍关注的重要课题。要回应人口增长对粮食需求的挑战，根本出路在于千方百计地稳定现有粮食作物的种植面积，同时进一步提高单位面积产量。优良品种是提高粮食作物单产的物质基础，为此，世界各国先后开展了水稻超高产育种计划。

一、国外水稻超高产育种研究概况

1. 日本的水稻超高产育种计划

日本是提出和开展水稻超高产育种最早的国家。在日本，随着人们饮食习惯及结构的变化，稻米的食用消费量逐年下降，因而出现食用稻米供过于求，而另一方面，日本饲料用粮自给率较低，每年都要大量进口饲料粮，据预测今后饲料粮进口还将增加。如能选育出虽然品质不太好，但产量大幅度提高且成本低的可用于饲料等用途的水稻新品种，将会缓和上述矛盾，有助于保护和发展本国的稻作。因此，日本农林水产省1981年率先组织全国各主要水稻育种研究单位，开始了题为“超高产水稻开发及栽培技术的确立”的大型合作研究项目，简称为“超高产育种计划”或“逆7.5.3计划”。该计划试图通过籼粳稻杂交选育产量潜力高的新品种，再辅之以相应的栽培技术，并分三个阶段实施。第一阶段，1981—1983年计3年，要求产量增加10%，主要从各育种单位正在选育的品系中，选择其丰产性和稳产性都优异而食味品质不很好的材料，进一步作比较鉴定。第二阶段，1984—1988年计5年，要求增产30%，用现有的各高产品种（包括韩国品种，极大粒品种等）为材料，进行改良，育成早熟、耐寒性和抗倒性强、极高产的品种。即在低产地区6.5t/hm^2（糙米，下同），高产地区8.5t/hm^2。第三阶段，1989—1995年计7年，要求育成品种产量增产50%。这一阶段是以第二阶段育成的品系为材料进行选育，要求育成的品种具有极大粒、强秆、抗病、耐寒等特性，并改善株型，提高其丰产性，最终实现低、中产地区产量达到7.5～9.8t/hm^2，高产地区产量10t/hm^{2}以上，15年时间单产达到增加50%的超高产目标，即在原糙米产量5.0～6.0t/hm^{2}的基础上提高到7.5～9.75t/hm^2（折合稻谷约为9.38～12.19t/hm^2）。到1990年，整个超高产育种计划共育成6个品种和48个超高产品系，小面积产量纪录已接近10t/hm^2。但由于结实率、米质和适应性不理想及不符合日本国情等原因，未能推广应用。

日本超高产育种主要工作涉及超高产常规育种技术与育种材料选择、超高产杂种优势利用研究、超高产品种选育、超高产品种的生理生态特性与栽培技术研究、超高产品种病虫害防治技术研究等。日本的水稻超高产育种其实就是籼粳交育种，在研究中大量利用了中国、韩国的籼稻品种与日本粳稻品种杂交。

近几年，日本根据水稻育种技术的进步，并着眼于未来水稻发展战略，启动了“新世纪稻作计划”。这个计划包括了从水稻育种方法、育种材料的开发到加工、贮藏各个环节，在育种方法中强调了分子标记辅助选择技术的应用，在新材料的开发中强调了光、温敏核不育水稻和广亲和材料的应用。

2. 韩国超高产水稻育种计划

1965年，在国际水稻研究所的协助下，韩国原汉城大学将日本品种Yukara和我国台湾籼稻品种台中在来1号杂交，第二年将杂交一代和IR8再次杂交，育出矮秆高产的三交种IR667，将其中最好的品种定名为统一（Tongil）。该品种具有75%的籼型遗传基因，特点为高产，极短秆，耐多肥，抗倒伏，光合作用强，叶片直立，比一般品种增产20%～30%，从1972年开始向全国推广。统一新品种虽然产量很高，但还有一些缺点。于是，韩国育种家通过吸收IR1317、IR24、KC1的抗病虫害、优质等优良性状，继续培育新品种，于1975年育出了晚熟、食味好的维新和密阳22；1976年育出比统一早熟12～13d，优质、落粒性中等的密阳21；比统一增产10%以上且株型好的密阳23和水原258。从遗传组分看，密阳品种只有12.5%粳稻血统。

韩国将籼粳杂交新品种称为“统一系列品种”或“新品种”，称粳稻为“一般系列品种”或“一般品种”。韩国每年的新品种栽培面积变化很大，有的品种从前一年的2万hm^2跃增到20万hm^2。韩国在菲律宾繁种后将品种空运到国内，通过举办冬季技术培训、广播宣传、现场会等多种形式积极向农户推广，大大加快了推广速度，“统一系列品种”1978年达到最高面积93万hm^2，占韩国水稻种植面积的76.2%。

3. 国际水稻研究所新株型稻育种计划

国际水稻研究所（IRRI）自1966年育成第一个矮秆改良品种IR8，被认为是划时代意义的品种，标志着东南亚“绿色革命”的开始。然而，自IR8育成以后，IRRI所育成的水稻新品种产量潜力并没有突破，产量水平出现徘徊。为大幅度提高水稻产量以满足人口不断增长对稻米的需求，IRRI以Khush博士为首的科学家们于1989年召集了该所的育种家、农学家、植物生理学家和生物技术科学家等，总结过去30年的育种经验和商讨今后育种的策略，特别是进一步提高产量的措施。他们认为，现有的水稻品种可能已达到产量的极限，要进一步大幅度提高产量，需要改变现有品种的株型。通过深入细致地分析了水稻产量各限制因子及与之有关的形态特征，并从玉米、高粱等禾本科作物从多蘖小穗到少蘖大穗的进化途径中得到启示，1989年，正式提出并启动新株型稻（超级稻）育种计划。该计划的育种目标为：低分蘖少穗（直播条件下每株3～4穗），无无效分蘖，每穗200～250粒，株高100cm左右，茎秆粗硬，根系发达，抗病虫害，全生育期110～130d，收获指数0.6以上，产量潜力13～15t/hm^2。

IRRI设计的新株型模式的突出特点是少蘖大穗和高收获指数。基于Donald（1968）关于小麦理想型设计中认为独秆无分蘖或少分蘖株型在单一作物群体中竞争力最小的认识，IRRI科学家认为，少蘖株型可减少无效分蘖，避免叶面积指数过大造成的群体恶化和营养生长过剩导致的生物学浪费，同时可缩短生育期，提高日产量和经济系数，实现超高产。新株型稻设计还充分考虑到水资源限制、工业化发展带来的劳动力紧缺以及化学污染等因素，使其更符合利用较少的水资源、劳动力和化学物质，获得较高稻谷产量的要求。

1994年，IRRI向世界宣布，他们利用新株型和特异种质资源选育超级稻新品种已获成功，一些品系在小面积（300m^2）产量比较试验中产量已超过现有推广品种20%～30%。但由于不抗褐飞虱，尚不能大面积推广应用。近年来，根据存在的问题，IRRI对原超级稻育种的设计进行了必要的修正（表3-4）。

IRRI科学家们正从以下方面开展工作：

①引入籼稻有利基因，通过热带粳稻与籼稻间的杂交来获得中间类型，同时保留原有纯粳背景的材料，以进一步用于配制粳型和籼粳亚种间杂交新品种。

②注意筛选和利用谷粒充实度好的亲本，并重视在野生稻中发掘高产基因。

③适当增强分蘖能力，适当增加植株高度和生育期天数，适当减少每穗粒数，并避免密穗型。

表 3-4　IRRI 超级稻育种目标的设计及调整

（程式华，2005）

原设计	新调整
直播用	直播与移栽兼顾
弱分蘖力（极少无效分蘖）	分蘖力适当提高
200～250 粒/穗	每穗粒数适当减少，避免密穗；选育谷粒充实度好的亲本
极强茎秆（株高 90～100cm）	适当增加植株高度，强调叶鞘紧包茎秆
深绿、厚和直立叶	同原来设计
根系活力强	同原来设计
生育期 100～130d	适当延长
提高收获指数	不再强调
抗病虫害和米质好	同原来设计
热带粳稻/温带粳稻杂交方式	热带粳稻/温带粳稻；同时保持纯粳背景材料；杂种优势利用 选择标准：谷粒充实度、开花期生物学产量、茎秆大维管束的数目

④除谷粒产量外，把谷粒充实率、开花期的生物学产量和茎秆大维管束数目作为重要选择指标。

⑤不再一味强调提高收获指数，因为该所在我国云南永胜县涛源乡试验中发现在单产 13.6t/hm^2 水平下收获指数也仅为 0.46。

二、中国水稻超高产育种计划

中国的水稻超高产育种最早可追溯到 20 世纪 80 年代中期。当时沈阳农业大学在籼粳稻杂交和理想株型育种研究基础上，开始了水稻超高产育种理论与方法的研究，并于 1987 年用中、英、日文分别在国际水稻会议、日本育种学杂志和沈阳农业大学学报上发表了题为“水稻超高产育种动向”的论文。“八五”期间，国家将“水稻超高产育种研究”纳入重点科技攻关计划，曾组织中国农业科学院、沈阳农业大学和广东省农业科学院等单位进行联合攻关，就水稻超高产育种理论和方法开展研究。到“八五”末，已基本形成了超高产育种理论框架。而且，广东省农业科学院黄耀祥等还育成了特青 2 号、胜优 2 号等超高产品种；沈阳农业大学育成了新株型种质“沈农 89-366”和超高产新品系“沈农 265”等，其中“沈农 89-366”成为 IRRI 选育超级稻新品系的核心种质。

始于 20 世纪 50 年代末的矮化育种和 70 年代的杂交水稻育种，使水稻单产水平有了两次大的飞跃。此后由于育种理论与技术研究相对滞后，尽管育成了许多新品种，在产量、米质及抗性等方面有所改善，但产量潜力一直未能取得实质性突破。针对这种情况，国内稻作科学工作者围绕如何进一步高产在理论和方法上进行不懈的探索，并已形成了适于各稻作区的水稻超高产育种的理论框架。

1. 半矮秆丛生早长超高产株型模式

该模式由广东省农业科学院黄耀祥提出。他自 20 世纪 50 年代开始，为选育耐肥、抗倒、高产稳产的新品种，提出了“矮化育种”，并先后育成了广场矮、珍珠矮和广陆矮等矮秆抗倒、高产品种。70 年代，提出“丛化育种”，塑造丛生快长矮秆新类型，即在个体发育过程中选育具有在营养生长期丛生矮生，生殖生长期快长的动态株型结构。这是针对华南地区台风暴雨频繁、高温多湿、昼夜温差小的生态环境条件，为加强品种的耐密性，进一步解决多穗数与高穗重的矛盾，提高增产潜力而提出的。此后，黄耀祥又提出了“矮生早长”和“丛生早长”的超高产类型的新构想，以使穗数和穗重在更高的水平上统一起来。认为在适当保持现有半矮秆或丛生快长类型综合优良性状，特别是有效穗数较多的前提下，主攻大穗多粒、高结实率和饱满度，充分提高其穗重，是创造超高产品种类型的有效途径。从营养生长前期起，迅速提高其生物学产量则是关键所在。所谓“早长”，其特点是：根系发达，耐肥抗倒，在营养生长前期长出较长、较厚、较大的叶片和叶鞘，相应提高茎秆的粗壮度和叶面积指数，以利营养物质大量合成和运转。超高产品种株型选择的具体要求是：

①根群健壮，活力强，不早衰；

②茎秆粗壮，高度适中，基部节间短，秆壁厚而坚韧；

③分蘖早而强；

④在营养生长前期就长出较长、较厚、较大的叶片和叶鞘，叶片厚直，叶角较小，转色好；

⑤穗大粒多，每穗实粒数160～200粒，千粒重25～30g，谷草比值高；

⑥群体结构好，叶面积指数较大，叶绿素含量较多，成穗率高；

⑦综合抗性好，较抗主要病虫害；

⑧适应性广，对各种土壤和生态条件较不敏感，较抗倒伏。

2. 理想株型与优势利用相结合

这一理论是沈阳农业大学杨守仁等经过多年研究，在籼粳稻杂交育种和水稻理想株型研究的基础上形成和发展起来的。沈阳农业大学杨守仁教授等自20世纪50年代初开始籼粳稻杂交育种，在60年代初期曾致力于大穗的研究，70年代则有意识地开始水稻理想株型育种理论和方法的研究。在1977年曾总结了矮秆稻种应具有耐肥抗倒、适于密植、谷草比大的特点，并提出了株型在光能利用上的重要性以及矮秆大穗的增产潜力。杨守仁于1984年在《中国农业科学》杂志上正式发表“水稻理想株型育种的理论和方法初论”，明确提出了水稻理想株型的三项要求，即耐肥抗倒、生长量大和谷草比大，并作为今后选育高产品种的标准。

1987年杨守仁又明确提出“理想株型与有利优势利用相结合”即形态与机能兼顾是水稻超高产育种的必然趋势。嗣后又进一步提出优化性状组配来协调穗多与穗大的矛盾，以达到穗粒兼顾的更高产水平，提出“偏矮秆与偏大穗”相结合。1994年提出了优化水稻性状的“三好理论”即植株高矮好、稻穗大小好和分蘖力强弱好。具体为：

①植株高度以90±10cm为宜；

②稻穗大小，在每亩穗数下调的情况下，要有较大的增幅，但不能盲目追求大穗，导致分蘖力太差；

③分蘖力要达到中等水平，否则太强稻穗就太小，太弱又将导致穗数过少。1996年发表了“水稻超高产育种的理论和方法”一文，进一步完善过去所提出的理想株型与优势利用相结合的大方向，优化性状组配以及杂交后代选择标准等理论和方法，其核心内容是通过籼粳稻杂交创造株型变异和优势，经过优化性状组配选育理想株型与优势相结合的新

品种，以达到超高产的目的。

20 世纪 80 年代中期，沈阳农业大学在籼粳稻杂交育种和理想株型理论研究基础上，发现自 20 世纪 80 年代以来北方粳稻平均单产提高了 10%左右，其中育种和栽培的贡献各占约 50%。育种主要提高了每穗粒数和千粒重，而栽培则主要提高了结实率。就一般品种而言，产量与穗粒数呈显著的正相关，但与生物产量的关系更密切。因此，要进一步提高单产实现超高产，必须增加其生物产量。同时发现，90 年代育成的高产品种沈农 91 的生物产量较高，主要原因是生理功能得到了改善，辽粳 326 的生物产量高主要是其株型更加理想。因此，将形态和机能两方面的优点结合起来，有可能获得生物产量的突破。研究还发现，选择直立穗型、适当增加株高、改善根系形态与功能及增加单茎干重是提高生物产量的可行途径。直立穗型有利于抽穗后群体充分利用光能，促进 CO_2 扩散，不但有利于提高生物产量，缓和穗数和穗大的矛盾，而且也有利于增强品种的抗倒性。因此，认为直立穗型可能是继矮化育种之后水稻株型适应超高产要求的又一重要形态变化。

经过上述系统深入的研究，认为提高生物产量是超高产的物质基础，优化产量结构是超高产的必要条件，利用籼粳稻杂交或地理远缘杂交创造株型变异和优势是超高产育种的主要方法，通过优化性状组配使理想株型与优势相结合是实现超高产的必由之路。由此形成了一套较为系统完整的水稻超高产育种理论与技术体系，并根据北方寒地稻作区生态生产条件，对粳稻超高产株型模式进行了数量化设计：株高 90～105cm，直立大穗型，分蘖力中等，每穴 15～18 穗，每穗粒数 150～200 粒，生物产量高，综合抗性强，生育期 155～160d，收获指数 0.55，产量潜力 12～15t/hm^2。

该理论的最大特点在于明确了超高产必须兼顾株型与优势，即形态与机能相结合，并把直立大穗型作为一项重要指标纳入株型设计。

3. 利用亚种间的杂种优势选育超高产组合

袁隆平提出了杂交水稻三系法、两系法、一系法的战略设想，认为杂交水稻目前仍只是处于初级发展阶段，还蕴藏着巨大的增产潜力，具有广阔的发展前景。在杂交水稻育种方面，不论是在育种方法上还是在杂种优势水平上都具有三个战略发展阶段；从育种方法上讲，也就是三系法、两系法和一系法三个战略发展阶段。在优势利用水平上则分别是品种间、亚种间和远缘杂种的优势利用。自 1973 年杂交水稻实现三系配套以来，大面积应用已取得了巨大的增产效益。但现行的杂交水稻属品种间杂种优势利用范畴，由于品种间的亲缘关系较近，遗传差异相对较小，杂种优势有较大的局限，增产幅度一直在 20%左右多年徘徊，很难再上一个台阶。为进一步提高水稻产量，培育超高产组合，袁隆平提出通过两系法利用籼粳亚种间杂交产生的强大优势是最有希望的途径。

水稻亚种间杂种优势明显强于品种间杂种优势，亚种间杂交稻具有比品种间杂交稻高 20%以上的产量潜力。理论上，两系法具有不受恢复系制约等优点。在总结多年来选育两系法亚种间强优势组合成败经验的基础上，袁隆平提出八项技术策略：

（1）矮中求高

在不倒伏的前提下，适当增加株高，借以提高生物学产量，为高产奠定基础。

（2）远中求近

部分利用亚种间的杂种优势选配亚亚种组合，以减少典型亚种间组合存在的不利杂种优势的表达。

(3) 显超兼顾

既注意利用双亲优良性状的显性互补作用，又特别重视保持双亲有较大的遗传距离，以发挥超显性作用。

(4) 穗求中大

以选育每穗颖花数180粒左右、每公顷300万穗左右的中大穗型组合为主，以利于协调库源关系。

(5) 高粒叶比

把凭经验的形态选择与定性和定量的生理指标选择结合起来，提高选择的准确性和效果。

(6) 以饱攻饱

针对亚种间杂交稻籽粒不饱满的问题，选择籽粒充实饱满的品种作亲本。

(7) 爪中求质

选用爪哇稻长粒优质材料与籼稻配组，选育优质偏籼型杂交稻，选用优质短粒型爪哇稻与粳稻配组，选育优质偏粳型杂交稻。

(8) 生态适应

籼稻区以籼爪交为主，兼顾籼粳交，粳稻区以粳爪交为主，兼顾籼粳交。

4. 亚种间重穗型杂交稻超高产育种

四川农业大学周开达教授在总结籼粳亚种间杂种优势利用育种的经验后指出，传统的籼粳交大穗型组合结实性差，穗大而不重，四川省地方品种具有穗大粒多、单位面积穗数较少的特点。针对四川盆地寡照、多湿、高温的光温生态条件，认为多穗型水稻品种由于群体密度大、叶片之间相互遮蔽、呼吸消耗增加、净光合效率降低，在生产上已很难突破汕优63的产量水平，在比较研究了不同穗重品种功能叶面积与穗粒重和产量的关系基础上，提出“亚种间重穗型”的超高产育种新理论，适当增加株高，减少穗数，增加穗重，更有利于提高群体光合作用与物质生产能力，减轻病虫为害，获得超高产。

亚种间重穗型组合的特点是：根系强大、根粗壮、功能期长、衰退慢、茎秆坚韧、秆壁厚、输导组织发达，维管束中有一定量的叶绿素；株高120cm左右，具有强大的生长量；分蘖力强，成穗率高，有效穗225万/hm^2左右；分蘖期叶片稍披散，拔节后叶角变小，叶片厚直、叶色深绿，剑叶和倒二叶长40cm左右，后期转色顺畅，熟色好；穗子叶下藏，穗型长大，一次枝梗发达，着粒较稀，结实率较高，籽粒饱满，平均穗重5g以上；抗病性强，品质较优。

综合上述国内外各种超高产育种理论，其实质有以下几点：

①重塑株型；

②利用籼粳亚种间杂交产生的强大优势；

③兼顾理想株型与优势利用，即形态与机能相结合。从株型设计上看，无论哪种理论或途径，所设计的株型一般都具有适度增加株高，降低分蘖数，增大穗重，生物产量与经济系数并重等共同特点。从育种方法上看，都注意到了利用亚种间杂交来创造中间型材料，再经复交或回交并辅之其他高新技术选育超高产品种或超级杂交稻。

20 世纪 80 年代初水稻育种界围绕水稻超高产育种开展了研究，以期实现产量的第三次飞跃。目前，已取得了不同程度的进展，并在水稻超高产育种理论方面形成了各具特色的理论框架：适于华南籼稻区的“半矮秆丛生早长超高产株型”模式，适于北方稻区的“理想株型与有利优势利用相结合”理论，适合于长江中下游稻区的“利用亚种间的杂种优势选育超高产组合”模式，适合于四川盆地的“亚种间重穗型杂交稻超高产育种”模式，以及适于热带地区的“新株型稻”育种理论。这些理论的形成和发展，将对今后水稻超高产育种实践起到重要的指导作用。

第三节　超级稻育种实践

我国水稻面积约占粮食作物总面积的 30%，总产占粮食总产的 40%。在我国，人口每年约增加 1 500 万，而在耕地不断减少的形势下，要保证粮食自给，就必须大力提高水稻单产。着眼于 2010 年和 2030 年对粮食的巨大需求，我国水稻单产水平必须在 1995 年的基础上，分别提高 16%和 33%。

受国际水稻研究所超级稻育种的启发，并鉴于国内对水稻的需求和国际上的最新研究进展，1996 年农业部正式启动“中国超级稻研究”项目，并从“中华农业科教基金”和部重点项目科研经费中拨款资助中国超级稻研究。1997 年 4 月，农业部原科技与质量标准司与中华农业科教基金委员会在沈阳主持召开了中国超级稻项目专家委员会成立暨中国超级稻项目评审会议，从而揭开了中国超级稻研究的序幕。

一、超级稻育种目标

1996 年，农业部组织有关专家的论证和讨论，初步形成了如下超级稻育种目标：

1. 高产面积

通过品种改良及配套的栽培技术体系，在较大面积（百亩连片）上水稻产量到 2000 年稳定地实现 9～10.5t/hm^2（600～700kg/亩），到 2005 年突破 12t/hm^2（800kg/亩），2015 年跃上 13.5t/hm^2（900kg/亩）的台阶。

2. 最高单产

在试验和示范中，培育的超级稻材料最高单产，到 2000 年达到 12t/hm^2（800kg/亩），2005 年达到 13.5t/hm^2（900kg/亩），2015 年达到 15t/hm^2（1 000kg/亩），并在特殊的生态地区创造 17.25t/hm^2（1 150kg/亩）的世界纪录。

3. 平均单产

通过推广应用“中国超级稻研究”育成品种，推动我国水稻平均单产水平到 2010 年达到 6.9t/hm^2（460kg/亩），并为在 2030 年跃上 7.5t/hm^2（500kg/亩）的新台阶作好技术储备。

除了上述的绝对产量指标外，“中国超级稻”的产量相对指标是比当时的生产对照种增产 10%以上。除了产量指标外，还要求北方粳稻和南方籼稻米质分别达到部颁一、二级优质米标准，抗当地 1～2 种主要病虫害。具体产量指标见表 3 - 5。

袁隆平在综合分析日本超高产水稻育种、IRRI 新株型育种和中华人民共和国农业部的超级稻计划的产量指标后，认为超高产水稻的指标应随时代、生态区和种植季节的不同而异，在育种计划中应以单位面积的日产量而不用绝对产量作指标比较合理。根据当前我国杂交水稻的产量情况、育种水平，他提出 2000 年超高产杂交水稻的产量指标是：每日的稻谷产量为 100kg/hm^2。这个指标相当于 IRRI 提出的 120d 生育期单产潜力 12t/hm^2 的指标。

表 3-5　中国超级稻品种产量指标（kg/hm^2）

时　期	常规品种				杂交水稻			增产
	早籼	早中晚兼用籼	南方单季粳	北方粳	早籼	单季籼粳	晚籼	幅度（%）
现有高产水平	6 750	7 500	7 500	8 250	7 500	8 250	7 500	
1996—2000 年	9 000	9 750	9 750	10 500	9 750	10 500	9 750	>15
2001—2005 年	10 500	11 250	11 250	12 000	11 250	12 000	11 250	>30

注：表中产量系连续 2 年在生态区内 2 个点，每点 6.67hm^2 面积上的表现。

二、超级稻研究任务

1. 超级杂交稻组合的选育

通过选育高配合力的广亲和恢复系、爪哇型恢复系和广亲和不育系、新质源不育系，组配亚种间或不同生态类型间的超级杂交稻组合。

2. 超级常规稻品种的选育

以我国和美国、IRRI 等各种优异稻种资源与已有的株型优良而高产的新品系为亲本，选育超级常规稻品种。

3. 超级稻基因库的建拓

具有超级稻育种目标的稻种资源的收集、保存与交流；新育成的超级稻品系的保存与交流。加强超级杂交稻组合选育与超级常规稻品种选育间的相互渗透。

4. 超级稻生理生态和栽培体系研究

加强遗传、生理、生态和形态结构等方面的应用基础研究，包括各种生态条件下理想株型的生理生态特点、超级稻良种良法和大面积超高产栽培模式的示范研究。

三、超级稻育种技术路线

1. 超级稻育种

采用传统育种技术与生物技术相结合的方法，聚合有利基因和适当加大双亲间的遗传差距为出发点，广泛利用新的稻种资源，以理想株型塑造与亚种间强优势利用相结合的理论为指导进行组配和选育；鼓励不同生态区各种优异种质的交换，以及交叉学科的合作攻关、相互渗透，提高育种的质量和效率，以形成常规稻与杂交稻“水涨船高”、相互赶超的局面。

2. 超级杂交稻育种

1997 年，袁隆平总结 40 多年来的育种经验指出，通过育种提高作物产量，只有两条有效途径：一是形态改良，二是杂种优势利用。单纯的形态改良潜力有限，杂种优势利用不与形态改良相结合，效果必差。提出以杂种优势利用与形态改良相结合的方法来培育超级杂交稻。在形态改良方面，主要是培育理想株型；在提高杂种优势水平方面，主要是走利用亚种间杂种优势的技术路线。培育超级杂交稻的另一途径就是要充分利用远缘有利基因。

四、超级稻理想株型设计

优良的植株形态是超高产的骨架，自从Donald提出理想株型的概念以来，国内外不少水稻育种家围绕这一主题开展了研究，设想了各种超高产水稻的理想株型模式。日本松岛省三从栽培的角度上提出"上部第二和第三叶要短、厚、直"；Khush提出的少蘖大穗模式，主要强调分蘖少、穗型大（每穗粒数200～250粒）。

1996年，我国农业部制订的新曙光计划中，组织有关专家制订了北方粳稻区、长江流域中籼稻区、华南早中晚兼用稻区的超级稻理想株型模式（表3-6）。

表3-6　不同生态区超级稻理想株型

性　状	北方粳稻	长江流域中籼稻	华南早中晚兼用稻
分蘖力（穗/丛）	10～15	10～12	9～13
每穗粒数	150～200	180～220	150～250
株高（cm）	95～105	110～115	105～115
根系活力	强	强	强
病虫抗性	抗	抗	抗
全生育期（d）	150～160	135～140	115～140
收获指数	0.5～0.55	0.55	0.6
设计产量潜力（t/hm^2）	11.25～13.50	12.00～15.00	13.50～15.00

我国有关科研单位在实施超级稻育种计划过程中，根据各地的特点，因地制宜地提出了各自的理想株型模式（表3-7）。福建省农业科学院提出综合"四性"（丰产性、优质性、抗性、适应性）育种策略，以提高育种水平和效率。

表3-7　国内有关科研单位提出的理想株型模式

单　位	理想株型	主要特点	代表品种
沈阳农业大学	直立大穗型	穗型直立，300穗/m^2，穗重约4g	沈农265
广东省农业科学院	早长根深型	大穗，260穗/m^2，穗重约4.5g	胜泰1号
四川农业大学	稀植重穗型	重穗，225穗/m^2，穗重大于5g	Ⅱ优162
湖南杂交稻研究中心	功能叶挺长型	功能叶长，240穗/m^2，穗重约5g	两优培九
中国水稻研究所	后期功能型	青秆黄熟，240穗/m^2，穗重约5g	协优9308

沈阳农业大学杨守仁提出了"直立穗"模式，强调偏矮秆与偏大穗相结合、上部几叶不能偏短而应偏长、稻穗直立，如沈农265、沈农9660；广东省农业科学院黄耀祥提出了"早长根深型"模式，主要强调前期的早生快发，如广超1号、胜泰1号；四川农业大学周开达提出了"重穗型"模式，主要强调单穗重（5g以上）以及剑叶和倒2叶长度，如

Ⅱ优 6078、Ⅱ优 162；中国水稻研究所程式华等则提出产量在 12t/hm^2 以上的“后期功能型”超级杂交稻理想株型模式，主要强调后期根系活力强，上三叶光合能力强，青秆黄熟不早衰，如协优 9308。

五、超级稻育种策略

1. 特异性水稻育种材料的发掘与创新

水稻特异性育种材料的发现，往往会导致水稻育种的突破，如洪群英在广东发现秆矮的矮脚南特，李必湖在海南发现花粉败育的野生稻，石明松在湖北发现农垦 58 不育株等，相应的引发了矮化育种、三系杂交稻以及二系杂交稻育种。今后特异性水稻育种材料的发掘和创新对育种工作者提出了更高的要求和挑战，可通过生物技术、航天育种技术、辐射技术等现代育种技术创造新的特异种质材料。

2. 籼粳亚种间杂交

自 20 世纪 80 年代以后，我国杂交稻的产量出现了徘徊局面。究其原因，在育种方面，无论是常规稻育种还是杂交稻育种，均局限于亚种内育种。经两次育种革命后，亚种内的种质资源已得到了较充分的利用，亚种内育种的潜力已得到较充分的挖掘，亚种内育种产生新的突破的难度更大。因此，要使水稻育种产生新的突破，就必须打破亚种内育种的框框，从亚种内育种走向亚种间育种。

籼亚种和粳亚种是栽培稻的两个亚种，各自具有许多优良的农艺性状，彼此具有很大的互补性。由于籼粳亚种间存在着一定的生殖隔离，妨碍了籼粳亚种间的基因交流和重组，形成了两个相对独立的亚种，因而仍保持着各自特有的性状，是有待充分开发利用的遗传资源。近年来的基因组研究表明，籼粳亚种间比亚种内存在更高程度的 DNA 片段长度多态性。育种实践也表明，籼粳亚种间杂种比亚种内杂种具有更大的杂种优势。

由于籼粳亚种间存在着生殖隔离，其杂种往往存在着结实率低的问题。因此，一旦籼粳杂种的不育性得到克服，就可以实现籼粳亚种间育种，培育出更为优良的水稻新品种，使水稻育种产生一次新的革命。对此，通过广亲和性的利用来配制超高产籼粳亚种间杂交稻新组合，已成为大多数育种家的共识。南方籼稻主要采取了向籼型恢复系中掺粳的方法，而北方粳稻主要采取了掺籼的方法，并开始取得进展。华南农业大学张桂权提出了通过培育粳型亲籼系达到克服籼粳杂种不育性的设想，利用近粳型亲籼系培育出兼具籼稻和粳稻优良性状的籼粳型品种。

3. 提高水稻生物学产量

作物产量是由于物质生产总量（生物学产量）和收获指数所决定的。产量的提高可以通过提高生物学产量或收获指数或二者来获得。

据报道，禾谷类作物现代品种与传统品种比较，在许多情况下现代品种产量潜力的提高，是由于提高了收获指数，而不是生物产量；但当现代品种间相互比较时，产量的提高则是由于提高了生物学产量而获得。大量研究指出，当产量较低时，提高生物学产量和经济系数，能显著提高稻谷产量；当产量达到较高水平时，适当提高生物学产量是进一步高产的重要途径。

分析中国水稻品种的演变过程及收获指数与生物学产量对产量进步的贡献，发现中国水稻品种由高秆变矮秆主要依靠收获指数提高来增加产量，而杂交稻的产量增加主要是由于提高了生物学产量（表3-8）。要进一步大幅度提高水稻籽粒产量，必须提高生物学产量，这是超高产水稻发展的必然趋势。

表3-8　不同类型水稻品种增产的生物学基础

（程式华，2005）

年代	类型	经济产量（t/hm²）	生物学产量（t/hm²）	收获指数
40～60	高秆品种	4.224	11.045	0.385
60～80	矮秆品种	6.417	11.816	0.545
80～90	杂交稻	8.202	15.027	0.545

在阳光充足和高水平氮素营养条件下，较易获得高的生物学产量，但通过提高生物学产量来提高籽粒产量，还需以强韧的茎秆、挺立的叶片和光合产物的合理运转与分配为前提，否则将出现倒伏和叶片荫蔽，使病虫害加重，稻谷产量反而下降。

在保持高产矮秆稻种现有的收获指数前提下，增加生物学产量是进一步提高水稻产量潜力的前提。适当增加株高对增加生物学产量是有利的，但必须同时增强植株的抗倒伏能力，单位面积上的颖花数量要多（从目前各地高产田块看，7.5t/hm² 的每平方米颖花数为4万左右；11.25t/hm² 的田块，每平方米颖花数为5万～6万左右；15t/hm² 的田块，每平方米颖花数为6万～7万），但穗数与每穗粒数的合理构成因生态条件而异，其共同特点是要求保持较高的结实率（80%以上）。目前一些高产田块的LAI已达到8～10，这一数值似乎已达到极限，因此必须致力于改善叶姿和叶质，以增加单位叶面积的颖花数量。与此同时，根系活力强、茎叶不早衰、光合作用持续时间长，茎穗粗维管束数目多，对保持籽粒充实都是十分重要的。

4. 水稻理想根型育种

根系不仅是固定植株、吸收水分和矿质养料的重要器官，而且也是合成某些生物活性物质的重要场所。随着研究技术的进步和研究的深入，根系对整个植株尤其是对地上部的调节作用已经引起科研人员更加重视。这种调节作用主要由根系合成相关的生理活性物质（如CTK、ABA等）来完成。这种调节功能主要表现为：

①调节叶片的衰老进程；

②影响叶片的光合作用强度；

③调控气孔开度；

④调节叶片的受光姿态等。

这些调节作用不仅依靠根系合成的生理活性物质如氨基酸、内源激素来完成，而且还通过乙酰胆碱、电化学信号等把根系的有关信息传递给植株地上部分来达到，相信今后还会发现其他的根信号传递方式及生理活性物质。地上部和地下部的全面平衡是水稻超高产的基本条件，杂交水稻具有强大的生物学和产量优势，这与它所具有的根系生长优势有密切关系。但是，大量的研究结果表明，杂交水稻生育后期还存在早衰现象，与强大的地上部优势不相适宜。这种早衰不仅影响干物质的生产和积累，而且影响籽粒灌浆和干物质的运输与分配，最终阻碍产量潜力的发挥。

然而，迄今为止，在水稻的育种科研与实践中对水稻根系这一极为重要器官的形态、生理性状的改良却未能在水稻的育种计划中得到具体体现，仅用“根系发达”来描绘一个品种的根系状况，这显然是不够的。虽然杂交水稻的根系比常规稻品种有形态和生理优势，使育种家看到了根系改良的重要性和实际效果，但是在根系形态、生理特性上并未能提出一套具体的改良指标。因此，必须加强根系的形态和机能等方面的研究，确定与地上部全面协调平衡的理想根型的选育指标，以便为超高产水稻提供强大的根系支撑。

5. 生物技术与常规技术相结合

常规育种技术在推进超高产育种中有一定的局限性，应用现代育种方法在打破物种界限和提高选择能力上有巨大潜力，现代育种方法的应用对促进超级稻选育将发挥越来越大的作用。现代育种方法包括航天育种、生物技术育种等，是培育水稻品种的高新技术。航天育种的最大特点在于能在较短的时间里创造出目前地面上诱变育种方法较难获得的或是罕见的突变基因资源，因而可以培育出高产、优质、抗病性强的优良品种；生物技术育种综合分子、细胞遗传学最新技术，进行农作物功能基因挖掘，如抗除草剂、抗虫、抗病、抗逆、高产、优质等性状有关基因的分子标记及 QTL 标记，进行育种材料的选择，从而快速、高效地聚合有利基因，培养出目标性状有重大突破的新品种。常规育种技术仍将在 21 世纪发挥重要作用，高新技术将对一些重大技术问题起有效的辅助作用。现代水稻品种的丰产性、优良品质、抗逆性和适应性等综合农艺性状是由基因系统决定的，高新技术应立足于常规技术无法或难以解决的某个点或局部问题上发挥作用。现代育种方法离不开传统育种方法，必须将传统育种方法与现代育种方法有机地结合起来。

六、我国超级稻育种进展

1. 育成一批超级稻新品种

自 1996 年启动“中国超级稻育种”计划以来，经过全国的联合攻关，我国已育成一批达到产量指标的超级稻品种，至 2004 年，我国共育成经农业部确认的符合超级稻标准的品种 28 个（表 3 - 9）。其中，17 个籼型三系超级杂交稻，2 个籼型两系杂交稻，3 个粳型三系杂交稻，1 个籼型常规稻，5 个粳型常规稻。这些常规和杂交稻新品种均通过省级以上审定，经相关部门组织专家验收，达到了百亩示范片验收平均超 10.5t/hm^2，小面积高产田块单产超 12t/hm^2 的高产水平。据不完全统计，超级稻新品种 1999—2003 年已在生产上累计推广种植 746.67 万 hm^2。根据对比调查，超级稻新品种大面积单产一般能达到 9t/hm^2，比普通品种增产 0.75t/hm^2。部分超级稻品种，除了表现产量高外，在米质和抗性方面也有显著改善。

（1）*南方超级杂交籼稻新组合选育*

与北方常规粳稻超高产育种不同，南方籼稻主要是通过两系法或三系法选育超级杂交稻。

①三系超级杂交稻新组合选育　中国水稻研究所主要是通过三系法选育超级杂交籼稻。现已育成的代表性组合为“协优 9308”。1999 年春通过浙江省品种审定。1999 年浙

江省新昌县千亩示范片中的高产田块 1 140m² 实割测产验收，单产达 12.188t/hm²，单产创浙江省历史最高纪录。2001 年“协优 9308”连作晚稻两个百亩示范片平均单产分别达到 10.89t/hm² 和 10.53t/hm²，比一般杂交晚稻组合单产高出 1.5t/hm² 以上，在浙江省又创连作晚稻单产新纪录。“超级稻协优 9308 的选育、超高产生理基础研究及生产集成技术的示范与推广”项目，荣获 2004 年度国家科技进步二等奖。此外，中国水稻研究所还育成国稻 1 号、国稻 3 号、中浙优 1 号等新组合。其中，国稻 3 号在江西省连作晚稻区试种 2 年平均比对照增产 14.0%，抗白叶枯病，米质达部颁优质米三级标准，作连作晚稻种植，大面积单产 9t/hm² 以上。

表 3-9　农业部确认的超级稻品种（2004 年）

品种类型	品种名称	选育单位
籼型三系杂交稻（17）	协优 9308	中国水稻研究所
	国稻 1 号	中国水稻研究所
	国稻 3 号	中国水稻研究所
	中浙优 1 号	中国水稻研究所
	丰优 299	湖南杂交水稻研究中心
	金优 299	湖南杂交水稻研究中心
	Ⅱ优明 86	福建省三明市农业科学研究所
	Ⅱ优航 1 号	福建省农业科学院
	特优航 1 号	福建省农业科学院
	D 优 527	四川农业大学
	协优 527	四川农业大学
	Ⅱ优 162	四川农业大学
	Ⅱ优 7 号	四川省农业科学院
	Ⅱ优 602	四川省农业科学院
	天优 998	广东省农业科学院
	Ⅱ优 084	江苏省农业科学院
	Ⅱ优 7954	浙江省农业科学院
籼型两系杂交稻（2）	两优培九	江苏省农业科学院、湖南杂交水稻研究中心
	准两优 527	湖南杂交水稻研究中心、四川农业大学
粳型三系杂交稻（3）	辽优 5218	辽宁省农业科学院
	辽优 1052	辽宁省农业科学院
	Ⅲ优 98	安徽省农业科学院
籼型常规稻（1）	胜泰 1 号	广东省农业科学院
粳型常规稻（5）	沈农 265	沈阳农业大学
	沈农 606	沈阳农业大学
	沈农 016	沈阳农业大学
	吉粳 88	吉林省农业科学院
	吉粳 83	吉林省农业科学院

福建省先后育成Ⅱ优明 86、Ⅱ优航 1 号、特优航 1 号等超级稻新组合。其中Ⅱ优明 86 于 2001 年在云南省永胜县涛源乡种植，单产达 17.948t/hm^2，创水稻单产世界新纪录，“超级杂交稻强恢复系明恢 86 的选育与利用” 2007 年获福建省科学技术进步一等奖。从 1999 年始，福建省农业科学院将育成的超级稻在尤溪县作再生稻栽培，建立再生稻高产示范片，再生稻示范片单产取得国内外最高水平。1999—2004 年，经全国有关著名专家验收，千亩片头季平均产量为 10.859t/hm^2，再生季为 6.212t/hm^2，两季合计 17.071t/hm^2；百亩中心示范片头季和再生季平均产量分别达 12.662t/hm^2 和 7.076t/hm^2，两季合计 19.738t/hm^2。其中，2000 年最高一丘为 13.803t/hm^2 + 7.724t/hm^2 = 21.527t/hm^2，创国内再生稻产量最高纪录；2001 年农户詹新章种植 680m^2，再生季产量 8.717t/hm^2，再创世界再生稻单产新纪录；2004 年建立 101.1 亩Ⅱ优航 1 号示范片，创百亩连片头季产量达 13.925t/hm^2，再生季产量达 7.821t/hm^2 的超高产纪录，成为中国首个产量超过 13.5t/hm^2 的百亩超级稻示范片。由福建省农业科学院主持的“超级稻再生高产特性与栽培技术研究”获 2005 年度福建省科学技术进步一等奖。

②两系超级杂交稻新组合选育　由江苏省农业科学院和国家杂交水稻工程技术研究中心合作，育成超级杂交稻新组合“两优培九”，于 1999 年 4 月通过江苏省品种审定，米质被评为当届审定的 11 个水稻品种之首。2001 年通过湖南、湖北等 6 个省审定并成为第一个（批）通过国家品种审定的两系杂交稻。1999—2000 年在湖南和江苏省有 38 个百亩丰产片和 3 个千亩丰产片，平均产量超过 10.5t/hm^2，荣膺 2000 年中国科技进展十大新闻之首。1999—2004 年，两优培九在全国 16 个省、自治区种植约 450 万 hm^2，其中 2002 年 125 万 hm^2，2003 年约 140 万 hm^2。产生社会经济效益约 80 亿元。“两系法超级杂交稻两优培九的育成与应用技术体系”成果荣获 2004 年度国家技术发明二等奖。

通过亚种间优良米质性状的互补育成的两优培九米质好，既能满足喜食粳米人们的口味，又深受习惯籼米地区人们的欢迎，还较抗稻瘟病（不抗华南部分生理小种）和白叶枯病，综合性状良好，被同行认为是二系水稻育种的突破性成果。科学技术部和农业部将其列为长江流域和黄淮地区的重点中试组合和国家重点推广项目，正逐步成为长江中下游稻区主栽杂交稻，2002 年已位居单个杂交稻年种植面积的第 1 位。

由湖南杂交水稻研究中心育成的两系杂交稻准两优 527，在湖南省单季稻区试种两年平均比对照增产 13.45%，百亩示范超 12t/hm^2。

（2）*粳型超级稻新品种选育*

沈阳农业大学利用已有的高产品种与新株型种质及其他地理远缘材料杂交，再经过复交优化性状组配，按照理想株型与优势相结合理论，于 20 世纪 90 年代中期率先育成了直立大穗型超级稻沈农 265。2000—2001 年连续两年百亩连片试种示范平均每公顷产量达到 11.1t 和 12.5t。该品种 2001 年 12 月通过辽宁省审定后，2002—2003 年被列入国家农业科技成果转化资金重点支持项目，2004 年被农业部确定为“水稻综合生产能力科技提升行动计划”的主推品种，同年通过吉林省审定。

继沈农 265 之后，沈阳农业大学又先后育成了沈农 606、沈农 9741、沈农 016 等，吉林省水稻研究所也育成了吉粳 88 等。其中的沈农 606 不但产量潜力高（连续 3 年百亩以上连片示范每公顷产量超过 12t），而且主要米质指标均达到了部颁优质粳米一级标准。

特别是 2002 年在海城作蟹田稻种植，19.2hm² 连片平均单产达到 12.4t/hm²，实现了超高产、优质与环境友好的和谐统一。这些优质超级稻新品种的育成，不仅证明了北方粳型超级稻育种理论与技术的不断创新，而且为实现北方粳稻单产水平的第三次飞跃奠定了较坚实的基础。沈阳农业大学完成的“籼粳稻杂交新株型创造与超高产育种研究及其应用”荣获了国家科学技术进步二等奖。

此外，北方杂交粳稻也取得喜人成绩，2004 年共 4 个组合通过国家或辽宁省品种审定，在区试中比对照增产幅度达 11.4%～18.2%。这些品种的育成，为超级稻下一步的大面积推广奠定了丰富的材料基础。

（3）华南超级常规稻品种选育

广东省农业科学院水稻研究所育成的代表性品种胜泰 1 号，1999 年通过广东省品种审定。1999 年晚季揭阳市百亩连片高产示范，经省、市、镇三级专家联合抽样实割验收，平均产量 9.446t/hm²，达到国家超级稻华南稻区的第一阶段产量指标（单产 9～9.75t/hm²）。胜泰 1 号经过本省多个地区和南方稻区多个省（直辖市、自治区）较大面积的试种，表现具有高产株型和较高的增产潜力，抗细菌性条斑病和白叶枯病，中抗稻瘟病，综合性状突出，特别是在足肥条件下，更能展现出其增产潜力。该品种 1999 年分别通过了陕西省农作物品种审定和广东省农作物品种审定，并获国家首届农作物优质育种后补助；1996—2003 年在南方稻区累计推广面积 26 万多 hm²；“旱长、根深水稻新类型胜泰 1 号的选育研究”2003 年获广东省科技进步三等奖。

2. 提前实现第二阶段产量目标

2004 年，全国共安排超级稻百亩示范片 30 余个。据不完全统计，全国共有 10 个品种、13 个百亩片经专家组织验收平均单产超 12t/hm²，提前实现单产 12t/hm² 的超级稻研究第二阶段目标，更有 3 个品种小面积单产突破 13.5t/hm² 大关，其中，福建省农业科学院育成的超级稻Ⅱ优航 1 号，在福建尤溪县百亩示范片，经专家验收，全示范片平均单产达 13.925t/hm²。特别称道的是，2004 年的百亩示范多数安排在水稻主产区，如浙江省不仅历史上首先有 2 个籼型超级杂交稻组合（中浙优 1 号和内 2 优 6 号）在水稻主产区出现百亩示范片超高产纪录，而且在同一年内出现 2 个百亩示范平均单产超 12t/hm²。两系法杂交稻新组合 P88S/0293 不仅在湖南，而且在浙江、海南百亩示范都获得成功。

3. 围绕超级稻品种选育的基础研究取得重要进展

我国在超级稻品种选育取得突破的同时，超级稻品种选育的应用基础研究也取得了重要进展。

第一，超级稻分子标记辅助育种技术取得阶段性成果。我国超级稻育种建立了分子标记辅助育种技术平台，发掘出 32 种抗病、抗逆、品质等重要性状基因的紧密连锁分子标记或功能标记 110 个，奠定了大规模开展分子标记辅助育种的技术基础。中国水稻研究所利用分子标记辅助选择技术，将水稻白叶枯病广谱抗性基因 *Xa21* 导入到恢复系中，育成抗病、优质、高配合力的恢复系 R8006，成功组配出系列组合：中 9 优 6 号、中 8 优 6 号、Ⅱ优 6 号和内 2 优 6 号，其中内 2 优 6 号株型挺拔、高产特性明显，破格进入国家南方区试，表现优异。第一年百亩示范即获平均单产 12.083t/hm²。四川农业大学水稻研究所同样利用分子标记辅助选择技术，将水稻白叶枯病抗性基因 *Xa4* 和 *Xa21* 导入到恢复系中，育成抗病、高配合力恢复系蜀恢527，配制出强优势的两系杂交稻组合准两优527和三系杂交稻D优527、冈优527、协优527等527系列组合，并屡创高产纪录。

第二，超级稻选育中高新技术应用成效显著。中国在超级稻品种选育中，大量采用了分子育种、航天育种、转基因育种等新技术，创立了一条突破超级稻育种技术难关的正确途径，应用诱变、离体培养、航天育种等技术，先后育成了一批不育系与恢复系，创造了许多育种新材料。

第三，超级稻基因组学研究进展顺利。中国国家杂交水稻研究中心和北京华大基因中心等单位合作，于2000年5月启动了“中国超级杂交水稻基因组计划”；中国科学院2003年实施了超级稻计划的姊妹计划——“水稻基因组测序和重要农艺性状功能基因组研究”。上述研究已独立完成籼稻全基因组测序和粳稻第4号染色体测序，获得了世界首张籼稻基因组序列图，研究结果在《科学》和《自然》上发表。水稻抗病（白叶枯病、稻瘟病）、耐盐、抗旱、氮磷高效利用、分蘖、脆秆、茎秆伸长、不定根生长等一批有潜在应用价值的重要基因的克隆取得突破。克隆了控制白叶枯病抗性、稻瘟病抗性、株高、生育期、分蘖等重要性状的功能基因，基本完成了全基因组DNA序列的精细测定。

中国超级稻在北方与南方同时大面积推广应用，说明无论超级常规粳稻还是超级杂交籼稻的研究，都取得了历史性的重大突破。与国际上同类研究相比，在新株型优异种质创造和实用型超级稻新品种或新组合选育方面处于领先地位，并预示着广阔的发展前景。

第四节 展 望

为进一步推动我国超级稻的发展，农业部制订了《超级稻研究与推广规划（2005—2010）》，规划提出中国超级稻研究与推广将按照科学发展观的要求，大幅度提高水稻单产，确保中国超级稻研究水平持续世界领先。提出了“加快一期推广、深化二期研究、探索三期目标”的思路，加快超级稻新品种选育，加强栽培技术集成，扩大示范推广，聚合外源有利基因，创新育种方法，不断提高单产，为粮食综合生产能力持续提高提供科技支撑。确定从2005年开始实施超级稻发展的“6236工程”，即：力争到2010年底，用6年的时间，培育并形成20个超级稻主导品种，推广面积占全国水稻总面积30%，每亩平均增产60kg（$900kg/hm^2$）。带动全国水稻单产水平明显提高，保证我国水稻育种水平在国际上持续领先。为此应坚持在育种战略上，制定更高的战略规划和完善的技术路线，开展综合“四性”的超级稻育种目标，即培育“丰产性、抗性、优质性和适应性”综合在较高水平上的超级稻新品种，这样的品种才是生产上适用，而且具有生命力强的超级稻品种。水稻超高产育种将推动我国水稻产量上一个新台阶，为我国乃至世界的粮食安全做出贡献，并保持我国水稻育种水平在国际上的领先地位。

参 考 文 献

蔡洪发，朱明芬．1992．中国稻米的生产、消费和贸易［M］//熊振民，蔡洪发．中国水稻．北京：中国农业科技出版社．

陈温福，徐正进，张龙步，等．2002. 水稻超高产育种研究进展与前景［J］．中国工程科学，4（1）：31－35.

陈温福，徐正进，张龙步．2003. 水稻超高产育种——从理论到实践［J］．沈阳农业大学学报，34（5）：324－327.

陈温福，徐正进，张龙步，等．2002. 水稻超高产育种研究进展与前景［J］．中国工程科学，4（1）：31－35.

陈温福，徐正进，张龙步．2005. 北方粳型超级稻育种的理论与方法［J］．沈阳农业大学学报，36（1）：3－8.

陈温福，徐正进，张龙步，等．1998. 水稻超高产育种研究进展与前景［J］．沈阳农业大学学报，29（2）：101－105.

程式华，翟虎渠．2000. 杂交水稻超高产育种策略［J］．农业现代化研究，21（3）：147－150.

程式华，庄杰云，曹立勇，等．2004. 超级杂交稻分子育种研究［J］．中国水稻科学，18（5）：377－383.

程式华，廖西元，闵绍楷．1998. 中国超级稻研究：背景、目标和有关问题的思考［J］．中国稻米（1）：1－3.

程式华．2005. 我国超级稻育种的理论与实践［J］．中国农技推广，4：27－29.

程式华．2000. 杂交水稻育种材料和方法研究的现状及发展趋势［J］．中国水稻科学，14（3）：165－169.

高亮之，郭鹏，张立中，等．1984. 中国水稻的光温资源与生产力［J］．中国农业科学，17（1）：17－22.

户苅义次．1979. 作物的光合作用与物质生产［M］．薛德榕，译．北京：科学出版社．

黄耀祥，林青山．1994. 水稻超高产、特优质株型模式的构想和育种实践［J］．广东农业科学（4）：2－6.

黄耀祥．1990. 水稻超高产育种研究［J］．作物杂志，（4）：1－2.

黄耀祥．1983. 水稻丛化育种［J］．广东农业科学，（1）：1－5.

黄耀祥．1992. 选育优质超高产水稻新品种、优化作物结构和食物结构［J］．广东农业科学（4）：1－3.

黄英金，徐正进．2004. 对超级稻研究中几个问题的思考［J］．中国农业科技导报，6（5）：3－7.

江奕君，林青山．2005. 华南双季超级稻育种的实践与体会［J］．广东农业科学（1）：16－18.

李阳生，李达模，朱英国．2001. 水稻超高产育种的分子生物学研究进展［J］．农业现代化研究，22（5）：283－288.

青先国，王学华．2001. 超级稻研究的背景与进展［J］．农业现代化研究，22（2）：99－102.

吴伟明，程式华．2005. 水稻根系育种的意义与前景［J］．中国水稻科学，19（2）：174－180.

谢华安．2004. 中国特别是福建省的超级稻研究进展［J］．中国稻米（2）：7－10.

徐庆国．2006. 超级稻的研究现状与发展对策探讨［J］．作物研究 1：13－16，25.

徐正进，陈温福，张龙步．1990. 日本水稻育种的现状与展望［J］．水稻文摘，9（5）：1－6.

徐正进．1991. 日本水稻超高产育种新进展［J］．中国农学通报，7（2）：43－46.

杨仁崔．1996. 国际水稻研究所的超级稻育种［J］．世界农业（2）：25－27.

杨守仁，张龙步，陈温福，等．1996. 水稻超高产育种的理论和方法［J］．中国水稻科学，10（2）：115－120.

杨守仁，张龙步，陈温福，等．1994. 优化水稻性状组配中“三好理论”的验证及评价［J］．沈阳农业大学学报，25（1）：1－7.

杨守仁．1990. 水稻超高产育种的进展［J］．作物杂志（2）：1－2.

杨守仁．1987. 水稻超高产育种的新动向——理想株形与有利优势相结合［J］．沈阳农业大学学报，18

(1)：1-5.
杨守仁.1990. 水稻高产栽培及高产育种论丛［M］. 北京：农业出版社.
杨守仁.1984. 水稻理想株型育种的理论和方法初论［J］. 中国农业科学（3）：6-13.
杨守仁.1977. 水稻株型问题讨论［J］. 遗传学报，4（2）：109-116.
袁隆平.1996. 从育种角度展望我国水稻的增产潜力［J］. 杂交水稻（4）：1-2.
袁隆平.1996. 选育水稻亚种间杂交组合的策略［J］. 杂交水稻（2）：1-3.
袁隆平.1997. 杂交水稻超高产育种［J］. 杂交水稻，12（6）：1-3.
袁隆平.1987. 杂交水稻育种中的战略设想［J］. 杂交水稻（1）：1-3.
张桂权，卢永根.1997. 第三次水稻育种革命展望［J］. 世界农业（6）：21-22.
张旭.1998. 作物生态育种学［M］. 北京：中国农业出版社.
郑景生，黄育民.2003. 中国稻作超高产的追求与实践［J］. 分子植物育种，1（5/6）：585-596.
中国农业年鉴编辑委员会.1980—2000. 中国农业年鉴［J］. 北京：中国农业出版社.
中华人民共和国国家统计局.2001—2002. 中国统计年鉴［J］. 北京：中国统计出版社.
周开达，马玉清，刘太清，等.1995. 杂交水稻亚种间重穗型组合选育——杂交水稻超高产育种的理论与实践［J］. 四川农业大学学报，13（4）：403-407.
邹江石，吕川根.2005. 水稻超高产育种的实践与思考［J］. 作物学报，31（2）：254-258.

4 第四章

品　质　育　种

全世界约有一半人口以稻米为主食。稻米不仅为人类提供淀粉、蛋白质、脂肪及其他营养成分，而且又是国际贸易中的重要商品。随着我国人民生活水平的日益提高，对外贸易的发展，稻米品质的优劣越来越引起各方面的重视。

据联合国粮农组织统计，中国水稻总产、种植面积分别约占世界的35%和21%，分列世界第一、二位；单产约是世界平均水平的160%，列澳大利亚、埃及、西班牙、韩国、日本和美国之后，居第七位。新中国成立以来，为解决粮食问题，我国十分重视提高水稻单产，20世纪50年代末与70年代中期的矮化育种和杂交水稻的兴起，带来我国水稻育种史上单产的两次突破。80年代，随着改革开放和人们生活水平不断提高，在吃饱的同时，对稻米品质的要求越来越高。但受粮食流通体制限制和稻米产业化开发滞后等因素影响，稻米品质改良未得到应有的重视。到90年代中后期，水稻单产突破了6t/hm^2，总产保持在1.7亿～2.0亿t，而常年稻谷消费量在1.8亿～1.9亿t。同时，在水稻主产区出现了稻米结构性过剩。我国水稻生产在实现总量基本平衡、丰年有余的历史性转变后，其质量和结构问题已成为制约水稻产业发展的主要矛盾。

近年来，稻米的国际贸易量不断攀升，从1991年的1 300余万t（占总产的3.6%），增加到2006年的2 970万t左右（占总产的7.8%）。在稻米国际贸易市场中，一般质量的籼米约占30%～35%，长粒优质籼米约占50%～55%，优质粳米约占10%～15%。从发展趋势分析，长粒型优质籼米与优质粳稻市场潜力较大。进入90年代，我国优质米生产有较大发展，中等品质品种种植面积迅速扩大，至2000年已占种植总面积的44%，占总产量的45%，稻米品质基本能满足大众消费需求。然而，达到国家优质米标准的品种种植面积不足10%，中低档优质米缺乏市场竞争力。我国曾是世界第三大米出口国，因品质问题，我国出口大米在国际市场的份额越来越少，内地销往香港的大米占香港大米的进口量，由20年前的52%下降到现在的3%左右，值得重视。

第一节 我国水稻品质育种历史与主要成就

新中国成立以来的相当长一段时间，为解决粮食不足，育种工作偏重提高产量，忽视品质的现象比较突出，有关稻米品质研究与优质稻选育比美国、日本、澳大利亚、印度等国家都要晚。进入80年代中期，由于劣质稻米的生产与消费产生很大矛盾，促使我国开展稻米品质研究。值得注意的是，我国品质育种一直受到粮食供求的影响，特别是南方籼稻品质育种伴随市场波动，经历几起几落。1983、1984年我国粮食大丰收，第一次出现了粮食积压与农民“卖粮难”问题，湖南在全国率先开展了优质稻生产，并制定了《水稻优质品种》、《优质稻生产技术规范》、《优质大米》三个地方标准。1985年国家开始重视品质育种，并将“七五”水稻育种攻关目标定位为“优质、高产、多抗”。然而，随着1987、1988年两年粮食连续减产，供应开始偏紧，优质稻生产第一次跌入低谷。1989、1990两年我国粮食生产又获得了丰收，“卖粮难”重新开始抬头，优质稻开发再次“转暖”，特别是南方早稻因品质问题，卖粮难问题突出，品质问题又一次受到重视。到了1993年我国水稻生产，特别是早稻生产歉收，因稻谷涨价引起物价上涨，品质育种再次进入低谷。90年代中后期，水稻单产突破了6t/hm^2，其中1997年我国水稻总产创历史新高，达2.007亿t，而常年稻谷消费量在1.8亿～1.9亿t左右，同时在水稻主产区出现了稻米结构性过剩，卖粮难问题十分突出。1998年提出水稻生产在实现总量基本平衡、丰年有余的历史性转变后，其质量和结构问题已成为制约水稻产业发展的主要矛盾。1999年8月17日国务院办公厅转发农业部关于抓住当前有利时机调整农业生产结构《意见》中明确指出，经过20年的改革和发展，我国农产品供给由长期短缺转变为总量基本平衡、丰年有余，农业发展由资源约束转为资源与市场双重约束，农业由解决温饱的需要转向适应进入小康的需要，人们对农产品的品种和质量有了新的要求。1998—2003年，优质稻产业化开发进入黄金时期，然而水稻总产逐年下降，到2003年，水稻总产仅1.607亿t，粮食安全警钟再一次敲响。面对水稻生产波动与品质育种起起落落，我国水稻育种家一改以往片面追求高产或品质的缺陷，十分重视品种分类及品质与产量协调发展。近年优质、高产新品种选育进展显著，特别是南方籼型杂交水稻。

一、优质稻米起步阶段（1985—1990年）

1985年1月中华人民共和国农牧渔业部在长沙召开优质稻米座谈会，指出发展优质稻米的重要性。这次会议是农牧渔业部从过去偏重于抓农产品数量向数量、质量同时抓而召开的第一次全国性会议。会议认为：要努力促进生产商品化，产品优质化，品种多样化，建设系列化；必须抓住目前粮多棉余这个千载难逢的机会调整农业结构，从根本上解决8亿农民搞饭吃的局面。随后评选出我国第一批优质食用稻米，为我国优质稻品种选育提供了丰富的资源（表4-1）。1986年和1988年中国水稻研究所主持起草了农业部食用稻米标准（NY122-86）及其测定方法（NY147-88），有力推动了我国优质稻米的生产和研究。“七五”期间农业部专门设立有关稻米品质主要性状遗传研究的重点科研项目，为稻米品质改良提供理论指导。

表 4-1　1985 年全国评出的优质大米品种

类　型	品种名称
早籼	细黄粘、05 粘、民科粘、8004、乌珍 1 号、红突 31、HA79317-7
中籼	光辉、金麻粘、密阳 23、西农 8116、滇瑞 408、滇陇 201、水晶米
晚籼	金晚 1 号、双竹粘、紧粒新四粘、华泉、特眉、余赤 231-8、汕优 63
南方粳稻	鄂晚 5 号、铁桂丰、岳农 2 号、青林 9 号、光优 C 堡、当选晚 5 号、80-4、秀水 27
北方粳稻	临粳 3 号、中花 8 号、新引 1 号（丰锦）、红旗 23、秀优 57、日本晴、京越 1 号、鱼农 1 号、越富、花粳 2 号、农院 7-1、中丹 2 号、冀粳 8 号
糯稻	香糯 4 号、新香糯 1 号、湘辐 81-10

中国水稻研究所、中国农业科学院作物品种资源研究所、湖北省农业科学院、广东省农业科学院、贵州农学院等单位共同承担“我国水稻种质资源主要品质鉴定”国家科技攻关课题，对 3 万余份中国栽培稻资源的主要品质指标按统一的方法和标准进行鉴定。结果显示，我国栽培稻资源糙米率分布范围为 39.50%～93.20%，集中分布于 77.00%～82.00%（占 78.03%），平均值 79.28%，粳稻（80.38%）高于籼稻（78.80%）；精米粒率分布范围为 10.41%～84.70%，集中分布于 69.00%～74.00%（占 75.89%），平均值 71.21%，同样粳稻（72.16%）高于籼稻（70.79%）；垩白粒率和透明度品种间差异较大，变幅为 1%～100%，平均 77.7%，多数材料垩白粒率较高，但粳米（71.7%）较籼米（83.3%）低；总淀粉含量在 53.39%～91.16%之间，集中分布于 75.0%～80.0%（占 74.6%），平均值 77.06%，籼稻（77.14%）略高于粳稻（76.86%）；直链淀粉含量变幅很大，籼稻为 0.1%～45.7%，平均 24.0%，粳稻为 0.1%～32.7%，平均 12.9%；糊化温度（碱消值）范围为 2.0～7.0 级，平均值 5.6 级，籼稻（5.2 级）低于粳稻（6.4 级）；胶稠度变幅为 18～100mm，平均值 52.3mm，其中籼粘类型为 41.9mm，籼糯类型 84.4mm，粳粘类型 59.3mm，粳糯类型 85.7mm；蛋白含量在 4.90%～19.30%间，平均 9.63%，其中籼稻类型 9.50%（变幅 4.93%～19.30%），粳稻类型 9.91%（变幅 4.90%～17.10%），籼粳差异较小；赖氨酸含量范围为 0.115%～0.619%，平均 0.356%，其中籼稻类型 0.357%（变幅 0.135%～0.619%），粳稻类型 0.354%（变幅 0.115%～0.590%）。

通过研究，从中筛选了品质达到部颁一、二级标准的优质资源 400 余份，如红突 31、80-66、滇 201、马坝油占、云南软米、苏御糯、夹沟香米、天津小站米等，这些资源为我国优质稻育种奠定了物质基础。

美国、泰国、巴基斯坦、印度、日本、国际水稻研究所等一直十分重视水稻品质育种。我国水稻育种家从 20 世纪 80 年代开始重视利用以上国家和研究机构的优质资源，如美国的 Lemont、Jasmine85、Katy，泰国的 KDML105、KPM148、PN43，巴基斯坦的 Basmati370、KS282，印度的 ADT39、Ranbir，日本的越光、幸实、屉锦，国际水稻研究所的 IR841、IR26、IR64 和 IR72 等。

二、优质稻米全面提升阶段（1991—2002 年）

进入 20 世纪 90 年代后，稻米品质低劣、特别是南方早籼品质低劣问题一直困扰各地，水稻生产出现“多了多了、少了少了”怪圈。粮食一少，抓高产、抓早稻；粮食一多，抓优质、砍早稻。面对水稻生产这种怪圈，我国育种者开始狠抓品质育种，特别是南方早籼稻品质育种。优质稻育种取得了长足的进步，如湖南软米、中优早3号两个早籼品种分别获得第一、第二届农业博览会金奖（表4-2，表4-3）。其后，各育种单位相继育成一批品质符合市场要求的早晚稻优质品种，如早籼优质稻中鉴100、中优早5号、舟903、中优早81、嘉育948、湘早籼31、绿黄占、赣早籼37等。这些早籼优质稻品种品质主要指标达到部颁二级优质米标准，表现垩白少，垩白粒率10%～20%，整精米粒率50%以上，米粒细长，直链淀粉含量15%～23%，米饭柔软可口，具有一定的商品开发价值。一些稻米开发企业定点、定基地进行合同收购优质稻米，如晚籼优质稻中香1号、中健2号、丰矮占、粤香占、湘晚籼5号、湘晚籼10号、湘晚籼11、湘晚籼13、赣晚籼19、923、伍农晚3号等。上述晚籼优质稻品种品质主要指标达部颁一级米标准，有些品种的品质已接近或达到国际王牌大米泰国香米KDML105水平，如开发的珍珠强身米、龙凤牌中国香米、聚福香米、秀龙香丝米、碧云大米等。除了南方籼稻品质育种进展显著外，粳稻品质育种也取得了长足进展，如培育的龙粳8号品质可与日本的越光媲美。

表4-2　首届中国农业博览会优质米品种产品（1992年10月）

奖类	优质米品种	推荐单位	优质米产品	推荐单位
金质奖	汕优63	福建省三明市农业科学研究所	湖南软米	湖南省水稻研究所
			赣优晚大米	江西省农业科学院原子能研究所、水稻研究所
			响水大米	黑龙江省宁安县种子公司
			珍玉精米	河南省原阳县精米厂
银质奖	赣晚籼19	江西省农业科学院水稻研究所	太子籼米	湖北省孝感优质农产品中心
	辽盐282	辽宁省盐碱地利用研究所	太子粳米	河南省原阳县稻米生产加工中心
	幸实	中国农业科学院作物品种资源研究所	珠光香糯米 珠光香粳米	江苏省连云港东海特种米厂
	祥湖84	浙江省嘉兴市农业科学研究所	安粳314	贵州省安顺地区农业科学研究所
	滇瑞449	云南省西双版纳州农业科学研究所	天城优质米	湖北省孝感优质产品开发公司
铜质奖	湘晚籼3号	湖南省岳阳地区农业科学研究所	镇稻2号	江苏省镇江市农业科学研究所
	713	广西壮族自治区农业科学院水稻研究所	赣香糯	江西省农业科学院赣农公司
	中籼88-4	安徽省肥东农技经济开发中心		
优质产品奖	浙852	浙江省农业科学院作物研究所	冀粳11	河北省农业科学院水稻研究所
	D优10号	四川省种子公司	临沂黑香糯	山东省临沂市农业局
	京花101	北京市农林科学院	太湖糯	江苏省太湖地区农业科学研究所
	中系8215	中国农业科学院		

表4-3　第二届中国农业博览会优质米品种产品

奖类	优质米品种	推荐单位	优质米产品	推荐单位
金质奖	中优早3号	中国水稻研究所、江西省种子站	穗珍牌增城香丝苗	广东省增城市农业科学研究所、增城市种子站
	文稻2号	云南省文山壮族苗族自治州农业科学研究所	白马牌马坝银丝粘	广东省曲江县马油粘开发公司
	辽粳294	辽宁省农业科学院稻作研究所	金禾牌特优大米	贵州省兴义市制米厂、西南农业科学研究所
	辽粳241	辽宁省盐碱地研究所	东京城牌大米	黑龙江省宁安县种子公司

（续）

奖类	优质米品种	推荐单位	优质米产品	推荐单位
银质奖	舟 903	浙江省舟山市农业科学研究所	白马牌马坝香油粘	广东省曲江县马油粘开发公司
	贵辐籼 2 号	贵州省农业科学院综合研究所	龙凤牌中国香米	湖南金鹰优质农产品有限公司
	鲁香粳 2 号	山东省农业科学院水稻研究所	龙凤牌水晶猫牙米	湖南金鹰优质农产品有限公司
	辽盐 16	辽宁省盐碱地利用研究所	—	—
	辽盐 283	辽宁省盐碱地利用研究所	—	—
	皖稻 14	安徽省巢湖地区农业科学研究所	—	—
铜质奖	—	—	穗珍牌增城巴太早香米	广东省增城农业科学研究所、原种场
	—	—	天禾牌中籼 91499	安徽省农业科学院水稻研究所
	—	—	百旺牌优质米	北京市农业技术推广站
	—	—	天禾牌 80 优 121	安徽省农业科学院水稻研究所

中优早 3 号（84-240/红突 5 号），1994 年通过江西省农作物品种审定委员会审定，1995 年获得农业博览会金奖，1996 年获农业部科技进步二等奖，1997 年获国家科技发明四等奖。该品种主要指标达到部颁一级米标准，精米长 6.6mm，长宽比为 3，糙米率 80.0%，精米粒率 72.6%，整精米粒率 61.0%，垩白粒率 17%，垩白大小 6.9%，垩白度 1.5%，透明度 2 级，糊化温度（碱消值）7 级，胶稠度 63mm，直链淀粉含量 17.1%，米粒透明，基本上无心腹白。

中鉴 100（84-240/红突 5 号//舟 903），1999 年通过湖南省农作物品种审定委员会审定。主要指标达部颁二级优质米标准，糙米率 79.0%，精米粒率 71.8%，整精米粒率 56.3%，精米长 6.8mm，长宽比 3，垩白粒率 24%，垩白度 4.1%，透明度 3 级，糊化温度（碱消值）7 级，胶稠度 78mm，直链淀粉含量 15.6%。

舟优 903（红突 80/412），1994 年通过浙江省农作物品种审定委员会审定。主要品质达到部颁优质米标准，糙米率 80.7%～81.0%，精米粒率 73.5%，整精米粒率 47.3%，透明度 1 级，垩白度 5.9%～9.2%，长宽比为 3.4，直链淀粉含量 16.4%～17.1%，胶稠度 66～86mm，糊化温度（碱消值）6.6～7 级，米饭柔软，适口性好。

嘉育 948（YD4-4/嘉育 293-T8），1996 年通过浙江省农作物品种审定委员会审定。该品种主要指标达到部颁二级优质米标准，糙米率 79.9%～80.8%，精米粒率71.12%～71.7%，整精米粒率 46.1%～54.8%，长宽比 2.7，垩白粒率 13～39%，透明度 3.0 级，糊化温度（碱消值）4.8～5.5 级，胶稠度 75～80mm，直链淀粉含量13.0%～13.1%，米饭柔软，食味较好。

佳禾早占（E94/广东大粒种//713///外引 30），1999 年通过福建省农作物品种审定委员会审定。经农业部稻米及制品质量监督检测中心分析，12 项指标中的糙米率、精米粒率、整精米粒率、粒长、长宽比、透明度、碱消值、胶稠度、直链淀粉含量和蛋白质含量等 10 项指标达到部颁优质食用米一级标准；垩白粒率和垩白度 2 项指标达到部颁优质食用米二级标准。

胜泰 1 号（胜优 2 号/泰引 1 号），1995 年通过广东省农作物品种审定委员会审定。所有 12 项指标均达部颁优质米二级标准，其中有 7 项主要指标达部颁优质米一级标准，直链淀粉含量 18%左右。

特籼占 13（特青 2/粳籼 89），1996 年通过广东省农作物品种审定委员会审定。糙米率 80.9%，精米粒率 74.9%，整精米粒率 69.2%，胶稠度 61mm，垩白粒率 4.0%，垩白度 0.4%，直链淀粉含量 25.6%，蛋白质含量 9.8%。米质外观被广东省评定为早稻特二级。抗稻叶瘟 0～4 级，抗稻穗瘟 5～7 级，抗白叶枯病 1～5 级。

粤香占（三二矮/清香占//综优/广西香稻选），1999 年通过广东省农作物品种审定委员会审定。12 项米质指标均达部颁优质米二级标准，米粒整齐有光泽、蒸煮品质和饭味较好，有微香。

中香 1 号（80-66/矮黑），1998、1999 年分别通过江西、湖南省农作物品种审定委员会审定。全部指标达部颁一级优质米标准，整精米粒率 61.8%，米粒长 6.9mm，长宽比 3.2，垩白粒率 8.0%，垩白度 1.08%，透明度 1 级，糊化温度（碱消值）7.0 级，胶稠度 88mm，直链淀粉含量 17.8%，食味好，其特有的天然爆米花香味深受消费者欢迎。

中健 2 号［Starbonnet/IR841（80-66）］，2002 年通过湖南省农作物品种审定委员会审定。该品种精米透明呈玻璃质，米饭油亮有光泽，食味好，冷饭不回生，蒸煮具有特有的香味，米质可与国际名牌泰国香米媲美。以中健 2 号加工的“天然香米”连续两次获全国农业博览会优质稻米金奖。该品种中抗稻瘟病，抗白叶枯病，中感褐飞虱，中度耐热。该品种的选育获得国家优质专用农作物一等后补助，同时列为国家农业科技成果转化项目，列为国家“十五”期间“863 计划”重大成果。

湘晚籼 13（80-66/矮黑//明特晚籼），2001 年通过湖南省农作物品种审定委员会审定，2006 年获湖南省科学技术进步二等奖。该品种米质优，主要指标达部颁优质米一级标准，丰产性较好，比目前主导优质品种增产 5%以上，抗白叶枯病。目前该品种已经成为湖南等省份高档优质稻主推品种，在 2004 年种植面积 196 万亩，成为湖南、湖北和江西等省市场上优质香米的主要原粮品种。

金优 207（金 23A/207），1998 年通过湖南省农作物品种审定委员会审定。糙米率 80.6%，精米粒率 73.0%，整精米粒率 60.4%，精米长 7.2mm，长宽比 3.4，垩白粒率 18%，垩白度 2.3%，透明度 1 级，糊化温度（碱消值）4.8 级，胶稠度 41mm，直链淀粉含量 22.4%，蛋白质含量 9.0%。1999 年湖南省优质稻品种评选中被评为三等优质稻品种。

培两优 288（培矮 64S/288），1996 年通过湖南省农作物品种审定委员会审定。出糙率 82.1%，精米粒率 72.3%，整精米粒率 61.3%，垩白粒率 23.5%，垩白大小 3.15%，精米长 6.45mm，长宽比 2.93，糊化温度（碱消值）5.6 级，胶稠度 91mm，直链淀粉含量 9.8%。湖南省第三次优质稻品种评选中被评为三等优质稻组合。

晚籼 923（涟选籼//莲塘早/IR36//外 3），外观品质特优，米粒细长，半透明，米饭纵向伸长不开裂，软硬适中，冷不回生，耐嚼软滑，适口性好，专家品尝认为晚籼 923 可与优质泰国米媲美。

赣晚籼 19（黑石头/5037），1992 年通过江西省农作物品种审定委员会审定。该品种达部颁一级优质米标准，糙米率 81.68%，精米粒率 71.4%，整精米粒率 60.8%，透明度1级，长宽比3.3，直链淀粉含量20%，胶稠度97mm，糊化温度（碱消值）7级，食味佳，冷不回生。

扬稻6号（扬稻4号/盐3021），1997年通过江苏省农作物品种审定委员会审定。该品种品质主要指标达部颁一级优质米标准，糙米率80.9%，精米粒率74.7%，米粒长宽比为3，垩白度5%，透明度2级，直链淀粉含量17.6%，碱消值7级，胶稠度94mm，蛋白质含量11.3%，米饭松散柔软，冷后不硬，适口性好。

镇稻88（月之光/武香粳1号），1997年通过江苏省农作物品种审定委员会审定。主要指标均达到和超过部颁优质米一级标准，糙米率85.13%，精米粒率76.52%，整精米粒率74.4%，直链淀粉含量17.35%，糊化温度（碱消值）6.7级，胶稠度86mm，蛋白质含量9.39%。米粒洁白晶莹，饭质柔润，富有光泽，食味清香，冷热均适口。

楚粳17（楚粳8号/25-3-1），1997年通过云南省农作物品种审定委员会审定。糙米率85.1%，精米粒率77.2%，整精米粒率74.9%，垩白粒率98%，垩白度23.8%，透明度4级，粒长5.0mm，长宽比1.6，胶稠度80mm，糊化温度（碱消值）7.0级，直链淀粉含量19.2%，蛋白质含量8.0%。

武运粳7号（香糯9121/加45//丙815），1998、1999年分别通过江苏省和上海市农作物品种审定委员会审定。糙米率86.2%，精米粒率78.4%，整精米粒率76.2%，直链淀粉含量15.66%，糊化温度（碱消值）7级，胶稠度8.0mm，蛋白质含量9.2%，粒长5.3mm，长宽比1.7，垩白粒率70%，垩白度8.8%，透明度1级。在优质食用稻米评分10项指标中，除垩白度和垩白粒率以外的8项指标均达到或超过部颁优质米一级标准。

辽粳294（79-227/83-326），1998年通过辽宁省农作物品种审定委员会审定，1995年获中国第三届农业博览会产品金奖，1999年获国际农业博览会名牌产品奖和“九五”攻关优质品种后补助。该品种已申报优质米专利，注册商标为“辽星”牌，糙米率82.4%，精米粒率76.4%，整精米粒率73.5%，垩白粒率2.8%，垩白度0.1%，透明度1级，蛋白质含量8.79%，直链淀粉含量17.99%，胶稠度76mm，糊化温度（碱消值）7级。

龙粳8号（松前/雄基9号//N193-2），1998年2月通过黑龙江省农作物品种审定委员会审定。米质特优。该品种糙米率83.7%，精米粒率75.4%，整精米粒率72.0%，米粒长宽比为1.7，垩白度9.6%，垩白粒率3.0%，糊化温度（碱消值）7.0级，胶稠度63.0mm，直链淀粉含量15.0%，蛋白质含量8.42%，食味品质优良，蒸煮香味浓郁，饭粒完整，洁白光亮，弹性好，软而不黏，冷后不回生，口感绵软。1994年在全省优质米品种评选中，荣获总分第一名；1995年在日本召开的“95国际粳米鉴评会”上受到与会所有专家的一致好评，被评为优质粳米。

三、优质稻米协调发展阶段（2002年后）

1. 常规稻品质基本优质化

我国品质育种在20世纪80年代率先在常规稻取得进展，而杂交稻品质育种相对滞后。从2002—2006年十大常规籼稻、常规粳稻种植品种（表4-4，表4-5）分析表明，我国常规品种均优质化，但同时期的杂交稻优质化率较低，表4-6中10大主栽杂交稻品种中仅金优207达优三级米标准，其他品种受劣质不育系限制，品质均为等外级。

表 4-4　2002—2006 年常规籼稻十大品种种植面积（万 hm^2）

品种	优质等级	2002 年	2003 年	2004 年	2005 年	2006 年	合计
湘早籼 31	3	17.5	20.1	20.5	9.0	11.5	78.6
嘉育 948	3	17.5	13.6	14.6	12.7	11.5	69.9
湘晚籼 13	3	2.4	4.2	13.1	8.7	12.7	41.1
粤香占	2	9.5	8.9	7.5	6.9	4.6	37.4
中鉴 100	3	9.1	5.5	8.7	5.2	7.6	36.1
特籼占 25	2	7.4	7.5	7.1	4.9	7.1	34.0
籼小占	2	8.1	8.1	5.6	4.7	5.3	31.8
佳辐占	2	—	3.4	7.9	9.4	9.5	30.2
湘晚籼 11	1	7.5	4.9	8.1	3.0	4.9	28.4
赣晚籼 30	2	—	5.5	4.9	9.0	9.0	28.4

表 4-5　2002—2006 年常规粳稻十大品种种植面积（万 hm^2）

品种	优质等级	2002 年	2003 年	2004 年	2005 年	2006 年	合计
空育 131	1	69.9	68.3	86.7	76.9	70.0	371.8
武育粳 3 号	2	42.7	30.9	26.4	16.7	17.0	133.7
武香粳 14	2	22.6	21.6	19.5	12.7	8.5	84.9
武运粳 7 号	2	21.2	17.8	16.1	9.5	17.1	81.7
豫粳 6 号	2	17.1	15.4	10.3	16.2	13.6	72.6
徐稻 3 号	2	—	—	6.5	33.3	32.0	71.8
武粳 15	2	—	7.9	17.5	22.8	18.5	66.7
辽粳 294	1	14.8	15.3	11.3	8.5	4.9	54.8
松粳 6	1	4.5	8.1	10.0	13.9	8.7	45.2
秀水 110	2	12.9	14.7	9.4	5.1	3.0	45.1

表 4-6　2002—2006 年三系杂交稻十大品种种植面积（万 hm^2）

品种	优质级别	2002 年	2003 年	2004 年	2005 年	2006 年	合计
金优 207	3	54.3	62.1	71.9	50.1	46.1	284.5
Ⅱ优 838	4	65.1	60.4	53.8	51.9	23.5	254.7
冈优 725	4	64.2	54.5	53.5	50.7	28.4	251.3
金优 402	4	44.0	36.1	48.8	38.3	53.5	220.7
冈优 527	4	44.6	34.4	48.8	26.1	12.3	166.2
汕优 63	4	55.3	39.3	29.5	21.4	14.3	159.8
Ⅱ优 725	4	32.3	32.8	20.3	19.5	16.6	121.5
D优 527	4	20.3	29.7	29.3	19.2	15.1	113.6
冈优 22	4	48.3	28.6	20.3	13.4	2.5	113.1
金优 974	4	26.3	12.9	27.3	21.3	24.0	111.8

2. 一批优质三系不育系培育成功

在经历水稻生产中“粮食一少，抓高产，粮食一多，抓优质”的多次反复，特别是2002 年粮食生产陷入低谷后，我国水稻育种开始重视解决“高产与优质”矛盾，促进优质、高产协调发展。相比常规稻品质改良，杂交稻品质提高难度较大。廖伏明（1999）对当时杂交水稻应用面积最大的 15 个三系杂交水稻亲本的米质进行了分析，结果发现，没有一份不育系的垩白粒率、垩白度及胶稠度达部颁优质米一级标准，也没有一份恢复系的垩白粒率达部颁优质米一级标准。要选配优质的杂交稻组合，优质不育系的创制是主要技术难点。不育系的米质存在垩白粒率高、垩白度大和胶稠度低（硬）三个问题，目前大面积生产应用的三系不育系如 D62A、V20A、珍汕 97A、金 23A、龙特浦 A、冈 46A、Ⅱ-32A、优 IA 等胶稠度均较低（硬）。

近年来，国内一些育种单位采用复式杂交法和连续回交技术转育成一批优质高异交率不育系，如中国水稻研究所育成的中浙 A、中 3A、印水型不育系中 9A，四川省农业科学院作物研究所育成的川香 28A、川香 29A，内江市农业科学研究所育成的内 2A、内 5A，泸州市农业科学研究所育成的泸香 A，宜宾市农业科学研究所育成的宜香 A，广东省农业科学院育成的天丰 A，湖南杂优中心育成的丰源 A，广西壮族自治区博白县农业科学研究所育成的博 A 等，品质均达到部颁优质米标准，配制出了一批优质组合，其米质指标达到优质标准。从 2007 年南方稻区区域试验品种（组合）品质达标率情况分析（表 4-7），南方籼稻由于普遍开始利用优质不育系，杂交稻品质显著提高。

表 4-7　2007 年南方稻区区域试验品种的品质达标率

组别	品种数	达标率（%）	达到部颁优质稻标准品种
华南早籼 A 组	11	9.1	华优 007（3*）
华南早籼 B 组	11	0	
华南感光晚籼组	11	81.8	嘉糯优 2 号（2），博优 5398（2），万金优 323（3），万金优 123，百优 1205（3），博优 518（3），金稻优 122（3），兰优 1972（3），深两优 5814（3）
长江上游中籼迟熟 A 组	11	63.6	Q 优 10 号（3），宜香优 4812（3），川香优 30980（3），D85A/R498（3），宜香 1825（3），内香 9156（3），川香优 5240（3）
长江上游中籼迟熟 B 组	11	63.6	D23A/158（3），深优 9725（3），宜 A/2013（3），爱丰 6 号（3），福 eA7/抗 85（3），中优 5617（3）
长江上游中籼迟熟 C 组	11	54.5	宜香 2815（3），新香优 1102（3），Q3A/Q 恢 108（3），乐 301A/明恢 63（3），内香 9399（3），准 S/R893（3）
长江上游中籼迟熟 D 组	11	72.7	泸香 2958（2），泸香 78313（2），内香 7012（3），宜香 3728（3），川香优 178（3），宜香 707（3），川香优 727（3），泸香 4103（3）
长江上游中籼迟熟 E 组	11	45.6	川香优 177（3），川香优 108（3），803A/3446（3），Q3A/1022（3），448A/7109R
长江中下游早籼中熟组	10	40.0	嘉育 173（1），株两优 816（3），八两优 18（3），欣香 098（3）
长江中下游早籼迟熟组	11	27.3	德 5A/R345（3），中优 3069（3），海两优 1 号（3）
长江中下游中籼迟熟 A 组	11	54.5	丰两优 4 号（3），香优 218（3），川香优 03（3），SD-88（3），先农 303（3），东优 1388（3）
长江中下游中籼迟熟 B 组	11	36.4	T98A/611（2），农丰优 1671（3），Ⅱ优 88（3），新华 S/YR223
长江中下游中籼迟熟 C 组	11	72.7	扬籼优 418（3），钱优 1 号（3），奥优 2008（3），天优 3301（3），天两优 16（3），深两优 5814（3），巨丰优 71（3），C 两优 343
长江中下游中籼迟熟 D 组	11	36.4	皖稻 153（3），协优 152（3），盐优 888（3），川香优 728（3）
长江中下游中籼迟熟 E 组	10	40.0	内 5 优 8015（3），准两优 326（3），Q 优 10 号（3），中优 836（3）
长江中下游晚籼早熟 A 组	11	81.8	五优 308（1），天晚优 472（1），先农 42（2），全丰优 2155（2），中 3 优 810（2），湘优 66（3），丰两优晚 3（3），金 3 优 86（3），全优 9483（3）
长江中下游晚籼早熟 B 组	11	81.8	金优 319（1），欣优 2980（1），中优 2155（2），全优 6118（2），新两优 106（3），京福优 496（3），荣优 617（3），五丰 A/昌恢 025（3），宜 S 晚 2 号（3）

（续）

组别	品种数	达标率（%）	达到部颁优质稻标准品种
长江中下游晚籼迟熟A组	11	81.8	先农34（1），天优316（1），金优38（1），准S/893（3），内2优J111（3），华两优164（3），C两优396（3），奥龙优H282（3），湘丰优186（2）
长江中下游晚籼迟熟B组	12	83.3	天优122（1），丰源优227（1），GH05-7（1），中种602（1），准S/608（1），丰优358（2），中优161（2），钱优0506（3），扬籼优412（3），甬优9号（3）
长江中下游单晚粳稻组	10	90.0	常优03-7（1），A5/6237（1），嘉优04-1（2），春优58（2），02-E8（2），05-E44（2），丙03-33（2），嘉优22-5（2），苏粳优3号（2）

注：*括号内数据1、2和3分别代表品质达农业部优质米1、2、3级标准。

中9A，以优11B/L301B//内江菲改B三交种的F_3选系为父本，与优IA经多代连续定向回交育成。除整精米粒率、透明度、胶稠度外，其余指标均达部颁优质米二级标准以上。突出的有粒长6.7mm，长宽比3.1，垩白粒率8%，垩白度0.6%，直链淀粉含量23.7%，糊化温度（碱消值）6.0级。用中9A配出的杂交稻组合米质指标大部分都在二级优质米以上。

中浙A，从国外引进的PS-21B中发现的变异株，选择其中的单株与珍汕97A测交，经多代连续定向回交育成。12项品质指标中有8项达部颁优质米一级标准、3项达部颁二级优质米标准，有香味。其不育株率100%，不育度99.99%。

中3A，以浙农996作母本与优质保持系金23B杂交，于F_1代选米质优良的株系与优质不育系中9A测交，经多代连续回交育成。中3A育性稳定，柱头外露率高达89.34%，配合力强，稻米品质达NY/T593-2002食用稻品种品质二级标准，抗稻瘟病和中抗白叶枯病。

川香28A，湘香二A中的可育株与D90A杂交，从F_1代中选择全败育株为母本进行回交，经鉴定和筛选，回交8代培育而成的感温性较强的早籼不育系，稻米长6.9mm，宽2.2mm，长宽比为3.2，米质半透明，外观品质好。糙米率79.3%，精米粒率71.75%，整精米粒率44.63%，直链淀粉含量20.8%，有香味。

川香29A，由Ⅱ32B与香丝苗2号进行杂交，在其F_4代中选择优良单株与珍汕97A回交后，连续回交8代培育而成的籼型不育系。分蘖力中等，株型紧散适宜，抗倒伏；剑叶叶片宽，叶鞘和柱头为紫色，柱头外露率高，柱头单外露率为82%，双外露率为60%，异交结实率高；穗型较大，籽粒较大，每穗粒数150粒，千粒重26.5g，有香味，品质较优。

内香5A，以N7B/宜香1B的F_2代单株与新胞质不育系材料88A测交和连续回交转育而成的新籼型香稻不育系，内香5A败育彻底，育性稳定，不育株率和花粉败育度均为100%，农艺性状优良，异交习性好，配合力强，中抗至中感稻瘟病，稻米品质可达部颁优质米三级标准。

宜香1A，以N542为母本，以D44B为父本杂交，再以D44A为母本进行转育，经过多年连续成对回交育成。植株高度89.5cm，株型紧凑，剑叶较长，主茎叶14～15片；不育花粉类型典败型，品质优，有香味。

天丰A，广东省农业科学院水稻研究所育成的野败型高异交性优质籼稻三系不育系，糙米率82.8%，精米粒率74.4%，整精米粒率45.8%；糙米谷粒长6.6mm，长宽比3.0，垩白粒率30%，垩白度8.8%，胶稠度44mm，糊化温度（碱消值）6.0级，直链淀粉含量24.7%，稻瘟病抗性强。

丰源A，金23A和V20B的杂交后代F_2选株自交至F_3代，再以V20A为母本，以F_3代为父本杂交1次得复交F_1，最后以复交F_1为母本，以自交F_4代为父本，连续回交5代育成的早熟中籼类型三系不育系。株高约70cm，叶鞘颜色紫色，稃尖颜色紫色，叶片颜色淡绿色；谷粒形状细长形，品质优；不育株率100%，花粉不育度高，柱头单外露率76%，柱头双外露率24.9%。

3. 两系优质杂交稻选育与应用

与三系杂交稻相比，两系杂交稻无恢保限制，配组相对自由，在品质改良上显示三系杂交稻无法相比的优势，加上新选育的两系不育系品质较优，配制的组合品质优良，深受市场欢迎，两系杂交稻面积不断扩大。2002—2006年两系杂交稻的十大品种为：两优培九、丰两优1号、培杂双七、株两优02、培两优288、扬两优6号、香两优68、两优2186、鄂粳杂1号和培杂茂三，预计2008年两系杂交稻将占杂交稻应用面积的25%以上。主要的两系不育系有：

培矮64S，以农垦58S作母本、培矮64作父本杂交，在F_2群体中选择与培矮64相似的核不育株再与培矮64回交，其杂种后代经长沙、海南多代双向选择育成的籼型水稻低温敏雄性不育系。与对照品种培矮64相比，培矮64S需在18～23℃的冷水条件下才能繁殖，不育感温较强，不育起点温度低（23.3℃），穗颈伸长度短，终花时间较长。培矮64S适宜我国长江以南稻区使用，适宜在低温水灌溉的田块繁殖，在不育敏感期需冷水串灌繁殖田，维持18～23℃冷水条件才能繁种成功。品质较优。

株1S，从“抗罗早×［科辐红2号×（湘早籼3号×02428）］”组合杂种F_2代中发现的不育株，经多代严格定向选育而成的不育起点温度低的水稻两用核不育系，品质优，抗稻瘟病。目前已成为早杂组合当家不育系。

广占63S，用N422s与矮广占63杂交后自交选育成的光温敏感型核不育系。芽鞘色绿色，叶鞘色（基部）绿色，叶片颜色绿色，开颖时间长，花药形状细小棒状，花药颜色白色或乳白色，花粉不育度完全败育，不育花粉类型无花粉型，柱头颜色白色，茎秆节颜色绿色，茎秆节间颜色绿色，穗伸出度部分伸出，颖尖颜色秆黄色，护颖颜色秆黄色，亲和谱中等，苗期抗水稻纹枯病，成株抗水稻纹枯病。品质优。

新安S，以广占63-4S为母本，具隐性浅褐色颖壳的爪哇稻材料M95为父本杂交后经系选育成的籼型水稻光温敏核不育系。其不育起点温度低（在14.5h日照下不育起点温度≤23.5℃），不育性持续时间长（在合肥长达30d以上），败育彻底，抗病性较强（抗白叶枯病5级，抗稻瘟病1级），米质较优，尤其是其种子稃壳具有浅褐色标记性状。新安S配合力强，可繁性好。

4. 杂交粳稻选育基本克服优质、高产技术难点

针对杂交粳稻的产量优势和品质问题及种子生产等关键技术，近年来开展相关攻关研究，取得了一定进展。目前各育种单位选育出了一批表现优良的不育系、恢复系和保持系，同时培育出一批高产、优质的杂交粳稻品种，例如京优 14、津粳杂 2 号、津粳杂 4 号、3 优 18、中粳优 1 号、津优 9603、Ⅲ优 98、9 优 418、屉优 418、玉优 1 号、常优 1 号、常优 2 号、寒优湘晴、寒优 1027、8 优 161、申优 1 号、品优湘晴、甬优 1 号、甬优 2 号、甬优 3 号、甬优 4 号、辽优 3225、秋优 62、鄂粳杂 1 号、鄂粳杂 2 号、培两优 649、69 优 8 号、80 优 9 号、86 优 8 号、滇杂 31、滇杂 32 等。其中部分品种的米质可达国标优质米二级，产量较常规稻增产 20%左右，实现了优质、高产、抗逆的有机结合。

闵捷等（2007）分析了我国近 8 年（1998—2005）育成的 267 份杂交粳稻品种的 10 项米质及其达标率，认为杂交粳稻品种的米质总体优良，其 10 项米质的平均值，除垩白率接近国标优质三级外，其他全部达到部颁优质米三级或以上。优质达标率在 75%以上的米质有糙米率、精米粒率、透明度、糊化温度、胶稠度、蛋白质含量、直链淀粉含量、整精米粒率等 8 项，其中前 6 项的优质达标率在 90%以上。全部 10 项米质均达到部颁优质米标准的组合数，占测定总组合数的 45.4%。与常规粳稻比较，杂交粳稻品种 10 项米质的平均值除垩白粒率高 7%外，其他 9 项米质的平均值基本相同（图 4-1）。

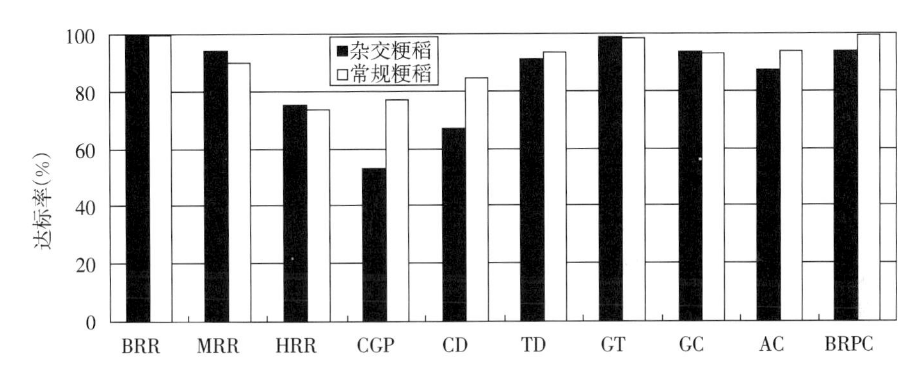

图 4-1 杂交粳稻品种与常规粳稻品种优质达标率的比较

BRR. 糙米率 MRR. 精米粒率 HRR. 精米粒率 CGP. 垩白粒率 CD. 垩白度 TD. 透明度 GT. 糊化温度 GC. 胶稠度 AC. 直链淀粉含量 BRPC. 糙米蛋白质含量

（闵捷等，2007）

第二节 主要品质性状及遗传

胚乳是稻米中人们食用的最主要部分，由众多薄型细胞构成，细胞内含有大量复合状球形的淀粉粒。在含水量 14%的精米中，淀粉占 76.7%～78.4%，蛋白质占 6.3%～7.8%，粗脂肪占 0.3%～0.5%，灰分占 0.3%左右。

淀粉粒是淀粉的贮藏形态，单个淀粉粒为多角形，直径 3～9μm，20～60 个单个淀粉粒聚合成复合淀粉粒，其形态多种，并有淀粉晶体存在，直径 7～39μm。淀粉是由许多葡萄糖聚合而成的高分子聚合体，分子式为 $(C_6H_{10}O_5)_n$，以分子大小和结构不同，淀粉可分为直链淀粉和支链淀粉，直链淀粉为 α-D 葡萄糖直链聚合体，以 α-1，4 葡萄糖苷键连结，分子量约 1×10^4～25×10^4；支链淀粉由 α-D 葡萄糖通过 α-1，4 键连结而成主链，并由 α-1，6 键连结的葡萄糖支链共同构成分枝的多聚体，平均单位链长 20～25 个葡萄糖单位，分子量为 $5\times10^4\sim1\times10^8$。籼稻的直链淀粉含量变幅较大，从籼糯的 2%左右到 30%，而粳稻直链淀粉含量一般低于 20%。稻米淀粉提供大量的热量，还参与人和动物体内的其他物质合成。直链淀粉含量与分子量是决定稻米食味品质优劣的重要因素。

蛋白质含量居稻米成分第二位，含量约在 5%～12%，其中 80%的蛋白质存在于胚乳中。蛋白质以蛋白体的形态贮藏于细胞中，水稻蛋白质的质量比其他禾谷类作物蛋白质的质量高，大部分禾谷类作物中以醇溶性蛋白为主，而稻米蛋白体组成中谷蛋白、球蛋白、白蛋白和醇溶性蛋白，分别约占蛋白质含量的 80%、10%、5%和 3%，而谷蛋白中易消化的 PB-Ⅱ含量高，且必需氨基酸均衡性好，其中赖氨酸含量超过 3.5%，居谷类作物之首。分布于胚乳中的蛋白质以谷蛋白和醇溶性蛋白为主，而球蛋白和白蛋白主要分布于糊粉层等组织，多为活性（如酶）分子。蛋白质虽和营养有关，但一般认为，蛋白质含量超过 9%可能造成食味不良。Matsue（1995）研究表明，粳稻的醇溶性蛋白含量与食味呈负相关。

稻米中还含有 3%左右的脂肪，其中 70%以上在胚中，而精米中脂肪含量较低，但多为优质的不饱和脂肪酸和直链淀粉脂肪复合物，由于不饱和脂肪酸容易被氧化，易产生稻米变质，在一定程度影响米饭的光泽、滋味及适口性。

此外，稻米中还含有多种与气味相关的挥发性物质和钾、镁、钙、铁、锌、磷等无机质，其中钾、镁、钙含量与稻米食味有关。

一、稻米品质评价

稻米品质的评价具有一定的历史发展性和较大的文化关联性。此外，由于稻米的最终用途不同，人们感兴趣的内容和民族背景的差异，均可导致对稻米品质意义的不同理解。在稻米市场上，外观是最重要的品质性状；生产商与加工商强调的是碾米品质；食品制造商则坚持其加工品质，营养学家关注的是营养品质；不同的消费者要求不同的蒸煮与食用品质。因此，稻米品质的优与劣很大程度上是由人们的偏爱、嗜好与用途所决定的，同样的稻米其评价结果往往与参与评价的人有关。

总体而言，国内外评价稻米品质的项目基本相同，即食用优质稻米均要求具备三个基本的特征：高整精米粒率（碾磨品质）、籽粒透明无垩白（外观品质）和食味好（蒸煮食用品质），就品质特性而言，可以分为 4 类：

1. 碾磨品质

主要包括糙米率、精米粒率、整精米粒率，依次指净稻谷产生糙米、精米、整精米的比率，用百分率表示，农业部部颁标准 NY 122-1986 中一级籼稻整精米粒率要求达到 58%。整精米粒率与籽粒长度密切相关，不分籽粒长短的统一标准已不适宜于市场要求，不同粒型稻米市场价格相差很大，因不同需要制定相应标准显得尤为迫切。

2. 外观品质

（1）粒型

通常以整米的长度/宽度（长/宽）比表示。国际水稻研究所（IRRI）将长宽比>3.0

者称细长形，<2.0者称粗短形，2.0～3.0之间的称中间形。美国则按米粒的长、宽、厚分成3种粒型，长宽比>3.0的称长粒形，<2.1的称短粒形，之间的为中间形。我国农业部部颁优质食用稻米标准中，对籼、粳稻提出了不同的要求，如一级籼米的长宽比的要求达到3.0以上，而粳米只要求2.5以上。

（2）垩白

垩白是胚乳的淀粉和蛋白质颗粒积累不够密实所致，可分为腹白、背白和心白。垩白粒率指米粒中有垩白的米粒的百分比，垩白度指的是垩白粒率与垩白大小的乘积。垩白不但影响米粒的外观，而且与整精米粒率呈显著负相关。我国要求一级食用优质米的垩白粒率<5%，垩白度<1%；二级米垩白粒率<10%，垩白度<2%。

（3）透明度

指整米在电光透视下的晶亮程度。米的垩白部分是不透明的，除糯米外，优质籼、粳米均要求透明或半透明。

3. 蒸煮和食用品质

（1）糊化温度

稻米淀粉粒在加热的水中开始发生不可逆的膨胀，丧失其双折射性、结晶性的临界温度，它是稻米蒸煮品质的重要影响因素。不同品种的糊化温度变异于50～80℃，可用差分扫描热卡测定，但在育种与加工上，一般仅分成为低（<70℃）、中（70～74℃）和高（>74℃）三级；或以米的碱消值（ASV，又称碱扩值）间接测定糊化温度，ASV为6～7级对应于低，4～5级对应于中，1～3级对应于高糊化温度。

（2）直链淀粉含量

指直链淀粉占精米粉干重的百分率，为稻米食用品质的最重要影响因素。除糯米的直链淀粉含量<2%外，一般稻米的直链淀粉含量变异于6%～34%，可再分为极低（<9%）、低（9%～20%）、中（20%～25%）和高（>25%），我国一级优质籼米要求直链淀粉含量在17%～22%。

（3）胶稠度

指米粒糊化后，4.4%米胶在平板上的流淌长度。一般分3级，胶流长度<40mm为硬，40～60mm为中，>60mm为软。

以上是我国现行标准中关于蒸煮与食用品质主要理化指标。在印度、美国、澳大利亚等其他一些国家，还要进一步测定稻米延伸性、香味、米粉的黏滞性，米饭质地等指标。

（4）米粒延伸性

米粒在蒸煮时长度的延伸也是蒸煮与食味品质的重要性状，巴基斯坦与印度的Basmati、阿富汗的Bahra、伊朗的Domasia、缅甸的D25-4等优质品种在蒸煮时米粒长度延伸而不增加周长，米粒延伸率可达到100%。

（5）香气

香稻是栽培稻中的珍贵品种，食用时清香可口。在印度、泰国等原产地一直深受消费者欢迎，目前在中东、欧洲及美国等市场越来越流行，香米占国际贸易量50%以上。国际最著名香稻品种是KDML 105、Basmati 370、Jasmine 85等。我国著名的育成香稻品种为：早香17、京香1号、香优63、汉中香糯、嘉兴香米、中香1号、红香米、北京香粳等。

4. 营养品质

主要指精米的蛋白质含量和赖氨酸含量。不同品种稻米的蛋白质含量变异于5%～14%，籼米比粳米平均高2～3个百分点。一般而言，高蛋白质含量的米质较硬，米饭呈黄褐色或浅黄色，贮藏时易变质（蛋白质的-S-H基氧化形成-S-S），有时还有令人不快的气味，使外观和食用品质降低。国外优质籼米蛋白质含量一般在8%左右，粳米在6%左右。

黑米、紫米和红米通常称为有色米。有色米是糙米，外部的种皮和糊粉层含有不同量的色素而呈现不同的颜色。与白米比较，有色米含有较多的蛋白质和氨基酸，较多的微量元素（铜、铁、锰、硒、锌、磷等）和维生素（B_1、B_{12}、胡萝卜素等），因而具有较高的营养价值和经济价值。江西的奉新红米品种，米皮红、含铁量高、米质优，产量高。广西的乌贡1号品种，糙米乌黑，赖氨酸含量0.57%，直链淀粉含量17%，产量高。浙江的黑珍米品种，黑色素含量高，色浓黑，硒（Se）含量为普通大米的3.2倍。表4-8列出了部分近20年育成的优质有色米品种。

表4-8 我国近20年育成的部分优质有色米品种

品种	粒色	育成单位	品种	粒色	育成单位
上农黑糯07	黑色	上海农学院	黑糯567	黑色	贵州安顺市农业科学研究所
乌贡1号	黑色	广西壮族自治区玉林市农业科学研究所	矮黑糯	黑色	西北农业大学
黑珍米	黑色	中国水稻研究所	黑宝1号	黑色	河南信阳农业专科学校
黑宝	黑色	浙江省农业科学院	乌珍早3号	黑色	福建省农业科学院
香血糯	紫黑	浙江嘉兴农业科学院	龙晴4号	紫红	河北大学
黑优占	黑色	广东省农业科学院	红香粳	红色	中国农业科学院作物育种栽培研究所
太乌3号	紫黑	广西壮族自治区农业科学院	红皮香粳	红色	上海市农业科学院
桂黑糯	黑色	广西农业大学	桂红占	红色	广西农业大学
汉中黑糯	黑色	陕西汉中农业科学研究所	红枣糯	红色	华南农业大学
滇瑞501	黑色	云南瑞丽农业科学研究所	奉新红米	红色	江西奉新县农业科学研究所

二、品质主要性状经典遗传

由于稻谷是在母株上发育的子代个体，其发育过程受到多方面因素的影响，解剖结构主要包括双受精形成的双倍体胚、三倍体胚乳和来源于母体的种皮、果皮等，母株还负责提供营养和进行一系列的生理调控等。因此，稻米品质特性具有特殊的、比一般性状更为复杂的遗传基础。

1. 粒型遗传

一般说来，反映籽粒形状的指标主要有粒长、粒宽、粒厚及长宽比。研究指出，粒长、粒宽正反交的平均值、标准差、方差、变异系数均近似，表明上述性状主要受核基因控制，细胞质的影响较小。在籽粒长度和宽度的遗传效应上，加性效应比非加性效应更重要，多数情况是短粒基因的遗传具有部分显性，未发现籽粒宽度有明显的显性效应，籽粒长度和宽度受控于不同的遗传体系。此外，谷粒性状属于多基因控制的数量遗传，粒长、粒宽和长宽比等性状主要受制于基因的加性效应，其狭义遗传率为 50.9%～95.0%，均达极显著水平，还发现粒长存在明显的细胞质效应。

（1）粒长

试验表明粒长的遗传受单基因、双基因、多基因或微效基因控制。近年来国内外倾向于粒长以多基因控制为主，属于数量遗传性状。关于粒长的遗传分析最早见于赵连芳（1928）的研究，Mckenzie（1983）认为粒长由 2～3 个或更多因子控制，Kuo（1986）根据长粒型的 Mira 与短粒型的农林 20 的杂交结果，推测粒长由 2 个基因决定，还有些试验认为粒长性状还可能兼有不完全的显性作用，其显性方面因组合而异。石春海（1994）以广陆矮 4 号等 8 个短粒品种和湘早籼 3 号等 5 个细长品种进行不完全双列杂交，采用加显遗传模型对早籼谷粒性状进行遗传分析，认为浙农 921/湘早籼 3 号等 20 个组合的粒长以加性效应为主，加性效应值比率为 50.6%～98.4%。郭益全（1995）以包括亲本与正反交组合（9×9 完全双列杂交）F_1 进行研究的结果证实在粒长性状上存在细胞质效应。

（2）粒宽

粒宽的遗传在多数试验中表现为正态分布，受多基因控制。但有些品种的粒宽是受单基因或主效基因控制，显性方向因组合而异，既有窄粒对宽粒为部分显性，也有相反的情况或主基因控制，此外有研究还发现粒宽有细胞质效应。Mckenzie（1983）认为可能有3～7 个基因控制着米粒宽度。泷田正（1987）在研究 BG_1/越光的 F_6 系统，发现粒宽呈单基因分离的系统，认为粒宽受 2 个基因控制，而其高代群体则仅由 1 个基因控制。

（3）谷粒长宽比

谷粒长宽比在 F_2 中基本上表现为正态分布。长宽比性状中加性和非加性基因效应都很显著，以加性效应为主。Tomar（1985）认为米粒外形的表现受制于同一位点上的 3 对等位基因，细长米（*Gs1Gs1*）对中等米粒（*Gs2Gs2*）及粗胖粒（*gsgs*）为显性，中等米粒（*Gs2Gs2*）对粗胖粒（*gsgs*）为显性，并认为籽粒大小与粒型无相关性。符福鸿（1994）对杂交水稻谷粒性状进行遗传分析认为，杂种 F_1 代长宽比主要受母本（不育系）的影响，父本（恢复系）对其的影响甚微，另外父母本互作也不容忽视，而且长宽比上均有超亲优势效应的组合出现。而石春海（1994）对早籼浙农 921/湘早籼 3 号等组合谷粒性状遗传效应分析认为，谷粒长宽比受粒长和粒宽两性状影响，以加性效应为主，其比率达到 51.6%～99.8%。

（4）粒厚

多数研究认为谷粒厚度受多基因控制。石春海（1994）以 8 个粗短粒品种与 5 个细长粒品种进行不完全双列杂交，对早籼谷粒性状进行遗传分析，认为粒厚主要受制于基因的加性效应，其狭义遗传率为 50.9%～95.0%。此外，石春海（1995）认为粒厚的母性效应显著，说明可能存在着细胞质遗传，受环境影响较大。

2. 外观品质的遗传

（1）垩白

虽然稻米垩白受环境条件，特别是灌浆成熟期间温度的影响较大，但垩白的遗传效应明显，品种间存在显著差异，如IR22在任何环境下一般没有垩白，而IR8和广陆矮4号在任何环境下都有垩白。许多研究认为，稻米垩白的遗传表达，主要受二倍体母体基因型控制，同时，也受细胞质效应的影响。有研究认为，垩白是胚乳性状，存在直感遗传，主要受控于胚乳基因型。

关于垩白的遗传，部分研究认为受单基因控制，也有研究认为受2个主效基因控制，并受若干修饰基因影响，但更多的研究则发现，垩白为数量性状，受多基因控制，以加性效应为主。

（2）透明度

有关胚乳透明度的研究甚少。林建荣（2001）对粳型杂交稻的研究表明，杂种稻米透明度的遗传表达受母体加性效应和种子直接加性效应的控制，以母体效应为主，同时存在显著的细胞质效应。

Khush（1988）以糯性亲本与低直链淀粉但胚乳透明的品种杂交，发现F_2稻米的胚乳外观出现明显分离，糯性∶模糊∶透明的比率为1∶1∶2；糯性亲本与中、高直链淀粉含量品种杂交时，观察到的分离比率为糯∶透明＝1∶3；当杂交亲本均为透明胚乳时，F_2米粒表现一致，全部为透明。据此认为，要获取胚乳透明度好且一致的杂交稻米，双亲应具有同样好的胚乳透明度。日本的Okuno等（1983）通过人工诱变，获得了许多低直链淀粉含量（介于糯米和粳米之间）的突变体材料，已从这些材料鉴定出5个控制该性状的隐性基因（*dull1*、*dull2*、*dull3*、*dull4*和*dull5*）。

透明度的基因型×环境互作方差占表型方差的27.1%，因此透明度表现较易受到环境影响。其中母本加性互作效应占总互作效应的57.8%，种子直接加性互作效应占40.3%。说明环境主要通过影响母体植株基因型及胚乳核基因型的加性效应而影响杂种透明度的表现。

3. 加工品质的遗传

早期对稻米加工品质的遗传研究甚少，近年逐渐增多，一般认为，加工品质主要受二倍体母体基因型控制，且遗传变异以加性效应为主。整精米粒率的遗传以加性效应为主，而糙米率和精米粒率则以非加性效应为主。

陈建国（1998）认为，籼型杂交早稻的糙米率、精米粒率除受母体加性效应影响外，基因型的直接效应也有显著影响，且两者的加性效应对提高加工品质有相反的作用。易小平（1992）研究发现，籼型杂交稻粒出糙率同时受细胞核基因、细胞质基因及核质基因互作的影响，但以细胞核基因效应为主。李欣（2000）认为加工品质存在细胞质效应。在父母本对杂种稻米加工品质的影响方面，杂交稻的整精米粒率主要受母本不育系的影响。而糙米率、精米粒率主要受恢复系的影响，后代有较多超低亲组合，或受父母本互作效应影响。

4. 蒸煮食用品质遗传

（1）直链淀粉含量

直链淀粉含量的遗传一直是品质研究的重点。大多数研究认为，直链淀粉含量由一个主效基因和少数微效基因控制，这与直链淀粉是由*Wx*基因编码的GBSS合成的事实相一致，糯与非糯品种之间在直链淀粉含量的差异受一主效基因控制，非糯对糯为显性。直链淀粉含量受微效基因和主效基因共同控制，主效基因和微效基因定位于第5与第6染色体上。高直链淀粉含量对低直链淀粉含量表现为不完全显性，由一主基因和少数修饰基因控制。也有研究认为，高直链淀粉含量对低直链淀粉含量完全显性。徐辰武（1990）认为直链淀粉含量为数量性状，受多基因控制，或其遗传可能既有主基因效应又有微效基因的作用。

除开展核基因遗传调控研究外，也有少量细胞质基因对品质有影响的报道。采用二倍体遗传模型，研究认为直链淀粉含量有细胞质作用，母体遗传或直感现象。但应用莫惠栋（1995）的胚乳三倍体遗传模型，发现直链淀粉含量是个受三倍体核基因控制的胚乳性状，其遗传不存在细胞质效应。有的研究认为直链淀粉含量主要以加性效应为主，显性效应也很重要。在部分研究中，还发现显著的细胞质效应和核质互作效应。徐辰武（1998）认为籼粳交直链淀粉含量同时受胚乳基因型和母体基因型的控制，但总体上胚乳基因型起主要作用。

在糯性水稻品种中，*wx* 基因位点是控制直链淀粉含量的主要基因座位，位于第6染色体的短臂上，与 *Wx* 基因互为等位基因，其直链淀粉含量一般小于2%。Sano（1984）发现在非糯品种中可根据 *Wx* 蛋白的特性，将 *Wx* 基因进一步分为 Wx^a 和 Wx^b 两种等位基因。Wx^a 和 Wx^b 在不同水稻亚种中，已发生了明显的分化，其中籼稻（包括野生稻）以 Wx^a 为主，直链淀粉含量较高；粳稻全为 Wx^b，直链淀粉含量较低（表4-9）。*Waxy-mq* 也是 *Waxy* 的等位基因，通过对水稻品种 Koshihikari 经由 N-甲基-N-亚硝基脲处理后，Sato（2002）得到一个突变体材料 Milky Queen，表现为低直链淀粉含量特性，介于9%～12%。

表4-9　影响直链淀粉含量的基因座位及其染色体定位

直链淀粉含量类型	基因定位	突变体	直链淀粉含量（%）	染色体定位	参考文献
糯性（*Waxy*）	*wx* Wx^a Wx^b		<2.0	6	Satoh et al，1986
一般	*ae1*	EM109			Yano et al，1985
	ae2（*t*）	EM129			Kikuchi et al，1987
	ae3（*t*）	EM16	26.2～35.4	2	Haushik et al，1991
高含量	*Am*（*t*）				Hsieh et al，1989
低含量	*lam*（*t*）	SM1	下降20%	9	Kikuchi et al，1987
暗胚乳	*du1*	EM-12	3.8～4.1	10	Satoh et al，1986
(Dull endosperm)		EM-57	—	—	Yano et al，1988
	du2	EM-15	3.7～4.4		Satoh et al，1986
		EM-85	—	—	
	du3	E-69	2.0～3.9	—	Satoh et al，1986
		EM-79	—	—	
	du4	EM-98	1.5	12	Satoh et al，1990
	du5	EM-140	5.7	—	Yano et al，1988
	du2035		4.6	6	Haushik et al，1991
	du（*2120*）		5.9	9	Haushik et al，1991
	du（*EM47*）		1.9	6	Haushik et al，1991

在尼泊尔水稻品种中发现的不透明（Opaque）胚乳自然突变体，籽粒外观与糯稻相

似，直链淀粉含量在10%左右。将突变体与糯稻品种杂交，F_2种子均为不透明，高直链淀粉含量与低直链淀粉含量种子呈3∶1分离，表明其低直链淀粉含量由1个隐性单基因控制，与Wx基因等位，将其命名为Wx^{op}（Mikami，1999）。

半糯性基因*du*。半糯性突变体的直链淀粉含量低，介于糯米与粳米之间，米饭外观油润有光泽，冷不回生，适口性好。半糯性胚乳由独立于*wx*的单隐性基因*du*控制，在第4、6、7和9染色体上发现了控制低直链淀粉含量基因，与糯性和野生型品种相比，半糯性突变体的支链淀粉短链含量显著增加。

直链淀粉含量增效基因*ae*是直链淀粉含量增效突变体，不仅直链淀粉含量成倍提高，支链淀粉的性质也发生了变化，长链的比例和长度增加，短链减少。已经发现3对非等位基因*ae1*、*ae2*和*ae3*可导致该类突变，其中*ae3*定位于第2染色体上。

胚乳粉质基因和糖质基因。粉质胚乳突变体的整个胚乳呈白色粉质状，而糖质胚乳突变体中，高度分支类糖原寡糖代替了直链淀粉的积累，直链淀粉含量大大减少。粉质和糖质胚乳都是由隐性单基因控制的，已发现控制粉质胚乳的基因有*flo1*、*flo2*和*flo3*，分别位于第5、第4和第3染色体上，而*sug*基因则位于第8染色体上。

lam（*t*）基因。以γ射线和EMS处理北海道品种Shiokari，获得胚乳透明的低直链淀粉含量突变体SM-1，其直链淀粉含量约14%，为野生型的80%。遗传分析表明，SM-1的低直链淀粉含量由1个与*wx*不等位的隐性单基因控制，命名为*lam*（*t*），并定位于第9染色体上。

（2）胶稠度

关于胶稠度（GC）的遗传研究有许多报道。一些学者通过硬/软胶稠度组合研究认为，硬胶稠度受显性单基因控制，胶稠度除了受制于种子遗传效应外，主要受母体遗传效应的影响。汤圣祥（1996）采用胶稠度单籽粒分析法对胶稠度进行了遗传研究，表明籼粳稻米的胶稠度受到主效基因和若干微效基因的控制，主效基因为复等位基因，硬对中等或软，中等对软胶稠度表现显性，而且胶稠度具有质量—数量遗传特性，适合3N胚乳的加性—显性遗传模型。易小平（1992）指出，在各项品质指标中，胶稠度的变异受细胞质的影响最大，核质互作效应也表现极显著；也有一些学者认为胶稠度的遗传同时受到种子直接遗传效应和母体遗传效应的影响，而且都为显性效应，其中母体遗传效应较大。

胶稠度最初认为由一对主基因控制，长（软）胶稠度对短（硬）胶稠度表现为完全显性，直链淀粉含量与胶稠度呈显著负相关；在硬GC与软GC的组合中，武小金（1989）研究表明，硬GC为显性，F_2世代呈3∶1分离。汤圣祥（1993，1996）发现籼稻的GC受主效基因的控制和若干微效基因的修饰，硬GC对中GC或软GC、中GC或软GC均表现显性，遗传力高，可以在早世代选择。对籼粳杂交组合研究发现GC遗传也受主效基因控制，主效基因为复等位基因，表现硬对中、中对软为显性，但同时还存在基因剂量效应和质量—数量性状的特征。采用数量遗传研究，郭益全（1985）认为GC遗传存在极显著的加性效应和显性效应，其中显性效应作用更大，硬GC为显性，此外也存在细胞质效应作用。易小平（1992）指出，GC的遗传受细胞质影响最大，同时也明显受核质互作效应影响；石春海（1994）的研究表明，GC同时受种子直接遗传效应和母体遗传效应的影响，其中尤以母体遗传效应作用明显。李欣（1989）认为 GC 的遗传主要受胚乳基因型控制，基因型的作用以加性效应为主。包劲松（2000）研究认为 GC 主要受基因型和环境互作效应控制。

（3）糊化温度

对糊化温度的遗传，许多学者进行了相关研究，但对控制糊化温度遗传的基因数目以及显隐性关系尚未取得一致的看法，大体上可归纳为以下几类：一种认为糊化温度由 1～2 个主基因控制，并且受到若干个微效基因修饰。Mckenzie（1983）在 6 个杂交组合中，发现 1 个组合的糊化温度由单基因控制，而其他 5 个组合则由 1～2 个主基因加若干个微效基因控制；陈葆堂（1992）认为高糊化温度的稻米由 2 个位点的显性基因共同控制，且此 2 个基因之间存在互补关系，而低糊化温度则由 2 个隐性基因所控制，杂种后代中出现的中等糊化温度类型由 2 个显性基因中的一个单独决定，并受到修饰因子的影响；徐辰武（1998）应用胚乳性状的质量—数量遗传分析方法研究籼稻米糊化温度的遗传，认为糊化温度为一典型的受三倍体遗传控制的质量—数量性状，由一个主基因和若干微基因共同控制，控制高、中和低糊化温度的主基因为一组复等位基因，主基因的作用以加性效应为主，显性效应小。另一种结果认为糊化温度是由多基因控制，属于数量性状（Saha，1972）。凌兆凤（1990）试验指出，不同糊化温度的亲本杂交，F_2 代表现广泛分离，分布频率形态各异，不可能用单基因差异作出解释；且显性的表达也较为复杂，有些组合高对低糊化温度表现显性，而另一些组合则相反，表明显性方向可能随组合与位点而异。研究还表明：糊化温度遗传力高，广义和狭义遗传力分别为 89%～100%和 87%～92%，而且高糊化温度的 F_2 代基因就会纯合，后代极少分离（闵绍楷，1996）。

（4）香气

根据国内外学者对水稻香气性状的遗传学研究结果，认为香气是一个受细胞核基因控制的遗传性状。但不同研究者用不同的材料、方法研究所得结论可能不同，有报道称香气是多基因控制的性状，也有人认为香气是单基因控制的隐性性状。

Pinson（1994）对香稻品种 Jasmine 85（来源于 KDML105）的研究表明，香气性状是由单隐性基因控制。金庆生（1995）研究也认为，KDML105 的香气是由单隐性基因控制的性状。任光俊（1999）认为，Jasmine 85 的香气受两对独立遗传的隐性基因控制。Reddy（1980）用热水鉴定香气的方法对 Basmati370 进行研究，结果表明 Basmati 370 香气是由 3 对互补的显性基因控制的。Ali（1993）用 KOH 法对 Basmati 370 和 Basmati 198 进行研究，认为香气性状是由一对隐性基因控制的。Dhulappanavar（1976）报道，香气是由 4 个互补基因所控制，无香对有香分离比例为 175∶81。Reddy（1980）报道，无香对有香的分离比例为 37∶27，为三对基因控制。Berner（1985）对美国香稻品种 Della 进行研究，认为香气是由 1 对隐性基因控制的。

我国从 20 世纪 80 年代开始对国内香稻进行香气遗传的研究。宋文昌（1989）报道，早香 17、京香 1 号、香籽、香芒糯的香气由 1 对隐性基因所控制。周坤炉（1989）认为，MR365、湘香 2A 香气由两对隐性基因所控制。任光俊（1994，1999）认为，Scented Lemont、香稻 1、香丝苗 2 号、香 28A、赣香糯等香稻的香气由 2 对隐性基因所控制。张元虎（1996）报道，香引1、2、4、5、6、9号和大粒香品种的香气由1对隐性基因所控制。游晴如（2003）认为，A04品种的香气是由1对隐性基因控制的性状。任鄄胜（2004）认为，D香1B、内香2B、绵香3B、D香2B、内香4R品种的香气由1对基因控制。

（5）米粒延伸性

米粒延伸性受遗传和环境共同作用。Sood（1983）利用双列杂交对其进行研究，指出米粒延伸性与基因非加性与加性效应共同作用，而以前者为主。Ahn（1993）利用B8462T 3－710（Basmati 37后代）/Dellmont的F_3群体进行RFLP分析，发现位于第八染色体QTL与米粒延伸性有关，进一步研究表明该位点与控制香气基因连锁不紧密。

（6）淀粉黏滞谱的遗传

近年来人们越来越重视淀粉黏滞谱的遗传研究，Bao（1999）用双单倍体群体研究认为，在2种环境下都检测到第6染色体的*Wx*基因位点控制黏滞谱的5个参数，即热浆黏度、冷浆黏度（最终黏度）、崩解值、回复值和消减值，该位点解释19.5%～63.7%的总方差，同时这些特性也受QTL效应影响，还在2个实验地点检测到最高黏度受2个QTL影响，表明淀粉黏滞谱特性受到环境影响。Kenneth A G等的研究认为淀粉黏滞谱特性受单基因加性效应控制。

5. 营养品质的遗传研究

稻米营养品质的遗传研究主要集中在蛋白质含量，而对稻谷脂肪含量、游离氨基酸和无机质含量的遗传研究报道很少。稻米蛋白质的遗传相当复杂，迄今，没有发现大幅度增加水稻个别氨基酸水平的单一基因，再加上环境的影响，增加了遗传分析鉴定的困难。初步研究认为，稻米蛋白质含量是受多基因控制的数量遗传性状，包括加性效应、某些位点上的显性作用以及基因互作出现的超亲现象。国际水稻研究所（1979）分析了高/高、高/低、低/低等12个蛋白质含量不同的杂交组合，发现12个F_2群体中有9个表现正向的偏斜分布，高低组合一般要比高/高或低/低显示更大的偏斜，未分离出比亲本含量更低的类型，说明蛋白质含量的遗传存在加性及显性效应。祁祖白（1983）研究表明，脂肪含量是数量性状，其遗传力较大，经过多代筛选，较易得到高脂肪且性状稳定的优质品种。Shi（1996）用9个不育系、5个恢复系研究了籼稻的营养品质，认为营养品质受细胞质和母体效应的影响，也通过种子直感效应起作用。虽然蛋白质含量和蛋白质指数主要受种子直感效应影响，但赖氨酸含量、赖氨酸指数和赖氨酸/蛋白质比率却更受母体效应影响。细胞质效应在总体遗传变异中占20.80%，而且分析的所有营养品质特性都达到了显著水平，加性遗传效应在所有指标上都大于显性效应。

稻米中的主要蛋白质可以分为谷蛋白和醇溶蛋白两大类，其中谷蛋白占整个蛋白质含量的80%，是稻米中可为人体吸收蛋白的主要成分；醇溶蛋白则不能被人体所吸收。目前已经知道，水稻谷蛋白的编码基因是一个多基因家族，分为*GluA*和*GluB*两个亚家族，并且都在种子胚乳中以专一性的形式表达。Essum等（1994）研究了1个谷蛋白突变体（*esp1*）和3个醇溶谷蛋白（Prolamin－1）突变体（*esp2*，*esp3*，*esp4*）米饭的营养效价，认为*esp1*突变体比对照具有更高的赖氨酸含量和蛋白消化性，但消化能量值相似。*esp3*突变体具有更低含量的含硫氨基酸蛋白，赖氨酸仍然是限制因素。突变体的生物效价与对照类似，但净蛋白利用率要高于对照。谷蛋白突变体具有最好的蛋白营养品质。

6. 有色米的米色遗传

有色米的遗传研究多集中于黑色种皮。一般认为，水稻糙米的颜色与花色素苷有关，花色素苷的糖基配基通常是花青素。在国际水稻遗传委员会对水稻染色体和连锁群的编号系统中，C 为花色素苷色素原基因，属于第六连锁群，A 为花色素苷激活基因，属于第一连锁群，*Pb* 为紫果皮基因，*Pr* 为紫壳基因，属于第四连锁群；*Rc* 为褐色果皮褐种皮基因，属于第七连锁群。吴平理等（1992）报道，黑糯米色素受三种基因决定：花青素原基因“*C*”有 4 个复等位基因 C^B、C^BP、C^BQ、B^BX；花青素活化基因“*A*”有 4 个复等位基因 A^E、A、A^b、A^B；紫色基因“*Pb*”可能只有一对基因即紫米基因 *Pb* 与白米基因 *Pbn*，性状表现为不完全显性。顾信缓等（1992）对稻米黑色种皮的遗传分析认为：F_2 种皮色泽分离受三对基因控制，呈不完全显性。伍时照等（1992）进行黑色稻米与无色稻米杂交，F_2 代分离为 9∶7，认为是两对基因控制而独立遗传。颜克久（1992）则认为紫米与白米杂交分离比为 3∶1。显然，不同研究者的研究结果因试验材料的差异而不同。

7. 品质性状的相关性

（1）外观品质性状间的相关

粒长和粒宽之间，有认为属于独立遗传的，也有认为存在负相关和正相关的。一般而言，粒长和长宽比之间无相关或呈正相关，粒宽与长宽比之间一般呈负相关。垩白与大多数粒型性状的相关显著或极显著，相关性的大小和性质因组合的不同而异，不同的试验结果不一致。粒长与长宽比之间的相关受种子间接加性和母体加性效应控制，两种效应之间还有协方差。而粒长与粒宽、粒宽与长宽比以及粒宽与垩白面积之间的相关则主要受显性效应控制。

（2）理化品质性状间的相关

Tomar（1987）认为直链淀粉含量与胶稠度之间无相关，但更多的则认为这两者之间呈负相关。直链淀粉含量与碱消值之间，有的认为无相关，也有人发现有低的正相关或低的负相关。在 Kaw（1990）的研究中，相关关系因品种类型而不同，在粳稻组内为高度正相关，在籼稻组内为高度负相关，而在籼×粳杂种中为中高度的正相关。Tomal（1987）指出，胶稠度与糊化温度呈显著负相关，刘宜柏（1990）则认为这两者之间无明显相关。

Kaw（1990）的研究表明直链淀粉含量、糊化温度和胶稠度都存在加性和非加性效应，并且直链淀粉含量与胶稠度呈高度负相关，尤其在粳稻中，而在籼稻中则呈高度负相关。这些研究都是利用分离世代即杂交 F_1 代、F_2 代或回交世代的研究结果。

（3）蒸煮和营养品质性状间的相关

直链淀粉含量与米饭的外观、香味、黏度和综合评价（指米饭食味的综合评分）、淀粉黏滞谱（RVA）的崩解值、胶稠度呈负相关，与 RVA 的热浆黏度、冷胶黏度、碱消值和回复值呈正相关（舒庆尧，1999a）。张小明等（2002）对稻米直链淀粉含量、食味官能鉴定、味度和 RVA 淀粉糊化特性等性状的分析认为，直链淀粉含量与米饭的香味、黏度、米质综合指标分别达显著或极显著负相关，与外观、硬度呈显著正相关。米饭的黏度与外观、硬度及硬度与米质综合指标间呈负相关，黏度与米质综合指标呈正相关。味度与米饭香味、硬度无相关性，但与外观、黏度、米质综合指标达显著或极显著正相关。淀粉糊化特性（最高黏度、最低黏度、碱崩解度和糊化温度）值与 RVA 值间的相关系数分别为 0.741** 、0.536* 、0.469* 和 0458* 。

蛋白质含量与直链淀粉含量之间存在正相关或负相关，与碱消值无相关或有负相关（Reddy，1979），基因型相关系数高于表型相关系数，与胶稠度无显著相关。脂肪含量与其他理化品质性状之间均无显著相关。胶稠度与蛋白质含量、蛋白质含量与赖氨酸/蛋白质比例以及蛋白质指数与赖氨酸/蛋白质比例之间，其相关主要归因于加性效应，但也受到部分显性效应的影响；直链淀粉含量与赖氨酸含量、胶稠度与蛋白质指数及胶稠度与赖氨酸/蛋白质比例之间的相关主要受显性效应控制。

不育系与杂种品质的相关性较大，即优质育种中不育系的选择比恢复系更重要，杂交水稻选配时双亲或单亲碱消值高容易组配出理想糊化温度的杂交组合。碱消值和淀粉的最高黏度与米饭的外观、香味、黏度和米质综合指标呈正相关，糊化温度与米饭的外观、香味、黏度和综合评价无相关性，最低黏度与米饭的外观呈正相关，蛋白质与米饭的外观和黏度呈负相关。赖氨酸含量与蛋白质含量的比值与蛋白质含量呈显著负相关。味度与米饭香味、硬度间无相关性，但与米饭的外观、黏度和米质综合指标三项的相关性达显著或极显著正相关。优质品种的糊化温度较低、最高黏度较高、最低黏度、碱崩解度较大，食味较差的品种正好相反。淀粉糊化特性值和 RVA 值的最高黏度、最低黏度、碱崩解度和糊化温度的相关系数达显著或极显著水平。在新品种筛选时，可用 RVA 机代替淀粉糊化特性仪测定最高黏度、最低黏度、碱崩解度和糊化温度等淀粉糊化特性值。与稻米直链淀粉含量一样，年度间相关性较小，各品种对影响淀粉糊化特性值的环境因素的敏感性有所差异。

8. 稻米品质性状的基因型×环境互作

稻米品质性状的表现固然受其内在遗传因素的控制，但同时还受到环境条件的影响。自然气候（土壤结构和肥力、太阳辐射、气温等）和栽培管理（播期、密度、肥水管理、病虫防治及杂草控制等）都会影响稻米品质。孙义伟（1993）对有关灌浆成熟期的气温对稻米的加工、外观和蒸煮食用品质的影响方面进行了研究，指出灌浆成熟期的气温对稻米品质的影响存在着基因型×环境互作。

第三节　品质育种方法和技术

研究表明，稻米品质是品种遗传特性和环境因子综合作用的结果，深入分析优质稻米改良中存在的问题，可发现优质稻育种技术难点是：第一，品质性状存在复杂的遗传，如现已知 12 个主基因控制直链淀粉含量，其中 *Wx* 主基因有多达 8 种以上微效基因控制直链淀粉含量呈连续分布，导致大量的遗传研究结果难以相互验证，对品种选育指导作用不明显。第二，多数米质性状受多基因控制，整精米粒率、垩白粒率、胶稠度及直链淀粉含量受环境影响大。第三，稻米品质指标多，稻米食味鉴定尚无统一科学方法，现有的稻米品质主要性状的测定方法繁琐，无法满足低世代大量育种材料快速鉴定要求，育种家迫切需要建立一套品质主要性状快速简便、高效实用的鉴别体系。

现有的稻米品质主要性状的标准鉴定方法要求样品用量大且繁琐，不适宜进行早世代育种选择。因此，少样、快速的品质性状鉴定方法的建立，结合食味仪、近红外分析仪及黏度速测仪等现代先进仪器，可有效提高品质育种效率。

多数品质性状受多基因控制，受环境影响大，表型选择效果不佳。随着水稻分子生物学研究飞速发展，特别是主要性状基因定位完成，利用分子标记辅助选择可有效克服选择效率低的缺陷。

一、主要品质性状快速简便、高效实用的鉴别体系

1. 直链淀粉含量快速鉴定

鉴于直链淀粉含量的重要性，而标准的测定方法过程繁琐，仅限于定型品种，为便于开展遗传研究与育种实践，国内外谷物化学与遗传育种家开展了简便快速测定方法的研究。20 世纪 80 年代，一些研究者提出了小样分析法和单粒精米测定法。尽管此类方法有所简化，但仍存在样品前处理较复杂或测定的准确性及重复性差的问题。最近，王长发（1996）提出的单粒精米先冷碱糊化，继而煮沸的改良简易单粒（半粒）测定法，其准确性好且简便易行，而剩余半粒仍可种植，对育种十分有效。吴殿星（2000）通过太阳暴晒等处理后，通过辨别胚乳色泽的方法，可鉴别低直链淀粉含量材料。

胡培松（2003）参照直链淀粉含量的标准测定方法，完善了一套结合糊化温度与直链淀粉含量同时测定的简便方法。选择直链淀粉含量分别约为 2%（糯米）、10%、13%、15%、17%、19%、21%、23%、25%已知样品为对照，6 粒糙米在糊化盒经 KOH（2N）糊化，在 28℃培养箱糊化 23～24h，可检测其糊化温度，倒干碱液，设立空白对照，待检样品、对照经 KI 充分染色，进行比较判断，KI 染色可重复进行 2～3 次，其检测结果与标准方法测定是吻合的，其糊化温度与标准方法测定结果相比，两者相关系数为 0.932，样品直链淀粉含量与标准方法测定样品直链淀粉含量之间的相关系数为 0.915，达极显著相关。每次以 50 个样品为宜，每天一人可测定 300～500 份材料，该方法十分简便快速低廉，对早代单株选择与大量定型株系初步筛选有特殊意义。

2. 近红外反射（透射）光谱分析

近红外反射（透射）光谱分析［Near infrared reflectance（transmittance）spectroscopy，简称 NIRS，NITS］技术起始于 20 世纪 60 年代，自 1971 年出现第一次商用“谷物分析计算机”以来，NIRS（NITS）已成为欧美等国谷物品质的重要分析手段。谷物等有机物分子由 C、H、O、N、S、P 和少量其他元素通过共价键和电价键组成，这些分子的振动频率处于电磁谱的近红外到红外区段，近红外光的波长介于可见光（300～750nm）和红外光（2 600～25 000nm）之间，为 750～2 600nm。不同物质对近红外辐射可产生特征性吸收，不同波段的吸收强度与该物质的分子结构和浓度存在对应关系。利用定量分析软件，根据多组分混合物中每一种物质的含量与该混合物光谱的相关性计算出相关模型，利用该模型对未知混合物的光谱进行预测，根据光谱特点可得到混合物中该组分的含量。NIRS 技术的最大优点在于快速、简便，一旦建立起有效的回归方程，可在样品扫描几秒钟内显示结果。此外，一份样品可同时对多项指标进行测定，而且无损测定样品。由于该技术具有快速、简便、样品无损测定等特点，非常适合在遗传育种中利用。早在 1983 年，日本就利用 NIRS 测定稻米的直链淀粉与蛋白质含量等品质性状，90 年代

后，国外已广泛利用NIRS进行稻米品质研究。我国在90年代初在谷物、蔬菜、饲料品质分析中开始利用NIRS进行品质研究。舒庆尧（1999）采用NIRSystem6400型近红外分析仪，进行精米粉样品表观直链淀粉含量测定研究，取得较好效果。唐绍清（2004）利用近红外反射光谱技术测定了稻米的脂肪含量。

3. 食味分析仪

日本佐竹制作所（Satake）根据近红外仪原理，20世纪90年代研制开发一种稻米食味分析仪（Taste analyzer），受佐竹制作所成功启发，而后日本Shizuoka、Kett、Toyo、Yamamoto等公司分别研制相似的食味分析仪或味度计。众多食味分析仪可分为两大类，一类是以糙米或精米为分析对象，仪器可快速显示食味总分，以100分计，根据分数可划分A、B、C等级，并可测定直链淀粉含量、蛋白质含量、脂肪含量及水分含量，如佐竹研制的食味分析仪。另一类以米饭为分析对象，如Toyo公司根据精米煮成米饭表面黏附着的水分越厚，米饭的光泽度越好的特点，利用电磁波来测定米饭表面水分厚度，由此测定的值来推断品种品质优劣，进而判断直链淀粉含量与食味关系，以100分为满分计算各品种味度相对值。研究表明，食味分析仪分析结果与稻米品质感官鉴定结果显著相关。由于鉴定快速有效，目前食味分析仪在日本已广泛应用于品质研究，目前我国已有品质鉴定实验室开始利用该设备。由于日本种植均是粳稻，而粳稻的直链淀粉含量变幅较小，一般低于20%，南京农业大学作物遗传与种质创新国家重点实验室研究发现，利用该仪器进行籼稻快速测定，结果与实际测定有较大偏差，尤其是高直链淀粉含量的材料。

4. 淀粉黏度速测仪

淀粉黏滞谱主要表示淀粉的糊化特性，其黏滞特性与米饭质地的关系密切，是影响稻米食用品质的重要因素。早期德国开发的Brabender黏滞淀粉谱仪在一些发达国家稻米品质研究上得到有效利用，但由于分析过程复杂，在我国未得到广泛应用。澳大利亚Newport Scientific仪器公司自行开发生产了一套黏度速测仪RVA（Rapid Visco Analyzer），用TCW（Thermal Cycle for Windows）配套软件进行分析。在加热、高温和冷却过程中，米粉浆发生一系列变化形成特征性的黏滞性淀粉谱，与早期开发的Brabender黏滞淀粉谱仪相比，测定时样品量小，分析时间短，而测得淀粉谱与用Brabender黏滞淀粉谱仪测得的结果相似。测定时，按照AACC（美国谷物化学协会）规定（1995 61-02）要求，含水量为14.0%时，样品量3.00g，蒸馏水25.00ml。过程中，罐内温度变化如下：50℃保持1min，以12℃/ min上升到95℃（3.75 min），95℃保持2.5 min，以后下降到50℃（3.75 min），50℃保持1.4min。搅拌器起始10s转动速度为960r/min，之后维持在160r/min。黏滞值用“Rapid Visco Units”（RVU）作单位。RVA特征值主要用最高黏度PKV（Peak viscosity）、热浆黏度HPV（Hot viscosity）、冷胶黏度CPV（Cool viscosity）、崩解值BDV（Breakdown，最高黏度—热浆黏度）、消碱值SBV（Setback，冷胶黏度—最高黏度）等表示。崩解值越大，稻米食味越好。舒庆尧（2001）分析中等直链淀粉含量品种间RVA谱差异，优质品种崩解值大；进一步研究发现，RVA谱的崩解值与品种的胶稠度明显相关，相关系数达0.71，崩解值大，胶稠度较软，米饭质地柔软可口。鉴于RVA谱的崩解值与品种的胶稠度明显相关特性，对于辅助选择中等直链淀粉含量与胶稠度品种十分有效。

5. 质地分析仪

质地分析仪（Texture analyser），在统一的条件下烹调不同的整精米，然后用质地仪测定样品的弹性、硬度、韧性和黏性等，比较不同米饭的质地，同时配合感官评价小组的感官评价，决定稻米食味品质的好坏。Sowbhagya（1987）研究了仪器黏滞参数（硬度和弹性回复值）与评价小组感官评价的关系，认为仪器硬度和弹性回复值与感官的适口性、水分和黏性高度负相关；黏滞参数与总 AC 和水不溶性 AC 高度正相关；Park（2001）研究认为感官评价比质地仪测定硬度、黏度和附着性更具可辨别性。感官评价的甜度、结块度、黏性和团块附着性与水分含量（－0.90）、蛋白质含量（－0.895）和脂肪（－0.88）含量存在高度的负相关、仪器测定硬度与感官硬度达正相关（0.8）。Ogawa（2001）还研究出一种三维可视技术，使水稻谷粒内化合物（蛋白质、淀粉或油分）可以“观察”到，其技术核心是通过连续的切割、染色、数据模拟过程，先在每个切割面上获得不同物质染色度和分布的二维数据，再使每个切割面的数据通过综合模拟，产生第三维数据，获得三维可视的结果。

二、水稻主要品质性状 QTL/基因定位与分子育种

在育种中，采用有效的选择手段，对目标性状进行选择，可以大大提高选择的效率和可靠性。传统育种是通过表现型间接对基因型进行选择的，对质量性状一般有效，而针对连续变异的数量性状，由于它们受多基因控制和易受环境影响等，对之作表型选择，效率往往不会太高。由于分子标记是直接针对基因型的识别，并且不受植物个体发育时期的限制，因此能够借助分子标记对目标性状的基因型进行选择，以弥补传统育种中的不足。分子标记辅助选择至少有以下几大优点：①可以克服表现型不易鉴定的困难，而品质性状表型鉴定一直是困扰育种技术的难点。②可以克服基因型难以鉴定的困难，当等位基因为隐性基因或等位基因与其他基因或环境之间存在互作时，环境改变使不同基因型会表现为部分或全部相同的表型，对多基因控制的品质性状（如数量性状）来说更是如此。③可以利用控制单一性状的多个（等位）基因，也可以同时选择多个性状。④允许早期选择，提高选择强度。⑤可进行非破坏性的性状评价和选择，如品质性状的分析，往往以损伤种子生活力为代价。⑥可加快育种进程，提高育种效率。

1. 品质粒型与外观性状 QTL/基因定位与分子育种

近年来国内外研究多认为粒长和粒宽受多基因控制，属于数量遗传性状，并在分子水平上进行了 QTL 定位研究。林鸿宣（1995）首次利用 F_2 群体和单因子方差分析以及区间做图法对籼稻粒型（粒长、粒宽、粒厚）数量性状基因座位（QTL）进行了分析，发现 5 个控制粒厚的 QTL 在群体特三矮 2 号/CBll28 中被检测到，其中位于第 5 染色体上的 *tg5* 表现的主效基因。在特三矮 2 号/CBll28 和外引 2 号/CBll28 两群体中，分别定位了 14 个和 13 个 QTL，均有 5 个控制粒长。在群体特三矮 2 号/CBll28 中有 2 个 QTL 连锁于第 1 染色体上，其他 3 个分别位于第 7、8、10 染色体上。外引 2 号/CBll28 群体中 5 个 QTL 对粒长的总贡献率为 49.2%，分别位于第 2、3、6、7、10 染色体上，对粒长的总贡献率达 62.2%，这 5 个 QTL 的加性效应明显比群体特三矮 2 号/CBll28 的大。与此同时，许多学者对稻米粒型进行了 QTL 定位研究，Tan（2000）利用珍汕 97/明恢 63 的 F_2 群体和

F_{10}重组自交系进行谷粒外观性状的QTL分析，发现控制粒长的主效QTL在第3染色体上，控制粒宽和垩白主效QTL在第5染色体上。Fan（2006）通过基因精细定位，认为*GS3*是一个粒长和粒重的主效QTL和粒宽和粒厚的微效QTL，并将其限定于7.9kb的区域里。Wan（2006）认为，粒长由一个隐性单基因*gl3*控制，并采用染色体片段替换系的方法将其定位于第三染色体上的87.5kb区域（图4-2）。Song（2007）成功克隆了控制水稻粒重的数量性状基因*GW2*，实验表明，*GW2*作为一个新的E3泛素连接酶，可能参与了降解促进细胞分裂的蛋白，从而调控水稻谷壳大小、控制粒重以及产量。

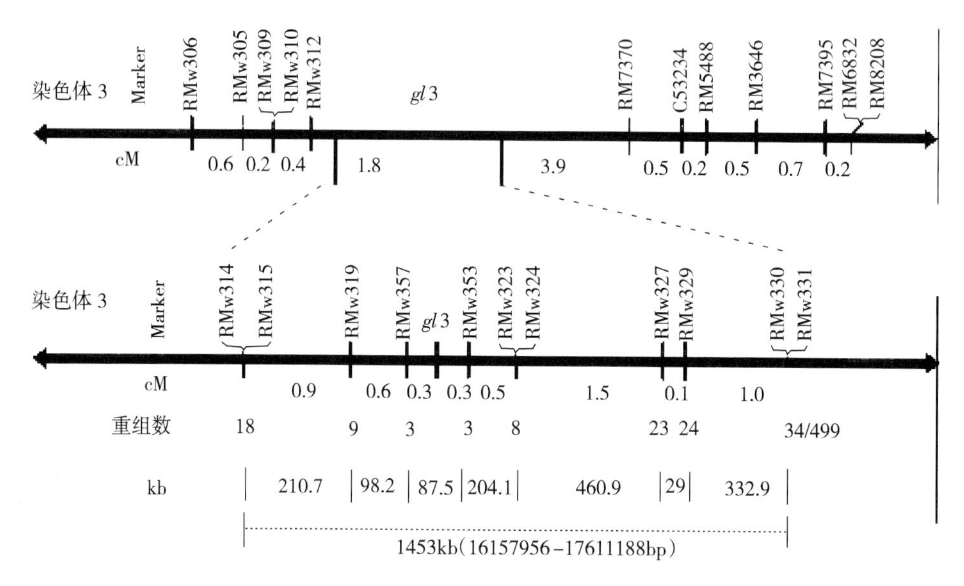

图4-2 *gl3*基因位点的遗传和物理图谱

（Wan等，2006）

2. 直链淀粉含量分子生物学研究进展与标记选择

（1）*Wx*基因研究进展

Sano（1984）首先报道了直链淀粉含量是由一种颗粒结合淀粉合成酶（GBSS又称*Wx*基因）的催化下合成的。该*Wx*基因位于第6染色体的短臂上，早在1990年就已被克隆，它由14个外显子和13个内含子组成（图4-3）。Sano（1984）通过对籼稻和粳稻的*Wx*基因产物*Wx*蛋白的详细比较，推定水稻中存在Wx^a和Wx^b两种不同的非糯性等位基因。Wx^a和Wx^b在不同水稻亚种或品种中已出现了明显的分化，其中籼稻（包括野生稻）以Wx^a为主，直链淀粉含量较高；粳稻中全为Wx^b，直链淀粉含量较低。爪哇稻中Wx^a和Wx^b均有较高频率，Sano（1984）推论Wx^b是从Wx^a进化而来。从显隐性上分析，Wx^a对Wx^b（即高对低直链淀粉含量）为显性。

直链淀粉含量不仅受到翻译起始密码子上游区域的控制，而且还受第一内含子的剪切效率影响，*Wx*基因第1内含子5′剪接位点G→T一个碱基的改变很可能是使中、低直链淀粉含量水稻品种的*Wx*基因第1内含子剪接效率降低与剪接不正常，*Wx*蛋白与*Wx*基因成熟mRNA的含量发生变化，最终影响稻米直链淀粉含量。Mikami（1999）报道了一种新的*Wx*等位基因Wx^{op}，含有这种*Wx*基因的水稻品种直链淀粉含量在10%左右，明

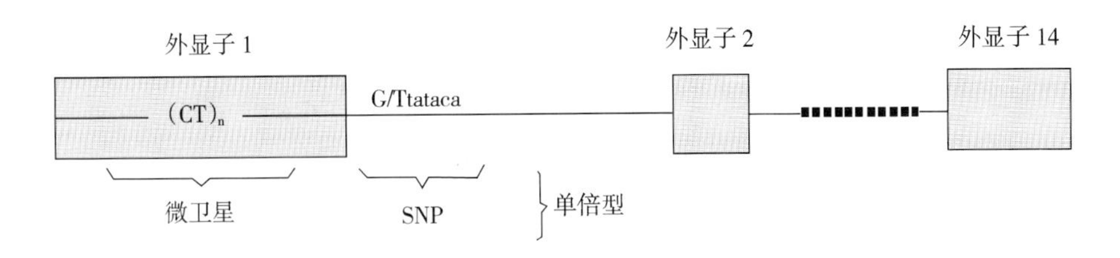

图 4-3　蜡质基因结构示意图，单体型包含不同的 CT 重复序列及 G/T 单核苷酸多态性
(Jayamani 等，2007)

显低于含 Wx^a 基因的籼稻品种，但测序表明 Wx^{op} 在第 1 内含子 5′剪接位点的序列为 GT，与 *Waxy* 基因相同，而不是 Wx^b 基因的 TT 序列，这是不能用第 1 内含子 5′剪接位点G→T 一个碱基的改变来解释直链淀粉含量变化的，有待进一步的研究。Jayamani (2007) 对 178 个水稻品种中的 *waxy* 基因区域的 G/T 单核苷酸多态性和 $(CT)_n$ 简单重复序列分布频率进行了总结，结果如图 4-4、图 4-5 所示。

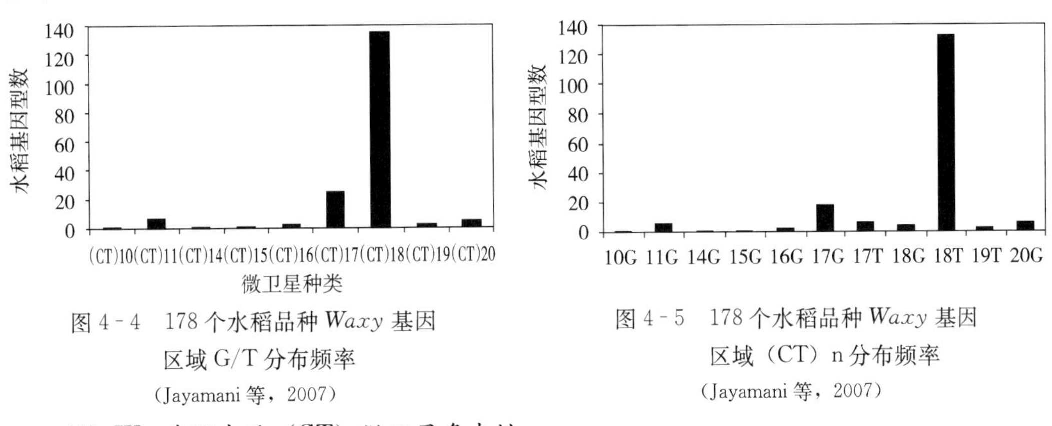

图 4-4　178 个水稻品种 *Waxy* 基因区域 G/T 分布频率
(Jayamani 等，2007)

图 4-5　178 个水稻品种 *Waxy* 基因区域 (CT) n 分布频率
(Jayamani 等，2007)

(2) *Wx* 基因中的 $(CT)_n$ 微卫星多态性

Bligh (1995) 在水稻 *Wx* 基因核苷酸序列中发现了一段位于第 1 内含子剪切点上游 55bp 处的 $(CT)_n$ 简单重复序列 (SSR)，直到现在，共发现 10 种 $(CT)_n$，它们分别为 $(CT)_8$，$(CT)_{10}$，$(CT)_{11}$，$(CT)_{12}$，$(CT)_{17}$，$(CT)_{18}$，$(CT)_{19}$，$(CT)_{20}$，$(CT)_{21}$ 和 $(CT)_{22}$ (Bao 等，2006)。舒庆尧 (1999) 在 74 个中国非糯籼稻和粳稻品种中发现 7 种 $(CT)_n$ 多态，在籼粳亚种间，不同 $(CT)_n$ 的分布存在较大差异：在籼稻中，以 $(CT)_{11}$ 和 $(CT)_{18}$ 为主，占 92.6%；在粳稻中，以 $(CT)_{16}$ 和 $(CT)_{17}$ 为主，共占 20 份材料中的 90.0%。这些品种以 $(CT)_n$ 表示的 *Wx* 基因型对直链淀粉含量的决定系数 R^2 达 0.912，也就是说，*Wx* 基因型差异可以解释这些品种直链淀粉含量变异的 91.2%。Ayres 等 (1997) 和 Tan (2001) 也认为 $(CT)_n$ 多态性与直链淀粉含量密切相关，可解释品种间直链淀粉含量变异方差的 90%左右，但是，$(CT)_n$ 重复序列是否属于启动子的顺式作用元件，如何影响 *Wx* 基因转录、剪切、翻译等分子生物学机理，目前还不清楚。*Wx* 座位上 $(CT)_n$ 微卫星 (SSR) 标记的发现为分子标记辅助选择改良稻米品质奠定了基础。利用 *Wx* 座位的 $(CT)_n$ 多态性，选择优质的 *Wx* 等位基因，对稻米品质改良具有重要意义。

除上述存在的 *Wx* 位点复等位基因及其（CT）$_n$ 微卫星多态性外，也可能存在其他一些机制能调节 *Wx* 基因的表达，影响直链淀粉的含量。谈移芳和张启发（2001）在 *Wx* 基因的第 1 内含子中［位于（CT）$_n$ 重复序列下游 182bp 处］发现了一个（AATT）$_n$ 简单重复序列，在不同水稻品种中有 2 种多态性，（AATT）$_6$ 微卫星标记的品种多为高直链淀粉含量，而（AATT）$_5$ 微卫星标记的品种多为低或中等直链淀粉含量。

Wx 基因 5′转录起始点上游 2 120bp 序列内包含 5 个能与水稻胚乳核蛋白特异性结合的识别序列，其中 2 个重叠识别序列中含有一个 31bp 的序列是与水稻胚乳核蛋白专一结合的位点，该核蛋白结合位点可能作为一种顺式作用元件调控基因表达，这些结合位点处碱基序列的差异可能会影响基因的表达水平。

（3）QTL 定位研究

研究表明，稻米直链淀粉含量（AC）是由一个主效基因控制，受到其他微效 QTL 的调控。不同实验室利用不同遗传作图群体对 AC 进行了 QTL 分析，绝大多数均在第 6 染体上检测到 1 个主效 QTL，并认为很可能就是 *Wx* 基因。但不同研究检测到的微效 QTL 数目及位置存在很大的差异。例如，除了第 6 染色体的主效基因外，Tan（1999）在第 1、2 染色体上检测到了两个微效 QTL，He（1998）在第 5 染色体检测到了一个微效 QTL，Aluko（2004）在第 3 和 8 染色体上分别检测到了微效 QTL，黄祖六（2000）研究发现除了第 6 染色体的 *Wx* 基因位点外，在第 3 染色体也检测到一个控制稻米 AC 的主效 QTL，另外 5 个微效 QTL 分别位于第 4、4、6、9、11 染色体的不同座位上。其他实验室在第 4、6、7 染色体也检测到了控制 AC 的 QTL（Lanceras，2000）。也有一些报道在 *Wx* 基因位点上没有检测到 AC 的主效 QTL。Li（2004）在第 6 和 12 染色体上分别检测到了控制 AC 的 QTL，但是第 6 染色体的 QTL 并不和 *Wx* 基因连锁，说明此 QTL 并非 *Wx* 基因。

（4）*Wx* 基因标记辅助选择

Wx 基因是稻米品质中研究最为透彻基因，已有专家开展相关研究并取得令人满意结果。蔡秀玲（2002）指出 *Wx* 基因第 1 内含子剪接供体+1 位碱基 G 或 T 与 AC 含量高低共分离，可以用 PCR - AccI 分子标记进行中等直链淀粉含量直接选择。应用鉴定 *Wx* 基因型的微卫星标记改良这些性状，也取得了良好的效果。根据 *Wx* 基因核苷酸序列中位于前导内含子剪切点上游 55bp 处的一段（CT）$_n$ 微卫星序列设计的一对引物作为选择标记，以 IR58025 为基因供体，以大穗型、高配合力保持系 G46B 为轮回亲本进行杂交、回交，通过分子标记辅助选择并辅以室内测定，初步育成了优质香型不育系 G 香 4A，组配出达国标二级米的杂交稻组合。

3. 糊化温度分子标记研究与开发

由于糊化温度（GT）表现为数量性状特性，大量的 QTL 分子定位工作随之开展起来。控制 GT 的基因分子定位工作开始于 20 世纪 90 年代，Lin（1994）首先通过 186 个 F_2 单株，将 GT 的主效基因定位在水稻第 6 染色体的 RFLP 标记 C1478 和 R2147 之间，随后，许多学者作了很多关于糊化温度的 QTL 研究，认为糊化温度主要由主效基因控制，并受微效基因的修饰。高振宇（2003）采用图位克隆法分离了水稻糊化温度基因（*Alk*），该控制糊化温度基因是与编码可溶性淀粉酶Ⅱa 基因组区域是一致的，同时对低

GT 品种 C 堡和高 GT 品种双科早的 *ALK* 序列进行了比对分析，发现 *ALK* 基因外显子内有 3 个 SNP。这些核苷酸的差异引起编码氨基酸的差异，最终导致 SSⅡa 活性的差异，进而影响了 GT。许多学者随后对 SSⅡa 中存在的 SNP 进行了分析研究，都认为 SNP 是 GT 变化的主要因素（Umemoto，2004；Daniel，2006）（图 4-6）。

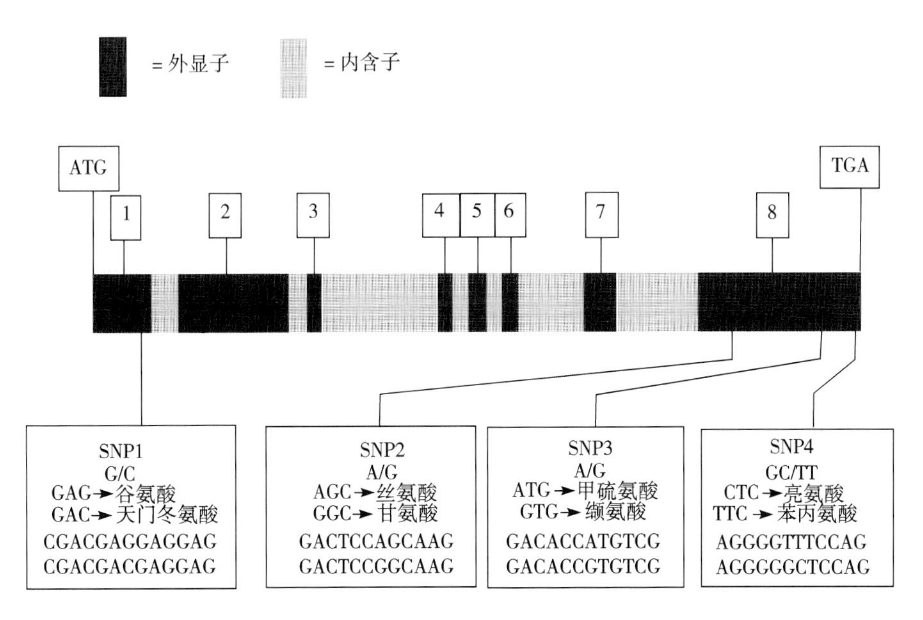

图 4-6　水稻淀粉合成酶Ⅱa 基因的结构示意图

（Daniel 等，2006）

随着编码可溶性淀粉酶Ⅱa 基因内的 SNP 标记不断被开发，水稻糊化温度分子标记辅助育种将显示高效性。

4. 胶稠度分子遗传研究

胶稠度是一个比较复杂的品质性状，各品种的差异较大，遗传基础比较复杂，所以研究进展一直较慢，并且各实验室对胶稠度的 QTL 分析结果很不一致。由于胶稠度和直链淀粉含量呈显著负相关，所以人们认为胶稠度和直链淀粉可能是由相同的基因控制的，这个基因就是第 6 染色体的 *Wx* 基因（Bao，2003；Lanceras，2000；Tan，1999），另外在第 6、7 染色体和第 2、4 染色体上也检测到微效 QTL。但有的实验室发现控制胶稠度的主效 QTL 并不位于 *Wx* 基因位点。虽然 Septiningsih（2003）在第 6 染色体也发现一个控制胶稠度的主效 QTL，但此主效 QTL 位于 *Wx* 基因位点下面，并不和 *Wx* 基因连锁，所以认为此主效 QTL 不是 *Wx* 基因。He（1998）和 Li 等（2003）分别对不同的杂交群体进行了研究，得到类似的研究结果，发现了两个与胶稠度相关的主效 QTL 分别位于第 2 和 7 染色体。黄祖六（2003）用硬胶稠度和中等胶稠度的两亲本构建重组自交系，通过分析发现控制胶稠度的两个主效 QTL 都位于第 3 染色体。

5. 香气基因分子遗传与标记开发

Ahn（1992）将香气基因（*fgr1*）定位在第 8 染色体上，与单拷贝标记 *RG*-28 的距离为 4.5cM。李欣（1995）利用籼型和粳型标记基因系分别对武进香籼和武进香粳进行香气基因染色体定位，发现香气基因与分属水稻 11 个染色体的 39 个标记基因表现独立遗传，而与第 8 染色体上的标记基因 *v* - 8 表现连锁，估算 2 个基因之间的重组值约为 38.03%±3.84%，推定水稻香气基因位于第 8 染色体上。金庆生（1995）将 KDML105 的香气基因初步定位在第 8 染色体上，1996 年将香气基因标记在 RFLP 标记 *jas500* 和 *C222* 之间，遗传图距分别为 15.8cM 和 27.8cM。Lorieux（1996）利用 RFLP、RAPD、STS 和同工酶四种分子检测方法，检测出控制水稻香气的一个主效基因和两对微效基因（QTL），并将主效基因定位在第 8 染色体 RFLP 引物 *RG1* 和 *RG28* 之间。Garland S（2000）对 14 个香稻栽培品种利用微卫星 DNA 标记（SSR）进行香气基因定位，发现与第 8 染色体上的 SSR 引物 RM42、RM223 和 SCU - Rice - SSR - 1 存有紧密连锁关系。Cordeiro（2002）利用微卫星标记将 2 -乙酰- 1 -吡咯啉单隐性香味基因定位在第 8 染色体上。Bradbury（2005）克隆了位于第 8 染色体上的 *fgr* 基因，发现编码三甲铵乙内酯醛脱氢酶（BAD）具有多态性，该基因包含 15 个外显子和 14 个内含子，启动子和终止子分别为 ATG 和 ATT，其中 *fgr* 基因的第 7 号外显子缺少 8 个碱基，并有 3 个 SNP 标记。Bradbury（2005）利用等位基因特异扩增（ASA）技术开发 *fgr* 基因食用标记，具有很好的检测效果。Shi（2008）研究发现，武香粳 9 号等含已克隆的 *fgr* 等位基因，该等位基因的第 2 号外显子缺少 8 个碱基。

第四节　稻米品质研究热点和展望

稻米品质育种，除继续提高稻米的外观品质、加工品质、蒸煮食用品质和营养品质外，一些新兴的稻米品质将成为未来稻米品质研究领域的热点。

一、功能食品兴起与功能性稻米研究

功能食品是指具有调节人体生理功能、适宜特定人群食用，又不以治疗疾病为目的的一类食品。这类食品除了具有一般食品皆具有的营养和感官功能外，还具有一般食品所没有的或不强调的食品第三种功能，即调节人体生理活动的功能。综观食品的发展历史，大体可分为三阶段。20 世纪 80 年代末至 90 年代中期，第一代强化食品、第二代功能食品必须经过动物和人体试验，证明该产品具有某项保健功能。第三代功能食品，不仅需要经过动物和人体实验证明该产品具有某种保健功能，还需要查明具有该项保健功能的功能因子的结构、含量及其作用机理，功能因子在食品中应有稳定形态。

食物与人体的关系是自然生态的一部分。从食物链的角度看，通过漫长的进化过程，每种生物物种都形成了相对稳定的、适合于自己生存的独特的饮食结构。在从猿到人的进化过程中，食物的构成以及对食物的处理方式（如由生食到熟食）的变化，深刻地影响了人类的进化过程。除自然环境外，不同人种在体质、行为特点和疾病类型方面都或多或少地与其饮食特点相关联。东西方饮食结构上的明显差异对疾病易感性的影响，有时是非常直接和明显的。研究表明，西方人的前列腺癌和乳腺癌的发病率都明显高于东方人，而移居美国的亚裔第二代人中，这两种肿瘤的发病率与当地人就没有明显的区别。显然，食物对人类的重要性，仅从营养学的角度来认识是不够的。20 世纪 90 年代的西方，尤其是美

国对功能食品的研究与开发，出现了“爆发式”的发展，开辟了人类认识食物与人体健康与疾病关系的新领域，并迅速发展成为一种新兴的功能食品产业。日本从20世纪90年代开始重视功能保健食品研究，早在1991年就制定了特定的保健功能食品制度，开发了一批“防贫血、防高血压、防糖尿病、防肾病”等功能性食品，2001年市场规模已达4 121亿日元。

由于功能性食品具有天然、安全、有效的特性，已成为中国21世纪食品发展的重点之一。功能性稻米研究现状与趋势：

1. 稻米富集许多功能明确的生理活性物质

水稻是世界第二大粮食作物，特别是东南亚人民每日三餐的主食，在贫穷落后地区和边远山区，普遍出现了营养不良的问题，具体体现在：1）营养性贫血症。资料表明，目前，东南亚48%哺乳妇女、42%孕妇、40%婴儿、36%未孕未哺乳妇女及26%学龄儿童患有缺铁性贫血。2）肾脏病和糖尿病患者的总人数估计超过1.5亿。3）维生素A缺乏症。维生素A缺乏症患者的总人数估计超过2亿。

稻米中除了大量淀粉、蛋白质外，在米胚和种皮中富集许多生理功能物质，研究表明，皮层富含维生素、铁（改善贫血症）、锌（提高免疫能力）等微营养元素等；胚乳富含淀粉，是食用部分及功能性食品的重要原料或配料，为发展低热量、低脂肪等专用食品提供基础；胚富集多种功能性的生理活性成分，如γ-氨基丁酸、肌醇（属于维生素药物及降血脂药物，对肝硬化、血管硬化、脂肪肝、胆固醇过高等有明显疗效）、谷维素（降低胆固醇，预防皮肤衰老，缓解更年期出现的各种身体不舒服和自律神经失调症）、维生素E（抗衰老）、谷胱甘肽（防止溶血出现，具抗艾滋病毒和消除疲劳的功能）、膳食纤维（促进肠道蠕动，预防肠癌发生）、N-去氢神经酰胺（抑制黑色素生成，美化皮肤）、γ-阿魏酸（抗血栓形成，抗紫外线辐射、抗自由基）、角鲨烯（强化肝功能）等。此外，黑米和红米还富含黄酮类生化物、生物碱等功能成分。因此，稻米中功能成分的发掘利用潜力巨大，可望在增强人体机能和代谢平衡上发挥重要作用，从而达到提高稻米的附加值，扩大稻米的利用范围，使稻米不仅作为人的食物，同时也是新型功能保健品和食品工业的一种重要原材料。

2. 功能性稻米的研究热点

1992年，联合国粮农组织（FAO）和世界卫生组织（WHO）开始关注东南亚地区水稻主食人群的营养缺乏症状，并在亚洲发展银行（ADB）和联合国儿童基金（UNICEF）资助下开展相关研究。1994年起，在国际农业研究政策咨询机构（CGIAR）和国际粮食政策研究所（IFPRI）的倡导和主持下，在世界银行及亚洲发展银行等资助下，开展富铁、锌稻米遗传育种研究，并培育铁含量高于25mg/kg的富铁水稻（比普通水稻高60%以上）的高产品种IR164。特别值得注意的是，稻米中富含的植酸（一种普遍存在的有机酸），多与铁、钙和锌以络合物的形式存在。络合形成的植酸盐不能被人体消化吸收利用，致使稻米中可为人利用的铁、钙和锌很低。另外，摄入体内的植酸和其他来源的铁、钙和锌结合形成植酸盐，进一步造成这些营养元素的生物有效性下降，从而加剧铁、钙和锌等微营养缺乏症。由于上述原因，通过转基因和诱发选育的富铁、钙和锌稻米（单纯的绝对含量增加、非有效利用态），以及目前市场中琳琅满目的高铁、高钙类功能保健品的铁、钙、锌实际并不能被有效利用。2002年由CGIAR发起的全球功能性水稻开发的大型国际合作项目获得通过。该项目2003年8月获得盖茨基金资助。国际原子能机构（IAEA）和亚洲发展银行（ADB）共同发起了一项旨在"消除亚洲地区微营养缺素症"的技术合作项目。

与此同时，包括先正达、孟山都等在内的国际跨国公司开始关注功能性稻米研究，并投巨资开展相关研究。Goto（1999）成功地将大豆铁蛋白基因的编码序列转入水稻，获得富含铁蛋白的转基因水稻，其含铁量比一般的籽粒高3倍，Lucca（2001）通过转基因等途径显著提高了水稻铁吸收，增加了含铁量。Ye（2000）成功将三个外源基因（*psy*、*crtl*、*lcy*）转到水稻中，育成被称为"金色稻"（Golden rice）的转基因水稻，显著提高了β-胡萝卜素（维生素A前体）含量。

我国一向有"药食同源"的传统认识，如香稻、黑米含有丰富的蛋白质、多种氨基酸、生物碱、维生素B、维生素C等多种人体需要的成分。据李时珍《本草纲目》记载，香米能"润心肺、和百药，久服轻身延年"；孕妇通过补食黑米食品可有效减轻贫血等症状。据研究，各种有色稻米（黑米、紫米、红米等）除上述重要功能因子外，还富含有维生素C、黄酮类化合物、花青素、生物碱、强心苷、天然色素、木酚素等，这些为一般水稻品种所缺乏。由此可见，极为丰富的稻种资源犹如一只聚宝盆，蕴藏着取之不尽的各种生理活性因子的宝藏，此前都没有引起重视。利用丰富稻种资源筛选不同功能水稻品种，既可满足不同人群的保健需要，又可提高稻米的经济价值。我国对功能稻米的理念先于国外，自古就应用功能米，黑米历来就视为重要保健益智食品之一，有明显药用价值，长期以来在民间少量应用，但没有提升到科学评价水平上深入开发利用。

总体上说，功能稻米的研究与开发比较落后，国内仍停留在稻米营养品质的分析上，对其内含生理活性物质没有引起足够重视。这正是可以大力发展功能稻米的良机。

3. 功能性稻米研究主要内容

（1）必需微量元素与物质

日本九州大学和农业生物资源研究所先后从水稻越光中选育出富含铁的突变体。该突变体含有可被人体吸收的水溶性有机铁比普通品种高出3～6倍，适合于贫血病人食用；用此突变体杂交选育出的富含铁的水稻新品种GCN4、和系026，于2000年3月在日本通过审定，并进行大面积推广应用；1997年到1999年由日本医学会组织的3年临床试验结果表明，贫血患者食用富含铁稻米，具有显著的补血效果。另外高钙、高锌类等稻米研究日益受到重视。

（2）保健专用稻米品质

自20世纪80年代起，日本农业生物资源研究所放射育种场和农研中心水稻育种研究室合作，以日本的优质水稻品种日本优（Nihonmasari）为材料，通过放射性诱变，得到了低谷蛋白的突变品系，并育成了低水溶性蛋白稻米品种LGC-1；其谷蛋白含量低，稻米中总的可吸收蛋白明显减少，可供肾脏病和糖尿病患者食用。20世纪80年代末期到90年代初，日本九州大学和农业生物资源研究所先后利用化学诱变的方法，从越光中选育出巨大胚和低过敏反应的稻米突变体。巨大胚稻米浸水后，γ-氨基丁酸（GABA）会急剧增加并累积，而GABA具有显著降低动物血压的功效，食用GABA含量高的稻米对高血压患者具有较好的辅助治疗作用。

4. 转基因功能稻米

在转基因功能稻米研究中，最有代表性的就是金稻选育。另外在蛋白质、氨基酸等改良方面也取得显著进展。日本东京理科大学千叶丈教授成功地用转基因水稻生产出预防乙肝病毒的球蛋白。据估计，每0.1hm^2的转基因水稻可制取10g球蛋白，足够数万名新生儿注射用。这可望为肝炎预防药物的廉价、安全生产提供新思路。

二、稻米抗性淀粉研究

随着社会经济的迅速发展和人们生活水平的日益提高，一个不容忽视的现象是糖尿病、心血管疾病和部分癌症的发病率逐年上升，成为人类死亡的"第一杀手"。青少年的肥胖现象也引起了人们的高度警觉。科学合理的膳食结构，是预防此类疾病发生的关键。人要维持基本的生命活动和活力，需要能量供应。淀粉为人类最重要的碳水化合物来源和首要的能量来源，约占人类所消耗食品组成的30%和能源的60%～70%。抗性淀粉系健康者小肠中不被吸收的淀粉及其降解产物。由于RS具有重要的生理功能，所以联合国粮农组织（FAO）和世界卫生组织（WHO）在1998年联合国出版的《人类营养中碳水化合物专家论坛》一书中指出："抗性淀粉的发现及其研究进展，是近年来碳水化合物与健康关系的研究中一项最重要的成果"，高度评价了抗性淀粉对人类健康的重要意义。

1. 抗性淀粉的分类与检测

目前，尚无抗性淀粉化学上的精确分类，多数学者按淀粉来源和抗酶解性的不同，将抗性淀粉分成四类：RS1、RS2、RS3和RS4。RS1指物理难接近淀粉，该淀粉被锁在植物细胞壁上或机械加工包埋而淀粉酶无法接近，常见于轻度碾磨的谷类、豆类等籽粒或种子中。RS2指抗性淀粉颗粒，主要指一些生的未经糊化的淀粉，如生的薯类、香蕉、生米、生面等中的淀粉。RS2具有特殊的构象或结晶结构，对酶具有高度抗性。RS1和RS2经过适当的加工方法处理后仍可被淀粉酶消化吸收。RS3指回生淀粉或老化淀粉，是凝沉的淀粉聚合物，主要由糊化淀粉冷却后形成。RS3可分为RS3a和RS3b两部分，其中RS3a为凝沉的支链淀粉，RS3b为凝沉的直链淀粉。RS3b的抗酶解性最强，而RS3a可经过再加热而被淀粉酶降解。RS4是化学修饰淀粉，主要由基因改造或化学方法引起的分子结构变化产生，如乙酰基、热变性淀粉及磷酸化的淀粉等。上述各类型中，RS3具有很大的商业价值，是最主要的抗性淀粉，也是国内外研究的重点。RS3溶解于2mol/L KOH溶液或二甲亚砜（MDSO）后，能被淀粉酶水解，说明RS3是一种物理变性淀粉。

2. 抗性淀粉的生理功能

抗性淀粉具有重要的生理功能，主要表现在：首先，降低血糖。食用富含RS的食品后，血糖的升高和血糖总量均显著低于食用其他碳水化合物，这对改善H型糖尿病的代谢控制具有良好的作用。其次，降血脂和控制体重。主要的作用来自两个方面：一是增加脂肪的排出，减少热能摄入，减少了脂肪的生成；二是RS本身能量远低于淀粉的能量。因此，RS作为减肥保健食品添加剂，对心血管疾病和节制饮食、减肥、通便十分有益。第三，有利于肠道健康。RS比膳食纤维更易被大肠中的微生物所发酵或部分发酵，产生较多挥发性的有益短链脂肪酸，如乙酸、丙酸和丁酸，它们能抑制癌细胞的生长，有利于肠道健康，同时 RS 对增加粪便排泄量，减少排泄物中氨气和酚的浓度，削弱高蛋白食品对肠道 DNA 的损伤，从而对保持胃肠道的通畅和健康、防止便秘、预防胃肠道疾病尤其是结肠癌等具有重要的生理功能。另外 RS 还具有促进矿物质的吸收和增加营养等功能。

3. 富含抗性淀粉稻米的研究进展

三大粮食作物中，稻米中淀粉含量最高。稻米淀粉适口性好，易消化，是我国的传统主食。抗性淀粉的开发，是淀粉研究领域的崭新课题。当应用抗性淀粉作为食物原、配料时，除提供多种健康功能外，因其不像一般纤维成分会吸收大量水分，当添加于低水分产品时不影响其口感，也不改变食物风味，且可作为低热量的食物添加剂。

美国农业部研究与开发改性的米淀粉新产品“Ricemic”是以大米粉为原料，先经过分离蛋白质，然后再用加热和酶处理工艺加工成 100%延缓消化以及 50%加快消化和 50%延迟消化的改性淀粉制品。经临床试验证实，改性淀粉可有效改善糖负荷，可望成为一种糖尿病患者的新食品。我国江南大学对籼米淀粉的抗性淀粉的制备方法、形成机理、功能特性进行了研究，表明当淀粉浓度达到 50%时，抗性淀粉的获得最高，用酶法生产抗性淀粉的工艺，抗性淀粉含量达 16.9%。由金健米业股份有限公司应用现代科技和装备生产的“小背篓”鲜湿米粉即将上市，其抗性淀粉含量为 5%～10%。

稻米中抗性淀粉含量很低，尤其是人们日常食用的热米饭，抗性淀粉含量低于 1%，即便冷米饭中抗性淀粉含量也仅为 1%～2.1%。浙江大学对我国常规籼稻、粳稻和杂交水稻等 200 个以上的不同类型水稻品种热米饭中抗性淀粉含量作了测定（Hu，2004），研究表明，与以往研究结果相类似，绝大多数水稻品种抗性淀粉含量均在 1%左右，极个别水稻品种抗性淀粉含量接近 3%。进一步以我国正在推广应用的杂交水稻恢复系 R7954 为起始材料，经航天搭载诱变，从 15 000 个单株筛选创造了一个富含抗性淀粉的突变体，命名为 RS111。初步研究表明，突变体 RS111 热米饭中抗性淀粉的含量是一般普通品种的3～5 倍。优化蒸煮方式后，其热米饭中抗性淀粉含量为 10%左右，与普通玉米中的 RS 含量相仿。

三、品质育种展望

稻米品质是品种遗传特性和环境因子综合作用的结果，最重要的性状如整精米粒率、垩白粒率、胶稠度及直链淀粉含量受环境影响很大。与我国水稻高产育种相比，品质育种相对滞后。品质育种要与高产、多抗相结合。品质育种要取得突破，应着重关注如下问题：

1. 特异品质种质的发掘利用

优异种质的发掘和利用，是品质育种能否取得突破性进展的基础。例如，整精米粒率、垩白粒率、胶稠度及直链淀粉含量受环境（主要是温度）影响较大，导致不同年份、季节、地点变化很大，如何发掘上述品质性状对温度反应相对迟钝的材料显得至关重要。引进和利用国外优异、优质种质对改良我国稻米品质具有特殊的意义。

2. 建立一套品质主要性状快速简便、高效实用的鉴别体系

现有的稻米品质主要性状的测定方法较为繁琐，无法满足低世代大量育种材料快速鉴定要求。育种家迫切需要利用现代仪器设备和分子育种技术，快速鉴定品质性状和开展基因型选择。

3. 品质性状综合选择技术研究

“好加工、好看、好吃”是食用优质稻基本要素，与之相关的整精米粒率、垩白粒率、胶稠度及直链淀粉含量是水稻品质最重要的指标，国家标准《国家优质稻谷》将此四项指标作为强制性指标执行，也是目前品质改良中达标率最低的指标，而整精米粒率与垩白粒率、胶稠度与直链淀粉含量有着显著相关性，因此就整精米粒率、垩白粒率、胶稠度及直链淀粉含量进行协同改良是重中之重。

4. 杂交稻不育系品质改良

杂交水稻不育系的母体效应对 F_1 种子的品质影响显著。目前三系、两系不育系品质尽管有所改进，但离生产要求仍有距离，特别是较高的垩白率和较硬的胶稠度。此外，目前应用的不育系抗性较差，应予以高度重视。

5. 高档优质特色专用稻的选育

随着人民消费水平不断提高和对外出口需要，人们对各类稻米呈现多元化需求，诸如香米、黑米、紫米、红米、糯米、酒米、专用米等。品质育种应有连续性和超前性，特色稻、专用稻不仅要求高产、多抗、适应性广，还应考虑其特殊性。香米要求适宜的、持久的、令人愉快的香气；黑米、紫米、红米要求色泽丰富而稳定，微量元素和维生素含量高，富有营养易消化；糯米不论籼、粳，要求直链淀粉含量极微（<1%），易干燥，外观乳白色，胶稠度极软（95～100mm），易加工；酒米易发酵糊化，出酒率高；食品工业淀粉稻米则要求产量超高产，直链淀粉含量高（35%以上）。

6. 功能稻米的探索研究与开发

功能稻米必须具有天然、安全、有效的特性，已成为中国 21 世纪稻米品质改良创新的重点之一，前景广阔。通过转基因和诱发突变选育富含维生素 A，富铁、钙、锌、硒稻米，抗性淀粉米和其他功能稻米是未来所期望的。分子标记辅助选择和分子设计程序育种有望发展成为功能稻米育种和创新的具有突破意义的技术手段。

参 考 文 献

包劲松，舒庆尧，吴殿星，等．2000. 水稻 *Wx* 基因（CT)$_n$微卫星标记与稻米淀粉品质的相关研究[J]．农业生物技术学报，8 (3)：241-244.

陈葆棠，彭仲明，徐运启，等．1992. 水稻糊化温度的遗传分析 [J]．华中农业大学学报，11 (2)：115-119.

陈建国，朱军．1998. 籼粳杂交稻米外观品质性状的遗传及基因型×环境互作效应研究 [J]．中国农业科学，31 (4)：1-17.

葛鸿飞，王宗阳，洪孟民，等．2000. 水稻蜡质基因 5′上游区中 31bp 序列增强基因表达的作用 [J]．植物生理学报，26 (2)：159-163.

郭益全，刘清，张德梅，等．1985. 籼稻烹调与食用品质及谷粒性状之遗传 [J]．中华农业研究，34 (3)：243-257.

何平，李仕贵，李晶诏，等．1998. 影响稻米品质几个性状的基因座位分析 [J]．科学通报，43 (16)：1 747-1 750.

胡培松，唐绍清，焦桂爱．2004. 利用RVA快速鉴定稻米蒸煮食用品质研究［J］．作物学报，30（6）：519-524.
胡培松，唐绍清，焦桂爱，等．2003. 稻米直链淀粉和胶稠度简易测定方法［J］．中国水稻科学，17（3）：184-186.
华健，王宗阳，张景六，等．1992. 核蛋白因子与水稻蜡质基因5′端上游顺序的结合［J］．科学通报，18：61-64.
黄超武，李锐．1990. 水稻杂种直链淀粉含量的遗传分析［J］．华南农业大学学报，11（1）：23～29.
黄季焜．1999. 优质稻米产业发展：机遇、问题和对策［J］．中国稻米（6）：13-16.
黄祖六，谭学林，徐辰武，等．2000. 稻米胶稠度基因位点的标记和分析［J］．中国农业科学，33（6）：1-5.
金庆生．1995. 用RAPD和RFLP定位水稻香味基因（Ⅰ）［J］．浙江农业学报，7（6）：439-442.
金庆生．1996. 用RAPD和RFLP定位水稻香味基因（Ⅱ）［J］．浙江农业学报，8（1）：19-23.
李欣，汤述翥，印志同，等．2000. 粳型杂种稻米品质性状的表现及遗传控制［J］．作物学报，26（4）：411-419.
李欣，顾铭洪，潘学彪．1989. 稻米品质研究．Ⅱ．灌浆期间环境条件对稻米品质影响［J］．江苏农学院学报，10（1）：7-12.
李欣．1995. 粳稻米糊化温度的遗传研究［J］．江苏农学院学报，16（1）：15-20.
廖伏明，周坤炉，阳和华，等．2000. 籼型杂交水稻米质性状的配合力及遗传力研究［J］．湖南农业大学学报（自然科学版），26（5）：323-328.
林鸿宣．1996. 应用RFLP标记定位水稻产量及其他有关性状的数量性状基因座位［D］．杭州：中国水稻研究所．
林建荣，吴明国．2001. 粳型杂交稻稻米外观品质性状的遗传效应研究［J］．中国水稻科学，15（2）：93-96.
凌兆风，莫惠栋，顾铭洪，等．1990. 籼稻米糊化温度的遗传研究［M］．作物品质性状遗传研究进展．南京：江苏科学技术出版社．
泷田正．1987. 水稻籽粒大小的遗传及其与诸性状的关系［J］．国外农学——水稻（1）：18-20.
马红梅，朱小平，楼小明，等．1995. 籼稻蜡质基因5′上游区与GUS基因编码区融合基因的构建和在水稻中的瞬间表达［J］．遗传学报，22（5）：353-360.
闵捷，朱智伟，许立，等．2007. 杂交粳稻的米质及优质达标率研究［J］．杂交水稻，22（1）：67-70.
闵绍楷，申宗坦，熊振民，等．1996. 水稻育种学［M］．北京：中国农业出版社．
任光俊，李青茂，彭兴富，等．1994. 水稻香味的遗传［J］．四川农业大学学报，12（3）：392-395.
任郢胜，肖培村，陈勇，等．2004. 几个香稻保持系香味的遗传研究［J］．种子（12）：8-10.
芮重庆，赵安常．1983. 籼稻粒重与粒形性状F_1遗传特性的双列分析［J］．中国农业科学，5：14-20.
申岳正，闵绍楷，熊振民，等．1990. 稻米直链淀粉含量的遗传和测定方法的改进［J］．中国农业科学，23（1）：680-687.
石春海，朱军．1994. 籼稻稻米蒸煮品质的种子和母体遗传分析［J］．中国水稻科学，8（3）：129-134.
石春海，申宗坦．1995. 早籼粒形的遗传和改良［J］．中国水稻科学，9（1）：27-32.
舒庆尧，吴殿星，夏英武，等．1999a. 用近红外反射光谱技术测定精米粉样品表观直链淀粉含量的研究［J］．中国水稻科学，13（3）：189-192.
舒庆尧，吴殿星，夏英武，等．1999b. 水稻杂交后代表观直链淀粉质量分数与蜡质基因$(CT)_n$微卫星多态性的相关性［J］．应用与环境生物学报，5（5）：464-467.
宋文昌，陈志勇，张玉华．1989. 同源四倍体和二倍体水稻香味的遗传分析［J］．作物学报，15（3）：

173-277.
孙义伟，刘宜柏.1990. 稻米胚乳直链淀粉含量的基因剂量效应 [J]. 江西农业大学学报，49-54.
谈移芳，张启发.2001. 水稻蜡质基因引导区的两个 SSR 序列与直链淀粉含量的相关性 [J]. 植物学报，43 (2)：146-150.
汤圣祥，张云康，余汉勇.1996. 籼粳杂交稻米胶稠度遗传 [J]. 中国农业科学，29 (5)：51-55.
汤圣祥，Khush G S. 1993. 籼稻胶稠度的遗传 [J]. 作物学报，19 (2)：119-123.
唐绍清，石春海，焦桂爱.2004. 利用近红外反射光谱技术测定稻米中脂肪含量的研究初报 [J]. 中国水稻科学，18 (6)：563-566.
王长发，高如嵩.1996. 单粒稻米直链淀粉含量测定方法研究 [J]. 西北农业学报，5 (2)：35-39.
武小金.1989. 稻米蒸煮品质性状的遗传研究 [J]. 湖南农学院学报，15 (4)：6-9.
吴殿星，舒庆尧，夏英武.2000. 低表观直链淀粉含量早籼稻的胚乳外观快速识别及品质改良应用分析 [J]. 作物学报，26 (6)：763-768.
徐辰武，莫惠栋，顾铭洪，等.1990. 谷类作物品质遗传研究进展 [M]. 南京：江苏科学技术出版社.
徐辰武，莫惠栋.1998. 籼稻糊化温度的质量—数量遗传研究 [J]. 作物学报，22 (4)：385-391.
杨联松，白一松，许传万，等.2001. 水稻粒形类型及其遗传的研究进展 [J]. 安徽农业科学，29 (2)：164-167.
易小平，陈芳远.1992. 籼型杂交水稻稻米蒸煮品质、碾米品质及营养品质的细胞质遗传效应 [J]. 中国水稻科学，6 (4)：187-189.
游晴如，黄庭旭，周仕全，等.2003. 香稻“A04”香味的遗传研究 [J]. 福建稻麦科技 (4)：21-23.
曾大力.2007. 水稻胚乳低直链淀粉控制基因 Dull Endosperm1 的图位克隆与研究[D]. 北京：中国科学院遗传与发育生物学研究所.
张元虎，姜萍，张晓芳，等.1996. 水稻香味的遗传及其利用 [J]. 贵州农业科学 (6)：16-19.
中华人民共和国农业部 1986. NY 122-86. 优质食用稻米 [S]. 北京：中国标准出版社.
中华人民共和国农业部 1988. NY 147-88. 米质测定方法 [S]. 北京：中国标准出版社.
周坤炉，白德郎，阳和华.1989. 杂交香稻香味的遗传与应用 [J]. 湖南农业科学 (5)：43.
AHN S N，BOLLICH C N，TANKSLEY S D. 1992. RFLP tagging of a gene for aroma in rice [J]. Theoretical and Applied Genetics，84：825-828.
AHN S N，BOLLICH C N，MCCLUNG A M，et al. 1993. RFLP analysis of genomic regions associated with cooked kernel elongation in rice [J]. Theoretical and Applied Genetics，87：27-32.
ALI S S，JAFRI S J H，KHAN M J，et al. 1993. Inheritance studies on aroma in two aromatic varieties of Pakistan [J]. In Rice Re News，18 (2)：6.
ALUKO G，MARTINEZ C，TOHME J，et al. 2004. QTL mapping of grain quality traits from the interspecific cross *Oryza sativa* ×*O. glaberrima* [J]. Theoretical and Applied Genetics，109：630-639.
ANDOH A，TSUJIKAWA T，FUJIYAMA Y. 2003. Role of dietary and short-chain fatty acids in the colon [J]. Current Pharmaceutical Design，9：347-358.
AYRES N M，MCCLUNG A M，LARKIN P D，et al. 1997. Microsatellite and a single nucleotide polymorphism differentiate apparent amylose content classes in an extended pedigree of US rice germplasm [J]. Theoretical and Applied Genetics，94：773-781.
BAO J S，ZHENG X W，XIA Y W，et al. 2000. QTL mapping for the pasting viscosity characteristics in rice [J]. Theoretical and Applied Genetics，100 (2)：280-284.
BAO J S，CORKE H，SUN M. 2006. Microsatellites，single nucleotide polymorphisms and a sequence tagged site in starch-synthesizing genes in relation to starch physicochemical properties in nonwaxy

rice (*Oryza sativa* L.) [J]. Theoretical and Applied Genetics, 113: 1 185 - 1 196.

BERNER D K, HOFF B J. 1986. Inheritance of scent in American long grain rice [J]. Crop Science, 26: 876 -878.

BJOCK I, NYMAN M, PEDERSEN B, et al. 1987. Formation of enzyme resistant starch during antocaving of wheat starch: Studies *in vitro* and *in vivo* [J]. Journal of Cereal Science, 6: 159 - 172.

BLIGH H F, TILL R I, JONES C A. 1995. A microsatellite sequence closely linked to the waxy gene of *Oryza sativa* [J]. Euphytica, 86: 83 - 85.

BOLLICH C N, Webb B D. 1973. Inheritance of amylose in two hybrid populations of rice [J]. Cereal Chemistry, 50: 631 - 636.

BRADBURY L M T, FITZGERALD T L , HENRY R J, et al. 2005. The gene for fragrance in rice [J]. Plant Biotechnology Journal, 3: 363 - 370.

BROUNS F, KETTLITZ B, ARRIGON E. 2002. Resistant starch and "the butyrate revolution" [J]. Trends in Food Science &Technology, 13: 251 - 261.

CAGAMPANG G B, PEREZ C M, JULIANO B O. 1973. A gel consistency test for eating quality of rice [J]. Journal of the Science of Food and Agriculture, 24: 1 589 - 1 594.

CHAMP M. 1992. Determination of resistant starch in foods and foods products: interlaboratory study [J]. European Journal of Clinical Nutrition, 46 (2): 51 - 62.

CHANG W L, LI W Y. 1981. Inheritance of amylose content and gel consistency in rice [J]. Botanical Bulletin of Academia Sinica, 22: 35 - 47.

CORDEIRO G M, CHRISTOPHER M J, HENRY R J, et al. 2002. Identification of microsatellite markers for fragrance in rice by analysis of the rice genome sequence [J]. Molecular Breeding, 9 (4): 245 -250.

DELA CRUZ N, KUMAR I, KAUSHIK R P, et al. 1989. Effect of temperature during grain development on the performance and stability of cooking quality components of rice [J]. Japanese Journal of Breeding, 39.

DELWICHE S R, MCKENXIE K S, WEBB B D. 1994. Quality characteristics in rice by near - infrared reflectance analysis of whole grain milled sample [J]. Cereal Chemistry, 73: 257.

DHULAPPANAVAR C V. 1976. Inheritance of scent in rice [J]. Euphytica, 25: 659 - 662.

ENGLYST H N, ANDERSON V, CUMMINGS J. 1993. Classification and measurement of nutritionally important starch fractions [J]. European Journal of Clinical Nutrition, 45: 533 - 550.

ENGLYST H N, ANDERSON V, CUMMINGS J. 1983. Starch and non - starch polysaccharides in some cereal foods [J]. Journal of the Science of Food and Agriculture, 34: 1 434 - 1 440.

FAN C C. 2006. *GS3*, a major QTL for grain length and weight and minor QTL for grain width and thickness in rice, encodes a putative transmembrane protein [J]. Theoretical and Applied Genetics, 112: 1 164 - 1 171.

GARLAND S, LEWIN L, BLAKENEY A, et al. 2000. PCR - based molecular markers for the fragrance gene in rice (*Oryza sativa* L.) [J]. Theoretical and Applied Genetics, 101: 364 - 371.

GEETHA S. 1994. Inheritance of aroma in two rice crosses [J]. International Rice Research Institute, 19 (2): 5.

GOTO F, YOSHIARA T, SHIGEMOTO N, et al. 1999. Iron fortification of rice seed by the soybean ferritin gene [J]. Nature Biotechnology, 17: 282 - 286.

HE P, LI S G, QIAN Q, et al. 1999. Genetic analysis of rice grain quality [J]. Theoretical and Applied

Genetics, 98: 502 - 508.

HSIEH S C, KUO Y C. 1982. Evaluation and genetical studies on grain quality characters in rice [J] . Plant Breeding: 99 - 112.

HU P S, ZHAO H J, DUAN Z J, et al. 2004. Starch digestibility and the estimated glycemic score of different types of rice differing amylose contents [J] . Journal of Cereal Science, 40: 231 - 237.

IWAMOTO M, SUZUKI T, UOXUMI J. 1986. Analysis of protein and amino acid contents in rice flour by near - infrared spectroscopy [J] . Nippon Shokuhin Kogyo Gakkai - Shi, 33: 846 - 854.

JAYAMANI P, NEGRAO S, BRITES C, et al. 2007. Potential of *Waxy* gene microsatellite and single - nucleotide polymorphisms to develop japonica varieties with desired amylose levels in rice (*Oryza sativa* L.) [J] . Journal of Cereal Science (46): 178 - 180.

KAUSHIK R P, KHUSH G S. 1991. Genetic analysis of endosperm mutants in rice *Oryza sativa* L [J] . Theoretical and Applied Genetics, 83: 146 - 152.

KAWASAKI T. 1993. Molecular analysis of the gene encoding a rice starch branching enzyme [J] . Molecular and General Genetics, 237: 10 - 16.

KUMAR I, KHUSH G S. 1987. Genetics analysis of different amylose content levels in rice [J] . Crop Science, 27: 1 167 - 1 172.

KUO Y C, LIU C. 1986. Genetic studies on large kernel size of rice 11: Inheritance of grain dimension of brown rice [J] . Journal of Agriculture, 35 (4): 401 - 412.

LANCERAS J C, HUANG Z L. 2000. Mapping of genes for cooking and eating qualities in Thai jasmine rice (KDML105) [J] . DNA Research, (7): 93 - 101.

LI J M, THOMSON M, MCCOUCH S R. 2004. Fine mapping of a grain - weight quantitative trait locus in the pericentromeric region of rice chromosome 3 [J] . Genetics, 168: 2 187 - 2 195.

LIN S Y, NAGAMURA Y, KURATA N, et al. 1994. DNA markers tightly linked to genes, *Ph*, *alk* and *Rc* [J] . Rice Genetics Newsletters, 11: 108.

LOPEZ H, COUDRAY C, BELLANGER J, et al. 2000. Resistant starch improves mineral assimilation in rats adapted to a wheat bran diet [J] . Nutrition Research, 20: 141 - 155.

LORIEUX M, PETROV M, HUANG N, et al. 1996. Aroma in rice: genetic analysis of a quantitative trait [J] . Theoretical and Applied Genetics, 93: 1 145 - 1 151.

LUCCA P R, HURRELL R F, POTRYKUS I. 2001. Genetic engineering approaches to improve the bioavailability and the level of iron in rice grains [J] . Theoretical and Applied Genetics, 102: 392 - 397.

MATSUE Y, ODAHARA K, HIRAMATSU M. 1995. Studies on relationship between the palatability of rice and protein content [J] . Japanese Journal of Crop Science, 64 (3): 601 - 606.

MCKENZIE K S, RUTGER J N. 1983. Genetic analysis of amylase content, alkali spreading value score, and grain dimension in rice [J] . Crop Science, 23: 306 - 313.

MIKAMI I, AIKAWA M, HIRANO H Y, et al. 1999. Altered tissue specific expression at the *Wx* gene of opaquemutants in rice [J] . Euphytica, 105: 91 - 97.

NISHI A, NAKAMURA Y, TANAKA N, et al. 2001. Biochemical and genetic analysis of the effects of amylose - extender mutation in rice endosperm [J] . Plant Physiology, 127 (2): 459 - 472.

OGAWA Y, SUGIYAMA J, KUENSTING H, et al. 2001. Advanced technique for dimensional visualization of compound distributions in a rice kemel [J] . Journal of Agricultural and Food Chemistry, 49: 736 - 740.

OHTSUBO K, TOYOSHIMA H, OKADOME H. 1998. Quality assay of rice using traditional and novel

tools [J] . Cereal Foods World, 43 (4): 203 - 206.
OKUNO K, FUWA H, YANO M. 1983. A new mutant gene lowering amylose content in endosperm starch of rice, *Oryza sativa* L. [J] . Japanese Journal of Breeding, 33: 387 - 394.
PARK I K, KIM S S, KIM K. 2001. Effect of milling ratio on sensory properties of cooked rice and on physicochemical properties of milled and cooked rice [J] . Cereal Chemistry, 78 (2): 151 - 156.
PINSON S R M. 1994. Inheritance of aroma in six rice cultuars [J] . Crop Science, 34: 1 151～1 157.
POONI H S, KUMAR I, KHUSH G S. 1993. Genetical control of amylose content in selected crosses of indica rice [J] . Heredity, 70 (3): 269 - 280.
RABIEI B, VALIZADEH M, GHAREYAZIE B, et al. 2004. Identification of QTLs for rice grain size and shape of Iranian cultivars using SSR markers [J] . Euphytica, 137: 325 - 332.
RANHOTRA G, GELROTH J, GLASER B. 1996. Effect of resistant starch on blood and liver lipids in hamsters [J] . Cereal Chemistry, 73: 176 - 180.
RASHMI S, UROOJ A. 2003. Effect of processing on nutritionally important starch fraction in rice varieties [J] . International Journal of Food Sciences and Nutrition, 54: 27 - 36.
REDDY P R, SATHYANARAYANAIAH K. 1980. Inheritance of aroma in rice [J] . Indian Journal of Genetics and Plant Breeding, 40: 327 -329.
SAHA B C, GHOSH A S. 1973. Elastic and 2s, 2p excitation cross sections of hydrogen atom by the Faddeev approach [J] . Journal of Physics B: Atomic, Molecular and Optical Physics, 6: 252 - 254.
SATO H, SUZUKI Y, OKUNO K, et al. 2001. Genetic analysis of low - amylose content in a rice variety, "Milky Queen" [J] . Japanese Breeding Research, 3: 13 - 19.
SATO H. 2002. Genetics and breeding of high eating quality rice: Status and perspectives on the researches of low amylose content rice [J] . Japan Agriculture and Horticulture, 77 (5): 20 - 28.
SATO H, SUZUKI Y, SAKAI M, et al. 2002. Molecular chatacterization of *Wa - mq*, a Novel mutant gene for low amylose content in endosperm of rice (*Oryza sativa* L.) [J] . Breeding sicene, 52: 131 -135.
SEPTININGSIH E M, TRIJATMIKO K R, MOELJOPAWIRO S, et al. 2003. Identification of quantitative trait loci for grain quality in an advanced backcross population derived from the *Oryza sativa* variety IR64 and the wild relative *O. rufipogon* [J] . Theoretical and Applied Genetics, 107: 1 433 - 1 441.
SHEN Y J, JIANG H, et al. 2004. Development of genome - wide DNA polymorphism database for map - based cloning of rice genes [J] . Plant Physiology, 135: 1 198 - 1 205.
SHI C H, ZHU J, ZANG R C, et al. 1997. Genetic and heterosis analysis for cooking quality traits of indica rice in different environment [J] . Theoretical and Applied Genetics, 94 (1 - 2): 294～300.
SOWBHAGYA C M, RAMESH B S, BHATTACHARYA K R. 1987. The relationship between cooked - rice texture and the physiochemical characteristics of rice [J] . Journal of Cereal Science, 5: 287 -297.
SONG X J, HUANG W, SHI M, et al. 2007. A QTL for rice grain width and weight encodes a previously unknown ring - type E3 ubiquitin ligase [J] . Nature Genetics, 35 (5): 623 - 630.
SOOD B C, SIDDIQ E A. 1978. A rapid technique for scent determination in rice [J] . Indian Journal of Genetics and Plant Breeding, 38: 268 - 271.
SOOD B C, SIDDIQ E A. 1983. Genetic analysis of kernel elongation in rice [J] . Indian Journal of Genetics and Plant Breeding, 43: 40 - 43.

TAKITE T. 1989. Breeding for grain shape in rice [J] . The Journal of Agricultural Science, 44 (6): 39 - 42.

TAN Y F, XING Y Z, LI J X, et al. 2000. Genetic bases of appearance quality of rice grains in Shanyou 63, an elite rice hybrid [J] . Theoretical and Applied Genetics, 101: 823 - 829.

TAN Y F, LI J X, YU S B, et al. 1999. The three important traits for cooking and eating quality of rice grains are controlled by a single locus in an elite rice hybrid, Shan you 63 [J] . Theoretical and Applied Genetics, 99: 642 - 648.

TAN Y F, ZHANG Q F. 2001. Correlation of simple sequence repeat (SSR) variants in the leader sequence of the *waxy* gene with amylose content of the grain in rice [J] . Acta Botanica Sinica, 43 (2): 146 - 150.

TANAKA K. 1995. Structure, organization, and chromosomal location of the gene encoding a form of rice soluble starch synthase [J] . Plant Physiology, 108 (2): 677 - 683.

TANG S X, KHUSH G S, JULIANO B O. 1989. Diallel analysis of gel consistency in rice [J] . Sabrao Journal of Breeding, 21: 135 -142.

TOMAR J B, NANDA J S. 1984. Genetics of gelatization temperature and its association with protein content in rice [J] . Indian Journal of Genetics and Plant Breeding, 44: 84 - 87.

TOPPING D L, CLIFTON P M. 2001. Short - chain fatty acids and human colonic function: role of resistant starch and nonstarch polysaccharides [J] . Physiological Reviews, 81: 1 031 - 1 064.

UMEMOTO T, AOKI N, LIN H X, et al. 2004. Natural variation in rice starch synthase IIa affects enzyme and starch properties [J] . Functional Plant Biology, 31: 671 - 684.

VILLAREAL C P, CRUZ N M, JIULIANO B O. 1994. Rice amylose analysis by near - infrared transmittance spectroscopy [J] . Cereal Chemistry, 71: 292.

WAN X Y, WAN J M, JIANG L, et al. 2006. QTL analysis for rice grain length and fine mapping of an identified QTL with stable and major effects [J] . Theoretical and Applied Genetics, 112: 1 258 - 1 270.

WATERS D L E, HENRY R J, RUSSELL F, et al. 2006. Gelatinization temperature of rice explained by polymorphisms in starch synthase [J] . Plant Biotechnology Journal, 4: 115 - 122.

XIAO K, ZUO H L, et al. 2006. Genetic mapping of QTLs for grain dimension in rice grown in two asian countries [J] . Asian Journal of Plant Sciences, 5 (3): 516 - 552.

YANO M, OKUNO K, SATOH H. 1988. Chromosomal location of genes conditioning low amylase content of endosperm starches in rice *Oryza sativa* L. [J] . Theoretical and Applied Genetics, 76: 183 - 189.

YE X, AL - BABILI S, KLOTI A. 2000. Engineering the pro - vitamin A (β - carotene) biosynthetic pathway into (carotenoid - free) rice endosperm [J] . Science, 287: 303 - 305.

YONEKURA L, TAMURA H, SUZUKI H. 2004. Chitosn and resistant starch restore zinc bioavailability mechanism in marginally zinc - deficient rats [J] . Nutrition Research, 24: 121 - 132.

5 第五章

抗　性　育　种

由于广泛的地域分布和生长周期内的复杂生态环境，水稻生产常会遭遇不同程度的生物胁迫和非生物逆境的影响。筛选、利用水稻抗性种质资源，培育水稻新品种，增强其抵御不同生物或非生物胁迫能力，提高水稻生产能力，是稻作科学研究的一项长期而且重要的内容。水稻抗性育种包括抗病虫育种，耐冷、耐热育种以及耐盐碱育种，涉及种质筛选、基因鉴定利用以及育种技术等。

第一节　水稻抗病育种

一、抗病育种概述

在我国，危害水稻的侵染性病害有300多种，常年发生的水稻病害主要有稻瘟病、纹枯病和白叶枯病等3种病害。此外，近年来逐步蔓延的稻曲病、稻黑粉病、叶尖枯病等病害的发生与流行，也是影响水稻高产稳产的主要限制因子。在众多的病害防治措施中，培育和利用抗病品种被认为是一种经济、安全而且有效的措施。由于不同病害的病原菌致病性和寄主抗病性等研究的深度和广度不同，抗病育种的进展也不尽相同。目前，我国水稻抗病育种工作主要是针对危害比较严重的病害，如稻瘟病和稻白叶枯病等，并取得了较大的进展；而另一些病害，如纹枯病等的抗性机制尚不明确，且可供利用的抗源很少，抗病育种的进展相对较慢。

二、水稻三大病害抗病育种基础理论研究

1. 水稻抗稻瘟病的遗传及基因定位

稻瘟病是由稻瘟病菌（*Pyricularia grisea*）引起的水稻最严重的真菌性病害之一。

稻瘟病流行年份重病区一般减产10%～20%，严重的地方减产40%～50%，有的地方甚至颗粒无收。利用抗病品种一直被公认为是防治稻瘟病最经济且有效的措施。不同水稻品种对稻瘟病菌的抗性差异非常明显，有些品种表现高度抗病或免疫，有些品种则表现高度感病或对病原菌表现出很强的专化性。目前，生产上绝大多数抗病品种普遍存在抗病性丧失快的问题，通常大面积种植3～5年就容易“丧失”其抗病性，引起稻瘟病的爆发和流行。抗病性的丧失与病原菌致病性的变异及水稻品种的专化抗性关系密切。

一般认为，抗病性的丧失主要原因有以下几点：一是稻瘟病菌具有高度的异质性和变异性，导致田间生理小种（群落）的多样性和复杂性。稻瘟病生理小种的遗传组成复杂，使得致病性多种多样。如菲律宾曾鉴定出66个生理小种，我国北方稻区也曾鉴定出115个小种。二是某些品种的抗病性是由单个主效基因提供的垂直抗性，抗谱窄，在寄主与病原物之间的协同进化过程中，病原物群体会产生克服寄主抗病性的基因型，致使抗性消失。近年来，稻瘟病菌的DNA指纹分析以及非致病性基因克隆等研究结果表明，稻瘟病菌在分子水平上也是高度异质和易变的，非致病性基因自发突变的频繁发生，使病原菌迅速克服新应用的抗病基因成为可能。三是由于部分稻区栽培品种过于单一，品种的遗传基础狭窄或者主栽品种具有很高的同质性。四是在抗病品种鉴定过程中，所采用的鉴定菌株（生理小种）无法代表大田栽培条件下的遗传复杂性。另外，传统的育种周期太长，难以跟上致病性稻瘟病菌生理小种的变化速度。非专化抗性品种很少受病原菌致病性变异的影响，可能具有持久的抗性，但由于其鉴定和选育都比较困难，常被育种和生产所忽视。不过，这种持久抗性的遗传机理愈来愈受到研究人员的高度重视。

水稻品种对稻瘟病的专化抗性大多受1对或几对主效基因控制，也存在一些微效基因的相互作用。主效基因的抗性是一种小种专化性抗性，即寄主对某些小种能高度抵抗甚至免疫，而对另一些小种表现高度的感病，表现质量性状的遗传特性。多数主效抗病基因呈显性或不完全显性，亦有呈隐性的，不同基因间相互独立或存在互作关系。杂交后代的抗性分离表现常因具体杂交组合中抗病基因的种类和数目以及所用鉴别菌系的不同而异。通常，水稻对稻瘟病专化抗性的遗传率较高，可在早代进行选择；而对非专化抗性由于其遗传远比专化抗性复杂而研究得较少。

据不完全统计，目前国内外利用常规技术和分子生物学手段已鉴定和定位了至少30个抗稻瘟病主效基因和10多个抗性数量位点。例如，Yu等（1996）以5173和Tetep为供体亲本将稻瘟病抗病基因导入CO39受体亲本构建近等基因系，并利用此近等基因系定位了*Pi1*、*Pi2*和*Pi4*等3个基因，分别位于水稻的11、6和12号染色体上。Makill等（1992）在近等基因系C101PKT发现了*Pi3*。Wang等（1994）利用重组自交系（RIL）群体将两个抗稻瘟病基因*Pi5*（*t*）和*Pi7*（*t*）定位于水稻第4、11染色体上。Miyamoto等（1996）将*Pib*基因定位于水稻的第2染色体上。Pan等（2003）将*Pi5*定位于水稻的9号染色体上。朱立煌等利用RIL将抗病基因*Pi-zh*定位于水稻第6染色体上。吴金红等（2002）对*Pi2*基因还进行了较精细定位，将其确定在标记RG64和AP22之间，遗传距离分别为0.9cM和1.2cM。部分定位和克隆的主效抗稻瘟病基因列在表5-1中。

表 5-1　部分主效抗稻瘟病基因的定位

基因	种质	染色体	参考文献
Pi1	LAC23	11	Yu et al，1996
Pi2	5173	6	Yu et al，1996
Pi4	Tetep	12	Yu et al，1996
Pi5	Morobereken	4	Wang et al，1994
Pi7	Morobereken	11	Wang et al，1994
Pi10	Tongil	5	Naqvi and Chatto，1996
Pib	Tjahaja	2	Miyamoto et al，1996
Pih1	Hongjiaozhan	12	Zheng et al，1995
Pita	Tadukan	12	Rybka et al，1997
Pita2	Tadukan	12	Rybka et al，1997
Pizh	Zhaiyeqing 8	8	Zhu et al，1994
Pid（*t*）	Digu	2	Li et al，2000
Pi9	75-1-127	6	Qu et al，2006

2. 水稻白叶枯病的遗传及基因定位

稻白叶枯病是世界上最重要的水稻细菌性病害之一，由病原黄单胞菌的变种 *Xanthomonas oryzae* pv. *oryzae*（Xoo）引起。病原菌通常由伤口或水孔等进入寄主维管束传播，再在木质部中大量增殖，尔后蔓延至整个植株，导致病害不断扩大加重。白叶枯病通常在高温、多雨和日照不足时容易发病流行，田间常在分蘖期观察到病症，并随植株的生长而发展，至抽穗期达到高峰。水稻受白叶枯病的危害后，一般减产 20%～30%，严重时甚至绝收。

白叶枯病菌不像稻瘟病菌那样易变，但也存在着致病性的分化。1993 年国际水稻研究所（IRRI）在菲律宾鉴定出 9 个生理小种。我国学者根据从全国收集到的 835 个菌株在 5 个最基本的鉴别品种上的致病反应，将中国白叶枯病病原菌划分为七个致病型，北方粳稻区多为Ⅱ和Ⅰ型，南方籼稻区以Ⅳ型为主，还有少量Ⅴ型，长江流域主要为Ⅱ和Ⅳ型。

水稻品种对白叶枯病的抗性具有很强的专化性，不同的品种表现的抗性不一致，但主要表现为主效基因控制。由于白叶枯病菌本身的变异小，因而抗病品种的抗性相对比较稳定。另外，水稻品种对白叶枯病的抗性表现存在明显的生育期差异，有苗期抗性、成株期抗性和全生育期抗性之分。如水稻白叶枯病抗性基因 *Xa21* 表现为成株抗性，抗性受发育时期的影响，即苗期感病逐渐发育到成株期表现高抗。抗白叶枯病基因 *xa3*、*Xa22*（*t*）和 *Xa23* 被认为与水稻成株期抗性有关。而带有 *Xa4*、*xa5* 和 *Xa10* 基因的品种则表现为苗期抗性，且该抗性可一直保持到成株阶段，表现为全生育期抗性。

从 1982 年以来，日本和国际水稻研究所合作创建了国际水稻白叶枯病抗性鉴别系统，统一采用日本和菲律宾两套病菌鉴别小种和研究方案，开展抗性基因鉴定，并对不同白叶枯病抗性基因，均用 *Xa* 表示进行统一命名，删去了一些以前重复命名的基因。近年利用分子标记对白叶枯病的抗性遗传进行了大量的遗传研究，发掘出 30 多个主效白叶枯病抗性基因和一大批数量位点 QTL，其中，*Xa1*、*Xa21*、*xa5*、*xa13*、*Xa26* 和 *Xa27* 已被克隆（表 5-2）。这些基因的发现和克隆为抗白叶枯病的分子育种奠定了重要基础。

表 5-2 部分已克隆的抗白叶枯病基因

基因	种 质	染色体	参考文献
Xa21	*O. longistaminata* (or IRBB21, IRBB60)	11	Song et al, 1995
Xa1	Kogyoku	4	Yoshimura et al, 1998
xa5	IR1545-339	5	Iyer and McCouch, 2004
xa13	IRBB13	8	Chu et al, 2006
Xa23	*O. rufipogon* (or CBB23)	11	Zhang et al, 1998
Xa26/Xa3	明恢 63	11	Sun et al, 2004; Xiang et al, 2006
Xa27	*O. minuta* (or 78-1-5)	6	Gu et al, 2005

值得提出的是，在白叶枯病基因研究方面，我国科学家发现、定位和克隆了一批有利用价值的抗病新基因。例如，Zhang 等（1998）通过野栽杂交、花培、回交等手段育成纯合抗病系 H4，并以金刚 30 和 IR24 为轮回亲本回交培育近等基因系 CBB23 和 CBB23（B），经抗谱比较及抗性遗传研究，确定了一个位于水稻 11 号染色体上的新抗病基因，2001 年经国际水稻新基因命名委员会正式命名为 *Xa23*。该基因具有广谱高抗白叶枯病等特性，能抗菲律宾小种 1-10、中国致病型小种 1-7 和日本小种 1-3，共 20 个国内外白叶枯病鉴别菌株，而且全生育期抗病，表现为完全显性，抗性遗传传递力强，便于育种选择。谭光轩等（2004）在药用野生稻（*Oryza officinalis*）渗入栽培稻的后代（B5）中，鉴定出 *Xa29*（*t*）基因。该基因抗菲律宾小种 PXO61。同时，利用 B5 与籼稻品种明恢 63 杂交建立的 187 个稳定纯合的重组自交系（RILs）群体，将该抗病基因定位于第 1 染色体短臂的 C904 和 R596 之间，其遗传距离为 1.3cM。Lin 等（1996）在云南品种扎昌龙中发现了另一新的白叶枯病抗性基因 *Xa22*（*t*）。扎昌龙在成株期对我国致病型Ⅰ、Ⅱ、Ⅳ和Ⅷ、菲律宾小种 1、3、4、5 和 6 以及日本小种Ⅰ、Ⅱ和Ⅲ的 12 个代表菌株具有抗性，表现为 1 对显性基因遗传，且定位于水稻第 11 染色体末端，与 *Xa4* 紧密连锁。Chen 等（2002）利用珍汕 97 与明恢 63 构建的重组自交系群体通过接种菲律宾小种 9，在水稻第 12 染色体上发现了一个白叶枯病抗病基因，由于水稻第 12 染色体上还未发现任何有关白叶枯病抗性基因，所以认为该基因是 1 个新的抗病基因，命名为 *Xa25*（*t*）。Yang 等（2003）则报道明恢 63 还有 1 个在苗期和孕穗期都抗中国菌株 JL691 的显性基因 *Xa26*（*t*），定位在第 11 染色体上，且与 *Xa4* 紧密连锁。该基因已被克隆，且证明与 *Xa3* 等位。最近，Chu 等（2006）利用 IRBB13 与 IR24 的 F_2 群体接种菲律宾小种 6（PXO99），利用图位克隆的方法成功分离克隆了一个隐性抗白叶枯病基因 *xa13*。

3. 纹枯病及其遗传研究

纹枯病（*Rhizoctonia solani* Kühn）是遍及全球的水稻真菌性病害，其发生和危害程度仅次于稻瘟病和白叶枯病。随着高产、矮秆、多蘖良种的推广以及种植密度和施氮量的增加，其危害日趋严重。特别是 20 世纪 80 年代后期，水稻纹枯病已发展成为一种主要的水稻病害，一般造成减产 15%～20%，严重可达到 60%～70%。

纹枯病菌不产生无性孢子，是以菌丝或菌核形态存在于自然界的土壤习居菌。根据菌丝融合现象，国际上已鉴定出12个纹枯病菌菌丝融合群。我国近年来也鉴定出部分菌丝融合群，丝核菌的异核现象导致了纹枯病菌的多变性。由于纹枯病菌半腐生性强，寄主范围宽，建立适用于抗纹枯病的遗传研究的病原菌接种和病情调查方法较困难，以至于多数水稻生产国开展抗纹枯病育种研究相对迟缓。

国际水稻研究所对近10万份水稻种质资源进行了多年、多点鉴定，只筛选出少数中等抗性品种，没有发现高抗或免疫品种。彭绍裘等（1986）对2.4万份栽培稻和野生稻进行连续8年的抗性鉴定，也未发现理想抗源。李桦等（2000）对190份粳稻品种进行抗纹枯病鉴定与筛选，发现抗病材料6份，仅占供鉴总数的3.2％。陈宗祥等（2000）也对水稻纹枯病抗源进行了研究，认为籼、粳稻中均有抗病品种存在，而且抗性既可存在于高秆品种中，也可存在于半矮秆品种中。

由于缺乏对纹枯病抗性稳定的高抗或免疫水稻品种，国内外有关水稻纹枯病的抗性遗传研究相对较少。Sha和Zhu（1989）利用中等纹枯病抗性亲本与感病亲本杂交，发现F_1代的抗性表现均介于双亲之间，F_2代的抗性表现均呈连续分布，并由此认为水稻纹枯病的抗性性状是受多基因控制的。Xie等（1992）从感病材料Labelle的体细胞突变体中筛选到两个抗性变异株LSBR 25和LSBR 233，其抗性分别受一对或两对主效隐性基因控制。潘学彪等（1999）对水稻抗病品种Jasmine 85与感病品种Lemont的杂交组合构建的F_2的单株无性系群体，以牙签嵌入法对128个无性系进行纹枯病菌接种，选择极端抗感无性系构建抗感近等基因池，检测到3个主效抗病QTL（暂命名为*Rh2*，*Rh3*和*Rh7*），分别位于第2，3和7染色体上。它们均来自抗病亲本Jasmine 85。Pan等（1999）研究了两个抗性亲本特青和Jasmine 85分别与感病亲本杂交组合的抗性遗传，发现抗感杂交的F_1代抗性类似于特青，杂种F_2代的抗性分离明显地向抗病一侧倾斜；而与感病亲本回交后代的抗性分离表现为大小基本上相等的两个明显的峰，对F_3家系进行逐株病级调查，认为特青具有一个作用效应较大的显性主效抗纹枯病基因，可使病级减轻2～5级左右。该结果表明，Jasmine 85和特青的抗性分别由一个非等位的主效显性基因控制，两基因彼此独立，相结合时可表现一定的加性效应。国广泰史等（2002）利用抗性品种窄叶青8号和感病品种京系17构建的DH群体，检测到四个抗性QTL位点，分别位于水稻第2、3、7、11染色体。其中，位于第3染色体上的一个抗纹枯病QTL与控制秆高QTL位于同一染色体区域。

三、水稻抗病育种实践

长期以来，国内外水稻抗病育种工作主要是针对水稻品种专化抗性强的病害，通常采用常规杂交、结合回交、复交或辐射诱变等手段选育抗病品种，将广谱高抗的主效基因导入到目前的主栽品种中，但由于所育成的抗病品种在大面积单一种植时，常因病原菌致病小种的消长变化而发生感病化，使得主效基因失去抗性，从而给水稻生产造成一定损失。如目前我国主要栽培品种所带有的抗白叶枯病基因源狭窄，主要以粳稻品种中*xa3*基因和籼稻品种的*Xa4*为主，长期大规模地种植单一抗源品种，势必引起病原菌群体遗传结构的变化，产生能侵染现有抗源的新小种，导致品种抗性的丧失。水稻对稻瘟病抗性的丧失问题特别严重，绝大多数抗稻瘟病品种大面积推广3～5年就会感病，抗白叶枯病品种大面积推广3～5年以后也往往出现抗性下降或丧失现象。

由于病原菌新小种的出现使得单基因控制的垂直抗性可能被克服，因此提高水稻抗病的持久性是一个迫切需要解决的问题。一般认为，可以利用水平抗性即数量性状位点（QTL）来获得更持久的抗性。但数量性状位点对抗性的贡献效应较小，较难直接在育种中加以利用。因此，发现抗性新基因是培育持久抗性品种的主要基础。利用有利抗性基因，聚合不同抗谱的抗病基因或QTL，是持久抗病品种培育的主要策略之一。同时，采用栽培和生态区域的不同抗病品种的布置和品种交替使用，也是保持品种持久抗性、延长抗病性品种寿命的措施之一。

1. 水稻稻瘟病抗性育种

在稻瘟病抗病方面，薛石玉等（1999）在1980—1994年间用国内抗稻瘟病品种赤块矮和国外多抗性品种IR2061等抗病品种作抗源供体，以恢复系IR26和IR24作轮回亲本，采用减少回交次数，加大供体群体选择压，成功地将多个抗病基因（主目标性状）导入到轮回亲本中，同时配合力、米质等其他农艺性状（次目标性状）也得到相应的改进或提高，先后育成丽恢62216、丽恢62214等籼型恢复系，并组配筛选汕优6216、汕优6214、优6216等系列抗稻瘟病新组合。湖北省恩施地区农业科学研究所长期从事稻瘟病抗病育种工作，取得了较大的成效，先后育成恩稻3号、恩稻4号、恩稻5号、恩稻6号以及恩恢58、恩恢325、恩恢995、恩恢80等恢复系及其系列杂交组合。从常规育种和生产实践看，抗源抗稻瘟病能力的强弱，是育种成败的关键，也关系到新品种使用寿命的长短。因此在亲本选配上注意以品质较好的材料作母本，抗性过硬的材料作父本，以增强抗性遗传，从F_1代开始逐代在病圃中进行鉴定选择，以期选出抗性稳定的新品种。同时在抗性评价上，坚持以苗瘟和叶瘟为参照，穗颈瘟为重点，才能选育到生产上实用的持久抗性新品种。

分子标记辅助选择同样给稻瘟病抗性育种提供了重要研究手段。Chen等（2001）利用我国东南稻区的715个菌系接种的结果表明，*Pi1*和*Pi2*的供体亲本C101A51和C101LAC的抗病能力分别高达89.65%和92.45%，而带有*Pi3*的亲本的抗病率仅为58.46%，对照CO39的抗病率为33.24%，并指出如果将*Pi1*和*Pi2*聚合，其抗病率可以高达98.04%。刘士平等（2003）利用100个稻瘟病菌株对以CO39为背景且带有单个基因和多个基因聚合的近等基因系进行接种分析结果表明，*Pi1*和*Pi2*属两个广谱高抗稻瘟病基因，其对稻瘟病病菌的抗病能力分别达82.67%和85.33%，而*Pi3*的抗病能力仅达24%。研究表明，聚合*Pi1*和*Pi3*（*Pi1*+*Pi3*）或*Pi2*和*Pi3*（*Pi2*+*Pi3*），其抗性就会增加至89.3%至93.3%之间。如果聚合*Pi1*+*Pi2*+*Pi3*，其抗性更是增加至97.3%，充分表明了基因聚合后抗谱增宽和抗性增强的特点。目前，研究者正利用*Pi1*、*Pi2*基因对珍汕97B、Ⅱ-32B和金23B等品系作抗性改良。高抗稻瘟病新品系有望近年应用于生产。官华中等（2006）以水稻品系75-1-127为供体，将*Pi9*基因导入到金山-1B中，获得了高抗稻瘟病的金山-1B新品系。

2. 水稻白叶枯病抗性育种

近 15 年来，我国在白叶枯病抗病育种方面取得了非常显著的效果。南京农业大学从 1980 年开始长期进行白叶枯病的抗病育种工作，利用携有抗白叶枯病显性基因 *Xa7* 的 DV85 作原始抗源，先与台中本地 1 号（TN1）杂交，育成携有 *Xa7* 基因的中间衍生抗源 TD，再用 TD 作母本与明恢 63 进行杂交，杂交后代中选择目标个体与明恢 63 持续多代回交，经测交、筛选，相继育成携有 *Xa7* 基因的高抗白叶枯病的恢复系抗恢 63、抗恢 98 及 D205 等恢复系，分别与珍汕 97A、Ⅱ-32A 等配组，先后育成了抗优 63、抗优 98（Ⅱ优 98）、Ⅱ优 205 等高产、高抗白叶枯病的系列杂交稻新组合。这些杂交新组合为抗白叶枯病起到了积极作用。

然而，常规育种在聚合多个抗病虫基因，增加基因的多样性，拓宽品种的抗性遗传基础的时候，由于基因间的加性效应和互作相当复杂，基于表型的选择往往存在很大的不确定性，在某些情况下，由于基因间效应的掩盖，表型选择甚至是不可能的。因此，分子标记辅助选择聚合不同品种中的有用基因，提高品种持久抗性和增强抗病力等方面显得尤为重要，也成为抗病育种的一种重要途径。

Huang 等（1997）利用 RFLP 和 PCR 标记，从水稻两两杂交的 F_2代中，得到 2 个家系聚合了抗白叶枯病基因 *Xa4*、*xa5*、*Xa13*，3 个家系聚合了基因 *Xa4*、*xa5*、*Xa21*，3 个家系聚合了基因 *Xa4*、*xa13*、*Xa21*，2 个家系聚合了所有 4 个基因，聚合多个基因的水稻品系表现出较为广谱的抗性，有的甚至超过两亲本的抗谱。Chen 等（2000）以 IRBB21 为 *Xa21* 基因的供体亲本，经一次杂交、三次回交和一次自交的方法，每代通过分子标记辅助选择 *Xa21* 基因，并在 BC_2F_1核 BC_3F_1进行背景筛选，获得了除 *Xa21* 纯合，其他背景与明恢 63 完全一致的新品系华恢 2 号，且抗白叶枯病能力达到高抗白叶枯病水平。巴拉沙特等（2006）将 *Xa4*、*xa5*、*xa13*、*Xa21* 等与 8 个水稻新品系，组配 8 个杂交稻组合，发现携带有 4 个抗白叶枯病基因的聚合系在抗性上高于只带有 1 个白叶枯病的近等基因系。

3. 水稻纹枯病抗性育种

关于纹枯病的育种，目前进展较缓慢，主要是纹枯病还没有找到高抗或免疫的抗病基因，但通过组织培养和转基因法也取得了一定的进展。唐定中等（1997）采用组培方法，以纹枯病菌培养液的粗提毒素为筛选剂，筛选水稻抗纹枯病突变体。通过在诱导培养基和分化培养基分别加入不同浓度的粗毒素进行试验，确定筛选的最适浓度为 0.10～0.15，筛选后获 181 株 R_1代植株和 189 株未经毒素处理的胚培养植株。用菌核接种法分别对 R_1、R_2及 R_3代植株进行抗性鉴定，结果表明，经筛选的 R_1代植株的平均抗性均明显高于对照，而 R_2、R_3代植株的抗性亦优于供体亲本及未经筛选的胚培养对照。

由于几丁质酶具有抗真菌活性，而纹枯病是真菌性病害，其病原菌的细胞壁含有几丁质。目前，研究者已从许多植物和细菌中克隆出几丁质酶基因。水稻中虽含有几丁质酶基因，但为诱导性表达；如果将几丁质酶基因置于组成性表达的启动子之下转入水稻，有可能增加水稻对纹枯病的抗性。许新萍等（2001）将水稻碱性几丁质酶基因（*RC24*）导入优良籼稻品种竹籼 B，外源 *RC24* 基因可以稳定整合到 R_0代至 R_6代转基因水稻基因组中，并得到表达。目前已获得同时抗稻瘟病和纹枯病的转基因品系竹转68和竹转70以及多个转基因纯合株系。

总之，现代水稻抗病育种建立在抗病基因的发掘基础之上，大量抗病基因的定位、克隆以及植物与病原菌互作机理的深入开展，将为水稻抗病分子标记辅助育种和遗传工程育种提供重要的基础。

第二节　水稻抗虫育种

虫害是影响水稻生产的一个重要因素，在亚洲每年因虫害造成的水稻损失可达水稻总产量的30%。近年来，我国每年的虫害产量损失仍然在15%左右。20世纪50～60年代，水稻上的主要害虫为三化螟。70年代以来，褐飞虱和稻纵卷叶螟危害程度大大超过三化螟。70年代后期，由于恢复稻麦两熟制，二化螟危害相应上升，杂交稻推广后，有利于大螟、二化螟的发生。白背飞虱自80年代后在全国范围内虫量显著上升，三化螟在局部地区有回升现象。据统计，2001年，水稻螟虫在长江流域和江南稻区严重发生，受灾面积达1 500多万 hm^2；2004年，水稻螟虫在江南、长江流域和江淮稻区发生面积达2 200多万 hm^2；稻纵卷叶螟在华南、长江中下游、江南稻区大发生，发生面积达1 800多万 hm^2；褐飞虱在西南、华南大部稻区发生较重，发生面积1 700万 hm^2。当前，迁飞性害虫（如褐飞虱、白背飞虱、黑尾叶蝉、稻纵卷叶螟）和钻蛀性害虫（如二化螟、三化螟、稻瘿蚊等）危害仍然十分严重。

如何防治害虫、减少产量损失是育种家一直十分关注的问题。化学防治对虫害是一种比较有效的手段，但显而易见的是，也会带来许多负面效应，如毒杀非目标昆虫及天敌，破坏生态平衡，造成环境污染等。因此，培育水稻抗虫品种已成为害虫综合治理体系中最重要的环节。

一、水稻抗虫性

水稻是受虫害最多的粮食作物，在各个生育期均可遭受害虫的侵害。据统计，国内有记载的水稻害虫就有385种，其中约20种为主要害虫。水稻不同品种在长期选择进化过程中形成抵抗昆虫破坏能力的差异很大。根据害虫的危害程度，可将水稻抗虫性的强度划分为免疫（Immunity）、高抗（High resistance）、低抗（Low resistance）、易感（Susceptibility）、高感（High susceptibility）5个等级。免疫是指在任何已知条件下，某一特定害虫从不取食或危害该品种。一般来说，寄主植物可能有或多或少的抗虫性，但并不免疫。高抗是指一个品种在特定条件下，受某种害虫危害很轻。低抗是指一个品种受害虫危害的程度低于该作物的平均值。易感是指一个品种受害虫危害的程度相当于或高于该作物的一般受害程度或平均值。高感是指一个品种表现出高度敏感性，受害程度远远高于平均受害水平。在具体的品种抗虫性鉴定筛选工作中，抗虫性级别的划分会有所不同。例如，国际水稻研究所根据水稻受螟虫危害后表现的枯心率或白穗率，将抗性划分为0～9个等级，分别与免疫、高抗、抗、中抗、感虫、高感这6个抗性水平相对应（表5-3）。这个等级的划分也适用于其他水稻害虫抗性的评价。

表 5-3 水稻对螟虫抗性级别的划分*

级　别	枯心率（%）	白穗率（%）
0（免疫）	0	0
1（高抗）	10～20	1～10
3（抗）	21～40	11～25
5（中抗）	41～60	26～40
7（感虫）	61～80	41～60
9（高感）	81～100	61～100

* 0～3 级为抗虫，5 级为中抗，7～9 级为感虫。

1. 抗虫机制

根据抗虫机制，作物抗虫性可分为排趋性（或拒虫性）（Antixenosis）、抗生性（Antibiosis）、耐害性（Tolerance）三种。排趋性（或拒虫性）是指植物具备一定的特性，使害虫不喜趋向该植物上取食、产卵或栖居，它直接导致抗虫品种上害虫的虫口密度明显低于感虫品种。比如褐飞虱通过用触角感应水稻挥发出来的气味来进行寄主定位，感虫品种的气味对褐飞虱具有引诱作用，而抗虫品种的气味具有趋避作用。排趋性可由物理因素引起，如寄主某些形态特征能阻止害虫危害；也可由化学因素引起，如抗虫品种分泌出某种化学物质阻止害虫取食。对寄主植物的选择属于害虫的一种生物学特性，因此也有人将这种抗虫性称之为无偏嗜性（Nonpreference）。抗生性是指植物针对害虫的侵害做出不利于害虫的反应，比如使害虫活动困难、食量减少、生殖力降低、生长发育迟缓、体躯变小、体重减轻等，最终导致害虫不能顺利生长、发育和繁殖，死亡率增高。这类抗性可直接降低害虫的成活率和繁殖率，抑制其种群数量。大多数抗生性由化学因素引起，即寄主体内存在对昆虫有害的化学物质或缺少害虫生长发育所必需的某些化学成分。耐害性是指植物能耐受害虫侵害并维持害虫群体，但不显著降低产量和品质。这类抗性很大程度上是作物生理问题，它虽不能影响害虫的种群数量，但在生产上却具有重大实用价值。由于这些抗虫性种类的描述是主观的，所以并不是所有的抗虫现象都能明确地划归为三种抗虫类型之一。一些作物可能因为物候原因而避免受害，如某些早熟品种可使其易受害的危险生育期与害虫盛发期错开，因而避免或减轻受害，这称为避免受害（Host evasion），也叫假抗虫性（Pseudoresistance）。

抗虫品种之所以对害虫具有排趋、抗生或耐害作用，与它们的形态特征及生化特性是分不开的。这些特征特性是它们具有抗虫性的物质基础。其中，生化特性是影响植物抗虫性的一个很重要的因素。作物一般以次生代谢物和营养成分来影响昆虫的行为、生长发育和繁殖。一些次生代谢物可引起昆虫的不良感觉反应，或使之中毒；一些作物体内缺乏昆虫所需的营养成分或含量过低；作物可释放某些化合物吸引害虫的天敌来帮助消灭害虫，从而达到自我保护的目的；另外，某些成分不利于昆虫消化利用食物，如蛋白酶抑制剂、α-淀粉酶抑制剂、外源凝集素、几丁质酶等。这些是作物与昆虫长期相互作用的结果，是在漫长的进化历程中形成的。其中，蛋白酶抑制剂（Proteinase inhibitor，PI）是一类分布广泛、含量较为丰富的天然抗虫蛋白质。它的分子量较小（5～25kD），在大多数植物种子和块茎中含量可高达1%～10%。蛋白酶是昆虫生理代谢过程中的必要成分，负责裂解和消化食物中的蛋白质。蛋白酶抑制剂可以与昆虫消化道内的蛋白酶相互作用，形成酶—抑制剂复合物（EI），从而阻断或削弱了蛋白酶对外源蛋白的水解作用，导致蛋白质不能被正常消化。同时，酶—抑制剂复合物能刺激昆虫过量分泌消化酶，通过神经系统的反馈使昆虫产生厌食反应，最终造成昆虫发育不正常或死亡。外源凝集素（Lectin，Lec）也是自然界中广泛分布的一类非免疫性球蛋白，在多种植物中均有发现，在豆科植物的种子中含量最为丰富，约占可溶性蛋白的 10%。它在昆虫的消化道中与肠道周围细胞膜上的糖蛋白结合，从而影响营养的吸收。

水稻对昆虫的抗性是多方面的，可能以排趋性（或拒虫性）、抗生性、耐害性三者其中之一为主，也可几种同时兼而有之。表 5-4 对水稻的抗虫机制进行了粗略分类。

表 5-4　水稻的抗虫机制分类

害虫	抗虫性	抗性机制
褐飞虱	排趋性	①植株表面蜡质层中的羟基和羟基化合物对褐飞虱有避忌作用 ②褐飞虱通过用触角感应水稻挥发出来的气味来进行寄主定位，感虫品种的气味对褐飞虱具有引诱作用，而抗虫品种的气味具有避忌作用。对褐飞虱进行寄主定位具引诱作用的化合物有 20 多种，主要为酯类、醇类、羟基化合物
	抗生性	①抗性植株缺乏足够的刺激吸食的物质：天冬酰胺、天冬氨酸、谷氨酸、丙氨酸、缬氨酸。抗虫品种中这 5 种氨基酸的含量明显低于感虫品种 ②抗虫品种含有较高浓度的抑制吸食的化合物或有毒的致死物质。如草酸以及固醇类中的 β-谷甾醇、豆甾醇、菜油甾醇对褐飞虱吸食有强烈的抑制作用
	耐害性	抗虫植株受害后的补偿能力较强，比如仍能吸收较多的 CO_2，具有较强的光合作用，最终干物质积累较多，植株损失系数较小。而感虫品种受害后 CO_2 吸收下降很大
白背飞虱	排趋性	味觉刺激
	抗生性	①抗虫品种含有抑制取食的化学物质 ②缺乏足够的营养。品种抗性与稻株内的总氮量和游离氨基酸（主要是亮氨酸和丙氨酸）的含量呈显著的负相关
黑尾叶蝉	排趋性	在抗虫品种上栖息的黑尾叶蝉数量明显低于感虫品种 ①抗性品种的叶片具有较密的毛，不利于叶蝉栖息和取食 ②抗性品种的气味对叶蝉有避忌作用
	抗生性	在抗虫品种上，叶蝉主要在木质部处吸食，而在感虫品种的韧皮部处吸食。黑尾叶蝉可以从韧皮部的筛管获得足够的营养，而从木质部导管上获得的营养较差，以致死亡率较高，发育延缓，体重减轻，羽化率低，成虫寿命缩短，繁殖力弱。可能抗虫品种的韧皮部汁液含有忌食物质，或缺乏刺激取食的物质
二化螟、三化螟	排趋性	①植株形态特征。叶片表面具毛的品种受害较轻；植株高大、剑叶宽而长的品种会吸引更多的螟蛾产卵 ②稻株中的稻酮对螟蛾和幼虫具有明显的引诱作用
	抗生性	①抗虫品种的茎具有多层厚壁细胞，对初孵幼虫的入侵造成障碍 ②抗虫品种的节间包有紧密的叶鞘，而感虫品种的叶鞘疏松。初孵幼虫最初在叶鞘与茎之间活动，叶鞘的紧密程度影响幼虫的取食活动和入侵率 ③茎腔小的品种受害轻。髓腔大的茎更适合幼虫取食和活动，生存率较高 ④含硅量高的品种对二化螟生存不利，使取食幼虫的上颚缺损，并且硅质对稻螟的消化酶有抑制作用 ⑤含草酸、苯甲酸、水杨酸、苯酚多的品种具有抗螟性 ⑥二化螟幼虫需要大量的碳水化合物和蛋白质作为营养。抗虫品种的含氮量和淀粉明显低于感虫品种，且碳氮比率较高
	耐害性	分蘖力强的品种受害率低

（续）

害虫	抗虫性	抗　性　机　制
稻纵卷叶螟	排趋性	①抗虫品种的着卵量明显比感虫品种低
		②四至五龄幼虫对抗虫品种和感虫品种的叶片具有明显的选择性
	抗生性	①叶片长而阔、叶片质地较硬的品种不利于幼虫卷叶和取食，造成幼虫大量死亡
		②一些抗虫品种的叶脉间及叶表皮沉积有大量的硅，对幼虫的取食造成障碍
		③抗虫品种含有某些有毒的化学活性物质
稻瘿蚊	排趋性	①抗虫品种具有长而浓密的毛，不适于稻瘿蚊产卵，并妨碍幼虫侵入生长点
		②一些抗虫品种的表皮下具有木质化的厚壁组织
	抗生性	①抗虫品种可能含有某种抑制蜕皮的因素，或缺乏蜕皮需要的某种物质，致使幼虫不能在生长点内正常发育
		②抗虫品种生长点的自由氨基酸和酚类含量较高，糖的含量较低

2. 水稻抗虫性与其他因素的关系

作物虽然进化出了对害虫的抗性，却也不能就此高枕无忧，因为这种抗性不是一成不变的。害虫不会坐以待毙，而是不断地适应作物对它的抗性，于是就有了生物型（Biotype）的分化。生物型是指同种昆虫的不同群体，它们在特定寄主上表现出不同的致害能力。这与植物病原菌的生理小种具有相似的含义。例如，褐飞虱在东亚地区有三个生物型：生物型 1 不能危害具有任何抗虫基因的水稻品种；生物型 2 可以危害具 *Bph1* 抗虫基因的品种，但不能危害具 *bph2* 抗虫基因的品种，而生物型 3 可以危害具 *bph2* 抗虫基因的水稻品种。还有一些生物型可以同时危害具 *Bph1* 抗虫基因和 *bph2* 抗虫基因的水稻品种。生物型多出现于双翅目的瘿蚊科和同翅目的蚜科、飞虱科和叶蝉科，如水稻害虫褐飞虱、黑尾叶蝉、稻瘿蚊都出现了不同生物型。这些害虫生活周期短，繁殖能力强，每年发生的世代数也多，故有利于生物型的分化。害虫种群分化为不同的生物型，是昆虫与寄主相互影响、共同进化的结果。随着抗虫品种的广泛应用，有可能会产生更多的生物型。一般来说，抗生性的品种容易促使新生物型产生，而属排趋性（或拒虫性）、耐害性的抗性品种不易产生新的生物型。但生物型的出现也不全都是由抗虫品种引起的，比如地理隔离也可造成不同的生物型。

二、水稻抗虫性的遗传

作物抗虫性是作物品种的一种可遗传特性，一般受单基因或多基因控制。抗虫性遗传分析常用抗虫品种和感虫品种杂交和测交，利用 F_1 确定其显隐性关系；根据 F_2 和 F_3 的抗性表现判断是数量性状还是质量性状，然后对控制抗性的主基因进行基因等位性测定和基因定位。随着水稻基因组测序的完成以及功能基因组学的发展，人们已能用现代分子生物学的方法研究水稻对害虫的抗性，以及由多基因控制的抗虫性等数量性状进行遗传分析。下面就水稻对不同害虫的抗性遗传分别加以介绍。

1. 褐飞虱

水稻抗褐飞虱基因的研究始于 20 世纪 70 年代初，研究发现，抗褐飞虱基因资源主要存在于籼稻和野生稻中，且大多数抗虫品种来自斯里兰卡和印度。迄今为止，已先后发现和鉴定出 19 个抗褐飞虱的主基因（表 5－5）。表 5－5 中前 9 个基因（*Bph1*～*Bph9*）是 20 世纪七八十年代人们用经典的遗传学方法鉴定的，后来人们又用分子遗传学方法对其中5个基因（*Bph1*，*bph2*，*Bph3*，*bph4* 和 *Bph9*）进行了分析。其他10个基因（*Bph10*～*Bph19*）是自20世纪90年代以来人们用分子遗传学方法鉴定的。这些抗虫基因的鉴定和遗传研究为抗虫品种的培育提供了基础，其中 *Bph1*、*bph2* 和 *Bph3* 已被应用到抗虫育种中。

表5-5 水稻抗褐飞虱主基因及其分子定位情况

基因	来 源	染色体	连锁标记	参考文献
Bph1	Mudgo	Chr. 12	XNpb248，W326～G148，RG463～Sdh-1，RG634～RG457	Athwal et al，1971；Hirabayashi and Ogawa，1995
bph2	ASD7	Chr. 12	G2140（3.5cM）	Athwal et al，1971；Murata et al，1998；Murai et al，2001
Bph3	Rathu Heenati	Chr. 4		Lakshminarayana and Khush，1977；Huang，2003
bph4	Babawee	Chr. 6		Lakshminarayana and Khush，1977；Kawaguchi et al，2001
bph5	ARC10550	待定		Khush et al，1985；Kabir and Khush，1988
Bph6	Swarnalata	待定		Khush et al，1985；Kabir and Khush，1988
bph7	T12	待定		Khush et al，1985；Kabir and Khush，1988
bph8	Col. 5 Thailand，Col. 11 Thailand，Chin Saba	待定		Nemoto et al，1989
Bph9	Kaharamana，Balamawee，Pokkali	Chr. 12	S2545（11.6cM），G2140（13.0cM）	Nemoto et al，1989；Murata et al，2001
Bph10（*t*）	*O. australiensis*	Chr. 12	RG457（3.68cM）	Ishii et al，1994
bph11（*t*）	*O. officinalis*	Chr. 3	G1318（12.3cM）	Hirabayashi et al，1998
bph12（*t*）	*O. latifolia*	Chr. 4	G271（2.4cM），R93（4.0cM）	Yang et al，2002
bph12（*t*）	*O. officinalis*	Chr. 4		Hirabayashi et al，1998
Bph13（*t*）	*O. officinalis*	Chr. 3	$AJ09_{230}b$	Renganayaki et al，2002
Bph13（*t*）	*O. eichingeri*	Chr. 2	RM240(6.1cM)，RM250(5.5cM)	Liu et al，2001
Bph14	*O. officinalis*	Chr. 3	G1318，R1925	Huang et al，2001
Bph15	*O. officinalis*	Chr. 4	C820，S11182，RG1，RG2	Huang et al，2001；Yang et al，2000
Bph18（*t*）	*O. australiensis*	Chr. 12	R10289S，RM6869，7312.T4A	Jena et al，2005
Bph19t	AS20-1	Chr. 3	RM6308，RM3134，RM1022	Chen et al，2006

由多基因控制的水平抗虫性比较持久，不容易产生新的生物型，但由于其遗传的复杂性，这种性状在抗虫育种上的应用一直受到限制。目前，在抗虫的数量性状位点（Quantitative trait loci，QTL）定位方面，已经取得了一定结果，使得用分子标记辅助选择改良数量性状成为可能。王布哪等（2001）选用抗源来自药用野生稻（*Oryza officinalis* Wall）的抗褐飞虱品系B5为父本，与感虫品种台中本地1号（TN1）杂交，用集团分离

分析法（Bulked segregant analysis，BSA）对 F_2 定位群体进行分析，鉴定出 B5 携有两个抗褐飞虱基因位点，分别位于第 3 染色体的长臂末端和第 4 染色体的短臂。苏昌潮等（2002）利用 Nipponbare/Kasalath// Nipponbare 回交重组自交系（Backcross inbred lines，BILs）作图群体（BC_1F_9），分析中等抗虫品种 Kasalath 的抗虫性，检测到 3 个苗期抗褐飞虱 QTL。Xu 等（2002）利用来源于 Lemont/Teqing 的 $160F_{11}$ 重组近交系群体（RILs）检测到 7 个抗褐飞虱位点，其中 *QBphr5b* 与控制水稻叶片和茎秆茸毛形成的主基因 *gl1* 邻近，其他 6 个位点则定位于与抗病有关的染色体区段。吴昌军等（2005）利用籼粳交珍汕 97/武育粳 2 号 F_1 花培获得的 190 个双单倍体群体（Doubled-haploid population，DH）及其构建的 179 个 SSR 分子标记遗传图谱，共检测到 6 个苗期抗性 QTL，分别位于第 2、3、4、8 和 10 染色体上。Soundararajan 等（2004）利用 IR64/Azucena 杂交的 DH 群体定位了 6 个抗褐飞虱的 QTL，分别位于第 1、2、6、7 染色体上，其中 1 个与苗期抗性有关，1 个与抗生性有关，4 个与耐害性有关。值得提出的是，国际水稻研究所培育的品种 IR64，除了含有 *Bph1* 主基因外，还携带 7 个抗褐飞虱的数量性状基因座（QTL），分别位于第 1、2、3、4、6、8 等 6 条染色体上，因此表现更持久的抗虫性，且对已完全适应 *Bph1* 的褐飞虱种群仍表现中抗水平；其中有 2 个 QTL，一个显示出显著的排趋性，一个显示出显著的耐害性。这些研究加深了人们对水稻抗虫性的复杂生理和遗传机理的理解。

Zhang 等（2004）利用 Northern 杂交及 cDNA 微阵列分析了抗虫品种 B5 和感虫品种明恢 63 被褐飞虱取食后基因的表达情况，发现抗虫品种中 19 个基因和感虫品种中 44 个基因的表达量发生明显变化。大多上升表达的基因与信号转导、氧化胁迫、细胞程序性死亡、损伤应答、干旱诱导及病原菌相关蛋白有关。Yuan 等（2005）利用抑制差减杂交（Suppression subtractive hybridization，SSH）分离了 27 个对褐飞虱取食表现特异性的基因，其中 25 个是褐飞虱取食诱导上升表达，主要是与大分子降解、植物防御应答相关的基因；2 个是抑制表达，主要是与光合作用、细胞生长相关的基因。

2. 白背飞虱

国际水稻研究所于 1976 年开始了水稻品种对白背飞虱（White-backed planthopper，*Sogatella furcifera* Horvath）的抗性遗传分析，我国于 80 年代开始进行研究。到目前为止，已发现和命名的抗白背飞虱的基因有 6 个（表 5 - 6）。另外，Yamasaki 等（1999，2001）在第 6 染色体上定位了一个具杀卵作用（Ovicidal activities）的主基因，命名为 *Ovc*。他们还定位了 4 个具杀卵作用的 QTL（*qOVA1 - 3*，*qOVA4*，*qOVA5 - 1* 和 *qOVA 5 - 2*），分别位于第 1、4、5 染色体上。*Ovc* 是植物中鉴定的第一个具杀卵作用的基因，它负责产生 Benzyl benzoate 并形成水渍状坏死斑，对提高白背飞虱卵的死亡率有显著作用。在有 *Ovc* 的情况下，Asominori 品种中的 *qOVA1 - 3*，*qOVA5 - 1* and*qOVA5 - 2* 可明显提高卵的死亡率，而 *qOVA4* 能抑制卵的死亡率。寒川一成等（2003）利用籼粳交的 DH 群体检测影响白背飞虱抗虫性和感虫性的 QTL，在第 3 染色体的粳型片段中检测到 1 个影响蜜露分泌的微效 QTL；在 DH 株系分蘖早期和中期，将 4 个具杀卵作用的 QTL 定位在第 1、2、6 和 8 染色体的粳型片段上，另一个 QTL 被定位在第 9 染色体上；在第 1、3 和 5 染色体上检测到 3 个影响第 2 代白背飞虱若虫密度的 QTL；3 个与白背飞虱危害相关的 QTL 位于第 8、10 及第 3 染色体上。

表 5-6　水稻抗白背飞虱主基因及其分子定位情况

基因	来　源	染色体	连锁标记	参考文献
Wbph 1	N22	Chr. 7	RG146（0-5.2）RG445	McCouch et al，1991；Sidhu et al，1979
Wbph 2	ARC10239	Chr. 6	RZ667（25.6）	Angeles et al，1981；Liu et al，2001
Wbph 3	ADR52	待定		Hernandez and Khush，1981
wbph 4	Podiwi-A8	待定		Hernandez and Khush，1981
Wbph 5	N' Diang Marie	待定		Wu and Khush，1985
Wbph 6（*t*）	鬼衣谷、大花谷	Chr. 11	RM167（21.2）	马良勇等，2002
Ovc	Asominori	Chr. 6	R1954	Yamasaki et al，1999，2000，2003

3. 稻瘿蚊

迄今为止发现和命名了 9 个抗稻瘿蚊（Rice gall midge，*Orseolia oryzae* Wood-Mason）的基因，并对其中 7 个进行了定位（表 5-7）。

表 5-7　水稻抗稻瘿蚊主基因及其分子定位情况

基因	来　源	染色体	连锁标记	参考文献
Gm1	Eswarakora，W1263	Chr. 9	RM316（8.0cM），RM444（4.9cM），RM219（5.9cM）	Sastry et al，1975；Chaudhary et al，1985；Biradar et al，2004
Gm2	Phalguna，Siam29	Chr. 4	RG329（1.3cM），RG467（3.4cM）	Mohan et al，1994 Nair et al，1995
gm3	Velluthacheera，RP2068-15-3-5	Chr. 9	OPU-01	Katiyar et al，1999 Kumar et al，1999
Gm4t	Abhaya	Chr. 8	$E20_{570}$，R1813，S1633B	Mohan et al，1997；Nair et al，1996
Gm5	ARC5984	待定		Kumar et al，1998
Gm6（*t*）	大秋其，Duokang 1，	Chr. 4	RG214（1.0cM），RG163（2.3cM）	Katiyar et al，2001
Gm7	RP2333	Chr. 4	SA598	Kumar et al，1999；Sardesai et al，2002
Gm8	Jhitpiti	Chr. 8	AR257，AS168，AP19587	Jain et al，2004
Gm9	Line 9	待定		Shrivastava et al，2003

4. 黑尾叶蝉和二点黑尾叶蝉

迄今已鉴定出 7 个抗黑尾叶蝉（*Nephotettix cincticeps* Uhler）的基因（表 5-8）。已鉴定出了至少 14 个抗二点黑尾叶蝉（*Nephotettix virescens* Distant）的主基因，但只对其中 2 个进行了定位。其中，*Glh14* 基因位于第 4 染色体上，*Glh6* 基因位于第 5 染色体上。

表 5-8　水稻抗黑尾叶蝉主基因及其分子定位情况

基因	来　源	染色体	连锁标记	参考文献
Grh1	Pe-bihun	Chr. 5		Tamura et al，1999
Grh2	Lepedumai，DV85	Chr. 11	C189，G1465	Fukuta et al，1998
Grh3（*t*）	Rantj-emas 2	Chr. 6		Saka et al，1997
Grh4	Lepedumai，DV85	Chr. 3	R44，Y3870R	Yazawa et al，1998

（续）

基因	来　源	染色体	连锁标记	参考文献
Grh5	*Oryza rufipogon*	Chr. 8	*RM*3754，*RM*3761	Fujita et al，2003，2006
Grh6（*t*）	Surinam variety	Chr. 4		Tamura et al，2004
Grh6-nivara（*t*）	*Oryza nivara*			Fujita et al，2004

5. 二化螟、三化螟、稻纵卷叶螟

水稻品种资源中，对螟虫的抗源较少，且多为中抗材料；对稻纵卷叶螟等虽已发现抗性材料，但抗性低且不稳定；对另一些害虫如黏虫、麦蛾，迄今未发现抗性材料。另外，由于转Bt的水稻对鳞翅目害虫具有较好的抗性，其他转Bt作物的商业化从生产上也证明了这种防治策略的可行性，所以关于水稻对二化螟、三化螟、稻纵卷叶螟的抗性遗传研究比较少。

三、抗虫资源及其鉴定

目前，在水稻害虫的综合治理中，利用抗虫品种是有效地控制害虫种群、保护天敌、减少杀虫剂施用以及降低生产成本的根本性措施。而抗虫种质资源（抗源）的鉴定是水稻抗虫育种的基础。抗虫种质资源可来自作物原品种及其近缘种，也可来自其野生近缘种。抗虫性鉴定方法因害虫和作物种类不同而异。一般的做法是让作物品种接受一定数量害虫群体的危害，根据作物品种受害后的损失程度或对害虫生理及行为的影响程度来评价其抗虫性的强弱。

1. 抗虫资源鉴定条件或要求

维持一定数量的、均匀一致的害虫群体是准确鉴定的先决条件。鉴定时需要根据害虫种类、试验要求等条件确定最适的害虫群体，以便使侵害水平在基因型间产生最适的差异。虫源可分为田间自然虫群和室内饲养虫群两类。田间自然虫群不易控制，因为害虫不一定能达到或保持最适的密度，而且同种昆虫的生物型日益多样化，分布不规律，更难以在龄期和其他生物学特性方面达到一致。但长期的人工饲养又会使害虫群体衰退、致害力降低。所以应采取有效的方法保障虫源，使鉴定结果准确。可采取以下措施来保证有足够数量的田间虫群：

①将供试品种种植于害虫的常发生区，在试验田周围种植感虫材料，并在供试材料中套种感虫品种。

②在试验田内种植诱虫植物以引诱害虫产卵和危害。

③利用引诱剂来增加害虫的发生量。

④喷施特殊的杀虫剂控制其他害虫或天敌，而不杀死测试害虫，以维持适当的害虫群体。如鉴定水稻品种对稻飞虱的抗性时，施用苏云金杆菌可排除螟虫的干扰；施用溴氰菊酯对飞虱的毒性较低，而对飞虱的天敌杀伤力强，且有刺激飞虱生殖的作用。

⑤田间人工接虫等。

抗虫性鉴定大体可分为室内（温室）鉴定和田间鉴定。田间鉴定会受到虫源的限制，如虫口密度不均匀或虫口密度太低，也许会受到其他病虫鸟兽的干扰而失败，因此须重复多次，而且工作量也相对较大。但由于抗虫品种最终将种于大田，所以田间鉴定能更准确地反映出品种抗性的本质。结合农艺性状的考察，还可以为抗源利用及品种选育提供重要依据。

室内鉴定相对就比较节省劳力和时间，并可在一定范围内控制供试害虫的质和量，排除其他非试验因素的干扰。所以可以先进行室内鉴定，再将抗性表现好的品种进行田间鉴定。

抗虫性鉴定一般在寄主对目标害虫的易感期进行。如稻螟虫在分蘖盛期和孕穗期进行，稻蓟马在苗期进行。对于某些在苗期和成株期都能造成危害的害虫，应分别进行苗期和成株期抗性鉴定，因为一些苗期不表现抗性的品种在成株期却具有抗性，可能是因为不同品种在不同生育期的抗性机理不同。例如，一些高产、优质的水稻品种苗期不抗稻飞虱，而在成株期则演变为中抗或抗稻飞虱。

抗性鉴定时，除供试品种外，应设置感虫和抗虫品种对照，并根据供试害虫的不同生物型而异。判断作物是否抗虫及其抗性水平，可直接按照作物受害后的反应或损失程度来评价，称为直接法；也可根据作物品种对害虫的生理及行为的影响程度进行评估，称为间接法。例如，测定水稻品种对二化螟的抗性，可根据受害后表现的枯心率和白穗率来划分抗性水平。稻飞虱、叶蝉取食后可分泌蜜露，因此可根据蜜露量来估测品种的抗虫性强度。通过抗虫性鉴定可以从供试材料中筛选出所需的抗性资源。筛选分初筛和复筛。初筛意在浓缩大量供试材料，可不设重复。对初筛中表现 0～5 级抗级的材料进行复筛。复筛是定性试验，常设 4～6 次重复。需要说明的是，抗性筛选中，不应一味追求高抗而忽视中抗的抗源。由于中抗多受多基因控制，不会使害虫产生新生物型，且常具有较强的耐害性，有利于发挥天敌的作用，所以具有很高的实用价值。

2. 水稻抗虫资源

我国是水稻抗虫性研究较早的国家，早在 20 世纪 30 年代即开始进行水稻抗螟虫的研究。70 年代以后，水稻抗虫育种的研究进展较快，已育出一批多抗性的水稻良种。国际水稻研究所自 1960 年成立以来，致力于抗虫育种的研究工作，已取得显著的成绩。国际热带农业研究所自 1973 年在非洲也开始了这方面的研究工作。因此，已鉴定出一大批有用的水稻抗虫资源。如在抗白背飞虱方面，国内稻种资源鉴定为 0～1 级抗性水平的籼（糯）稻有：鬼衣谷、大齐谷、老街谷、法泡谷、早红谷、小花谷、地红谷、牛皮糯、鱼仔糯等。粳（糯）稻有：考改夏、早日谷、响铃糯、盐酸谷、矮脚糯、台东 24、Takaoku5、LK515 等。国内抗性资源主要来源于云南，其次为江西和台湾省的部分地方品种。关于抗稻瘿蚊的资源，自 20 世纪 60 年代末至今，亚洲各国已鉴定了 6 万多份种质资源，筛选出抗不同生物型的抗性种质。我国已鉴定了 2 万多份种质资源，获得抗级种质 157 份，中抗级种质 83 份，这些抗性资源的发现为抗稻瘿蚊品种的选育提供了宝贵的抗源。值得一提的是，野生稻是抗虫种质的重要来源。有一些对三化螟、稻水蝇、稻纵卷叶螟高抗的野生稻种，其抗性强度在水稻品种中尚未发现（表 5-9）。

表 5-9　从野生稻中鉴定出来的抗虫性

害　虫	野　生　稻　种
褐飞虱	根茎野生稻（*O. rhizomatis*），紧穗野生稻（*O. eichingeri*），普通野生稻（*O. rufipogon*），尼瓦拉野生稻（*O. nivara*），药用野生稻（*O. officinalis*），小粒野生稻（*O. minuta*），澳洲野生稻（*O. australiensis*），宽叶野生稻（*O. latifolia*），马来野生稻（*O. ridleyi*），高秆野生稻（*O. alta*），短药野生稻（*O. brachyantha*）
白背飞虱	药用野生稻（*O. officinalis*），宽叶野生稻（*O. latifolia*），斑点野生稻（*O. punctata*），紧穗野生稻（*O. eichingeri*），小粒野生稻（*O. minuta*）

（续）

害　虫	野　生　稻　种
黑尾叶蝉	短舌野生稻（*O. breviligulata*），药用野生稻（*O. officinalis*），紧穗野生稻（*O. eichingeri*），小粒野生稻（*O. minuta*）
螟虫（二化螟、三化螟）	普通野生稻（东乡）（*O. rufipogon*），高秆野生稻（*O. alta*），短药野生稻（*O. brachyantha*），马来野生稻（*O. ridleyi*）
稻纵卷叶螟	普通野生稻（*O. rufipogon*）、普通野生稻（东乡）（*O. rufipogon*），药用野生稻（*O. officinalis*），尼瓦拉野生稻（*O. nivara*），斑点野生稻（*O. punctata*），短药野生稻（*O. brachyantha*）
稻瘿蚊	普通野生稻（*O. rufipogon*），药用野生稻（*O. officinalis*），短药野生稻（*O. brachyantha*），马来野生稻（*O. ridleyi*）
稻蓟马	药用野生稻（*O. officinalis*）

四、水稻抗虫育种

目前对农作物害虫的防治主要依赖化学农药。但大量农药的使用，不仅增加了生产成本，而且还造成环境污染、农药残留、害虫的抗药性增加、天敌的杀伤等一系列问题。生物防治不外乎生物杀虫剂、生态防治及培育抗虫新品种。生物杀虫剂作用时间短，见效慢，成本高，且容易产生抗药性。生态防治受许多因素制约，不易控制，且防治效果有限，难以作为主要措施。因此，必须提高作物自身的抗虫性，以抵抗害虫造成的危害，国内外也有一些大面积成功应用抗虫品种的实例，如 1973 年国际水稻研究所育成高抗褐飞虱的品种 IR26 在东南亚一些国家推广后，有效地控制了褐飞虱的危害。

1. 常规育种方法

目前，用于作物常规抗虫育种的方法和途径很多，常用的方法主要有选择育种、杂交转育、远缘杂交育种、人工诱变育种等。在已有品种资源中，经自交分离、选择鉴定，有可能获得抗虫品系。通过杂交育种，也可将抗源品种的抗虫性转育到农艺性状和经济性状优良的品种中去。

在抗褐飞虱的品种培育方面，国际水稻研究所 1973 年推出了具有抗褐飞虱基因 *Bph1* 的抗虫品种 IR26，1976 年育成了具 *Bph2* 的 IR36 等抗虫品种。但目前这些品种的抗性均已基本丧失。1982 年 IRRI 又育成了 IR56 等含有 *Bph3* 的抗虫品种，但近年的调查表明，褐飞虱已适应了具 *Bph3* 基因的抗性品种。我国也育成许多抗褐飞虱的品种或品系，如籼稻有湘抗 32 选 5、HA361、HA79317 - 4、HA79317 - 7、248 - 2、浙丽 1 号、嘉农籼 11、台中籼试 329、台中籼试 338 和台中灿试 339、南京 14、新惠占、83 - 12 和籼优 89 等。粳稻有 JAR80047、JAR80079、沪粳抗 339、台南 68、秀水 620、秀水 644 和南粳 36 等。水稻新品种粳籼 89 既抗褐飞虱生物型 1 又抗生物型 2。抗褐飞虱的杂交稻有汕优 6 号、汕优 30 选、汕优 54 选、汕优 56、汕优 64、汕优 85、汕优 177、汕优 6161 - 8、汕优桂 32、汕优桂 33、汕优竹恢早、南优 6 号、威优 35、威优 64 和六优 30 等。

在抗白背飞虱的育种方面，育成的品种（系）中，已知兼抗白背飞虱的有湘抗 32 选 5、HA79317 - 4、浙丽 1 号和浙 733 等，此外，M112 在田间也表现较强的抗性。抗白背飞虱的杂交稻有汕优 23、汕优 36、汕优 56、汕优 63、汕优 64、汕优 6161 - 8、汕优桂

33、威优6号、威优35、威优64、威优98、红化中61、汕优广1号、钢化青兰和六优30等。其中不少组合兼抗褐飞虱。早籼品种湘早籼3号，抗白背飞虱、褐飞虱和稻瘟病、白叶枯病，累计推广面积约70万hm^2。中国水稻研究所育成的早籼品种中86-44，抗白背飞虱和褐飞虱，兼抗稻瘟病，在南方稻区年推广面积已达20万hm^2。

关于抗黑尾叶蝉的育种，日本1978年育出抗黑尾叶蝉的水稻品种爱知42，以后又育出关东PL3、关东PL6、西海PL2、奥羽PL1、爱知44、爱知49、爱知66、爱知74等品种。

关于抗稻瘿蚊的育种，印度自20世纪60年代起就把选育抗虫品种作为防治稻瘿蚊的主要措施，已育成并推广多个抗稻瘿蚊的品种，如Co43、Co44、Karna、Kakatiya、Mahaveera、Phalguna、Rajendra Dhan-202、Tm2011、Mdu3、Divya、Erra、Mallelu、Sakti、Asha等。我国抗稻瘿蚊育种起步较晚，国内已培育出的抗稻瘿蚊品种数量不多。潘英等（1993）从广东省地方品种资源中筛选、鉴定出高抗稻瘿蚊的大秋其、羊山占等抗源，1984年开始与国际水稻研究所合作，进行抗稻瘿蚊品种杂交选育，1988年育成抗蚊1号、抗蚊2号。高抗稻瘿蚊品种抗蚊2号是以优质、抗白叶枯病的晚籼品种青丰占31和高抗稻瘿蚊的高秆晚籼农家品种大秋其杂交，对F_2进行大群体接虫筛选，选择抗虫植株建立株系，以后每年同步进行选育工作和抗虫筛选，经4年7代选育而成。广东省农业科学院选育的抗蚊品种抗蚊青占在广西多点试种，表现为抗性强、丰产性好、适应性广，在稻瘿蚊严重发生地区推广种植，能显著地控制稻瘿蚊的危害，获得良好的经济效益和生态效益。

2. 远缘杂交育种

野生稻是重要的抗虫种质资源，将其抗性基因导入栽培稻有利于扩大品种抗性遗传的异质性，还可获抗多种生物型的杂种后代，能有效防止新生物型的出现，对抗虫育种具有重要的战略意义。然而野生稻与栽培稻分属不同的种，其抗虫性难以直接利用，必须首先通过遗传学的方法将野生稻的抗虫基因转育到栽培稻，培育出抗虫的栽培稻材料再在育种中应用。武汉大学生命科学院以普通野生稻、宽叶野生稻、药用野生稻、小粒野生稻为基因供体，对野生稻抗虫基因的转育进行了研究，获得了大量的野生稻与栽培稻的杂交后代。Jena等（1990）用栽培稻和药用野生稻杂交，经胚拯救和回交得到了具有药用野生稻抗褐飞虱和抗白背飞虱基因的异源单体附加系。钟代彬等（1997）以高产优质的栽培稻中86-44为母本，高抗褐飞虱的广西药用野生稻为父本，远缘杂交结合胚拯救，获得农艺性状优良、高抗褐飞虱的株系。张良佑等（1998）采用感虫栽培稻雄性不育株为母本，与高抗稻褐飞虱的野生稻进行杂交，成功地获得了抗稻褐飞虱的杂种后代，为培育抗虫性稳定的水稻品种奠定了基础。

3. 人工诱变育种

江西省农业科学院用5450/印尼水田谷的F_1经30kR的γ射线处理育成耐寒抗白背飞虱的高产品种M112。国外也有用同样γ射线方法处理感虫品种，通过筛选获得了抗褐飞虱生物型Ⅰ的株系以及中抗生物型1或3的Atomita1、Atomita2、627/4-E/PsJ、A227/2/PsJ、A227/3/PsJ、A227/5/PsJ等多个品系。

4. 分子标记辅助选择育种

尽管传统育种已取得了巨大成就，但依然存在许多局限性：育种周期长，工作量大，对某些害虫来说达不到足够的抗性水平。标记辅助选择可以加速培育具多基因抗虫性的作物，还可以将野生种中的有利抗虫特性转入改良品种中，增加作物抗虫性的持久性和遗传多样性。另外，依赖大田的表型筛选，通常要在虫害流行的环境下进行抗性鉴定。如果气候和农业生产条件不适宜虫害的流行，抗性品种的选育将要延迟，或者要投入更多的经费在温室条件下进行抗性筛选。对于具不同生物型抗性品种的选育也将比较困难，因为很难从形态上直接区分生物型，需借助专门的鉴别寄主进行区分。分子标记的发展为改变这种费时、费工的选育方法提供了可能。利用分子标记辅助选择抗虫基因可绕过繁杂的表型抗性鉴定，直接从基因型着手，既能准确、快速地确定抗性株系，又避免了外界因素的影响。

巴太香占是一个具有香味的优良水稻品种，但对稻瘿蚊不具有抗性。为了选出一个既具有香味、又抗稻瘿蚊的优良水稻新品种，肖汉祥等（2005）利用与 *Gm6* 基因紧密连锁的 PSM 标记 PSM101，从 197 株巴太香占/KG18 的 F_2 家系中鉴定出 48 个抗稻瘿蚊株系，经用稻瘿蚊生物型 1 和生物型 4 的种群接虫进行抗性表现型测定，结果 48 个株系均表现为抗，与分子标记选择的结果一致。王春明等（2003）以综合性状好但对黑尾叶蝉敏感的品种台中 65 作为轮回亲本，与抗性品种 DV85 连续回交得到回交高代 BC_6F_2 群体，在进行表型选择的同时，利用 CAPS 标记对 BC_6F_2 进行标记辅助选择，将抗叶蝉基因 *Grh2* 快速导入台中 65 品种。

5. 转基因育种

通过常规育种技术培育抗虫新品种需要较长的时间，而且对于某些虫害尚无基因资源可用，因此，最有希望和前途的生物防治是利用基因工程技术把外源抗虫基因引入农作物中使其表达，并使其稳定遗传，从而创造出新的抗虫品种。目前人们已发现并克隆到许多有用的抗虫基因，一些抗虫基因已转入水稻获得了转基因抗虫植株，而且有一些已进行了大田试验，展现出较好的应用前景。

（1）微生物来源的抗虫基因

苏云金芽孢杆菌（*Bacillus thuringiensis*，简称 Bt）是一种革兰氏阳性菌，在芽孢形成期，可形成大量伴胞晶体，由叫做 δ-内毒素的原毒素亚基组成。这是一种具特异性杀虫活性的蛋白质，又称为 Bt 毒蛋白或杀虫晶体蛋白（Cry）。在苏云金芽孢杆菌中，δ-内毒素以无毒的原毒素形式存在，在昆虫取食过程中，杀虫结晶包涵体随之进入昆虫的消化道内，并释放出 δ-内毒素。它在昆虫中肠道的碱性环境和蛋白酶的作用下被水解成有活性的小分子多肽，从而具有杀虫活性。随着对 Bt 菌及其所产生的杀虫晶体蛋白研究的逐步深入，人们已从不同的 Bt 菌的亚种中分离出对不同昆虫（如鳞翅目、鞘翅目、双翅目等）和无脊椎动物（如螨类、寄生线虫、原生动物等）有特异毒杀作用的杀虫晶体蛋白。至今已克隆的 Bt 杀虫晶体蛋白基因已达 100 多种。然而自然的野生型 Bt 杀虫晶体蛋白基因在转基因植物中表达水平较低，一般不到叶片可溶性蛋白的 0.001%。为了获得高效抗虫的转基因植物，就要对野生型 Bt 蛋白基因进行改造和修饰，或部分合成甚至全合成 *cry* 基因。在相关的植物中，这类改造的 *cry* 基因蛋白可达到叶片可溶性蛋白的0.02%～1%，从而大大提高了转基因植株的抗虫能力。

Bt 毒蛋白基因是目前世界上应用最为广泛的抗虫基因，已经被转入包括水稻在内的多种作物中并得到表达。其中，棉花、玉米、马铃薯等转 *Bt* 基因抗虫作物已经商品化，并创造了可观的经济效益。目前，转入水稻的 *Bt* 基因包括 *cry1Ab*、*cry1Ac*、*cry1B*、*cry2A*、cry*1Ab*/cry*1Ac* 杂合基因、cry*1Ab*－*1B* 融合基因等。转 Bt 水稻大多都表现对二化螟、三化螟、稻纵卷叶螟具有不同程度的抗性，高者可达 100%的杀虫活性。

（2）植物来源的抗虫基因

植物源抗虫蛋白包括蛋白酶抑制剂、淀粉酶抑制剂、植物凝集素和几丁质酶等。采用农杆菌介导法和基因枪等方法，已成功导入水稻的蛋白酶抑制剂基因有：马铃薯蛋白酶抑制剂基因*pinⅡ*、豇豆胰蛋白酶抑制剂基因 *cpti*、大豆胰蛋白酶抑制剂基因的 cDNA、玉米巯基蛋白酶抑制剂基因、水稻巯基蛋白酶抑制剂基因、大麦胰蛋白酶抑制剂基因 *BTI*－*CMe* 等。这些转基因植株对褐飞虱、二化螟、稻纵卷叶螟、线虫有一定抗性。

转凝集素的水稻也研究较多。有多种凝集素，如豌豆凝集素（P－lec)、麦胚凝集素（WGA)、半夏凝集素（PTA)、雪花莲凝集素（GNA）等，其中雪花莲凝集素运用得较多，它具有较强的抗虫性，尤其是对具刺吸式口器的吸汁性害虫，如褐飞虱、蚜虫、叶蝉等同翅目害虫。

近年来，考虑到转单基因抗虫品种容易导致害虫产生抗性的风险，人们开始将不同类型的抗虫基因转入同一品种中，以增加转基因作物抗性的有效性和持久性，目前已取得了一定的进展。Maqbool 等（2001）将 *Cry1Ab*、*Cry2A* 及 *gna* 分别构建在不同载体上通过基因枪同时转入水稻中，转基因植株可以抗褐飞虱、三化螟、稻纵卷叶螟。卫剑文等（2000）将 *Bt* 和 *SBTi* 基因同时导入籼稻品种中，转双基因的植株比转单基因的植株对稻纵卷叶螟具有更强的抗性。李永春等（2002）用农杆菌介导法将 *cry1Ac* 和豇豆胰蛋白酶抑制剂基因 *CpTi* 同时转入粳稻品系浙大 19，双价抗虫基因植株对二化螟有很高的毒性。李桂英等（2003）获得了转 *GNA*＋*SBTi* 双价基因且对褐飞虱和稻纵卷叶螟抗性增强的籼稻株系。

（3）动物来源的抗虫基因

在这一类抗虫基因中，应用较多的是来自哺乳动物和烟草天蛾的丝氨酸蛋白酶抑制剂基因、蝎和蜘蛛的产生毒素的基因、昆虫几丁质酶基因。Huang 等（2001）将蜘蛛杀虫基因（*SpI*）转入水稻品种 Xiushui11 和 Chunjiang 11，获得的转基因植株对二化螟、稻纵卷叶螟具有抗虫性。

第三节　水稻耐冷和耐热性的遗传和育种

水稻是起源于热带沼泽地带的喜温植物。由于长期的自然进化和人工驯化，形成了适应不同温度条件下生长发育的多种类型。水稻能否在某一生态区域生长，环境温度是最重要的因素。水稻对温度的要求，包括两个方面，生存温度和有性生殖温度。一般的观点认为，水稻营养生长的温度范围在 12～40℃，生殖生长的温度范围在 18～33℃。超出这个温度范围，水稻就会受到低温冷害或高温热害。水稻在中国的地理分布从北纬 53°27′到 18°30′，跨越了热带到寒温带 5 个温度带，东起台湾，西至新疆的塔里木和准噶尔盆地，最高海拔的稻区在云南省宁蒗彝族自治县山区，海拔高度为 2 965m。长江中下游的华中地区是我国水稻种植面积最大的稻区。广泛的分布和复杂的地理环境，在水稻生长期内出现冷害和热害是我国水稻生产中的困难之一。多年来，许多科学工作者致力于水稻的耐冷性和耐热性的遗传和育种研究，并取得了良好的进展。

一、水稻耐冷性的遗传和育种

我国各个稻区的水稻都不同程度地受到低温冷害的影响，年损失稻谷在 100 亿 kg 以上。东北稻区，平均 3～4 年有 1 年遭受低温冷害，长江中下游和华南稻区双季早稻秧苗期的低温冷害和秋季抽穗扬花期的低温冷害每年都有不同程度发生。云南省和贵州省，每年 1/2 的水稻受到低温冷害的威胁。

1. 冷害的概念和类型

一般而言，水稻冷害是指水稻遭遇到低于其正常生长发育的温度一段时间后，其正常的生长发育受到影响的一种现象。水稻正常生长发育所需的温度因水稻的类型、生长发育阶段和栽培生理状况与其能够承受的低温有密切的关系。水稻品种对低温冷害所具有的抵抗性或忍耐性被称为耐冷性，耐冷性一词所对应的英文术语以 Cool tolerance，Cold tolerance，Tolerance to chilling injury 使用最为普遍。

水稻受到低温冷害以后，在表型和生理上将作出相应的应答。为了便于测定和育种选择，依据不同发育时期和性状的表现，将水稻的低温冷害分为几种类型。依据冷害对水稻生长发育的影响和造成减产的原因，将水稻的冷害分为延迟型冷害和障碍型冷害。延迟型冷害是指在营养生长期受到低温影响，导致幼穗分化和出穗延迟，或乳熟期低温导致成熟不良，最终造成减产的一种冷害类型。这种冷害类型易在水稻可生长季节较短的稻区，如我国高纬度的东北及高海拔的云南省丽江等地区发生。障碍型冷害是指在水稻开始幼穗分化至完成受精的过程中遭受低温，使水稻不能正常地开花受精造成空粒，最终影响产量的一类冷害。如 1993 年我国长江中下游和华南地区的“寒露风”危害即属于这类冷害。

依据低温冷害发生的时期，将水稻的冷害分为芽期冷害、苗期冷害、孕穗期冷害、开花期冷害和灌浆期冷害。芽期冷害是指从播种到第一完全叶期间受到低温侵袭，导致出芽时间延长或烂秧的一种冷害。这类冷害在我国长江中下游的早稻种植区及东北等地较为突出，日本的东北部、北海道及韩国等采用直播的稻区也较为严重。苗期冷害是指从第一完全叶开始的整个营养生长期间受到低温侵袭，导致秧苗失绿、发僵、分蘖减少、秧苗枯萎甚至死苗等，最终影响产量的一种冷害。这类冷害在我国长江中下游的早稻种植区和东北、西北稻区及云贵高原的一季稻区发生。孕穗期冷害是指从水稻进入生殖生长到开始抽穗开花期间受到低温影响，导致花粉发育不正常继而影响正常开花授粉形成空粒的一种冷害。这类冷害常在我国的东北、云贵高原粳稻区及长江中下游地区的晚稻中发生。开花期冷害是指在水稻的开花期遇到低温，导致花药不能正常裂开散粉、散落到柱头上的花粉不能正常地萌发授精，直接影响受精结实，产生空粒的一种冷害。由于这类冷害的发生时期与孕穗期冷害十分接近，生产实际中有时较难将两者严格区分开来，常将两者统称为孕穗开花期冷害。灌浆期冷害是指水稻受精以后遇到低温，抑制了叶片正常的光合作用和光合产物的运输，进而使稻谷的充实度变差、品质变劣的一种冷害。这类冷害在云贵高原及尼泊尔等高海拔稻区常有发生。

2. 水稻耐冷性的鉴定方法和评价指标

依据水稻不同的生长发育时期，耐冷性的鉴定方法和评价指标如下。

（1）芽期耐冷性鉴定方法和评价指标

种子萌发后（芽长约5mm），在5℃条件下处理10d，然后在常温下恢复10d，按下列标准评级（表5-10）。芽期耐冷性对于提高直播稻区品种的成苗率十分重要，因此芽期耐冷性种质对于播种后常发生低温危害的地区很有用。

表5-10　水稻芽期耐冷性评级标准

耐冷性级别	1	3	5	7	9
存活率（%）	100	80～99	50～79	1～49	0

（2）苗期耐冷性鉴定方法和评价指标

常用的苗期耐冷性鉴定方法及评价指标有以下3种：

①正常条件下育苗至2～3叶期，在5℃、相对湿度70%～80%、光照12h、光强2万～3万lx下处理7d，然后置于常温下让其恢复，恢复至第6d调查其幼苗枯死率。评价标准为，1级：幼苗枯死率0～20%；2级：幼苗枯死率21%～30%；3级：幼苗枯死率31%～40%；4级：幼苗枯死率41%～50%；5级：幼苗枯死率51%～60%；6级：幼苗枯死率61%～70%；7级：幼苗枯死率71%～80%；8级：幼苗枯死率81%～90%和9级：幼苗枯死率91%～100%。

②正常条件下育苗至3叶期，在温度为5℃、相对湿度70%～80%、光照12h的条件下处理4d，然后置于常温下让其恢复，恢复至第6d，叶片的凋萎程度为耐冷性评价指标。1级：仅叶尖凋萎；2级：第2、3叶的叶片凋萎面积达1/3；3级：叶片凋萎面积达1/2；4级：叶片2/3面积凋萎；5级：第2、3叶的叶片全部凋萎，但叶尖仍绿色；6级：叶片和叶尖全部凋萎。

③在早春或晚秋季节，在田间进行，根据叶色变化、苗高等指标来评价其耐冷性。

（3）孕穗期耐冷性鉴定方法及评价指标

常用的孕穗期耐冷性鉴定方法和评价指标有以下2种。

在常温下育苗，当材料进入幼穗分化期时，在人工气候室中进行低温处理。人工气候室的光照0.3万～1.0万lx，温度15℃下处理5d或12℃下处理3d后，移至常温下恢复，直至成熟，以平均结实率作为耐冷性评价指标。

在高30cm、直径15cm的圆形塑料钵内将20粒发芽的种子环形播种，在常温下育苗，除去所有的分蘖仅留主茎。当材料进入幼穗分化时，在相对湿度80%、光照1.3万lx、恒温15℃的人工气候室中处理7d，然后在常温下恢复直至成熟。按低温处理开始时的不同剑叶叶枕距来整理结实率，并以最低结实率所对应的叶枕距为中点，将低温处理时叶枕距处于该中点±5cm范围内的全部穗子平均结实率为指标来评价材料的耐冷性。

（4）开花期耐冷性鉴定方法及评价指标

常用的开花期耐冷性鉴定方法及评价指标有 3 种。

①在高 30cm、直径 15cm 的圆形塑料钵内将 20 粒发芽的种子环形播种，在常温下育苗，除去所有的分蘖仅留主茎。将抽穗后第 2d 的材料置于 12℃恒温下处理 5d，然后放回常温下直至成熟。以特定颖花的结实率或相对结实率（低温处理结实率/对照结实率×100%）为指标来评价材料的耐冷性。

②正常条件下培育的稻株，抽穗当天放入相对湿度 80%、光照 1.0 万～1.3 万 lx、恒温 15℃的人工气候室中，处理 7d 后放回常温下直至成熟，以结实率作为评价指标。

③用长宽各 15cm、高 10cm 的方形容器直播 8 粒种子，仅留主茎，待多数穗出穗的当天下午 5 时以后开始进行处理。在人工气候室内，处理温度为 17.5℃、处理时间为 15d。种子成熟后，以处理开始时已经抽穗的整穗结实率为指标评价其开花期耐冷性。

（5）自然条件下的耐冷性鉴定及评价指标

这种耐冷性的鉴定方法根据各地的实际情况决定，没有统一的标准。目的在于充分利用自然条件来达到鉴定材料耐冷性之目的。云南省在这方面具有得天独厚的条件。如位于昆明市北郊云南省农业科学院农场（海拔 1 916m）和昆明市官渡区双哨乡（海拔2 140m）冷害常发生地是开展耐冷性鉴定评价的理想地点。这两个试验点水稻孕穗开花期的 7～8 月因多雨寡照气温偏低，云南省农业科学院农场试验点 7～8 月上、中、下旬旬平均气温分别为 20.1℃、19.9℃、19.3℃、19.5℃、19.7℃和 19.7℃，双哨乡试验点的同期旬平均气温分别为 18.6℃、18.4℃、17.7℃、18.2℃、18.4℃和 17.5℃。在上述两地栽种的材料，一般在 7～8 月间孕穗开花，9 月中下旬成熟，以自然结实率作为其耐冷性的评价指标。该方法特别适合对大量的资源或育种材料进行耐冷性筛选鉴定。

（6）恒温冷水循环灌溉鉴定及评价指标

利用冷水制造机和温度控制装置使循环灌溉水的水温处于设定的范围内，一般设定的水温为 19.0±0.2℃，使从开始进入生殖生长至完成受精期间的稻株受到可人为调控的冷水处理，其他时期的生长条件正常，最后以结实率来评价其耐冷性。该方法的特点在于保证了鉴定的高精度，进而使之能够鉴别耐冷性差别较小的材料，同时较充分地利用了水资源。

3. 水稻耐冷种质资源的发掘

我国根据水稻生产环境和种植季节的不同，将水稻的耐冷性分为 7 种类型。Ⅰ型为高纬度低温类型，主要包括东北的黑龙江、吉林、辽宁三省的早熟粳稻地区。Ⅱ型为华北、西北单季粳稻地区。Ⅲ型主要包括云贵高海拔地区，粳稻在 1 500m 以上，籼稻在 1 000～1 500m。Ⅳ型为南方的山区。Ⅴ型为南方双季早稻类型。Ⅵ型为南方双季晚稻类型。Ⅷ型指的是海南岛的冬稻类型。

我国在“六五”和“七五”期间两次开展了全国性的稻种资源耐冷性鉴定，累计鉴定了近 3 万份稻种资源，获得了一大批不同的耐冷稻种资源。1990 年以来，国内在水稻种质资源的耐冷性鉴定方面进行了更加深入的研究。云南省农业科学院与日本合作对云南稻种资源的耐冷性进行了广泛深入的研究，确定了用于耐冷鉴定的标准品种（表 5-11）。通过对芽期、苗期、孕穗期、开花期和自然低温下的生育后期的耐冷性鉴定评价，获得了一批不同生育时期耐冷性极强的稻种资源（表 5-12）。

表 5-11 耐冷性鉴定标准品种

耐冷性	早熟群	中熟群	晚熟群
极强	丽江新团黑谷	滇靖 8 号	昆明小白谷，半节芒，粳掉 3 号
强	攀农 1 号，昭通麻线谷	昆粳 4 号	云粳 20，昆明 830，云粳 9 号
中	染分	昆明 217	云粳 79-219
弱	藤念米代	轰早生，晋宁 78-102，云粳 79-635	
极弱	十和田		日本晴
超极弱		秀子糯	

表 5-12 不同生育时期耐冷性极强的稻种资源

生育时期	品 种 名 称
芽期	细沧口，小白糯谷，麻线谷，李子白，云冷 26，红谷，叶里藏，本地大白谷，瓦灰谷，咱格梅，云冷 10，普洱，早早谷，大黑冷水谷，小白谷，老来红，云冷 16，糟谷，大黄谷，绿叶白谷，莫王谷，粑粑谷，云冷 19，纳西，选 6 号，中国 71，红早谷，老来红，云冷 17，云冷 3-2，澜沧谷 1，大红谷，云冷 25
苗期	小白谷，奥羽 191，青空，细黄糯，北海 221，Koshihihiki，贵州糯，北海 244，星光，矮脚糯，关东 117，Yamasenishiki，明乃星，北海 PL1，银优，大黄糯，北海 223，Yamaseshirazu，背子糯，北海 PL2，喜峰，筑波锦，西南 72，Tomoyutaka，昆明小白谷，中国 71，04-2865110
孕穗期	昆明小白谷，半节芒，丽江新团黑谷，Silewah
开花期	昆明小白谷，丽江新团黑谷，半节芒，滇靖 8 号，李子黄
自然低温生育后期	昆明小白谷，半节芒，粳掉 3 号，早谷，小白谷，老来红，丽江新团黑谷，冬寒谷，里选 5 号，灰谷，老来红，老鸦谷，小齿白谷，小霉谷，丽粳 2 号，黑谷，黄牛尾，考干龙，滇靖 8 号，丽江 942，梅谷，糯谷，310 选

廖新华等（1999）在 3 个自然低温点和恒温冷水循环灌溉条件下鉴定了 227 份高世代的育种材料，筛选出 46 份耐冷性极强的中间亲本材料。陈惠查等（1999）对 286 份贵州地方稻种资源进行耐冷性鉴定，筛选出 46 份耐冷性极强的品种。韩龙植等（2004）对 879 份来自国内外稻种资源进行了芽期的耐冷性鉴定，从中筛选出耐冷性极强的稻种资源 39 份，主要为来自贵州的粳稻品种。

4. 水稻耐冷性的遗传

关于水稻耐冷性的遗传，不同的学者使用不同的材料作了大量的研究。在传统的遗传分析方面，Chung（1979）利用 Shionai 20 与耐冷性弱的品种间杂交获得的 4 个组合进行研究，结果表明，F_2 群体的幼苗期耐冷性表现为以双亲中间值为中心的接近正态分布的连续分布。Tsukasa（1991）研究认为耐冷性是由一对显性基因控制的，同时认为控制对冷害的耐性基因与低温失绿的基因是不同的，受两个独立的位点基因控制。李平等（1990）发现杂交水稻 F_1 的苗期耐冷性与母本相似，与父本关系不大，保持系的耐冷性相似于不育系。Li 和 Rutger（1980）研究指出，在低温下 F_2 和 F_3 代水稻幼苗长势呈显性和超显性，可能受 4～5 对基因的控制；并且低温下幼苗生长势的遗传力为中等（57%和 70%），受基因累加效应和基因累加互作效应的控制。熊振民等（1990）研究认为，苗期耐冷性为一对显性基因控制的性状。金润洲等（1992）认为水稻苗期的耐冷性是由 5～7 对显性基因控制的数量遗传，基因之间是独立的，没有连锁关系，遗传力很高，可在低世代进行选择。徐云碧等（1989）认为籼粳杂交组合苗期耐冷性由两对基因控制，耐冷性强为完全显性，且籼粳稻之间可互相转移。戴陆园等（2002）以昆明小白谷与十和田杂交的

F_2 和 B_1F_1 为材料分析了与耐冷性有关的 7 个农艺性状的遗传特性，结果表明，在低温胁迫下，与耐冷性相关的株高、穗长、穗颈长、抽穗期受多基因控制的数量性状；穗粒数受主效基因—多基因共同支配，基因间存在较明显的互作和剂量效应；结实率受 1 对完全显性的主基因控制。曾亚文等（2001）研究表明，昆明小白谷的耐冷性受主效基因控制。

随着分子技术的发展，水稻耐冷性的 QTL 定位取得较大进展。严长杰等（1999）利用籼稻品种南京 11 与粳稻品种巴利拉杂交 F_2 代的花药培养产生的 DH 群体，定位了 1 个有关水稻芽期耐冷性的 QTL（*Cts7*），属于主效 QTL，位于第 7 染色体上的 G379b 与 RG4 区间。并认为芽期耐冷性是由主效基因控制的数量性状，但同时存在着微效基因的修饰作用。屈婷婷等（2003）以籼粳交组合圭 30/02428 的 DH 群体为材料，检测到控制水稻苗期耐冷性的 3 个 QTL，分别位于第 3、11、12 染色体上，贡献率分别为 7.9%、18.3%和 24.4%，其增效等位基因均来自于亲本 02428。同时检测到控制水稻苗期耐冷性的上位性互作位点 8 个，分散分布于第 2、7、8、9、11 染色体上，其中有 2 对互作的贡献率在 15%左右，这 2 对互作的增效基因型均为来自 2 个亲本的重组基因型。苗期耐冷性在 2 个亲本间差异很大，在 DH 群体中呈现出连续变异，有明显的超亲分离。这些结果表明，水稻苗期耐冷性是受多基因控制的数量性状，基因的上位性互作是其重要的遗传基础之一。Qiao 等（2004）以密阳 23/吉冷 1 号的 F_3 为材料研究芽期耐冷性 QTL，在 2、4、7 号染色体上检测到 3 个与耐冷性有关的 QTL，分别位于 SSR 标记 RM6－RM240、RM273－RM303 和 RM214－RM11 之间，能够解释 11.5%～20.5%的表型变异方差。詹庆才等（2004）以北海 289/Dular 的 F_2 为材料，研究了苗期的耐冷性 QTL，在 5 和 9 号染色体上各检测到 1 个 QTL，在 12 号染色体上检测到 2 个 QTL，能够解释3.82%～34.66%的表现变异，其中 9 号染色体上与 RM160 标记连锁的 QTL 的效应最大。胡莹等（2005）以 Lemont/特青的重组自交系为材料，进行了苗期的耐冷性 QTL 分析，结果表明，在重组自交系群体中，苗期耐冷性表现为连续变异，在两个方向上均出现大量超亲分离。共检测到 5 个水稻苗期耐冷性 QTL，分别位于水稻 1、3、8 和 11 号染色体上，单个 QTL 对性状的贡献率为 7%～21%。其中，4 个 QTL 的增效基因来源于亲本 Lemont，另 1 个 QTL 的增效基因来源于亲本特青。2 个主效 QTL（*Qsct3* 和 *Qsct8*）分别位于 3 号染色体标记区间 RM282－RM156 和 8 号染色体标记区间 RM230－RM264，对性状的贡献率达到或接近 20%，其增效基因均来自于耐冷性亲本 Lemont。陈玮等（2005）同样以 Lemont/特青的重组自交系为材料，进行了芽期的耐冷性 QTL 分析，检测到控制水稻芽期耐冷性的 4 个 QTL，分别位于 1、3、7 和 11 号染色体上。其中，位于 11 号染色体上的 QTL *Qsct11* 的效应最大，在 10℃低温处理 13d 时，对性状的贡献率达 26%～30%，增效等位基因存在于亲本 Lemont 中，SSR 标记 RM202 与 *Qsct11* 紧密连锁。韩龙植等（2005）以籼粳交密阳 23/吉冷 1 号的 $F_{2:3}$代 200 个家系为作图群体，在韩国春川进行冷水胁迫下水稻耐冷性鉴定，并以利用 SSR 标记构建的分子连锁图谱为基础，对水稻孕穗期耐冷性及其相对耐冷性进行数量性状位点（QTL）分析。结果表明，在第 1、2、4、11 和 12 染色体上检测到与孕穗期耐冷性相关的 QTL 各 1 个，对表型变异的解释率为 5.6%～8.2%；在第 1、3、4 和 11 染色体上检测到与孕穗期相对耐冷性相关的 QTL 各 1 个，对表型变异的解释率为 5.9%～10.3%。所检测到的耐冷性 QTL 的增效等位基因多数来自吉冷1号，基因作用的方式主要为部分显性、显性和超显性。

5. 水稻耐冷性育种进展

水稻的耐冷性虽然是我国各稻区水稻生产中的问题之一，但是受到条件的限制，专门进行水稻耐冷性育种的单位不多。云南省农业科学院在20世纪80年代与日本合作开展水稻的耐冷性育种，对中日双方提供的1 400多份稻种资源进行了较系统深入的特性鉴定、评价和研究，引入并改进了日本的先进育种技术，创立了云南高原稻区的高产、优质、耐冷、抗病四特性同步鉴定的育种方法。育成的品种定名为“合系”，到20世纪末，已育成了42个合系品种（系），其中已通过省级审定品种15个。合系系列品种不仅适应云南绝大部分粳稻区（海拔1 400～2 300m），而且也适合在四川盆地周围高海拔地区、黔西北、湘西山区种植。合系品种从1990年示范推广以来，到1999年累计推广135.02万hm^2，目前已成为云南省栽培面积最大的耐冷性粳稻品种。东北稻区由于适合水稻生长的时期短，芽期、苗期和灌浆期经常出现低温。耐寒育种一直是东北稻区的主要育种目标之一，吉林育成了耐寒性强、生育期短的吉粳系列品种，黑龙江育成了合江系列、牡丹江系列等早熟耐寒的水稻品种，并得到大面积的推广。

二、水稻耐热性的遗传和育种

随着工业化进程的加速，全球范围产生的“温室效应”变得越来越明显。气候预测表明，“温室效应”将导致全球气温上升，整个种植业面临高温挑战，因此耐热性研究变得日趋重要。水稻的高温热害在许多盛产水稻的国家都有发生，使世界各水稻生产地区在水稻抽穗开花或结实期经常遭受热害的影响。水稻高温热害也是中国稻作的主要自然灾害之一，主要发生在长江流域及以南地区，较严重的地区是江西的大部、江苏、安徽及湖北的中南部、湖南的东部、福建的西部、浙江的西南部、四川的东部和广东的东北部。这些地区的双季早稻开花灌浆期、早熟中稻孕穗期至抽穗开花期，往往处于7～8月盛夏高温季节，从而导致不能正常散粉、受精，籽粒灌浆不饱满。我国气候变化对农业的影响及其对策课题组研究指出，在我国未来气候变暖的条件下，高温天气的出现将更加频繁，高温对水稻生产的直接危害也将变得明显和突出。国外从20世纪70年代就开始进行水稻品种的耐热性筛选鉴定及遗传分析。中国在20世纪90年代将水稻品种抗热性的鉴定列入“八五”国家水稻育种攻关项目。

1. 水稻耐热性和热害的概念

温度是水稻完成其生长发育周期的主要生态环境因素之一。水稻在长期的演变进化过程中逐渐形成要求一定的温度条件才能保证完成其发育过程。从生物学的角度讲，水稻的不同发育阶段或生命活动过程均有一定的最低、最适和最高临界温度。当环境温度高于其生育的最适温度要求时，就开始不利于其生长和发育，最终导致正常生长受到抑制、生产潜力和品质降低，这种现象称为水稻的热害。不同类型的水稻对高温耐性存在差异，在一定高温条件下，能够获得相对较正常的生长和较高产量及较优品质的特性，称为水稻的耐热性。

2. 水稻耐热性的鉴定评价方法

（1）耐热性评价指标

国际水稻研究所以水稻高温胁迫后结实率与常温下结实率的比值为指标进行了耐热品种的筛选评价和耐热性的数量遗传分析；黄英金等（1999）以秕粒率、实粒重、整精米粒率、垩白度、蛋白质含量的胁迫指数作为水稻品种灌浆期耐热性田间鉴定的指标，根据这些指标采用隶属函数值法评价不同品种对高温逼熟耐性的强弱；徐海波等（2001）通过对高温胁迫下水稻花粉活力指标与结实率的相关分析表明，花粉在培养基上的萌发率、柱头上的萌发率以及柱头上的花粉数与结实率呈显著正相关，因此认为这三个指标可作为水稻耐高温胁迫的抗性的评价指标。另有研究认为，水稻幼穗分化及开花结实期是高温胁迫的敏感期，而热害主要影响结实及灌浆，其中结实率下降是热害最为直接的指标之一，它可综合反映水稻颖花开放、散粉和受精等的综合受害程度。

（2）*耐热性鉴定方法*

高温鉴定的方法主要有两种，直接鉴定方法和间接鉴定方法。直接鉴定方法即利用自然高温条件进行的田间鉴定。此法简便易行且观测的结果比较客观，但难以排除其他环境因子的干扰及对基因型差异的影响；间接鉴定方法是利用一定的设备人工模拟自然条件进行的高温鉴定。该法较准确、易控制，但需昂贵的设备且不能对大批材料同时进行鉴定。上海植物生理研究所对籼稻的高温试验表明，开花期对高温最为敏感，水稻抽穗后3d最高温度高于或等于35℃可作为水稻热害的临界温度，耐高温筛选以35℃较好。水稻抽穗后第6～10d为结实率受高温影响的主要时期，第11～15d为千粒重受高温影响的主要时期。还有试验结果证明，35℃为籼稻花期高温伤害的临界温度。Mackill（1982）以不同的高温条件进行开花期处理的结果表明，随着温度的升高，结实率明显下降，其原因是花药开裂受阻，散粉较少。

3. 高温对水稻生长发育、产量构成因素以及品质的影响

较高的温度条件一般促进水稻的生长发育过程，导致生育期变短而使各性状的生长、分化和发育时间也相应减少，不利于这些性状的形成。在水稻营养生长期（主茎7叶期）35℃下处理8d，处理后50d观测株高、叶片和分蘖、叶面积、叶长/叶宽，结果发现株高降低、叶片和分蘖的产生受到抑制及叶面积扩展和主茎叶片8～13片的生长受到抑制、叶长和叶宽也均受影响。但也同时发现，营养生长期短期高温不影响产量性状。在灌浆期作同样的处理，结果刺激了叶片的生长和分蘖。

李祥洲等（1996）研究发现，灌浆期的高温处理，灌浆速度加快，灌浆时间缩短，影响产量和品质。但同时高温增加了每株花序数，却降低了每穗粒数、结实率和千粒重，降幅分别为36%、48%和32%。其他诸多研究认为在高温条件下花粉活力下降、结实率、籽粒充实度下降、空秕率增加和产量下降的现象。Peng等（2004）对国际水稻研究所20多年的数据统计分析认为，高温季节的夜温每升高1℃，产量即下降10%。

在环境条件中，以温度对稻米品质的影响最大。研究表明，同一品种较高温度处理的垩白率为30.1%，较低温度处理的垩白率为2.4%。一般认为，垩白是由于高温使灌浆速度加快、时间缩短、籽粒充实不良所致。用不同的早籼品种进行高温和常温两种温度处理，结果发现高温使胚乳内Q酶动态过程发生变化，高温处理下的第12～18d期间Q酶含量比常温减少，而这一时期正是形成垩白的主要时期。因此认为，高温下早籼以腹白为主的垩白形成主要是包括Q酶在内的酶的绝对或相对的缺乏引起的。另外，高温对稻米的碾米品质和食用品质均有影响，主要表现在水稻灌浆成熟期的温度升高，直链淀粉含量增加，糊化温度升高，胶稠度变硬，皮层（果皮和种皮）加厚，降低精米粒率和碾米品质。

4. 水稻结实率耐热性的遗传研究

对于水稻的耐热性遗传研究，国际水稻研究所曾以水稻高温胁迫后结实率与常温下结实率的比值为指标，进行了耐热性的数量遗传分析；而对于水稻结实率耐热性的QTL定位分析，曹立勇等（2002；2003）利用温室高温条件对水稻籼粳交DH群体进行处理，以温室高温处理后的结实率与大田结实率的差值为指标，进行了水稻耐热性的QTL定位分析研究。结果在第1、3、4、8和11条染色体上检测到6个具有加性效应的QTL。目前，以结实率指标进行耐热性的遗传研究还较少。

5. 水稻耐热性育种

水稻的耐热性育种由于条件难以控制，国内外尚未开展专门的耐热性育种研究。前期的主要工作是对现有品种进行耐热性鉴定。沈波等（1995）和方先文等（2006），在高温条件下对不同水稻品种进行耐热性鉴定，结果表明品种间的耐热性差异很大，部分品种在苗期就已死亡，大多数品种不能够结实，只有少数几个品种能够结实。通过鉴定并筛选出一些耐热品种。曾汉来等（2000）对几个杂交水稻的耐热性鉴定表明，组合之间存在明显的差异，汕优63是比较耐高温的组合。牟同敏等从2004年开始对湖北省正在推广和参加区域试验的100多个品种的结实率耐高温性进行了鉴定表明，组合之间存在明显的差异，从中筛选出几个比较耐高温的组合，如华两优1206、Ⅱ优898以及培两优慈四等，表5-13列出了部分耐热性比较好的品种。

表5-13　比较耐热的水稻品种

籼　稻	杂　交　稻	粳　稻
N22、ES3-17-164、2006-P12-12-2、中优早3号、辐9136、珍油占、T226、IRAT118、冷水白	汕优63、华两优1206、培两优慈四、Ⅱ优898、D优3232、富优1号	92-1690、银桂粘

第四节　水稻耐盐碱育种

土壤中盐类以碳酸钠和碳酸氢钠为主要成分时称碱土，以氯化钠和硫酸钠等为主时，称盐土。一般盐土和碱土常混合在一起，所以习惯上统称为盐碱土（Saline and alkaline soil)。盐碱是作物生产最重要的非生物逆境之一。盐碱土壤溶液中常存在过量或偏碱性的可溶性盐或高浓度的盐离子（如Na^+），导致包括渗透胁迫、离子毒害和离子不平衡或营养缺乏等盐碱胁迫，引起作物的光合作用降低、营养元素摄取受阻等各种生理生化的变化，从而阻碍作物的正常生长发育，最终严重地降低作物产量。

据联合国粮农组织（FAO）不完全统计，世界上的盐碱地面积超过10亿hm^2，占土地面积的6%左右。而且由于不当的灌溉和施肥等原因，全球约有20%的耕地还受到次生盐渍化的危害。这种次生盐渍化有日益扩大和蔓延的趋势。在我国，盐碱土地约1亿hm^2，有超过670万hm^2的灌溉耕地存在不同程度的次生盐渍化。由于人口的持续增加及耕地面积的急剧减少等压力，如何减轻盐胁迫对农业生产的影响，合理开发和改良利用盐碱地，使大面积的盐碱地或潜在的盐碱地可以为农业生产所利用，已成为农业持续发展所面临的重大课题。

我国受盐碱化影响的稻田面积约占水稻栽培总面积的20%。而且由于灌溉用水质量下降、过量施用化肥等原因，水田盐渍化的程度正在不断加重。因此，深入开展水稻耐盐性遗传育种研究，筛选耐盐碱种质资源，培育耐盐的水稻新品种，成为有效开发利用盐碱地、扩大耕地面积和保障我国粮食生产安全的一条重要途径。

一、水稻耐盐碱种质的鉴定

1. 水稻耐盐性的生理机制

土壤中过量盐分对水稻生长的危害主要表现在水分胁迫、正常代谢功能受抑制、养分不平衡以及离子毒害等几个方面。土壤盐分过多使水稻根际土壤溶液的渗透势降低，给水稻造成一种水逆境。此时，水稻要吸收水分，必须形成一个比土壤溶液更低的水势，否则水稻将受到与水分胁迫相类似的危害，处于生理干旱状态。其次，高浓度盐分会影响原生质膜的透性。由于盐胁迫影响了膜的正常透性和改变了一些膜结合酶类的活性，将引起一系列的代谢失调，如对光合作用的影响等，盐分过多使磷酸烯醇式丙酮酸（PEP）羧化酶和核酮糖-1-5二磷酸羧化酶（Rubisco）活性降低，叶绿体趋于分解或破坏。叶绿素和类胡萝卜素的生物合成受阻，气孔关闭，使光合速率下降，影响作物产量。同时，毒素积累是盐害的另一个重要原因。盐胁迫使植物体内积累有毒的代谢产物如蛋白质分解产物胺、氨等。这些物质对植物的毒害表现为植物叶片生长不良，抑制根系生长，组织变黑坏死等。另外，由于膜的透性变化，致使水稻组织吸收某种盐类过多而排斥对另一些营养元素的吸收，从而使细胞内部的离子种类和浓度发生变化，这种不平衡吸收，不仅造成营养失调，抑制水稻生长，同时还产生单盐毒害作用，即当溶液中只有一种金属离子（对盐碱土而言主要为钠离子）时，会对水稻有较强的毒害作用。钠离子浓度过高时，植物会受到钠离子的毒害，减少对钾离子的吸收，同时也易发生 PO_4^{3+} 和 Ca^{2+} 等的缺乏症等。不过，水稻对盐害的反应相当复杂，所涉及的生理机制目前仍不完全清楚。

2. 稻种资源耐盐性评价与鉴定

（1）稻种资源耐盐性评价方法与鉴定指标

目前对水稻耐盐性的鉴定主要有三种方法：

①营养液盆栽法，即将供试材料进行沙培或水培，控制培养液的盐分和营养成分，根据材料的生长表现，测定其耐盐性。采用这种方法既可对苗期耐盐性进行鉴定，又可结合多项生理指标对整个生育期的耐盐性进行鉴定。它是目前广泛采用的一种方法。

②温室萌发实验法，即将待测材料的种子播种在一定盐分浓度的溶液、土壤或沙中，检查种子萌发和幼苗生长情况。

③田间产量试验法，是将供试材料在一定程度的盐碱地上进行全生育期农艺表现以及产量性状考查，根据大田性状表现及产量情况最终评定其耐盐性。多数水稻种质资源的耐盐性分析是在苗期进行的，筛选的方法主要是温室营养液培养、沙培胁迫法，或在盐胁迫下的种子萌发鉴定等。

评价指标主要有两类：一是表型指标，二是生理生化指标。表型指标主要包括盐胁迫下种子的发芽率、苗期形态与生长指标、苗期盐害级别等；生理生化指标包括盐离子浓度、与盐胁迫相关的酶活性以及质膜透性等。形态与生长指标检测技术简单方便，且可靠性较好，是耐盐性鉴定使用最多的指标，主要包括：

①种子发芽率，在氯化钠或碳酸钠等盐碱胁迫处理下，根据水稻种子发芽率的高低，来检测品种间芽期耐盐能力。

②幼苗存活率，水稻幼苗期对盐胁迫反应比较敏感，在一定强度的盐胁迫下，敏感品种的幼苗会死亡，因此，在一定盐碱浓度溶液培育下的幼苗存活率作为水稻苗期耐盐性鉴定的指标。同时，也可以用苗高、根长、根数、苗鲜重、干重、叶龄等相对指数（指标）衡量水稻的苗期耐盐性。

③盐害级别，一般水稻苗期至分蘖期对盐害最为敏感，苗期的抑制作用主要表现是茎叶变褐色，生长迟缓，分蘖减少或无分蘖，有时还与许多病害如立枯病等的发生相关联，严重时导致死苗毁田。盐害级别有生长评分法和死亡评分法。生长评分法通过目测叶片的颜色和卷曲程度等进行评价，有一定的主观因素；死亡评分法以死叶率度量盐害程度。国际水稻研究所根据幼苗在盐胁迫条件下叶片的颜色、卷曲和死叶以及分蘖情况，按相对受害率 9 级的判断标准进行耐盐分级，来区别品种间的耐盐性差异，是目前水稻耐盐评价的通用标准。

④籽粒产量，盐胁迫下的籽粒产量是水稻耐盐性的综合反应。由于高产稳产是培育和选择耐盐品种的主要目标，因此，籽粒产量是最有直接生产价值的水稻耐盐性鉴定指标。但测定籽粒产量需要较长的试验周期，费时费工，所以在鉴定大量育种材料的耐盐性时，一般先根据盐胁迫下的幼苗存活率、苗高、苗重、根长以及其他生理生化指标予以判别，然后再对苗期有一定耐性的材料进行大田耐盐性复筛鉴定。

种质筛选鉴定的综合结果表明，水稻耐盐机制可能存在较大的差异，有的品种芽期对盐分有较强的抗性，有的品种苗期抗性较强，有些在大田盐碱地表现出一定耐盐性等。因此，针对在不同生育阶段存在的耐盐性差异，稻种耐盐性鉴定需要采用苗期、全生育期鉴定或综合鉴定等方式展开。

（2）耐盐稻种资源

国际上，筛选和培育耐盐水稻品种的研究始于 20 世纪 30 年代末。1939 年斯里兰卡曾筛选并繁殖抗盐地方品种 Pokkali，并在 1945 年予以应用推广。自 20 世纪 70 年代以来，国际水稻研究所实施了“国际水稻耐盐观察圃计划”，经过多年的鉴定筛选，评价了近 6 万份水稻种质资源的耐盐性，并筛选出一些对氯化钠耐性品种，例如 Pokkali，Getu，Nona Bokra 及其后代品系等多份材料。Pokkali 和 IR9884－54－3 等品种至推广应用以来一直作为国际水稻种质耐盐性筛选的耐盐对照，而且也是水稻耐盐育种的亲本和耐盐遗传研究的典型材料。

我国对稻种资源耐盐碱性鉴定研究始于 20 世纪 50 年代。1976 年，中国农业科学院作物品种资源研究所组织了全国稻种资源耐盐鉴定研究。随后，江苏省农业科学院和中国水稻研究所等多家单位对国内外稻种进行了耐盐性鉴定，先后筛选出如韭菜青、红芒香粳、筑紫晴、红芒香粳糯、芒尖、黑香粳糯、一品稻、蟾津稻、开拓稻、竹广 29、届火稻、东津稻等一些耐盐性较强的地方粳稻材料以及许多耐盐性较好的品种，如窄叶青 8

号、特三矮 2 号、80－85（M114）等。陈志德等（2004）用 0.5%的 NaCl 灌溉水对 2000—2002 年江苏省水稻区域试验参试品系和引进的部分水稻新种质资源进行苗期耐盐性鉴定，筛选出籼 156 和 64608 两份苗期耐盐性较强的品种。张家泉等（1999）报道杂交水稻协优 46 在浙江台州市一定的盐渍稻田中具有较强的耐盐能力。

我国经过对稻种资源的耐盐碱性鉴定的几次联合攻关，已获得超过 1.3 万份稻种资源种质的苗期耐盐性鉴定相关数据库。从鉴定种质的数目来看，获得的耐性强或偏强的品种并不多，约占 1.3%，而绝大多数水稻品种对盐碱胁迫表现为敏感或中度敏感。从种质类型来看，籼稻资源的苗期耐盐性强于粳稻，粘稻品种中耐盐种质明显多于糯稻，水稻的耐盐性种质显著超过陆稻。耐盐品种多源于地方品种和国外引进品种。我国水稻种质的耐盐性与原产地环境有关，耐盐种质主要分布于稻种历史悠久、地形复杂且易受盐害影响的稻区，如台湾、福建、安徽和黑龙江等省份。另外，一些原产我国广东沿海地区的特异耐盐性地方品种，如咸占，它对盐胁迫的适应特点比较特殊，在盐处理前期反应最敏感，盐害症状重，但随着胁迫时间的延长会出现缓慢恢复趋势，是一种特殊的耐盐材料。

二、水稻耐盐性的遗传分析

水稻耐盐性是一种复杂的生理特性。不同水稻材料耐盐性存在着显著的差异。由于所用的品种或鉴定分析方法不同，目前对水稻耐盐性的遗传研究结果缺乏一定的可比性。一般认为水稻耐盐性受少数主效基因或多个数量性状基因控制。Jones 等（1985）认为水稻苗期耐盐性由少数几个基因控制，遗传变异来源于加性和显性效应，并以加性遗传效应为主，没有上位性互作。Akbar 等（1985）以水稻幼苗的根长、茎叶干重和根干重为耐盐性鉴定指标，提出水稻耐盐性分别由 2 对基因控制。杨庆利等（2004）认为水稻苗期耐盐性至少由 2 对主效基因控制，并发现盐胁迫条件下水稻苗期根系 Na^+/K^+ 是由 2 个主效位点和微效位点基因控制的，而盐害级别是由 3 个主效和微效基因控制的，并认为所用到的亲本品种韭菜青和 80－85 聚合了 2～3 对耐盐基因，属于强耐盐亲本。韭菜青属于太湖流域的晚熟粳稻地方品种，80－85 是从国际水稻研究所的耐盐圃中筛选获得的一个中籼品系，两者的系谱、地理来源和遗传基础均有很大的差异。

随着分子生物学技术的发展，利用分子标记分析定位数量性状位点（QTL）的策略，已成为解析复杂的耐盐性状的遗传机理的重要途径。迄今为止，已有一些关于水稻的耐盐性 QTL 定位的研究报道。部分主效耐盐性 QTL 或基因、所在染色体及其耐盐等位基因的来源列于表 5－14 中。

龚继明等（1998）利用来源于籼稻窄叶青 8 号和粳稻京系 17 的双单倍体（DH）群体及高密度分子连锁图谱，在幼苗期用 NaCl 溶液胁迫处理该群体，以各株系存活率为指标，定位了 7 个耐盐性 QTL，其耐盐等位基因多数源于京系 17。随后，他们将一个来源于窄叶青 8 号的耐盐主效基因 *Std* 定位于第 1 染色体的 RG612 和 C131 之间。且他们对控制水稻重要农艺性状的 QTL 在盐胁迫与非盐胁迫条件下进行了对比研究，在盐胁迫与非盐胁迫环境下分别调查了水稻的 5 个重要的农艺性状（千粒重、抽穗期、株高、每穗粒数和有效分蘖数），在盐胁迫环境中检出了 9 个 QTL，非盐胁迫环境中检出了 17 个 QTL。通过对水稻在盐胁迫环境和非盐胁迫环境下的 QTL 比较，发现水稻第 8 染色体上几个控制重要农艺性状的 QTL 明显受盐胁迫的影响。丁海媛等（1998）运用 RAPD 标记分析水稻耐盐突变系的耐盐主效基因，认为水稻耐盐突变系的性状变异虽呈现数量性状遗传特征，但不排除存在主效基因的控制。林鸿宣等（1998）利用“特三矮 2 号/CB”组合构建了重组自交系群体（RIL），在 NaCl 胁迫强度 12ds/m 的培养液下鉴定其耐盐性，发现 RIL 群体出现超亲分离现象，并检测到一个位于第 5 染色体上的标记位点（RG13）与耐盐性显著相关，该位点解释的表型贡献率为 11.6%，源于特三矮 2 号的等位基因增强耐盐性。他们还对 RG13 与其他 59 个标记位点间的互作进行了检测，发现有 3 对基因互作显著，即 RG13 分别与在第 3 染色体上的 RG104、第 4 染色体上的 RG143 及与第 6 染色体上的 RG716 之间存在上位性效应，源于特三矮 2 号的基因位点 RG13 与源于 CB 的 RG104 或 RG143 之间的基因相互作用显著地增加了耐盐性。顾兴友等（2000）利用耐盐性品种 Pokkali 和盐敏感品种 Peta 配制的回交群体，分别检测水稻苗期和成熟期的耐盐性数量性状位点。苗期以盐害级别、地上部鲜重/干重比率和 Na^+ 含量为指标，共检测出 4 个效应显著的苗期耐盐性 QTL，它们分别位于第 5、6、7 和 9 染色体上，其增效基因均来自耐盐性品种 Pokkali；成熟期以抽穗期、分蘖数等 10 个农艺性状为指标，检测出 12 个耐盐性的 QTL，分布在水稻 7 条染色体上，其有利基因来自双亲。

除了利用耐盐与敏感品种杂交构建遗传分离群体作 QTL 定位外，我国学者也利用突变材料进行了水稻耐盐性遗传研究。陈受宜等（1991）利用 EMS 诱变材料，经过盐胁迫处理和反复选择鉴定，得到稳定的粳稻耐盐突变体 M20，并对其进行了分子生物学鉴定，定位了 1 个位于第 7 染色体上标记位点 RG711 和 RG4 之间的主效基因。张耕耘等（1994）对 9 个经 EMS 诱变和盐胁迫筛选得到的水稻耐盐突变体进行分子标记分析表明，RG4，RG711 及 Rab16 三个位点基因的突变有可能与耐盐性相关。Zhang 等（1995）将粳稻 77 - 170 的耐盐突变体的耐盐主效基因定位在第 7 染色体的 RG4 附近。李子银等（1999）利用差异显示 PCR 技术（DD - PCR）从水稻中克隆了 2 个受盐胁迫诱导和 1 个受盐胁迫抑制的 cDNA 片段，分别代表了水稻的一些功能基因，其基因的转录明显受盐胁迫诱导。他们进一步利用来源于 ZYQ8/JX17 的 DH 群体和 RFLP 图谱，将其中一组与盐胁迫诱导有关的水稻翻译延伸因子 1A 蛋白基因家族的新成员（*REFIA*）基因分别定位在水稻第 3、4 和 6 染色体上。

Lin 等（2004）将高度耐盐的籼稻品种 Nona Bokra 与盐敏感的粳稻品种越光（Koshihikari）杂交并获得分离群体，并用 F_2 群体构建分子标记连锁图谱。利用 140mmol/L NaCl 处理对应的 F_3 株系幼苗，定位了 11 个与耐受盐胁迫有关的 QTL，其中 3 个 QTL 与幼苗生存天数相关，8 个与 K^+、Na^+浓度相关。值得提出的是，在 8 个与 K^+、Na^+浓度相关的 QTL 中，有一个位于染色体 1 上控制地上部钾离子浓度的 QTL（命名为 *SKC1*），对表型变异的贡献率达到 40.1%。因此认为它是一个主效 QTL。最近，他们采用图位克隆方法已成功克隆到 *SKC1*。功能分析表明，该基因与维持体内 K^+、Na^+平衡能力密切相关。*SKC1* 在盐胁迫下调节水稻地上部的钾/钠离子平衡，即维持高钾、低钠的状态，从而增加水稻的耐盐性。这是至今第一个在水稻中被克隆的耐盐相关 QTL。*SKC1* 的分离鉴定将为水稻耐盐的分子育种提供有利的目标基因，对认识作物的耐盐机理以及耐盐性育种具有重要的理论与实践意义（表 5 - 14）。

表 5-14　水稻部分主效耐盐性 QTL（或基因）

主效基因（QTL）	染色体	连锁标记	抗性种质
SKC1	1	S2139	Nona Bokra
AQGR001（*qST1*）	1	RZ569A	Gihobyeo
Std	1	RG612	窄叶青 8 号（ZYQ8）
OsIM1	3	—	突变体 M20
REF1A	3	CT125	ZYQ8
AQGR002（*qST3*）	3	RZ598	Milyang23
SAMDC1	4	CT500	ZYQ8
AQCL003	5	RG13	特三矮 2 号
SRG1	6	RG445	ZYQ8
AQEM004（*qSNC7*）	7	R2401	Nona Bokra

三、水稻耐盐品种的选育

培育耐盐水稻品种是充分利用盐碱地和保障粮食安全生产的一条经济而有效的途径。目前，耐盐性品种选育与生产利用主要有几种方式：一是利用水稻种质资源筛选出的耐盐性品种直接用于生产实践；二是利用耐盐性种质资源作为育种的亲本材料，通过杂交、回交等“常规”育种手段选育耐盐新品种；三是利用细胞工程和基因工程的方法，培育耐盐新品系或新种质。

1. 常规育种方法

通过对国内外稻种资源的耐盐性评价，已鉴定出一些耐盐性强的品系，并直接进行生产试验或引种试验。中国水稻研究所在 20 世纪 80 年代末，从我国栽培稻耐盐种质资源中筛选出多份适合东南沿海滩涂盐碱地种植的耐盐品种，在进行生产试种试验中发现，这些水稻品种在普通品种不能生长的重盐碱地上，其稻谷单产可达 7.5t/hm^2。

当然，大多耐盐性品种是地方品种和引进品种，其农艺性状及适应性等方面还存在不足。因此，利用获得的耐盐性强的种质资源为亲本，通过杂交、回交等方式，将其中的耐盐性基因转移到综合性状优良的品种中，培育新的优良耐盐品种，成为目前育种的一种主要手段。尽管该方法存在育种周期长等缺点，但育种工作者已选育出一些综合性状好、耐盐性强的品种，许多耐盐性品种已在我国北方稻区有了一定的生产利用面积。长白 9 号（吉 89-45）是 1994 年育成的水稻优良品种，其主要优点是耐盐碱、高产。绥化市农业科学研究所于 1990 年利用丰产、优质的藤系 137 为母本，与半矮秆、稳产、耐盐碱的绥粳 1 号杂交，通过多年自然压力选育而成的耐盐碱水稻新品种，2000 年通过黑龙江省农作物品种审定委员会审定，命名为绥粳 5 号。

2. 细胞工程和基因工程法

近年来，国内外许多研究单位采用组织诱导培养等技术，在高盐培养基上获得耐盐性的愈伤组织，然后把愈伤组织依次转移到递增的 NaCl 培养基上，继代分化成苗，最后获得耐盐试管苗，并培育出新的耐盐突变系。如郭岩等（1997）应用细胞工程获得了受主效基因控制的水稻耐盐突变系。成静等（1998）对水稻在“种子植株—愈伤组织—再生植株”系统中的耐盐性研究发现，通过组织培育技术进行盐胁迫的组织锻炼，可以提高某些水稻品种的耐盐性。冯桂苓等（1996）利用逐渐增加培养基中盐浓度的方法，多次继代，获得了在0.3%含盐土壤上种植能正常生长的4个水稻耐盐株系。不过，利用细胞工程获得耐盐品系还没有能真正直接应用于生产上的报道。

随着分子生物学的发展，许多物种的耐盐相关基因被不断发掘，其表达方式和耐盐功能逐步被认识。这无疑为利用转基因工程培育耐盐水稻新品种提供了新的基因来源。目前，关于利用转基因技术转移外源耐盐基因、分析耐盐基因在水稻体内表达、获得耐盐性的转基因水稻材料的研究已有许多报道。

研究表明，当植物受到盐胁迫时，细胞内主动积累的一些渗透调节物质（如脯氨酸、海藻糖、甜菜碱、糖醇等）会维持渗透平衡和体内水分。在转基因植物中，超量合成并积累低分子量的渗透调节物质可以增强植物对包括盐渍在内的非生物逆境的抗性。如细胞内脯氨酸的积累可以提高植物的耐盐性，在盐胁迫条件下，脯氨酸可以作为渗透剂来维持渗透平衡和保护细胞结构。吴亮其等（2003）将拟南芥（*Arabidopsis thaliana*）的脯氨酸合成酶基因（*OAT*）转入粳稻品种中，获得了该基因超量表达的转基因水稻，转基因水稻的耐盐能力明显高于对照。Garg 等（2002）将大肠杆菌中分别编码海藻糖-6-磷酸合成酶和海藻糖-6-磷酸酯酶的基因组成融合基因（*TPSP*），转入到水稻品种（印度香米）中，提高了该水稻品种的耐盐能力。Mohanty 等（2002）将维生素 B 复合体之一的氧化酶（*CodA*）基因利用农杆菌介导法将其转入水稻，该酶可将 VB 转化成甘氨酸甜菜碱。试验表明，该基因在水稻中得到了表达，且转基因植株可在0.15mol/L NaCl 中生长。卢德赵等（2003）利用农杆菌介导法和基因枪法将来源于山菠菜的甜菜碱醛脱氢酶基因（*BADH*）转入水稻，获得了具有一定耐盐性状的转基因植株，在0.5%NaCl 盐浓度下生长良好。王慧中等（2000）利用农杆菌介导技术把1-磷酸甘露醇脱氢酶（*mtlD*）基因和6-磷酸山梨醇脱氢酶（*gutD*）基因导入到籼稻并获得转基因植株及其后代，结果显示转基因植株能合成并积累了甘露醇和山梨醇，耐盐能力得到明显提高，转基因 T_1 代植株能够在0.75%NaCl 胁迫下正常生长、开花和结实。Majee 等从一种耐盐性的野生稻品种中克隆了一个新的耐盐基因1-磷酸-L-肌醇合成酶基因（*PINO*），该酶可催化产生肌醇，从而可使转该基因的水稻耐盐能力提高。李荣田等（2002）将编码一种对阳离子敏感的核酸酶类基因（*RHL*）转化粳稻品种，R1 代株系中的阳性植株在苗期耐盐性有所改善，在孕穗期盐胁迫时细胞膜损伤小、叶组织活力强、耐盐性增强。Kong 等（2003）从耐盐性水稻突变体 M-20 中分离了 *OslM1* 基因，序列分析表明 *OslM1* 的氨基酸序列与番茄和拟南芥中编码叶绿体末端氧化酶的基因同源性分别为66%和62%，且该基因在水稻基因组中仅有一个拷贝。RFLP 分析表明，该基因位于水稻第3染色体上，且受 NaCl 和 ABA 调控。

以上研究结果表明，耐盐相关基因的发掘和转基因技术的应用为水稻耐盐性的提高展示了广阔的前景，但转基因耐盐性品系能否真正走进大田生产实践，还需要大量的试验研究。

第五节 展　　望

随着我国人口增加、生态环境变化加剧、可耕地面积等可利用资源逐渐减少，粮食稳定安全生产将成为人们更加关注的重大问题。水稻作为主要粮食作物之一，其生产水平关系到我国粮食安全生产和农业可持续发展。水稻生产必须在高产、优质的基础之上，注重资源节约，保护生态环境。水稻育种需要有较大的突破。当前迫切需要开展培育集抗病、抗虫、抗逆、营养高效、高产、优质等于一体的水稻新品种。

种质资源和优异基因的发掘、鉴定和利用是水稻育种突破的关键。加强野生稻、地方品种和骨干品种等种质中抗性性状的鉴定研究、目标基因的发掘以及种质创新，是今后水稻育种工作的首要内容。水稻全基因组测序的完成为加快精细定位性状基因和鉴定重要等位基因变异提供了强劲的支持。利用基因组技术开展抗逆相关基因的筛选和功能分析，分离克隆具有育种价值的重要基因，成为水稻遗传育种研究的重点。通过分子标记选择、转基因技术和常规育种的紧密结合，培育具有高产优质、抗病虫、抗逆的水稻新品种将是育种的趋势和要求。

参 考 文 献

巴拉沙特，丁效华，曾列先，等．2006. 水稻抗白叶枯病基因的聚合育种［J］．分子植物育种，4（4）：493-499.

曹立勇，赵建根，占小登，等．2003. 水稻耐热性的QTL定位及耐热性与光合速率的相关性［J］．中国水稻科学，17（3）：223-227.

陈惠查，张再兴，阮仁超，等．1999. 贵州稻种禾类种质资源耐冷性和抗旱性鉴定与评价利用［J］．贵州农业科学，27（6）：38-40.

陈志德，仲维功，杨杰，等．2004. 水稻新种质资源的耐盐性鉴定评价［J］．植物遗传资源学报，5（4）：351-355.

陈志伟，陈粟，李维明．2002. 水稻抗稻瘿蚊遗传育种研究进展［J］．福建农林大学学报：自然科学版，31：11-15.

戴陆园，叶昌荣，Tanno H，等．2002b. 水稻耐冷性研究Ⅳ．云南稻种资源孕穗开花期耐冷性遗传初步评价［J］．西南农业学报，15（4）：1-4.

戴陆园，叶昌荣，余腾琼，等．2002a. 水稻耐冷性研究Ⅰ．稻冷害类型及耐冷性鉴定评价方法概述［J］．西南农业学报，15（1）：41-45.

丁海媛，张耕耘，郭岩，等．1998. 运用RAPD分析标记水稻耐盐突变系的耐盐主效基因［J］．科学通报，43（2）：418-421.

方先文，汤陵华，王艳平．2006. 水稻孕穗期耐热种质资源的初步筛选［J］．植物遗传资源学报，7（3）：342-344.

龚继明，何平，钱前，等．1998. 水稻耐盐性QTL的定位［J］．科学通报，43（17）：1 847-1 850.

顾兴友，梅曼彤，严小龙，等．2000. 水稻耐盐性数量性状位点的初步检测［J］．中国水稻科学，14（2）：65-70.

官华中，陈志伟，潘润森，等．2006. 通过标记辅助回交育种改良优质水稻保持系金山-B的稻瘟病抗性［J］．分子植物育种，4（4）：49-53.

郭岩，陈少麟，张耕耘，等．1997. 应用细胞工程获得受主效基因控制的水稻耐盐突变系［J］．遗传学报，24（2）：122-126.

郭岩，张莉，肖岗，等．1997. 甜菜碱醛脱氢酶基因在水稻中的表达及转基因植株的耐盐性研究［J］．中国科学：C辑，27（2）：151-155.

国广泰史，钱前，佐藤宏之，等．2002. 水稻纹枯病抗性QTL分析［J］．遗传学报，29（1）：50-55.

寒川一成，滕胜，钱前，等．2003．水稻籼粳交 DH 群体中影响白背飞虱抗虫性 QTL 的检测［J］．中国水稻科学，17：77－83．

韩龙植，曹桂兰，安永平，等．2004．水稻种质资源芽期耐冷性的鉴定与评价［J］．植物遗传资源学报，5（4）：346－350．

韩龙植，乔永利，张媛媛，等．2005．水稻孕穗期耐冷性 QTLs 分析［J］．作物学报，31（5）：653－657．

黄英金，罗永锋，黄兴作，等．1999．水稻灌浆期耐热性的品种间差异及其与剑叶光合特性和内源多胺的关系［J］．中国水稻科学，13（4）：205－210．

蒋荷，孙加祥，汤陵华．1995．水稻种质资源耐盐性鉴定与评价［J］．江苏农业科学，4：15－16．

雷财林，凌忠专，王久林，等．2004．水稻抗病育种研究进展［J］．生物学通报，39（11）：4－6．

李桂英，许新萍，夏嫱，等．2003．转 *GNA*＋*SBTi* 双价基因抗虫水稻的遗传分析及抗虫性研究［J］．中山大学学报：自然科学版，13：37－41．

李平，王以柔，刘鸿先．1990．几种杂交水稻及其亲本三系幼苗抗冷特性的比较［J］．中国水稻科学，4（1）：27－32．

李荣田，张忠明，张启发．2002．RHL 基因对粳稻的转化及转基因植株的耐盐性［J］．科学通报，47（8）：613－617．

李太贵，沈波，陈能，等．1997．Q 酶在水稻籽粒垩白形成中作用的研究［J］．作物学报，23（3）：338－344．

李祥洲，任昌福，陈晓玲．1996．水稻亚种间杂种一代籽粒充实的气温条件研究［J］．作物学报，22（2）：247－250．

李永春，张宪银，薛庆中．2002．农杆菌介导法获得大量转双价抗虫基因水稻植株［J］．农业生物技术学报，10：60－63．

廖新华，张建华，叶昌荣，等．1999．水稻耐冷性中间亲本的选拔［J］．西南农业学报，12（2）：34－37．

林鸿宣，柳原城司，庄杰云，等．1998．应用分子标记检测水稻耐盐性的 QTL［J］．中国水稻科学，12（2）：72－78．

卢德赵，王慧中，华志华，等．2003．转甜菜碱醛脱氢酶基因水稻的获得及其耐盐性研究［J］．科学通报，19：180－182．

马良勇，庄杰云，刘光杰，等．2002．水稻抗白背飞虱新基因 *Wbph 6*（*t*）的定位初报［J］．中国水稻科学，16：15－18．

潘学彪，邹军煌，陈宗祥，等．1999．水稻品种 Jasmine85 抗纹病主效 QTLs 的分子标记定位［J］．科学通报，44（15）：1 629－1 635．

潘英，谭玉娟，张扬．1993．抗稻瘿蚊新品种的选育与推广［J］．广东农业科学（3）：34－36．

屈婷婷，陈立艳，章志宏，等．2003．水稻籼粳交 DH 群体苗期耐冷性基因的分子标记定位［J］．武汉植物学研究，21（5）：385－389．

舒庆尧，叶恭银，崔海瑞，等．1998．转基因水稻“克螟稻”选育［J］．浙江农业大学学报，24：579－580．

谭光轩，任翔，翁清妹，等．2004．药用野生稻转育后代一个抗白叶枯病新基因的定位［J］．遗传学报，31（7）：724－729．

唐定中，王金陵，李维明．1997．水稻纹枯病体细胞突变体的离体筛选［J］．福建农业大学学报，26（1）：8－12．

王布哪，黄臻，舒理慧，等．2001．两个来源于野生稻的抗褐飞虱新基因的分子标记定位［J］．科学通报，46：46－49.
王春明，安井秀，吉村醇，等．2003. 水稻叶蝉抗性基因回交转育和CAPS标记辅助选择［J］．中国农业科学，36：237－241.
王慧中，黄大年，鲁瑞芳，等．2000. 转 *mtlD/gutD* 双价基因水稻的耐盐性［J］．科学通报，45：724－728.
王宗华，鲁国东，赵志颖，等．1998. 福建稻瘟菌群体遗传结构及其变异规律［J］．中国农业科学，31（5）：7－12.
王遵亲．1993. 中国盐渍土［M］．北京：科学出版社．
韦素美，黄凤宽，罗善昱，等．2003. 广西稻瘿蚊生物型测定及抗源评价利用［J］．广西农业生物科学，22：10－15.
卫剑文，许新萍，陈金婷，等．2000. 应用 *Bt* 和 *SBTi* 基因提高水稻抗虫性的研究［J］．生物工程学报，16：601－608.
吴金红，蒋江松，陈惠兰，等．2002. 水稻稻瘟病抗病基因 *Pi－2*（*t*）的精细定位［J］．作物学报，28（4）：505－509.
吴亮其，范战民，郭蕾．2003. 通过转 *8－OAT* 基因获得抗盐抗旱水稻［J］．科学通报，48：2 050－2 056.
肖汉祥，黄炳超，张扬．2005. 与 *Gm6* 基因连锁的PSM标记在水稻抗稻瘿蚊育种中的应用［J］．广东农业科学，3：50－53.
熊振民，闵绍楷，王国梁，等．1990. 早籼品种苗期耐冷性的遗传研究［J］．中国水稻科学，4（2）：75－78.
徐海波，王光明，隗溟，等．2001. 高温胁迫下水稻花粉粒性状与结实率的相关分析［J］．西南农业大学学报，23（3）：205－207.
严长杰，李欣，程祝宽，等．1999. 利用分子标记定位水稻芽期耐冷性基因［J］．中国水稻科学，13（3）：134－138.
杨庆利，王建飞，丁俊杰，等．2004. 7个水稻品种苗期耐盐性的遗传分析［J］．南京农业大学学报，27（4）：6－10.
叶昌荣，戴陆园，王建军，等．2000. 低温冷害影响水稻结实率的要因分析［J］．西南农业大学学报，22（4）：307－309.
叶昌荣，廖新华，戴陆园，等．1998. 水稻品种孕穗期耐冷性构成因子分析［J］．中国水稻科学，12（1）：6－10.
曾汉来，卢开阳，贺道华，等．2000. 中籼杂交水稻新组合结实性的高温适应性鉴定［J］．华中农业大学学报，9（1）：1－4.
曾亚文，申时全，文国松．2001. 小白谷×大理早籼重组自交系耐冷性状遗传研究［J］．西南农业大学学报，23（6）：494－497.
詹庆才，朱克永，陈祖武，等．2004. 利用水稻 F_2 分离群体进行苗期耐冷性数量性状基因定位［J］．湖南农业大学学报，30（4）：303－306.
张文辉，刘光杰．2001. 水稻抗虫性遗传与育种研究应用［J］．中国农学通报，17：53－57.
章琦．2005. 水稻白叶枯病抗性基因鉴定进展及其利用［J］．中国水稻科学，19（5）：453－459.
郑小林，董任瑞．1997. 水稻热激反应的研究Ⅰ．幼苗叶片的膜透性和游离脯氨酸含量的变化［J］．湖南农业大学学报，23（2）：109－112.
钟代彬，罗利军，郭龙彪．1997. 栽野杂交转移药用野生稻抗褐飞虱基因［J］．西南农业学报，10：5－9.

周明祥．1992．作物抗虫性原理及应用［M］．北京：北京农业大学出版社．

朱立煌，徐吉成，陈英，等．1994．用分子标记定位一个未知的稻瘟病基因［J］．中国科学：（B辑），24：1 048－1 052．

Alam S N，Cohen M B. 1998. Detection and analysis of QTLs for resistance to the brown planthopper，*Nilaparvata lugens*，in a doubled-haploid rice population［J］. Theoretical and Applied Genetics.，97：1 370－1 379.

Alfonso-Rubi J，Ortego F，Castanera P，et al. 2003. Transgenic expression of trypsin inhibitor CMe from barley in indica and japonica rice，confers resistance to the rice weevil *Sitophilus oryzae*［J］. Transgenic Research.，12：23－31.

Biradar S K，Sundaram R M，Thirumurugan T，et al. 2004. Identification of flanking SSR markers for a major rice gall midge resistance gene *Gm1* and their validation［J］. Theoretical and Applied Genetics.，109：1 468－1 473.

Bose A，Ghosh B. 1995. Effect of heat stress on ribulose 1，5－biphosphate carboxylase in rice［J］. Phytochemistry，38：1 115－1 118.

Chen H，Tang W，Xu C G，et al. 2005. Transgenic indica rice plants harboring a synthetic *cry2A* * gene of *Bacillus thuringiensis* exhibit enhanced resistance against lepidopteran rice pests［J］. Theoretical and Applied Genetics.，111：1 330－1 337.

Chen H L，Wang S P，Zhang Q F. 2002. New gene for bacterial blight resistance in rice located on chromosome 12 identified from Minghui 63，an elite restorer line［J］. Phytopathology，92（7）：750－754.

Chen H L，Chen B T，Zhang D P，et al. 2001. Pathotypes of *Pyricularа grisea* in rice fields of Central and Southern China［J］. Plant Disease，8：843－850.

Chen J W，Wang L，Pang X F，et al. 2006. Genetic analysis and fine mapping of a rice brown planthopper（*Nilaparvata lugens* Stal）resistance gene *bph 19*（*t*）［J］. Molecular Genetics and Genomics，275：321－329.

Chen S，Xu C G，Lin X H，et al. 2001. Improving bacterial blight resistance of 6078，an elite restorer line of hybrid rice，by molecular marker-assisted selection［J］. Plant Breeding，120：133－137.

Cheng X，Sardana R，Kaplan H，et al. 1998. Agrobacterium-transformed rice plants expressing synthetic *cryIA*（*b*）and *cryIA*（*c*）genes are highly toxic to striped stem borer and yellow stem borer［J］. Proceeding of the National Academy of Science，USA，95：2 767－2 772.

Chu Z，Fu B，Yang H，et al. 2006. Targeting *xa13*，a recessive gene for bacterial blight resistance in rice［J］. Theoretical and Applied Genetics.，112：455－461.

Datta K，Vasquez A，Tu J，et al. 1998. Constitutive and tissue specific differential expression of the *cry1A*（*b*）gene in transgenic rice plants conferring resistance to rice insect pest［J］. Theoretical and Applied Genetics.，97：20－30.

Fujita D，Doi K，Yoshimura A，et al. 2006. Molecular mapping of a novel gene，*Grh5*，conferring resistance to green rice leafhopper（*Nephotettix cincticeps* Uhler）in rice，*Oryza sativa* L.［J］. Theoretical and Applied Genetics.，113：567－573.

Fukuta Y，Tamura K，Hirae M，et al. 1998. Genetic analysis of resistance to green rice leafhopper（*Nephotettix cincticeps* Uhler）in rice parental line，Norin-PL6，using RFLP markers［J］. Breeding Science.，48：243－249.

Garg A K，Kim J K，Wu R. 2002. Trehalose accumulation in rice plants confers high tolerance levels to different abiotic stresses［J］. Proceeding of the National Academy of Science，USA，99：15 898－

15 903.

Hirabayashi H，Ogawa T. 1995. RFLP mapping of *Bph - 1*（Brown planthopper resistance gene）in rice [J]. Breeding Science.，45：369 - 371.

Hittalmani S，Parco A，Mew TV，et al. 2000. Fine mapping and DNA marker-assisted pyramiding of the three major genes for blast resistance in rice [J]. Theoretical and Applied Genetics.，100：1 121 - 1 128.

Huang J Q，Wel Z M，An H L，et al. 2001. Agrobacterium tumefaciens-mediated transformation of rice with the spider insecticidal gene conferring resistance to leaffolder and striped stem borer [J]. Cell Research，11：149 - 155.

Huang Z，He G，Shu L，et al. 2001. Identification and mapping of two brown planthopper resistance genes in rice [J]. Theoretical and Applied Genetics.，102：929 - 934.

Ishii T，Brar D S，Multani D S，et al. 1994. Molecular tagging of genes for brown planthopper resistance and earliness introgressed from *Oryza australiensis* into cultivated rice，*Oryza sativa* [J]. Genome，37：217 - 221.

Jain A，Ariyadasa R，Kumar A，et al. 2004. Tagging and mapping of a rice gall midge resistance gene，*Gm8*，and development of SCARs for use in marker-aided selection and gene pyramiding [J]. Theoretical and Applied Genetics.，109：1 377 - 1 384.

Jena K K，Jeung J U，Lee J H，et al. 2006. High resolution mapping of a new brown planthopper（BPH）resistance gene，*Bph18*（*t*），and marker-assisted selection for BPH resistance in rice（*Oryza sativa* L.）[J]. Theoretical and Applied Genetics.，112：288 - 297.

Jena K K，Pasalu I C，Rao Y K，et al. 2003. Molecular tagging of a gene for resistance to brown planthopper in rice（*Oryza sativa* L.）[J]. Euphytica，129：81 - 88.

Katiyar S K，Tan Y，Huang B，et al. 2001. Molecular mapping of gene *Gm6*（*t*）which confers resistance against four biotypes of Asian rice gall midge in China [J]. Theoretical and Applied Genetics.，103：953 - 961.

Kong J，Gong J M，Zhang Z G，et al. 2003. A new AOX homologous gene *OsIM1* from rice（*Oryza sativa* L.）with an alternative splicing mechanism under salt stress [J]. Theoretical and Applied Genetics.，107（2）：326 -331.

Li C C，Rutger J N. 1980. Inheritance of cold temperature seeding vigor in rice and its relationship with other agronomic characters [J]. Crop Science.，20：295 - 298.

Lin H X，Zhu M Z，Yano M，et al. 2004. QTLs for Na^+ and K^+ uptake of the shoots and roots controlling rice salt tolerance [J]. Theoretical and Applied Genetics.，108：253 - 260.

Mackill D J，Coffinan E R，Rutger J N. 1982. Pollen shedding and combining ability for high temperature tolerance in rice [J]. Crop Science.，22：730 - 733.

Maqbool S B，Christou P. 1999. Multiple traits of agronomic importance in transgenic indica rice plants：analysis of transgene integration patterns，expression levels and stability [J]. Molecular Breeding.，5：471 -480.

Maribel L，Dionisio S，Mariko S，et al. 1999. Effects of proline and betaine on heat inactivation of ribulose 1，5 - bisphosphate carboxylase from rice seedlings [J]. Jircas Working Reports（14）：67 -75.

Mehlo L，Gahakwa D，Nghia P T，et al. 2005. An alternative strategy for sustainable pest resistance in genetically enhanced crops [J]. Proceeding of the National Academy of Science，USA，102：7 812 - 7 816.

Mohan M, Sathyanarayanan P V, Kumar A, et al. 1997. Molecular mapping of a resistance-specific PCR-based marker linked to a gall midge resistance gene (*Gm4t*) in rice [J]. Theoretical and Applied Genetics., 95: 777-782.

Mohanty H, Kathuria A, Ferjani, et al. 2002. Transgenics of an elite indica rice variety Pusa Basmati 1 harbouring the *codA* gene are highly tolerant to salt stress [J]. Theoretical and Applied Genetics., 106 (1): 51-57.

Murai H, Hashimoto Z, Sharma P N, et al. 2001. Construction of a high-resolution linkage map of a rice brown planthopper (*Nilaparvata lugens* Sta) resistance gene *bph2* [J]. Theoretical and Applied Genetics., 103: 526-532.

Nair S, Bentur J S, Prasada Rao U, et al. 1994. DNA markers tightly linked to a gall midge-resistance gene (*Gm2*) are potentially useful for marker-assisted selection in rice breeding [J]. Theoretical and Applied Genetics., 91: 68-73.

Pan Q H, Hu Z D, Tanisaka T, et al. 2003. Fine mapping of the blast resistance gene *Pi15*, linked to *Pii*, on rice chromosome 9 [J]. Acta Botanica Sinica, 45 (7): 871-877.

Pan X B, Rush M C, Sha X Y, et al. 1999. Major gene, nonallelic sheath blight resistance from the rice cultivars Jasmine 85 and Teqing [J]. Crop Science, 39: 338-346.

Peng S B, Huang J L, John E, et al. 2004. Rice yields decline with high temperature from global warming [J]. Proceeding of the National Academy of Science, USA., 101 (27): 9 971-9 975.

Qiao Y, Han L, An Y, et al. 2004. Molecular mapping of QTLs for cold tolerance at the budburst period in rice [J]. Agricultural Sciences in China, 3 (11): 801-806.

Ren Z H, Gao J P, Li L G, et al. 2005. A rice quantitative trait locus for salt tolerance encodes a sodium transporter [J]. Nature Genetics., 37: 1 141-1 146.

Sardesai N, Kumar A, Rajyashri K R, et al. 2002. Identification and mapping of an AFLP marker linked to *Gm7*, a gall midge-resistance and its conversion to a SCAR marker for its utility in marker-aided selection in rice [J]. Theoretical and Applied Genetics., 105: 691-698.

Sharma P N, Torii A, Takumi S, et al. 2004. Marker-assisted pyramiding of brown planthopper (*Nilaparvata lugens* Sta°l) resistance genes *Bph1* and *Bph2* on rice chromosome 12 [J]. Hereditas, 140: 61-69.

Soundararajan R P, Kadirvel P, Gunathilagraj K, et al. 2004. Mapping of quantitative trait loci associated with resistance to brown planthopper in rice by means of a doubled haploid population [J]. Crop Science., 44: 2 214-2 220.

Sun X F, Tang K X, Wan B L, et al. 2001. Transgenic rice pure lines expressing GNA resistant to brown planthopper [J]. Chinese Science Bulletin, 46: 1 108-1 113.

Sun X L, Cao Y, Yang Z, et al. 2004. *Xa26*, a gene conferring resistance to *Xanthomonas oryzae* pv. *oryzae* in rice, encodes an LRR receptor kinase like [J]. The Plant Journal., 37: 517-527.

Tan Y, Pan Y, Zhang Y, et al. 1993. Resistance to gall midge (GM) *Orseolia oryzae* in Chinese rice varieties compared with varieties from other countries [J]. International Rice Research Newsletter., 18: 13-14.

Tinjuangjun P, Loc N T, Gatehouse A M R, et al. 2000. Enhanced insect resistance in Thai rice varieties generated by particle bombardment [J]. Molecular Breeding., 6: 391-399.

Tu J, Zhang G, Datta K, et al. 2000. Field performance of transgenic elite commercial hybrid rice expressing bacillus thuringiensis delta-endotoxin [J]. Nature Biotechnology., 18: 1 101-1 104.

Xu X F, Mei H W, Luo L J, et al. 2002. RFLP-facilitated investigation of the quantitative resistance of rice to brown planthopper (*Nilaparvata lugens*) [J]. Theoretical and Applied Genetics., 104: 248-253.

Yamasaki M, Yoshimura A, Yasui H. 2003. Genetic basis of ovicidal response to whitebacked planthopper (*Sogatella furcifera* Horváth) in rice (*Oryza sativa* L.) [J]. Molecular Breeding., 12: 133-143.

Yang H Y, You A Q, Yang Z F, et al. 2004. High resolution genetic mapping at the *Bph15* locus for brown planthopper resistance in rice (*Oryza sativa* L.) [J]. Theoretical and Applied Genetics., 110: 182-191.

Yoshimura S, Yoshimura A, Iwata N, et al. 1995. Tagging and combining bacterial blight resistance genes in rice using RAPD and RFLP markers [J]. Molecular Breeding., 1: 375-387.

Yu Z H, Mackill D J, Bommon J M, et al. 1991. Tagging genes for blast resistance in rice via linkage to RFLP markers [J]. Theoretical and Applied Genetics., 81: 471-476.

Yuan H, Chen X, Zhu L, et al. 2005. Identification of genes responsive to brown planthopper *Nilaparvata lugens* Stal (Homoptera: Delphacidae) feeding in rice [J]. Planta, 221: 105-112.

Zeng Q C, Wu Q, Zhou K D, et al. 2002. Obtaining stem borer-resistant homozygous transgenic lines of Minghui 81 harboring novel *cry1Ac* gene via particle bombardment [J]. Journal of Genetics and Genomics, 29: 519-524.

第六章 6

水稻遗传育种新技术

在传统的植物遗传改良实践中，研究者一般通过植物种内的有性杂交进行农艺性状的改良。这虽然对农业的发展起到了很大的推动作用，但在以下几个方面存在重要缺陷：一是目标基因转移的成功与否一般依据目测的表型变异或繁琐的生物测定方法，检出效率易受环境因素的影响。因此，常规育种存在相当大的盲目性和不可预测性，很大程度依赖于经验和机遇。二是基因转移易受不良基因连锁的影响，如要摆脱不良基因连锁的影响则必须对多世代、大规模的遗传分离群体进行检测，育种年限长，投入大，效率低。三是农艺性状的改良很容易受到种间生殖隔离的限制，不利于利用近缘或远缘种的基因资源对选定的农作物进行遗传改良。上述缺陷在很大程度上限制了传统的植物遗传改良效率的提高。随着水稻基因组学研究进展，以分子标记辅助选择、细胞工程、转基因和分子设计育种等为主要内容的新技术也相应得到快速发展。

第一节　分子标记辅助育种

利用分子标记和目标性状的连锁关系，借助分子标记对目标性状基因型进行选择的方法称为分子标记辅助选择（Molecular-assisted selection，MAS），包括对目标基因跟踪即前景选择（Foreground selection）或正向选择，和对遗传背景选择（Background selection），也称负向选择。前景选择可在育种早世代对目标基因快速选择，而背景选择可加快遗传背景恢复速度，缩短育种年限和减轻连锁累赘。分子标记辅助选择作为一种技术手段创新，实现了与常规育种方法的无缝式对接，近年来迅速得到应用。

一、水稻分子标记的发展

在水稻育种的早期实践中，形态或生化标记为研究质量和数量性状提供了重要工具，但由于这类标记数量较少，在染色体上的分布不均匀，要找到与目标性状/QTL紧密连锁的标记非常困难。随着现代分子生物学技术的发展，产生了一种基于DNA水平上的分子标记技术，从而使标记辅助选择取得了突破性进展。从20世纪80年代初提出用限制性片段长度多态性（Restriction fragment length polymorphism，RFLP）作为标记构建遗传连锁图谱的设想以来，迄今为止在水稻上已发展了多种基于DNA水平上遗传多态性的分子标记技术。主要包括：

①基于DNA—DNA杂交的DNA标记，其中最具代表性的是RFLP标记。尽管RFLP在水稻第一张高密度分子标记遗传连锁图的构建中发挥了重要的作用，但由于操作过程较复杂，需要对探针进行同位素或生物素标记，耗时费力花费高，目前已经基本不再使用。

②基于PCR的DNA标记，包括RAPD（Random amplification polymorphic DNA），SSR（Simple sequence repeat）、SCAR（Sequence-characterized amplified region）、STS（Sequence-tagged site）、InDel（Insert/deletions polymorphism）等，其中水稻MAS上最常用的是SSR标记。与其他分子标记相比，SSR标记主要有如下优点：第一，在植物中分布广泛，且均匀分布在整个植物的基因组中，检测出多态性的频率极高。SSR标记的多态性比RFLP标记高10倍左右。第二，SSR标记为共显性标记，可鉴别出杂合子和纯合子。第三，兼具PCR的优点，所需DNA样品量少，对DNA质量要求不高。第四，结果重复性高，稳定可靠。为了提高分辨力，通常使用可检测出单碱基差异的聚丙烯酰胺凝胶电泳。

因此，SSR标记是一种很有实际利用价值的分子标记。近年来，随着水稻全基因组精细测序的完成、EST及全长cDNA数量迅猛增长，成为开发新型分子标记的新资源。全世界正在大力开发基于基因序列和单核苷酸多态性的第三代分子标记，即来自cDNA序列的cSSR、dCAPS（Derived cleaved-amplification polymorphic sequence）、SNP（Single nucleotide polymorphism）、FNP（Feature nucleotide polymorphism）等标记。这类分子标记多基于表达基因序列差异，因此这些标记能更好地对基因功能的多样性进行更直接的评估。随着高通量深度测序技术、芯片检测技术的改进和费用的降低，单核苷酸多态性标记将逐渐被广泛使用，它们将大大方便对有利基因的分子标记辅助选择。

二、质量性状回交转育的分子标记辅助选择

传统的表型选择方法对水稻质量性状一般是有效的，但在下面三种情况下，对目标基因性状实行分子辅助育种有利于提高育种效率：

①易受环境影响或根据田间生长情况难以鉴定的性状（如低遗传力的产量、品质、抗病虫等相关性状）；

②评估时需要对种子进行破坏的性状（如某些品质性状）；

③难以通过表型直接选择的隐性性状。

在对质量性状的标记辅助选择中，既要考虑目标基因的整合渗入（前景选择），又要考虑遗传背景尽量和优良亲本一致（背景选择）。因此，要求在保留目的基因的同时，尽量增加轮回亲本的遗传组成，减少伴随着目标基因的遗传累赘。回交效率受到目标性状和分子标记之间的距离、回交的代数、鉴定的个体数、使用单一标记还是两侧标记等因素影

响。表 6-1 表明，在鉴定至少 7 株的情况下，回交 5 代后，距离目标基因少于 3cM 的单标记或在 15cM 遗传距离内的双标记都能获得近 90%的选择效率。

表 6-1　标记与目标基因距离、回交代数、使用的标记数量与选择效率的关系

目标基因和标记的距离（cM）	选择效率（%）			
	BC_1	BC_2	BC_3	BC_5
1	99.0（100.0）*	98.0（100.0）	97.1（100.0）	95.1（100.0）
3	97.1（99.9）	94.3（99.8）	91.5（99.7）	86.3（99.6）
5	95.2（99.8）	90.7（99.5）	86.4（99.3）	78.4（98.8）
10	90.9（99.0）	82.7（98.0）	75.2（97.1）	62.2（95.2）
15	87.0（97.8）	75.8（95.7）	65.9（93.6）	50.0（89.6）
20	83.5（96.3）	69.7（92.6）	58.3（89.2）	40.6（82.6）
25	80.3（94.3）	64.5（89.0）	51.8（84.0）	33.4（74.7）

注：*　括号内的数字为双标记选择。

我国育种家利用分子标记辅助选择在水稻育种过程中进行了大量实践。Chen 等（2000）将 IRBB21 的 *Xa21* 转育到恢复系 6078 和明恢 63 中，提高了这两个品种的白叶枯病抗性。Liu（2003）等通过回交转育第 11 染色体上 *Pi1* 基因到珍汕 97；彭应财等（2004）通过分子标记选择，把白叶枯病抗性基因 *Xa21* 导入辐恢 838 中，培育出抗白叶枯病恢复系中恢 218。林荔辉等（2004）以 IRBB21 为白叶枯抗病基因的供体亲本，珍汕 97B 为受体亲本，进行杂交、回交、自交，在回交过程中，利用分子标记进行选择，获得了 6 个导入 *Xa21* 的珍汕 97B 导入系。Zhou 等（2003）将来自明恢 63 的 *waxy* 转移到珍汕 97 中，很大程度上改良了杂交稻的食味品质。张士陆等（2005）以 4 种低直链淀粉含量的籼稻品种作优质基因供体，对高直链淀粉含量的三系籼稻恢复系 057 进行回交改良，回交后代利用分子标记选择基因型，培育出了一套农艺性状与 057 相似且 AC 值得到改良的稳定株系。刘巧泉（2006）利用分子标记辅助选择，经回交转育向常规籼稻品种特青导入来自中等直链淀粉含量优质籼稻的 *Wx* 基因，选育出保持特青主要农艺性状的 3 个优质品系，改良品系直链淀粉合成大幅减少，所配两系杂交组合稻米的直链淀粉含量也明显降低。

低谷蛋白含量品种的分子选育是一个利用分子辅助改良稻米品质性状的成功例子。肾脏病和糖尿病患者近年来的人数在不断增加，其中Ⅰ型和Ⅱ型糖尿病患者中约有 35%和 15%常常并发肾脏机能的损害。由于肾脏机能不全而导致蛋白质代谢障碍，在治疗期间不能食用蛋白质含量超过 4%的大米，因此采用低谷蛋白的饮食配合治疗是一种有效的措施。南京农业大学 Wang 等（2005）对国内外大量水稻品种资源的种子全蛋白进行了分析，获得了 W3660、W204、W379、Q4040 等多个低谷蛋白突变材料。以 W3660 和京人糯杂交，利用筛选到的第二染色体上的分子标记 SSR2-004 和 RM1358 在 $F_{2:3}$进行双分子标记辅助选择，其选择效率分别达到了 96.8%（SSR2-004）和 92.7%（RM1358）。同时把该突变基因导入主栽品种武育粳 7 号、镇稻 88 中，已经获得适合江苏沿江生态区种植的低谷蛋白高世代稳定材料。

三、数量性状的分子标记辅助选择

作物大多数农艺性状（如产量、品质、抗逆性等）表现为数量性状位点（QTL），表现型与基因型之间往往缺乏明显对应关系，表达不仅受生物体内部遗传背景影响，还受外界环境条件影响。目前，在水稻遗传通讯（RGN）网站（http：//www. gramene. org/newsletters/rice _ genetics/）上发布了大量的 QTL 信息，尽管很多 QTL 需要被确证，但某些区域的 QTL 表现稳定，已经在多个类型组合、多个实验室对于这些 QTL 进行了确证。由于在染色体上具体基因位置不明确，置信区间较大，对它们所采用的分子辅助选择方法也不尽相同。Hospital（1997）曾建议采用单 QTL 多标记选择的策略（表 6-2），一般来说，10cM 遗传距离内，3 个标记就能保证 99%的选择效率。Shen 等（2001）利用 IR64/Azucenza 这一组合的 DH 系所定位的根系性状的 QTL 实施了分子标记辅助回交选择。选取分别位于 1、2、7、9 号染色体上控制最长根长、深根重、总根重的 4 个 QTL，利用与其紧密连锁的分子标记对 BC_3F_1、BC_3F_2 的个体实施目标性状的前景选择及受体基因组的背景选择，经过 3 代回交和 2 代自交，筛选到 29 个具有 Azucenza 根部性状 IR64 遗传背景的近等基因系。温室及大田检测表明，这些近等基因系在深根重、总根重等性状上明显优于对照 IR64，说明基于根系 QTL 的 MAS 是有效的。对于已经克隆的 QTL，由于已经分解为单个遗传因子，采用和质量性状相似的 MAS 策略进行。Motoyuki 等（2005）利用构建的 NIL-*sd1* 和 NIL-*Gn1* 之间的杂交，借助分子标记辅助选择，也获得了株高略微降低但穗粒数显著增加的 NIL-*sd1* +*Gn1* 材料。

表 6-2　对 QTL 性状的选择效率与置信区间和所有标记数量的关系

（Hospital，1997）

置信区间（cM）	标记数	标记距 QTL 位点的距离（cM）				选择效率（%）		最少检测株数
						BC_1	BC_3	
10	1	0.0	—	—	—	98.5	95.6	7
	2	−3.6	+3.6	—	—	99.9	99.6	8
	3	−4.7	0.0	+4.7	—	100.0	99.9	8
	4	−5.4	−1.4	+1.4	+5.4	100.0	99.9	8
20	1	0.0	—	—	—	97.0	91.5	7
	2	−6.2	+6.2	—	—	99.6	98.7	8
	3	−8.5	0.0	+8.5	—	99.8	99.5	9
	4	−9.9	−2.6	+2.6	+9.9	99.9	99.8	9
40	1	0.0	—	—	—	94.4	84.5	7
	2	−10.4	+10.4	—	—	98.7	96.4	9
	3	−14.9	0.0	+14.9	—	99.5	98.5	10
	4	−17.7	−4.8	+4.8	+17.7	99.7	99.2	11

四、目的基因聚合的分子标记选择

基因聚合是将分散在不同品种中的有用基因聚合到同一基因组中，特别是在抗病育种中，针对同一病害进行不同生理小种垂直抗性基因的聚合，达到延长品种使用寿命的目的。还有一种情况是同时转入针对不同病害的抗性基因，以达到一个品种能抵抗多种病害的目的。国际上，Huang 等（1997）成功地将抗白叶枯病基因 *Xa4*、*xa5*、*xa13* 和 *Xa21* 以所有组合方式聚合到水稻恢复系 IR24 的遗传背景中。Singh 等（2001）将 3 个抗白叶枯基因 *xa5*、*xa13* 和 *Xa21* 聚合到 PR106 中。Hittalmani 等（2000）已经获得了带有三个稻瘟病基因 *Pi-1*、*Piz5* 和 *Pita* 的材料 BL124。四川农业大学水稻研究所应用分子标记育种技术将抗稻瘟病基因［*Pid*（*t*）、*Pid*（*t*）*2*］和抗白叶枯病基因（*Xa4*、*Xa21*）分别导入不育系和恢复系，获得大量优质抗病保持系和不育系 50 个，并获得兼抗稻瘟病和白叶枯病的高产杂交水稻新组合 8 个。国家杂交水稻工程技术研究中心在马来西亚普通野生稻中鉴定出两个高产 QTL *yld1.1* 和 *yld2.1*，均为具有显著增产效应的主效 QTL，将 *yld1.1* 定位于 RM9 和 RM306 之间，*yld2.1* 定位于 RM166 和 RM208 之间，并成功地将其转入优良晚稻恢复系测 64-7 及中稻恢复系 9311 和明恢 63 中。中国水稻研究所曹立勇等（2003）利用 MAS 技术成功地选育出两个带广谱抗白叶枯病基因 *Xa21* 的杂交水稻恢复系 R8006 和 R1176。南京农业大学水稻研究所利用与籼粳杂种不育位点紧密连锁的分子标记，经过多轮杂交，将籼稻 *S5*、*S7*、*S8*、*S10*、*S15*、*S17*、*S30*、*S31*、*S32*、*S34* 位点导入粳稻背景，同时聚合了形态选择标记黄叶基因，培育了粳稻不育系 509S，被誉为“超级广亲和系”，为籼粳杂种的利用奠定了良好基础，目前正在利用分子标记，聚合水稻低谷蛋白、金色胚乳（类黄酮）、甜质、黑色素的功能性水稻新材料（私人通讯）。中国水稻研究所利用分子标记辅助选择育种技术育成带有抗白叶枯病基因 *Xa21* 的恢复系中恢 8006，再与印水型胞质不育系中 9A 组配的中晚兼用杂交稻新组合“国稻 1 号”，表现高产稳产、米质优（国标优质 3 级）、抗性强（抗稻瘟病，中抗白叶枯病）、适应性广、易于制种等特点。

五、分子标记辅助育种技术的问题及展望

利用分子标记辅助育种技术，我国在水稻产量、品质、抗病虫性状上做了大量尝试，并开发了大量遗传标记，取得了显著成绩。但是，分子标记辅助育种技术也存在着不足：第一，对少量由主基因控制的抗病性（如水稻白叶枯病），分子标记辅助选择比表型选择在效率上并不具明显优势。第二，对于复杂的数量性状，在单一分离群体内只能检测到少数几个主效 QTL，而互作 QTL 的数量很大，并且多数 QTL 与环境有互作。第三，绝大多数的 QTL 定位都是以两个亲本组合的分离群体为基础，其结果只来源于两个等位基因间的比较，是与育种实践完全独立的理论研究。这些结果在应用于分子标记辅助育种时就产生两个问题：一是没有证据表明每一个 QTL 座位上所谓的“有利的”等位基因是分子育种中最佳选择。最近的一些研究表明，许多 QTL 座位上存在功能各异的复等位基因系列。目前没有任何有关这些 QTL 复等位基因在不同遗传背景中的表达的信息。二是当育种家所用的育种亲本与 QTL 研究群体的亲本不同时，QTL 定位的结果就很难直接用于指导分子标记辅助育种。

随着水稻基因组研究的迅速发展，质量性状基因和 QTL 不断得到克隆，QTL 复等位基因在不同遗传背景的效应得到验证，特别是基于基因本身的功能分子标记（Functional marker）的不断开发应用，检测技术的简化和实验成本的降低，分子标记辅助选择在水稻育种中将得到更广泛应用。

第二节　水稻航天育种

自1987年以来，我国科学工作者富有独创地利用返回式卫星先后进行了8次70多种植物的空间搭载试验，诱变育成一系列高产、优质、多抗的如华航1号、博优721等水稻新品种、新品系。其中，博优721为亚种间杂交水稻新组合，大面积亩产达700多kg，比当地主栽品种增产15%以上，显示了利用航天技术培育水稻新品种的潜力。

一、空间环境对作物种子的生物效应

大量的实验研究表明，空间环境条件影响植物种子的萌发与生长，不同植物或同一植物不同品种对空间飞行的敏感性存在差异。经空间飞行的种子在地面发芽活力、幼苗生长势、叶片叶绿素含量、光合作用与呼吸特性、生育期等都会发生不同程度的变异。研究表明，水稻根尖Ca^{2+}的含量在空间飞行后较地面对照组有显著减少。植物种子经卫星搭载飞行，其幼苗根尖细胞分裂会受到不同程度的抑制，有丝分裂指数明显降低，染色体畸变类型和频率比地面对照有较大幅度的增加。进一步的试验显示，当种子被宇宙射线中的高能重粒子击中后，会出现更多的多重染色体畸变；同时，经空间飞行后的种子即使没有被宇宙粒子击中，发芽后也可以观察到染色体畸变现象，而且飞行时间愈长，畸变率愈高。有研究认为，太空环境使潜伏的转座子激活，活化的转座子通过移位、插入和丢失，可以导致基因的变异和染色体的畸变，致使搭载生物发生变异（刘录祥，郑企成，1997）。

空间诱变种子当代的生物效应表现与传统的γ射线处理相比，最大区别在于其损伤轻、甚至有刺激生长作用。利用高空气球搭载粳稻品种海香和中作59的干种子，在其第2代所调查的株高、生育期、穗长、颖壳颜色等11个性状均出现较大的分离，特别是从中分离出一些优质米类型，在后代中很容易稳定。

二、空间诱变在新品种选育中的应用

利用空间环境对作物种子的诱变作用创造作物新种质、培育新品种已经取得明显成果。自1987年以来，我国科学工作者多次利用返回式卫星、高空气球和神舟飞船搭载植物种子，经多年地面种植筛选，先后育成50多个农作物优异新种质、新品系并进入省级以上品种区域试验。

在空间诱变技术育成和审定的品种中，华南农业大学育成的华航1号水稻新品种在国家南方稻区高产组区试和生产试验中，产量比对照品种汕优63分别增产4.50%和4.39%，于2003年8月通过国家农作物品种审定委员会审定，成为我国第一个通过国审的航天水稻新品种。福建省农业科学院利用空间诱变育成的优良恢复系航1号组配的特优航1号杂交稻新组合，将优质、超高产结合于一体，是利用空间技术育成并审定的第一个杂交水稻新品种。该组合在福建省的区试中，产量比对照品种汕优63平均增产9.61%，创“六五”攻关以来该省所有参加省区试的水稻品种产量的最高纪录，其品质达到国家优质米二级标准。特优航1号2003年参加国家“863计划”海南基地三亚冬季全国杂交水稻试验，亩产达729kg，居126个参试组合的第4位。2003年1月通过福建省农作物品种审定委员会审定。利用航1号组配的Ⅱ优航1号新组合，在2003年8月11日福建尤溪县西城镇麻阳村实打验收中，101亩连片平均亩产815.4kg，最高亩产达904.3kg。2003年9月3日在云南省永胜县涛源乡进行现场实割验收，Ⅱ优航1号亩产1 162.01kg，创航天水稻问世以来单产最高纪录。

充分发挥空间诱变种质创新的优势，获得了大量特异性十分突出的作物新种质、新材料。例如，优质、多蘖和高配合力的水稻新矮源材料CHA21；恢复谱广、恢复力强、配合力高、抗瘟性好、米质较优的强恢复系新种质航1号，它们将对作物产量和品质等主要经济性状的遗传改良产生影响。

三、空间诱变育种研究问题和展望

在"九五"农业部重点项目、"十五"国家"863"课题及国家自然科学基金等项目资助下，中国农业科学院空间技术育种中心组织了全国作物空间技术育种协作攻关，育成并审定了一批优质高产的农作物航天新品种（表6-3）。作为一项极具发展潜力的作物育种新途径，我国的空间诱变技术育种先后在《Nature》（2001）杂志和《Science》（2002）杂志等专门报道，并首次在2002年10月于美国休斯敦举办的第三次世界空间大会参展，吸引了世界各国科学家的关注。但是相关基础理论研究十分薄弱，诱变机理尚不清楚，明显制约空间技术育种工作的深入开展。就整体而言，目前我国的空间技术育种研究尚处于起步阶段，研究工作带有一定的探索性。随着基础理论和应用研究的不断深入，航空育种就像辐射育种对常规育种所起的作用一样，对确保我国粮食安全和农民的增产增收发挥越来越大的作用。

表6-3　利用航天技术育成的水稻新品种（2000—2005）

品种名	籼/粳	常规/杂交稻	区试/审定产量水平	审　定　年
赣早籼47	籼	常规	340.56kg	赣审稻，2000
华航1号	籼	常规	481.4kg	粤审稻，2001；国审稻，2003
特优航1号	籼	三系杂交稻	573.28kg	闽审稻，2003；浙审稻，2004 国审稻，2005
中早21	籼	常规	409.5kg	浙、赣审稻，2003
赣晚籼33	籼	常规	400kg	赣审稻，2003
Ⅱ优航1号	籼	三系杂交稻	742.06kg	国审稻，2005
Ⅱ优航148	籼	三系杂交稻	512.28kg	闽审稻，2005
培杂泰丰	籼	两系杂交稻	509.47kg	粤审稻，2004；国审稻，2005
胜巴丝苗	籼	常规	361.5kg	粤审稻，2005
培杂航七	籼	两系杂交稻	425.5kg	粤审稻，2005
中佳3号	籼	常规	461.62kg	赣审稻，2005
粤航1号	籼	常规	391.8kg	粤审稻，2005
浙101	籼	常规	477.8kg	浙审稻，2005

第三节　水稻细胞工程育种

水稻细胞工程是以水稻细胞的全能性作为理论依据，在细胞、染色体水平上对水稻进行操作的育种新技术，包括原生质体培养、无性系筛选、体细胞杂交、花药培养和多倍体育种等方面。从水稻育种的实际成效看，以单倍体育种应用较多。

一、单倍体育种（花培育种）

单倍体植株往往不能正常结实，在花粉培养中用秋水仙素处理，可使染色体加倍，成为纯合二倍体植株，这种培养技术在育种上的应用称为单倍体育种（花药培养育种）。

1. 水稻单倍体育种的特点

（1）能使杂种的两亲本性状早代互补、一次纯合

对花培 H_2代的纯合选择是在株系水平上进行，而常规育种 F_2的选择是在单株水平上进行，前者减小了试验误差，遗传力增加，花培过程为隐性基因的表达创造更多机会，因此，选择的可靠性增大。其次，花培能打破不利性状的连锁，克服亚种间杂交和远缘杂交中难以克服的杂种不育问题。在籼粳稻杂交中，要在早期世代获得结合两亲本优点而完全可育的稳定品系几乎是不可能的。在花培育种中，由于花药培养在花粉雄性败育之前，因此能在早期世代克服不育，并有希望创造具有两亲本特性稳定的各种中间类型。

（2）缩小育种规模，缩短育种年限

对常规育种的 F_1 植株花药进行离体培养的实质是进行配子选择，即由 F_1代花粉发育的单倍体植株，经染色体加倍后，可获得同质结合的纯合二倍体，这种纯合的二倍体在遗传上是稳定的，不会发生分离，省去常规杂交育种至少要通过的 4～5 代自交选择，从而缩短了育种年限。正因为 F_1代经花药培养所获得的单倍体经染色体加倍后是纯合的二倍体植株，其基因型的分离种类等于形成配子的种类，大大少于常规育种杂交后代所形成的基因型种类，因此可以减少种植选择群体的植株数，缩小育种规模，提高选择效率。

2. 水稻单倍体育种的应用

单倍体育种具有高速、高效率、基因型一次纯合等优点，各国纷纷开展了这方面的研究工作。我国在 20 世纪 70 年代掀起了单倍体育种的高潮，在水稻育种上取得了一批有实用价值的育种成果。中国农业科学院作物研究所于 20 世纪 70 年代至今，从事水稻花培育种研究，育成的中花系列品种大面积用于生产，其中育成的中花 8 号、中花 9 号水稻花培品种推广面积达 33.3 万 hm^2。广东省植物研究所育成的水稻花培品种单籼 1 号，以及湖南省水稻研究所新育成的具有早熟、高产、抗病性能强的水稻花培品种湘花 1 号等都已在生产上大面积推广。此外，我国育种家还将花培技术用于籼粳杂交、杂交稻选育和杂种优势固定。江苏省里下河地区农业科学研究所采用花培技术提纯杂交水稻不育系，不育程度达 100%，纯度达 99.9%；安徽省铜陵县农业科学研究所用南优 2 号、汕优 6 号等品种通过花粉培育成功不需要制种的杂交稻南花 5 号、汕花 62 等新品种，比原组合增产 16%以上，“九五”期间，这些新育成的品种已在安徽、湖南等地推广种植面积达到 6.67 万 hm^2（李培夫等，2006）。

3. 水稻单倍体育种的问题和展望

（1）从水稻花药培养出的二倍体植株效率低，优良基因型不能完全表达

尽管花药培养在育种上取得了成功，但在目前育种实践中其优点并不显著，主要表现在花药培养育种成本高，育出的理想品系比例小。花培育种的关键是要获得可供选择的二倍体植株，其决定因素是绿苗率与加倍率的乘积。有些优良基因型诱导不出花粉植株，或

者即使诱导出了花粉植株却得不到二倍体，这就造成花药培养不能将所有的优良基因型全部表达出来。随之带来的是基因背景比较简单，可供选择的基因范围窄，育出的品种与常规品种相比缺乏竞争力，这无疑影响单倍体花培育种潜力的发挥。

（2）缺乏广谱型培养基，不同稻种类型组合间的培养力差异显著

不同稻种类型的组合，其培养力的顺序一般是粳/糯＞粳/粳＞粳/籼＞A/C（籼型杂交稻）＞籼/籼。但由于不同籼、粳稻杂交组合的亲本差别，在培养力上也存在较大的变异性。粳型杂交稻组合间也存在不同程度的培养力，即使是同一类型水稻不同品种间的杂交，其培养力也有很大差异，用同一种培养基对不同组合材料进行诱导，其结果存在很大差异（张淑红等，2001）。

为弥补目前花培育种中所存在的缺陷，育种家采用恰当的杂交组合亲本，提高愈伤组织、花粉植株的诱导率，增加绿苗的加倍率，结合常规杂交育种的选择过程，以弥补花培中有可能丢失的优良基因。因此，单倍体花培育种仍然是我国水稻育种中一个重要技术手段和组成部分。

二、其他细胞工程手段在水稻育种中的应用

除单倍体花培育种外，我国育种家在水稻细胞工程育种方面，还进行了原生质体培养、无性系筛选、体细胞杂交、胚挽救技术和多倍体育种的有益尝试。如蔡得田、袁隆平等（1999，2001）提出了利用远缘杂交和多倍体双重优势选育超级稻的三步走战略：1）选用极端籼稻、粳稻、爪哇稻杂交，诱导亚种间杂种多倍体。2）诱导亚洲稻与非洲栽培稻和野生稻（A 基因组）种间杂种多倍体。3）诱导 A 基因组的栽培稻与其他不同基因组野生稻的基因组间杂种多倍体。三步走战略的第二、三步即用远缘杂交和多倍体化相结合以获得理想的异源多倍体种间杂种和基因组间杂种。在实施过程中要注意发挥一些基因材料的特殊作用，如用无融合生殖、广亲和与类似于小麦中存在的抑制部分同源染色体配对的 *Ph* 基因等。

从物种进化的角度看，染色体组的多倍化在很大程度上促进了高等植物的进化历程和进化速度，可以扩大基因容量和丰富遗传变异范围，增加优良基因重组的几率，提高其适应性和产量潜力。同源四倍体水稻具有生长势强、生物学产量高、籽粒大、米质好和抗逆性强等特点。但是，由于水稻远缘杂交多倍化育种结实率低、优良性状难以稳定遗传，因此难以应用于生产。此外，水稻多倍化过程中，涉及“基因组震”（Genome shock）、基因组甲基化、基因沉默等表观遗传学现象，很难用经典的遗传学理论解释，遗传机理不清也使育种家对它的利用望而却步。水稻的多倍体育种要实现更大的发展，需要在理论、技术和实践中进一步取得重大突破。

第四节　水稻转基因育种

在我国水稻组织培养、细胞工程的基础上，结合基因枪和农杆菌介导技术，转基因育种迅速发展起来。转基因技术可以将水稻基因库中不具备的抗病、抗虫、抗除草剂、抗旱、耐盐、β-胡萝卜素合成等基因转入水稻，从而实现水稻种质创新和为生产提供新型

品种。国内外已得到了许多水稻转基因植株，涉及抗虫、抗病、抗除草剂、抗旱、耐盐、优质等重要农艺性状，有些已进入环境释放阶段。

一、品质

转基因改良水稻品质最著名的范例是 Ye 等（2000）利用农杆菌介导法将维生素 A（β-胡萝卜素）合成途径的 3 个关键酶（八氢番茄红素合成酶、细菌八氢番茄红素去饱和酶、番茄红素 β-环化酶）同时转入水稻中，转基因水稻种子中类胡萝卜素增加，内胚乳呈黄色，从而创造了自然界没有的黄金稻。其后，研究人员采用玉米的八氢番茄红素合成酶替代黄水仙八氢番茄红素合成酶，培育出类胡萝卜素含量提高了 20 多倍的黄金稻Ⅱ代。Goto 等（1999）通过农杆菌介导法，用水稻种子贮藏蛋白特异启动子 *GluB-1* 将大豆铁蛋白基因导入水稻，转基因 T_1 代种子的铁含量为非转基因种子的 3 倍以上。Lucca 等（2001）将菜豆铁结合蛋白基因转入水稻，同时将曲霉菌抗热植酸酶引入水稻胚乳，使富含半胱氨酸的金属硫蛋白类似蛋白过量表达，结果水稻种子中铁含量提高了 2 倍。Maruta 等（2002）把 *GluA* 反义基因转入水稻当中，获得两个转基因株系，H39-59 和 H75-3，并且从 T_2 代中获得 *GluA* 反义基因的纯合体，在 T_4 代，两个株系谷蛋白含量分别下降 20%和 40%，同时醇溶蛋白含量增加，但总蛋白含量与未转基因植株并没有显著差异。转基因株系中，*GluA* 转录本含量下降同时醇溶蛋白转录本含量上升。与用非转基因稻谷酿造的米酒相比，转基因水稻种子酿造的米酒品质更好，其氨基酸含量低于 20%～40%。我国徐晓晖等（2003）利用农杆菌介导法将豌豆铁蛋白基因转化到水稻品种秀水 11 中，结果表明，转 *Fer* 基因的水稻种子和叶片中铁的含量比非转基因种子提高 2.2 倍。

二、抗虫

水稻中抗虫资源贫乏，转基因技术为抗虫品种的培育提供了一条新途径。自从 1989 年实现苏云金杆菌 *Bt* 抗虫基因转化水稻并得到再生植株以来，转抗虫基因水稻的研究取得了很大进展。转抗虫基因水稻包括转 *Bt* 基因、转蛋白酶抑制基因和转凝集素基因。在转 *Bt* 基因的研究方面，Fujimoto 等（1993）通过电激法将 *Bt* 基因导入水稻，首次报道了转 *Bt* 基因水稻对二化螟和稻纵卷叶螟的抗性。中国科学院遗传与发育生物学研究所研制的转修饰 *cpti* 基因（*sck* 基因）在福建已连续进行了 5 年大田试验，经鉴定，抗虫水稻对鳞翅目害虫有高抗虫性，其对二化螟田间防治效果达 90%～100%，稻纵卷叶螟抗性达 81%～100%，对大螟 62.6%～63.9%，稻苞虫 83.9%。王爱菊等（2002）获得 *Bt* 和 *Xa21* 共转化水稻植株。近几年转 *Bt* 基因研究越来越多，进展很快，在籼稻、香稻、爪哇稻、杂交稻、深水稻中均获得成功，培育出克螟稻 1 号、克螟稻 2 号、克螟稻 3 号。

三、抗病

抗病转基因水稻包括抗真菌病害基因、抗细菌病害基因和抗病毒基因。抗病毒转基因已开展了 8 种病毒的转基因研究，包括水稻通戈罗病毒（Rice tungro disease）、水稻齿叶矮缩病毒（Rice ragged stunt dwarf virus，RRSV）、水稻条纹叶枯病毒和其他病毒，如水稻黄矮病毒（RYSV）、水稻矮缩病毒（RIⅣ）等 8 种病毒的转基因研究，取得了一定进展。

在真菌病害中，危害最严重的是稻瘟病和纹枯病。几丁质酶是研究最广泛的一种病程相关蛋白（Pathogensis - related，PR），Nishizawa 等（1991）从水稻中克隆了 3 个几丁质酶基因，并通过农杆菌介导将它们转入 2 个粳稻品种，转基因植株对 2 个稻瘟病生理小种具有显著抗性。在我国，田文忠等（1998）采用基因枪法将葡萄的芪合成酶基因转入 6 个水稻材料，获得了 54 株转基因植株，不但抗稻瘟病，而且抗白叶枯病；明小天等（2000）采用农杆菌介导法，将天花粉蛋白基因转移到粳稻品种中花 8 号中，转基因植株对稻瘟病有明显的延迟发病抗性。白叶枯病是世界水稻生产中广泛发生，且危害最严重的细菌性病害。在我国，中国科学院遗传与发育生物学研究所与中国农业科学院、扬州大学等合作，采用农杆菌介导法将 *Xa21* 转到了 1 个杂交稻保持系、2 个恢复系和 2 个常规稻 5 个材料中，培育出能在生产上应用的抗白叶枯病水稻品种。水稻条纹病毒（Rice stripe virus，RSV）是水稻的重要病毒病。Hayakawa 等（1992 ）首先将 RSV 的病毒外壳蛋白（CP）基因转入粳稻，转基因植株中 CP 的含量达总可溶性蛋白的 0.5%，病毒接种 15d 后，症状比对照显著减轻。

四、抗非生物逆境

中国科学院遗传与发育生物学研究所（1997）用基因枪将山菠菜 *BADH* 基因的 cDNA 导入中花 8 号、中花 10 号和中远 1 号，获得耐盐转基因植株；王慧中等（2000）将 1 -磷酸甘露醇脱氢酶基因（*MTLD*）和 6 -磷酸山梨醇脱氢酶基因（*GUID*）同时转入籼稻，获得了双价转基因耐盐植株。Yokoi 等（1998）利用农杆菌介导将拟南芥甘油 3 -磷酸酰基转移酶基因（*GPAT*）的 cDNA 转入粳稻中，转基因植株叶片的不饱和脂肪酸含量比对照高 28%，耐冷能力提高，低温（17℃）下净光合速率提高 20%。华中农业大学熊立仲实验室通过 DNA 芯片等技术，发现 *SNAC1* 胁迫应答基因的过量表达可以极大地增加转基因水稻抗旱性和抗盐能力，而不改变表型和产量。

除上述外，转其他基因水稻研究也较多。包括转 *LEA*（后期胚胎发生丰富蛋白）基因、甜菜碱醛脱氢酶（*BADH*）基因、吡咯啉- 5 -羧酸合成酶（*P5cS*）基因等，抗除草剂转基因、转 C_4 合成关键酶基因、转叶片衰老延迟基因等。

五、转基因技术的问题及展望

与常规育种技术相比，转基因技术的最大优点是：基因的来源广泛，可转移目标基因进行定向育种。虽然，农作物转基因技术近几年发展较快，而且已有不少转基因材料，特别是抗病、抗虫转基因水稻，可望应用于生产，但这一技术目前在育种上还存在一定的问题：

从国家宏观政策上讲，政府对待转基因水稻的态度是“积极发展，谨慎应用”。一方面，对于中国来说，粮食安全事关重大。如果连续数年粮食减产，由此引发的粮价上涨，会导致人们对粮食安全的担忧，因此，转基因水稻充满诱惑性。黄季焜（2003）对试种植转基因水稻的 8 个村做了数月调研，算了一笔账：转基因水稻可以使农民少用 80%农药，增产 6%～8%，农民每公顷平均增收 676 元。如果全国 90%地区种植转基因水稻，粮价将必然下降，社会效益每年增加41亿美元。但是，转基因水稻自诞生以来，有关它的争论从来就没有停止过。生态学家认为，转基因水稻不仅可能存在基因污染，转基因水稻商业化还将带来以下风险：生态平衡的破坏，一类害虫压下去，其他害虫可能会起来；害虫对转基因抗虫作物可能发生抗性进化；转基因水稻危害非靶标生物，比如转基因稻的花粉、稻谷、稻草或根系分泌物也可能对稻田生态系统中的昆虫、鸟类、野生动物、根系微生物等产生影响，产生不可控制的后果。从食品安全讲，尽管没有明确的证据，但转基因食物“可能”对人类健康的危害总结为三点：

①转基因作物中的毒素可引起人类急、慢性中毒或产生致癌、致畸、致突变作用；

②作物中的免疫或致敏物质可使人类机体产生变态或过敏反应；

③转基因产品中的主要营养成分、微量营养成分及抗营养因子的变化，会降低食品的营养价值，使其营养结构失衡。对转基因水稻的争论使商业化生产举步维艰。

从技术层面讲，一是转基因水稻育种上真正实用的主基因还不多，尚须大力挖掘育种目标新基因；二是目前还不能对复杂数量性状的多基因系统进行转基因，难以满足育种的需求；三是转基因技术通常只能改进一个性状，经转基因改良的载体品种很可能会因时间的推移而跟不上生产发展的要求，难以推广；四是转基因技术本身还有待完善，同一遗传背景，表达仍受位置效应和拷贝数的影响，难以实现精确的定点敲入（Knock in）和敲出（Knock out)；高通量转基因技术和评价体系需要尽快建立。

此外，转基因产品存在的生态及安全性问题还没有定论。转基因生产、流通、销售等的法律法规有待完善。目前，只有美国在小范围内批准了转基因水稻的商业化生产，引起了严格抵制转基因食品的欧盟和日本的强烈关注，致使美国非转基因大米国际市场的价格一路下跌。中国的大米和与大米相关的食品有部分出口到抵制转基因食品的日本和欧盟，这就增加了转基因稻商业化生产的难度。

随着新的水稻功能基因不断地被分离、克隆，利用转基因技术在改良我国水稻的产量和品质方面将发挥越来越重要的作用。对于人们普遍关心的转基因安全问题，科学家也正试图发展出一种全新的技术，使转化进植物体的DNA为全植物体DNA，再配合无选择标记技术，从而产生清洁的转基因植物，提高转基因植物的安全性（Rommens et al，2005)。

第五节　水稻分子设计育种

转基因育种打破了种间的生殖隔离，分子标记辅助选择提高了育种性状选择的目标性和研究效率，育成品种已开始在生产上应用。随着分子生物学、基因组学，特别是系统生物学、生物信息学的发展，重要农艺性状基因的定位分离，染色体片段置换系的构建及等位基因功能效率的分析，可以利用一些软件模拟品种配组，筛选出优良的组合进行田间配组；这些基础和技术使水稻育种日渐精确，新的育种方向——分子设计育种已初显端倪。

Peleman（2003）提出设计育种（Breeding by design）的概念，即在基因定位的基础上，构建近等基因系，利用分子标记聚合有利等位基因，实现育种目标。我国于2003年在国家“863计划”中启动了“分子虚拟设计育种”专题，提出了“分子设计育种技术体系（Molecular designed breeding system，MDBS)”的新设想，这是我国最早从事分子设计育种研究的课题，该项目基本与国外同步启动。所谓“分子设计育种”，是相对常规育种技术而言的，即在作物全基因组序列分析的基础上，通过利用大规模开发的分子标记，明确主要农艺性状基因的功能及效应、网络调控和基因表达产物互作的前提下，构建大规模的有利基因渗入系文库和优良转基因系；根据育种目标，通过计算机软件分析和模拟，对作物从基因（分子）到整体（系统）不同层次进行定性和定量的设计和操作，在实验室和田间反复对育种程序中的各种因素进行筛选和优化，得到最优育种技术方案，并通过分子标记技术，结合常规育种技术对众多的遗传组件进行组装，达到目标有利基因的有机重组的目标，实现从传统的“经验育种”到定向、高效的“精确育种”的转化，大幅度提高育种效率、全面提升育种水平、培育突破性新品种（万建民，2006)。图 6-1 简要介绍了分子设计育种的流程图。

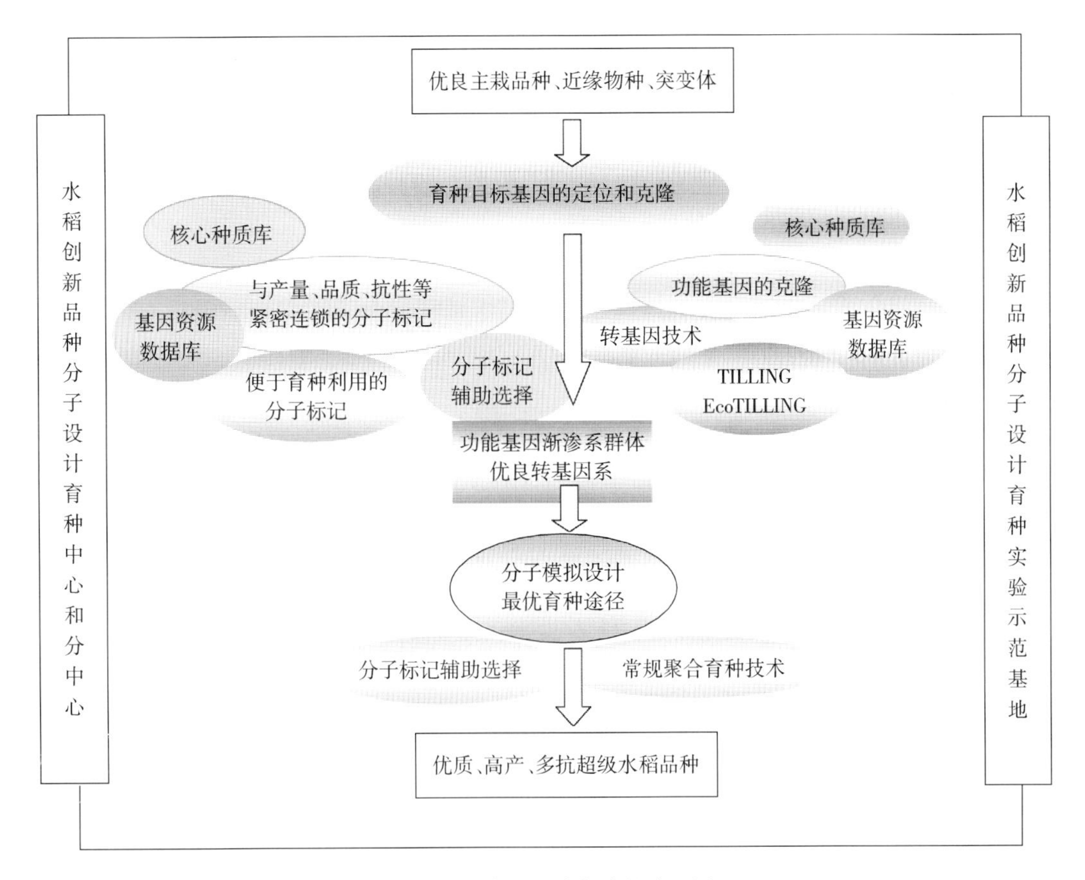

图 6-1　分子设计育种的流程图

一、分子设计育种体系的特点

1. 育种目标的可预见性

在目标基因的遗传特性完全明确（基因在染色体的位置、紧密连锁的侧翼分子标记以及基因效应)，有利基因渗入系文库表型性状和遗传特征清楚的前提条件下，可以事先制订明确的育种目标和设计详尽的育种方案。更为诱人的是，通过建立合适的计算机模型与软件，可以实现育种目标制订、育种设计方案选择的自动化，即真正意义上的计算机专家育种系统。因此，分子设计育种目标明确，可以避免传统育种中的盲目性和被动性，提高作物超高产育种的成功率。

2. 育种方案实施的高效性

分子育种目标的明确性，同时也决定了育种方案实施的高效性。分子设计育种所选用的实施方案是经过有效分析、优化的产物，建立的计算机专家育种系统可以最大限度地提高目标组合选择的成功率。同时，由于采用了遗传背景单一的基因文库渗入系为有利基因的供体亲本，减少了不利基因的连锁累赘，缩短了育种时限，极大地提高了育种效率。

二、水稻分子设计育种的基础研究

获得功能明确的基因/QTL是分子设计育种平台建立的基本功能模块。到目前为止，一些控制重要农艺性状的基因，如产量、品质、抗性与适应性的基因，得到了克隆鉴定。

1. 产量

水稻产量主要是由单位面积的穗数、单穗粒数和粒重3个因素直接构成的，这些性状受多个基因控制，为复杂数量性状。迄今，国内外研究者利用不同的作图群体，采用各种类型的分子标记技术，选择不同的性状指标来对水稻产量及其构成因素进行了广泛的研究，检测到了上千个与水稻产量性状相关的QTL（http：//www.gramene.org/db/qtl/qtl_display?trait_category=Yield）。

2005年，人们在这方面的研究有了新的突破。Motoyuki等（2005）利用由籼稻品种Habataki和粳稻品种Koshihikari构建的近等基因系（NILs）衍生的F_2次级群体，精细定位并克隆了一个通过增加谷粒数目来提高水稻谷物产量的QTL，*Gn1a*，它是一个编码水稻细胞分裂素氧化酶/脱氢酶（Cytokinin oxidase/dehydrogenase，*OsCKX2*）基因，该酶的功能是降解植物细胞分裂素。*OsCKX*2表达的降低造成了水稻花序分生组织中细胞分裂素的积累，增加了生殖器官的数目，从而导致了谷物产量的增加。孙传清等（2006）从江西东乡野生稻的第2染色体上发现了一个高产QTL，精细定位在102.9kb的区域，这段序列是一个富含亮氨酸受体激酶基因簇的单倍型区域，通过序列及基因表达分析，证明富含亮氨酸受体激酶基因簇是改良产量的候选基因。美国康乃尔大学Li等（2004）开展千粒重QTL的精细定位研究，最终将千粒重QTL *gw3.1*定位于93.8kb的区间中。最近，谷粒宽度基因*GW2*、*GW5*、灌浆充实度基因*GIF1*和一个同时控制水稻株高、穗粒数和抽穗期的基因*Ghd7*（Xue et al，2008）等得到克隆。

除了与水稻产量直接相关的性状以外，种子的落粒性也是一个与产量密切相关的重要农艺性状，种子容易落粒会导致产量的损失。2006年，Sawko等（2006）精细定位并克隆了这个位于水稻第1染色体上的种子落粒性基因*qSH1*，该基因5’调控区的一个单核苷酸多态性（SNP）造成了种子离层的缺陷，从而导致了种子落粒性的丧失。Li等（2006）克隆了另外一个落粒性基因*sh4*，预测该基因是一个转录因子，它对控制谷粒从枝梗分离的种子离层的正常发育是必需的。

除这些主效 QTL 的克隆外，产量相关质量性状基因的克隆方面也获得较大进展。目前，在水稻上已经克隆到两个与分蘖相关的基因，这为利用转基因技术定向地调控水稻分蘖的发生提供了条件。水稻的 *TB1* 基因是作为玉米 *TB1* 基因的直系同源物而被分离出来的，它对水稻分蘖芽的发生具有负调控作用。水稻 *fine culm1*（*fc1*）是 *OsTB1* 基因的功能缺失突变体，它发生分蘖的能力比野生型植株明显增强，而过量表达 *OsTB1* 基因却使转基因水稻的分蘖数显著减少（Takeda et al，2003）。直立茎生长基因 *PROG1* 对分蘖生长也发挥作用（Jin 等，2008）。水稻独秆基因 *MONO-CULM1*（*MOC1*）是 Li 等（2003）利用图位克隆方法分离到的，*MOC1* 编码一个属于 GRAS 家族的核转录因子，它正向调控水稻分蘖的发生。水稻独秆基因 *MOC1* 对水稻的穗分化也起关键作用，*moc1* 突变体的穗部表型与水稻的 *spa*（*small panicle*）突变体很相似。这些基因的克隆，对产量的分子设计育种提供了更多的素材。另一方面，水稻穗型的基因研究可以在改善穗部的枝梗结构中发挥作用。Nakagawa 等（2002）克隆了两个与水稻花分生组织维持有关的基因 *RCN1* 和 *RCN2*，*RCN1* 和 *RCN2* 在转基因水稻中的过量表达不仅使生育期延长，也使穗部表现出多分枝的密穗表型。Komatsu 等（2003）分离到水稻穗发育基因 *LAX*（*LAX PANICLE*，*LAX*），对稻穗二次枝梗上的小穗分化起关键作用。

2. 抽穗期

水稻的抽穗期是决定品种地区与季节适应性的重要农艺性状，主要由感光性、感温性和基本营养生长性决定，因此，生育期适中、高产的水稻品种一直为水稻育种工作者所重视。

根据 Gramene 网站（http：//www. gramene. org/qtl/index. html）最新公布的数据，水稻抽穗期 QTL 定位方面，目前共定位了近 600 个 QTL，分布于 12 条染色体上，其中第 3、7 染色体上定位的 QTL 较多，而第 10 染色体上发现的最少。日本水稻基因组计划（RGP）对水稻抽穗期 QTL 的定位进行了系统而深入的研究，利用 Nipponbare/Kasalath 衍生的 F_2 群体、回交群体和 QTL 近等基因系群体检测到了 14 个抽穗期 QTL，并且对 *Hd1*、*Hd2*、*Hd3a*、*Hd3b*、*Hd4*、*Hd5*、*Hd6*、*Hd8* 和 *Hd9* 进行了精细定位。Izawa 等（2000）以感光性突变体 *se*-5（开花早和对光不敏感）为材料，应用候选基因克隆法首先克隆到了水稻抽穗期 *Se-5* 基因。Yano 等（2000）通过图位克隆得到了 *Hd1* 的基因序列，序列比较分析表明，*Hd1* 与拟南芥的 CONSTANS 基因同源，均编码一含锌指区（Zinc finger domain）的蛋白。Takahashi 等（2001）通过图位克隆得到 *Hd6* 全序列，*Hd6* 编码蛋白激酶 CK2 的一个 A 亚基。Kojima 等（2002）克隆了 *Hd3a*，该基因与拟南芥的 *FT* 基因同源。Doi 等（2004）同样用图位克隆法克隆了另一抽穗期 QTL（*Ehd1*），该基因编码含 341 个氨基酸的 B 型 RR 蛋白（B-type response regulator protein）。华中农业大学从水稻突变体库中鉴定获得了一个不开花的突变体，采用突变体标签分离克隆基因技术，最终分离克隆了 *RID1* 基因。研究表明，*RID1* 基因编码一个锌指类的转录因子，通过调控水稻的开花素基因而影响水稻的成花转换（Wu et al，2008）。该基因随后立即被韩国（命名为 *OsId1*，2008）和日本 Yano 课题组（命名为 *Ehd2*，2008）相继报道。

3. 籼粳亚种间杂种优势利用

水稻籼粳亚种间杂种 F_1代表现强大的杂种优势，但同时籼粳杂种一代通常表现为植株过高、生育期超长、结实率低且不稳定、籽粒充实度差、米质分离、后期早衰等问题，也给育种者直接利用其杂种优势带来诸多困难。克服以上缺点的有效方法之一，是加强对水稻籼粳杂交广亲和基因的研究和利用。Ikehashi（1984）发现了广亲和基因 *S5*^{n}，到目前为止，已被证实它可有效克服籼粳亚种间杂种不育性。Qiu 等（2005）通过以南京 11 为背景的近等基因系构建了 02428/南京 11//巴里拉三交群体，将 *S5* 不育基因精细定位在 40kb 的区域。除 *S5* 位点以外，目前又发现了许多新的杂种不育基因，其中南京农业大学水稻研究所对 *S29*、*S30*、*S31*、*S32*、*S33*、*S34* 已经进行了精细定位，并进行了部分亲和基因聚合（Zhao et al，2006）。这将有助于解决籼粳亚种间杂种不育性问题，真正做到通过分子设计育种来利用水稻籼粳杂交强大杂种优势。

4. 品质

稻米品质的主要性状指标有：外观品质、蒸煮食用品质、营养品质和碾磨品质。就外观品质而言，Fan 等（2006）把控制粒长的主效 QTL 精细定位在 7.9kb 的区段内，推断位于该区段的全长 cDNA 是控制稻米粒长的负调控因子，该基因编码一种跨膜蛋白，另外在其他染色体上还存在很多微效的 QTL。稻米蒸煮食用品质的 QTL 定位主要集中在直链淀粉含量、糊化温度和胶稠度等理化指标。绝大多数研究均在第 6 染色体上检测到 1 个主效 QTL，并认为可能就是 *Wx* 位点。此外，南京农业大学水稻研究所从云南地方品种中鉴定了一个新的 *Wx* 复等位基因 *Wx-hp*。多数研究均在第 6 染色体上检测到 1 个糊化温度主效 QTL，并认为该 QTL 就是经典图谱上的 *alk* 基因，编码一种可溶性淀粉合酶Ⅱ。Bradbury 等（2005）克隆了位于第 8 染色体控制稻米香味的基因，该基因与甜菜碱乙醛脱氢酶（BAD）具有很高的同源性，因此命名为 *BAD2*。当该基因功能缺失时，稻米中积累 2-乙酰-1-吡咯啉香气物质就产生了香味。除上述这几个功能比较明确的基因外，控制稻米品质的研究集中于 QTL 定位方面，尽管由于不同遗传材料中高重演性 QTL 的整合比较少，许多 QTL 的效应需要继续验证，但这些 QTL 研究为分子设计育种改良稻米品质奠定了理论基础。

5. 抗性

水稻抗性包括生物逆境抗性和非生物逆境抗性。目前利用图位克隆技术已经克隆了多个抗病基因，包括抗白叶枯病基因 *Xa1*、*xa5*、*Xa21*、*Xa26*、*Xa27*、*Xa21D*、*Xa13*、*Xa23*，抗稻瘟病基因 *Pib*、*Pita*、*Pi9*、*Pid2*、*Pi2*、*Piz-t*、*Pi36*、*Pi37* 和 *Pikm* 等。最近，陆续有几个抗褐飞虱基因已被精细定位，*bph2* 被定位在第 12 染色体上 KAM3 和 KAM5 标记之间，两者距 1cM，与 KAM4 共分离。Yang 等（2003）将来源于药用野生稻的 *BPH15* 定位在第 4 染色体的一个 47kb 的区间内。此后 *BPH18*、*BPH19* 也陆续被精细定位。虽然抗褐飞虱基因的克隆还未见报道，但这些工作都为此奠定了坚实的基础。在非生物逆境抗性方面，Xu 等（2006）克隆了位于第 9 染色体抗涝性的 QTL（*Sub1*A），该基因编码一类乙烯反应因子。在抗盐方面，中国科学院上海植物生理生态研究所与美国加州大学 Ren 等（2005）合作分离到了 *SKC1* 基因，它编码一个 HKT 型转运子（OsHKT8），特异地转运 Na^+。浙江大学 Liu 等（2005）通过对水稻不定根缺失突变体的研究，克隆鉴定了 *ARL1* 基因，该基因包含 LOB 结构域，可能作为转录因子控制禾本科植物侧根原基的发育。他们还通过研究水稻短根突变体，证明谷氨酸受体类蛋白对根尖分生组织细胞分化和再生具有重要的生理意义。这些结果为水稻耐低 N、P 逆境提供了分子设计改良作物根系结构的可能性。

三、水稻分子设计育种的软件平台

水稻作为重要农作物，又是禾本科的模式植物，其基因组学研究一直领先于其他作物，对其生物信息学的分析已得到极大发展。

目前已经发展的网上水稻生物信息有：各种分子标记数据库、标记和性状的遗传连锁图、BAC/YAC 物理图、EST 序列、cDNA 序列、几乎完整的水稻基因组序列、全基因组序列的注释（包括基因、重复序列等）、水稻蛋白质数据库、水稻突变体数据库、水稻种质资源数据库、水稻研究文献数据库等。信息量大而且涉及的网站数目也比较多。

1. 育种模拟工具软件 QU-GENE

在控制重要农艺性状的基因中，很多是数量性状基因（QTL），如何实现这些基因的有效聚合，数量遗传学为育种项目中采用选择方法的分析与设计提供了更多的工作思路。这些方法通常有相应的假设，一些假设可以通过试验测试和证实，另一些假设则很少能通过试验测试与证实。计算机模拟为评价应用数量遗传学假设对育种过程的影响提供了有效工具，QU-GENE 就是一个用于遗传模型定量分析的模拟平台，它由国际玉米小麦改良中心（CIMMYT）育种家开发，已用于比较不同育种策略的有效性，对现有的选择策略进行修正，以及对数量性状的混合遗传模型进行强有力的分析。

QU-GENE 包括两阶段结构，第一阶段是引擎，其作用是：1）定义 GE 系统（即该模拟试验中所有的遗传和环境信息）；2）生成个体（以种质为基础）群体。第二阶段是应用模块，其作用是对由引擎所定义的 GE 系统中的个体的初始群体进行调查、分析与控制。应用模块通常代表一个育种过程的实施，为了模拟小麦育种过程，QU-GENE 的一个模块 QuCim 已经被开发，目的是验证国际玉米小麦改良中心小麦育种方法的有效性，并寻找进一步提高其效率的途径与方法。类似这样的育种模拟软件，也将在水稻分子设计育种中发挥重要的作用。

2. QTL 定位的计算机软件

QTL 定位涉及相当复杂的统计计算，并需要处理大量的数据，这些工作都必须靠计算机来完成。因此，为了便于从事实际 QTL 定位研究的遗传育种学家分析他们的试验结果，有必要将各种 QTL 定位方法编制成通用的计算机软件。第一个推广发行的 QTL 分析通用软件是 Mapmaker/QTL，它是针对区间定位法而设计的。该软件的发行，大大促进了区间定位方法的实际应用。此后，陆续开发出了许多 QTL 分析软件，如 QTL Cartographer、PLABQTL、Map Manager、QGene、MapQTL 等。许多 QTL 分析软件都可以从因特网上查寻到并免费下载。通过由美国 Wisconsin-Madison 大学建立的一个 WWW 连接网站（www. stat. wisc. edu/biosci/linkage. html），可以很方便地连接到许多 QTL 定位分析软件包。为了促进我国的作物 QTL 定位研究的发展，"九五"期间，"863 计划"作物分子标记辅助育种专题项目开展了中文版的 QTL 分析通用软件编制工作。该软件称为"QTL 工具箱"（QTL KIT），可供我国广大从事 QTL 定位工作的研究人员试用，并还将不断补充和完善。

3. 分子标记开发软件

基因图位克隆往往在一个相对狭小的基因组区段内开发新的分子标记。南京农业大学水稻研究所开发的 SSRHunter，是一个本地化的 SSR 位点搜索软件（李强等，2005）。除了寻找 SSR 位点外，SSRHunter 还提供了自动序列预处理，常规的序列整理和序列变换功能以及方便的结果输出方式。同时，其他大量的分子标记软件也得到广泛开发应用，比较著名的是：Plant Markers，http：//markers. btk. fi/；SNP2CAPS，http：//pgrc. ipk-gatersleben. de/snp2caps/； AutoSNP， http：//www. cerealsdb. uk. net/discover. htm。此外，配合水稻全长 cDNA 测序工作而建设的 KOME 站点，可以查到 cDNA 序列的相关信息，包括克隆测序质量和准确度等，对于基于生物信息学的 SNP 发掘工作具有重要意义。

4. 水稻基因组研究项目（Rice genome research program）

http：//rgp. dna. affrc. go. jp/是一个日本的水稻基因组计划的网址，是整个国际水稻基因组测序计划的重要网站之一，已完成了基因组序列的分析工作。该网站目前主要是免费发布粳稻日本晴全基因组、EST 序列的测序信息，将来的发展目标是整合三大信息，即功能基因组学（Functional genomics）、基因组信息学（Genome informatics）和应用基因组学（Applied genomics）。

籼稻 93 - 11 基因组序列数据库主要由我国华大基因研究中心提供，业已提交到 NCBI，可以免费下载。同时，籼稻 PA64S、广陆矮 4 号和 Kasalath 也完成部分序列测定，可以向相关机构索要。

5. 禾本科比较基因组学数据库 Gramene

Gramene，http：//www. gramene. org/，受美国农业部支持，是禾本科作物比较基因组学的重要网站。该网站除了提供水稻、玉米、拟南芥的序列信息外，最大的特点是它更重视水稻与其他作物的比较，因此，其图中加入了玉米、大麦、小麦、高粱、拟南芥的序列信息等，同时每个 BAC 序列上的分子标记的位置也有注释，非常便于图位克隆分析。该网站搜罗了禾本科各作物的重要遗传标记连锁图，提供各种类型的分子标记，其中水稻有 11 张重要连锁图，玉米有 6 张。通过各图之间的相互比较，能找出连锁图上的共线性。2006 年还增加了水稻、玉米、小麦种质资源等位基因 SNP 和 SSR 变异的信息，和水稻各种代谢途径图。

6. 水稻科学数据库 Oryzabase

Oryzabase，http：//www. shigen. nig. ac. jp/rice/oryzabase/，网站建于 2000 年，主要是收集水稻各方面的资源信息。这一网站最具特色的是将以前已经进行过分析的基因及其染色体位置、相关参考文献、相关水稻品系等信息整合在一起，便于研究人员系统地研究各种相关基因。此网站收集各种类型的水稻品种资源、突变体信息，每个品系、突变体都有收藏地址、保存方式及其对外交流的形式。由于野生稻具有很多栽培稻没有的重要性状，所以专门列出野生稻的资源信息数据，描述其形态信息并有直观的图片。

7. 基因芯片和蛋白质组学网站

http：//cdna01.dna.affrc.go.jp/RMOS/index.html 是日本的水稻芯片（Microarray）站点，它可使人们了解日本水稻芯片的研究情况，但并不直接公开有关技术上的一些重要信息。http：//gene64.dna.affrc.go.jp/rpd/main_en.html 提供水稻各种组织的蛋白质信息，是水稻蛋白质组分析的重要网站。

四、我国水稻分子设计育种的技术路线和研究重点

Peleman 和 van der Voort（2003）认为分子设计育种应当分 3 步进行：1）定位所有相关农艺性状的 QTL；2）评价这些位点的等位性变异；3）开展设计育种。结合我国在水稻遗传和育种上的特点和实际情况，我国的水稻分子设计育种研究应集中在以下 3 个方面。

1. 重要农艺性状基因/QTL 高效发掘

水稻基因组约有 5 万多个基因，同时大量的非编码序列也发挥重要的调节功能，还有很多基因和调节元件的功能有待鉴定。构建水稻的高代回交导入系群体，通过大规模回交导入系并结合定向选择，消除复杂的遗传背景对基因/QTL 定位精度的不良影响，高效发掘种质资源中重要农艺性状的基因/QTL。通过不同轮回亲本和供体亲本配制的高代回交组合定位结果的分析比较，探明基因/QTL 的一因多效、多因一效、同一基因/QTL 位点的复等位性、基因/QTL 之间的上位性互作、基因/QTL 与遗传背景之间的互作、基因/QTL 与环境互作等信息。高代回交导入的遗传背景高度纯化，便于直接对主效应大、表达稳定的基因/QTL 进行精细定位克隆。同时利用 TILLING 所创制的系列等位变异体从多个方面进一步认识关键基因的功能，迅速拓展关键基因的应用潜力，提高关键基因的利用效率。

2. 建立核心种质和骨干亲本的遗传信息链接

核心种质以最小的资源数代表最大的遗传多样性，即保留尽可能小的群体和尽可能大的遗传多样性。骨干亲本是当前作物育种中广泛使用并取得较好育种成效的育种材料，其中含有大量有利基因资源。发掘这两类材料中的遗传信息并建立其分子设计育种信息系统和链接，可以快速获取亲本携带的基因及其与环境互作的信息，为分子设计育种模型精确预测不同亲本杂交后代在不同生态环境下的表现提供信息支撑。

3. 建立主要育种性状的 GP 模型

GP（Genotype to phenotype）模型描述不同基因和基因型，以及基因和环境间是如何作用以最终产生不同性状的表型，从而可以鉴定出符合不同育种目标和生态条件需求的目标基因型，因此 GP 模型是分子设计育种的关键组成部分。GP 模型利用发掘的基因信息、核心种质和骨干亲本的遗传信息链接提供的信息，结合不同作物的生物学特性及不同生态地区育种目标，对育种过程中各项指标进行模拟优化，预测不同亲本杂交后代产生理想基因型和育成优良品种的概率，大幅度提高育种效率。

五、分子设计育种实例

以水稻上的一些研究结果（实例）说明分子设计育种的过程。

1. 水稻外观品质的分子设计育种

外观品质是稻米品质的重要组成部分，粒长是外观品质主要评价指标之一。不同消费者对稻米感观要求不同，中国籼稻区、美国、泰国、巴基斯坦、印度、国际水稻研究所等国家和地区一直将细长籽粒稻米作为优质米的一个重要衡量指标；中国粳稻区、日本、韩国和斯里兰卡则以籽粒较短的优质粳稻为首要育种目标。因此，研究稻米粒长宽的遗传规律对培育满足不同市场需求的优质水稻品种具有重要指导意义。

（1）研究育种目标性状的 QTL

这一过程包括构建作图群体、筛选多态性标记、构建标记连锁图谱、评价数量性状的表现型和 QTL 分析等步骤。这里有一包含 65 个染色体片段置换系（Chromosome segment substitution line，CSSL）的群体，产生这一群体的 2 个亲本分别为粳稻 Asominori（背景或轮回亲本）和籼稻 IR24（供体或非轮回亲本）。每个 CSSL 包含一个或几个来自 IR24 的染色体片段，其余染色体来自背景亲本 Asominori。所有供体染色体片段覆盖了 IR24 的整个基因组，不同染色体片段用不同的 RFLP 标记表示。

根据粒长的观测值，可以通过分析不同标记基因型间粒长的差异显著性来判断哪些片段上携带有影响粒长的 QTL。存在 QTL 的可能性常用 LOD 值的大小来衡量，图 6-2 清楚表明标记 M23 和 M34 代表的染色体片段包含有控制粒长的 QTL，它们分别解释粒长表型变异的 36.9%和 8.9%，因此可视为主效 QTL，尤其是 M23 染色体片段上的 QTL。但这 2 个 QTL 加性效应的方向相反，即对于标记 M23 上的 QTL 来说，来自 IR24 的等位基因使粒长增加，来自 Asominori 的等位基因使粒长减小；对于标记 M34 上的 QTL 来说，来自 IR24 的等位基因则使粒长减小，来自 Asominori 的等位基因使粒长增加。

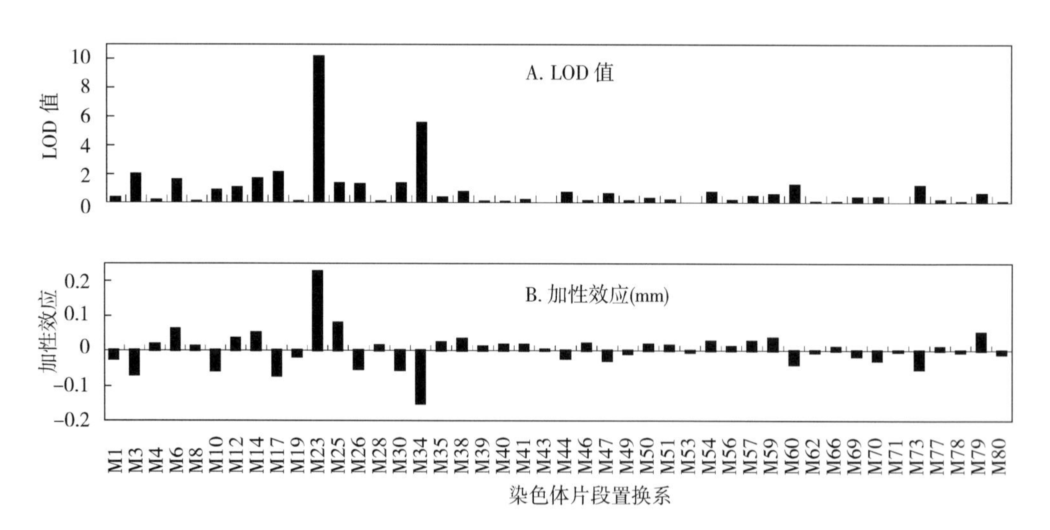

图 6-2　利用粳稻 Asominori 和籼稻 IR24 构建的染色体片段置换系群体对粒长性状的 QTL 定位结果

实践中，可根据不同研究目的选择 LOD 临界值去判定 QTL 的存在，如果研究目的在于 QTL 的克隆和功能分析，则判定 QTL 存在时应选择较高的 LOD 临界值，如 3.0 或更高，以避免假阳性；如果目的在于预测基因型，则假阳性不会对结果造成较大的负面影响，此时可选择较低的 LOD 临界值，如 1.0 ，以保证效应较小的 QTL 也能鉴定出来。在上面的实例中，当采用 0.83 的临界值时（对应于显著性水平 0.05），笔者一共鉴定出 13 个控制粒长的 QTL ，8 个控制粒宽的 QTL，同时也鉴定出一些上位性 QTL 。

（2）结合育种目标设计目标基因型

这一过程利用已经鉴定出的各种重要育种性状 QTL 的信息，包括 QTL 在染色体上的位置、遗传效应、QTL 之间的互作、QTL 与背景亲本和环境之间的互作等，模拟预测各种可能基因型的表现型，从中选择符合特定育种目标的基因型。

Asominori 是短粒和宽粒型品种，IR24 是长粒和窄粒型品种，但它们的 CSSL 后代在两个性状 4 个方向上均有超亲分离现象，因此两个性状的增效 QTL 和减效 QTL 在两个亲本中应该分散分布。通过对粒长的 QTL 作图，发现在染色体片段 M6 、M12、M14、M23 和 M25 上的 5 个 QTL 具有正效效应，即对于这些座位上的 QTL 来说，来自 IR24 的等位基因使粒长增加。对于粒宽，只有一个 QTL 具有正效效应，说明增加粒宽的大多数基因来自 Asominori。除此之外，还发现一些染色体片段如 M10、M12、M14 和 M23 ，同时携带有既控制粒长又控制粒宽的 QTL。在片段 M10 上，QTL 对粒长和粒宽效应都是正向的，在其他片段上，QTL 对粒长和粒宽效应却相反。这一点与根据表型估计的相关系数 $r = -0.34^{**}$ 一致。

根据上面的信息，可以预测各种可能的基因型的表现型（图 6－3），发现最小和最大粒长基因型的粒长分别是 4.20 mm 和 6.21 mm，最小和最大粒宽基因型的粒宽分别是 2.12 mm 和 3.07 mm。假定育种目标是长粒和宽粒型，由于一些 QTL 在两个性状上有负向的一因多效现象，不可能获得一个基因型既具有图 6－4 中最大粒长，又具有最大粒宽。模拟发现一个设计基因型，其粒长为 6.05 mm ，粒宽为 3.00 mm ，接近最大粒长 6.21 mm 和最大粒宽 3.07mm，至此，可设计出一个最符合长粒和宽粒型这一育种目标的基因型。

基因型	M1	M3	M6	M10	M12	M14	M17	M19	M23	M25	M26	M30	M34	M35	M46	M60	M73	粒长（mm）	粒宽（mm）
最小粒长	1	2	1	2	1	1	2	1	1	1	2	2	2	1	1	2	2	4.20	2.81
最大粒长	1	1	2	1	2	2	1	1	2	2	1	1	1	1	1	1	1	6.21	2.74
最小粒宽	1	1	1	2	2	2	1	2	2	1	1	1	1	2	2	1	1	5.82	2.12
最大粒宽	2	1	1	1	1	1	1	1	1	1	1	1	1	1	1	1	1	5.32	3.07
分子设计	2	1	2	1	1	1	1	1	2	2	1	1	1	1	1	1	1	6.05	2.98
CSSL5	1	1	2	1	1	1	1	1	1	1	1	1	1	1	1	1	1	5.44	3.00
CSSL6	2	1	1	1	1	1	1	1	2	1	1	1	1	1	1	1	1	5.77	2.98
CSSL9	1	1	1	1	2	1	1	1	1	2	1	1	1	1	1	1	1	5.54	2.93

图 6－3　利用粒长和粒宽 QTL 定位结果结合染色体片段置换系设计目标基因型

（3）达到目标基因型的途径分析

获得图 6－4 中的设计基因型，需要 IR24 的 4 个染色体片段，即 M1、M6、M23 和

M25。在 65 个 CSSL 中，CSSL5 包含片段 M6；CSSL16 包含片段 M1 和 M23；CSSL19 包含片段 M25，因此，可以作为产生设计基因型的亲本材料。但 CSSL19 包含有我们不需要的片段 M12 ，在选择过程中需要将其替换为 Asominori 的片段。

3 个亲本间的三交（顶交）组合有可能将我们需要的染色体片段聚合在一起，产生三交组合的方式有 3 种，即三交组合 1：（CSSL5 × CSSL16）× CSSL19；三交组合 2：(CSSL5 ×CSSL19）× CSSL16；三交组合 3：(CSSL16 ×CSSL19）× CSSL5。假定采用标记辅助方法选择目标基因型，可供选择的方案有很多，这里只考虑其中的两种，标记选择方案 1：产生 100 个三交 F_1个体，每个产生 30 个 F_2个体，利用单粒传共产生 3 000 个 F_8家系，然后从中选择目标基因型。标记选择方案 2：产生 100 个三交 F_1个体，通过标记辅助选择只保留含有目标染色体片段的个体，每个中选个体产生 30 个 F_2个体，利用单粒传产生 F_8家系，然后从中选择目标基因型。以上过程借助遗传育种模拟工具 QuCim 实现。

对每个三交组合，两种标记选择方案得到的 F_8家系数相等（表 6 - 4）。从三交组合 1 平均获得 7.6 个目标基因型 F_8家系，三交组合两平均获得 2 318 个，三交组合 3 平均获得 11.8 个。但从两种标记选择方案需要测试的 DNA 样品数和每个中选的 F_8家系需要测试的 DNA 样品数来看，两种标记选择方案有着巨大的差异。以三交组合 1 为例，利用标记选择方案 1 需要测试 3 000 个 DNA 样品，而利用标记选择方案 2 需要测试 459 个 DNA 样品。对标记选择方案 1 来说，每个中选的 F_8家系需要测试的 DNA 样品数是 395；对标记选择方案 2 来说，这个数字只有 60。因此，包含两个阶段标记选择的方案 2 在基因聚合过程中可以大大降低实验室测定标记的花费。

不同三交组合获得目标基因型的几率有显著差异。三交组合 2 的几率最高，达 0.81% ，组合 1 的几率最低，只有 0.25%。因此三交组合 2 结合标记选择方案 2 是最佳的实现目标基因型的途径。

表 6 - 4　不同三交组合和选择方案的育种功效分析

标记辅助选择方案	选择前 F_2 个体数	选择后 F_2 个体数	选择前 F_8 家系数	选择后 F_8 家系数（标准差）	测试 DNA 样品数	每个中选 F_8 家系的测试样品数
三交组合 1(CSSL5×CSSL16)×CSSL19						
方案 1	100	100	3 000	7.6 (3.27)	3 000	395
方案 2	100	12.0	359	7.6 (3.37)	459	60
三交组合 2(CSSL5×CSSL19)×CSSL16						
方案 1	100	100	3 000	24.3 (7.06)	3 000	123
方案 2	100	24.8	745	23.3 (7.16)	845	36
三交组合 3(CSSL16×CSSL19)×CSSL5						
方案 1	100	100	3 000	11.2 (5.45)	3 000	268
方案 2	100	7.5	226	12.3 (5.14)	326	26

2. 杂交水稻组合抽穗期基因型分子设计

我国杂交水稻主要应用在华南及长江流域中、晚籼上，而种植面积很大的早籼特别是双季早稻应用得不多。主要有两个方面原因：一是当前推广的籼型不育系多为早籼，恢复系多为中、晚籼，F_1杂交稻表现为中、迟熟，不能作早籼种植；二是目前选育早熟杂交稻一般是通过利用早熟种质资源选育早熟恢复系，缩小了双亲亲缘差异，导致杂种优势水平降低，极大地影响了杂交稻在早籼上的发展。同时，对于现在的水稻育种家来说，可供选择的不育系、恢复系越来越多，育种过程中常常出现大量“优而不早，早而不优”的组合，这一方面造成了杂交组合选配的盲目性和不可预测性，另一方面，也给育种工作者带来了巨大的工作量。因此，有必要在杂交稻组合选配前，事先了解目标杂交组合或备用亲本的抽穗期主基因基因型，对杂交组合的抽穗期表现进行预测，采用分子设计策略，可以培育出符合不同生育期要求的杂交组合。

（1）水稻主栽品种抽穗期主基因基因型分析

南京农业大学水稻研究所以抽穗期主基因位点近等基因系 EG、ER－LR、T_{65}系列为测验系，开展了我国不同生态区、不同类型水稻主栽品种抽穗期主基因基因型分析工作。目前，对我国长江流域早籼、中籼、晚籼水稻品种、东北稻区粳稻品种抽穗期主基因基因型分析已完成（表 6－5）。

表 6－5　我国不同生态区或不同生态类型水稻品种抽穗期主基因的基因型

生态类型		抽穗期主基因基因型	生育期特点
长江流域、华南稻区	早籼	$e_1e_1\ Sel^eSel^e\ Ef1Ef1$ $e_1e_1\ Sel^nSel^nEf1Ef1\ iSel\ iSel$ $E_1E_1\ Sel^eSel^e\ Ef1Ef1\ iSel\ iSel$	感光性弱或无感光性，基本营养期短，生育期短
	中籼	$E_1E_1\ Sel^eSel^e\ Ef1Ef1\ iSel\ iSel$ $E_1E_1\ Sel^nSel^n\ ef1ef1\ iSeliSel$ $e_1e_1\ Sel^nSel^n\ ef1ef1\ iSeliSel$	有一定的感光性，基本营养期较长，生育期长
	晚籼	$E_1E_1\ Sel^nSel^n\ Ef1Ef1$ $E_1E_1\ Sel^eSel^e\ Ef1Ef1$ $e_1e_1\ Sel^nSel^n\ Ef1Ef1$	感光性强，基本营养期较短，生育期较短
东北稻区粳稻		$e_1e_1\ Sel^eSel^e\ Ef1Ef1$ $e_1e_1\ Sel^nSel^n\ Ef1Ef1$ $e_1e_1\ Sel^nSel^n\ Ef1Ef1\ iSel\ iSel$ $e_1e_1\ Sel^eSel^e\ Ef1Ef1\ iSel\ iSel$	感光性弱或无感光性，基本营养期短，生育期短

结果表明，在我国东北稻区粳稻品种都含有可诱导短的基本营养生长期的显性早熟基因 $Ef1$，大多数品种在 E_1 位点为隐性非感光基因 e_1，而在 Sel 位点上存在两类等位基因，一类为隐性非感光基因 Sel^e，另一类为显性强感光基因 Sel^n，带有显性强感光基因 E_1 或 Sel^n 的品种其感光性都可以被其带的隐性感光抑制基因 $iSel$、显性早熟基因 $Ef1$ 完全抑制或部分抵消，表现为弱感光性或无感光性，基本营养期短，生育期短。我国长江流域、华南稻区的早籼水稻品种都带有显性早熟基因 $Ef1$，不带有或只带有 E_1、Sel^n 两个主效感光基因中的一个，同时带有隐性感光抑制基因 $iSel$，表现为弱感光性或无感光性，基本营养期短，生育期短。长江流域、华南稻区的晚籼水稻品种也都带有显性早熟基因 $Ef1$，同时带有 E_1、Sel^n 两个主效感光基因或只带其中的一个，表现为强感光性，基本营养期较短，生育期较短。而长江流域、华南稻区的中籼水稻品种情况比较复杂，但基本上可以分为两类：一

类只带有 E_1、Sel^n 两个主效感光基因中的一个，同时带有显性早熟基因 $Ef1$，表现为具有一定的感光性和短的基本营养生长期；另一类带有非感光基因 e_1、Sel^e，同时带有隐性迟熟基因 $ef1$，表现为具有弱的感光性，但有较长的基本营养生长期。

(2) 结合育种目标设计目标基因型

根据水稻品种感光性的强弱，基本营养生长期的长短以及各稻作区的光、温条件，确立了四类主要的杂交组合抽穗期性状目标基因型（表 6-6）。

表 6-6 不同抽穗期主基因基因型杂交组合的生育期特点及适合种植范围

类型	杂交组合抽穗期主基因基因型	生育期特点及适合种植范围
Ⅰ	$E_1\_\ Sel^n\_\ ef1ef1$ $E_1\_\ Sel^eSel^eef1ef1$ $e_1e_1\ Sel^n\_\ ef1ef1$	感光性强，营养生长期长，生育期长，适合在我国长江流域、华南、云贵高原作中稻种植
Ⅱ	$E_1\_\ Sel^n\_\ Ef1\_$ $E_1\_\ Sel^eSel^e\ Ef1\_$ $e_1e_1\ Sel^n\_\ Ef1\_$	感光性强，营养生长期短，生育期适中，适合在我国长江流域、华南、云贵高原、华北平原作中稻或晚稻种植
Ⅲ	$e_1e_1\ Sel^eSel^e\ ef1ef1$ $E_1\_\ Sel^n\_\ ef1ef1\ iSel\ iSel$ $E_1\_\ Sel^eSel^e\ ef1ef1\ iSel\ iSel$ $e_1e_1\ Sel^n\_\ ef1ef1\ iSel\ iSel$	感光性弱，营养生长期长，生育期适中，适合在我国长江流域、华南、云贵高原、华北平原作早稻或中稻种植
Ⅳ	$e_1e_1\ Sel^eSel^e\ Ef1\_$ $E_1\_\ Sel^n\_\ Ef1\_\ iSel\ iSel$ $E_1\_\ Sel^eSel^e\ Ef1\_\ iSel\ iSel$ $e_1e_1\ Sel^n\_\ Ef1\_\ iSel\ iSel$	感光性弱，营养生长期短，生育期较短或适中，适合在我国长江流域、华南、云贵高原作早稻、中稻或东北、华北、西北、作中稻种植

(3) 实现目标基因型的途径

以设计一个感光性弱，营养生长期短，生育期适中，适合在我国长江流域、华南、云贵高原作早稻或中稻的籼型杂交稻组合为例，阐述实现目标基因型的途径。根据表 6-5 的提示，符合育种目标的基因型是第Ⅳ类，包括四种基因型，即：$e_1e_1\ Sel^eSel^eEf1\_$、$E_1\_\ Sel^n\_Ef1\_\ iSeliSel$、$E_1\_\ Sel^eSel^eEf1\_\ iSeliSel$ 或 $e_1e_1\ Sel^n\_\ Ef1\_\ iSeliSel$，其中任意一个基因型即可满足该育种要求。现以 $E_1\_\ Sel^n\_\ Ef1\_\ iSeliSel$ 为例，要实现该基因型，可以根据对我国不同稻区水稻主栽品种（包括杂交组合骨干亲本）抽穗期主基因基因型分析的结果，选择类似 $E_1E_1Sel^eSel^eEf1Ef1iSeliSel/e_1e_1Sel^nSel^nef1ef1iSeliSel$、$E_1E_1Sel^nSel^nEf1Ef1iSeliSel/e_1e_1Sel^eSel^eef1ef1iSel\ iSel$ 等合适的不育系（恢复系）/恢复系（不育系）组合直接利用或作原始亲本改良后再利用，即能实现杂交组合的目标基因型。

(4) 杂交组合抽穗期的分子设计育种效果验证

对在我国广泛运用的杂交组合骨干亲本珍汕 97A、培矮 64S、明恢 63、9311、特青及用他们所配制的杂交组合汕优 63、两优培九、培两优特青的抽穗期主基因基因型分析表明（表 6-6），汕优 63、两优培九、培两优特青之所以能够在我国长江流域、华南、华中、云贵高原等地区被广泛运用，正是由于它们的抽穗期主基因基因型属于表现为感光性弱，营养生长期短，生育期适中，适应性广的第Ⅳ类，即 $E_1\_Sel^n\_Ef1\_iSel iSel$ 和 $E_1\_Sel^eSel^eEf1\_iSel iSel$，它们的亲本珍汕 97A、培矮 64S、明恢 63、9311、特青的抽穗期基因型分别为：$e_1e_1Sel^nSel^nEf1Ef1iSel iSel$、$E_1E_1Sel^eSel^eEf1Ef1iSel iSel$、$E_1E_1Sel^eSel^eEf1Ef1iSel iSel$、$E_1E_1Sel^eSel^eef1ef1iSel iSel$、$E_1E_1Sel^eSel^eEf1Ef1iSel iSel$（表 6-7）。这正好验证了在杂交组合选育过程中针对抽穗期性状的分子设计育种策略的正确性和可行性。

表 6-7　杂交组合汕优 63、两优培九、培两优特青及其亲本抽穗期主基因基因型

杂交组合及其基因型	不育系及其基因型	恢复系及其基因型
汕优 63 $E_1e_1Sel^nSel^eEf1Ef1iSel iSel$	珍汕 97A $e_1e_1Sel^nSel^nEf1Ef1iSel iSel$	明恢 63 $E_1E_1Sel^eSel^eEf1Ef1iSel iSel$
两优培九 $E_1E_1Sel^nSel^eiSel iSel Ef1ef1$	培矮 64S $E_1E_1Sel^eSel^eEf1Ef1iSel iSel$	9311 $E_1E_1Sel^eSel^eef1ef1iSel iSel$
培两优特青 $E_1E_1Ef1Ef1Sel^eSel^eiSel iSel$	培矮 64S $E_1E_1Sel^eSel^eEf1Ef1iSel iSel$	特青 $E_1E_1Sel^eSel^eEf1Ef1iSel iSel$

3. 分子设计育种问题和展望

目前在我国开展大规模的水稻分子设计育种还存在以下问题：

（1）主要农艺性状基因发掘和功能研究不足

近 10 年来，我国利用分子标记，在水稻中已经开展了大量的基因（特别是 QTL）定位研究，积累了大量的遗传信息。但这些信息还处于零散的状态，缺乏集中、归纳和总结，对不同遗传背景和环境条件下 QTL 效应、QTL 的复等位性以及不同 QTL 之间的互作研究不够系统全面，不利于 QTL 定位的成果转化为实际的育种效益，重要农艺性状的遗传基础、形成机制和代谢网络研究还很欠缺，而这些正是分子设计育种的重要信息基础。

（2）分子设计育种相关的信息系统不够完善

我国虽然已全面启动了水稻等主要粮食作物主要经济性状的功能基因组研究，但现有的生物信息数据库中，已明确功能和表达调控机制的基因信息比较匮乏，种质资源信息系统中，能被分子设计育种直接应用的信息还很有限。同时，缺乏拥有自主知识产权的计算机软件，限制了将已有的生物信息应用到实际育种中去。

（3）分子设计育种理论研究相对滞后

目前，国内对作物分子设计育种研究大多尚停留在概念上，还没有真正开展分子设计育种的理论建模和软件开发工作。只有解决上述问题，分子设计育种才能真正发挥其特点，实现从传统的“经验育种”到定向、高效的“精确育种”的转化，大幅度提高育种效率、全面提升育种水平、培育突破性新品种。

分子设计育种是个庞大的系统工程，它涉及基础理论研究、育种应用研究和品种的推广等领域。高等学校和科研机构的基础理论研究，从科研人员、科研设备和研究平台，一般都具备较好的条件，能够从事重要农艺性状的遗传图谱的构建、有利基因的发掘、重要农艺性状基因/QTL 的定位克隆、分子设计育种软件的开发和育种设计等工作，基层育种单位的试验地充足、育种材料丰富、育种人员具有丰富的经验；农业推广和种子部门与大田生产结合紧密，熟悉生产及其发展的趋势。三者的结合将形成上、中和下游一个整体。因此，加强不同领域间的合作是水稻分子设计育种的必要条件。

水稻分子设计育种是一个综合性的新兴研究领域，将对未来水稻育种理论和技术发展产生深远的影响。可喜的是，国务院发布的《国家中长期科学和技术发展规划纲要(2006—2020 年)》中，明确提出发展“动植物品种与药物分子设计技术”的前沿技术。因此，我们应该把握机遇，充分利用植物基因组学和生物信息学等前沿学科的重大成就，及时开展品种分子设计的基础理论研究和技术平台建设。实现分子设计育种的目标，将会大幅度提高水稻育种的理论和技术水平，带动传统育种向高效、定向化发展。

参 考 文 献

蔡得田，陈冬玲 .1999. 21 世纪水稻育种的新战略——综合利用无融合生殖异源多倍体化和体细胞杂交技术 [J] . 湖北大学学报：自然科学版，21 (1)：88 - 92.

蔡得田，袁隆平，卢兴桂 .2001. 二十一世纪水稻育种新战略Ⅱ：利用远缘杂交和多倍体双重优势进行超级稻育种 [J] . 作物学报，27 (1)：110 - 116.

曹立勇，庄杰云，占小登，等 .2003. 抗白叶枯病杂交水稻的分子标记辅助育种 [J] . 中国水稻科学，17 (2)：184 - 186.

常团结，朱祯 .2002. 植物凝集素及其在抗虫植物基因工程中的应用 [J] . 遗传，24 (4)：493 -500.

邓其明，王世全，郑爱萍，等 .2006. 利用分子标记辅助育种技术选育高抗白叶枯病恢复系 [J] . 中国水稻科学，20 (2)：153 - 158.

郭岩，张莉，肖岗，等 .1997. 甜菜碱醛脱氢酶基因在水稻中的表达及转基因植株的耐盐性研究 [J] . 中国科学，27：151 - 155.

李培夫，李万云 .2006. 细胞工程技术在作物育种上的研究与应用新进展 [J] . 中国农学通报，22：83 - 86.

李强，万建民 .2005. SSRHunter，一个本地化的 SSR 位点搜索软件的开发 [J] . 遗传，27 (5)：808 - 810.

林荔辉，陈志伟，张积森，等 .2004. 利用回交和 MAS 技术改良珍汕 97B 的白叶枯病抗性 [J] . 福建农林大学学报：自然科学版，33 (3)：280 - 283.

刘录祥，郑企成 .1997. 空间诱变与作物改良 [M] . 北京：原子能出版社 .

刘巧泉，蔡秀玲，李钱峰，等 .2006. 分子标记辅助选择改良特青及其杂交稻米的蒸煮与食味品质 [J] . 作物学报，32 (1)：64 - 69.

罗林广，徐俊峰，翟虎渠，等 .2003. 水稻雄性不育恢复系明恢 63 的感光基因分析 [J] . 遗传学报，30 (9)：804 - 810.

罗林广，翟虎渠，万建民 .2001. 水稻抽穗期的遗传研究 [J] . 江苏农业学报，17 (2)：119 - 126.

罗林广，翟虎渠，万建民 .2001. 水稻雄性不育系珍汕 97A 抽穗期的基因型分析 [J] . 遗传学报，28 (11)：1 019 -1 027.

明小天，王莉江，安成才，等 .2000. 利用土壤农杆菌将天花粉蛋白基因转入水稻并检测抗稻瘟病活性 [J] . 科学通报，45：1 080 - 1 084.

彭应财，李文宏，方又平，等．2004．采用分子标记技术育成优质抗病杂交稻新组合中优 218［J］．杂交水稻，19（3）：13－16．
舒庆尧，叶恭银，崔海瑞，等．1998．转基因水稻“克螟稻”的选育［J］．浙江农业大学学报，24：579－580．
田文忠，丁力，曹守云，等．1998．植株抗毒素转化水稻和转基因植株的生物鉴定［J］．植物学报，40：803－808．
万建民．2007．超级稻的分子设计育种［J］．沈阳农业大学学报，38（5）：652－661．
万建民．2007．中国水稻分子育种现状与展望［J］．中国农业科技导报，9（2）：1－9．
万建民．2006．作物分子设计育种［J］．作物学报，32：455－462．
王爱菊，姚方印，温孚江，等．2002．利用 *BT* 基因和 *Xa21* 基因转化获得抗螟虫、白叶枯病的转基因水稻［J］．作物学报，28：857－860．
王慧中，黄大年，鲁瑞芳，等．2000．转 *mtlD/gutD* 双价基因水稻的耐盐性［J］．科学通报，45：724－728．
徐晓晖，郭泽建，程志强，等．2003．铁蛋白基因的水稻转化及其功能初步分析［J］．浙江大学学报：农业与生命科学版，29：49－54．
杨益善，邓启云，陈立云，等．2006．野生稻高产 QTL 导入晚稻恢复系的增产效果［J］．分子植物育种，4：59－64．
翟文学，李晓兵，田文忠，等．2000．由农杆菌介导将白叶枯病抗性基因 *Xa21* 转入我国 5 个水稻品种［J］．中国科学：C 辑，30：200－206．
张士陆，倪大虎，易成新，等．2005．分子标记辅助选择降低籼稻 057 的直链淀粉含量［J］．中国水稻科学，19（5）：467－470．
张淑红，刘玉玲，谢丽霞，等．2001．浅谈水稻花培育种［J］．垦殖与稻作（6）：11－13．
CHEN J J，DING J H，OUTANG Y，et al. 2008. A triallelic system of S5 is a major regulator of the reproductive barrier and compatibility of indica － japonica hybrids in rice［J］. Proceeding of the National Academy of Science，USA.（32）：11 436－11 441.
CHEN J W，WANG L，PANG X F，et al. 2006. Genetic analysis and fine mapping of a rice brown planthopper（*Nilaparvata lugens* Stal）resistance gene *bph19*（*t*）［J］. Molecular Genetics and Genomics，275：321－329.
CHEN S，LIN X H，XU C G，et al. 2000. Improvement of bacterial blight resistance of “Minghui 63”，an elite restorer line of hybrid rice，by molecularmarker assisted selection［J］. Crop Science，40：239－244.
DOI K，IZAWA T，FUSE T，et al. 2004. Ehd1，a B-type response regulator in rice，confers short-day promotion of flowering and controls *FT*-like gene expression independently of *Hd1*［J］. Genes & Development，18：926－936.
FAN C C，XING Y Z，MAO H L，et al. 2006. *GS3*，a major QTL for grain length and weight and minor QTL for grain width and thickness in rice，encodes a putative transmembrane protein［J］. Theoretical and Applied Genetics，112：1 164－1 171.
FUJIMOTO H，ITOH K，YAMAMOTO M，et al. 1993. Insect resistant rice generated by introduction of a modified delta- endotoxin gene of *Bacillus thuringiensis*［J］. Biothechnology，11：1 151－1 155.
GOTO F，YOSHIHARA T，SHIGEMOTO N. 1999. Iron fortification of rice seed by the soybean ferritin gene［J］. Nature Biotechnology，17：282－286.
HE G M，LUO X J，TIAN F，et al. 2006. Haplotype variation in structure and expression of a gene clus-

ter associated with a quantitative trait locus for improved yield in rice [J] . Genome Research, 16: 618 - 626.

HITTALMANI S, PARCO A, MEW TV, et al. 2000. Fine mapping and DNA marker-assisted pyramiding of the three major genes for blast resistance in rice [J] . Theoretical and Applied Genetics, 100: 1 121 - 1 128.

HOSPITAL F, MPREAU L, LACOUDRE F, et al. 1997. More on the efficiency of marker-assisted selection [J] . Theoretical and Applied Genetics, 95: 1 181 - 1 189.

HU H, DAI M, YAO J, et al. 2006. Over expressing a NAM, ATAF, and CUC (NAC) transcription factor enhances drought resistance and salt tolerance in rice [J] . Proceeding of the National Academy of Science, USA, 103: 12 987 - 12 992.

HUANG N, ANGELES E R, DOMINGO J, et al. 1997. Pyramiding of bacterial blight resistance genes in rice: marker assisted selection using RFLP and PCR [J] . Theoretical and Applied Genetics, 95: 313 -320.

IKEHASHI H, ARAKI H. 1984. Variety screening of compatibility types revealed in F_1 fertility of distant crosses in rice [J] . Japanese Journal of Breeding, 34: 304 - 313.

IZAWA T, OIKAWA T, TOKUTOMI S, et al. 2000. Phytochromes confer the photoperiodic control of flowering in rice (a short-day plant) [J] . The Plant Journal, 22: 391 - 399.

JENA K K, JEUNG J U, LEE J H, et al. 2006. High-resolution mapping of a new brown planthopper (BPH) resistance gene, *Bph18 (t)*, and marker-assisted selection for BPH resistance in rice (*Oryza sativa* L.) [J] . Theoretical and Applied Genetics, 112: 288 - 297.

KOJIMA S, TAKAHASHI Y, KOBAYASHI Y, et al. 2002. *Hd3a*, a rice ortholog of the *Arabidopsis FT* gene, promotes transition to flowering downstream of *Hd1* under short-day conditions [J] . Plant& Cell Physiology, 43: 1 096 - 1 105.

KOMATSU K, MAEKAWA M, UJIIE S, et al. 2003. LAX and SPA: major regulators of shoot branching in rice [J] . Proceeding of the National Academy of Science, USA, 100: 11 765 - 11 770.

LI C B, ZHOU A, SANG T. 2006. Rice domestication by reducing shattering [J] . Science, 311: 1 936 - 1 939.

LI J M, THOMSON M, SUSAN R, et al. 2004. Fine mapping of a grain-weight quantitative trait locus in the pericentromeric region of rice chromosome 3 [J] . Genetics, 168: 2 187 - 2 195.

LI X Y, QIAN Q, FU Z M, et al. 2003. Control of tillering in rice [J] . Nature, 422: 618 - 621.

LIU H J, WANG S F, YU X B, et al. 2005. ARL1, a LOB-domain protein required for adventitious root formation in rice [J] . The Plant Journal, 43: 47 - 56.

LIU S P, LI X, WANG C Y, et al. 2003. Improvement of resistance to rice blast in Zhenshan 97 by molecular marker aided selection [J] . Acta Botanica Sinica, 45: 1 346 - 1 350.

LUCCA P, HURRELL R, POTRYKUS I. 2001. Genetic engineering approaches to improve the bioavailibility and the level of iron in rice grains [J] . Theoretical and Applied Genetics, 102: 392～397.

MONNA L, LIN H X, KOJIMA S, et al. 2002. Genetic dissection of a genomic region for quantitative trait locus, *Hd3*, into two loci, *Hd3a* and *Hd3b*, controlling heading date in rice [J] . Theoretical and Applied Genetics, 104: 772 - 778.

MOTOYUKI A, SAKAKIBARA H, lin S Y, et al. 2005. Cytokinin oxidase regulates rice grain production [J] . Science, 309: 741 -745.

MURAI H, HASHIMOTO Z, SHARMA P N, et al. 2001. Construction of a high-resolution linkage map of a rice brown planthopper (*Nilaparvata lugens* Stål) resistance gene *bph2* [J] . Theoretical and Applied Genetics, 103: 526 -532.

NAKAGAWA M, SHIMAMOTO K, KYOZUKA J. 2002. Overexpression of *RCN1* and *RCN2*, rice Terminal Flower 1/Centroradialis homologs, confers delay of phase transition and altered panicle morphology in rice [J] . The Plant Journal, 29: 743 - 750.

NISHIZAWA Y, SARUTA M, NAKAXONO K, et al. 2003. Characterization of transgenic rice plants over-expressing the stress-inducible beta-glucanase gene Gns1 [J] . Plant Molecular Biology, 51 (1): 143 - 152.

PARK S J, KIM S L, LEE S, et al. 2008. Rice Indeterminate 1 (*OsId1*) is necessary for the expression of Ehd1 (Early heading date 1) regardless of photoperiod [J] . The Plant Journal, 10 (4) .

PELEMAN J D, VOORT J R. 2003. Breeding by design [J] . Trends in Plant Science, 8 : 330 - 334.

QIU S Q, LIU K D, JIANG J X, et al. 2005. Delimitation of the rice wide compatibility gene S^{5n} to a 40-kb DNA fragment [J] . Theoretical and Applied Genetics, 111: 1 080 - 1 086.

REN Z H, GAO J P, LI L G, et al. 2005. A rice quantitative trait locus for salt tolerance encodes a sodium transporter [J] . Nature Genetics, 37: 1 141 - 1 146.

ROMMENS C, BOUGRI O, YAN H, et al. 2005. Plant-derived transfer DNAs [J] . Plant Physiology, 139: 1 338 -1 349.

SAWKO K, IZAWA T, LIN S Y, et al. 2006. An SNP caused loss of seed shattering during rice domestication [J] . Science, 312: 1 392 - 1 396.

SHEN L, COURTOIS B, MCNALLY K, et al. 2001. Evaluation of near isogenic lines of rice introgressed with QTLs for root depth through marked aided selection [J] . Theoretical and Applied Genetics, 103: 75 -83.

SINGH S, SIDHU J, et al. 2001. Pyramiding three bacterial blight resistance genes (*xa5*, *xa13* and *Xa21*) using marker-assisted selection into indica rice cultivar PR106 [J] . Theoretical and Applied Genetics, 102: 1 011 -1 015.

TAKEDA T, SUWA Y, SUZUKI M, et al. 2003. The *OsTB1* gene negatively regulates lateral branching in rice [J] . The Plant Journal, 33: 513 - 520.

WANG Y H, LIU S J, JI S L, et al. 2005. Fine mapping and marker-assisted selection of a low glutelin content gene Lgc-2 (t) in rice [J] . Cell Research, 15 (8): 622 - 630.

XU J F, JIANG L, WEI X J, et al. 2007. Genotypes of heading date of middle indica rice in the mid-lower region of the Yangtze River [J] . Journal of Integrative Plant Biology, 49 (12): 1 772 - 1 781.

XU J F, JIANG L, WEI X J, et al. 2006. Genotyping the heading date of male-sterile line II-32A [J] . Journal of Intergrative Plant Biology, 48 (4): 440 - 446.

XUE W Y, XING Y Z, WENG X Y, et al. 2008. Natural variation in *Ghd7* is an important regulator of heading date and yield potential in rice [J] . Nature Genetics, 40: 761 - 767.

YANG Z, SUN X, WANG S, et al. 2003. Genetic and physical mapping of a new gene for bacterial blight resistance in rice [J] . Theoretical and Applied Genetics, 106: 1 467 - 1 472.

YANO M, KATAYOSE Y, ASHIKARI M, et al. 2000. Hd1, a major photoperiod sensitivity quantitative trait locus in rice, is closely related to the Arabidopsis flowering time gene constans [J] . The Plant Cell, 12: 2 473 -2 484.

YE X, AI-BABILI S, KLOTI A, et al. 2000. Engineering the provitamin A (beta-carotene) biosynthetic pathway into (carotenoid-free) rice endosperm [J] . Science, 287: 303 - 305.

YOKOS S, HIGASHI S I, KISHITANI S, et al. 1998. Introduction of the cDNA for Aarbidopsis glycerol-3-phosphate acyltansferase (*GPAT*) confers unsaturation of fatty acids and chilling tolerance of photosynthesis of rice [J] . Molecular Breeding, 4: 269 - 275.

ZHOU P H, TAN Y F, HE Y Q, et al. 2003. Simultaneous improvement for four quality traits of Zhenshan 97, an elite parent of hybrid rice, by molecular marker assisted selection [J] . Theoretical and Applied Genetics, 106: 326 - 331.

下　篇

中国水稻品种及其系谱

第七章
常规早籼稻品种及其系谱

第一节　概　　述

一、早籼稻种植沿革

我国水稻种植历史悠久，据出土考证，浙江省桐乡罗家角遗址、余姚河姆渡遗址以及湖南省澧县城头山遗址出土的炭化稻谷距今约 7 000 年；2005 年湖南省道县玉蟾岩遗址发现的古稻田遗址距今已逾 11 000 年。研究表明，亚洲栽培稻由普通野生稻演化而来，晚稻是基本类型，早稻是适应较长日照环境的一种生态类型。

早稻可考的记载出现在西晋的《广记》："华南一带有蝉鸣稻，七月熟，有盖下白，正月种五月获……"，这种生态型有利于先年种次年收的跨年类型，与现今的早稻概念相似。至宋代，福州《三山志》有诗"两熟湖田天下无"、"负郭湖田插两收"的记载，证明宋时已有连作稻的种植模式。清朝早晚连作模式迅速扩大，江西、湖南、湖北、安徽、浙江、四川、福建、广东、广西均有记载。至 1949 年，江苏、上海、浙江等省（直辖市）仍有大面积早稻种植，全国统计面积达到 555.6 万 hm^2，平均产量 1.76t/hm^2。新中国成立后，随着半矮秆品种的推广应用，早稻面积迅速扩大，单产不断提高，1976 年早稻种植面积出现峰值，超过 1 300 万 hm^2，单产 1965 年超过 3t/hm^2，1981 年后稳定超过 4.5t/hm^2，1984 年后稳定超过 5t/hm^2，1997 年全国平均超过 5.6t/hm^2。

二、早籼稻种植区划

早籼稻种植区划主要依据不同地区热量、水分、日照、安全生长期、海拔等生态环境及技术经济条件等特点，其中热量资源是水稻区域划分的最重要自然条件，热量资源（年

≥10℃积温）为 2 000～4 500℃的地域适于种植一季稻，4 500～7 000℃可种植双季稻，5 300℃是双季稻生产的安全线，7 000℃以上的地区可以种植三季稻。早籼稻分布在华南双季稻作区的闽粤桂台平原丘陵及琼雷台地平原，华中单双季稻稻作区的长江中下游平原及江南丘陵平原，西南高原单季稻稻作区的黔东湘西高原山地（参见《全国水稻种植区划图》）。早籼稻主要病虫害是稻瘟病、纹枯病和三化螟。

三、1986—2005 年全国早籼稻生产情况

在 1986—2005 年的 20 年间，早籼稻生产出现了三大特点。

第一，种植面积大幅减少（表 7 - 1）。全国早籼稻种植面积从 1991 年的 913.3 万 hm^2 开始，逐年减少，到 2005 年为 602 万 hm^2，接近 1949 年 562 万 hm^2 水平，其中，上海、江苏 1995 年后不再种植早籼稻。减幅超过 50%的有浙江、福建、湖北、四川、贵州五省，仅广西、云南基本维持 20 世纪 90 年代初规模（表 7 - 2），稳定在 5～5.6t/hm^2，年际间变幅不大。2005 年全国早籼种植面积分布见图 7 - 1。

表 7 - 1　1986—2005 年全国早籼稻种植面积、单产和总产

年　份	种植面积（万 hm^2）	单　产（kg/hm^2）	总　产（万 t）	年　份	种植面积（万 hm^2）	单　产（kg/hm^2）	总　产（万 t）
1986	954.3	5 199	4 962	1996	824.4	5 309	4 398
1987	936.9	5 088	4 767	1997	816.1	5 609	4 578
1988	922.0	5 098	4 701	1998	780.8	5 190	4 052
1989	936.0	5 124	4 798	1999	757.5	5 408	4 097
1990	941.8	5 370	5 058	2000	681.9	5 502	3 750
1991	913.3	5 065	4 625	2001	586.7	5 474	3 376
1992	876.8	5 302	4 649	2002	583.0	5 604	3 276
1993	799.9	5 145	4 115	2003	559.0	5 274	2 948
1994	800.2	5 107	4 086	2004	594.6	5 418	3 222
1995	819.9	5 149	4 222	2005	601.0	5 289	3 179

其次，常规早籼稻种植比例减少，杂交早籼稻面积大幅上升。1995 年全国早籼杂交稻面积为 154.3 万 hm^2，其中两系早籼杂交稻占当年早稻播种面积的 28.2%，到 2003 年早籼杂交稻面积为 296 万 hm^2，占当年早稻播种面积的 50.4%，其中两系早籼杂交稻自 1994 年开始推广，至 2005 年已超过 40 万 hm^2。

第三，优质早籼稻品种增加，普通品质食用早籼稻品种减少。1985 年 1 月农牧渔业部在长沙召开优质米座谈会，极大地促进了优质米研究。我国早稻米因成熟季节高温逼熟等原因，食用品质差。1990 年优质早稻品种湖南软米开始应用，1998 年以后食用优质早籼稻种植比例大幅上升。根据湖南、江西、浙江、湖北、安徽五省不完全统计，1995 年常规早籼稻面积为 207.5 万 hm^2，其中优质早籼稻面积为 25.3 万 hm^2，占 12.2%；2002 年常规早籼稻播种面积 121.3 万 hm^2，其中优质食用早籼稻为 72.2 万 hm^2，占 59.5%。近 5 年增加趋势放缓，但稳定在 50%以上。

表 7-2　1986—2005 年全国早籼稻分省面积（万 hm^2）

年份	合计	上海	江苏	浙江	安徽	福建	江西	湖北	湖南	广东	广西	海南	四川	重庆	贵州	云南
1986	954.25	5.25	6.06	103.58	68.13	59.49	155.86	73.79	183.83	172.31	115.79	—	5.57	—	0.09	4.50
1987	936.98	3.64	4.65	103.95	62.33	59.61	155.89	74.53	177.95	170.26	114.55	—	4.79	—	0.06	4.77
1988	905.92	1.97	2.65	103.28	58.20	58.67	155.29	73.11	180.37	149.54	112.85	—	4.93	—	0.13	4.93
1989	938.80	1.08	1.67	103.39	56.77	62.01	156.37	75.34	182.78	153.67	117.84	17.85	4.56	—	0.60	4.87
1990	938.44	0.77	1.30	104.42	55.69	60.66	156.42	77.22	184.41	153.61	119.03	15.29	4.34	—	0.10	5.18
1991	913.25	0.37	0.79	103.89	52.33	59.95	150.67	75.82	181.33	147.17	112.41	18.49	4.35	—	0.18	5.50
1992	826.81	—	0.46	100.67	49.68	58.22	136.22	24.10	174.10	139.47	115.36	18.60	4.33	—	0.10	5.50
1993	796.44	—	0.18	82.23	45.55	51.30	124.56	64.15	161.80	126.37	113.71	17.65	2.84	—	0.60	5.50
1994	800.16	—	0.12	82.81	44.38	53.26	129.19	63.42	163.38	125.95	113.41	16.83	2.45	—	0.07	4.89
1995	820.95	—	0.53	87.09	43.00	53.67	133.61	66.08	167.56	129.11	114.84	17.55	2.21	—	0.60	5.10
1996	828.94	—	—	87.34	44.46	53.59	136.34	69.21	166.93	130.34	115.24	17.63	1.95	—	0.60	5.31
1997	816.20	—	—	82.84	41.80	52.99	135.02	68.00	165.12	130.13	115.53	17.58	1.25	—	0.60	5.34
1998	781.35	—	—	75.04	39.70	52.68	132.77	52.48	161.01	128.45	114.79	17.37	0.98	0.33	0.60	5.15
1999	756.58	—	—	69.38	36.29	51.37	130.83	54.04	157.11	122.84	111.64	17.05	0.70	0.25	0.07	5.01
2000	677.31	—	—	45.82	31.09	41.43	117.30	39.35	151.58	119.02	107.81	16.56	0.51	0.15	0.60	6.09
2001	635.35	—	—	30.05	27.61	37.12	112.73	36.93	136.11	117.42	114.15	16.52	0.43	0.08	0.08	6.12
2002	586.22	—	—	21.50	26.01	32.71	111.05	31.21	122.45	105.05	113.03	16.16	0.38	0.60	0.08	5.99
2003	562.13	—	—	12.94	28.93	28.56	108.38	29.80	117.33	101.98	111.85	15.91	0.33	0.05	0.20	5.87
2004	594.48	—	—	15.41	29.37	29.31	122.30	35.11	128.83	102.62	109.89	15.59	0.32	0.04	0.03	5.66
2005	602.48	—	—	14.29	29.37	27.19	128.43	36.50	132.44	103.44	113.13	11.55	0.32	0.03	0.01	6.09

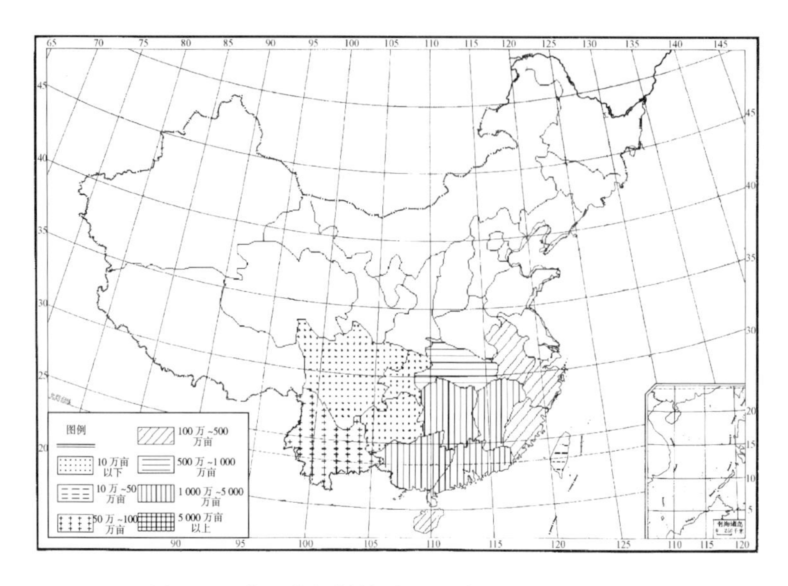

图 7-1　全国常规早籼稻 2005 年种植面积分布图

形成以上特点的主要原因之一是早籼稻谷虽整体品质有所提高，但相比晚籼稻品质仍较差，比较效益低。20 世纪 90 年代末，全国粮食供过于求，湖南、江西两省的普通早籼稻的最低销售价仅 0.56 元/kg，严重影响了早稻生产的积极性。原因之二是温光资源，一季有余而双季紧张的双季稻稻作区逐渐减少早籼稻生产，增加了中稻生产。原因之三是产业结构调整，增加了非农建设用地及其他经济作物用地。伴随以上特点，常规早籼品种的育种研究及推广应用也发生了重大变化。其一，从事常规早籼育种的育种力量减弱，育成品种数量减少，很多早籼育种家已转向从事杂交水稻育种；其二，常规早籼种子经营效益低，推广力量弱化。

第二节　品种演变

一、品种演变

由于早籼稻种植面积减少、品质不断优化两大趋势，近 20 年间品种演变明显。1990 年前后以高产品种为主，品质较好的品种及多抗性品种开始应用或推广，主要品种如浙辐 802、浙 852、浙 733、浙 9248、中 156、中 86-44、湘早籼 7 号、湘早籼 13、湘早籼 19、泸红早 1 号、赣早籼 26、双桂 1 号、特青 2 号、特三矮 2 号、晚华矮 1 号、双朝 25、七桂早 25、珍桂早 1 号等。湘早籼 3 号是第一个多抗且米质较好的品种，在育种及生产中得到广泛应用；湘早籼 15 是第一个评为全国一等优质米的早籼品种，从而提高了选育早籼优质米品种的信心。2000 年前后应用的品种主要有嘉育 948、舟优 903、中优早 81、嘉育 293、中鉴 100、湘早籼 31、湘早 143、赣早籼 37、鄂早 11、皖稻 39、油占 8 号、粳籼 89、粤香占、籼小占等，这些品种大部分品质较优、产量较高。近年，一些适宜直播、抛秧的高产品种种植面积回升，如湘早籼 24、湘早籼 6 号等；一些专用稻品种如饲料稻、米粉稻等保持了一定的面积，如湘早籼 41（创丰 1 号）等。

早籼稻生产主要集中在湖南、江西、广东、广西、浙江、湖北等省、自治区。华南稻作区很多品种可以早晚兼用，由于它们的晚稻面积比早稻面积略大而归于晚籼。

二、育种方法

常规稻是相对杂交稻而言，常规育种是基于育种方法和手段而言，其狭义概念是指系统选育、杂交选育和诱变选育，广义概念是指除转基因技术以外选育新品种的一切方法。近 20 年，早籼稻新品种 80%通过杂交育种方法育成，典型的品种有湘早籼 17、中86-44、嘉育 23、赣早籼 26、粤香占、中丝 3 号等。其次是系统选育，如湘早籼 10 号、湘早籼 12、湘早籼 15、湘早籼 18、赣早籼 13、赣早籼 14、赣早籼 17、赣早籼 57、赣早籼 59、早籼 403、油占 8 号、桂 713、桂本 6 号等，大约占育成品种的 10%；辐射育种是一种有效的方法，育成了浙 852、湘早籼 20、湘早籼 21、赣早籼 12、赣早籼 33、赣早 49、皖稻 39、皖稻 45；花培方法选育了赣早籼 45、赣早籼 11 及中早 22。近年，航天育种取得了突破，广东选育了粤航 1 号，江西选育了赣早籼 47。另外，湖南省水稻研究所利用 DNA 导入方法将油菜总 DNA 导入优 IB，成功选育了硕丰 2 号，2005 年通过了湖南省品种审定。

三、育种目标

尽管早籼稻面积大幅减少，但仍是我国稻谷生产的重要组成部分，同时也是提高复种指数、增产粮食的重要举措。早籼稻虽然总面积以及占总面积的比例减少，但其产量与早杂接近。常规早籼品种选育的总目标仍是优质、高产、多抗，兼顾熟期，同时适应抛秧、直播机收等轻简栽培模式。

第三节　主要品种系谱

新中国成立以来，我国早籼稻育种的主要成果是矮化育种的成功和矮秆高产品种的大面积推广。其中，大面积推广并对今后育种产生重大影响的品种主要有湘早籼 3 号、特青、广陆矮 4 号、浙辐 802、嘉育 293、红 410 等。长江流域早籼大部分主栽品种来源及其衍生品种系谱见图 7-2。

据统计，1986—2005 年 20 年期间，通过省级以上审定的早籼品种共 317 个。其中杂交选育 254 个，占 80.13%；系统选育 31 个，占 9.78%；辐射选育 19 个，占 5.99%；组培、DNA 导入等 13 个，占 4.10%。317 个品种中糯稻有 10 个，占 3.16%。除华南稻区部分品种株高在 100cm 以上外，华中稻区早籼品种株高大部分在 85cm 左右，是典型的半矮秆品种。

由于种质资源的不断创新与交流，尤其是育种中间材料的交流，使得现有早籼品种的亲缘关系十分复杂，有些品种的亲缘关系已无法查考。考虑到系谱之间有相互交错的情况，品种系谱的归属一般按亲本在品种中所占的组分确定，系谱力求把能相互联系的品种联系起来，以达到直观的效果。从现有收集的品种资料分析，其亲缘关系可大致分为湘早

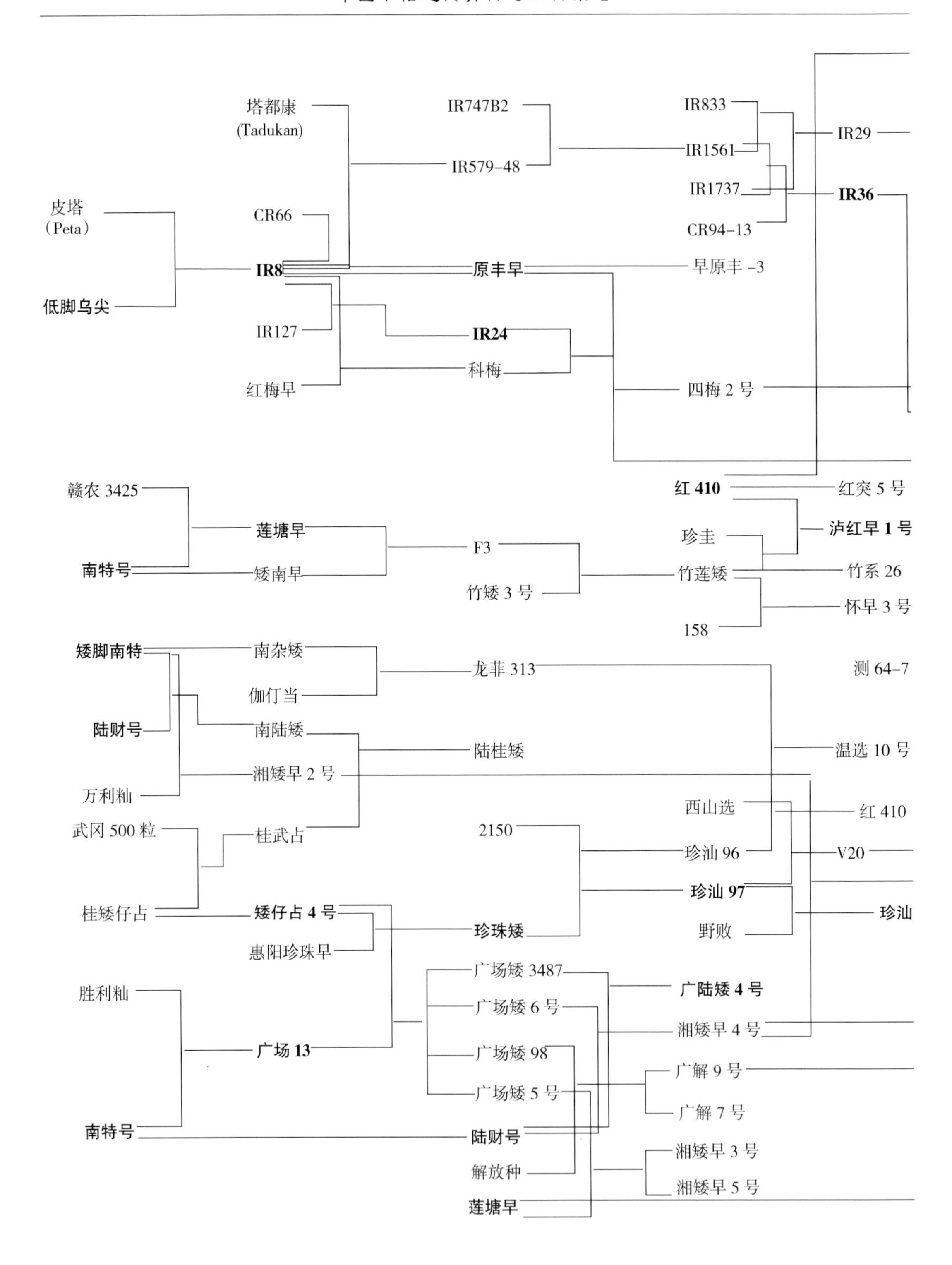

图 7 - 2　长江流域

注：图中粗黑体品种为主要推广品种和/或主要骨干亲本品种

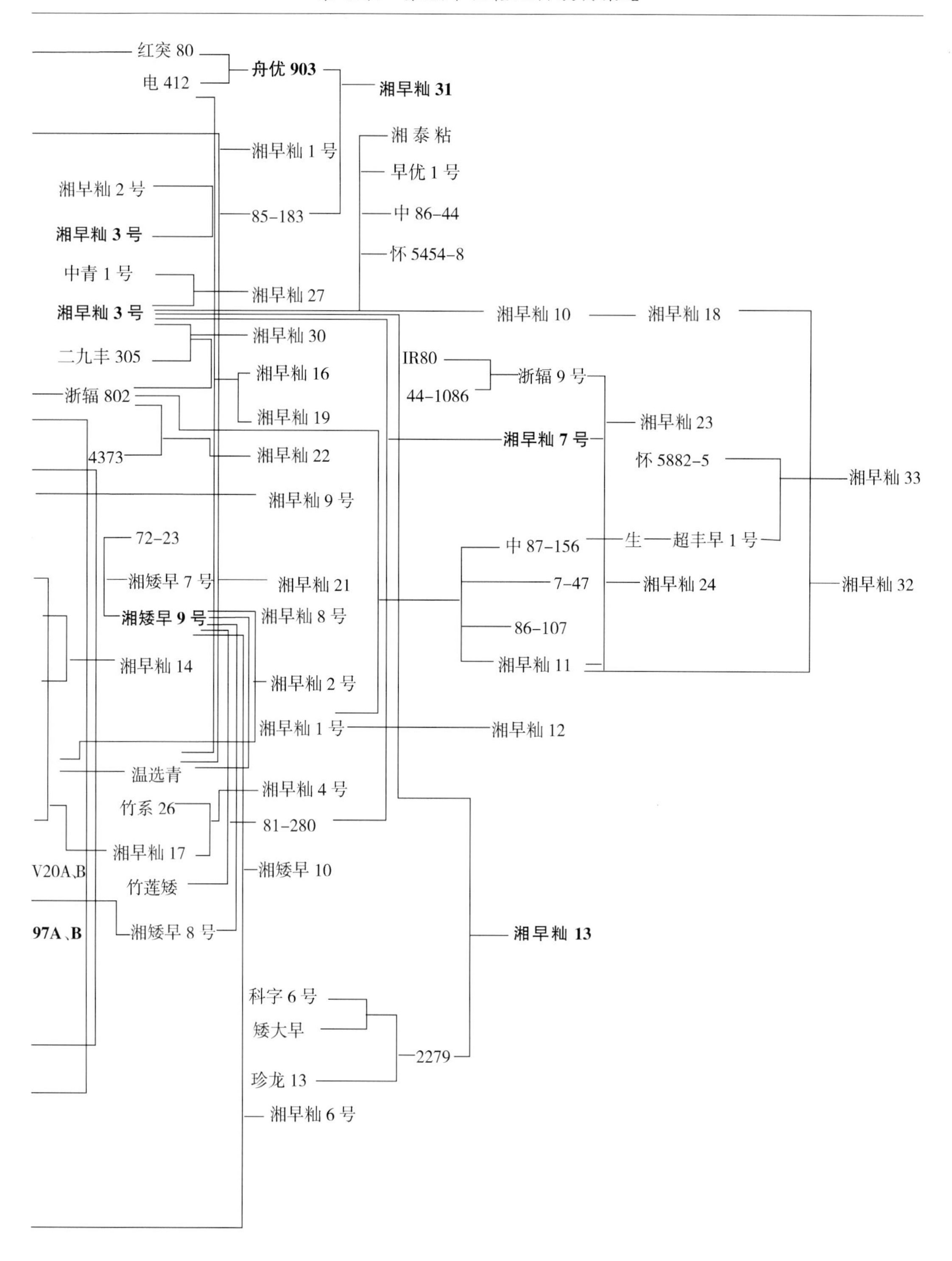
红突 80
电 412
舟优 903
湘早籼 31
湘早籼 1 号
湘泰粘
早优 1 号
湘早籼 2 号
85-183
中 86-44
湘早籼 3 号
怀 5454-8
中青 1 号
湘早籼 27
湘早籼 3 号
湘早籼 10
湘早籼 18
湘早籼 30
二九丰 305
IR80
浙辐 9 号
湘早籼 16
44-1086
浙辐 802
湘早籼 19
湘早籼 23
湘早籼 7 号
4373
湘早籼 22
怀 5882-5
湘早籼 33
湘早籼 9 号
72-23
中 87-156
生
超丰早 1 号
湘矮早 7 号
湘早籼 21
7-47
湘早籼 24
湘早籼 32
湘矮早 9 号
湘早籼 8 号
86-107
湘早籼 14
湘早籼 11
湘早籼 2 号
湘早籼 1 号
湘早籼 12
温选青
湘早籼 4 号
竹系 26
81-280
湘早籼 17
V20A、B
湘矮早 10
竹莲矮
97A、B
湘矮早 8 号
湘早籼 13
科字 6 号
矮大早
2279
珍龙 13
湘早籼 6 号

主要早籼品种系谱图

籼3号（含姊妹系HA79317-4，下同）衍生系统；特青、桂朝2号衍生系统；嘉育293衍生系统；浙辐802、湘矮早9号、浙733衍生系统；广陆矮4号衍生系谱；红410衍生系谱；78130衍生系谱及其他主要品种衍生系谱。

一、湘早籼3号衍生品种

湘早籼3号是湖南省水稻研究所以IR36/广解9号于70年代末选育的一个集优质、高产、多抗于一体的早籼品种，是我国南方稻区最早育成的多抗优质品种，1985年评为农业部优质米品种，1991年通过国家农作物品种审定委员会审定，是国家“八五”重点推广品种。湘早籼3号抗稻瘟病、白叶枯病、褐飞虱、白背飞虱、叶蝉，1986年，其最大推广面积在37万hm^2，1989年已累计推广100万hm^2。湘早籼3号是早稻育种的骨干亲本和重要抗源。据初步统计，以湘早籼3号为基础，衍生不同辈序的早籼品种35个（图7-3）。其中推广面积在66.67万hm^2以上的有中优早81、中86-44、嘉育293、嘉育948、湘早籼31、湘早籼7号、湘早籼13，在南方稻区11个年推广面积在66.67万hm^2以上品种中占8个。同时，中优早81、嘉育948、湘早籼31、赣早籼26等又是多年优质早籼的主推品种。

1. 中86-44及衍生品种

中86-44是中国水稻研究所以浙辐802/广陆矮4号//湘早籼3号于1992年育成的常规中熟早籼品种，1992和1993年分别通过湖南、湖北、江西省农作物品种审定委员会审定。全生育期平均107d，株高78cm，株型适中，茎秆粗壮，穗粒重协调，熟期转色好。有效穗数386.5万/hm^2，穗长18.3cm，每穗粒数73.4粒，千粒重25.5g。抗稻瘟病平均1.3级，最高5级；抗白叶枯病5级；抗褐飞虱3级。整精米粒率59.6%，长宽比2.5，垩白粒率80%，垩白度21.2%，胶稠度67mm，直链淀粉含量24.5%。平均单产7.20t/hm^2。适宜在浙江、江西、湖南、湖北和安徽等省作双季早稻种植。最大年推广面积27.2万hm^2，1993—2005年累计推广面积133.3万hm^2。中86-44以其熟期适宜、抗性较好、适应性广而迅速成为南方稻区的主栽品种。

（1）中早4号

中早4号是中国水稻研究所从中86-44系选育成的常规早籼品种，1995通过浙江省农作物品种审定委员会审定。全生育期平均110d，株高84.5cm，有效穗数418.5万/hm^2，每穗粒数95.4粒，千粒重24.5g。抗稻瘟病2.3级，最高7级；抗白叶枯病5级；抗褐飞虱5级。整精米粒率59.6%，长宽比2.5，垩白粒率60%，垩白度11.2%，胶稠度62mm，直链淀粉含量23.4%。平均单产6.39t/hm^2。适宜在浙江、江西、湖南、湖北和安徽等省作双季早稻种植，在浙江、江西、湖南、湖北、安徽等省作双季早稻推广12.3万hm^2。

（2）中优早81

中优早81系中国水稻研究所以中早4号系选育成，1996年通过江西、湖南两省农作物品种审定委员会审定。全生育期平均107d，株高82.5cm，株型紧凑，茎秆偏细，穗粒重协调，熟期转色好。有效穗数398.5万/hm^2，穗长17.3cm，每穗粒数80.4粒，千粒重24g。抗稻瘟病平均2级，最高5级；抗白叶枯病9级；褐飞虱9级。整精米粒率55.2%，

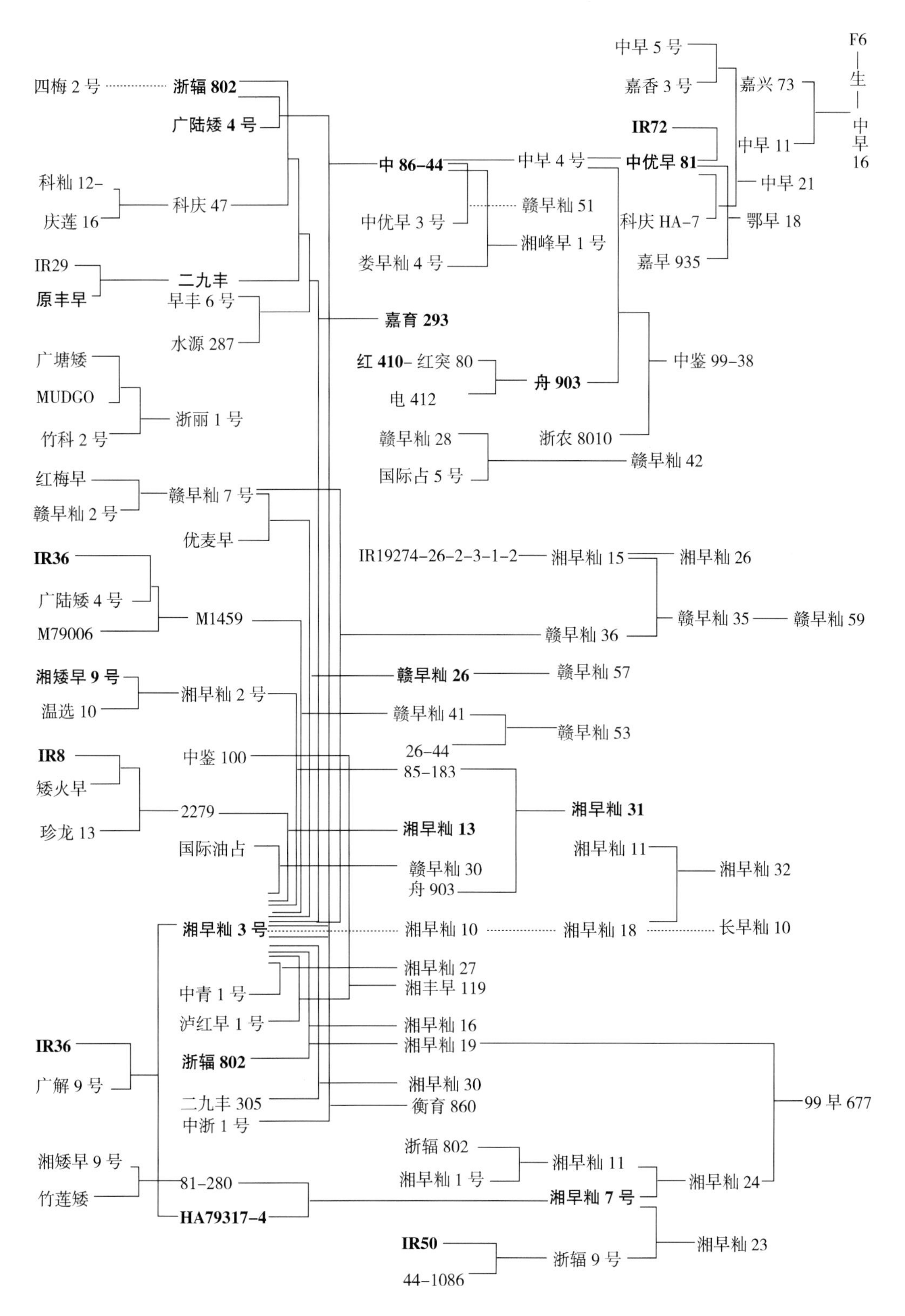

图7-3 湘早籼3号衍生品种系谱

长宽比 3.2，垩白粒率 7.8%，垩白度 4.2%，胶稠度 68mm，直链淀粉含量 16.5%。平均单产 6.60t/hm^2。适宜在浙江、江西、湖南、湖北和安徽等省作双季早稻种植。1999 年最大推广面积 30.2 万 hm^2，1996—2005 年累计推广面积 200.3 万 hm^2。中优早 81 以其高产、稳产、优质、适应性广而成为南方稻区的主栽品种，目前年种植面积仍维持在 3.5 万 hm^2 左右。

中优早 81 衍生 3 个品种：

鄂早 18：系湖北省黄冈市农业科学研究所等以中优早 81/嘉早 935 选育而成的常规早籼稻，2003 年通过湖北省农作物品种审定委员会审定。全生育期 115.5d，株高 86.8cm，株型紧凑，叶片中长略宽，叶色浓绿，剑叶短挺。分蘖力中等，生长势较旺，抽穗后剑叶略高于稻穗，齐穗后灌浆速度快，成熟时叶青秆黄，转色好。有效穗 409.5 万/hm^2，穗长 20.2cm，每穗粒数 97.9 粒，千粒重 25.34g。抗穗颈稻瘟病最高 5 级，抗白叶枯病最高 5 级。整精米粒率 54.9%，长宽比 3.3，垩白粒率 23%，垩白度 2.9%，胶稠度 82mm，直链淀粉含量 17.1%。平均单产 6.88t/hm^2，适宜在湖北省作早稻种植。2005 年最大推广面积 4.12 万 hm^2，2003—2005 年累计推广面积 8.29 万 hm^2。

中早 21：中国水稻研究所以中早 5 号/嘉香 3 号//中优早 81/科庆 HA-7 育成。

中早 16：中国水稻研究所以 IR72/中优早 81 育成中早 11，再以（嘉兴 73/中早 11）F_6花培育成中早 16。

（3）中鉴 99-38

中鉴 99-38 是中国水稻研究所以中早 4 号/舟 903//浙农 8010 育成的常规早籼香稻品种，2002 年通过湖南省农作物品种审定委员会审定。全生育期 107.0d，株高 87cm，株型紧凑，剑叶挺直，茎秆粗细中等，分蘖力中等。有效穗 300 万～350 万/hm^2，穗长 20cm，每穗粒数 117.0 粒，结实率 82.0%，千粒重 25.6g。抗叶瘟 3 级，抗穗瘟 5 级，抗白叶枯病 3 级。湖南省区试结果：精米粒率 79.3%，整精米粒率 40.0%，长宽比 3.1，垩白粒率 14%，垩白度 1.1%，透明度 1 级。平均单产 6.20t/hm^2，适宜在湖南、江西、湖北南部和浙江的双季稻区作早稻种植。2004 年最大推广面积 3.5 万 hm^2，2002—2005 年累计推广面积 10 万 hm^2。

（4）赣早籼 51

江西农业大学农学院以（中 86-44/中优早 3 号）F_1 辐射于 2002 年育成赣早籼 51，赣早籼 51 在 2005 年推广面积 0.67 万 hm^2。

（5）湘峰早 1 号

湘峰早 1 号是湖南双峰县农业科学研究所以中 86-44/娄早籼 4 号育成的常规早籼品种，2002 年通过湖南省农作物品种审定委员会审定。全生育期 108d，株高 88cm，株型适中，剑叶直立，结实率高，后期落色好。有效穗 378 万/hm^2，穗长 21cm，每穗粒数 98 粒，千粒重 25g。抗稻瘟病 6.5 级，最高 8 级，抗白叶枯病 3 级，不易感染纹枯病，苗期抗寒。整精米粒率为 43%，精米长 6.25mm，精米宽 2.35mm，垩白粒率 36.5%，垩白度 16.2%，蛋白质含量 9.3%，糙米米粒呈铜色，米饭稍带淡红色。平均单产 7.22t/hm^2，适宜在湖南、江西等省稻作区作早稻推广种植。湘峰早 1 号 2003—2005 年累计推广面积 3.2 万 hm^2。

2. 湘早籼系列品种

湘早籼3号在湖南作为骨干亲本，衍生了湘早籼7号、湘早籼10号、湘早籼13、湘早籼16、湘早籼18、湘早籼19、湘早籼23、湘早籼24、湘早籼27、湘早籼30、湘早籼31、湘早籼32、99早677、湘丰早119、长早籼10号等一系列品种，这些品种大多成为湖南早籼的主要推广品种。

（1）湘早籼7号

湘早籼7号系湖南省怀化市农业科学研究所以81-280/HA79317-4（湘早籼3号姊妹系）育成的常规早籼品种，1989年、1994年和1996年分别通过湖南省、安徽省和国家农作物品种审定委员会审定。全生育期108d，株高75cm，株型较紧凑，叶片直立，成穗率和结实率高，后期落色好。有效穗433.5万/hm^2，穗长18cm，每穗粒数82.8粒，千粒重22.5g，抗稻瘟病1级，最高3级，抗白叶枯病3级，抗褐飞虱3级。整精米粒率73.6%，基本无垩白，胶稠度70mm，直链淀粉含量25.16%，精米蛋白质含量9.42%。平均单产6.33t/hm^2，适宜长江中下游双季稻区作早稻种植。1992年最大年推广面积30.5万hm^2，1990—2005年累计推广面积166.6万hm^2。

（2）湘早籼23

湘早籼23是湖南省株洲市农业科学研究所以湘早籼7号/浙辐9号于1997年育成的常规早籼品种，1997年通过湖南省农作物品种审定委员会审定。全生育期106d，株高80cm，株型适中，叶片直立，成穗率高，后期落色好。有效穗375万/hm^2，每穗粒数90粒，结实率85%，千粒重23.5g，抗稻瘟病叶瘟4级，抗穗瘟5级；抗白叶枯病3级；抗褐飞虱3级。整精米粒率50%，垩白粒率35%，垩白度3.5%，平均单产6.39t/hm^2，适宜在湖南、江西等稻作区作早稻种植。1998年最大年推广面积2.7万hm^2，1997—2003年累计推广面积7.18万hm^2。

（3）湘早籼24

湘早籼24系湖南省水稻研究所以湘早籼11 /湘早籼7号育成的常规早籼品种，于1997年湖南省农作物品种审定委员会审定。全生育期108.0d。株高72.5cm，株型适中，抽穗整齐。有效穗410万/hm^2，每穗粒数84.0粒，千粒重24.5g。抗叶瘟7级，抗穗瘟9级，抗白叶枯病3级，抗寒力强。整精米粒率36.8%，长宽比1.4，垩白粒率100%，垩白度14.0%，胶稠度44mm，直链淀粉含量25.6%，蛋白质含量13.0%。平均单产6.62t/hm^2。适宜在湖南双季稻区作早稻种植。1999年最大年推广面积8.7万hm^2，1997—2005年累计推广面积41.4万hm^2。

湘早籼24衍生了品种99早677。该品种是湖南省水稻研究所以湘早籼19 /湘早籼24育成的常规迟熟早籼，2004年通过湖南省农作物品种审定委员会审定。99早677在湖南省主要作高产、高蛋白质饲料稻种植。全生育期110.5d，株高87.5cm，株型适中，抽穗整齐，剑叶直立，熟期落色好。有效穗315万/hm^2，每穗粒数115.0粒，千粒重25.0g。抗叶瘟8级，抗穗瘟9级，抗白叶枯病3级。整精米粒率59.0%，长宽比2.0，垩白粒率100%，垩白度26.5%，胶稠度63.3mm，直链淀粉含量25.9%，蛋白质含量12.1%。平均单产7.24t/hm^2，适宜在湖南省双季稻区作早稻种植。2005年最大年推广面积1.4万hm^2。

（4）湘早籼 10 号

湘早籼 10 号是湖南省水稻研究所从湘早籼 3 号系选育成的常规早熟早籼品种，1991 年通过湖南省农作物品种审定委员会审定。全生育期 104.2d，株高 80.0cm，株型较紧凑，剑叶挺直，叶下禾。有效穗 460 万/hm^2，每穗粒数 80.0 粒，千粒重 26.0g，抗叶瘟 4 级，抗穗瘟 7 级，抗白叶枯病 7 级。整精米粒率 52.6%，垩白粒率 38.3%，垩白度 17.5%。平均单产 6.99t/hm^2，适宜在湖南省双季稻区作早稻种植。1996 年最大年推广面积 3.1 万 hm^2，1991—2005 年累计推广面积 13.3 万/hm^2。

（5）湘早籼 18

湘早籼 18 系湖南省水稻研究所以湘早籼 10 号变异株辐射育成的常规中熟早籼品种，1995 年通过湖南省农作物品种审定委员会审定。全生育期 107.0d，株高 85.0cm，株型适中，叶片直立，叶下禾，熟期落色好。有效穗 410 万/hm^2，每穗粒数 84.8 粒，千粒重 25.0g。抗叶瘟 4 级，抗穗瘟 7 级，抗白叶枯病 7 级。整精米粒率 57.3%，长宽比 3.1，垩白粒率 99%，垩白度 5.7%，胶稠度 100mm，直链淀粉含量 11.4%。平均单产 6.45t/hm^2，适宜在湖南省双季稻区作早稻种植。1999 年最大年推广面积 2.6 万 hm^2，1997—2003 年累计推广面积 9.2 万 hm^2。

湘早籼 18 衍生了 2 个品种：湘早籼 32 和长早籼 10 号。湘早籼 32 是湖南省水稻研究所以湘早籼 11 / 湘早籼 18 育成的常规中熟早籼品种，2001 年通过湖南省农作物品种审定委员会审定。全生育期平均 102d，株高 78cm，株型松散适中，穗较大，成穗率和结实率高，后期落色好。有效穗 420 万/hm^2，穗长 18cm，每穗粒数 85 粒，千粒重 25.7g，不抗稻瘟病和白叶枯。整精米粒率 56.4%，垩白粒率 36%，垩白度 4.6%。平均单产 7.13t/hm^2，适宜长江中下游双季稻区作早稻种植。2005 年最大年推广面积 3.6 万 hm^2，2001—2005 年累计推广面积 11.67 万 hm^2。

长早籼 10 号是湖南宁乡县农业技术推广中心以湘早籼 18 辐射育成的常规中熟早籼品种，2002 年通过湖南省农作物品种审定委员会审定。全生育期平均 107d，株高 87cm，株叶型好，株型较紧凑，分蘖力强，叶色深绿，茎秆较粗壮，后期叶青籽黄，落色好，结实率 86.8%，有效穗 375 万/hm^2，每穗粒数 110 粒，千粒重 27g，抗稻瘟 7 级，抗穗瘟 7 级，抗白叶枯病 5 级，褐飞虱 3 级。糙米率 80%，整精米粒率 51.2%，长宽比 3.2，垩白粒率 16%，垩白度 5%，胶稠度 72mm，直链淀粉含量 13.8%，蛋白质含量 11.9%。平均单产 6.40t/hm^2，适宜在湖南双季稻区作早稻种植。2002—2005 年在湖南累计推广面积 1.7 万 hm^2。

（6）湘早籼 13

湘早籼 13 系湖南省怀化市农科所以 2279 / 湘早籼 3 号育成的常规早籼品种，1993 年通过湖南省农作物品种审定委员会审定。全生育期平均 110d，株高 85cm，株型较松散，叶片直立，成穗率高，后期落色好。有效穗 400 万/hm^2，每穗粒数 80 粒，结实率 87%，千粒重 26.5g，抗稻瘟病叶瘟 3 级，抗穗瘟 5 级，抗白叶枯病 5 级，抗白背飞虱 3 级，整精米粒率 61.4%，长宽比 2.8，垩白粒率 22%，垩白度 3%，胶稠度 65mm，直链淀粉含量 25.0%，平均单产 6.70t/hm^2，适宜在湖南、江西等稻作区作早稻种植。1994 年最大年推广面积 25.46 万 hm^2，1993—2005 年累计推广面积 99.18 万 hm^2。

（7）湘早籼 16

湘早籼16是湖南省水稻研究所以湘早籼3号/浙辐802育成的常规早籼品种，1994年通过湖南省农作物品种审定委员会审定。全生育期107.0d，株高82.0cm，株型适中，苗期耐寒，熟期落色好，不耐高肥，熟期易倒伏。有效穗360万/hm^2，每穗粒数83.3粒，千粒重28.5g。抗叶瘟3级，抗穗瘟5级，抗白叶枯病5级。整精米粒率51%，长宽比2.6，垩白粒率83.5%，垩白度18.4%，胶稠度25mm，直链淀粉含量27.6%。平均单产6.74t/hm^2，适宜在湖南省双季稻区作早稻种植。1995年最大推广面积1.6万hm^2，1993—2003年累计推广面积4.3万hm^2。

(8) 湘早籼19

湘早籼19系湖南省水稻研究所以湘早籼3号/浙辐802育成的常规早籼品种，1995年通过湖南省农作物品种审定委员会审定。全生育期110.0d，株高87.3cm，株型适中，茎秆粗壮，籽粒饱满，熟期落色好。有效穗375万/hm^2，每穗粒数104.0粒，千粒重29.0g。抗叶瘟5级，抗穗瘟9级，抗白叶枯病3级。整精米粒率46.3%，长宽比2.6，垩白粒率80%，垩白度29.7%。平均单产6.95t/hm^2，适宜在湖南、江西双季稻区作早稻种植。1998年最大推广面积10.0万hm^2，1995—2003年累计推广面积38.1万hm^2。

(9) 湘早籼27

湘早籼27是湖南省永州市农业科学研究所以湘早籼3号/中青1号847-5（永早籼3号）于1998年系选育成的常规迟熟早籼品种，1998年通过湖南省农作物品种审定委员会审定。全生育期平均111d，株高84cm，株型松散适中，结实率80%以上，后期落色好。有效穗420万/hm^2，穗长20cm，每穗粒数95粒，千粒重28g，中抗稻瘟病和白叶枯。整精米粒率42.1%，垩白粒率65%，垩白大小22.0%。平均单产7.20t/hm^2，适宜湖南省双季稻区作早稻种植。2000年最大年推广面积0.9万hm^2，1998—2003年累计推广面积2.3万hm^2。

(10) 湘早籼30

湘早籼30是湖南省娄底市农业科学研究所以湘早籼3号/二九丰305于1999年育成的常规中熟早籼品种。1999年通过湖南省农作物品种审定委员会审定。全生育期平均107.7d，株高79.14cm，株型适中，叶片直立，成穗率高，后期落色好。有效穗361.7万/hm^2，穗长19.5cm，每穗粒数79.2粒，千粒重29.2g。抗稻瘟病叶瘟4级，抗穗瘟5级；抗白叶枯病8级。整精米粒率43.3%，长宽比2.67，垩白粒率36%，垩白度14.5%，胶稠度25.8mm，直链淀粉含量23.6%。平均单产6.66t/hm^2，适宜在长江流域双季稻区作早稻种植。2001年最大年推广面积1.3万hm^2，1999—2005年累计推广面积5万hm^2。

(11) 湘早籼31

湘早籼31是湖南省水稻研究所以85-183（湘早籼2号/湘早籼3号）/舟903育成的常规优质早籼品种，2000年和2002年分别通过湖南省和江西省农作物品种审定委员会审定。全生育期平均107d，株高80cm，株型紧凑，叶片直立，成穗率高，后期落色极好。有效穗435万/hm^2，每穗粒数68粒，结实率85.48%，千粒重24g，抗稻瘟病叶瘟7级，抗穗瘟7级，抗白叶枯病5级，抗白背飞虱3级，整精米粒率54.9%，长宽比3.1，垩白粒率28%，垩白度3.1%，胶稠度74mm，直链淀粉含量13.4%。平均单产6.30t/hm^2，适宜在湖南、江西等稻作区作早稻种植。2004年最大年推广面积20.5万hm^2，

2000—2005 年累计推广面积 71.4 万 hm^2。

（12）湘丰早 119

湘丰早 119 是湖南省水稻研究所以中鉴 100//湘早籼 3 号/泸红早 1 号育成的常规中熟早籼品种，2003 年湖南省农作物品种审定委员会审定。全生育期 108.3d，株高 90.0cm，株型适中，茎秆坚韧，叶色淡绿，抽穗整齐，耐肥抗倒，叶下禾。有效穗 315 万/hm^2，每穗粒数 108.0 粒，千粒重 24.7g。抗叶瘟 7 级，抗穗瘟 9 级，抗白叶枯病 5 级。整精米粒率 43.5%，长宽比 2.6，垩白粒率 98%，垩白度 54.1%，胶稠度 36mm，直链淀粉含量 24.2%，蛋白质含量 13.3%。平均单产 6.68t/hm^2，适宜在湖南省作早稻饲料稻种植。

3. 赣早籼系列品种

湘早籼 3 号在江西作为骨干亲本，育成了赣早籼 26、赣早籼 28、赣早籼 30、赣早籼 36、赣早籼 41、赣早籼 42、赣早籼 51、赣早籼 53、赣早籼 55、赣早籼 57、赣早籼 59 等赣早籼系列品种。

（1）赣早籼 26

赣早籼 26 系江西省萍乡市芦溪区农业科学研究所以赣早籼 7 号/优麦早//湘早籼 3 号育成的常规早籼品种，1992 年通过江西省农作物品种审定委员会审定。全生育期 113d，株高 88cm，株型适中，抽穗整齐，熟期落色好。有效穗 375 万/hm^2，每穗粒数 102 粒，千粒重 25g。中抗稻瘟病。整精米粒率 58%，长宽比 3，垩白粒率 31%，垩白度 5.6%，胶稠度 64mm，直链淀粉含量 22%。平均单产 7.10t/hm^2。适宜在江西等省双季稻区作早稻种植。1998 年最大年推广面积 6.5 万 hm^2，1992—2005 年累计推广面积 50 万 hm^2。

赣早籼 26 经系选于 2004 年育成赣早籼 57。

（2）赣早籼 36

赣早籼 36 是江西萍乡市农业科学研究所以赣早籼 7 号/湘早籼 3 号育成的常规早籼品种，1994 年通过江西省农作物品种审定委员会审定。全生育期平均 114d，株高 89cm，有效穗 351 万/hm^2，每穗粒数 122 粒，千粒重 22.7g；抗性一般；出糙率 81.3%，精米粒率 68.06%，整精米粒率 41.79，胶稠度 44mm，直链淀粉含量 31.4%，长宽比 2.48，粒长 5.7mm。平均单产 6.00t/hm^2，1994—2005 年累计推广面积 10 万 hm^2。

赣早籼 36 衍生了赣早籼 55 和赣早籼 59 两个品种。赣早籼 55 是江西省萍乡市农业科学研究所以湘早籼 15/赣早籼 36 育成的常规早籼品种，2003 年通过江西省农作物品种审定委员会审定。全生育期 112d，株型紧凑，分蘖力强，株高 85～88cm，茎秆粗壮，剑叶较短直，抽穗整齐，落色好，不早衰，不倒伏。每穗粒数 93.6 粒，千粒重 22.94g，有效穗 347 万/hm^2。抗苗瘟 0 级、抗叶瘟 0 级、抗穗颈瘟 0 级；大田种植表现为纹枯病发病较轻。糙米率 79.2%、精米粒率 70.6%、整精米粒率 37.4%、粒长 6.3mm、长宽比 3.0、垩白粒率 24%、垩白度 7.1%、透明度 3 级、糊化温度（碱消值）3.7 级、胶稠度 96mm、直链淀粉含量 13.1%、蛋白质含量 10.4%。该品种米饭清香、柔软、口感好，平均单产 6.40t/hm^2，适宜在江西作早稻种植。2005 年最大年推广面积 1.2 万 hm^2。

赣早籼 59 是江西萍乡市农业科学研究所等从赣早籼 55 号系选，于 2005 年育成。

（3）赣早籼 41

江西省农业科学院原子能研究所以M1459/湘早籼3号于1996年育成赣早籼41早籼品种。从赣早籼41衍生了赣早籼53、赣早籼30和赣早籼51。赣早籼53是江西省农业科学院原子能研究所以赣早籼41/26—44（51810/IR24）育成的常规早籼品种，2003年通过江西省农作物品种审定委员会审定。全生育期108d，株叶形态好，抽穗整齐，分蘖力强，后期转色好，株高89.6cm，穗长20.6cm，每穗粒数86.6粒，结实率86.0%，千粒重23.1g，有效穗419.25万/hm^2。抗稻瘟病和白叶枯病，中抗纹枯病。出糙率79.8%，整精米粒率48.8%，垩白粒率25.0%，垩白度5.0%，直链淀粉含量24.5%，胶稠度55mm，米粒长6.6mm，长宽比3.0，精米外观晶亮，饭食味好。平均单产6.20t/hm^2，适宜在江西作早稻种植。1996—2001年累计推广面积4万hm^2。

二、特青、桂朝2号衍生品种

1. 特青及其衍生品种

特青是广东省农业科学院水稻研究所以特矮/叶青伦于1984年育成的一个著名超高产品种。特青以其具有穗大、粒多，株叶形态好，耐肥抗倒，高抗白叶枯病和12t/hm^2的超高产潜力，成为当时的主推品种和重要亲本，以特青为基础共衍生数十个品种（图7-4）。其中大部分为早、晚兼用型品种，早籼主要是特籼占13和特籼占25。

（1）特籼占13

特籼占13是广东省佛山市农业科学研究所以特青/粳籼89于1996年育成的常规品种，1996年通过广东省农作物品种审定委员会审定。全生育期早稻126～130d，株高100cm，株型好，生长势强，茎秆粗壮，抗倒力强，剑叶较宽，抽穗整齐，属穗数与穗重并重型，穗长20cm，有效穗330万/hm^2，着粒密，每穗粒数129～125粒，结实率83.0%，千粒重20.0g，后期转色调顺，熟色好，适应性强。米质优，稻米外观品质为特二级，中抗稻瘟病，感白叶枯病（7级）。平均单产6.17t/hm^2，比对照七山占增产14%以上，在广东各稻区均可种植，1997年最大年推广面积9万hm^2，1995—2005年累计推广面积42.8万hm^2。

（2）特籼占25

特籼占25系广东省佛山市农业科学研究所以特青/粳籼89于1998年育成的常规品种，1998年和2001年分别通过广东省和国家农作物品种审定委员会审定。生长势强，叶片长阔，挺直向上，叶色青绿鲜明，株叶刚健清秀，生长前期假茎较矮，分蘖向植株周围丛生，假茎扁阔粗壮，抽穗期植株长高明显，秆坚硬，抗倒力强，穗较大，耐寒力强，熟色好，谷粒较细长，谷色淡黄，千粒重20.8g，适应性广，综合性状好。中抗白叶枯病，一般单产6.12t/hm^2，2001年最大年推广面积9.2万hm^2，1997—2005年累计推广面积51.6万hm^2。

特籼占13、特籼占25是华南稻区多年的主推品种。

2. 桂朝2号及其衍生品种

桂朝2号是广东省农业科学院育成的一个高产稳产品种。桂朝2号衍生了陆青早1号、双桂36、早桂1号、双朝25、双丛169-1、广科36、七加占14等7个早籼品种。

（1）陆青早1号

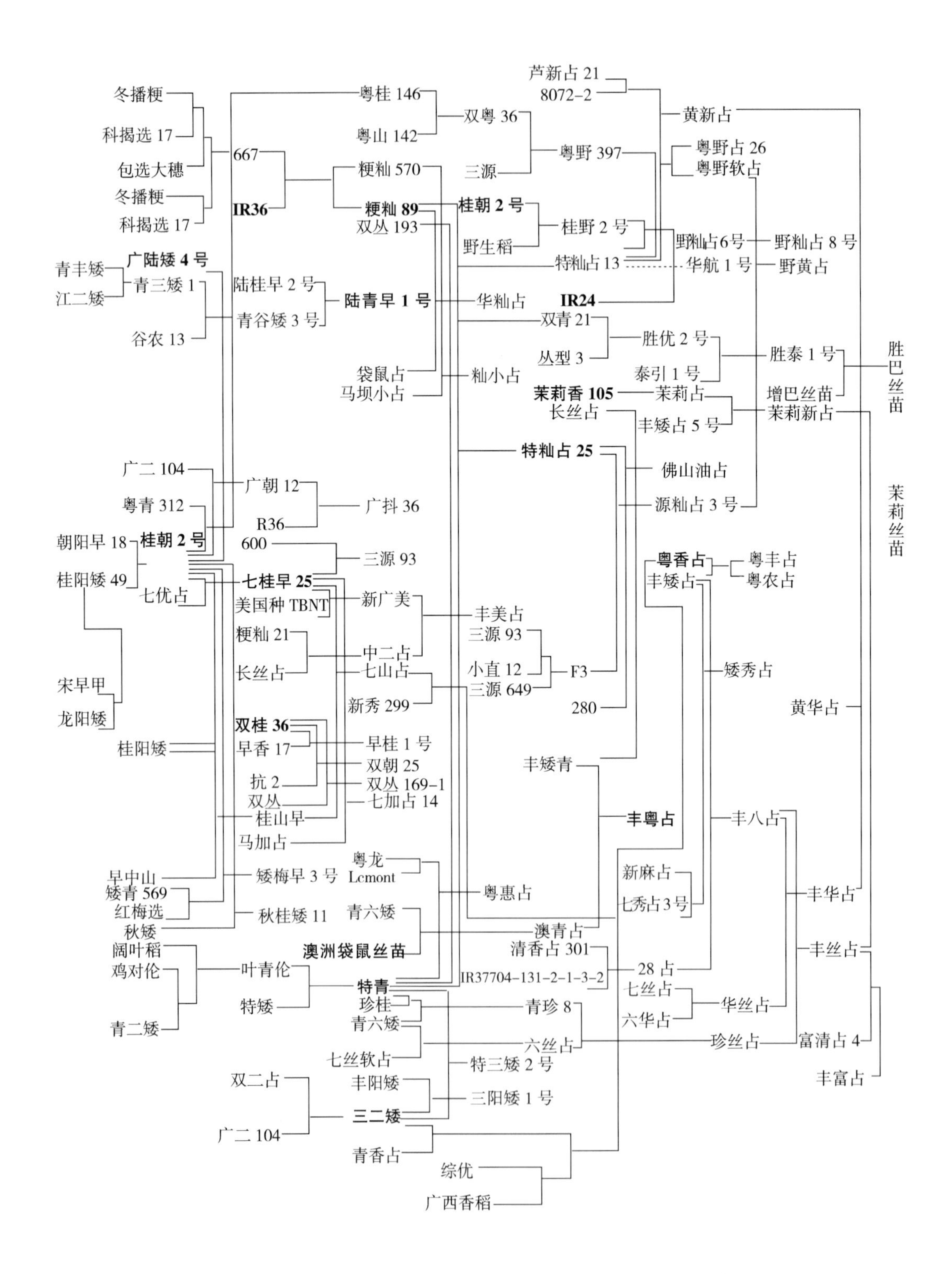

图 7-4　特青、桂朝 2 号及其衍生品种和广东主要品种系谱

陆青早 1 号是广东省农业科学院水稻研究所以陆桂早 2 号/青谷矮 3 号于 1992 年育成的常规早籼品种，1992 年通过广东省农作物品种审定委员会审定。该品种早熟，早稻全生育期 108d，株型好，前期早生快发，后期长相清秀，转色好，穗粒重协调，易种易管，适应性广，稳产性好，株高 88cm，有效穗 405 万/hm^2，每穗粒数 82 粒，结实率 79%，千粒重 26.5g。稻米外观品质为早稻三级，精米粒率 71.1%，整精米粒率 53.2%，糊化温度（碱消值）5.8 级，胶稠度 30mm，直链淀粉含量 25.4%，蛋白质含量 10.16%。稻瘟病全群抗性比 67.3%，中 B 群 73.6%，中 C 群 75%，但耐寒性较弱。

桂朝 2 号衍生了陆桂早 2 号。

（2）双桂 36

桂朝 2 号/桂阳矮育成丛双桂 1 号，从双桂 1 号系选育成双桂 36。双桂 36 衍生 3 个品种：

早桂 1 号：是广西壮族自治区玉林市农科所以双桂 36/早香 17 育成的常规早籼品种，2000 年通过江西省农作物品种审定委员会审定。全生育期 119d，株高 95cm，每穗粒数 153.8 粒，千粒重 21g，有效穗 410 万/hm^2。抗叶瘟病 5 级；抗白叶枯病 1～3 级；抗穗瘟病 7 级。整精米粒率 65.7%，长宽比 2.7，垩白粒率 12%，垩白度 1.7%，胶稠度 74mm，直链淀粉含量 15.2%。平均单产 6.30t/hm^2。2002 年最大推广面积 9 万 hm^2，2001—2005 年累计推广面积 34 万 hm^2。

双朝 25：以双桂 36/抗 2 于 1990 年育成，双朝 25 在 1995 年和 1996 年分别推广了 1.0 万和 1.6 万 hm^2。

双丛 169－1：广东以双桂 36/丛桂于 1987 年育成。

七加占 14：广东以七桂早 25（桂朝 2 号/七优占）/马加占于 1987 年育成。

广科 36：广东以广朝 12（广二 104/桂朝 2 号）/IR36 于 1988 年育成。

三、嘉育 293 衍生品种

嘉育 293 是浙江省嘉兴市农业科学院以浙辐 802/科庆 47//二九丰///早丰 6 号/水原 287////HA79317－7 育成的常规早籼品种，1993 年通过浙江省品种审定委员会审定。全生育期 112.2d，与二九丰相仿。苗期抗寒力强，株型紧凑，叶片长而挺，茎秆粗壮，生长旺盛，耐肥抗倒，后期青秆黄熟；株高 76.8cm，有效穗 396.2 万/hm^2，每穗粒数 111.4 粒，每穗实粒数 90.0 粒，千粒重 23.7g；抗穗瘟病 5.95 级，最高 9 级，抗白叶枯病 3.85 级，抗褐稻虱 5 级，抗白背稻虱 3 级；精米粒率 72.3%，整精米粒率 54.6%，籽粒长/宽 2.2，垩白粒率 98%，垩白度 20.9%，糊化温度（碱消值）5.45 级，胶稠度 37mm，直链淀粉含量 25.5%。平均单产 7.52t/hm^2，适于浙江、江西、安徽（皖南）等省作早稻种植。1995 年最大年种植面积 17.12 万 hm^2，1993—2005 年累计推广面积 101.46 万 hm^2。

嘉育 293 的育成对浙江早籼育种产生了重大影响，以其为骨干亲本，育成了嘉育、嘉早系列品种。嘉育 293 虽是湘早籼 3 号的衍生品种，但由于其在浙江早籼育种中的特殊地位及 100 万 hm^2 以上的推广面积而成为一个独立的系统（图 7－5）。

嘉育 293 是我国近 10 多年来为数不多的几个推广面积在 100 万 hm^2 以上的早籼品种

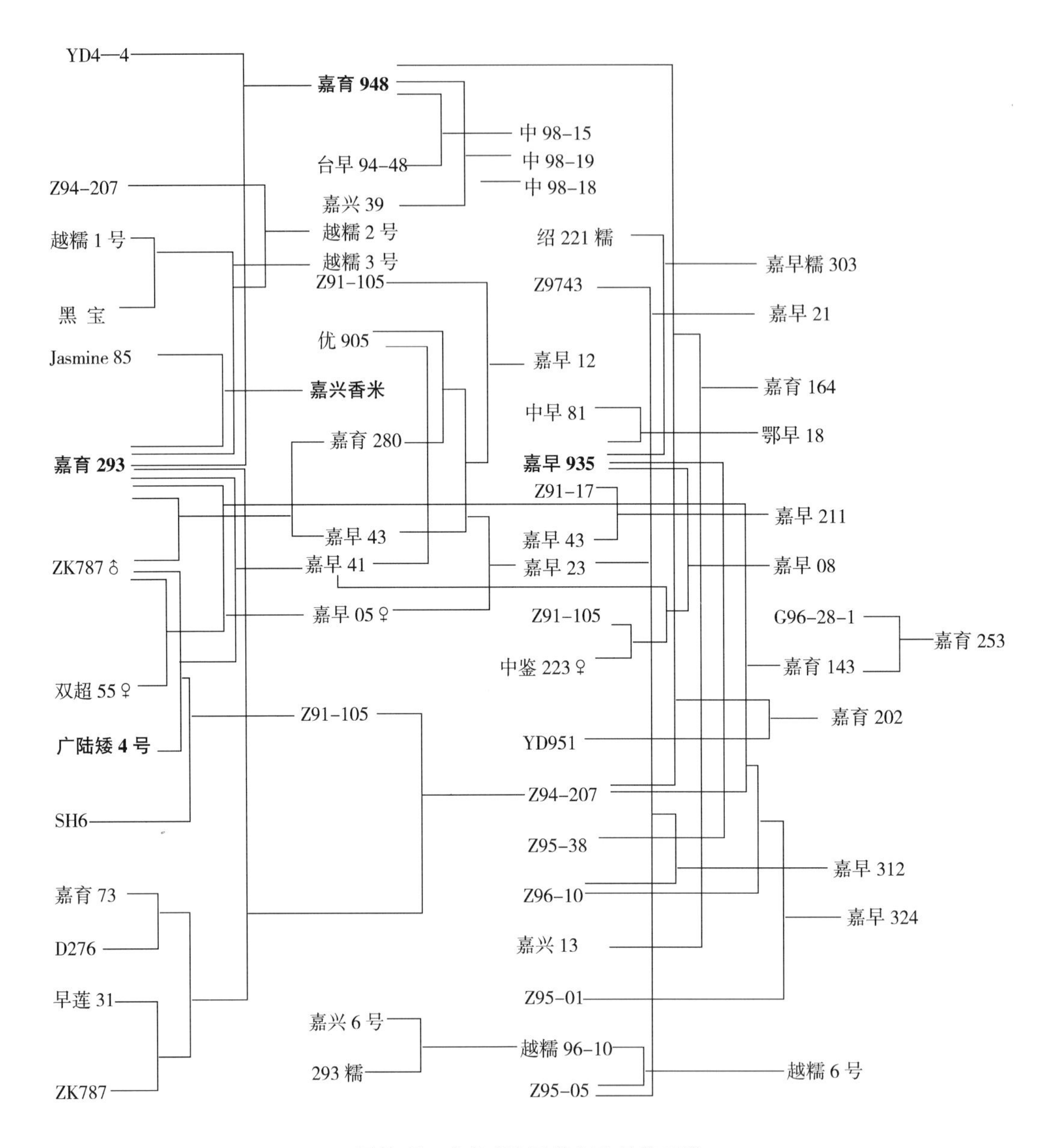

图 7-5　嘉育 293 及其衍生品种系谱

之一。嘉育 293 的育成首先实现熟期和产量的完美结合，该品种首次创造了在浙江早籼区试平均单产过 7.50t/hm^2 的纪录，比对照二九丰增产 9.8%，达极显著水平，开创了浙江省早稻中熟产量超迟熟的新局面，并迅速成为浙江省早稻当家品种；其次，嘉育 293 作为浙江早籼育种的骨干亲本，与其衍生系列品种的推广面积在 1996 年占浙江省中熟早籼面积的 50%以上。嘉育 293 的“大穗—高结实率”特性具有较强的配合力，它的育成大大加快了浙江省中熟早籼的育种进程，不仅提早了生育期，而且改良了米质。

嘉育 293 共衍生嘉育 948、嘉育 143、嘉育 164、嘉育 202、嘉育 253、嘉育 280、嘉早 935、嘉早 08、嘉早 41、嘉早 43、嘉早 211、嘉早 312、越糯 1 号、越糯 2 号、越糯 3

号、中 98－15、中 98－18、中 98－19、鄂早 18、嘉兴香米等 20 个品种。

1. 嘉育 948 及衍生品种

嘉育 948 是浙江省嘉兴市农业科学院以 YD4－4/嘉育 293－T8 育成的早籼品种，1998 年通过浙江省品种审定委员会审定，2001 年通过国家品种审定委员会审定。全生育期 107.3d，株高 77.2cm，茎秆粗壮，剑叶上举，株型紧凑适中，耐肥抗倒，抗寒早发，分蘖力中等，成穗率高。有效穗 457.5 万/hm^2，每穗粒数 92.6 粒，千粒重 22.4g。抗穗颈稻瘟病最高 7 级，抗白叶枯病最高 4.56 级。整精米粒率 49.6%，长宽比 2.8，垩白粒率 19%，垩白度 0.8%，胶稠度 74mm，糊化温度（碱消值）4.3 级，直链淀粉含量 12.9%。平均单产 5.76t/hm^2。2001 年最大年推广面积 35.47 万 hm^2，2000—2005 年累计推广面积 132.89 万 hm^2。

嘉育 948 衍生了 5 个品种。

（1）中 98－15

中 98－15 是中国水稻研究所以嘉育 948/台早 94－48 育成的常规早籼品种，2002 年通过湖南省农作物品种审定委员会审定。全生育期 105d。株高 85cm，株型适中，叶片较长，剑叶挺直。分蘖力强，熟时落色好。穗长 17.5cm，每穗粒数 106.6 粒，千粒重 25.5g。抗稻瘟病叶瘟 5 级，抗穗瘟 9 级，抗白叶枯病 7 级。整精米粒率 33.2%，长宽比 3.1，垩白粒率 53%，垩白度 6.5%。平均单产 7.20t/hm^2，适宜在湖南省稻瘟病无病区或轻病区作早稻种植。

（2）中 98－19

中国水稻研究所以嘉育 948/嘉兴 39 于 2001 年育成中 98－18 和中 98－19。

中 98－19 是中国水稻研究所以嘉育 948/嘉兴 39 育成的中熟常规早籼品种，2001 年通过湖南省农作物品种审定委员会审定。全生育期 107d，株高 83cm，茎秆粗壮，剑叶挺直，抗倒性较强，分蘖力中等。有效穗 330 万/hm^2，穗长 18cm，每穗粒数 106 粒，千粒重 25g。易感稻瘟病，中抗白叶枯病。稻米品质较好。适宜在稻瘟病无病区或轻病区作早稻种植。

（3）嘉育 164

嘉育 164 是中国水稻研究所以嘉育 948/Z94－207//嘉兴 13 育成的常规早籼品种，2002 年通过湖北省农作物品种审定委员会审定。全生育期 108.2d，株高 75.7cm，株型适中，叶片中长，较窄并略向外卷，剑叶挺直。分蘖力中等，田间生长势较旺，成熟时剑叶枯尖，但熟色较好。有效穗 418.5 万/hm^2，穗长 19.2cm，每穗粒数 89.3 粒，千粒重 27.20g。抗穗颈稻瘟病最高 9 级，抗白叶枯病最高 3 级。整精米粒率 56.8%，长宽比 3.1，垩白粒率 37%，垩白度 3.8%，胶稠度 77mm，直链淀粉含量 13.4%。平均单产 6.93t/hm^2，适宜在湖北省稻瘟病无病区或轻病区作早稻种植。2001 年最大年推广面积 1.33 万 hm^2，2001—2005 年累计推广面积 3.18 万 hm^2。

（4）嘉育 202

嘉育 202 是中国水稻研究所以嘉育 948/Z94－207//YD951 育成的常规早籼品种，2002 年通过湖北省农作物品种审定委员会审定。全生育期 106.8d，株高 73.2cm，株型适中，茎秆粗壮。叶片较宽、长，叶色浓绿，剑叶挺直。分蘖力中等，田间生长势较旺，成熟时剑叶枯尖，但熟色较好。有效穗 433.5 万/hm²，穗长 18.3cm，每穗粒数 95.2 粒，千粒重 25.32g。抗穗颈稻瘟病最高 9 级，抗白叶枯病最高 3 级。整精米粒率 60.0%，长宽比 3.3，垩白粒率 11%，垩白度 1.4%，胶稠度 86mm，直链淀粉含量 14.3%。平均单产 6.81t/hm²，适宜在湖北省稻瘟病无病区或轻病区作早稻种植。2003 年最大年推广面积 1.33 万 hm²，2002—2005 年累计推广面积 2.53 万 hm²。

2. 嘉兴香米

嘉兴香米是浙江嘉兴市农业科学院以 Jasmine 85/嘉育 293 育成的常规早籼品种，1991 年通过浙江省农作物品种审定委员会审定。全生育期平均 105.0d，株高 81.3cm，株型适中，茎秆粗壮，穗粒重协调，熟期转色一般。有效穗 378.5 万/hm²，穗长 19.5cm，每穗粒数 105.5 粒，千粒重 27.7g。抗叶瘟 2.0 级，最高 7.4 级，抗穗瘟 4.3 级，最高 7.0 级；抗白叶枯病 3.2 级，最高 7.5 级；抗褐飞虱 4.0 级。整精米粒率 52.3%，长宽比 2.8，垩白粒率 10%，垩白度 1.9%，胶稠度 80mm，直链淀粉含量 14.0%。平均单产 6.97t/hm²，适宜在长江中下游等省市的早籼稻区域种植。最大年推广面积 18.5 万 hm²，1993—2000 年累计推广面积 40 万 hm²。

3. 嘉育 280、嘉早 43 及衍生品种

浙江嘉兴市农业科学院以嘉育 293/ZK787 于 1996 年育成嘉育 280 和嘉早 43。

嘉育 280 是浙江嘉兴市农业科学研究所以嘉育 293/ZK787 育成的常规早籼品种，1996 年通过浙江省农作物品种审定委员会审定。全生育期 107.5d，苗期抗寒性强，株型紧凑，叶片挺直，叶色偏深绿，茎秆粗壮，耐肥抗倒，后期青秆黄熟；株高 75cm，有效穗 423.0 万/hm²，每穗粒数 95.4 粒，实粒 74.1 粒，千粒重 24.8g；抗穗瘟病 5.7 级，最高 9 级，抗白叶枯病 3.8 级，抗褐稻虱 5 级，抗白背稻虱 7 级；精米率 72.6%，整精米粒率 51.4%，籽粒长宽比 2.6，垩白粒率 99.3%，垩白度 18.7%，糊化温度（碱消值）5.5 级，胶稠度 45mm，直链淀粉含量 23.1%。平均单产 6.18t/hm²，适于浙江、湖北、安徽（皖南）等省作早稻种植。浙江省 1999 年最大年推广面积 4.44 万 hm²，1996—2005 年累计推广面积 22.79 万 hm²。

嘉育 280、嘉早 43 分别衍生嘉早 935、嘉早 12。

嘉早 935 是浙江嘉兴市农业科学院以优 905/嘉育 280//嘉早 43 育成的常规早籼品种，1999 年通过湖南省农作物品种审定委员会审定。全生育期 106d，株高 82cm，株型紧凑，茎秆较粗壮，弹性好，生长繁茂，叶色浓绿，剑叶挺直，叶下禾，后期落色好。穗长 20.2cm，每穗粒数 106 粒，千粒重 26～27g。抗稻叶瘟 4 级，抗穗瘟 7 级，抗白叶枯病 3 级。整精米粒率 45.3%，长宽比 3.1，垩白粒率 14%，垩白度 6.5%。平均单产 7.20t/hm²，适宜湖南省稻瘟病轻发区作早稻种植。1999 年最大年推广面积 7.27 万 hm²，1998—2005 年累计推广面积 20.67 万 hm²。

嘉早 935 衍生了 4 个早籼品种：嘉早 211（嘉早 935//Z91-17/嘉早 43），嘉早 08（嘉早 935///Z91-105/中鉴 223//嘉早 41），嘉早 312（嘉早 935/Z905//Z9610）和鄂早 18（中早 81/嘉早 935）。

嘉早 211 是浙江嘉兴市农业科学院以嘉早 935//Z91-17/嘉早 43 育成的常规早籼品种，2005 年通过湖南省农作物品种审定委员会审定。全生育期 104d，株高 75cm，株型紧凑，茎秆粗壮，叶片较窄，叶色淡绿，剑叶直立。分蘖力中等，后期落色好。有效穗 360 万/hm^2，每穗粒数 102 粒，千粒重 25.8g。抗稻叶瘟 7 级，抗穗瘟 9 级，抗白叶枯病 7 级。整精米粒率 65.9%，长宽比 3.1，垩白粒率 28%，垩白度 5.3%，胶稠度 86mm，直链淀粉含量 14.1%，蛋白质含量 10.8%。平均单产 6.70t/hm^2，适宜在稻瘟病无病区或轻病区作早稻种植。2005 年在湖南省推广面积 1.6 万 hm^2。

鄂早 18 是湖北黄冈市农业科学研究所以中早 81/嘉早 935 育成的常规早籼品种，2003 年通过湖北省农作物品种审定委员会审定。全生育期 115.5d，株高 86.8cm，株型紧凑，叶片中长略宽，叶色浓绿，剑叶短挺。分蘖力中等，生长势较旺，抽穗后剑叶略高于稻穗，齐穗后灌浆速度快，成熟时叶青籽黄，转色好。较抗穗瘟病和白叶枯病。米质优：整精米粒率 54.9%，长宽比 3.3，垩白粒率 23%，垩白度 2.9%。平均单产 6.88t/hm^2，2006 年最大年推广面积 7.47 万 hm^2，2003—2006 年累计推广面积 17.6 万 hm^2，推广面积逐年扩大。

4. 越糯 2 号、越糯 3 号

越糯 2 号是浙江绍兴市农业科学院以 Z94-207///越糯 1 号/黑宝//嘉育 293 育成的常规早糯品种，2001 年通过浙江省农作物品种审定委员会审定。全生育期平均 110d，株高 85cm，株型紧凑，茎秆粗壮，穗粒重协调，熟期转色好。有效穗 375 万～450 万/hm^2，穗长 18cm，每穗粒数 95～100 粒，千粒重 24g。抗稻瘟病平均 3.5 级，最高 7 级；抗白叶枯病 0 级；抗褐飞虱 0 级。整精米粒率 38.6%，长宽比 2.4，垩白粒率 0，垩白度 0，胶稠度 98mm，直链淀粉含量 1.6%。平均单产 7.04t/hm^2，适宜在浙江、江西、福建、湖北等省作早稻种植。2001—2005 年累计推广面积 3.25 万 hm^2。

越糯 3 号是浙江绍兴市农业科学研究院以越糯 1 号/黑宝//嘉育 293 育成的常规早糯品种，该品种在湖南每年有 0.1 万 hm^2左右的种植面积。

5. 嘉育 143 及衍生品种

嘉育 143 是浙江嘉兴市农业科学院以嘉育 293/Z94-207 育成的常规中熟早籼品种，2003 年通过浙江省农作物品种审定委员会审定。全生育期 109d，与对照嘉育 293 相仿。苗期抗寒性强，株型紧凑，叶片挺直，茎秆粗壮，耐肥抗倒，后期转色好；株高 83.4cm，有效穗 372.0 万/hm^2，每穗粒数 90.4 粒，实粒 72.0 粒，千粒重 26.3g；抗稻穗瘟 6.05 级，最高 9 级，抗白叶枯病 6.0 级；精米粒率 73.3%，整精米粒率 55.2%，籽粒长/宽 2.3，垩白粒率 100%，垩白度 38.2%，糊化温度（碱消值）4.7 级，胶稠度 49mm，直链淀粉含量 25.2%。平均单产 6.59t/hm^2，适于浙江、湖北、安徽（皖南）等省稻瘟病轻的稻区作早稻种植。2003—2006 年在浙江、湖南、安徽累计推广面积 14.8 万 hm^2。

嘉育 143 衍生嘉育 253。该品种是浙江嘉兴市农业科学院以 G96-28-1/嘉育 143 育成的早籼品种，2005 年通过浙江省农作物品种审定委员会审定。嘉育 253 属中熟类型，株高 84.3cm，苗期耐寒性较强，株型紧凑，叶色深绿，叶片挺直。茎秆粗壮，耐肥抗倒，后期青秆黄熟，穗、粒、重三者协调。抗稻瘟病。平均单产 7.21t/hm^2，比对照增产 8.3%，达到农业部超高产水稻品种指标，适于长江中下游稻区作早稻种植。

6. 嘉早 41

浙江嘉兴市农业科学院以嘉育 293//广陆矮 4 号/ZK787 育成的早籼品种，1999 年通过浙江省农作物品种审定委员会审定。

四、浙辐802衍生品种、湘矮早9号和浙733衍生品种

1. 浙辐802及衍生系统

浙辐802是浙江农业大学等用^{60}Co辐射四梅2号干种子育成的常规早籼品种，1980年通过浙江省农作物品种审定委员会审定。全生育期108d，株高80cm，株型较松散，叶阔而挺，分蘖力弱，后期转色好。有效穗420万/hm^2，穗长18cm，每穗粒数80粒，千粒重24g。较抗稻瘟病、纹枯病。稻米品质较好。平均单产6.80t/hm^2。1991年最大年推广面积85万hm^2，是我国推广面积最大、应用时间最长的品种，到目前仍维持每年1万hm^{2}左右的种植面积。1994—2005年累计推广面积100万hm^2。

浙辐802衍生湘早籼11、湘早籼22、湘早籼33、中156、中选181、中106、浙9248、金早47、中组3号、娄早籼5号、皖稻45、鄂早10号、赣早籼50、赣早籼52、赣早籼54、赣早籼56等16个品种（图7-6）。

（1）湘早籼11

湘早籼11是湖南省水稻研究所以浙辐802/湘早籼1号育成的常规早籼品种，1991年通过湖南省农作物品种审定委员会审定。全生育期109.0d，株高80.0cm，株型适中，剑叶直立，生长清秀，熟期落色好。有效穗410万/hm^2，每穗粒数80.0粒，千粒重28.0g。抗稻叶瘟6级，抗穗瘟7级，抗白叶枯病9级。整精米粒率47.4%，长宽比2.1。垩白粒率100%，垩白度40.0%，胶稠度30mm，直链淀粉含量24.3%。平均单产7.21t/hm^2，适宜在湖南、安徽双季稻区作早稻种植。1992年最大年推广面积6.7万/hm^2，1991—2000年累计推广面积16.2万/hm^2。

（2）金早47

中国水稻研究所以浙辐802/湘早籼1号育成中87-425。中87-425衍生金早47，该品种是浙江省金华市农业科学研究所以中87-425×陆青早1号（浙辐802/湘早籼1号//陆青早1号）育成的常规早籼品种，2001年通过浙江省农作物品种审定委员会审定。全生育期109.9d，植株高82.5cm，株型紧凑，叶色较深，茎秆粗壮，分蘖力中等，穗大粒多，着粒密，穗颈节较粗且外露部分较长，谷粒椭圆。有效穗319.5万/hm^2，穗长17.8cm，每穗粒数124粒，结实率85%左右，千粒重25.4g。抗稻叶瘟平均0.1级，最高0.5级，抗穗瘟平均0.6级，最高3级；抗白叶枯病7级，抗细条病4.3级，抗褐飞虱7级，抗白背飞虱9级。整精米粒率60.4%，长宽比2.0，垩白粒率100%，糊化温度（碱消值）6.5级，胶稠度37mm，直链淀粉含量21.4%。平均单产6.82t/hm^2，适宜浙中、浙南稻区及类似地区作早稻种植。2001—2005年累计推广面积14.2万hm^2。

中国水稻研究所用金早47通过组培于2005年育成中组3号。

（3）湘早籼22

湘早籼22是湖南省怀化市农业科学研究所以矮梅早3号/HA80968//浙辐802于1996年育成的常规早籼品种，1996年通过湖南省农作物品种审定委员会审定。全生育期平均105d，株高82cm，株型集散适中，叶片直立，穗部性状较好，成穗率及结实率高，谷粒饱满，后期落色好。有效穗367.5万/hm^2，每穗粒数88粒，千粒重23.5g，米粒长

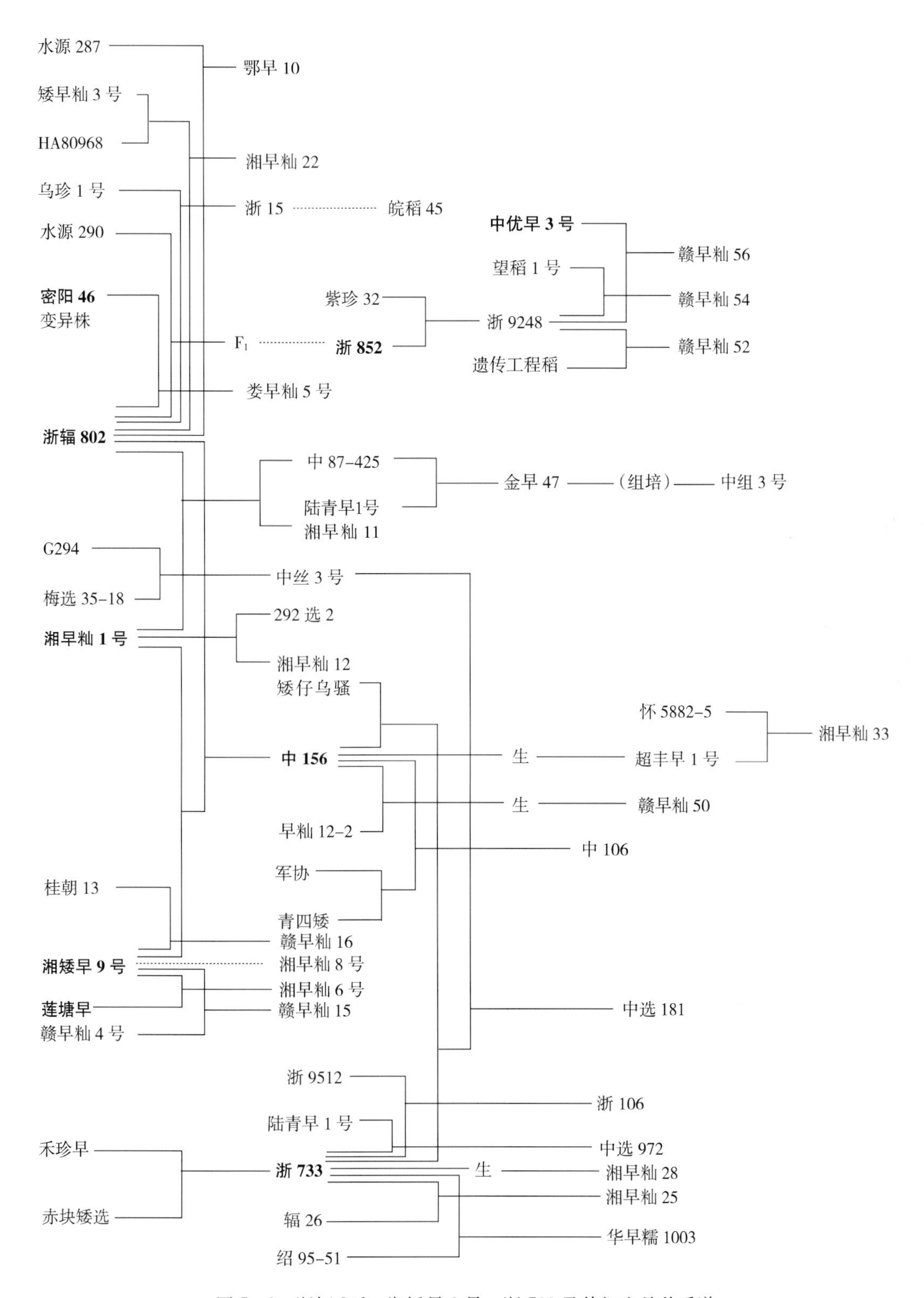

图 7-6　浙辐 802、湘矮早 9 号、浙 733 及其衍生品种系谱

宽比为 2.64，抗稻瘟病平均 4 级，最高 5 级，不抗白叶枯病，整精米率 55.4%，垩白粒率 8%，垩白大小 3%，直链淀粉含量 25.5%，米饭适口性较好，平均单产 6.22t/hm^2，适宜长江中下游双季稻区作早稻，天水田作单早种植。1996—2005 年累计推广面积 17.33 万 hm^2。

(4) 皖稻 45

安徽省农业科学院水稻研究所等以浙 15（乌珍 1 号/浙辐 802）经离子束注入辐照处理于 1994 年育成，在安徽省推广 7.0 万 hm^2。

(5) 浙 852 及衍生品种

浙 852 是浙江省农业科学院作物研究所以（浙辐 802/水源 290）F_1 干种子辐射育成的常规早籼品种，1989 年、1990 年和 1991 年分别通过浙江省、湖南省和国家农作物品种审定委员会审定。全生育期 107～114d，株高 75.0cm，叶挺株型好，茎秆坚韧抗倒，抽穗整齐，后期转色好；分蘖力强，成穗率 75%以上，有效穗 450 万/hm^2，每穗粒数 70～90 粒，结实率 80%左右，千粒重 24.0g。苗期耐寒性强，秧龄弹性好，抗稻瘟病和白背飞虱。整精米粒率 67.6%，长宽比 2.1，垩白粒率 100%，垩白度 36.0%，胶稠度 29mm，直链淀粉含量 21.4%。平均单产 6.80t/hm^2，适宜在长江中下游等省市的早籼稻区域种植。1992 年最大年推广面积 16.1 万 hm^2，1989—1998 年累计推广面积 200 万 hm^2。

浙江省农业科学院作物研究所以紫珍 32/浙 852 育成的常规早籼品种浙 9248，1997 年通过浙江省农作物品种审定委员会审定。全生育期 105～110d，株高 75.0cm，叶挺株型紧凑，穗、粒、重兼顾，茎秆坚韧抗倒，叶鞘、叶缘、稃尖紫色，后期青秆黄熟；分蘖力强，成穗率 75%以上，有效穗 420 万/hm^2，每穗粒数 85～95 粒，结实率 85%左右，千粒重 26.0g。苗期耐寒性强，抗稻瘟病。整精米粒率 64.8%，长宽比 2.8，垩白粒率 95%，垩白度 7.3%，胶稠度 85mm，直链淀粉含量 10.7%。平均单产 6.30t/hm^2，适宜在长江中下游等省（直辖市）的早籼稻区域种植。1998 年最大年推广面积 13.4 万 hm^2，1995—2005 年在南方稻区做优质稻累计推广面积 45 万 hm^2。

浙 9248 衍生了赣早籼 52，赣早籼 54 和赣早籼 56。

赣早籼 52 是江西农业大学农学院以浙 9248/遗传工程稻育成的常规早籼品种，2002 年通过江西省农作物品种审定委员会审定。全生育期 109d，根系发达，茎秆粗壮，不易倒伏，株高 75.5cm 左右，穗长 17.5cm，每穗 90.1 粒，结实率 83.8%，千粒重 25.2g，有效穗 330 万/hm^2。长粒型，长宽比 3.2，出糙率 80.2%，整精米粒率 48.6%，垩白度 2.1%，胶稠度 67mm，直链淀粉含量 13.8%，米质外观透明，口感软、滑。平均单产 6.30t/hm^2，适宜在江西作早稻种植。

赣早籼 54 是江西农业大学农学院以望稻 1 号/浙 9248 育成的常规早籼品种，2004 年通过江西省农作物品种审定委员会审定。

赣早籼 56 是江西农业大学农学院以中优早 3 号/浙 9248 后代 F_1 辐射育成的常规早籼品种，2004 年通过江西省农作物品种审定委员会审定。全生育期 110d，根系发达，株型松散适中，茎秆粗壮、坚韧抗倒，叶色绿，叶鞘、叶耳、叶缘均无紫色，叶片挺直，抽穗整齐，后期青秆黄熟，落色好。分蘖力中等，成穗率 70%左右，株高 95cm，穗长 18cm，每穗粒数 130 粒，结实率 78%，千粒重 20g，有效穗 419.25 万/hm^2。抗稻苗瘟 0 级、抗叶瘟0级、抗穗瘟0级，纹枯病轻，苗期抗寒性强，开花期和灌浆期耐热性强。出糙率79.8%，精米粒率73.1%，整精米粒率59.8%，粒长6.5mm，长宽比3.1，垩白粒率4%，垩白度0.7%，透明度2级，直链淀粉含量23.0%，胶稠度76mm，碱消值7.0级，蛋白质含量9.1%。平均单产6.80t/hm^2，适宜在江西作早稻种植。

(6) 娄早籼5号

娄早籼5号是湖南省娄底市农业科学研究所以浙辐802/密阳46早熟变异株育成的常规早籼品种，1995年通过湖南省农作物品种审定委员会审定。全生育期平均104.3d，株高85.4cm，株型适中，叶片直立，成穗率高，后期落色好。有效穗442.5万/hm^2，穗长19.2cm，每穗粒数83粒，千粒重22g。抗稻瘟病4级；抗白叶枯病9级；整精米粒率68%，长宽比2.6，垩白粒率13.2%，垩白度2.1%，胶稠度88mm，直链淀粉含量12.1%，平均单产6.34t/hm^2，适宜在长江流域双季稻区作早稻种植。

(7) 中156及衍生品种

中156是中国水稻研究所以浙辐802//湘早籼1号/湘矮早9号于1991年育成的常规早籼品种，1991年通过湖南、江西省农作物品种审定委员会审定。全生育期106.5d，株高85.5cm，株型适中，茎秆粗壮，穗粒重协调，熟期转色好。有效穗330.5万/hm^2，穗长20.3cm，每穗粒数125粒，千粒重28.5g。抗稻瘟病平均4.3级，最高9级；抗白叶枯病9级；抗褐飞虱7级。整精米粒率59.6%，长宽比2.2，垩白粒率89%，垩白度31.2%，胶稠度59mm，直链淀粉含量22.4%。平均单产7.20t/hm^2，适宜在浙江、江西、湖南、湖北和安徽等省作双季早稻种植。1993年最大年推广面积15.2万hm^2，1993—1997年累计推广面积80万hm^2。中156以其熟期早、产量高、适应性广成为浙江、江西、湖南、湖北、安徽等省当时的主推品种。

中156衍生4个品种：湘早籼33、赣早籼50、中106和中选181。

湘早籼33号是湖南农业大学水稻研究所以怀5882-5/超丰早1号（中156-生-）育成的常规早籼品种，2001年通过湖南省农作物品种审定委员会审定。全生育期平均107d，株高89cm，株型适中，叶片直立，成穗率高，后期落色好。有效穗369万/hm^2，穗长17.7cm，每穗粒数96粒，千粒重26g。抗纹枯病，中抗白叶枯病。整精米粒率51.5%、长宽比2.6，垩白粒率36%，垩白度12.7%，胶稠度33mm，直链淀粉食量25.8%，平均单产6.90t/hm^2，适宜在长江流域双季稻区作早稻种植。2004—2005年累计推广面积约2.6万hm^2。

赣早籼50是江西农业大学农学系以（中156/早籼12-2）F_2花培于2002年育成。

中106是中国水稻研究所以中156//军协/青四矮育成。

中选181是中国水稻研究所以中丝3号////矮仔乌骚/中156//浙733育成的常规早籼品种，2003年通过国家农作物品种审定委员会审定。该品种属籼型常规水稻，在长江中下游作早稻种植全生育期平均111.5d，与对照浙733熟期相当。株高97.7cm，株型偏散，分蘖力较弱，后期转色好。有效穗305万/hm^2，穗长20.7cm，每穗粒数106.2粒，结实率77.9%，千粒重28.9g。抗稻叶瘟7级，抗穗瘟7级，穗瘟损失率11.4%，抗白叶枯病5级，抗白背飞虱3级。整精米粒率49.2%，长宽比3.0，垩白粒率100%，垩白度43.3%，胶稠度46.5mm，直链淀粉含量23.6%。一般产量水平6.80～7.50t/hm^2。2004

年最大推广面积 0.67 万 hm^2。

2. 浙 733 及衍生品种

浙 733 系浙江省农业科学院水稻研究所以禾珍早/赤块矮选育成的常规早籼品种，1991 年、1991 年和 1993 年分别通过浙江省、湖南省和国家农作物品种审定委员会审定。全生育期 111～115d。株高 80.0cm，叶挺株型好，穗、粒、重兼顾，抽穗整齐，后期青秆黄熟；分蘖力较强，成穗率 75%以上，有效穗 400.5 万/hm^2，每穗粒数 90～120 粒，结实率 82%左右，千粒重 25.6g。苗期耐寒性强，秧龄弹性好，抗稻瘟病、白叶枯病、褐飞虱和白背飞虱。整精米粒率 46.6%，长宽比 2.7，垩白粒率 100%，垩白度 37.8%，胶稠度 45mm，直链淀粉含量 26.1%，蛋白质含量 9.7%。平均单产 7.30t/hm^2，适宜在长江中下游等省市的早籼稻区域种植。1994 年最大年推广面积 37.4 万 hm^2，1991—2005 年累计推广面积 390 万 hm^2。

浙 733 衍生了浙 106、中选 972、湘早籼 25 和湘早籼 28 四个品种。

(1) 浙 106

浙 106 是浙江省农业科学院作物与核技术利用研究所以浙 9512/浙 733 育成的常规早籼品种，2004 年通过浙江省农作物品种审定委员会审定。全生育期 110～115d，株高 89.0cm，叶挺株型好，穗、粒、重兼顾，抽穗整齐，后期青秆黄熟；分蘖力较强，成穗率 75%以上，有效穗 330 万/hm^2，每穗粒数 90～120 粒，结实率 80%左右，千粒重 28.0g。苗期耐寒性强，秧龄弹性好，抗稻瘟病和白叶枯病，浙江省区试浙 106 稻叶瘟和穗瘟抗性平均为 0.5 和 2.0 级，最高级均为 5.0 级。整精米粒率 23.8%，长宽比 2.9，垩白粒率 97%，垩白度 26.0%，胶稠度 70mm，直链淀粉含量 27.4%，蛋白质含量 8.8%。平均单产 7.10t/hm^2，适宜在长江中下游等省市的早籼稻区域种植。2005 年最大年推广面积 2.2 万 hm^2，2003—2006 年累计推广面积 5.0 万 hm^2。

(2) 中选 972

中选 972 是中国水稻研究所以陆青早 1 号/浙 733 育成的常规早籼品种，2003 年通过国家农作物品种审定委员会审定。该品种属籼型常规水稻，在长江中下游作早稻种植全生育期平均 114.3d，比对照威优 402 早熟 0.4d，比金优 402 迟熟 1.5d。株高 94.7cm，株型形态好，长势茂盛，分蘖力偏弱，茎秆粗壮，后期转色好。有效穗 300 万/hm^2，穗长 20.8cm，每穗粒数 116.6 粒，结实率 82.2%，千粒重 28.1g。抗稻叶瘟 5 级，抗穗瘟 9 级，穗瘟损失率 13%，抗白叶枯病 5 级，抗白背飞虱 5 级。整精米粒率 42.6%，长宽比 2.8，垩白粒率 100%，垩白度 69.5%，胶稠度 45mm，直链淀粉含量 23.1%。平均单产 6.70～7.50t/hm^2。

(3) 湘早籼 25

湘早籼 25 是湖南省湘潭市农业科学研究所以浙 733/辐 26 育成的常规早籼品种，1997 年湖南省农作物品种审定委员会审定。全生育期平均 111d，株高 82cm，株型较紧凑，叶片直立，成穗率和结实率高，后期落色好。有效穗 375 万/hm^2，穗长 18cm，每穗粒数 94.4 粒，千粒重 24.4g。抗稻叶瘟 6 级，抗穗瘟 8 级，抗白叶枯病 4 级。整精米粒率 41%，垩白粒率 99.5%，垩白大小 25%。平均单产 7.58t/hm^2，适宜长江中下游双季稻区作早稻种植。1998 年最大年推广面积 4.7 万 hm^2，1997—2003 年累计推广面积 8.47 万 hm^2。

（4）湘早籼 28

湘早籼 28 是湖南农业大学水稻科学研究所采用孤雌生殖育种方法，从化学诱导剂 TAM 处理浙 733 育成的常规早籼品种，1999 年通过湖南省农作物品种审定委员会审定。全生育期平均 107d，株高 84cm，株型适中，成穗率高，后期落色好。有效穗 376.5 万/hm^2，穗长 19cm，每穗粒数 101 粒，千粒重 26g。整精米粒率 50.4%，长宽比 2.32，垩白粒率 16%，垩白度 8.5%，胶稠度 70mm，直链淀粉含量 24.7%，平均单产 7.90t/hm^2，适宜在长江流域双季稻区作早稻种植。2001 年最大年推广面积 3.8 万 hm^2，2000—2003 年累计推广面积 9.8 万 hm^2。

3. 湘矮早 9 号及衍生品种

湘矮早 9 号衍生湘早籼 6 号、湘早籼 8 号、赣早籼 15、赣早籼 16 四个品种。

（1）湘早籼 6 号

湘早籼 6 号是湖南沅江市农业科学研究所以湘矮早 9 号/莲塘早育成的常规早籼品种，1989 年通过湖南省农作物品种审定委员会审定。全生育期 102.5d，株高 73cm，株型前期较松散，后期较紧凑。抽穗整齐一致，叶色深绿，剑叶较厚，宽短直立。茎秆粗较坚实，耐肥抗倒，不早衰，易脱粒但不易掉粒。叶鞘、叶缘、叶耳及稃尖均呈紫红色。谷粒椭圆形，无芒，谷壳较薄，黄色。有效穗 420 万/hm^2，穗长 16.5cm，每穗粒数 68.5 粒，千粒重 21.15g，抗稻叶瘟 4 级，抗穗颈瘟 5 级，抗白叶枯病 9 级。出糙率 80%，精米粒率 72.2%，整精米粒率 50%，垩白粒率 90%，垩白大小 29%，米质中等偏上，食味较好。平均单产 6.00t/hm^2，适宜长江中下游双季稻区作早稻种植，目前是湖南省早熟早籼主栽品种。1991 年最大年推广面积 9 万 hm^2，1990—2005 年累计推广面积 140 万 hm^2。

（2）湘早籼 8 号

湖南农业大学辐射湘矮早 9 号育成。

（3）赣早籼 16 号

江西宜春地区农业科学研究所以桂朝 13/湘矮早 9 号于 1991 年育成。

五、广陆矮 4 号衍生品种

广陆矮 4 号衍生了赣早籼 12、赣早籼 15、赣早籼 20、赣早籼 21、赣早籼 24、赣早籼 32、赣早籼 34、赣早籼 37、华矮 837、华稻 21 等 10 个品种（图 7－7）。其中，赣早籼 12 由江西滨湖地区农业科学研究所以（温革/广陆矮 4 号）F_2组培于 1990 年育成，赣早籼 20 由江西省农业科学院水稻研究所以千重浪/71－133//广陆矮 4 号于 1991 年育成，赣早籼 24 由江西省农业科学院水稻研究所以千里浪/71－133//广陆矮 4 号///红梅早于 1991 年育成，赣早籼 32 由江西省吉安地区农业科学研究所用闽糯 580/广陆矮 4 号于 1994 年育成。

1. 赣早籼 34

江西省农业科学院水稻研究所用广陆矮 4 号/红 410 于 1991 年育成赣早籼 21。随后，再用赣早籼 21 号/7018 育成赣早籼 34，1994 年通过江西省农作物品种审定委员会审定。全生育期 109d，茎秆坚韧，根系发达，耐肥抗倒。叶片挺直，叶下禾，叶幅适中。叶色淡绿，叶鞘紧包，秆韧富有弹性，不易倒伏，株高 80cm 左右，穗长 17.5cm，每穗粒数 72.7 粒，结实率 64.1%，千粒重 25g，有效穗 450 万/hm^2。抗稻瘟病。出糙率 80.13%，

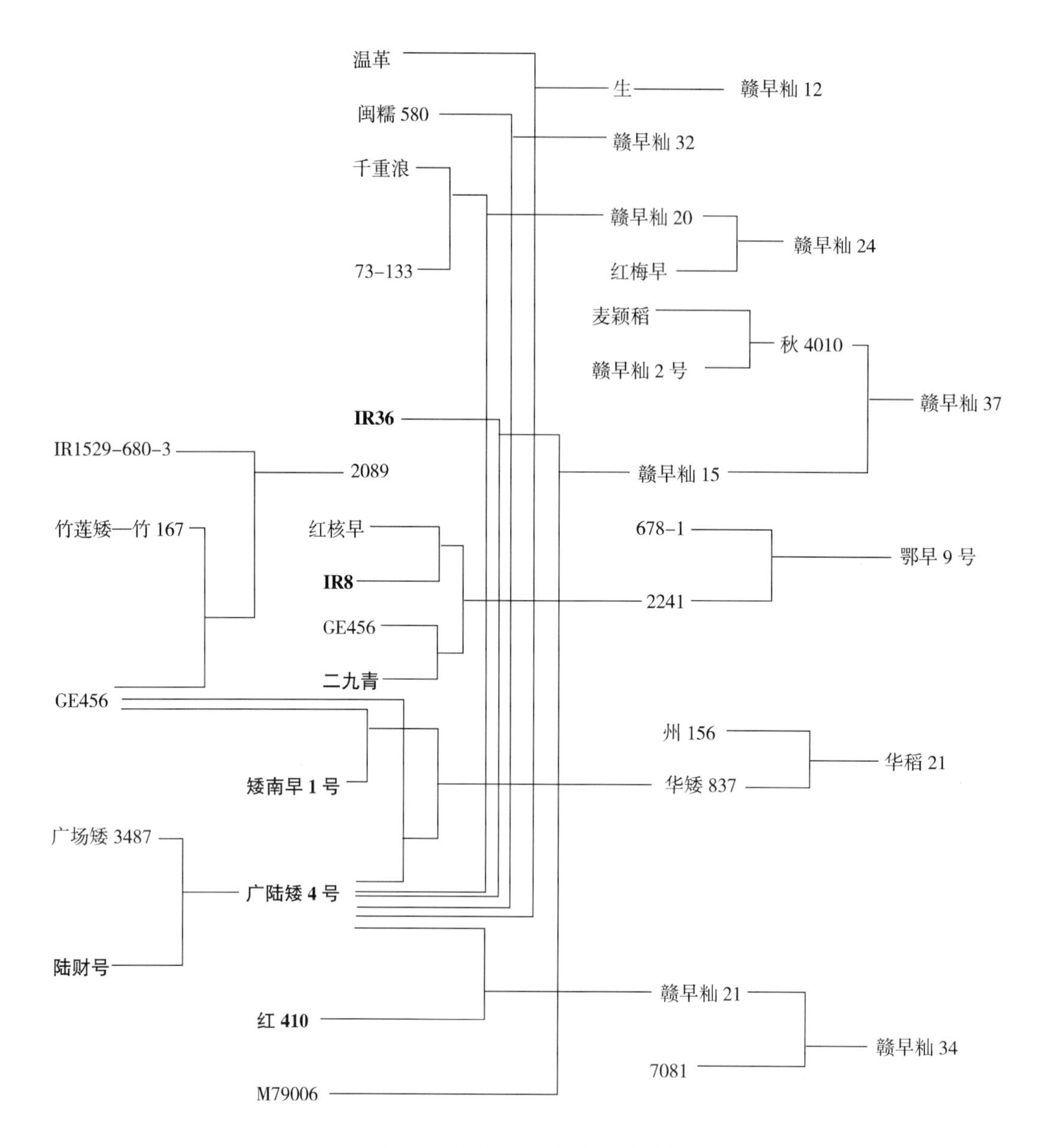

图 7-7　广陆矮 4 号衍生品种系谱图

整精米粒率 39.64%，精米粒率 71.45%，粒长 6.5mm，长宽比 3.82，垩白度 3.82%，透明度 2 级，直链淀粉含量 25.9%，蛋白质含量 9.81%。平均单产 6.00t/hm²，适宜在江西作早稻种植。

2. 赣早籼 37

江西省农业科学院以 IR36/广陆矮 4 号//M79006 于 1990 年育成赣早籼 15。江西省农业科学院水稻研究所以秋 4010/赣早籼 15 于 1995 年育成赣早籼 37。赣早籼 37 全生育期 105.0d，株高 80.0cm，株型适中，抽穗整齐，剑叶直立，熟期落色好。有效穗 450 万/hm²，每穗粒数 62.2 粒，千粒重 24.2g。高抗稻瘟病、纹枯病和白叶枯病。米质优，整精米粒率53.0%，长宽比3.7，垩白粒率24%，胶稠度25mm。适宜在江西等省双季稻区作早稻种植。2000年最大推广面积10.0万hm^2，1996—2005年累计推广面积70.0万hm^2。

3. 华稻21

湖北以GE456/矮南早1号//GE456/广陆矮4号育成华矮837。随后，华中农业大学以州156/华矮837育成早籼品种华稻21，1995年通过湖北省农作物品种审定委员会审定。全生育期110d，株高85cm，根系较发达，苗期长势较好，株型较紧凑，叶片较窄，斜展不披，穗形较大，长势、分蘖力均较强，后期转色较好。抗倒性较强，耐寒性中等。有效穗390.0万/hm^2，千粒重24g。抗稻穗颈瘟病最高7级，抗白叶枯病最高3级。整精米粒率51.76%，长宽比2.2，垩白粒率86%，垩白5级，胶稠度38mm，直链淀粉含量25.42%。平均单产5.84t/hm^2，适宜在湖北省双季稻区作早稻，不宜在稻瘟病疫区种植。2002年最大推广面积1.0万hm^2，1995—2004年累计推广面积21万hm^2。

六、红410衍生品种

红410衍生赣早籼9号、赣早籼14、赣早籼17、赣早籼28、赣早籼39、湘早籼5号、湘早籼9号、湘早籼17、舟903、中鉴100、创丰1号、中优早3号、中选5号、中组1号、泸红早1号、鄂早16、辐8-1、119、南系1号、佳禾7号、佳禾早占、漳佳占、佳福占等23个品种（图7-8）。

1. 赣早籼9号及衍生品种

江西吉安地区良种场以赣早籼2号/红410于1990年育成赣早籼9号。赣早籼9号衍生赣早籼14和赣早籼25。

（1）赣早籼14

赣早籼14江西吉安地区农作物良种场从赣早籼9号系选育成的常规早籼品种，1990年通过江西省农作物品种审定委员会审定。全生育期117d，苗期株型适中，前期生长较稳，叶片窄且扭卷状，角度小，较阔叶型品种封行慢，孕穗后生长较快，稳健清秀，后期落色好，分蘖力中等，抽穗整齐，成穗率65%～70%，每穗实粒数60～70粒，结实率90%左右。有效穗450万/hm^2。千粒重25.5g。抗稻瘟病，感白叶枯病。整精米粒率63.53%，直链淀粉含量25.08%，蛋白质含量9.57%。平均单产6.80t/hm^2，适宜长江中下游及南方双季稻种植。

（2）赣早籼25

江西吉安地区良种场赣早籼9号/赣早籼4号于1992年育成。

2. 泸红早1号及衍生品种

泸红早1号是四川省农业科学院水稻高粱研究所用1277（竹莲矮/珍圭）F_6/红410育成的常规早籼品种，1986年、1988年和1991年分别通过四川省、湖南省和国家农作物品种审定委员会审定。全生育期108～118d，株高75cm，株型紧散适中，叶色深绿，苗期长势旺，分蘖力中等。千粒重约28～29g。中抗稻瘟病和白叶枯病，易感纹枯病。平均亩产6.8t/hm^2，适宜在四川、江西、湖南作早稻种植。1991年最大年推广面积18.27万hm^2，1984—1988年累计推广面积36万hm^2。泸红早1号衍生了多个品种。

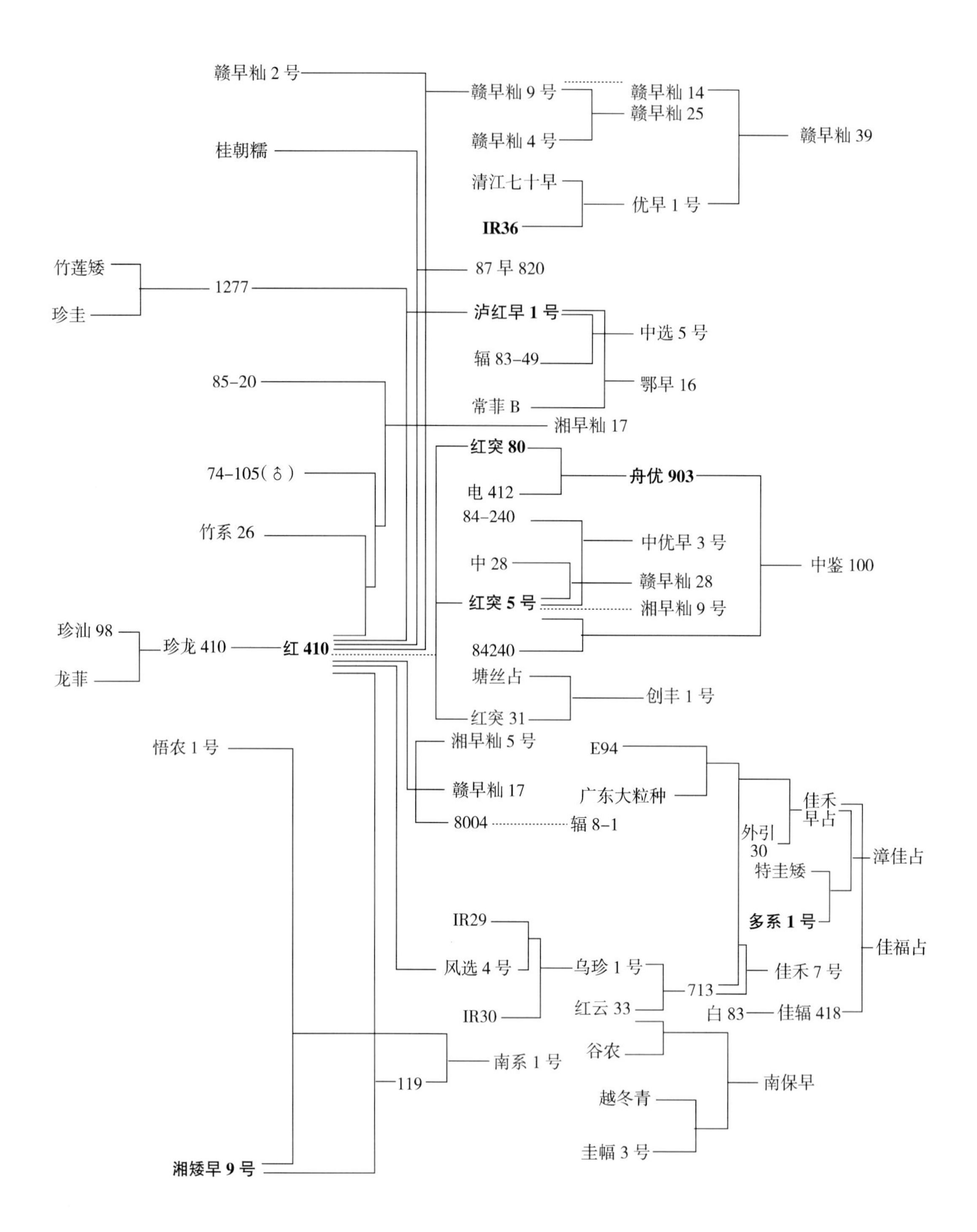

图7-8 红410衍生品种系谱

（1）中选5号

中选5号是中国水稻研究所以泸红早1号/辐83-49育成的常规早籼品种，1998年通过浙江省农作物品种审定委员会审定。全生育期114d，株高85cm，株型集散适中，剑叶挺拔，主茎叶13.5片，叶鞘青绿色，分蘖力中等，穗、粒重比较协调，有效穗405万/hm^2，每穗粒数85～90粒，结实率80%，千粒重26～27g，谷粒椭圆形；苗期较耐冷，生长势旺，耐肥抗倒，后期青秆黄熟；抗稻瘟病，稻米品质一般，适合米面加工；平均单产6.80～7.50t/hm^2。

（2）鄂早16

鄂早16是湖北荆州市种子公司以泸红早1号/常非B于2002年育成的常规早籼稻品种，2002年通过湖北省农作物品种审定委员会审定。全生育期111.6d，株高77.8cm，株型紧凑，叶片厚，叶色浓绿，剑叶短小挺直。分蘖力强，有效穗多，穗型较小，后期转色较好。苗期耐寒性较弱，成熟后易落粒。有效穗549万/hm^2，穗长16.9cm，每穗粒数63.0粒，千粒重23.79g。抗稻穗颈瘟病最高9级，抗白叶枯病最高9级。整精米粒率35.9%，长宽比3.5，垩白粒率29%，透明度1级，胶稠度55mm，直链淀粉含量17.6%。平均单产5.67t/hm^2，适宜在湖北省无稻瘟病区或轻病区作早稻种植。2004年最大年推广面积1.33万hm^2，2004—2005年累计推广面积3.67万hm^2。

3. 湘早籼17

湘早籼17是湖南农业大学水稻研究所以85-20///竹系26/红410//74-105育成的常规早籼品种，1995年通过湖南省农作物品种审定委员会审定。全生育期105d左右，株高77.7cm，穗长18cm，每穗粒数89.8粒，结实率82.6%，千粒重23.7g。苗期耐低温，后期落色好。抗纹枯病，出米率高，外观品质及食味品质较好，抗苗期稻叶瘟5～7级，抗穗瘟5～9级。单产6.60t/hm^2左右。除与汕优63等迟熟杂交稻组合及迟熟晚稻品种配套种植外，湘早籼17还可用作杂交稻秋制前作及直播和翻秋品种。1996年最大年推广面积10.8万hm^2，1994—2003年累计推广面积39.4万hm^2。

4. 红突5号、红突31和红突80

红410辐射育成红突5号、红突31、红突80，它们衍生了一系列早籼品种。

（1）中优早3号

中优早3号是中国水稻研究所以84-240//红突5号育成的常规早籼品种，1994年通过江西省农作物品种审定委员会审定。全生育期114.0d。株高83cm，株型较紧凑，剑叶挺，茎秆粗壮，叶色深绿，分蘖率较强。有效穗300万～350万穗/hm^2，每穗粒数99粒，结实率78.0%，千粒重25.0g。抗稻叶瘟2级，抗穗颈瘟5级，抗白叶枯病3级。糙米率80.0%，整精米粒率65.0%，精米长6.6mm，长宽比3.0，垩白粒率17.0%，垩白度1.2%，透明度2级，直链淀粉含量20.2%，糊化温度（减消值）7级，胶稠度63mm，蛋白质含量9.77%。平均单产6.00t/hm^2，适宜在湖南、江西和浙江的双季稻区作早稻种植。1994—2005年累计推广面积51.5万hm^2。

以红突5号为亲本，育成了赣早籼28（中28/红突5号）和湘早籼9号（辐射红突5号）。

（2）创丰1号

湖南省水稻研究所以塘丝占/红突31于2005年育成了创丰1号，2005年推广面积

1.33 万 hm²。

（3）舟优 903

舟优 903 是浙江省舟山市农业科学研究所以红突 80/电 412 育成的常规早籼品种，1994 年通过浙江省农作物品种审定委员会审定。全生育期 106～114d，株高 75～80cm，株型紧凑，叶片挺直，分蘖力强，耐肥抗倒，后期转色较好。有效穗 537.0 万/hm²，每穗粒数 68～72 粒，千粒重 23.1g。抗稻穗颈瘟病最高 7 级，抗白叶枯病最高 9 级。糙米率 80.7%～81.0%，精米粒率 72.0%～73.2%，整精米粒率 38.0%～53.3%，米粒细长，长宽比 3.4，米粒半透明，透明度 1～2 级，垩白度 5.9%～9.2%，直链淀粉含量 16.4%～16.8%，胶稠度 76～86mm，糊化温度（碱消值）6～7 级。平均单产 5.48t/hm²，适宜在南方稻区作早稻种植，尤其适于中肥或低肥田种植。舟优 903 育成后即在南方稻区大面积推广，1994—2005 年累计推广面积 113.3 万 hm²。

（4）中鉴 100

中鉴 100 是中国水稻研究所以舟 903//红突 5 号/84-240 育成的优质中熟早籼品种，1999 年通过湖南省农作物品种审定委员会审定。全生育期 114.8d，株高 74cm，株型紧凑，剑叶较挺，分蘖力中等。有效穗 320 万～360 万/hm²，每穗粒数 81.1 粒，结实率 87.9%，千粒重 24.2g。中抗稻瘟病和白叶枯病。精米粒率 72.8%，整精米粒率 44.2%，精米长 6.6mm，长宽比 3.2，垩白度 4.1%，透明度 2 级，糊化温度（碱消值）6.6 级，胶稠度 55.4mm，直链淀粉含量 15.4%。平均单产 6.20t/hm²，适宜在湖南、江西、湖北、浙江等双季稻区作早稻种植。2000 年最大年推广面积 25.3 万 hm²，1999—2005 年累计推广面积 102.6 万 hm²。

5. 湘早籼 5 号、赣早籼 17 和辐 8-1

湖南从红 410 中系选育成湘早籼 5 号；江西赣州地区良种场从红 410 中系选于 1991 年育成赣早籼 17、8004；中国水稻研究所以 8004 辐射于 1990 年育成辐 8-1。

6. 119

119 是福建省建阳地区农业科学研究所以红 410/湘矮早 9 号育成的常规早籼品种，1986 年和 1991 年分别通过福建省和国家农作物品种审定委员会审定。全生育期 118d，株高 74～84cm，株型适中，茎秆粗壮。分蘖力中等，叶片较窄小厚实，叶脉粗，叶色深绿，剑叶直立，伸长角度小。有效穗 420 万～480 万/hm²，每穗粒数 63～73 粒，千粒重26～28g。较抗稻瘟病，中抗纹枯病，中感紫秆病和白叶枯病，苗期耐性较差，耐肥，抗倒，适应性广。精米粒率 76.1%，整精米粒率 51.3%，粒长 6.2mm，长宽比 2.5，垩白粒率 86%，垩白度 34.6%，透明度 2 级，糊化温度（碱消值）4.7 级，胶稠度 52mm，直链淀粉含量 23.0%，蛋白质含量 9.3%。平均单产 6.00t/hm²，适宜在福建、江西、浙江等地作早稻种植。1986—1989 年累计推广面积 7.5 万 hm²。

7. 佳禾 7 号、佳禾早占

（1）佳禾 7 号

佳禾 7 号是厦门大学生物系水稻育种组以 E94/广东大粒种//713///713 育成的常规早籼品种，1998 年通过福建省农作物品种审定委员会审定。全生育期 125d，株高 105cm，茎秆粗壮，株型紧凑，叶片坚厚、挺直，转色好。有效穗 330 万/hm²，每穗粒数 90～95

粒，千粒重31g。抗稻瘟病。糙米率81.5%，精米粒率73.01%，整精米粒率61.98%，粒长7.44mm，长宽比3.44，垩白粒率38%，垩白度3.8%，透明度1级，糊化温度（碱消值）4级，胶稠度84mm，直链淀粉含量17.8%，蛋白质含量10%。平均单产5.60t/hm^2，适宜在福建、江西、浙江等地作早稻种植。

（2）佳禾早占

佳禾早占是厦门大学生物系水稻育种组以E94/广东大粒种//外引30育成的常规早籼品种，1999年通过福建省农作物品种审定委员会审定。全生育期125d，株高100～105cm，株型适中，分蘖力中等，剑叶直立。每穗粒数90粒，千粒重26.8g。抗白叶枯病，较抗细条病。糙米率79.6%，精米粒率71.4%，整精米粒率40.5%，粒长6.8mm，长宽比3.7，垩白粒率1.7%，垩白度3.0%，透明度2.0级，糊化温度（碱消值）6.5级，胶稠度90mm，直链淀粉含量16.4%，蛋白质含量7.8%。平均单产5.70t/hm^2，适宜在福建、江西、浙江等地作早稻种植。2000年最大年推广面积6.87万hm^2，2002—2005年累计推广面积10.60万hm^2。

佳禾早占衍生了佳福占和漳佳占两个品种。

佳福占是厦门大学生命科学院以佳禾早占/佳福418育成的早籼品种，2003年通过福建省农作物品种审定委员会审定。全生育期128～132d，株高110～115cm，株型紧凑，根系发达，茎秆较粗，叶色油绿，抽穗整齐，后期转色好；分蘖力中等，成穗率较高，有效穗270万～300万/hm^2，每穗粒数105～120粒，结实率90.8%～94.8%，千粒重29.5～31.4g。高抗稻瘟病，轻感纹枯病。糙米率82.6%，精米粒率74.5%，整精米粒率51.8%，长宽比3.9，垩白粒率2%，垩白度0.1%，透明度1级，碱消值7.0级，胶稠度82mm，直链淀粉含量13.6%，蛋白质含量10%。平均单产7.00t/hm^2，2003—2005年累计推广面积20.67万hm^2。

漳佳占是福建漳州市农业科学研究所以佳禾早占//特圭矮/多系1号于2005年育成，2005年推广面积1.27万hm^2。

七、78130衍生品种

汕优2号/威20育成78130，78130衍生泉农3号、闽科早22、闽科早55、601、8303、籼128等6个品种（图7-9）。

1. 泉农3号

泉农3号是福建省泉州市农业科学研究所以IR36/78130育成的常规早籼品种，1996年通过福建省农作物品种审定委员会审定。作早稻种植全生育期平均124～128d，株高89～95cm，茎秆粗壮坚韧，株型集散适中，分蘖力强，早发性好，转色好。有效穗330万/hm^2，穗长20.9cm，每穗粒数95粒，千粒重28.6g。抗稻瘟病，中抗纹枯病。糙米率81.7%，精米粒率74.6%，整精米粒率54.5%，长宽比2.2，垩白粒率61%，垩白度8.5%，透明度3级，糊化温度（碱消值）7级，胶稠度34mm，直链淀粉含量24.2%，蛋白质含量8.9%。平均单产6.50t/hm^2，适宜在福建省作早稻种植。1998年最大年推广面积9.33万hm^2，1996—2004年累计推广面积33.8万hm^2。

2. 闽科早22

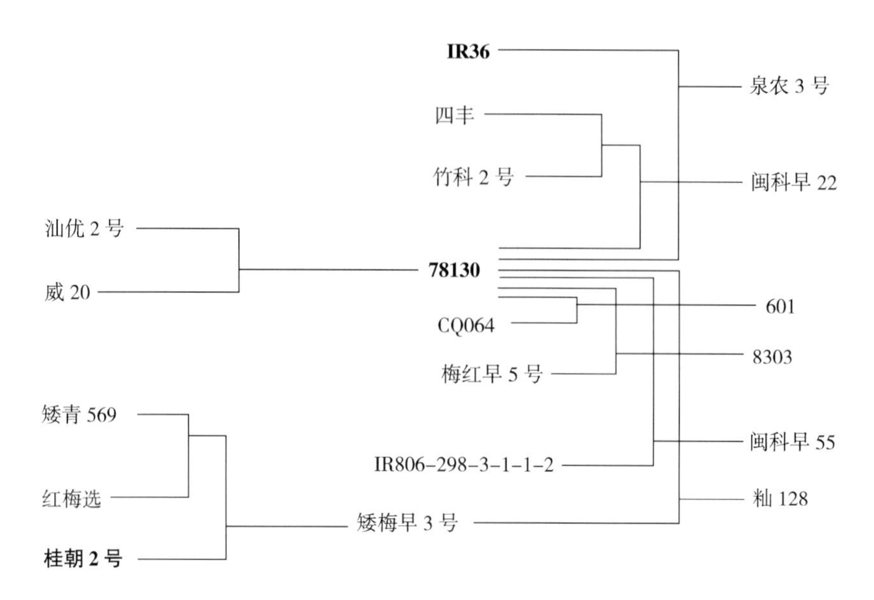

图 7-9　78130 衍生品种系谱

福建省农业科学院稻麦研究所以四丰/竹科 2 号//78130 于 1992 年育成。

3. 闽科早 55

福建省农业科学院稻麦研究所以 78130/IR806-298-3-1-1-2 于 1997 年育成。

4. 601

601 是福建省三明市农业科学研究所以 78130/CQ064 育成的常规早籼品种，1993 年通过福建省农作物品种审定委员会审定。作早稻种植全生育期平均 127.8d，株高 90cm，株叶形态较好，茎秆粗壮，根系发达，转色好。每穗粒数 110 粒，千粒重 27g。中抗稻瘟病。平均单产 6.75t/hm^2，适宜在福建省作早稻种植。1995 年最大年推广面积 6.13 万 hm^2，1991—2001 年累计推广面积 41.93 万 hm^2。

5. 籼 218

籼 218 是福建省农业科学院稻麦研究所以 78130/矮梅早 3 号育成的常规早籼品种，1991 年通过福建省农作物品种审定委员会审定。作早稻种植全生育期平均 128d，株高 90～95cm，茎秆粗壮，根系发达，叶片挺直，分蘖力中等偏强。有效穗 335 万～375 万/hm^2，每穗粒数 90～95 粒，千粒重 28g。抗稻瘟病，较抗纹枯病和白叶枯病。精米粒率 72%～75%。平均单产 6.20t/hm^2，适宜在福建省作早稻种植。1993 年最大年推广面积 2.07 万 hm^2，1990—1996 年累计推广面积 7.2 万 hm^2。

6. 8303

福建漳州市农业学校育种室以 78130/梅红早 5 号于 1992 年育成。

八、其他品种系谱

1. 中丝 2 号

中丝 2 号是中国水稻研究所以浙 8619/浙 8736//AT77-1（斯里兰卡）于 1995 年育成。1995 年、1996 年和 1998 年分别通过浙江省、江西省和国家农作物品种审定委员会审定。全生育期 113d，株高 85.0cm，叶挺株型好，茎秆坚韧抗倒，抽穗整齐，后期转色好；分蘖力强，成穗率 75%以上，有效穗 450 万/hm^2，每穗粒数 90.0 粒，千粒重 24.0g。抗稻瘟病和褐飞虱，中抗白背飞虱；苗期较耐冷，前期矮丛生，拔节期生长快；直链淀粉含量 12%（早稻）～17%（翻秋），米饭洁白、柔软，适口性好。平均单产 6.70t/hm^2，适合在长江中下游稻区浙、赣、湘、闽等省种植。1996—2005 年累计推广面积 27.33 万 hm^2。

2. 中丝 3 号

中丝 3 号是中国水稻研究所以 G294/梅选 35 - 18 育成的常规早籼品种，1997 年通过湖南益阳市农作物品种审定委员会审定。全生育期 105～108d，株高 75～80cm，株型集散适中，叶色偏淡；分蘖力中偏强，抽穗整齐，有效穗 375 万/hm^2，每穗粒数 95～100 粒，结实率 80%左右，千粒重 23g；广谱、高抗稻瘟病；谷粒细长，米质较好，尤其是整精米率高。苗期较耐冷，秧龄弹性好，移栽后返青快、起发早，扬花期不太耐高温，抗穗发芽，耐肥抗倒，一般单产 6.00～6.75t/hm^2。主要在江西、湖南省推广，1996—1999 年累计推广面积 6.27 万 hm^2。

3. 中优早 5 号

中优早 5 号是中国水稻研究所以测系 A345/84 - 17 育成的优质迟熟早籼品种，1997 年分别通过江西省和湖南省农作物品种审定委员会审定，1998 年通过国家农作物品种委员会审定。全生育期 112.0d，株高 76cm，株型紧凑，剑叶较挺，分蘖力强，苗期耐寒。有效穗 300 万～350 万/hm^2，每穗粒数 85 粒，结实率 75.0%，千粒重 25.0g。抗叶瘟 5 级，抗穗颈瘟 3 级；抗白叶枯病 3 级。整精米粒率 64.0%，长宽比 3.1，垩白粒率 24.0%，垩白度 2.0%，透明度 3 级，糊化温度（减消值）7 级，胶稠度 44mm，直链淀粉含量 17.8%，蛋白质含量 12.7%，米质好。平均单产 6.20t/hm^2，适宜在湖南、江西、湖北南部和浙江的双季稻区作早稻种植。1997—2005 年累计推广面积 86.5 万 hm^2。

4. 浙辐 7 号

浙江辐射二九丰育成。1995—2005 年累计推广面积 38.27 万 hm^2。

5. 浙辐 218

浙江以辐 9 丛生/水源 290 辐射育成的早熟早籼优质稻品种。1995 年、1996 年推广面积 9.47 万 hm^2和 8.67 万 hm^2。

6. 中 83 - 49

中 83 - 49 是中国水稻研究所、浙江省农业科学院用四丰 43（IR24/原丰早）//竹科 2 号育成的早籼品种，1990 年和 1991 年分别通过湖南省和江西省农作物品种审定委员会审定。全生育期平均 115d，株高 82.5cm，株型适中，茎秆粗壮，穗粒重协调，熟期转色好。有效穗 425 万/hm^2，穗长 17.6cm，每穗粒数 80.4 粒，千粒重 29.0g。抗稻瘟病平均 5.3 级，最高 9 级；抗白叶枯病 9 级；抗褐飞虱 9 级。整精米粒率 54.6%，长宽比 2.3，垩白粒率 100%，垩白度 31.2%，胶稠度 55mm，直链淀粉含量 25.4%。平均单产 7.50t/hm^2，适宜在浙江、江西、湖南、湖北和安徽等省作双季早稻种植。1990—2005 年累计推广面积 35.3 万 hm^2。

7. 湘早籼 14

湘早籼14是湖南省怀化市农业科学研究所以怀早3号/测64-7于1993年育成的早籼品种，1993年通过湖南省农作物品种审定委员会审定。全生育期110d，株高79cm，株型集散适中，茎秆粗细中等，分蘖力较强，成穗率高。苗期耐寒力中等，后期抗倒力较强，成熟时落色好。有效穗450万/hm^2，穗长20cm，每穗粒数80粒，千粒重25.8g，平均单产7.20t/hm^2。连续两年抗性鉴定抗稻苗瘟0级、抗叶瘟3级，较抗稻瘟病，较耐纹枯病。精米粒率73%，整精米粒率66.5%，垩白粒率31.4%，精米长7.2mm，长宽比3.6，胶稠度与直链淀粉含量接近国标三级米标准。适宜湖南、江西等长江以南地区作早稻种植，1993年最大年推广面积14.66万hm^2，1992—2003年累计推广面积42.98万hm^2。

8. 湘早籼15

湘早籼15是湖南省水稻研究所从IR19274-26-2-3-1-2系选育的早籼品种，1993年通过湖南省农作物品种审定委员会审定。全生育期117.0d，株高93.0cm，株型较紧凑，茎秆较粗而坚韧，叶片较窄，抽穗整齐。有效穗410万/hm^2，每穗粒数75.0粒，千粒重24.7g。抗稻叶瘟8级，抗穗瘟9级，抗白叶枯病9级。整精米粒率54.5%，长宽比3.7，垩白粒率12%，垩白度2.3%，胶稠度59.5mm，直链淀粉含量10.1%。1990年被评为湖南省优质软米，其大米商品名“湖南软米”，获首届中国农业博览会金奖。平均单产5.91t/hm^2，适宜在湖南省双季稻区作早稻或倒种春种植。

9. 湘早籼21

湘早籼21是湖南省原子能农业应用研究所用$^{60}Co-\gamma$射线辐射湘矮早7号于1996年育成，1996年湖南省农作物品种审定委员会通过审定。全生育期105d，株高75cm，株型适中，叶片直立，宽窄适中，耐寒性强，后期落色好，有效穗405万/hm^2，穗长18cm，每穗粒数75粒，千粒重23g，抗稻瘟病平均3.5级，最高5级，抗白叶枯病3级，整精米粒率62.7%，长宽比2.4，垩白粒率48%，垩白度10.2%，胶稠度30mm，直链淀粉含量25%，平均单产6.00t/hm^2，适宜在湖南、江西等省稻作区作早稻种植。1998年最大年推广面积3.8万hm^2，1997—2003年累计推广面积17.33万hm^2。

10. 湘早143

湘早143是湖南省水稻研究所以龚品6-29/95早鉴109育成的早籼品种，2004年通过湖南省农作物品种审定委员会审定。全生育期108.1d，株高80.0cm，株型适中，矮壮抗倒，熟期落色好。有效穗360万/hm^2，每穗粒数95.0粒，千粒重26.8g。抗稻叶瘟3级，抗穗瘟1级，抗白叶枯病7级。整精米粒率59.6%，长宽比3.3，垩白粒率15%，垩白度2.8%，胶稠度69mm，直链淀粉含量13.8%，2002年被评为湖南省三等优质稻品种。平均单产6.60t/hm^2，适宜在南方双季稻区作早稻种植。2002年评为湖南三等优质稻品种，是目前湖南早籼优质稻的主栽品种。

11. 珍桂矮1号

广东以珍叶矮/桂青3号于1990年育成，1994—2005年累计推广面积60.73万hm^2，目前仍维持年3万hm^2左右的种植面积。

12. 粤香占

粤香占是广东省农业科学院水稻研究所以三二矮/清香占//综优/广西香稻于1998年

育成的优质早籼品种，1998 年通过广东省农作物品种审定委员会审定。全生育期早稻 133～126d，晚稻 110d 左右。株高 90cm，苗期耐寒性强，插后回青快，矮壮早分蘖，分蘖力强，叶色翠绿，叶片较窄，厚短上举，群体通透性好，对肥力钝感。有效穗 345 万/hm^2，每穗粒数 140 粒，千粒重 19g。稻瘟病全群抗性比 41.4%，大田试种表明，稻瘟病发病较轻，中抗白叶枯病（3.5 级）。稻米外观品质鉴定为早稻一级，有微香，糙米率 80.7%，精米粒率 74.2%，整精米粒率 60.5%，长宽比 2.8，透明度 3 级，糊化温度（碱消值）7.0 级，胶稠度 40mm，直链淀粉含量 25%。平均单产 6.62～7.34t/hm^2。2002 年最大推广面积 9.53 万 hm^2，1998—2002 年累计推广面积 34.62 万 hm^2，目前仍是广东的主栽品种。

13. 齐粒丝苗

广东省农业科学院水稻研究所等以巨丰占/澳粳占于 2004 年育成的早籼品种，属感温型早籼常规品种。2002—2005 年累计推广面积 19.67 万 hm^2，是目前广东的主推品种。

14. 泰玉 14

泰玉 14 是广西壮族自治区玉林市农业科学研究所以 BK14/玉 83（地方品种海南占）于 2001 年育成的常规早籼品种，2001 年通过广西壮族自治区农作物品种审定委员会审定。全生育期 123d，株高 110cm。每穗粒数 146.8 粒，千粒重 20.5g。抗稻瘟病 7 级；抗白叶枯病 3 级；抗稻飞虱 9 级。糙米率 81.4%，精米粒率 74%，整精米粒率 56.1%，长宽比 3.2，垩白粒率 12%，垩白度 5.5%，透明度 3 级，糊化温度（碱消值）6.7 级，胶稠度 72mm，直链淀粉含量 13.3%，蛋白质含量 9.2%。平均单产 6.80t/hm^2，适宜在广西双季稻区作早稻种植。2003 年最大推广面积 2.7 万 hm^2，1999—2005 年累计推广面积 17 万 hm^2。

15. 油占 8 号

油占 8 号是广西壮族自治区农业科学院水稻研究所从澳粳占系选育成的常规早籼品种，2001 年通过广西壮族自治区农作物品种审定委员会审定。全生育期平均 124d，株高 103cm，株型松散适中，叶片挺直，成穗率和结实率高，后期落色好。有效穗 420 万/hm^2，穗长 18cm，每穗粒数 146 粒，千粒重 16.7g，抗稻叶瘟病 5 级，抗穗瘟 5 级，抗白叶枯病 5 级。糙米率 73.9%，精米粒率 72.7%，整精米粒率 68.1%，长宽比 3.1，垩白粒率 7%，垩白度 1.3%，透明度 2 级，糊化温度（碱消值）7 级，胶稠度 88mm，直链淀粉含量 12.4%，蛋白质含量 8.7%。平均单产 6.00t/hm^2，适宜长江中下游双季稻区作早稻种植。2003 年广西壮族自治区最大年推广面积 3.5 万 hm^2，2000—2004 年累计推广面积 56.6 万 hm^2。

16. 田东香

田东香是广西壮族自治区种子总站以泰国稻/如意香稻于 2001 年育成的常规早籼品种，2001 年通过国家农作物品种审定委员会审定。全生育期平均 128d，株高 108.0cm，株型适中，茎秆粗壮，穗粒重协调，熟期转色好。有效穗 247.5 万/hm^2，穗长 24.5cm，每穗粒数 122.0 粒，千粒重 19.2g。大田较抗稻瘟病和白叶枯病。糙米率 76.9%，精米粒率 70.1%，整精米粒率 55.9%，长宽比 2.8，垩白粒率 2%，垩白度 0.2%，透明度 2 级，糊化温度（碱消值）7 级，胶稠度 76mm，直链淀粉含量 16.3%，蛋白质含量 9.7%，有香味。平均单产 6.00t/hm²，适宜在广西壮族自治区作早稻种植。2003 年最大年推广面积 7.5 万 hm²，1995—2004 年累计推广面积 23.3 万 hm²。

17. 桂华占

桂华占是广西壮族自治区农业科学院水稻研究所以七丝占（银丝占/七加占）//桂引 901（新加坡引进）于 2001 年育成的常规早籼品种，2001 年通过广西壮族自治区农作物品种审定委员会审定。全生育期 126d，株高 105cm。每穗粒数 150 粒，千粒重 18.6g。抗稻穗瘟病 7 级，抗白叶枯病 5 级。糙米率 78.6%，精米粒率 70.4%，整精米粒率 63.2%，长宽比 3.2，垩白粒率 5%，垩白度 1.4%，透明度 1 级，糊化温度（碱消值）7 级，胶稠度 88mm，直链淀粉含量 12.2%，蛋白质含量 9%。平均单产 6.50t/hm²，适宜在广西壮族自治区双季稻区作早稻种植。2003 年广西壮族自治区最大年推广面积 2 万 hm²，2000—2004 年累计推广面积 23 万 hm²。

18. 七桂占

七桂占是广西壮族自治区农业科学院水稻研究所以七丝占（银丝占/七加占）//桂引 901 于 2000 年育成的常规早籼品种，2000 年通过广西壮族自治区农作物品种审定委员会审定。全生育期 122d，株高 104cm。每穗粒数 157 粒，千粒重 18g。抗稻瘟病 6～9 级；抗白叶枯病 3 级。糙米率 79.8%，精米粒率 73.8%，整精米粒率 69.4%，长宽比 3.2，垩白粒率 12%，垩白度 2%，透明度 1 级，糊化温度（碱消值）7 级，胶稠度 76mm，直链淀粉含量 14.3%，蛋白质含量 9.6%。平均单产 6.00t/hm²，适宜在广西壮族自治区双季稻区作早稻种植。2001 年广西壮族自治区最大年推广面积 2.4 万 hm²，2000—2004 年累计推广面积 22 万 hm²。

19. 福糯

福糯是广西农业大学以 IR24/温 F3 经 $^{60}Co-\gamma$ 射线 3 万 R 处理于 1991 年育成的常规早籼品种，1991 年通过广西壮族自治区农作物品种审定委员会审定。全生育期 117d，株高 90cm。每穗粒数 95 粒，千粒重 28g。抗稻瘟病 5 级，抗白叶枯病 1～2 级，抗叶苗瘟 4 级。糙米率 72%，粒长 6.9mm，长宽比 3.0，糊化温度适中，胶稠度软，直链淀粉 0.32%，蛋白质 8.6%。平均单产 6.00t/hm²，适宜在广西壮族自治区双季稻区作早稻种植。1993 年最大年推广面积 1.4 万 hm²，1991—2004 年累计推广面积 17 万 hm²。

20. 早香 1 号

广西壮族自治区农业科学院水稻研究所以 P4070F3-3-RH3-IBA 选早 3/壮香（IR25907-43-3-3/85 优 09//NamSagui19）于 2001 年育成，1998—2004 年累计推广面积 12.00 万 hm²。

21. 西乡糯

广西壮族自治区农业科学院水稻研究所小野糯/双桂 1 号于 1990 年育成，1990—2004 年累计推广面积 10.0 万 hm²。

22. 玉桂占

玉桂占是广西壮族自治区玉林市农业科学研究所从桂 99 中系选于 2003 年育成的早籼品种，2003 年广西壮族自治区农作物品种审定委员会审定。全生育期 121d，株高 112cm，每穗粒数 149 粒，千粒重 18.2g。抗稻叶瘟病 5～6 级，抗稻瘟病 5 级，抗白叶枯病 3～5

级。糙米率79.6%，精米粒率71.7%，整精米粒率63.1%，长宽比3.5，垩白粒率2%，垩白度0.3%，透明度3级，糊化温度（碱消值）6.5级，胶稠度64mm，直链淀粉含量12%，蛋白质含量10.4%。平均单产6.00t/hm²，适宜在广西壮族自治区双季稻区作早稻种植。2004年最大年推广面积4.7万hm²，2002—2005年累计推广面积10万hm²。

23. 桂7113

广西壮族自治区农业科学院水稻研究所从IR28125-79-3-3-2系选于1993年育成，1993—2004年累计推广面积9.40万hm²。

24. 玉香占

广西壮族自治区玉林市农业科学研究所以281/西山香占于2004年育成，1990—2004年累计推广面积10.00万hm²。

25. 八桂香

广西壮族自治区农业科学院水稻研究所以中繁21/桂7113于2000年育成，1999—2004年累计推广面积7.27万hm²。

26. 桂丰6号

广西壮族自治区农业科学院水稻研究所从“早丰2号”系选于2001年育成，2000—2004年累计推广面积7.13万hm²。

27. 皖稻63

皖稻63是安徽农业大学农学系以海竹/二九青于1997年育成的常规早籼品种，1997年通过安徽省农作物品种审定委员会审定。全生育期106.1d，株高80cm左右，株型适中，茎秆较粗壮，叶片挺直，叶色浓绿，分蘖力中等。有效穗360万/hm²，每穗粒数100粒，结实率85%，千粒重25.5g。抗稻瘟病1级，抗白叶枯病7级。米质中等，米粒垩白较大。平均单产6.90t/hm²，适宜在安徽省双季稻区作早稻种植。2003年最大年推广面积4.0万hm²，1998—2004年累计推广面积14.3万hm²。

28. 鄂早6号

鄂早6号是湖北省农业科学院粮食作物研究所以红梅早/IR28//72-11/二九矮7号育成的常规早籼品种，1985年和1991年分别通过湖北省和国家农作物品种审定委员会审定。全生育期114～121d，株高85cm，分蘖集散适中，叶片狭长，色浓穗下垂，穗长约20cm，千粒重27g，轻感稻瘟病和纹枯病，抗白叶枯，抗倒力差。平均单产6.30t/hm²，适宜在湖北、湖南、江西、安徽等省稻作区作早稻种植。1995年最大年推广面积43.40万hm²，1986—1990年累计推广面积72万hm²。

29. 鄂早11

鄂早11是湖北省黄冈地区农业科学研究所以P88/国际所1号于1995年育成的常规早籼品种，1995年通过湖北省农作物品种审定委员会审定。全生育期108d，叶淡绿色，穗型较集中，分枝下垂，呈半圆形。生长势、分蘖力均较强。耐寒性中等，抗倒性较强，后期转色好。有效穗409.5万/hm²，穗长21cm，每穗粒数75.7粒，千粒重26.2g。抗稻穗颈瘟病最高3级，抗白叶枯病最高3级。整精米粒率49.3%，长宽比2.9，垩白粒率30%，透明度5级，胶稠度42mm，直链淀粉含量25.8%。平均单产5.77t/hm²，适宜在湖北省双季稻区作早稻栽培。1995年最大年推广面积13.07万hm²，1995—2005年累计推广面积 45.83 万 hm^2。

30. 鄂早 12

鄂早 12 是湖北省荆州市农业科学院以四丰 43/特青//四丰 43 于 2000 年育成的常规早籼品种，2000 年通过湖北省农作物品种审定委员会审定。全生育期 108d，株高 74.8cm，易落粒。有效穗 453.0 万/hm^2，穗长 17.7cm，每穗粒数 73.6 粒，千粒重 21.4g。抗稻穗颈瘟病最高 5 级，抗白叶枯病最高 5 级。整精米粒率 62.72%，长宽比 2.4，垩白粒率 27%，透明度 3 级，胶稠度 45mm，直链淀粉含量 20.08%。平均单产 5.68t/hm^2，适宜在湖北省荆州市种植。2004 年最大年推广面积 2.73 万 hm^2，2001—2005 年累计推广面积 11.40 万 hm^2。

31. 鄂早 14

鄂早 14 是湖北省黄冈市农业科学研究所以泸早 872/90D2 育成的常规早籼品种，2001 年通过湖北省农作物品种审定委员会审定。全生育期 108d，株高 90.6cm，株型适中，苗期耐寒早发，生长势、分蘖力均较强。单株主穗与分蘖穗高矮不齐，少数谷粒有短顶芒。有效穗 372 万/hm^2，穗长 19.9cm，每穗粒数 97.5 粒，千粒重 25.28g。抗稻穗颈瘟病最高 5 级，抗白叶枯病最高 7 级。整精米粒率 53.38%，长宽比 3.0，垩白粒率 26%，透明度 2 级，胶稠度 41mm，直链淀粉含量 25.65%。平均单产 5.91t/hm^2，适宜在湖北省作早稻种植。2002 年最大年推广面积 6.80 万 hm^2，2000—2004 年累计推广面积 30.10 万 hm^2。

32. 皖稻 39

皖稻 39 是安徽省肥东县水稻原种场以水源 258 经 $^{60}Co-\gamma$ 射线处理育成的常规早籼品种，又名早籼 213，1992 年通过安徽省农作物品种审定委员会审定。全生育期 106d 左右，株型前松后紧，株高 85cm 左右，主茎叶 13 片，叶色淡绿，分蘖力中等。有效穗 360 万/hm^2，每穗粒数 100 粒，结实率 85%，千粒重 22.5g。轻感稻瘟病和白叶枯病。糙米率 80%，米质优于浙辐 802。平均单产 6.00t/hm^2，适宜在安徽省双季稻区作早稻种植。2004 年最大年推广面积 11.6 万 hm^2，1990—2004 年累计推广面积 77 万 hm^2。

33. 皖稻 43

皖稻 43 是安徽省宣城地区农业科学研究所以水源 287/8B-40 于 1994 年育成的常规早籼品种，又名早籼 240，1994 年通过安徽省农作物品种审定委员会审定。全生育期 108d 左右，株型松散适中，株高 75cm 左右，叶片挺直稍卷，叶色浓绿，剑叶角度较小。分蘖力中等，成穗率较高。有效穗 375 万/hm^2，每穗粒数 105 粒，结实率 80%，千粒重 22～23g。轻感白叶枯病和稻瘟病，米质中等。平均单产 6.20t/hm^2，适宜在安徽省双季稻稻瘟病轻发区作早稻种植。1994 年最大年推广面积 3.9 万 hm^2，1993—2004 年累计推广面积 23 万 hm^2。

参 考 文 献

陈昆荣，张吕望，卢王印，等.1996. 浙江省早稻品种演变与产量发展的关系［J］. 浙江农业科学，5：201-204.

邓华凤，舒服，蒲宏铁.2001.对长江流域早籼稻品质改良中几个问题的看法［J］.杂交水稻，16（4）：4-6.
盖钧益，陆漱韵，马鸿图.1997.作物育种学各论［M］.北京：中国农业出版社.
国家统计局农村社会经济调查大队.新中国五十年农业统计资料［M］.北京：中国统计出版社.
林世成，闵绍楷.1991.中国水稻品种及其系谱［M］.上海：上海科学技术出版社.
王联芳，黄景夏，余应弘，等.1996.水稻育种方法的研究与应用［J］.湖南农业科学，1：18-21.
魏子生，李友荣，侯小华.1997.安仁基点水稻抗灾育种研究概况与进展［J］.湖南农业科学，5：17-18.
魏子生，李友荣，侯小华.1997.多抗优质高产高效水稻新品种的选育与应用［J］.湖南农业科学，5：6-8.
吴云天，王联芳，陈本容，等.2002.湖南省早稻品种演变分析［J］.湖南农业科学，4：13-14.
吴云天，杨远柱，杨冬奇，等.2005.长江流域杂交早稻发展面临的问题及对策［J］.杂交水稻，20（4）：1-3.
谢振文，黄桂章.1989.广东省早籼品种演变发展和系谱分析［J］.广东农业科学，3：4-9.
熊振民，蔡洪法.1992.中国水稻［M］.北京：农业出版社.
杨仕华，程本义，沈伟峰，等.2004.我国长江流域籼稻品种选育进展及改良策略［J］.中国水稻科学，18（2）：89-93.
杨仕华，程本义，沈伟峰.2004.我国南方稻区杂交水稻育种进展［J］.杂交水稻，19（5）：1-5.
余应弘，黄景夏，刘进明，等.1995.湖南省主要育成和应用水稻品种（组合）亲缘分析及评述［J］.湖南农业科学，5：1-5.

8 第八章

常规中籼稻品种及其系谱

第一节　概　　述

中籼属于栽培稻籼亚种中的一种气候生态类型，一年栽培一季，通常采用稻—麦、稻—油、稻—肥两季，以及冬水休闲等耕作方式。因一季杂交中籼在产量、适应性等方面，比常规中籼品种具有明显的优势，自20世纪80年代杂交稻在我国大面积推广以来，常规中籼品种的种植面积急剧下降。目前生产上中籼多以杂交稻为主，常规中籼为搭配品种，并主要为

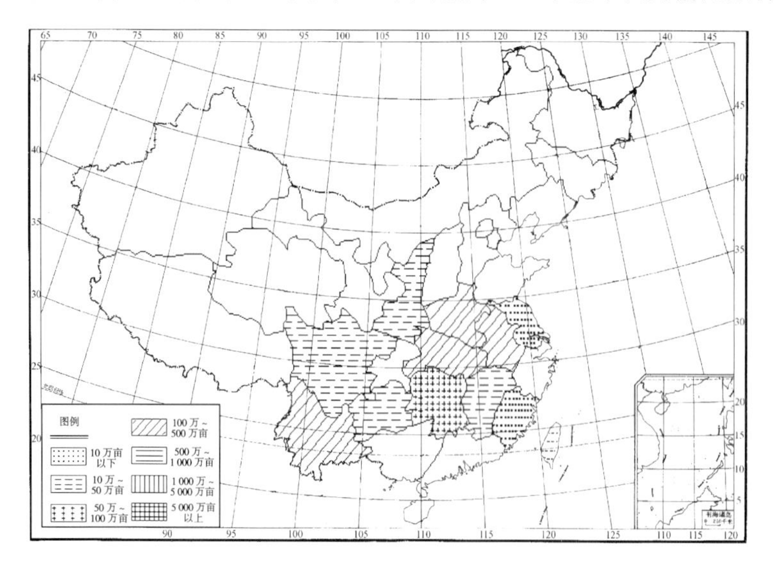

图8-1　全国常规中籼稻2005年种植面积分布图

优质、抗病和具有特种用途的专用品种。作为搭配品种，中籼品种主要分布在华中双、单季稻作区的大部及西南高原单季稻作区的一部分，包括江苏、湖北、安徽、河南、陕西、四川、云南、贵州和湖南等省，其中，安徽、湖北、河南和云南等省的面积较大，在10万hm^2以上。此外，浙江、江西、广东、广西、台湾等省、自治区也有零星种植（图8-1）。

根据自然地理条件、品种类型分布和栽培制度，可以把全国常规中籼稻品种划分成华中中籼稻作区和西南高原中籼稻作区。

一、华中中籼稻作区

本稻作区东起江苏，西至四川盆地，北达河南、陕西南部，南抵湖南和江西北部及贵州榕江地区。既有肥沃的大平原，也有浅丘以及海拔1 700m的山区，地势复杂，气候各异。大体上可以划分为长江流域中籼稻区和豫南汉中盆地中籼区。

1. 长江流域中籼稻区

长江流域中籼稻区是我国著名的产稻区和重要的商品粮生产基地，其地貌复杂，地形多样，既有平原，又有丘陵和山区。平原区主要包括四川成都平原、湖北江汉平原、安徽皖中平原和江苏里下河平原等，其河网纵横，湖泊众多，灌溉方便，土壤多为冲积壤土、沉积土、潮土及鳝血土等，熟化充分，肥力较高。丘陵区包括四川盆地东南浅丘区、江苏的宁镇扬丘陵区、安徽的江淮丘岗区以及湖北的鄂中丘陵区等，多以塘、库、堰作为灌溉水源，并有一定面积的囤水田及冬水休闲田，土壤多为红壤、黄壤、棕壤或紫色土发育的水稻土，肥力一般较高。山区主要包括四川盆地周围山区、湖南西北武陵山区、安徽的大别山、湖北的鄂西北山区等，本区海拔差异颇大，山地立体气候特点明显，稻田大多为海拔500～800m依山筑坝的梯田，土壤以黄壤为主，表现黏、阴、瘦的田块多。该稻区的一季中籼面积约为530万hm^2，其中，常规中籼面积约30万hm^2，占一季中籼面积的6%左右。此外，台湾中籼稻面积约2.5万hm^2。

总体来说，该区域温光资源丰富，土壤肥力较高，雨量充沛，适宜水稻生长。年平均温度13～18℃，平原和丘陵区略高，山区略低；每年≥10℃的积温达4 500～6 500℃，适宜水稻生长的时间除山区较短（140d以下）外，其他地区在200d以上。年降雨量900～1 500mm，山区略高于平原和丘陵区。年日照时数为700～2 000h，自东向西递减，以成都平原和川东南明显偏少。光合总辐射量335～502kJ/cm^2不等，平原高于丘陵，丘陵又高于山区。在以上温、光、水、热资源影响下，本区域中籼稻多以稻—麦、稻—油两熟为主，兼有绿肥和冬闲田一季稻。中籼播种期一般在3月下旬至5月初，齐穗期自南而北延迟，一般在7月下旬至8月中、下旬之间。

本稻区的主要自然灾害有涝渍，低温、高温热害及病虫害等。涝渍主要因夏雨过多，山洪暴发，排水不畅，或江河倒灌而产生，造成局部平原较大的洪涝减产损失。低温主要发生于早春寒潮频繁，常造成烂种、烂秧。高温热害主要发生在7月下旬和8月上旬，连续数天的高温导致空、秕粒率增高而减产。如2003年7月下旬到8月初，发生在该地区的高温热害导致中籼稻大面积减产甚至绝收，仅安徽省中籼稻结实率在10%以下的就达3.5万hm^2以上。主要病害有稻瘟病、白叶枯病、纹枯病和稻曲病等。近年来，由于施肥水平的提高，稻瘟病、纹枯病都有普遍加重趋势；稻曲病连年发生并造成严重损失，有的田块甚至绝收，已引起广泛重视。虫害主要有稻蓟马、稻纵卷叶螟、二化螟、三化螟和稻飞虱等，并以螟虫和稻飞虱发生最为严重。

本区稻作历史悠久，耕作水平较高，一般单产 7.50t/hm² 以上，高产田块可达 9.00t/hm²。20 世纪 90 年代主要推广的中籼稻品种有桂朝 2 号、特青、双桂 36、扬稻 2 号、扬稻 4 号、珍珠矮、七三占、七黄占、双朝 25、特三矮 2 号、鄂荆糯 6 号、E164（皖稻 27）和 87641（皖稻 57）等。目前，生产上主要种植的中籼稻品种多以优质稻和糯稻品种为主，主要品种有扬稻 6 号、中籼 898、皖稻 101、鄂中 4 号、鄂香 1 号、鄂荆糯 6 号、扬辐糯 4 号、中香 1 号等。

随着人们生活水平的提高，对优质稻米需求的数量不断增加，质量也不断提高。本区对常规中籼稻品种的品质要求较高，其育种目标是在一定的产量基础上，主攻品质，重点在提高整精米粒率、降低垩白粒率和垩白度，直链淀粉含量中等；同时要求抗稻瘟病、白叶枯病和稻曲病，抽穗期耐高温。山区还要求品种具有熟期较短、抗稻瘟病、灌浆结实期耐低温的特点。

2. 豫南、汉中盆地中籼区

本区中籼品种主要分布在河南及陕西的南部，即河南的信阳、南阳及陕西的汉中平原和陕南的浅丘地区。该区域的常规中籼稻面积约 7 万 hm²，占水稻面积的 14%。豫南土壤为黄棕壤与潮土经长期熟化而成；陕南则为冲积土，肥力较高。本区处于亚热带的北缘，年平均温度 14～16℃，≥10℃的年积温 4 100～5 000℃，日照 1 500～2 000h，总辐射热量 460～502kJ/cm²，无霜期 193～230d，陕南偏少。年降雨量 800～1 200mm，陕南偏少，800～1 000mm。年雨量分布因受季风影响很不均匀，陕西关中夏、秋季雨量占全年雨量为 73%，陕南达 88%。在种植制度上，陕南除关中部分稻麦两熟外，大部分地区为一年一熟。豫南则多实行稻—油、稻—豆一年两熟，还有一部分稻肥及冬水休闲田。豫南中籼品种主要有特糯 2072（糯米）、特优 2035（优质籼米）、豫籼 9 号（加工米线用途）等，陕南主要种植品种为特种稻，如黑丰糯、黑宝和荆糯 6 号等。

本稻区的主要自然灾害有雨涝、低温和病虫害等。雨涝主要出现在夏季，春、秋两季也有发生，主要发生在豫南南阳盆地东南部的低洼地区。低温主要发生在豫南地区 4 月底至 5 月初的早播品种苗期和晚熟品种灌浆结实期。主要病害有稻瘟病、纹枯病和稻曲病等。主要虫害有二化螟、三化螟、稻纵卷叶螟和稻飞虱等。

本区水稻灌浆期间昼夜温差大、雨水较少、光照充足，病虫害较少，有利于优质稻米生产，陕南地区又是我国黑糯稻等特种稻的主要产区。在育种目标上，以优质和具有特殊用途的专用品种为主，兼顾产量和抗稻瘟病，生育期在 140d 左右。

二、西南高原中籼区

本区中籼稻品种主要分布于云贵高原，包括贵州的河谷盆地、山间盆地和云南海拔 1 700m以下地区，以及四川的攀枝花、凉山等地区，常规中籼稻面积约 13 万 hm²。该区地势高低悬殊极大，稻作气候立体分布明显。属亚热带季风及温带高原气候，年平均温度在高原为 18～24℃，≥10℃的积温 2 000～6 500℃，温度高低相差可达 2 倍。总日照时数 1 100～1 500h，昼夜温差大。年降雨量 850～1 100mm，干、雨季节分明。当年 11 月至翌年4月为旱季，5～10月为雨季。土壤以黄泥田为主，依土壤保肥力及有机质含量分为死黄泥田、黄泥田及黄泥大土田三类。

本区品种资源丰富，是亚洲稻种的主要发源地之一。水稻产量差异很大，高寒山区低的亩产只有300kg左右，而云南高原典型田块常规籼稻矮秆良种可达每亩1 000kg左右。20世纪90年代主要推广的中籼稻品种有滇陇201、楚籼1号、云香糯1号、科砂1号、金麻占、光辉等品种。目前主要栽培的中籼稻品种有滇屯502、滇籼15、滇籼16、德优2号、凉籼2号、凉籼3号、兴育873等。

本区的气候灾害主要为低温冷害和旱灾。低温冷害主要发生在3月下旬至4月下旬的“倒春寒”对秧苗影响和9月份的低温阴雨对水稻灌浆结实的影响。本区雨量较丰富，但时空分布不均，常有不同范围和不同程度的春旱和夏旱。

本区病虫害种类较多，病害主要有稻瘟病、稻曲病、白叶枯病及纹枯病等；虫害有稻螟、稻瘿蚊、稻纵卷叶螟、稻秆潜蝇等，其中以三化螟、稻瘿蚊为害较重。

由于特殊的自然条件，育种目标对抗寒性、抗病性、抗逆性、熟期均有严格要求，以达到“广适性”的目的。在熟期上，主要以早熟中籼稻或迟熟早籼稻为主，在山下搭配中熟或迟熟中籼稻品种，并要求苗期抗寒力强，孕穗扬花期耐低温阴雨及抗稻瘟病和褐飞虱等。

第二节　品种演变

新中国成立初期至20世纪80年代中期，中国中籼稻品种演变在林世成和闵绍楷主编的《中国水稻品种及其系谱》中有较详细的叙述。该时期的中籼稻品种演变分为两个阶段：一是50年代，主要是地方品种的收集、整理、筛选和鉴定，以及高秆良种的系统选育和杂交选育，评选和选育出的一批高秆良种在生产上迅速推广，主要有胜利籼、中农4号、万利籼、川农422、南京1号和广场13等。二是50年代中后期以后，我国水稻矮化育种取得突破，相继育成一系列高产、半矮秆的华南早籼良种，并在中籼稻地区大面积推广。20世纪60年代主要推广品种有广场矮、珍珠矮、二九矮、广选3号、成都矮8号和南京11等，其中，广场矮和珍珠矮年推广面积分别达66.7万hm^2和333万hm^2，使我国中籼稻品种一般单产由4.00t/hm^2提高到6.00t/hm^2。20世纪70年代主要推广品种有桂朝2号、2134、泸成17、矮沱谷151和泸双1011等，使我国中籼稻品种一般单产由6.20t/hm^2提高到6.80t/hm^2。20世纪80年代初期主要推广品种有桂朝2号、双桂1号和扬稻2号等，使我国中籼稻品种一般单产由6.80t/hm^2提高到7.50t/hm^2。

20世纪70年代后期，随着中籼杂交水稻大面积推广，常规中籼稻品种很快被高产适应性广的杂交稻取代，至90年代及以后，常规中籼稻作为搭配品种种植。1988年全国常规中籼稻约占中籼稻总面积的45%，90年代初常规中籼稻的比例下降到不足20%，如1992年安徽省的常规中籼稻只占中籼稻面积的11.5%。自1986年以来，我国中籼稻品种的演变大致可分为两个阶段。

第一个阶段是80年代后期至90年代中期，生产上主要种植的品种为80年代至90年代初采用杂交育种技术育成的高产品种，这些品种的共同特点是产量高，大面积单产都在7.50t/hm^2以上，与杂交稻的产量不相上下，而且抗病性较强、适应性广，但品质一般为中等或偏差。年推广面积在6.7万hm^2以上的品种有广东省农业科学院育成的特青、桂朝2号，年推广面积在0.67万hm^2以上的品种有扬稻2号、扬稻4号、南京1号、南京11、双桂36、密阳23、E164、鄂荆糯6号等。其中，推广面积最大的品种为广东省农业科学院育成的高产品种特青，不仅产量高、抗性强，而且适应性广，在我国南方作早、中、晚籼稻大面积推广，仅1990年推广面积就达18.5万hm^2。其次为高产品种桂朝2号，1990年推广面积12.7万hm^2。

第二阶段是90年代中后期至今，生产上主要推广品种为采用杂交育种和辐射诱变育种技术育成的优质、高产、抗病或专用稻品种，这一时期的主推品种多为20世纪90年代初以后育成的。80年代中后期，随着我国城乡人民生活的逐渐改善，粮食的直接消费量呈下降趋势，加之，粮食产量的不断提高，粮食生产出现结构性过剩，发展优质稻米生产受到各级政府的重视，生产上迫切需要既优质又高产、抗病的水稻品种。由于我国科研部门此前多以高产为水稻育种的第一目标，生产上缺乏优质、高产、抗性好的水稻品种。自1985年农业部在湖南长沙召开全国优质米生产座谈会以来，优质水稻品种选育研究在全国范围内广泛展开。通过广大育种科研工作者的努力和协作，一批优质、高产、多抗中籼水稻新品种在90年代育成并投入大面积推广应用。如江苏省育成扬稻4号、扬辐籼2号、扬辐籼3号、南京玉籼、扬稻6号、南京16等；湖北省育成鄂中4号、鄂香1号等；安徽省育成皖稻27（E164）、皖稻69（91499）、中籼898、绿稻24等；河南省育成特优2035等；贵州省育成贵辐籼、兴育873和银桂粘等；云南省育成滇屯502、文稻1号和德优2号等。年推广面积在6.7万hm^2以上的品种有江苏省农业科学院里下河地区农业科学研究所育成的扬稻6号，仅2001年种植面积达16.7万hm^2。年推广面积在0.67万hm^2以上的品种有扬稻4号、南京16、中籼898、鄂中4号、胜泰1号等。

此期，针对生产上需要优质高产糯稻、香稻、黑米等专用稻品种，一些科研单位育成专用稻品种并得到推广。在生产上大面积推广应用的糯稻品种除早期育成的鄂荆糯6号外，还有扬辐糯1号、扬辐糯4号、南农糯2号、盐稻5号、鄂糯7号、中籼糯87641、豫糯1号、特糯2072、黑丰糯、成糯397、眉糯1号和滇籼糯11等。其中，年推广面积在0.67万hm^2以上的品种有江苏省农业科学院里下河地区农业科学研究所育成的扬辐糯4号、安徽省农业科学院水稻研究所育成的中籼糯87641、信阳市农业科学研究所育成的特糯2072等。育成的主要香稻品种有鄂香1号、大粒香12、马坝香糯、辐龙香糯等，其中鄂香1号年推广面积在0.67万hm^2以上。此外，育成并在生产上有较大面积种植的黑米品种有黑丰糯和黑优粘等；育成并在生产上有较大面积种植的加工米线专用品种有豫籼9号。

目前，中籼稻品种基本实行了杂交化，常规中籼稻品种在生产上作搭配品种种植，但也不应放弃常规中籼稻品种选育和推广工作。这是因为，一方面常规中籼稻与杂交稻是“水涨船高”的关系已被育种和生产实践证明，如扬稻6号具有优质高产、抗病适应性广等优点，以其作为父本育成的粤优938、两优培九、丰两优1号和扬两优6号等杂交稻品种在生产上大面积推广。另一方面因三系杂交稻受恢保关系制约和两系杂交稻受父母双亲的共同影响，杂交稻米质改良滞后于常规稻品种。水稻优质化是今后水稻产业的发展方向，选育优质尤其是高档优质米品种将是常规中籼的主要育种目标。此外，选育糯稻、紫米、黑米和富铁、富锌等功能性稻米，也将是常规中籼稻育种的方向。

第三节　主要品种系谱

一、以特青为基础的衍生品种

特青是广东省农业科学院水稻研究所用特矮/叶青伦，于1984年育成的早、晚稻兼用型的超高产品种。茎秆粗壮，耐肥抗倒，叶挺色浓，高抗白叶枯。利用特青作为亲本，其配合力好，育成一系列早、中籼稻品种。以特青为亲本育成了特三矮2号和胜优2号，以这两个品种为亲本，又衍生了扬稻7号、特优2035、皖稻101、胜泰1号和鄂中4号等中籼稻品种；其他育成品种均为以特青为杂交亲本直接衍生而来（图8-2）。

1. 特三矮2号及其衍生品种

特三矮2号系广东省农业科学院水稻研究所用特青为母本，三二矮为父本杂交，于1992年育成的早、晚兼用型籼稻品种，作一季中稻在安徽等省有一定的种植面积。全生育期在广东作早稻136d，株型好，分蘖力中等偏强，茎秆粗壮，抽穗整齐，穗大粒多，耐肥，抗倒，苗期耐寒，后期熟色好，株高95～100cm，有效穗315万/hm^2，每穗粒数109粒，结实率86%，千粒重26g。稻米外观品质为早稻3级，稻瘟病全群抗性比81.3%，其中，中B、中C群均为83.3%，中抗白叶枯病（3级）。

（1）扬稻7号

江苏省农业科学院里下河地区农业科学研究所用特三矮2号//40013（密阳23/IR2564-155-1）于2000年育成。全生育期平均140d，株高120cm，分蘖力较强，株型较紧凑，抗倒性中等。有效穗225万/hm^2，每穗粒数160粒，千粒重27.5g。整精米粒率63.3%，长宽比2.5，垩白粒率61%，垩白度8.7%，透明度2级，直链淀粉含量24.4%，碱消值7.0级，胶稠度31mm。平均单产8.50t/hm^2，适宜于江苏省中籼稻地区中上等肥力条件下种植。

（2）特优2035

河南省信阳市农业科学研究所用特三矮2号/豫籼3号（桂朝84号/IR24）于2003年育成。全生育期145d，株高115cm，苗期株型紧凑，分蘖力强，叶片细狭稍外卷，叶片淡绿色，拔节后株型集散适中，叶色深绿，倒三叶相对较大，剑叶直立上举，茎秆粗壮，耐肥、抗倒力强，成熟时叶青秆黄。有效穗320万/hm^2，穗长25cm，每穗140粒，结实率85%，千粒重28g，谷粒细长，有顶芒。糙米率78.6%，整精米粒率69.1%，垩白粒率14%，垩白度0.9%，长宽比3.0，直链淀粉含量19.1%，胶稠度80mm。对稻瘟病菌反应级别为0级，属高抗类型；对稻白叶枯病反应级别为3～5级，属中抗类型；水稻纹枯病病情指数0.173。平均产量9.00t/hm^2。适宜在河南省南部稻区作一季中稻种植。2004年最大年推广面积5.0万hm^2，2003—2006年累计推广面积11.0万hm^2。

（3）皖稻101

安徽省农业科学院水稻研究所用特三矮2号/皖稻27（密阳23//IR4412-164-3-6/IR4712-108-1）于2003年育成，原名中籼92011。全生育期136～138d，比汕优63略早熟。株高105～110cm，株型松散适中，分蘖力强，茎秆坚韧，叶片挺直，叶色浓绿。有

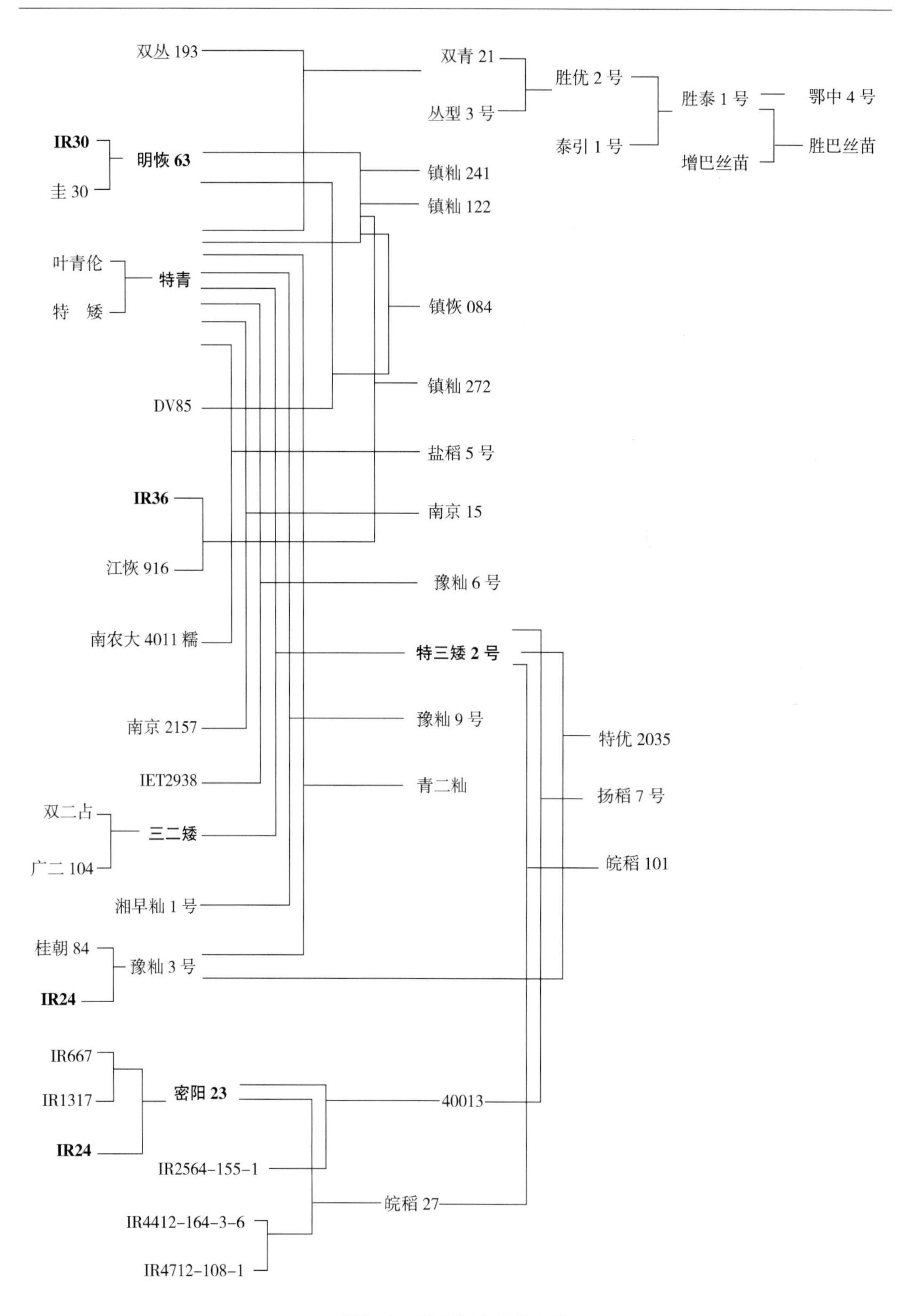

图 8-2　特青衍生品种系谱

效穗250万/hm²，穗长24.5cm，每穗粒数171.3粒，结实率80%以上，千粒重26g左右。米质好，米粒透明，心腹白少，食味好，冷饭柔软不结块。糙米率80.1%，精米粒率74.1%，整精米粒率71.5%，粒长6.6mm，长宽比3.1，垩白度0.5%，透明度1级，糊化温度（碱消值）7.0级，胶稠度72mm，直链淀粉含量14.6%，蛋白质含量9.0%。中抗稻瘟病（3级）和中抗白叶枯病（3级）。平均产量8.00t/hm²，适宜在安徽及周边省、自治区作一季中稻种植。2003年最大年推广面积2.5万hm²，2003—2006年累计推广面积6.2万hm²。

2. 胜优2号及其衍生品种

胜优2号为广东省农业科学院水稻研究所用双青21（双丛193/特青）/丛型3号于1994年育成的早晚兼用籼型水稻品种，在长江中下游地区可作一季中稻种植。全生育期在广东作早稻135d，株型好，株高100～105cm，分蘖力中等，穗大粒多，结实率高，有效穗287万/hm²，每穗粒数120粒，结实率85%～90%，千粒重25.9g，稻米外观品质为早稻三级，稻瘟病全群抗性比75%，中抗白叶枯病（3.5级）。1992—1993年参加广东省早稻区试，单产6.50～6.80t/hm²，比对照三二矮增产10.86%～12.83%，均达极显著水平。

（1）胜泰1号

广东省农业科学院水稻研究所用胜优2号/泰引1号育成的早晚兼用型品种，1999年分别通过陕西省和广东省农作物品种审定委员会审定。感温型品种，全生育期在广东作早稻种植128d，晚稻种植116～117d，在陕西作中稻种植152d。茎秆粗壮，耐肥抗倒，穗大粒多，但结实率偏低。株高95cm，穗长22～24cm，有效穗270万/hm²，每穗粒数141～144粒，结实率73%～79%，千粒重23g。稻米外观品质为晚稻一级，直链淀粉含量18%。稻瘟病全群抗性比52.8%，其中，中B群51.7%，中C群66.7%；中感白叶枯病（5级）。1999—2003年在陕西和南方稻区累计推广面积10万hm²。

（2）鄂中4号

湖北省农业科学院作物育种栽培研究所和荆州市原种场从胜泰1号的变异株系选育成，2002年通过湖北省审定。全生育期135d，株高122cm，株型紧凑，叶片直立，剑叶挺直。分蘖力较强，生长势旺，穗大粒多，千粒重较低。后期熟相好，但抗倒性较差。有效穗312.0万/hm²，穗长25.2cm，每穗粒数152.3粒，千粒重21.9g。抗稻穗颈瘟最高9级，抗白叶枯病最高5级。整精米粒率66.7%，长宽比3.1，垩白粒率10%，垩白度0.5%，胶稠度76mm，直链淀粉含量15.6%。平均单产8.18t/hm²，适宜在湖北省鄂西南以外地区作一季中稻种植。2003年最大年推广面积4.0万hm²，2001—2005年累计推广面积10.1万hm²。

3. 特青的直接衍生品种

（1）镇籼272

江苏省农业科学院镇江地区农业科学研究所用明恢63/特青//IR36/江恢916于1997年育成。全生育期平均140d，株高110cm，株型较紧凑，茎秆粗壮，叶片短挺，叶色淡绿，生长清秀，分蘖性较强，有效穗多，穗形中等，结实率高。有效穗293万/hm²，每穗粒数120粒，千粒重30g。精米粒率73.3%，垩白粒率98%，垩白度16.5%，透明度1级，直链淀粉含量25.4%，糊化温度（碱消值）7.0级，胶稠度30mm。平均单产9.10t/

hm^2，适宜于江苏省中籼稻地区中上等肥力条件下种植。

（2）盐稻5号

江苏省农业科学院沿海地区农业科学研究所用特青/南农大4011糯于1997年育成的中籼糯稻品种。全生育期平均141d，株高100cm，株型较紧凑，叶片较宽挺，叶色较深，分蘖性较强，穗数较多，穗粒结构较协调，熟相较好，抗倒性较强。有效穗270万/hm^2，每穗粒数160粒，千粒重23g。精米粒率73%，长宽比2.8，直链淀粉含量1.6%，糊化温度（碱消值）5.9级，胶稠度99mm。平均单产9.00t/hm^2，适宜于江苏省中籼稻地区中上等肥力条件下种植。1998年最大年推广面积4.1万hm^2，1997—2000年累计推广面积9.6万hm^2。

（3）镇籼122

江苏省农业科学院镇江地区农业科学研究所用明恢63/特青于1998年育成。全生育期平均142d，株高120cm，叶片长略披，叶色稍深，分蘖性强，穗粒结构较协调，熟相好，抗倒性中等。有效穗270万/hm^2，每穗粒数135粒，千粒重28g。整精米粒率61.3%，长宽比2.8，垩白粒率31%，垩白度9.6%，透明度1级，直链淀粉含量16.3%，糊化温度（碱消值）3.8级，胶稠度88mm。平均单产8.90t/hm^2。适宜于江苏省中籼稻地区中上等肥力条件下种植。

（4）南京15

江苏省农业科学院粮食作物研究所用特青/南京2157（IR24/IR26）于1998年育成。全生育期平均136d，株高105cm，株型较紧凑，茎秆粗壮，剑叶挺直，叶色淡绿，分蘖力较强，穗大粒多，穗粒结构较协调，熟相好，抗倒性较强。有效穗263万/hm^2，每穗粒数150粒，千粒重25.5g。整精米粒率66.1%，直链淀粉含量24.9%。平均单产9.10t/hm^2，适宜于江苏省中籼稻地区中上等肥力条件下种植。1999年最大年推广面积3.3万hm^2，1999—2001年累计推广面积6.7万hm^2。

（5）镇籼241

江苏省农业科学院镇江地区农业科学研究所用明恢63/特青于2000年育成。全生育期平均136d，株高110cm，分蘖力中等，株型紧凑，抗倒性较强。有效穗225万/hm^2，每穗粒数135～140粒，千粒重30g。整精米粒率58.1%，长宽比2.8，垩白粒率80%，垩白度10%，透明度2级，直链淀粉含量12.9%，糊化温度（碱消值）3.0级，胶稠度86mm。平均单产8.30t/hm^2，适宜于江苏省中籼稻地区中上等肥力条件下种植。

（6）镇恢084

江苏省农业科学院镇江地区农业科学研究所用（明恢63/特青）F_5//明恢63/DV85于2004年育成。全生育期平均141d，株高115cm，株型紧凑，叶片较挺，叶色淡，茎秆较粗壮，分蘖力较高，成穗率高，穗型较小，抗倒性强。有效穗255万/hm^2，每穗粒数120～130粒，千粒重28g。整精米粒率58.2%，长宽比3.1，垩白粒率8%，垩白度0.6%，透明度1级，直链淀粉含量13.3%，糊化温度（碱消值）5级，胶稠度98mm。平均单产8.90t/hm^2，适宜于江苏省中籼稻地区中上等肥力条件下种植。

（7）豫籼6号

河南省信阳市农业科学研究所用特青/IET2938于1998年育成。全生育期138d，株高105cm，叶色深绿，分蘖力强，株型集散适中，茎秆粗壮，弹性好，耐肥、抗倒力强。

有效穗 285 万/hm^2，穗长 20cm，每穗粒数 135 粒，结实率 87%，千粒重 25g，谷粒椭圆形，无芒。糙米率 82.0%，精米粒率 74.4%，整精米粒率 57.8%，垩白粒率 64%，垩白度 33%，直链淀粉含量 24.5%，胶稠度 30mm，糊化温度（碱消值）4.0 级，蛋白质含量 7.7%。抗稻瘟病 0 级，属高抗类型；抗白叶枯病 3～5 级。平均单产 7.80t/hm^2，适宜在河南省南部稻区作春稻或麦茬稻种植。1999 年最大年推广面积 4.0 万 hm^2，1998—2005 年累计推广面积 16.0 万 hm^2。

二、以桂朝 2 号为基础的衍生品种

桂朝 2 号是广东省农业科学院用桂阳矮 49/朝阳早 18 育成的早、晚兼用型品种，用作中籼全生育期 140～145d。株型好，茎态集中，叶窄质厚，剑叶长而挺，叶色浓绿，分蘖力中上。有效穗 270 万～300 万/hm^2，每穗粒数 125 粒，结实率 85%以上，千粒重 26g。产量潜力大，适应性广。但苗期抗寒力弱，不抗白叶枯，易感稻曲病，米质食味较差。1981 年作中籼最大种植面积约 67 万 hm^2，是我国 20 世纪 80 年代最主要推广良种之一。1986 年之前用该品种衍生了 6 个中籼品种；之后衍生了 15 个，其中，直接衍生 11 个（糯稻品种 4 个，在后面的糯稻系谱中介绍），间接衍生 4 个（糯稻品种 2 个，在后面的糯稻系谱中介绍）（图 8-3）。另外，以桂朝 2 号为亲本，还育成野籼占 6 号、野籼占 8 号和丰美占等早晚稻兼用型品种。

1. 桂朝 2 号直接衍生的品种

（1）川植三号

四川省农业科学院植物保护研究所用桂朝 2 号/740098 于 1989 年育成。全生育 140d 左右，比对照泸科 3 号长 1～2d。株型紧凑，叶片窄而直立，分蘖力较强，苗期长势中等，较耐寒。有效穗 300 万～345 万/hm^2，结实率 80%左右。株高 100cm 左右，千粒重 23～24g。糙米率 80%左右，精米粒率 70%～71%，垩白较大，食味一般。抗稻瘟病，中抗白叶枯病，轻感纹枯病。1985—1986 年四川省区试，平均产量为 7.47t/hm^2，与泸科 3 号相当，大面积示范种植一般产量 6.75～7.50t/hm^2。适宜四川省稻瘟病常发区作搭配品种种植。

（2）凉籼 2 号

四川省凉山州西昌农业科学研究所用 IR24/桂朝 2 号于 1995 年育成。全生育期 165d，株高 80cm，株型紧凑，茎秆硬，分蘖力较弱，熟期转色好，有效穗 375 万/hm^2，穗长 24.3cm，每穗粒数 115 粒，千粒重 29g。糙米率 83.7%，精米粒率 71.3%，整精米粒率 67.3%。抗稻穗颈瘟 5 级。平均单产 9.75～10.50t/hm^2，适宜在四川省凉山州特殊生态条件下海拔 1 100～1 650m 地区种植。

（3）香宝 3 号

河南省信阳农业专科学校用马坝香糯/桂朝 2 号于 1995 年育成。全生育期 137～142d，株高 105cm 左右，株型集散适中，茎秆粗壮，叶片中宽较长，剑叶挺直，叶色淡绿。分蘖力较强，有效穗数 39.5 万/hm^2。穗长 23.2～24.1cm，每穗粒数 126.4 粒，千粒重 25g。耐肥抗倒性强，成熟期落色好。垩白大小、胶稠度、糊化温度、蛋白质含量、直链淀粉含量均为部颁一级，糙米率、精米粒率、垩白粒率、垩白度均为部颁二级。稻瘟

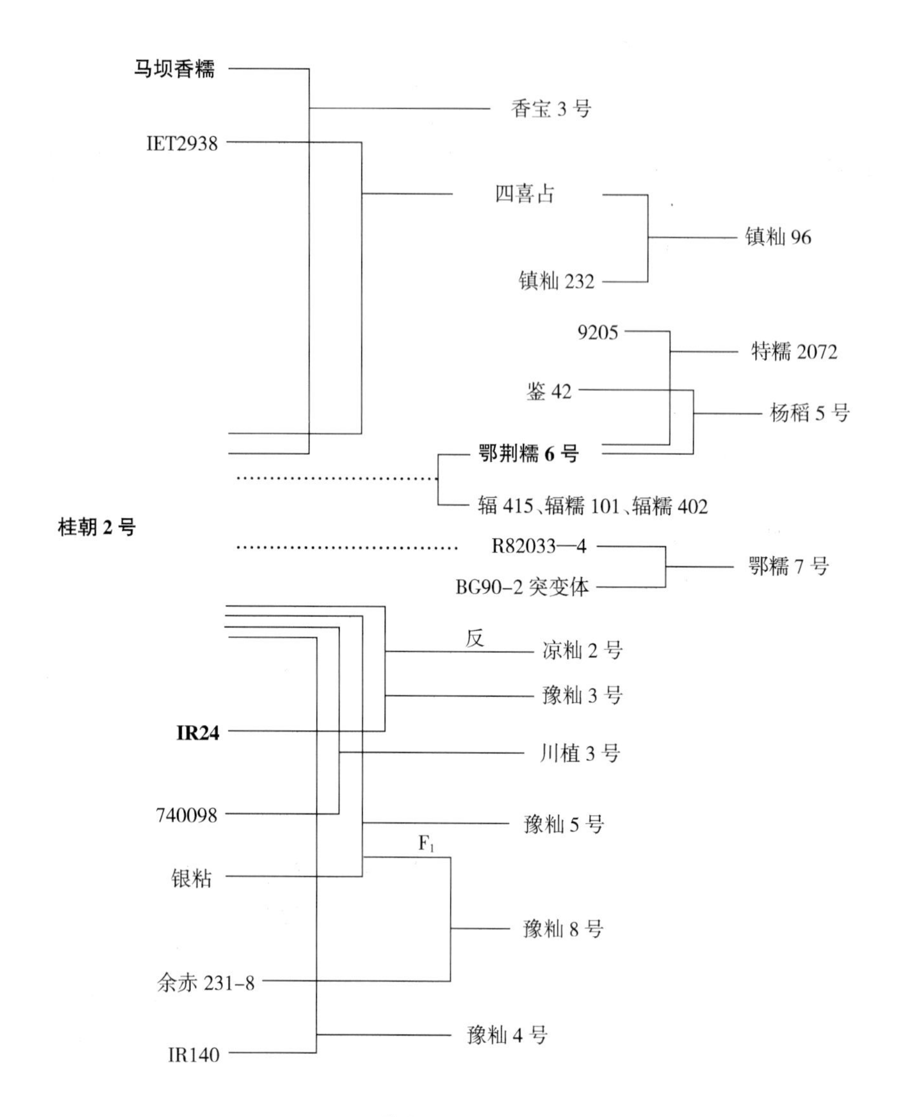

图 8-3 桂朝 2 号衍生品种系谱

病抗性 4 级，纹枯病抗性 2 级、白叶枯病抗性 7 级。平均单产 8.25t/hm²，适宜在豫南等中籼稻生态区种植。2000 年最大年推广面积 7.4 万 hm²，1996—2005 年累计推广面积 20.67 万 hm²。

（4）豫籼 3 号

河南省信阳市农业科学研究所用桂朝 2 号/IR24 于 1994 年育成。全生育期平均 135d。株高 105cm，叶色深绿，叶片稍背卷，株型紧凑，剑叶狭窄，直立上举，茎秆弹性好，灌浆速度快。有效穗 315 万/hm²，穗长 25cm，每穗粒数 110 粒，结实率 90%左右，千粒重 27.5g。高抗稻瘟病，抗稻瘟病平均级别为 0 级；白叶枯病抗性 5 级。糙米率 82%，精米粒率 72.5%，整精米粒率 64.5%，长宽比 3.1，垩白粒率 8%，垩白度 0.8%，直链淀粉含量 15.2%，胶稠度 90mm，糊化温度（碱消值）6.8 级，蛋白质含量 8.8%。平均稻谷产量 8.25t/hm²。适宜在河南省南部稻区作一季中稻种植。1998 年最大年推广面积 15.0

万 hm^2，1995—2005 年累计推广面积 63.0 万 hm^2。

（5）豫籼 4 号

河南省信阳市农业科学研究所用桂朝 2 号/IR140 于 1996 年育成。全生育期平均 135d，株高 100cm，株型集散适中，叶片稍宽，剑叶稍宽大，直立上举，叶色深绿，茎秆弹性好，分蘖力强。有效穗 320 万/hm^2，穗长 23.0cm，每穗粒数 95 粒，结实率 83%左右，千粒重 31.5g。糙米率 82.7%，精米粒率 74.4%，整精米粒率 51.4%，长宽比 2.4，糊化温度（碱消值）5.0 级，胶稠度 28mm，直链淀粉含量 25.3%。高抗稻瘟病，抗白叶枯病。平均单产 8.55t/hm^2，适宜在河南省南部稻区作一季中稻种植。1999 年最大年推广面积 3.0 万 hm^2，1997—2005 年累计推广面积 11 万 hm^2。

（6）豫籼 5 号

河南省信阳农业专科学校用桂朝 2 号/银粘于 1997 年育成。全生育期 139d，株高 109.6cm，株型紧散适中，茎秆粗壮，叶片长宽中等，剑叶挺举。耐肥抗倒，成熟期落色好。有效穗 334.5 万/hm^2，穗长 20.9cm，每穗粒数 133.9 粒，千粒重 25.8g。糙米率 82.0%，精米粒率 78.8%，整精米粒率 62.6%，粒长 5.4mm，长宽比 2.2，垩白粒率 94%，糊化温度（碱消值）4.0 级，胶稠度 30mm，蛋白质含量 7.9%。中抗白叶枯病。平均单产 8.90t/hm^2，适宜在豫南等中籼稻生态区种植。2001 年最大年推广面积 7.6 万 hm^2，1998—2005 年累计推广面积 23.3 万 hm^2。

（7）豫籼 8 号

河南省信阳农业专科学校用桂朝 2 号/银粘//余赤 231－8 于 2000 年育成。全生育期 138d，株高 108.5cm，株型集散适中，茎秆粗壮。叶片长宽中等，剑叶挺直。成熟期落色好。有效穗 342.7 万/hm^2。穗长 21.7cm，每穗粒数 122.2 粒，千粒重 26.3g。糙米率 81.5%，精米粒率 72.4%，整精米粒率 24.6%，粒长 5.4mm，长宽比 1.9，垩白粒率 98%，垩白度 20.6%，透明度 3 级，糊化温度（碱消值）7.0 级，胶稠度 30mm，直链淀粉含量 23.2%，蛋白质含量 10.4%。对稻瘟病代表菌株中 B5、中 D1、中 E3、中 G1 反应均为抗，表现为抗病；对白叶病菌致病型菌株 KS－6－6 反应级别为 1 级，对浙 173、PX079、JS49－6 反应级别均为 3 级，表现为抗病。适宜在豫南等中籼生态稻区种植。2003 年最大年推广面积 4.0 万 hm^2，2001—2005 年累计推广面积 7.38 万 hm^2。

2. 桂朝 2 号间接衍生的品种

（1）镇籼 96

湖北省农业科学院粮食作物研究所用 IET2938/桂朝 2 号于 1983 年育成四喜占；江苏省农业科学院镇江地区农业科学研究所用四喜占/镇籼 232（湘早籼 3 号/IR54）于 2001 年育成镇籼 96。全生育期平均 142d，株高 126cm，株叶形态较好，叶色淡绿，叶片短挺，茎秆粗壮，分蘖力弱，有效穗较少，穗型大，结实率、千粒重较高，丰产性好，抗倒性强，熟期早，熟相好。有效穗 195 万/hm^2，每穗粒数 165 粒，千粒重 31g。整精米粒率 44.9%，长宽比 2.9，垩白粒率 88%，垩白度 30.4%，透明度 2 级，直链淀粉含量 24.6%，糊化温度（碱消值）7.0 级，胶稠度 88mm。平均单产 8.90t/hm^2，适宜于江苏省中籼稻地区中上等肥力条件下种植。

（2）扬稻 5 号

江苏省农业科学院里下河地区农业科学研究所用鉴 42/鄂荆糯 6 号于 1994 年育成。

全生育期平均 142d，株高 105cm，株型紧凑，叶片窄挺，叶色较淡，苗期长势好，分蘖力较强，穗大粒多，综合性状较好，生长清秀，草盖顶，抗倒性中等。有效穗 315 万/hm^2，每穗粒数 130 粒，千粒重 24.4g。精米粒率 67.2%。平均单产 7.90t/hm^2。适宜于江苏省中籼稻地区中上等肥力条件下种植。

三、以 IR8 为基础的衍生品种

IR8 是国际水稻研究所 1962 年以印度尼西亚高秆品种皮泰（Peta）/低脚乌尖于 1966 年育成的著名品种，以其为杂交亲本衍生的品种约 50 个，其中，1986 年后有 17 个。按品种直接衍生关系可分为滇屯 502、滇瑞 408、滇陇 201、德农 211、滇瑞 409 和科沙 1 号等（图 8-4）。

1. 滇屯 502 及其衍生品种

滇屯 502（滇籼 12 号）系云南省个旧市种子公司和云南省滇型杂交水稻研究中心用滇侨 20（南特占/IR8）/毫皮于 1993 年育成。全生育期 155d，株高 80.3cm，穗长 21.3cm，每穗粒数 85.5 粒，千粒重 31.7g。米粒细长，长宽比 2.9，蛋白质含量 10.5%，直链淀粉含量 10.5%，香味浓郁。抗稻瘟病、白叶枯病及感纹枯病。平均单产 7.05t/hm^2，适宜在云南省南部海拔 1 450m 以下地区种植。1999 年最大年推广面积 3.33 万 hm^2，1993—1999 年累计推广面积 13.33 万 hm^2。

由滇屯 502 衍生红优 3 号、红优 4 号、红优 5 号、文稻 8 号等 4 个品种。

（1）红优 3 号

云南省红河州农业科学研究所以四喜占/滇屯 502 于 2005 年育成。全生育期 152d，株高 98cm，株型紧凑，茎秆粗壮，后期熟相好，不早衰。穗长 24.3cm，每穗粒数 130 粒，千粒重 31.9g，谷粒有顶芒。米质优，长宽比 3.0，抗稻瘟病。平均单产 8.54t/hm^2。适宜在云南省海拔 1 500m 以下籼稻区种植。

（2）红优 4 号

云南省红河州农业科学研究所以四喜占/滇屯 502 于 2005 年育成。全生育期 148d，株高 100cm，株型紧凑，叶片挺举，有效穗 315 万/hm^2，穗长 23.5cm，着粒密，每穗粒数 138 粒，千粒重 31.7g。米质优，长宽比 3.0。平均单产 7.78t/hm^2，适宜在云南省海拔 1 500m 以下稻区种植。

（3）红优 5 号

云南省红河州农业科学研究所于 2005 年从滇屯 502 系选育成。全生育期 155d，株高 118.2cm，株型紧凑，叶色青绿，剑叶直立并内卷。有效穗 319.5 万/hm^2，穗长 22.3cm，每穗粒数 120 粒，千粒重 26.4g。米质优，粒长 6.7mm，长宽比 3.0，糙米率 79.0%，整精米粒率 62.3%，垩白粒率 5%，垩白度 0.3%，胶稠度 78mm，直链淀粉含量 17.2%。轻感纹枯病和稻曲病，较抗稻瘟病和白叶枯病。平均单产 9.50t/hm^2。适宜在云南省南部海拔 1 450m 以下地区种植。

（4）文稻 8 号

云南省文山壮族苗族自治州农业科学研究所用滇屯 502/泰引 1 号于 2005 年育成。全生育期 143～148d，株高 100～110cm，株型紧凑，叶色浓绿，剑叶挺直，分蘖力强。穗

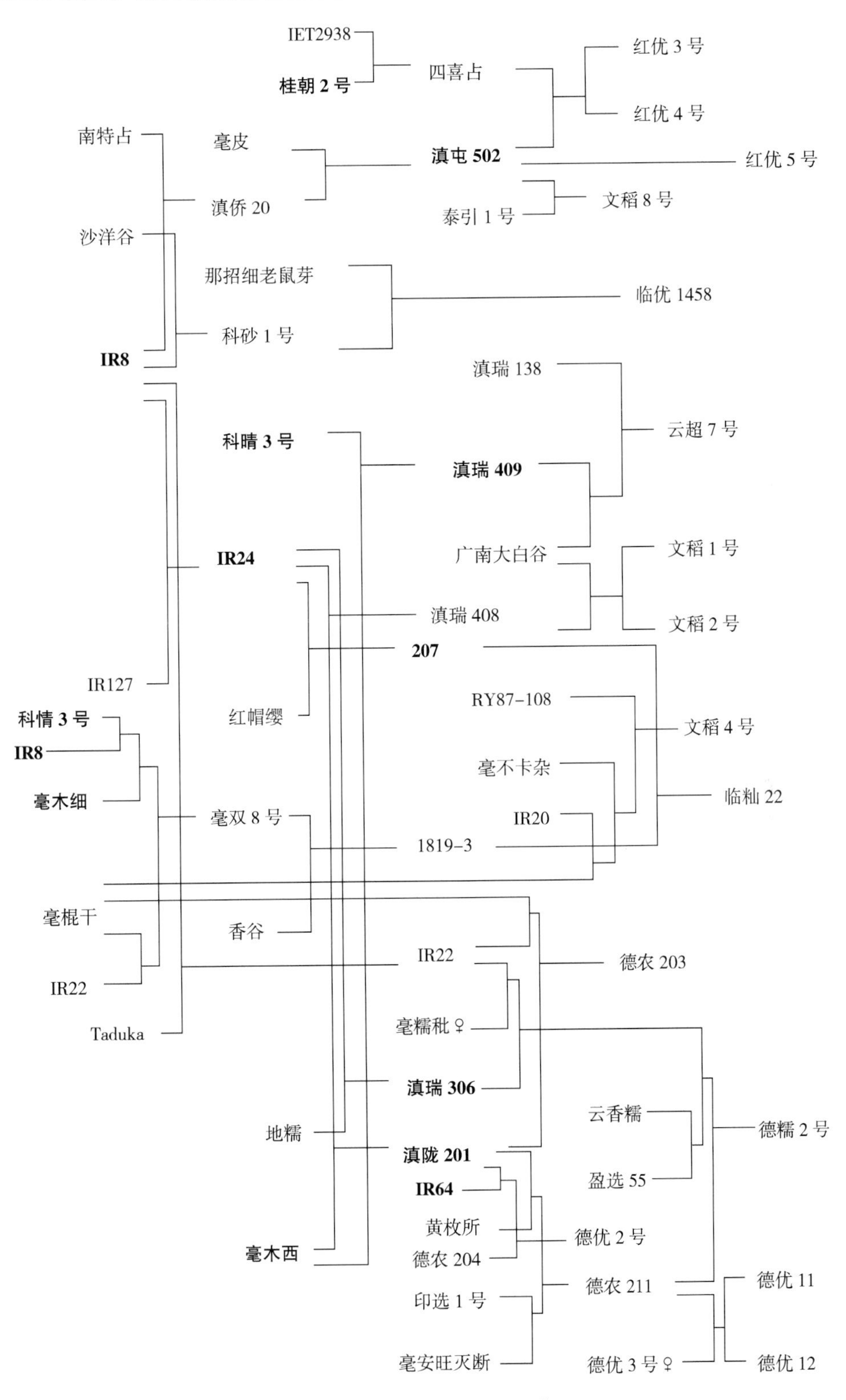

图 8-4　IR8 品种衍生系谱

长 21～26cm，每穗粒数 129～168 粒，千粒重 29.0g。米质优，长宽比 2.8，糊化温度（碱消值）4.7 级，胶稠度 100mm，直链淀粉含量 16.5%，米饭油润、口感好。中抗稻瘟病，轻感纹枯病。平均单产 8.09t/hm^2，适于云南省海拔1 500m 以下稻区种植。

2. 滇瑞 408 及其衍生品种

滇瑞 408（滇籼 5 号）系云南省农业科学院粮食作物研究所瑞丽稻作站用毫木西/IR24（IR8/IR127）于 1986 年育成。全生育期 177d，株高 88.5cm，穗长 21.2cm，每穗粒数 88 粒，千粒重 33g。米质较好，米粒细长，精米粒率 75.3%，直链淀粉含量 11.9%，蛋白质含量 9.0%。较耐肥，对稻瘟病和白叶枯病抗性较好，中抗纹枯病，平均单产 5.50～7.50t/hm^2，适宜在云南省南部海拔 1 500m 以下肥水条件较好的稻区种植。1986 年最大年推广面积约 1.67 万 hm^2，1986—1999 年累计推广面积 3.33 万 hm^2。

滇瑞 408 衍生的品种有文稻 1 号、文稻 2 号。

（1）文稻 1 号

云南省文山壮族苗族自治州农业科学研究所用广南大白谷/滇瑞 408 于 1995 年育成。全生育期150～160d，株高 95cm，穗长 20.9cm，每穗实粒数 73.8 粒，千粒重 27.7g。米质优，糙米率 80.7%，精米粒率 75.5%，整精米粒率 66.1%，糊化温度（碱消值）6.0 级，胶稠度 85mm，直链淀粉含量 15.7%，蛋白质含量 7.26%。高抗稻瘟病，中抗白叶枯病。平均单产 7.18t/hm^2，适宜在云南省海拔 1 600m 以下地区种植。1999 年最大年推广面积 0.6 万 hm^2，1995—1999 年累计推广面积 2.29 万 hm^2。

（2）文稻 2 号

云南省文山壮族苗族自治州农业科学研究所用广南大白谷/滇瑞 408 于 1995 年育成。全生育期150～155d，株高 94cm，穗长 19cm，每穗实粒数 72.3 粒，千粒重 29.2g。米质优，糙米率 81.6%，精米粒率 76.1%，整精米粒率 70.0%，糊化温度（碱消值）6.0 级，胶稠度 82mm，直链淀粉含量 13.4%，蛋白质含量 8.5%。高抗稻瘟病和白叶枯病。平均单产 7.96t/hm^2，适宜在云南省海拔 1 660m 以下地区种植。1999 年最大年推广面积约 0.71 万 hm^2，1995—1999 年累计推广面积 2.46 万 hm^2。

3. 滇陇 201 及其衍生品种

滇陇 201 系云南省德宏傣族景颇族自治州农业科学研究所用毫木西/IR24 于 1986 年育成。全生育期 145d，株高 105～115cm，穗长 22～24cm，每穗粒数 120～150 粒，千粒重 32～35g。米质较好，精米粒率 68%～70%，直链淀粉含量 11.0%。平均单产 12.00～13.50t/hm^2，适宜在云南省南部海拔 1 300m 以下一季中稻区种植。1994 年最大年推广面积约 2.0 万 hm^2，1986—1999 年累计推广面积 30 万 hm^2。

滇陇 201 的衍生品种有德农 203、德优 2 号和德农 211 等 3 个。

（1）德农 203

云南省德宏傣族景颇族自治州农业科学研究所用毫棍干/IR22//滇陇 201 于 1997 年育成，原名滇籼 15。全生育期 155d，株高 110cm，穗长 22cm，每穗粒数 111 粒，千粒重 34g。糙米率 80.7%，长宽比 2.9，糊化温度（碱消值）6.0 级，胶稠度 46mm，直链淀粉含量 10.5%，蛋白质含量 8.5%。高抗白叶枯病，中抗稻瘟病。平均单产 7.34t/hm^2，适宜在云南省海拔1 500m 以下地区种植。1999 年最大年推广面积 2.23 万 hm^2，1997—

1999 年（含缅甸）累计推广 4.33 万 hm^2。

（2）德优 2 号

云南省德宏傣族景颇族自治州农业科学研究所用滇陇 201/IR64//德农 204 于 2003 年育成。全生育期 140d，株高 110cm，每穗粒数 130～150 粒，千粒重 32～34g。精米粒率、粒长、糊化温度（碱消值）、胶稠度、蛋白质含量指标均达到国家一级米标准。轻感稻瘟病，中抗白叶枯病。平均单产 7.86t/hm^2，1999—2002 年累计推广面积 1.67 万 hm^2。

（3）德农 211

云南省德宏傣族景颇族自治州农业科学研究所用滇陇 201/黄枚所//印选 1 号/毫安旺灭断育成的优质软米品种，分别于 1994 年和 2000 年通过德宏州和云南省审定。全生育期 145～155d，株高 100～110cm，分蘖中等，株型紧凑，穗长 22.5cm，每穗粒数 125 粒，结实率 85%～94.6%，千粒重 30g。黄壳白米，精米粒率 73.2%，粒长 6.7mm，长宽比 2.8，透明度 4 级，糊化温度（碱消值）6.9，胶稠度 74mm，直链淀粉含量 11.8%，蛋白质含量 9.4%。高抗白叶枯病，轻感稻瘟病。平均单产 7.85t/hm^2。

4. 德农 211 的衍生品种

德农 211 的衍生品种有德糯 2 号、德优 11 和德优 12。

（1）德糯 2 号

云南省楚雄彝族自治州农业科学研究所用德农 211////滇瑞 306//毫糯秕/IR22///云香糯/盈选 55 于 2003 年育成。全生育期 140～158d，株高 110cm，每穗粒数 110～135 粒，千粒重32～34g。抗稻瘟病和白叶枯病，轻感纹枯病，平均单产 8.55t/hm^2。适宜在云南省南部海拔 1 400m 以下籼稻区种植。

（2）德优 11

云南省德宏傣族景颇族自治州农业科学研究所用德优 3 号/德农 211 于 2005 年育成。全生育期132～143d，株高 115cm，分蘖力较弱，每穗粒数 108～134 粒，千粒重 29g，易脱粒。米质较好，米质有 7 项指标达国标二级以上标准。抗白叶枯病和稻瘟病，轻感纹枯病，耐肥性和抗倒伏能力好。平均单产 8.57t/hm^2。适宜在云南省海拔 1 400m 以下的籼稻区种植。

（3）德优 12

云南省德宏傣族景颇族自治州农业科学研究所用德优 3 号/德农 211 于 2005 年育成。全生育期 142～148d，株高 125～134cm，分蘖力中等，每穗粒数 129～150 粒，结实率 79%～82%，千粒重 29g。易脱粒，米质有 8 个指标达国标二级以上标准，属于优质软米类型。中抗稻瘟病和白叶枯病，轻感纹枯病。平均单产 8.82t/hm^2。适宜在云南省海拔 1 400m 以下的籼稻区种植。

四、以 BG90－2 为基础的衍生品种

BG90－2 系斯里兰卡用高秆 Peta/台中再来 1 号//Remadin 育成。20 世纪 70 年代中期引入我国，在江苏、安徽、湖北作一季稻种植，表现大穗、长势旺、耐肥、抗倒，抗病力强，产量高。由 BG90－2 共衍生出 12 个品种，其中，1986 年前衍生 4 个品种，分别是扬稻 1 号、扬稻 2 号、扬稻 3 号和金陵 57。1986 年后，以扬稻 1 号和扬稻 2 号为亲本，

衍生出扬稻 4 号、龙川籼 1 号等 10 个品种（图 8－5）。

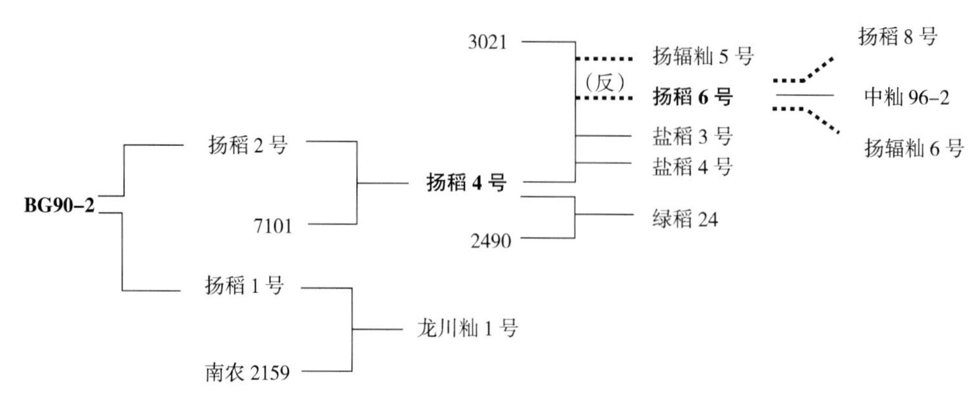

图 8－5　BG90－2 品种衍生系谱

1. 扬稻 4 号及其衍生品种

扬稻 4 号系江苏省农业科学院里下河地区农业科学研究所用扬稻 2 号/7101 于 1990 年育成。全生育期平均 143d，株高 120cm，株型紧凑，剑叶举直，分蘖力中等，成穗率较高，穗型大，结实率较高，千粒重较高，茎秆较粗壮，抗倒性中等，后期转色好。有效穗 270 万/hm^2，每穗粒数 130 粒，千粒重 29.5g。垩白粒率 28%，垩白度 20.7%，透明度 1 级，糊化温度（碱消值）7.0 级，胶稠度 90mm，直链淀粉含量 26.4%。平均单产 8.30t/hm^2，在江苏、安徽、湖北等省大面积推广。1995 年最大年推广面积 47.7 万 hm^2，1987—1995 年累计推广面积 211.4 万 hm^2。

由扬稻 4 号衍生盐稻 3 号、扬稻 6 号、绿稻 24 等 5 个品种，以扬稻 6 号为亲本，又衍生扬稻 8 号、扬辐籼 6 号、中籼 96－2 等。

（1）盐稻 3 号

江苏省农业科学院沿海地区农业科学研究所用 3021/扬稻 4 号于 1993 年育成。全生育期平均 140d，株高 110cm，株型紧凑，叶片挺直，茎秆粗壮，抗倒性中等，分蘖力中等，成穗率高，熟相好。有效穗 285 万/hm^2，每穗粒数 118 粒，千粒重 32g。精米粒率 73%，长宽比 3.0，垩白度 1.0%，糊化温度（碱消值）6.1 级，胶稠度 100mm，直链淀粉含量 28.6%。平均单产 8.30t/hm^2。适宜于江苏省中籼稻地区中上等肥力条件下种植。1997 年最大年推广面积 6.1 万 hm^2，1993—1998 年累计推广面积 37.9 万 hm^2。

（2）盐稻 4 号

江苏省农业科学院沿海地区农业科学研究所用 3021/扬稻 4 号于 1995 年育成。全生育期平均 136d，株高 115cm，株型紧凑，叶片挺拔，叶色略深，茎秆粗壮，耐肥、抗倒，幼苗矮壮，分蘖力中等，穗大粒重，产量结构较协调，分蘖期对温度敏感，丰产性、稳产性较好。有效穗 255 万/hm^2，每穗粒数 125 粒，千粒重 31g。直链淀粉含量 26.3%，糊化温度（碱消值）6.3 级，胶稠度 97mm。平均单产 8.50t/hm^2。1997 年最大年推广面积 11.1 万 hm^2，1995—1998 年累计推广面积 63.0 万 hm^2。

（3）扬辐籼 5 号

江苏省农业科学院里下河地区农业科学研究所用（3012/扬稻 4 号）F_1 经 $^{60}Co-\gamma$ 射

线辐照于2000年育成。全生育期平均143d，株高125cm，株型较紧凑，分蘖力较弱，叶片宽挺，叶色淡绿，抗倒性强。有效穗210万/hm^2，每穗粒数170粒，千粒重30g。整精米粒率46.4%，长宽比3.1，垩白粒率22%，垩白度2.7%，直链淀粉含量16.4%，糊化温度（碱消值）7.0级，胶稠度68mm。平均单产8.50t/hm^2。适宜于江苏省中籼稻地区中上等肥力条件下种植。2003年最大年推广面积30.7万hm^2，1999—2003年累计推广面积96.7万hm^2。

（4）扬稻6号

江苏省农业科学院里下河地区农业科学研究所用（扬稻4号/3021）F_1经$^{60}Co-\gamma$射线辐照于1997年育成。全生育期平均145d，株高115cm，茎秆粗壮，叶片宽挺，叶色深绿，分蘖性较弱，穗大粒重，生长较清秀，熟相好，综合性状较好，丰产、稳产性好。有效穗225万/hm^2，每穗粒数165粒，千粒重30g。米质优，精米粒率73.6%，垩白粒率10%，垩白度1.4%，透明度1级，糊化温度（碱消值）6.7级，胶稠度78mm，直链淀粉含量14.7%。平均单产9.20t/hm^2，适宜于江苏、安徽、湖北等省中籼稻地区中上等肥力条件下种植。2003年最大年推广面积88.8万hm^2，1997—2003年累计推广面积424.7万hm^2。

（5）绿稻24

安徽省农业科学院绿色工程研究所和安徽省宣城市农业科学研究所用扬稻4号/2490于2003年育成。全生育期平均138d，株高120cm，茎秆粗壮，株型紧凑，剑叶较挺直，生长清秀，分蘖力中等偏弱，后期转色好，落粒性适中。有效穗240万～255万/hm^2，每穗粒数140～150粒，每穗实粒数120～130粒，千粒重27～28g。米质优，糙米率77.6%，精米粒率71.3%，整精米粒率66.8%，粒长6.7mm，长宽比3.0，垩白粒率3%，垩白度0.6%，糊化温度（碱消值）6.6级，胶稠度72mm，直链淀粉含量14.4%，蛋白质含量8.6%。平均单产7.95t/hm^2，适宜于安徽省中籼稻地区中上等肥力条件下种植。2003年最大年推广面积4.8万hm^2，2003—2005年累计推广面积12.5万hm^2。

（6）扬稻8号

江苏省农业科学院里下河地区农业科学研究所用扬稻6号经$^{60}Co-\gamma$射线辐照于2001年育成。全生育期149d，株高124cm，株叶形态较好，叶色较深，叶片挺直，分蘖力较强，有效穗较少，穗型中等偏大，结实率较高、千粒重高，丰产、稳产性较好，抗倒性较强，熟期略迟，熟相较好。有效穗225万/hm^2，每穗粒数148粒，千粒重32.5g。整精米粒率43.5%，长宽比3.1，垩白粒率39%，垩白度9.6%，透明度2级，糊化温度（碱消值）6.8级，胶稠度63mm，直链淀粉含量16.6%。平均单产8.70t/hm^2。

（7）扬辐籼6号

江苏省农业科学院里下河地区农业科学研究所用扬稻6号经$^{60}Co-\gamma$射线辐照于2004年育成。全生育期142d，株高120cm，株型紧凑，叶宽色深，茎秆粗壮，分蘖力中等，穗大粒多，抗倒性强。有效穗210万/hm^2，每穗粒数155.0粒，千粒重30g。整精米粒率63.9%，长宽比3.0，垩白率25%，垩白度4.9%，透明度1级，胶稠度78mm，直链淀粉含量14.7%。平均单产9.20t/hm^2。

（8）中籼96-2

安徽省凤台县农业科学研究所从扬稻6号中选择的变异株，经系选于2003年育成。全生育期平均138d，株高110cm，茎秆粗壮，株型紧凑，剑叶较挺直，生长清秀，分蘖力较强，穗型较大，结实率高。有效穗270万/hm^2，每穗粒数160粒，结实率85%以上，千粒重29.0g。中抗稻瘟病和白叶枯病。平均单产8.10t/hm^2，适宜于安徽省中籼稻地区种植。2003年最大年推广面积3.2万hm^2，2003—2005年累计推广面积13.5万hm^2。

2. 龙川籼1号

江苏省江都县农业科学研究所以BG90-2的系选品种扬稻1号为母本，南农2159为父本杂交，系谱法选育而成。全生育期平均139d，株高100cm，植株较矮，株型紧凑，叶片宽长，叶色稍淡，苗期长势好，分蘖力较强，穗型较大，熟期较早，生长较清秀，抗倒性中等。有效穗300万/hm^2，每穗粒数125粒，千粒重27.5g。精米粒率73%。平均单产7.70t/hm^2。适宜于江苏省中籼稻地区中上等肥力条件下种植。

五、以其他亲源为基础的衍生品种

以国际稻IR1529-68-3-2、IR2415-90-4-3、(IR4412-16-3-6/IR4712-208-1) F_1为亲本通过$^{60}Co-\gamma$射线辐照处理，育成扬辐籼2号、扬辐籼3号、两际辐（皖稻57）等品种；以韩国品种密阳23（IR667/1317//R244）为杂交亲本，育成E164（皖稻27）、大粒香12等。以朝阳1号、SI-PI681032（台湾）等为杂交亲本，育成91499（皖稻69）、中籼898（皖稻77）等；从湖北地方品种珍稻的自然变异株中系选出鉴真2号。

1. 国际稻系列衍生品种

（1）扬辐籼2号

江苏省农业科学院里下河地区农业科学研究所用IR1529-68-3-2经$^{60}Co-\gamma$射线辐照处理于1991年育成。全生育期平均143d，株高105.0cm，株型前期紧凑、后期适中，叶片挺直，叶色浓绿，分蘖力较强，茎秆坚韧粗壮，根系发达，抗倒性强。有效穗285万/hm^2，每穗粒数125.0粒，千粒重29.5g。米粒细长，粒长7.1mm，粒宽2.2mm，长宽比3.3，垩白粒率24%，垩白度4.3%，透明度1级，糊化温度（碱消值）6级，胶稠度50mm，直链淀粉含量24%。抗白叶枯病、白背飞虱，纹枯病较轻，稻瘟病抗性鉴定苗期6级、穗期为0级。平均单产7.20t/hm^2，1994年最大年推广面积29.4万hm^2，1989—1994年累计推广面积102.8万hm^2。

（2）扬辐籼3号

江苏省农业科学院里下河地区农业科学研究所用IR2415-90-4-3经$^{60}Co-\gamma$射线辐照处理于1993年育成。全生育期平均142d，株高104cm，主茎叶17片，叶短而挺直。分蘖力强，成穗率高，有效穗315万/hm^2，每穗粒数115.0～125.0粒，千粒重26g。米质较好，糙米率81.2%，精米粒率72.8%，长宽比2.7，垩白度0.5%，透明度1级，糊化温度（碱消值）5.2级，胶稠度82mm，直链淀粉含量24.9%。抗稻瘟病（1级），中抗白叶枯病（3级）。平均单产7.84t/hm^2。1997年最大年推广面积20.69万hm^2，1992—1997年累计推广面积67.7万hm^2。

（3）两际辐（皖稻57）

安徽省农业科学院水稻研究所用（IR4412-16-3-6/IR4712-208-1）F_1经$^{60}Co-\gamma$

射线辐照处理于1994年育成。全生育期平均130d，株高97.0cm，主茎叶15～16片，叶挺直，根系发达。分蘖力能力强，有效穗345万/hm^2。穗镰刀形，穗长22cm，着粒密度中等，每穗粒数110～120粒，千粒重27g。米质较好，糙米率81.3%，精米率70.0%，整精米粒率69.5%，糊化温度中等，胶稠度软，直链淀粉含量18.0%。高抗稻瘟病（1级），抗至中抗白叶枯病（1～3级），高抗白背飞虱（接种死苗率1.5%）和褐稻虱（接种死苗率11.1%）。平均单产7.50t/hm^2，适宜于安徽省中籼稻地区中上等肥力条件下种植。1994年最大年推广面积4.5万hm^2，1991—1996年累计推广面积12.6万hm^2。

（4）E164

安徽省农业科学院水稻研究所用密阳23/（IR4412-164-3-6/IR4712-108-1）F_1于1990年育成，原名皖稻27。全生育期136～138d，株高96～105cm，株型紧凑，叶片中宽，内卷挺直，分蘖力较强，熟期转色好。有效穗285万/hm^2。每穗粒数160.5粒，千粒重26.4g。中抗白叶枯病、稻瘟病和白背飞虱，高抗褐飞虱。米粒中长型，米质优良，基本无垩白，出糙率81.0%，精米粒率75.3%，整精米粒率67.0%，直链淀粉含量19.6%。平均单产7.50t/hm^2，适宜在安徽省单季稻区作一季中稻种植。1992年最大年推广面积12.5万hm^2，1989—1994年累计推广面积35.0万hm^2。

（5）大粒香12

云南农业大学用密阳23/毫双7号（科情3号/IR8//毫木细///毫棍干/IR22）于1997年育成，原名滇籼16。全生育期160d左右，株高105cm，茎秆粗壮，抗倒伏能力较强。有效穗239万/hm^2，每穗粒数113.0粒，千粒重29g。抗稻瘟病，轻感恶苗病。米质好，糙米率82.0%，精米粒率75.0%，整精米粒率61.0%，长宽比2.9，垩白度4.5%，糊化温度（碱消值）4.0级，胶稠度83mm，直链淀粉含量16.0%，蛋白质含量7.9%。平均单产6.09t/hm^2，适宜在云南省海拔1 600m以下稻区种植。1996年最大年推广面积2.58万hm^2，1996—2003年累计推广面积9.21万hm^2。

2. 朝阳1号等衍生品种

（1）中籼91499和中籼898

中籼91499，又名皖稻69。安徽省农业科学院水稻研究所用朝阳1号//矮利3号/矮脚桂花黄///巴75于1998年育成。全生育期143d左右，株高110cm左右，株型紧凑，茎秆粗壮，主茎叶15～16片，剑叶较宽，中长、挺直，叶色浓绿，一般倒数第2叶距叶尖约12cm处两边常有较明显的缢痕。根系较发达，生育后期不早衰，熟期转色好。分蘖力中等，有效穗250万/hm^2。每穗粒数140粒，千粒重29.5g。高抗稻瘟病（1级），中抗白叶枯病（3级），高抗褐稻虱（接种死苗率为0），抗白背飞虱（接种死苗率25%）。米质优，糙米率79.4%，精米粒率72.2%，整精米粒率57.9%，粒长7.4mm，长宽比3.1，垩白粒率5%，垩白度0.9%，透明度1级，糊化温度（碱消值）7.0级，胶稠度64mm，直链淀粉含量18.6%，蛋白质含量9.9%。平均单产7.69t/hm^2。适宜在安徽省单季稻区作一季中稻种植。1998年最大年推广面积5.5万hm^2，1997—2005年累计推广面积32.5万hm^2。

中籼898，又名皖稻77。安徽省农业科学院水稻研究所用朝阳1号//矮利3号/矮脚桂花黄///巴75于2000年育成。全生育期136～140d，株高110cm左右，株型松散适中，茎秆坚韧，叶片较宽、挺直，叶色浓绿。根系较发达，熟期转色好不早衰。分蘖力强，有效穗275万/hm^2，每穗粒数148.8粒，千粒重30g。高抗稻瘟病（1级），中抗白叶枯病（3级）。米质优，糙米率81%，精米粒率75.4%，整精米粒率49%，粒长7.1mm，长宽比3.1，垩白粒率15%，垩白度2.1%，透明度1级，糊化温度（碱消值）7.0级，胶稠度78mm，直链淀粉含量16.8%，蛋白质含量8.8%。平均单产8.30t/hm^2。适宜在安徽省单季稻区作一季中稻种植。2003年最大年推广面积4.2万hm^2，1999—2004年累计推广面积15.2万hm^2。

（2）南京16

江苏省农业科学院粮食作物研究所用SI-PI681032（台湾省）/UPR103-80-2（印度）于2000年育成。全生育期148d左右，株高125cm，株型较紧凑，分蘖力中等，有效穗数225万/hm^2，每穗粒数150粒，千粒重28g。抗白叶枯病和稻瘟病，抗倒性伏能力强。米质优，糙米率80.4%，整精米粒率55.8%，长宽比3.3，垩白粒率18%，垩白度1.8%，透明度2级，糊化温度（碱消值）7.0级，胶稠度68mm，直链淀粉含量17.8%。平均单产8.30t/hm^2，适宜在江苏单季稻区作一季中稻种植。2003年最大年推广面积28.5万hm^2，1999—2003年累计推广面积88.6万hm^2。

（3）鉴真2号

湖北省京山县种子公司从地方品种珍稻中选择自然变异株，经系统选育于2001年育成。全生育期144d，株高104cm，株型紧凑，植株矮小，长势较弱，剑叶窄挺，茎秆韧性好，耐肥、抗倒。分蘖力较强，成穗率高，有效穗349.5万/hm^2，每穗粒数99.5粒，千粒重24g，谷粒较长，部分谷粒有顶芒。中抗白叶枯病，中感穗颈瘟。米质优，糙米率79.1%，整精米粒率64.6%，长宽比3.1，垩白粒率10%，垩白度1.0%，胶稠度67mm，直链淀粉含量15.8%。平均单产6.42t/hm^2。适于湖北省中、北部丘陵和江汉平原作一季中稻种植。2003年最大年推广面积3.67万hm^2，1998—2005年累计推广面积14.67万hm^2。

六、中籼糯稻品种

随着人们生活水平提高和食品加工业的发展，糯稻作为副食品和加工用粮，在生产上有一定的种植面积。1986年以来，育成20多个中籼糯稻品种，按照亲本来源，可将这些糯稻品种划分为国际稻、桂朝2号和地方品种等衍生品种。

1. 国际稻衍生品种

以国际水稻研究所育成的IR系列品种为亲本，育成的糯稻品种有扬辐糯1号、皖稻51、扬辐糯4号、黑丰糯和德糯2号等8个品种。

（1）滇瑞306

云南省农业科学院粮作所瑞丽稻作站用地糯/IR24于1986年育成的籼型香糯品种，又名滇籼糯6号。全生育期130d，株高90cm，穗长20cm，每穗粒数90～110粒，千粒重34g。米质香糯。轻感稻瘟病和白叶枯病，感纹枯病和恶苗病。平均单产7.50t/hm^2。适宜在云南省南部海拔1 600m以下肥水条件较好的稻田种植。1987年最大年推广面积0.33万hm^2，1986—1995年累计推广面积1.8万hm^2。

（2）滇瑞 501

云南省农业科学院粮作所瑞丽稻作站用地糯/IR24//滇瑞 500 于 1988 年育成的籼型紫糯品种，又名滇籼紫糯 7 号。全生育期 150d，株高 90cm，分蘖力中等，耐肥抗倒，大穗大粒，穗长 23.6cm，有效穗 315 万～360 万/hm^2，每穗实粒数 145 粒，千粒重 27g，精米粒率 75.3%，种皮深紫色，香味浓郁，糯性好，蛋白质含量 8.1%，平均单产 4.50～6.00t/hm^2。适宜在云南省海拔 1 400m 以下稻田种植。1995 年最大年推广面积 0.2 万 hm^2，1993—2000 年累计推广面积 1.53 万 hm^2。

（3）云香糯 1 号

云南农业大学农学系用 IR29/毫糯干于 1988 年育成的籼型香糯品种，又名滇籼糯 8 号。全生育期 150～170d，株高 85～90cm，每穗粒数 89.7～91.8 粒，千粒重 37～39g。精米率 75.3%，谷粒椭圆形，颖壳蜡黄，无芒，直链淀粉含量 0.9%，胶稠度 98～100mm，蛋白质含量 9.5%，糯性好，有香味，食味佳。中抗稻瘟病和白叶枯病，轻感纹枯病。平均单产 6.00～6.70t/hm^2。适宜在云南省海拔 1 300m 以下稻田种植。1991 年最大年推广面积 2 万 hm^2，1988—1999 年累计推广面积 10.3 万 hm^2。

（4）扬辐糯 1 号

江苏省农业科学院里下河地区农业科学研究所用 IR29 辐射诱变于 1990 年育成。全生育期平均 135d，株高 93cm，穗粒结构较协调，综合性状较好，株高适中，株型紧凑，分蘖力较强，成穗率高，穗数较多，穗型中等，结实率较高，耐肥、抗倒性较好。有效穗 345 万/hm^2，每穗粒数 94.8 粒，千粒重 25.0g。糊化温度（碱消值）6.0 级，胶稠度 100mm。平均单产 7.00t/hm^2，适宜于江苏省中籼稻地区中上等肥力条件下种植。1991 年最大年推广面积 5.48 万 hm^2，1986—1991 年累计推广面积 22.8 万 hm^2。

（5）皖稻 51

安徽省农业科学院水稻研究所用 IR4412-16-3-6-1/IR4712-208-1 后代经 $^{60}Co-\gamma$ 射线处理，再与 IR29 复交，于 1994 年育成，原名中籼糯 87641。全生育期 140d，株高 100cm，株型紧凑，茎秆较粗，分蘖力较强。穗长 23cm，每穗粒数 115 粒，结实率 80%，千粒重 26g。抗稻瘟病和白背飞虱，高抗褐飞虱。米质较好，糯性较 IR29 强。适宜在安徽省单季稻区作一季中稻搭配品种种植，1990 年后为安徽省中籼糯稻的主栽品种。1995 年最大年推广面积 7.2 万 hm^2，1987—2004 年累计推广面积 30 万 hm^2。

（6）扬辐糯 4 号

江苏省农业科学院里下河地区农业科学研究所用 IR1529-680-3-2 $^{60}Co-\gamma$ 辐射诱变，于 1995 年育成。全生育期平均 139d，株高 100～105cm，株型紧凑，叶片窄挺，叶色较深，茎秆粗壮，耐肥、抗倒，幼苗直立矮壮，分蘖力中等偏强，穗数较多，穗粒结构较协调，综合性状较好，丰产、稳产性较好。有效穗 285 万/hm^2，每穗粒数 125 粒，千粒重 26g。精米粒率 74.5%，长宽比 3.4，直链淀粉含量 1.7%，糊化温度（碱消值）4.0 级，胶稠度 100mm。平均单产 8.10t/hm^2，适宜于江苏省中籼稻地区中上等肥力条件下种植。1998 年最大年推广面积 10.05 万 hm^2，1992—1998 年累计推广面积 31.2 万 hm^2。

（7）黑丰糯

陕西省汉中市农业科学研究所用菲一/米 1281//IR36///黑糯 2 号于 1993 年育成。全生育期155d，株高106cm，株型适中，茎秆较粗，穗数较多，熟期转色好，有效穗371万/hm^2，穗长20.6cm，每穗粒数121粒，千粒重22.5g。高抗稻瘟病（1级），中抗白叶枯病（2级）。糙米率78.8%，长宽比2.9，胶稠度100mm，直链淀粉含量1.2%。平均单产7.50t/hm^2。适宜在陕南平川丘陵及同类生态区作一季中稻种植。1994年最大年推广面积1.33万hm^2，1992—1996年累计推广面积3.33万hm^2。

（8）德糯2号

其系谱和特征特性见IR8衍生品种系谱。

2. 桂朝2号衍生品种

用桂朝2号经$^{60}Co-\gamma$射线辐照处理育成4个糯稻品种，间接育成2个糯稻品种（图8-3）。

（1）辐糯415

四川农业大学用$^{60}Co-\gamma$射线照射桂朝2号干种子，经系谱法于1988年育成。全生育期140～145d，株型较紧凑，叶片窄而挺直，叶色浓绿，分蘖力强，苗期长势稳健，抽穗整齐，后期转色好，易脱粒。株高97cm左右，千粒重25～26g。糙米率80%，精米粒率70%～72%，米质中等。一般产量7.50t/hm^2。适宜在四川省种植泸科3号的非稻瘟病常发区种植。

（2）鄂荆糯6号

湖北省荆州地区农业科学研究所用桂朝2号经$^{60}Co-\gamma$射线辐照处理于1989年育成。全生育期平均133.8d，变幅125～163d，在湖北省作双季晚稻种植，全生育期125d。株高100～110cm，株型松散适中，主茎叶16～17片，上部叶片窄长、挺直，中下部叶片扭曲180°～360°。分蘖力中等，抽穗整齐，有效穗325万/hm^2，每穗实粒数90粒左右，谷粒细长，间有顶芒，千粒重26g。糯性好，糙米率78.7%，整精米粒率61.0%，胶稠度97mm，直链淀粉含量0.92%～1.1%，蛋白质含量8.6%。抗白叶枯病和稻瘟病，耐纹枯病。一般单产6.75t/hm^2，适于海拔1 140m以下的南方各省区平原、湖区、丘陵及山区种植；在湖北、湖南、福建、江西和浙江等省也可作双季晚稻种植。1989年湖北省最大年推广面积3.67万hm^2，1989—2000年累计推广面积120多万hm^2。

（3）辐糯101

四川省原子核应用技术研究所用7.74C/kg $^{60}Co-\gamma$射线照射桂朝2号干种子，经系谱法于1987年育成。全生育期136d左右，株型紧凑，苗期长势旺，叶色绿。株高105cm左右，千粒重25g左右。加工品质、适口性较好，糯性中等。对稻瘟病有一定抗性，感白叶枯病和纹枯病，适应性强。一般单产7.20t/hm^2。适宜在四川省平坝、丘陵区中肥条件下作搭配品种使用。

（4）辐糯402

四川省原子核应用技术研究所用$^{60}Co-\gamma$射线照射桂朝2号干种子，经系谱法于1989年育成。全生育期140d左右，株型紧凑，叶片较窄而直立，叶色淡绿，分蘖力较强，有效穗240万～270万/hm^2，结实率80%～90%。苗期长势旺，抽穗整齐，后期转色好，易脱粒。株高105cm左右，千粒重26～27g。糙米率80%，精米粒率68%～70%，米粒乳白色，糯性强，食口性较好。对稻瘟病有一定抗性，但抗倒伏能力不强，不宜施肥太多。一般单产 6.75t/hm^2。适宜四川省平坝、丘陵地区中肥条件下种植。

(5) 鄂糯7号

荆沙市农业科学研究所用辐射后代 R82033-4（桂朝2号突变体）/BG90-2 突变体于1995年育成。全生育期133d，株高109cm，分蘖力较强，成熟时剑叶上举，熟相好。有效穗330万/hm^2，穗长22.4cm，每穗粒数123粒，结实率85%，千粒重24～25g。糙米率80.8%，精米粒率72.6%，整精米粒率59.1%，长宽比2.3，糊化温度（碱消值）5～6级，胶稠度100mm，直链淀粉含量2.0%，蛋白质含量8.7%。抗白叶枯病（3级），较抗稻瘟病（5级）。平均单产 7.65kg/hm^2，1997年最大年推广面积0.93万 hm^2，1997—2005年累计推广面积12.01万 hm^2。

(6) 特糯2072

河南省信阳市农业科学研究所用92-05/鄂荆糯6号于2002年育成的糯稻品种。全生育期137d，株高112cm，该品种叶色深绿，分蘖力中等偏弱，叶片稍宽挺直，茎蘖集散度适中，繁茂性较好。剑叶稍宽短、直立，茎叶夹角小，灌浆速度快，叶片功能期长，茎秆粗壮，弹性好，耐肥、抗倒，根系活力强，成熟时转色顺调。有效穗248万/hm^2，穗长25cm，穗大粒密，每穗粒数165粒，结实率90%，千粒重27g，谷粒狭长，橙黄色，顶芒。糙米率79.6%，整精米粒率55.2%，直链淀粉含量1.9%，胶稠度100mm。对稻瘟病的中B5、中C15、中D1、中E3、中F1、中G1等6个代表菌株均表现为抗病；对水稻白叶枯病反应为3～5级，属中抗类型；对水稻褐飞虱、白背飞虱均具有较强抗性。平均产量 9.30t/hm^2，适宜在河南省南部稻区、安徽、湖北等省一季中稻区种植。2001—2005年累计推广面积22.0万 hm^2。

3. 地方品种衍生品种

以地方品种为亲本衍生的糯稻品种有桂白糯1号、辐龙香糯、眉糯1号、滇籼糯1号等4个。

(1) 桂白糯1号

贵州省绥阳县科学技术委员会用地方品种桂花糯/白杨糯于1992年育成。全生育期158d，株高95cm左右，株型紧凑，茎秆粗壮，叶色深绿。有效穗338万/hm^2，着粒密，每穗粒数90粒，千粒重27.0g。轻感稻瘟病，耐阴、耐冷能力强。米质较好，糯性强，糙米率83.0%，精米粒率74.7%，整精米粒率66.5%，粒长5.2mm，长宽比1.9，胶稠度100mm，直链淀粉含量1.4%，蛋白质含量7.4%。适于贵州省除毕节县稻瘟病重发区以外海拔400～1 300m地区种植，1995年最大年推广面积2.0万 hm^2，1987—1995年累计推广面积9.8万 hm^2。

(2) 辐龙香糯

四川省原子核应用技术研究所用^{60}Co-γ射线处理龙晴2号（苏资2号/螃蟹谷）干种子于1995年育成。全生育期平均140d，株高95～100cm，株型紧凑，茎秆硬，分蘖力较弱，穗粒重协调，熟期转色好，有效穗240万/hm^2，穗长21cm，每穗粒数100～110粒，千粒重24.5g。糙米率79.7%，整精米粒率53.4%，直链淀粉含量0.95%，胶稠度100mm。抗稻穗颈瘟9级。一般单产 6.45t/hm^2，适宜在四川省平坝、丘陵稻瘟病轻发区作一季中稻种植。

（3）眉糯1号

四川省眉山农业学校用本地糯/余赤231-8于2001年育成。全生育期平均145d，株高115cm，株型紧凑，茎秆粗硬，分蘖力较弱，熟期转色好。有效穗246万/hm^2，穗长24.3cm，每穗粒数151粒，千粒重29.0g。糙米率80.4%，精米粒率72.0%，直链淀粉含量0.4%。抗稻穗颈瘟5～7级。一般单产8.10t/hm^2，适宜在四川省平坝、丘陵稻瘟病轻发区作一季中稻种植。2004年最大年推广面积6万hm^2，2001—2005年累计推广面积20.3万hm^2。

（4）滇瑞313

云南省农业科学院粮食作物研究所瑞丽稻作站用SONA/三颗一撮于1991年育成，原名滇籼糯1号。全生育期170～180d，株高90cm，穗长24cm，每穗粒数95～140粒，千粒重32g。糙米率79.5%，精米粒率72.1%。糯性好，香味浓郁。一般单产7.17t/hm^2，适宜在云南省南部海拔1 600m以下地区中上等肥力田种植。1993年最大年推广面积0.13万hm^2，1991—1995年累计推广面积0.73万hm^2。

4. 其他系谱衍生品种

（1）糯选1号

四川绵阳农业专科学校用珍珠矮选系于1986年育成。全生育期132d，株高90cm左右，株型紧凑，分蘖力较强，幼苗长势旺。千粒重25.6g。食味好、糯性强，加工米花糖、桃片糕质量佳。轻感稻穗颈瘟和纹枯病。四川省区试平均产量5.95t/hm^2，适宜四川省稻瘟病非常发区种植。

（2）滇新10号

云南农业大学稻作研究所用意大利B/科情3号于1988年育成，又名滇籼糯9号。全生育期180d，株高90～95cm，株型紧凑，分蘖力中等，耐肥、抗倒，穗长18～20cm，每穗实粒数80粒，千粒重34g，谷粒长椭圆形，淡黄色，无芒，易落粒。米粒大，乳白色，糯性好，有香味，抗稻瘟病和白叶枯病，一般单产6.00～6.70t/hm^2。适宜在云南省海拔1 300m以下中等肥力稻田种植。1986年最大年推广面积0.67万hm^2。

（3）马坝香糯

广东省曲江县农业科学研究所与华南农学院用泸南早/香洪糯育成，分别于1989和1991年通过四川和河南省审定。在河南省种植，全生育期136.2d，株高98.4cm，株型集散适中，茎秆粗壮，叶片长宽中等，剑叶挺直，抗倒伏，耐肥性强，成熟期落色好。有效穗376.95万/hm^2，穗长20.8cm，每穗粒数87.23粒，千粒重24.6g。糙米率79%，精米粒率71%，直链淀粉含量7.16%，蛋白质含量11.9%，赖氨酸含量0.33%。轻感稻瘟病、白叶枯病和纹枯病。平均单产5.39t/hm^2，适宜在豫南等中籼稻生态区种植。1992年最大年推广面积1.1万hm^2，1990—2000年累计推广面积3.26万hm^2。

（4）南农糯2号

南京农业大学用81-3027/81-2159于1993年育成。全生育期135d。株高99cm，苗期繁茂，分蘖力较强，抗倒性中等。有效穗300万/hm^2，每穗粒数150粒，千粒重23g。精米粒率67.2%，直链淀粉含量1.5%。平均单产7.30t/hm^2。适宜于江苏省中籼稻地区中上等肥力条件下搭配种植。

（5）成糯 397

四川省农业科学院作物研究所用 70681 系选于 2002 年育成。全生育期平均 147d，株高 121cm，生长势旺，分蘖力中等偏上，株型松散适中。有效穗 270 万/hm^2，穗长 23cm，每穗粒数 134 粒，千粒重 26g。糯性好，直链淀粉含量 1.8%。抗稻瘟病 0～9 级，最高级 9 级。一般单产 7.34t/hm^2。适宜在四川省平坝、丘陵地区的稻瘟病轻发区作一季中稻种植。

（6）E 优 512

四川省农业大学水稻研究所用同源三倍体 SAR-3/混合花粉于 2002 年育成。全生育期 148d，株型较好，剑叶中宽直立，苗期分蘖力稍弱，株高 110cm，穗长 24.7cm，每穗粒数 178.5 粒，结实率 77.2%，谷粒黄色，千粒重 24.4g，糙米率 80.2%，精米粒率 70.0%，整精米粒率 60.5%，田间生长整齐，秆硬抗倒，后期转色好，抗稻瘟病与对照荆糯 6 号相当。四川省区试平均产量 7.12t/hm^2，比对照荆糯 6 号增产 2.23%。适宜四川省籼稻区作一季中稻种植。

参 考 文 献

黄发松，胡培松，唐绍清，等．1999. 食用优质稻米新品种的研究开发［J］．中国稻米（6）：24-26.
李平．1996. 湖南优质稻品种改良的现状与途径［J］．作物研究（2）：9-11.
林世成，闵绍楷．1991. 中国水稻品种及其系谱［M］．上海：上海科学技术出版社．
苏泽胜，张效忠，李泽福，等．1994. 安徽省主要育成品种及其系谱分析［J］．安徽农业科学（1）：7-10.
万建民．2007. 中国水稻分子育种现状与展望［J］．中国农业科技导报 9（2）：1-9.
王才林．2005. 江苏省水稻育种与生产现状及发展趋势［J］．江苏农业科学（2）：1-5.
熊佑能，丁自力．2007. 湖北省水稻育种的回顾、现状及发展趋势［J］．湖北农业科学，46（5）：657-659.
熊振民，蔡洪法．1992. 中国水稻［M］．北京：中国农业出版社．
应存山．1993. 中国稻种资源［M］．北京：中国农业科技出版社．
周家武，陶大云，胡凤益，等．2007. 关于加强云南稻作育种技术创新的思考［J］．西南农业学报（17）：317-321.
周少川，王家生，李宏，等．2001. 我国水稻育种的回顾与思考［J］．中国稻米（2）：5-7.
周少川，柯苇，陈建伟，等．1998. 广东优质稻品种系谱分析［J］．中国稻米（1）：6-9.
朱立宏．2007. 关于我国水稻高产育种之我见［J］．南京农业大学学报，30（1）：129-135.

9

第九章 常规晚籼稻品种及其系谱

第一节 概　　述

常规晚籼包括常规双季晚籼和常规单季晚籼，主要分布于我国南方各省、自治区和长江中下游双季稻区，在华中单季稻区和云南南部也有少量分布。华中稻区的常规晚籼以双季晚籼为主，主要分布于江西和湖南两省，在安徽的沿江地区、湖北的江汉平原和浙江的滨海地区也有一定面积。单季晚籼主要分布在双季稻区海拔较高的山区和湖南、江西的滨

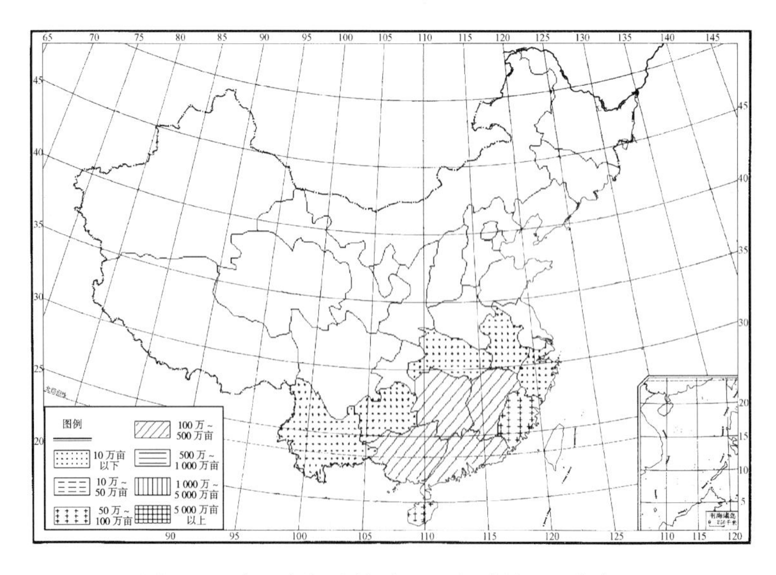

图9-1　全国常规晚籼稻2005年种植面积分布图

湖低洼稻田，这些地区或是因为有效积温不能满足正常双季稻的需求，或是因为沿湖稻田春季受淹，不能正常种植早稻，为充分利用季节，选择迟熟、高产晚籼品种作一季晚稻种植。华南稻区的常规晚籼品种多为早、晚季兼用型，以感温性和弱感光性品种为主，主要分布在广东、广西、海南及福建的东南沿海地区。

全国常规晚籼主要分布在长江中下游双季稻作区和华南双季稻作区，种植面积以湖南最大，其次为江西、广东、广西和福建。2005 年，广东、湖南和广西 3 省、自治区常规晚籼稻种植面积均在 20 万～25 万 hm^2，江西省约 17 万～18 万 hm^2，福建和海南省均在 5.5 万 hm^2 左右，而浙江、湖北、安徽、云南等双季稻区常规籼稻面积均不足 1 万 hm^2（图 9-1）。

一、长江中下游双季稻作区

本区双季稻品种搭配有“早籼晚粳”和“早籼晚籼”两种模式，本章主要介绍江南丘陵平原双季籼稻区的情况。

江南丘陵平原双季籼稻区位于长江中下游，≥10℃的年有效积温 5 300℃等值线以南，南岭山脉以北，鄂西、湘西山地至东海之滨的稻区，包括浙江中南部，江西省全境，福建省西北部，湖南省东部，广西壮族自治区东北部，湖北省东南部和广东省北部。本区水田面积 600 万 hm^2 左右，土壤肥沃，单产水平高，稻谷商品率高，素有“鱼米之乡”之美誉。

本区属典型亚热带气候，一年四季分明，水热资源较丰富，水稻生长季的日照时数 1 200～1 400h，年太阳总辐射量 334.72～376.56kJ/cm^2，≥10℃的年有效积温5 300～6 500℃，水稻生长季内的降水量为 900～1 500mm，除少数海拔较高的山区外，该区光、温、水配合协调，宜于双季稻发展。本区晚籼稻的安全齐穗期在 9 月中、下旬，长江沿岸及以北地区，个别年份因寒露风出现较早，安全齐穗期在 9 月 10 日左右。尽管农业气候条件总体较好，但本区的降雨较为集中，5～6 月降雨量较大，江河水满，易发洪灾和内涝。6 月份“梅雨”季节过后，自南至北常常出现伏旱，导致局部地区水源枯竭，晚稻栽插困难。秋旱也时有发生，对晚稻抽穗和灌浆不利。

本区稻田种植制度主要为“冬作＋双季稻”一年三熟，尤以“绿肥＋双季稻”、“油菜＋双季稻”和“冬季蔬菜＋双季稻”等复种方式较多，个别地方也发展“冬作＋西、甜瓜或早花生＋晚稻”等高效种植模式。海拔较高的地区常有“冬季马铃薯或迟熟甘蓝型油菜＋一季晚稻”复种方式。近年来，由于大量青壮劳动力向城市转移，不少粮食主产区的稻田冬季以休闲为主。在双季稻的品种搭配上，赣北等临近长江的稻区双季晚籼稻多选用中、早熟品种，以利于安全抽穗，赣中南、两广北部等积温较高的地区，晚籼以中迟熟高产品种为主。

本区水稻生长季雨量较充裕、种植制度和品种熟性多样，有利于水稻病虫害发生。稻瘟病、白叶枯病和纹枯病发生较重。由于杂交水稻的普及，靠种子传播的检疫性病害如细菌性条斑病、感染谷粒的稻曲病和稻黑粉病等也迅速蔓延，危害晚籼稻的产量和品质。常见的水稻害虫有三化螟、二化螟、稻纵卷叶螟、稻叶蝉和褐飞虱等。近年来，稻瘿蚊也自岭南向北扩展。2006 年，本区褐飞虱大面积暴发，给晚稻生产造成严重灾害和产量损失。

本区晚籼品种成熟期在10月中、下旬，甚至11月初，此期昼夜温差大，有利于发展优质和特色品种。常规晚籼稻的育种目标为：在较高的产量水平上突出优质和多抗。产量与同熟期的杂交稻比较，减产幅度不大于10%，个别外观和食味俱佳的香稻品种甚至减产接近20%，但因稻谷和大米商品价格高，也在局部地区得到大面积种植。主要品质指标要求达到国标优质米一、二级标准，米饭食味好。对稻瘟病、白叶枯病和褐飞虱具有较高的抗性，并在幼穗发育和抽穗期对高温和低温有较好的抗、耐性，以利于绿色大米生产。

二、华南双季稻作区

华南双季稻区位于南岭以南，是我国最南部稻区，包括福建、广东、广西、海南和台湾省，以及云南的南部地区，水田面积约360万hm^2。本区可分为福建、广东、广西、台湾平原丘陵双季稻亚区、海南和雷州半岛平原双季稻多熟亚区和滇南河谷盆地单双季稻亚区等三个亚区。

福建、广东、广西、台湾平原丘陵双季稻亚区处北回归线以南，东起台湾省，北自福建省长乐县，横跨广东省中部、广西壮族自治区的南部，西至云南省的广南县，南迄广东省的吴县、廉江县，呈东西向的狭长地带，属南亚热带和边缘热带的炎热、湿润季风气候。本区的水热资源丰富，水稻生长季的日照时数1 200～1 500h，年太阳总辐射量376.56～460.24kJ/cm^2，≥10℃的年有效积温6 500～8 000℃，能充分满足种植双季籼稻所需要的≥5 300℃的有效积温需求。水稻生长季降水量东部为1 600～2 000mm，西部为1 000～1 500mm，雨量充裕，干湿季分明，雨量集中在4～9月之间，其中5～6月份最多，优异的光、热和水资源特别有利于双季稻的生长发育。本亚区双季晚籼稻的安全齐穗期在10月中、下旬。

海南和雷州半岛平原双季稻多熟亚区是我国最南部的稻作亚区，属热带和边缘热带，是我国热量资源最丰富的地区，年平均气温23～25.5℃，≥10℃的年有效积温8 000～9 300℃，水稻生长季节最长，平均可达300d，无明显冬季，尤其是海南岛五指山以南，年平均气温达25.5℃，只要有水灌溉，一年四季都可种稻，因此，从陵水县、三亚市至乐东县一线，是水稻冬季南繁加代和繁殖制种的理想场所。本亚区干湿季分明，从11月至翌年4月为旱季，雨水较少，而在水稻生长季内，降水量在800～1 600mm，日照时数1 400～1 800h，年太阳总辐射量418.40～502.08kJ/cm^2。秋季台风侵袭频繁，降水集中，给晚稻带来较大危害。

滇南河谷盆地单双季稻亚区地处怒江、澜沧江、元江以及阿墨江等河流的下游，属热带、亚热带湿润季风气候。该区地貌起伏，高低落差大，地形复杂，气候多变，年温差小，日温差大，干湿季节分明。南部元江县和西南部的西双版纳均属低海拔热量充足的河川或河谷丘陵区，有广东雷州半岛和海南岛的气候特征。本亚区水稻生长季的日照时数1 000～1 300h，年太阳总辐射量376.2～418.4kJ/cm^2，水稻生长季降水量700～1 600 mm，6～8月降水量约占全年降水量的60%，≥10℃的年有效积温5 800～7 900℃。本亚区虽适合双季稻栽培，但由于降水量变化大，耕作水平低，仍以种植一季晚稻为主，双季晚稻比例小，晚稻的安全齐穗期在10月上、中旬。

华南双季稻作区一年多熟，复种指数在全国最高。该区由于水稻生长季雨量充裕、高温多湿，有利于病虫害滋生和发展。稻瘟病是本区的主要病害，晚稻叶瘟和穗瘟均有发生，尤其是穗瘟造成的危害较大。细菌性条斑病和白叶枯病等细菌性病害靠雨水传播，发病较广，台风危害后更易暴发，此外，纹枯病也是常见病害。晚稻主要虫害有稻瘿蚊、褐飞虱、二化螟、三化螟、稻纵卷叶螟、稻叶蝉和稻黏虫等，褐飞虱等害虫在华南稻区繁殖世代多，世代交叉重叠，不易防治，加之台风传播速度快，极易对晚稻生产造成严重危害。

华南双季晚稻的育种目标概括为高产、优质和多抗。由于晚籼品种多为高产杂交稻，因此，常规晚籼育种的目标以提高品质为主，以满足高档大米市场的需求。云南少数民族聚居地则需要优质软米和糯米。其次，要求适应性广，耐肥抗倒，前期耐热，后期耐寒，不易脱粒，对白叶枯病、稻瘟病、细菌性条斑病、恶苗病、稻曲病和纹枯病等病虫具有较好抗病性和耐病性，对褐飞虱、稻瘿蚊、稻纵卷叶螟等害虫有较好的抗性。

第二节　品种演变

新中国成立以来，南方晚籼稻品种经历了 4 次较明显的演变过程。一是农家高秆品种的评选和应用；二是高产矮秆品种杂交选育和普及；三是杂交水稻的发明和大面积推广；四是产量、品质和抗性的协调发展及特优质常规品种的选育和应用。

20 世纪 50 年代主要是地方品种的评选和应用。通过全面收集、鉴定传统地方品种，并经系统选育，筛选出油占子、矮脚南特等一批高产、优质常规晚籼品种应用于生产。60 年代初，常规晚籼矮化育种取得突破，广东育成了广二矮、珍珠矮等高产、耐肥、抗倒的矮秆品种，在南方稻区迅速推广，至 70 年代末，一批高产、优质、抗病和熟期适中的矮秆品种选育成功，使常规晚籼稻品种实现了全面矮秆化，单产水平跨上了新的台阶。从 80 年代初开始，由于三系籼型杂交水稻的大面积推广，常规晚籼品种的面积不断下降。自“七五”开始，国家长江中下游晚籼育种攻关项目将品质改良列为首要目标，至 90 年代初，赣晚籼 19、湘晚籼 5 号、中香 1 号等一批优质、高产、多抗常规晚籼品种选育成功，有效地改善了我国南方籼稻大米的品质，满足了部分居民对优质高档大米的需求，因此常规晚籼稻由于品质优，仍有一定的种植规模和发展潜力。至 2005 年，常规晚籼品种在江西、湖南、广东、广西和海南等省（自治区）占晚稻种植面积的 10%～30%。目前，生产应用的常规晚籼品种主要是品质特优的早中熟品种、加工专用品种和满足地域传统饮食习惯的特异品质的品种。

常规晚籼品种的生育特性和农艺、品质等性状演变也有一定的规律。80～90 年代，江西、湖南两个主要双季稻产区的常规晚籼品种可分为早、中、晚 3 个典型的熟期类型，早熟品种的全生育期在 110d 左右，以大面积推广的优质稻江西丝苗最为典型，中熟品种的全生育期在 120d 左右，以湘晚籼 5 号的熟期为代表，晚熟品种的全生育期在 130～135d 之间，以 M112 和为代表品种，部分迟熟常规品种具有较强的感光性。近年来，常规晚籼稻多采用早熟或中熟类型品种，除部分优质稻品种（如江西的赣晚籼 30）熟期偏迟外，熟期超过 130d 的品种种植面积极小，感光性品种难以推广。华南稻区的常规晚籼品种以早、晚兼用型品种占绝对优势，在“七五”至“十五”期间广东省审定的 67 个可作晚籼种植的常规品种中，典型感光性晚籼品种只有 4 个，但种植面积均较小。产量水平虽然有所提高，但平均增加幅度较小，各稻区受秋季干旱或寒露风危害程度不同，造成晚稻单产水平在年份间有较明显的波动。此外，新育成品种的抗病虫性有所改善。为适应机械化和轻简化栽培，加强了品种的耐肥、抗倒和早生快发等特性的培育。

近20年来，常规晚籼稻米品质得到了明显的改善。在1986年农业部公布的优质稻米评选结果中，双竹占、余赤231-8和紧粒新四占等7个常规晚籼稻被评为优质米品种，而在1992年举办的首届中国农业博览会上，一批新育成的常规晚籼品种脱颖而出，被评为金、银、铜奖，而以江西丝苗（双竹占的商品米名称）作为对照，仅评为“优质产品”，列参评品种的第30位，赣优晚、赣晚籼19、滇瑞449和湘晚籼3号等获奖品种综合品质评价为接近或达到了泰国优质大米的水平。尤其是赣晚籼19，在2000年全国水稻主栽品种的品质抽查中，所有品质检测指标均达到部颁一级标准，这也是1 091个样品中惟一的一个全部指标均达到一级优质米标准的籼稻品种。目前在生产中推广面积较大的常规晚籼品种，其综合品质水平均超过了江西丝苗等80年代评选的优质品种。品质改善主要表现在：

1. 垩白粒率和垩白度明显下降，外观品质显著改善

湖南和江西新育成的21个常规晚籼稻平均垩白粒率为12.8%，其中赣晚籼19等10个主栽品种的垩白粒率平均为9%。广东省“八五”以来育成的34个常规晚籼品种的平均垩白粒率为13.1%，多数品种的垩白粒率低于10%，粳籼89等10个大面积推广的品种垩白粒率平均为10%。

2. 直链淀粉含量适中

江西丝苗的直链淀粉含量高达26%～27%，而广东新育成的晚籼品种平均值为21.4%，湖南、江西新育成的品种平均为17.1%，多数品种的直链淀粉含量达到了部颁一级优质米标准。从主栽品种来看，湖南、江西品种直链淀粉含量明显下降，处在中等或中等偏低的水平，广东省的品种仍存在高、中和低3种直链淀粉含量类型，平均水平偏高，如广东省种植面积最大的晚籼品种粳籼89，直链淀粉含量高达27.4%，这与广东人喜食偏硬性米饭有关。

3. 胶稠度中或软，适口性好

部分晚籼优质品种还有芬香味。值得注意的是，粳籼89和绿黄占等高直链淀粉含量的品种却有软的胶稠度，而赣晚籼30直链淀粉含量低，但胶稠度中等偏硬，这些品种的适口性极佳，大米深受消费者欢迎。

4. 新育成品种的整精米粒率高

整精米粒率平均达到62%，加工品质得到明显的改善（表9-1，表9-2，表9-3，表9-4）。

表9-1　湖南、江西两省21个新育成的常规晚籼品种的品质性状

项目	整精米粒率（%）	粒长（mm）	长宽比	垩白粒率（%）	垩白度（%）	透明度（级）	直链淀粉含量（%）	胶稠度（mm）	碱消值（级）
平均值	62.9	6.9	3.3	12.8	3.6	1.5	17.1	67.0	6.3
中位数	62.8	7.1	3.3	8.0	0.9	1.0	16.3	65.0	7.0
最小值	53.4	5.7	2.6	1.5	0.1	1	14.6	29.0	4.0
最大值	70.0	7.6	3.7	79.0	28.0	3.0	22.3	91.0	7.0

表 9-2　广东新育成的 34 个早晚兼用型常规晚籼品种的品质性状

项目	整精米粒率（%）	粒长（mm）	长宽比	垩白粒率（%）	垩白度（%）	透明度（级）	直链淀粉含量（%）	胶稠度（mm）	碱消值（级）
平均值	62.0	6.3	3.1	13.1	2.8	2.2	21.4	58.2	6.6
中位数	62.1	6.2	3.1	9.0	1.8	2.0	23.5	61.0	7.0
最小值	42.2	5.8	2.8	2.0	0.0	1.0	13.6	24.4	3.5
最大值	71.9	7.2	3.5	31.0	15.0	4.0	27.8	91.0	7.0

表 9-3　湘、赣两省 10 个主推常规晚籼品种（年种植面积>6.67 万 hm^2）**的品质性状**

品种名称	整精米粒率（%）	长宽比	垩白粒率（%）	垩白度（%）	透明度（级）	直链淀粉含量（%）	胶稠度（mm）	碱消值（级）
赣晚籼 19	60.8	3.6	8.0	1.7	1	21.3	70	7.0
赣晚籼 22*	60.1	3.3	14.0	1.9	1	20.1	83	4.2
赣晚籼 30	69.5	3.4	4.0	0.4	1	14.9	54	7.0
中香 1 号*	61.8	3.2	10.0	1.0	1	17.8	88	7.0
湘晚籼 5 号*	56.9	3.4	8.0	0.5	1	16.1	79	—
湘晚籼 6 号	63.0	2.6	22.5	3.5	1	17.0	54	7.0
湘晚籼 9 号	64.0	—	11.5	6.5	1	18.4	84	7.0
湘晚籼 10*	69.6	3.4	3.0	0.5	1	15.2	65	7.0
湘晚籼 11	59.6	3.3	2.0	0.1	1	16.0	64	6.8
湘晚籼 13*	70.0	3.5	6.0	0.6	1	16.6	62	7.0

*　香稻品种。

表 9-4　广东省 10 个主推早、晚兼用型常规晚籼品种（年种植面积>6.67 万 hm^2）**的品质性状**

品种名称	整精米粒率（%）	粒长（mm）	长宽比	垩白粒率（%）	垩白度（%）	透明度（级）	直链淀粉含量（%）	胶稠度（mm）	碱消值（级）
粳籼 89	59.5	6	2.9	9.0	1.9	1	27.4	89	6.1
七山占	71.7	6.0	2.9	1.0	—	4	24.8	35	—
籼小占	67.6	5.9	3.5	7.0	0.8	2	25.6	32	7.0
丰矮占 1 号	60.9	6.2	3.1	19.0	5.1	3	25.3	30	7.0
丰澳占	71.9	6.1	2.8	31.0	4.5	2	25.4	40	7.0
绿黄占	42.2	6.5	3.1	11.0	1.2	2	27.8	75	6.6
中二软占	57.9	6.2	3.4	6.0	0.8	1	13.6	72	7.0
茉莉新占	50.2	6.7	3.5	8.0	1.0	3	25.9	38	7.0
丰八占	66.7	6.8	3.4	4.0	0.8	2	15.4	82	7.0
丰华占	64.8	6.9	3.5	8.0	0.6	—	15.4	68	7.0

第三节　主要品种及其系谱

1986—2005 年的 20 年间，南方稻区和长江中下游稻区育成和审定的常规晚籼品种共 135 个，其中广东省审定品种最多，江西省次之，而广西壮族自治区和福建省审定品种最少（表 9-5）。在育成品种中，通过杂交选育的品种数量最多，占总育成品种数的 82.22%，其次为系统选育，占 9.63%，再次是辐射育种，占 7.41%，通过花药培养育成品种 1 个（表 9-6）。晚籼糯稻品种有 11 个，占育成晚籼品种数的 8.15%，其余均为粘稻类型品种。

表 9-5 不同时期各省、自治区育成的常规晚籼品种数

省（自治区）	1986—1990	1991—1995	1996—2000	2001—2005	合计
江西	18	9	7	6	40
湖南	2	6	6	4	18
广东	13	11	14	29	67
广西	0	1	3	1	5
福建	2	1	2	0	5
合计	35	28	32	40	135

江西省共审定常规晚籼品种 40 个，其中 4 个糯稻品种。较有影响的品种有赣晚籼 14、赣晚籼 19、赣晚籼 22、赣晚籼 23、赣晚籼 29 和赣晚籼 30 等。品种的主要抗源来自 IR36，主要优质亲缘品种为泰国引进品种外 3 和具有泰国香稻茉莉花 105 亲缘的国际稻品系 IR841。赣晚籼 19 又名 9194，该品种遗传基础复杂，亲本中既有地方品种和 IRRI 引进品种，也有地理远缘和遗传远缘的资源，因其品质优、高抗稻瘟病和高产潜力大，90 年代中后期在江西、重庆、湖北以及云南等地大面积推广，但该品种生育期较长，近年来基本被外观和食味品质俱佳的赣晚籼 30 所取代。双竹占、赣晚籼 19 和赣晚籼 30 是江西优质稻发展经历三代的代表性品种。

表 9-6 不同育种方法选育的常规晚籼品种数

省（自治区）	杂交选育	系统选育	辐射选育	花药培养
江西	29	7	3	1
湖南	13	3	2	0
广东	63	1	3	0
广西	2	2	1	0
福建	4	0	1	0
合计	111	13	10	1

湖南共育成常规晚籼稻品种 18 个，其中糯稻 2 个。大面积推广种植的品种主要有湘晚籼 1 号、湘晚籼 2 号、湘晚籼 3 号、湘晚籼 5 号、湘晚籼 6 号、湘晚籼 7 号、湘晚籼 9 号、湘晚籼 10、湘晚籼 11 和湘晚籼 13，其中湘晚籼 5 号、湘晚籼 10 和湘晚籼 13 均为优质香稻品种，香稻基因来自从 IRRI 引进品系中选育的 80-66。主要抗源也来自 IR36 或 IRRI 引进品系的中间材料。湘晚籼 3 号和湘晚籼 5 号是 90 年代中期和后期湖南较有影响的优质晚籼品种。近 5 年来，湘晚籼 9 号、湘晚籼 11 和湘晚籼 13 成为优质稻主栽品种，推动了湖南优质稻产业的发展。

江西和湖南两省新育成的晚籼品种主要衍生于红 410、桂朝 2 号、80-66 和 IR841 等核心种质。红 410 系福建省同安县良种场 1974 年从珍龙 410（珍汕 97/龙菲 313）中系统选育而成，曾在福建、广东、广西、江西、湖南和湖北等地作中迟熟早籼或早熟晚籼品种大面积推广，以该品种为骨干亲本，曾育成了 119、红突 31、红云 33、8004 等系列品种，自“七五”以来，又衍生了赣晚籼 14、余红 1 号、余晚 6 号和湘晚籼 9 号等重要晚籼品种；具有桂朝 2 号亲缘的主要品种有赣晚籼 16、湘晚籼 8 号、赣晚籼 22 和赣晚籼 32 等；衍生于 IR841 的主要有优质香稻品种赣晚籼 22、赣晚籼 23、天龙香 103、中健 2 号和优质品种优丰 162、爱华 5 号等；衍生于 80－66 的主要有优质香稻品种湘晚籼 5 号、湘晚籼 10、中香 1 号、天龙香 103 和湘晚籼 13 等。

广东、广西和福建共育成常规晚稻品种 77 个，其中糯稻 5 个，早、晚兼用型品种占总数的 92%。其中广东省选育的品种达 67 个，占总数的 87%。从系谱来源看，广东省新育成的早、晚兼用型品种多数衍生于高产品种桂朝 2 号、特青和优质品种粳籼 89 及姐妹系。桂朝 2 号是从"桂阳矮/朝阳早 18"组合中选育的早、中、晚兼用型品种，是中国 20 世纪 70～80 年代大面积种植的高产、半矮秆籼稻品种，1983 年在云南宾川创造了 15.87t/hm^2 的中国水稻高产纪录。桂朝 2 号曾衍生了双桂 1 号、双桂 36 等大面积推广的品种，近 20 年中，又衍生了双朝 25、七山占、野籼占、矮秀占等 12 个华南早、晚兼用型品种。粳籼 89 是通过籼粳杂交育成的优异品种，该品种在华南、华中稻区广泛种植，并作为核心种质衍生了赣晚籼 29、特籼占、粤野占、野籼占等 15 个品种。特青是以叶青伦为母本与特矮杂交选育而成，以具有大穗多粒、耐肥抗倒和高光合效率等高产相关特性而著称，曾在华南稻区作早、晚兼用籼和长江中上游地区作中稻大面积种植，在广东、四川和云南等省均创造过当地的高产纪录，是高产育种的骨干亲本。衍生于特青的主要品种有特三矮、丰矮占、丰华占、特籼占、湘晚籼 6 号和野籼占等 30 多个品种。其中特籼占是粳籼 89 和特青的杂交后代，兼有高产和优质的特点，并作为核心种质衍生了系列品种。1990—2005 年间，种植面积超过 66.7 万 hm^2 的华南早、晚兼用型品种有粳籼 89、七山占和七桂早 25，种植面积在 33.3 万～66.7 万 hm^2 之间的品种有籼小占和双朝 25，种植面积在 6.67 万～33.3 万 hm^2 的品种有青六矮、粤丰占、绿黄占、七袋占、丰华占等。

一、以红 410 为基础的主要衍生品种

1. 余红 1 号

常规晚籼稻，湖南农业大学水稻科学研究所以余金 6 号为母本与红 410 杂交，经系谱法选育而成（图 9－2），1990 年通过湖南省农作物品种审定委员会认定。全生育期 122d，株高 90cm 左右，茎秆粗壮，有效穗 285 万/hm^2，成穗率 70%左右，抽穗整齐。穗长 20cm 左右，每穗粒数 90 粒，结实率 85%～90%，谷粒椭圆形，千粒重 27.0g。米质中

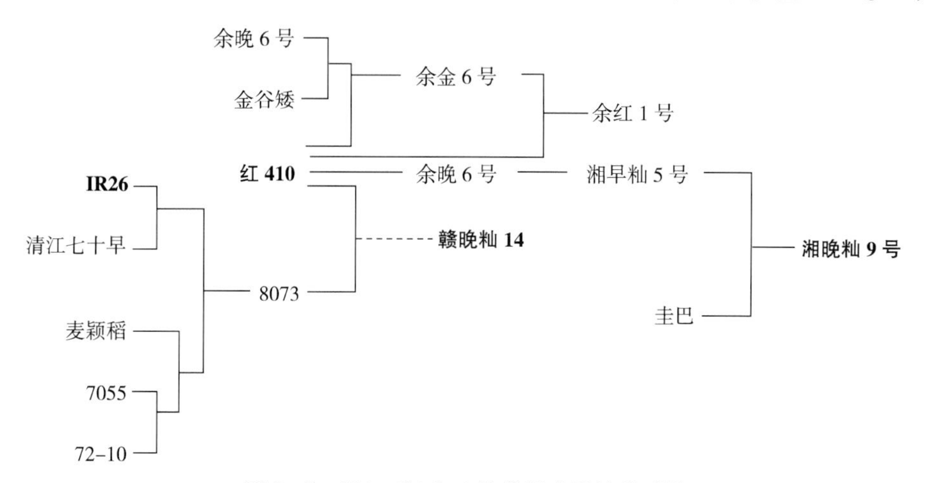

图 9－2 以红 410 衍生的常规晚籼品种系谱

等，耐肥、抗倒，抗寒性强，熟期落色好，适应性广，平均单产6.90t/hm²。抗稻瘟病，中抗白叶枯病，适宜在湖南及周边省份作双季迟熟晚稻种植。1990年最大年推广面积6.6万hm²，1987—1992年在湖南、江西、湖北等省累计推广面积20.8万hm²。

2. 赣晚籼14

常规晚籼稻，江西省农业科学院水稻研究所从红410/8073组合的F_1种子经^{60}Co诱变后，按系谱法选育而成，1990年通过江西省农作物品种审定委员会审定。全生育期133.8d，株高83.2cm，株型较紧，有效穗339万/hm²，成穗率51.67%，穗长19.3cm，每穗粒数95粒，结实率80.5%，千粒重21.3g，糙米率80.4%。直链淀粉含量25%，外观品质优，食味好。中抗白叶枯病。该品种1985—1986年参加江西省区试，平均产量5.69t/hm²，大田一般产量6t/hm²，适合江西省和湖南省作二晚和一季晚稻种植。1999年最大年推广面积9.46万hm²，1995—2004年累计推广面积44.8万hm²。

3. 湘晚籼9号

常规晚籼稻，原名岳晚籼3号，岳阳市农业科学研究所和农业局以圭巴为母本与湘早籼5号为父本杂交，经系谱法选育而成，1998年通过湖南省农作物品种审定委员会审定。全生育期123d，株高100cm，株型松紧适中，茎秆较细，富有弹性，叶色深绿，主茎叶15片，有效穗227.5万/hm²，每穗粒数120粒，结实率80%左右，千粒重23g。中感稻瘟病和白叶枯病。被湖南省评选为二等优质稻，出糙率80%，精米粒率67.8%，整精米粒率64%，垩白粒率11.5%，垩白大小6.5%，糊化温度（碱消值）7级，胶稠度84mm，直链淀粉含量18.4%，蛋白质含量10.4%。平均产量6.00t/hm²，适宜在湖南、江西等省作双季晚稻种植。

二、以桂朝2号为基础的主要衍生品种

1. 湘晚籼8号

常规晚籼稻，湖南农业大学水稻研究所以四喜粘为母本与湘晚籼1号杂交，经系谱法选育而成（图9-3），1998年通过湖南省农作物品种审定委员会审定。全生育期115d，株高100cm，株型适中，茎秆粗壮弹性好，叶片直立。有效穗285万/hm²，成穗率70%左右，抽穗整齐，穗长24cm，每穗粒数110粒，结实率90%，谷粒长粒型，稃尖无色，间有顶芒，千粒重27.5g。出糙率80.4%，精米粒率73.0%，整精米粒率68.5%，精米长6.6mm，长宽比2.9，垩白粒率26.5%，垩白大小5.5%，糊化温度（碱消值）4.8级，胶稠度90mm，直链淀粉含量14.6%，蛋白质含量9.4%，食味优，评为湖南省三等优质稻品种。耐肥、抗倒，抗寒性强，熟期落色好，中抗稻瘟病和白叶枯病。平均单产6.60t/hm²，适宜在湖南及周边省份作双季中熟晚稻种植。1994—2000年在湖南、江西、湖北等省累计推广27.3万hm²。

2. 双朝25

华南早晚兼用型常规籼稻，广东省农业科学院水稻研究所以双桂36为母本与抗2杂交，经系谱法选育而成，1990年通过广东省农作物品种审定委员会审定。早稻全生育期136d，株高95cm左右，生长势强，株型较紧凑，有效穗339万/hm²，穗长20cm，每穗

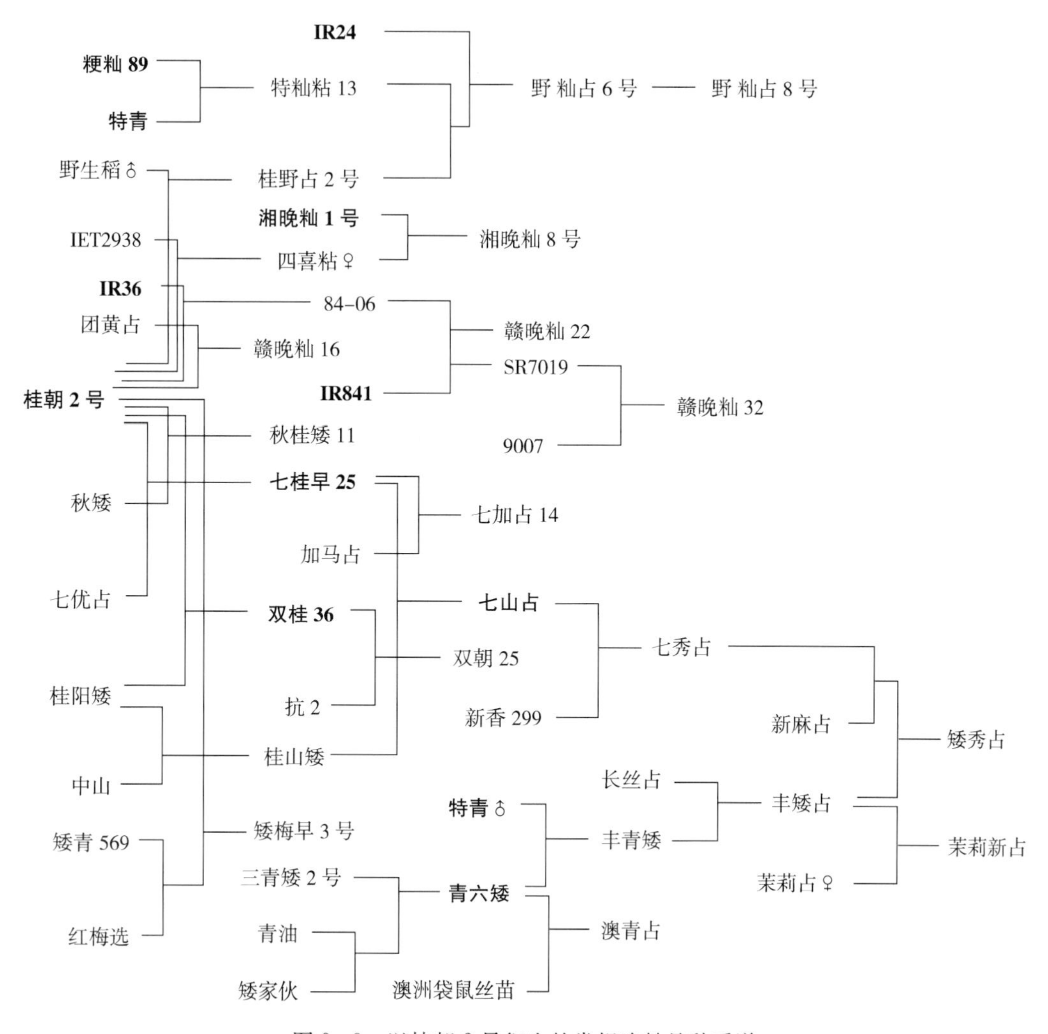

图 9-3　以桂朝 2 号衍生的常规晚籼品种系谱

粒数 100.2 粒，结实率 82.4%，千粒重 24.8g，稻米外观较好。高抗稻瘟病，感白叶枯病。1988—1989 年广东省早稻区试，平均产量 6.21t/hm²，适合华南稻区作早、晚稻种植。1990—1997 年累计推广面积 54.73 万 hm²。

3. 七山占

华南早晚兼用常规籼稻，广东省农业科学院水稻研究所以桂山矮为母本与七桂早 25 杂交，经系谱法选育而成，1991 年通过广东省农作物品种审定委员会审定。全生育期早稻 132d，晚稻 110d，株高 92cm，有效穗 360 万/hm²，穗长 20cm，每穗粒数 96 粒，结实率 91%，千粒重 18g。后期耐寒性较强，熟色好。整精米粒率 71.7%，直链淀粉含量 24%，粒长 6.0mm，粒宽 2.1mm，长宽比 2.9，稻米外观品质优。抗稻瘟病和白叶枯病。广东省晚稻区试，平均单产 5.66t/hm²，1990—2005 年累计推广面积 87.6 万 hm²。

以桂朝 2 号为核心种质衍生的桂野占 2 号、野籼占 6 号、野籼占 8 号、七秀占、矮秀占等早、晚兼用型品种也得到不同程度的应用。此外，赣晚籼 22 和赣晚籼 32 也具有桂朝

2 号的亲缘。

三、以 IR841 为基础的主要衍生品种

1. 赣晚籼 22

常规晚籼稻，又称江西香丝苗，江西省农业科学院水稻研究所以 IR841 为母本、桂朝 2 号与 IR36 杂交选育的抗病株系 84－06 为父本杂交，经系谱法选育而成（图 9－4），1994 年 3 月通过江西省农作物品种审定委员会审定。全生育期 131d，株高 92cm，有效穗 285 万/hm^2，穗长 21cm，每穗粒数 84 粒，结实率 75.5%，千粒重 24.6g。糙米率 79.6%，精米粒率 70.1%，整精米粒率 60.1%，精米长 6.9mm，长宽比 3.3，垩白粒率 14%，垩白度 1.9%，透明度 1 级，糊化温度（碱消值）4.1 级，胶稠度 83mm，直链淀粉含量 20.1%，蛋白质含量 6.5%，香味浓郁，商品大米"江西香丝苗"获首届中国农业博览会铜奖。中抗稻瘟病，不抗白叶枯病。1992—1993 年参加江西省区试，平均产量 4.95t/hm^2，适合赣北作一季晚稻栽培，赣中和赣南可作双季晚稻种植。1993—2000 年累计推广面积 33.3 万 hm^2。

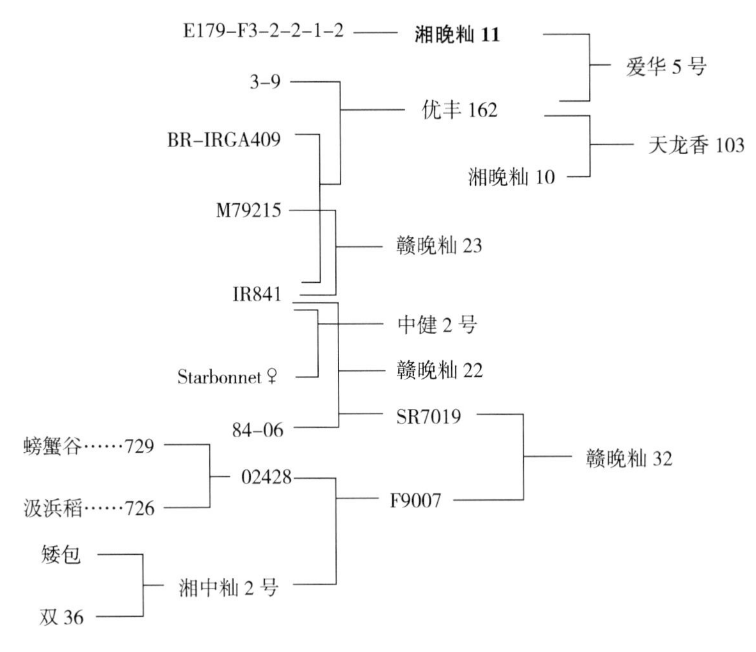

图 9－4　以 IR841 衍生的常规晚籼品种系谱

2. 赣晚籼 32

常规晚籼稻，江西省农业科学院水稻研究所以品系 SR7019 为母本、籼粳杂交株系 F9007 为父本杂交，经系谱法选育而成，2003 年通过江西省农作物品种审定委员会审定。全生育期 125d，属晚籼中迟熟类型，株高 98cm，有效穗 295 万/hm^2，穗长 23.5cm，每穗粒数 95 粒，结实率 85%左右，千粒重为 26g，株型较紧凑，分蘖前期叶片稍披，后期窄直挺举。糙米率 79.6%，整精米粒率 57.5%，粒长 7.0mm，长宽比 3.2，垩白粒率 12%，垩白度 1.2%，直链淀粉含量 17.7%，胶稠度 93mm，米饭光泽好，口感似优质粳

米，达到国家优质米二级标准。中抗稻瘟病，2001—2002年参加江西省区试，平均产量6.60t/hm²，适宜赣中、赣南地区作二季晚稻种植，赣北作一季晚稻种植。2003—2005年累计推广面积2.07万hm²。

3. 中健2号

常规晚籼稻，中国水稻研究所和湖南金健种业有限责任公司以Starbonnet为母本与IR841杂交，经系谱法选育而成，2003年通过湖南省农作物品种审定委员会审定。全生育期130d左右，株高约105cm，叶窄上挺，株型紧凑，每穗粒数112粒，结实率87.3%，千粒重27g，后期落色好。糙米率82.6%，精米粒率75.7%，整精米粒率60.6%，精米长7.6mm，长宽比3.7，垩白粒率6%，垩白度0.3%，透明度1级，胶稠度62mm，糊化温度（碱消值）6.2级，直链淀粉含量18.1%，蛋白质含量9.8%，有香味，2002年评为湖南省二等优质稻品种。感稻瘟病，湖南常德市区试产量5.77t/hm²，大田平增多单产6.00t/hm²，适宜在湘南和赣南作双季晚稻种植，在湘南和赣北作一季晚稻种植。2002年最大推广面积2.67万hm²，2001—2002年在湖南累计推广面积3.47万hm²。

IR841衍生的优质香稻品种赣晚籼23大米曾获首届中国农业博览会金奖，但该品种生育期长，只适宜作一季晚稻种植，1993—1996年在江西省有小规模种植。此外，湖南育成的优丰162、爱华5号和天优香103等优质晚籼品种，因品质优，也曾在湖南的部分地区种植。

四、以80-66为基础的主要衍生品种

1. 中香1号

常规晚籼稻，曾用名中优晚2号，中国水稻研究所以80-66为母本与优质晚籼矮黑杂交，经系谱法选育而成（图9-5），1998年和2000年分别通过江西省和湖南省农作物品种审定委员会审定和认定。全生育期124d，株高95cm，株叶形态较好，剑叶直挺，有效穗390万/hm²，每穗粒数82粒，结实率71.6%，千粒重24.4g。米质优，糙米率80%，精米粒率72%，整精米粒率61.8%，粒长6.8mm，长宽比3.2，垩白粒率10%，

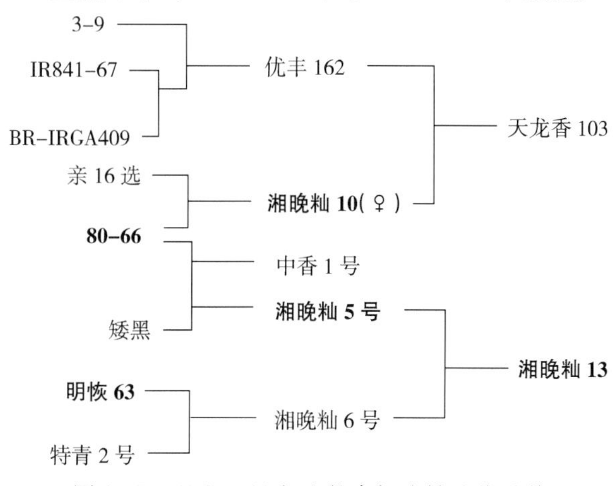

图9-5　以80-66衍生的常规晚籼品种系谱

垩白度1%，透明度1级，糊化温度（碱消值）7级，胶稠度88mm，直链淀粉含量17.8%，食味好，有爆米花香味。感稻瘟病，中抗纹枯病和白叶枯病，后期耐寒性强。江西省区试平均产量5.02t/hm²，大田一般产量6.00t/hm²，适宜湖南、江西等稻瘟病轻发区作双季晚稻种植。1997—2005年累计推广面积9.3万hm²。

2. 湘晚籼5号

常规晚籼稻，湖南省水稻研究所以矮黑为母本与80-66杂交，经系谱法选育而成，1994年通过湖南省农作物品种审定委员会审定。全生育期120d左右，株高95～100cm，株型松散适中，有效穗300万/hm²左右，每穗粒数90粒，结实率85%，千粒重24g。出糙率81.4%，精米粒率68%，整精米粒率56.9%，长宽比3.38，垩白粒率8%，垩白度0.5%，直链淀粉含量16.1%，胶稠度79mm，蛋白质含量8.6%，米饭有香味，被评为湖南省二等优质稻品种。抗白叶枯病，湖南省区试平均产量6.00t/hm²，适宜在湖南地区作双季晚稻种植。1994—2003年累计推广面积26.13万hm²。

3. 湘晚籼10

常规晚籼稻，湖南省水稻研究所以80-66为母本与亲16选杂交，经系谱法选育而成，1999年通过湖南省农作物品种审定委员会审定。全生育期120d左右，株高102cm，株型紧凑，繁茂性好，千粒重28.5g。出糙率79.4%，精米粒率73.6%，整精米粒率69.6%，长宽比3.4，垩白粒率3%，垩白度0.5%，透明度1级，直链淀粉含量15.2%，糊化温度（碱消值）7级，胶稠度65mm，蛋白质含量9.8%，有香味，被评为湖南省三等优质稻品种。感稻瘟病和白叶枯病，湖南省区试平均产量6.60t/hm²，适宜在湖南地区作双季晚稻种植。1999—2004年累计推广面积11.4万hm²。

4. 湘晚籼13

常规晚籼稻，原名农香98，湖南省水稻研究所以湘晚籼5号为母本与湘晚籼6号杂交，经系谱法选育而成，2001年通过湖南省农作物品种审定委员会审定。全生育期120d左右，株高103cm左右，株型较散，叶片长，后期落色好，千粒重25.6g。米质优，糙米率80%，精米粒率74.2%，整精米粒率70%，精米长7.5mm，长宽比3.5，垩白粒率6%，垩白度0.6%，透明度1级，糊化温度（碱消值）7级，胶稠度62mm，直链淀粉含量16.6%，蛋白质含量9.1%，米饭有香味，在湖南省的4次优质米评比中，被评为湖南省二等优质稻品种。田间抗性较好，适宜在湖南地区作双季晚稻种植。2001—2005年累计推广面积19.67万hm²。

五、湘、赣育成的主要晚籼品种

1. 赣晚籼19

常规晚籼稻，原名9194，江西省农业科学院水稻研究所以黑石头为母本，株系F5037（矮秆糯/IR2061//芦苇稻）作父本杂交，经系谱法选育而成，1992年通过江西省农作物品种审定委员会审定。全生育期130～135d，株高95cm，有效穗345万/hm²，穗长22cm，每穗粒数85粒，结实率80%，千粒重26g。籽粒长7.1mm，长宽比3.6，出糙率80%，精米粒率71.4%，整精米粒率60.8%，垩白粒率8%，垩白度1.7%，透明度1级，糊化温度（碱消值）7级，胶稠度70mm，直链淀粉含量21%，米质达部颁一级优质米标准，1992年获首届中国农业博览会银奖。高抗稻瘟病，中抗白叶枯病和白背飞虱。1988—1989年参加江西省级区试，两年平均产量5.30t/hm^2，大田一般产量6.00～7.00t/hm^2，适合江西及周边地区作迟熟晚稻和一季晚稻种植。1995—2004年累计推广面积49.8万hm^2。

2. 赣晚籼30

常规晚籼稻，原名晚籼923，江西省农业科学院水稻研究所以涟选籼为母本与［（莲塘早/IR36）F6//外3］F_1植株杂交，经系谱法选育而成，2000年通过江西省农作物品种审定委员会审定。作双季晚稻种植，全生育期135d左右，作一季晚稻种植，全生育期140d。株高93cm，株型松散适中，分蘖力强，叶面略带凹形，每穗叶16～17片。有效穗279万/hm^2。每穗粒数87粒，结实率78%，千粒重27.6g。糙米率78.6%，精米粒率72.8%，整精米粒率69.5%，粒长7.6mm，长宽比3.4，垩白粒率4%，垩白度0.4%，糊化温度（碱消值）7.0级，胶稠度54mm，直链淀粉含量14.9%，蛋白质含量8.5%。中抗稻瘟病，1998—1999年参加江西省区试，平均产量5.60t/hm^2，大田一般产量5.00～6.00t/hm^2，适宜赣中、南地区作一季、二季晚稻，赣北作一季晚稻种植。2005年最大年推广面积12.4万hm^2，2000—2005年累计推广面积47.07万hm^2。

此外，江西省农业科学院水稻研究所从赣晚籼30的自然变异株中选育出赣晚籼37，该品种在江西作一季晚稻和迟熟晚稻种植表现较好的丰产性，米质达国家优质米三级标准，2005年通过江西省农作物品种审定委员会审定，目前正在江西省优质稻主产区逐步推广。

3. 湘晚籼6号

常规晚籼稻，湖南省水稻研究所以明恢63为母本与特青2号杂交，经系谱法选育而成，1995年通过湖南省农作物品种审定委员会审定。全生育期118d左右，株高100cm，茎秆粗硬，有效穗300万/hm^2，每穗粒数85～90粒，千粒重26g，结实率85%。出糙率80%，精米粒率71.5%，整精米粒率63%，长宽比2.6，垩白粒率22.5%，垩白度3.5%，透明度1级，糊化温度（碱消值）7级，胶稠度54mm，直链淀粉含量17%，蛋白质含量8.8%。评为湖南省三等优质稻品种。感稻瘟病，中抗白叶枯病，湖南省区试产量6.20t/hm^2，适宜在湖南地区作双季晚稻种植。1996年最大年推广面积4.93万hm^2，1994—1999年累计推广面积14.73万hm^2。

4. 早圭巴

常规晚籼稻，湖南农业大学水稻科学研究所以圭630为母本与巴芒稻杂交，经系谱法选育而成，1994年通过湖南省农作物品种审定委员会审定。在长沙作双季晚稻，全生育期126d。株高110.6cm，株型松紧适中，茎秆较粗壮，耐肥抗倒，后期落色好；有效穗315万/hm^2，穗长20.2cm，每穗粒数116.3粒，结实率83.9%，千粒重22.6g。出糙率80.2%，精米粒率70.8%，整精米粒率67.5%，长宽比2.9，垩白粒率7.3%，垩白度0.7%，胶稠度60.5mm，直链淀粉含量21.5%，蛋白质含量8.4%，食口性好。中抗稻瘟病和白叶枯病，平均单产6.90t/hm^2，适宜在湖南省作双季晚稻种植。1994年最大年推广面积3.3万hm^2，1994—1995年累计推广面积4.9万hm^2。

5. 湘晚籼3号

常规晚籼稻，原名岳晚籼1号，湖南省岳阳市农业科学研究所以IR56为母本与E-

13 杂交，再与 8232 复交，经系谱法选育而成，1992 年通过湖南省农作物品种审定委员会审定。全生育期 122d，株高 90cm 左右，株型适中，叶片前期披散、中后期较挺，剑叶轻微内卷，茎秆较细，富有韧性。后期耐寒性较强，较耐肥抗倒，成熟时叶青秆黄。穗长 18.5cm，有效穗 352.5 万/hm^2 左右，每穗粒数 90 粒，结实率 87%。谷粒呈细长型，千粒重 24.5g，出糙率 76.4%，精米粒率 66.7%，整精米粒率 64.4%。垩白粒率 15%，垩白大小 0.76%，长宽比 3.7，胶稠度 68mm，糊化温度（碱消值）5.5 级，直链淀粉含量 19.4%，蛋白质含量 7.14%，米饭清香软滑，适口性好。抗白叶枯病，不抗稻瘟病和白背飞虱，一般产量 6.00t/hm^2，适宜在湖南省作双季晚稻种植。1992—1997 年累计推广面积 7.5 万 hm^2。

6. 84 - 177

常规晚籼糯稻，湖南省水稻研究所以（洞庭晚籼×云南大粒）F_4 株系为母本，与（洞庭晚籼×IR1529 - 680 - 3 - 2）F_6 株系为父本杂交，经系谱法选育而成，1989 年通过湖南省农作物品种审定委员会审定。全生育期 122d，株高 93cm，株型紧凑，剑叶挺直上举，茎秆较粗，较耐肥，抗倒伏。有效穗 340 万/hm^2，每穗粒数 97.5 粒，千粒重 29.5g。整精米率 65.6%，长宽比 2.8，无心腹白，胶稠度 129mm，直链淀粉含量 0.4%。高感稻瘟病，抗白叶枯病，平均产量 6.07t/hm^2，适宜在湖南、湖北、江西等省作双季晚稻种植。1995 年最大年推广面积 1.4 万 hm^2，1991—1995 年累计推广面积 3.9 万 hm^2。

7. 湘晚籼 11

常规晚籼稻，湖南省水稻研究所从 E179 - F3 - 2 - 2 - 1 - 2 中系选而成，1999 年通过湖南省农作物品种审定委员会审定。全生育期 117d 左右，株高 107cm，株型较松散，分蘖力强，穗较长，结实率高，千粒重 26.3g。出糙率 79.8%，精米粒率 73%，整精米粒率 59.6%，长宽比 3.3，垩白粒率 2%，垩白度 0.1%，透明度 1 级，糊化温度（碱消值）6.8 级，胶稠度 64mm，直链淀粉含量 16%，蛋白质含量 9.8%，被评为湖南省二等优质稻品种。感稻瘟病和白叶枯病，湖南省区试平均产量 6.56t/hm^2，适宜在湖南地区作双季种植。2000 年最大年推广面积 10.13 万 hm^2，2000—2005 年累计推广面积 42.2 万 hm^2。

8. 湘晚籼 12

常规晚籼稻，湖南省水稻研究所以湘 33 为母本与 GER - 3 杂交，经系谱法选育而成，2001 年通过湖南省农作物品种审定委员会审定。全生育期 114d 左右，株型适中，株高 98.5cm，较易落粒，抗倒性较强，熟期转色好。有效穗 367.5 万/hm^2，穗长 22.2cm，每穗粒数 97.3 粒，结实率 85.9%，千粒重 25.3g。整精米粒率 53.4%，长宽比 3.6，垩白粒率 5%，垩白度 0.4%，胶稠度 58mm，直链淀粉含量 15.3%，被湖南省评为三等优质稻品种。高感稻瘟病和褐飞虱，中抗白叶枯病，2002—2003 年参加长江中下游晚籼区试，平均产量 6.20t/hm^2，适宜在湖南省双季地区作晚稻种植。2002—2005 年累计推广面积 5.3 万 hm^2。

六、粳籼 89 及其系列衍生品种

1. 粳籼 89

华南早、晚兼用型常规籼稻，佛山市农业科学研究所以籼粳杂交后代 677 为母本与 IR36 杂交，经系谱法选育而成（图 9 - 6），1992 年通过广东省农作物品种审定委员会审定。全生育期早稻 132d，晚稻 110～120d。株高 97～99cm，有效穗 330 万/hm²，每穗粒数 137 粒，结实率 80%，千粒重 19.5g。整精米粒率 59.5%，垩白粒率 9%，垩白度 1.93%，透明度 1 级，直链淀粉含量 27.4%，糊化温度（碱消值）6.1 级，胶稠度 89mm，粒长 6mm，长宽比 2.9。抗稻瘟病和白叶枯病，高抗褐飞虱。广东省晚稻区试，平均产量 6.18t/hm²，适宜粤北地区作晚稻、粤中和粤南作早、晚稻种植。1993 年最大年推广面积 32.9 万 hm²，1991—2005 年累计推广面积 189.17 万 hm²。

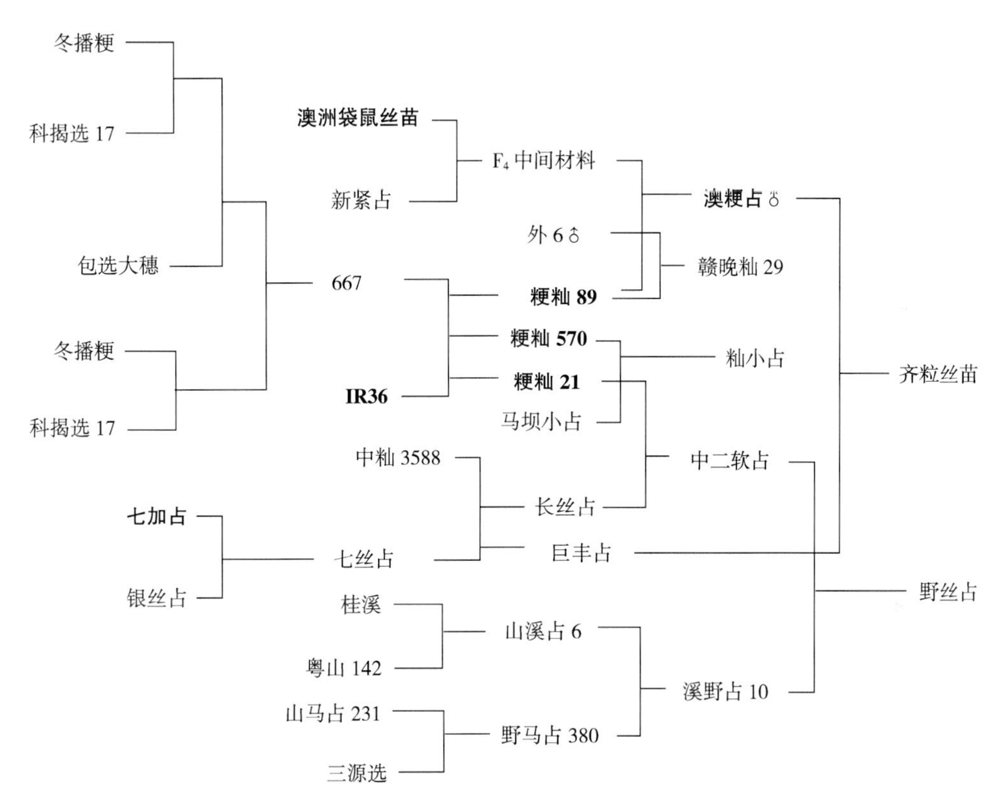

图 9-6　粳籼 89（含姐妹系）及其衍生的常规晚籼品种系谱

2. 赣晚籼 29

常规晚籼稻，江西省鹰潭市农业科学研究所以粳籼 89 为母本与泰国引进品种外 6 杂交，经系谱法选育而成，1999 年通过江西省农作物品种审定委员会审定。全生育期 133d，株高 86.7cm，株型适中，茎秆坚韧，叶片较挺。有效穗 309 万/hm²，每穗粒数 101 粒，结实率 72%，千粒重 21.8g。糙米率 77.1%，精米粒率 67.8%，米粒长 6.6mm，长宽比 3.1，垩白粒率 1.5%，垩白度 0.4%，糊化温度（碱消值）4 级，胶稠度 79.0mm，直链淀粉含量 21.7%。中感稻瘟病，1997—1998 年参加江西省区试，平均产量 5.20t/hm²，大田一般产量 6.00～7.00t/hm²，适合江西及周边地区作迟熟晚稻和一季晚稻种植。1995—2004 年累计推广面积 12.26 万 hm²。

3. 籼小占

华南早、晚兼用型常规籼稻，佛山市农业科学研究所以粳籼 570 为母本与马坝小占杂交，经系谱法选育而成，1995 年通过广东省农作物品种审定委员会审定。全生育期早稻

130d，生长势旺，株高 93cm，叶色浅绿，叶片窄直，有效穗 340 万/hm^2，每穗粒数 125 粒，结实率 85%，千粒重 17g，后期熟色好。外观品质为早稻特一级至特二级，饭味浓，软硬适中。中抗稻瘟病，中感白叶枯病。1993、1994 年广东省早稻区试，平均产量 4.98t/hm^2，适合华南稻区作早、晚稻种植。2001 年最大年推广面积 9.9 万 hm^2，1995—2005 年累计推广面积 58.62 万 hm^2。

4. 中二软占

华南早、晚兼用型常规籼稻，广东省农业科学院水稻研究所以粳籼 21 为母本与长丝占杂交，经系谱法选育而成，2001 年通过广东省农作物品种审定委员会审定。全生育期早稻约 128d，晚稻 112d。株高约 95cm，株型好，叶片厚直，有效穗 285 万/hm^2，每穗粒数 140 粒，结实率 80%，千粒重 19g。整精米粒率 57.9%，垩白粒率 6%，垩白度 0.8%，透明度 1 级，直链淀粉含量 13.6%，糊化温度（碱消值）7 级，胶稠度 72mm，粒长 6.2mm，粒宽 1.8mm，长宽比 3.4。中感稻瘟病和中抗白叶枯病。广东省晚稻区试，平均单产 6.26～7.50t/hm^2。2003 年最大年推广面积 4 万 hm^2，2000—2005 年累计推广面积 17.67 万 hm^2。

5. 野丝占

华南早、晚兼用型常规籼稻，佛山市农业科学研究所以溪野占 10 为母本与中二软占杂交，经系谱法选育而成，2005 年通过广东省农作物品种审定委员会审定。早稻全生育期 125d，植株矮壮，叶片窄直，谷粒细长，株高 92cm，穗长 20.6cm，有效穗 370 万/hm^2，每穗粒数 117 粒，结实率 87%，千粒重 18g。稻米外观鉴定为早稻特一级至特二级，整精米粒率 62%，垩白粒率 8%，垩白度 0.9%，直链淀粉含量 14.1%，胶稠度 81mm。中感稻瘟病和白叶枯病。2003、2004 年广东省早稻区试，平均产量 6.50t/hm^2，一般产量 6.70t/hm^2。2005 年最大年推广面积 3.2 万 hm^2，2003—2005 年累计推广面积 5.3 万 hm^2。

6. 齐粒丝苗

华南早、晚兼用型常规籼稻，广东省农业科学院水稻研究所和台山市农业科学研究所以巨丰占为母本与澳粳占杂交，经系谱法选育而成，2004 年通过广东省农作物品种审定委员会审定。全生育期早稻 125～127d，晚稻 115d。株高 99.2cm，穗长 19.6cm，有效穗 348 万/hm^2，每穗粒数 123.9～126.8 粒，结实率 80%，千粒重 18.3g。整精米粒率 59.7%，垩白粒率 9%，垩白度 1.4%，直链淀粉含量 15.4%，糊化温度（碱消值）7 级，胶稠度 83mm，粒长 6.1mm，粒宽 2mm，长宽比 3.0。中抗稻瘟病，中感白叶枯病。广东省早稻区试，平均单产 6.19t/hm^2，适合华南稻区作早、晚稻种植。2005 年最大年推广面积 7.47 万 hm^2，2000—2005 年累计推广面积 19.67 万 hm^2。

七、以特青为基础的主要衍生品种

1. 丰矮占 1 号

华南早、晚兼用型常规籼稻，广东省农业科学院水稻研究所以长丝占为母本与丰青矮杂交，经系谱法选育而成（图 9-7），1997 年通过广东省农作物品种审定委员会审定。全生育期早稻 135d，株高 99cm，株型紧凑，穗长 22cm，有效穗 345 万/hm^2，每穗粒数 126 粒，结实率72%，千粒重20g，耐肥、抗倒力强。整精米粒率60.9%，垩白粒率19%，垩白度5.1%，透明度3级，直链淀粉含量25.3%，糊化温度（碱消值）7级，胶稠度30mm，粒长6.2mm，长宽比3.1。中抗稻瘟病和白叶枯病，广东省早稻区试，平均单产6.07t/hm^2。1997年最大年推广面积3.7万hm^2，1997—2002年累计推广面积9.1万hm^2。

2. 丰矮占5号

华南常规晚籼稻，广东省农业科学院水稻研究所以长丝占为母本与丰青矮杂交，经系谱法选育而成，1998年通过广东省农作物品种审定委员会审定。弱感光，晚稻全生育期117d，株高95cm，茎秆粗壮，株型好，耐肥抗倒，有效穗270万/hm^2，穗长21mm，每穗粒数148粒，结实率74%～82%，千粒重21g。感稻瘟病，中抗白叶枯病，稻米外观鉴定为晚稻一级，广东省晚稻区试平均产量为6.00t/hm^2。1998年最大年推广面积3.27万hm^2，1996—2002年累计推广面积7.2万hm^2。

3. 丰澳占

华南早、晚兼用型常规籼稻，广东省农业科学院水稻研究所以澳青占为母本与丰青矮杂交，经系谱法选育而成，1999年通过广东省农作物品种审定委员会审定。早稻种植全生育期125d，株高98cm，有效穗300万/hm^2，每穗粒数120粒，结实率81%，千粒重22g。整精米粒率71.9%，垩白粒率31%，垩白度4.5%，透明度2级，直链淀粉含量25.4%，糊化温度（碱消值）7级，胶稠度40cm，粒长6.1mm，长宽比2.8。中抗稻瘟病和白叶枯病，广东省早稻区试平均单产6.06t/hm^2。2001年最大年推广面积2.2万hm^2，1997—2002年累计推广面积9.4万hm^2。

4. 茉莉新占

华南早、晚兼用型常规籼稻，广东省农业科学院水稻研究所以茉莉占为母本与丰矮占5号杂交，经系谱法选育而成（图9-7），2001年通过广东省农作物品种审定委员会审定。全生育期早稻约126d，晚稻112d。株高97cm，株型好，抗倒性强，有效穗285万/hm^2，每穗粒数140粒，结实率82%，千粒重20g。整精米粒率50.2%，垩白粒率8%，垩白度1%，透明度3级，直链淀粉含量25.9%，糊化温度（碱消值）7级，胶稠度38mm，粒长6.7mm，长宽比3.5。中感稻瘟病，中抗白叶枯病，不耐高温，广东省晚稻区试，平均单产6.25t/hm^2。2002年最大年推广面积2.5万hm^2，2001—2005年累计推广面积9.3万hm^2。

5. 丰八占

华南早、晚兼用型常规籼稻，广东省农业科学院水稻研究所以丰矮占1号为母本与28占杂交，经系谱法选育而成，2001年通过广东省农作物品种审定委员会审定。全生育期早稻约126d，晚稻112d，株高93cm，前期叶姿较弯，中后期叶直，剑叶偏长，着粒疏，抗倒性强。有效穗300万/hm^2，穗长20cm，每穗粒数115粒，结实率80%，千粒重21g，有弱休眠性，不易穗上发芽。整精米粒率66.7%，垩白粒率4%，垩白度0.8%，透明度2级，直链淀粉含量15.4%，糊化温度（碱消值）7级，胶稠度82mm，粒长6.8mm，长宽比3.4。抗稻瘟病，中抗白叶枯病，广东省晚稻区试，平均单产5.83t/hm^2。2003年最大年推广面积2.8万hm^2，2000—2005年累计推广面积9.87万hm^2。

6. 丰华占

华南早、晚兼用型常规籼稻，广东省农业科学院水稻研究所以丰八占为母本与华丝占

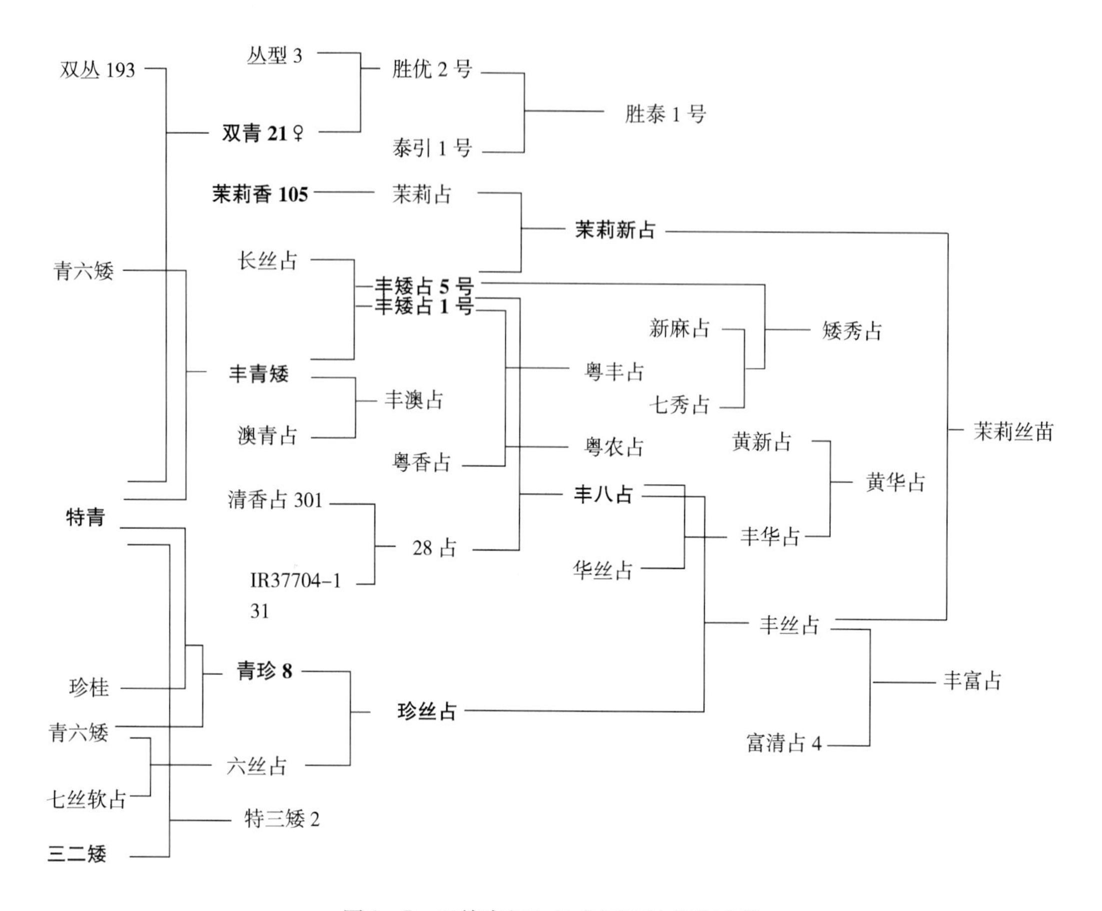

图9-7 以特青衍生的常规晚籼品种系谱

杂交，经系谱法选育而成（图9-8），2002年通过广东省农作物品种审定委员会审定。全生育期早稻128d，晚稻112d。株高97cm，穗长21cm，有效穗330万/hm^2，每穗粒数124粒，结实率82%，千粒重21g，抗倒性和苗期耐寒性较强，后期熟色好，适应性较广。整精米粒率64.8%，长宽比3.5，垩白粒率8%，垩白度0.6%，直链淀粉含量15.4%，胶稠度68mm，饭软硬较适中。中抗稻瘟病，抗白叶枯病，广东省早稻区试，平均单产6.40t/hm^2。2004年最大年推广面积3.6万hm^2，2002—2005年累计推广面积12.4万hm^2。

以粳籼89和特青杂交选育的特籼占为核心种质，衍生了华航1号、黄华占、野黄占和佛山油占等华南早、晚兼用型品种（图9-8）。

7. 华航1号

华南早、晚兼用型常规籼稻，华南农业大学农学系用特籼占13空间诱变，经系统法选育而成，2001年通过广东省农作物品种审定委员会审定，2003年通过国家农作物品种审定委员会审定。全生育期早稻129d，晚稻110d，株高100cm，株型好，集散适中，叶片厚直上举，茎秆粗壮，后期熟色好。有效穗315万/hm^2，穗长约20cm，每穗粒数132粒，结实率86%，千粒重20g。稻米外观品质鉴定为早稻一级。中感稻瘟病，感白叶枯

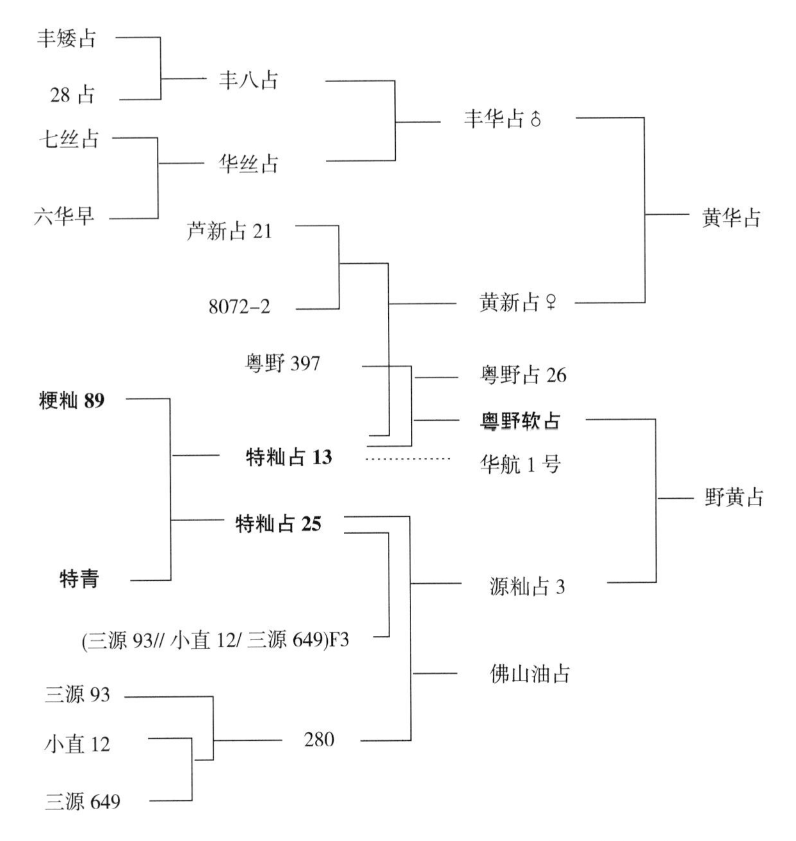

图 9-8　以粳籼 89 和特青衍生的常规晚籼品种系谱

病。1999—2000 年广东省早稻区试，平均产量 7.17t/hm^2，适合华南稻区作早、晚稻种植。2003 年最大年推广面积 2.53 万 hm^2，2001—2005 年累计推广面积 8.87 万 hm^2。

八、三二矮及其主要衍生品种

1. 三二矮

华南早、晚兼用型常规籼稻，广东省龙门县农业科学研究所以双二占为母本与广二 104 杂交，经系谱法选育而成，1986 年通过广东省农作物品种审定委员会审定。全生育期早稻 133d，株高 92.5cm，茎叶形态较好，叶窄直，有效穗 368 万/hm^2，穗长 20.3cm，每穗粒数 100.3 粒，结实率 82.1%，千粒重 22.5g，腹白小，饭味好，柔软可口，属早稻二级米。苗期耐寒性较差，茎秆稍软，高肥下易倒伏，中感纹枯病，1985—1986 年广东省区试，平均产量 6.26t/hm^2。1990 年最大年推广面积 19.6 万 hm^2，1990—2004 年累计推广面积 58.6 万 hm^2。

2. 三阳矮 1 号

华南早、晚兼用型常规籼稻，广东省农业科学院水稻研究所以丰阳矮为母本与三二矮杂交，经系谱法选育而成，1992 年通过广东省农作物品种审定委员会审定。早稻全生育期 129d，株型好，早生快发，苗期耐寒，晚稻前期较耐高温，穗上不易发芽，株高 95cm，有效穗 345 万/hm^2，每穗粒数 122 粒，结实率 74%，千粒重 21g。稻米外观品质为早稻二级，中抗稻瘟病和白叶枯病。1990—1991 年广东省早造区试，平均产量 6.21t/hm^2，适合华南稻区作早、晚稻种植。1993 年最大年推广面积 2 万 hm^2，1992—1997 年累计推广面积 7.87 万 hm^2。

3. 粤香占

华南早、晚兼用型常规籼稻，广东省农业科学院水稻研究所以组合“三二矮/清香占”F_1 为母本与组合“综优/广西香稻”F_1 杂交，经系谱法选育而成（图 9-9），1998 年通过广东省农作物品种审定委员会审定。全生育期早稻 130d，晚稻 110d 左右。株高 93cm，苗期耐寒性强，叶片窄厚短直，有效穗 345 万/hm^2，每穗粒数 140 粒，结实率 95%，千粒重 19g，收获指数高，适应性广。整精米粒率 60.5%，垩白粒率 15%，垩白度 3.3%，透明度 3 级，直链淀粉含量 25%，糊化温度（碱消值）7 级，胶稠度 40mm，粒长 6.1mm，粒宽 2.2mm，长宽比 2.8，有香味。感稻瘟病，中抗白叶枯病，广东省早稻区试平均产量为 6.58t/hm^2。2002 年最大年推广面积 9.53 万 hm^2，1998—2005 年累计推广面积 57.9 万 hm^2。

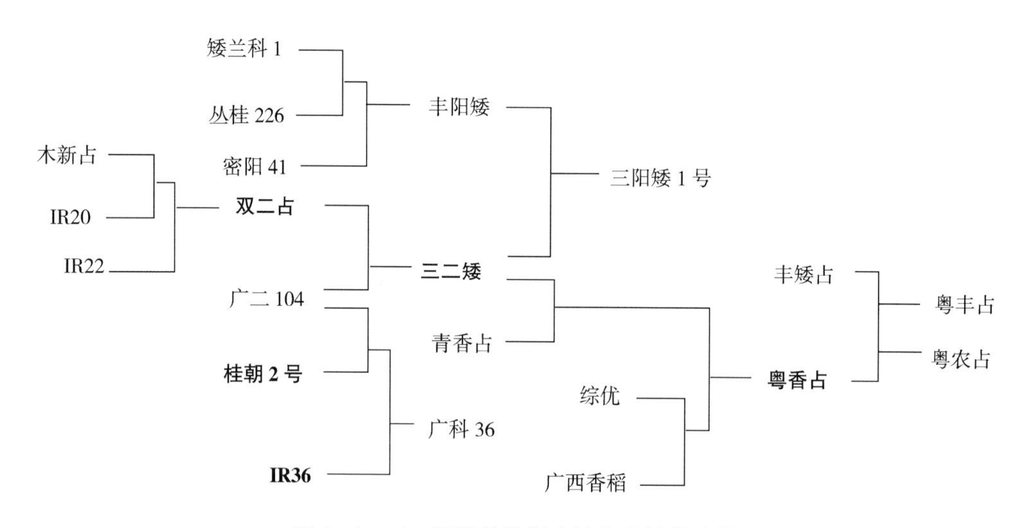

图 9-9　三二矮及其常规晚籼衍生品种系谱

4. 粤丰占

华南早、晚兼用型常规籼稻，广东省农业科学院水稻研究所以粤香占为母本与丰矮占杂交，经系谱法选育而成，2001 年通过广东省农作物品种审定委员会审定。全生育期早稻 130d，晚稻 112d。株高 104cm，茎叶集散适中，抽穗整齐，苗期耐寒性较强，有效穗 330 万/hm^2，穗长 21cm，每穗粒数 136 粒，结实率 83%，千粒重 20g。整精米粒率 51.5%，垩白度 9.2%，胶稠度 55mm，直链淀粉含量 24.8%。中感稻瘟病，中抗白叶枯病，广东省早稻区试，平均单产 7.31t/hm^2。2003 年最大年推广面积 3.6 万 hm^2，2000—2005 年累计推广面积 16.87 万 hm^2。

九、其他华南晚籼主要品种

1. 七袋占 1 号

华南早、晚兼用型常规籼稻，广东省农业科学院水稻研究所以袋鼠占 2 号为母本与七黄占 3 号杂交，经系谱法选育而成，1996 年通过广东省农作物品种审定委员会审定。早稻全生育期 125d，晚稻 110d。株高 105cm，苗期耐寒性较好，株型集散适中，早生快发，茎秆粗壮，有效穗 277.5 万/hm^2，穗大粒密，每穗粒数 180 粒，千粒重 17g，抽穗整齐，熟色结实好。稻米外观品质早稻一级。高抗稻瘟病，中抗白叶枯病，高肥条件下易倒伏，广东省早稻区试平均产量 5.31t/hm^2。1996 年最大年推广面积 6.4 万 hm^2，1996—2002 年累计推广面积 13.6 万 hm^2。

2. 青六矮

华南早、晚兼用型常规籼稻，广东省农业科学院水稻研究所以三青矮 2 号为母本与组合“青油占/矮家伙”F_1 杂交，经系谱法选育而成（图 9 - 10），1990 年通过广东省农作物品种审定委员会审定。早稻全生育期 136d，苗期耐寒，叶姿挺直。株高 102cm，有效穗 330 万/hm^2，穗长 21.4cm，每穗粒数 109.9 粒，结实率 75.5%，千粒重 22.2g，后期青枝蜡秆，熟色好，适应性广，外观米质早稻二级。中抗稻瘟病，高感白叶枯病。后期遇低温叶色易转黄，偏氮肥，较易倒伏。1988—1989 年广东省区试，平均产量 6.10t/hm^2。1990—1997 年累计推广面积 25.53 万 hm^2。

3. 绿黄占

华南早、晚兼用型常规籼稻，广东省农业科学院水稻研究所以七袋占 1 号为母本与绿珍占 8 号杂交，经系谱法选育而成（图 9 - 10），1999 年通过广东省农作物品种审定委员会审定。全生育期早稻 128d，晚稻 120d。株高 108cm，有效穗 330 万/hm^2，每穗粒数 122 粒，结实率 83%，千粒重 20g。整精米粒率 42.2%，垩白粒率 11%，垩白度 1.2%，透明度 2 级，直链淀粉含量 27.8%，糊化温度（碱消值）6.6 级，胶稠度 75mm，粒长 6.5mm，长宽比 3.1。抗稻瘟病，中感白叶枯病，广东省早稻区试平均单产 6.08t/hm^2。2002 年最大年推广面积 4.2 万 hm^2，1998—2005 年累计推广面积 21.27 万 hm^2。

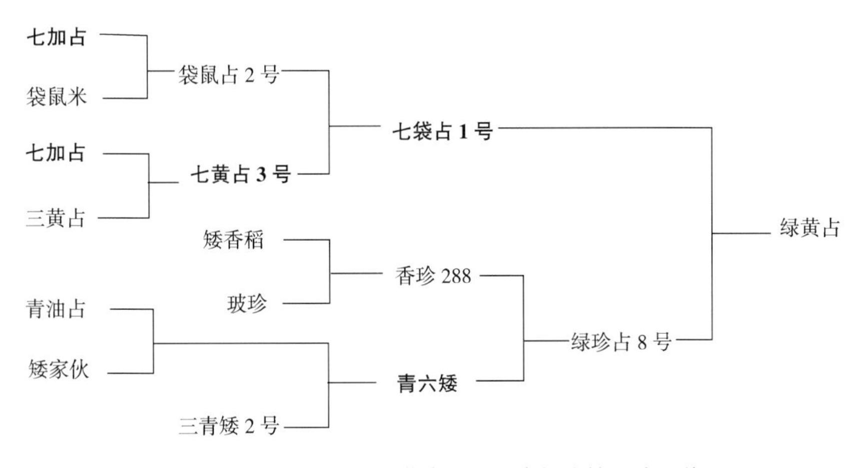

图 9 - 10　七袋占和绿黄占衍生的常规晚籼品种系谱

4. 南丰糯

华南早、晚兼用型常规籼糯品种，广东省农业科学院水稻研究所以南丛 3 号为母本与三五糯杂交，经系谱法选育而成，1998 年通过广东省农作物品种审定委员会审定。全生育期早稻 131d，晚稻约 110d，株高 110cm，茎叶形态好，株型集散适中，茎秆粗壮，叶厚直，色较深，分蘖力较强，后期熟色好，穗大粒多，结实率85%，千粒重26.5g。粒长6.1mm，长宽比2.5，直链淀粉含量0.5%，胶稠度100mm，米饭延伸率100%，糯性较好，米饭有光泽。抗稻瘟病，感白叶枯病。1994—1995广东省早稻区试，平均产量为5.84t/hm²，适合广东、广西、福建的部分地区作早、晚稻种植。2005年最大推广面积1.6万hm²，2002—2005年累计种植面积4.8万hm²。

5. 华粳籼74

华南早、晚兼用型常规籼稻，华南农业大学农学院以CPSLO17为母本与毫格劳杂交，再与新秀299为父本复交，经系谱法选育而成，2000年通过广东省农作物品种审定委员会审定。晚稻全生育期116d。株高96cm，抗倒性强，穗长20cm，有效穗285万/hm²，每穗粒数131～134粒，结实率82%，千粒重21g。整精米粒率60%，垩白粒率30%，垩白度6%，透明度2级，直链淀粉含量25%，糊化温度（碱消值）7级，胶稠度39mm，粒长5.9mm，长宽比2.8。中抗稻瘟病，高抗白叶枯病。广东省晚稻区试，平均单产7.13t/hm²。2002年最大年推广面积1.67万hm²，1999—2002年累计推广面积4.67万hm²。

6. 云国1号

晚籼常规品种，广西壮族自治区玉林市农业科学研究所以云玉糯为母本与国粳4号杂交，经系谱法选育而成，1997年通过广西壮族自治区农作物品种审定委员会审定。全生育期122d左右，株高98.1cm，每穗粒数120粒，千粒重23.1g，糙米率74.1%，糊化温度和胶稠度适中，直链淀粉含量25.6%，蛋白质含量8%。中抗白叶枯病，中感稻瘟病，抗细条病。平均产量6.00t/hm²，适宜在广西壮族自治区双季稻区作晚稻种植。1999年最大年推广面积1.7万hm²，1991—2005年累计推广面积10万hm²。

7. 玉晚占

晚籼常规品种，广西壮族自治区玉林市农业科学研究所以云国1号为母本与八桂香杂交，经系谱法选育而成，2005年通过广西壮族自治区农作物品种审定委员会审定。全生育期118d左右。株高101.8cm，每穗粒数133.8粒，千粒重21.5g。糙米率82.3%，整精米粒率73.7%，长宽比3.1，垩白粒率1%，垩白度0.2%，直链淀粉含量13.6%，胶稠度79mm。高感穗颈瘟，中感白叶枯病，平均产量6.75t/hm²。2005年最大年推广面积3.33万hm²，2003—2005年累计推广面积4.47万hm²。

8. 桂晚辐

常规晚籼品种，广西壮族自治区农业科学院水稻研究所用包胎矮辐照诱变选育而成，1988年通过广西壮族自治区农作物品种审定委员会审定。全生育期135d左右，株高102cm，每穗粒数129.6粒，千粒重21.5g。糙米率80.5%；腹白小，糊化温度（碱消值）5级，胶稠度27mm，直链淀粉含量21.2%。抗白叶枯病，中抗穗颈瘟，感恶苗病，后期耐寒，一般产量6.95t/hm²。1990年最大年推广面积16.7万hm²，1983—1993年累计推广面积25.3万hm²。

9. 满仓515

华南中晚籼品种，福建省农业科学院稻麦研究所从多重复交组合“434大穗/FR1304//珍珠矮///闽科早1号”中经系谱法选育而成，1996年通过福建省农作物品种审定委员会审定。作晚稻种植全生育期134d，株高98cm，茎秆粗壮，株型较紧凑，分蘖力中等，叶片较直立，根系发达。穗长22.5cm，每穗粒数125粒，千粒重28.5g。糙米率81.8%，精米粒率72.6%，整精米粒率65.3%，粒长5.7mm，长宽比2.1，垩白粒率88%，垩白度34.8%，透明度3级，糊化温度（碱消值）6.8级，胶稠度72mm，直链淀粉含量26.2%。抗稻瘟病和白叶枯病，平均单产6.70t/hm^2。适宜在福建省作早、晚稻种植。1996年最大年推广面积8.47万hm^2，1994—2003年累计推广面积34.4万hm^2。

10. 世纪137

华南中晚籼常规品种，福建省农业科学院稻麦研究所从多重复交组合“矮窄/姬糯//（C98/玉米稻）///（434大穗/FR1037）”中经系谱法选育而成，1999年通过福建省农作物品种审定委员会审定。作晚稻种植全生育期133d，株高100cm，茎秆粗壮，叶片挺直，根系发达。每穗粒数131粒，千粒重28g。糙米率81.2%，精米粒率72.9%，整精米粒率68.0%，粒长5.9mm，透明度2级，糊化温度（碱消值）7级，胶稠度44mm，直链淀粉含量24.4%，蛋白质含量11.5%。较耐褐飞虱，平均产量6.30t/hm^2。适宜在福建省作中、晚稻种植。2000年最大年推广面积1.13万hm^2，2000—2003年累计推广面积2.53万hm^2。

参 考 文 献

甘淑贞，余传元，赵开如，等.1994. 江西香丝苗优质稻的选育与推广［J］. 江西农业科技（4）：7-8.

黄发松.1994. 我国出口优质米新品种与国外优质米品种比较［J］. 中国稻米（2）：6-7.

黄发松，胡培松.1994. 优质稻米的研究与利用［M］. 北京：中国农业科技出版社.

廖业兴，胡学应.1994. 高产优质多抗水稻新品种粳籼89［J］. 广东农业科学（3）：6-8.

林世成，闵绍楷.1991. 中国水稻品种及其系谱［M］. 上海：上海科学技术出版社.

罗玉坤，朱智伟，金连登，等.2002. 从普查结果看我国水稻品种品质的现状［J］. 中国稻米（1）：5-9.

王海.2004. 江西水稻育种研究与发展［M］. 南昌：江西科学技术出版社.

王建龙，唐绍清，胡培松.2003. 超泰型优质香稻中健2号［J］. 中国稻米（4）：19.

熊振民，蔡洪法.1992. 中国水稻［M］. 北京：中国农业科技出版社.

余传元，雷建国，张正国，等.2004. 高产优质稻赣晚籼32的选育及应用［J］. 江西农业学报，16（1）：11-14.

赵正洪，张世辉，周斌，等.2001. 优质香稻湘晚籼13的选育及特征特性研究［J］. 中国稻米（4）：19.

中国水稻研究所.1989. 中国水稻种植区划［M］. 杭州：浙江科学技术出版社.

周汉钦，陈文丰，黄道强，等.1999. 水稻优异种质超高产品种特青2号在育种中的应用［J］. 广东农业科学（4）：5-7.

周少川，柯苇，陈建伟，等.1998. 广东优质稻系谱分析［J］. 中国稻米（1）：6-8.

周少川，王家生，李宏，等.2003. 优质稻核心种质青六矮1号及其衍生品种性状相关性研究［J］. 作物学报，29（1）：197-104.

周少川，李宏，朱小源，等.2007. 丰八占及其衍生系列品种的选育和育种效应综合分析——水稻核心种质育种范例［J］. 广东农业科学（5）：5-10.

Yu C Y，Wan J L，Gan S Z. 1995. Gan Wan Xian 19：high-yielding indica rice variety with improved grain quality［J］. International Rice Research Notes，20（3）：10.

10

第十章 常规旱粳稻品种及其系谱

第一节 概　　述

常规旱粳是北方稻区的主要生态类型，分布面广，生态环境差异悬殊，根据熟期可分为早熟旱粳、中熟旱粳和迟熟旱粳、早熟中旱粳、中熟中旱粳和迟熟中旱粳。常规旱粳分布于秦岭、淮河以北，35°～53°36′N，75°3′～135°E。包括辽宁、吉林、黑龙江、河北、山东、山西、新疆、内蒙古、宁夏、北京、天津及陕西北部等省、自治区、直辖市（图10－1）。本地区地形复杂，西高东低。稻田主要分布于松辽平原、三江平原、塔里木和准

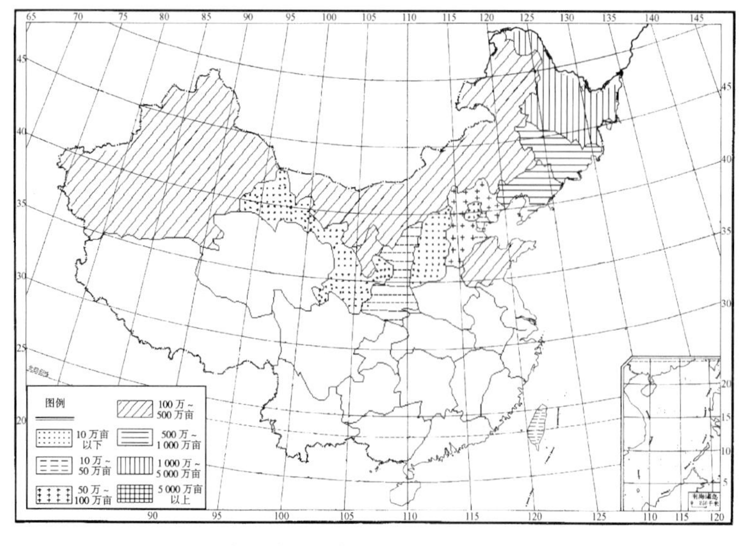

图10－1　全国常规旱粳稻2005年种植面积分布图

噶尔盆地、河西走廊、银川平原、河套平原、渭水平原、汾河谷地、海河和渤海湾地区、辽东半岛及微山湖、南阳湖等湖泊地区。稻田面积约 329.5 万 hm^2，无霜期 110～220d，年降水量 200～1 000mm，年有效积温 2 000～4 500℃，年日照时数 1 000～1 600h。常规早粳的基本栽培形式是一季稻，不同熟期类型品种又可灵活调整运用，如吉林南部和辽宁中部的品种可在北京、天津、河北作麦茬稻。

根据地域差别、自然条件差异、稻作种植制度和品种类型分布，常规早粳种植区域分为华北、东北和西北 3 个稻区。

一、华北半湿润单季粳稻区

本区位于秦岭、淮河以北，长城以南。包括辽东半岛、天津、北京、河北张家口至多伦 线以南，山西、山东、陕西秦岭以北。2005 年常规早粳面积约 19.2 万 hm^2，占全国常规早粳总面积的 5.8%。与 1985 年相比本区常规早粳面积大幅度下降，其主要原因一是北京、天津、河北等地由于水资源紧张，满足不了水稻的生长发育；二是北京城市不断扩大，需要大量生活用水，并给农民水改旱发放补贴；三是由于气温变暖，部分地区早粳改种中、晚粳，如河北省的南部、河南省全部改为中粳或者晚粳。

本区属暖温带半湿润季风气候。水稻生长期间平均气温为 19～23℃，东西差异大，南北差异小，平均气温 10～14℃。稻作生长季≥10℃的积温一般为 3 500～4 500℃。安全播种期为 4 月 10～25 日，安全齐穗期从 8 月上旬至 9 月上、中旬，稻作生长期 140～220d。年日照时数为 1 200～1 600h，光合辐射总量约为 146～176kJ/cm^2，日光合辐射量为 752～1 045J/cm^2。年降水量为 400～800mm，但季节分布不均，年际变动大。因此，部分地区稻作面积不稳定。

本区以一年种植一季为主，部分地区有绿肥—稻、麦—稻、冬闲—稻等形式。本区品种类型主要是迟熟中早粳品种。

本区光照良好，昼夜温差大，是水稻单位面积产量高的有利因素。但稻瘟病、白叶枯病、纹枯病、稻曲病以及北京、天津地区的条纹叶枯病，沿海地区的盐、碱、风灾，又是水稻高产的限制因素。因此，本区常规早粳水稻育种目标，除高产、优质外，还突出了抗逆性。

二、东北半湿润早熟单季粳稻区

位于长城以北，大兴安岭以东，黑龙江漠河以南的地区。属于寒冷稻作区，包括黑龙江、吉林和辽宁中、北部，是我国北方粳稻的主要产区。2005 年常规早粳面积为 287.3 万 hm^2，占早粳总面积的 87.2%。本区水稻面积大幅度增长的原因主要是黑龙江省旱改水面积增加所致。

本区属寒温带气候，大陆性气候较强。夏季温度高，日照长，雨量充沛；秋季晴朗，昼夜温差大。5～9 月平均气温 17～20℃，稻作生长季≥10℃的积温为 2 000～3 650℃，平均气温 10～12℃。安全播种期为 4 月 10～25 日，安全齐穗期从 7 月下旬至 8 月上旬，稻作生长期为 120～170d。年降水量为 400～1 100mm，年日照时数为1 000～1 350h，光合辐射总量为 100～105kJ/cm^2。

本区为单季稻区，栽培形式以插秧为主，北部地区有小部分直播栽培，水稻品种类型为早熟粳稻，包括 3 个类型，即：早熟早粳、中熟早粳、迟熟早粳、早熟中早粳和中熟中早粳。其中早熟早粳为本区主要类型，年种植面积约为 155 万 hm^2，占本地区水稻总面积的 54.2%。主要分布于黑龙江省中、北部。其次为早熟中早粳，年种植面积约为 76 万 hm^2，占本区水稻总面积的 26.6%，分布于辽宁北部山区，吉林中部、北部以及黑龙江南部。第三为中熟中早粳，年种植面积约为 54.9 万 hm^2，占本区水稻总面积的 19.2%，分布于吉林南部和辽宁中南部。

本区因受西伯利亚、贝加尔湖低气压影响，春、夏、秋季经常出现低温冷害天气，引发延迟型冷害和障碍型冷害，造成水稻贪青晚熟及籽粒灌浆受阻，千粒重降低而大幅度减产。夏季有的年份阴雨多湿，日照不足，容易引起稻瘟病、纹枯病、稻曲病的发生，因此，冷害和病害是制约本稻区水稻产量的两个关键因素。育种目标要求选育抗寒性强，对光照反应不敏感，抗多种病害的早熟、中早熟品种。

三、西北干燥单季早粳稻区

本区位于黄河河套西部，祁连山以北。包括宁夏、甘肃西部、内蒙古西部和新疆。常规早粳种植面积 23.0 万 hm^2，占早粳总面积的 7.0%。稻田主要分布于宁夏引黄灌区、内蒙古南部、甘肃的河西走廊，新疆水稻主要集中在天山北坡及伊犁河谷、天山南坡、喀什三角洲和昆仑山北坡有灌溉水源的绿洲农区等地。

本区属于大陆性干燥气候。春暖迟，夏热短，秋凉早，温差大，降水少，光照足。稻作期间的 5～9 月，平均气温为 18.3～19.8℃。稻作生长季≥10℃的积温为 2 200～4 400℃，昼夜温差是全国最大值区，为 11～16℃。稻作安全播种期间为 4 月 15 日至 5 月 5 日，安全齐穗期为 7 月中旬至 8 月下旬，地区间差异较大。稻作生长季为 120～180d，其中北疆 120～140d，西部河西走廊、银川平原为 130～140d，南疆为 160～180d。本区年降水量在 200mm 左右，年平均相对湿度为 43%～67%。日照充足，稻作生长季总日照时数为 1 200～1 600h。光合辐射总量为 125～167kJ/cm^2，日光合辐射量为920～1 170J/cm^2，为全国最高。因此，水稻的光合生产潜力也最高。

本区为单季稻区，品种类型以早熟中早粳和中熟中早粳为主，插秧为主要栽培形式，南疆和宁夏有较大面积的直播栽培。育种目标以选育早熟、耐寒、耐盐碱、高产的新品种为主，宁夏地区还要求抗稻瘟病强的品种。

第二节　品种演变

新中国成立到 20 世纪 80 年代中叶，常规早粳品种的演变大体上可划分为 3 个阶段，即高秆地方农家品种推广阶段、中秆改良品种推广阶段和中矮秆高产、优质、多抗品种推广阶段。高秆地方农家品种推广阶段主要是在 50 年代初期，推广的主要品种均是地方农家品种，其共同特点是高秆，株高都在 110cm 以上，叶片长而宽，披垂，分蘖少，穗大，茎秆粗而不硬，耐肥力差，易倒伏，抗病性也差，米质一般较好，适应性广，耐粗放栽培，产量水平低，一般产量 2 250～3 750kg/hm^2。中秆改良品种推广阶段，是在 50 年代中叶到60年代末，主要是从日本、意大利和俄罗斯等国引进优良品种和本地品种进行杂交育种，改良地方农家品种，使植株变矮，产量也大幅度提高。中矮秆高产、优质、多抗品种推广阶段，是从70年代到80年代中叶，采用常规杂交和籼粳交、辐射、单倍体育种等多种手段，培育出一大批高产、优质、多抗的水稻新品种，一般产量达到7 500～9 000kg/hm^2。

80年代中叶以后，北方稻区水稻生产发展较快，单产稳步提高，栽培面积由1986年的239.2万hm^2扩大到2005年的398.9万hm^2，稻谷单产从5 560.5kg/hm^2提高到6 410.6kg/hm^2，总产从1 289万t上升到2 802.5万t。特别是黑龙江省水稻发展迅速，栽培面积由1986年的50.7万hm^2扩大到2005年的165.0万hm^2，产量从4 356kg/hm^2提高到6 795.0kg/hm^2，总产从220.8万t上升到1 121.5万t。

近20年来，北方稻区水稻生产发展，除了靠各级政府制定了优惠的水田开发政策，积极引导稻农开发新水田，并以市场经济为导向，全面调整农村的种植业结构外，更主要是水稻栽培技术的提高以及品种的更新换代，促进了水稻生产向更高水平发展。

一、高产品种为主体时代

20世纪90年代初，北方水稻生产发展迅速，由于大力推广水稻旱育稀植栽培技术和引进日本大棚盘育秧机械化插秧栽培新技术，使水稻生产技术发生了重大变化。推广普及的大棚盘育苗，中棚、小棚旱育苗技术达到90%以上；播种期比80年代提前了约25d，插秧期提早20d，做到不插6月秧；从以中熟品种为主，适当搭配早熟和中晚熟品种，改为以中晚熟品种为主，适当搭配中熟与晚熟品种的格局；插秧形式由原来的24cm×13cm、18cm×13cm，每平方米48～52穴改为30cm×13cm、33cm×18cm，每平方米20～25穴，每穴3～4苗，实现了合理密植。

黑龙江省在90年代推广普及了水稻旱育稀植栽培技术，培育出一批适合旱育稀植的高产新品种，原生产上主栽的合江20、合江23、东农413等品种相继被一批高产、抗病、适应性广的新品种所取代，如合江19、东农415、东农416、东农419、绥粳3号、绥粳4号、垦稻8号、龙粳3号、龙粳8号、牡丹江19等，这些品种年种植面积均在5万hm^2以上，种植面积最大的绥粳3号年种植面积达到29.4万hm^2。进入21世纪，又相继育成了龙粳12、龙粳13、龙粳14、垦稻9号、垦稻10号、松粳6号、松粳9号、五优稻1号等一批高产、优质新品种，年种植面积均在7万hm^2以上，年种植面积最大的是龙粳14为33.5万hm^2，是黑龙江省育成的第一个超级稻新品种，也是黑龙江省育种史上自育品种种植面积最大的品种。上述变化，使水稻单产稳定通过了6 500kg/hm^2，向7 500kg/hm^2迈进。

吉林省推广、普及旱育稀植水稻栽培生产技术，明显增加了水稻生育阶段的有效积温，80年代前生产上推广的中熟早粳品种如吉粳60、通交17、九稻8号、吉粳62、吉粳63、九稻9号、九稻10号、延粳15等已远远不能适应栽培体制的改进。因此，从日本引进的中晚熟和晚熟品种早锦、秋光、北陆128、陆奥香加之原来仅局限于一小部分地区种植的下北等品种得以迅速推广普及。早锦、秋光、下北、藤系138、通系103、北陆128、秋田32、藤系832、藤系747等引进品种，80年代种植面积达到85%以上。90年代中期，随着吉林省西部盐碱洼地开发及高产小井种稻技术水平的普及，中部平原地区推广超稀植栽培技术，生产主推的日本品种难以适应这种栽培体制和生产条件，特别是随着稻瘟病生理小种的变化，这些品种的抗性逐年衰退，如早锦、藤系138、通系103以及北陆128等品种感病程度加重。与此同时，全省育种研究单位经过十多年的共同协作攻关，打破了以日本品种为杂交骨干亲本主格局，充分利用籼稻、爪哇稻、菰等资源通过杂交育种、远缘杂交、生物技术育种等手段先后育成的长白9号、通35、通31、超产1号、吉玉粳、吉粳69、九稻13、九稻19、组培2号、组培7号等品种，这些品种具有高产、稳产、抗逆性强、抗稻瘟病性强、适应性广的特点，很快在其适应区大面积推广应用，吉林省自育品种的推广面积已达到了90%左右，取代了生产上主栽的日本品种，实现吉林省水稻品种以自育品种为主的种植局面。生产上种植的优良新品种数量明显增加，优良品种推广面积达到98%以上。此时，吉林省水稻平均产量达历史最高水平，达到6 757kg/hm²，比20世纪90年代初平均产量增产6.9%左右。

20世纪90年代，辽宁省的沈农91、辽盐2号、辽粳326、铁粳4号、辽盐241、辽粳244、辽粳454、辽粳294、辽粳207、沈农159、盐粳48等水稻新品种相继在全省生产中推广，其中1995年通过审定的辽粳244单产突破了9 000kg/hm²。1998年全省辽粳454种植面积超过17.8万hm²，辽粳294约6.7万hm²，辽盐282、辽盐283合计约3.3余万hm²，分别占全省水稻种植总面积的40%、10%和5%。2001年辽粳454、辽粳294及品系的种植面积超过40万hm²。值得一提的是，自从辽粳5号通过审定以来，辽宁省直立穗和半直立穗型品种增多，其中直立穗型品种除辽粳5号外，还有辽粳287、沈农91、辽盐糯、辽粳326、沈农611、沈农514、辽粳454、沈农265、沈农9741、千重浪1号等，半直立穗品种有丹粳2号、辽粳244、花粳45、营8433、辽粳207、辽粳294、辽粳135、辽盐糯10、沈农606、沈农016、沈农604、沈农2100等。这些直立穗和半直立穗型的品种由于耐肥抗倒，生育后期穗部遮光少，群体中下部光照强度好于弯穗型品种，干物质生产量较多，产量一般超过同期审定的弯穗型品种。优质米品种种植比例逐年上升，是近年辽宁省水稻品种结构演变的又一大特色。

由于经济作物的种植面积不断扩大及水资源匮乏，新疆的水稻生产自90年代开始逐步缩减，栽培面积由90年代初的11.5万多hm²，减到2005年的7.0万hm²左右。90年代初新疆引进日本大棚盘育秧机械化插秧栽培新技术，经过10年的吸收和改进，推广普及中棚、小棚旱育苗技术。播种期比80年代提前，以中晚熟品种为主，适当搭配中熟与晚熟品种；插秧形式由原来的20cm×15cm、20cm×20cm，每平方米25～33穴改为30cm×13cm、28cm×15cm，每平方米穴数为24～26穴，每穴5～6苗，实现了通风透光，合理密植。生产中推广了中熟品种伊粳5号、伊粳6号、伊粳8号、76-3、博稻2号、新稻2号、早锦等；中晚熟品种秋田小町、沈农129、秋光、新稻6号、新稻7号、新稻9号等；晚熟品种243-1、7303-3、A稻8号、新稻8号、辽开29、辽粳248、秋田32、越光等。

宁夏自70年代末到80年代末，在大量引进亲本资源的基础上，经过多年杂交选育，育成了一批适合宁夏气候、地理特点的新品种，如宁系1号、宁系2号、宁系62-3及宁粳5号、宁粳6号、宁粳7号、宁粳8号等。自80年代末至今，主要育成品种有宁粳9

号、宁粳16、宁粳19、宁粳23、宁粳28、宁粳35等高秆、大穗高产品种，宁粳11、宁粳216、宁粳24、宁粳27、宁粳29、宁粳33、宁粳36、宁粳38等中秆或偏高秆优质品种。从育成品种亲本来看，国内亲本以丰产性较好的吉林、黑龙江、辽宁及天津品种较多，国外以抗病性较强、品质较优的日本品种较多。

陕西省早粳主要分布在陕北高原中早粳一熟稻区，1998年栽培面积为0.8万 hm^2，近5年来栽培面积逐年扩大，目前已达1.2万 hm^2。主要栽培类型为中熟中早粳，分布在临近武定河、榆溪河的榆林、横山、神木和延安市的富县、黄陵、甘泉等县。1990—2000年该类型年种植总面积约0.8万 hm^2，主栽品种为秋光、京系21等，2001—2005年该类型年种植总面积约1.2万 hm^2，主栽品种为京系21、京系35和秋光等。

山西省20世纪90年代后开始推广育成的中矮秆、高产、优质、多抗新品种，单产缓慢提高，品种品质明显改良。不过，由于水资源短缺及水资源污染，不仅严重影响了稻作生产的发展，也影响了稻米的米质及商品性。这一时期山西省育成的中早粳品种在生产上推广面积较大的依次有晋稻3号、晋稻4号、晋稻5号、晋稻6号、晋稻7号、晋稻8号、晋稻9号等品种。生产上稻瘟病发生较轻，但新的病害稻污点病（霉粉病）有所发生。

综上所述，1986—2005年育成的早粳品种并在生产上推广面积较大的：黑龙江省有龙粳2号、龙粳3号、龙粳4号、龙粳7号、龙粳8号、龙粳12、龙粳13、龙粳14、合江23、东农413、东农415、东农416、东农419、东农420、牡丹江19、绥粳3号、绥粳4号、垦稻8号、垦稻9号、垦稻10号、松粳6号、松粳9号、五优稻1号等；吉林省有吉粳65、吉粳67、吉粳69、吉玉粳、长白9号、组培7号、通系103、通31、通35、九稻11、九稻12、九稻16、九稻19、早锦、藤系138、秋田32、长选1号等；辽宁省有沈农91、辽盐2号、辽粳326、铁粳4号、辽盐241、辽粳244、辽粳454、辽粳294、辽粳207、沈农159、盐粳48；北京有中丹2号；宁夏有宁粳12、宁粳14、宁粳16以及山西的晋稻5号等。

二、高产向优质、高产转变时代

先进栽培技术的普及、优良品种的更换，在近10年内东北早粳稻米生产量不仅满足了本区粮食市场的需求，而且每年有500万～600万t左右稻谷销往区外。20世纪90年代后期，全国粮食市场对优质稻米的需求量日益增加，开始注重大米的产地、大米的品种、大米的加工质量。北方早粳稻米市场出现了一方面优质大米供不应求，另一方面低质大米大量积压，难以投放市场或只能低价销售的现象，稻农增产不增收，水稻生产面临严峻的挑战。为此，政府部门、稻农、消费者迫切需要改变稻米品质差的状况，稻米品质到了非改良不可的阶段。品质改良目标是在高产的前提下，提高稻米的商品品质、蒸煮品质及适口性，并将优质作为育种三大目标之首。先后从日本、韩国引进优质品种（系）秋田小町、珍富10号、上育397、上育418，以及国内优质资源。注重早期世代的品质选拔，种子管理部门把品质优劣作为品种审定指标之一，黑龙江、吉林等省政府先后举办了多次优质稻米品种的评选活动。由于在稻米品质育种方面加大了研究的力度，广泛利用了国内外的优质资源作为杂交骨干亲本，把新品种选育研究水平推向了一个新的阶段。到了2005年，先后育成了一批优质、稳产型新品种和专用型新品种，评选出30多个省优质品种。

黑龙江省生产上大面积推广国内外优质米品种有龙粳8号、五优稻1号、绥粳4号、富士光、空育131、上育397、龙粳12、龙粳13、龙粳14、龙稻3号、松粳6号、松粳9号、垦稻10号等一批优质、抗病、高产新品种，快速淘汰了低质、劣质品种，2005年，黑龙江省优质稻米品种推广面积达到了86.5%，进入优质稻米生产阶段。

吉林省生产上大面积推广国外优质米、省优质米及专用型品种有超产1号、农大3号、农大19、吉粳66、通88-7、吉林黑米、长选89-181、吉粳77、吉粳81、吉粳83、吉粳73、秋田小町、农大7号、超产2号、吉粳88、五优稻1号等，快速淘汰了低质、劣质品种，2004年，优质稻米品种推广面积达到了70%以上，进入优质稻米生产阶段。

沈阳农业大学经过多年系统深入的研究，在国内外率先提出了“利用籼粳稻亚远缘或地理远缘杂交创造新株型和强优势，再通过复交优化性状组配以聚合有利基因，使理想株型与优势相结合”的超级稻育种理论与技术路线，对直立大穗型超级稻株型模式进行了数量化设计，创造出沈农366、沈农9660、沈农95008和沈农92326等一批新株型优异种质，成为国内外超级稻育种的重要亲本。沈阳农业大学利用已有的高产品种与课题组创制筛选的新株型优异种质及其他地理远缘材料杂交，再经过复交或回交，进行优化性状组配，按照理想株型与优势相结合理论和所设计的株型模式，于20世纪90年代末期率先育成了我国第一个直立大穗型超级稻新品种沈农265，在沈阳郊区小面积试种，平均单产突破12 000kg/hm^2。2000—2001年连续2年百亩连片示范，平均单产分别达到11 071.5kg/hm^2和12 513kg/hm^2。继沈农265之后，沈阳农业大学又先后育成了优质超级稻沈农606、沈农9741、沈农604和沈农016。其中的沈农606，不但产量潜力高，而且米质优。经农业部稻米质量检测中心检测，沈农606主要米质指标均达到了部颁一级优质粳米标准。进入21世纪后，沈农265、沈农606、沈农016、沈农9741、千重浪1号、盐丰47等为代表的超级稻新品种相继育成并大面积推广应用，同时将带动辽宁省水稻品种的第七次更新。

第三节　主要品种系谱

据不完全统计，常规早粳稻区自1986—2005年20年间共引种、育成优良水稻新品种545个，其中引进国内外品种59个，育成品种总数是1950—1985年育成品种总和的2.01倍，是早粳稻区水稻育种速度加快、品种水平飞跃提高的阶段。其中推广面积0.67万hm^2以上的优良新品种198个，0.67万hm^2以下的品种347个。推广面积超过0.67万hm^2的引进国内外品种26个（日本品种18个，韩国品种1个，国内7个），自己育成品种172个。

从杂交育成的433个品种中，采用品种间杂交育成的品种占74.0%，含籼稻血缘杂交育成品种占14.9%，利用菰（*Zizania latifolia*）与水稻杂交育成品种占5.1%，生物技术育成品种占6.0%左右（表10-1）。从血缘关系分析，80%以上的品种其血缘来自与日本品种杂交育成的当地主推品种，优质米品种血缘主要来自日本优质米笹锦和越光。

与20世纪90年代前育成的品种相比，90年代及以后育成的品种含有日本血缘成分相对减弱，系统育种技术比例下降，品种间复交材料、远缘杂交比例加大，骨干亲本由比较单一趋向多样化。

表 10－1　1986—2005 年育成推广的常规早粳品种

年代	项目	系统选育	引种	品种间杂交	生物技术	辐射技术	总品种数
1986—1990	品种数	7	4	53	1	1	66
	比率	10.6	6.1	80.3	1.5	1.5	—
1991—2000	品种数	24	24	156	14	5	223
	比率	10.8	10.8	70	6.3	2.2	—
2001—2005	品种数	28	18	198	11	1	256
	比率	10.9	7	77.3	4.3	0.4	—
合计	品种数	59	46	407	26	7	545
	比率	10.8	8.4	74.7	4.8	1.3	—

早粳的育种亲本比较广泛，主要的骨干亲本有：合江 20、合江 21、合江 22、龙粳号、吉粳 53、双丰 8 号、秋光、松前与菰杂交中间母本材料、秋丰、藤系 138、长白 9 号、青系 96、辽粳 5 号、辽粳 326、辽粳 294、辽粳 454、红旗 12、科青 3 号、喜峰、虾夷等。从系列看，主要可以归纳为合江 20、合江 22、吉粳 53、松前、笹锦、越光、辽粳 5 号、红旗 12、科青 3 号、喜峰、虾夷等 11 大骨干系。

一、合江 20 的衍生品种

合江 20 是黑龙江省农业科学院水稻研究所在 70 年代以日本品种早丰为母本，合江 16 为父本育成的优良广适型早粳品种，1978 年通过黑龙江省农作物品种审定委员会审定。全生育期 133～138d，主茎叶 12 片，叶色浓绿，较窄，直立上举，株型收敛，分蘖力较强，抗稻瘟病较强，耐寒性较强，耐肥，抗倒伏，感光性较弱，感温性中等；株高 90cm 左右，穗长 13.0cm 左右，每穗平均实粒数 50～60 粒，千粒重 23～24g。20 世纪 70 年代末及 80 年代中期，在黑龙江省大面积推广种植，特别是推广水稻旱育稀植以后，该品种成为黑龙江省的主栽品种。作为母本衍生了 5 辈 21 个品种，作为父本衍生了 3 辈 17 个品种（表 10－2），其中衍生品种作为骨干亲本的有：松粳 3 号、合江 21、合江 23、黑粳 5 号、吉粳 62 等（图 10－2）。

表 10－2　合江 20 的衍生品种辈序

品种辈序	1	2	3	4	5	合计
品种数	9	10	16	2	1	38

1. 松粳 3 号

松粳 3 号是黑龙江省农业科学院五常水稻研究所以辽粳 5 号为母本，合江 20 为父本杂交育成的早粳品种，1994 年通过黑龙江省农作物品种审定委员会审定。全生育期 140～145d，主茎叶 14 片，分蘖力中等，成穗率高，穗头整齐，活秆成熟，抗稻瘟病较强。株高 85～90cm，穗长 15.0cm 左右，每穗实粒数 100 粒左右，千粒重 25.0g。糙米率 83.0%，精米粒率 74.7%，整精米率 71.0%，垩白粒率 1.0%，胶稠度 70.0mm，直链淀粉含量 16.8%。平均产量 8 687.7kg/hm^2，比对照下北增产 12.8%，适宜黑龙江省第一

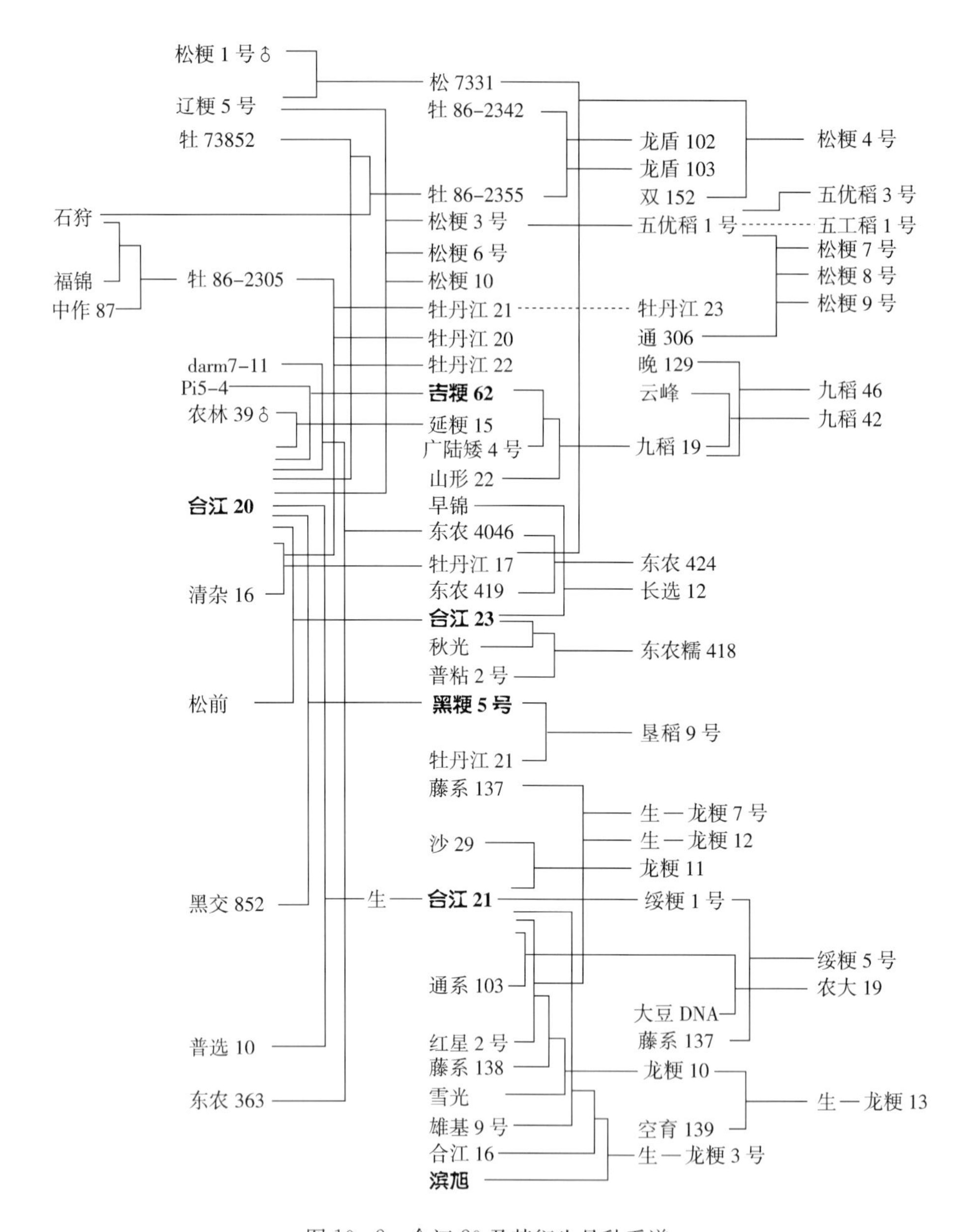

图10-2　合江20及其衍生品种系谱

积温区。2005年在黑龙江省最大推广面积1.5万hm^2，1994—2005年累计推广面积5.3万hm^2。

松粳3号又衍生出五优稻1号、松粳7号、松粳8号、松粳9号、五工稻1号和五优稻3号6个品种。

（1）五优稻1号

五优稻1号是黑龙江省五常市种子公司和黑龙江省农业科学院五常水稻研究所从松粳3号系选育成的早粳品种，1999年通过黑龙江省农作物品种审定委员会审定。全生育期143d，主茎叶14片，粒型较长，剑叶上举，苗期耐寒性强，分蘖力强，比较耐肥、抗倒，抗稻瘟病较强。株高 97.0cm，穗长 22.0cm，每穗粒数 120 粒，千粒重 25.0g 左右。精米粒率 73.3%，整精米粒率 68.2%，垩白粒率 2.8%，垩白大小 12.0%，垩白度 0.3%，糊化温度（碱消值）6.8 级，胶稠度 61.3mm，直链淀粉含量 17.2%，蛋白质含量 7.6%。平均产量8 895.9kg/hm²，比对照品种松粳 2 号增产 12.5%，适宜黑龙江省第一积温区种植。2002 年最大年推广面积 8.4 万 hm²，1999—2005 年累计推广面积 55.9 万 hm²。

（2）松粳 7 号

松粳 7 号是黑龙江省农业科学院五常水稻研究所以五优稻 1 号为母本，通 306 为父本育成的早粳品种，2003 年通过黑龙江省农作物品种审定委员会审定。全生育期 140d 左右，主茎叶 14 片，剑叶上举，光合效率高，活秆成熟，分蘖能力强，成穗率高，熟色好，稀有短芒，抗稻瘟病中等。株高 93cm，穗长 17.5cm，每穗粒数 105 粒，千粒重 25.5g，不实率 8%。糙米率 82.9%，精米粒率 74.4%，整精米粒率 70.9%，米粒长宽比 1.9∶1，垩白粒率 5.7%，垩白大小 5.1%，垩白度 0.2%，糊化温度（碱消值）6.8 级，胶稠度 72.2mm，直链淀粉含量 17.6%，蛋白质含量 7.3%。平均产量 8 380.2kg/hm²，比对照松粳 2 号增产 7.1%，适宜黑龙江省第一积温区种植。2003 年最大年推广面积 1.8 万 hm²，2003—2007 年累计推广面积 6.2 万 hm²。

（3）松粳 8 号

松粳 8 号是黑龙江省农业科学院五常水稻研究所以五优稻 1 号为母本，通 306 为父本育成的早粳品种，2004 年通过黑龙江省农作物品种审定委员会审定。全生育期 138d，主茎叶 14 片，株型好，剑叶上举，光合效率高，活秆成熟，分蘖能力强，耐瘠薄，中抗倒伏，中感稻瘟病。株高 90.3cm，穗长 17.5cm，每穗粒数 103 粒，千粒重 25g。糙米率 82.3%～82.7%，精米粒率 74.0%～74.4%，整精米粒率 71.0%～71.5%，米粒长宽比 1.9，垩白粒率 3.5%～6.5%，垩白大小 4.2%～6.4%，垩白度 0.1%～0.3%，糊化温度（碱消值）6.6～7.0 级，胶稠度 71.8～80.0mm。直链淀粉含量 17.7%～20.3%，蛋白质含量6.8%～7.8%。平均产量 8 386.9kg/hm²，比对照品种藤系 138 增产 7.8%，适宜黑龙江省第一积温区种植。2004 年最大年推广面积 3.4 万 hm²，2004—2005 年累计推广面积 5.2 万 hm²。

（4）松粳 9 号

松粳 9 号是黑龙江省农业科学院五常水稻研究所以五优稻 1 号为母本，通 306 为父本育成的早粳品种，2005 年通过黑龙江省农作物品种审定委员会审定。全生育期 138d 左右，主茎叶 14 片，株型收敛，剑叶上举，叶色深绿，光合效率高，活秆成熟，分蘖能力强，成穗率高，耐寒性强，中抗稻瘟病。株高 95～100cm，穗长 20cm，每穗粒数 120 粒，千粒重 25g。糙米率 82.8%～84.4%，精米粒率 74.5%～76.7%，整精米粒率 71.3%～73.5%，米粒长宽比 1.9∶1，垩白粒率 3.0%～5.0%，垩白大小 4.2%～11.9%，垩白度 0.1%～0.4%，糊化温度（碱消值）7.0 级，胶稠度 70.3～79.0mm，直链淀粉含量 18.2%～20.5%，蛋白质含量 7.7%～8.3%。平均产量 8 135.5kg/hm²，比对照品种藤系 138 增产 6.4%，适宜黑龙江省第一积温区。2007 年最大年推广面积 10.0 万 hm²，2004—2007 年累计推广面积 22.7 万 hm²。

（5）五优稻 3 号

五优稻3号是黑龙江省五常市种子公司从五优稻1号系选育成的早粳品种，2005年通过黑龙江省农作物品种审定委员会审定。全生育期138d，主茎叶13片，株型收敛，剑叶上举，籽粒偏长，抗稻叶瘟1～3级，抗穗颈瘟1～5级。株高92.0～95.0cm，穗长17.0cm，每穗粒数100.0粒，千粒重25.5g。糙米率81.4%～83.2%，精米粒率73.3%～74.9%，整精米粒率71.3%～73.4%，垩白粒率3.5%～14.0%，垩白大小2.5%～6.1%，垩白度0.1%～0.8%，糊化温度（碱消值）7.0级，胶稠度62.5～72.5mm，直链淀粉含量16.1%～19.2%，蛋白质含量7.1%～8.9%，食味80～88分。平均产量7 886.1kg/hm^2，比对照品种垦稻10增产12.6%，适宜黑龙江省第二积温区种植。2003年最大年推广面积1.3万hm^2，2002—2005年累计推广面积3.0万hm^2。

2. 合江21

合江21是黑龙江省农业科学院水稻研究所以合江20为母本，普选10为父本杂交F_1代经花药离体培养育成的早粳花培品种，1983年通过黑龙江省农作物品种审定委员会审定。全生育期125～130d，主茎叶11片，分蘖力强，株型收敛，耐寒性强，较抗稻瘟病，株高85cm左右，穗长13～14cm，每穗实粒数50～60粒左右，千粒重27～28g。合江21是20世纪80年代黑龙江省的主栽品种，由此衍生出龙粳3号、龙粳7号、龙粳10号、龙粳11、龙粳12、龙粳13、绥粳1号、绥粳5号、吉农大19等9个品种。

（1）*龙粳3号*

龙粳3号是黑龙江省农业科学院水稻研究所以合江21/雄基9号//合江16///滨旭四个亲本杂交F_1代经花药培养育成的早粳花培品种，1992年通过黑龙江省农作物品种审定委员会审定。主茎叶11片，全生育期127～130d，幼苗生长势强，叶色深，株型收敛，株高80～85cm，穗长14～17cm，每穗粒数85～90粒，谷粒椭圆，无芒，颖尖紫褐色，千粒重27.0g左右。耐寒性强，中抗稻瘟病，抗倒性强。糙米率83.0%，精米粒率77.19%，整精米粒率73.51%，直链淀粉含量16.48%，蛋白质含量8.44%。平均产量7 223.0kg/hm^2，较对照增产10.7%，适宜黑龙江省第二、三、四积温带插秧栽培。1992年最大年推广面积6.0万hm^2，1990—2003年累计推广面积30.8万hm^2。

（2）*龙粳7号*

龙粳7号是黑龙江省农业科学院水稻研究所以藤系137（秋光/藤系453）为母本，（合江21/红星2号）为父本杂交F_1代经花药培养育成的早粳花培品种，1998年通过黑龙江省农作物品种审定委员会审定。全生育期133～137d，主茎叶12片，幼苗生长势强，茎秆粗壮，叶片淡绿，株型收敛，株高85～90cm，穗长16～17cm，每穗粒数95粒，粒形阔卵，千粒重26.5g，颖尖紫褐色。耐寒性较强，抗稻瘟病，抗倒性强，感光性弱，感温性中等。糙米率84.3%，精米粒率75.9%，整精米粒率64.0%，垩白大小7.2%，垩白粒率14.8%，糊化温度（碱消值）6.8级，胶稠度47.6mm，直链淀粉含量17.6%，蛋白质含量8.3%，米质优良。平均产量8 142.7kg/hm^2，较对照品种东农416增产11.7%，适宜黑龙江省第二积温带种植。1999年最大年推广面积1.6万hm^2，1998—2000年累计推广面积2.1万hm^2。

（3）*龙粳12*

龙粳12是黑龙江省农业科学院水稻研究所以藤系137为母本，（合江21/红星2号）

为父本杂交 F_1 代经花药培养育成的早粳花培品种，2003 年通过黑龙江省农作物品种审定委员会审定。全生育期 128d，主茎叶 11 片，株型收敛，剑叶开张角度小，叶色略深，幼苗生长势强，分蘖力中上等，较抗稻瘟病，秆强抗倒，适应性广。株高 90cm，穗长 18cm 左右，每穗粒数 82 粒，千粒重 29.1g，长宽比 1.8，偏长粒，着粒密度小，后熟快。颖及颖尖秆黄色，无芒。糙米率 83.1%，精米粒率 74.1%，整精米粒率 65.9%，粒长 5.6mm，粒宽 3.1mm，长宽比 1.8，垩白大小 6.5%，垩白粒率 6.3%，垩白度 0.4%，胶稠度 76.8mm，糊化温度（碱消值）6.9 级，直链淀粉含量 17.78%，蛋白质含量 7.72%，食味 81.0 分。平均产量 8 079.73kg/hm^2，较对照品种合江 19 平均增产 8.9%，适宜黑龙江省第三积温带、第二积温带下限种植。2005 年最大年推广面积 13.8 万 hm^2，2003—2005 年累计推广面积 22.0 万 hm^2。

（4）龙粳 13

龙粳 13 是黑龙江省农业科学院水稻研究所以龙粳 10（合江 21/红星 2 号//藤系 138///雪光）为母本，空育 139 为父本杂交 F_1 代经花药培养育成的早粳花培品种。2004 年通过黑龙江省农作物品种审定委员会审定，全生育期 125～130d，主茎叶 11 片，株高 73.5cm，株型收敛，剑叶开张角度小，颖尖褐色，无芒，分蘖力强，耐寒性强，幼苗生长势强，比较喜肥。穗长 15.9cm 左右，每穗粒数 75.4 粒，偏长粒，粒长 5.4mm，粒宽 2.9mm，长宽比 1.9，千粒重 25.0g，不实率低。糙米率 83.2%，精米粒率 74.9%，整精米粒率 72.6%，垩白大小 6.5%，垩白粒率 4.3%，垩白度 0.3%，胶稠度 74.4mm，糊化温度（碱消值）6.8 级，直链淀粉含量 18.2%，蛋白质含量 8.5%，食味 81.3 分。人工接种稻抗苗、瘟、叶瘟、穗颈瘟分别为 4.3 级、3.3 级、3.5 级；高肥自然条件下稻抗苗瘟、叶瘟、穗颈瘟分别为 3.3 级、3.3 级、4 级。平均产量 7 826.4kg/hm^2，较对照品种合江 19 平均增产 6.2%，适宜黑龙江省第三积温带种植。2005 年最大年推广面积 10.9 万 hm^2，2004—2005 年累计推广面积 13.1 万 hm^2。

（5）绥粳 1 号

绥粳 1 号是黑龙江省农业科学院绥化农业科学研究所从合江 21 系选育成的早粳品种，1992 年通过黑龙江省农作物品种审定委员会审定。全生育期 130d，主茎叶 12 片，株型收敛，耐盐碱，抗倒伏，耐寒性强，中抗稻瘟病。株高 85cm 左右，每穗粒数 90～100 粒，不实率 17%，千粒重 27g。平均产量 7 496.9kg/hm^2，比对照品种合江 23 增产 7.4%，适宜黑龙江省第二积温区和第三积温带种植。1992 年最大年推广面积 3.8 万 hm^2，1991—2002 年累计推广面积 20.7 万 hm^2。

（6）农大 19

吉农大 19 是吉林农业大学以合江 21/通系 103 F_2 花粉管导入大豆 DNA 育成的早粳品种，2004 年通过吉林省农作物品种审定委员会审定。全生育期 132d，株高 98cm，株型紧凑，叶色浅绿，每穴有效穗 28 个左右，穗长 23.5cm，主蘖穗整齐，每穗粒数 110 粒，着粒密度适中，粒形椭圆，有间短芒，千粒重 26g。整精米粒率 60.7%，垩白粒率 12.0%，垩白度 1.0%，胶稠度 88mm，直链淀粉含量 18.6%。中感稻苗瘟，感叶瘟和穗瘟。平均单产 8 180kg/hm^2，适宜吉林省白城、长春、松原、四平等地以及各地井灌稻区种植。2004 年最大年推广面积 4.79 万 hm^2，2004—2005 年累计推广面积 7.30 万 hm^2。

3. 合江23

合江23是黑龙江省农业科学院水稻研究所以合江20为母本，松前为父本杂交育成的早粳品种，1986年通过黑龙江省农作物品种审定委员会审定。全生育期130～133d，主茎叶12片，株高85～90cm，株型收敛，叶色淡绿，分蘖力强，较耐肥，中抗稻瘟病。穗长15.0cm左右，每穗粒数65.0粒，千粒重26.0～27.0g。糙米率83.0%，精米粒率79.5%，整精米粒率78.3%，直链淀粉含量19.0%，蛋白质含量8.9%，米质较好。适宜黑龙江省第二、三积温带种植，1991年最大年推广面积13.1万hm^2，1986—2005年累计推广面积75万hm^2。

4. 松粳6号

松粳6号是黑龙江省农业科学院五常水稻研究所以辽粳5号为母本，合江20为父本杂交育成的早粳品种，2002年通过黑龙江省农作物品种审定委员会审定，2004年通过吉林省农作物品种审定委员会审定。全生育期135d左右，主茎叶13片，分蘖力强，叶色深绿，活秆成熟，抗稻瘟病性强。株高85～90cm，穗长16.9cm，每穗实粒数112粒，千粒重26.5g，结实率高。糙米率82.3%，精米粒率74.1%，整精米粒率67.7%，米粒长宽比2，垩白粒率6.5%，垩白大小9.2%，垩白度0.5%，糊化温度（碱消值）7.0级，胶稠度77.8mm。直链淀粉含量17.5%，蛋白质含量7.5%，米粒半透明，有光泽，食味好。平均产量7 935.6kg/hm^2，比对照牡丹江19号增产14.1%，适宜黑龙江省第一积温区和第二积温区上限栽培。2005年最大年推广面积8.3万hm^2，2002—2007年累计推广面积31.2万hm^2。

5. 松粳10号

松粳10号是黑龙江省农业科学院五常水稻研究所以辽粳5号为母本，合江20为父本杂交育成的早粳品种，2005年通过黑龙江省农作物品种审定委员会审定。全生育期137d，株高95cm左右，穗长18cm，每穗粒数95粒，千粒重26g，叶色深绿，活秆成熟，分蘖能力中上，米粒细长，稀有芒。糙米率81.3%～82.9%，精米粒率73.2%～74.6%，整精米粒率69.7%～74.3%，长宽比1.8，垩白大小5.2%～21.4%，垩白粒率1%～5.5%，垩白度0.2%～0.6%，直链淀粉含量18.5%～20.2%，胶稠度71.3～82.8mm，糊化温度（碱消值）7级，蛋白质含量6.8%～8.1%，食味81～86分。中抗稻穗颈瘟。2002—2004年区域试验平均产量7 101.6kg/hm^2，较对照品种东农416增产3.8%；2004年生产试验平均产量7 742.1kg/hm^2，较对照品种东农416增产5.8%，适宜黑龙江省第二积温带种植。2006年最大年推广面积4.3万hm^2，2006—2007年累计推广面积8.4万hm^2。

6. 东农424

东农424是东北农业大学以东农419（秋光//庄内32/东农363）为母本，东农4 046（darm7-11/合江20//东农363）为父本杂交育成的早粳品种，2005年通过黑龙江省农作物品种审定委员会审定。全生育期135d，主茎叶12片，稃尖浅紫色或紫色。抗稻叶瘟1级，抗穗颈瘟1～5级。株高86.9cm，穗长16.8cm，每穗粒数89.3粒，千粒重24.6g。糙米率82.5%～83.8%，精米粒率74.3%～76.6%，整精米粒率69.9%～74.1%，垩白粒率1.0%～9.0%，垩白度0.3%～1.0%，糊化温度（碱消值）7.0级，胶稠度71.3～82.5mm，直链淀粉含量18.8%～20.0%，蛋白质含量6.9%～9.3%，食味78～89分。

平均产量8 020.2kg/hm²，比对照品种东农 416 增产 8.2%，适宜黑龙江省第二积温区种植。2004 年最大年推广面积 2.1 万 hm²，2004—2005 年累计推广面积 2.2 万 hm²。

7. 垦稻 9 号

垦稻 9 号是黑龙江省农垦科学院水稻研究所以黑粳 5 号为母本，牡丹江 21 为父本杂交育成的早粳品种，2001 年通过黑龙江省农作物品种审定委员会审定。全生育期 126d 左右，主茎叶 10 片，抗稻叶瘟 3～6 级，抗穗颈瘟 7～9 级。株高 86.5cm，穗长 16.1cm，每穗粒数 95 粒，千粒重 28.1g 左右。糙米率 82.9%，精米粒率 74.6%，整精米粒率 71.7%，垩白粒率 8.0%，垩白大小 10.8%，垩白度 0.8%，糊化温度（碱消值）7.0 级，胶稠度 59.3mm，直链淀粉含量 18.3%，蛋白质含量 7.9%。平均产量 6 869.0kg/hm²，比对照品种黑粳 5 号增产 14.2%，适宜黑龙江省第四积温区种植。2001 年最大年推广面积 6.5 万 hm²，2001—2005 年累计推广面积 13.7 万 hm²。

8. 吉粳 62

吉粳 62 是吉林省农业科学院水稻研究所以 Pi5 - 4 为母本，合江 20 为父本杂交育成的早粳品种，1987 年通过吉林省农作物品种审定委员会审定。全生育期 137d。株高 95～105cm，株型紧凑，茎秆较粗，叶片上举，叶色绿色，分蘖力强，每穴有效穗 17.5 个，成穗率高，每穗粒数 70～80 粒，结实率高。谷粒椭圆形，有稀短芒，千粒重 25g 左右。中抗苗瘟，中抗叶瘟和穗瘟，感恶苗病。米质中等，整精米粒率 63.0%。平均单产7 700 kg/hm²。适宜吉林省中西部的延边、松原、白城、通化、吉林、长春、四平等稻区种植。1988 年最大年推广面积 5.95 万 hm²，1987—1992 年累计推广面积 14.2 万 hm²。

由吉粳 62 又衍生出九稻 19，该品种是吉林市农业科学院水稻研究所以吉粳 62/广陆矮 4 号为母本，山形 22 为父本杂交育成的早粳品种，1998 年通过吉林省农作物品种审定委员会审定。生育期 138d。株高 98～100cm，株型紧凑，叶片上举，茎秆强韧，分蘖力强，主蘖穗整齐，每穗粒数 100 粒，粒形椭圆，无芒，千粒重 26～27g。中抗稻苗瘟和叶瘟，感穗瘟，米质优良，整精米粒率 62.5%，垩白粒率 52.0%，垩白度 4.5%，胶稠度 77mm，直链淀粉含量 19.2%。平均单产 8 330kg/hm²，适宜吉林省长春、吉林、松原、延边、白城等地种植。1997 年最大年推广面积 8.28 万 hm²，1998—2000 年累计推广面积 15.65 万 hm²。

9. 延粳 15

延粳 15 是吉林省延边自治州农业科学院水稻研究所以合江 20 为母本，农林 39 为父本杂交育成的早粳品种，1988 年通过吉林省农作物品种审定委员会审定。全生育期 115d，株高 70cm，株型紧凑，叶片短而窄，叶色浓绿，每穴有效穗 13～15 个，主蘖整齐，穗长 12～14cm，每穗粒数 75 粒，结实率高，谷粒椭圆形，无芒，千粒重 25g 左右。中抗稻苗瘟，中抗叶瘟和穗瘟。米质中等，精米粒率 66.5%，直链淀粉含量 17.8%，胶稠度 67.5mm。丰产性一般，平均单产 5 500kg/hm²，适宜吉林省高寒山区延边、浑江等稻区种植。1990 年最大年推广面积 0.55 万 hm²，1988—1992 年累计推广面积 1.3 万 hm²。

二、合江 22 的衍生品种

合江 22 是黑龙江省农业科学院水稻研究所以选 58 为母本，东农 3134 为父本杂交育成的早粳品种，1985 年通过黑龙江省农作物品种审定委员会审定，全生育期 125～130d，抗稻瘟病性强，耐寒性强，耐肥、抗倒，耐深水，主茎叶 11 片，株高 85～90cm，每穗粒数 55～60 粒，千粒重 27～28g。作为母本合江 22 衍生出 4 辈 11 个品种（表 10-3），作为父本衍生出 3 个品种，其中衍生品种作为骨干亲本的有：龙粳 1 号和龙粳 2 号 2 个品种（图 10-3）。

表 10-3　合江 22 的衍生品种辈序

品种辈序	1	2	3	4	5	合计
品种数	2	6	4	2	—	14

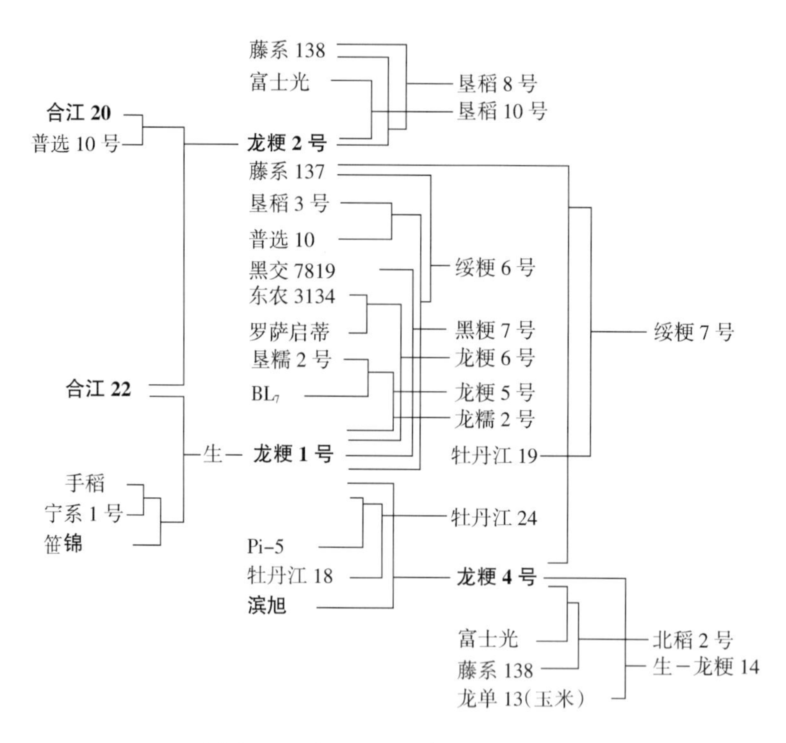

图 10-3　合江 22 及其衍生品种系谱

1. 龙粳 1 号

龙粳 1 号是黑龙江省农业科学院水稻研究所以合江 22 为母本，手稻/宁系 1 号//笹锦为父本杂交 F_1 代花药培养育成的早粳花培品种，1988 年通过黑龙江省农作物品种审定委员会审定。主茎叶 11 片，全生育期 130～133d，剑叶开张角度小，株型收敛，株高 80～85cm，穗长 15～20cm，每穗粒数 100 粒，无芒，颖与颖尖秆黄色，千粒重 26.5g 左右。分蘖力较强，抗倒性强，抗稻瘟病性强。龙粳 1 号衍生出龙粳 4 号、龙粳 6 号、龙粳 14、绥粳 7 号、北稻 2 号等 10 个品种。

（1）龙粳 4 号

龙粳 4 号是黑龙江省农业科学院水稻研究所以龙粳 1 号为母本，滨旭为父本杂交 F_1 代花药培养育成的早粳花培品种，1993 年通过黑龙江省农作物品种审定委员会审定。主茎叶 12 片，全生育期 133d，叶色淡，剑叶开张角度小，株型收敛，株高 80～85cm，穗长 15～17cm，每穗粒数 80 粒，无芒，颖与颖尖秆黄色，千粒重 27.0g 左右。分蘖力强，抗倒性强，中抗稻瘟病，易感恶苗病。糙米率 82.0%，精米粒率 71.1%，整精米粒率 69.5%，直链淀粉含量 17.48%，蛋白质含量 8.0%。平均产量 7 458.1kg/hm^2，较对照增产 8.0%，适宜黑龙江省第二、三积温带插秧栽培。1991 年最大年推广面积 1.3 万 hm^2，1990—2003 年累计推广面积 3.9 万 hm^2。

（2）龙粳 6 号

龙粳 6 号是黑龙江省农业科学院水稻研究所以东农 3134/罗萨启蒂为母本，龙粳 1 号为父本杂交育成的早粳品种，1996 年通过黑龙江省农作物品种审定委员会审定。全生育期 133d 左右，幼苗生长势较强，叶色较淡，分蘖中等，株高 90cm 左右，穗长 17cm，每穗粒数 85～100 粒，空秕率小于 15%，千粒重 26.0g 左右。耐寒性强，抗稻瘟病性强，抗倒性较强，对光温反应不敏感。糙米率 83.8%，精米粒率 75.4%，整精米粒率 72.1%，垩白大小 8.85%，糊化温度（碱消值）6.8 级，胶稠度 64.8mm，直链淀粉含量 15.5%，蛋白质含量 7.9%，米质优良。平均产量 7 683.5kg/hm^2，较对照东农 415 增产 8.5%，适宜黑龙江省第二积温带以及吉林、内蒙古同类地区种植。1995 年最大年推广面积 1.0 万 hm^2，1994—1995 年累计推广面积 1.2 万 hm^2。

（3）龙粳 14

龙粳 14 是黑龙江省农业科学院水稻研究所以龙粳 4 号为受体，玉米龙单 13 为供体导入玉米外源 DNA 育成的早粳外源 DNA 导入品种，2005 年通过黑龙江省农作物品种审定委员会审定。是黑龙江省第一个超级稻早粳新品种，全生育期 125～130d，主茎叶 11 片，株高 86.5cm，株型收敛，剑叶开张角度小，叶里藏花型，散穗，稀有芒，分蘖力强，耐寒性强，幼苗生长势强，活秆成熟，抗稻瘟病性强。穗长 18.8cm 左右，每穗粒数 83 粒，千粒重 26.4g，不实率低。糙米率 82.4%，精米粒率 74.1%，整精米粒率 69.6%，垩白大小 8.6%，垩白粒率 6.0%，垩白度 0.4%，粒长 5.2mm，粒宽 2.9mm，长宽比 1.8，胶稠度 75.1mm，糊化温度（碱消值）7.0 级，直链淀粉含量 18.6%，蛋白质含量 7.4%，食味 81.3 分。平均产量为 7 602.13kg/hm^2，较对照合江 19 增产 7.5%，适宜黑龙江省第三积温带种植。2007 年最大年推广面积 33.5 万 hm^2，2005—2007 年累计推广面积为 60 万 hm^2。

（4）绥粳 7 号

绥粳 7 号是黑龙江省农业科学院绥化农业科学研究所以牡丹江 19 为母本，藤系 137/龙粳 4 号为父本杂交育成的早粳品种，2004 年通过黑龙江省农作物品种审定委员会审定。全生育期 135d，主茎叶 13 片，无芒，散穗，活秆成熟，分蘖力较强，抗倒性中等，中感稻瘟病。株高 96cm，穗长 17.5cm，每穗粒数 87 粒，千粒重 26.9g。糙米率 75.5%～82.3%，精米粒率 68.0%～74.1%，整精米粒率 59.9%～73.3%，长宽比 2.0，垩白粒率 1.0%～6.0%，垩白大小 5.5%～7.1%，垩白度 0.1%～0.4%，糊化温度（碱消值）7.0 级，胶稠度 72.0～82.5mm。直链淀粉含量 18.0%～20.5%，蛋白质含量 6.9%～9.3%。平均产量7 383.5kg/hm^2，比对照品种垦稻 10 号增产 10.4%，适宜黑龙江省第二积温区种植。2007 年最大年推广面积 11.4 万 hm^2。

（5）北稻 2 号

北稻 2 号是黑龙江省绥化市北方稻作研究所以龙粳 4 号/富士光为母本，藤系 138 为父本育成的早粳品种，2002年通过黑龙江省农作物品种审定委员会审定。全生育期131d，主茎叶12片，分蘖力强，较喜肥水，苗期耐寒性强，抗稻叶瘟3～6级，抗穗颈瘟3～7级。株高90.0cm，穗长18.0～20.0cm，每穗粒数95.0～110.0粒，千粒重26.5g。糙米率81.7%，精米粒率73.5%，整精米粒率70.1%，垩白粒率9.0%，垩白大小8.1%，垩白度0.8%，糊化温度（碱消值）7.0级，胶稠度75.6mm，直链淀粉含量17.1%，蛋白质含量6.8%。平均产量8 146.4kg/hm^2，比对照品种东农416增产11.4%，适应黑龙江省第二积温区种植。2005年推广面积0.8万hm^2。

2. 龙粳2号

龙粳2号是黑龙江省农业科学院水稻研究所以合江22为母本，合江20/普选10号为父本杂交育成的早粳品种，1990年通过黑龙江省农作物品种审定委员会审定。主茎叶11片，全生育期125～130d。幼苗生长势极强，分蘖力强，叶色较淡，株高85～90cm，穗长15～17cm，每穗粒数80～100粒，粒形阔卵，千粒重26.0～27.0g，谷粒稀有短芒。耐寒性极强，中抗稻瘟病，抗倒性强，耐深水，对光温反应不敏感。糙米率83.0%，精米粒率74.7%，垩白大小5.1%，糊化温度（碱消值）7.0级，直链淀粉含量18.9%，蛋白质含量8.85%，食味较好。平均单产6 840.5kg/hm^2，较对照增产9.1%，适宜黑龙江省第三积温带插秧栽培和第二积温带非井灌区直播栽培以及吉林、内蒙古等部分稻区。1992年最大年推广面积1.7万hm^2，1992—2005年累计推广面积5.7万hm^2。由龙粳2号衍生出垦稻8号和垦稻10号两个品种。

（1）垦稻8号

垦稻8号是黑龙江省农垦科学院水稻研究所以藤系138为母本，藤系138/龙粳2号为父本杂交育成的早粳品种，1999年通过黑龙江省农作物品种审定委员会审定。全生育期130d左右，主茎叶12片，分蘖力较强，剑叶上举，株型收敛，秆强抗倒，耐寒性较强，抗稻瘟病较强。株高85cm，穗长16.5cm，每穗粒数90粒，千粒重26.0g左右。糙米率83.4%，精米粒率75.1%，整精米粒率67.1%，垩白粒率9.9%，垩白大小5.5%，垩白度0.5%，糊化温度（碱消值）6.9级，胶稠度61.9mm，直链淀粉含量18.9%，蛋白质含量7.7%。平均产量7 688.0kg/hm^2，比对照品种东农416增产7.0%，适宜黑龙江省第二积温区种植。1999年最大年推广面积21.9万hm^2，1997—2005年累计推广面积81.1万hm^2。

（2）垦稻10号

垦稻10号是黑龙江省农垦科学院水稻研究所以富士光为母本，龙粳2号为父本杂交育成的早粳品种，2002年通过黑龙江省农作物品种审定委员会审定。全生育期136d左右，主茎叶13片，分蘖力强，株型收敛，抗稻叶瘟3～6级，抗穗颈瘟3～5级。株高93.9cm，穗长17.2cm，每穗粒数76.9粒，千粒重26.2g左右。糙米率82.4%，精米粒率74.2%，整精米粒率71.5%，垩白粒率5.7%，垩白大小7.3%，垩白度0.5%，糊化温度（碱消值）6.9级，胶稠度73.2mm，直链淀粉含量16.9%，蛋白质含量6.9%。平均产量7 675.1kg/hm^2，比对照品种牡丹江19增产7.8%，适应黑龙江省第一积温带下限和第二积温区种植。2002年最大年推广面积6.7万hm^2，2002—2005年累计推广面积24.1万hm^2。

三、越光的衍生品种

越光是日本新潟县立农试场于1945年以农林22为母本，农林1号为父本杂交育成的早粳品种，1956年通过日本新潟县品种审定，是目前日本栽培时间最长、品质最优、食味最好的品种。作为母本衍生4辈14个品种。越光在中国，作为父本衍生出10个品种（表10-4），其中衍生品种作为骨干亲本的有：上育397、富士光和庄内32等3个品种（图10-4）。

表10-4　越光的衍生品种辈序

品种辈序	1	2	3	4	5	合计
品种数	3	5	6	10	—	24

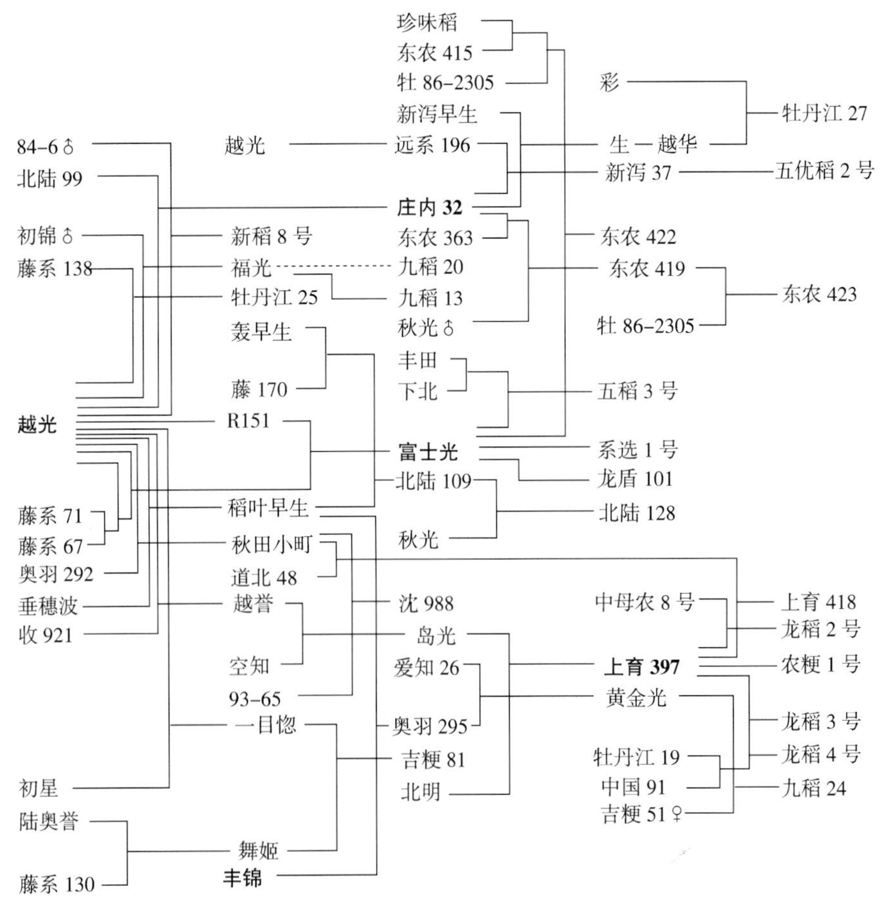

图10-4　越光及其衍生品种系谱

1. 上育397

上育397是日本北海道上川农试场于1981年以岛光为母本，北明为父本杂交育成的早粳品种，2005年通过黑龙江省农作物品种审定委员会审定。全生育期133d，主茎叶11片，幼苗长势强，叶色浓绿，着粒较密，耐寒性较强，抗稻叶瘟5级，抗穗颈瘟3～5级。

株高 85.0cm，穗长 16.0cm，每穗粒数 80.0 粒，千粒重 26.0g。糙米率 82.8%～84.1%，精米粒率 74.5%～75.7%，整精米粒率 68.6%～74.7%，垩白粒率 7.0%～10.5%，垩白大小 4.1%～8.9%，垩白度 0.3%～0.8%，糊化温度（碱消值）7.0 级，胶稠度72.5～82.5mm，直链淀粉含量 16.6%～19.0%，蛋白质含量 6.9%～7.4%，食味 86～87 分。平均产量 8 022.5kg/hm^2，比对照品种合江 19 增产 8.0%，适宜黑龙江省第三积温区种植。2003 年最大年推广面积 1.9 万 hm^2，1994—2005 年累计推广面积 13.4 万 hm^2。

从上育 397 衍生出龙稻 2 号、龙稻 3 号、龙稻 4 号等 5 个品种。龙稻 3 号是黑龙江省农业科学院耕作栽培研究所以上育 397 为母本，牡丹江 19/中国 91 为父本杂交育成的早粳品种，2004 年通过黑龙江省农作物品种审定委员会审定。全生育期 132d，主茎叶 13 片，分蘖能力强，抗倒伏，耐寒性强，抗稻瘟病，抗稻叶瘟 3～5 级，抗穗颈瘟 3～5 级。株高 95.0cm，穗长 18.0cm，每穗粒数 87.0 粒，千粒重 26.5g。糙米率 79.1%～82.1%，精米粒率71.2%～73.9%，整精米粒率 68.9%～71.5%，垩白粒率 3.0%～4.5%，垩白大小 4.8%～7.1%，垩白度 0.2%，糊化温度（碱消值）6.6～7.0 级，胶稠度 74.5～76.3mm，直链淀粉含量 15.8%～19.0%，蛋白质含量 7.9%～8.9%。平均产量7 085.9kg/hm^2，比对照品种垦稻 10 增产 7.1%。适宜黑龙江省第二积温区种植，2005 年推广面积 0.8 万 hm^2。

2. 富士光

富士光是日本中国农试场于 1965 年以 R151 为母本，越光///越光//藤系 71/藤系 67 为父本杂交育成，2001 年通过黑龙江省农作物品种审定委员会审定。全生育期 132～134d 左右，主茎叶 12 片，抗稻叶瘟6～8 级，抗穗颈瘟 5 级。株高 90.0cm，穗长 18.0cm，每穗粒数 80 粒，千粒重 25.8g 左右。糙米率 83.5%，精米粒率 75.2%，整精米粒率 73.4%，垩白粒率 3.3%，垩白大小 8.8%，垩白度 0.8%，糊化温度（碱消值）6.8 级，胶稠度 65.1mm，直链淀粉含量 16.3%，蛋白质含量 7.7%。平均产量 8 073.9kg/hm^2，比对照品种东农 416 增产 6.8%，适宜黑龙江省第二积温区种植。2001 年最大年推广面积 8.2 万 hm^2，1994—2005 年累计推广面积 39.8 万 hm^2。

从富士光品种衍生出东农 422、五稻 3 号、系选 1 号、龙盾 101 等 4 个品种。

（1）东农 422

东农 422 是东北农业大学以富士光为母本，珍味稻/东农 415//牡 86－2305 为父本杂交育成的早粳品种，2002 年通过黑龙江省农作物品种审定委员会审定。全生育期 132d，主茎叶 12 片，耐寒性强，秆强抗倒伏，抗稻叶瘟5～6 级，抗穗颈瘟 9 级。株高 86.5cm，穗长 19.5cm，每穗粒数 90～100 粒，千粒重 26～28g。糙米率 81.9%，精米粒率 73.7%，整精米粒率 69.5%，垩白粒率 6.0%，糊化温度（碱消值）7.0 级，胶稠度 82.5mm，直链淀粉含量 16.8%，蛋白质含量 8.0%。平均产量 7 976.9kg/hm^2，比对照品种东农 416 增产 10.9%，适宜黑龙江省第二积温区种植。2002 年最大年推广面积 0.7 万 hm^2，2002—2005 年累计推广面积 2.0 万 hm^2。

（2）五稻 3 号

五稻 3 号是黑龙江省五常市以丰田/下北为母本，富士光为父本杂交育成的早粳品种，1994 年通过黑龙江省农作物品种审定委员会审定。全生育期 140d 左右，主茎叶 14 片，分蘖力强，耐寒性强，喜肥水，抗倒伏，抗稻瘟病性强。株高 90.0cm，穗长 15.5cm，每穗粒数 95 粒，千粒重 26.4g 左右。糙米率 84.0%，精米粒率 75.6%，胶稠度 59.8mm，直链淀粉含量 19.7%，蛋白质含量 8.0%。平均产量 8 625.7kg/hm²，比对照品种下北增产 19.0%。适宜黑龙江省第一积温区种植。1998 年最大年推广面积 1.7 万 hm²，1994—2005 年累计推广面积 10.0 万 hm²。

（3）系选 1 号

系选 1 号是黑龙江省桦南县从富士光中系选育成的早粳品种，2003 年通过黑龙江省农作物品种审定委员会审定。全生育期 136d 左右，主茎叶 13 片，幼苗长势快，苗期叶片披散，后期叶片上举，分蘖力中等，茎秆粗壮，较抗倒伏，株型收敛，抗稻叶瘟3～5 级，抗穗颈瘟 3～5 级。株高 104.0cm，穗长 18.8cm，每穗粒数 109 粒，结实率 92.0%，千粒重 26.1g 左右。糙米率 80.7%，精米粒率 72.6%，整精米粒率 68.9%，垩白粒率 3.6%，垩白大小 7.0%，垩白度 0.3%，糊化温度（碱消值）6.9 级，胶稠度 73.1mm，直链淀粉含量 16.8%，蛋白质含量 7.3%。平均产量 8 073.9kg/hm²。比对照品种东农 416 增产 6.8%，适宜黑龙江省第二积温区种植。2002 年最大年推广面积 2.7 万 hm²，2002—2005 年累计推广面积 4.8 万 hm²。

（4）龙盾 101

龙盾 101 是黑龙江省监狱局农业科学研究所从富士光中系选育成的早粳常规品种，1996 年通过黑龙江省农作物品种审定委员会审定。全生育期 130d 左右，主茎叶 12 片，叶色浅绿，生育期发苗快，叶长而不披散，后期收敛直立，耐寒性强，灌浆快，抗稻瘟病。株高 95cm，千粒重 30.0g 左右。糙米率 81.6%，精米粒率 73.4%，整精米粒率 68.6%，垩白粒率 53.0%，垩白大小 24.5%，糊化温度（碱消值）6.5 级，胶稠度 65.0mm，直链淀粉含量 15.5%，蛋白质含量 8.1%。平均产量 7 983.1kg/hm²，比对照品种合江 23 增产 9.7%，适宜黑龙江省第二积温区种植。1997 年最大年推广面积 1.1 万 hm²，1995—1997 年累计推广面积 1.5 万 hm²。

3. 庄内 32

庄内 32（花之舞）是日本青森县农业试验场于 1974 年以北陆 99 为母本，越光为父本杂交育成的早粳品种，1987 年通过日本山形县的品种审定，1985 年引入黑龙江省，作为亲本育成东农 419、五优稻 2 号等 4 个品种。

（1）东农 419

东农 419 是东北农业大学以秋光为母本，庄内 32/东农 363 为父本杂交育成的早粳品种，1996 年通过黑龙江省农作物品种审定委员会审定。全生育期 132d，主茎叶 12 片，叶色淡绿，分蘖力强，抗倒性强，抗稻瘟病强。株高 88.5cm，穗长 15.8cm，每穗粒数 87.2 粒，不实率 6.8%，千粒重 25.9g。糙米率 80.4%，精米粒率 72.3%，整精米粒率 67.4%，垩白粒率 2.0%，垩白度 0.1%，糊化温度（碱消值）7.0 级，胶稠度 60.0mm，直链淀粉含量 16.6%，蛋白质含量 8.1%。平均产量 8 336.0kg/hm²，比对照品种合江 23 增产 14.9%，适宜黑龙江省第二积温区种植。1999 年最大年推广面积 11.6 万 hm²，1995—2003 年累计推广面积 41.2 万 hm²。

（2）五优稻 2 号

五优稻 2 号是黑龙江省五常市种子公司从新泻 37 号中系选育成的早粳品种，2001 年通过黑龙江省农作物品种审定委员会审定。全生育期135～137d，主茎叶14片，分蘖力中等，抗稻叶瘟4～6级，抗穗颈瘟3级。株高85.1cm，穗长17.3cm，每穗粒数96.0粒，千粒重25.1g。糙米率82.6%，精米粒率74.2%，整精米粒率73.1%，垩白粒率4.5%，垩白大小6.7%，垩白度0.3%，糊化温度（碱消值）7.0级，胶稠度77.5mm，直链淀粉含量15.8%，蛋白质含量7.7%。平均产量9 563.8kg/hm^2，比对照品种松粳2号增产7.3%，适宜黑龙江省第一积温区种植。2002年最大年推广面积1.2万hm^2。

4. 九稻20

九稻20是吉林市农业科学院水稻研究所用福光品种经^{60}Co辐射处理育成的早粳品种，1998年通过吉林省农作物品种审定委员会审定。全生育期135d，株高95cm，株型紧凑，剑叶稍宽，主蘖穗整齐，分蘖力中上。每穗粒数90粒，谷粒椭圆形，有稀短芒，千粒重26g。中抗稻叶瘟，中感穗瘟。整精米粒率63.7%，垩白粒率21.0%，垩白度1.5%，胶稠度78mm，直链淀粉含量17.5%，米饭适口性好。耐冷、抗倒性强，平均单产8 010kg/hm^2，适宜吉林省吉林、长春、延边、松原、白城以及黑龙江省第一积温带种植。1998年最大年推广面积8万hm^2，1998—2003年累计推广面积11.05万hm^2。

5. 吉粳81

吉粳81是吉林省农业科学院水稻研究所以一目惚/舞姬育成的早粳品种，2002年通过吉林省农作物品种审定委员会审定。全生育期145d，株高95cm，株型紧凑，分蘖力强，穗长21～25cm，每穗粒数100粒，主蘖穗整齐，着粒密度适中，粒形椭圆，有稀短芒，千粒重26g。稻米品质极优，粒长5.0mm，整精米粒率67.1%，垩白粒率14.0%，垩白度1.5%，胶稠度85mm，直链淀粉含量16.1%。食味极佳。稻苗瘟、叶瘟、穗瘟均为感病。耐冷性强，平均单产7 670kg/hm^2，适宜吉林省四平、长春、松原、通化、延边等晚熟或中晚熟平原稻区种植。2004年最大年推广面积1.19万hm^2，2002—2005年累计推广面积4.70万hm^2。

6. 秋田小町

秋田小町（アキタコマチ）是日本秋田县农业试验场于1975年以越光为母本，奥羽292为父本杂交育成的早粳品种，1981年通过日本秋田县的品种审定，2000年通过吉林省农作物品种审定委员会审定。全生育期147d，株高100cm，分蘖力较强，株型紧凑，茎秆强韧抗倒，穗长20cm，每穗粒数160粒，着粒密度适中，谷粒椭圆形，有稀短芒，千粒重25g。稻米品质极优，整精米粒率72.8%，垩白粒率8.0%，透明度2级，胶稠度68mm，直链淀粉含量16.4%。食味佳，感稻叶瘟和穗瘟。平均单产8 510kg/hm^2，适宜吉林省吉林、四平、通化等晚熟平原稻作区种植。2002年最大年推广面积1.07万hm^2，2000—2005年累计推广面积6.81万hm^2。

秋田小町衍生出沈988，该品种是辽宁省农业科学院以秋田小町为母本，93-65为父本杂交育成的早粳常规品种，2003年通过辽宁省农作物品种审定委员会审定。全生育期158d，株高96～102cm，每穗粒数110粒，千粒重25g。稻米品质中等，抗稻瘟病，适宜辽宁省中南部稻区种植。2001年最大年种植面积1.7万hm^2，2001—2005年累计推广面积3万hm^2。

7. 九稻24

九稻24是吉林市农业科学院水稻研究所用吉粳51/黄金光杂交育成的早粳品种，1999年通过吉林省农作物品种审定委员会审定。全生育期130d。株高95cm，株型紧凑，分蘖力中等。穗长18cm，主蘖穗整齐，着粒密度适中，每穗粒数90粒。粒形椭圆，千粒重26.5g。米质优良，整精米粒率72.9%，垩白粒率46.0%，透明度1级，胶稠度66mm，直链淀粉含量18.0%。中抗稻叶瘟，感穗瘟。平均单产7 230kg/hm^2，适宜吉林省半山区、平原小井稻区以及黑龙江省第一积温带种植。2001年最大年推广面积0.96万hm^2，1999—2005年累计推广面积1.75万hm^2。

四、吉粳53的衍生品种

吉粳53是吉林省农业科学院育成的20世纪60年代以日本品种旭的衍生品种松辽4号为母本，十和田为父本育成的高产抗病品种，成为当时的主栽品种。作为母本衍生出3个品种，其中吉粳60是主要的骨干亲本，吉粳60是从吉粳53中系选育成的优良广适型品种，70年代及80年代中期在吉林省、辽宁省等地大面积推广种植，吉林省种植面积占水稻面积60%以上。吉粳53作为母本衍生3辈23个品种（表10-5），作为父本衍生出3个品种，其中衍生品种作为骨干亲本的有：长白9号、双丰8号、双丰9号、九稻11等共衍生出12个品种（图10-5）。

表10-5　吉粳53的衍生品种辈序

品种辈序	1	2	3	4	5	合计
品种数	3	7	10	5	—	25

1. 长白9号

长白9号由吉林省农业科学院水稻研究所以吉粳60/东北125育成的早粳品种，1995年通过吉林省农作物品种审定委员会审定。全生育期130d，株高95cm，株型紧凑，分蘖力中等，叶片直立，叶色浓绿。每穗粒数90～120粒，结实率高。谷粒椭圆形，有稀短芒。粒较大，千粒重29g左右。中抗稻苗瘟，中感叶瘟和穗瘟，耐盐碱性强，活秆成熟，米质中等。适宜吉林省中西部的长春、松原、白城以及黑龙江省南部、内蒙古自治区的部分稻区种植。1995年最大年推广面积15.8万hm^2，1994—2005年累计推广面积80.1万hm^2。

长白九号衍生出长白10号、长白11，作为父本育成吉粳88等3个品种。

（1）长白10号

长白10号是吉林省农业科学院水稻研究所以长白9号/秋田小町育成的早粳常规稻，2002年通过吉林省农作物品种审定委员会审定。全生育期130d，株高95～100cm，株型紧凑，分蘖力中等，叶色较深，茎秆强韧，耐肥、抗倒。穗较大，每穗粒数100粒，粒形椭圆，有稀短芒，籽粒灌浆速度快，耐盐碱，千粒重27.5g。米质较好，中抗稻苗瘟、叶瘟，感穗瘟，平均单产7 690kg/hm^2，适宜吉林省中西部中早熟稻区以及黑龙江省南部种植。2003年最大年推广面积0.9万hm^2，2002—2005年累计推广面积3.65万hm^2。

（2）吉粳88

吉粳88是吉林省农业科学院水稻研究所以奥羽346/长白9号育成的早粳常规稻，2005年通过吉林省和辽宁省农作物品种审定委员会审定。全生育期143d，株高100cm，

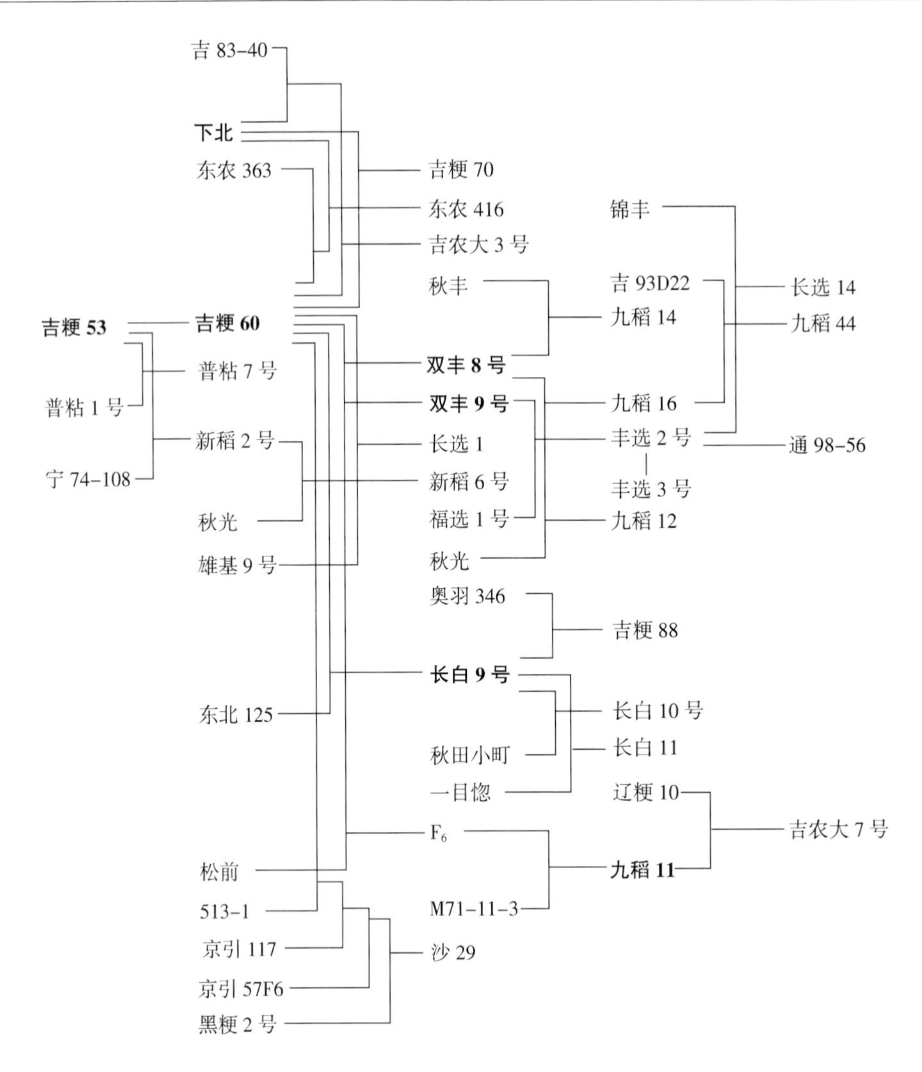

图 10-5 吉粳 53 及其衍生品种系谱

株型紧凑，叶片直立，叶色浅绿，分蘖力中等，耐肥，抗倒伏性极强，穗长 18cm，每穗粒数 120 粒，主蘖穗整齐，着粒密度适中，粒形短圆，有间短芒，千粒重 22.5g。米质极优，适口性好。中抗稻叶瘟，感穗瘟。平均单产8 420kg/hm^2，适宜吉林省各地晚熟平原稻作区以及辽宁北部、新疆维吾尔自治区的伊犁等地种植，2005 年最大年推广面积 11.56 万 hm^2。

2. 九稻 11

九稻 11 由吉林省吉林市农业科学院以吉粳 60/松前//M71-11-3 育成的早粳品种，1990 年通过黑龙江省农作物品种审定委员会审定。全生育期 140d，株高 95cm，株型紧凑，主茎叶 13 片，叶片长度中等，剑叶角度较直立，叶色绿。穗长 17cm 左右，穗粒数 75 粒，着粒密度适中，结实率 90%左右。谷粒椭圆形，颖及颖尖黄色，无芒，稻谷千粒重 25g，品质中等，中抗稻瘟病，平均单产 7 610kg/hm^2，适宜吉林省吉林、长春、四平、通化、辽源、松原等中晚熟稻区种植。1991 年最大年推广面积 3.8 万 hm^2，1990—1994

年累计推广面积 9 万 hm^2。

从九稻 11 中衍生出吉农大 7 号。该品种由吉林农业大学以辽粳 10 号/九 87 - 11 育成的早粳品种，1998 年通过吉林省农作物品种审定委员会审定。全生育期 145d，株高 100cm，分蘖力强，株型紧凑，叶片直立，叶色浅绿。穗长 20cm，主蘖穗整齐，每穗粒数 105 粒，千粒重 26g。中抗稻叶瘟，中抗穗瘟，耐肥抗倒伏。整精米粒率 72.4%，垩白粒率 10.0%，垩白度 1.1%，胶稠度 68mm，直链淀粉含量 17.2%，米质优、食味好，平均产量 8 600kg/hm^2，适宜吉林省四平、通化、吉林、松原等地以及辽宁北部、内蒙古自治区的部分地区种植。2000 年最大年推广面积 6.68 万 hm^2，1998—2005 年累计推广面积 17.65 万 hm^2。

3. 双丰 8 号

双丰 8 号是吉林省永吉县双河镇农业技术推广站以吉粳 60/松前育成的早粳品种，1980 年通过吉林省农作物品种审定委员会审定，是吉林省主要中熟推广品种，到 1992 年推广面积仍达 1 万 hm^2 左右。双丰 8 号作为亲本衍生出 5 个品种，双丰 9 号是双丰 8 号的姊妹系，从中衍生出 2 个品种。

（1）九稻 16

九稻 16 是由吉林市农业科学院水稻研究所以双丰 8 号/秋光杂交育成的早粳品种，1995 年通过吉林省农作物品种审定委员会审定。全生育期 138d，株高 100cm，株型紧凑，剑叶角度较直立，分蘖力较强，穗长 18cm 左右，每穗粒数 95 粒，着粒密度适中。谷粒椭圆形，无芒，千粒重 27g。品质中等，抗稻苗瘟，中抗叶瘟，感穗瘟。抗倒、耐盐碱，平均单产 7 640kg/hm^2，适宜吉林省吉林、延边、通化、松原等中熟稻区种植。1997 年最大年推广面积 2.28 万 hm^2，1995—2005 年累计推广面积 21.7 万 hm^2。

（2）九稻 12

九稻 12 是由吉林市农业科学院水稻研究所以双丰 8 号/秋光杂交育成的早粳品种，1992 年通过吉林省农作物品种审定委员会审定。全生育期 143d，株高 100cm，株型紧凑，剑叶稍长且直立，分蘖力较强，穗长 18cm 左右，每穗粒数 95 粒，着粒密度适中。谷粒椭圆形，无芒，千粒重 25g。品质中等，抗稻苗瘟，中抗叶瘟，感穗瘟，平均单产 8 064kg/hm^2，适宜吉林省吉林、延边、通化、松原等中熟稻区种植。1994 年最大年推广面积 3.42 万 hm^2，1992—1997 年累计推广面积 10.5 万 hm^2。

（3）九稻 14

九稻 14 是由吉林市农业科学院水稻研究所以秋丰/双丰 8 号杂交育成的早粳品种，1995 年通过吉林省农作物品种审定委员会审定。全生育期 138d，株高 100cm，叶宽长且直立，叶色偏淡。分蘖力强，每穴有效穗 20.5 个，主蘖穗整齐，穗长 19cm 左右，每穗粒数 95 粒，着粒密度适中。谷粒椭圆形，千粒重 27g，颖和颖尖呈黄白色。品质中等，中抗稻瘟病。平均单产8 500kg/hm^2，适宜吉林省吉林、延边、通化、松原等中熟稻区种植。1995 年最大年推广面积 0.96 万 hm^2，1995—1998 年累计推广面积 2.7 万 hm^2。

（4）丰选 2 号

丰选 2 号是由吉林省东丰县农业技术推广站以双丰 9 号/福选 1 号杂交育成的早粳品

种，1995 年通过吉林省农作物品种审定委员会审定。全生育期 141d，株高 100cm，株型紧凑，分蘖力中等，茎秆强韧。每穗粒数 85～90 粒，主蘖穗整齐。谷粒椭圆形，有稀短芒，千粒重 27g。米质优良，整精米粒率 83.2%，垩白粒率 81%，胶稠度 89mm，直链淀粉含量 21.3%。中感稻叶瘟，感穗瘟。平均单产 8 460kg/hm^2，适宜吉林省吉林、通化、延边、长春、辽源等地平原及半山区种植。1998 年最大年推广面积 0.98 万 hm^2，1995—2003 年累计推广面积 3.05 万 hm^2。

（5）丰选 3 号

丰选 3 号由吉林省东丰县种子管理站从丰选 2 号中系选育成的早粳品种，2002 年通过吉林省农作物品种审定委员会审定。全生育期 137d，株高 103cm，株型紧凑，叶色深绿，穗较大，每穗粒数 105 粒。谷粒椭圆形，有稀短芒，千粒重 27.5g。米质优良，整精米粒率 63.1%，垩白粒率 42.0%，垩白度 4.0%，胶稠度 75mm，直链淀粉含量 18.4%。中抗稻叶瘟，感穗瘟。平均单产 7 800kg/hm^2，适宜吉林省辽源、吉林、长春、松原等中熟稻作区种植。2002 年最大年推广面积 1.65 万 hm^2，2002—2005 年累计推广面积 3.92 万 hm^2。

以吉粳 60 为亲本育成的品种有吉农大 3 号、东农 416、长选 1 号、吉粳 70。

4. 吉农大 3 号

吉农大 3 号是吉林农业大学以吉 83 - 40/下北//吉粳 60 杂交育成的早粳品种，1995 年通过吉林省农作物品种审定委员会审定。全生育期 140d，株高 100cm，分蘖力强，主蘖穗整齐，茎秆有弹性，穗长 19cm，每穗粒数 95 粒，谷粒椭圆形，有稀短芒，着粒密度适中，千粒重 26g 左右。品质优，中感稻苗瘟，中抗叶瘟和穗瘟，平均单产 8 610kg/hm^2，适宜吉林省吉林、长春、四平、通化、辽源、松原等中晚熟稻区种植。1996 年最大年推广面积 8.96 万 hm^2，1995—2004 年累计推广面积 40.3 万 hm^2。

5. 东农 416

东农 416 是东北农业大学以下北为母本，东农 363/吉粳 60 为父本杂交育成的早粳品种，1992 年通过黑龙江省农作物品种审定委员会审定。生育期 132d，主茎叶 12 片，苗期耐寒，分蘖力较强，抗倒伏性弱，中抗稻瘟病。株高 87.6cm，穗长 17.7cm，每穗粒数 81.5 粒，千粒重 26.3g。糙米率 81.5%，精米粒率 75.1%，整精米粒率 67.1%，垩白粒率 1.0%，垩白大小 7.1%，垩白度 0.1%，糊化温度（碱消值）7.0 级，胶稠度 68.3mm。直链淀粉含量 18.2%，蛋白质含量 6.7%。平均产量 7 678.1kg/hm^2，比对照品种合江 23 增产 11.3%，适宜黑龙江省第二积温区种植。1997 年最大年推广面积 21.5 万 hm^2，1990—2004 年累计推广面积 116.0 万 hm^2。

6. 普粘 7 号

普粘 7 号是黑龙江省穆棱县以吉粳 53 为母本，普粘 1 号为父本杂交育成的早粳糯稻品种，1992 年通过黑龙江省农作物品种审定委员会审定。生育期 123～127d，主茎叶 11 片，株型收敛，喜肥水，抗倒伏，抗稻瘟病较强。株高 80～85cm，穗长 14.0～16.0cm，每穗粒数 85 粒，千粒重 24.0g 左右。糙米率 82.0%，直链淀粉含量 0.5%，蛋白质含量 10.0%。平均产量 6 131.3kg/hm^2，比对照品种牡粘 3 号增产 9.7%，适宜黑龙江省第二积温区下限和第三积温区种植。2000 年最大年推广面积 1.4 万 hm^2，1992—2005 年累计推广面积 3.6 万 hm^2。

7. 新稻 2 号

新稻 2 号是新疆维吾尔自治区农业科学院粮食作物研究所以吉粳 53 为母本，宁 74-108 为父本杂交育成的早粳品种，1988 年通过新疆维吾尔自治区农作物品种审定委员会审定。全生育期 136d，株高 96.7cm。株型适中，茎秆粗壮，熟期转色好。有效穗 450 万～520 万/hm^2，穗长 14.8cm，每穗粒数 90.6 粒，千粒重 26.4g，整精米粒率 66.2%，长宽比 1.95，垩白粒率 48%，垩白度 6%，胶稠度 90mm，直链淀粉含量 17.9%，平均产量 9 750kg/hm^2，适宜在新疆北疆沿天山的伊犁、塔城、米泉、博乐等地种植。

8. 新稻 6 号

新稻 6 号是新疆维吾尔自治区农业科学院粮食作物研究所以新稻 2 号为母本，秋光为父本杂交育成的早粳品种，1993 年通过新疆维吾尔自治区农作物品种审定委员会审定。全生育期 145d，株高 85cm。株型适中，茎秆粗壮，熟期转色好。有效穗 480 万/hm^2，穗长 17.5cm，每穗粒数 96 粒，千粒重 26.5g，整精米粒率 71.5%，长宽比 2，垩白粒率 18%，垩白度 5%，胶稠度 83mm，直链淀粉含量 12.5%，平均产量 11 500kg/hm^2，适宜在新疆北疆沿天山的伊犁、塔城、米泉、博乐等地种植。

五、松前的衍生品种

松前是日本 1961 年以米代/北海 183 杂交育成早熟早粳品种，1970 年通过日本农林水产省的审定，1973 年引入吉林、黑龙江省，在黑龙江和吉林省山区、半山区稻区种植。作为母系亲本育成 32 个，作为父系育成 12 个（表 10-6，图 10-6）。

表 10-6　松前的衍生品种辈序

品种辈序	1	2	3	4	5	合计
品种数	10	21	10	3	—	44

1. 通 31

通 31 是吉林省通化市农业科学研究院于 1976 年以水稻品种松前为受体，以异属植物菰为供体育成的早粳品种，1993 年通过吉林省农作物品种审定委员会审定。全生育期140～142d，株高 105.0cm，茎秆粗壮，穗数较多，穗较齐，剑叶上举，株型好，黄熟时全株绿色，成熟度高。谷粒偏长椭圆形，颖尖黄色，千粒重 28.0g。中感稻苗瘟，中抗叶瘟和穗瘟，品质中等，平均单产 8 200kg/hm^2，适宜吉林省通化、吉林、长春、四平、辽源等地区的中晚熟稻作区种植。1997 年最大年推广面积 3.53 万 hm^2，1995—2005 年累计推广面积 18.2 万 hm^2。

2. 通 35

通 35 是吉林省通化市农业科学研究院 1976 年以水稻品种松前为受体，以异属植物菰为供体育成的中晚熟早粳品种，1995 年通过吉林省农作物品种审定委员会审定。全生育期 140.0d，株高 110.0cm，茎秆粗而坚韧，穗数中等偏少，穗较齐，剑叶上举，株型好。有效穗 367.6 万/hm^2，穗长 22.4cm，每穗粒数 140.0 粒，谷粒椭圆形，颖尖黄色，千粒重 28.0g，中抗稻瘟病，品质中等，平均单产 8 200kg/hm^2，适宜吉林省通化、吉林、长

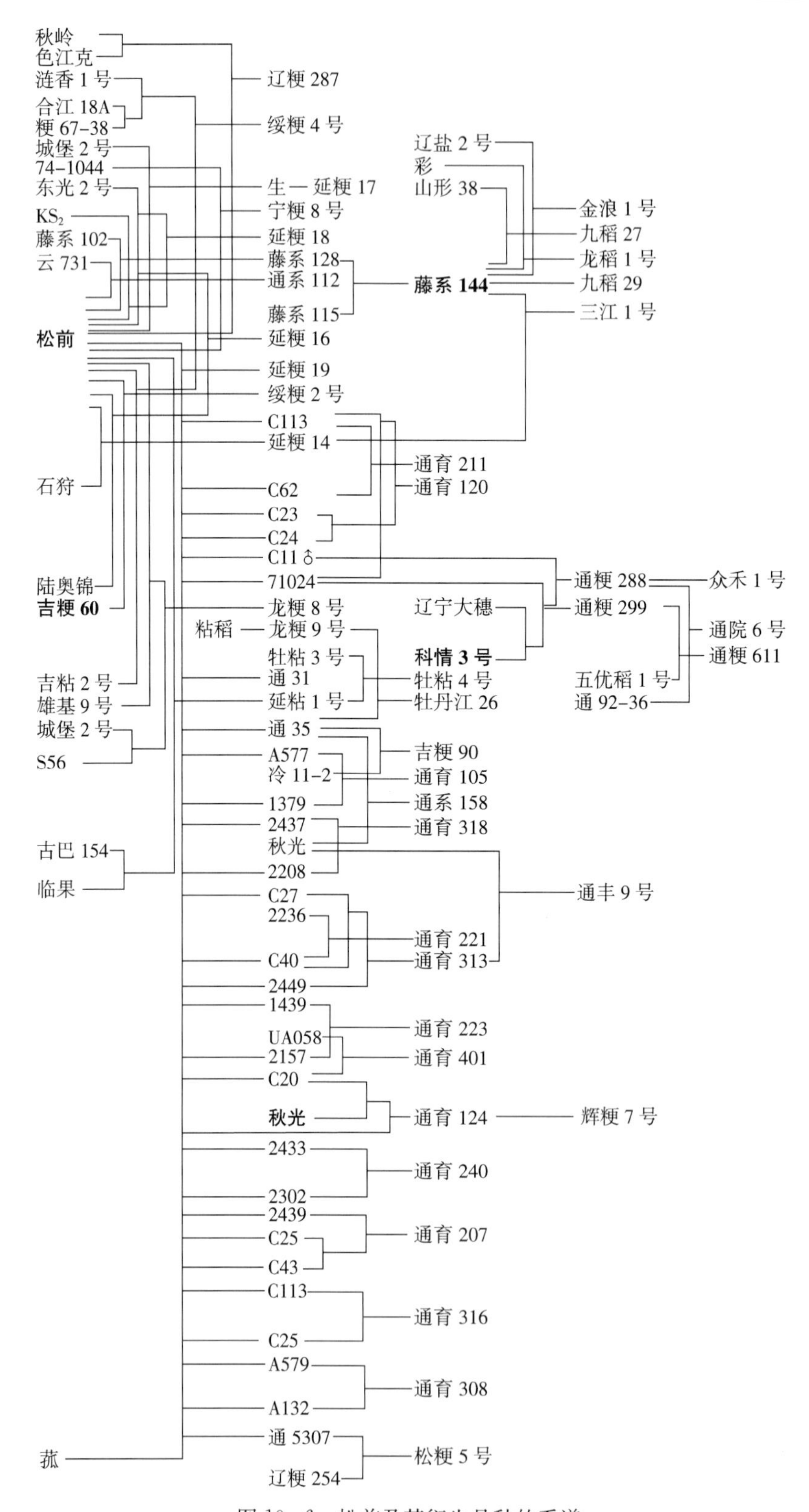

图10-6 松前及其衍生品种的系谱

春、四平、辽源等地区的中晚熟稻作区种植。1998 年最大年推广面积 6.72 万 hm^2，1995—2005 年累计推广面积 68.20 万 hm^2。

3. 通育 124

通育 124 是吉林省通化市农业科学研究院于 1982 年以转菰后代材料 C20/秋光杂交育成的晚熟早粳品种，1999 年吉林省农作物品种审定委员会审定。全生育期 142.0d，株高 100.0cm，茎坚叶挺，穗长 25.0cm，每穗粒数 140.1 粒，谷粒呈椭圆形，颖尖黄色，颖壳稍有斑点，无芒，茸毛短，千粒重 27.0g。中抗稻瘟病，品质中等。平均单产7 800kg/hm^2，适宜吉林省通化、吉林、长春、四平、辽源等地区的晚熟稻作区种植。2001 年最大年推广面积 12.2 万 hm^2，1999—2005 年累计推广面积 25.05 万 hm^2。

4. 通育 221

通育 221 是吉林省通化市农业科学研究院于 1986 年以转菰后代材料 2236/C40 杂交育成的中晚熟早粳品种，2005 年吉林省农作物品种审定委员会审定。全生育期 146d，株高 107.0cm，分蘖力中等，穗长 26cm，每穗粒数 200.0 粒，谷粒椭圆形，千粒重 26.0g。中抗稻瘟病，食味品质中等。平均单产 8 100kg/hm^2，适宜吉林省通化、吉林、长春、四平、辽源等地区的中晚熟稻作区种植。2005 年最大年推广面积 3.3 万 hm^2。

5. 通育 318

通育 318 是吉林省通化市农业科学研究院于 1986 年以转菰后代材料 2437/2208 杂交育成的中熟早粳品种，2003 年通过吉林省农作物品种审定委员会审定。全生育期 136.0d，株高 102.0cm，秧苗色深，分蘖较多，叶色深，茎秆坚硬，株型良好，穗较齐，结实率 95%以上，穗长 20.1cm，每穗粒数 130.0 粒，谷粒椭圆形，颖尖黄色，具稀短芒，茸毛少、皮薄，千粒重 29.0g。中抗稻瘟病，品质中等。平均单产 8 500kg/hm^2，适宜吉林省通化、吉林、长春、四平、辽源等地区的中熟稻作区种植。2004 年最大年推广面积 1.86 万 hm^2，2003—2005 年累计推广面积 2.66 万 hm^2。

6. 通粳 611

通粳 611 是吉林省通化市农业科学研究院通粳 299/五优稻 1 号杂交育成中熟早粳品种，2003 年通过吉林省农作物品种审定委员会审定。全生育期 132d，株高 100cm 左右，株型较好，茎叶浅绿，分蘖力强，穗长 16cm，主穗粒数 140 粒，每穗粒数 90 粒，着粒密度中，粒型偏长、籽粒黄色、无芒、千粒重 25g。中感稻瘟病，稻米品质中等。平均单产 8 310kg/hm^2，适宜在吉林省中早熟区及吉林省中西部地区种植。2004 年最大年推广面积 3.61 万 hm^2，2003—2005 年累计推广面积 5.16 万 hm^2。

7. 绥粳 4 号

绥粳 4 号是黑龙江省农业科学院绥化农业科学研究所以涟香 1 号//合江 18A/粳 67-38 为母本，松前/吉粘 2 号为父本杂交育成的早粳品种，1999 年通过黑龙江省农作物品种审定委员会审定。生育期 134d，主茎叶 12 片，短芒，幼苗生长健壮，耐寒性强，秆强不倒，耐盐碱，中抗稻瘟病。株高 95cm，穗长 17.6cm，每穗粒数 98 粒，千粒重 27.7g，不实率 5%。糙米率 84.0%，精米粒率 75.3%，整精米粒率 74.0%，米粒长宽比 1.9，垩白粒率 3.0%～5.0%，垩白大小 4.2%～11.9%，垩白度 0.1%～0.4%，糊化温度（碱消值）6.5 级，胶稠度 64.2mm。直链淀粉含量 14.9%，蛋白质含量 6.5%。平均产量

8 162.4kg/hm²，比对照品种东农 416 增产 5.9%，适宜黑龙江省第二积温区种植。2003 年最大年推广面积 7.9 万 hm²，2001—2005 年累计推广面积 19.9 万 hm²。

8. 龙粳 8 号

龙粳 8 号是黑龙江省农业科学院水稻研究所以松前/雄基 9 号为母本，以城堡 2 号/S56 为父本杂交 F_1 代花药培养育成的早粳花培品种，1998 年通过黑龙江省农作物品种审定委员会审定。全生育期 125～128d，主茎叶 11 片，叶色深绿，叶片略窄。株型收敛，剑叶上举，分蘖力极强。株高 85cm 左右，穗长 15～16cm，每穗粒数 65 粒，谷粒椭圆形，千粒重 23.5g，颖壳及颖尖秆黄色，稀有短芒。耐寒性强，喜肥抗倒，茎秆坚韧，富有弹性，抗稻瘟病较强，感光性弱，感温性中等。糙米率 83.4%，精米粒率 75.0%，整精米粒率 70.4%，垩白大小 3.0%，垩白粒率 2.7%，糊化温度（碱消值）6.9 级，胶稠度 56.6mm，直链淀粉含量 16.1%，蛋白质含量 8.4%，食味佳。平均产量 7 611.0kg/hm²，较对照品种合江 19 平均增产 6.9%，适宜黑龙江省第二积温带下限、第三积温带、第四积温带上限种植，以及吉林、内蒙古的部分地区种植。2001 年最大年推广面积 7.7 万 hm²，1996—2005 年累计推广面积 32.8 万 hm²。

9. 通系 112

通系 112 是吉林省通化农业科学研究所以云 731 为母本，松前为父本杂交育成的早粳品种，1993 年通过黑龙江省农作物品种审定委员会审定，全生育期 135d，主茎叶 13 片，叶片直立，幼苗长势强，茎秆粗壮有弹性，株型紧凑，耐寒，抗倒伏，中抗稻瘟病，易感恶苗病。株高 90.0cm，穗长 16.0cm，每穗粒数 80.0 粒，千粒重 27.3g。糙米率 84.0%，蛋白质含量 7.2%。平均产量 6 705.2kg/hm²，比对照品种东农 415 增产 8.7%，适宜黑龙江省第二积温区种植。1995 年最大年推广面积 2.4 万 hm²，1989—2000 年累计推广面积 12.2 万 hm²。

10. 绥粳 2 号

绥粳 2 号是黑龙江省农业科学院绥化农业科学研究所以松前为母本，吉粳 60 为父本杂交育成的早粳品种，1997 年通过黑龙江省农作物品种审定委员会审定。全生育期 127d 左右，主茎叶 11 片，苗期耐低温，幼苗生长健壮，分蘖力强，秆强不倒，抗稻瘟病性中等。株高 80cm，穗长 15cm，每穗粒数 70 粒，千粒重 26～27g。糙米率 83.2%，精米粒率 74.9%，整精米粒率 71.6%，垩白度 1.6%，胶稠度 66.3mm，直链淀粉含量 18.0%，蛋白质含量 8.0%。平均产量 7 295.6kg/hm²，比对照品种合江 19 增产 9.0%，适宜黑龙江省第二积温区下限和第三积温带种植。2001 年最大年推广面积 0.7 万 hm²，1996—2004 年累计推广面积 1.5 万 hm²。

11. 藤系 144

藤系 144 是日本藤坂支场以藤系 128 为母本，藤系 115 为父本杂交育成的早粳品种，1995 和 1996 年分别通过吉林省、黑龙江省农作物品种审定委员会审定。全生育期 136d 左右，主茎叶 13 片，叶色浅绿，分蘖力强，秆强抗倒伏，耐寒性强，中抗稻瘟病。株高 85.0～95.0cm，穗长 16.4cm，每穗粒数 89.2 粒，结实率 94.1%，千粒重 26.0g 左右。糙米率 82.0%，精米粒率 73.8%，整精米粒率 66.2%，垩白度 3.8%，胶稠度 53.3mm，蛋白质含量 9.5%。平均产量 8 026.3kg/hm²，比对照品种东农 415 增产 9.8%，适宜吉林省北部和黑龙江省第二积温区种植。1995 年最大年推广面积 2.1 万 hm^2，1993—1997 年累计推广面积 4.8 万 hm^2。

12. 延粳 14

延粳 14 是吉林省延边自治州农业科学院水稻研究所以松前为母本，石狩为父本杂交育成的早粳品种，1988 年通过吉林省农作物品种审定委员会审定。全生育期 120d。株高 80cm，株型紧凑，叶片短而窄，叶色浓绿，每穴有效穗 15 个左右，主蘖整齐，长 12～14cm，每穗粒数 65 粒，结实率高。谷粒椭圆形，无芒，千粒重 27.5g 左右。中抗稻苗瘟，中感叶瘟和穗瘟。米质中等，整精米粒率 61.0%。丰产性较好，平均单产 6 200kg/hm^2，适宜吉林省高寒山区延边、浑江等稻区种植。1990 年最大年推广面积 0.75 万 hm^2，1988—1992 年累计推广面积 1.2 万 hm^2。

13. 延粳 16

延粳 16 是吉林省延边自治州农业科学院水稻研究所以东光 2 号/松前为母本，陆奥锦为父本杂交育成的早粳品种，1989 年通过吉林省农作物品种审定委员会审定。全生育期 128d。株高 90cm，茎秆较细有弹性，株型紧凑，叶片上举，叶色浓绿，每穴有效穗 19 个左右，主蘖整齐，穗长中等，每穗粒数 70～80 粒，结实率高。谷粒椭圆形，有稀短芒。千粒重 25g 左右。中抗稻苗瘟，中抗叶瘟和穗瘟。米质中等，垩白粒率低，食口性好。丰产性一般，平均单产 5 900kg/hm^2，适宜吉林省东部半山区稻区种植。1990 年最大年推广面积 0.60 万 hm^2，1988—1993 年累计推广面积 1.4 万 hm^2。

14. 延粳 17

延粳 17 是吉林省延边自治州农业科学院水稻研究所以城堡 2 号（取手 1 号）为母本，松前为父本杂交育成的早粳品种，1990 年通过吉林省农作物品种审定委员会审定。全生育期 125d。株高 80cm，株型紧凑，叶片上举，叶色浓绿，每穴有效穗 19 个左右，主蘖整齐，穗长 14～15cm，每穗粒数 70 粒，结实率高。谷粒椭圆形，无芒。千粒重 27g 左右。中抗稻苗瘟，中抗叶瘟和穗瘟。米质中等，精米粒率 66.6%，蛋白质含量 7.49%，直链淀粉含量 17.3%，食口性好。丰产性一般，平均单产 5 500kg/hm^2，适宜吉林省东部山区及半山区稻区种植。1992 年最大年推广面积 0.55 万 hm^2，1990—1995 年累计推广面积 1.7 万 hm^2。

15. 辽粳 287

辽粳 287 是辽宁省农业科学院水稻研究所以秋岭/色江春为母本，松前为父本杂交育成的早粳品种，1988 年通过辽宁省农作物品种审定委员会审定。全生育期 160d，主茎叶 16 片，株高 95cm，株型紧凑，叶片短宽且直立，叶色浓绿，每穴有效穗 21 个左右，穗长 17cm，每穗粒数 95 粒，结实率高。千粒重 26g 左右。耐肥、抗倒伏，中抗稻瘟病、纹枯病。米质中等，整精米粒率 71.6%，一般单产 9 750kg/hm^2，适宜辽宁、北京、山东、宁夏、新疆南部等地种植。1991 年最大年推广面积 2.4 万 hm^2，1990—1992 年累计推广面积 5.4 万 hm^2。

16. 通育 308

通育 308 是吉林省通化市农业科学研究院以 A579 为母本，A132 为父本杂交育成的早粳品种，2005 年通过吉林省农作物品种审定委员会审定。全生育期 140d，株高 105cm

左右，株型良好，剑叶与穗平齐，茎叶深绿色，分蘖力强，每穴有效穗 23 个左右。穗长 22cm，弯穗型，主蘖穗较齐，着粒密度较密，每穗粒数 130 粒，结实率 96%。谷粒呈椭圆粒形，籽粒黄色，稀短芒，千粒重 28g。中抗稻苗瘟、中感叶瘟、中感穗瘟。糙米率 84.0%，精米粒率 77.2%，垩白粒率 9%，垩白度 0.9%，透明度 1 级，糊化温度（碱消值）7.0 级，直链淀粉含量 17.3%，蛋白质含量 9.4%，胶稠度 76mm。平均单产 7 210kg/hm^2，适宜在吉林省积温 2 800℃以上稻区种植。2005 年最大年推广面积 7.7 万 hm^2。

17. 通丰 9 号

通丰 9 号是吉林省通化市农业科学研究院以秋光为母本，通育 313 为父本杂交育成的早粳品种，2005 年通过吉林省农作物品种审定委员会审定。生育期 140d，株高 101.4cm 左右，株型紧凑，叶片直立，茎叶绿色，分蘖力强，每穴有效穗 30 穗左右。穗长 20cm，紧穗型，主蘖穗整齐，每穗粒数 131.9 粒。籽粒椭圆形，颖尖黄色，无芒，茸毛中，千粒重 26.0g。中抗稻苗瘟、中抗叶瘟、中感穗瘟。糙米率、精米粒率、整精米粒率、长宽比、透明度、糊化温度（碱消值）、直链淀粉、蛋白质达到国标一级标准，垩白度、胶稠度达到国标二级标准。平均单产 8 310kg/hm^2，适宜在吉林省有效积温 2 800℃以上中晚熟稻作区种植。2005 年最大年推广面积 8.3 万 hm^2。

六、笹锦的衍生品种

笹锦是日本宫城县立农业试验场谷川分场于 1953 年以初锦为母本，笹时雨为父本杂交育成的早粳优质品种，1963 年通过农林水产省品种审定，种植年限长达 40 多年，作为父本衍生出 2 个品种，作为母本衍生出 84 个品种，其中主要骨干亲本系有丰锦、青系 96、秋丰、藤系 138、秋光、京稻 2 号等 6 个（表 10 - 7，图 10 - 7）。

表 10 - 7　笹锦的衍生品种辈序

品种辈序	1	2	3	4	5	合计
品种数	3	11	30	38	4	86

1. 丰锦直接衍生品种

（1）辽盐 2 号

辽盐 2 号是辽宁省盐碱地利用研究所从日本品种丰锦变异株中系统选育而成的早粳品种，1988 年通过辽宁省农作物品种审定委员会审定，1990 年通过国家农作物品种审定委员会审定。全生育期 160d 左右。株高 90cm 左右，主茎叶 16 片，茎秆坚韧，叶片直立，剑叶较长且上举，分蘖力强，长散穗形，穗长 20～24cm，每穗实粒数 90～110 粒，着粒密度适中，稀短芒，千粒重 26～28g。品质较优，食味好，高抗稻瘟病，平均单产8 250 kg/hm^2，适宜辽宁及华北麦茬稻区种植。1991 年最大年推广面积 10.2 万 hm^2，1989—1993 年累计推广面积 30.5 万 hm^2。

（2）辽盐 241

辽盐 241 是辽宁省盐碱地利用研究所从营村 2 号品种中系统选育而成的早粳品种，1992 年通过辽宁省农作物品种审定委员会审定。全生育期 153d。株高 95cm 左右，主茎叶 15 片，株型紧凑，剑叶较长且上举，分蘖力强，成穗率高，穗长20～22cm，每穗粒数

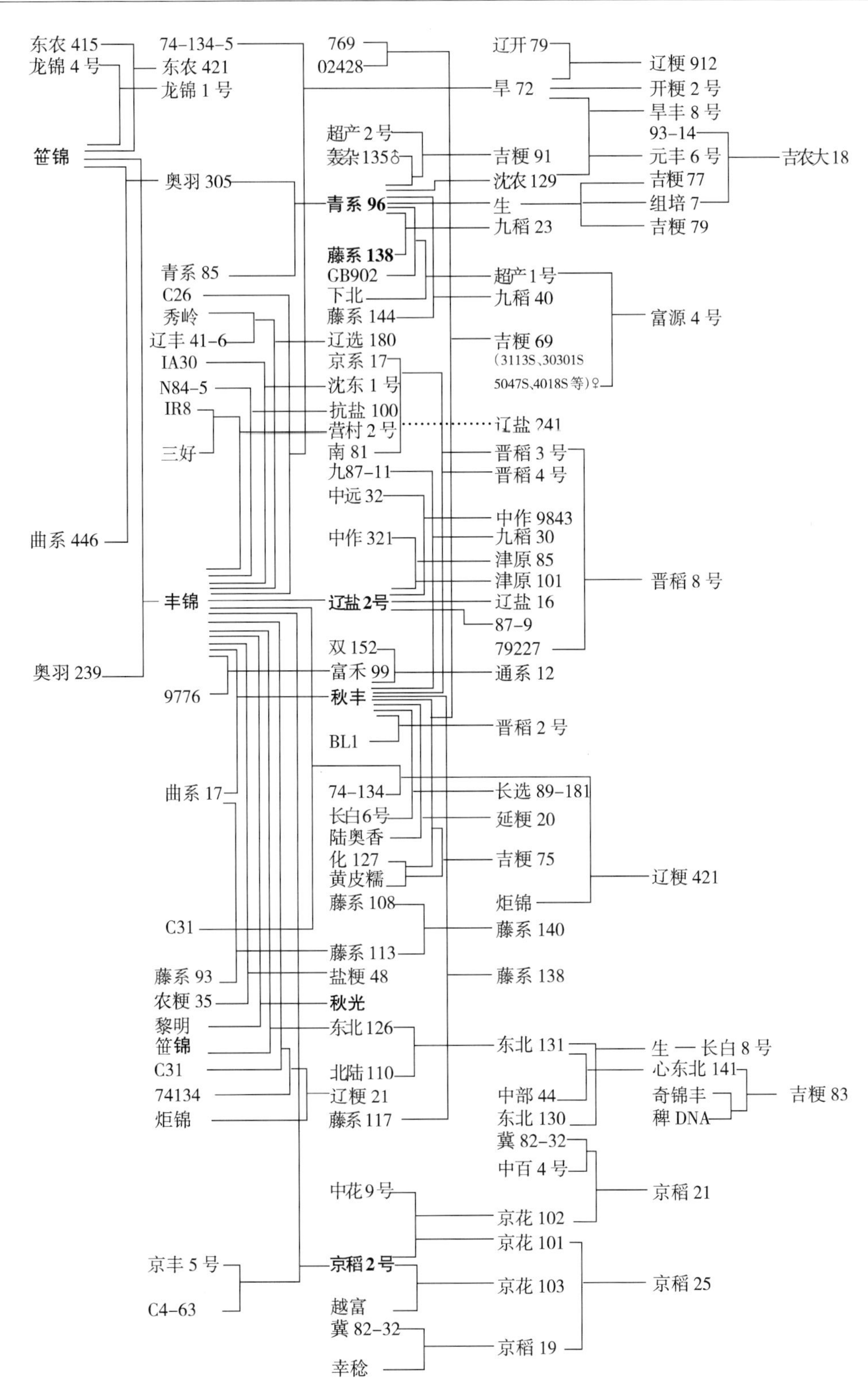

图 10-7　笹锦及其衍生品种系谱（一）

100 粒，着粒密度适中，千粒重 28g。品质优良，糙米率 83.0%，精米粒率 76%，整精米粒率 74%，垩白度 0.6%，胶稠度 56mm，直链淀粉含量 18.4%，蛋白质含量 9.1%。食味好，中抗稻瘟病、白叶枯病、纹枯病，抗倒伏、耐肥、耐旱、耐寒。平均单产8 250kg/hm²，适宜辽宁及华北麦茬稻区种植。1992 年最大年推广面积 9 万 hm²，1991—2000 年累计推广面积 40.4 万 hm²。

(3) 藤系 140

藤系 140 是日本藤坂支场以藤系 108 为母本，藤系 113 为父本杂交育成的早粳品种，1996 年通过黑龙江省农作物品种审定委员会审定。全生育期 135～140d，主茎叶 13 片，分蘖力强，秆强且富有弹性，喜肥水，灌浆快，中抗稻瘟病。株高 90.0cm 左右，穗长 16.0cm 左右，每穗粒数 100.0 粒，千粒重 26.0g。直链淀粉含量 17.0%。平均产量 7 790.8kg/hm²，比对照品种牡丹江 17 增产 6.6%，适宜黑龙江省第一积温区和第二积温区上限种植。1998 年最大年推广面积 2.4 万 hm²，1991—2005 年累计推广面积 9.8 万 hm²。

(4) 辽盐 16

辽盐 16 是辽宁省盐碱地利用研究所从辽盐 2 号变异株中系统选育而成的早粳品种，1994 年通过辽宁省农作物品种审定委员会审定。全生育期 158d 左右。株高 88cm 左右，叶片直立，分蘖力强，长散穗形，穗长 19～23cm，每穗实粒数 80～100 粒，千粒重 26g。品质优，食味好，中抗稻瘟病，平均单产 9 750kg/hm²，适宜辽宁、华北麦茬稻区以及西北一季稻区种植。1999 年最大年推广面积 1.3 万 hm²，1999—2003 年累计推广面积 1.7 万 hm²。

(5) 长白 8 号

长白 8 号是吉林省农业科学院水稻研究所以东北 131/东北 130 杂交育成的早粳品种，1995 年通过吉林省农作物品种审定委员会审定。全生育期 130d。株高 90cm 左右，株型紧凑，分蘖力强，茎秆强韧，主蘖穗整齐，每穗粒数 75 粒，着粒密度适中。谷粒椭圆形，有稀短芒，千粒重 26g。稻米品质优良，整精米粒率 66.7%，垩白粒率 23.0%，垩白度 8.5%，胶稠度 63mm，直链淀粉含量 17.5%，适口性好。中感苗瘟，感叶瘟和穗瘟。平均单产 7 140kg/hm²，适宜吉林省东部半山区及中西部平原井灌稻区种植。1997 年最大年推广面积 2.4 万 hm²，1995—2001 年累计推广面积 11.5 万 hm²。

(6) 吉粳 83

吉粳 83 是吉林省农业科学院水稻研究所以东北 141（心待）/D4 - 41 奇锦丰/稗 DNA 杂交育成的早粳品种，2002 年通过吉林省农作物品种审定委员会审定。全生育期 141d。株高 105cm，分蘖力极强，株型紧凑，茎秆强韧，耐冷、抗倒。穗长 21cm，每穗粒数 160 粒，着粒较稀，谷粒椭圆形，有稀短芒，灌浆速度快，千粒重 26g。米质优，粒长 5.1mm，整精米粒率 73.9%，垩白度 0.4%，透明度 1 级，胶稠度 76mm，直链淀粉含量 17.6%。食味佳。中感稻苗瘟、叶瘟，感穗瘟。平均单产 8 580kg/hm²，适宜吉林省吉林、长春、四平、通化等晚熟平原稻作区以及辽宁北部等地种植。2004 年最大年推广面积 4.7 万 hm²，2002—2005 年累计推广面积 16.31 万 hm²。

(7) 辽糯 1 号

辽糯 1 号是辽宁省农业科学院稻作研究所以秋田大泻村为母本，丰锦为父本杂交育成的早粳品种，1988 年通过辽宁省农作物品种审定委员会审定。全生育期 153d。主茎叶 15 片，株高 93cm，分蘖力中等，株型紧凑，茎秆稍细，苗期耐寒，中抗稻瘟病和纹枯病。穗长 19cm，每穗粒数 73 粒，千粒重 27g。米质优，精米率 69.7%，食味佳。一般单产 8 000kg/hm^2，适宜辽宁省种植。1988 年最大年推广面积 1.3 万 hm^2，1988—1989 年累计推广面积 2.7 万 hm^2。

2. 青系 96 衍生品种

青系 96 是日本青森县农业试验场于 1978 年以奥羽 305 为母本，青系 85 为父本杂交育成的早粳品种，1988 年通过青森县品种审定，1985 年引入吉林省，作为母本育成超产 1 号、组培 7 号等 8 个品种。

（1）超产 1 号

超产 1 号是吉林省农业科学院水稻研究所以青系 96/GB902//下北杂交育成的早粳品种，1995 年通过吉林省农作物品种审定委员会审定。全生育期 145d。株高 95～100cm 左右，茎秆较粗而韧，叶长宽中等，叶片较绿，苗期生育健壮，叶直立，株型好，分蘖力强，单株有效穗 16～20 个，每穗粒数 100 粒，着粒密度中等，粒形椭圆，有稀短芒，千粒重 26g。品质优，中抗稻瘟病，平均单产 8 450kg/hm^2，适宜吉林省吉林、四平、长春、松原等中晚熟稻作区种植。1997 年最大年推广面积 6.56 万 hm^2，1995—2004 年累计推广面积 28.3 万 hm^2。

（2）组培 7 号

组培 7 号是吉林省农业科学院水稻所以青系 96 幼穗体细胞无性系变异体选育成的早粳品种，1995 年通过吉林省农作物品种审定委员会审定。全生育期 145d，株高 100cm，分蘖力强，穗大，每穗粒数 110 粒，结实率 85%左右，千粒重 25g，谷粒呈椭圆形，无芒，颖壳及颖尖呈黄白色，茎秆韧性强。感稻瘟病。品质中等。丰产性好，平均单产 8 350kg/hm^2，适宜吉林省吉林、四平、长春、通化等中晚熟稻作区种植。1997 年最大年推广面积 5.5 万 hm^2，1996—2000 年累计推广面积 10.65 万 hm^2。

（3）吉粳 79

吉粳 79 是吉林省农业科学院水稻所以青系 96 幼穗体细胞无性系变异体选育成的早粳品种，2001 年通过吉林省农作物品种审定委员会审定。全生育期 135d，株高 95cm，株型紧凑，茎叶色淡黄，后期灌浆速度快，活秆成熟，穗较大，弯曲穗型，每穗粒数 150 粒，着粒密度适中，谷粒椭圆形，籽粒金黄色，无芒，千粒重 27g。品质中等，中感稻穗瘟。平均单产 7 730kg/hm^2，适宜吉林省吉林、四平、长春、通化、松原等中晚熟稻作区种植。1997 年最大年推广面积 1.68 万 hm^2，1997—2001 年累计推广面积 2.65 万 hm^2。

（4）富源 4 号

富源 4 号是吉林省农业科学院水稻研究所以 31116S、30301S、5047S、4018S 等/超产 1 号混合种植选育成的早粳品种，2000 年通过吉林省农作物品种审定委员会审定。全生育期 137d。株高 100cm，分蘖力强，株型较松散，叶片较长，茎秆韧性强，谷粒长椭圆形，无芒。穗长 20.1cm，着粒密度适中，每穗粒数 126 粒，千粒重 26g。米质中等，整精米粒率 61.9%，垩白粒率 36.0%，垩白度 10.7%，胶稠度 78mm，直链淀粉含量 17.9%。中抗稻瘟病，耐寒抗倒，适应性广。丰产性好，平均单产 9 410kg/hm²，适宜吉林省各地平原稻作区以及北方吉玉粳熟期稻作区种植，2002 年最大年推广面积 2.8 万 hm²，2000—2005 年累计推广面积 11.15 万 hm²。

3. 秋丰衍生品种

秋丰是日本东北农试场 1969 年以丰锦/曲系 17 杂交育成的早粳品种，1979 年通过日本农林水产省的品种审定，1985 年引入吉林省，作为母本育成品种长选89-181、吉粳75、延粳 20 和晋稻 2 号 4 个，作为父本育成品种吉粳 69、晋稻 3 号等 6 个。

（1）长选 89-181

长选 89-181 是吉林省长春市农业科学院以秋丰/长白六号杂交育成早粳品种，1996 年通过吉林省农作物品种审定委员会审定。全生育期 136d，株高 95cm，叶片上举，株型紧凑，茎秆粗而韧，主茎叶 14 片，叶绿色，幼苗发育良好。分蘖力强，穗长 17cm，每穗粒数 85 粒，着粒密度适中，谷粒椭圆形，顶端稀间短芒，颖和颖尖黄色，千粒重 27g。感稻瘟病，品质优。平均单产 7 530kg/hm²，适宜吉林省吉林、四平、长春、通化、松原等中晚熟稻作区种植。1997 年最大年推广面积 6.22 万 hm²，1996—1999 年累计推广面积 8.3 万 hm²。

（2）吉粳 75

吉粳 75 是吉林省农业科学院水稻研究所以化 127/黄皮糯//化 127/秋丰杂交育成的早粳品种，又名吉优 1 号，2000 年吉林省农作物品种审定委员会审定。全生育期 136d。株高 96cm，分蘖力强，茎秆强韧抗倒伏，叶色淡绿。每穗粒数 150 粒，粒形椭圆，无芒，千粒重 26g。米质中等，感穗瘟，耐盐碱性强。平均产量 8 030kg/hm²，适宜吉林省中西部以及黑龙江省南部、辽宁北部等稻区种植。2004 年最大年推广面积 1.98 万 hm²，2000—2005 年累计推广面积 4.15 万 hm²。

（3）吉粳 69

吉粳 69 是吉林省农业科学院水稻研究所以 769/02428///秋丰//化 127/黄皮糯杂交育成的早粳品种，1998 年通过吉林省农作物品种审定委员会审定。全生育期 137d。株高 95cm，分蘖力强，茎秆强韧，抗倒伏。每穗粒数 160 粒，谷粒椭圆形，无芒，千粒重 24.5g。中抗稻苗瘟和叶瘟，同时中抗穗瘟，米质优良，整精米粒率 71.2%，垩白粒率 9.0%，垩白度 1.0%，胶稠度 63mm，直链淀粉含量 18.3%，食味好。平均产量7 700 kg/hm²，适宜吉林省各地以及黑龙江省南部、辽宁北部等地种植。1999 年最大年推广面积 5.50 万 hm²，1998—2001 年累计推广面积 14.15 万 hm²。

（4）晋稻 2 号

晋稻 2 号是山西省农业科学研究院作物遗传研究所以秋丰/BL1 杂交育成的早粳品种，1987 年通过山西省农作物品种审定委员会审定。全生育期 153d。株高 97cm，株型紧凑，熟期转色好。单株有效穗 11 穗，穗长 18cm，每穗粒数 105 粒，千粒重 25g。抗恶苗病，感稻瘟病，不太耐肥，易倒伏。整精米粒率 62%，垩白粒率 28%，垩白度 2.3%，胶稠度 85mm，糊化温度（碱消值）7.0 级，直链淀粉含量 18.3%。平均单产 8 820kg/hm²，适宜在山西省无霜期 145d 以上的稻区种植，以及省外的新疆、宁夏、辽宁、吉林晚熟稻区、陕西榆林、贵州毕节粳稻区以及河北、河南、山东等麦茬稻区种植。1989 年最大年推广面积 0.2 万 hm^2，1986—1991 年累计推广面积 0.8 万 hm^2。

（5）晋稻 3 号

晋稻 3 号是山西省农业科学研究院作物遗传研究所以京系 17/南 81//秋丰杂交育成的早粳品种，1988 年通过山西省农作物品种审定委员会审定。全生育期 150d。株高 95cm，株型紧凑，穗粒重协调，熟期转色好。单株有效穗 11.5 穗，穗长 18cm，每穗粒数 90 粒，千粒重 26g。抗稻瘟病。成熟后期停水偏早，有早衰现象发生。整精米粒率 68%，垩白粒率 70%，垩白度 1.93%，胶稠度 84mm，糊化温度（碱消值）7.0 级，直链淀粉含量 19.3%。平均单产 7 850kg/hm^2，适宜在山西省无霜期 140d 以上的稻区种植，以及新疆、宁夏、辽宁、吉林晚熟稻区、陕西榆林、贵州毕节粳稻区以及河北、河南、山东等麦茬稻区。1992 年最大年推广面积 0.67 万 hm^2，1989—1995 年累计推广面积 2.4 万 hm^2。

4. 藤系 138 衍生品种

藤系 138 是日本青森农试场藤坂支场以秋丰/藤 117 杂交，1984 年育成的早粳品种，1984 年从日本引进，1990 年通过吉林省品种审定委员会审定，1991 年通过黑龙江省品种审定委员会审定。生育期 135d 左右，主茎叶 13 片，分蘖力强，抗稻瘟病强，耐低温，喜肥抗倒伏。株高 88.0cm，每穗粒数 115.0 粒，千粒重 25.0g 左右。直链淀粉含量 17.3%。平均产量 7 790.8kg/hm^2，适宜黑龙江省第一积温区和第二积温区上限种植。1993 年最大年推广面积 7.6 万 hm^2，1990—1995 年累计推广面积 50.0 万 hm^2。藤系 138 是 20 世纪 90 年代初期是吉林省主要中熟推广品种，以藤系 138 为亲本育成通 94 - 75、九稻 22、绥粳 3 号、垦稻 7 号等 12 个品种（图 10 - 8）。

（1）通 95 - 74

通 95 - 74 通化市农业科学研究院以桂早生/腾系 138 杂交育成的早粳品种，2002 年通过吉林省品种审定委员会审定。全生育期 138d。株高 105cm，分蘖强，穗长 18cm 左右，每穗粒数 125 粒，千粒重 25g，稻谷粒型为椭圆形，颖及颖尖黄色，无芒，中散穗型，中抗稻瘟病，稻米品质中等。平均产量 7 731.3kg/hm^2，适宜在吉林省种植吉玉粳、丰优 301 等品种的中熟稻作区种植。2004 年最大年推广面积 7.1 万 hm^2，2002—2005 年累计推广面积 14.2 万 hm^2。

（2）九稻 22

九稻 22 是吉林市农业科学院水稻研究所以庄内 324/藤系 138 杂交育成的早粳品种，1999 年通过吉林省农作物品种审定委员会审定。全生育期 145～147d。株高 105～110cm，株型紧凑，叶片直立，分蘖力强，茎秆坚韧，主蘖穗整齐。每穗粒数 120 粒，籽粒椭圆形，有稀短芒，千粒重 27g 左右。米质中等，中感稻瘟病，平均单产 8 560kg/hm^2，适宜吉林省晚熟平原稻区以及辽宁北部种植。2001 年最大年推广面积 2.1 万 hm^2，2000—2004 年累计推广面积 10 万 hm^2。

（3）绥粳 3 号

绥粳 3 号是黑龙江省农业科学院绥化农业科学研究所以藤系 138 为母本，（滨旭//普选 10/合交 77 - 327）为父本杂交育成的早粳品种，1999 年通过黑龙江省农作物品种审定委员会审定。全生育期 129d，主茎叶 11 片，稻谷稀有短芒，抗倒伏，抗稻瘟病，活秆成

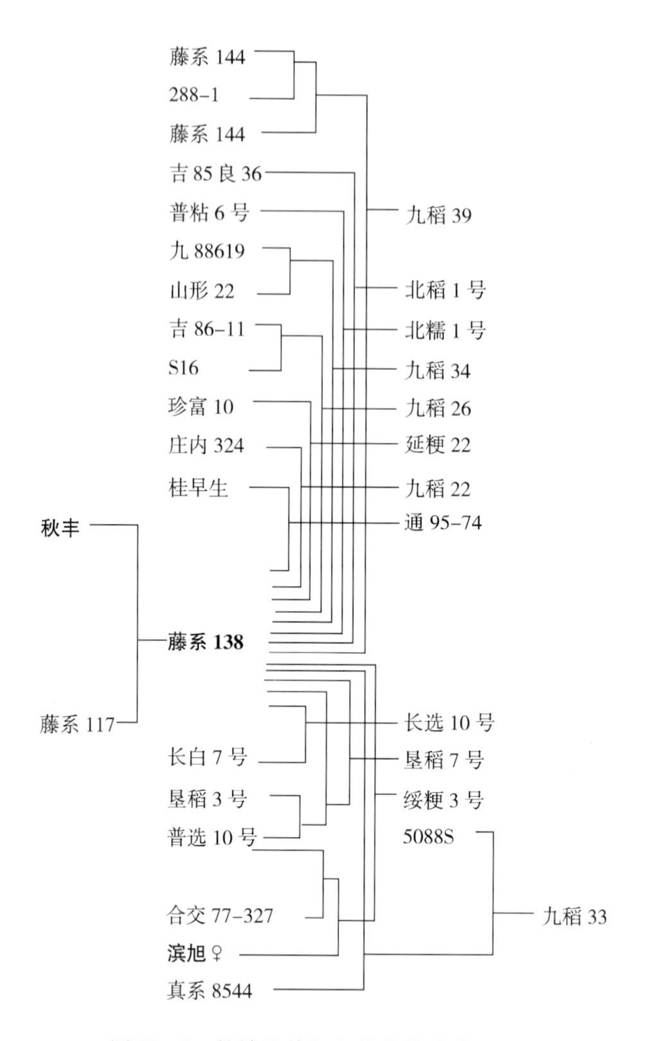

图 10-8 笹锦及其衍生品种的系谱（二）

熟。株高 79cm，穗长 15.7cm，每穗粒数 97 粒，千粒重 27.0g。糙米率 82.1%，精米粒率 73.9%，整精米粒率 71.7%，垩白度 2.1%，糊化温度（碱消值）6.7 级，直链淀粉含量 17.5%，蛋白质含量 8.9%。平均产量 8 194.0 kg/hm²，比对照品种合江 19 增产 13.3%，适宜黑龙江省第三积温区种植。1999 年最大年推广面积 29.4 万 hm²，1997—2005 年累计推广面积 63.6 万 hm²。

（4）垦稻 7 号

垦稻 7 号是黑龙江省农垦科学院水稻研究所以藤系 138 为母本，藤系 138//垦稻 3 号/普选 10 为父本杂交育成的早粳品种，1998 年通过黑龙江省农作物品种审定委员会审定。全生育期 135d，主茎叶 13 片，剑叶直立，株型收敛，分蘖力中等，耐寒性强，抗倒伏性强，抗稻瘟病强。株高 95～100cm，穗长 18.5cm，每穗粒数 100 粒，千粒重 26.5g。糙米率 82.6%，精米粒率 74.3%，整精米粒率 64.8%，糊化温度（碱消值）6.6 级，胶稠度 49.2mm，直链淀粉含量 17.8%，蛋白质含量 7.8%。平均产量 7 584.6kg/hm²，比对照品种东农415增产9.7%，适宜黑龙江省第二积温区种植。2001年最大年推广面积0.9万hm^2，1998—2005年累计推广面积2.7万hm^2。

（5）延粳22

延粳22是吉林省延边朝鲜族自治州农业科学院水稻研究所以珍富10号为母本，藤系138为父本杂交育成的早粳品种，1999年通过吉林省农作物品种审定委员会审定。全生育期128～130d。株高90cm左右，分蘖力强，出穗整齐一致。穗长13.4cm，每株20个穗左右，每穗粒数80粒。粒形椭圆，千粒重24.4g。中抗稻叶瘟，中感穗瘟。对障碍性冷害抵抗力强。米质优良，平均单产6 930kg/hm^2，适宜吉林省延边地区以及吉林、通化等地的半山区种植。2000年最大年推广面积0.85万hm^2，1999—2004年累计推广面积1.65万hm^2。

5. 秋光及其衍生品种

秋光是日本青森县农业试验场藤坂支场于1968年以丰锦/黎明杂交育成的高产粳稻品种，1976年通过日本农林水产省品种审定，1979年引入吉林省，80年代是吉林省晚熟稻区主推品种，1987年通过吉林省农作物品种审定委员会审定。全生育期145d，稻谷稀有短芒，抗倒伏，抗稻瘟病。株高90～95cm，每穗粒数70～75粒，千粒重25.0g。一般产量7 500～8 250kg/hm^2，适宜吉林省平原地区种植。1993年最大年推广面积9.3万hm^2，1987—1995年累计推广面积58.8万hm^2。以秋光为亲本育成品种秋田32、藤系137、吉粳66、吉粳67、吉粳78、稻光1号、吉玉粳、新稻7号等13个品种（图10-9）。

（1）吉粳66

吉粳66是吉林省农业科学院水稻研究所以秋光/藤系127//吉引86-11复交育成的早粳品种，1998年吉林省农作物品种审定委员会审定。全生育期145d。株高95～100cm，株型紧凑，叶片上举，分蘖力强，耐肥、抗倒。穗长20cm，着粒密度适中，每穗粒数100粒，粒形椭圆，有稀短芒，千粒重26g。米质优，中抗稻瘟病，平均单产8 370kg/hm^2，适宜吉林省晚熟稻作区以及辽宁北部、宁夏引黄灌区、新疆维吾尔自治区等地种植。2001年最大年推广面积1.65万hm^2，1998—2005年累计推广面积4.25万hm^2。

（2）吉玉粳

吉玉粳是吉林省农业科学院水稻研究所以恢73/秋光杂交育成的早粳品种，1996年吉林省农作物品种审定委员会审定。全生育期135d。株高95～100cm，分蘖力强，茎秆强韧，耐肥抗倒伏。每穗粒数100粒，谷粒椭圆形，无芒，颖壳黄色，千粒重25g，品质中上，中抗稻穗瘟，耐盐碱，平均产量7 500kg/hm^2，适宜吉林省各地以及黑龙江省第一积温带、辽宁北部等地种植。1996年最大年推广面积10.7万hm^2，1996—2004年累计推广面积24.3万hm^2。

（3）稻光1号

稻光1号是吉林省通化市农业科学研究院以秋光/下北杂交育成的早粳品种，2004年通过吉林省农作物品种审定委员会审定。全生育期137d，株高110cm，穗长22cm，每穗实粒数140粒，千粒重27g，抗病、抗倒伏、耐盐碱、米质中等，中抗稻瘟病，平均单产

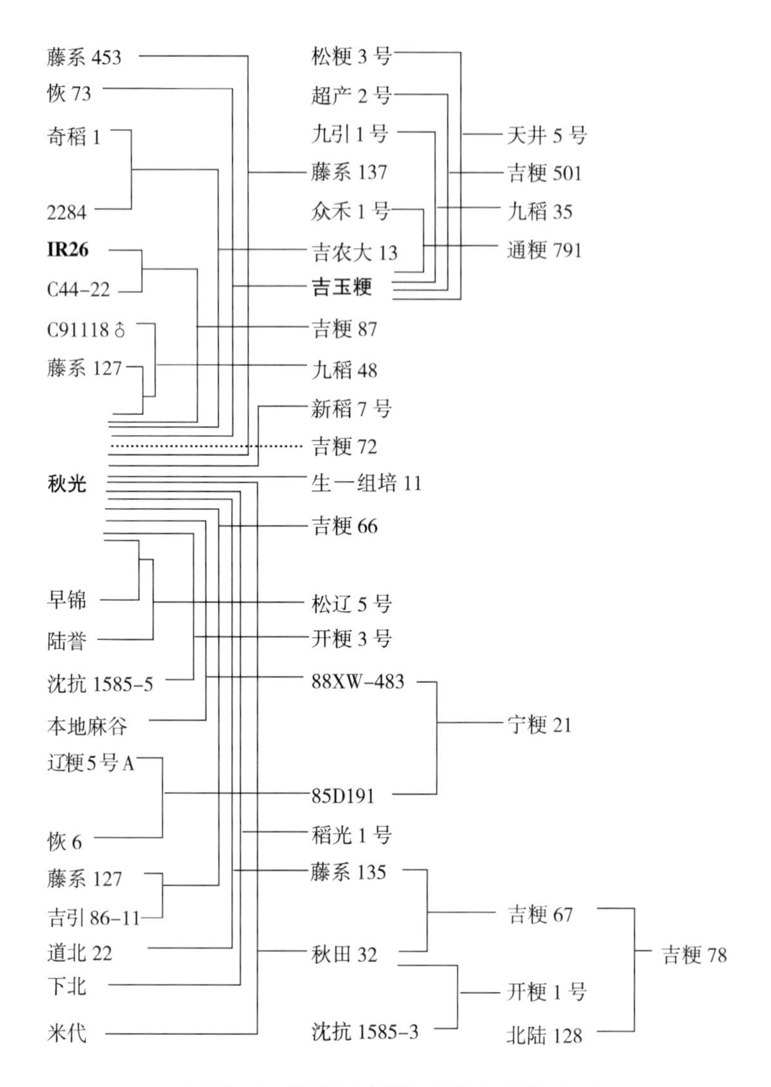

图 10-9　笹锦及其衍生品种的系谱（三）

8 210kg/hm²，该品种适应于吉林省中熟区种植。2004 年最大年推广面积 1.26 万 hm²，2004—2005 年累计推广面积 3.1 万 hm²。

（4）吉粳 67

吉粳 67 是吉林省农业科学院水稻研究所以藤系 135/秋田 32 杂交育成的早粳品种，1998 年通过吉林省农作物品种审定委员会审定。全生育期 140d。株高 95cm 左右，每穗粒数 100 粒。千粒重 25.0g。米质中等，中抗稻瘟病。一般单产 8 700～8 900 kg/hm²，适宜吉林省吉林、四平、长春、松原等中晚熟稻作区种植。1997 年最大年推广面积 3.3 万 hm²，1998—2005 年累计推广面积 8.7 万 hm²。

（5）吉粳 78

吉粳 78 是吉林省农业科学院水稻研究所以吉粳 67/北陆 128 杂交育成的早粳品种，2001 年通过吉林省农作物品种审定委员会审定。全生育期 138d。株高 100cm 左右，株型紧凑，叶色浅绿，分蘖力强，穗较大，每穗粒数 100 粒。着粒密度适中，主蘖穗整齐。粒形椭圆，有稀短芒，千粒重 25.5g。米质中等，整精米粒率 69.7%，垩白粒率 22.0%，垩白度 3.3%，胶稠度 66mm，直链淀粉含量 18.0%。中抗稻苗瘟、叶瘟，感穗瘟。耐盐碱，丰产性好，平均单产 8 850kg/hm²，适宜吉林省吉林、四平、长春、松原等中晚熟稻作区种植。2002 年最大年推广面积 0.89 万 hm²，2001—2005 年累计推广面积 2.82 万 hm²。

（6）秋田 32

秋田是日本北陆农业试验场于 1975 年以秋光为母本，米代为父本杂交，并于 1977 年部分 F_4 代种子转给秋田县农业试验场培育成的早粳品种，1981 年通过秋田县品种审定。1991 年通过吉林省农作物品种审定委员会审定。1994 年最大年推广面积 1.8 万 hm²，1991—1998 年累计推广面积 3.3 万 hm²。

（7）藤系 137

藤系 137 是日本青森农试藤坂支场于 1974 年以藤系 453 为母本，秋光为父本杂交育成的早粳品种，1992 年通过黑龙江省农作物品种审定委员会审定。全生育期 138d 左右，主茎叶 13 片，分蘖力强，株型收敛，秆强抗倒伏，耐寒性强，中抗稻瘟病。株高 85.0cm，每穗粒数 95.0 粒，千粒重 25.0g 左右。糙米率 83.0%，精米粒率 74.4%，垩白粒率 20.0%，垩白大小 8.9%，糊化温度（碱消值）6.4 级，胶稠度 56.5mm，直链淀粉含量 17.1%，蛋白质含量 8.4%。平均产量 7 839.7kg/hm²，比对照品种牡丹江 17 增产 9.2%，适宜黑龙江省第二积温区种植。1993 年最大年推广面积 1.3 万 hm²，1990—1999 年累计推广面积 7.3 万 hm²。

（8）新稻 7 号

新稻 7 号是新疆维吾尔自治区农业科学院粮食作物研究所从秋光冷水田中选出的早熟单株，分离后经多代选择育成的早粳品种，1996 年通过新疆维吾尔自治区农作物品种审定委员会审定。全生育期 145d。株高 95cm。株型适中，茎秆粗壮，熟期转色好。有效穗 450.6 万/hm²，穗长 17.6cm，每穗粒数 140 粒，千粒重 27g，整精米粒率 59.4%，长宽比 1.8，垩白粒率 58%，垩白度 6.1%，胶稠度 70mm，直链淀粉含量 18.9%，平均产量 11 700kg/hm²，适应在新疆北疆沿天山的伊犁、塔城、米泉、博乐等地种植。

七、辽粳 5 号的衍生品种

20 世纪 70 年代后期，沈阳市浑河农场采用籼粳稻杂交，后代用粳稻多次复交，于 1981 年育成了第一个在生产上推广 6.67 万 hm² 以上的籼粳交矮秆高产品种辽粳 5 号（丰锦////越路早生/矮脚南特//藤坂 5 号/BaDa///沈苏 6 号）。辽粳 5 号突出的特点是集中了籼粳稻优点，叶片宽、厚、短、直立上举、色浓绿，分蘖力强，株型紧凑，受光姿态好，光能利用率高，适应性广，增产幅度大。全生育期需活动积温 3 300℃，株高 80～90cm，单产 6 750～9 000kg/hm²。较抗稻瘟病，中抗白叶枯病，1992 年最大种植面积达到 9.8 万 hm²。用辽粳 5 号作亲本共衍生 5 辈 61 个品种，其中，作为父本衍生出 6 个品种，作为母本衍生出 55 个品种（表 10-8），其中主要骨干亲本辽粳 326、沈农 159、沈农 189 等 3 个（图 10-10）。

表 10-8 辽粳 5 号的衍生品种辈序

品种辈序	1	2	3	4	5	合计
品种数	11	21	23	5	1	61

1. 辽粳 326 及其衍生品种

辽粳 326 系辽宁省农业科学院稻作研究所采用多元亲本复合杂交法，以 82-308（C26/丰锦//银河///黎明/福锦//C31/Pi4）为母本，辽粳 5 号为父本人工杂交，经 6 代选育，于 1986 年育成的中早粳品种，1992 年 10 月经辽宁省农作物品种审定委员会审定命名推广。全生育期 160d，属于晚熟中早粳。一般产量 9 000～9 750kg/hm^2，最高达 11 250kg/hm^2。株型理想，叶片大小、叶幅宽窄、叶片颜色、茎叶角度、植株高度、茎秆的坚韧性、穗部形状及受光的姿态等综合性状都很好。该品种抗性、米质、产量等性状均优于辽粳 5 号，并克服了利用矮脚南特作杂交亲本，在北方表现早衰这一主要缺点。辽粳 326 株高 105cm 左右，穗长 18～20cm，着粒密，每穗粒数 100～120 粒，千粒重 26g。该品种的选育成功，表明籼粳杂交不但产量高，适应性强，米质也可以改良，它为北方稻区超高产育种提供了新的育种材料。1996 年最大年推广面积为 6.6 万 hm^2，1992—1998 年累计推广面积 25.6 万 hm^2。

（1）辽粳 454

辽宁省农业科学院稻作研究所 1985 年以辽粳 326 为母本，84-240（京 150/C31//C57/3/C26/丰锦//色江克/松前）为父本，进行有性杂交，经 6 代系统选育而成的迟熟中早粳品种，1996 年通过辽宁省农作物品种审定委员会审定。该品种耐肥、抗倒、适应性强，全生育期 158d，育成后在沈阳、辽阳、鞍山、营口、盘锦及锦州等地区种植，1998 年最大年推广面积为 17.8 万 hm^2，1995—2004 年累计推广面积 78.1 万 hm^2。

（2）辽粳 207

辽宁省农业科学院稻作研究所 1987 年以 79-227（秋岭/辽丰 41-6//丰锦/3/辽丰 76-21/4/5074）为母本，以辽粳 326 为父本，人工杂交经 7 代系选而成的早粳品种，1998 年通过辽宁省农作物品种审定委员会审定。全生育期 152～155d，属于迟熟中早粳品种，大面积试种一般产量 9 000～9 750kg/hm^2。1999 年最大年推广面积为 0.9 万 hm^2，1998—2001 年在铁岭、开原、抚顺及辽宁省中部井灌稻区累计推广面积 2.7 万 hm^2。

（3）辽粳 294

辽宁省农业科学院稻作研究所 1987 年以 79-227 为母本，辽粳 326 为父本，人工杂交后经 7 代系选而成的迟熟中早粳品种，1998 年通过辽宁省农作物品种审定委员会审定，2000 年获得农业部优质及专用农作物新品种后补助。该品种优质、高产、稳产，株型紧凑，受光姿态理想。其食味适口性好，米质优，是生产优质稻米的最佳品种之一。全生育期 160d 左右，1996—1997 年生产试验平均产量9 276kg/hm^2，比对照增产 11.0%，大面积试种一般产量9 000～9 750kg/hm^2。在省内的沈阳、辽阳、鞍山、营口、盘锦、大连等地和北京、天津、宁夏、河北、山东及新疆等地均有种植。2003 年最大年推广面积为 15.3 万 hm^2，1997—2005 年累计推广面积 77 万 hm^2。

（4）辽粳 244

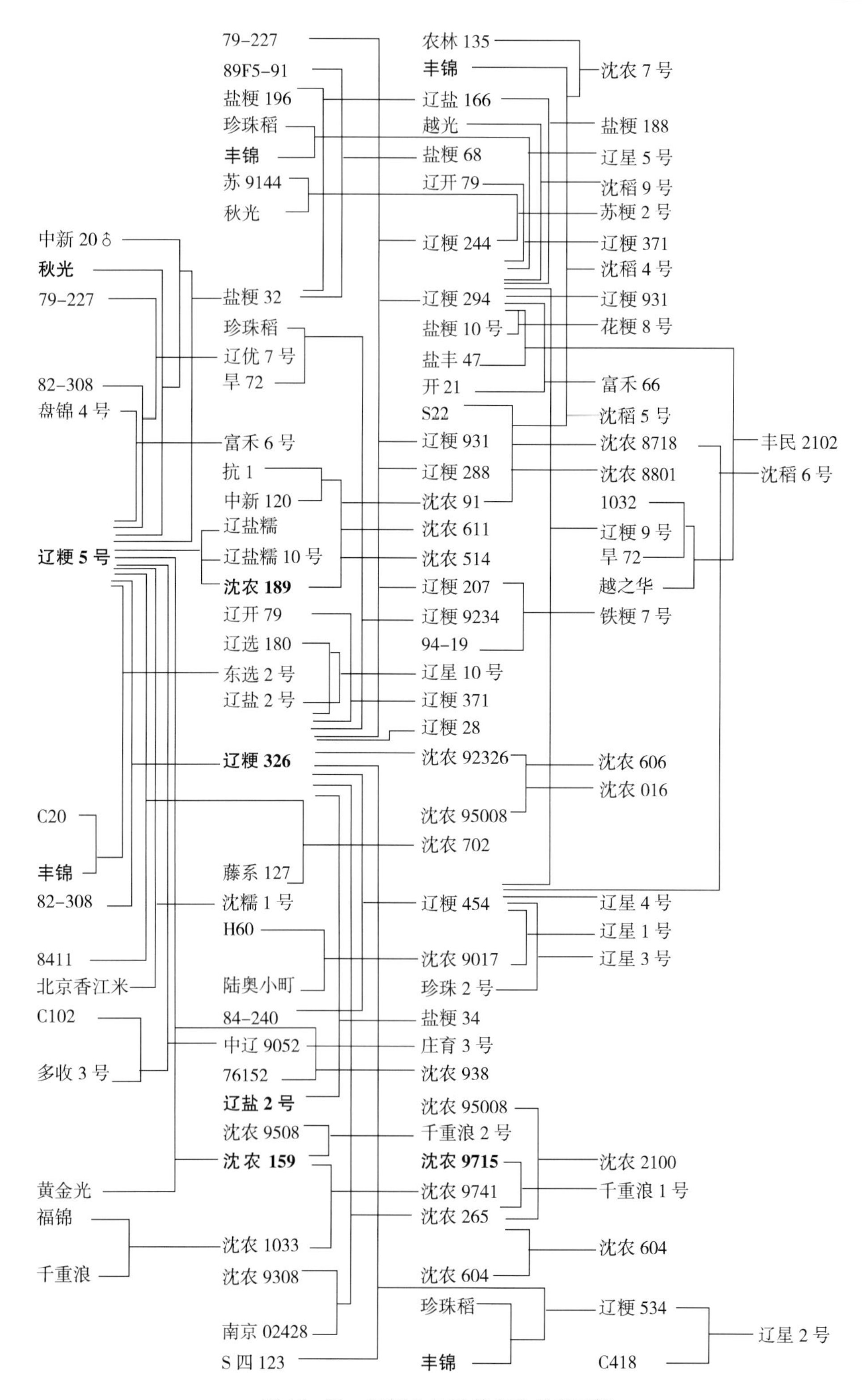

图 10-10　辽粳 5 号及其衍生品种系谱

辽宁省农业科学院稻作研究所1987年以生育期较早、株型好、米质优、半矮秆的79-227为母本，以株型理想，高产、耐肥、抗倒、适应性强的辽粳326为父本进行多元亲本复合杂交，其后经多代系选而成的中熟中早粳品种，1995年经辽宁省农作物品种审定委员会审定命名推广。在沈阳地区种植全生育期153～155d，一般产量9 750～11 250kg/hm²。

(5) 辽粳288

辽宁省农业科学院稻作研究所以79-227为母本，辽粳326为父本，人工杂交后经7代系选而成的优质迟熟中早粳品种，是辽粳244的姊妹系，2001年通过辽宁省农作物品种审定委员会审定。辽粳288株型紧凑，茎秆粗壮，叶片开张角度好，直立上耸，分蘖力中等。全生育期160d左右，平均产量9 000～9 750kg/hm²。2003年最大年推广面积为2.4万hm²，2002—2004年累计推广面积6.3万hm²。

(6) 辽粳931

辽粳931是辽宁省稻作研究所于1994年从辽粳294品种系选的迟熟中早粳品种，2001年通过辽宁省农作物品种审定委员会审定。在沈阳地区生育期158d左右，大面积示范试种，一般产量8 250～9 750kg/hm²。

(7) 沈农265

沈阳农业大学水稻研究所1992年以籼粳稻杂交中间型材料沈农9308为母本，以广亲和材料南京02428为父本进行杂交，1993年再与辽粳326复交，在1995年选育而成的中熟中早粳品种，2001年12月通过辽宁省农作物品种审定委员会审定。沈农265在辽宁省栽培，全生育期158d，一般产量10 500kg/hm²左右，2000年在盘锦东风农场示范7hm²，经专家验收平均产量达12 513kg/hm²。该品种是我国育成的第一个直立大穗型超级稻，连续多年百亩连片示范平均产量超过12 000kg/hm²，实现了北方粳稻生产潜力的新突破。沈农265株型紧凑，株高105cm，直立大穗型，茎秆粗壮，抗倒性好，分蘖力中等偏强。为耐肥兼广适型超级稻。经农业部稻米及制品质量监督检验测试中心测试，沈农265在12项米质指标中，糙米率、精米粒率、长宽比、垩白粒率、垩白度、透明度、糊化温度(碱消值)、直链淀粉含量等9项指标达到部颁一级优质粳米标准，且食味较好。沈农265抗逆性和抗病性强，特别是对稻瘟病抗性较为突出，在种植区域表现较强的适应性。沈农265适宜在辽宁省所有稻区、吉林南部中晚熟稻区以及在宁夏银川、灵武、中宁和河北昌黎、隆化等地种植。2003年最大年推广面积达6万hm²，2002—2005年累计推广面积达23.3万hm²。

(8) 沈农606

沈阳农业大学水稻研究所1995年以从辽粳326中选出的优异种质沈农92326为母本，以沈农9508为父本进行人工去雄杂交，经过系谱选育而成的迟熟中早粳品种，2003年12月通过辽宁省农作物品种审定委员会审定。沈农606在辽宁中部稻区种植全生育期160d，2002年生产试验，单产9 687kg/hm²，比对照增产9.4%，沈农606主要米质指标均达到了部颁一级优质粳米标准。特别是2002年在海城作蟹田稻种植，19.2hm²平均单产达12 391.5kg/hm²，沈农606一般产量9 750～11 250kg/hm²。2004年最大年推广面积达3万hm²，2002—2005年累计推广面积达11.3万hm²。

（9）沈农 016

沈阳农业大学水稻研究所 1996 年以从辽粳 326 中选出的优异种质沈农 92326 为母本，以沈农 95008 为父本进行人工去雄杂交，经过系谱选育而成的迟熟中早粳品种，2005 年通过辽宁省农作物品种审定委员会审定。沈农 016 在辽宁中部稻区种植全生育期 160d 左右，一般产量 9 750～11 250kg/hm^2 左右。2005 年推广面积为 1 万 hm^2，2004—2005 年累计推广面积达 1.7 万 hm^2。

（10）千重浪 1 号

沈阳农业大学水稻研究所于 1996 年以沈农 265 为母本，以沈农 9715 为父本，进行人工杂交系选而成的迟熟中早粳品种。2005 年通过辽宁省农作物品种审定委员会审定。全生育期 156d，2005 年省生产试验平均产量 9 689.4kg/hm^2，比对照品种辽盐 16 增产 10.46%，一般产量 9 750～11 250kg/hm^2。适宜在沈阳以北中熟稻区种植。2005 年最大年推广面积为 1.2 万 hm^2。

（11）沈农 2100

沈阳农业大学于 1996 年以沈农 265 为母本，以沈农沈盐 2 号为父本，通过人工杂交系选而成的迟熟中早粳品种。全生育期 161d，2005 年通过辽宁省农作物品种审定委员会审定。2005 年省生产试验平均产量 9 120.5kg/hm^2，比对照辽粳 294 增产 5.06%，一般产量9 000～10 500kg/hm^2。2005 年最大年推广面积为 0.2 万 hm^2。

（12）沈农 604

沈阳农业大学水稻研究所于 1996 年以沈农 265 为母本，以沈农 604 为父本，进行人工杂交系选而成的迟熟早粳品种。2005 年通过辽宁省农作物品种审定委员会审定。全生育期 156d，2004 年参加省生产试验，平均产量 9 044.6kg/hm^2，比对照品种辽盐 16 增产 8.25%。一般产量 9 000～9 750kg/hm^2。2005 年最大年推广面积为 6.1 万 hm^2，2004—2005 年累计推广面积达 10.1 万 hm^2。

（13）辽星 1 号

辽宁省稻作研究所于 1994 年以辽粳 454 为母本，沈农 9017 为父本人工杂交系选而成的迟熟早粳品种，2005 年通过辽宁省农作物品种审定委员会审定。全生育期 156d，平均产量9 216.6kg/hm^2，比对照品种辽盐 16 增产 10.31%。适宜在沈阳以北中熟稻区种植。2005 年最大年推广面积为 10 万 hm^2。

（14）辽星 3 号

辽宁省稻作研究所于 1994 年以高产优质品种辽粳 454 为母本，以珍珠 2 号为父本，通过人工杂交系统选育而成的迟熟中早粳品种。2005 年通过辽宁省农作物品种审定委员会审定。全生育期 160d，2004 年参加省生产试验，平均产量 9 590.0kg/hm^2，比对照辽粳 294 增产 6.82%。适宜在沈阳以南中晚熟稻区种植。2005 年最大年推广面积为 1 万 hm^2。

（15）辽星 4 号

辽宁省稻作研究所于 1994 年从辽粳 454 散穗形变异株系选而成的迟熟中早粳品种。2004 年参加省生产试验，平均产量 9 339.9kg/hm^2，比对照辽粳 294 增产 4.03%。2005 年通过辽宁省农作物品种审定委员会审定。生育期 160d，适宜在沈阳以南中晚熟稻区种植。2005 年最大年推广面积为 0.1 万 hm^2。

2. 沈农 159 及其衍生品种

沈农 159 是沈阳农业大学稻作研究室 1985 年以黄金光为母本、辽粳 5 号为父本杂交选育而成的早粳品种。1999 年 11 月通过辽宁省农作物品种审定委员会审定。2000 年在辽宁省开原、铁岭、沈阳、海城等稻区推广 0.7 万 hm^2，1999—2005 年累计推广 4 万 hm^2。该品种株型紧凑，分蘖力强，穗型直立，米质优。在沈阳地区生育期 159d 左右，抗寒、耐热、抗旱、抗倒，一般产量 8 250kg/hm^2 左右。

(1) 沈农 9741

沈阳农业大学水稻研究所 1992 年以沈农 159 为母本，以沈农 1033 为父本进行人工杂交，经多代系谱选育而成的迟熟早粳品种。2002 年通过辽宁省农作物品种审定委员会审定，2005 年通过国家审定。株高 100cm，半直立穗型，株型紧凑，耐肥、抗倒，剑叶短小直立。在辽宁中部稻区种植，全生育期约为 155d，一般产量 9 750～10 500kg/hm^2。2002 年在宁夏灵武稻区进行百亩连片试种示范，9.9hm^2 平均产量达 11 302.5kg/hm^2。2003 年最大年推广种植 1.7 万 hm^2，2002—2005 年累计推广面积达 7 万 hm^2。

(2) 千重浪 2 号

沈阳农业大学水稻研究所于 1996 年以沈农 159 为母本，以沈农 9508 为父本，通过人工杂交系选而成的迟熟早粳品种。2005 年通过辽宁省农作物品种审定委员会审定。全生育期 161d，叶片挺直，株高 105cm，株型紧凑，分蘖力强，半直立大穗型，每穗粒数 150 粒，结实率 89%，千粒重 26g。米质优，中抗稻穗颈瘟。2005 年省生产试验平均产量 9 224.9kg/hm^2，比对照辽粳 294 增产 6.26%，一般产量 9 750～10 500kg/hm^2，适宜在沈阳以南中晚熟稻区种植。2005 年最大年推广种植 1 万 hm^2。

3. 沈农 189 及其衍生品种

沈农 189 为沈阳农业大学从辽粳 5 号中系选出的直立穗型早粳品种。

(1) 沈农 91

沈阳农业大学 1981 年以沈农 189 为母本，抗 1/中新 120 为父本进行有性杂交，经系统选育而成的迟熟早粳品种，1990 年通过辽宁省农作物品种审定委员会审定。全生育期 162d，一般产量 9 000～9 900kg/hm^2 左右。

(2) 沈农 611

沈阳农业大学 1981 年以沈农 189 为母本，抗 1/中新 120 为父本进行有性杂交，经系统选育而成的迟熟早粳品种，1994 年通过辽宁省农作物品种审定委员会审定。全生育期 162d，一般产量 9 000～9 900kg/hm^2。

(3) 沈农 514

沈阳农业大学 1981 年以沈农 189 为母本，抗 1/中新 120 为父本进行有性杂交，经系统选育而成的迟熟早粳品种，1995 年通过辽宁省农作物品种审定委员会审定。全生育期 160d，一般产量 9 000～9 900kg/hm^2。

(4) 沈农 8801

沈阳农业大学 1987 年以沈农 91 为母本，S22 为父本进行有性杂交，经 5 代系统选育而成的迟熟早粳品种，1997 年 10 月通过辽宁省农作物品种审定委员会审定。全生育期

156～158d，1995—1996 年参加省生产试验，两年平均产量 8 944.5kg/hm²，比秋光增产 12.8%，一般产量 8 250kg/hm²。

（5）沈农 8718

沈阳农业大学 1987 年以沈农 91 为母本，S22 为父本进行人工杂交，经多代选育而成的迟熟早粳品种，1999 年 11 月经辽宁省农作物品种审定委员会审定。在沈阳地区全生育期 158～160d，一般产量 8 250kg/hm²。

（6）沈稻 4 号

沈阳农业大学于 1988 年以（沈农 91×S22）F_1 为母本，以丰锦为父本，经杂交系选而成的迟熟早粳品种，2002 年通过辽宁省农作物品种审定委员会审定。全生育期 156～157d，一般产量 8 250kg/hm²。

（7）沈稻 5 号

沈阳农业大学于 1988 年以（沈农 91×S22）F_1 为母本，以丰锦为父本，经杂交系选而成的迟熟早粳品种，2002 年通过辽宁省农作物品种审定委员会审定。全生育期 158～160d 左右，株高 100cm，分蘖力较强，直立穗型，一般产量 8 250kg/hm²，适宜在沈阳以南中晚熟稻区种植。

4. 中辽 9052

中辽 9052 是中国农业科学院作物研究所和辽宁省农业科学院栽培研究所以 C102/多收 3 号为母本，辽粳 5 号为父本杂交育成的早粳品种，2000 年通过辽宁省农作物品种审定委员会审定。全生育期 170～172d，株高 105cm，穗长 19.2cm，千粒重 28.2g，耐肥、抗倒，抗稻穗瘟病和稻曲病，精米粒率 84%，整精米粒率 76.6%，胶稠度 70mm，直链淀粉含量 17.7%。平均单产 8 000kg/hm²，适宜在辽宁的丹东、大连和京津唐地区做一季春稻栽培。2005 年最大推广面积 2.4 万 hm²，2002—2005 年累计推广面积 5.1 万 hm²。

5. 辽优 7 号

辽优 7 号是辽宁省稻作研究所以 79－227 为母本，以 82－308/辽粳 5 号为父本，通过人工杂交系统选育而成的早粳品种，2000 年通过辽宁省农作物品种审定委员会审定。全生育期 160d，株高 100～105cm，每穗粒数 80～100 粒，千粒重 23.8g，抗稻瘟病，米质较优，适宜在沈阳以南中晚熟稻区种植。2002 年最大年推广面积为 2 万 hm²，2002—2003 年累计推广面积 2.1 万 hm²。

6. 盐粳 68

盐粳 68 是辽宁省盐碱地利用研究所以 89F5－91 为母本，盐粳 32 为父本，通过人工杂交系统选育而成的早粳品种，2003 年通过辽宁省农作物品种审定委员会审定。全生育期 159d，株高 100cm，每穗粒数 112 粒，千粒重 24.1g，中感稻穗瘟病，米质较优，适宜在沈阳以南中晚熟稻区种植。2005 年最大年推广面积为 3.1 万 hm²，2003—2005 年累计推广面积 3.3 万 hm²。

八、红旗 12 的衍生品种

红旗 12 是天津市水稻研究所以野地黄金//野地黄金/巴利拉（Balilla）杂交于 1970 年育成的粳稻品种，作为母源亲本衍生出宁粳 9 号、宁粳 12、宁粳 14、宁粳 16、宁粳 23

等8辈26个品种（表10-9，图10-11，图10-12）。

表10-9 红旗12的衍生品种辈序

品种辈序	1	2	3	4	5	6	7	8	合计
品种数	1	2	5	6	5	2	3	2	26

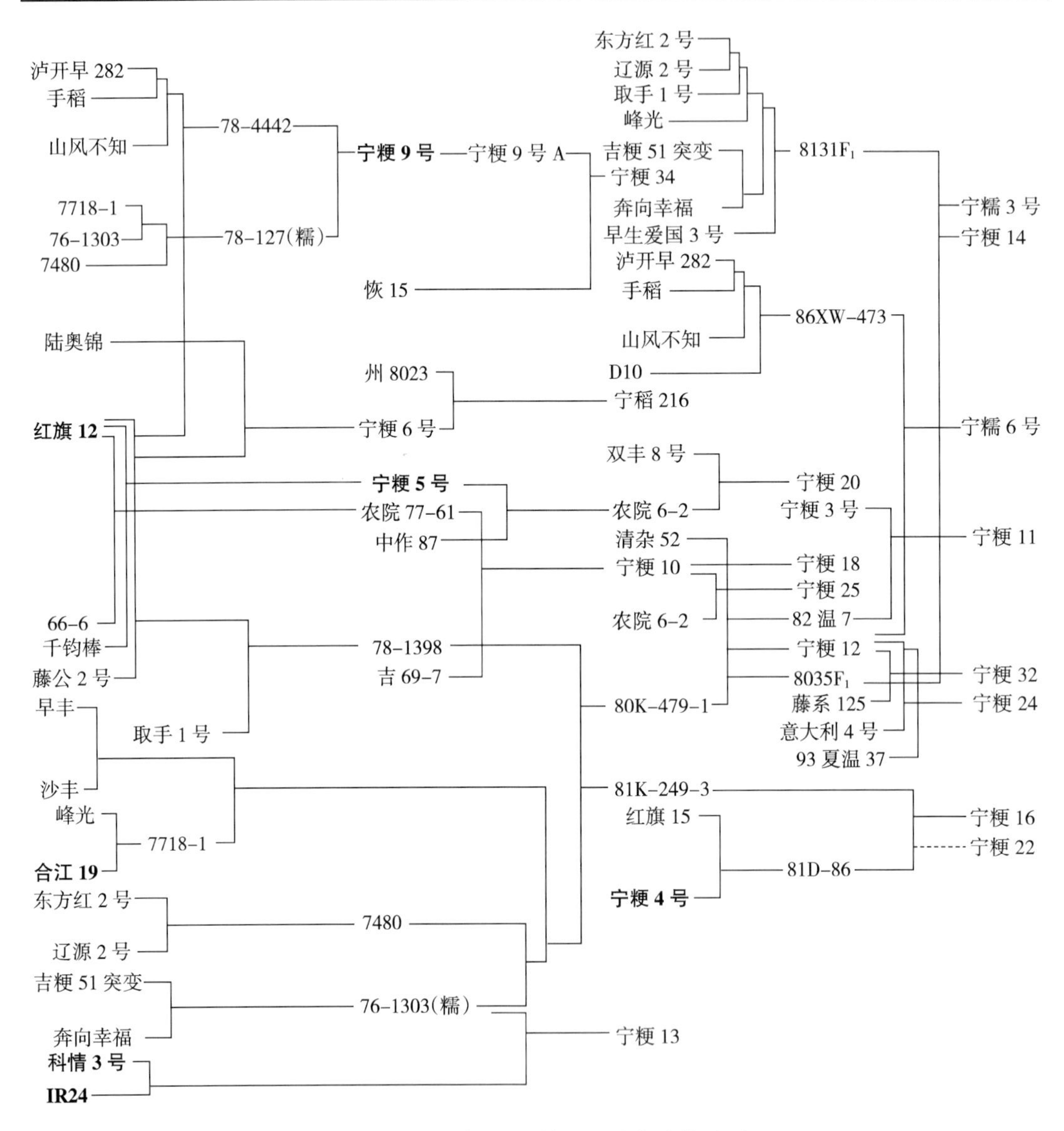

图10-11 红旗12及其衍生品种系谱（一）

1. 宁粳9号

宁粳9号是宁夏回族自治区农林科学院农作物研究所以78-4442为母本，78-127（糯）为父本杂交育成的早粳品种，1988年通过宁夏回族自治区农作物品种审定委员会审定。全生育期150d，株高90cm左右，株型紧凑，单株叶16片。叶片较宽，剑叶直立，叶色苗期淡绿，中后期为绿，茎秆粗壮，穗大粒多，着粒较密，穗长15cm左右，中间

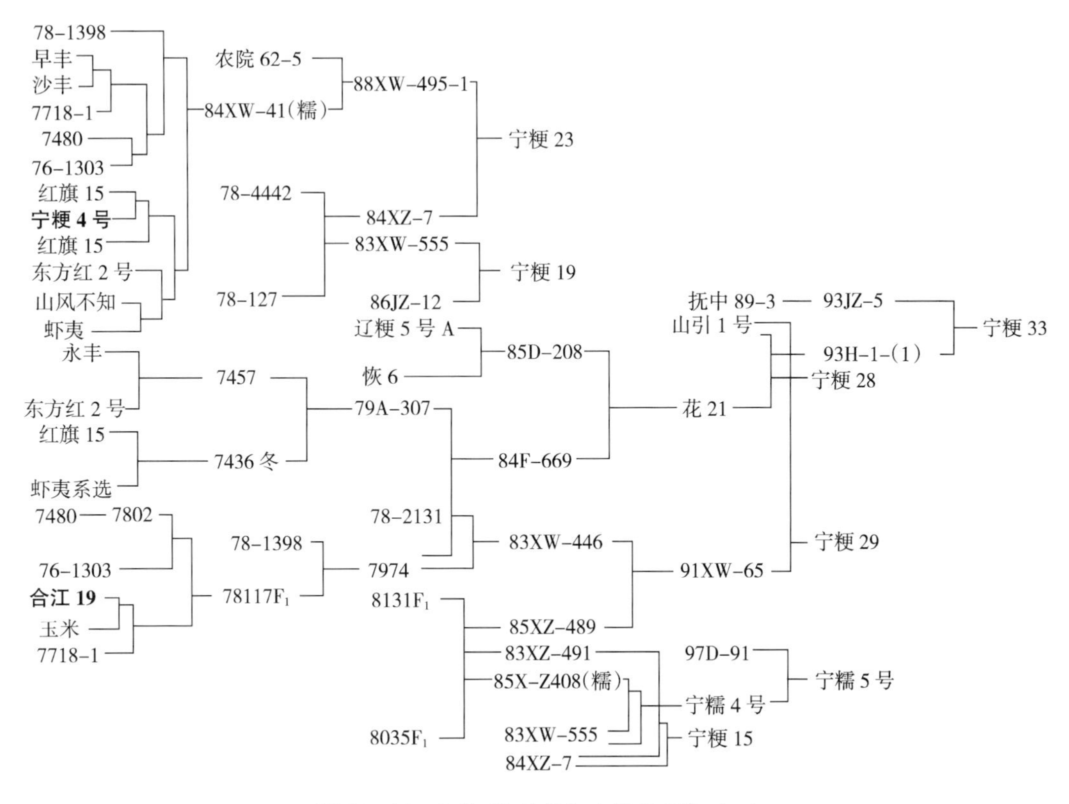

图 10-12 红旗 12 及其衍生品种系谱（二）

型。每穗实粒数 85～90 粒，空秕率 15%左右，千粒重 25～26g。籽粒阔卵型，颖壳秆黄色，颖尖黄色无芒，分蘖力中等。苗期耐寒性稍差，对温度反应较敏感。中期生长旺盛。耐肥抗倒，抗稻瘟病和白叶枯病。糙米率 83.7%，精米粒率 70%，整精米粒率 63.5%，垩白粒率 8%，半透明，蛋白质含量 6.74%，直链淀粉含量 116%，米质优良。平均单产 10 500kg/hm^2，适宜在西北的宁夏引黄灌区、陕西延安、甘肃白银、新疆维吾尔自治区和吉林省等大部分一季稻稻区进行插秧种植。1989 年最大年推广面积 2.8 万 hm^2，1988—1992 年累计推广面积 7.5 万 hm^2。

2. 宁粳 11

宁粳 11 是宁夏回族自治区农林科学院农作物研究所以宁粳 3 号为母本，82 温 7 为父本杂交育成的早粳品种，1990 年通过宁夏回族自治区农作物品种审定委员会审定。全生育期 150d，株高 95cm，株型紧凑，单株叶 14～15 片，叶片较窄偏长，叶色浓绿，直立，分蘖力较强。穗长 15cm，直立型，着粒中密，有效穗 600 万～675 万/hm^2，每穗实粒数 65～70 粒，千粒重 25g。谷粒阔卵型，颖壳秆黄色，颖尖无色。茎秆坚硬、抗倒伏，耐寒、抗冷，灌浆快。抗稻瘟病，中抗白叶枯病。成熟期剑叶有早黄、枯尖现象。米质优，半透明，有光泽。糙米率 73.4%，整精米粒率 63.2%，垩白粒率 4%。糊化温度（碱消值）7 级，胶稠度 78mm，蛋白质含量 7.22%，直链淀粉含量 18.5%。平均单产 9 750～10 500kg/hm^2，适宜在西北的宁夏引黄灌区、陕西延安、甘肃白银、新疆和吉林省等大部分一季稻稻区进行插秧或直播种植。1992 年最大年推广面积 1.6 万 hm^2，1990—1995

年累计推广面积 3.5 万 hm²。

3. 宁粳 12

宁粳 12 是宁夏回族自治区农林科学院农作物研究所以 80K－479－1 为母本，清杂 52 为父本杂交育成的早粳品种，1990 年通过宁夏回族自治区农作物品种审定委员会审定。全生育期 135d，株高 80cm，株型紧凑，单株叶 13 片，叶片宽短，叶色深绿。散穗，着粒密度中等，每穗实粒数 80 粒，空秕率 10%左右。千粒重 28g。籽粒阔卵型，颖壳、颖尖秆黄色，无芒。耐肥、抗倒伏，抗稻瘟病，中抗白叶枯病。叶片功能期长，成熟时秆青籽黄。糙米率 84.0%，精米粒率 70.2%，整精米粒率 61.4%。蛋白质含量 8.1%，直链淀粉含量 17.8%。垩白较小，米粒半透明，米质较优。平均单产 9 000kg/hm²，适宜在西北的宁夏引黄灌区、陕西延安、甘肃白银、新疆维吾尔自治区和吉林省等大部分一季稻稻区进行插秧或直播种植。1992 年最大年推广面积 3.6 万 hm²，1990—1995 年累计推广面积 16 万 hm²。

4. 宁粳 14

宁粳 14 是宁夏回族自治区农林科学院农作物研究所以 8131F_1 为母本，8035F_1 为父本杂交育成的早粳品种，1992 年通过宁夏回族自治区农作物品种审定委员会审定。全生育期 140d，株高 80cm 左右，株型紧凑，剑叶直立较宽，叶色深绿，着粒密度中。穗长 14cm 左右，有效穗 600 万～675 万/hm²，每穗实粒数 60 粒，空秕率 10%，千粒重 27g。颖壳黄褐色，颖尖紫色，无芒。苗期生长旺盛，耐肥、抗倒。高抗稻瘟病，抗白叶枯病，易感恶苗病。糙米率 82.3%，精米粒率 70.7%，整精米粒率 60.5%，垩白较小，糊化温度（碱消值）7 级，胶稠度 62mm，直链淀粉含量 17.7%，蛋白质含量 8.18%。平均单产 10 000～10 500kg/hm²，适宜在西北的宁夏引黄灌区、陕西延安、甘肃白银、新疆维吾尔自治区和吉林省等大部分一季稻稻区进行插秧或直播种植。1995 年最大年推广面积 3.3 万 hm²，1991—1996 年累计推广面积 8 万 hm²。

5. 宁粳 16

宁粳 16 是宁夏回族自治区农林科学院农作物研究所以 81D－86（红旗 15/宁粳 4 号）为母本，81K－249－3 为父本杂交育成的早粳品种，1995 年通过宁夏回族自治区农作物品种审定委员会审定。全生育期 150d 左右，株高 90cm，单株叶 16 片。叶色浓绿，茎秆粗壮。穗长 16cm 左右，着粒密度中。籽粒秆黄色，颖尖无芒。有效穗 495 万/hm² 左右，每穗实粒数 90 粒，千粒重 25g。苗期生长旺盛，耐寒性好。分蘖力中等，耐肥、抗倒，抗稻叶瘟能力强，抗穗颈瘟能力弱，中抗白叶枯病。糙米率 83.8%，精米粒率 72.8%，整精米粒率 59%，糊化温度（碱消值）7 级，胶稠度 83mm，直链淀粉含量 20.4%，蛋白质含量 7.1%。平均单产 10 500～11 000kg/hm²，适宜在西北的宁夏引黄灌区、陕西延安、甘肃白银、新疆维吾尔自治区和吉林省等大部分一季稻稻区进行插秧种植。1997 年最大年推广面积 4 万 hm²，1995—2005 年累计推广面积 20 万 hm²。

6. 宁粳 19

宁粳 19 是宁夏回族自治区农林科学院农作物研究所以 83XW－555 为母本，86JZ－12 为父本杂交育成的早粳品种，1998 年通过宁夏回族自治区农作物品种审定委员会审定。全生育期150～155d，株高 95～100cm，株型紧凑，茎秆粗壮。叶片直立，剑叶较宽。半直立穗型，着粒较密，穗大粒多，分蘖力中等。谷粒阔卵型，颖壳秆黄色，颖尖无芒。有效穗 495 万/hm^2 左右，每穗实粒数 90 粒左右，空秕率 15%左右，千粒重 25～26g。糙米率 82.4%，精米粒率 73.0%，整精米粒率 63.5%，糊化温度（碱消值）7 级，胶稠度 86mm，直链淀粉含量 16.3%，蛋白质含量 7.8%。抗稻瘟病和白叶枯病。平均单产 12 000kg/hm^2，适宜在西北的宁夏引黄灌区、陕西延安、甘肃白银、新疆维吾尔自治区和吉林省等大部分一季稻稻区进行插秧或直播种植。1998 年最大年推广面积 0.8 万 hm^2，1997—2000 年累计推广面积2 万hm^2。

7. 宁稻 216

宁稻 216 是宁夏回族自治区农林科学院农作物研究所以宁粳 6 号为母本，州 8023 为父本杂交育成的早粳品种，1998 年通过宁夏回族自治区农作物品种审定委员会审定。全生育期 145d 左右，株高 90cm，叶片窄小，叶色较深，散穗型，着粒密度中。谷粒卵圆形，无芒。分蘖力强，成穗率高，空秕率低。有效穗 675 万/hm^2 左右，每穗实粒数 60 粒以上，千粒重 23g，灌浆快，成熟落黄好。抗稻瘟病，抗白叶枯病。糙米率 83.9%，精米粒率 76.7%，整精米粒率 67.1%，透明度 1 级，糊化温度（碱消值）7 级，胶稠度 80mm，直链淀粉含量 17.3%，蛋白质含量 9.0%。平均单产10 500kg/hm^2，适宜在西北的宁夏引黄灌区、陕西延安、甘肃白银、新疆维吾尔自治区和吉林省等大部分一季稻稻区进行插秧或直播种植。1999 年最大年推广面积 1 万 hm^2，1998—2002 年累计推广面积 3 万 hm^2。

8. 宁粳 23

宁粳 23 是宁夏回族自治区农林科学院农作物研究所以 88XW - 495 - 1 为母本，84 XZ -7 为父本杂交育成的早粳品种，2002 年通过宁夏回族自治区农作物品种审定委员会审定。全生育期 150～155d，株高 100cm，株型紧凑，茎秆粗壮，叶片直立，苗色淡绿，主茎叶 15 片，耐肥、抗倒，分蘖力较弱，半直立穗型。有效穗 420 万/hm^2 左右，每穗实粒数 100 粒左右，千粒重 26g。籽粒阔卵型，颖壳秆黄色，无芒。抗稻瘟病，抗白叶枯病。糙米率 83.6%，精米粒率 74.5%，整精米粒率 60.2%，垩白粒率 52%，垩白度 7.9%，长宽比 1.7，透明度 2 级，糊化温度（碱消值）7 级，胶稠度 91mm，直链淀粉含量 18.6%，蛋白质含量 8.1%。平均单产10 500～12 000kg/hm^2，适宜在西北的宁夏引黄灌区、陕西延安、甘肃白银、新疆维吾尔自治区和吉林省等大部分一季稻稻区进行插秧种植。2002 年最大年推广面积 3 万 hm^2，2002—2005 年累计推广面积 10 万 hm^2。

9. 宁粳 24

宁粳 24 是宁夏回族自治区农林科学院农作物研究所以宁粳 12 为母本，意大利 4 号为父本杂交育成的早粳品种，2002 年通过宁夏回族自治区农作物品种审定委员会审定。全生育期 147d 左右，株高 95cm 左右，株型紧凑，茎秆粗壮，叶片直立，苗色深绿，谷粒偏长形，散穗型，着粒中密，每穗实粒数 90 粒以上，千粒重 27g。苗期生长快，幼苗耐寒性强，返青快，分蘖力极强，成穗率高，空秕率低。灌浆快，成熟落黄好。抗稻瘟病和白叶枯病。糙米率 82.3%，精米粒率 75.1%，整精米粒率 70.5%，长宽比 2.1，透明度 1 级，糊化温度（碱消值）7 级，胶稠度 64mm，直链淀粉含量 18.7%，蛋白质含量 7.3%。平均单产10 000kg/hm^2，适宜在西北的宁夏引黄灌区、陕西延安、甘肃白银、新疆维吾尔自治区和吉林省等大部分一季稻稻区进行插秧种植。2003 年最大年推广面积 1.5 万 hm^2，2002—2005 年累计推广面积 5.3 万 hm^2。

10. 宁粳 28

宁粳 28 是宁夏回族自治区农林科学院农作物研究所以山引 1 号为母本，花 21 为父本杂交育成的早粳品种，2003 年通过宁夏回族自治区农作物品种审定委员会审定。全生育期 150d 左右，株高 96cm 左右，主茎叶 15 片，株型紧凑，叶片绿，长势旺盛。穗长 16cm，半直立型，着粒密度中等，每穗实粒数 82～113 粒，空秕率 6%～10%，千粒重 27g。苗期抗低温能力较强，返青快，幼苗长势旺盛，耐肥、抗倒，抗稻瘟病和白叶枯病。籽粒阔卵圆型，籽粒、颖尖秆黄色。糙米率 83.1%，精米粒率 71.1%，整精米粒率 61.9%，垩白粒率 4%，胶稠度 89mm，直链淀粉含量 24.89%，蛋白质含量 6.65%。平均单产11 000～11 500kg/hm^2，适宜在西北的宁夏引黄灌区、陕西延安、甘肃白银、新疆维吾尔自治区和吉林省等大部分一季稻稻区进行插秧种植。2005 年最大年推广面积 1.5 万 hm^2，2004—2005 年累计推广面积 2.2 万 hm^2。

九、科青 3 号的衍生品种

科青 3 号是以台中 27/高雄 53 为母本，农林 34 为父本育成的品种，由其衍生的主要亲本材料是 C57，再由 C57 衍生出辽开 79、晋稻 5 号等 16 个品种（表 10 - 10），此外由科青 3 号直接衍生出东农 413 和宁粳 13 等 4 个品种（图 10 - 13）。

表 10 - 10　科青 3 号衍生品种辈序

品种辈序	1	2	3	4	5	6	7	合计
品种数	1	4	8	5	2	—	—	20

1. 辽开 79

辽开 79 是辽宁省农业科学院稻作研究所于 1979 年以 74 - 137（C57/中新 120）为母本，辽粳 10 号为父本杂交，与开原市农业科学研究所共同育成的早粳品种，1991 年通过辽宁省农作物品种审定委员会审定。全生育期 156d 左右，株高 100cm 左右，主茎叶 15 片，茎秆坚韧，剑叶直立，株型紧凑，叶片较宽，叶色浓绿，每穗粒数 100 粒，千粒重 25.6g。耐肥、抗倒，抗稻瘟病和白叶枯病。平均单产 9 000kg/hm^2，适宜辽宁省开原、铁岭、沈阳、锦州等地以及河北、西北地区种植。1997 年最大年推广面积 3.5 万 hm^2，1990—1999 年累计推广面积 21.6 万 hm^2。

2. 晋稻 5 号

晋稻 5 号是山西省农业科学研究院作物遗传研究所以 C290 为母本，770304 为父本杂交育成的早粳品种，1993 年通过山西省农作物品种审定委员会审定。全生育期 155d，株高 97cm，株型紧凑，叶色浅绿，主穗先抽，穗颈稍短，着粒较密。单株有效穗 12.5 穗，穗长 20cm，每穗粒数 115 粒，千粒重 26g。抗稻瘟病及中抗纹枯病和恶苗病。耐盐碱、耐肥、耐低温。整精米粒率 65%，垩白粒率 10%，胶稠度 91mm，糊化温度（碱消值）7.0 级，直链淀粉含量 18.8%。平均单产 9 040kg/hm^2，适宜在山西省无霜期 145d 以上的稻区种植，以及新疆、宁夏、辽宁、吉林晚熟稻区、陕西榆林、贵州毕节粳稻区以及河

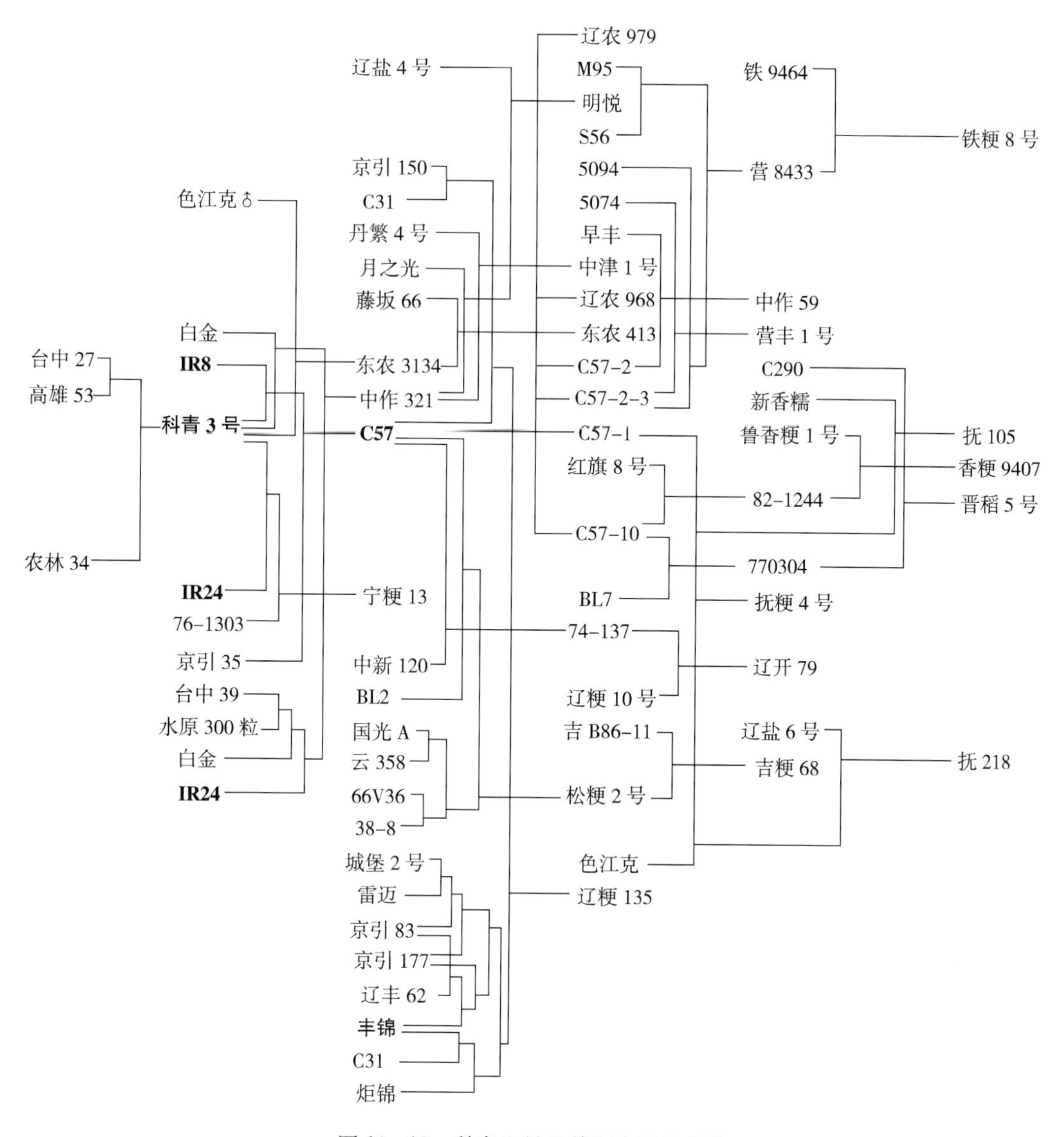

图 10-13　科青 3 号及其衍生品种系谱

北、河南、山东等麦茬稻区种植。1998 年最大年推广面积 1.7 万 hm^2，1992—2005 年累计推广面积 7.7 万 hm^2。

3. 东农 413

东农 413 是东北农业大学以京引藤板 66 为母本，东农 3134 为父本杂交育成的早粳品种，1988 年通过黑龙江省农作物品种审定委员会审定。全生育期 130d，株高 90cm，分蘖力中等，千粒重 26g。抗稻瘟病，品质中等，平均单产 7 500kg/hm^2，适宜黑龙江省第二积温区种植。1987 年最大推广面积 9.7 万 hm^2，1987—1990 年累计推广面积 9.8 万 hm^2。

4. 营 8433

大石桥市农业技术推广中心 1984 年以 5094×C57-2-3 为母本，M95×S56 为父本，进行有性杂交，经5代系统选育而成的迟熟早粳品种。1997年10月经辽宁省农作物品种审定委员会审定。全生育期160d左右，1995—1996年参加省生产试验，平均产量8 902.5kg/hm²，比辽粳5号增产12.0%，适于辽阳、鞍山、营口、盘锦和沈阳部分稻区种植。1997年最大推广面积3.8万hm²，1995—1997年累计推广面积8.6万hm²。

5. 铁粳8号

铁岭市农业科学院于1996年以营8433为母本，铁9464为父本人工杂交系选而成的中熟早粳品种，2005年辽宁省农作物品种审定委员会审定。全生育期153d，2005年参加省生产试验，平均产量9 623.7kg/hm²，比对照品种辽盐16增产9.71%，适宜在沈阳以北中熟稻区种植。

十、喜峰的衍生品种

喜峰是日本以幸风为母本，山彦为父本育成的粳稻品种，由此衍生出中丹1号和中丹2号衍生出吉粳63、辽盐282、辽盐283、辽盐28、丹粳12等20个品种（图10-14）。

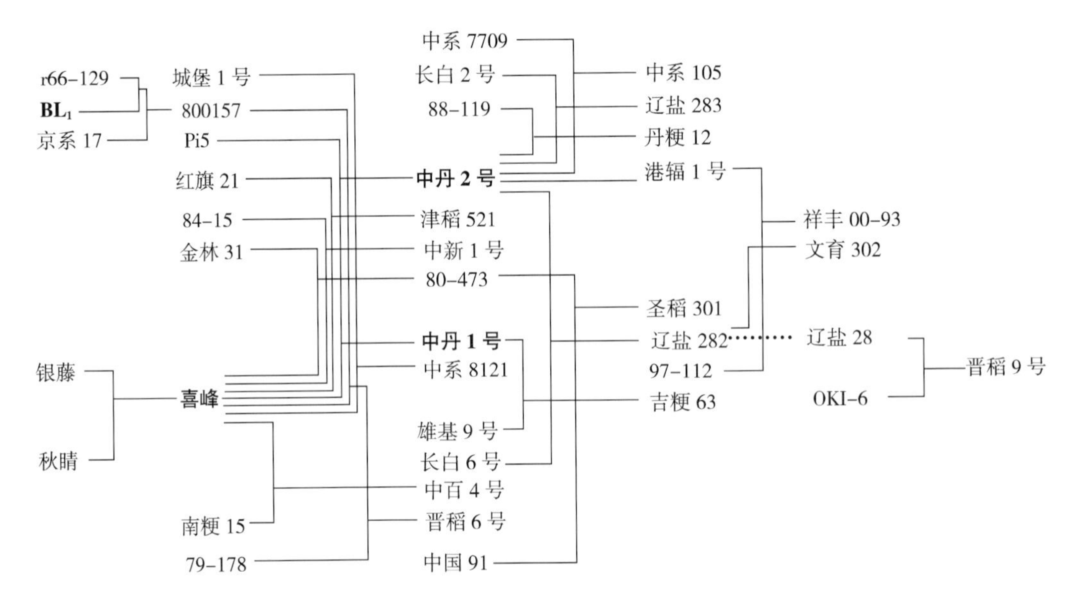

图10-14　喜峰及其衍生品种系谱

1. 中丹2号

中丹2号是中国农业科学院作物育种栽培研究所以Pi5为母本，喜峰为父本杂交育成的早粳品种，1987年通过天津市农作物品种审定委员会审定。全生育期145～150d，株高105cm，株型紧凑，剑叶上举，叶片长、窄而直立，叶色较深，主茎叶15～16片，分蘖力中等，穗长20～25cm，每穗粒数120粒，有稀短芒。千粒重26～27g左右。喜肥、抗倒，较耐盐碱和干旱，中抗稻瘟病和白叶枯病，精米粒率80.2%，一般单产7 500kg/hm²，适宜辽南一季稻、京、津、冀、鲁、豫作麦茬稻。2002年最大年推广面积8万hm²。

2. 吉粳63

吉粳63是吉林省农业科学院水稻研究所以中丹1号为母本，雄基9号为父本杂交育成的早粳品种，1989 年通过吉林省农作物品种审定委员会审定。全生育期 138d，株高 95～100cm，株型紧凑，茎秆较粗，叶片上举，光能利用率高，叶鞘、叶枕、叶缘均为绿色，分蘖力强，平均每穴 20.6 穗，属多蘖性品种，成穗率高。穗较小，每穗粒数 65～70 粒，结实率高。谷粒椭圆形，有稀短芒。千粒重 28g 左右。中抗稻苗瘟，中感叶瘟和穗瘟。米质中上，整精米粒率 66.1%，垩白粒率低，丰产性好，平均单产 8 100kg/hm^2，适宜吉林省延边、松原、白城、通化、吉林、长春、四平等稻区种植。1989 年最大年推广面积 6.95 万 hm^2，1989—1993 年累计推广面积 12.2 万 hm^2。

3. 辽盐 282

辽盐 282 是辽宁省盐碱地利用研究所以中丹 2 号为母本，长白 6 号为父本杂交育成的早粳品种，1991 年通过辽宁省农作物品种审定委员会审定。全生育期 155d，株高 100cm，主茎叶 16 片，茎秆坚韧，叶片直立，株型紧凑，长散穗形，分蘖力强，成穗率高。穗长 18～22cm，每穗实粒数 80～100 粒，有稀短芒，千粒重 26g 左右。中抗稻瘟病，抗倒伏，耐旱、耐寒。米质优，整精米粒率 74%，垩白粒率 5%，丰产性好，平均单产 8 500kg/hm^2，适宜辽宁和华北、西北麦茬稻区种植。1994 年最大年推广面积 1.6 万 hm^2，1994—1996 年累计推广面积 2 万 hm^2。

4. 辽盐 283

辽盐 283 是辽宁省盐碱地利用研究所以中丹 2 号为母本，长白 2 号为父本杂交育成的早粳品种，1993 年通过辽宁省农作物品种审定委员会审定。全生育期 152d，株高 100cm，茎秆坚韧，叶片直立，株型紧凑，分蘖力强，成穗率高。穗长 18～21cm，每穗实粒数 90 粒，着粒密度适中。千粒重 26g。中抗稻瘟病、白叶枯病、纹枯病和稻曲病，耐肥、抗倒伏，耐旱、耐盐碱、耐寒。米质优，整精米粒率 73%，垩白粒率 5%，丰产性好，平均单产 8 500kg/hm^2，适宜辽宁和华北、西北麦茬稻区种植。1995 年最大年推广面积 1.3 万 hm^2，1995—1997 年累计推广面积 1.7 万 hm^2。

5. 辽盐 28

辽盐 28 是辽宁省盐碱地利用研究所从辽盐 282 变异株中系选育成的早粳品种，2003 年通过辽宁省农作物品种审定委员会审定。全生育期 153d，株高 90cm，茎秆坚韧、粗壮，叶片上举，成熟时为叶上穗，长散穗形，分蘖力强，成穗率高。穗长 20～23cm，每穗粒数 110～130 粒，有稀短芒，千粒重 26g 左右。中抗稻瘟病，抗倒伏，耐旱、耐寒。米质优，丰产性好，平均单产 9 500kg/hm^2，适宜辽宁和华北、西北麦茬稻区种植。

6. 港辐 1 号

港辐 1 号是辽宁省东港市种子公司用^{137}Cs辐射处理中丹 2 号变异株种子选育而成的早粳品种，1996 年通过辽宁省农作物品种审定委员会审定。全生育期 170d，主茎叶 16 片，株高 100cm，株型紧凑，叶片短而直立，耐肥抗倒，抗稻穗颈瘟病、白叶枯病、纹枯病。穗长约 15cm，每穗粒数 100 粒，千粒重 22.5g。一般单产 9 000kg/hm^2，适于辽宁、河北、河南、北京、天津、山东、山西、陕西、宁夏等地种植。1997 年最大年推广面积 2.2 万 hm^2，1996—1997 年累计推广面积 2.9 万 hm^2。

十一、虾夷的衍生品种

虾夷是日本农林水产省北海道农业试验场于 1953 年以关东 53 为母本，荣光为父本杂交育成的早熟早粳品种，1962 年通过日本农林省的品种审定。1965 年引入我国，编号为京引 59。矮秆、多蘖、耐肥、抗倒，曾在吉林、黑龙江等地推广。用虾夷作亲本衍生出 5 辈 12 个品种：有合江 19、空育 131、东农 415、东农 420、长白 7 号、牡丹江 18、牡丹江 19 等（图 10－15）。

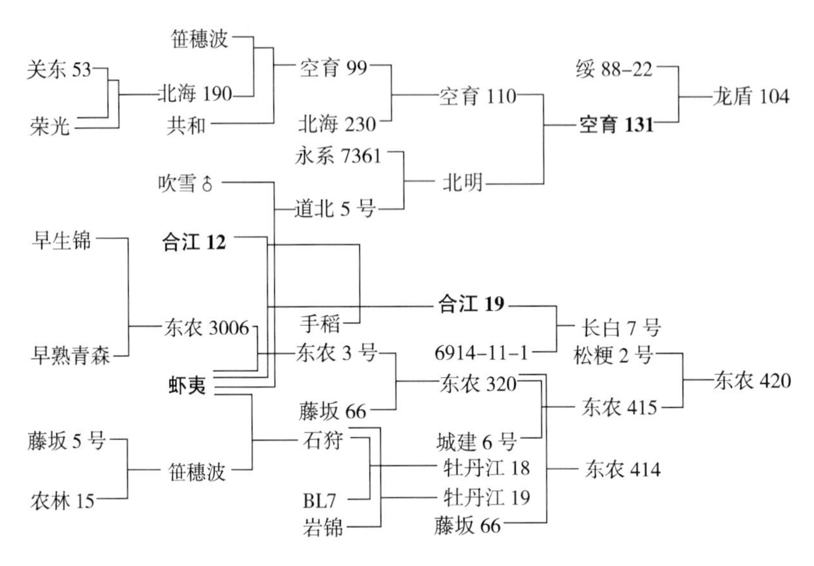

图 10－15　虾夷及其衍生品种系谱

1. 合江 19

合江 19 是黑龙江省农业科学院水稻研究所 1966 年以虾夷为母本，合江 12 为父本杂交，又于 1969 年以其 F_3 为母本，手稻为父本杂交育成的早粳品种，1978 年通过黑龙江省农作物品种审定委员会审定。主茎叶 11 片，幼苗生长势强，叶色绿，分蘖力较强，茎秆有韧性，株高 85～90cm，穗长 15～17cm，每穗粒数 60～65 粒，粒形阔卵，千粒重 26.0～28.0g，无芒，颖及颖尖秆黄色，米粒洁白清亮。全生育期 125～130d，需活动积温 2 200～2 300℃，耐寒性较强，中抗稻瘟病，抗倒性较强，感光性弱，感温性弱。糙米率 82.7%，精米粒率 75.8%，整精米粒率 68.5%，垩白大小 2.6%，糊化温度（碱消值）7.0 级，胶稠度 66.0mm，直链淀粉含量 16.6%，蛋白质含量 7.9%，米质优良。一般产量 7 500～8 250kg/hm^2，适宜黑龙江省第三、四积温带插秧栽培。1998 年最大年推广面积 26.3 万 hm^2，1988—2005 年累计推广面积 261.8 万 hm^2。

2. 空育 131

空育 131 是日本北海道立中央农试场以空育 110 为母本，北明为父本杂交育成的早粳品种，2000 年通过黑龙江省农作物品种审定委员会审定。全生育期 127d，主茎叶 11 片，分蘖力强，成穗率高，耐寒性强，抗稻叶瘟 7 级，抗穗颈瘟 7～9 级。株高 80.0cm，穗长 14.0cm，每穗粒数 80.0 粒，千粒重 26.5g。糙米率 83.8%，精米粒率 75.5%，整精米粒率 74.5%，垩白粒率 6.2%，垩白大小 7.9%，糊化温度（碱消值）7.0 级，胶稠度 64.6mm，直链淀粉含量 17.0%，蛋白质含量 7.9%。平均产量 7 684.0kg/hm^2，比对照品种合江 19 增产 8.9%，适宜黑龙江省第三积温区种植。2004 年最大年推广面积 86.6 万

hm^2，1996—2005年累计推广面积458.7万hm^2。

3. 东农415

东农415是东北农业大学以东农320为母本，城建6号为父本杂交育成的早粳品种，1989年通过黑龙江省农作物品种审定委员会审定。全生育期135d，主茎叶13片，苗期生长旺盛，叶色浓绿，株型收敛，分蘖力中等，穗棒状密穗型，活秆成熟，抗倒性强，高抗稻瘟病，苗期耐寒，耐盐碱。株高100cm左右，穗长16.5cm，每穗粒数95～120粒，千粒重26.0g。糙米率81.5%，精米粒率73.8%，胶稠度56mm，直链淀粉含量14.9%，蛋白质含量8.3%。平均产量7 368kg/hm^2，比对照品种合江23增产13.3%，适宜黑龙江省第二积温区。1992年最大年推广面积10.7万hm^2，1990—2001年累计推广面积40.4万hm^2。

4. 牡丹江19

牡丹江19是黑龙江省农业科学院牡丹江农业科学研究所以石狩为母本，岩锦为父本杂交育成的早粳品种，1989年通过黑龙江省农作物品种审定委员会审定。全生育期136d，主茎叶13片，苗色绿，分蘖力强，分蘖后生长快，温光反应弱。株高90cm左右，穗长18cm，每穗粒数100粒，千粒重26.5g，谷粒长圆形，稀短芒，颖壳及颖尖均为秆黄色，灌浆速度快。结实率高，糙米率83.0%，精米粒率74.4%，米粒长宽比1.97，垩白粒率10.5%，胶稠度63.5mm。直链淀粉含量19.27%，蛋白质含量8.31%，米粒半透明，有光泽，食味好，年际间产量变幅小，稳产，产量可达8 000kg/hm^2以上，适于黑龙江省第一积温区和第二积温区上限种植。1997年最大年推广面积6.3万hm^2，1990—2004年累计推广面积19.3万hm^2。

5. 长白7号

长白7号是吉林省农业科学院水稻研究所以6914-11-1为母本，合江19为父本杂交育成的早粳品种，1986年通过吉林省农作物品种审定委员会审定。全生育期128～130d，株高85～95cm，株型紧凑，属中矮秆多穗型品种，叶片直立，叶色浓绿，抽穗后剑叶开张角度较大，灌浆后穗部在剑叶上面。每穗粒数65粒，结实率高。谷粒椭圆形，有稀短芒。粒较大，千粒重25.0g左右。中抗稻苗瘟，中感叶瘟和穗瘟。米质中等，整精米粒率63.0%。平均单产6 500kg/hm^2，适宜吉林省中西部的延边、松原、白城、通化以及稻区种植。1989年最大年推广面积3.0万hm^2，1986—1992年累计推广面积11.2万hm^2。

6. 东农420

东农420是东北农业大学以松粳2号为母本，东农415为父本杂交育成的早粳品种，1998年通过黑龙江省农作物品种审定委员会审定。全生育期130～133d，主茎叶12片，叶色深绿，分蘖力强，抗倒性强，抗稻瘟病性强。株高82.5cm，穗长15.7cm，每穗粒数85.2粒，千粒重24.8g。糙米率84.8%，精米粒率76.3%，整精米粒率74.6%，垩白粒率8.0%，垩白度0.9%，糊化温度（碱消值）7.0级，胶稠度51.2mm，直链淀粉含量15.3%，蛋白质含量8.4%。平均产量7 918.5kg/hm^2，比对照品种东农416增产9.0%，适宜黑龙江省第二积温区种植。1998年最大年推广面积2.3万hm^2，1997—2002年累计推广面积5.3万hm^2。

十二、砦 2 号的衍生品种

砦 2 号是日本中国农业试验场于 1955 年以 CO25（籼稻）为母本，农林 8 号为父本，并且回交 4 次后育成 B_4F_2，然后移交给农业技术研究所，经系统选择于 1967 年育成了具有抗稻瘟病 *PiZ*、*Pia* 基因的粳稻品种（图 10 - 16）。

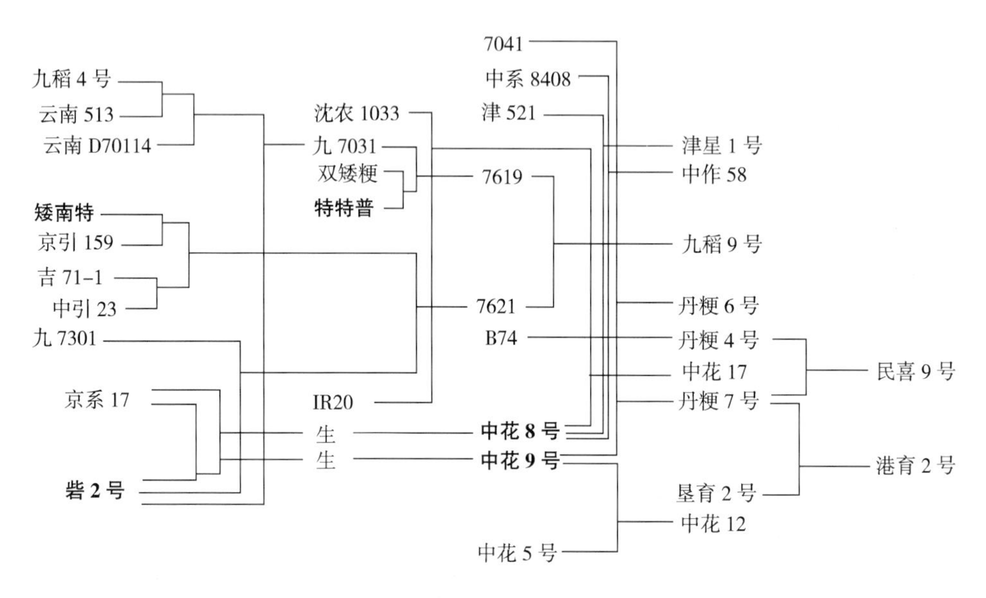

图 10 - 16　砦 2 号及其衍生品种系谱

九稻 9 号

九稻 9 号是吉林省吉林市农业科学院水稻研究所以 7619 为母本，7621 为父本杂交育成的早粳品种，1988 年通过吉林省农作物品种审定委员会审定。全生育期 137d，株高 105cm，株型紧凑，茎秆较粗，叶片上举，光能利用率高，叶鞘、叶枕、叶缘均为绿色，分蘖力强，主蘖不齐，成穗率低。穗大小中等，每穗粒数 80 粒，结实率高。谷粒椭圆形，有稀短芒。千粒重 27g 左右。中抗稻苗瘟，中感叶瘟和穗瘟。米质中上，整精米粒率 76.2%，垩白粒率低，食口性好。丰产性较好，平均产量 7 000kg/hm^2，适宜吉林省延边、松原、白城、通化、吉林、长春、四平等稻区种植。1989 年最大年推广面积 1.15 万 hm^2，1989—1993 年累计推广面积 2.2 万 hm^2。

十三、其他品种亲源为基础的衍生品种

1. 一穗传选育衍生品种

采用一穗传方法从冷水口中混合群体中育成寒 2、寒 9、冷 11 - 2、天井 3 号 4 个品种并衍生出吉粳 73、吉粳 74、天井 1 号和吉粳 64 等 4 个品种（图 10 - 17）。

（1）吉粳 73

吉粳 73 是吉林省农业科学院水稻研究所以冷 11 - 2/萨特恩杂交 F_9 代单株经 ^{60}Co 辐射处理育成早粳品种，1999 年通过吉林省农作物品种审定委员会审定。全生育期 146d，株高 96cm，分蘖力强，茎秆强韧抗倒。穗长 25cm，每穗粒数 180 粒，千粒重 22.4g。稻米

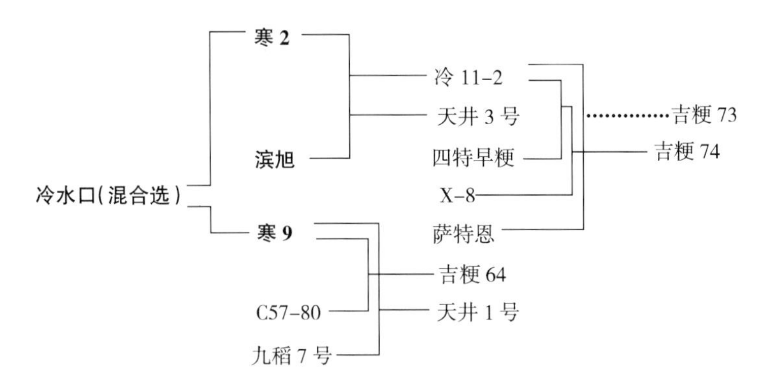

图 10-17 冷水口及其衍生品种系谱

品质优，但感稻穗瘟病，平均产量 8 890kg/hm²，适宜吉林省吉林、四平、通化等晚熟平原稻作区种植。2002 年最大推广面积 2.5 万 hm²，1999—2005 年累计推广面积 10.10 万 hm²。

(2) 吉粳 74

吉粳 74 是吉林省农业科学院水稻研究所以冷 11-2/四特早粳//X-8 复交育成的早粳品种，2000 年通过吉林省农作物品种审定委员会审定。全生育期 136d，株高 96cm，穗长 23cm，每穗粒数 170 粒，粒形椭圆，有稀短芒，千粒重 28g。米质中等，中感稻穗瘟病，平均产量 8 200kg/hm²，适宜吉林省各地以及黑龙江省南部、内蒙古自治区的部分稻区种植。2000 年最大年推广面积 1.92 万 hm²，2000—2005 年累计推广面积 3.05 万 hm²。

(3) 天井 3 号

天井 3 号是吉林省农业科学院水稻研究所以寒 2 为母本，滨旭为父本杂交育成的早粳品种，1995 年通过吉林省农作物品种审定委员会审定。全生育期 136d，株高 99cm 左右，茎秆较粗而韧，叶长宽中等，叶片淡绿色，苗期生育健壮，叶直立，株型好，分蘖力强，单株有效穗 16～20 个，每穗粒数 96 粒，着粒密度中等，粒形椭圆，有稀短芒，千粒重 26g。品质中等，糙米率 83.1%，精米粒率 75.0%，整精米粒率 73.2%，垩白粒率 8.1%，垩白度 1.3%，胶稠度 68mm，直链淀粉含量 5.7%，蛋白质含量 7.9%。中抗稻瘟病，平均单产 6 550kg/hm²，适宜吉林省吉林、四平、长春、松原等中晚熟稻作区种植。1995 年最大年推广面积 10.72 万 hm²，1995—2001 年累计推广面积 23.3 万 hm²。

(4) 寒 2

寒 2 是吉林省农业科学院水稻研究所从品种冷水口用一穗传方法育成的早粳品种，1987 年通过吉林省农作物品种审定委员会审定。全生育期 128d，株高 80～90cm，株型紧凑，茎秆较粗而坚韧，叶宽中等，叶鞘、叶枕、叶缘均为绿色，分蘖力中等，每穴有效穗 13～14 个。穗中等，穗长 18～20cm，穗较大，每穗粒数 100 粒，结实率高。谷粒椭圆形，无芒。千粒重 26.9g 左右。中抗稻苗瘟，中抗叶瘟和穗瘟，抗寒性强。米质中等，食口性一般。丰产性较好，适应于水、旱两种稻种植，水田种植，平均单产 5 000kg/hm²，适宜吉林省半山区、山区及中部平原涝洼地稻区种植。1989 年最大年推广面积 0.45 万 hm²，1987—1993 年累计推广面积 1.5 万 hm²。

(5) 寒 9

寒 9 是吉林省农业科学院水稻研究所从品种冷水口用一穗传方法育成的早粳品种，1987 年通过吉林省农作物品种审定委员会审定。全生育期 125d，株高 92cm，株型紧凑，茎秆较粗而坚韧，叶宽中等而直立，叶鞘、叶枕、叶缘均为绿色，分蘖力中等，每穴有效穗 14 个。穗大，每穗粒数 100 粒，结实率高。谷粒椭圆形，无芒。千粒重 26g 左右。中抗稻苗瘟，中感叶瘟和穗瘟，抗寒性强。米质中等，食口性一般。丰产性较好，适应于水、旱两种稻种植，水田种植，平均单产 6 200kg/hm^2，旱种平均单产 5 800kg/hm^2，适宜吉林省半山区、山区及中部平原作为搭配品种等稻区种植。1989 年最大年推广面积 0.55 万 hm^2，1987—1993 年累计推广面积 2.4 万 hm^2。

2. 下北的衍生品种

下北是日本青森县农业试验场藤坂支场于 1954 年以八甲田为母本，农林 29//千本旭/塔都康为父本杂交育成的早粳品种，于 1962 年通过日本农林水产省的审定。1967 年中国农业科学院引入，编号为京引 127，1968 年吉林省通化地区农业科学研究所引入吉林省，1978 年通过吉林省农作物品种审定委员会认定。全生育期 140d 左右，株高 90cm，每穗粒数 60～70 粒，千粒重 27g 左右，分蘖力强，耐寒、耐肥、抗倒，较抗稻瘟病，后熟快。平均单产6 750kg/hm^2，适宜在吉林省平原地区种植。累计推广应用面积 10 万 hm^2（图 10 - 8）。

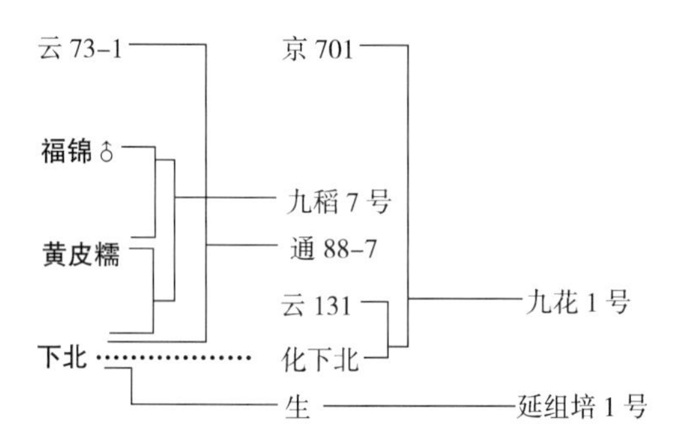

图 10 - 18　下北及其衍生品种系谱

(1) 通 88 - 7

通 88 - 7 是吉林省通化市农业科学研究院以云 73 - 1 为母本，下北为父本杂交育成的中熟早粳品种，1996 年通过吉林省农作物品种审定委员会审定。全生育期 136d，株高 94.6cm，分蘖力强，有效穗 325 万/hm^2，每穗粒数 96.8 粒，结实率 86.4%，千粒重 25.8g，该品种经吉林省农业科学院植物保护研究所抗病鉴定（1993—1995），苗期抗稻瘟病，异地叶瘟鉴定表现为中抗异地穗颈瘟鉴定为中感，米质优良，糙米率 84.4%，精米粒率 77.7%，整精米粒率 76.8%，粒长 4.9mm，长宽比 1.6，垩白粒率 29%，垩白度 2.3%，透明度 1 级，糊化温度（碱消值）7.0 级，胶稠度 78mm，直链淀粉含量 20.2%，蛋白质含量 7.6%。平均单产 7 700kg/hm^2，适宜在吉林省中熟区种植。1999 年最大年推广面积 6.53 万 hm^2，1996—2005 年累计推广面积 18.65 万 hm^2。

(2) 九稻 7 号

九稻 7 号是吉林省吉林市农业科学研究院以黄皮糯/下北为母本，黄皮糯/福锦为父本杂交育成的早粳品种，1985 年通过吉林省农作物品种审定委员会审定，1987 年通过黑龙江省农作物品种审定委员会审定。全生育期 135d，主茎叶 13 片，株高 98cm，分蘖力中等，每穗粒数 75 粒，千粒重 28g，苗期耐寒性较强，轻感稻瘟病，平均单产 7 500kg/hm²，适宜在吉林、黑龙江省种植。1988 年最大年推广面积 4.5 万 hm²，1987—1992 年累计推广应用面积 7.5 万 hm²。

3. 超产 2 号的衍生品种

（1）吉粳 102

吉粳 102 是吉林省农业科学院水稻研究所以超产 2 号为母本，吉香 1 号为父本杂交育成的早粳品种，2005 年通过吉林省农作物品种审定委员会审定。全生育期 135d，株高 96cm，株型较收敛，叶色较深绿，分蘖力强。每穗粒数 102 粒，散穗型，主蘖穗整齐，谷粒椭圆，颖壳黄色，有稀短芒，千粒重 26g，米粒清白或略带垩白。中抗稻苗瘟；异地田间自然诱发鉴定中抗叶瘟、中抗穗瘟。稻米品质达国家二级优质米标准。平均单产 8 810kg/hm²，适宜在吉林省有效积温 2 900℃以上中晚熟稻作区种植（图 10 - 19）。

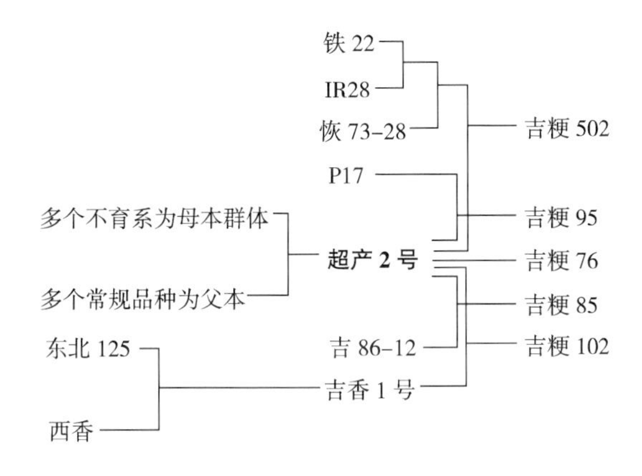

图 10 - 19　超产 2 号及其衍生品种系谱

（2）吉粳 502

吉粳 502 是吉林省农业科学院水稻研究所以超产 2 号为母本，铁 22/IR28//恢 73 - 28 为父本杂交育成的早粳品种，2005 年通过吉林省农作物品种审定委员会审定。全生育期 138d，株高 100cm 左右，株型较收敛，叶色较绿，分蘖力中等。每穗粒数 115 粒，散穗型，主蘖穗整齐，谷粒长椭圆形，无芒，颖壳黄色，稻米清白或略带垩白，千粒重 26.6g。中抗稻苗瘟；异地田间自然诱发鉴定中抗叶瘟、中抗穗瘟。稻米品质达国家二级优质米标准。平均单产 8 410kg/hm²，适宜在吉林省有效积温2 900℃以上晚熟稻作区种植。

4. 其他品种的衍生品种

（1）早锦

早锦是日本东北农试场 1972 年以奥羽 239 为母本，藤稔为父本杂交育成的早粳品种，1979 年引入吉林省，1987 年通过吉林省农作物品种审定委员会审定。全生育期 140d 左右，株高 100cm，单株有效穗 15～17 个，出穗整齐，成穗率较高，每穗粒数 70～75 粒，千粒重 26g。抗稻瘟病较强，耐肥抗倒，米质较好，一般单产 7 000kg/hm²，适宜吉林省吉林、四平、通化、延边等地中晚熟稻区种植。1993 年最大年推广面积 3.6 万 hm^2，1987—2003 年累计推广面积 51.2 万 hm^2（图 10-20）。

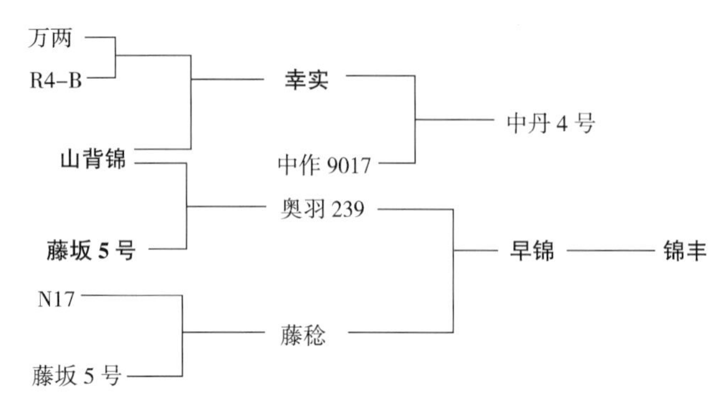

图 10-20　山背锦及其衍生品种系谱

（2）锦丰

锦丰是吉林省种子站和吉林市种子公司从早锦的变异株中系选育成的早粳品种，1995 年通过吉林省农作物品种审定委员会审定。全生育期 142d，株高 95cm，单株有效穗 18 个，每穗粒数 95 粒，千粒重 26g。中抗稻瘟病，米质中等，一般单产 8 200～8 400kg/hm^2，适宜吉林省吉林、四平、通化、延边等地中晚熟稻区种植。1997 年最大年推广面积 9.5 万 hm^2，1995—2000 年累计推广面积 13.1 万 hm^2。

（3）延引 1 号

延引 1 号是吉林省延边农业科学院从韩国引进的早粳品种，又名珍富 10 号，1998 年通过吉林省农作物品种审定委员会审定。全生育期 138～140d，株高 105cm，单株有效穗 20 个左右，出穗后籽粒灌浆快，每穗粒数 85～90 粒，稻谷千粒重23～24g。米质极优，整精米粒率 71.4%，垩白粒率 16.0%，垩白度 1.2%，透明度 1 级，胶稠度 94mm，直链淀粉含量 18.8%，适口性好。中抗稻苗瘟，感叶瘟，中抗穗瘟。平均产量 8 090kg/hm^2，适宜吉林省吉林、四平、通化、延边等地中晚熟稻区种植。2001 年最大年推广面积 0.95 万 hm^2，1998—2004 年累计推广面积 2.85 万 hm^2。

（4）通系 103

通系 103 是吉林省通化市农业科学研究院于 1981 年从日本引进的杂交组合中经系统选育而成的早粳品种，1991 年通过吉林省农作物品种审定委员会审定。全生育期 136d，株高 100cm，茎秆粗，株型紧凑，叶片上举，叶鞘、叶枕均为绿色。分蘖力较强，有效穗 425 万/hm^2，穗长中等，每穗粒数 100 粒，着粒密度适中，谷粒椭圆形，颖及颖尖黄色，千粒重 25.0g，抗稻瘟病强，显著优于对照品种双丰 8 号。米质优良，糙米率 83.4%，精米粒率 75.0%，整精米粒率 73.0%，粒长 4.8mm，长宽比 1.6，垩白粒率 16%，垩白度 2.4%，透明度 1 级，糊化温度（碱消值）7.0 级，胶稠度 87mm，直链淀粉含量 20.0%，蛋白质含量 8.2%。平均产量 8 500kg/hm^2，适宜在吉林、辽宁、河北、内蒙古等地中熟区种植。1993 年最大年推广面积 7.2 万 hm^2，1991—1996 年累计推广 20.6 万 hm^2。

（5）盐丰 47

盐丰 47 是辽宁省盐碱地利用研究所采用群体混合育种方法育成的早粳品种，2001 年通过辽宁省农作物品种审定委员会审定。全生育期 160d，株高 95～97cm，每穗粒数 116 粒，千粒重 27.5g 左右。抗稻瘟病，米质优，适宜辽宁南部地区种植。2005 年最大年种植面积 6 万 hm^2，1999—2005 年累计推广面积 14.4 万 hm^2。

（6）丹粳 9 号

丹粳 9 号是辽宁省丹东市农业科学院以丹粳 4 号为母本，丹 253 为父本杂交育成的早粳品种，2001 年通过辽宁省农作物品种审定委员会审定。全生育期 165d，株高 115cm，每穗粒数 108 粒，千粒重 26.6g。抗稻瘟病，米质优，适宜辽宁南部地区种植。2002 年最大年种植面积 6.1 万 hm^2，2002—2005 年累计推广面积 10.4 万 hm^2（图 10-21）。

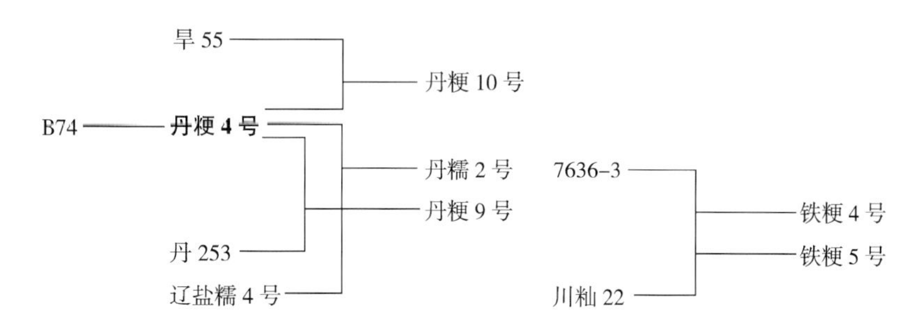

图 10-21　其他品种衍生品种系谱

（7）丹粳 3 号

丹粳 3 号是辽宁省丹东市农业科学院从中国农业科学院“F3135”中系选育成的早粳品种，1989 年通过辽宁省农作物品种审定委员会审定。全生育期 160d，株高 105cm，每穗粒数 100 粒，千粒重 25g。抗稻瘟病，米质优，适宜辽宁南部地区种植。1994 年最大年种植面积 4.2 万 hm^2，1990—1994 年累计推广面积 7.3 万 hm^2。

（8）铁粳 4 号

铁粳 4 号是辽宁省铁岭市农业科学研究所以 7636-3 为母本，川糾 22 为父本杂交育成的早粳品种，1992 年通过辽宁省农作物品种审定委员会审定。全生育期 158d，株高 96cm，每穗粒数 105～110 粒，千粒重 26.5g 左右。抗稻瘟病，米质优，适宜辽宁种植。1996 年最大年种植面积 3.4 万 hm^2，1994—1997 年累计推广面积 12.5 万 hm^2。

（9）丹粳 4 号

丹粳 4 号是辽宁省丹东市农业科学院从 B74 异型单株 85-3 中系选育成的早粳品种，1993 年通过辽宁省农作物品种审定委员会审定。全生育期 160d，株高 105cm，每穗粒数 100～120 粒，千粒重 25g。抗稻瘟病，米质优，适宜辽宁南部地区种植。1994 年最大年种植面积 2.7 万 hm^2，1994—1996 年累计推广面积 3.3 万 hm^2。

参 考 文 献

曹静明．1993. 吉林稻作［M］．北京：中国农业科技出版社．

陈学军．2003. 吉林省农作物品种志［M］．长春：吉林科学技术出版社．

耿文良，冯瑞英．1995. 中国北方粳稻品种志［M］．石家庄：河北科学技术出版社．

黑龙江省种子管理局．黑龙江省农作物优良品种 1989—2004［M］．哈尔滨：黑龙江科学技术出版社．

吉林省农业科学院，吉林省种子公司．1988．吉林省农作物品种志［M］．长春：吉林省科学技术出版社．
吉林省农作物品种区划协作组．1981．吉林省农作物品种区划［M］．长春：吉林人民出版社．
林世成，闵绍楷．1991．中国水稻品种及其系谱［M］．上海：上海科学技术出版社．
闵绍楷，吴宪章，姚长喜等．1988．中国水稻种植区划［M］．杭州：浙江科学技术出版社．
全国农业技术推广服务中心．2005．全国农作物审定品种名录［M］．北京：中国农业科技出版社．
宋克贵，李玉林，王光复．1998．粮食作物的区域化与产业化［M］．北京：科学出版社．
应存山．1993．中国稻种资源［M］．北京：中国农业科技出版社．
张矢．1988．黑龙江水稻［M］．哈尔滨：黑龙江科学技术出版社．
農林水産省農業研究センター．1995．水稲の育成品種．系統の来歴と品種名一覧［C］．東京：農林水産省技術情報協会．

第十一章 11

常规中粳稻品种及其系谱

第一节　概　　述

常规粳稻根据其生育期长短和温光反应特性，有早、中、晚之分。东北地区为典型的早粳稻，感温性强；太湖流域则为典型的晚粳稻，感光性强。常规中粳稻是介于早粳与晚粳之间的中间类型。

根据熟期早晚，常规中粳稻可划分为早熟中粳、中熟中粳和迟熟中粳3个类型。一般

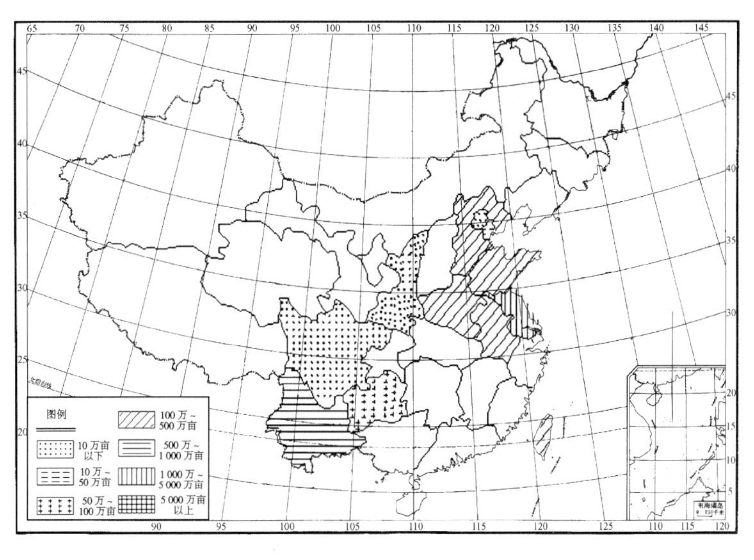

图11-1　全国常规中粳稻2005年种植面积分布图

来说，早熟中粳对光照的反应比迟熟中粳迟钝，而对温度的反应比迟熟中粳敏感。云贵高原的中粳由于分布在海拔较高地区，对光照反应不敏感，对温度却较敏感。

据2005年统计，我国常规中粳稻的种植面积近240万hm^2，占水稻播种总面积的8%左右。其分布地域从北纬40°到24°，东经100°到120°，从海拔5m的江淮平原到海拔2 695m云贵高原均有中粳稻种植。主要分布在江苏、安徽、山东、河南、河北、云南、贵州、台湾等省，天津、北京、四川、陕西等省、直辖市只有少量种植（图11-1）。1990年以前，浙江、湖南、湖北、上海等省、直辖市有中粳稻种植，主要作连作晚稻和豆茬稻或瓜茬稻栽培，随着耕作制度的改革和种植结构的调整，这些省、直辖市的中粳稻已逐渐被籼稻和单季晚稻所替代。目前，中粳稻面积最大的是江苏省，年种植面积在108.5万hm^2左右，占全省水稻种植面积的50%，占全国中粳稻面积的45.9%。其次是云南省，年种植面积49.2万hm^2，占全国中粳稻面积的20.8%。安徽、河南、河北、山东的种植面积分别为21.9万hm^2、20万hm^2、15万hm^2和12万hm^2，分别占全国中粳稻面积的9.3%、8.5%、6.3%和5.1%（表11-1）。

在20世纪80年代以前，常规中粳稻主要作双季连作晚稻和一季中稻栽培，单产一般只有5.25～6.75 t/hm^2。目前，常规中粳稻除了在少数双季稻地区和多熟制地区仍用作连作晚稻和豆茬稻或瓜茬稻栽培以外，绝大部分地区均用作一季中稻栽培。常规中粳稻的产量也有了较大提高，一般在6.7～8.4t/hm^2，江苏部分高产县（市）的平均产量达9t/hm^2，高产田块可达11.25t/hm^2以上。根据自然地理条件和品种类型分布以及栽培制度等因素，可把常规中粳稻的种植区域划分为两个稻作区，即分布于江苏、安徽、河南、河北、山东的江淮和黄河平原中粳稻区以及分布于长江上游的云贵高原中粳稻区。

表11-1 我国常规中粳稻种植省份、面积、分布区域、主栽品种和平均产量（2005年）

省份	水稻总面积（万hm^2）	中粳稻面积（万hm^2）	占全国中粳稻面积（%）	分布区域	主栽品种名称	平均产量（t/hm^2）
江苏	215.2	108.5	45.9	徐州、连云港、淮安、盐城、宿迁、扬州、泰州、南通	徐稻3号、徐稻4号、盐稻8号、扬粳9538、武育粳3号、连嘉粳1号、南粳41、通育粳2号、华粳4号、淮稻9号、扬辐粳4901	8.4
安徽	228.9	21.9	9.3	怀远、颍上、全椒、天长、当涂、南陵	皖稻68、武育粳系列、中粳63	8.4
河南	53.3	20	8.5	沿黄稻区、中部稻区、淮北稻区、南阳稻区和信阳稻区	豫粳6号，水晶3号，新稻10号，黄金晴	6.8
河北	15	15	6.3	唐山、秦皇岛、保定、邯郸、邢台	垦育16、冀粳14、垦优2000、垦育8号、垦育20、冀糯1号、垦稻95-4、优质8号、垦稻89-1	8.3
山东	12.0	12.0	5.1	济宁、临沂、济南、东营、菏泽、日照、枣庄	豫粳6号、圣稻301、香粳9407、临稻10号、镇稻88	8.0
天津	2.6	2.5	1.1	宝坻、宁河、蓟县、东丽、西青、汉沽、塘沽、津南、北辰、武清、静海	中作93、津原38、中作17、金珠1号	8.3

（续）

省份	水稻总面积（万 hm^2）	中粳稻面积（万 hm^2）	占全国中粳稻面积（%）	分布区域	主栽品种名称	平均产量（t/hm^2）
北京	0.2	0.1	0.0	房山、海淀、通州	京稻21、中作93、越富、津稻305	6.8
云南	101.5	49.2	20.8	昆明、楚雄、曲靖、大理、保山、红河、临沧	合系41、合系39、滇系4号、楚粳24、楚粳26、楚粳27、楚恢13、云粳优1号、靖粳6号、靖粳7号、凤稻13、凤稻16、凤稻17	6.7
贵州	73	6.5	2.7	毕节等高海拔区	毕粳系列	5.8
陕西	16	0.6	0.3	西安、长安、渭南	豫粳4号、豫粳6号	
四川	203.5	0.3	0.1	凉山、广元、泸州、雅安等盆周山区	云南品种	5.3
合计/平均	921.1	236.5	100.0	—	—	7.3

一、江淮和黄河平原中粳稻区

本稻区东从江苏沿海，西到河南南阳，南起江苏启东、安徽六安，北至北京通州、天津蓟县和河北秦皇岛一线，包括江苏、山东、河南、安徽、河北、天津、北京等省、直辖市。据统计，本稻区水稻总面积527万 hm^2，其中中粳稻面积180万 hm^2，占全国中粳稻面积的76%。主要分布在江苏徐州、连云港、淮安、盐城、宿迁、扬州、泰州、南通，安徽沿淮北及江淮地区的怀远、颍上、全椒、天长、当涂、南陵，河南沿黄稻区、中部稻区、淮北稻区、南阳稻区和信阳稻区，河北唐山、秦皇岛、保定、邯郸、邢台，山东济宁、临沂、济南、东营、菏泽、日照、枣庄，天津宝坻、宁河、蓟县、东丽、西青、汉沽、塘沽、津南、北辰、武清、静海等县、市，北京仅有少量中粳稻。本稻区中粳稻主要用作一季中稻栽培。

本稻区地处亚热带，年平均气温11～16℃，年≥10℃积温4 500～5 600℃。年日照时数2 000～2 700h，年降水量700～1 750mm，全年无霜期在210～245d。土壤除丘陵红、黄壤外，均较肥沃。从总的气候条件和土壤条件看，有利于农业生产的发展，是我国主要粮食产区和商品粮基地之一。

本稻区目前主要栽培的中粳稻品种，有江苏的徐稻3号、武育粳3号、扬粳9538、盐稻8号、镇稻99、连嘉粳1号、淮稻9号、扬辐粳7号、淮稻7号、徐稻4号、连粳3号、早丰9号等；山东的圣稻301、香粳9407、临稻10号、镇稻88等；河南的豫粳6号、水晶3号、新稻10号、黄金晴等；安徽的皖稻68和中粳63等；河北的垦育16、冀粳14、垦优2000、垦育8号、垦育20、冀糯1号、垦稻95-4、优质8号、垦稻89-1等；天津的中作93、津原38、中作17、金珠1号等；北京的京稻21、中作93、越富、津稻305等。

本稻区水稻平均产量7.8t/hm^2。限制本稻区产量进一步提高的因素有稻瘟病、白叶枯病和褐飞虱等病虫为害。2000年以来，水稻条纹叶枯病在江苏等中粳稻地区大范围流行，成为影响粳稻产量的重大病害之一。此外，夏、秋雨季长，秋后低温来得早，往往影响水稻的正常生育。

常规中粳稻的育种目标因自然环境和生产条件的不同而有差异。长期以来，高产是常规中粳稻育种的主要目标，要求能达到杂交籼稻和单季晚粳的产量潜力。在江苏的徐淮稻区和皖北地区的稻麦两熟耕作制度条件下，季节较紧，若采用生育期长的品种，既不利于水稻安全齐穗成熟，又不利于小麦秋播，因此要求选育早、中熟中粳品种，而在沿江和沿海则要求选育中、迟熟中粳品种，以发挥其生产潜力。至于抗病、抗虫、后期耐寒、增加品种的广泛适应性，则是各地中粳育种的共同目标。近年来，改良稻米品质，满足人民生活和国内外市场的需求，已日益引起育种家的重视，成为常规中粳稻育种的主要目标之一。

二、云贵高原中粳稻区

本稻区主要位于云贵高原、四川西南山区和陕西西安地区，包括云南的滇中、滇北海拔 1 400～2 200m 的昆明、楚雄、曲靖、大理、保山、红河、临沧等县、市，贵州毕节等海拔 1 400m 以上地区，以及四川西南海拔 1 500～1 800m 的半山区和陕西的西安、长安、渭南等县、市。本稻区水稻总面积 394 万 hm^2，其中中粳稻面积 57 万 hm^2，占全国中粳稻面积的 24%。这些地区地势高低悬殊，稻作气候呈明显的立体分布，主要作为一季中稻栽培。滇中北高原粳稻区，年平均温度 14～16℃，年≥10℃积温 4 200～5 000℃，年日照时数 1 700～2 850h，年降水量 750～1 700mm，属暖温带夏雨温凉气候型或暖温带气候型。贵州西北地区属春暖迟、秋寒早、夏冷凉的温凉气候型，年平均温度 10.5～13.7℃，年≥10℃积温 2 600～4 100℃，年日照时数 1 350～1 800h，年降水量 816～1 300mm。稻田土壤多为胶泥土、沙泥土等。本稻区稻种类型丰富，是我国稻种资源的重要宝库之一。新中国成立以后，水稻生产不断发展，本区水稻平均产量达到 5.9t/hm^2。但单位面积产量各地差异较大，低的单产只有 5.3t/hm^2，高的可达 6.7t/hm^2 以上。主要栽培的中粳品种，云南有合系 22-2、合系 39、合系 41、滇系 4 号、楚粳 24、楚粳 26、楚粳 27、楚恢 13、云粳优 1 号、云粳优 2 号、靖粳 6 号、靖粳 7 号、凤稻 13、凤稻 16、凤稻 17 等，贵州主要为毕粳系统，四川主要为云南品种，陕西主要为河南的豫粳 4 号和豫粳 6 号。根据本稻区气候多变，育秧期与成熟期易受低温危害，稻作期雨水多、湿度大、病虫危害严重，以及当地人民对食用稻米要求较高等特点，本稻区中粳稻的育种目标是选育耐寒、抗稻瘟病、纹枯病、稻曲病、优质、适应性广的稳产高产品种。

第二节　品种演变

1949—1985 年，常规中粳品种的演变大致经历了地方良种整理、评选和推广，引种和新育成品种应用以及常规中粳稻品种压缩三个阶段。第一阶段是新中国成立初期，以优良地方品种的整理、评选和推广为主，如江苏徐淮稻区的大车粳、水牛皮、旱红莲子，沿江两岸稻区的一时兴、早石稻、青壳、飞来风，上海的小白稻、早十日、三朝齐、芒子粳、枣子糯、通边糯、陈家糯，云南的昆明半节芒、昆明背子谷、曲靖海排谷、下关沱沱谷、马龙大黄芒、昭通大白谷、李子黄、小白谷、变谷、胭脂掉等，都是当时评选出的各具特色的优良地方品种。到20世纪50年代中、后期，随着“旱改水”、“籼改粳”，又相继推广了改良地方品种以替代农家地方品种，如安徽省推广了桂花球、黑壳糯等。其中，桂花球1957年种植面积达6.67万hm^2，江苏则大面积推广黄壳早廿日、洋早十日、大白粳等。

60年代至70年代中期，是农业生产大发展、耕作制度大变革的时期，中粳稻地区的品种进入了引种和新育成品种应用阶段。江苏实行“籼改粳”和发展双季稻，浙江推广“麦—稻—稻”和“油—稻—稻”的新三熟制，上海发展双熟、三熟制，将中粳兼作双熟、三熟制的连作晚稻应用。同时，安徽省除了将中粳用作单季稻外，也作为双季连作晚稻应用。由于地方品种不适合生产发展的要求，急需引进和推广新的高产品种。当时，江苏淮北稻区和沿江两岸稻区大力引进和推广日本品种，如金南风、关东43、野地黄金、白金、东山42、齐霜、田边5号、虹糯等。浙江则选用适宜双季连作晚稻栽培的中粳品种，如桂花黄、船工稻、科情3号、台中糯、虹糯等。上海主要有泗塘早、桂花黄、嘉农482，还少量种植虹糯、崇良2号、农垦57、京引15（杜糯）、京引46（寿糯）等。安徽主要是桂花黄和农垦57。湖南引进银坊、水原300粒、卫国，并育成湘州1号、湘糯1号等品种。四川中粳面积极少，主要在富顺、西留等地，以川大粳、立新粳、达粳和七一粳为主，种植面积3.33万hm^2左右。贵州主要推广“三粳”——农育1744、川大粳、西南175，此外还引进台北8号、台中31、桂花球。云南滇中高坝区主要推广西南175、台北8号、台中31等品种，滇中北地区主要推广129、174、云粳9号、127、373等品种。

70年代中后期，我国杂交水稻培育成功，由于杂交水稻有明显的增产作用，在生产上迅速得到推广，常规中粳稻种植面积进入了压缩阶段。80年代以后，各地虽然不断选育和推广了一批中粳稻新品种，如江苏的南粳33、南粳35、镇稻1号、泗阳731、泗稻4号、泗稻8号、扬粳2号、盐粳2号、盐粳3号和盐粳20，云南的楚粳4号、楚粳5号、云粳134、云粳136、云粳219和滇榆1号、晋红1号等，但由于种植面积除云南、贵州省外各地均趋于缩小，而使中粳品种的应用面积也随之压缩。如江苏省中粳种植面积压缩到占水稻总播种面积的20%～30%，浙江中粳品种用于双季连作晚稻的面积至1986年缩小到3.23万hm^2，仅占粳稻总面积的5%左右，安徽、四川的中粳稻面积则大多或几乎全部被杂交中籼所取代。

1986年以后，随着农业生产的发展、育成品种产量水平的不断提高以及水稻品种结构的调整，常规中粳品种主要用于一季中稻栽培，产量水平也有了较大提高，种植面积逐渐扩大，中粳品种进入了恢复阶段。据1986年统计，全国常规中粳稻的种植面积约156.67万hm^2，约占水稻播种总面积的4.8%。1986年以后，随着耕作制度的变化和品种结构的调整，常规中粳稻的面积逐步扩大。2005年我国常规中粳稻的种植面积约240万hm^2，比1986年增加80万hm^2。江苏省80年代中粳稻种植面积只占水稻总播种面积的20%～30%，此后，江苏开展品种结构调优，实行“压籼扩粳”，粳稻的面积逐步扩大。到1997年全省中粳稻种植面积增加到84万hm^2，占全省水稻种植面积的38%。1998年以后则稳定在100万hm^2以上，占全省水稻种植面积的50%左右。2003年中粳稻的种植面积最大，达到115万hm^2，占全省水稻种植面积的61%。这一阶段，中粳稻品种主要用作一季中稻栽培，选用品种不仅要求产量高、抗性好、适应性广，对品质的要求也越来越高。江苏省1999年以后要求育成的粳稻品种其稻米品质应达到国标三级优质稻谷标准以上，至2005年已审定通过21个优质品种，其中品质达国标一级和二级优质稻谷标准的各4个，品质达国标三级优质稻谷标准的11个。目前种植的主要中粳稻品种如徐稻3号、徐稻4号、淮稻7号、淮稻9号、连粳3号、连嘉粳1号、扬辐粳7号、南粳41、通育粳2号、华粳2号等，其稻米品质均达到国标三级优质稻谷标准以上。

第三节　主要品种系谱

1986—2005年，全国共育成常规中粳稻品种281个，其中台湾省22个。据不完全统计，推广应用面积在0.67万hm^2以上的品种共79个，其中推广应用面积在66.7万hm^2以上的品种有4个，分别是武育粳3号（534.7万hm^2）、豫粳6号（123.1万hm^2）、早丰9号（99.8万hm^2）、徐稻3号（72万hm^2）；推广应用面积在33.3万～66.7万hm^2的品种有2个，分别是镇稻88（39.1万hm^2）、连粳3号（33.3万hm^2）；推广应用面积在6.7万～33.3万hm^2的品种有24个，分别是合系41、徐稻2号、镇稻99、扬粳9538、合系39、合系24、临稻4号、冀粳14、盐稻8号、盐粳4号、泗稻9号、徐稻4号、合系35、淮稻6号、镇稻2号、楚粳27、皖稻68、临稻10号、圣稻301、扬辐粳7号、豫粳7号、冀粳13、楚粳17、华粳1号等；推广应用面积在3.3万～6.7万hm^2的品种有18个，分别是楚粳24、西光、南粳41、通粳109、合系30、淮稻7号、泗稻10号、楚粳26、通育粳1号、广陵香粳、盐稻9号、武运粳11、临稻11、盐粳5号、华粳2号、楚粳7号、滇系4号、香粳9407等（表11-2）。按育种途径划分，系统选育品种45个，占16.0%；品种间杂交育成品种占绝对优势，共223个，占79.4%；辐射育成品种8个，占2.8%；花培育成品种4个，占1.4%；引进品种1个，占0.4%（表11-3）。从亲本系谱来源分析，以轰早生为基础亲本，育成了凤稻系统、合系系统、云粳系统、楚粳系统等28个中粳稻品种，占10.0%；武育粳3号及其衍生品种15个，占5.3%；以南粳11为基础，育成衍生品种14个，占5.0%；以滇榆1号为亲本衍生出13个中粳稻新品种，占4.6%；以云粳135为亲本衍生出12个中粳稻新品种，占4.3%；以紫金糯为基础，育成衍生品种9个，占3.2%；以日本晴为亲本育成9个中粳稻品种，占3.2%；以苏协粳为基础，育成衍生品种7个，占2.5%；冀粳14及其衍生品种7个，占2.5%；以中花8号为基础育成衍生品种7个，占2.5%；由Modan衍生的抗条纹叶枯病中粳稻品种6个，占2.1%；以红旗21为亲本，育成衍生品种5个，占1.8%；以农垦46为基础的衍生品种9个，占3.2%。

表11-2　推广面积在3.3万hm^2以上的常规中粳稻品种

推广面积	品种数	品种名称
>66.7万hm^2	4	武育粳3号（1992—2006年，534.7万hm^2）、豫粳6号（1996—2006年，123.1万hm^2）、早丰9号（1998—2006年，99.8万hm^2）、徐稻3号（2003—2006年，72万hm^2）
33.3万～66.7万hm^2	2	镇稻88（1996—2006年，39.1万hm^2）、连粳3号（2001—2005年，33.3万hm^2）

（续）

推广面积	品种数	品种名称
6.7万～33.3万 hm^2	24	合系41（1997—2006年，32.4万 hm^2）、徐稻2号（1985—1997年，31万 hm^2）、镇稻99（2001—2006年，27.1万 hm^2）、扬粳9538（2003—2006年，26.7万 hm^2）、合系39（1996—2006年，26.2万 hm^2）、合系24（1993—2006年，25.6万 hm^2）、临稻4号（1989—2005年，24.8万 hm^2）、冀粳14（1997—2002年，24.2万 hm^2）、盐稻8号（2003—2006年，23万 hm^2）、盐粳4号（1993—1997年，16.3万 hm^2）、泗稻9号（1992—1997年，15.7万 hm^2）、徐稻4号（2005—2006年，13.7万 hm^2）、合系35（1995—2006年，11万 hm^2）、淮稻6号（2001—2005年，11万 hm^2）、镇稻2号（1992—2006年，11万 hm^2）、楚粳27（2004—2006年，8.7万 hm^2）、皖稻68（2005—2006年，8.6万 hm^2）、临稻10号（2002—2005年8.5万 hm^2）、圣稻301（1998—2002年，7.9万 hm^2）、扬辐粳7号（2005—2006年，7.9万 hm^2）、豫粳7号（1998—2000年，7.5万 hm^2）、冀粳13（1991—2003，7.3万 hm^2）、楚粳17（1995—1999年，7.1万 hm^2）、华粳1号（2002—2004年，6.9万 hm^2）
3.3万 hm^2～6.7万 hm^2	18	楚粳24（2003—2006年，6.1万 hm^2）、西光（1998—2006年，5.9万 hm^2）、南粳41（2003—2006年，5.4万 hm^2）、通粳109（1998—2000年，5.3万 hm^2）、合系30（1995—1999年，4.5万 hm^2）、淮稻7号（2004—2006年，4.5万 hm^2）、泗稻10号（1993—2000年，4.3万 hm^2）、楚粳26号（2004—2006年，4.3万 hm^2）、通育粳1号（2003—2006年，4.1万 hm^2）、广陵香粳（2002—2003年，4.1万 hm^2）、盐稻9号（2005—2006年，3.9万 hm^2）、武运粳11（2003—2006年，3.8万 hm^2）临稻11（2005—2006年，3.7万 hm^2）、盐粳5号（1997—2002年，3.7万 hm^2）、华粳2号（2002—2005年，3.6万 hm^2）、楚粳7号（1991—1993年，3.5万 hm^2）、滇系4号（2002—2005年，3.5万 hm^2）、香粳9407（2001—2002年，3.5万 hm^2）

表 11-3　不同育种途径育成常规中粳品种数及其百分比

育种途径	育成品种数	占比例（%）
系统选育	45	16.0
品种间杂交	223	79.4
辐射	8	2.8
花培育成	4	1.4
国外引进	1	0.4
合计	281	100

一、轰早生及其衍生品种

轰早生原系名北陆76，1968年日本北陆农试场用收921与丰年早生杂交选育而成，收921的亲本为初捻/藤坂5号。以轰早生品种为亲本，育成了4辈28个中粳稻新品种（表11-4）。如凤稻9号、云粳27、合系10号、轰杂135、合系2号、合系24、合系30、合系15、津稻5号、津星1号、津星2号、合系4号、合系5号、滇系4号、楚粳25、合系42、合系35、合系40、凤稻16、凤稻17、会9203、楚粳26、云粳15、云粳12、马粳1号、会粳4号、剑粳3号和银光等（图11-2）。

表 11-4　轰早生衍生品种辈序表

品种辈序	1	2	3	4	合计
品种数	7	9	8	4	28

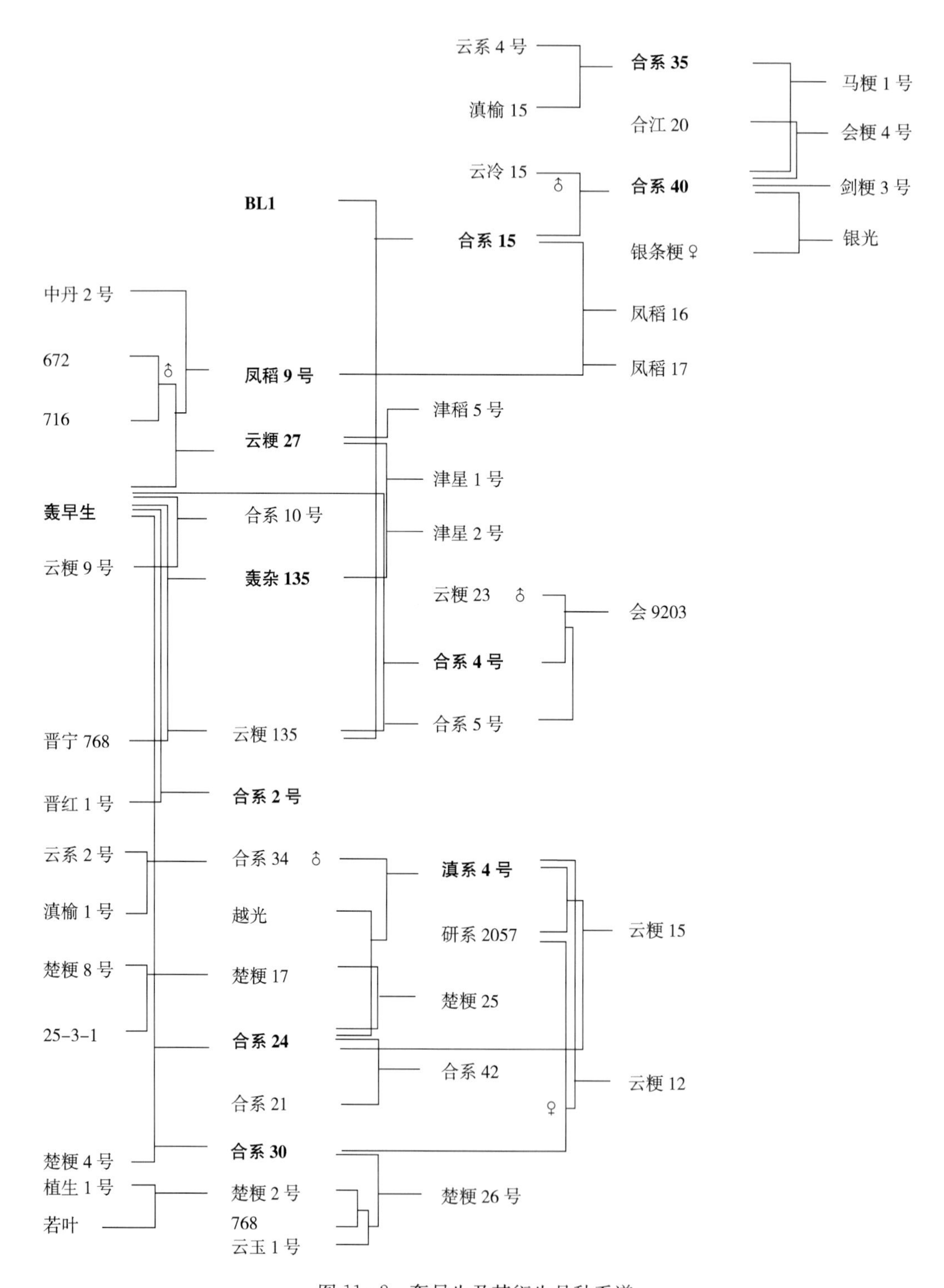

图11-2 轰早生及其衍生品种系谱

1. 凤稻 9 号

云南省大理白族自治州农业科学研究所以 672 为母本与 716 杂交，其 F_1 为父本与轰早生杂交，其 F_1 与中丹 2 号杂交选育而成，1997 年通过云南省农作物品种审定委员会审定。全生育期 185d，株高 90cm，株型紧凑，每穗粒数 92 粒，千粒重 26g，糊化温度（碱消值）6.3 级，胶稠度 84mm，直链淀粉含量 17.89%，蛋白质含量 7.89%。耐寒性较强，抗稻瘟病，轻感白叶枯病和稻曲病，平均单产 8.3t/hm^2，适宜在云南省海拔 1 900～2 200m的地区种植。最大年推广面积 1999 年 1.03 万 hm^2，1995—1999 年全省累计推广面积为 3.58 万 hm^2。

2. 云粳 27

云南省农业科学院粮食作物研究所以 672 为母本，与 716 杂交，其 F_1 为父本与轰早生杂交选育而成，1994 年通过云南省农作物品种审定委员会审定。全生育期 186d，株高 110cm，株型紧凑，穗长 7.5cm，每穗粒数 130 粒，千粒重 29g，总淀粉含量 79.5%，直链淀粉含量 17.4%，蛋白质含量 7.3%，糊化温度（碱消值）7 级，抗稻瘟病和白叶枯病，轻感稻曲病，平均单产 6.99t/hm^2。适宜在云南省海拔 2 000m 左右的地区种植，1995 年最大年推广面积 0.67 万 hm^2、1992—1999 年全省累计推广面积为 2.4 万 hm^2。

3. 合系 2 号

云南省农业科学院中日水稻合作研究项目以轰早生为母本，与晋红 1 号杂交选育而成，1991 年通过云南省农作物品种审定委员会审定。全生育期 167d，株高 80cm，株型紧凑，分蘖力强，抽穗整齐，穗长 15～16cm，每穗粒数 70～80 粒，千粒重 25g。米粒无腹白或极少，半透明，外观及食味品质好，耐寒，抗稻瘟病，平均单产 6.75t/hm^2。适宜在云南省海拔 1 600～1 900m 中上等肥力田种植。1992 年最大年推广面积 1.56 万 hm^2，1990—1999 年云南省累计推广面积为 5.2 万 hm^2。

4. 合系 24

云南省农业科学院中日水稻合作研究项目以轰早生为母本，与楚粳 4 号杂交选育而成。楚粳 4 号的亲本为砦 1 号/国庆 20，1993 年通过云南省农作物品种审定委员会审定。全生育期 172d，株高 100cm，株型较紧凑，分蘖力中等，每穗粒数 80.3 粒，千粒重 25.1g，直链淀粉含量 18.6%，蛋白质含量 6.4%，胶稠度 77mm，糊化温度（碱消值）7 级。对稻瘟病抗性强，较抗条纹叶枯病，感稻曲病，平均单产 8.23t/hm^2。适宜在云南省中部海拔 1 600～1 800m 的地区种植，1996 年最大年推广面积约 4.133 万 hm^2，1993—2006 年累计推广面积 25.6 万 hm^2。

5. 合系 30

云南省农业科学院中日水稻合作研究项目以轰早生为母本，与楚粳 4 号（砦 1 号/国庆 20）杂交选育而成，1993 年通过云南省农作物品种审定委员会审定。全生育期 172d，株高 90cm，每穗粒数 80.7 粒，株型紧凑，分蘖力较强，千粒重 22.1g，直链淀粉含量 17.9%，蛋白质含量 6.6%，胶稠度 87mm，糊化温度（碱消值）6.5 级，食味品质优良。对稻瘟病抗性强，较抗条纹叶枯病和稻曲病，平均单产 8.69t/hm^2。适宜在云南省中部海拔1 600～1 850m 的地区种植，1996 年最大年推广面积约 1.53 万 hm^2，1991—1999 年累计推广面积 4.47 万 hm^2。

6. 合系15

云南省农业科学院中日水稻合作研究项目以BL1为母本，与云粳135杂交选育而成，1993年通过云南省农作物品种审定委员会审定。全生育期170d，每穗粒数68粒，穗长18.4cm，千粒重24.3g，蛋白质含量7.8%，总淀粉含量77.3%，直链淀粉含量17.6%，胶稠度70.5mm，糊化温度（碱消值）7级。平均单产7.87t/hm^2。适宜在云南省中北部海拔1 900～2 100m的地区种植，1987年最大年推广面积约0.1万hm^2，1991—1999年累计推广面积0.33万hm^2。

7. 合系4号

云南省农业科学院中日水稻合作研究项目以轰早生为母本，与云粳135杂交选育而成，1990年通过云南省农作物品种审定委员会审定。全生育期164～166d，株高90～100cm，每穗粒数90～100粒，千粒重26～27g，糙米率84.6%，精米粒率71.9%。耐寒性强，高抗稻瘟病，平均单产7.37t/hm^2。1992年最大年推广面积约1.91万hm^2，1989—1999年累计推广面积4.8万hm^2。

8. 合系5号

云南省农业科学院中日水稻合作研究项目以轰早生为母本，与云粳135杂交选育而成，1990年通过云南省农作物品种审定委员会审定。全生育期170d，株高95cm，每穗粒数90～100粒，千粒重25～26g，糙米率86.7%，精米粒率75.4%。耐寒性中等，抗稻瘟病，平均单产8.19t/hm^2。1992年最大年推广面积约0.27万hm^2，1989—1999年累计推广面积1.0万hm^2。

9. 滇系4号

云南省农业科学院粳稻育种中心以越光为母本，与合系24（轰早生/楚粳4号）杂交，杂交F_1作母本与合系34杂交选育而成，2001年通过云南省农作物品种审定委员会审定。全生育期174d，株高90cm，穗长20.3cm，每穗粒数120粒，千粒重25.1g，糙米率83.5%，精米粒率74.9%，整精米粒率70.8%，外观品质4级，食味品质好，直链淀粉含量19.72%，糊化温度（碱消值）6.0级，胶稠度81.0mm。耐寒性较强，高抗稻瘟病，平均单产6.94t/hm^2。适宜在云南省海拔1 700～1 950m稻区种植，2003年最大年推广面积1.53万hm^2，2002—2005年累计推广面积3.53万hm^2。

10. 楚粳25

云南省楚雄彝族自治州农业科学研究所以楚粳17（楚粳8号/25-3-1）为母本，与合系24杂交选育而成，2002年通过云南省农作物品种审定委员会审定。全生育期167d，株高95～105cm，每穗粒数104～120粒，糙米率85.2%，精米粒率77.7%，整精米粒率73.5%，千粒重27～28g，粒长宽比1.6，糊化温度（碱消值）7.0级，胶稠度62mm，直链淀粉含量18.5%，蛋白质含量9.3%，平均单产9.95t/hm^2。适合在云南省海拔1 500～1 900m范围种植，省外相似地区也可种植。2002年最大年推广面积0.5万hm^2，2000—2004年累计推广面积0.9万hm^2。

11. 合系42

云南省农业科学院粳稻育种中心以合系24为母本，与合系21杂交选育而成，1999年通过云南省农作物品种审定委员会审定。全生育期180d，株高85cm，穗长16cm，每穗粒数 100 粒，千粒重 24g，糊化温度（碱消值）6.0 级，直链淀粉含量 17.29%，蛋白质含量 8.9%。抗稻叶瘟鉴定 1997 年 2 级，1998 年 3 级，抗穗瘟鉴定 1997 年为 4 级，1998 年 4 级，轻感稻曲病，平均单产 7.58t/hm^2。适宜在云南省海拔 1 600～2 000m 的地区种植。1998 年最大年推广面积 0.733 万 hm^2，1997—2000 年累计推广面积 1.27 万 hm^2。

12. 合系 35

云南省农业科学院中日合作水稻育种项目以云系 4 号为母本，与滇榆 15 杂交选育而成，1997 年通过云南省农作物品种审定委员会审定。全生育期 174d，株高 100cm，株型紧凑，分蘖力中等，每穗粒数 111 粒，千粒重 25.7g，直链淀粉含量 17.33%，蛋白质含量 5.88%，食味品质好。耐寒性较强，高抗叶瘟病，平均单产 8.8t/hm^2。适宜在云南省海拔 1 850～2 050m 的地区种植，1998 年最大年推广面积 2.32 万 hm^2，1995—2003 年累计推广面积 11 万 hm^2。

13. 合系 40

云南省农业科学院中日合作水稻育种项目以合系 15（BL/云粳 135）为母本，与云冷 15 杂交选育而成，1999 年通过云南省农作物品种审定委员会审定。全生育期 185～200d，株高 75～90cm，分蘖力中等，穗长 16cm，每穗粒数 95 粒，千粒重 25.8g，耐冷性强，高抗稻瘟病，米质中等，平均单产 7.73t/hm^2。适宜在云南省海拔1 900～2 300m的地区种植，1999 年最大年推广面积 0.36 万 hm^2，1997—2001 年累计推广面积 1.07 万 hm^2。

14. 凤稻 16

云南省大理白族自治州农业科学研究所以合系 15 为母本，与凤稻 9 号（中丹 2 号///轰早生//672/716）杂交选育而成，2004 年通过云南省农作物品种审定委员会审定。全生育期 180d，株高 90.0cm，穗长 16～19cm，每穗粒数 100～105 粒，千粒重25～26g，籽粒卵圆形，颖壳秆黄色，颖尖紫色，糙米率 81.2%，精米粒率 74.8%，整精米粒率 69.3%，垩白粒率 12%，胶稠度 100.0mm，透明度 1 级，直链淀粉含量 18.77%，蛋白质含量 7.45%。耐肥、耐寒，中抗稻瘟病及白叶枯病，平均单产 8.4～9.5t/hm^2。适宜在云南省海拔 1 900～2 250m 稻区种植，2007 年最大年推广面积 1.3 万 hm^2，2003—2007 年累计推广面积 3.53 万 hm^2。

15. 凤稻 17

云南省大理白族自治州农业科学研究所以合系 15 为母本，与凤稻 9 号杂交选育而成，2003 年通过云南省农作物品种审定委员会审定。全生育期 185d，株高 90～100cm，穗长 17～20cm，每穗粒数 100～110 粒，糙米率 81.1%，精米粒率 75.3%，整精米粒率 69.1%，千粒重 26～28g，垩白粒率 8.0%，胶稠度 100.0mm，直链淀粉含量 18.56%。蛋白质含量 7.22%，平均单产 8.9t/hm^2。适宜在云南省海拔 1 950m 以上冷凉稻区范围种植，2007 年最大年推广面积 1.5 万 hm^2，2003—2007 年累计推广面积 5.0 万 hm^2。

16. 楚粳 26

云南省楚雄彝族自治州农业科学研究所以楚粳 2 号为母本，与 768 杂交，杂交 F_1 作母本与云玉 1 号杂交，杂交 F_1 再与合系 30 杂交选育而成，2005 年通过云南省农作物品种审定委员会审定。全生育期 165～170d，株高 95～100cm，株叶型较好，抽穗整齐，穗型较好，着粒均匀，每穗粒数 120～130 粒，谷壳淡黄色，颖尖无色、无芒，落粒性适中，千粒重25～27g，糙米率 84.5%、精米粒率 77.4%、整精米粒率 75.8%、粒长 5.0mm、长宽比 1.7、糊化温度（碱消值）7.0 级、胶稠度 82mm、直链淀粉含量 15.0%、蛋白质含量 8.2%，透明度 2 级。米质优、食味佳。中抗稻瘟病，中抗条纹叶枯病，平均单产 10.37t/hm^2。适宜云南省海拔1 500～1 850m 稻区种植，2006 年最大年推广面积 2.4 万 hm^2，2004—2006 年累计推广面积 4.27 万 hm^2。

17. 云粳 15

云南省农业科学院粳稻育种中心以研系 2057 为母本，与滇系 4 号杂交，F_1 与合系 24 杂交，杂交选育而成，2005 年通过云南省农作物品种审定委员会审定。全生育期 180d，株高 94cm，株型好，每穗粒数 110 粒、实粒数 95 粒，落粒性较差，千粒重 24g，稻米外观油亮，糙米率 83.1%，精米粒率 75.2%，整精米粒率 70.9%，粒长 4.8mm，长宽比 1.8，垩白粒率 2%，垩白度 2.2%，透明度 1 级，糊化温度（碱消值）7.0 级，胶稠度 68mm，直链淀粉含量 16.4%，蛋白质含量 10.8%。分蘖力较强，剑叶直立，秆硬抗倒，耐寒性和稻瘟病抗性强，平均单产 8.84t/hm^2。适宜于云南海拔 1 650～2 000m 地区种植，2005 年最大年推广面积 1.1 万 hm^2，2003—2006 年累计推广面积 2.5 万 hm^2。

18. 云粳 12

云南省农业科学院粳稻育种中心以研系 2057 为母本，与合系 30 杂交，杂交 F_1 作父本再与滇系 4 号杂交选育而成，2005 年通过云南省农作物品种审定委员会审定。全生育期 177d，株高 97cm，株型优良，剑叶直立，每穗粒数 110 粒、谷壳黄，不落粒，千粒重 24.8 克，糙米率 82.5%，精米粒率 74.8%，整精米粒率 70.3%，粒长 4.9mm，长宽比 1.8，垩白粒率 4%，垩白度 0.3%，透明度 1 级，糊化温度（碱消值）7.0 级，胶稠度 58mm，直链淀粉含量 15.9%，蛋白质含量 10.2%。分蘖力较强，秆粗硬抗倒，耐寒性和稻瘟病抗性强，平均单产 8.43t/hm^2。适宜于云南海拔 1 600～2 000m 地区种植，2005 年最大年推广面积 0.67 万 hm^2，2003—2006 年累计推广面积 1.9 万 hm^2。

19. 银光

云南省农业科学院粳稻育种中心以银条粳为母本，与合系 40 杂交选育而成，2001 年通过云南省农作物品种审定委员会审定。全生育期 170d，株高 90cm 左右，穗长 18.2cm，每穗粒数 153.5 粒，千粒重 26g，糙米率 81.2%，精米粒率 72.5%，整精米粒率 66.3%，食味品质好，米饭油润可口，饭冷不回生，直链淀粉含量 5.11%，蛋白质含量 8.65%，糊化温度（碱消值）5.0 级，胶稠度 91.5mm。耐寒性较强，抗稻瘟病，平均单产 7.66t/hm^2。适宜在云南省海拔 1 700～2 000m 范围及四川、贵州等类似稻区种植，2000 年最大年推广面积 1.1 万 hm^2，1999—2004 年累计推广面积 3.0 万 hm^2。

二、武育粳 3 号及其衍生品种

武育粳 3 号是江苏省武进稻麦育种场以中丹 1 号分别与 79-51 和扬粳 1 号的杂交后代经复交育成的，1992 年通过江苏省农作物品种审定委员会审定（图 11-3）。全生育期 150d 左右，株高 95cm，株型较紧凑，叶片挺拔，叶色淡绿，分蘖力较强，穗粒结构较协调，生长整齐清秀，后期熟相好。有效穗 420 万/hm^2，每穗粒数 90～100 粒，千粒重 27～28g。精米粒率 70.5%，长宽比 1.6，垩白粒率 32%，垩白度 5.3%，透明度 1 级，

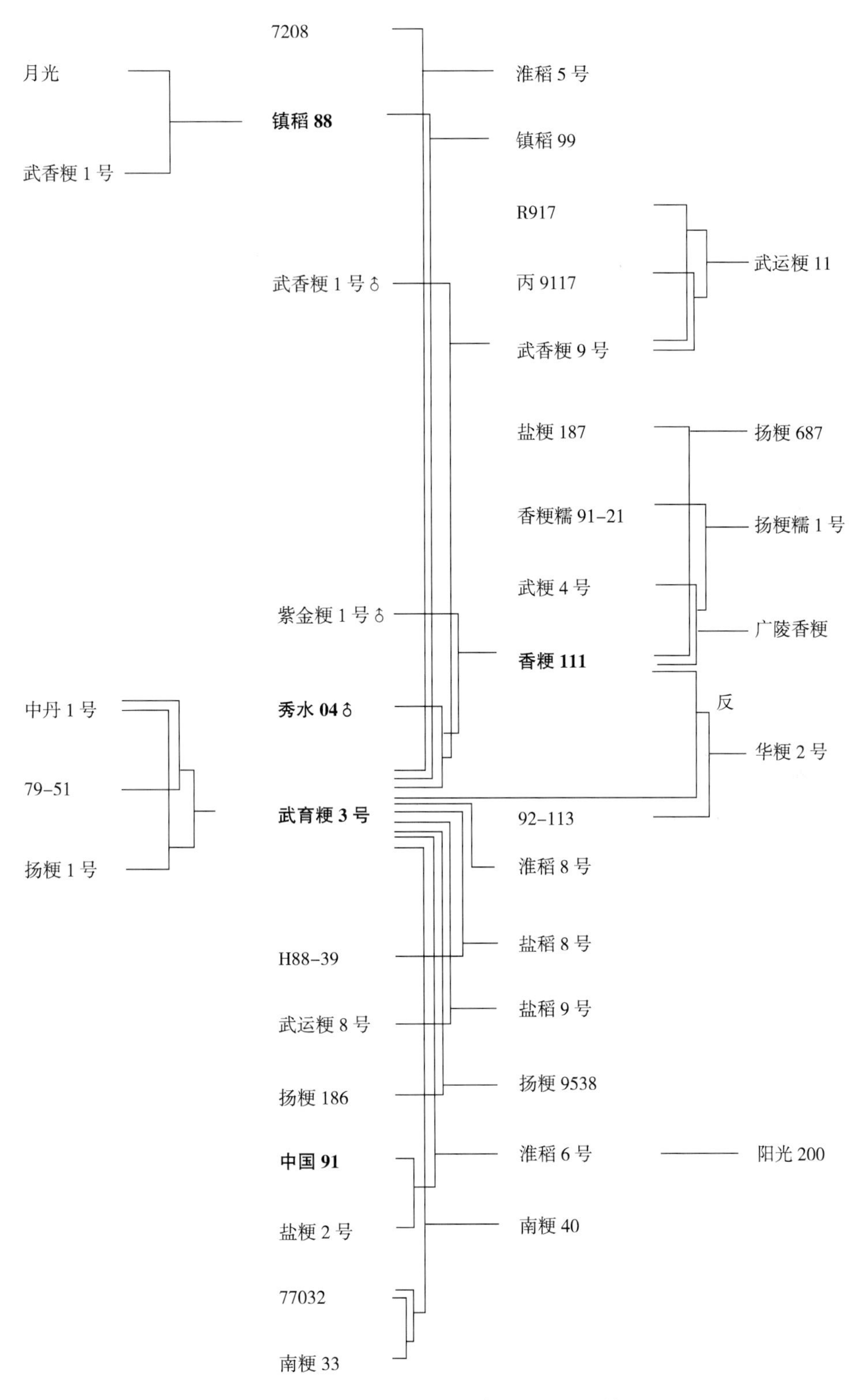

图 11-3　武育粳 3 号及其衍生品种系谱

直链淀粉含量 18.9%，糊化温度（碱消值）7 级，胶稠度 77mm，食味品质优良。抗倒性中等，平均单产 8.7t/hm^2，适宜于沿江和沿海南部、丘陵稻区中等或中等偏上肥力条件下种植。1992—2006 年累计推广面积在 534.7 万 hm^2 以上，1997 年最大年推广面积达到 52.7 万 hm^2。尽管该品种外观品质达不到国标三级优质稻谷标准，但由于食味品质优良，分蘖性强，适应性广，十多年来，在生产上经久不衰，目前年种植面积仍在 10 万 hm^2 以上，深受广大农户欢迎。同时，在育种上也成为主体亲本之一。以该品种为亲本，育成了 2 辈 15 个中粳稻新品种。如淮稻 5 号、镇稻 99、香粳 111、淮稻 8 号、盐稻 8 号、盐稻 9 号、扬粳 9538、淮稻 6 号、南粳 40、武运粳 11、扬粳 687、扬粳糯 1 号、广陵香粳、华粳 2 号、阳光 200 等（图 11-3）。

1. 淮稻 5 号

迟熟中粳，江苏省农业科学院徐淮地区淮阴农业科学研究所以 7208 为母本与武育粳 3 号杂交选育而成，2000 年通过江苏省农作物品种审定委员会审定。全生育期 150d，株高 93cm，株高适中，株型较紧凑，叶片挺立，抗倒性较强。分蘖力中等，成穗率高。有效穗 330 万/hm^2，每穗粒数 110 粒，千粒重 28g。整精米粒率 60.3%，长宽比 1.7，垩白粒率 34%，垩白度 3.3%，透明度 2 级，直链淀粉含量 20.3%，糊化温度（碱消值）7 级，胶稠度 79mm。平均单产 9.3t/hm^2。适宜于江苏省淮南地区中上等肥力条件下种植，2005 年最大年推广面积 0.67 万 hm^2，2005 年累计推广面积 0.67 万 hm^2。

2. 镇稻 99

中熟中粳，江苏省农业科学院镇江地区农业科学研究所以镇稻 88（月光/武香粳 1 号）为母本与武育粳 3 号杂交选育而成，2001 年通过江苏省农作物品种审定委员会审定。全生育期 155d，株高 110cm，株型集散适中，植株较高，分蘖力中等，穗粒结构协调，丰产、稳产性好，后期熟相好，抗倒性较差。有效穗 315 万/hm^2，每穗粒数 115～120 粒，千粒重 27～28g。整精米粒率 71.2%，长宽比 1.6，垩白粒率 33%，垩白度 2.3%，透明度 1 级，直链淀粉含量 18.1%，糊化温度（碱消值）7 级，胶稠度 81mm。平均单产 9.5t/hm^2。适宜于江苏省淮北、苏中北部地区中上等肥力条件下种植，2006 年最大年推广面积 7.1 万 hm^2，2001—2006 年累计推广面积 27.1 万 hm^2。

3. 盐稻 8 号

中熟中粳，江苏省农业科学院沿海地区农业科学研究所以日本晴（山彦/幸风）与 02428（崇明汲滨稻/云南螃蟹谷）杂交，获得 H88-39，其 F_1 为父本与武育粳 3 号杂交选育而成，2003 年通过江苏省农作物品种审定委员会审定。全生育期 150d，株高 98cm，株型集散适中，长势较旺，茎秆粗壮，抗倒性强，叶色深，剑叶挺，穗半直立，分蘖力较好，较易落粒。有效穗 300 万/hm^2，每穗粒数 130 粒，千粒重 27g。精米粒率 74.5%，整精米粒率 70.1%，长宽比 1.7，垩白粒率 33%，垩白度 5%，透明度 2 级，直链淀粉含量 16.7%，糊化温度（碱消值）6 级，胶稠度 62mm。平均单产 9.7t/hm^2。适宜于江苏省淮北地区中上等肥力条件下种植，2005 年最大年推广面积 7.5 万 hm^2，2003—2006 年累计推广面积 23 万 hm^2。

4. 盐稻 9 号

迟熟中粳，江苏省农业科学院沿海地区农业科学研究所以武育粳 3 号为母本，武运粳

8号（嘉48/香糯9121//丙815）为父本杂选育而成，2005年通过江苏省农作物品种审定委员会审定。全生育期155d，株高100cm，株型紧凑，分蘖力强，长势较旺，群体整齐度好，叶挺，叶色较淡，熟期转色好，抗倒性中等。有效穗300万/hm^2，每穗粒数140粒，千粒重27g。稻米品质达国标三级优质稻谷标准。整精米粒率65.4%，长宽比1.6，垩白粒率27.7%，垩白度1.9%，透明度1级，直链淀粉含量17.5%，糊化温度（碱消值）7级，胶稠度82.3mm。平均单产8.7t/hm^2。适宜于江苏省苏中及宁镇扬丘陵地区中上等肥力条件下种植，2006年最大年推广面积3.3万hm^2，2005—2006年累计推广面积3.87万hm^2。

5. 扬粳9538

迟熟中粳，江苏省农业科学院里下河地区农业科学研究所以武育粳3号为父本，与扬粳186（南粳11/南粳33//黄金晴）杂交后选育而成，2000年通过江苏省农作物品种审定委员会审定。全生育期149d，株高85～90cm，株型紧凑，叶片短挺上举，抗倒性较好。有效穗360万/hm^2，每穗粒数95粒，千粒重30g。整精米粒率71.7%，长宽比，垩白粒率83%，垩白度21.6%，透明度1级，直链淀粉含量19.4%，糊化温度（碱消值）7级，胶稠度83mm。平均单产9.3t/hm^2。适宜于江苏省淮南地区中上等肥力条件下种植，2005年最大年推广面积14.6万hm^2，2000—2005年累计推广面积26.7万hm^2。

6. 淮稻6号

中熟中粳，江苏省农业科学院徐淮地区淮阴市农业科学研究所以中国91为父本，与盐粳2号杂交，其后代为父本，与武育粳3号杂交后选育而成，2000年通过江苏省农作物品种审定委员会审定。全生育期150d，株高100cm，株型集散适中，茎秆粗壮，叶片较挺，分蘖力较强，抗倒性好。有效穗360万/hm^2，每穗粒数105粒，千粒重28g。紫颖尖。整精米粒率72.8%，长宽比1.9，垩白粒率12%，垩白度1.8%，透明度1级，直链淀粉含量18.6%，糊化温度（碱消值）7级，胶稠度72mm。平均单产9.7t/hm^2。适宜于江苏省淮北地区中上等肥力条件下种植，2002年最大年推广面积4.93万hm^2，2001—2005年累计推广面积10.96万hm^2。

7. 武运粳11

迟熟中粳，江苏省常州市武进区农业科学研究所以R917为母本，与武香粳9号杂交，其F_1与丙9117和武香粳9号的杂交后代杂交选育而成，2001年通过江苏省农作物品种审定委员会审定。全生育期151d，株高100cm，分蘖力中等，株型较紧凑，生长清秀，穗型较大，抗倒性强，熟期早，熟色好。有效穗300万/hm^2，每穗粒数120粒，千粒重30g。整精米粒率67.9%，垩白粒率83%，垩白度11.2%，透明度3级，直链淀粉含量15.2%，糊化温度（碱消值）7级，胶稠度72mm。平均单产9.5t/hm^2。适宜于江苏省苏中和沿江地区中上等肥力条件下种植，2004年最大年推广面积2万hm^2，2003—2006年累计推广面积3.79万hm^2。

8. 扬粳687

中熟中粳，江苏省农业科学院里下河地区农业科学研究所以盐粳187为母本，与香粳111（武育粳3号/3/秀水04//紫金糯/武香粳1号）杂交选育而成，2000年通过江苏省农作物品种审定委员会审定。全生育期145d，株高90cm，株型较好，后期熟相好，抗倒性好。有效穗 345 万/hm^2，每穗粒数 120 粒，千粒重 24～25g。整精米粒率 69.1%，垩白粒率 90%，垩白度 11.5%，透明度 3 级，直链淀粉含量 15.8%，糊化温度（碱消值）7 级，胶稠度 79mm。平均单产 9.6t/hm^2。适宜于江苏省淮北地区中上等肥力条件下种植，1997—2001 年累计推广面积 1.7 万 hm^2。

9. 广陵香粳

迟熟中粳，扬州大学以武育粳 4 号为母本，与香粳 111 杂交选育而成，2002 年通过江苏省农作物品种审定委员会审定。全生育期 153d，株高 100cm，苗期较矮，叶片较细，株高适中，分蘖力较强，穗型中等，穗数较多，穗较长，抗倒性中等。有效穗 330 万/hm^2，每穗粒数 110 粒，千粒重 26～27g。整精米粒率 67.8%，长宽比 1.7，垩白粒率 68%，垩白度 5.4%，透明度 1 级，直链淀粉含量 17.7%，糊化温度（碱消值）7 级，胶稠度 100mm。平均单产 9.1t/hm^2。适宜于江苏省苏中地区中上等肥力条件下种植，2003 年最大年推广面积 2.9 万 hm^2，2002—2003 年累计推广面积 4.1 万 hm^2。

10. 华粳 2 号

中熟中粳，江苏省大华种业集团公司以武育粳 3 号与香粳 111 杂交，其 F_1 与 92-113 杂交选育而成，2003 年通过江苏省农作物品种审定委员会审定。全生育期 150d，株高 100cm，株型紧凑，长势较旺，茎秆粗壮，抗倒性较强，叶色深，剑叶挺。有效穗 330 万/hm^2，每穗粒数 140 粒，千粒重 25～26g。稻米品质达国标一级优质稻谷标准。精米粒率 77.5%，整精米粒率 70.6%，长宽比 1.7，垩白粒率 4%，垩白度 0.2%，透明度 1 级，直链淀粉含量 17.5%，糊化温度（碱消值）7 级，胶稠度 100mm。平均单产 10.1t/hm^2。适宜于江苏省淮北地区中上等肥力条件下种植，2004 年最大年推广面积 3.1 万 hm^2，2002—2005 年累计推广面积 3.6 万 hm^2。

三、南粳 11 及其衍生品种

农垦 57，原名金南风（良作/爱知中生旭），由江苏省农业科学院 1975 年从日本引进。以该品种为亲本，1986—2005 年间共育成了 4 辈 13 个中粳稻新品种（表 11-5）。如徐稻 2 号、镇稻 4 号、盐粳 4 号、扬粳 201、扬粳 186、盐粳 6 号、南粳 36、镇稻 6 号、淮稻 6 号、扬粳 9538、南粳 37、阳光 200、远杂 101、鲁香粳 2 号等（图 11-4）。

表 11-5　南粳 11 衍生品种辈序表

品种辈序	1	2	3	4	合计
品种数	2	5	4	2	13

1. 徐稻 2 号

中熟中粳，江苏省徐淮地区徐州市农业科学研究所以南粳 32 为母本，与南粳 11 选系杂交选育而成，1992 年通过山东省农作物品种审定委员会审定。全生育期 150d，株高 98cm，株型较紧凑，剑叶挺直，叶色较深，后期熟相好，分蘖力较强，抗倒性中等。有效穗 405 万/hm^2，每穗粒数 105 粒，千粒重 25g。精米粒率 73%，长宽比 1.6，垩白度 2.5%，胶稠度 93mm。平均单产 8.6t/hm^2，适宜于江苏省苏中地区中上等肥力条件下种植。1986 年最大年推广面积 5.8 万 hm^2，1985—1997 年累计推广面积 31 万 hm^2。

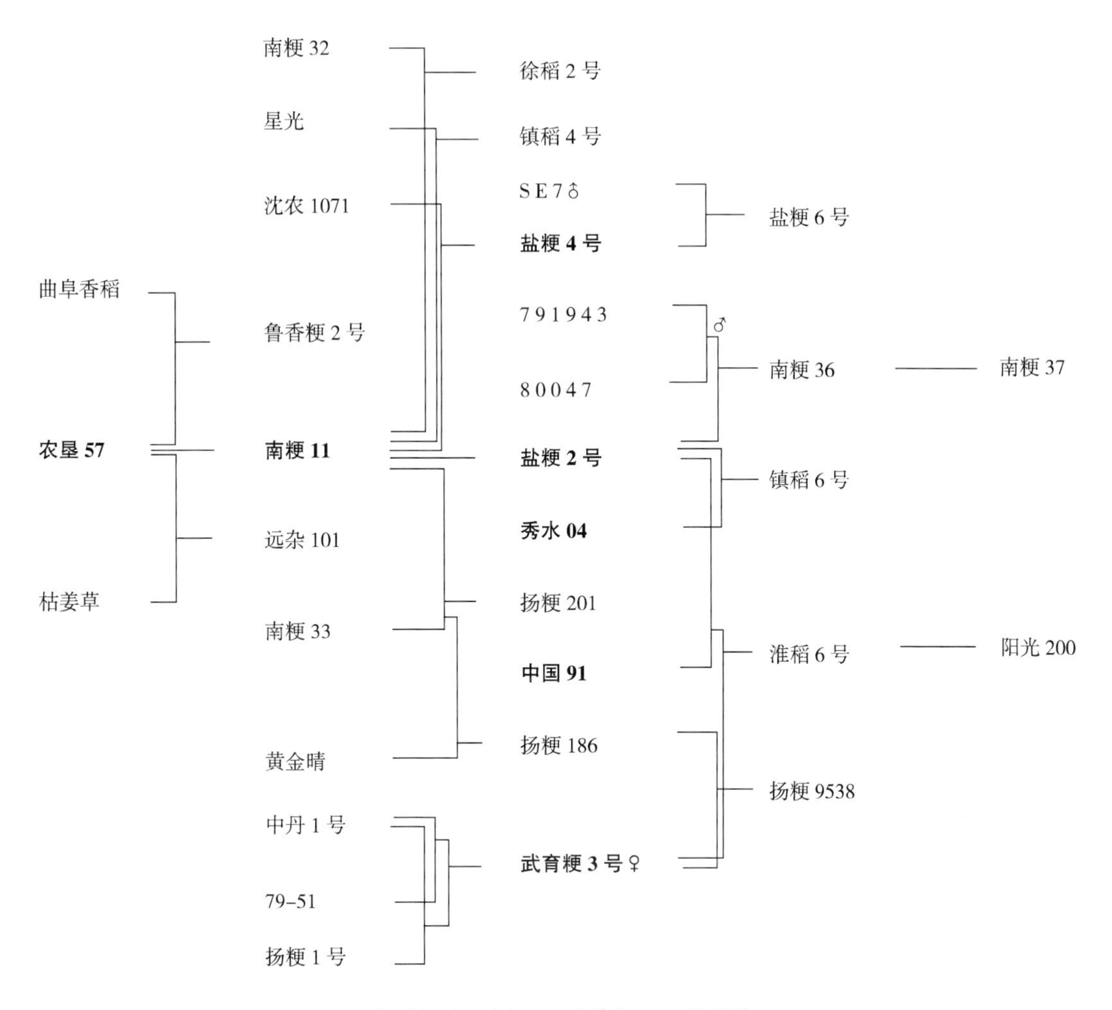

图11-4 南粳11及其衍生品种系谱

2. 盐粳4号

迟熟中粳，江苏省盐城稻麦育种试验站以沈农1071为母本，与南粳11选系杂交选育而成，1993年通过江苏省农作物品种审定委员会审定。全生育期150d，株高98cm，株型较紧凑，剑叶挺直，叶色较深，后期熟相好，分蘖力较强，抗倒性中等。有效穗405万/hm^2，每穗粒数105粒，千粒重25g。精米粒率73%，长宽比1.6，垩白度2.5%，胶稠度93mm。平均单产8.6t/hm^2。适宜于江苏省苏中地区中上等肥力条件下种植，1996年最大年推广面积5.0万hm^2，1993—1997年累计推广面积16.27万hm^2。

3. 扬粳186

中熟中粳，江苏省农业科学院里下河地区农业科学研究所以南粳11与南粳33杂交，其后代为母本，与黄金晴杂交选育而成，1996年通过江苏省农作物品种审定委员会审定。全生育期146d，株高100cm，株型挺拔，剑叶窄挺，叶色较淡，繁茂性较好，分蘖性较强，熟色好，抗倒性中等。有效穗383万/hm^2，每穗粒数95粒，千粒重27g。垩白度4.3%，透明度2级，直链淀粉含量15%，糊化温度（碱消值）6级，胶稠度105mm。平均单产 8.5t/hm²。适宜于江苏省里下河北部地区和苏中丘陵地区中等或中上等肥力条件下种植，1997 年最大年推广面积 0.67 万 hm²，1992—1997 年累计推广面积 0.67 万 hm²。

4. 盐粳 6 号

中熟中粳，江苏省盐城稻麦育种试验站以盐粳 4 号为母本，与 SE7 杂交选育而成，2000 年通过江苏省农作物品种审定委员会审定。全生育期 150d，株高 100cm，株型集散适中，抗倒性中等，后期熟相较好。有效穗 345 万/hm²，每穗粒数 110 粒，千粒重 25g。整精米粒率 75%，长宽比 1.5，垩白粒率 12%，垩白度 1.1%，透明度 3 级，直链淀粉含量 16.3%，糊化温度（碱消值）7 级，胶稠度 66mm。平均单产 9.7t/hm²。适宜于江苏省淮北地区中上等肥力条件下种植，2004 年最大年推广面积 1.0 万 hm²，2002—2005 年累计推广面积 1.64 万 hm²。

5. 扬粳 9538

迟熟中粳，江苏省农业科学院里下河地区农业科学研究所以武育粳 3 号为母本，与扬粳 186 杂交选育而成，2000 年通过江苏省农作物品种审定委员会审定。全生育期 149d，株高 85～90cm，株型紧凑，叶片短挺上举，抗倒性较好。有效穗 360 万/hm²，每穗粒数 95 粒，千粒重 30g。整精米粒率 71.7%，垩白粒率 83%，垩白度 21.6%，透明度 1 级，直链淀粉含量 19.4%，糊化温度（碱消值）7 级，胶稠度 83mm。平均单产 9.3t/hm²。适宜于江苏省淮南地区中上等肥力条件下种植，2005 年最大年推广面积 14.6 万 hm²，2003—2006 年累计推广面积 26.7 万 hm²。

6. 阳光 200

山东省郯城县种子公司从淮稻 6 号中系统选育而成，2005 年通过山东省农作物品种审定委员会审定。全生育期 154d，株高 95cm，叶片浅绿，生长清秀，分蘖力较强，成熟落黄较好。有效穗 348 万/hm²，每穗粒数 109.2 粒，千粒重 27.3g。中抗稻瘟病、白叶枯病。整精米粒率 72%，垩白粒率 27%，垩白度 2.1%，直链淀粉含量 17.2%，胶稠度 85mm。平均单产 8.6t/hm²。适于山东南部做麦茬稻种植，2006 年最大年推广面积 0.93 万 hm²，累计推广面积 2006 年 0.93 万 hm²。

四、滇榆 1 号及其衍生品种

滇榆 1 号是 1979 年云南省大理市农业技术推广中心等单位用紫米与科情 3 号杂交选育而成。由该品种衍生出 2 辈 13 个中粳稻新品种，如凤稻 14、楚粳 14、凤稻 15、合系 34、凤稻 11、楚粳 7 号、楚粳 8 号、靖粳 8 号、楚粳 24、靖粳优 3 号、云粳优 1 号、靖粳优 2 号、靖粳优 1 号等（图 11-5）。

1. 凤稻 14

中熟中粳，云南省大理白族自治州农业科学研究所以中丹 2 号为母本，与滇渝 1 号杂交选育而成，2001 年通过云南省农作物品种审定委员会审定。全生育期 185d，株高 90cm。每穗粒数 90～100 粒，千粒重 24～25g。耐寒，较抗稻瘟病，轻感白叶枯病及稻曲病。长宽比 1.73，垩白度 1%，直链淀粉含量 15.72%，胶稠度 92mm。平均单产 7.7t/hm²。适宜在云南省海拔 1 950～2 200m 稻区种植，2001 年最大年推广面积 1.0 万 hm²，1999—2004 年累计推广 2.5 万 hm²。

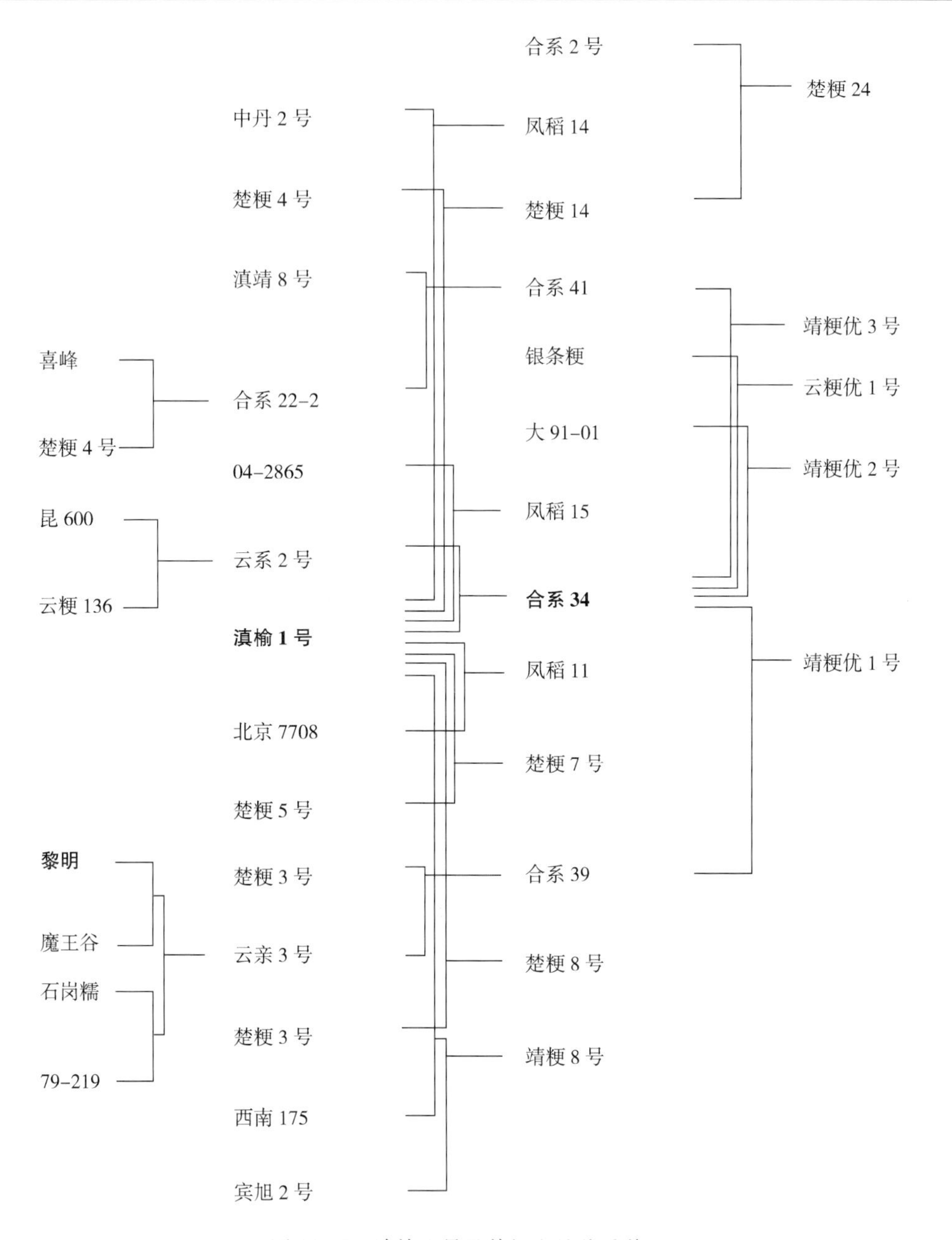

图 11-5 滇榆 1 号及其衍生品种系谱

2. 楚粳 14

云南省楚雄彝族自治州农业科学研究所以楚粳 4 号为母本，与滇渝 1 号杂交选育而成，1995 年通过云南省农作物品种审定委员会审定。全生育期 175d，株高 99cm，株型紧凑，分蘖力中等。每穗粒数 114～120 粒，千粒重 24g。耐寒力较强，中抗稻瘟病及条纹叶枯病。直链淀粉含量 17%，胶稠度 78mm。平均单产 9.56t/hm^2。适宜在云南省海拔 1 500～1 900m 的地区种植，1994 年最大年推广面积 0.46 万 hm^2，1993—1998 年累计推广面积 1.64 万 hm^2。

3. 合系 34

云南省农业科学院中日合作水稻育种项目以云系 2 号（昆 600/云粳 136）为母本，与滇榆 1 号杂交选育而成，1997 年通过云南省农作物品种审定委员会审定。全生育期 180d，株高 89cm，株型紧凑，分蘖力中等，每穗粒数 100 粒，千粒重 26.5g，直链淀粉含量 18.25%，蛋白质含量 5.67%。耐寒力较强，高抗稻瘟病，平均单产 8.58t/hm²，适宜在云南省中北部海拔 1 900m 左右的地区种植。1997 年最大年推广面积 0.44 万 hm²，1994—1999 年累计推广面积 1.24 万 hm²。

4. 凤稻 15

云南省大理白族自治州农业科学研究所以 04—2865 为母本，与滇渝 1 号（元江紫糯米/科情 3 号）杂交选育而成，2002 年通过云南省农作物品种审定委员会审定。全生育期 180d，株高 85～90cm，穗长 18～20cm，每穗粒数 100～105 粒，糙米率 84.1%，精米粒率 78.6%，整精米粒率 65.4%，千粒重 25～26g，直链淀粉含量 16.62%，蛋白质含量 6.67%，胶稠度 88mm，糊化温度（碱消值）6.4 级。耐寒性强，中抗稻瘟病、白叶枯病、恶苗病、稻曲病，平均单产 7.88t/hm²。适合在云南省海拔 1 950～2 200m 范围种植，2003 年最大年推广面积 0.87 万 hm²，2002—2005 年累计推广面积 1.4 万 hm²。

5. 凤稻 11

云南省大理白族自治州农业科学研究所以滇渝 1 号为母本，与北京 7708 杂交选育而成，1999 年通过云南省农作物品种审定委员会审定。全生育期 185d，株高 90cm，每穗粒数90～100 粒，千粒重 25～27g，米粒透明，外观和食味品质好，耐寒性强，较抗稻瘟病，轻感白叶枯病及稻曲病，平均单产 7.4t/hm²。适宜在云南省海拔 1 950～2 200m 的地区种植，1999 年最大年推广面积 0.6 万 hm²，1997—1999 年累计推广面积 0.94 万 hm²。

6. 楚粳 7 号

云南省楚雄彝族自治州农业科学研究所以滇渝 1 号为母本，与楚粳 5 号杂交选育而成。1991 年通过云南省农作物品种审定委员会审定。全生育期 170d，株高 95cm，株型紧凑，分蘖力中等，每穗粒数 88 粒，千粒重 25g。耐肥、抗倒，耐寒性强，抗叶稻瘟及白叶枯病，略感穗稻瘟和条纹叶枯病，平均单产 6.99t/hm²。适宜在云南省海拔 1 400～1 850m的地区种植，1992 年最大年推广面积 1.47 万 hm²，1991—1993 年累计推广面积 3.53 万 hm²。

7. 楚粳 8 号

云南省楚雄彝族自治州农业科学研究所以滇渝 1 号为母本，与楚粳 3 号杂交选育而成，1990 年通过云南省农作物品种审定委员会审定。全生育期 166d，株高 85～90cm，株型紧凑，分蘖力中等，每穗粒数 110～120 粒，千粒重 23～25g。耐寒性较强，高抗叶瘟，略感穗瘟和白叶枯病，平均单产 7.64t/hm²。1992 年最大年推广面积 2.88 万 hm²，1989—1998 年累计推广面积 10.59 万 hm²。

8. 楚粳 24

云南省楚雄彝族自治州农业科学研究所以合系 2 号为母本，与楚粳 14 杂交选育而成，2003 年通过云南省农作物品种审定委员会审定。全生育期 170d，株高 100cm。每穗粒数 100～105 粒，千粒重 25g。长宽比 1.8，精米粒率 78.6%，整精米粒率 78.3%，垩白度

1.2%，直链淀粉含量17.2%，胶稠度80mm。平均单产9.3t/hm^2。适宜在云南省海拔1 500～1 850m范围种植，2006年最大年推广面积2.73万hm^2，2003—2006年累计推广面积6.07万hm^2。

9. 云粳优1号

云南省农业科学院粳稻育种中心以银条粳为母本，与合系34（云系2号/滇榆1号）杂交选育而成，2004年通过云南省农作物品种审定委员会审定。全生育期180d，株高92.6cm，穗长19.2cm，每穗粒数98粒，每穗实粒数72粒，千粒重25.5g，粒长6.2mm，长宽比2.6，糙米率83.3%，精米粒率75.2%，整精米粒率67.1%，垩白粒率2.0%，垩白度0.3%，透明度1级，直链淀粉含量17.2%，蛋白质含量9.4%，胶稠度58mm。耐肥、耐寒，抗稻瘟病及白叶枯病，平均单产9.45t/hm^2，适宜在云南省海拔1 650～2 050m稻区种植，2001年最大年推广面积1.0万hm^2，2002—2004年累计推广面积2.7万hm^2。

五、云粳135及其衍生品种

云粳135是1979年云南省大理市农业技术推广中心等单位用轰早生与晋宁768杂交选育而成。由该品种衍生出3辈12个中粳稻新品种，如合系4号、合系5号、合系15、会9203、合系35、合系40、凤稻16、凤稻17、马粳1号、会粳4号、剑粳3号、银光等（图11-6）。

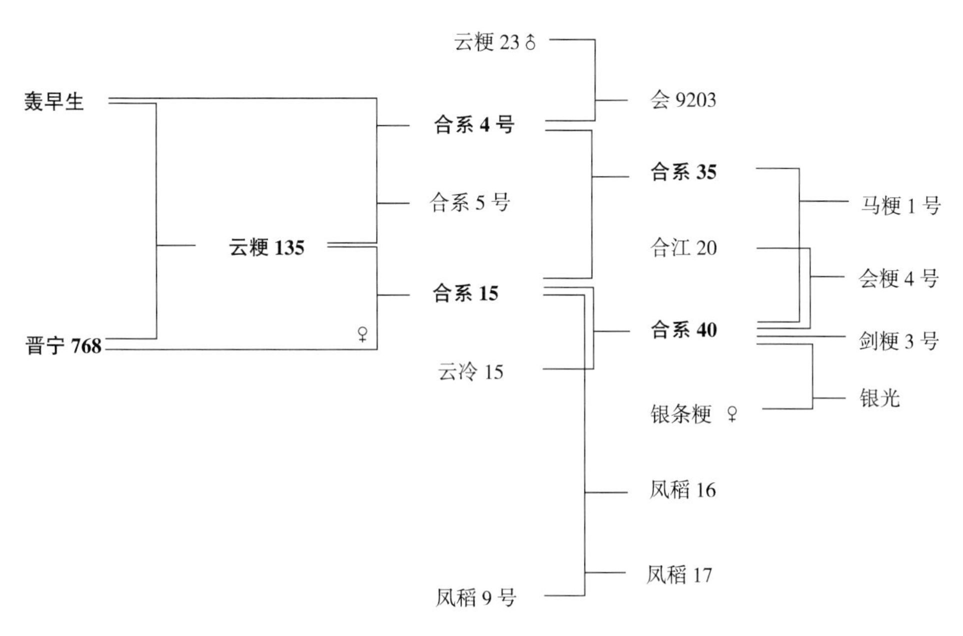

图11-6　云粳135及其衍生品种系谱

六、紫金糯及其衍生品种

紫金糯由江苏省农业科学院于1980年育成，是由辛尼斯与南粳15杂交后代与复红糯30复交后代选育而成。以该品种为亲本，育成了3辈9个中粳稻新品种，如钟山糯、江洲糯、香粳111、江洲香糯、皖稻68、扬粳687、扬粳糯1号、广陵香粳、华粳2号等（图11-7）。

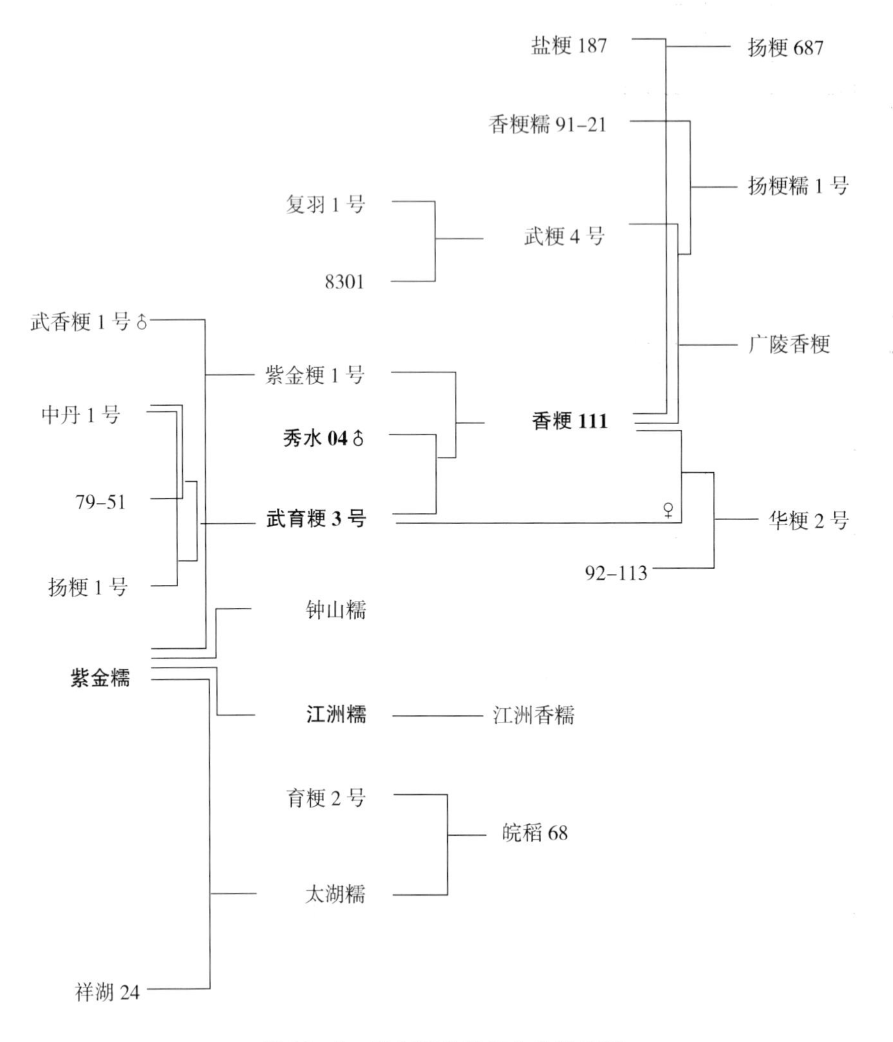

图 11-7　紫金糯及其衍生品种系谱

1. 江洲糯

迟熟中粳糯，江苏省扬中市种子公司从紫金糯中系统选育而成，1993 年通过江苏省农作物品种审定委员会审定。全生育期 150d，株高 97cm，株型较紧凑，叶片挺拔，叶色浓绿，分蘖力中等偏强，穗型较大，较耐肥、抗倒。有效穗 375 万/hm^2，每穗粒数 105 粒，千粒重 26.5g。精米粒率 72%，直链淀粉含量 1.1%。平均单产 8.3t/hm^2。适宜于江苏省沿江及丘陵地区中上等肥力条件下种植，1995 年最大年推广面积 0.71 万 hm^2，1995—2000 年累计推广面积 1.79 万 hm^2。

2. 皖稻 68

中粳糯，安徽省凤台县水稻原种场以育粳 2 号为母本，与太湖糯杂交选育而成，2003 年通过安徽省农作物品种审定委员会审定。全生育期 149d，株高 95cm，剑叶短挺，株型紧凑，分蘖力强，熟期转色好。有效穗 375 万/hm^2，每穗粒数 105 粒，千粒重 26g。抗白叶枯病，感稻瘟病，平均单产 8.1t/hm^2。适宜在安徽省作单季稻区作一季中稻搭配品种种植，2006 年最大年推广面积 5.73 万 hm^2，2005—2006 年累计推广面积 8.60 万 hm^2。

七、日本晴及其衍生品种

日本晴山彦与幸风的杂交后代中选育而成，由日本引进。以其为亲本，育成了 3 辈 9 个中粳稻新品种，如鲁香粳 2 号、紫香糯 2315、临稻 10 号、冀粳 10 号、鲁稻 1 号、红光粳 1 号、水晶 3 号、扬粳 186 和扬粳 9538 等（图 11 - 8）。

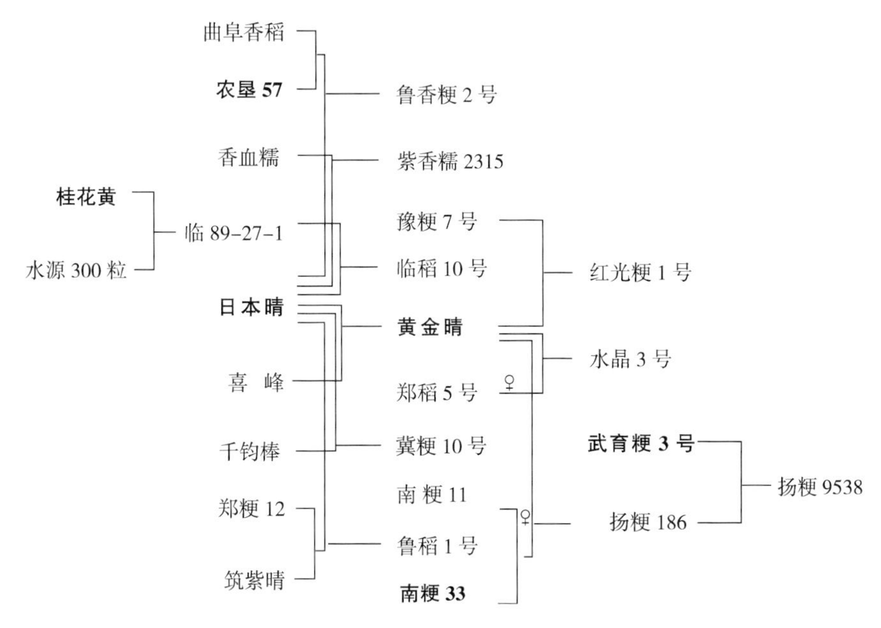

图 11 - 8　日本晴衍生品种系谱

1. 临稻 10 号

山东省临沂市水稻研究所以临 89 - 27 - 1 为母本，与日本晴杂交选育而成，2002 年通过山东省农作物品种审定委员会审定。全生育期 157d，株高约 95cm，直穗，分蘖力较强，株型紧凑，剑叶宽短、上举，叶色浓绿。有效穗 342.0 万/hm^2，穗长约 16cm，每穗粒数 107.0 粒，千粒重 24.8g，轻落粒。整精米粒率 65.2%，垩白度 1.8%，胶稠度 77mm，直链淀粉含量 16.5%。抗穗颈瘟，田间表现抗条纹叶枯病，纹枯病轻，平均单产 8.97t/hm^2。适于山东南部做麦茬稻种植，2002 年最大推广面积 2.13 万 hm^2，2002—2005 年累计推广面积 8.53 万 hm^2。

2. 水晶 3 号

河南省农业科学院粮食作物研究所以郑稻 5 号为母本，与黄金晴杂交选育而成，2002 年通过河南省农作物品种审定委员会审定。全生育期 158d 左右，株高 102.7cm，生长旺盛，分蘖力强，剑叶中长，茎秆较细、坚韧有弹性。穗长 19.0cm，散穗型，每穗实粒数 85.1 粒，结实率 88.6%，千粒重 25.5g。有效穗 420 万～450 万/hm^2。蛋白质含量 8.16%，直链淀粉含量 17.2%，糙米率 83.7%，整精米粒率 77.6%，胶稠度 81mm，垩白粒率 8%，垩白度 0.7%，米饭口感好。抗稻瘟病、白叶枯病，中感纹枯病，平均单产 7.5t/hm²。适宜在河南省麦茬稻种植，2003 年最大推广面积 1 万 hm²，2003—2005 年累计推广面积 1.67 万 hm²。

八、苏协粳及其衍生品种

苏协粳，1985 年江苏省农业厅和江苏省农业科学院从中国 91 中系统选育而成。以该品种为亲本，育成了 2 辈 7 个中粳稻新品种，如圣稻 301、泗稻 10 号、盐粳 5 号、淮稻 6 号、华粳 3 号、阳光 200 等（图 11 - 9）。

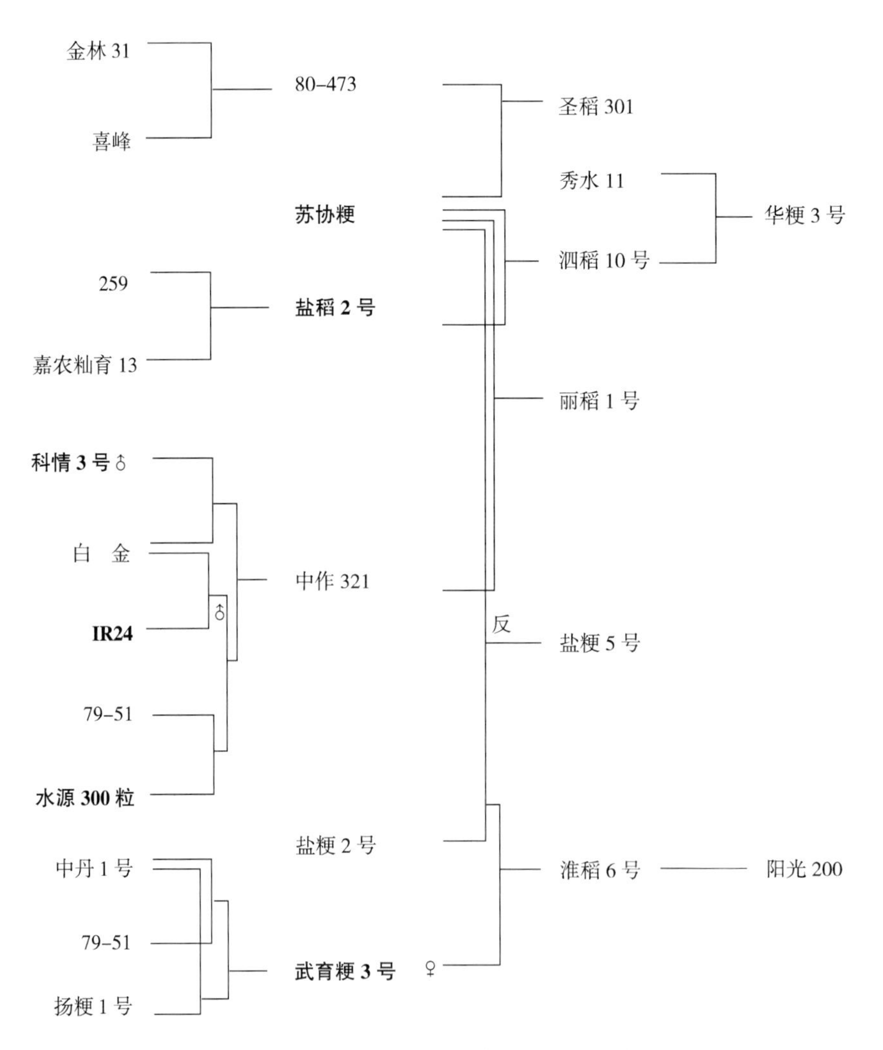

图 11 - 9　苏协粳及其衍生品种系谱

1. 圣稻 301

山东省水稻研究所以 80 - 473 为母本，与苏协粳（中国 91）杂交选育而成，1998 年通过山东省农作物品种审定委员会审定。全生育期 150d，株高 94cm，分蘖力强，株型紧凑，抗倒性强，成熟落黄较好。有效穗 405 万/hm²，每穗粒数 101.7 粒，千粒重 26.0g。

整精米粒率 73.9%，垩白粒率 10%，垩白度 0.7%，直链淀粉含量 15.7%，胶稠度 74mm。高抗穗颈瘟（0 级），中抗白叶枯病，平均单产 8.73t/hm^2。适于山东南部做麦茬稻种植，1998 年最大年推广面积 4.73 万 hm^2，1998—2002 年累计推广面积 7.93 万 hm^2。

2. 泗稻 10 号

迟熟中粳，江苏省泗阳棉花原种场以苏协粳为母本，与盐稻 2 号杂交选育而成，1996 年通过江苏省农作物品种审定委员会审定。全生育期 151d，株高 93cm，株型紧凑，剑叶挺直，叶色中绿，光叶光壳，茎秆粗壮，繁茂性较好，分蘖性中等偏强，穗大粒多，抗倒性强。有效穗 360 万/hm^2，每穗粒数 120 粒，千粒重 25.5g。平均单产 8.1t/hm^2。适宜于江苏省苏中地区中上等肥力条件下种植，1993 年最大年推广面积 3.0 万 hm^2，1993—2000 年累计推广面积 4.33 万 hm^2。

3. 盐粳 5 号

迟熟中粳，江苏省盐城稻麦育种试验站以盐粳 2 号为母本，与苏协粳（中国 91）杂交选育而成，1997 年通过江苏省农作物品种审定委员会审定。全生育期 145d，株高 80～85cm，株型紧凑，剑叶长而挺，叶色较淡，熟相好，分蘖性较强，穗形中等偏大，丰产稳产性较好。有效穗 390 万/hm^2，每穗粒数 95 粒，千粒重 25g。长宽比 1.9，垩白粒率 14%，垩白度 3.2%，透明度 1 级，直链淀粉含量 15.8%，糊化温度（碱消值）7 级，胶稠度 86mm。平均单产 8.4t/hm^2。适宜于江苏省苏中地区中上等肥力条件下种植，2002 年最大年推广面积 1.53 万 hm^2，1997—2002 年累计推广面积 3.65 万 hm^2。

4. 华粳 3 号

迟熟中粳，江苏省大华种业集团公司以秀水 11 为母本，与泗稻 10 号杂交选育而成，2004 年通过江苏省农作物品种审定委员会审定。全生育期 155d，株高 95cm，株型紧凑，长势较旺，剑叶挺，叶色较深，穗型较小，分蘖力较强，抗倒性较强，后期熟相好，较难落粒。有效穗 345 万/hm^2，每穗粒数 120 粒，千粒重 24g。稻米品质达国标一级优质稻谷标准。精米粒率 75.2%，整精米粒率 65.6%，长宽比 2.2，垩白粒率 5%，垩白度 0.5%，透明度 1 级，直链淀粉含量 16.6%，糊化温度（碱消值）7 级，胶稠度 89mm。平均单产 9.3t/hm^2。适宜于江苏省苏中地区中上等肥力条件下种植，2004 年最大年推广面积 0.53 万 hm^2，2003—2005 年累计推广面积 0.63 万 hm^2。

九、冀粳 14 号及其衍生品种

冀粳 14 由河北省稻作研究所从日本品种山光系统选育而成，1996 年通过河北省农作物品种审定委员会审定。全生育期 175.6d，株高 99.2cm，株型紧凑，茎秆粗壮，高抗倒伏，活棵成熟。有效穗 414 万/hm^2，每穗粒数 102.8 粒，千粒重 25.7g。长宽比 1.7，精米粒率 75.25%，整精米粒率 64.9%，垩白粒率 15%，垩白度 3.75%，直链淀粉含量 10.42%，胶稠度 89mm。抗稻穗瘟平均 5.0 级，最高 9 级，平均单产 8.99t/hm^2，适宜在长城以南河北省、天津、北京等省、直辖市作一季稻种植。1995 年最大年推广面积 3.5 万 hm^2，1997—2002 年累计推广面积 24.2 万 hm^2。由该品种衍生出垦育 8 号、垦育 20、垦育 28、垦稻 95-4、津稻 937、垦稻 2012 和垦稻 98-1 等 7 个品种（图11-10）。

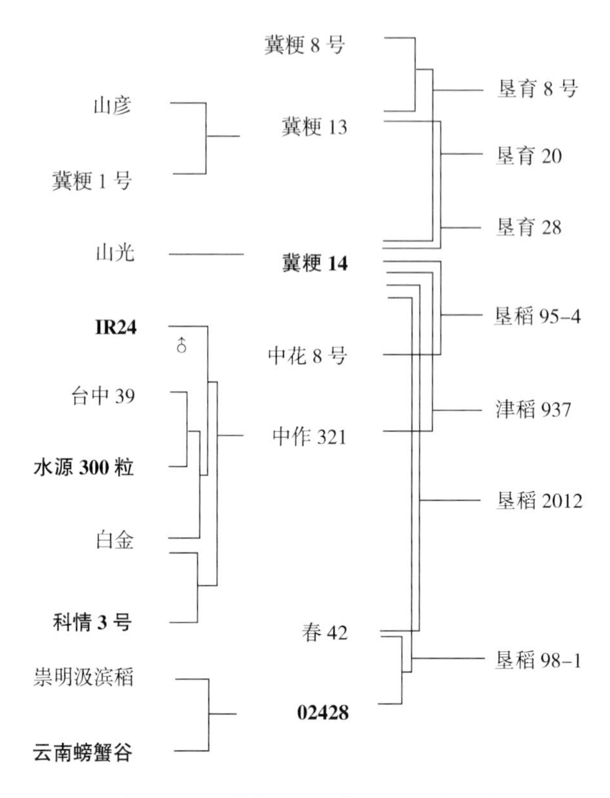

图11-10　冀粳14及其衍生品种系谱

1. 垦育8号

河北省稻作研究所以冀粳8号为母本，与冀粳13号杂交，其 F_1 作母本与冀粳14杂交选育而成，2002年通过河北省农作物品种审定委员会审定。全生育期169.8d，株高104.8cm，株型紧凑，茎秆粗壮，活棵成熟。有效穗277.5万/hm^2，每穗粒数163.8粒，千粒重25.6g。稻穗瘟平均3级。长宽比1.74，精米粒率73.33%，整精米率59.3%，直链淀粉含量16.26%，胶稠度100mm。平均单产8.6t/hm^2。适宜在长城以南河北、天津、北京等省、直辖市作一季稻种植。

2. 垦育20

河北农林科学院滨海农业研究所以山彦为母本，与冀粳1号杂交，其 F_1 作父本与山光系选冀粳14杂交选育而成，2005年通过河北农作物品种审定委员会省审定。全生育期168.2d，株高105.1cm，株型紧凑，茎秆坚韧，抗倒伏，活棵成熟。有效穗345.3万/hm^2，每穗粒数123.9粒，千粒重24.4g。长宽比1.7，精米粒率77.9%，整精米粒率70.2%，垩白粒率2%，垩白度0.2%，直链淀粉含量16.9%，胶稠度66mm。抗稻穗瘟平均1级，平均单产8.7t/hm^2。适宜在长城以南河北、天津、北京等省、直辖市作一季稻种植。

3. 垦育28

河北省稻作研究所以冀粳13为母本，与冀粳14杂交选育而成。2004年通过河北省农作物品种审定委员会审定。全生育期173d。株高103.7cm，株型紧凑，茎秆坚韧，抗倒伏，活棵成熟。有效穗376.8万/hm^2，每穗粒数126.2粒，千粒重24.4g。抗稻穗瘟平均1级。长宽比1.8，整精米粒率62.6%，垩白度4.2%，直链淀粉含量17.6%，胶稠度83mm。平均单产9.06t/hm^2。适宜在长城以南河北、天津、北京等省、直辖市作一季稻种植。

4. 垦稻95-4

河北省稻作研究所以山光系选冀粳14为母本，与中花8号杂交选育而成，1999年通过河北省农作物品种审定委员会审定。全生育期172.5d，株高107cm，株型紧凑，茎秆粗壮，高抗倒伏，活棵成熟。每穗粒数120粒，千粒重27g。抗稻穗瘟平均3级。精米粒率76.17%，整精米粒率64.92%，垩白粒率16%，垩白度0.32%，直链淀粉含量18.39%，胶稠度96mm。平均单产7.8t/hm^2。适宜在长城以南河北、天津、北京等省、直辖市作一季稻种植。

5. 津稻937

天津市水稻研究所以山光系选（冀粳14）为母本，与中作321杂交选育而成，2003年通过天津市农作物品种审定委员会审定。全生育期175d，株高120cm，株型较紧凑，植株生长旺盛，叶色浓绿，叶片挺立上举，半紧穗型，谷粒黄色，阔卵型，颖尖秆黄色，无芒。分蘖力、成穗率中等。每穗粒数130～140粒，千粒重25g。整精米粒率67.8%，垩白粒率14%，垩白度0.7%，直链淀粉含量17.16%，胶稠度98mm。中抗苗瘟、穗颈瘟，抗叶瘟病。

6. 垦稻2012

河北农林科学院滨海农业研究所以山光系选（冀粳14）为母本，与春42杂交选育而成，2005年通过河北省农作物品种审定委员会审定。全生育期172.3d，株高112.3cm，株型紧凑，茎秆坚韧，抗倒伏，活棵成熟。有效穗342.2万/hm^2，每穗粒数145.6粒，千粒重27.2g。稻穗瘟3级。长宽比1.7，精米粒率77.9%，整精米粒率70.2%，垩白粒率2%，垩白度0.2%，直链淀粉含量16.9%，胶稠度66mm。平均单产8.7t/hm^2。适宜在长城以南河北、天津、北京等省、直辖市作一季稻种植。

7. 垦稻98-1

河北省稻作研究所以春42为母本，与02428杂交，其杂交F_1为父本与冀粳14杂交选育而成，1999年通过河北省农作物品种审定委员会审定。全生育期173.4d，株高109.1cm，株型紧凑，茎秆粗壮，活棵成熟。有效穗342万/hm^2，每穗粒数126.9粒，千粒重25.6g。长宽比1.7，精米粒率75.98%，整精米粒率72.7%，垩白粒率13%，垩白度0.53%，直链淀粉含量18.02%，胶稠度72mm。抗稻穗瘟平均3级，平均单产8.2t/hm^2。适宜在长城以南河北、天津、北京等省、直辖市作一季稻种植。

十、中花8号及其衍生品种

中花8号是1979年由中国农业科学院作物育种栽培研究所从京系17//京系17/砦2号花培选育而成。该品种分蘖性强，穗大粒多，中抗稻瘟病，1985年最大年推广面积达到6.7万hm^2。由该品种衍生出垦稻95-4、津星1号、津星2号、津星4号、冀粳15、垦育12、垦育16和优质8号等8个品种（图11-11）。

1. 津星 1 号

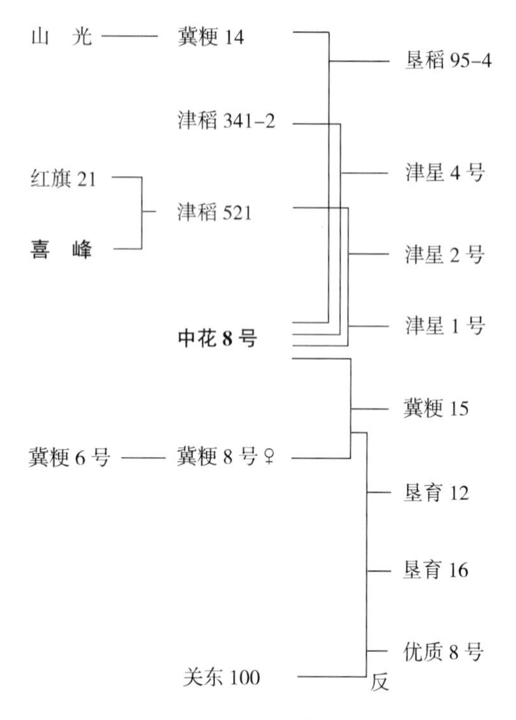

图 11-11　中花 8 号及其衍生品种系谱

天津市水稻研究所以津稻 521 为母本，与中花 8 号杂交选育而成。全生育期 170～175d，株高 105cm，茎秆粗壮。叶色深绿，叶片直立，剑叶与茎秆夹角小，株型紧凑，主茎叶 19 片。穗棒型，半散穗，大穗、大粒型品种。颖尖红色，有稀顶芒。谷粒成阔卵形，粒长中等。稳产性好，增产潜力大。米质优。每穗粒数 169 粒，千粒重 28～29g。精米粒率 74%，整精米粒率 68.9%，垩白度 0.125%。稻瘟病人工接种鉴定为抗，田间表现为中抗偏上。纹枯病及稻曲病田间发病率为 1 级。

2. 津星 2 号

天津市水稻研究所以津稻 521 为母本，与中花 8 号杂交选育而成，1999 年通过天津市农作物品种审定委员会审定。全生育期 170d，株高 106cm，茎秆粗壮，植株清秀紧凑，叶片与茎秆夹角小。叶色深绿，叶片宽厚，功能期长，分蘖力强，半散穗，口紧不落粒。颖尖红色，有稀顶芒，谷粒成阔卵型。米质优，食口性好。每穗粒数 160 粒，千粒重 26～27g。精米粒率 71.98%，整精米率 65.7%，直链淀粉含量 15.62%。稻瘟病中抗偏上，耐纹枯病和稻曲病。

3. 津星 4 号

天津市水稻研究所以津稻341-2 为母本，与中花 8 号杂交选育而成，2002 年通过天津市农作物品种审定委员会审定。全生育期 170d，株高 110cm，属半散穗、大穗型品种，分蘖力中上，茎秆粗壮、抗倒，株型紧凑，叶片宽厚与茎秆夹角小，剑叶上举，气味、色泽正常。米质优，适口性好。每穗粒数 160 粒，千粒重 26～27g。长宽比 1.7，整精米粒率 70.6%，垩白粒率 16%，垩白度 2.4%，直链淀粉含量 16.41%，胶稠度 90mm。中抗稻瘟病，纹枯病、稻曲病田间发病轻。

4. 冀粳 15

河北省稻作研究所以冀粳 8 号为母本，与中花 8 号杂交选育而成，1996 年通过河北省农作物品种审定委员会审定。全生育期 175d，株型紧凑，茎秆较细，活棵成熟。有效穗 430.5 万/hm^2，每穗粒数 103.2 粒，千粒重 23.1g。抗稻穗瘟平均 0 级。精米粒率 76.24%，整精米粒率 74.4%，垩白粒率 8%，垩白度 6.63%，直链淀粉含量 18.17%，胶稠度 65mm。平均单产 8.64t/hm^2。适宜在长城以南河北、天津、北京等省、直辖市作一季稻种植，1995 年最大年推广面积为 1.3 万 hm^2。

5. 垦育 12

河北省稻作研究所以冀粳 8 号为母本，与中花 8 号杂交，其杂交 F_1 为母本与关东

100杂交选育而成，1997年通过河北省农作物品种审定委员会审定。全生育期175.8d，株高113.2cm，株型紧凑，茎秆粗壮，高抗倒伏。有效穗373.5万/hm²，每穗粒数123.2粒，千粒重24.9g。精米粒率75.45%，整精米粒率73.04%，垩白粒率20%，垩白度1.5%，直链淀粉含量24.1%，胶稠度85mm。抗稻穗瘟3.0级，平均单产8.58t/hm²。适宜在长城以南河北、天津、北京等省、直辖市作一季稻种植。

6. 垦育16

河北省稻作研究所以冀粳8号为母本，与中花8号杂交，其杂交F_1为母本与关东100杂交选育而成，1999年通过河北省农作物品种审定委员会审定。全生育期174.6d，株高102.2cm，株型紧凑，茎秆粗壮，活棵成熟。有效穗327万/hm²，每穗粒数127.9粒，千粒重25.3g。长宽比1.7，垩白粒率2%，垩白度0.003%，直链淀粉含量17.7%，胶稠度100mm。抗稻穗瘟3级，平均单产8t/hm²。适宜在长城以南河北、天津、北京等省、直辖市作一季稻种植，2000年最大推广面积0.87万hm²，2000—2005年累计推广面积2.27万hm²。

7. 优质8号

河北省稻作研究所以中花8号为母本，与冀粳8号杂交，其F_1为父本，与关东100杂交选育而成，2000年通过河北省农作物品种审定委员会审定。全生育期170d，株高109.1cm，株型紧凑，茎秆粗壮，活棵成熟。有效穗283.5万/hm²，每穗粒数163.3粒，千粒重25.4g。精米粒率75.88%，整精米粒率72.1%，垩白粒率5%，垩白度0.2%，直链淀粉含量18.44%，胶稠度78mm。抗稻穗瘟3级，平均单产8.4/hm²。适宜在长城以南河北、天津、北京等省、直辖市作一季稻种植。

十一、由Modan衍生的抗条纹叶枯病品种

1998年以来，水稻条纹叶枯病在江苏省的发生呈猛烈上升趋势，2000年首次在苏北地区爆发，至2007年，已连续8年成为影响江苏省粳稻产量的重大病害之一。2000年发病面积超过66.7万hm²，2001—2003年均达100万hm²左右，2004年达到157.1万hm²，占水稻总面积的79%。据实地调查，2000—2004年条纹叶枯病在淮阴、连云港、盐城、扬州、泰州、苏州、常州等地年发生面积在66.7万hm²以上，平均病株率5%～30%，重病田病株率高达50%～60%，严重田块达80%以上，造成严重的产量损失，尤其在苏中中粳稻地区发病面积大，影响特别严重。

江苏省较早开展条纹叶枯病的抗性育种研究。通过引进日本新近育成的优质和对条纹叶枯病具特异抗性的粳稻品种黄金晴、关东194、爱知106等，采用地理生态远缘杂交等手段，与江、浙、沪地区的高产品种杂交，将其品质和抗性等优良性状导入江苏高产粳稻品种，达到有利基因的高度聚合，改良现有粳稻品种的品质与抗性。通过几年的努力，育成了一批抗条纹叶枯病的优良品种，如镇江农业科学研究所育成的镇稻88、镇稻99，徐州所育成的徐稻3号、徐稻4号，沿海地区农业科学研究所育成的盐稻8号，淮阴市农业科学研究所育成的淮稻10号、淮稻11，连云港市农业科学研究所育成的连粳4号，里下河农业科学研究所所育成的扬粳9538、扬粳4038，南京农业大学育成的宁粳1号、宁粳3号，江苏省农业科学院粮食作物研究所育成的南粳44、南粳46，武进农业科学研究所

育成的武运粳19、武运粳21等。分析上述中粳稻品种的条纹叶枯病抗源，均来自巴基斯坦的陆稻品种Modan（图11-12）。这些抗病品种的育成与应用，对控制江苏省水稻条纹叶枯病的危害，做出了重大贡献。

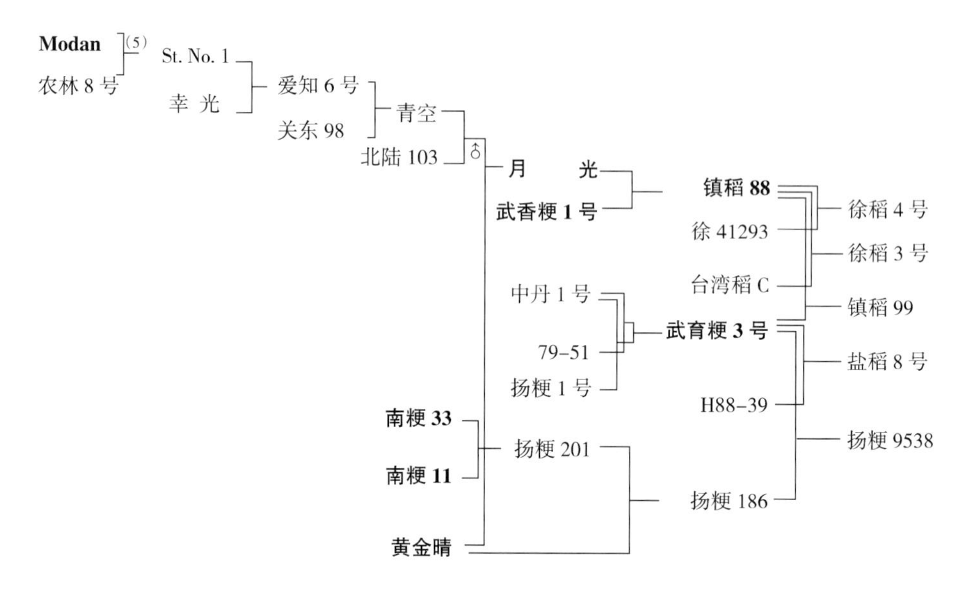

图11-12 由Modan衍生的抗条纹叶枯病中粳品种系谱

1. 镇稻88

中熟中粳，江苏省农业科学院镇江地区农业科学研究所以月光为母本，与武香粳1号杂交选育而成，1997年通过江苏省农作物品种审定委员会审定。全生育期145d，株高90cm，株型较紧凑，剑叶短挺，叶色较深，茎秆粗壮，分蘖性中等，穗粒结构较协调，易脱粒，熟期适中，综合性状较好，生长清秀。有效穗360万/hm^2，每穗粒数110～120粒，千粒重27g。长宽比1.7，垩白粒率25%，垩白度7%，透明度2级，直链淀粉含量17.35%，糊化温度（碱消值）7级，胶稠度86mm。平均单产9.4t/hm^2。适宜于江苏省苏中及淮北地区中上等肥力条件下种植，1997年最大年推广面积18.2万hm^2，1996—2006年累计推广面积39.1万hm^2。

2. 徐稻3号

中熟中粳，江苏省农业科学院徐淮地区徐州市农业科学研究所以镇稻88为母本，与台湾稻C杂交选育而成，镇稻88亲本为月光/武香粳1号，2003年通过江苏省农作物品种审定委员会审定。全生育期152d，株高96cm，株型集散适中，长势较旺，茎秆粗壮，抗倒性强，叶色深，剑叶挺，穗半直立，分蘖力较好。有效穗300万/hm^2，每穗粒数130粒，千粒重27g。稻米品质达国标三级优质稻谷标准。精米粒率72.4%，整精米粒率68.7%，长宽比1.8，垩白粒率18%，垩白度1.9%，透明度2级，直链淀粉含量18.4%，糊化温度（碱消值）7级，胶稠度60mm。平均单产10.0t/hm^2。适宜于江苏省淮北地区中上等肥力条件下种植，2005年最大年推广面积33.3万hm^2，2003—2006年累计推广面积72万hm^2。

3. 徐稻4号

中熟中粳，江苏省农业科学院徐淮地区徐州市农业科学研究所以镇稻88为母本，与徐41293杂交选育而成，2004年和2006年分别通过山东省和江苏省农作物品种审定委员会认定。全生育期155d，株高100cm，株型集散适中，茎秆弹性较好，耐肥抗倒，生长整齐清秀，分蘖力较强，成穗率较高。有效穗300万～330万/hm^2，每穗粒数130粒，结实率90%以上，千粒重26g左右。灌浆速度快，后期转色好。稻米品质达国标三级优质稻谷标准。精米粒率77.2%，整精米粒率73.3%，长宽比1.8，垩白粒率9%，垩白度0.6%，透明度1级，直链淀粉含量15.5%，糊化温度（碱消值）7级，胶稠度58mm。中抗苗瘟，抗穗颈瘟，抗白叶枯病；田间表现抗条纹叶枯病，纹枯病轻，平均单产8.7t/hm^2。适宜于江苏省淮北地区中上等肥力条件下种植，2006年最大年推广面积12万hm^2，2005—2006年累计推广面积13.7万hm^2。

十二、红旗21及其衍生品种

红旗21由河北省稻作研究所从日本品种山光系统选育而成，1996年通过河北省农作物品种审定委员会审定。由该品种衍生出津宁901、津稻521、津稻5号、津星1号和津星2号等2辈5个品种（图11-13）。

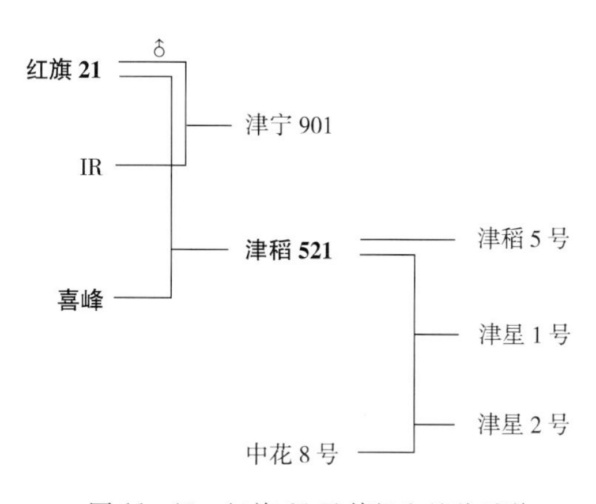

图11-13　红旗21及其衍生品种系谱

1. 津宁901

天津市宁河县农业技术推广中心以红旗21为母本，与IR杂交选育而成，2003年通过天津市农作物品种审定委员会审定。全生育期160～170d，株高95～110cm，株型较紧凑，茎秆粗壮、较抗倒，叶片较窄，稍内卷，直立，坚挺，不下披，透光好，光合效率高；分蘖力强，成穗率高，耐盐碱，抗旱。中抗稻瘟病。整精米粒率73.9%，垩白粒率8%，直链淀粉含量17.1%。

2. 津稻521

天津市水稻研究所以红旗21为母本，与喜峰杂交选育而成，1990年通过天津市农作物品种审定委员会审定。全生育期140～150d，株高90～105cm，茎秆硬，叶片宽厚上冲，株型紧凑，结实率较高，属于紧穗形品种，粒椭圆形，颖壳紫色，无芒，籽粒饱满。每穗粒数120粒，千粒重28～29g。抗稻瘟病强，中抗白叶枯病，感稻曲病。

3. 津稻5号

天津市水稻研究所从津稻521系中选育，2001年通过天津市农作物品种审定委员会审定。全生育期176d，株高110cm，株型紧凑，抗倒伏，分蘖力中等，后期熟色好，轻度落粒。每穗粒数133粒，千粒重25g。抗稻穗颈瘟病，中抗稻枝梗瘟病。长宽比1.6，精米粒率77.6%，整精米粒率74.8%，垩白粒率15%，垩白度1.4%，直链淀粉含量16.9%，胶稠度68mm。

十三、农垦46及其衍生品种

农垦46即农林36，地方编号关东43，是从日本引进的中粳稻品种，是埼玉县以关东11为母本，近畿15为父本杂交选育而成。由该品种衍生出豫粳4号、豫粳5号、豫粳6号、豫粳7号、豫粳8号、郑花辐9号、红光粳1号、新稻10号、新稻11等3辈9个品种（图11-14）。

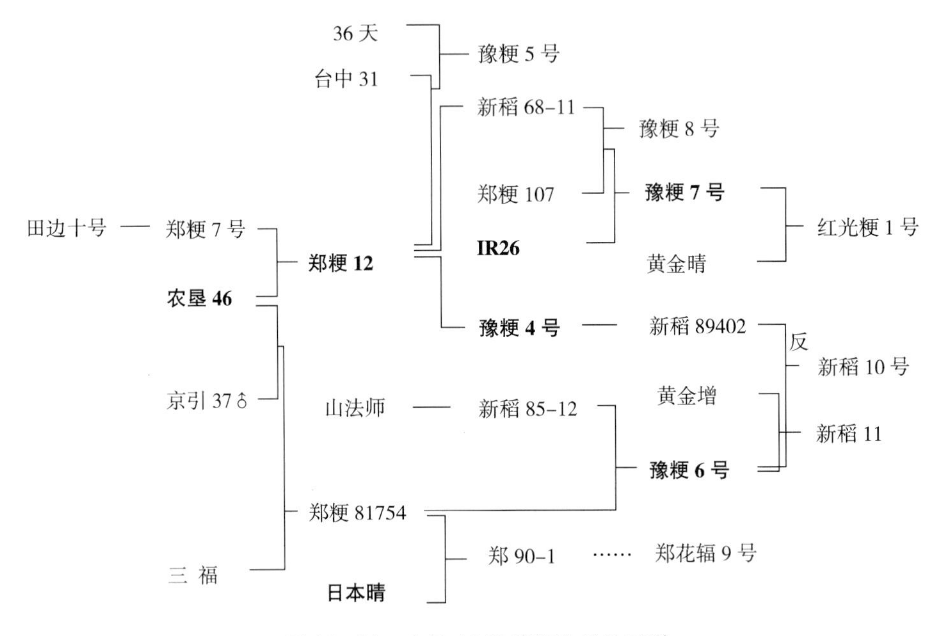

图11-14　农垦46及其衍生品种系谱

1. 豫粳5号

河南省农业科学院粮食作物研究所和焦作市农业科学研究所以（台中31/郑粳12）与36天杂交，其F_1用快中子辐射选育而成，1994年通过河南省农作物品种审定委员会审定。全生育期139d，株高100cm，茎秆粗壮，穗型较大，分蘖较弱，成熟落色好。穗长20cm，每穗粒数120粒，结实率95%，千粒重27g。糙米率83%，精米粒率76%，直链淀粉含量15.16%，蛋白含量10.54%。中抗稻瘟病（5级）和白叶枯病（5级），平均单产6.75t/hm^2，适宜河南省沿黄粳稻区稻麦两熟种植。

2. 豫粳6号

河南省新乡市农业科学研究所以新稻85-12为母本，与郑粳81754杂交选育而成，新稻85-12亲本为山法师。1995年通过河南省农作物品种审定委员会审定，1998年通过国家农作物品种审定委员会审定。在沿黄稻区作麦茬稻，全生育期155～160d，株高100cm，分蘖力强，生长旺盛，株型较紧凑，竖叶直穗，受光态势好，成穗率高，经济系数高。糙米率83.9%，精米粒率75.3%，整精米粒率71.4%，垩白粒率4%，垩白度0.7%，直链淀粉含量16.70%，胶稠度70mm。中感稻叶瘟、穗颈瘟，单产9.30t/hm^2。适宜河南鲁中南、苏北、皖北等地推广，是河南省沿黄稻区主栽品种，2002年最大年推广面积17.1万hm^2，1996—2006年累计推广面积123.1万hm^2。

3. 豫粳 7 号

河南省新乡市万农集团公司以新稻 68－11 为母本，与郑粳 107 杂交，其 F_1 作母本与 IR26 杂交选育而成，1996 年通过河南省农作物品种审定委员会审定。全生育期 150d，株高 100cm，幼苗直立，茎基部粗壮，节间短，茎韧性强，抗倒伏，叶片上举，株型紧凑，穗大半散，着粒密，穗长 18cm，每穗粒数 130 粒，结实率 90%，千粒重 25～26g，谷粒椭圆。蛋白质含量 9.42%，赖氨酸含量 0.38%，脂肪含量 2.56%，总淀粉含量 79.41%，直链淀粉含量 20.1%，糙米率 83.3%，胶稠度软。轻感稻瘟病和纹枯病，中感白叶枯病，单产 8.25t/hm^2。适宜河南省中北部麦茬稻区种植，1998 年最大年推广面积 6.53 万 hm^2，1998—2000 年累计推广面积 7.53 万 hm^2。

4. 豫粳 8 号

河南新乡市农业科学研究所以新稻 68－11 为母本，与郑粳 107 杂交选育而成，新稻 68－11 亲本为山法师。1998 年通过河南省农作物品种审定委员会审定。在沿黄稻区作麦茬稻全生育期 140d 左右，株高 105cm，株型紧凑，茎秆粗壮，叶片上举，分蘖力较弱，成熟落色好，成穗率高，穗大粒多。有效穗 322.5 万/hm^2，每穗粒数 120 粒，结实率 92.2%，千粒重 25.2g。糙米率 83.2%，精米粒率 76.0%，整精米粒率 69.1%，粒长 4.8mm，垩白粒率 8%，垩白度 3%，直链淀粉含量 17.8%，胶稠度 88mm。抗稻瘟病、白叶枯病，平均单产 8.34t/hm^2。适宜豫北、冀南、陕中、鲁中南等地作麦茬稻种植，1999 年最大年推广面积 1.27 万 hm^2。

5. 郑花辐 9 号

河南省农业科学院粮食作物研究所和郑州市邙山区水稻中心站以郑 90－1 经 $^{60}Co-\gamma$ 射线辐射处理后多代系统选育而成，2004 年通过河南省农作物品种审定委员会审定。全生育期 157d。株高 107.5cm，植株生长旺盛，分蘖力中等，剑叶中长，叶片较窄，茎秆粗壮、坚韧有弹性；散穗型，穗长 21.0cm，每穗实粒数 108.9 粒，结实率 90.2%，千粒重 25.1g。有效穗 375 万/hm^2。成熟后易脱粒，适宜机械操作。蛋白质含量 8.4%，直链淀粉含量 17.6%，糙米率 83.7%，整精米粒率 74.4%，胶稠度 78mm，垩白粒率 34%，垩白度 3.6%。高抗稻穗颈瘟，对白叶枯病表现抗病，对纹枯病表现为中抗。平均单产 8.25t/hm^2，适宜于河南省南北稻区种植。

6. 红光粳 1 号

河南省新乡县新科麦稻研究所以新稻 68－11 为母本，与郑粳 107 杂交，其 F_1 作母本与 IR26 杂交，杂交后 F_1 作母本与黄金晴杂交选育而成，2005 年通过河南省农作物品种审定委员会审定。全生育期 161d，株高 101.3cm，生长旺盛，分蘖力强，株型紧凑，剑叶短，宽窄适中，叶势直立型；茎秆粗壮、坚韧有弹性，抗倒性强；半散型穗，穗长 15cm，穗分枝 2 次，芒红色、较长；有效穗 379.5 万/hm^2，每穗实粒数 115 粒，结实率 86.1%，粒型椭圆，粒色淡黄，粒长 5.2mm，长宽比 1.7，千粒重 24.7g。出糙率 84.5%，精米粒率 75.7%，整精米粒率 70.3%，垩白粒率 3%，垩白度 0.2%，直链淀粉含量 16.62%，胶稠度 86mm。中抗纹枯病、白叶枯病；中感稻穗颈瘟病；抗虫性中等，耐寒性较强，平均单产 8.25t/hm^2，适宜在河南省沿黄稻区麦茬稻种植。

7. 新稻 10 号

河南省新乡市农业科学院以新稻 85－12 为母本，与郑粳 81754 杂交，其 F_1 作母本与新稻 89402 杂交选育而成，2004 年和 2005 年分别通过河南省和国家农作物品种审定委员会审定。在京、津、唐地区种植全生育期 177.8d，比对照中作 93 晚熟 2.4d。株高 102.5cm，穗长 16.6cm，每穗粒数 135.7 粒，结实率 83.2%，千粒重 23.6g。整精米粒率 67.4%，垩白粒率 38%，垩白度 3.8%，胶稠度 84mm，直链淀粉含量 18.7%。国家区域试验、生产试验平均单产 9.27t/hm^2。适宜于河南北部、河北南部、山东作麦茬稻种植，适宜于北京、天津、河北（冀东、中北部）一季春稻地区种植。

8. 新稻 11

河南新乡市农业科学研究所以新稻 85－12 为母本，与郑粳 81754 杂交，其 F_1 作父本，与黄金增杂交选育而成，2003 年通过河南省农作物品种审定委员会审定。在沿黄稻区作麦茬稻生育期 155d。株高 89cm，主茎叶 19～20 片，穗型半直立，幼苗叶鞘绿色，叶片颜色浅绿色，株型较紧凑。穗长 15～17cm。每穗粒数 110 粒，结实率 90%，粒黄色、椭圆形，粒长 4.6mm，长宽比 1.7，千粒重 24.2g。糙米率 83.1%，精米粒率 75.4%，整精米粒率 68.0%。蛋白质含量 10.6%，垩白度 1.6%，垩白粒率 17%，直链淀粉含量 18.8%，胶稠度 78mm。稻苗瘟、叶瘟、穗颈瘟均为中抗，对白叶枯病表现抗病，对纹枯病表现中抗，抗倒伏，单产水平 8.85t/hm^2。适宜于河南沿黄稻区推广种植，最大年推广面积 2004 年 1.733 万 hm^2，2004 年累计推广面积 1.733 万 hm^2。

参 考 文 献

陈昌明，俞敬忠．1996. 中粳稻新品种泗稻 9 号的选育及栽培要点 [J]．江苏农业科学（5）：16，29.

陈涛，张亚东，朱镇，等．2006. 水稻条纹叶枯病抗性遗传和育种研究进展 [J]．江苏农业科学（2）：1-4.

陈志德，仲维功，杨杰，等．2003. 江苏省审定的常规粳稻品种及其系谱分析 [J]．江苏农业科学（1）：7-9.

程世浙．1998. 粳型黑糯 93 新品种的选育及栽培技术 [J]．种子（6）：68－69.

程式华，李建．2007. 现代中国水稻 [M]．北京：金盾出版社．

程泽强，尹海庆，唐保军，等．2000. 河南北部水稻品种选育及其系谱关系研究 [J]．作物杂志（6）：28-31.

程兆榜，杨荣明，周益军，等．2001. 江苏稻区水稻条纹叶枯病发生新规律 [J]．江苏农业科学，1：39-41.

崔建民，李彦学．2005. 优质产高粳稻红光粳 1 号选育及高产栽培技术 [J]．农业科技通讯（12）：20－21.

丁颖．1983. 丁颖稻作论文选集 [M]．北京：农业出版社．

方德义，许传祯，朱庆森，等．1981. 实用水稻栽培学 [M]．上海：上海科学技术出版社．

方忠坤，吴险峰，杨振林，等．2006. 优质粳稻新品种皖稻 86 的选育及其高产栽培技术 [J]．安徽农业科学，34（2）：223－223.

冯瑞英，邢祖颐．1997. 粳稻中作 37 的选育及其特性分析 [J]．作物杂志（2）：10－12.

顾尚敬，张时龙，余本勋．2001. 毕粳 38 选育与应用 [J]．种子（6）：58－59.

何震天，陈秀兰，韩月澎，等.2005. 优质抗条纹叶枯病中粳新品种——扬辐粳7号［J］. 江苏农业学报，21（1）：34.

河北省稻作所.1997. 水旱两用型、优质、高产、多抗粳稻新品种冀粳13选育报告［J］. 河北农垦科技（3）：1-3.

洪立芳，刘秉全，毛振武，等.2001. 香粳稻京香636的选育及栽培［M］. 北京农业科学，19（5）：33-35.

胡春明，盛生兰，张继本，等.2002. 中熟中粳稻新品种镇稻99的选育及利用［J］. 江苏农业科学（1）：32-33

黄仲青，蒋之埙，李奕社，等.2002. 优质中粳西光特征特性与高效栽培［J］. 安徽农业科学，30（2）：220-221.

江祺祥，王子明.1993. 中粳稻新品种武育粳3号的选育及其利用［J］. 江苏农业科学（3）：8-10.

李存龙，李云.1998. 粳稻合系39特征特性及高产栽培技术［J］. 农业科技通讯（8）：9.

林世成，闵绍楷.1991. 中国水稻品种及其系谱［M］. 上海：上海科学技术出版社.

林添资，胡春明，盛生兰，等.2002. 迟熟中粳稻镇稻8号的选育［J］. 安徽农业科学，30（1）：32-33.

刘超，王健康，郭荣良，等.2004. 优质高产中粳稻新品种——徐稻3号［J］. 江苏农业学报，20（1）：6.

刘传雪，宋立泉.1999. 寒地水稻花培优异种质龙粳8号的选育评价研究［J］. 中国农业科学，32（3）：39-43.

刘国健，张秀和.1997. 超高产，优质，多抗粳稻新品种冀粳14选育报告［J］. 河北农垦科技（4）：3.

刘吉新，赵国珍.2000. 高产优质抗病粳稻合系30的选育及特性研究［J］. 云南农业大学学报，15（1）：38-41.

刘吉新，赵国珍.1998. 粳稻新品种合系39的选育及特性研究［J］. 云南农业科技（6）：8-11.

刘吉新，赵国珍.2002. 云南广适性高产耐寒抗病粳稻新品种合系41的选育［J］. 西南农业学报，15（4）：5-9.

刘吉新，赵国珍.1998. 中日合作高原粳稻新品种的选育与推广［J］. 云南农业科技（2）：6-9.

刘学军，苏京平，马忠友，等.2005. 优质高产粳稻新品种津稻1007特征特性及栽培技术［J］. 中国稻米（3）：18.

马广明，祝利海.2003. 中粳皖稻54的选育及主要高产栽培规程［J］. 安徽农业科学，31（2）：261.

盛生兰，胡春明，张继本，等.1998. 镇稻88的选育及栽培要点［J］. 江苏农业科学，（3）：11-13.

世荣，刘吉新，杨晓洪，等.2002. 高产优质粳稻合系35的选育及特性分析［J］. 云南农业科技（2）：38-41.

宋天庆，赵惠珠.1996. 大理州高产优质粳稻良种选育与开发［J］. 云南农业科技（2）：3-6.

宋天庆，赵慧珠.1999. 耐寒粳稻凤稻11选育经过及栽培技术［J］. 农业科技通讯（9）：8-9.

宋天庆，赵慧珠.2001. 高寒地区优质高产粳稻凤稻14及高产栽培［J］. 云南农业科技（4）：31-33.

宋天庆，赵慧珠.2003. 高海拔冷凉地区水稻新品种“凤稻15”［J］. 云南农业科技（1）：39-41.

宋天庆，赵慧珠.2005. 高海拔粳稻新品种凤稻16的选育［J］. 作物杂志（3）：72.

宋天庆，赵慧珠.2005. 粳稻新品种凤稻17的选育［J］. 中国种业（5）：51-52.

宋天庆，赵慧珠.2006. 高海拔粳稻新品种凤稻18的选育与应用［J］. 中国稻米（4）：24-25.

苏泽胜，张效忠.1994. 安徽省主要育成水稻品种及其系谱分析［J］. 安徽农业科学，22（1）：7-10.

孙明法，姚立生.高恒广，等.2002. 中粳新品种盐稻6的选育及其栽培技术［J］. 江苏农业科学（2）：32-33.

孙明法，姚立生，唐红生，等．2003．中熟中粳稻新品种盐稻 8 号的选育及栽培技术［J］．江苏农业科学（4)：28－29.
孙明法，姚立生，唐红生，等．2006．粳稻新品种盐稻 9 号的选育及栽培技术要点［J］．江苏农业科学（1)：36－37.
谭长乐，赵步洪，徐卯林，等．2001．早熟、优质中粳扬粳 687 的特征特性及其栽培技术［J］．中国稻米（2)：15.
王爱民，姚立生，孙明法，等．2005．盐稻 9 号的选育及应用研究［J］．种子，24（12)：103－104.
王宝和，胡祝祥，周长海，等．2004．迟熟中粳糯扬粳糯 1 号的特征特性和栽培技术［J］．江苏农业科学（4)：40－41.
王才林．2006．江苏省水稻条纹叶枯病抗性育种研究进展［J］．江苏农业科学（3)：1－5.
王才林，朱镇，张亚东，等．2007．粳稻外观品质的选择效果［J］．江苏农业学报，23（2)：81－86.
王才林，张亚东，朱镇，等．2007．抗条纹叶枯病水稻新品种南粳 44 的选育与应用［J］．中国稻米，2：33－34.
王才林，张亚东，朱镇，等．2008．水稻条纹叶枯病抗性育种研究［J］．作物学报，34（3)：530－533.
王才林，朱镇，张亚东，等．2008．江苏省粳稻品质改良的成就、问题与对策［J］．江苏农业学报，24（2)：199－203.
王才林，张亚东，朱镇，等．2008．抗条纹叶枯病优良食味晚粳稻新品种南粳 46 的特征特性与栽培技术［J］．江苏农业科学（2)：91－92.
王生轩，尹海庆，唐保军，等．2003．优质粳稻新品种水晶 3 号的选育［J］．作物杂志（2)：50－51.
王子明，陈风华，周风明，等．2001．大华香糯的选育及利用［J］．江苏农业科学（3)：18－20.
王子明，陈风华，周风明，等．2002．优质高产抗病中粳稻新品种华粳 1 号的选育及应用［J］．江苏农业科学（4)：31－32.
王子明，陈风华，周风明，等．2004．粳稻新品种华粳 2 号的选育及栽培技术［J］．中国稻米（1)：22.
王子明，周风明，吕玉亮，等．2004．华粳 3 号的选育与应用［J］．江苏农业科学（5)：35－36.
王子明，周风明，吕玉亮，等．2005．优质高产抗病粳稻新品种华粳 4 号的选育与应用［J］．江苏农业科学（5)：35－36.
王子明，周风明，吕玉亮，等．2006．优质中熟中粳稻华粳 5 号的选育及高产栽培技术［J］．中国稻米（3)：21－22.
吴俊生．1997．山东主要水稻品种系谱分析［J］．作物品种资源（4)：7－8.
吴应祥．2004．水稻新品种“中粳 H380”特征特性及栽培技术［J］．安徽农学通报，10（4)：20.
肖卿，胡银星．1999．袭早生在云南粳稻品种选育中的重要贡献［J］．种子（1)：62－64.
徐福荣，汤翠凤，余腾琼，等．2005．云南高原粳稻抗白叶枯病新品系云资抗 21 的选育［J］．分子植物育种，3（3)：307－313.
严国红，孙明法，姚立生，等．2002．高产多抗优质中熟中粳新品种盐稻 6 号［J］．安徽农业科学，30（2)：222－223.
严国红，孙明法，姚立生，等．2003．中粳稻新品种盐稻 8 号的选育及应用［J］．中国农学通报，19（6)：124－125.
杨杰，陈志德，黄转运，等．2002．中粳稻新品种南粳 40 的选育与利用［J］．江苏农业科学（5)：21，28.
杨兴文．2001．耐寒抗病粳稻良种“剑 88－19”［J］．云南农业科技（2)：38.
应存山．1993．中国稻种资源［M］．北京：中国农业科技出版社．
余本勋，张时龙，顾尚敬，等．2001．优质高产粳稻新品种毕粳 37 的选育与应用研究［J］．中国农业科技导报，3（4）：16－19.
余本勋，张时龙，张玉龙，等.2005.黔西北山区高产耐寒粳稻新品种毕粳41选育研究［J］.中国农学通报，21（5）：191－192，208.
余本勋，张时龙.2003.贵州粳稻育种选育目标初探［J］.中国农学通报，19（1）：91－93.
袁生堂.2006.中粳稻淮稻6号特征特性及其选育原理［J］.江苏农业科学（1）：24－26.
袁生堂，袁彩勇，文正怀.2005.水稻新品种——淮稻7号（淮9726）［J］.江苏农业学报，21（2）：85.
袁彩勇，袁生堂，文正怀，等.2005.优质高产中粳稻淮稻8号的特征特性及栽培技术［J］.江苏农业科学（1）：41－42.
袁彩勇，袁生堂，王健，等.2006.优质高产中粳稻新品种淮稻9号的选育［J］.安徽农业科学，34（16）：39－41.
张大友，董军芳，韩兆英，等.2002.高产、优质、抗病中粳盐粳7号特征特性及栽培技术［J］.中国稻米（1）：17.
张兰民.2000.优质、长粒粳稻新品种龙粳长粒香［J］.中国种业（5）：41.
张时龙，余本勋，罗洪发，等.2002.粳稻新品种毕粳39［J］.作物杂志（4）：47.
张时龙，余本勋，罗洪发，等.2003.粳稻新品种毕粳40的选育［J］.作物杂志（1）：53.
张大友，董军芳，韩兆英，等.2001.优质、抗病中粳盐粳6号［J］.中国稻米（4）：26.
赵国珍，陈国新.1998.粳稻新品种合系34的选育及其特性［J］.西南农业学报，11（2）：24－29.
赵国珍，刘吉新，世荣，等.2003.高产优质抗病粳稻新品种滇系4号的选育及特性［J］.种子（2）：78－79.
赵国珍，刘吉新，廖新华，等.2005.细长粒粳稻新品种云粳优1号选育及特性研究［J］.西南农业学报，18（6）：699－701.
仲维功，陈志德，杨杰.2001.中粳稻新品种南粳38的选育与应用［J］.江苏农业科学（5）：35－36，54.
仲维功，陈志德，杨杰，等.2003.优质高产粳稻新品种南粳41的选育及栽培技术［J］.江苏农业科学（4）：24－25.
周长海，张洪熙，戴正元，等.2006.扬稻系列品种（组合）特性、系谱、育种方法和推广应用分析［J］.中国农学通报，22（10）：116－123.
周拾禄.1978.稻作科学技术［M］.北京：农业出版社.
周新伟，王建平，陈益海，等.2003.江苏省主栽粳稻品种亲本选配分析及选育策略［J］.江苏农业科学（3）：4－7.

12 第十二章
常规晚粳稻品种及其系谱

第一节　概　　述

我国常规晚粳稻品种主要集中在长江中下游的皖南、太湖流域、洞庭湖平原、湖北的江汉平原和浙江全省、赣北等地，其中太湖流域、皖南、江汉平原和浙北主要以单季稻形式种植，浙中、浙南和赣北地区主要以双季稻形式种植。近年来，因农村劳动力价格上升和农村产业结构的调整，常规晚粳稻双季种植的面积逐年下降，而单季种植的面积稳步上升。同时，直播栽培逐渐被稻农接受，这一耕作制度的改变主要得益于品种的改良、直播技术的到位和除草剂的推广。粳稻区域地处亚热带，受东南季风影响，气候温暖湿润，光照充足，雨量充沛，年平均气温在16℃以上，平均气温稳定在12℃以上的天气从4月中、下旬开始直至11月底，≥10℃以上的年有效积温为5 000℃以上。年平均降水量为1 000～1 700mm，年日照时数2 100h，早霜期在12月中旬，晚霜期在3月底，无霜期300d左右。9～10月昼夜温差较大，有利灌浆结实，这对晚粳稻获得高产非常有利。但这一时期也经常受到台风的影响，造成一定面积的倒伏、青枯和减产。

常规晚粳稻品种与其他类型的粳稻相比，其最大特点是植株有较强的感光性。这一特点为水稻的安全生产起到了一定的保障作用，因为该区域在10月中、下旬常常受到寒潮的影响，品种的感光性保障了安全齐穗。在育种上，除了追求高产、优质、抗病、早熟等常规目标外，常规晚粳稻还需要有适度的感光性。感光性过强，则品种的生育期会较长，对灌浆结实有一定的影响；感光性过弱，则对品种的安全齐穗起不到保障作用。

晚粳米是居民的主食之一，晚糯米是酿造和食品加工业的原料，两者在粮食生产中均占有重要地位，产量的高低主要由品种的特性而定。20世纪70年代以来，浙江省常规晚粳稻种植面积一直保持在 156 万 hm^2 上下，常规晚糯稻则从 20 万 hm^2 逐渐减少到目前的 10 万 hm^2 左右。江苏常年种植面积 151.13 万 hm^2，其中粳稻 113.33 万 hm^2，占水稻总面积的 70%以上。90 年代以后，随着产业结构的调整，该区的水稻种植面积逐年减少。据统计，至 2005 年，江苏省减少到 72.4 万 hm^2，浙江省为 43.73 万 hm^2，安徽省、上海市和湖北省分别为 21.34 万 hm^2、10.93 万 hm^2 和 10 万 hm^2，广西壮族自治区为 0.2 万 hm^2（图 12 - 1）。1986—1995 年间，江苏省共育成粳（糯）稻品种 35 个，累计种植面积约 667 万 hm^2，增产稻谷 400t 左右，创造了巨大的经济和社会效益。在这些育成品种中，累计种植面积超过 33.33 万 hm^2 以上的有 7 个品种，其中武育粳 2 号、武育粳 3 号的种植面积分别达 133.33 万 hm^2 以上，累计种植面积在 6.67 万～33.33 万 hm^2 之间的品种有 8 个，其余 20 个品种的种植面积在 6.67 万 hm^2 以下。"八五"期间育成的晚粳品种平均单产比"七五"增 5.0%，晚粳品种的产量水平在8.25～9.00t/hm^2 之间，有的产量潜力达 9.75t/hm^2 以上。浙江省每年种植的晚粳、糯稻品种（系）达 30～40 个，若以年推广面积晚粳 1.33 万 hm^2 以上、晚糯 0.67 万 hm^2 以上的品种进行统计，1980—2004 年浙江省推广应用了常规晚粳稻品种 58 个，晚糯稻品种 15 个，覆盖了浙江省历年 80%左右的晚粳、糯稻面积。广西壮族自治区常规晚粳品种繁多，多为地方品种，一般秆高、茎粗、大穗大粒，感光性较强，零星分布于桂西北的河池市、百色市高海拔地带及柳州市、桂林市的高寒山区，作一季中、晚稻栽培，种植历史悠久。

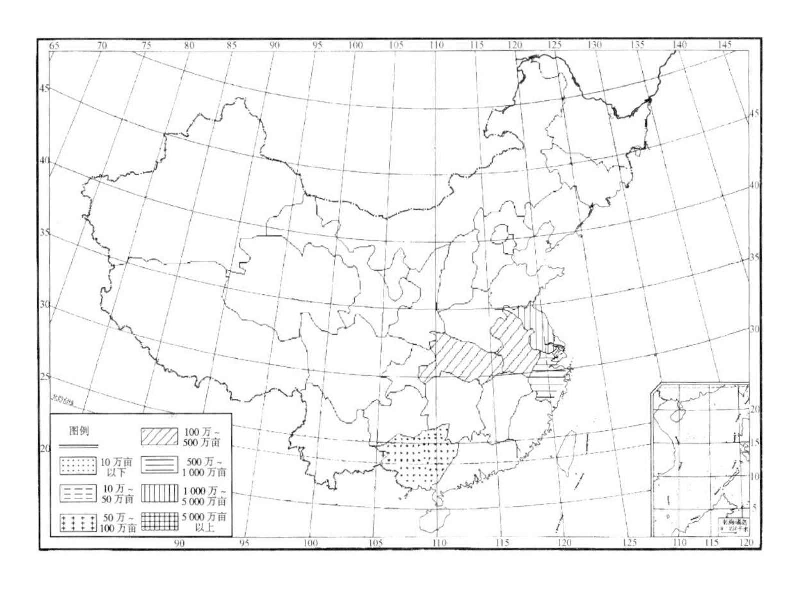

图 12 - 1 全国常规晚粳稻 2005 年种植面积分布图

第二节 品种演变

1949—1980 年，常规晚粳品种的演变大致经历了地方良种选评及引种鉴定利用，农垦 58 为代表的第一次常规晚粳大更换，常规晚粳品种的第二次大更换和早丰抗优常规晚粳新品种发展及应用等 4 个阶段。

20 世纪 50 年代末至 60 年代，我国从日本引进的晚粳农垦 58，具有矮秆、多穗、耐肥、抗倒、抗白叶枯病、丰产性好等优点，在太湖地区进行大面积试种示范，效果显著，比当地良种增产 10%以上，因而推广很快。1965—1966 年农垦 58 在江苏基本普及，种植面积为 68 万 hm^2，占单季晚粳面积的 80%以上。1966 年安徽推广农垦 58 共 3.7 万 hm^2，1967 年浙江推广 3.32 万 hm^2。60 年代末，农垦 58 在上海市当家。在此期间，湖南、湖北也大力普及农垦 58。从而使农垦 58 基本取代了原有的地方晚粳品种，实现了这一地区晚粳品种的第一次大更换。

70 年代初，农垦 58 因种性退化及大面积发生稻瘟病、小球菌核病，同时生产上大力推广双季连作稻，迫切要求早熟、抗病、稳产、高产的新品种来代替。经过广大科研人员的努力，育成了农虎 6 号、农红 73、沪选 19、苏粳 2 号、鄂晚 3 号、湘粳 8 号等品种，替代了感病、迟熟的农垦 58。江苏省在 70 年代中、后期至 80 年代初推广应用的苏粳 2 号、紫金糯等品种年种植面积达 6.67 万 hm^2，浙江省 1974 年农虎 6 号种植面积达 41.62 万 hm^2，湖南省育成并大面积推广了湘粳 2 号、湘粳 3 号、湘粳 4 号等品种，湖北省选用鄂晚 3 号、荆晚 1 号等早熟、丰产、抗病晚粳稻品种，许多早熟、抗病品种取代了退化感病迟熟的农垦 58，从而实现了第二次品种大更换。

70 年代末至 80 年代，随着农村经济体制改革和产业结构的调整，耕作制度也有了相应的变化。江苏、上海、浙江等压缩了双季连作稻和水田三熟制面积，使单季晚粳种植面积迅速扩大恢复到 1966 年水平。这一阶段各地在晚粳品种选用上，注重熟期提早和抗病性、丰产性与稻米品质的改良。江苏省 80 年代共选育了 42 个品种，其中系统选育 11 个，占 26.2%，辐射选育 1 个，占 2.4%，杂交选育 30 个，占 71.4%。主要推广种植的品种有盐粳 2 号、武复粳、太湖糯等，推广面积达 6.67 万 hm^2 以上的有昆农选 16、紫金糯、盐粳 2 号、早单八、武复粳等，其中紫金糯在 1984 年推广面积达 13.3 万 hm^2 以上。上海、浙江推广了嘉系 15、桂农 12、秀水 48、秀水 04、更新农虎、嘉湖 5 号等。湖北省育成了早熟、丰产、优质的鄂晚 5 号、鄂宜 105，并在生产上大面积推广应用，常年种植面积达 46.67 万 hm^2。湖南、安徽等省因杂交水稻的育成和推广，晚粳稻种植面积逐年压缩。

1990 年以后，随着农村家庭联产承包责任制的完善和种植业结构调整，浙江省年种植面积晚粳 6.67 万 hm^2 以上的品种有 11 个，晚糯 3.33 万 hm^2 以上的品种有 4 个，年均品种数明显增多（表 12-1）。晚粳品种从农虎系统、矮粳 23、嘉湖 4 号→秀水 48→秀水 27、秀水 04→秀水 11→秀水 1067、宁 67、秀水 17→秀水 63→甬粳 18、秀水 110、嘉 991、嘉花 1 号→秀水 09，晚糯从双糯 4 号→祥湖 47→祥湖 25、祥湖84→绍糯 119、绍糯 9714、浙糯 5 号演变；江苏则经历：区试对照品种的筑紫晴→紫金糯、武复粳→武育粳 2 号。主栽品种占当年总面积的份额相对减少，品种使用年限缩短，更换节奏加快，从一个侧面反映了育种科技的进步和雄厚的技术贮备。

糯稻品种的演变与农业生产的发展、耕作制度的改革、人民生活水平的提高、病虫和

表 12-1　1985—2005 年浙江省常规晚粳、糯稻主栽品种的变化

类　型	年　度	年均品种数*	最大种植面积			
			年份	品种	面积(万 hm²)	占总面积(%)
常规晚粳	1985—1989	7.6	1985	秀水 48	26.8	47.6
	1990—1994	9.2	1991	秀水 11	24.4	41.2
	1995—1998	9.3	1997	秀水 63	15.4	26.9
	1998—2005	9.4	2001	甬粳 18	11.54	26.3
	2000—2005	10.2	2003	秀水 110	12.42	37.1
	2002—2005	9.8	2004	嘉花 1 号	7.46	21.5
	2004—2005	10.5	2005	秀水 09	6.46	16.8
常规晚糯	1990—1994	2.6	1992	祥湖 84	8.7	56.2
	1993—2005	2.5	2001	绍糯 119	1.63	19.6
	2000—2005	2.2	2004	绍糯 9714	1.37	22.5

* 同时间种植面积超过 3.33 万 hm² 的品种数。

自然灾害的变化以及与此相适应的新品种引进、育成、推广等有着密切的关系。新中国成立以来，浙江省糯稻品种的演变过程大致可分为：农家品种→京引 15→双糯 4 号→祥湖系列→绍糯 119→绍糯 9714、浙糯 5 号等 5 个时期。20 世纪 80 年代育成的祥湖 47（1984—1987）、祥湖 25（1988）、祥湖 84（1989—1996）等多年在全省糯稻品种种植面积中居第一位。祥湖 47（1984）产量 5.78t/hm²，较对照双糯 4 号增产 3.9%；祥湖 84、祥湖 25（1987）产量 6.12t/hm² 和 6.23t/hm²，较对照秀水 48 分别增产 5.7%和 7.5%，这 3 个糯稻品种累计种植 110 万 hm²，大田单产 6.00t/hm²，与同熟期粳稻推广品种产量相仿。祥湖系列品种的育成使浙江晚糯生产取得了突破性的进展。一是提高了半矮生型晚粳糯稻的抗寒性，使品种的结实率明显得以改善；二是提高了密穗型糯稻的稻瘟病抗性，以桂花黄为亲本育成的桂糯 80、双糯 4 号等品种经多年种植，易感染稻瘟病，而以祥湖 25 为代表的密穗型糯稻品种却对稻瘟病有较好的抗性；三是保证了早熟类型品种的稳产性，其主要原因是祥湖 47、祥湖 84 等早熟晚粳糯品种较好地保持了晚粳品种所具有的感光性和耐寒性。

绍兴市农业科学研究所以优质粳稻测 21、秀水 11 和优质农家品种掼煞糯、苏御糯作亲本，并运用“脱壳选糯法”的糯稻育种独特程序，在低世代即注重糯性米质的筛选，90 年代育成了绍糯 86、绍糯 43、绍糯 119、绍糯 9714 等优质、高产糯稻，经中国水稻研究所稻米检测中心多次检测，全部指标均超过部颁优质米二级标准，主要指标达一级标准。矮糯 21、绍糯 86、绍糯 119 等品种经中国绍兴黄酒集团公司科研所酿制加饭酒试验，较对照祥湖 47 出酒率提高 5%，糖分增加 10%，“色、香、味”达国家最优级标准。绍糯 86 于 1991、1992 两年南方稻区区试产量为 6.81、6.30t/hm²，均居第一位，比对照祥湖 84 分别增产 3.9%和 5.2%，均达极显著水平。绍糯 119 在 1993 年浙江省区试中，平均产量 6.43t/hm²，较粳稻对照秀水 11 增产 3.3%，1997—2000 年连续 4 年种植面积位居全省第一位，至 2000 年累计推广面积 1 394hm²。绍糯 9714 于 2000 年参加省区试，平均产量 6.46t/hm²，比对照品种秀水 63 增产 0.4%，是 2001 年以来浙江省推广面积最大的晚糯稻品种。

江苏省 20 世纪 90 年代以后共选育了 43 个常规晚粳品种，其中系统选育 7 个，占

16.3%，杂交选育 36 个，占 83.7%，此间主要育成和种植的品种有武育粳 3 号、武运粳 7 号、武运粳 8 号、镇稻 88 等。从表 12-2 可见，单交方式审定了 51 个品种，占审定品种数的 62.2%，复交方式审定了 31 个品种，占审定品种数的 37.8%。

表 12-2 江苏省历年审定的常规粳（糯）稻品种杂交方式比较

选育方法	1960—1969 年		1970—1979 年		1980—1989 年		1990—2001 年		合计	
	品种数（个）	所占比例（%）	品种数（个）	所占比例（%）	品种数（个）	所占比例（%）	品种数（个）	所占比例（%）	品种数（个）	所占比例（%）
单交	4	100	9	66.7	21	70.0	17	47.2	51	62.2
复交	0	0	3	33.3	9	30.0	19	52.8	31	37.8

表 12-3 的系谱分析表明，35 个系选品种中有 16 个品种与农垦 57 有关，其中从农垦 57 直接系选出 8 个品种；有 9 个品种与农垦 58 有关，其中有 5 个品种直接由农垦 58 系选而来。巴利拉是从意大利引进的中粳稻品种，桂花黄是巴利拉的系选品种，以巴利拉或桂花黄作亲本系选的品种有 5 个。

江苏与浙江同属晚粳稻区，两地品种交流频繁。江苏使用浙江品种改进了江苏品种的稻瘟病抗性、熟相和米质，并育成了一批生产上应用面积较大的晚粳稻新品种。太湖糯无论在丰产性、米质，还是熟相等性状均符合育种目标，1993 年被农业部评为全国优质糯米之一，就是一个很好的例证。太湖粳 2 号也是综合了江、浙两省改良品种的优点，其高产潜力突出，熟相、抗性等均符合生产要求，并适宜在太湖地区大面积应用。

表 12-3 江苏省历年系选审定的 35 个常规粳（糯）稻品种的系谱

项　目	亲　本							其他或不清楚
	农垦 57		农垦 58		巴利拉		桂花黄	
	直接系选	间接系选	直接系选	间接系选	直接系选	间接系选	间接系选	
品种数(个)	8	8	5	4	1	1	3	8
占系选品种比例(%)	22.9	22.9	14.3	11.4	2.9	2.9	8.6	22.9

一、形态类型

常规晚粳、糯稻品种，20 世纪 50 年代大多为高秆、长稀穗、需肥较少的农家品种；60 年代中期引入的农垦 58 和京引 15，表现为细韧秆，分蘖强，穗型较小，着粒偏稀，千粒重较高，耐肥力中等。60 年代后期起，推广了农虎系统、嘉湖 4 号、嘉四幅、双糯 4 号等，表现为茎秆较粗，繁茂性和耐肥、抗倒力兼顾，穗长中等，着粒密度适中。其后推广的秀水 48、祥湖 47 同属此列。秀水 48 一般产量在 5.47t/hm^2 以上，浙江省区试和生产试验结果平均比更新农虎增产 3.32%，尤其稻瘟病和白叶枯病比更新农虎轻，并在株高和生育期方面比更新农虎有所下降和缩短，丰产性和稳产性有较大提高，迅速成为新的当家品种，并改变了浙江省晚稻产量历年不高、不稳的状况。80 年代开始推广矮粳 23，表现为植株较矮，茎秆较硬，耐肥、抗倒，穗短而着粒密，千粒重略低，随后推广的秀水 04、秀水 17、秀水 63 也属此列。80 年代中期起，推广应用了秀水 27、秀水 11，生产上表现为植株较矮，株型紧凑，叶鞘包节，剑叶上举，穗长而着粒较稀，穗下沉于剑叶下，千粒重高，根系发达，后期转色佳，灌浆快，粒间成熟度一致，开创了浙江晚粳稻产量超过早籼稻的新局面。从此，晚粳稻产量一直保持在一个较高的水平上。之后的秀水1067、宁67同属此列。近年推广应用的秀水110和嘉花1号，则结合了秀水04和秀水11的优点，系半矮生株型与长密穗相结合之新株型，表现穗颈较硬，着粒密度较高，叶色稍深，叶片稍宽，株型紧凑，剑叶直立，叶鞘包节，茎秆粗壮，耐肥、抗倒，分蘖力中等，穗数略少，穗形较大，枝梗多且着粒均匀，结实率高，灌浆充实度好，千粒重中等。浙江育种工作者习惯把上述五大类型依次称作“农家型”、“农垦型”、“农虎型”、“密穗型”、“半矮生型”和“半矮生型＋密穗型”。浙江省晚粳、糯品种的区域分布，以钱塘江为界，80年代之前南北差异不大，90年代起则出现了2个明显的推广区域，钱塘江北以密穗型为主，钱塘江南以半矮生型为主，这是品种类型对各地气候条件、生产条件、耕作制度的适应，因而布局显得更加合理。

20世纪70年代后期到80年代，江苏省把双季连作稻又改为稻麦两熟单季晚粳稻。这一时期的单季晚粳稻品种有昆农选16、早单八、武复粳、紫金糯、秀水04、武育粳2号等，株高为90～100cm，略矮，剑叶一般长度30～40cm，与穗颈角度较小，叶片直立。穗数较少，每亩约25万～27万穗，穗型稍大，每穗总粒85～100粒，穗型直立密集或弧状较散，千粒重略低，为23～27g。属中秆多穗、穗型中等、穗层较高类型。江苏省90年代育成的品种主要表现为高峰苗、穗数的变异较大，其次是每穗总粒数、每穗实粒数和成穗率，全生育期、株高、结实率等变异较小。也就是说，江苏省在此期间育成的晚粳稻品种，分蘖性、穗型大小和成穗率等差异较大，株高、结实率等差异小，品种间明显有多穗型和大穗型之分，且均能获得较高产量。株型从高秆大穗→中秆多穗、矮秆多穗→中秆大穗。“九五”以来选育的晚粳稻品种的产量明显提高，这主要归结于品种成穗数的增加和结实率的提高。高产品种的育成与推广，促进了生产用种的不断更新，1995年江苏省粳稻种植面积125.9万hm^2，占全省水稻面积的70%以上。

二、产量

常规晚粳、糯稻单产的不断提高，除了生产条件改善和栽培技术改进之外，主栽品种的及时更换也是一个重要原因。表12-4反映了主栽品种单产提高的过程以及不同形态类型的产量水平。20世纪80年代以来，主栽品种形态类型先是由农虎型代替农垦型，继而由密穗型和半矮生型代替农虎型。农虎型、密穗型、半矮生型单产水平分别在4.65～6.00、6.00～7.20、6.00～6.60t/hm^2，再由半矮生型＋密穗型代替密穗型和半矮生型；在大多数情况下，主栽品种不同形态类型之间的增产幅度要大于相同类型之间的增产幅度。密穗型与农虎型相比，秀水04、祥湖25比秀水48分别增4.68%和7.00%；半矮生型与农虎型相比，秀水27、秀水11、祥湖84比秀水48分别增8.05%、9.70%和4.76%；秀水110和嘉花1号又分别比秀水63增4.04%和5.71%。同类型相比，秀水48高于更新农虎3.32%，宁67、秀水1067、绍糯119比秀水11分别增3.35%、3.95%和1.90%。

密穗型和半矮生型分别从“扩库”、“强源”的角度使单产较之农虎型有明显的提高，两者殊途同归。90年代以来的各级区试中，新品系增产幅度一般都不大，原因是形态类型与对照相似。进入21世纪，育成了秀水110和嘉花1号，结合了半矮生和密穗型的优点，使得“源”更足，“库”更大，产量又上了一个新台阶。“没有类型的突破就没有产量的突破”已成为育种界的共识，着力形态类型创新自然而然地成了日后育种攻关的重要内容。

表12-4 浙江省常规晚粳主栽品种区试和生产试验中的产量

类别	品种	试验名称	年度	产量（t/hm²）	对照品种	增产率（%）
常规晚粳	秀水48	省区试及生产试验	1981—1983	5.48	更新农虎	3.32
	秀水04	嘉兴市区试	1983—1986	6.03	秀水48	4.68
	秀水27	省区试	1984—1985	5.94	秀水48	8.05
	秀水11	省区试及生产试验	1986—1987	6.57	秀水48	9.70
	宁67	省区试	1991—1992	6.59	秀水11	3.35
	秀水1067	省区试及生产试验	1993—1995	6.28	秀水11	3.95
	秀水17	省区试及生产试验	1994—1996	6.28	秀水11	1.00
	秀水63	嘉兴市区试及生产试验	1994—1996	7.33	秀水814	6.20
	甬粳18	宁波市区试	1996—1998	7.23	秀水11	5.85
	秀水110	嘉兴市区试及生产试验	1999—2000	8.39	秀水63	4.04
	嘉花1号	嘉兴市区试及生产试验	2001—2002	9.36	秀水63	5.71
	秀水09	嘉兴市区试及生产试验	2002—2004	8.70	秀水63	6.39
常规晚糯	祥湖47	省区试	1983—1984	5.09	双糯4号	8.90
	祥湖84	省区试	1986—1987	6.26	秀水48	4.76
	祥湖25	省区试及生产试验	1986—1988	6.40	秀水48	7.00
	绍糯119	省区试	1992—1993	5.96	秀水11	1.90
	绍糯9714	省区试及生产试验	1999—2001	6.20	秀水63	0.88

江苏省20世纪70年代后期到80年代育成品种的产量一般为7.50～8.25t/hm²，其产量并未比农垦58有明显提高，株型也无明显改进。80年代开始逐步推广单季高产粳稻，实施主攻单产的策略，确保了产量的持续增长，单产1983年跨过6.00t/hm²，达6.40t/hm²，进入了高产年代。至90年代，高产粳稻的不断扩大，产量水平持续上升，1995年平均单产达8.15t/hm²，创造了历史最高纪录。1986—1990年的平均产量比1980—1985年提高了10.2%，1991—1995又提高了8.2%。

三、生育期

20世纪70～80年代，在三熟制条件下，为解决连作晚稻安全齐穗问题，浙江晚粳品种曾一度是清一色的迟熟晚粳类型，如农虎系统、嘉湖4号、矮粳23。这类品种感光性强，全生育期达140～145d，要求在6月20日前播种，以扩大秧田面积和长秧龄为代价，换取安全齐穗。生产上表现为秧苗生长受到严重抑制，秧苗细长而素质较差，移栽后起发慢，个体生长量不足，形成多穗、小穗的群体结构，且遇到不利气候条件仍有翘稻头之虑。

1985年以后，先后推广应用了秀水06、秀水04等中熟晚粳类型。这类品种感光性较强，全生育期135d左右，可以在6月25日前后播种而安全齐穗；接着又推广应用了秀水115、秀水117、秀水664等早熟晚粳类型。这类品种感光性也较强，但其全生育期130d左右，可以在6月30日前后播种而实现安全齐穗，比较好地解决了秧龄和安全齐穗的矛盾，并在浙北地区迅速推广。为彻底克服长秧龄的弊端，解决三熟制地区季节和劳动力紧张的矛盾，80年代末期，浙江省又推出了短秧龄特早熟晚粳秀水37和后来的秀水850、丙89111、丙92528和明珠1号等。这类品种（系）有一定的感光性能，全生育期仅120～125d，可以在7月5～10日播种而安全齐穗。它们的最大特点是秧龄短，秧田肥水双促，嫩壮秧栽后起发快，个体和群体生长协调，且节省秧田，减轻拔秧和插秧劳动强度，因而深受三熟制地区稻农的欢迎。随着抛秧技术的迅速推广和政府对抗洪救灾等备用种子重视，这种类型已成了抛秧栽培或连晚直播的首选品种。实践证明，早熟晚粳和短秧龄特早熟晚粳是在保持了晚粳特点——感光性即齐穗安全性的前提下，缩短了秧龄期，提高了秧苗素质，嫩壮秧移栽后返青快，分蘖早，个体生长和群体生长协调，仍能达到中、迟熟晚粳的产量水平。

晚糯历年作为搭配种植，至今一直是以中熟、早熟为主，生育期变化不大。

四、抗性

1. 稻瘟病

80年代前推广应用的品种，一般稻瘟病抗性较弱，易酿成毁灭性病害；此后相继推出了京引154（含 *Pi-K* 基因）的杂交后代秀水48、祥湖24等，IR26的杂交后代秀水06、祥湖84等，灵峰（含 $Pita^2$ 基因）的杂交后代秀水04、秀水27、秀水11、秀水1067等；近年来生产上应用的宁67具有良好的稻瘟病水平抗性，秀水17具有 *PiZt* 的抗性基因。水平抗性的利用和广谱抗性基因的应用，标志着浙江省抗稻瘟病育种已进入了一个新阶段。

2. 白叶枯病

白叶枯病曾肆虐浙江省沿海稻区，成为当地重要病害。近20年来，有针对性地推广了抗白叶枯病品种矮粳23、秀水664、宁67等，取得了较好成效。同时，把 *Xa23* 等高抗白叶枯病基因导入主栽品种的工作也正在进行中。

3. 褐飞虱

褐飞虱是晚稻主要虫害，自从推广应用IR28（含 *Bph1* 基因）的杂交后代秀水620、秀水664、秀水1067、秀水17、秀水63以后，由于品种的内禀抗性，明显降低了褐飞虱危害程度。不过褐飞虱生物型Ⅱ的出现，又给育种工作者提出了更高的要求。

病虫害种群的可变性和分布上的地域性给抗性品种的推广应用增加了地区和年限的限制，选育不同基因型的抗性品种，有计划地主动更换主栽品种，以品种之变来对付病虫害种群之变，是一条积极而有效的措施。

五、品质

常规晚粳、糯稻米品质受多类、多个基因控制，自然条件、栽培措施也起着决定性作用，只有在同田栽培的情况下才能作相对优劣的比较。但不同形态类型间和品种间存在明显差别：半矮生型穗长，着粒较稀，剑叶偏长而挺，后期转色好，灌浆快，成熟度一致，品质明显优于其他类型；密穗型穗部着粒密，剑叶短窄，灌浆慢，粒间成熟度不一致，品质总体水平低于半矮生型。不过，近年推广的秀水110和嘉花1号等新品种，经过适当增长穗部长度，降低着粒密度，改善其他农艺性状后，密穗型也能达到半矮生型品质水平。晚粳、糯品种的品质改良成效显著，全国和浙江省评出的为数不多的优质品种中，秀水27、秀水11、祥湖84、秀水63和秀水110榜上有名，秀水17、秀水63和秀水110在上海市也作为优质品种加以开发。这6个品种均是浙江省推广面积在6.67万hm^2以上的主栽品种。但浙江地处全国晚粳、糯稻生产及消费之南缘，东北—苏、皖—浙江收获季节呈早到迟的梯度，劳动力价位则呈从低到高的梯度，加上其他一些原因，浙江生产的晚粳、糯米上市迟，成本高，在市场上的竞争力不强。要改变这种被动局面，必须继续强化优质育种；栽培上要注意增施有机肥和氮、磷、钾三要素合理配比，加强灌浆期水分管理；做好收贮、加工、销售一条龙服务。

江苏省90年代生产上应用面积最大的5个晚粳稻品种的糙米率、精米粒率、整精米粒率、糊化温度（碱消值）、胶稠度和直链淀粉含量均达到部颁一级优质米标准，但垩白粒率、垩白度等外观指标与优质米差距较大，尤其是垩白粒率平均为56.0%，变幅为21.0%～70.0%。因此，从品质理化指标来看，江苏省在对晚粳稻加工品质和蒸煮食味品质方面的改良效果显著，但垩白粒率等外观品质指标不尽如人意，改良外观品质仍是今后品质育种的重要内容。

第三节　主要品种系谱

一、秀水02、嘉48、秀水63及其衍生品种

秀水02、嘉48和秀水63三个常规晚粳稻品种都是嘉兴市农业科学研究院选育而成（图12-2，表12-5），其中秀水02于1989年通过浙江省农作物品种审定委员会审定，秀水63于1996年通过浙江省农作物品种审定委员会审定。

表12-5　秀水02、嘉48、秀水63衍生品种辈序表

品种辈序	1	2	3	4	5	6	合计
秀水02品种数	1	1	2	2	2	1	9
嘉48品种数	2	2	1	2	—	—	7
秀水63品种数	8	2	3	2	—	—	15

1. 秀水63

常规晚粳，浙江省嘉兴市农业科学研究院以善41R为母本与秀水61杂交，杂种F_1再用秀水61回交选育而成，1996年和1998年分别通过浙江省和上海市农作物品种审定委员会审定。全生育期浙北单季晚稻155d，连晚栽培134～136d，株高双季稻约85cm，单季稻95～109cm。密穗型，茎秆坚韧，株型挺，叶片窄而色淡。分蘖力较强，穗粒兼顾。一般单季晚稻有效穗375万～420万/hm^2，每穗粒数95～105粒；连作晚稻有效穗450万～480万/hm^2，每穗粒数70～80粒，结实率90%，千粒重26g。抗稻叶瘟和稻穗瘟平均分别为3.3级和3.3级，抗白叶枯病平均为3.7级，褐飞虱9级。整精米粒率71.5%，糊化温度（碱消值）7级，胶稠度60mm，直链淀粉含量14.9%，适宜在浙北地区作单季稻或连作晚稻、上海市晚稻种植，是长江中下游稻区和浙江省晚粳稻区试的对照

品种。1997 年最大年推广面积 16.0 万 hm^2，1996—2005 年累计推广面积 80 万 hm^2。

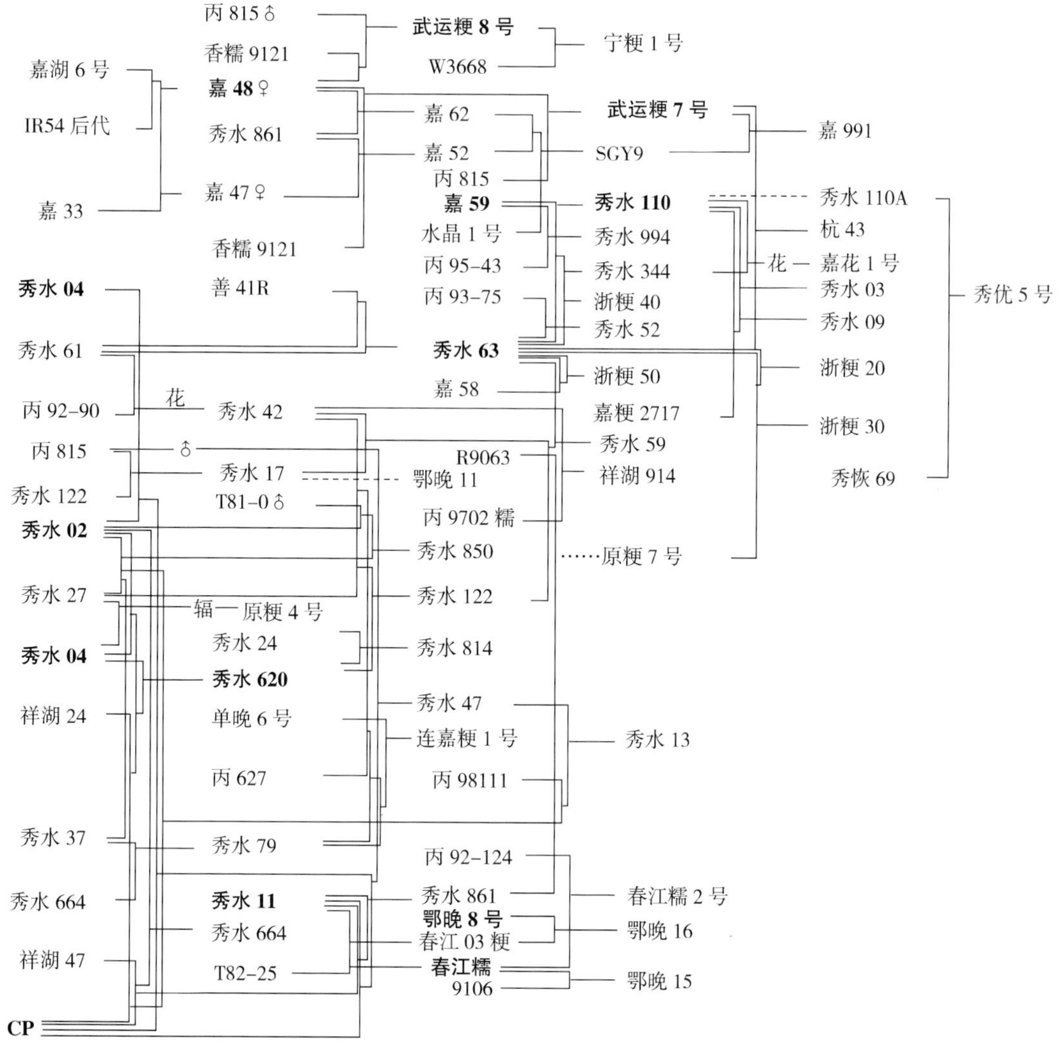

图 12-2　秀水 02、嘉 48、秀水 63 衍生品种系谱

2. 秀水 110

常规晚粳，浙江省嘉兴市农业科学研究院以嘉 59 天然杂种为母本与秀水 63 为父本杂交选育而成，2002 年分别通过浙江省和上海市农作物品种审定委员会审定。半矮生与密穗相结合之新株型，穗颈较硬，着粒密度较高，叶色稍深，叶片稍宽，株型紧凑，剑叶直立，叶鞘包节，茎秆粗壮，耐肥抗倒，分蘖力中等，穗数略少，穗形较大，枝梗多且着粒均匀，结实率高，灌浆充实度好，千粒重中等，谷粒长短适度、色泽黄亮，熟相清秀。单季晚稻种植，株高 95cm 左右，总叶 17～18 片，有效穗 315 万～360 万/hm^2，每穗粒数 120～130 粒，结实率 85%～90%，千粒重 25～26g。感光性强，年度间生育期稳定。浙北地区单晚种植齐穗期在 9 月 10 日前后，成熟期在 10 月底，全生育期 157d 左右，抽穗成熟期比秀水 63 迟 2d 左右。抗稻叶瘟、穗瘟、白叶枯病分别为 0.1、2.0、5.5 级，强于

对照秀水 63 的 4.7、5.3、4.6 级。糙米率 84.3%，精米粒率 75.3%，整精米粒率 72.9%，粒长 4.8mm，长宽比 1.7，垩白粒率 31.2%，垩白度 36%，透明度 1.8 级，糊化温度（碱消值）7 级，胶稠度 84.2mm，直链淀粉含量 17.8%，蛋白质含量 8.8%。适宜在浙北稻区和上海市作单季晚稻种植。2003 年最大年推广面积 15 万 hm^2，2001—2005 年累计推广面积 67 万 hm^2。

3. 秀水 17

常规晚粳，浙江省嘉兴市农业科学研究院以丙 815 为母本、秀水 122 为父本杂交选育而成，1993 年和 1995 年分别通过浙江省和上海市农作物品种审定委员会审定。全生育期单季稻为 150～155d，连作晚稻 135～138d，株高双季稻约 80～85cm，单季稻约 95～105cm。密穗型，株型紧凑，叶挺而窄，色淡，茎秆粗壮，根系发达，抗倒力较强，分蘖力较强，穗型大。每穗粒数 100 粒，结实率 75%～86%，千粒重 25～26g。抗稻叶瘟和穗瘟平均为 1.8 级和 1.6 级，抗白叶枯病平均 3.6 级，对褐飞虱和白背飞虱有一定的抗性。糊化温度（碱消值）7 级，胶稠度 75mm，直链淀粉含量 16.8%。适宜在浙北地区单季、连晚和上海市晚稻种植。1996 年最大年推广面积 10 万 hm^2，1993—2005 年累计推广面积 35 万 hm^2。

4. 秀水 09

常规晚粳，浙江省嘉兴市农业科学研究院以秀水 110 为母本与嘉粳 2717 杂交，再用秀水 110 为父本回交一次选育而成，2005 年分别通过浙江省和上海市农作物品种审定委员会审定。半矮生与长密穗相结合的库源协调型晚粳品种，中熟，感光性强，年度间生育期稳定。浙北地区单季种植，齐穗期在 9 月 8 日前后，成熟期在 10 月底，全生育期 159d 左右，抽穗、成熟期比秀水 63 迟 1d，叶色青绿，株型紧凑，剑叶直立，叶鞘包节，茎秆粗壮，耐肥、抗倒，分蘖力较强，穗数适宜，穗型大而偏长，穗颈较硬，着粒密度适中，枝梗多且着粒均匀，结实率高，灌浆充实度好，千粒重中等，谷粒长短适度、谷色黄亮，后期熟相清秀。作单季晚稻种植，株高 95cm 左右，总叶 17～18 片。秀水 09 群体生长为穗粒兼顾、偏大穗类型品种，有效穗 315 万～360 万/hm^2，每穗粒数 115～125 粒，结实率 90%～93%，千粒重 26～27g。抗稻瘟病，中抗白叶枯病，中感褐飞虱。适宜在浙北地区单季、连晚和上海市晚稻种植。2006 年最大年推广面积 14 万 hm^2，2003—2005 年累计推广面积 67 万 hm^2。

5. 嘉花 1 号

常规晚粳，浙江省嘉兴市农业科学研究院以秀水 110 为母本与秀水 344（花培育成）杂交选育而成，2003 年和 2004 年分别通过上海市和浙江省农作物品种审定委员会审定。全生育期浙北单季晚稻为 155d，连晚晚稻为 134～136d，株高双季晚稻约 85cm，单季晚稻约 95～109cm。密穗型，茎秆坚韧，株型挺，叶片窄而色淡，分蘖力较强，穗粒兼顾。单季晚稻有效穗 375 万～420 万/hm^2，每穗粒数 95～105 粒，连作晚稻有效穗 450 万～480 万/hm^2，每穗粒数 70～80 粒，结实率 90%，千粒重 26g。抗稻叶瘟和穗瘟分别为 3.3 级和 3.3 级，抗白叶枯病平均为 3.7 级，抗褐飞虱 9 级。糊化温度（碱消值）7 级，胶稠度 60mm，精米粒率 76.9%，整精米粒率 71.5%，粒长 4.9mm，长宽比 1.8，垩白粒率 12.0%，垩白度 2.3%，透明度 1 级，直链淀粉含量 14.9%，蛋白质含量 9.8%。适宜杭嘉湖、宁绍及苏南稻区作单季晚粳稻种植。2004 年最大年推广面积 15 万 hm^2，2001—2005 年累计推广面积 67 万 hm^2。

6. 秀水 122

常规晚粳，浙江省嘉兴市农业科学研究院用秀水 02 为骨干亲本与秀水 27、秀水 04、祥湖 24 等亲本复交（秀水 02/秀水 27/5/秀水 04/4/秀水 02/3/秀水 04//祥湖 24/CP）选育而成，1993 年通过江苏省农作物品种审定委员会审定。全生育期 162d，株高 100cm，株型较紧凑，茎秆粗壮，剑叶挺拔，叶色稍淡，分蘖力较强，穗型中等偏大，耐肥、抗倒性好。有效穗 390 万/hm^2，每穗粒数 110 粒，千粒重 25g，精米粒率 74.5%，平均单产 8.90t/hm^2。适宜于江苏省太湖地区东南部中上肥力条件下种植。1995 年最大年推广面积 10 万 hm^2，1992—2005 年累计推广面积 35 万 hm^2。

7. 秀水 42

常规晚粳，浙江省嘉兴市农业科学研究院用秀水 61 为母本与丙 92 - 90 为父本杂交选育而成，2001 年通过浙江省农作物品种审定委员会审定。全生育期 160d，在浙北地区种植，5 月 29 日播种，6 月 27 日移栽，9 月 11 日始穗，9 月 15 日齐穗，11 月 5 日成熟。株高 100cm，比秀水 63 矮 5cm，株型紧凑，剑叶挺，总叶 17～18 片，穗型中等偏大，耐肥、抗倒性好，有效穗 442 万/hm^2，成穗率 71.17%，穗长 13.14cm，每穗粒数 105 粒，结实率 92.2%，千粒重 25.1g。抗稻叶瘟 2 级，抗穗瘟 0 级，抗白叶枯病 3 级。植株矮壮，抗倒性强于秀水 63。外观米质透明，整精米粒率高，米质优，适口性好。1999 年经农业部稻米及制品质量监督检验测试中心测定，12 项指标中有 8 项指标达到部颁优质米一级标准，胶稠度达优质米二级标准。平均单产 8.10t/hm^2。适宜杭嘉湖、宁绍及苏南稻区作单季晚粳稻种植。2000 年最大年推广面积 8 万 hm^2，2000—2005 年累计推广面积 30 万 hm^2。

8. 秀水 664

常规晚粳，浙江省嘉兴市农业科学研究院以秀水 02 为母本，祥湖 47 与 cp 的杂交后代 F_1 为父本选育而成，1989 年通过浙江省农作物品种审定委员会审定。全生育期连作晚稻 118～130d，单季晚稻155～158d。株高连作晚稻 85cm，单季晚稻 110cm，株型紧凑，剑叶挺，总叶连作晚稻 14.5～15.0 片，单季晚稻 17.5～18.0 片，根系发达，呈上位根系，集中分布于耕作表层。连作晚稻有效穗 525 万/hm^2，单季晚稻 420 万/hm^2，每穗粒数 60～85 粒，结实率 90%～95%，千粒重 26g。抗稻瘟病和褐飞虱，中抗白叶枯病。外观米质透明，整精米粒率高，米质优，适口性好。直链淀粉含量 17.6%，胶稠度 63mm，糊化温度（碱消值）7 级。平均单产 7.31t/hm^2。适宜杭嘉湖、宁绍及苏南稻区作单季晚粳稻种植。1997 年最大年推广面积 8 万 hm^2，1988—1998 年累计推广面积 67 万 hm^2。

9. 祥湖 84

常规晚粳糯，浙江省嘉兴市农业科学研究院选育而成，1988 年通过浙江省农作物品种审定委员会审定。先后参加南方稻区和浙江省区域试验，表现为产量高、米质优、熟期早、抗性好等。该品种产量高于鄂宜 105、秀水 48 等晚粳稻，推广面积大，使用时间长。自 1986 年起，浙江省累计种植 35.04 万 hm^2，1992 年种植面积占全省糯稻总面积的 56.2%，成为浙江省晚糯当家品种，并向安徽、湖北等地推广。该品种质优，1992 年获全国粮油优质评选粳糯组第一名；获全国首届农业博览会银奖。祥湖84比祥湖47等其他糯稻品种可亩增25kg。

10. 明珠1号

常规特早熟晚粳，浙江省农业科学院以丙8103为母本与抗病中间材料713杂交选育而成，1998年通过浙江省农作物品种审定委员会审定。7月上旬播种，10月底成熟，全生育期115d；7月中旬播种，全生育期100d左右。株高82.7cm左右，半矮生型，株型紧凑，耐肥、抗倒，抽穗整齐，灌浆速度快，一般齐穗后30～35d即可收获，后期青秆黄熟，脱粒容易，穗长18cm，每穗粒数80.8粒，结实率86.4%，千粒重25.5g，较易脱粒。抗稻叶瘟和穗瘟3.2级和3.4级，抗白叶枯病3.2级，抗褐飞虱9级。长宽比1.7，糙米率84.2%，精米粒率77.9%，整精米粒率76.7%，糊化温度（碱消值）7级，透明度1级，胶稠度85mm，直链淀粉含量16.3%，蛋白质含量11.8%。适宜浙江金华、绍兴等地种植。1999年最大年推广面积6.5万hm^2，1996—2002年累计推广面积16.8万hm^2。

11. 航育1号

常规晚粳糯，浙江省农业科学院用ZR9（矮粳23/IR2061-427-1-17-7-5/矮粳23/晚香糯选）高空气球搭载诱变选育而成，1998年通过浙江省农作物品种审定委员会审定，是我国第一个通过高空气球搭载水稻干种子育成的糯稻新品种。连作晚稻全生育期118～125d，单季晚稻全生育期130～135d，属早熟晚糯稻类型。株高80～90cm左右，半矮生型，茎秆粗壮，株型紧凑，耐肥、抗倒，分蘖力中等偏弱，成穗率高，叶片挺立，色泽较深，穗大下垂。穗长19.1cm，每穗粒数97.9粒，结实率95%以上，千粒重28g。稻穗瘟抗性3.5级，强于对照秀水11的6.5级，白叶枯病抗性与对照相仿。整精米粒率高达75.7%，粒长5.5mm，长宽比为1.8，胶稠度99mm，直链淀粉含量1.2%，蛋白质含量10.7%。适宜浙江金华、衢州等地种植。2000年最大年推广面积3.73万hm^2，1996—2002年累计推广面积17.6万hm^2。

12. 浙粳20

常规晚粳，浙江省农业科学院以武运粳7号与原粳7号杂交的F_1为父本与秀水63杂交选育而成的晚粳稻常规品种，2002年通过浙江省农作物品种审定委员会审定。全生育期127.4d，株高83.8cm，株型适中，茎秆较粗，穗粒重协调，转色好。有效穗363.0万/hm^2，穗长14.2cm，每穗粒数82.0粒，千粒重25.5g。抗稻瘟病1.3级，抗白叶枯病6.2级，抗褐稻虱9级。整精米粒率72.8%，垩白粒率50.0%，垩白度4.4%，胶稠度100mm，直链淀粉含量13.6%。平均单产6.80t/hm^2。适宜在浙江、江苏、上海、安徽、湖北等地双季晚稻栽培。2004年最大年推广面积15.9万hm^2，2000—2005年累计推广面积22.4万hm^2。

13. 浙粳30

常规晚粳，浙江省农业科学院以秀水63为母本与原粳7号为父本杂交选育而成，2003年通过浙江省农作物品种审定委员会审定。全生育期134.5d，株高84.2cm，株型适中，茎秆较粗，穗粒重协调，转色好，有效穗349.5万/hm^2，穗长14.3cm，每穗粒数89.5粒，千粒重25.7g。抗稻瘟病3.8级，最高5.0级；抗白叶枯病4.4级；抗褐飞虱9级。整精米粒率72.5%，垩白粒率51.0%，垩白度3.3%，胶稠度78mm，直链淀粉含量

15.7%。平均单产 7.01t/hm²。适宜在浙江、江苏、上海、安徽、湖北等地作双季晚稻栽培。2005 年最大年推广面积 0.45 万 hm²，2001—2005 年累计推广面积 1 万 hm²。

14. 浙粳 40

常规晚粳，浙江省农业科学院以秀水 63 与嘉 59 的杂种 F_1 为父本与秀水 63 为母本回交选育而成，2005 年通过浙江省农作物品种审定委员会审定。全生育期 136.5d，株高 85.7cm，株型适中，茎秆较粗，穗粒重协调，转色好，有效穗 346.5 万/hm²，穗长 14.7cm，每穗粒数 99.9 粒，千粒重 25.9g。抗稻瘟病 4.0 级，抗白叶枯病 3.6 级，抗褐飞虱 7 级。整精米粒率 75.7%，垩白粒率 36.0%，垩白度 4.1%，胶稠度 68mm，直链淀粉含量 15.8%。平均单产 7.20t/hm²。适宜在浙江、江苏、上海、安徽、湖北等地作双季晚稻栽培。2005 年最大年推广面积 0.68 万 hm²，2003—2005 年累计推广面积 0.68 万 hm²。

15. 浙粳 50

常规晚粳，浙江省农业科学院以秀水 63 与嘉 58 杂交的 F_1 为父本与秀水 63 为母本回交一次选育而成，2005 年通过浙江省农作物品种审定委员会审定，全生育期 151.8d，株高 104.5cm，株型适中，茎秆较粗，穗粒重协调，转色好。有效穗 342.0 万/hm²，穗长 15.7cm，每穗粒数 108.9 粒，千粒重 25.4g。抗稻瘟病 4.5 级，最高 7.0 级；抗白叶枯病 4.3 级；抗褐飞虱 8 级。整精米粒率 71.4%，垩白粒率 30.0%，垩白度 4.6%，胶稠度 72mm，直链淀粉含量 14.9%。平均单产 8.22t/hm²。适宜在浙江、江苏、上海、安徽、湖北等地作单季晚稻栽培。

16. 嘉 991

常规晚粳，浙江省嘉兴市农业科学研究院以武运粳 7 号为母本与 SGY9 杂交选育而成，2003 年和 2005 年分别通过浙江省和江苏省农作物品种审定委员会审定。全生育期 150.0d，株高 100.3cm，株型适中，茎秆粗壮，穗粒重协调，转色好，有效穗 298.5 万/hm²，穗长 19.5cm，每穗粒数 121.5 粒，千粒重 27.0g。抗稻叶瘟 1.0 级，穗瘟 6.3 级，抗白叶枯病 4.2 级，抗褐飞虱 7.0 级。整精米粒率 72.3%，长宽比 1.8，垩白粒率 10.0%，垩白度 0.9%，胶稠度 78mm，直链淀粉含量 17.0%。平均单产 8.99t/hm²。适宜在浙江、上海、苏南、湖北、安徽等地作连作晚稻和单季晚稻种植。2005 年最大年推广面积 16.5 万 hm²，2001—2005 年累计推广面积 40 万 hm²。

17. 杭 43

常规晚粳，浙江省杭州市农业科学研究院以武运粳 7 号为母本与秀水 63 为父本杂交选育而成，2005 年 2 月通过浙江省农作物品种审定委员会审定。全生育期 157.3d，株高 98.3cm，株型紧凑，茎秆粗壮，耐肥、抗倒，穗粒重协调，后期熟相好。有效穗 298.8 万/hm²，穗长 15.8cm，每穗粒数 122.6 粒，每穗实粒数 115.4 粒，千粒重 28.1g。抗稻瘟病 1.6 级，抗白叶枯病 5.0 级，抗褐飞虱 9.0 级。整精米粒率 71.3%，长宽比 1.7，垩白粒率 39%，垩白度 8.8%，糊化温度（碱消值）7 级，胶稠度 88mm，直链淀粉含量 15.7%，蛋白质含量 9.6%。平均单产 8.42t/hm²。适宜在浙江省杭州、嘉兴、金华及类似地区推广种植。2005 年最大年推广面积 0.65 万 hm²，2003—2005 年累计推广面积 1.05 万 hm²。

18. 宁粳 1 号

常规晚粳，南京农业大学以武运粳 8 号为母本与 W3668 为父本杂交选育而成，2004

年通过江苏省农作物品种审定委员会审定。全生育期156d，株高97cm，株型集散适中，生长清秀，叶片挺举，叶色较淡，穗型中等，分蘖力较强，抗倒性好，后期熟相好，较易落粒。有效穗315万/hm^2，每穗粒数120粒，千粒重28g。稻米品质达国标三级优质稻谷标准。精米粒率69.4%，整精米粒率66.6%，长宽比1.7，垩白粒率29%，垩白度4.8%，透明度2级，直链淀粉含量17.2%，糊化温度（碱消值）7级，胶稠度82mm。平均单产9.60t/hm^2。适宜于江苏省沿江及苏南地区中上等肥力条件下种植。2005年最大年推广面积11.3万hm^2，2004—2005年累计推广面积12.3万hm^2。

19. 武运粳8号

常规晚粳，江苏省常州市武进区农业科学研究所以嘉48为母本与香糯9121杂交，杂种F_1再与丙815杂交选育而成，1999年通过江苏省农作物品种审定委员会审定。全生育期152d，株高98cm，株型松散适中，叶挺色淡绿，生长清秀，穗型大，穗粒结构较协调，抗倒性强。有效穗315万/hm^2，每穗粒数120粒，千粒重28g。精米粒率77.7%，垩白粒率32%，垩白度6.7%，透明度1级，直链淀粉含量14.6%，糊化温度（碱消值）7级，胶稠度80mm。平均单产9.80t/hm^2。适宜于江苏省沿江及苏中地区中上肥力条件下种植。1999年最大年推广面积25.3万hm^2，1999—2005年累计推广面积140万hm^2。

20. 武运粳7号

常规晚粳，江苏省常州市武进区农业科学研究所以嘉48为母本与香糯9121杂交，杂种F_1再与丙815杂交选育而成，1998年和2000年分别通过江苏省和国家农作物品种审定委员会审定。全生育期159d，株高95cm，株型紧凑，茎秆粗壮，叶色淡绿，分蘖性稍弱，穗大粒多，结实率高，较耐肥、抗倒，生长清秀，熟色好，易脱粒。有效穗323万/hm^2，每穗粒数120粒，千粒重27.5g。整精米粒率76.2%，垩白粒率70%，垩白度8.8%，透明度1级，直链淀粉含量15.6%，糊化温度（碱消值）7级，胶稠度80mm。平均单产9.60t/hm^2。适宜于江苏省苏南及沿江地区中上等肥力条件和长江中、下游稻区作双季晚稻种植。1999年最大年推广面积72万hm^2，1998—2005年累计推广面积340万hm^2。

21. 春江03粳

常规晚粳，中国水稻研究所以秀水11为母本与T82-25杂交选育而成，1997年和1998年分别通过湖北省和安徽省农作物品种审定委员会审定。全生育期130～135d，苗期植株矮壮，移栽后不易败苗，返青快，分蘖期生长势旺，分蘖力强，表现为丛生快长，抽穗集中，穗层整齐，剑叶角度小，株型较紧凑，成熟期褪色好，青秆黄熟，易脱粒。作连作晚稻株高80～85cm左右，有效穗390万～450万/hm^2，每穗粒数70～75粒，结实率90%以上，千粒重28～29g。中抗稻瘟病和白叶枯病。糙米率84.3%，精米粒率75.9%，整精米粒率67.8%，长宽比1.7，垩白粒率68%，垩白度6.8%，透明度2级，糊化温度（碱消值）7级，胶稠度53mm，直链淀粉含量19.3%。连作晚稻平均单产6.68t/hm^2。适宜在安徽长江两岸地区和湖北南部双季稻区种植。2000年最大年推广面积5.3万hm^2，1997—2005年累计推广面积27.2万hm^2。

22. 春江糯

常规晚粳糯，中国水稻研究所以秀水11为母本与T82-25杂交选育而成，1993年和

1995 年分别通过浙江省和国家农作物品种审定委员会审定。全生育期 130～135d，苗期植株矮壮，移栽后不易败苗，返青快，分蘖期生长势旺，分蘖力强，表现为丛生快长，穗层整齐，剑叶角度小，株型较紧凑，成熟期转色好，青秆黄熟，脱粒性好。作连作晚稻株高 82～87cm 左右，有效穗 450 万～525 万/hm^2，每穗粒数 65～75 粒，结实率 90%以上，千粒重 26g 左右。中抗稻瘟病。糙米率 84.0%，精米粒率 75.6%，整精米粒率 71.4%，长宽比 1.7，糊化温度（碱消值）7 级，胶稠度 100mm，直链淀粉含量 1.3%。连作晚稻平均单产 6.20t/hm^2。适宜在浙江省双季稻区、安徽长江两岸地区和湖北南部双季稻区种植。1997 年最大年推广面积 3 万 hm^2，1996—2005 年累计推广面积 15.8 万 hm^2。

23. 春江糯 2 号

常规晚粳糯，中国水稻研究所以丙 92-124 为母本与春江糯杂交选育而成，2002 年浙江省农作物品种审定委员会审定。全生育期 130～146d。苗期植株矮壮，移栽后不易败苗，分蘖力较强，属丛生快长型品种，抽穗集中，穗层整齐，密穗型，株型较紧凑，剑叶角度小，叶色较淡，成熟期转色好，抗倒伏能力强，脱粒性好。作连作晚稻株高 85cm 左右，有效穗 375 万～420 万/hm^2，每穗粒数 75～85 粒，结实率 90%以上；作单季晚稻株高 100cm 左右，有效穗 330 万～360 万/hm^2，每穗粒数 100～110 粒，结实率 95%左右，千粒重 26～27g。抗稻叶瘟 0 级，抗穗瘟 1.0 级，抗白叶枯病 5.9 级。糙米率 83.6%，精米粒率 73.5%，整精米粒率 70.4%，粒长 4.7mm，长宽比 1.6，糊化温度（碱消值）7 级，胶稠度 100mm，直链淀粉含量 1.2%，蛋白质含量 9.2%。连作晚稻平均单产 6.92t/hm^2。适宜在浙江省单、双季稻地区作单季晚稻和连作晚稻种植。2004 年最大年推广面积 2.5 万 hm^2，2002—2005 年累计推广面积 6 万 hm^2。

24. 鄂晚 11

常规中熟晚粳，湖北省孝南区农业局和孝感市优质农产品开发公司从浙江嘉兴市农业科学研究院引进的迟熟晚粳丙 9117（秀水 17）中选出的早熟变异单株，经系统选择育成。2001 年通过湖北省农作物品种审定委员会审定。全生育期 128.6d，比鄂宜 105 长 4.7d，属中熟偏迟的粳型晚稻品种。株型适中，剑叶窄短直立，茎节外露，但茎秆坚硬，抗倒性强。着粒密度大，粒型椭圆，后期抗寒性好，成熟时落色好，叶青籽黄，株高 80.5cm，有效穗 388 万/hm^2，穗长 14.7cm，每穗粒数 83.5 粒，实粒数 63.0 粒，结实率 75.4%，千粒重 26.01g。抗白叶枯病，高抗稻瘟病，纹枯病较轻，易感恶苗病。高温条件下，缺钾反应敏感。出糙率 83.55%，整精米粒率 67.78%，长宽比 1.9，垩白粒率 15%，垩白度 1.4%，直链淀粉含量 16.43%，胶稠度 73mm。适于湖北省作晚稻种植。

25. 鄂晚 15

常规晚粳，湖北省农业技术推广总站、湖北省种子集团公司和孝感市孝南区农业局用春江糯为母本与 9106 为父本杂交选育而成，2005 年通过湖北省农作物品种审定委员会的审定。全生育期 130.2d，比鄂宜 105 长 3.8d，属迟熟粳型晚稻。株型紧凑，叶色浓绿，叶片窄短、挺直，穗层整齐，穗型半直立，谷粒短圆有顶芒，颖尖无色，脱粒性中等。有效穗 360 万/hm^2，株高 88.5cm，穗长 14.7cm，每穗粒数 90.0 粒，实粒数 77.7 粒，结实率 86.3%，千粒重 26.57g。高感稻穗颈瘟，中感白叶枯病，田间恶苗病较重。出糙率 83.2%，整精米粒率 65.2%，垩白粒率 16%，垩白度 1.5%，直链淀粉含量 16.7%，胶稠度 80mm，长宽比 2.1。适于湖北省稻瘟病无病区或轻病区作晚稻种植。

二、双丰 1 号、宝农 14、宝农 34 及其衍生品种

1. 沪粳 119

常规晚粳，上海市浦东新区农业技术推广中心用双丰 1 号与 IR26 杂交的 F_1 为父本与农虎 6 号杂交，再与秀水 04 为父本杂交选育而成（图 12-3），1993 年通过上海市农作物品种审定委员会审定。全生育期 158.3d，株高 92.5cm，矮秆粗壮，高度抗倒，穗数型，后期熟色佳。有效穗 456 万/hm^2，每穗粒数 85.1 粒，结实率 91.7%，千粒重 26.2g，产量 9.75～10.50t/hm^2。抗褐飞虱 5 级，抗稻瘟病 3 级，抗白叶枯病 1.1 级。整精米粒率 71.5%，垩白粒率 21%，垩白度 5.9%，胶稠度 74mm，直链淀粉含量 19.0%。适宜长江以南粳稻种植区域，特别适应全机械化操作和"轻型栽培"适度规模经营种植。

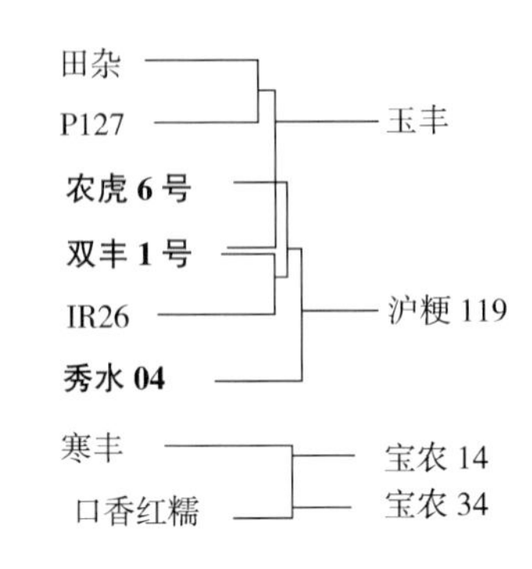

图 12-3 双丰 1 号衍生品种及宝农 14、宝农 34 品种系谱

2. 宝农 34

常规晚粳，上海市宝山区农业良种繁育场以寒丰为母本与口香红糯为父本杂交选育而成，2003 年通过上海市农作物品种审定委员会审定。全生育期 155d，株高 95～100cm。株型集散适中，叶色浓绿，叶片略长，剑叶挺，生长清秀，分蘖力偏弱，有效穗 300 万～375 万/hm^2，每穗粒数 120～135 粒，实粒数 110～120 粒，千粒重 27g，谷粒黄色，略长圆，稃尖淡紫色，脱粒性一般。后期青秆活熟，适宜机械化收割。抗倒性好，较抗条纹叶枯病与恶苗病，对螟虫、稻曲病敏感。各项米质指标达部颁优质米标准。2003 年最大年推广面积 0.33 万 hm^2，2003—2005 年累计推广面积 1 万 hm^2。

3. 玉丰

常规晚粳，上海市农业科学院作物育种栽培研究所用田杂与 P127 杂交的 F_1 与双丰 1 号为父本杂交选育而成，2003 年通过上海市农作物品种审定委员会审定。全生育期 158d，株高 105cm 左右，株型较紧凑，茎秆坚韧，耐肥、抗倒较好，剑叶挺直，叶色深绿，青秆黄熟，分蘖力中等偏强，成穗率高。有效穗 330 万～360 万/hm^2，每穗粒数 120 粒，结实率 90%以上，千粒重 25～26g。谷粒长椭圆形，稃尖与颖壳均为秆黄色，穗顶部谷粒偶尔有短芒。平均单产 8.25t/hm^2。抗稻瘟病 2.1 级，精米粒率 73.3%，长宽比 1.9，垩白粒率 6%，垩白度 0.3%，胶稠度 78mm，直涟淀粉含量 16.7%，糊化温度（碱消值）7 级。适宜在上海、苏南、浙北、皖南等地单季晚稻种植。2003 年最大年推广面积 0.3 万 hm^2，2003—2005 年累积推广面积 0.7 万 hm^2。

4. 宝农 14

常规晚粳，上海市宝山区农业良种繁育场以寒丰为母本与口香红糯为父本杂交选育而成的晚粳稻常规品种，2002 年通过上海市农作物品种审定委员会审定。全生育期 150d，株高 95～98cm。株型略散，分蘖力弱，叶色深，成穗率高，剑叶夹角前期较大，后期转

挺，抽穗整齐，生长清秀，繁茂性强，茎秆韧性好。抗倒性强。适合机械化操作。有效穗300万/hm^2左右，每穗粒数125粒，实粒110粒左右，千粒重27～28g。谷粒略长圆，近橙色，有少量花斑，脱粒性中等。糙米率85%，精米粒率77.4%，整精米粒率69.4%，蛋白质含量9.4%，糊化温度（碱消值）7级和粒型等六项指标达部颁优质米一级标准，透明度2级和直链淀粉含量18.4%二项达优质米二级标准。2002年最大年推广面积0.27万hm^2，2002—2005年累计推广面积0.8万hm^2。

三、农垦58和测21及其衍生品种

农垦58是原产日本的晚粳稻品种，具有矮秆、多穗、耐肥、抗倒、抗白叶枯病、丰产性好等特点，曾在太湖流域大面积推广种植。1985年前用农垦58为亲本育成了100多个晚粳稻新品种，在浙江、江苏、上海、湖南、湖北和四川等地推广种植，1986年后又育成了秀水04、甬粳18等当家品种。测21是一个半矮生型的晚粳稻中间材料，具有植株矮、分蘖力强、米质优等特点，被广泛用于晚粳稻育种（表12-6，图12-4）。

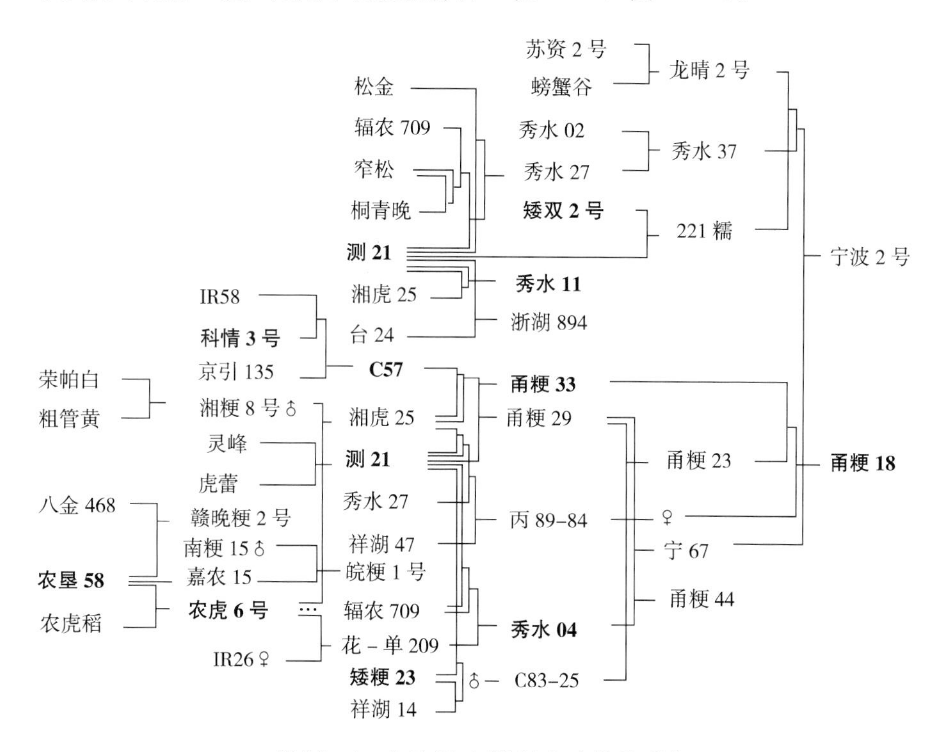

图12-4 农垦58和测21衍生品种系谱

表12-6 农垦58和测21衍生品种辈序表

品种辈序	1	2	3	4	5	6	合计
农垦58品种数	3	2	1	3	2	1	12
测21品种数	3	1	1		1		6

1. 秀水11

常规晚粳，浙江省嘉兴市农业科学研究院以测21为母本与测21和湘虎25的杂种后代为父本杂交选育而成，1988 年通过浙江省农作物品种审定委员会审定。连作晚稻全生育期 134d，株高 76.7cm，株型紧凑，剑叶挺直，叶下禾，茎秆坚韧，穗粒协调，熟期转色好，有效穗 522 万/hm^2，穗长 16.3cm，每穗粒数 56.4 粒，结实率 82.8%，千粒重 27.4g。抗稻瘟病 0 级，抗白叶枯病 3 级。精米粒率 74%～75%，整精米粒率 71%，透明度 1 级，糊化温度（碱消值）7 级，胶稠度 89mm，直链淀粉含量 21%。平均单产 6.41t/hm^2。适宜在浙江省种植。1991 年最大年推广面积 23 万 hm^2，1989—2005 年累计推广面积 170 万 hm^2。

2. 甬粳 44

常规晚粳，浙江省宁波市农业科学研究院以甬粳 29 为母本与秀水 04 为父本杂交选育而成，1995 年通过浙江省农作物品种审定委员会审定。连作晚稻全生育期 138d，株高 83.9cm，株型紧凑，剑叶挺直，茎秆坚韧，穗粒协调，熟期转色好。有效穗 318.0 万/hm^2，穗长 17.1cm，每穗粒数 104.3 粒，结实率 80.0%，千粒重 28.1g。糙米率 83.6%，精米粒率 75.2%，胶稠度 59mm，直链淀粉含量 17.3%。抗稻瘟病 6.9 级，抗白叶枯病 4.25 级。平均单产 6.21t/hm^2。适宜在宁波、绍兴地区种植。2005 年最大年推广面积 1.5 万 hm^2，1993—1999 年累计推广面积 5 万 hm^2。

3. 宁 67

常规晚粳，浙江省宁波市农业科学研究院以甬粳 29 为母本与秀水 04 为父本杂交选育而成，1993 年通过浙江省农作物品种审定委员会审定。连作晚稻全生育期 138d，株高 81.9cm，株型紧凑，剑叶挺直，茎秆坚韧，穗粒协调，熟期转色好，有效穗 416.25 万/hm^2，穗长 17.1cm，每穗粒数 74.6 粒，结实率 90.2%，千粒重 27.3g。抗稻瘟病 3.3 级，抗白叶枯病 3.9 级。糙米率 85%，精米粒率 76.9%，胶稠度 63mm，直链淀粉含量 17.7%。平均单产 6.94t/hm^2。适宜在宁波、绍兴、舟山地区种植。1996 年最大年推广面积 8.8 万 hm^2，1991—2005 年累计推广面积 56.7 万 hm^2。

4. 甬粳 18

常规晚粳，浙江省宁波市农业科学研究院用甬粳 33 与甬粳 23 杂交的 F_1 为父本与丙 89-84 为母本杂交选育而成，2000 年通过浙江省农作物品种审定委员会审定。连作晚稻栽培全生育期 139.1d，株高 80cm，株型紧凑，剑叶挺直，茎秆坚韧，穗粒协调，熟期转色好，有效穗 416.25 万/hm^2，穗长 17.1cm，每穗粒数 96 粒，结实率 90.2%，千粒重 28g。抗稻瘟病 3.4 级，抗白叶枯病 6.1 级。糙米率 83.5%，精米粒率 76.6%，整精米粒率 66.2%，胶稠度 62mm，直链淀粉含量 16.6%。平均单产 7.23t/hm^2。适宜在宁波、绍兴、舟山地区种植。2001 年最大年推广面积 11.5 万 hm^2，1998—2005 年累计推广面积 49.7 万 hm^2。

5. 浙湖 894

常规晚粳，浙江省农业科学院以测 21 为母本与台 24 为父本杂交选育而成，1995 年通过浙江省农作物品种审定委员会审定。双季晚稻在浙北全生育期 135.2d，宁绍平原全生育期 139.5d，单季晚稻栽培 150d 左右。株高 85cm 左右，半矮生型，茎秆粗壮坚韧，抗倒伏性强，叶片较挺，分蘖力较强，有效穗 450 万/hm^2 左右，成穗率 78%左右，穗长 17cm，每穗粒数 70～80 粒，实粒 60～70 粒，千粒重 28.5g，较易脱粒。抗稻叶瘟和穗瘟分别 3.2 级和 3.4 级，抗白叶枯病 3.2 级，抗褐飞虱 9 级。糙米率 85.4%、精米粒率

77%，整精米粒率71.9%，糊化温度（碱消值）7级，胶稠度81mm，直链淀粉含量19.1%，蛋白质含量9.65%。适宜浙江金华、绍兴等地种植。1996年最大年推广面积4.78万hm^2，1996—2005年累计推广面积8.9万hm^2。

6. 皖粳1号

常规晚粳，安徽省农业科学院水稻研究所以嘉农15为母本与南粳15为父本杂交选育而成，1987年安徽省农作物品种审定委员会审定。全生育期132d左右。株高65cm，株型紧凑，生长整齐、清秀，后期熟相好，成穗率较高，有效穗450万/hm^2，每穗粒数110粒，着粒密，结实率85%以上，千粒重27.5g，米质好。平均单产5.46t/hm^2。适宜在安徽省双季稻区作晚稻种植。1989年最大年推广面积8.33万hm^2，1986—1991年累计推广面积28万hm^2。

7. 赣晚粳2号

常规晚粳，江西省湖口县农业局用晚粳八金468与农垦58杂交选育而成，1991年通过江西省品种审定委员会的审定。全生育期124.4d，株高90.5cm，有效穗334万/hm^2，成穗率71.37%，每穗粒数71.7粒，结实率83.6%，千粒重24.9g，米质优，高感稻瘟病，中感白叶枯病。

四、秀水11和越光及其衍生品种

1. 绍糯119

常规晚粳糯，浙江省绍兴市农业科学研究院用绍粳66与秀水11杂交的F_1为父本与绍糯43为母本杂交选育而成，1995年通过浙江省农作物品种审定委员会审定。半矮生型中熟晚粳糯，连作晚稻全生育期131.4d，株高83cm，株型紧凑，分蘖中等偏强，耐抗倒性好，后期清秀，有效穗330万/hm^2，穗长16.5cm，每穗粒数74粒，千粒重27.3g。抗稻瘟病0.9级，抗白叶枯病6.5级，抗褐飞虱8级。整精米粒率61.0%，胶稠度100mm，

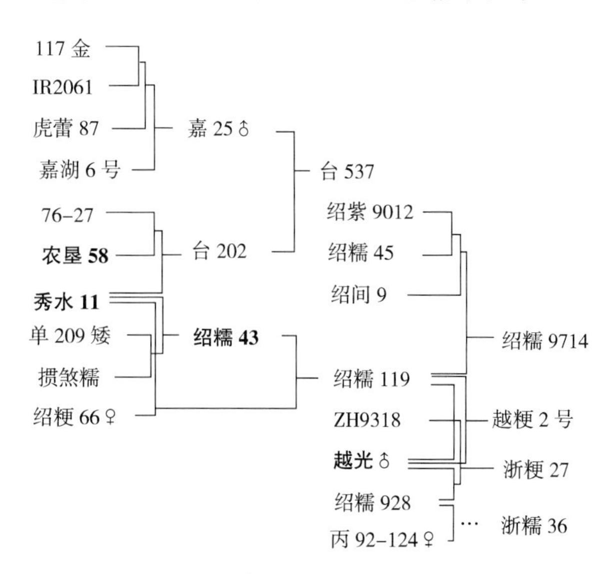

图12-5　秀水11和越光衍生品种系谱

直链淀粉含量1.1%。平均单产5.96t/hm^2。适宜于浙江省内种植。2000年最大年推广面积3.2万hm^2，1996—2005年累计推广面积18.0万hm^2（图12-5）。

2. 绍糯9714

常规晚粳糯，浙江省绍兴市农业科学研究院用绍紫9012与绍糯45杂交的F_1与绍间9杂交后，再用绍糯119为父本杂交选育而成，2002年和2004年分别通过浙江省和国家农作物品种审定委员会审定。连作晚稻栽培全生育期132.3d，属中熟晚粳糯类型。株高81cm，半矮生型，株型紧凑，剑叶挺直，分蘖力中等，有效穗330万/hm^2，穗长17.2cm，每穗粒数90粒，结实率91%，千粒重27.7g，长宽比1.7，后期清秀，耐肥、抗倒性好。抗稻穗瘟3.5级，抗白叶枯病2级，抗褐飞虱8级。精米粒率75.1%，整精米粒率73.5%，长宽比1.7，直链淀粉含量1.0%，糊化温度（碱消值）7级，胶稠度100mm。平均单产8.11t/hm^2。适宜于在浙江、上海、江苏、湖北、安徽种植。2005年最大年推广面积3.3万hm^2，2000—2005年累计推广面积14.5万hm^2。

3. 浙粳27

常规晚粳，浙江省农业科学院用绍糯928与越光杂交的F_1为父本与ZH9318为母本杂交选育而成，2005年通过浙江省农作物品种审定委员会审定。全生育期杭州单季晚稻157.95d，连作晚稻135d，株高双季晚稻约80cm，单季晚稻约90cm。半矮生型，穗长18cm，千粒重30g左右。抗稻叶瘟和穗瘟分别为0.8级和4.0级，抗白叶枯病为4.8级，抗褐飞虱9级。糙米率84.4%、精米粒率76.8%，整精米粒率74.4%，糊化温度（碱消值）7级，胶稠度72mm，直链淀粉含量17.0%，蛋白质含量8.5%。适宜杭州、湖州等地种植。2005年最大年推广面积0.87万hm^2，2002—2005年累计推广面积1.35万hm^2。

4. 浙糯36

常规晚粳糯，浙江省农业科学院以丙92-124为母本与绍糯928选的杂交F_1经^{60}Co-γ辐射处理选育而成，2003年通过浙江省农作物品种审定委员会审定。全生育期128.0d，株高80.9cm，茎秆较粗，穗粒重协调，转色好，有效穗294.0万/hm^2，穗长17.9cm，每穗粒数91.2粒，千粒重30.4g。抗稻瘟病4.3级，抗白叶枯病6.0级，褐飞虱9级。整精米粒率73.7%，胶稠度100mm，直链淀粉含量1.3%。平均单产7.15t/hm^2。适宜在浙江、江苏、上海、安徽、湖北等地作双季晚稻栽培。

5. 台202

常规晚粳，浙江省台州市农业科学研究院用76-27与农垦58杂交的F_1与秀水11为父本杂交选育而成，1993年通过浙江省农作物品种审定委员会审定。全生育期135.8d，株高88cm，半矮生型，株型紧凑，叶片挺直，叶色偏深，分蘖力偏弱，后期转色好，有效穗360万/hm^2，穗长17.0cm，每穗粒数93.5粒，千粒重28.0g。抗稻瘟病2.6级，抗白叶枯病4级，抗褐飞虱9级。整精米粒率76.6%，垩白度3%，胶稠度61mm，直链淀粉含量18.2%。平均单产7.50t/hm^2。适宜于上海、浙江杭州、嘉兴、安徽黄山、湖北黄冈、江西南昌、九江、余江及湖南岳阳、常德地区种植。2000年最大年推广面积0.7万hm^2，1996—2005年累计推广面积2.3万hm^2。

6. 越粳2号

常规晚粳，浙江省绍兴市农业科学研究院以绍糯119为母本与越光为父本杂交选育而成，2000 年通过浙江省农作物品种审定委员会审定。半矮生型，剑叶挺直，叶色淡绿。连作晚稻栽培全生育期 135d，株高 80cm，分蘖力中等，有效穗 375 万/hm^2，穗长 16.5cm，每穗粒数 85 粒，千粒重 27.8g。后期抗寒性强，熟色清秀。抗稻瘟病 0 级，最高 0 级；抗白叶枯病 6.5 级，最高 7 级；抗褐飞虱 9 级。整精米粒率 65.8%，胶稠度 59mm，长宽比 1.8，直链淀粉含量 16.6%，垩白粒率 24%，垩白度 4.4%。平均单产 6.25t/hm^2。适宜浙江省稻区种植。2005 年最大年推广面积 1.14 万 hm^2，1996—2005 年累计推广面积 4.5 万 hm^2。

7. 台 537

常规晚粳，浙江省台州市农业科学研究院以台 202 为母本与嘉 25 为父本杂交选育而成，1998 年通过浙江省农作物品种审定委员会审定。全生育期 135.0d，株高 90cm，半矮生型，株型紧凑，叶片挺直，叶色深，分蘖力中等，后期转色好，有效穗 345 万/hm^2，穗长 17.3cm，每穗粒数 95 粒，千粒重 28.3g。抗稻瘟病 2.9 级，抗白叶枯病 4.2 级，抗褐飞虱 9 级。整精米粒率 70.0%，垩白粒率 19%，垩白度 7%，胶稠度 70mm，直链淀粉含量 18.1%，蛋白质含量 10.9%。平均单产 7.80t/hm^2。适宜在浙江省及相似生态稻区作中、晚稻种植。

五、秀水 04、武运粳和武育粳系列衍生品种

1. 常农粳 1 号

常规晚粳，江苏省常熟市农业科学研究所以武育粳 2 号为母本与太湖糯为父本杂交选育而成，1998 年通过江苏省农作物品种审定委员会审定。全生育期 166d，株高 95cm，株型松散适中，剑叶挺拔，叶色较淡，分蘖力中等，穗大粒多，穗粒结构较协调，抗倒性中等，有效穗 345 万/hm^2，每穗粒数 113 粒，千粒重 26.5g。整精米粒率 72.8%，长宽比 1.6，垩白粒率 50%，垩白度 4.2%，透明度 2 级，直链淀粉含量 18.2%，碱消值 7 级，胶稠度 64mm。平均单产 9.80t/hm^2。适宜于江苏省太湖地区南部中上等肥力条件下种植。1999 年最大年推广面积 4.1 万 hm^2，1996—2000 年累计推广面积 11.4 万 hm^2（图 12-6）。

2. 武运糯 6 号

常规晚粳糯，江苏省常州市武进区农业科学研究所用紫金糯与武香粳 1 号杂交的 F_1 与秀水 04，然后再以武育粳 3 号为父本杂交选育而成，1997 年通过江苏省农作物品种审定委员会审定。全生育期 156d，株高 95cm，株型紧凑，剑叶挺拔，茎秆粗壮，叶色较深，分蘖性较强，穗数较多，穗形中等，粒重较高，穗粒结构较协调，生长清秀，熟色好，有效穗 390 万/hm^2，每穗粒数 110 粒，千粒重 27g。直链淀粉含量 1.2%，糊化温度（碱消值）7 级，胶稠度 100mm。平均单产 9.40t/hm^2。适宜于江苏省苏南及沿江地区中上等肥力条件下种植。1998 年最大年推广面积 3.3 万 hm^2，1993—1998 年累计推广面积 10 万 hm^2。

3. 常农粳 3 号

常规晚粳，江苏省常熟市农业科学研究所以武运粳 7 号为母本与常农粳 2 号杂交选育而成，2002 年通过江苏省农作物品种审定委员会审定。全生育期 163d，株高 112cm，茎秆粗壮，抗倒性强，穗数偏少，穗型较大，粒重较高。有效穗 248 万/hm^2，每穗粒数 165.7 粒，千粒重 27g。整精米粒率 73.2%，长宽比 1.8，垩白粒率 36%，垩白度 6.7%，

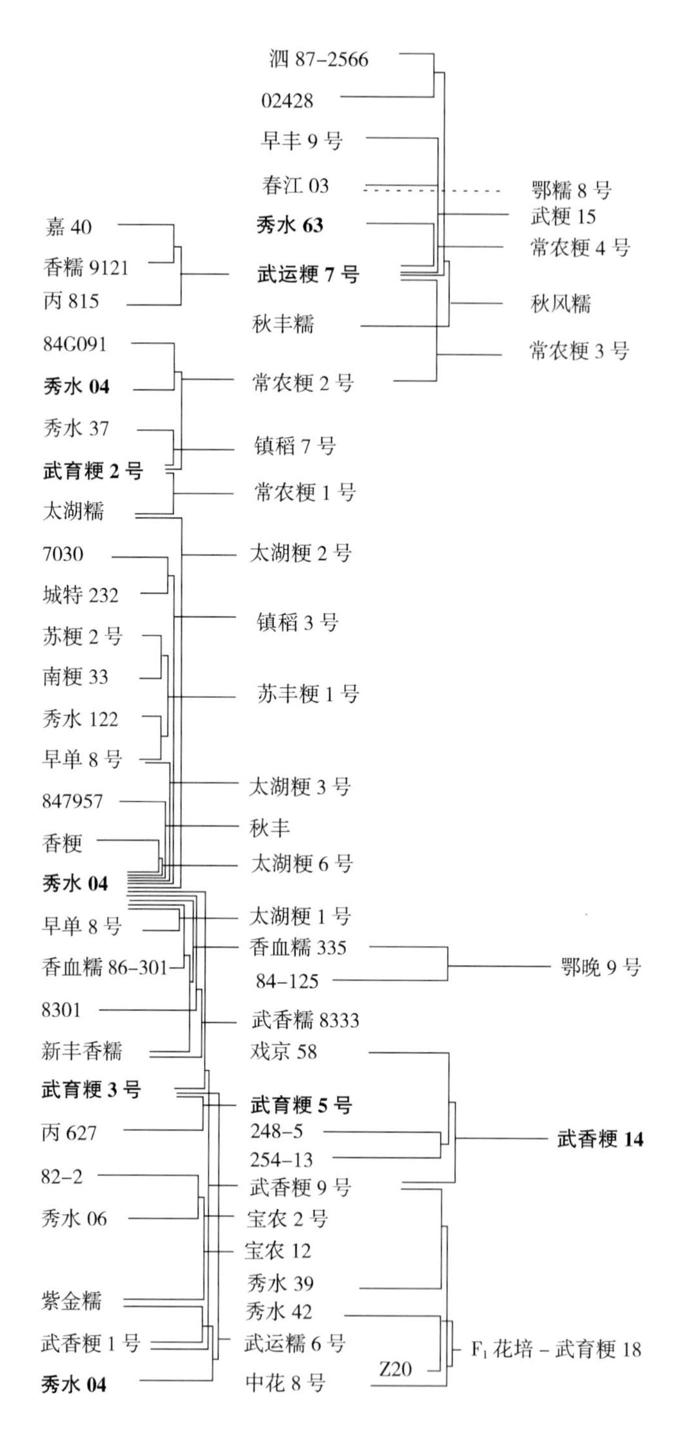

图 12-6　秀水 04、武运粳和武育粳系列衍生品种系谱

透明度 2 级，直链淀粉含量 17.8%，糊化温度（碱消值）7 级，胶稠度 76mm。平均单产 9.90t/hm²。适宜于江苏省太湖地区中上等肥力条件下种植。2003 年最大年推广面积 6.7 万 hm²，1999—2005 年累计推广面积 12 万 hm²。

4. 宝农 12

常规晚粳，上海市宝山区农业良种繁育场用 82-2 与秀水杂交的 F_1 为母本与紫金糯为父本杂交选育而成，1998 年通过上海市农作物品种审定委员会审定。全生育期 150d 左右，株高 100～105cm，茎秆粗壮坚韧，田间长势清秀，繁茂性强。株型适中，分蘖力偏差，成穗率高。总叶 17～18 片，叶挺，色深。穗长 18cm，有效穗 375 万/hm^2，每穗实粒数 100～120 粒，千粒重 26～27g，谷粒稃色淡黄，后期活熟，脱粒性好。品质较好，主要理化指标达到国标优质稻谷质量标准。对稻瘟病、白叶枯病、褐飞虱的抗性与对照种秀水 11 基本相同。2000 年最大年推广面积 2 万 hm^2，1998—2005 年累计推广面积 13.3 万 hm^2。

5. 宝农 2 号

常规晚粳，上海市宝山区农业良种繁育场用 82-2 与秀水 06 杂交的 F_1 为母本与紫金糯为父本杂交选育而成，1993 年通过上海市农作物品种审定委员会审定。全生育期 155d 左右，株高 95cm。茎秆坚硬，耐肥、抗倒，分蘖力中等，成穗率 70%以上，苗期起发快，繁茂性强，叶色绿，叶片直立，剑叶挺，角度小，总叶片数 17～18 叶。有效穗 345 万～375 万/hm^2，穗长 17cm，每穗粒数 100 粒，结实率 90%左右，谷壳黄色、千粒重 27～28g，脱粒性适中。米质优于对照种秀水 04。较抗稻瘟病与稻飞虱，后期较耐寒，熟色正常。1994 年最大年推广面积 0.67 万 hm^2，2003—2005 年累计推广面积 2.67 万 hm^2。

6. 武香糯 8333

常规晚粳糯，江苏省武进稻麦育种场用秀水 04 与 8301 杂交的 F_1 为母本与新丰香糯为父本杂交选育而成，2001 年通过江苏省农作物品种审定委员会审定。全生育期 160d，株高 95cm，分蘖力强，株型集散适中，穗型中等，成穗率较高，粒重略低，抗倒性中等，熟期较早，有效穗 360 万/hm^2，每穗粒数 105 粒，千粒重 26～27g。整精米粒率 44.4%，长宽比 1.6，直链淀粉含量 0.5%，糊化温度（碱消值）7 级，胶稠度 100mm。平均单产 8.50t/hm^2。适宜于江苏省沿江及苏南地区中上等肥力条件下种植。2003 年最大年推广面积 1.5 万 hm^2，2001—2005 年累计推广面积 14.5 万 hm^2。

7. 武香粳 9 号

常规晚粳，江苏省常州市武进区农业科学研究所用秀水 04 与武育粳 3 号杂交的 F_1 为母本与武香粳 1 号为父本杂交选育而成，1999 年通过江苏省农作物品种审定委员会审定。全生育期 160d，株高 94cm，分蘖性较强，叶片窄挺，前期生长清秀，穗型中等，抗倒性好，有效穗 375 万/hm^2，每穗粒数 105 粒，千粒重 26g。精米粒率 78.2%，垩白粒率 78%，垩白度 8.6%，透明度 2 级，直链淀粉含量 15.4%，糊化温度（碱消值）7 级，胶稠度 84mm。平均单产 9.50t/hm^2。适宜于江苏省沿江及太湖北部地区中上等肥力条件下种植。1999 年最大年推广面积 14 万 hm^2，1999—2005 年累计推广面积 56.7 万 hm^2。

8. 太湖粳 3 号

常规晚粳，江苏省苏州水稻育种协作组以早单 8 为母本与秀水 04 为父本杂交选育而成，1995 年通过江苏省农作物品种审定委员会审定。全生育期 162d，株高 100cm，株型较紧凑，茎秆较粗壮，较耐肥抗倒，剑叶挺拔，叶色较深，分蘖力中等，穗型较大，穗粒结构较协调，综合性状较好，丰产性、稳产性好，有效穗 345 万/hm^2，每穗粒数 110 粒，千粒重 27.5g。长宽比 1.8，垩白度 3%，透明度 1 级，直链淀粉含量 15.6%，糊化温度（碱消值）7 级，胶稠度 95mm。平均单产 8.40t/hm^2。适宜于江苏省太湖地区中上等肥力条件下种植。1996 年最大年推广面积 8 万 hm^2，1994—1997 年累计推广面积 13.3 万 hm^2。

9. 武育粳 18

常规晚粳，江苏省武进稻麦育种场用（武香粳 9 号/秀水 39//中花 8 号///秀水 42/Z20//中花 8 号）的 F_1 花粉培养选育而成，2005 年通过江苏省农作物品种审定委员会审定。全生育期 162d，株高 105cm，株型松散适中，叶色淡绿，生长繁茂，分蘖力较强，群体整齐度好，穗型较大，落粒性中等，后期熟相好，抗倒性较强，有效穗 270 万/hm^2，每穗粒数 125 粒，千粒重 27g。稻米品质达国标三级优质稻谷标准。整精米粒率 65%，长宽比 1.8，垩白粒率 25.3%，垩白度 2.8%，透明度 2 级，直链淀粉含量 17.8%，糊化温度（碱消值）7 级，胶稠度 80mm。平均单产 9.10t/hm^2。适宜于江苏省太湖地区中上等肥力条件下种植。2004 年最大年推广面积 8 万 hm^2，2001—2004 年累计推广面积 16 万 hm^2。

10. 秋风糯

常规晚粳糯，江苏省张家港农业试验站用泗 87 - 2566 与 02428 杂交的 F_1 为母本与武运粳 7 号为父本杂交，再用秋丰糯为父本杂交选育而成，2005 年通过江苏省农作物品种审定委员会审定。全生育期 155d，株高 100cm，整齐度一般，分蘖力较弱，株型较松散，叶色宽挺，叶色深，后期熟相一般，粒型大，落粒中等，抗倒性好。有效穗 225 万/hm^2，每穗粒数 145 粒，千粒重 30g。整精米粒率 68.6%，直链淀粉含量 1.5%，胶稠度 100mm。平均单产 8.90t/hm^2。适宜于江苏省沿江及苏南地区中上等肥力条件下种植。

11. 武育粳 5 号

常规晚粳，江苏省武进稻麦育种场以武育粳 3 号为母本与丙 627 为父本杂交选育而成，1997 年通过江苏省农作物品种审定委员会审定。全生育期 153d，株高 100cm，株型紧凑，叶色较深，剑叶挺拔，分蘖性较弱，成穗率高，穗型中等，有效穗 375 万/hm^2，每穗粒数 110 粒，千粒重 27～28g。长宽比 1.6，垩白粒率 21%，垩白度 2.5%，透明度 2 级，直链淀粉含量 17.5%，糊化温度（碱消值）7 级，胶稠度 74mm。平均单产 9.00t/hm^2。适宜于江苏省太湖地区北部及沿江地区中上肥力条件下种植。1997 年最大年推广面积 40 万 hm^2，1994—1997 年累计推广面积 79 万 hm^2。

12. 常农粳 4 号

常规晚粳，江苏省常熟市农业科学研究所以秀水 63 为母本与武运粳 7 号为父本杂交选育而成，2004 年通过江苏省农作物品种审定委员会审定。全生育期 156d，株高 102.5cm，株型集散适中，长势旺，叶片挺举，叶色较淡，穗型较大，分蘖力较强，抗倒性较好，后期熟相好，较易落粒，有效穗 300 万/hm^2，每穗粒数 143 粒，千粒重 28.1g。精米粒率 73.1%，整精米粒率 66.9%，长宽比 1.8，垩白粒率 28%，垩白度 2.8%，透明度 2 级，直链淀粉含量 17.9%，糊化温度（碱消值）7 级，胶稠度 80mm。平均单产 9.70t/hm^2。适宜于江苏省沿江及苏南地区中上肥力条件下种植。2004 年最大年推广面积 8 万 hm^2，2002—2004 年累计推广面积 14.7 万 hm^2。

13. 苏丰粳1号

常规晚粳，江苏省农业科学院太湖地区农业科学研究所用苏粳2号与南粳33杂交的F_1为母本，用秀水122与早单8号杂交的F_1为父本杂交选育而成，1998年通过江苏省农作物品种审定委员会审定。全生育期166d，株高95cm，株型紧凑，叶挺色深，茎秆粗壮，分蘖性中等，穗形较大，耐肥抗倒，熟色稍差。有效穗353万/hm^2，每穗粒数115粒，千粒重26.5g。平均单产9.50t/hm^2。适宜于江苏省太湖地区南部中上等肥力条件下种植。1996—1998年累计推广面积3.4万hm^2。

14. 太湖粳1号

常规晚粳，江苏省常熟市农业科学研究所以秀水04为母本与早单8号为父本杂交选育而成，1993年通过江苏省农作物品种审定委员会审定。全生育期160d，株高100cm，株型较紧凑，茎秆较粗壮，叶片挺、稍宽，叶色较淡，分蘖力中等，耐肥抗倒，有效穗315万/hm^2，每穗粒数118粒，千粒重28g。精米粒率75.5%，长宽比1.6，垩白度3%，直链淀粉含量18.5%，糊化温度（碱消值）7级，胶稠度90mm。平均单产8.80t/hm^2。适宜于江苏省太湖地区东南部中上肥力条件下种植。1994年最大年推广面积5.3万hm^2，1996—1995年累计推广面积12万hm^2。

15. 镇稻3号

常规晚粳，江苏省农业科学院镇江地区农业科学研究所用7030与城特232杂交的F_1为母本，以秀水04为父本杂交选育而成，1995年通过江苏省农作物品种审定委员会审定。全生育期163d，株高95cm，株型紧凑，叶片挺拔，叶色较深，茎秆粗壮，耐肥、抗倒，分蘖力较强，穗数较多，穗粒结构较协调，耐寒性较好，丰产性、稳产性较好，有效穗405万/hm^2，每穗粒数100粒，千粒重27.5g。长宽比1.7，垩白粒率88%，垩白度11.4%，透明度1级，直链淀粉含量18.8%，糊化温度（碱消值）7级，胶稠度115mm。平均单产8.50t/hm^2。适宜于江苏省太湖地区中上等肥力条件下种植。

16. 常农粳2号

常规晚粳，江苏省常熟市农业科学研究所用84G091与秀水04杂交的F_1与武育粳2号为父本杂交选育而成，2000年通过江苏省农作物品种审定委员会审定。全生育期164d，株高105cm，株型紧凑，茎秆粗壮，耐肥、抗倒性好，分蘖力偏弱，成穗数偏少，有效穗240万/hm^2，每穗粒数150粒，千粒重29g。整精米粒率70.7%，长宽比1.5，垩白粒率68%，垩白度15.5%，透明度2级，直链淀粉含量17.4%，糊化温度（碱消值）7级，胶稠度88mm。平均单产9.40t/hm^2。适宜于江苏省淮南地区中上等肥力条件下种植。2000年最大年推广面积6.8万hm^2，1998—2002年累计推广面积13.7万hm^2。

17. 武香粳14

常规晚粳，江苏省武进稻麦育种场以京58为母本与248-5/254-13的F_1为父本杂交，再用武香粳9号为父本杂交选育而成，2003年通过江苏省农作物品种审定委员会审定。全生育期156d，株高100cm，分蘖力强，株型较好，叶色较淡，成穗数较多，结实率较高，穗粒结构较协调，抗倒性强，后期熟相好，有效穗285万/hm^2，每穗粒数145粒，千粒重26g。精米粒率78.1%，整精米粒率73.6%，长宽比1.7，垩白粒率47%，垩白度6.3%，透明度3级，直链淀粉含量15.6%，糊化温度（碱消值）7级，胶稠度

88mm。平均单产 9.60t/hm^2。适宜于江苏省沿江及苏南地区中上等肥力条件下种植。最大年推广面积 2004 年 36 万 hm^2，2001—2004 年累计推广面积 103 万 hm^2。

18. 镇稻 7 号

常规晚粳，江苏省农业科学院镇江地区农业科学研究所以秀水 37（86-37）为母本与武育粳 2 号为父本杂交选育而成，2001 年通过江苏省农作物品种审定委员会审定。全生育期 155～160d，株高 95cm，分蘖力较强，株型集散适中，成穗率较高，穗型中等，千粒重中等，耐肥、抗倒，熟期较早，有效穗 345 万/hm^2，每穗粒数 110 粒，千粒重 26～27g。整精米粒率 66.7%，长宽比 1.8，垩白粒率 90%，垩白度 17.6%，透明度 3 级，直链淀粉含量 17.5%，糊化温度（碱消值）7 级，胶稠度 86mm。平均单产 9.20t/hm^2。适宜于江苏省沿江及苏南地区中上等肥力条件下种植。

19. 太湖粳 2 号

常规晚粳，江苏省常熟市农业科学研究所以太湖糯为母本与秀水 04 为父本杂交选育而成，1994 年通过江苏省农作物品种审定委员会审定。全生育期 163d，株高 105cm，株型较紧凑，茎秆粗壮，叶片内卷、挺拔，叶色较深，分蘖力中等，穗大粒多，穗粒结构较协调，综合性状较好，生长清秀，抗倒性好，有效穗 345 万/hm^2，每穗粒数 105 粒，千粒重 27.5g。长宽比 1.7，垩白度 2.5%，透明度 1 级，直链淀粉含量 21.2%，糊化温度（碱消值）7 级，胶稠度 106mm。平均单产 9.00t/hm^2。适宜于江苏省太湖地区中上等肥力条件下种植。1996 年最大年推广面积 20 万 hm^2，1993—1998 年累计推广面积 33.3 万 hm^2。

20. 秋丰

常规晚粳，上海市农业科学院作物育种栽培研究所以 847957 为母本与秀水 04 为父本杂交选育而成，1996 年通过上海市农作物品种审定委员会审定。全生育期 156d，株高 100cm 左右，株型紧凑，茎秆粗壮坚韧，耐肥、抗倒，叶挺色翠绿，成熟时秆青谷黄，分蘖力中等，成穗率高，有效穗 330 万/hm^2 左右，穗长 14～16cm，每穗粒数 115 粒，结实率 90%以上，千粒重 27g。谷粒阔卵形，稃尖与颖壳均为秆黄色，护颖灰白色，穗顶部谷粒偶有顶芒。抗稻瘟病 0.73 级。精米粒率 77.24%，长宽比 1.7，垩白度 8%，胶稠度 61mm，直链淀粉含量 17.2%，糊化温度（碱消值）6.5 级。平均单产 9.20t/hm^2。适宜在上海、苏南、浙北、皖南等地作单季晚稻或双季晚稻种植。1998 年最大年推广面积 3.5 万 hm^2，1996—2006 年累计推广面积 13 万 hm^2。

21. 武粳 15

常规晚粳，江苏省武进稻麦育种场用早丰 9 号与春江 03 杂交的 F_1 为母本与武运粳 7 号为父本杂交选育而成，2004 年通过江苏省农作物品种审定委员会审定。全生育期 156d，株高 100cm，株型较紧凑，生长清秀，叶片挺举，叶色淡绿，穗型较大，分蘖力较强，抗倒性较好，后期熟相好，较易落粒，有效穗 300 万/hm^2，每穗粒数 130 粒，千粒重 27.5g。稻米品质达国标三级优质稻谷标准。精米粒率 74.7%，整精米粒率 68.8%，长宽比 1.9，垩白粒率 25%，垩白度 3.4%，透明度 1 级，直链淀粉含量 15.6%，糊化温度（碱消值）7 级，胶稠度 82mm。平均单产 9.80t/hm^2。适宜于江苏省沿江及苏南地区中上等肥力条件下种植。2005 年最大年推广面积 35 万 hm^2，2002—2005 年累计推广面积 80 万 hm^2。

22. 香血糯 335

常规晚粳糯，江苏省武进稻麦育种场用秀水 04 与香血糯 86－301 杂交的 F_1 为母本与新丰香糯为父本杂交，再以秀水 04 为母本回交选育而成，1999 年通过江苏省农作物品种审定委员会审定。全生育期 161d，株高 100cm，分蘖性较强，成穗较足，叶色较宽，株型较松散，穗型小，灌浆较慢，粒重较低，抗倒性中等，有效穗 390 万/hm^2，每穗粒数 150 粒，千粒重 23.5g。精米粒率 69.3%，长宽比 1.7，直链淀粉含量 1.2%，糊化温度（碱消值）7 级，胶稠度 100mm。平均单产 8.10t/hm^2。适宜于江苏省沿江及苏南地区中上等肥力条件下作特种稻搭配种植。2003 年最大年推广面积 3 万 hm^2，1999—2005 年累计推广面积 16 万 hm^2。

23. 太湖粳 6 号

常规晚粳，江苏省农业科学院太湖地区农业科学研究所以香粳为母本与秀水 04 为父本杂交，再以秀水 04 为父本回交选育而成，1997 年通过江苏省农作物品种审定委员会审定。全生育期 162d，株高 95cm，株型紧凑，剑叶挺拔，叶色中绿，分蘖性较强，穗型较大，成穗率较高，后期转色、熟相较好，抗倒性较强。有效穗 383 万/hm^2，每穗粒数 110 粒，千粒重 26.5g。长宽比 1.6，垩白粒率 22.3%，垩白度 8.2%，透明度 3 级，直链淀粉含量 17.73%，糊化温度（碱消值）6.9 级，胶稠度 85mm。平均单产 9.30t/hm^2。适宜于江苏省太湖地区南部中上等肥力条件下种植。1998 年最大年推广面积 2.1 万 hm^2，1996—1998 年累计推广面积 3.4 万 hm^2。

24. 鄂晚 7 号

常规晚粳，湖北省农业科学院用鄂晚 3 号作母本与台南 5 号作父本杂交，用系谱法选择育成，1989 年通过湖北省农作物品种审定委员会审定。全生育期 122d，比鄂宜 105 早熟 2d，属中熟晚粳品种。株高 85cm，株型紧凑，剑叶角度小，成熟时尚能保持绿色叶片 3 片，分蘖力较强，有效穗 450 万/hm^2，结实率较高，籽粒饱满，稃尖紫色，不易落粒，易脱粒，千粒重 26.5g。适应性强，秧龄弹性大，需肥中上等。中抗白背飞虱，对白叶枯病和稻瘟病的田间抗性较强。糙米率 83.4%，精米粒率 74.2%，整精米粒率 72.4%，长宽比 2.3，垩白度 0.6 级，直链淀粉含量 16.85%，胶稠度 70mm。适于湖北省双季稻区作连作晚稻种植。

25. 鄂晚 9 号

常规晚粳，湖北省武汉市东西湖农业科学研究所和武汉市种子公司用香血糯 335 为母本与 84－125 为父本杂交选育而成，2001 年通过湖北省农作物品种审定委员会审定。全生育期 124d，比鄂宜 105 短 1d，属中熟粳型晚稻品种。株型偏高，茎节外露，抗倒性较差。叶片窄、微内卷，剑叶挺直，后期转色好，叶青籽黄，有效穗 380 万/hm^2，株高 102.2cm，穗长 17.7cm，每穗粒数 82.4 粒，实粒数 65.7 粒，结实率 79.7%，千粒重 25.3g。感白叶枯病，高感稻穗颈瘟，纹枯病轻。出糙率 82.22%，精米粒率 74.00%，整精米粒率 72.35%，粒长 5.0mm，长宽比 1.9，垩白度 0.3 级，垩白粒率 7%，直链淀粉含量 16.50%，胶稠度 73mm。适于湖北省稻瘟病无病区或轻病区作晚稻种植。

26. 鄂糯 8 号

常规晚粳糯，湖北省孝感市农业科学研究所和孝南区农业科学研究所从春江 03 粳中分离的糯性单株，经系统选育而成，于2001年通过湖北省农作物品种审定委员会的审定。全生育期129d，比鄂宜105长4d，属中熟偏迟的粳糯型晚稻品种。株型紧凑，植株较矮，茎秆节外露，但较坚韧，抗倒性较强，剑叶短而挺，穗颈较短、略外露，穗轴略弯曲，部分谷粒有短芒，脱粒性好，苗期耐高温和后期耐寒性好，成熟时熟相好，不早衰。有效穗420万/hm^2，株高85.1cm，穗长14.1cm，每穗粒数76.1粒，实粒数62.1粒，结实率81.6%，千粒重25.2g。感白叶枯病，中抗穗瘟，纹枯病较轻。出糙率80.89%，精米粒率72.85%，整精米粒率68.15%，粒长4.7mm，长宽比1.8，直链淀粉含量1.27%，胶稠度100mm。适于湖北省作晚稻种植。

27. 鄂晚12

常规晚粳，湖北省黄冈市农业科学研究所用8802为母本与筑紫晴为父本杂交，经系谱法选择育成，2003年通过湖北省农作物品种审定委员会的审定。全生育期124.7d，比汕优64长0.2d，属中熟粳型晚稻。株型适中，叶色较淡，剑叶宽短斜挺，感光性强。生长势旺，结实率高，后期转色好，脱粒性好，有效穗355万/hm^2，株高90.3cm，穗长16.6cm，每穗粒数100.9粒，实粒数85.3粒，结实率84.5%，千粒重24.35g。中感白叶枯病和稻穗瘟。出糙率82.8%，整精米粒率73.5%，长宽比1.9，垩白粒率27%，垩白度2.3%，直链淀粉含量15.9%，胶稠度77mm。适于湖北省作晚稻种植。

28. 鄂晚13

常规晚粳，湖北省宜昌市农业科学研究所用鄂宜105/89-16的F_1为母本与75-1为父本杂交，经系统选育而成，2003年通过湖北省农作物品种审定委员会的审定。全生育期125.5d，比鄂宜105长1.0d，属中熟粳型晚稻。株型适中，苗期叶色淡，抽穗后叶色渐深，剑叶挺直。生长势旺，茎秆坚韧，耐肥抗倒。后期叶青秆黄，转色好，脱粒性好。有效穗335万/hm^2，株高85.8cm，穗长17.1cm，每穗粒数93.3粒，实粒数82.8粒，结实率88.7%，千粒重25.68g。中感白叶枯病和稻穗瘟。出糙率83.7%，整精米粒率68.8%，长宽比1.8，垩白粒率30.0%，垩白度2.7%，直链淀粉含量17.7%，胶稠度69mm。适于湖北省作晚稻种植。

29. 鄂晚14

常规晚粳，湖北省农业科学院粮食作物研究所用鄂晚8号为母本与嘉23为父本杂交，经系统选育而成，2005年通过湖北省农作物品种审定委员会的审定。全生育期128.9d，比鄂宜105长2.5d，属中熟偏迟粳型晚稻，对温光反应较敏感。株型适中，叶片较窄，剑叶斜挺，茎秆较细，茎节微外露，叶上禾，穗层整齐，穗镰刀型，穗颈较长，谷粒椭圆有顶芒，稃尖无色，易脱粒，有效穗372万/hm^2，株高93.0cm，穗长17.6cm，每穗粒数92.7粒，实粒数80.7粒，结实率87.1%，千粒重25.1g。高感稻穗瘟，中感白叶枯病。糙米率83.3%，整精米粒率72.3%，垩白粒率8.0%，垩白度0.5%，直链淀粉含量15.3%，胶稠度95mm，长宽比2.2。适于湖北省稻瘟病无病区或轻病区的中等肥力田块作晚稻种植。

30. 鄂晚16

常规晚粳，湖北省孝感市农业科学研究所用鄂晚8号为母本与春江03粳为父本杂交，经系统选育而成，2005年通过湖北省农作物品种审定委员会的审定。全生育期130.4d，比鄂粳杂 1 号长 1.0d，属迟熟粳型晚稻，对温光反应较敏感。株型紧凑，叶色浓绿，剑叶短小斜挺，茎节外露，穗层整齐，穗型半直立，谷粒椭圆有顶芒，易脱粒，有效穗 393 万/hm^2，株高 87.3cm，穗长 14.3cm，每穗粒数 90.3 粒，实粒数 80.2 粒，结实率 88.8%，千粒重 25.0g。中感稻穗瘟，感白叶枯病，田间恶苗病较重。出糙率 81.3%，整精米粒率 71.9%，垩白粒率 1.0%，垩白度 0.1%，直链淀粉含量 17.1%，胶稠度 82mm，长宽比 2.2。适于湖北省稻瘟病无病区或轻病区作晚稻种植。

31. 鄂糯 10 号

常规晚粳，湖北省宜昌市农业科学研究所经系谱法选择育成，2005 年通过湖北省农作物品种审定委员会的审定。全生育期 123.6d，比鄂粳杂 1 号短 5.8d，属中熟粳糯型晚稻。株型紧凑，叶色浓绿，剑叶窄短而挺，茎节外露，穗层整齐，穗型半直立，谷粒短圆有顶芒，颖尖紫红色，易脱粒，有香味，有效穗 383 万/hm^2，株高 80.1cm，穗长 14.8cm，每穗粒数 78.8 粒，实粒数 72.9 粒，结实率 92.5%，千粒重 27.0g。高感穗瘟，感白叶枯病。出糙率 84.1%，整精米粒率 65.1%，直链淀粉含量 1.3%，胶稠度 100mm，长宽比 1.7。适于湖北省稻瘟病无病区或轻病区作晚稻种植。

32. 赣晚粳 1 号

常规晚粳，江西省九江市农业科学研究所从 73 - 258 中系统选育而成，1990 年通过江西省品种审定委员会的审定。全生育期 124d，比对照种农虎 6 号早熟 4d。株高 92cm，株型适中，叶挺色绿，后期转色好，有效穗 443 万/hm^2，成穗率 81.7%。穗长 16.73cm，每穗粒数 55.9 粒，实粒数 47.8 粒，结实率 85.3%，糙米率 84.0%，千粒重 27.3g，易脱粒。米质优。中抗稻瘟病和白叶枯病。

参 考 文 献

陈志德，仲维功，熊元忠，等.2000. 常规晚粳稻经济性状演变及育种思考 [J]. 江苏农业学报，16 (1)：10 - 15.

陈志德，仲维功，杨杰，等.2003. 江苏省审定的常规粳稻品种及其系谱分析 [J]. 江苏农业科学 (1)：7 -9.

林世成，闵绍楷.1991. 中国水稻品种及其系谱 [M]. 上海：上海科学技术出版社.

骆荣挺，鲍根良，张铭铣.2000. 对浙江省优质晚粳稻新品种选育的思考 [J]. 浙江农业学报，12 (4)：224 -227.

邱荣生，陈益海，钟卫国，等.1996. 单季晚粳稻育种的有效途径——江浙改良品种的杂交利用 [J]. 中国稻米 (5)：5 - 6.

盛生兰，翟虎渠，杨图南.1997. 江苏省粳稻高产育种的回顾与展望 [J]. 中国稻米 (4)：9 - 12.

汤玉庚，张兆兰，张美娟.1994. 从江苏太湖地区水稻品种的演变论高产理想株型 [J]. 江苏农业科学 (6)：1 - 4，9.

王子明.1996. 关于江苏省中晚粳稻育种对策的探讨 [J]. 江苏农业科学 (6)：17 - 20.

谢杏松.2001. 浙江省糯稻品种的演变和发展 [J]. 浙江农业科学 (5)：221 - 226.

姚海根，姚坚，汤美玲，等.2000. 近 20 年来浙江省晚粳稻和晚糯稻品种推广应用概况及今后育种方向 [J]. 浙江农业科学 (4)：155 - 159.

13 第十三章

旱稻品种及其系谱

第一节　概　　述

“旱稻”即“陆稻”（Upland rice），也包括近年来国际水稻研究所（IRRI）称谓的“透气稻”（Aerobic rice）。与水田生长的“水稻”（Lowland rice，Paddy rice，Flooded rice）不同，旱稻一生无需水层，通常是在旱地或干田直播后靠雨养，或在此基础上适量补充灌溉，其种植和水分管理方式与小麦、玉米等旱作物相似，属于旱作生态型。旱稻是栽培稻演化的结果，虽然旱稻生长对光、温要求与水稻相似，但一生需水量约是水稻的2/3或一半以下。旱稻品种也有籼与粳、粘与糯及生育期长短之别。

旱稻既比水稻抗旱节水，又比玉米、大豆等许多旱作物耐涝。多数旱稻品种尤其是地方农家旱稻品种对土壤肥力低下的贫瘠旱地适应性较强。因此，旱稻适于水源不足或能源紧缺的稻区、低洼易涝旱地及多雨的山区和丘陵区的坡地或台田种植，还可与多种旱作物（粮、饲、经、果、蔬、木等）间作或套种。与水稻相比，旱稻田无水层，一生不灌或少灌，大大减轻了化肥、农药随地表水、土壤渗漏和径流对地下水和河流的污染，免除了水稻田因淹水的“嫌气”条件使稻田产生大量有毒甲烷气对大气的排放和污染，还避免了水稻“泡田”和“泥浆田”易造成的水土流失和对土壤耕性的破坏，因而更有利于环境保护。旱稻采用直播，易于机械化种植与管理，比育秧移栽且频繁灌溉的传统水稻省工、节能，提高劳动生产率，降低成本。

众所周知，中国是世界上第一人口大国，60%以上人口以稻米为主食，今后近30年间，人口将由目前的13亿刚性增长至16亿，但我国水资源紧缺，耕地严重不足。随着全球气候变暖和国民经济的快速发展，中国水资源减少和水稻面积萎缩已呈不可逆转之势，而水稻单产和总产自1998年以来已持续徘徊甚至明显下降，目前正从以往的稻米净出口国变为净进口国。我国稻区每年有1/4面积水源不足或遭受严重旱灾威胁，同时北方低洼易涝地数百万公顷旱作物常因涝灾大幅减产，而南方多雨的山区和丘陵区旱地面积达到2 000万 hm^2。因此，我国旱稻开发潜力巨大，研究旱稻，发展旱稻生产，对我国稻作的节水抗灾和可持续发展，保障“稻米安全”，具有重大战略意义。

全球旱稻种植面积约2 000万 hm^2，总产约2 000万t，平均单产约1t/ hm^2，面积和总产分别占全球稻作的14%和4%，远低于水稻。旱稻主要分布于亚洲（1 200万 hm^2），其次是拉美（500万 hm^2）和非洲（300万 hm^2），分别占各自稻作总面积的7%、60%和40%。巴西是目前世界旱稻种植面积最大、生产水平和商业化程度最高的国家之一，每年约300万 hm^2，单产约3.5～4.5t/hm^2，采用机械化种植与管理，多与牧草或豆类轮作。我国现有旱稻年种植面积约33万 hm^2，占稻作总面积不到2%，尚处于“小杂粮”地位，主要分布于云贵高原的西南山区（14万 hm^2）和黄淮海平原区（10万 hm^2）及东北地区南部（3.3万 hm^2）。云南西双版纳和思茅等地每年旱稻种植面积稳定在10万 hm^2 左右（图13-1）。

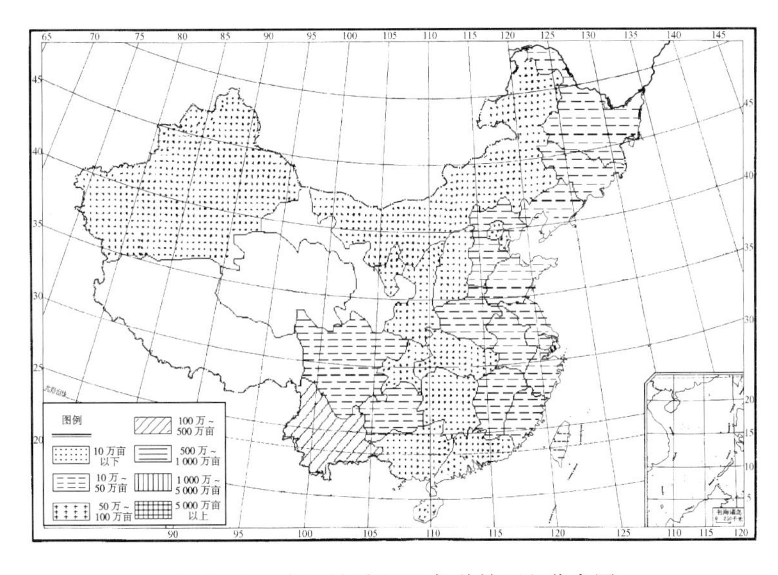

图13-1　全国旱稻2005年种植面积分布图

我国旱稻品种及其产量南北地区间差异大，南方旱稻多种植于贫瘠的山区、丘陵地，全靠自然降雨，农家老品种居多，类型丰富多样，但植株偏高，株型多披散，易倒伏，栽培管理相对粗放，单产一直很低，一般只有1.5～3t/hm^2。北方旱稻多种植于低海拔平原区，土层深厚，光照充足，昼夜温差大，且多为粮食主产区，施肥水平较高，并具有一定灌溉条件，一般在降雨基础上补充灌水2～4次，每次约750m^3/hm^2，且老品种大多被新品种取代，株型倾向于矮秆紧凑型现代水稻品种，故单产较高，一般4.5～6t/hm^2，有时达到或超过7.5t/hm^2。

当前，制约我国旱稻生产持续稳定发展的主要技术障碍因子是干旱、杂草危害、不合理施肥、病虫为害及连作障碍等。旱稻育种亟待解决的技术难题是品种类型单一、缺乏多样性，远不能满足不同地区、不同气候的生产需要，产量潜力偏低，与同期水稻品种差距明显，抗旱性和抗病性有待增强，品质有待提高。相信随着人们对旱稻重要性认识的提高和国家对旱稻研究的加强，旱稻大发展的局面一定会到来，并必将为我国乃至世界的稻作生产做出新贡献。

根据地理、气候和品种的不同，可将我国旱稻分布区域由南向北划分为四大生态种植区，即西南山地旱稻区、南方丘陵旱稻区、华北平原旱稻区和三北高寒旱稻区。

一、西南山地旱稻区

本区位于低纬度高原区，包括云南省、贵州省和与其相邻的广西壮族自治区、四川省的部分地区。本区与“国家旱稻区域试验”的“西南旱稻试验区”所覆盖的地域基本相同。该区域海拔高，山峦起伏，气候垂直变化明显，雨水丰沛，旱稻多分布于山区的坡地或台田，全靠雨养生长，旱稻年种植面积现约 14 万 hm^2，是我国旱稻的主产区，且栽培历史悠久。该区域以云南省旱稻面积最大，约占其总面积的一半以上，也是我国迄今一直保持旱稻面积最大的省份。其次是贵州省，现约 2 万 hm^2，其余省（市）有零星分布。该区旱稻多为一年一熟制种植，一般于 4 月份前后播种，9～10 月份收获。通常采用人工撒播或穴播，某些偏远山区甚至至今还保留“刀耕火种”的古老传统种植方式。在传统旱稻种植区（如云南省），为了避免土壤“连作障碍”，通常采用轮作或“迁移式”休闲耕作方式，即同一块地上当年种植一季旱稻，隔 1～2 年甚至 3 年后再种植一次旱稻，其间改种其他旱作物或休闲，而旱稻被移至它地种植。旱稻生产的主要问题是土壤贫瘠，易水土流失，降水不稳定和时空分布不均导致的经常干旱，草害及稻瘟病、褐飞虱等多种病虫为害，旱稻品种多为地方农家种，生育期偏长，植株偏高，株型披散，易倒伏，产量水平低，亟待改良。因此，培育适应不同海拔气候、熟期适宜、既抗旱耐瘠又耐肥抗倒、抗病的高产品种是本区旱稻主要育种目标。

云南省旱稻主要分布于滇西南边陲的思茅、西双版纳、临沧、红河、文山及德宏 6 个地州的约 36 个县（市），尤以思茅、澜沧、景洪、勐腊、勐连等县居多，这里是多个少数民族聚居地，旱稻一直是当地的主粮。云南旱稻从海拔 73.2m 的河口至 2 200m 的罗平都有种植，品种随地区和海拔不同呈明显生态差异，海拔 1 000m 以下为半山低热河谷区，年平均温度为 18.9～19.5℃，年降水量 1 300～1 700 mm，年日照时数 1 700～2 000h，土壤较肥沃，质地较轻，适宜旱稻种植。品种多为大粒型，以籼稻为主。海拔 1 000～1 400m为半山云雾多湿区，年平均温度 17.5～18.5℃，年降水量 1 200～1 300mm，年日照时数 1 700～1 800h，土壤多为红黄壤，较肥沃，品种多为粳稻或偏粳型。海拔 1 400～1 600m 为温凉山区，年平均温度 15.6～16.4℃，年降水量 900～1 000mm，干湿季分明，6～8 月为雨季，3～5 月为旱季，土壤较贫瘠，旱稻品种以小粒型粳稻为主。海拔 1 600m 以上为冷凉山区，年平均温度 15～16℃，年降水量 1 000～1 300mm，旱稻品种多为耐冷性较强的小粒型粳稻。

贵州省历史上大多数县（市）都有旱稻种植，现主要分布于黔西南和黔西北地区，常年面积约 1 万 hm^2，土壤多为红壤、红黄壤和山地黄壤。气候随海拔而不同，海拔 800m 以下为低山河谷区，年平均温度 18℃以上，无霜期 340d 以上，常年降水量 1 100mm 以上，品种以籼型为主，少量为粳型。海拔 800～1 400m 为中低山区，年平均温度 16～

18℃，无霜期 320d 左右，年降水量 1 200 mm 左右，品种以粳型为主。海拔 1 400m 以上为高山区，年平均温度 15℃左右，无霜期 300d 左右，年降水量 1 300mm，品种全为粳型。

四川省旱稻主要分布在南部山区；广西壮族自治区分布在西部山区，主要集中于百色地区及西北山区。

二、南方丘陵旱稻区

本区位于长江流域及其以南的广大地区，包括湖北省、湖南省、江西省、浙江省、福建省、广东省、海南省、台湾省、上海市、重庆市及安徽省南部、江苏省南部、四川盆地和广西壮族自治区大部。本区与“国家旱稻区域试验”的“南方旱稻试验区”所覆盖的地域基本对应。

本区地域广阔，是我国水稻主产区。其气候在南北及东西间差异较大，由南向北依次为热带、亚热带和暖温带气候，但共同点是以低海拔丘陵地为主，热量充足，雨水较充沛并呈明显季节分布，稻作生长季长，土壤多为红、黄壤。≥10℃年有效积温 4 000～9 300℃，稻作生长季 210～365d，稻作生长季降水量 700～2 000mm。本区旱稻面积小，分布零散，旱稻多种植于丘陵区或低山的坡地或台田（畈田），靠雨养生长，年种植面积现约 5 万 hm^2，且不稳定，但发展潜力很大。旱稻种植因地域和气候跨度大及耕作制度多样而不同。其南端的海南省旱稻一般种植于 6～11 月的雨季。中南部地区如湖南、江西、浙江、福建、广东、广西等省、自治区常利用春季和夏初的丰沛降雨种植一季旱稻，一般于 3～4 月播种，8 月前后收获，其下茬种植其他旱作物或冬闲，也有的是接夏收旱作物茬口于 6～7 月播种，10～11 月收获。中北部地区如安徽、江苏、湖北等省多接油菜、小麦等夏茬于 5～6 月播种，10 月份收获。气候相对冷凉的一些山区则一年只种植一季旱稻，一般于春或夏季播种，秋季收获。旱稻品种既有籼型，也有粳型，低海拔丘陵区为籼型，冷凉山区多为粳型。种植方式多为撒播或穴播，也有条播，依土壤耕性、天气、生产习惯和条件而定。

本区旱稻品种在 20 世纪 50 年代至 60 年代初期多为农家地方品种，且有一定面积，随后除少数偏远地区或山区（如海南省、台湾省）外，在多数省、直辖市、自治区迅速消失乃至绝迹，由现代改良品种或引进品种取而代之。由于土壤贫瘠，耕性和透气性差，高温高湿，因而旱稻单产水平低，一般 2～3t/hm^2。土壤贫瘠或酸化、季节性干旱、高温、草害和多种病虫为害及旱稻品种少、类型单一、产量潜力低是本区主要生产问题。培育熟期多样、抗旱抗热、既耐瘠又抗倒的高产、优质、长粒籼型旱稻品种是本区主要育种目标。

三、华北平原旱稻区

本区包括河北省、山东省、河南省、北京市、天津市、江苏省北部、安徽省北部的黄淮海平原广大地区及山西省南端、陕西省南部和辽宁省环渤海地区，大多海拔低于 200m，属暖温带半湿润半干旱季风气候。本区与“国家旱稻区域试验”的“黄淮海麦茬稻区”早熟组和中晚熟组及“北方一季稻区”中晚熟组共 3 个区试组所覆盖的地域基本相同。本区地域辽阔，地势平坦，土层深厚，光照充足，昼夜温差大，降水集中于6～9月，雨热同季，≥10℃年有效积温4 000～5 000℃，无霜期170～230d，年降水量580～1 000mm，年日照时数2 000～3 000h，年太阳辐射总量460.24～564.84kJ/cm^2。本区自然条件对旱稻生长十分有利，尤其黄淮低平原区位于南方水作和北方旱作生态系统的过渡带，降水较充足，地下水位浅，低洼易涝地面积大，玉米、大豆等主要秋作物涝灾频发，土壤多为砂礓黑土、淤土或潮土，漏水、漏风，种水稻保水性差，且大面积种植水源不足，是我国发展旱稻生产最理想也是潜力最大的地区。但本区降水年度间变化大，时空分配不均，总量比南方明显减少，除个别年份外，旱稻需要补充灌溉。此外，土壤有效锌和铁含量不足，旱稻生长期间易发生缺锌或缺铁等缺素症，影响产量和品质。本区由于是我国粮食主产区，需要旱稻能耐连作。

本区旱稻年种植面积现约12万hm^2，主要分布于南部黄淮地区的豫中南、皖北、苏北、鲁南等地及北部京、津、冀、辽环渤海地区。与南方不同，本区旱稻都种植于地势低洼、夏秋易涝的旱地以替代对涝渍敏感的旱作物如玉米、大豆等，或被用作缺水区水稻田“水改旱”种植。南部的黄淮地区为一年两熟制区，无霜期长，旱稻大多接麦茬种植，通常6月上、中旬播种，一生补充灌溉2～3次，于小麦秋播（10月份）前收获，一年麦—稻两熟。北部地区如北京、天津及河北和辽宁的环渤海地区为一年一熟制，无霜期较短，降水偏少，旱稻只作单季种植，通常4月下旬至5月中旬播种，9月下旬至10月中旬收获。一生补充灌溉3～5次。旱稻品种为粳型，种植方式多为条播。本区由于自然条件相对优越，生产管理水平较高，品种更新速度较快，旱稻单产明显高于南方，一般4.5～6t/hm^2，有时达到甚至超过7.5t/hm^2。干旱、草害、稻纵卷叶螟、褐飞虱、稻瘟病、稻曲病等多种病虫为害、连作障碍及品种耐肥抗倒性偏弱、产量潜力偏低、品质欠优是本区的主要问题。培育适当早熟、抗旱性强、耐肥、抗倒、耐连作的高产、优质、抗病粳型品种是本区旱稻主要育种目标。

四、三北高寒旱稻区

本区包括东北、西北和华北三大地区的黑龙江省、吉林省、内蒙古自治区、宁夏回族自治区、甘肃省、新疆维吾尔自治区、辽宁省北部、河北省北部、陕西省北部。本区地处高纬度，东西跨度大，地形地貌复杂，东部属寒温带—温带、湿润—半干旱季风气候，西部属温带大陆性干旱气候。≥10℃年有效积温2 000～4 250℃，无霜期90～230d，年降水量50～1 100mm，年日照时数2 200～3 400h，年太阳辐射总量418.40～627.60kJ/cm^2。

本区大部分地域气候寒冷，热量不足，无霜期短，降水稀少，为我国极早熟旱稻种植区，且分布零散，大多种植在种水稻缺水而种旱作物（玉米、小麦、大豆等）又易受涝的低洼地，一年只能种植一季，且生长期短。东北三省降水相对较多，多为低海拔平原，河流众多，土壤肥沃，是我国目前最重要的优质水稻商品大米生产基地，也较有利于旱稻生长，发展旱稻生产潜力较大。本区旱稻通常4月底至5月中旬播种，9月下旬至10月上旬收获，一生补充灌溉一般3～6次，降水稀少地区或年份甚至更多。旱稻品种为早熟粳型，种植方式通常条播。单产一般5～6t/hm^2，高产可达甚至超过7.5t/hm^2。干旱、低温、草害、稻瘟病等及品种类型少、适应面窄、产量潜力偏低、品质欠佳是本区的主要问题。培育抗旱性耐冷性强的高产、优质、抗病早熟粳型品种是本区旱稻主要育种目标。

第二节　品种演变

我国旱稻历史悠久，自秦汉以来就一直有种植，至今全国各地都有分布，但面积小而零散。20 世纪 50 年代，地方农家旱稻品种多分布于我国西南山区的云南、贵州、广西，南方丘陵区的海南、台湾、浙江、湖南，北方丘陵和部分平原区的山东、河北、河南、辽宁、吉林、黑龙江等地。目前，旱稻较集中分布于西南山区的云南和贵州省，黄淮平原区的河南省、山东省、皖北和苏北及环渤海地区的辽宁省和河北省。

新中国成立以来至 20 世纪末的 50 年间，追求理想水肥条件下的"高产"、"超高产"水稻育种一直是我国稻作育种的主流，水稻生产迅猛发展，大部分的传统旱稻随之急剧萎缩乃至绝迹，旱稻育种被长期忽视，仅有中国农业大学（原北京农业大学）、云南省农业科学院、辽宁省农业科学院、丹东市农业科学院（原丹东市农业科学研究所）及中国农业科学院、中国水稻研究所等数家研究单位长期坚持旱稻育种或国外引种探索，并育成了诸如秦爱、旱 58、丹粳 8 号、中远 2 号、云陆 29 等为数不多的旱稻新品种，成功引进了 IRAT104、IAPAR9（巴西陆稻）等几个国外品种，对我国旱稻生产起到了积极推动作用。

2000 年，在农业部全国农业技术推广服务中心支持和参与下，中国农业大学联合中国水稻研究所和云南省农业科学院共同发起召开了我国首次"全国旱稻发展研讨会"。同年"国家旱稻区域试验"正式启动。此前，只有云南、辽宁等少数几个省设有省级"旱稻区域试验"，并有少数旱稻品种通过省级农作物品种审定委员会审定。"国家旱稻区域试验"设"北方一季稻"、"黄淮海麦茬稻"、"南方丘陵"和"西南山区"共 4 区 6 个区试组，覆盖 24 个省、直辖市、自治区，试验由全国农业技术推广服务中心粮繁区试处主持，中国农业大学、中国水稻研究所、云南省农业科学院、辽宁省农业科学院、上海市农业生物基因中心、河南省农业科学院等单位先后参与了试验组织与汇总工作。2002 年国家农作物品种审定委员会在"国家旱稻区域试验"基础上开始审定旱稻品种，2003 年第一批国家审定的旱稻品种公布，至 2005 年已有旱稻 277、旱 9710、中旱 3 号等 30 个旱稻品种通过了国家农作物品种审定委员会审定。这些品种抗旱性"强"或"较强"，旱作产量平均达到 4.5～6t/hm^2，较对照大多增产 10%以上，某些品种如旱稻 297 等主要品质指标达到国标"二级"优质米标准。"全国旱稻发展研讨会"的召开和"国家旱稻区域试验"的设立有力推动了我国旱稻研究与应用的前进步伐。系列旱稻新品种的育成标志着我国旱稻育种的抗旱性与丰产性及品质的综合遗传改良取得了突破性进展。目前，越来越多的研究单位加入到旱稻或水稻抗旱育种研究行列，已有 20 多家科研单位育成通过国家或省级审定的旱稻品种，并在生产中得到应用。

一、西南山区旱稻品种的演变

本区总体特征是传统旱稻种植区保持了基本稳定，地方旱稻品种在 20 世纪 50～60 年代普遍经过了淘汰、更新和优化，90年代以来，一些改良旱稻品种在部分地区替代了地方品种。

云南省旱稻生产从20世纪50年代至今虽几起几落，但一直是我国旱稻面积最大也最稳定的省份。50年代末至1965年，面积由6万hm^2增长到10万hm^2，1966—1976年萎缩徘徊在3.3万～4万hm^2，80年代初期几年面积迅速扩大，最大年一度达到18万hm^2，占全省同期稻作面积的16%，占稻谷总产的7%，近15年来平稳回落并相对稳定在10万hm^2。每公顷单产80年代及其以前徘徊在1.5t以下，90年代以来提高到近2t并保持稳定或略有增长。现旱稻进一步集中种植于澜沧、西盟、孟连、勐海、景洪、勐腊、沧源、耿马、禄春、屏边、文山、广南等县。

云南省是我国旱稻品种资源最多、类型最丰富的省份，悠久的旱稻栽培历史和复杂多变的立体性气候，形成了大量的地方品种。我国已收集并编入《中国稻种资源目录》的云南旱稻品种1 332份，占全国旱稻品种资源的43%，分布于48个县（市）。其中70%以上为粳型，其余为籼型，糯性占24%，光壳型占75%。多数为光壳粳型旱稻品种和介于典型籼、粳之间的中间型或偏粳型，在茎、叶、穗、粒、米等形态和功能方面类型多样。云南旱稻地方品种一般生育期偏长，耐瘠性强，苗期繁茂，植株偏高，茎秆粗壮，叶多宽长披软，后期易倒伏。

20世纪80年代以前，云南省旱稻生产都是地方农家品种，品种多而杂。后经云南省农业科学院和有关地（洲）、县农业科学研究所及种子公司等部门的连续4年对众多地方品种进行的区域适应性鉴定，从中遴选出了一批区域适应性强、综合性状相对优良的地方品种，如西双版纳和思茅地区的勐旺谷、澜沧大白谷，腾冲和德宏地区的三磅七十箩，文山的小白谷、红壳糯、大麻香，漾濞光壳陆稻，呈贡旱谷及宣威的杨柳旱谷等，逐步成为当地的主栽品种，实现了“区域良种化”，加之栽培技术措施“规范化”，使云南旱稻面积和单产在80年代明显扩大与提高。其中，勐旺谷适应区域较广，至今在文山、景洪、勐海、孟连等地有一定面积，也是目前云南省旱稻区域试验的对照品种。杨柳旱谷耐冷、早熟，适应滇中北部海拔1400～2200m的地区，全生育期140～160d，一般单产2.6～3.4t/hm^2，高产超过6t/hm^2，在旱稻“北上”中发挥了重要作用，也是云南省通过省级审定的首个旱稻品种。

90年代以来，云南省农业科学院、云南农业大学及有关地（州）农业科学研究所等单位开展旱稻的系统选育、杂交改良及国外旱稻资源引进利用等育种研究，取得可喜进展，一批新育成或引进旱稻品种得到推广应用，部分地方品种已经或正在被逐步取代，旱稻单产随之明显提高。云南省农业科学院粮食作物研究所和云南农业大学采用旱稻品种间杂交育成滇604、云陆29和云陆52，分别于1998年、1999年和2004年通过云南省农作物品种审定委员会审定。文山壮族苗族自治州农业科学研究所采用系统选育从文山大白谷自然变异株系选育成地白谷选-2（滇陆稻3号），于1998年通过云南省农作物品种审定委员会审定。杂交育成品种的共同特点是比地方品种株型变紧凑，抗旱、抗倒、抗病性增强，或生育期缩短或株高降低，因而产量水平明显提高。云陆29抗旱性强，抗稻瘟病，早熟，适宜云南省西南部海拔1 400m以下土壤较肥沃的地区种植，平均单产3.3t/hm^2，高产达6t/hm^2。云陆52抗旱性强，抗稻瘟病，半矮秆，耐肥、抗倒，适宜云南省西南地区海拔 1 400m 以下地区种植，平均单产 3.3t/hm²。地白谷选-2 比其亲本文山大白谷株型紧凑，叶片直立，适宜云南省文山、思茅海拔 1 500m 以下地区种植。同时，云南省农业科学院粮食作物研究所成功引进 IRAT104（滇引陆粳 1 号）和印度尼西亚的 B6144F-MR-6（陆引 46）直接成为云南省旱稻生产应用品种，分别于 1996 年和 2000 年通过云南省农作物品种审定委员会审定。IRAT104 抗旱性和抗倒性强于云南一般旱稻品种，适宜南部海拔1 300m 以下地区中等肥力土壤种植，平均单产 2.3t/hm²。陆引 46 属南亚 Aus 类型，生育期短，长势旺，稻瘟病抗性强，是优良籼型旱稻，为云南省中、低海拔区旱稻缺少的类型，适宜西南部海拔1 200m以下地区种植，平均单产 3.3t/hm²，比对照勐旺谷增产 26.4%，比当地用杂交水稻旱种有明显优越性。

贵州省是我国旱稻资源较丰富的省份之一，现有旱稻品种资源 544 份，多为地方品种，其中籼稻 198 份，粳稻 92 份，糯稻 254 份。对其中 528 份按熟期类型划分，早中熟品种 106 份，中熟品种 119 份，中晚熟品种 164 份，迟熟品种 139 份。地方品种以中晚熟和迟熟品种居多，糯稻为主。其特点是根系发达，植株高大，分蘖成穗率低，大穗大粒，不易落粒，米质较佳，是我国重要的旱稻资源。20 世纪 50 年代至 80 年代中期，贵州省绝大部分县（市）都有旱稻种植，旱稻面积维持在 1 万 hm² 以上，90 年代有所下降，2000 年以来逐步回升。50 年代和 70 年代末至 80 年代初，贵州省先后两次对全省旱稻资源和产地进行征集与综合考察，从数百个地方品种中评选出抗旱耐瘠、适应性较强的飞蛾糯、麻旱谷、樱桃糯等 13 个为推广品种，后成为 90 年代以来全省旱稻主要种植品种。但这些品种生育期偏长，植株高大易倒伏。2000 年后，从国外和外省引进的新育成早熟、抗旱、高产品种面积迅速扩大。1996 年天柱县农业局从江西引进巴西陆稻 IAPAR9，1999—2000 年贵州省农业技术推广总站从中国农业大学等单位引进旱稻 8 号、旱稻 9 号、旱稻 11、旱稻 175 等一批通过云南地方旱稻与北方现代粳型水稻杂交育成的旱稻新品种，经两年以上多点区域试验和生产试验，巴西陆稻、旱稻 8 号、旱稻 9 号、旱稻 175 等得到推广。巴西陆稻、旱稻 8 号和旱稻 175 分别通过了贵州省农作物品种审定委员会审定。巴西陆稻成为全省旱稻的主推品种之一，2003 年全省种植面积达到 1 万 hm²，累计近 3 万 hm²，遍及 25 个县（市），平均单产 3.4t/hm²，比本地品种增产近 1 倍。旱稻 8 号和旱稻 175 等面积正逐年扩大。

广西壮族自治区也是旱稻地方品种资源较多的省份，有 462 份。20 世纪 50 年代至 60 年代初有 58 个县（市）种植旱稻，主要分布于广西西部和西北部，以百色、河池地区的县（市）居多，后逐步萎缩，90 年代后期至今，部分县（市）陆续引进推广国内外改良旱稻新品种如巴西陆稻（IAPAR9）、中旱 3 号等，这些新品种比原地方品种早熟、高产，且品质较优，已有一定种植。中旱 3 号由中国水稻研究所和上海市农业科学院系统选育而成，2003 年通过广西壮族自治区农作物品种审定委员会审定，同年通过国家农作物品种审定委员会审定。四川省旱稻地方品种少，面积零散。由于一些山区（如川西南）种植水稻困难和丘陵区（如四川盆地）季节性干旱常威胁水稻生产，因此，80 年代以来许多县（市）不断探索示范种植省外旱稻品种，如川东地区引进云南早熟旱稻杨柳旱谷，单产3～4t/hm²，攀枝花市试验示范中国农业大学杂交育成的粳型早熟旱稻 8 号、旱稻 9 号、旱稻 297 等新品种，单产 4～5t/hm²，高产达到 7t 以上，取得了一定成效。

二、南方丘陵区旱稻品种的演变

本区20世纪50年代各省都有旱稻零星种植，大部分散布于丘陵、山区或少数民族聚居地，如海南省的崖县、通什、乐东、万宁、保亭等县，广东省粤北山区，台湾省的南投、新竹、桃园、苗栗、嘉义、台南等县，湖南省的湘西自治州和湘南山区，湖北省的鄂西自治州，江西省的乐平、黎川等县；浙江省的淳安、江山、临安、临海、仙居、余姚等县，四川省雅安、乐山等县、市，重庆市的万县等。此时期品种多为地方农家品种，代表性品种有海南省的山兰稻、崖州粘、黑壳粳，广东省的矮脚坡禾、暗盒仔，广西壮族自治区的白粳、大黄谷，湖南省的釉型陆稻、旱禾、干占禾、兰山旱糯、旱禾糯、八月黄等，江西省的黎川山禾、乐平陆稻，浙江省的余姚旱稻、旱轮稻、山谷、山糯稻等。此前和期间也有个别品种改良情况发生，如1932年广州中山大学农学院通过穗选从坡糯品种中选出了耐旱、早熟旱稻品种坡擂2号成为当时广东省西部推广的一个优良品种，1958年四川农学院通过系统选育出了半矮秆、大粒旱稻品种跃进109和跃进110。

60～80年代，本区水稻发展迅猛，灌溉条件的改善、施肥水平的提高及矮秆水稻品种及杂交稻的育成与更新，使水稻单产大幅提高。而地方农家旱稻品种由于产量低，又无新品种及时替代而遭淘汰，旱稻生产在大部分地区几近消失乃至绝迹。

进入90年代，本区稻作抗旱节水及轻型化栽培的重要性逐渐凸现，引进国外旱稻改良品种取得良好成效，旱稻生产在部分地区开始恢复和扩大。江苏省农业科学院从国际旱地作物研究所和日本分别引进IRAT109（苏引稻2号）和农林陆糯12（苏引稻3号）两个优良粳型旱稻改良品种，于80年代末至90年代初在江苏省沿海旱作地区及沿江水源不足或灌溉困难的丘陵地带旱作获得成功，于1992年通过江苏省农作物品种审定委员会审定，至1995年两品种在江苏省累计种植2.2万hm^2，并扩散到周边省（直辖市）。其共同特点是早熟，抗旱性强，长势旺，株高适中，产量较高，适宜麦（油）—稻一年两熟制区接夏茬直播旱作种植，全生育期120～125d，单产一般4.5～5.5t/hm^2。苏引稻2号株高90cm左右，茎秆粗壮，抗倒性较强，宽大粒，千粒重31～33g，较抗稻瘟病，为农户所喜爱，但因生长中后期叶鞘和茎秆易发生紫褐色病变导致早衰，易发生褐飞虱为害而受到应用限制。苏引稻3号为糯性，耐瘠性较强，生长清秀，但茎秆偏细软，易倒伏，且有芒。

1992年中国农业科学院通过李鹏总理出席国际会议，而引进IAPAR9（巴西陆稻），该品种由巴西政府赠送，由中国水稻研究所、中国农业科学院作物品种资源研究所先后在江西省和北京市等地组织试种并获成功，1998年和2000年分别通过江西省、北京市和贵州省农作物品种审定委员会审定，曾一度扩散到全国，后在西南地区的贵州、广西等省（自治区）和南方的江西、福建、湖南等省的山区和丘陵地表现较为适宜并维持一定面积，累计种植约8万hm^2，还被用作国家旱稻区域试验设立初期3年南方区试组对照品种。IAPAR9（巴西陆稻）由巴西农业科学院稻豆中心育成，属常规偏粳长粒型旱稻（热带粳），光壳，在我国表现抗旱性强，耐瘠，生长势较旺，茎秆较粗壮，叶片较宽长，穗大粒多，品质较优，生育期较短，稳产性较好，适应区域较广，南方丘陵区既可作旱稻，也可作中稻或晚稻种植，是综合性状优良的旱稻品种。但其植株偏高，叶较披软，易倒伏，对土壤缺锌敏感，适用范围受到限制。江西农业大学和江西省农业科学院随后用系统选育和辐射诱变从IAPAR9育成了适于南方丘陵区的井冈旱稻1号和赣农旱稻1号2个新品种，先后于2004和2005年通过国家农作物品种审定委员会审定。新品种比亲本的生育期缩短，株高明显降低，一定程度弥补了原品种的不足，还丰富了这一地域旱稻品种的多样性，这些新品种已开始在生产上发挥作用。巴西陆稻（IAPAR9）的试种、示范与推广，对促进我国南方旱稻生产、普及旱稻知识、丰富旱稻资源、加快我国旱稻研究与应用步伐产生了积极影响。

2000年以来，国内育成旱稻新品种在本区占据了主导地位，共有8个旱稻新品种，其中6个品种通过本区国家旱稻区域试验后获得国家品种审定委员会审定，另2个品种由广西壮族自治区和上海市审定。这些品种分别由上海市农业生物基因中心、中国水稻研究所、江西省农业科学院、江西农业大学、安徽省农业科学院、湖南省农业科学院育成。沪旱3号、沪旱7号和中旱209为杂交选育，其亲本包含旱稻或抗旱水稻品种。中旱3号、赣农旱稻1号和中86－76为系统选育，中旱3号亲本也源自巴西。中旱3号于2003—2005年被用作国家旱稻区域试验本区试组对照品种，替代了原对照巴西陆稻（IAPAR9）。井冈旱稻1号和绿旱1号由辐射诱变而来。中86－76和绿旱1号都选自水稻品种。这些新品种抗旱性较强，比原地方品种生育期缩短，中矮秆，抗倒性增强，单产一般4～5.5t/hm^2，高产超过6t/hm^2，在本区有各自适应范围，使本区旱稻生产的发展有了新开端。

台湾省的陆稻品种原有近百个，20世纪70～80年代育成推广的品种有南陆1号、南陆2号、台农选1号、台农选2号、东陆1号、东陆2号、东陆3号等。

值得关注的是，自90年代以来，本区水稻旱种和轻型直播水稻有相当发展，是对旱稻的渐进和有益补充，前景广阔。

三、华北平原旱稻品种的演变

本区是我国北方传统旱稻区之一，地方旱稻品种曾广泛分布于山东、河北、河南等省。20世纪50年代至60年代初，旱稻生产集中在原产区并保持相对稳定或适度发展，地方旱稻品种经历了一次由多而杂到少而优的更新和单产水平的提高。60年代中至70年代，水利条件改善，水稻及小麦、玉米等旱粮作物大发展，传统旱稻生产和地方旱稻品种随之锐减乃至消失。80年代干旱频发，水资源减少，水稻生产受阻，稻米需求压力大，秦爱、冀粳7号、中远1号、中远2号等首批杂交改良早熟旱稻新品种问世，这些品种多适于本区中南部的河北、山东及北京、天津等地作麦茬旱稻种植，抗旱性较强，产量较高，一度有较快面积增长，开辟了新的旱稻种植区，以河北省保定地区面积最为集中。80年代后期至90年代早期，旱稻走入低谷，鲜有旱稻新品种育成，仅有冀粳12、旱稻2号等个别旱稻新品种（系）分别在冀中南和豫中南、皖北、苏北等地小面积种植。90年代后期至21世纪初，旱稻297、旱稻277等一批“水旱杂交”育成的抗旱、高产突破性旱稻新品种育成并得到应用，推动旱稻生产进入新高潮，旱稻277迅速成为黄淮地区麦茬旱稻主栽品种，覆盖苏北、皖北、河南省大部、山东南部广大区域，年种植面积达6.5万hm^2。旱稻297抗旱、高产、优质，适于北京、天津、河北中北部及辽宁环渤海地区一季稻种植，2000年通过北京市农作物品种审定委员会审定。这两个品种于2003年通过国家农作物品种审定委员会审定，并分别替代郑州旱粳和旱72，成为国家旱稻区试黄淮区试中晚熟组和北方一季稻中晚熟组新一代对照品种。近年来，国审旱稻新品种增多，郑旱2号、旱稻502、丹旱糯3号等在黄淮地区，旱稻9号、中作59、丹旱稻2号、丹旱稻4号、辽旱403等在京、津、冀、辽的环渤海地区种植面积正逐年扩大，势头良好。本区品种演变除上述基本特征外，不同省（直辖市）有各自特点。

山东省旱稻种植历史可追溯到1 000多年前。20世纪50年代旱稻是山东省主要稻作类型，常年2 000hm^2，都是农家品种，较集中分布于沿海山区的文登、荣城、乳山及鲁东南丘陵地区的日照、莒县、苍山等县，地方品种丰富多样，有200多个。后从约160多个古老的地方品种中评选出早熟、浓香型临沂塘稻，耐瘠、耐盐碱的苍山脱壳白，既耐旱又耐涝的大长粳、微山虎皮稻、文登紫皮旱稻，早熟、耐瘠、抗病的水京子等一批优良地方品种作为当家品种，单产由新中国成立前的1t/hm^{2}提高到2～3t/hm^2，个别品种如水京子甚至达到3～3.7t/hm^2，实现了全省旱稻品种的首次更换和单产水平的提高。50年代末至70年代，全省大搞农田水利建设，实行旱改水，旱稻被水稻逐步取代乃至绝迹。80年代连遭干旱，旱稻引起注意，旱稻品种秦爱、中远2号（A7927）、冀粳7号（河大77-4-2）等少数杂交育成的旱稻新品种在稻作生产上搭配应用，这些品种早熟，株型明显改良，抗倒性增强，接麦茬种植单产一般3.5～4.5t/hm^2，高产近6t/hm^2。这期间秦爱和中远2号分别通过山东省农作物品种审定委员会审定。90年代引入旱稻2号、旱稻277、旱稻65、夏旱51等新品种，旱稻277于90年代末至今已成为山东省临沂、济宁等市主栽旱稻品种，年种植面积一度达1.5万hm^2，该品种在山东表现抗旱、抗病性强，株型较紧凑，接麦茬夏播全生育期115～120d，单产一般4.5～5.5t/hm^2，高产达7t/hm^2。目前已有多个旱稻新品种引入山东省种植。山东省今后旱稻发展的主要区域是临沂、济宁等老稻区和沿黄河流域的菏泽、济南及东营等的低洼易涝地。

河南省旱稻在50～60年代多集中分布于南部的信阳、南阳、驻马店三地区的山区、丘陵及部分平原县（市），以信阳居多。当时的主要地方品种有固始黑壳旱稻、罗山桃花米、正阳离壳白、淮滨火旱稻、临榆黑芒、大红芒、小白芒等，单产一般2～2.5t/hm^2，一些优良地方品种如桃花米、离壳白、火旱稻、旱麻稻等60年代年种植面积都一度达到3 300～6 600hm^2，个别地方品种生产上持续时间较长，如旱麻稻在淮滨、固始等县80年代尚有3 600hm^2。但60年代后期至70年代，南部的地方旱稻品种面积总体上随水稻大发展而逐步萎缩或消失。而改良旱稻品种直到80年代末才出现。90年代，中国农业大学培育的旱稻2号、旱稻277及国外的巴西陆稻（IAPAR9）等品种在河南驻马店、周口、商丘等地区的许多县（市）先后种植。旱稻277于2000年前后成为河南省主栽旱稻品种，最大年面积达2万hm^2，扩大到全省大部分地区。该品种抗旱性、生长势、产量等综合性状明显优于郑州旱粳，生育期相近，一生灌水2～3次，单产一般4.5～6t/hm^2，高产达7t/hm^2。近年来，产量潜力高于旱稻277的一批新品种如郑旱2号、旱稻502等面积正逐年扩大，并带动河南省旱稻生产进一步发展。河南省旱稻发展潜力较大，低洼易涝的驻马店、黄泛区的周口、沿黄的商丘、开封、郑州、新乡等地区最有发展前途，南部山区丘陵地的信阳及南阳地区也有一定潜力。

河北省是北方传统旱稻生产主要省份之一，旱稻地方品种资源较丰富，国家编目有

76份。20世纪50年代，河北省的旱稻栽培主要集中在冀东地区的唐山市和秦皇岛市的卢龙、抚宁、昌黎、迁安、遵化、玉田等县（市）及承德市的青龙、宽城等县，当时使用的旱稻地方品种有50多个，其中比较重要的品种有抚宁旱稻、芦龙大红芒、蚊子咀、安东陆稻、小红芒等。抚宁旱稻耐旱性强、产量较高，是当时唐山地区主栽品种，卢龙、抚宁等县主要种植的是耐旱、耐涝、抗病力强、产量较稳定的芦龙大红芒，但生育期都偏长（160～167d）。此期旱稻地方品种面积一度有较大发展，1954年唐山地区高达3.2万hm^2。60年代至今，多数旱稻地方品种已在当地的生产上消失，仅有少数品种在个别偏远地区仍有零星种植。80年代，一批杂交选育的早熟旱稻新品种秦爱、冀粳7号、中远2号等育成，在河北省中南部的保定、石家庄、邯郸、邢台等平原地区作为麦茬旱稻一度掀起种植热潮，年面积曾达到3.5万hm^2，后被迅速发展的玉米取代。当时秦爱面积最大，该品种由中国农业大学（原北京农业大学）从秦皇岛地方旱稻秦农2号为母本与水稻爱新杂交后代选育而成，1984年首次通过河北省农作物品种审定委员会审定，1985年和1987年分别通过北京市、山东省及天津市农作物品种审定委员会审定，全生育期仅95～100d，抗旱性强，苗期繁茂，缺点是感稻瘟病、易倒伏，一般单产3～4t/hm^2。90年代干旱少雨，旱稻新品种相对匮乏，全省旱稻呈零星种植。在保定及其以南的麦茬稻地区，先有旱稻新品种冀粳12少量种植，后有旱稻新品系旱稻65、旱稻10号、夏旱51等试种示范。冀粳12由河北大学和河北省保定地区农业科学研究所以旱稻秦选1号为母本与水稻京系6号杂交选育而成，基本特性与冀粳7号相近，1992年通过河北省农作物品种审定委员会审定。近年来河北省干旱加剧，传统水稻面积萎缩，一批旱稻新品种如旱稻297、旱稻9号、中作59、丹旱稻2号、丹旱稻4号、辽旱403等开始在唐山和承德老稻区小面积种植，以替代水稻，今后有一定发展前途。

辽宁省地方旱稻品种主要有丹东陆稻、不服劲、海城旱稻、小白皮等，主要分布于辽东半岛的山地丘陵及中部的辽河平原。20世纪50年代末60年代初，经丹东市农业科学院（原丹东市农业科学研究所）搜集、鉴定，丹东陆稻等优良地方品种在辽宁、河北等地推广。70年代末以来，辽宁省农业科学院、丹东市农业科学院等单位一直坚持旱稻育种研究，通过“水旱交”、“水水交”、辐射诱变及系统选育等途径，培育出一系列矮秆紧凑型旱稻新品种，1987年至今，已有十多个旱稻改良品种通过了辽宁省或国家农作物品种审定委员会审定，其中旱72和旱58、丹粳5号、丹粳8号等分别为80年代和90年代省内当家旱稻品种，至2000年已累计种植26万hm^2，集中分布于铁岭、大连、丹东、锦州、沈阳等市（县），主要种植在水稻缺水区和“二洼地”。近年来，旱9710、丹旱稻2号、旱丰8号等一批新品种面积正在不断扩大。辽宁省水稻面积大（现53万hm^2），但这个工业大省的各业及居民用水矛盾日趋尖锐，缩小水稻面积，发展旱稻和水稻节水栽培是今后必然趋势。

北京市和天津市一直有小面积旱稻种植，期间也出现过小高潮。20世纪80年代种植秦爱、中远1号、寒9等，90年代种植旱稻297、巴西陆稻（IAPAR9）、旱稻9号等。秦爱和中远1号于1985—1989年期间都通过北京市和天津市农作物品种审定委员会审定。巴西陆稻（IAPAR9）于2000年通过北京市农作物品种审定委员会审定。北京市和天津市水资源严重短缺，尤其北京市水稻生产已近绝迹，原低洼易涝水稻田适当改种旱稻有一定意义。天津市低洼易涝地面积较大，今后可适当扩大旱稻种植。

苏北和皖北地区历史上有旱稻零星种植，如苏北的南通陆稻、沭阳稻、东海粳稻等。90 年代早期部分地（市）、县种植旱稻 2 号、IRAT109（苏引稻 2 号）和农林陆糯 12（苏引稻 3 号），90 年代末至 21 世纪初旱稻 277 作为麦茬旱稻广为种植，成为主栽品种，巴西陆稻（IAPAR9）等也有种植，旱稻 277 最大年种植面积达 3 万 hm^2，仅江苏丰县就达 1 万 hm^2。近年来国审旱稻新品种旱稻 502、郑旱 2 号、丹旱糯 3 号等开始扩大种植。该区域在华北地区雨热资源最丰富，低洼易涝地面积大，旱稻发展前景光明。

值得注意的是，本区水稻生产面临我国水资源短缺、能源紧张、劳力等成本高的最大压力。由于旱稻品种改良严重滞后，不能及时满足稻作节水、节能、低耗、高效的需要，本区相继出现了类似于旱稻生产方式的水稻节水栽培模式探索与应用。“水稻旱种”热潮于 20 世纪 70 年代末至 80 年代中期在本区广泛兴起，年种植面积一度达 13 万 hm^2，以河南省面积最大，主要品种有郑州早粳和杂交稻黎优 57 等。80 年代后期至 90 年代早期，山东省“水稻三旱栽培”获得成功，成为全省乃至北方水稻节水栽培的重要生产方式。90 年代后期至 21 世纪初，“水稻地膜覆盖”在河北承德、安徽沿淮等地曾有一定面积。水稻旱种经过较长一段低谷状态后，近年又逐步回升，尤其苏北的“直播”水稻已有相当大面积。

四、三北寒地旱稻品种的演变

本区 20 世纪 50～60 年代初种植的绝大多数都是旱稻地方品种，集中分布于黑龙江省松哈地区的阿城、宾县、呼兰、双城、五常、通河等县和吉林省梨树、伊通、怀德和长白山地区，品种有红芒、粳子、大红芒、红毛、白大肚子、黄大肚子、猪毛稻、长春无芒、白旱稻、桦甸白等农家品种，其共同特点是早熟、耐旱，但产量低，抗病性弱，后逐渐被淘汰。原东北农业科学研究所通过“水旱杂交”，于 1949—1963 年先后育成公陆 4 号、公陆 5 号、公陆 6 号、公陆 7 号和公陆 8 号，单产可达 3.7～4.5t/hm^2，抗病性也有所提高，曾在吉林省推广一定面积。吉林省农业科学院水稻研究所通过抗寒鉴定系统选育的方法，于 80 年代育成了寒 9 和寒 2 适于旱种的水稻品种，在梨树、伊通、榆树、柳河、农安、舒兰等县旱种，表现耐旱、抗寒、适应性好、产量高，一度推广到近万公顷。黑龙江省合江地区水稻研究所通过水、旱稻品种间杂交将水稻的丰产、抗病、优质的种质与旱稻的抗旱性相结合，以改进旱稻米质差、不抗病和易落粒的缺点，于 1966—1987 年先后育成水陆稻 1 号、陆稻 5 号和陆稻 6 号，曾分别在黑龙江省第一至第二和第二至第三积温带推广，随后引进秦爱。黑龙江省旱稻年种植面积由 70 年代后期的 330hm^2 跳跃式增至 80 年代后期的 4 万 hm^2。90 年代以来，东北水稻大发展，旱稻退缩为零星种植。近年来本区已有旱 9710、旱稻 65、旱稻 271、辽粳 27（中选 1 号）、天井 4 号（丰优 109）、天井 5 号（特优 13）等一批早熟、高产改良旱稻新品种通过了国家农作物品种审定委员会审定，这些新品种分别由中国农业大学、辽宁省农业科学院和吉林省农业科学院育成。旱稻 65 在黑龙江省第一、第二积温带已有一定种植面积，其余品种在吉林省和辽宁省中北部也开始推广。新疆维吾尔自治区的乌鲁木齐、石河子等地及新疆生产建设兵团也有少量旱稻种植，品种多来自东北和华北地区。

第三节　主要品种系谱

据统计，自1986—2005年的20年间，我国共有58个不同旱稻品种通过国家或省级农作物品种审定委员会审定（表13-1），除秦爱于1987年获天津市、1985年获河北省、山东省和北京市农作物品种审定委员会审定外，其余57个都是在此段时期首次审定的新品种，其中包括3个获国家和省或不同省审定的品种，故实际通过国家和省两级审定的品种总数为64件。其中7个品种（秦爱、水陆稻6号、中远1号、中远2号、杨柳旱谷、寒2、寒9）已在1991年版《中国水稻品种及其系谱》第九章中有介绍。巴西陆稻（IAPAR9）1998年首次被江西省农作物品种审定委员会审定后，于2000年分别被贵州省农作物品种审定委员会审定和北京市农作物品种审定委员会认定（“认定”同“审定”，下同），旱稻297，2000年首次通过北京市农作物品种审定委员会认定，后于2003年通过国家农作物品种审定委员会审定，中旱3号，2003年分别通过国家和广西壮族自治区两级农作物品种审定委员审定。在这58个旱稻品种中，我国自行选育品种占大多数，共53个，其余为直接引进国外品种。审定品种中有6个籼型旱稻，3个糯性品种，4个为“三系”或“两系”杂交旱稻，其余绝大多数为常规粳型旱稻。这些新品种在我国旱稻生产中发挥了积极作用，对我国同期旱稻品种的演变产生了重要影响。

表13-1　1986—2005年我国审定推广的旱稻品种

育成途径	旱稻品种		其中					国审	
	个数	占%	籼稻	粳稻	常规稻	杂交稻	糯稻	品种数	占%
杂交育成	39	67.2	1	38	35	4	0	21	53.8
旱旱交	3	7.7	0	3	3	0	0	0	0
水旱交	18	46.2	0	18	17	1	0	11	61.1
水水交	16	41.0	1	15	13	3	0	10	62.5
远缘交	2	5.1	0	2	2	0	0	0	0
人工诱变	3	5.2	2	1	3	0	0	3	100
系统选育	11	19.0	2	9	11	0	2	6	54.5
国外引进	5	8.6	1	4	5	0	1	0	0

以上品种可按育种方法和品种来源的不同分为杂交育成、人工诱变、系统选育和国外直接引进品种4类分述。

一、杂交育成品种

该类共39个品种，按其亲本属性可分为4组，即旱稻×旱稻（简称“旱旱交”）、水稻×旱稻（简称“水旱交”）、水稻×水稻（简称“水水交”）和远缘杂交（简称“远缘交”）。旱旱交育成旱稻品种都来自我国西南地区的云南省，我国北方和南方地区的大多数杂交选育旱稻品种都是水旱交和水水交育成，且各占一半。有两个品种为远缘交即水稻与高粱杂交育成。

1. 旱旱交育成品种

都来自西南山区的云南省，有滇604、云陆29和云陆52共3个品种，系云南地方旱稻品种间杂交或与国外引进旱稻杂交选育而成，其突出特点是抗旱性强，抗病，耐瘠，生长势旺，对贫瘠雨养的旱地适应性强。

（1）滇 604

常规粳型旱稻，云南农业大学以地方旱稻品种黄浆谷为母本与山地小白谷杂交选育而成，原名滇陆稻 2 号，1998 年通过云南省农作物品种审定委员会审定。抗旱性较强，产量较高，抗稻瘟病和白叶枯病。在云南省旱地直播旱作全生育期 137～156d，株高 104.3～117.5cm，株型紧凑，分蘖力强，穗长 22.7～25.3cm，每穗粒数 75～110 粒，千粒重 30～32g，谷粒长椭圆形，护颖黄色，米粒长 7.4mm，粒长宽比 2.74。耐湿，耐寒。平均单产 2.22t/hm²。适宜云南省海拔 1 000m 和年降雨量 1 300mm 以上地区中上等肥力的沙壤土直播旱作种植。1999 年最大年推广面积 0.007 万 hm²，1998—2000 年全省累计推广面积 0.029 万 hm²。

（2）云陆 29

常规粳型旱稻，云南省农业科学院粮食作物研究所以国外引进旱稻 IRAT21 为母本与云南地方旱稻紫谷杂交选育而成，原名滇陆稻 4 号，1999 年通过云南省农作物品种审定委员会审定。抗旱性强，产量较高，抗稻瘟病。在云南省西南地区旱地直播旱作全生育期 102～106d，株高 110～113cm，每穗粒数 103～154 粒，千粒重 26～28g，糙米红色，籽粒透明，糙米率 81.0%，精米粒率 62.5%，整精米粒率 56.5%，直链淀粉含量 18.31%，蛋白含量 8.54%，胶稠度 97.5mm，糊化温度（碱消值）2 级。平均单产 3.32t/hm²。适宜云南省西南部海拔 1 400m 以下土壤较肥沃的地区直播旱作种植。1999 年最大年推广面积 0.067 万 hm²，1999—2000 年全省累计推广面积 0.134 万 hm²。

（3）云陆 52

常规粳型旱稻，云南省农业科学院粮食作物研究所以国外旱稻陆引 29 为母本，与云南澜沧地方旱稻品种东回 145 杂交选育而成，2004 年通过云南省农作物品种审定委员会审定。抗旱性强，产量较高，抗稻瘟病。在云南省西南部地区旱地直播旱作全生育期 140d，株高 108.8cm，根系较发达，生长旺盛。光壳、光身，株型较紧凑，耐肥、抗倒，大穗，每穗粒数 152.6 粒，结实率 74%，千粒重 26.1g，糙米率 81.6%，整精米率 47.7%，直链淀粉含量 17.10%，胶稠度 100.0mm，垩白度 25.4%，平均单产 3.29t/hm²。适宜在云南省西南地区海拔 1 400m 以下地区直播旱作种植。2005 年最大年推广面积 1 万 hm²，2003—2005 年累计推广面积 2 万 hm²。

2. 水旱交育成品种

该组包括三北高寒区的东农陆稻 1 号、水陆稻 6 号、旱 946、旱 9710、旱稻 65、旱稻 271，华北平原区的秦爱、冀粳 12、夏旱 51、旱稻 297、旱稻 277、旱稻 502、旱稻 9 号、郑旱 2 号、京优 13，南方丘陵区的沪旱 3 号、沪旱 7 号以及西南山区的旱稻 8 号等共计 18 个品种。其旱稻亲本源大多来自国内外的地方旱稻品种，如我国云南省的红壳老鼠牙、三磅七十箩、班利 1 号、陆南旱谷，湖北省的麻晚

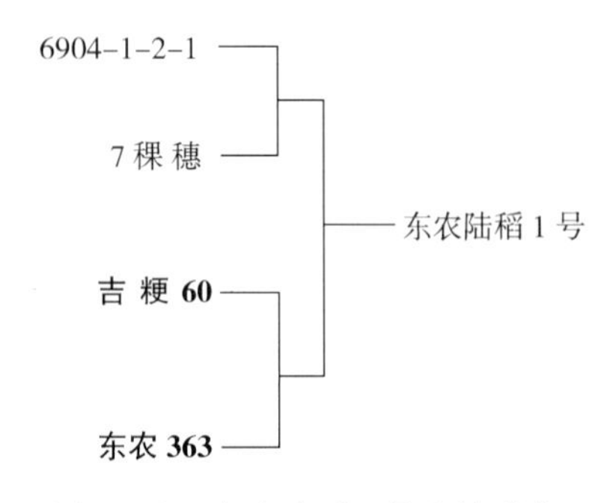

图 13－2　东农陆稻 1 号品种系谱

糯，河北省的秦农 2 号、秦选 1 号，东北地区的红芒、七棵穗和东南亚的 Khaomon 等及少数现代改良旱稻品种如旱稻 297、IRAT109 等，其水稻亲本多为我国北方杂交育成的早熟粳稻品种（系）如吉粳 60、早丰、京系 6 号、合江系列、牡交系列或国外引进的改良水稻如日本秋光和美国 P77 等（图 13-2，图 13-3，图 13-4，图 13-5，图 13-6，图 13-7，图 13-8）。该组旱稻品种的主要特点是大多数抗旱性较强，苗期较繁茂，类似于旱稻亲本，而株型倾向于直立紧凑型的半矮秆现代水稻品种，与传统地方旱稻品种相比，耐肥、抗倒性明显增强，故而产量潜力明显提高，部分品种如旱稻 502、水陆稻 6 号、旱稻 65、冀粳 12、夏旱 51、京优 13 等还可作水稻栽培。

（1）东农陆稻 1 号

常规粳型旱稻，东北农学院以水稻 6904-1-2-1 与旱稻父本 7 棵穗的杂交后代为母本，再与母本东农 363 与父本吉粳 60 的杂交后代复交选育而成，即 6904-1-2-1/7 棵穗//东农 363/吉粳 60（图 13-2），1988 年通过黑龙江省农作物品种审定委员会审定。抗旱性较强，早熟，适于黑龙江省松花江地区第二、第三积温带直播旱作种植。

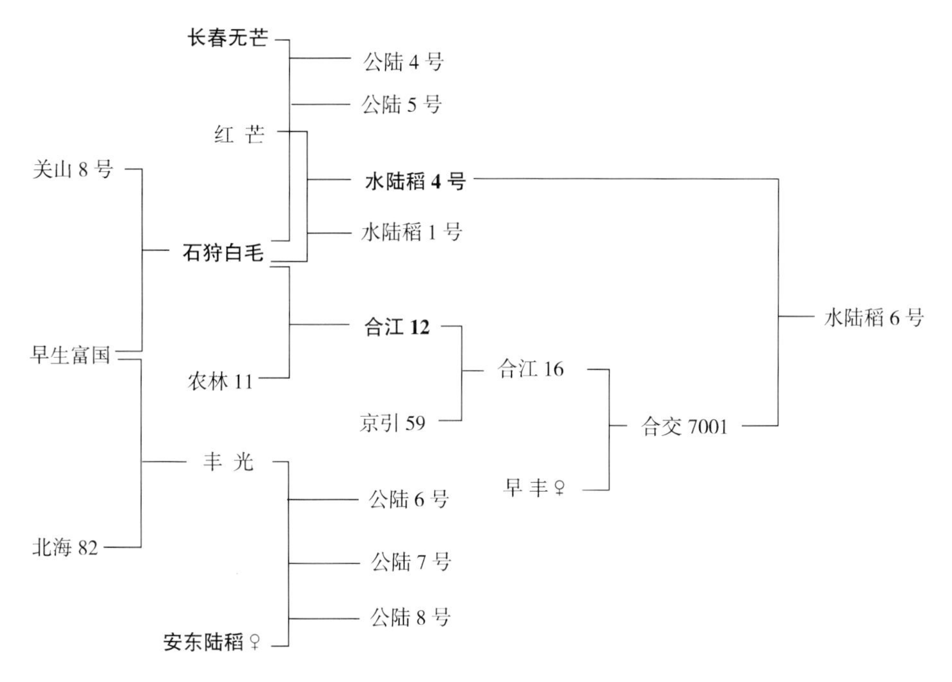

图 13-3　水陆稻 6 号品种系谱

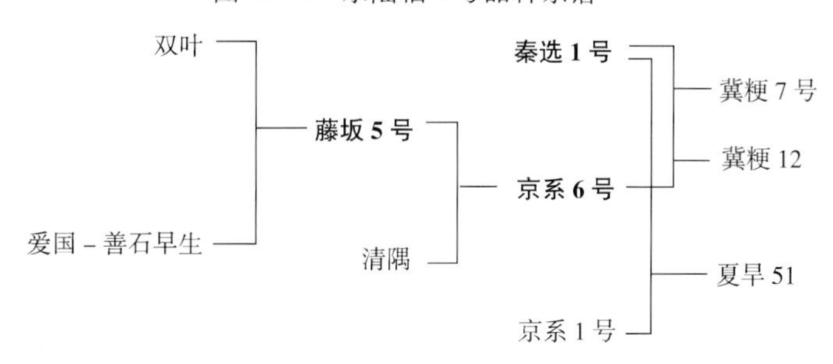

图 13-4　冀粳 12 和夏旱 51 品种系谱

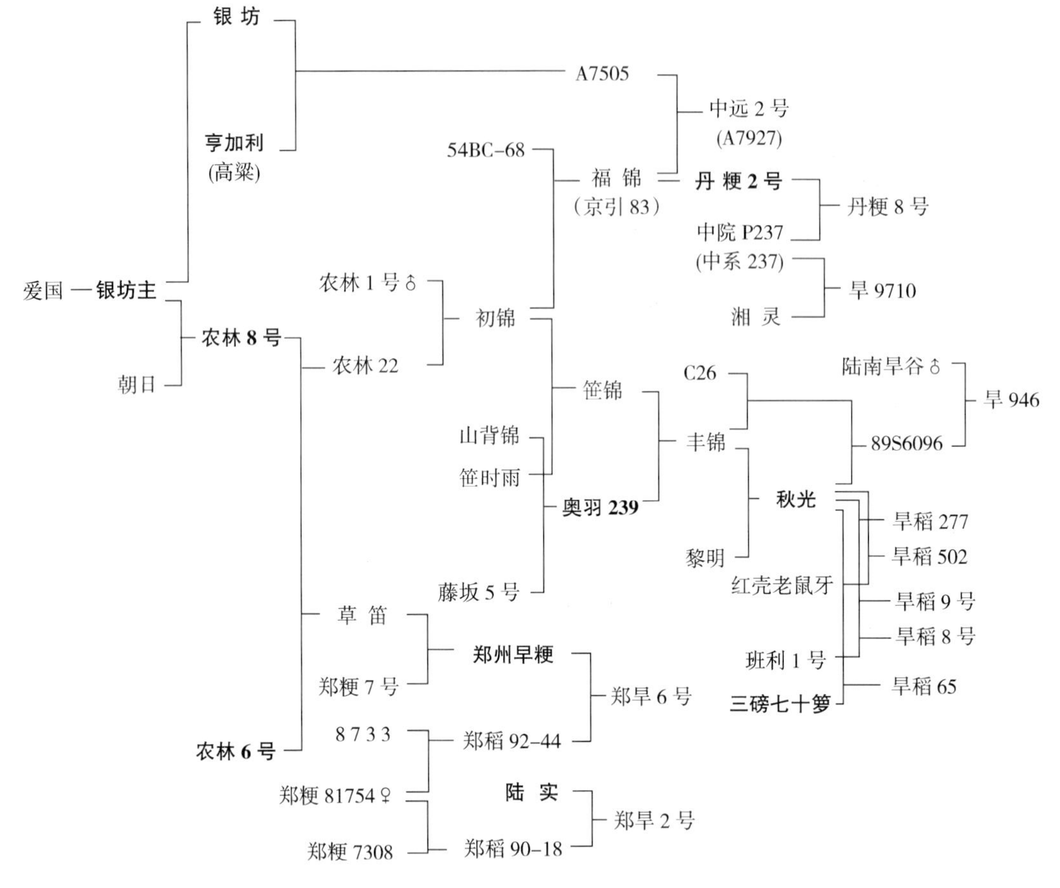

图13-5　旱稻277、丹粳8号、郑旱2号等旱稻品种系谱

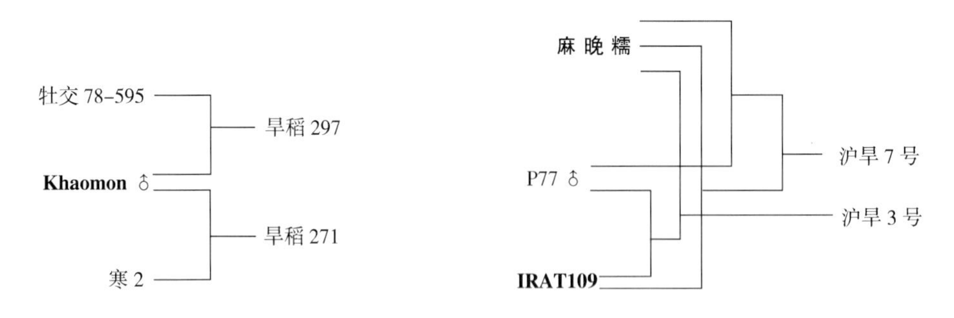

图13-6　旱稻297、旱稻271品种系谱

图13-7　沪旱3号、沪旱7号品种系谱

（2）水陆稻6号

常规粳型旱稻，黑龙江省农业科学院水稻研究所以水陆稻4号为母本与合交7001杂交选育而成（图13-3），1987年通过黑龙江省农作物品种审定委员会审定。抗旱性较强，耐寒，早熟，米质较优，稻瘟病田间抗性较强。在黑龙江省第二、第三积温带直播旱作种植全生育期125d左右，株高72cm上下，株型较松散，分蘖力中等，较耐肥、抗倒，穗较长，着粒中等，有黄色中芒，千粒重26～27g，籽粒饱满。适于黑龙江省第二、第三积温带直播旱作种植，也可旱种水管或育秧移栽作水稻。

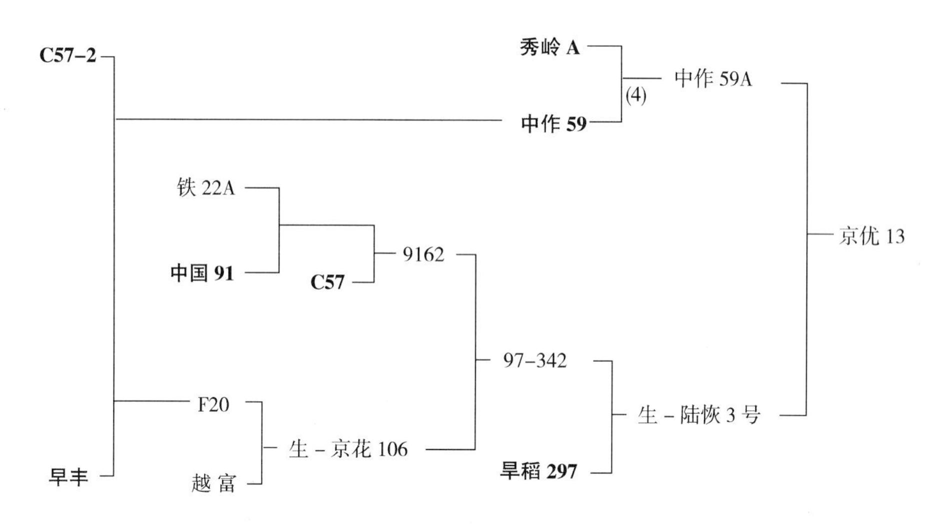

图 13－8　京优 13 旱稻品种

(3) 旱 946

常规粳型旱稻，辽宁省农业科学院栽培研究所以 3 个水稻品种（系）秋光、丰锦、C26 和云南省地方旱稻陆南旱谷经单交、复交和三交选育而成，即 C26/丰锦//秋光///陆南旱谷（图 13－5），2000 年通过辽宁省农作物品种审定委员会审定。抗旱性较强，产量较高，中抗稻瘟病。在辽宁省直播旱作全生育期一般 140d，株高 80～85cm，株型紧凑，分蘖力强，散穗型，短芒，穗长 17～18cm，每穗粒数 90 粒，结实率 85%，千粒重 24～25g，粒型椭圆，平均单产 5.5～7.2t/hm^2。适宜在辽宁省抚顺部分地区，铁岭南部、沈阳、辽阳、大连、锦州、海城等地种植。2000 年最大年推广面积 0.5 万 hm^2，2000—2004 年全省累计推广面积 1 万 hm^2。

(4) 旱稻 8 号

常规粳型旱稻，中国农业大学以引自日本的著名水稻秋光为母本与云南地方旱稻班利 1 号杂交，经多年选育而成（图 13－5），2005 年通过贵州省农作物品种审定委员会审定。抗旱性较强，产量较高，米质较优。在贵州省中高海拔地区直播旱作全生育期 137d，株高 84.72cm，株型紧凑，分蘖力较强，较耐瘠薄，幼苗顶土强，后期不早衰。每穗粒数 71 粒，结实率 75%以上，千粒重 26.9g，出糙率 82.9%，垩白度 2%，直链淀粉含量 15.01%。平均单产 3.5～3.9t/hm^2。适宜在贵州省海拔 1 400m 以下、年平均温度 14℃以上、伏旱较轻的地区直播旱作种植。

(5) 旱稻 9 号

常规粳型旱稻，中国农业大学以水稻品种秋光为母本与云南地方旱稻班利 1 号杂交，经多年选育而成（图 13－5），2003 年通过国家农作物品种审定委员会审定。抗旱性较强，耐瘠性强，感稻瘟病。在环渤海地区直播旱作平均全生育期 153.2d，比对照旱 72 长 4.7d，株高 98.1cm，叶片偏宽长，叶色清秀，穗长 19.7cm，每穗粒数 94.0 粒，结实率 80.2%，有效穗 225 万～300 万/hm^2，千粒重 25.4g。较易脱粒。整精米粒率 50.5%，垩白粒率 47%，垩白度 9.5%，胶稠度 83mm，直链淀粉含量 13.8%。抗旱性3级（田间），抗稻叶瘟1级，抗穗颈瘟7级。平均单产4.64t/hm²。适宜在辽宁省南部、河北省北部以及天津市、北京市作一季稻直播旱作种植。2004年起已有小面积种植。

（6）旱稻277

常规粳型旱稻，中国农业大学以水稻品种秋光为母本与云南地方旱稻班利1号杂交，经多年选育而成（图13-5），2003年国家农作物品种审定委员会审定。抗旱性较强，较高产稳产，早熟，综合性状优良。在黄淮地区麦茬、油菜茬直播旱作平均全生育期113d，比对照郑州早粳迟熟1～2d。株高88.6cm，茎秆较粗壮，根系较发达，分蘖力较强，叶片较宽，叶色淡绿，剑叶较直立，散穗型，每穗粒数81.0粒，结实率84.6%，千粒重27.3g，谷粒偏圆，红颖尖，壳色深黄，灌浆速度快，籽粒饱满，成熟时不易落粒。整精米粒率59.6%，垩白粒率83%，垩白度20.09%，胶稠度78mm，直链淀粉含量15.6%。抗稻叶瘟1级，抗穗茎瘟5级，抗胡麻斑病3级。平均单产4.5t/hm²。适宜在河南省、江苏省、安徽省、山东省的黄淮流域和陕西省的汉中地区接麦茬、油菜茬直播旱作种植。2001年最大年种植面积6万hm²，1995—2005年黄淮地区累计推广面积10万hm²。自2003年起，被指定用作"国家旱稻区域试验——黄淮海麦茬稻中晚熟组"对照品种，替代了原对照品种郑州早粳。

（7）旱稻502

常规偏粳型旱稻，中国农业大学以水稻品种秋光为母本与云南地方旱稻红壳老鼠牙杂交，经多年选育而成（图13-5），2003年通过国家农作物品种审定委员会审定。抗旱性较强，产量较高，稳产性较好，米质较优，抗胡麻叶斑病。在黄淮地区麦茬、油菜茬直播旱作全生育期124d，比对照郑州早粳迟熟14d，株高95.2cm，茎秆粗壮，耐肥抗倒，生长稳健，叶片较宽厚，剑叶较直立，大穗，宽长粒，不易落粒，每穗粒数91.0粒，结实率72.5%，千粒重28.4g。整精米粒率64.3%，垩白粒率42%，垩白度4.7%，胶稠度85mm，直链淀粉含量14.5%。抗稻叶瘟1级，抗穗颈瘟7级，抗胡麻叶斑病1级。平均单产4.36t/hm²。适宜在河南省、江苏省、安徽省、山东省的黄淮流域和陕西省的汉中地区接麦茬、油菜茬直播旱作种植。1999年开始小面积种植，2003—2005年黄淮地区累计推广面积0.5万hm²。

（8）旱稻65

常规粳型旱稻，中国农业大学以水稻品种秋光为母本与云南地方旱稻三磅七十箩杂交，经多年选育而成（图13-5），2003年通过国家农作物品种审定委员会审定。抗旱性强，中感稻瘟病。在北方寒地直播旱作全生育期138.9d，比对照秦爱长2.9d，株高96.5cm，叶片微外卷，叶色深绿，剑叶较长而挺，穗长17.8cm，有效穗349.5万/hm²，每穗粒数68.9粒，结实率85.6%，千粒重25.6g。整精米粒率19.1%，垩白粒率28%，垩白度2.2%，胶稠度80mm，直链淀粉含量15.0%。抗旱性1.8级，抗稻叶瘟5级，抗穗颈瘟5级。平均单产3.86t/hm²。适宜在黑龙江省南部、内蒙古自治区南部、吉林省、辽宁省中北部以及宁夏回族自治区中部春播旱作种植。东北地区自2004年起生产上开始小面积种植，黄淮海地区的河北、山东等省也有用其作麦茬直播旱稻。

（9）秦爱

常规粳型旱稻，中国农业大学（原北京农业大学）用河北省秦皇岛地方旱稻秦农2号为母本与水稻爱新杂交选育而成。1987年天津市农作物品种审定委员会审定。此前该品种已于1984年首次通过河北省农作物品种审定委员会审定，随后于1985年分别通过北京市和山东省农作物品种审定委员会审定。抗旱性强，早熟，较高产、稳产，米质一般，中感稻瘟病。在黄淮海地区麦茬直播旱作全生育期90～100d，株高85～95cm，感光性弱，感温性中等，根系发达，主茎叶10～11片，苗期生长繁茂，茎秆粗壮，分蘖力偏弱，氮肥偏多易倒伏。穗长18～20cm，每穗粒数60～80粒，千粒重26～28g，出糙率80%，精米粒率70%，平均单产3～3.75t/hm^2。适于北京市、天津市、河北省中南部和山东省中北部接麦茬直播旱作种植。1985年最大年推广面积5万hm^2，自1986年后面积逐渐下降，至2005年只有零星种植，1984—1990年累计推广面积7万hm^2。曾于2000—2002年被指定用作“国家旱稻区域试验——北方一季稻早熟组”和“黄淮海麦茬稻中晚熟组”对照品种。

（10）冀粳12

常规粳型旱稻，河北大学与河北省保定地区农业科学研究所合作以秦皇岛地方旱稻秦选1号为母本与京系6号杂交选育而成，其系谱来源与1984年河北省审定的冀粳7号（河大77-2）相同（图13-4），1992年通过河北省农作物品种审定委员会审定。抗旱性较强，生育期短，产量较高。在河北省中南部地区麦茬直播旱作，全生育期95～105d，株高80～85cm，根系较发达，株型紧凑，分蘖力中等，主茎叶11片，叶片短宽直立，叶色深绿，较耐肥、抗倒，密穗型，谷粒短圆。穗长16cm，每穗实粒数80粒，千粒重24～26g。一般单产4.5t/hm^2。适宜河北省保定市以南地区接麦茬直播旱作种植。1994年最大推广面积3万hm^2，1992—1994年在河北省累计推广面积8万hm^2。

（11）夏旱51

常规粳型旱稻，河北大学和河北省农林科学院旱作农业研究所合作以旱稻秦选1号为母本与京系1号杂交选育而成（图13-4），2003年通过国家农作物品种审定委员会审定。抗旱性较强，生育期短，米质一般，感稻瘟病。在黄淮海地区麦茬直播旱作全生育期106d，与早熟对照品种秦爱相当，株高86.8cm，株型较紧凑，分蘖力较强，叶片直立，叶色深绿，穗长15.1cm，每穗粒数88.4粒，结实率86.7%，千粒重24.7g。整精米粒率64.5%，长宽比1.6，垩白粒率90%，垩白度27.1%，胶稠度71mm，直链淀粉含量16.1%。抗稻叶瘟3级，抗穗颈瘟7级，抗胡麻叶斑病1级。平均单产4.93t/hm^2。适宜在河南省北部、山东省中北部、河北省中南部以及陕西省南部接麦茬直播旱作种植。2000年起有小面积种植，2000—2005年在河北中南部及山东省等地累计推广面积0.2万hm^2。

（12）旱稻297

常规粳型旱稻，中国农业大学以黑龙江省水稻改良品系牡交78-595为母本与东南亚山地地方糯性旱稻Khaomon杂交，经多代选育而成（图13-6），2000年通过北京市农作物品种审定委员会认定，2003年通过国家农作物品种审定委员会审定。抗旱性较强，丰产性好，米质优良，抗稻瘟病。在环渤海地区直播旱作全生育期136d，比对照旱72迟熟

4～5d，株高100～120cm，茎秆粗壮，叶片较宽长，齐穗期下层叶片披软，上层叶片挺举，叶片微内卷，叶色青绿，灌浆期长，谷粒较宽大，成熟期壳色深黄，较易落粒，糙米亮泽，米粒紧实，有效穗292.5万/hm^2，穗长20.1cm，每穗粒数101.3粒，结实率81.2%，千粒重30.2g。整精米粒率66.0%，垩白粒率17.0%，垩白度1.7%，胶稠度96mm，直链淀粉含量14.74%。抗稻叶瘟1级（变幅0～5），抗穗颈瘟3级（变幅0～7）。中后期易发生褐飞虱危害，在土壤肥力不足和养分失衡时，部分茎秆的中上部叶鞘易发生紫褐色病变，影响后期灌浆。平均单产5.2t/hm^2。适宜在辽宁省中南部、河北省中北部、北京市、天津市作一季稻直播旱作种植。1998—2005年累计推广面积0.7万hm^2。自2003年起，被指定用作“国家旱稻区域试验——北方一季稻中晚熟组”对照品种，替代了原对照品种旱72。

（13）旱稻271

常规粳型旱稻，中国农业大学以吉林省水稻寒2为母本与东南亚山地地方糯性旱稻Khaomon杂交，经多代选育而成（图13-6），2005年通过国家农作物品种审定委员会审定。抗旱性强，中抗稻瘟病，产量较高，米质一般。在北方寒地直播旱作全生育期148d，比对照秦爱迟熟6d。株高88.9cm，穗长16.3cm，每穗粒数83.6粒，结实率76.8%，千粒重23.4g。整精米粒率49.1%，垩白粒率37%，垩白度6.3%，胶稠度71mm，直链淀粉含量13.5%。抗旱性3级（苗期），抗稻叶瘟3级，抗穗颈瘟1级。平均单产3.94t/hm^2。适宜在东北地区的吉林省南部、辽宁省中北部、内蒙古自治区东部春播旱作种植。

（14）沪旱3号

常规粳型旱稻，上海市农业生物基因中心以湖北地方旱稻麻晚糯为母本与单交组合IRAT109/P77的后代复交选育而成（图13-7），即：麻晚糯//IRAT109/P77，IRAT109是国际热带旱地作物研究所培育的旱稻品种，P77为美国水稻品种。2004年通过国家农作物品种审定委员会审定。抗旱性强，产量较高，米质一般，抗稻瘟病，高感白叶枯病。在长江中下游地区作中稻直播旱作全生育期113.8d，比对照巴西陆稻（IAPAR9）迟熟4.3d，株高99.3cm，苗期长势旺，有效穗268.5万/hm^2，穗长19.4cm，每穗粒数101.6粒，结实率71.0%，千粒重26.2g。整精米粒率60.3%，长宽比2.0，垩白粒率88.0%，垩白度15.8%，胶稠度84.5mm，直链淀粉含量16.3%。抗旱性1级，抗稻瘟病1级，抗白叶枯病9级。平均单产4.01t/hm^2。适宜在江西省、浙江省、上海市、湖北省、江苏省中南部、安徽省中南部的白叶枯病轻发区作中稻直播旱作种植。2005年开始小面积种植。

（15）沪旱7号

常规粳型旱稻，上海市农业生物基因中心以麻晚糯/P77（美国品种）的单交后代为母本与麻晚糯/IRAT109（法国品种）的后代复交，即麻晚糯/P77//麻晚糯/IRAT109选育而成（图13-7），2004年通过上海市农作物品种审定委员会审定。抗旱性较强，产量较高，稳产性较好，米质一般，高抗稻瘟病，中抗白叶枯病。在上海市作中稻直播旱作种植全生育期125d，根系较发达，分蘖力强，耐肥，前期生长旺盛，后期叶色较淡，谷粒短圆，有效穗270万/hm^2，株高109cm，穗长19.6cm，结实率80%，千粒重28g。整精米粒率64.7%，长宽比2，垩白粒率87%，垩白度15.4%，胶稠度91mm，直链淀粉含量13.9%。抗旱性3级。在比同期水稻耗水减半情况下单产可达6.0t/hm²。适宜在上海市作中稻直播旱作种植，2005年开始小面积种植。

（16）郑旱2号

常规粳型旱稻，河南省农业科学院粮食作物研究所以水稻郑稻90-18为母本与旱稻陆实（源自日本）杂交选育而成（图13-5），郑稻90-18来源于郑粳81754/郑粳7308。2003年通过国家农作物品种审定委员会审定。抗旱性较强，丰产性和稳产性好。在黄淮地区麦茬、油菜茬直播旱作全生育期120d，比对照郑州早粳迟熟9d。株高91.6cm，根系发达，生长旺盛，分蘖力较强，茎秆较粗，叶片较宽大、稍披，剑叶较长；穗长20cm，每穗粒数86.1粒，每穗实粒数66.8粒，千粒重30.4g。整精米粒率62.8%，垩白粒率91%，垩白度24.9%，胶稠度90mm，直链淀粉含量15.0%。抗叶瘟5级，抗稻穗茎瘟1级，抗胡麻叶斑病3级。平均单产4.98t/hm²。适宜在河南省、江苏省、安徽省、山东省的黄淮流域和陕西省的汉中地区接麦茬、油菜茬直播旱作种植，2004年开始小面积种植。

（17）旱9710

常规粳型旱稻，辽宁省农业科学院作物栽培研究所以中国农业科学院高代水稻品系中系237为母本与湖南地方旱稻品种湘灵杂交选育而成（图13-5），2003年通过国家农作物品种审定委员会审定。抗旱性较强，产量较高，米质优良，感稻瘟病。在北方寒地直播旱作全生育期131～150d，株高73cm，分蘖力中等，株型紧凑，叶片直立，叶色浓绿，半紧穗型，穗长14.3cm，每穗粒数87.7粒，结实率84.9%，千粒重23.8g。整精米粒率60.0%，垩白粒率12.0%，垩白度1.2%，胶稠度83mm，直链淀粉含量17.3%。感稻叶瘟，高感穗茎瘟。平均单产4.4t/hm²。适宜在辽宁省中部和北部、吉林省和内蒙古自治区南部春播旱作种植。2004—2005年累计推广面积6万hm²。自2003年起，被指定用作“国家旱稻区域试验——北方一季稻早熟组”对照品种，替代了原对照品种秦爱。

（18）京优13

三系杂交粳型旱稻，北京市农林科学院农业生物技术研究中心用水稻三系不育系中作59A为母本与恢复系陆恢3号配制而成的杂交稻，陆恢3号为水稻品系97-342/旱稻297的F_1花培苗加倍后选育的抗旱恢复系，中作59A为秀岭A与轮回亲本中作59杂交并回交所得（图13-8）。2005年国家农作物品种审定委员会审定。抗旱性中等，产量高，米质优，中感稻瘟病。在环渤海地区直播旱作全生育期151d，比对照旱稻297迟熟2d，株高99.7cm，穗长20.5cm，每穗粒数104.6粒，结实率82.8%，千粒重27.3g。整精米粒率63.1%，垩白粒率19%，垩白度2.2%，胶稠度77mm，直链淀粉含量17.0%，米质达到国家《优质稻谷》标准3级。抗旱性5级（苗期），抗稻叶瘟5级，抗穗颈瘟5级。平均单产6.06t/hm²。适宜在天津市、北京市、河北省平原北部、辽宁丹东、大连等地作一季稻直播旱作种植。

3. 水水交育成品种

本组包括三北高寒区的旱72、旱58、旱152、丹粳5号、丹粳8号、丹旱稻1号、天井4号、天井5号，华北地区的辽旱403、旱丰8号、中作59、郑旱6号、皖旱优1号、辽优 14、辽优 16 以及南方丘陵区的中旱 209 共 16 个品种。该组绝大多数品种的育成有两大明显特点，一是经过了多个不同水稻品种的连续多次复交而来，二是多含有日本粳稻品种血缘如丹粳 8 号、旱 152、天井 5 号等，或国际稻（IR 类型）籼稻血缘如丹粳 5 号、中旱 209 等，或是二者的相互渗透如辽旱 403、旱 72、旱 58、旱丰 8 号等（图 13－9，图 13－10，图 13－11，图 13－12，图 13－13，图 13－14）。该组品种的抗旱性和生长繁茂性多为中等，与旱旱交和水旱交育成品种比相对偏弱，株型更多地倾向于或等同于直立紧凑型矮秆、半矮秆水稻品种，旱作产量对水肥敏感，大多数品种可水旱两用。

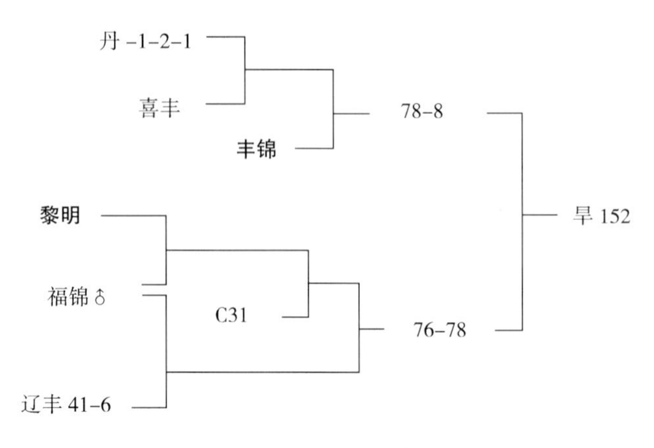

图 13－9　旱 152 品种系谱

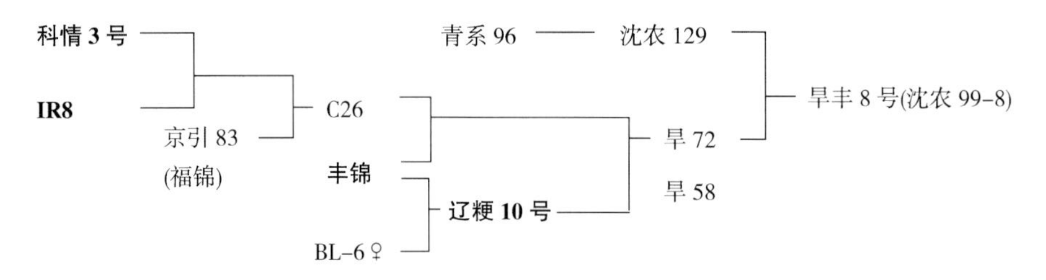

图 13－10　旱 58 和旱 72 及其衍生品种

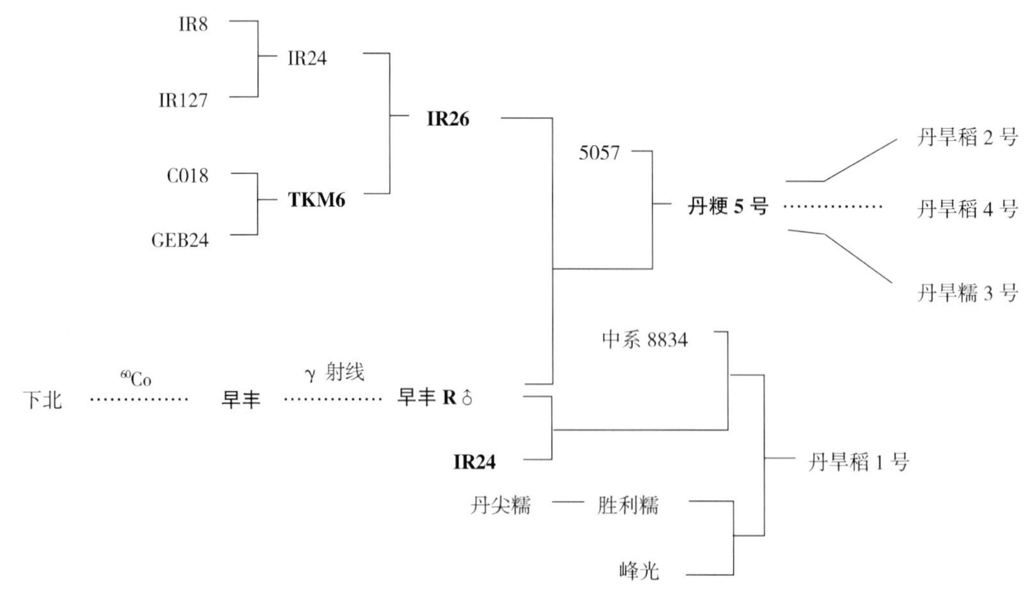

图 13－11　丹旱稻 1 号和丹粳 5 号及其衍生品种系谱

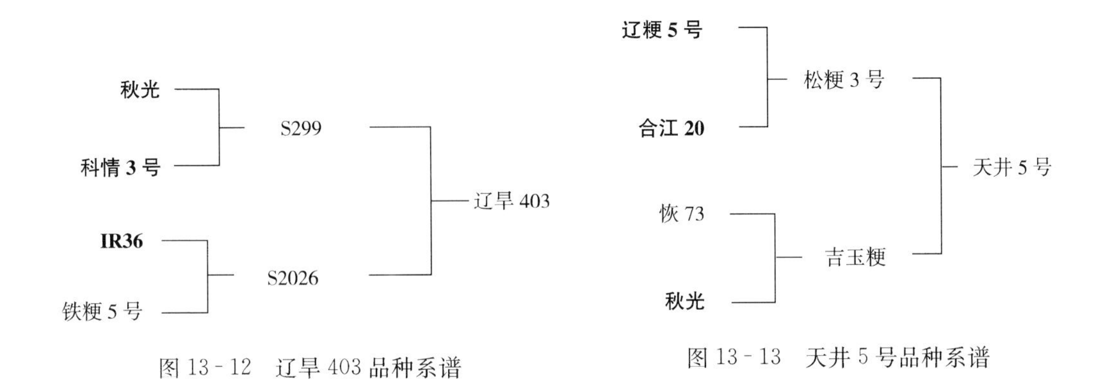

图13-12　辽旱403品种系谱　　图13-13　天井5号品种系谱

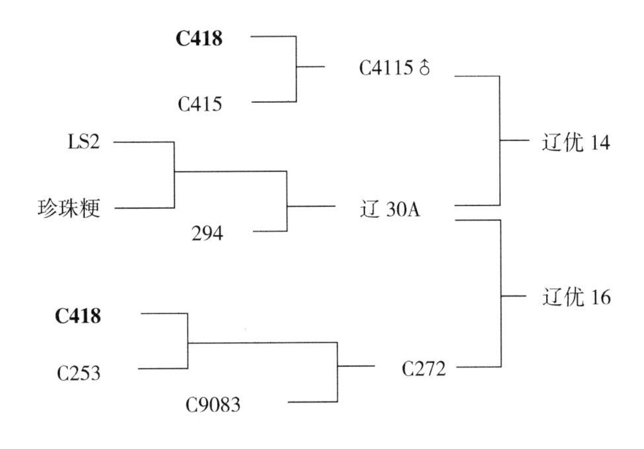

图13-14　辽优14和辽优16品种系谱

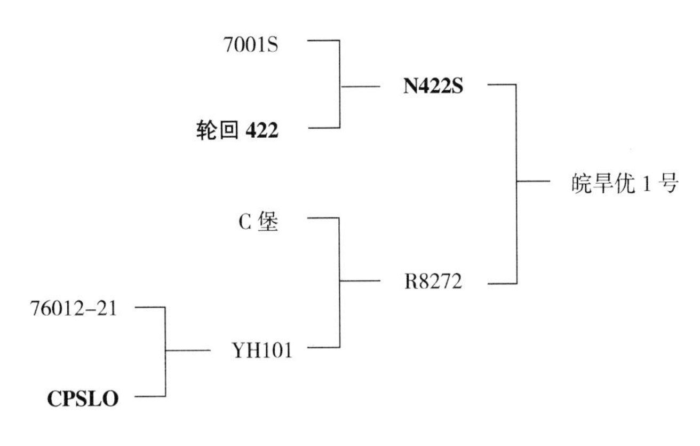

图13-15　皖旱优1号品种系谱

（1）旱152

常规粳型旱稻，辽宁省农业科学院稻作研究所以多元亲本杂交配制（图13-9），1989年通过辽宁省农作物品种审定委员会审定。抗旱性及产量中等，中抗稻瘟病和白叶枯病，米质较优。在辽宁省中南部地区直播旱作全生育期140d，主茎叶14片，株高70～80cm，分蘖力较强，弯曲穗型，穗长15～16cm，每穗粒数75，结实率95%，千粒重23g，糙米率83%，整精米粒率71.5%，垩白粒率3.5%，直链淀粉含量20.54%，蛋白质含量

9.2%，平均单产 5.4～6t/hm²。适宜辽宁省沈阳、抚顺、辽阳及锦州北部地区种植。1990 年最大年推广面积 0.5 万 hm²，1989—1995 年辽宁省累计推广面积 2 万 hm²。

（2）旱 72

常规粳型品种，可水、旱两用栽培。辽宁省农业科学院稻作研究所以水稻母本 C26 与父本丰锦的杂交后代为母本，再与水稻品系 74－134－5 复交选育而成（图 13－10），1989 年通过辽宁省农作物品种审定委员会审定。抗旱性中等，产量较高，抗稻瘟病。在辽宁省中南部地区直播旱作全生育期 135～140d，主茎叶 14 片，株高 80～90cm，半直立紧穗穗型，顶芒，分蘖力中等，成穗率高，穗长 14cm，每穗粒数 90 左右，结实率 92%，千粒重 23g。糙米率 82%，整精米粒率 74%，垩白粒率 3%，胶稠度 84.4mm，直链淀粉含量 19%，蛋白质含量 8.5%，平均单产 6～7t/hm²。适宜辽宁省沈阳及其以南地区种植。1992 年最大年推广面积 1 万 hm²，1989—1998 年辽宁省累计推广 3.3 万 hm²。1990—2000 年被指定用作“辽宁省旱稻区域试验晚熟组”对照品种。2000—2002 年，被指定用作“国家旱稻区域试验——北方一季稻中晚熟组”对照品种。

（3）旱 58

常规粳型旱稻，辽宁省农业科学院作物栽培研究所以母本水稻 C26 与父本丰锦的杂交后代为母本，再与水稻品系 73－134－5 复交选育而成，即 C26/丰锦//73－134－5（图 13－10），1992 年通过辽宁省农作物品种审定委员会审定。抗旱性中等，产量较高，中抗稻瘟病。在辽宁省中南部地区直播旱作全生育期 140d，株高 80～85cm，株型紧凑，分蘖力较强，散穗型，穗长 16～18cm，每穗粒数 90 粒，结实率 95%，千粒重21～23g，直链淀粉含量 17.9%，蛋白质含量 9.2%，糊化温度（碱消值）6.5，胶稠度 55mm。平均单产 5.2～6.6t/hm²。适宜在辽宁省抚顺部分地区，铁岭南部、沈阳、辽阳、大连、锦州等地种植。1992—2000 年累计推广面积 3 万 hm²。1992—2000 年被指定用作“辽宁省旱稻区域试验早熟组”对照品种。

（4）旱丰 8 号

常规粳型旱稻，沈阳农业大学以水稻沈农 129 为母本与旱 72 杂交选育而成，原名沈农 99－8，2003 年通过国家农作物品种审定委员会审定。沈农 129 为青系 96 自然变异株系选，旱 72 亲本为 C26/丰锦//73－134－5（图 13－10）。抗旱性较强，米质较优，中感稻瘟病。在环渤海地区直播旱作全生育期 148.9d，比对照品种旱 72 长 0.4d，株高 82cm，根系较发达，叶片深绿色，散穗型，稀短芒，穗长 17.5cm，每穗粒数 96.4 粒，结实率 80.2%，千粒重 22.6g。整精米粒率 61.9%，垩白粒率 11%，垩白度 1.1%，长宽比 1.9，胶稠度 70mm，直链淀粉含量 14.8%。抗旱性 3.3 级（田间），抗稻叶瘟 5 级，抗穗颈瘟 3 级。平均单产 4.64t/hm²。适宜在辽宁省南部、河北省北部以及天津市、北京市作一季稻直播旱作种植。2004 年开始小面积种植。

（5）丹粳 5 号

常规粳型旱稻，辽宁省丹东农业科学院以母本为水稻 IR26、父本为旱丰 R 的杂交后代为父本，再与母本水稻 5057 复交选育而成，即 5057//IR26/旱丰 R（图 13－11），1994 年通过辽宁省农作物品种审定委员会审定。抗旱性中等，产量较高，米质较优，抗稻瘟病。在辽宁省中南部地区直播旱作全生育期 155d，株高 95cm，株型较紧凑，根系较发达，分蘖力和抗倒伏性较强，有效穗 390 万/hm²，穗长 14.4cm，着粒密，每穗粒数 119.2 粒，千粒重 24.6g。平均单产 5.88t/hm²。适宜在辽宁省中南部地区作一季稻直播旱作种植，亦可育秧移栽作水稻栽培。1998 年最大年推广面积 1.04 万 hm²，1995—2001 年在辽宁省累计推广面积 4.48 万 hm²。

(6) 丹旱稻 1 号

常规粳型旱稻，辽宁省丹东市农业科学院用 5 个不同水稻品种（系）经单交、复交和三交的连续杂交选育而成，即中系 8834//IR24/早丰 R///峰光/胜利糯（图 13-11），2001 年辽宁省农作物品种审定委员会审定。抗旱性中等，产量较高，米质优，中抗稻瘟病。在辽宁省直播旱作全生育期 145d，株高 100cm，株型较紧凑，根系较发达，分蘖力较强，叶片较短，半紧穗型，着粒较密，穗长 14.8cm，每穗粒数 112 粒，结实率 95%，千粒重 26.2g。平均单产 6.48t/hm²。2005 年最大年推广面积 1.0 万 hm²，2001—2005 年累计推广面积 3.0 万 hm²。

(7) 丹粳 8 号

常规粳型旱稻，辽宁省丹东市农业科学院以水稻丹粳 2 号为母本与中院 P237 杂交选育而成（图 13-5），1999 年通过辽宁省农作物品种审定委员会审定。抗旱性较强，产量较高，中抗稻瘟病，米质优。在辽宁省直播旱作全生育期 145d，株高 95cm，株型较紧凑，根系较发达，分蘖力较强，叶色青秀，半紧穗型，着粒较密，有效穗 360 万/hm² 左右，每穗粒数 90.3 粒，结实率 95%，千粒重 25g。出糙率 84.4%，整精米粒率 73.2%，垩白粒率 9%，垩白度 5%，胶稠度 95mm，直链淀粉含量 17.8%。平均单产 5.6t/hm²。适宜在辽宁省中南部地区作一季稻直播旱作种植，亦可育秧移栽作水稻栽培。2001 年最大年推广面积 0.67 万 hm²，1999—2001 年在辽宁省累计推广面积 3.6 万 hm²。

(8) 辽旱 403

常规粳型旱稻，辽宁省稻作研究所以 S299 为母本与 S2026 杂交选育而成（图 13-12），2005 年通过国家农作物品种审定委员会审定。S299 的亲本为科情 3 号/秋光，S2026 的亲本为 IR36/铁粳 5 号。辽旱 403 抗旱性较强，产量较高，米质优，中感稻瘟病。在环渤海地区直播旱作全生育期 147d，比对照旱 72 迟熟 2d，株高 84.5cm，穗长 15.0cm，每穗粒数 88.6 粒，结实率 88.7%，千粒重 24.0g。整精米粒率 62.2%，垩白粒率 12%，垩白度 1.2%，直链淀粉含量 15.6%，胶稠度 80mm，米质达到国家《优质稻谷》标准 3 级。抗旱性 3 级（苗期），抗叶瘟 3 级，抗稻穗颈瘟 5 级。平均单产 5.33t/hm²。适宜在辽宁省中南部、河北省中北部作一季稻直播旱作种植。2005 年开始小面积种植。

(9) 天井 4 号

常规粳型旱稻，吉林省农业科学院水稻研究所以水稻 H701 为母本与 D7-38 杂交选育而成，原名丰优 109，2004 年通过国家农作物品种审定委员会审定。抗旱性较强，产量较高，米质较优，中抗稻瘟病。在北方寒地直播旱作全生育期 136.3d，比对照秦爱早熟 2d，株高 71.3cm，穗长 14.2cm，成穗率 79.1%，每穗粒数 75.4 粒，结实率 86.9%，千粒重 22.0g。整精米粒率 70.2%，垩白粒率 6%，垩白度 0.3%，胶稠度 83mm，直链淀粉含量 16.5%。抗旱性 2.2 级（田间），抗稻叶瘟 1.8 级，抗穗颈瘟 1.4 级。平均单产 4.47t/hm²。适宜在吉林省南部、辽宁省中北部、内蒙古自治区中部春播旱作种植，2005

年始在吉林省小面积种植。

(10) 天井5号

常规粳型旱稻，吉林省农业科学院水稻研究所以水稻松粳3号为母本与吉玉粳杂交选育而成（图13-13），原名特优13，2004年通过国家农作物品种审定委员会审定。松粳3号的亲本为辽粳稻5号/合江20，吉玉粳的亲本为恢73/秋光。抗旱性较强，产量较高，中抗稻瘟病，米质优。在北方寒地直播旱作全生育期140.3d，比对照秦爱晚2d，株高74.9cm，穗长14.4cm，成穗率84.3%，每穗粒数70.6，结实率83.4%，千粒重23.2g。整精米粒率73.7%，垩白粒率0%，垩白度0%，胶稠度83mm，直链淀粉含量17.0%。抗旱性2.6级（田间），抗稻叶瘟1.8级，抗穗颈瘟1.4级。平均单产4.41t/hm²。适宜在吉林省南部、辽宁省北部和内蒙古自治区中部春播旱作种植，2005年开始在吉林省小面积种植。

(11) 中作59

常规粳型旱稻，中国农业科学院作物育种栽培研究所以水稻C57-2为母本与早丰杂交选育而成（图13-8），2004年通过国家农作物品种审定委员会审定。抗旱性较强，产量较高，米质较优，中感稻瘟病。在环渤海地区直播旱作全生育期150d，比对照旱72迟熟4d，株高72.99cm，穗长17.35cm，总茎蘖478.2万/hm²，成穗率78.7%，每穗粒数110.6，结实率85.8%，千粒重25g。整精米粒率79.5%，垩白粒率45%，垩白度4.5%，胶稠度98mm，直链淀粉含量15.23%。抗旱性3.3级（田间），抗叶瘟2.7级，抗穗颈瘟2.8级。平均单产5.23t/hm²。适宜在辽宁省中南部及北京市、天津市、河北的山地区作一季稻直播旱作种植，2005年开始小面积种植。

(12) 郑旱6号

常规粳型旱稻，河南省农业科学院粮食作物研究所以河南著名水稻旱种品种郑州早粳（豫粳2号）为母本与水稻郑稻92-44杂交选育而成（图13-5）。2005年国家农作物品种审定委员会审定。抗旱性中等，产量较高，米质优，中感稻瘟病。在黄淮地区麦茬直播旱作全生育期115d，比对照旱稻277晚熟1d，株高87.1cm，穗长17.2cm，每穗粒数82.2粒，结实率83.1%，千粒重24.8g。整精米粒率65.9%，垩白粒率19%，垩白度1.7%，胶稠度84mm，直链淀粉含量15.4%，米质达到国家《优质稻谷》标准2级。抗旱性5级，抗稻叶瘟5级，抗穗颈瘟5级。平均单产4.37t/hm²。适宜在河南省、安徽省、江苏省和陕西省的汉中地区接麦茬或油菜茬直播旱作种植。

(13) 中旱209

常规籼型旱稻，中国水稻研究所以水稻选21为母本与国际水稻研究所的抗旱品系IR55419-04-1杂交选育而成，2004年通过国家农作物品种审定委员会审定。抗旱性中等，产量较高，米质较优，感稻瘟病，高感白叶枯病。在长江中下游地区作中稻直播旱作全生育期111.7d，比对照巴西陆稻（IAPAR9）迟熟2.2d，株高94.2cm，株型紧凑，剑叶直立，分蘖力强，前期长势旺盛，后期转色好，有效穗315万/hm²，穗长20.4cm，每穗粒数87.4粒，结实率73.6%，千粒重26.0g。整精米粒率59.4%，长宽比3.3，垩白粒率12.5%，垩白度1.7%，胶稠度40.5mm，直链淀粉含量23.9%。抗旱性5级，抗稻瘟病7级，抗白叶枯病9级。平均单产4.39t/hm²。适宜在福建省北部、江西省、浙江省、上海市、湖北省、江苏省中南部、安徽省中南部的稻瘟病和白叶枯病轻发区作中稻直播旱作种植，2005 年开始有小面积种植。

（14）辽优 14

三系杂交粳型旱稻，辽宁省稻作研究所以水稻三系不育系辽 30A 为母本与水稻恢复系 C4115 配组而成（图 13-14），原名辽优 3015，2003 年通过国家农作物品种审定委员会审定。辽 30A 的亲本为 LS2/珍珠粳/294，C4115 的亲本为 C418/C415。抗旱性中等偏弱，米质中等偏上，中感稻瘟病，中抗胡麻叶斑病。在黄淮地区麦茬直播旱作全生育期 117d，比对照郑州早粳晚熟 7d，株高 87cm，株型紧凑，分蘖力较强，抗倒性较强，穗长 16.4cm，每穗粒数 109.3 粒，结实率 71.6%，千粒重 25.5g。整精米粒率 61.2%，长宽比 1.9，垩白粒率 30%，垩白度 3.0%，胶稠度 77mm，直链淀粉含量 15.3%。抗旱性 7 级，抗稻叶瘟 3 级，抗穗颈瘟 5 级，抗胡麻叶斑病 3 级。平均单产 4.72t/hm^2。适宜在河南省中南部、山东省西南部、安徽省中北部、江苏省北部以及陕西省的秦岭以南地区接麦茬、油菜茬直播旱作种植，2004 年开始小面积种植。

（15）辽优 16

三系杂交粳型旱稻，辽宁省稻作研究所以水稻三系不育系辽 30A 为母本与水稻恢复系 C272 配组而成（图 13-14），原名辽优 3072，2004 年通过国家农作物品种审定委员会审定。辽 30A 的亲本为 LS2/珍珠粳//294，C272 的亲本为 C418/C253//C9083。抗旱性中等，米质优，产量较高，中感稻瘟病，抗胡麻叶斑病。在黄淮地区麦茬直播旱作全生育期 116d，比对照郑州早粳晚熟 6d，株高 89.7cm，株型较紧凑，分蘖力强，穗长 15.7cm，每穗粒数 97.1 粒，结实率 74.9%，千粒重 24.6g。整精米粒率 66%，长宽比 1.8，垩白粒率 15%，垩白度 0.8%，胶稠度 85mm，直链淀粉含量 15.40%。抗旱性 5 级，抗稻瘟病 5 级，抗胡麻叶斑病 1 级。平均单产 4.31t/hm^2。适宜在河南省、山东省、江苏省、安徽省的黄淮地区接麦茬或油菜茬直播旱作种植，2005 年开始小面积种植。

（16）皖旱优 1 号

两系杂交粳型旱稻，安徽省农业科学院水稻研究所和中国农业大学合作以水稻两系光敏不育系 N422S 为母本与水稻耐旱恢复系 R8272 配组而成（图 13-15），原名 N422S/R8272，2004 年通过国家农作物品种审定委员会审定。N422S 系从 7001S/轮回 422（粳稻恢复系）杂交选育，R8272 来源于 C 堡（粳稻恢复系）/YH101，YH101 为云南耐旱光壳稻品系，选自 76012—21（云南籼型水稻）/CPSLO 杂交后代。抗旱性较强，丰产性好，米质一般，中抗稻瘟病和胡麻叶斑病。在黄淮地区麦茬直播旱作全生育期 121d，比对照郑州早粳晚熟 11d，株高 91.5cm，株型紧凑，分蘖力较强，抗倒，易脱粒，穗长 19.3cm，每穗粒数 110.1 粒，结实率 68.8%，千粒重 24.1g。整精米粒率 58.4%，长宽比 2.2，垩白粒率 62%，垩白度 8.4%，胶稠度 72mm，直链淀粉含量 16.16%。抗旱性 3 级，抗稻瘟病 3 级，抗胡麻叶斑病 3 级。平均单产 4.86t/hm^2。适宜在安徽省、江苏省、河南省的黄淮流域、山东临沂地区和陕西南部地区接麦茬或油菜茬直播旱作种植，2005 年开始小面积种植。

4. 远缘交育成品种

有中远 1 号、中远 2 号共 2 个品种，是由水稻与高粱远缘杂交后代选育而来。

（1）中远 1 号

常规粳型旱稻，中国农业科学院作物育种栽培研究所以水稻与高粱远缘杂交获得的高粱稻品系 D7846 为母本与水稻南 81 杂交选育而成，即高粱稻 D7846/水稻南 81，1989 年分别通过北京市和天津市农作物品种审定委员会审定。D7846 亲本为京引 1 号（水稻）/原杂 10 号（高粱）。抗旱性较强，产量较高，米质较优，中抗稻瘟病。在北京市和天津市作单季春稻直播旱作全生育期 145～150d，株高 100cm 左右，根系较发达，株型紧凑，茎秆粗壮，分蘖力较强，剑叶较厚、直立、微内卷，叶色浓绿，穗大，着粒密，幼苗顶土力弱，后期感胡麻叶斑病。每穗粒数 100～120 粒，千粒重 26～28g。糙米率 82.3%，蛋白质含量 7.9%。稻瘟病抗性 1 级，白叶枯病抗性 3 级，平均单产 5.5～6.0t/hm^2。适于北京市和天津市平原区肥力中等以上土地作一季稻春播和天津市南部地区麦茬旱作种植，也可旱种水管或育秧移栽作水稻。1989 年最大年种植面积 0.2 万 hm^2，1989—1995 年在北京市、天津市及河北省等地累计推广面积 1 万 hm^2。

（2）中远 2 号

常规粳型旱稻，中国农业科学院作物育种栽培研究所水稻与高粱远缘杂交获得的高粱稻稳定品系 A7505 为母本与水稻京引 83 杂交选育而成（图 13-5），原名 A7927，即高粱稻 A7505/京引 83，1989 年通过山东省农作物品种审定委员会审定。A7505 亲本为银坊（水稻）/亨加利（高粱）。抗旱性较强，产量较高，抗稻瘟病。在山东省中南部地区麦茬直播旱作全生育期 115d 左右，株高 80cm 左右，根系较发达，苗期生长较繁茂，叶色较淡，植株清秀，灌浆快，不早衰，耐盐碱性较强，穗大粒大，结实率高。穗长 20cm 左右，每穗粒数 80 粒，千粒重 30g 左右。平均单产 5.25～6.0t/hm^2。适于山东省中部和南部地区接麦茬直播旱作种植，也可旱种水管或育秧移栽作水稻。1989 年最大年推广面积 1.3 万 hm^2，1989—1995 年山东、河南、皖北等地累计推广面积 2 万 hm^2。

以上杂交育成的各类品种系谱还有一显著特点，即相当多品种的部分血缘都源自水稻品种爱国，如水旱交育成品种旱稻 277、旱稻 502、旱稻 8 号、旱稻 9 号、旱稻 65、旱 946、旱 9710，水水交丹粳 8 号、辽旱 403、郑旱 6 号和天井 5 号及远缘交中远 2 号等（图 13-5，图 13-12，图 13-13）。而另有一些品种含有水稻品种早丰和 IR8、IR24、IR36 等血缘，如丹旱稻 1 号、京优 13、丹粳 5 号及其衍生品种系列、旱 58、旱 72 及其衍生品种等。

二、人工诱变品种

有丹旱稻 4 号、井冈旱稻 1 号和绿旱 1 号 3 个品种。前两品种都是从旱稻品种辐射诱变育成。

（1）丹旱稻 4 号

常规粳型旱稻，辽宁省丹东市农业科学院以丹粳 5 号用 γ 射线辐射诱变选育而成（图 13-11），2005 年通过国家农作物品种审定委员会审定。抗旱性中等，产量较高，米质一般，中感稻瘟病。在环渤海地区直播旱作全生育期 145d，比对照旱稻 297 早熟 4d，株高 88.2cm，穗长 16.8cm，每穗粒数 117.7 粒，结实率 86.4%，千粒重 26.3g。整精米粒率 57.2%，垩白粒率 42%，垩白度 5.7%，胶稠度 82mm，直链淀粉含量 15.5%。抗旱性 5 级（苗期），抗稻叶瘟 5 级，抗穗颈瘟 5 级。平均单产 5.65t/hm^2。适宜在河北省中北部和辽宁省作一季稻直播旱作种植。

（2）井冈旱稻 1 号

常规籼型旱稻，江西省农业科学院水稻研究所用巴西陆稻（IAPAR9）辐射诱变选育而成，原名 1587，2004 年通过国家农作物品种审定委员会审定。抗旱性中等，生育期短，适应性广，产量高，米质优，感稻瘟病，高感白叶枯病。在长江中下游地区作中稻直播旱作全生育期 95.4d，比对照巴西陆稻（IAPAR9）早熟 14.1d，株高 92.9cm，植株紧凑，剑叶直立，难落粒，有效穗 267 万/hm^2，穗长 21.8cm，每穗粒数 128.4 粒，结实率 77.8%，千粒重 24.3g。整精米粒率 58.0%，长宽比 3.3，垩白粒率 20.0%，垩白度 1.7%，胶稠度 76.5mm，直链淀粉含量 15.2%。抗旱性 5 级，抗稻瘟病 9 级，抗白叶枯病 9 级。平均单产 4.96t/hm^2。适宜在福建省北部、江西省、浙江省、上海市、湖北省、江苏省中南部、安徽省中南部的稻瘟病和白叶枯病轻发区直播旱作种植，2005 年开始小面积种植。

（3）绿旱 1 号

常规籼型旱稻，安徽省农业科学院绿色食品工程研究所用水稻 6527 人工诱变选育而成，2005 年通过国家农作物品种审定委员会审定。抗旱性中等偏弱，产量较高，米质一般，中感稻瘟病。在长江中下游地区作中稻直播旱作，全生育期 107.2d，比对照中旱 3 号早熟 2.5d，株型紧凑，株高 91.1cm，有效穗 301.5 万/hm^2，穗长 20.3cm，每穗粒数 105.0 粒，结实率 75.3%，千粒重 25.0g。整精米粒率 52.4%，长宽比 2.9，垩白粒率 37%，垩白度 6.2%，胶稠度 54mm，直链淀粉含量 25.5%。抗旱性 7 级，抗稻瘟病 3.9 级。平均单产 4.74t/hm^2。适宜在浙江省、江苏省、湖北省、安徽省、江西省、福建省的部分稻瘟病轻、旱情轻的丘陵地区作中稻直播旱作种植。

三、系统选育品种

本组有西南山区的地白谷选-2、杨柳旱谷，南方丘陵区的中旱 3 号、赣农旱稻 1 号、中 86-76，华北平原区的丹旱糯 3 号、丹旱稻 2 号、辽旱 109 和三北高寒区的寒 2、寒 9、辽粳 27 共 11 个品种。其中除寒 2、寒 9 和中 86-76 选自水稻品种外，其余品种都系选自旱稻品种（系）。丹旱稻 2 号和丹旱糯 3 号选自丹粳 5 号（图 13-11），中旱 3 号和赣农旱稻 1 号选自巴西陆稻（IAPAR9）。该组品种的特点是，与其亲本品种比个别性状有明显改变，如生育期缩短（赣农旱稻 1 号）、米质变糯性（丹旱糯 3 号，辽粳 27）、抗旱或耐寒性增强（寒 2、寒 9、杨柳旱谷等）。

（1）地白谷选-2

常规粳型旱稻，云南省文山壮族苗族自治州农业科学研究所从地方旱稻文山大白谷自然变异株系选，原名滇陆稻 3 号，1998 年通过云南省农作物品种审定委员会审定。抗旱性较强，产量较高，轻感稻瘟病。在云南省南部地区旱地直播旱作全生育期 136～140d，株高 96～116cm，株型紧凑，叶片直立，千粒重 28～33g，直链淀粉含量 13.88%，胶稠度 70.5mm，糊化温度（碱消值）5 级，蛋白质含量 8.66%。平均单产 2.22t/hm^2。适宜云南省文山、思茅海拔 1 500m 以下地区直播旱作种植。1999 年最大年推广面积 0.06 万 hm^2，1998—1999 年在云南省累计推广面积 0.14 万 hm^2。

（2）杨柳旱谷

常规粳型旱稻，云南省思茅旱稻地方品种引入宣威后系选而成，原名滇陆稻 1 号，由云南省种子公司和云南省农业科学院粮食作物研究所共同报审，1987 年通过云南省农作物品种审定委员会审定。抗旱性较强，产量较高，耐寒，适应区域较广，中抗叶瘟。在云南省中北部地区旱地直播旱作全生育期 140～160d，株型较紧凑、分蘖力中等，后期不早衰。壳色黄白，有的有小黑斑点，颖尖紫色，穗长 13～18cm，每穗粒数 50～70 粒，千粒重 28～30g，红米，精米粒率 68%～70%，蛋白质含量 7.43%，直链淀粉含量 9.53%，胶稠度 41mm，糊化温度（碱消值）7 级，田间混合菌株接种鉴定，抗叶瘟 2～3 级。平均单产2.6～3.4t/hm^2。适宜云南省中北部海拔 1 600～2 200m 地区直播旱作种植。1981—1985 年累计推广面积 0.67 万 hm^2。

（3）中旱 3 号

常规长粒粳型旱稻，中国水稻研究所和上海市农业科学院从国际水稻研究所（IRRI）引进的旱稻资源 CNA6187-3（源自巴西）系统选育而成，2003 年分别通过国家农作物品种审定委员会和广西壮族自治区农作物品种审定委员会审定。抗旱性较强，适应区域较广，抗稻瘟病。在南方丘陵区旱地直播旱作全生育期 120～125d，比对照巴西陆稻（IAPAR9）迟熟 2～7d，株高 130cm，生长繁茂，茎秆、叶片及谷壳均为光身，易落粒，有效穗 214 万/hm^2，穗长 23.8cm，每穗粒数 129.6 粒，结实率 71.9%，千粒重 25.9g。整精米粒率 47.8%，垩白粒率 33%，垩白度 9.9%，胶稠度 76mm，直链淀粉含量 19.9%。抗旱性 3 级，抗稻叶瘟 0 级，抗穗瘟 0.5 级。平均单产 4.16t/hm^2。适宜在广西壮族自治区、浙江省、海南省直播旱作种植，有小面积零星分布。2003—2005 年被指定用作“国家旱稻区域试验——南方地区区试组”对照品种，替代了原对照品种巴西陆稻（IAPAR9）。

（4）赣农旱稻 1 号

常规籼型旱稻，江西农业大学从巴西陆稻（IAPAR9）自然变异株中系统选育而成，2005 年通过国家农作物品种审定委员会审定。抗旱性中等，生育期短，产量中等，米质一般，感稻瘟病。在长江中下游地区作中稻直播旱作全生育期 96.5d，比对照中旱 3 号早熟 13.3d，分蘖力较弱，株高 85.6cm，有效穗 285 万/hm^2，穗长 19.8cm，每穗粒数 104.2 粒，结实率 75.1%，千粒重 23.4g。整精米粒率 50.2%，长宽比 3.3，垩白粒率 42%，垩白度 8.6%，胶稠度 82mm，直链淀粉含量 14.3%。抗旱性 5 级，抗稻瘟病 5.1 级。平均单产 4.23t/hm^2。适宜在江苏省、湖北省、安徽省、江西省、福建省部分稻瘟病轻、旱情轻的丘陵地区直播旱作种植。

（5）中 86-76

常规籼型旱稻，湖南省农业科学院植物保护研究所从水稻区域试验旱地稻瘟病抗性鉴定圃系统选育而成，2003 年湖南省农作物品种审定委员会认定。抗旱性较强，米质较优，抗稻瘟病。湖南省作一季中稻直播旱作全生育期 125d 左右，株高 80cm 左右，株型半紧凑型，分蘖力强，茎秆粗壮，叶片直立，每穗粒数 142.9 粒，结实率 81.7%，千粒重 28g。整精米粒率 56.6%，垩白度 8.3%，一般单产 6～6.7t/hm^2。适宜湖南省丘陵地区及山区望天田作中稻旱作种植。2001 年最大年推广面积 0.05 万 hm^2，2000—2005 年湖南省累计推广面积 0.1 万 hm^2。

（6）丹旱糯 3 号

常规粳糯型旱稻，辽宁省丹东市农业科学院从旱稻品种丹粳 5 号系统选育而成（图

13－11)，原名旱糯 3 号，2004 年通过国家农作物品种审定委员会审定。抗旱性较强，米质糯性，产量较高，稳产性好，中抗稻瘟病和胡麻叶斑病。在黄淮地区麦茬直播旱作全生育期 114d，比对照郑州早粳晚熟 4d，株高 94.8cm，株型较紧凑，分蘖力较强，穗长 19.4cm，每穗粒数 101.2 粒，结实率 82.2%，千粒重 24.5g。整精米粒率 64.6%，长宽比 1.8，胶稠度 100mm，直链淀粉含量 1.6%。抗旱性 1 级，抗稻瘟病 3 级，抗胡麻叶斑病 3 级。平均单产 4.06t/hm^2。适宜在河南省、山东省、安徽省、江苏省的黄淮地区（徐州地区除外）和陕西省南部地区接麦茬或油菜茬直播旱作种植，2005 年开始小面积种植。

（7）丹旱稻 2 号

常规粳型旱稻，辽宁省丹东市农业科学院从丹粳 5 号系统选育（图 13－11），原名 K150，2004 年通过国家农作物品种审定委员会审定。抗旱性较强，产量较高，米质一般，中感稻瘟病。在环渤海地区直播旱作全生育期 153.7d，比对照旱 72 长 10d，株高 78.51cm，穗长 13.72cm，总茎蘖 511.9 万/hm^2，成穗率 71.94%，每穗粒数 99.6 粒，结实率 85%，千粒重 21.9g。整精米粒率 71.4%，垩白粒率 62%，垩白度 7.9%，胶稠度 87mm，直链淀粉含量 14.4%。抗旱性 2.4 级（田间），抗稻叶瘟 1.9 级，抗穗颈瘟 2.5 级。平均单产 4.89t/hm^2。适宜在辽宁省中南部以及北京市、天津市、河北省的唐山地区作一季稻直播旱作种植，2005 年起有小面积种植。

（8）辽旱 109

常规粳型旱稻，盘锦北方农业技术开发有限公司从 HJ29 系选，2003 年国家农作物品种审定委员会审定。抗旱性较强，米质一般，中感稻瘟病。在环渤海地区直播旱作全生育期 156d，比对照旱 72 长 7.5d，株高 86.7cm，株型紧凑，叶色浓绿，叶宽厚、直立，茎秆粗壮，分蘖力较强，半紧穗型，穗长 14cm，每穗粒数 103 粒，结实率 81.8%，千粒重 23.8g。整精米粒率 40.3%，垩白粒率 76%，垩白度 11.4%，胶稠度 86mm，直链淀粉含量 16.3%。抗旱性 1.6 级（田间），抗稻叶瘟 6 级，抗穗颈瘟 5 级。平均单产 4.62t/hm^2。适宜在辽宁省南部、河北省北部以及天津市、北京市作一季稻直播旱作种植，2004 年起有小面积种植。

（9）辽粳 27

常规粳糯型旱稻，辽宁省稻作研究所从辽宁地方旱稻品种岫岩不服劲系选，原名中选 1 号，2003 年通过国家农作物品种审定委员会审定。抗旱性强，米质糯性，抗稻瘟病。在北方寒地直播旱作全生育期 141.5d，比对照秦爱长 5.5d，株高 89.8cm，分蘖力较强，生长健壮，株型较披散，叶色浓绿，叶片稍弯曲，散穗型，穗长 16.2cm，每穗粒数 77.7 粒，结实率 81.2%，千粒重 24.3g。整精米粒率 58.4%，胶稠度 100mm，直链淀粉含量 1.3%。抗旱性 1 级（田间），抗稻叶瘟 1 级，抗穗颈瘟 0 级。平均单产 3.92t/hm^2。适宜在黑龙江省南部、内蒙古自治区南部、吉林省、辽宁省中北部以及宁夏回族自治区中部春播旱作种植，2004 年起有小面积种植。

（10）寒 2、寒 9

常规粳型品种，可作水旱两用栽培。吉林省农业科学院水稻研究所于 1977 年在抗寒鉴定的混合材料中，用系统选育法从两个优异单穗分别选育而成，1987 年两品种同时通过吉林省农作物品种审定委员会审定。寒 2 抗旱性中等，早熟，米质优，中抗稻瘟。在吉林省种植全生育期135d左右，对光温反应不敏感，适应区域较广，株高85～90cm，幼苗粗壮，分蘖力中等，成穗率高。株型较紧凑，中秆，大穗，着粒较密，中度抗寒。穗长20cm左右，每穗粒数100粒，千粒重27.7g，精米粒率78.2%，蛋白质含量10.2%，适口性好，适于吉林省旱作或作水稻节水种植。1983—1987年累计推广面积（水种及旱种）4万hm^2。

寒9抗旱性中等，早熟，米质较优，中抗稻瘟。在吉林省种植全生育期113d左右，感光性弱，适应区域广，株高90cm左右，茎秆粗壮坚韧，株型紧凑，出糙率84%，千粒重26g，抗寒性较强，平均单产4.9t/hm^2。适于吉林省中上等肥力的旱地栽培旱作或作水稻节水种植。1983—1987年累计推广（水种及旱种）面积1万hm^2。

四、国外引进品种

有陆引46、陆稻IRAT104、巴西陆稻（IAPAR9）、苏引稻2号、苏引稻3号共计5个品种，分别源自西非、日本、巴西和印度尼西亚的改良旱稻品种，其特点是抗旱性强，生长势旺，综合性状优良，适应区域较广，产量较高。

（1）苏引稻2号

常规粳型旱稻，江苏省农业科学院粮食作物研究所从国际热带旱地作物研究所（IRAT）引进，原名IRAT109，1992年通过江苏省农作物品种审定委员会审定。抗旱性强，产量较高，稳产性较好，适应区域较广，中抗稻瘟病。在江苏省北部及沿江地区6月上、中旬直播旱作全生育期120～125d。从播种到成熟约需有效积温1 670±50℃。株高90cm左右，根系较发达，茎秆粗壮，主茎伸长节5个，主茎叶11片，叶片较宽厚，苗期生长势旺，分蘖力中等，宽大粒，较易落粒，灌浆至成熟期叶鞘和茎秆易发生紫褐色病变。穗长18～20cm，每穗粒数75～80粒，结实率80%左右，千粒重31～33g。出糙率81.9%，精米粒率71.2%，直链淀粉含量14.24%。抗性：用江苏省稻瘟病菌优势生理小种群混合人工苗期接种鉴定抗叶瘟3级。平均单产5.4t/hm^2。适宜江苏省沿江、沿海旱作地区及水源不足或灌溉困难的宁镇扬丘陵地带夏茬直播旱作种植。1992年最大年推广面积0.4万hm^2，1990—1995年华东地区累计推广面积1.2万hm^2。

（2）苏引稻3号

常规粳糯型旱稻，江苏省农业科学院粮食作物研究所从日本引进，原名农林陆糯12，从叶冠/田优1号杂交后代选育而成，1992年通过江苏省农作物品种审定委员会审定。抗旱性较强，稳产性较好，米质糯性，中感稻瘟病。在江苏省北部及沿江地区6月上、中旬直播旱作全生育期120～125d。从播种到成熟需有效积温约1 700℃左右。株高100cm左右，抗倒力中等偏弱，主茎伸长节5个，主茎叶11～12片，生长较繁茂，叶色清秀，分蘖力中等，成穗率65%～70%。茎秆韧性好，成熟时秆青籽黄，椭圆粒，谷粒亮泽，落粒性中等。穗长18～22cm，每穗粒数80粒，结实率80%～85%，千粒重25～27g。抗性：用江苏省稻瘟病菌优势生理小种群混合人工苗期接种鉴定抗稻叶瘟3～5级。平均单产4.5～5.25t/hm^2。适宜江苏省沿江、沿海旱作地区及水源不足或灌溉困难的宁镇扬丘陵地带夏茬直播旱作种植。1991年最大年推广面积0.2万hm^2，1990—1995年江苏省累计推广面积1万hm^2。

（3）IRAT104

常规粳型旱稻，云南省农业科学院粮食作物研究所1988年从法国热带农业及粮食作物研究所引进，原名滇引陆粳1号，1995年通过云南省农作物品种审定委员会审定。抗旱性强，产量较高，高抗穗瘟，感苗瘟和叶瘟。在云南省南部地区旱地直播旱作全生育期155d，株高104cm，穗长19cm，每穗粒数89粒，千粒重30.5g，糙米率79.5%，精米粒率58.4%，整精米粒率52%，直链淀粉含量17.8%，蛋白质含量9.4%，胶稠度69mm，糊化温度（碱消值）4级，平均单产2.26t/hm^2。适宜云南省南部海拔1 300m以下地区中等肥力土壤直播旱作种植。1997年最大年推广面积0.533万hm^2，1995—1999年累计推广面积1.667万hm^2。

（4）陆引46

常规籼型旱稻，原名滇引陆稻2号，云南省农业科学院粮食作物研究所1996年通过国际水稻研究所从印度尼西亚引进的旱稻B6144F-MR-6，2000年通过云南省农作物品种审定委员会审定。抗旱性较强，产量较高，米质一般，中抗稻瘟病。在云南省西南地区旱地直播旱作全生育期105～130d，株高90cm，株型紧凑，分蘖旺盛，长势旺盛，易落粒，适应性较广。每穗粒数164粒，结实率70%，千粒重24g。糙米率78.4%，精米粒率63%，整精米粒率43%，直链淀粉含量28.57%，胶稠度99.0mm，糊化温度（碱消值）5级，蛋白质含量8.44%，粒长4.91mm，长宽比1.96。抗稻瘟病3级。平均单产3.3t/hm^2，比对照勐旺谷增产26.4%。适宜云南省西南部海拔1 200m以下地区直播旱作种植。2004年最大年推广面积2万hm^2，2000—2005年云南省累计推广面积7万hm^2。

（5）巴西陆稻IAPAR9

常规偏粳型旱稻，长粒，光壳，易落粒。中国农业科学院1992年从巴西农业科学院稻豆研究中心引进，1998年通过江西省农作物品种审定委员会审定，审定名巴西陆稻IAPAR9，2000年分别通过贵州省和北京市农作物品种审定委员会审定和认定，审定和认定名分别为巴西陆稻艾巴九号和巴西陆稻（IAPAR9）。2000—2002年和2000—2005年分别被指定用作“国家旱稻区域试验——南方丘陵”和“西南山区”两区试组对照品种。

该品种抗旱性强，适应性较广，生长势较旺，耐瘠性较强，根系发达，茎秆粗壮，叶片较宽长，分蘖力较强，成穗率较高，穗大粒多，着粒偏稀，颖尖紫褐色，遇偏多肥水易倒伏，稳产性较好，米质优良，抗稻瘟病。在江西省丘陵旱坡地直播旱作全生育期105～125d，株高110～125cm，穗长26.5cm，每穗粒数138.6粒，结实率80.0%，千粒重27.8g。直链淀粉含量20.5%，胶稠度63mm。平均单产4.5～5.25t/hm^2。在贵州省中高海拔地区直播旱作全生育期122.5～135.7d，株高100～113.1cm。穗长19.36～19.71cm，每穗粒数98.3～105.7粒，结实率80.9%～82.6%，千粒重28.8～29.4g，糙米率82.8%，精米粒率75.4%，整精米粒率66.3%，垩白粒率12.0%，直链淀粉含量21.8%，蛋白质含量10.6%，主要品质指标达国标优质米二级，平均单产3.55～3.84t/hm^2。在北京市平原区直播旱作全生育期150d，株高113.5cm，每穗粒数122.8粒，结实率69.7%，千粒重25.6g。糙米率83.8%，整精米粒率62%，垩白粒率20%，胶稠度90mm，糊化温度（碱消值）6.3级，直链淀粉含量21.4%。平均单产4.5～5.5t/hm^2。适宜我国南方山区、丘陵区及华北平原的部分地区旱地种植。1998年和2003年分别在江西和贵州两省推广面积达1万hm^{2}以上，1996—2005年全国累计推广面积10万hm^2。

参 考 文 献

林世成，闵绍楷 . 1993. 中国水稻品种及其系谱［M］. 上海：上海科学技术出版社 .

刘生梁，陈大洲，朱新华，等 . 1998. 巴西陆稻（IAPAR9）高产栽培技术［M］. 南昌：江西科学技术出版社 .

全国农业技术推广服务中心 . 2005. 全国农作物审定品种目录［M］. 北京：中国农业科技出版社 .

全国农业区划委员会 . 1991. 中国农业自然资源和农业区划［M］. 北京：农业出版社 .

应存山 . 1993. 中国稻种资源［M］. 北京：农业出版社 .

应存山，盛锦山，罗利军，等 . 1997. 中国优异稻种资源［M］. 北京：中国农业出版社 .

中国水稻研究所 . 1989. 中国水稻种植区划［M］. 杭州：浙江科学技术出版社 .

Yang XG，Bouman B A M，Wang H Q，et al. 2005. Performance of temperate aerobic rice under different water regimes in North China［J］. Agricultural Water Management，74：107 - 122.

第十四章
三系杂交籼稻品种及其亲本系谱

第一节 概 述

三系杂交籼稻的育成和大面积生产应用是我国杂交水稻技术领先世界的重要标志。这一开创性科技成果，不仅拓宽了稻种资源的利用范围，变革了育种技术，而且促进了栽培技术的创新和水稻种子产业的发展。三系杂交籼稻的大面积应用，使水稻单产在矮秆良种的基础上提高了20%左右，为我国粮食安全做出了巨大的贡献。1986—2005年，我国杂

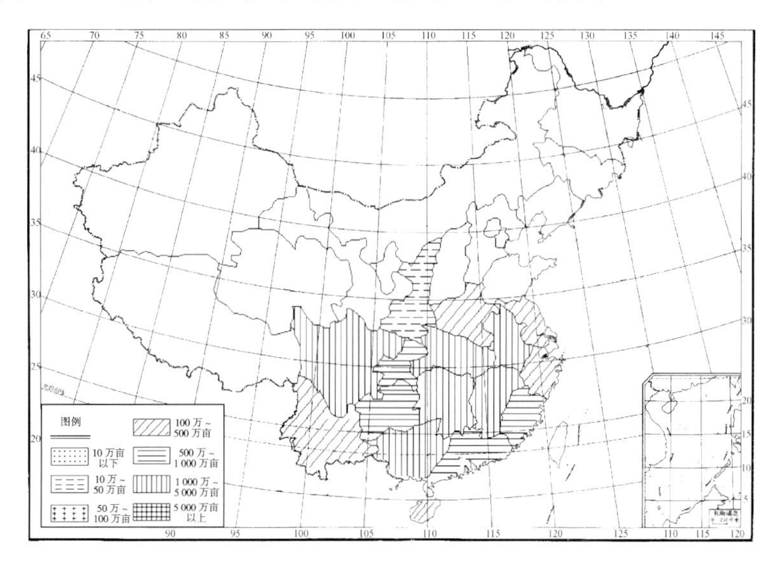

图14-1 全国三系杂交籼稻2005年种植面积分布图

交籼稻步入稳定发展阶段，全国累计种植 3.31 亿 hm^2，其中，三系杂交籼稻 3.23 亿 hm^2，增产稻谷 4.51 亿 t。2005 年三系杂交籼稻种植面积 1 287.6 万 hm^2，占杂交稻总面积的 90%。这表明三系杂交籼稻仍然是我国南方稻区的主体品种类型。

2005 年，我国南方水稻播种面积占全国水稻总播种面积的 88.82%，其中三系杂交籼稻占南方水稻播种面积的 67.08%，占全国水稻总播种面积的 59.58%。杂交籼稻种植区域内具有明显的地域性差异（图 14-1）。参考前人关于中国水稻种植区划的研究成果（林世成等，1991；中国水稻研究所，1998），根据不同稻区的热量资源、降雨量、日照时数和海拔高度等因素，将籼型杂交水稻种植区域划分为 3 个稻作区，8 个稻作亚区。

一、华南双季杂交籼稻区

本区位于南岭以南，是我国最南部的杂交籼稻区。本区包括闽、粤、桂、滇等省、自治区的南部地区，台湾全省和南海诸岛。本区水热资源丰富，日温差小；稻田土壤多为冲积土，种植制度是以双季稻为主的一年多熟制。本区划分为 3 个亚区：

1. 闽粤桂（台）平原丘陵双季杂交籼稻亚区

本亚区位于本稻作区的东北部，东起台湾，北自福建的长乐县，西至云南的广南县，南至广东的吴川县，共 131 个县（市）。水稻生长季热量充足，年≥10℃积温 6 500～8 000℃，生长季日照时数 1 200～1 500h，雨量充沛，生长季降水量为 1 000～2 000mm。水稻安全生育期（稳定≥10℃始现期至≥22℃终现期的间隔天数，下同）212～253d。杂交籼稻安全播种期为 3 月上、中旬，安全齐穗期为 10 月中、下旬。稻田主要分布在沿海和江川平原以及丘陵谷地，种植制度均以双季稻为主。此外有的地方一年种植一熟中稻或晚稻，实行冬作—水稻两熟制。稻瘟病是该区的水稻主要病害，以 4～11 月雨季较重，早稻稻瘟病重于晚稻。白叶枯病、细菌性条斑病、纹枯病等病害也有不同程度的危害。三化螟每年发生 4～5 代，危害较重。褐飞虱近年来发生较重，成为水稻主要害虫之一。此外，还有稻黏虫、稻苞虫、二化螟、稻纵卷叶螟、稻叶蝉等都在一定地区不同程度地危害水稻。

本亚区的早稻、中稻、晚稻的品种类型均以杂交籼稻为主，有些品种可以作早、晚稻兼用。

本亚区适宜推广的杂交早籼稻品种有：广优青、广优 4 号、广优 159、汕优 4480、Ⅱ优 128、优优 4480（优Ⅰ4480）、优优晚 3、华优 8830、丰优丝苗、优优 998、天优 998、金优 07、汕优 77、汕优 89、汕优 155、华优桂 99、金优 77、特优 838、枝优桂 99、金优桂 99、特优 258、中优桂 99、新香优 80、特优 128、汕优华联Ⅱ、枝 01、福优 77、金优明 86、中优 838、汕优 99、Ⅱ优 838、冈优 725、冈优 527、特优 63 等。

本亚区适宜推广的杂交晚籼稻品种有：金优 207、金优 463、金优桂 99、汕优 46、博Ⅱ优 15、Ⅱ优 3550、博优 3550、协优 3550、华优桂 99、博优 64、博优 258、博优 253、博优 4480、美优桂 99、博优 128、秋优桂 99、博Ⅱ优 270、博优桂 99、博优 998、秋优 998、振优 998、华优 86、汕优 669、汕优 397、福优 964、特优 669、D 优 151、Ⅱ优明 86 等。

2. 滇南河谷盆地单季杂交籼稻亚区

该亚区位于本稻作区的西部，地处怒江、澜沧江、元江以及阿墨江等主要河流的下游，包括滇南 41 个县（市）。由于地形复杂、垂直高差大等原因，导致气候变化多样，年温差小，日温差大，干湿季节分明。生长季日照时数 1 000～1 300h，降水量700～1 600 mm，年≥10℃积温 5 800～7 000℃，水稻安全生育期 180d 以上，有效积温3 400～5 500℃。杂交籼稻安全播种期在 2 月中、下旬，安全齐穗期在 10 月上旬至 10 月下旬。本亚区稻田地势高，杂交籼稻上限分布高度一般在海拔 1 800～2 400m，多数稻田分布在河谷盆地。稻田土壤多为赤红壤和由黄色、红色、褐色砖红壤等发育而来的各类水稻土。一般一年只种一季水稻。西双版纳州热量充足，适宜种双季稻。稻瘟病、白叶枯病和恶苗病是本亚区的水稻主要病害，在阴雨和浓雾较多的山区稻瘟病发生重。主要水稻虫害有二化螟、褐飞虱、稻蓟马、稻秆潜蝇等。

本亚区品种类型多为熟期较晚、适应性较强的杂交籼稻品种：Ⅱ优 838、冈优 725、金优桂 99、冈优 22、冈优 881、冈优 151、Ⅱ优 63、Ⅱ优 6078、冈优 12 等。而 1985 年引进种植的汕优 63，抗性强、米质好、适应性广、大面积稳产、高产，特别适合在海拔 1 000～1 300m、后期寡照多雨、气温偏低、易发稻瘟病的地区作中稻种植，至今仍有一定的种植面积。

3. 琼雷台地平原双季稻多熟亚区

本亚区是我国最南部的稻作亚区，包括海南省和雷州半岛，共 22 个县。本亚区热量最丰富，年≥10℃积温 8 000～9 300℃，水稻生长季最长，一般为 300d 左右。生长季降水量为 800～1 600mm，日照时数 1 400～1 800h。水稻安全生育期 252d 以上，有效积温 6 200℃以上。水稻生育期间，常有台风、清明风和干热风入境，台风给早、晚稻带来的危害较大。稻田土壤主要是潴育型的黄赤沙泥田和黄赤沙质田，稻田种植制度以冬闲—双季稻为主。水稻主要病害有稻瘟病、白叶枯病、纹枯病和细菌性条斑病。稻瘟病和纹枯病在早稻上发生较重，白叶枯病和细菌性条斑病在晚稻季易于流行。主要害虫有三化螟、稻飞虱和稻纵卷叶螟等。

本亚区品种类型以籼型为主，山区还有部分粳稻。杂交早籼稻品种有：广优青、广优 4 号、广优 159、汕优 4480、Ⅱ优 128、优优 4480（优Ⅰ4480）、优优晚 3、华优 8830、丰优丝苗、优优 998、天优 998、华优 128、粤优 239、粤优 8 号等。杂交晚籼稻品种有：博Ⅱ优 15、Ⅱ优 3550、博优 3550、协优 3550、华优桂 99、博优 64、博优 258、博优 4480、博优 128、秋优桂 99、博优 998、秋优 998、振优 998、华优 86、秋优 452 等。

二、华中双单季稻稻作区

本区东起东海之滨，西至成都平原西缘，南接南岭，北毗秦岭、淮河。包括苏、沪、浙、皖、赣、湘、鄂、川、渝 9 省、直辖市的全部或大部，以及陕、豫两省的南部。本区内的太湖平原、里下河平原、皖中平原、鄱阳湖平原、洞庭湖平原、江汉平原和成都平原等是我国著名的稻米产区。本区划分 3 个亚区：

1. 长江中下游平原双单季稻亚区

本亚区位于≥10℃积温 5 300℃等值线以北，淮河以南，鄂西山地以东至东海之滨，包括苏、沪、浙、皖、湘、鄂、豫的 235 个县（市）。本亚区年≥10℃积温 4 500～5 500℃，除长江以南部分的平原、盆地、丘陵河谷的积温偏高外，其余均为水稻一季有余、两季不足的地区，双季连作稻的季节矛盾较大。杂交籼稻安全生育期为159～170d，有效积温3 600～4 000℃，安全播种期为4月上、中旬，安全齐穗期为9月上、中旬。夏季炎热，有的年份局部地区极端最高气温可达40℃以上，严重影响杂交中稻的结实率。生长季降水量700～1 300mm，日照时数1 300～1 500h，年太阳总辐射量334.72～376.56kJ/cm²，这两项均高于川陕盆地亚区的50%至1倍。亚区南部的稻田以双季稻为主，中北部为冬作物—单季稻一年两熟制。近年来，随着种植业结构的调整，双季稻面积下降，单季稻面积呈上升趋势。

主要病虫害有稻瘟病、白叶枯病、二化螟、稻蓟马和褐飞虱。

本亚区种植双季稻的热量，在亚区南缘平原或谷地较充足，年≥10℃积温也多在5 300℃以下，但多数地区偏紧，农事季节紧张。因此，长期采用早籼晚粳的种植格局，即早稻以采用早、中熟早籼为主，晚稻以采用早、中熟晚粳为主。目前，杂交早籼品种有金优402、金优463、金优117、金优974、金优桂99、福优77、汕优77、汕优晚3等；杂交晚籼组合有金优207、汕优10号、协优46、汕优64、协优64、威优46、威优207等；本亚区种植的杂交中籼和单季杂交籼稻品种主要有汕优63、Ⅱ优838、冈优22、冈优725、冈优527、D优68、D优527、新香优80、粤优938、Ⅱ优084、Ⅱ优明86、Ⅱ优58、特优559、汕优559、协优63、川香优2号、Ⅱ优7954、Ⅱ优501、协优084、丰优香占等。分布高度各地差异较大，据湖北省研究，在鄂西北，杂交籼稻种植高度上限，迟熟品种为海拔500m，经保温育苗可达海拔800m；早熟品种可比迟熟品种再分别提高100m。在鄂西南的上限，迟熟组合为海拔700m，早熟组合可达海拔800m。

2. 川陕盆地单季杂交籼稻两熟亚区

本亚区以四川盆地、重庆、陕南川道平原为主体，北靠秦岭，南及大娄山，西至成都平原西缘，东止鄂西山地，包括川、渝、陕、豫、鄂5省、直辖市的194个县。年≥10℃积温4 500～6 000℃，籼稻安全生育期为156～198d，积温3 400～4 700℃，安全播种期在3月下旬至4月上旬。生长季降水量为800～1 600mm，日照时数700～1 000h，年太阳总辐射量209.20～292.88kJ/cm²。由于盆地北缘有秦岭、大巴山（海拔1 500～2 200m）阻隔，四川盆地的日照和辐射量是全国最低的地区。水稻安全播种期比华中稻作区其他两亚区早15～30d。四川盆地东南部春季干旱、夏季酷热干旱（伏旱）、秋季低温阴雨寡照，陕南地区水稻生长季短。这些因素都影响了杂交水稻产量潜力的发挥。本亚区南部的长江河谷坝地和岷江、渭江、嘉陵江下游的河谷坝地，在有灌溉保障的稻田，可种植中稻—再生稻。其余地区以单季中稻为主。一般采用麦（油）—稻、冬水田冬闲—季稻等一年两熟或一年一熟制。近年作物布局的调整，有的地方发展了麦（油）—稻—菜、菜—稻—菜等水旱三熟。主要病虫害有稻瘟病、稻曲病、纹枯病、恶苗病、二化螟、褐飞虱和稻苞虫，三化螟近年有所回升。

本亚区一般以籼型杂交中稻为主。粳稻分布在海拔700～1 000m的山区，但面积不大。杂交中稻在四川盆地东南部比常规中稻每亩增产65kg左右，在盆地西部增产50kg上下。1985年前杂交稻品种单一，汕优2号经长期种植因B群稻瘟病菌生理小种突发而普遍感病，危害较为严重。采用汕优63、D优63、威优63和矮优1号等作为更替品种，增产效果较好。汕优63种植至1995年，其严重感染稻瘟病。随后汕优多系1号、汕优22、汕优149、冈优22、Ⅱ优838等替代汕优63，实现第二次品种更替。冈优527、冈优

725、D优68、D优527、Ⅱ优7号、Ⅱ优多57、冈优151、Ⅱ优501、冈优177、川香优2号、宜香优1577、Ⅱ优162、辐优838、辐优802等完成了第三次品种替换，并实现了品种集团当家。

3. 江南丘陵平原双季稻亚区

本亚区位于本稻作区东南，南岭山脉以北，鄂西、湘西山地东坡至东海之滨，共294个县（市）。年≥10℃积温5 300～6 500℃，杂交籼稻安全生育期为176～212d，有效积温4 300～5 300℃。安全播种期为3月下旬至4月上旬，安全齐穗期为9月中、下旬。生长季降水量900～1 500mm，日照时数1 200～1 400h，年太阳总辐射量334.72～376.56kJ/cm^2。春夏季气候温暖，对水稻生长有利，但在6月份“梅雨”季后，常常出现伏旱（N25°以北、N32°以南地区），造成早稻高温逼熟，晚稻栽插困难。平原一般为冬作物—双季稻三熟，丘陵以冬闲田—稻—稻两熟居多，搭配部分三熟和冬作物—稻两熟制。主要病虫害有稻瘟病、白叶枯病、纹枯病、三化螟、稻苞虫、褐飞虱以及稻纵卷叶螟等，亚区南部的南岭北麓还常发生稻缨蚊危害。

本亚区以双季稻和一季中稻的籼型品种为主，粳稻主要分布在洞庭湖、鄱阳湖等湖区平原或湖边丘陵，作连作晚稻栽培，另有少数分布在中山深丘，作单季稻栽培。品种类型特点：

①杂交稻作连作晚稻栽培面积大、产量高。

②早熟杂交稻组合的育成，不仅替换了部分米质差的常规早稻品种，而且促进了水热条件优越地区加速扩种双季杂交稻，提高了全年稻谷产量和质量。

③早稻以中迟熟早籼为主。

本亚区种植的品种类型，各地差异很大，大体是：

（1）浙中、浙南片

早稻和连作晚稻主要杂交籼稻品种有金优402、威优402、汕优10、协优46和Ⅱ优46等。目前有扩大一季稻种植的趋势，其主要推广的杂交籼稻品种为粤优938、汕优63、协优9308、Ⅱ优7954、川香优2号、协优63、中浙优1号、协优5968、协优914等。

（2）闽中、闽西北片

是早稻、连作晚稻和一季稻混作区。采用的主要杂交籼稻品种早稻有汕优161、汕优70、汕优82、汕优77、汕优89、汕优72、金优07、金优明100、特优009、福优晚3、福优77等；晚稻有汕优669、汕优397、汕优78、汕优制西、汕优67、特优175、特优669、特优689、福优964、特优923、Ⅱ优明86、D优151、D297优155等；杂交中籼稻有汕优明86、特优63、特优627、特优671、特优多系1号、D优6号、特优70、D297优63、D奇宝优527、D奇宝优1号、Ⅱ优航1号、Ⅱ优航148、Ⅱ优183等。

（3）赣中、赣北片

主要采用金优402、金优463、金优207、金优974、金优桂99、新香优80、汕优46、优Ⅰ402、先农10号、金优77、中优207、Ⅱ优838、冈优725、汕优63、D优527、Ⅱ优明86、粤优938、金优117、国丰1号、汕优82、优Ⅰ66、Ⅱ优3027、丰优丝苗、中优402、先农3号、中优桂99、先农1号，协优432、先农20、先农16、博优752、先农5号、Ⅱ优46、博优141、金优71、中优66等。

（4）湘中、湘北片

主要采用金优207、金优402、金优463、金优974、金优桂99、新香优80、汕优46、金优77、中优207、Ⅱ优838、冈优725、汕优63、Ⅱ优明86、金优117、D优527、冈优22、威优46、金优77、中优207、先农10号、金优63、金优527、威优207、汕优77、金优191、汕优桂99、中优974、Ⅱ优725等。

（5）湘桂粤赣山区片

主要采用金优207、金优402、金优463、金优974、金优桂99、新香优80、汕优46、金优77、中优207、Ⅱ优838、冈优725、汕优63、Ⅱ优明86、金优117、D优527、冈优22、威优46、金优77、中优207、先农10号、金优63、金优527、威优207、汕优77、金优191、汕优桂99、中优974、Ⅱ优725、博Ⅱ优15、Ⅱ优3550、博优3550、协优3550、华优桂99、博优64、博优258、博优4480、博优128、秋优桂99、博优998、秋优998、振优998、华优86、秋优452等。

三、西南高原单双季稻稻作区

本区位于云贵高原。包括湖南、贵州、云南、四川、广西等省、自治区的部分或大部分。年≥10℃积温2 900～8 000℃，农业立体性强、水稻垂直带差异明显。可分2个亚区：

1. 黔东湘西高原山地单双季稻亚区

本亚区位于本稻作区的东部，包括黔中东、湘西、鄂西南、川东南和渝东，共94个县（市）。本亚区多数地方冬无严寒，夏无酷热，雾多湿度大，日照少，四季不甚分明，高原气候特点明显。年≥10℃积温3 500～5 500℃，籼稻安全生育期为158～181d，安全播种期为4月上、中旬，安全齐穗期为9月上、中旬。生长季日照时数800～1 100h，降水量800～1 400mm，年太阳总辐射量292.88～376.56kJ/cm^2。亚区北部常发生春旱、夏旱和伏旱，影响水稻栽插以及中稻抽穗开花、灌浆结实。稻田种植制度以油菜—稻两熟为主。主要病虫害有稻瘟病、白叶枯病、稻曲病、二化螟和褐飞虱。

贵州省水稻垂直分布的特点十分明显，东部海拔1 200m、西部海拔1 500m以上为粳稻种植区，东部海拔900m、西部海拔1 400m以下为籼稻种植区，两者之间为籼粳稻过渡带。贵州农学院观察66个水稻地方品种的光温生态型，主要表现为感光性弱—中（以弱为主），感温性弱、中、强兼有（以中为主），短日高温条件下生育期延长。据此，本亚区宜采用适合麦—稻、油菜—稻两熟的中熟籼稻品种。杂交籼稻主要采用汕优多系1号、汕优22、汕优149、冈优22、Ⅱ优838、冈优527、冈优725、D优68、D优527、Ⅱ优7号、Ⅱ优多57、冈优151、Ⅱ优501、冈优177、川香优2号、宜香优1577、Ⅱ优162、Ⅱ优明86、金优桂99、金优725、金优117、Ⅱ优58、金优63、金优527、中优85、金优207等。

2. 滇川高原岭谷单季稻两熟亚区

本亚区位于本稻作区的南部，包括滇中北、川西南、桂西北和黔中西部，共162个县（市）。年≥10℃积温3 500～8 000℃，籼稻安全生育期为158～189d，积温3 500～4 200℃，安全播种期为3月中、下旬，安全齐穗期在9月上、中旬。年太阳辐射总量

334.72～460.24kJ/cm²，生长季日照时数 1 100～1 500h，降水量偏少，为 500～1 000mm，且分布不均，冬、春干旱季长。稻田种植制度以蚕豆（小麦）—稻两熟为主，油菜—稻、冬水田—中稻形式其次。主要病虫害有稻瘟病、稻曲病、三化螟、黏虫等。

本区杂交籼稻主要采用Ⅱ优 838、冈优 725、汕优 63、金优桂 99、冈优 22、冈优 151、Ⅱ优 63、Ⅱ优 6078、冈优 12、汕优多系 1 号、冈优 527、D 优 68、D 优 527、Ⅱ优 7 号、Ⅱ优 501、川香优 2 号、宜香优 1577、中优 85 等。

第二节　品种演变

随着杂交水稻育种技术、繁殖制种技术以及优质、丰产栽培技术的日臻完善，我国三系杂交籼稻的多种熟期搭配和高产、优质、抗病兼顾的品种类型，基本满足了种植业结构的调整和优质稻产业化的需求。1986 年以来，三系杂交籼稻品种演变的主要特点是品种更新速度加快和良种集团当家。

一、主栽品种实现品种单一向良种集团当家的转变

1. 主推品种单一时期（1986—1995）

在此期间，全国育成并通过审定的品种较少。1990 年全国种植面积 6.7 万 hm² 以上的三系杂交籼稻只有 51 个。通过“六五”和“七五”的协作攻关，育成的新组合逐年增加，1995 年全国种植面积 6.7 万 hm² 以上的组合数已达 104 个。在这 10 年期间，我国南方稻区的三系杂交籼稻的品种更换，以汕优 63 取代汕优 2 号成为新的当家品种为重要标志。福建省三明市农业科学研究所选育的汕优 63，具有丰产性好、抗稻瘟病、米质较优、适应性广等突出优点，不仅广泛作中稻栽培，而且可在华南作早稻和华中作迟熟晚稻栽培，是迄今为止全国种植区域最广、种植面积最大的优良杂交稻。1990 年，汕优 63 种植面积达到历史高峰，为 681.33 万 hm²。1991—1995 年全国三系杂交籼稻累计种植面积前 20 位的组合当中，汕优 63 遥遥领先，达到 2 453.4 万 hm²（表 14－1），表明主栽品种较为单一。在华中稻区搭配种植了以明恢 63 为骨干恢复系配制的 D 优 63、特优 63、冈优 12、Ⅱ优 63、协优 63 等迟熟杂交稻。1992 年前后，汕优 63 开始在四川等稻区发生稻瘟病，因此，培育抗病、高产杂交稻，接替汕优 63 是当务之急。四川内江市农业科学研究所于 1993 年育成抗病性强的杂交稻新组合汕优多系 1 号，四川省农业科学院作物研究所和四川农业大学合作育成了抗病、高产、适应性广的重穗型杂交稻冈优 22，并开始在中籼稻区推广。

在华中双季晚稻区，以汕优 64、威优 64 为主体品种（表 14－1）。“七五”期间，湖南杂交水稻研究中心、中国水稻研究所引进并测交筛选出早熟恢复系密阳 46，并相继培育出汕优 10 号（汕优 46）、威优 46 等新品种。密阳 46 系列组合高抗稻瘟病、中抗稻飞虱，耐肥、抗倒，后期耐寒性好、结实率高、适应性广。1995 年汕优 10 号（汕优 46）和威优 46 的种植面积已达到 105 万 hm²。此外，福建省三明市农业科学研究所和湖南省岳阳市农业科学研究所相继育成的抗稻瘟病的新品种汕优 77 和威优 77，适合华南地区作双季早稻种植和长江流域因地制宜作中、晚稻栽培。1994 年，湖南杂交水稻研究中心育成秧龄弹性较大、米质较好的双季晚稻品种汕优晚 3，丰富了晚稻品种类型。1986—1990 年，华南稻区以汕优桂 33

种植面积较大，1990 年达到 76 万 hm^2。1989 年，广西壮族自治区农业科学院水稻研究所育成米质较优、抗性较好的杂交稻金优桂 99，在广西南部可作早、晚稻种植，在桂中、桂北作杂交晚稻或一季中稻种植。1988 年广西博白县农业科学研究所育成的米质优、适应性广的感光性晚稻品种博优 64，1991—2005 年在广西、广东、海南作晚稻主体品种栽培，累计种植面积 182.27 万 hm^2，居全国杂交稻组合种植面积的第 6 位。四川省原子核应用技术研究所以Ⅱ-32A/辐恢 838 配组，育成丰产性好、抗倒力强，适合长江流域和西南稻区的优良杂交中稻品种Ⅱ优 838，分别在 1995 年和 1999 年通过四川省和全国品种审定委员会审定。

表 14-1 “八五”至“十五”期间全国种植面积前 20 位的三系杂交籼稻（万 hm^2）

序号	品　种	1991—1995	品　种	1996—2000	品　种	2001—2005
1	汕优 63	2 453.40	汕优 63	1 140.80	金优 207	303.60
2	汕优 64	503.00	冈优 22	642.80	Ⅱ优 838	297.33
3	威优 64	362.93	Ⅱ优 838	250.07	冈优 725	278.73
4	D 优 63	285.93	汕优多系 1 号	199.00	汕优 63	221.60
5	汕优桂 99	218.20	汕优 64	171.53	金优 402	205.80
6	博优 64	182.27	协优 63	169.53	冈优 527	166.80
7	汕优桂 33	171.53	汕优 46	167.00	冈优 22	164.73
8	威优 64	146.87	Ⅱ优 501	163.67	金优桂 99	137.27
9	汕优 10 号	131.20	特优 63	160.07	Ⅱ优 725	122.93
10	威优 77	106.46	威优 46	150.33	新香优 80	119.27
11	特优 63	105.27	汕优 77	143.80	D 优 527	113.87
12	冈优 12	104.13	协优 46	135.00	金优 974	112.13
13	Ⅱ优 63	103.93	威优 77	127.53	汕优 46	90.53
14	协优 46	95.27	汕优晚 3	126.20	协优 63	86.87
15	冈优 22	93.07	汕优桂 99	121.87	金优 77	85.80
16	汕优多系 1 号	87.07	博优桂 99	119.40	特优 63	76.20
17	威优 48	86.53	威优 64	100.47	Ⅱ优 084	75.67
18	协优 63	76.40	Ⅱ优 63	94.80	Ⅱ优 7 号	73.87
19	汕优 77	74.20	优Ⅰ华联 2 号	90.27	Ⅱ优 501	72.60
20	汕优 46	69.40	金优桂 99	87.07	D 优 68	71.40

2. 良种集团当家时期（1996—2005）

这一阶段的主要特点是优良品种类型多，开展新一轮品种更换，在主要稻作生态类型区，实现了良种集团当家（表 14-1）。2000 年种植面积 6.7 万 hm^2 以上的三系杂交籼稻品种已达到 179 个，2005 年快速上升到 325 个，适应了品种权保护和品种专营的需要。在华中和西南中籼稻区，冈优 22、Ⅱ优 838、汕优多系 1 号、Ⅱ优 501 等新品种的育成和推广打破了汕优 63 一统天下的局面。1996—2000 年，汕优 63 的种植面积为 1 140.80 万 hm^2，比上一个 5 年减少 53%；冈优 22 的种植面积居第二位，1998 年该组合达到最大年度种植面积（161hm^2）。同年，四川绵阳市农业科学研究所育成产量较高、抗倒性好、适应性广的重穗型迟熟杂交稻冈优 725。1991 年四川农业大学水稻研究所育成比汕优 63 增产 8%的超高产杂交中稻冈优 527 和 D 优 527；中国水稻研究所同期育成了适合长江中下游种植的超高产品种协优 9308。从 2001—2005 年的累计种植面积分析，杂交中稻Ⅱ优 838 和冈优 725 分别居第 2、3 位，均超过了汕优 63。据 2005 年统计，Ⅱ优 838 和冈优 725 的种植面积分别为 52 万 hm^2、50 万 hm^2，汕优 63 下降为 21 万 hm^2；超过或接近汕优 63 栽培面积的三系杂交中稻品种有冈优 527、D 优 527、Ⅱ优 084、Ⅱ优 725 等。主要搭配种植的迟熟品种有协优 63、特优 63、Ⅱ优 7 号、D 优 68、Ⅱ优明 86、国稻 1 号、川香优 2 号、红莲优 6 号、宜香优 1577 等。

在华中双季稻区，1996—2000 年，进行杂交早稻品种调整。威优 48、威优 49 的种植面积迅速下降，没有一个杂交早稻的累计种植面积进入前 20 位。1997 年湖南安江农业学校育成了抗病性较强的优良杂交早稻金优 402，该组合成为 2001—2005 年我国杂交早稻的主体品种，累计种植面积居第 5 位，其中 2004 年种植面积为 49 万 hm^2。主要搭配的早稻组合有优Ⅰ402、威优 402、中优 402、金优 463 等。“九五”期间，晚稻组合累计种植面积进入前 20 位的有 9 个，但汕优 64 的累计种植面积比前 5 年下降了 60%，形成了汕优 64、汕优 46、威优 46、汕优 77、协优 46、威优 77、汕优晚 3、威优 64、优Ⅰ华联 2 号等品种集团当家的局面。湖南杂交水稻研究中心用金 23A 与先恢 207 配组，育成丰产性好、株型优良、耐肥、抗倒、米质较优、中抗稻瘟病的优良晚稻品种金优 207，于 1998—2002 年先后通过湖南、江西、广西、湖北等省、自治区农作物品种审定委员会审定，并迅速大面积推广。2001—2005 年，金优 207 累计种植面积居全国三系杂交籼稻的第一位，其中，2004 年达到 72 万 hm^2，成为汕优 64、威优 64 的接替品种。湖南农业大学水稻研究所以新香 A 与 R80 配组育成了香型优良杂交晚稻品种新香优 80，亦有较好表现。该组合是“十五”期间全国种植面积较大的杂交香稻，2002 年达到 32 万 hm^2。同期搭配种植的主要晚稻组合有汕优 46、金优 77、中优 207 等。

在华南双季稻区，1996—2000 年以汕优桂 99、金优桂 99 为杂交早稻主栽品种；晚稻品种以博优桂 99（原名博优 903）种植面积较大，主要搭配种植有感光性的品种博优 3550 等。2001—2005 年，金优桂 99 是惟一一个进入前 20 位的华南稻区主推品种。早稻主要搭配米质较优的优优 122、优优 128、丰优 998 等。杂交晚稻以抗稻瘟病、抗白叶枯病的优质、高产品种博优桂 99、博优 253、博Ⅱ优 15 等作为主栽品种。

二、野败胞质不育型为主向多胞质广泛利用的转变

1990—2005 年野败型三系杂交稻在全国累计推广种植 1.38 亿 hm^2，大大领先于其他不育胞质类型的杂交稻。但从发展动态看，野败型杂交稻面积逐渐减少，其比例由 1990 年的 81.92%，下降到 2000 年的 37.08%，再降到 2005 年的 33.67%，退至第二位（表 14-2）。究其原因，野败型骨干不育系珍汕 97A 和威 20A 的使用时间较长，“八五”以后没有配制出类似汕优 63、威优 64、汕优 46 等丰、抗、优结合较好的主体品种。印水型高异交率不育系Ⅱ-32A 虽然在 1985 年以前已定型，但长期未测配出适宜的杂交稻品种，故在“七五”和“八五”期间的生产应用面积都较小，1990 年还不到 1%。“八五”期间，四川省用Ⅱ-32A 育成了熟期适中、产量较高的中籼杂交稻Ⅱ优 501、Ⅱ优 838 等，加之“九五”育成的优良早熟不育系中 9A 的利用，加快了印水型杂交稻的推广。2000 年达到 566.00 万 hm^2，2005 年再上升到 683.87 万 hm^2，占各类型不育胞质杂交稻面积的 38.82%，居第一位。同时，冈、D 型杂交稻稳步发展。“七五”和“八五”期间，以 D 优 63、冈优 12 为代表的杂交组合是冈、D 型杂交稻的主体品种，其种植面积所占份额在 16%左右。随着广适性、高产杂交中籼新组合冈优 22、冈优 725、冈优 527 和 D 优 527 的

相继育成与推广，冈、D型杂交稻面积逐年增加，2005年达到403.73万 hm^2，居第3位。矮败型杂交稻在“八五”和“九五”的面积有所增加，但由于不育系较单一，新审定的杂交稻较少，“十五”栽培面积下降。“九五”后期和“十五”前期，广东省农业科学院水稻研究所和武汉大学相继育成优质、高产杂交中稻粤优938和红莲优6号，促进了红莲型杂交稻的生产应用，2005年达到24.67万 hm^2。四川省农业科学院水稻高粱研究所于1986年从云南粳稻材料K52的复交组合K52/泸江早1号//珍新粘2号的 F_2 群体中，发现花粉典败株，随后用丰龙早/青二矮、红突5号等材料测交、回交，先后育成不育系K青A、K19A、K17A等。由于不育胞质来源于K52，此类不育系称为K型不育系。该型不育系的恢保关系与野败型相似，2000年K型杂交稻的生产面积达到22.40万 hm^2。此外，其他一些科研单位还以国内外的籼粳稻品种和东乡野生稻作亲本资源，创造出一批新质源不育系，并开始应用于水稻生产（详见本章第三节）。

到“十五”末期，我国三系杂交籼稻形成了印水型、野败型、冈、D型鼎立的格局，真正实现了多胞质杂交水稻的生产应用。

表14-2　三系杂交籼稻多种不育胞质生产应用面积比较（万 hm^2）

不育系	1990		1994		2000		2005	
	面积	比例（%）	面积	比例（%）	面积	比例（%）	面积	比例（%）
野败型	1 346.07	81.92	1 007.47	70.10	633.20	37.08	293.13	33.67
矮败	30.80	1.87	89.20	6.21	126.20	7.39	47.80	2.71
印水型	12.53	0.76	105.60	7.35	566.00	33.14	683.87	38.82
冈、D型	253.73	15.44	230.67	16.05	358.13	20.97	403.73	22.92
K型	—	—	—	—	22.40	1.31	8.53	0.48
红莲型	—	—	4.33	0.30	1.87	0.11	24.67	1.40

三、以品种资源筛选为主向创新培育为主的转变

我国三系杂交籼稻的成功配套，是以野败不育株的发现为突破口，充分利用20世纪70年代的矮秆早籼良种资源，回交转育成第一代优良的野败型雄性不育系。主要有二九南1号1A、二九矮4号A、珍汕97A、威20A等，其中，珍汕97A，威20A在“八五”和“九五”仍然是主体不育系，配制的三系杂交稻的种植面积分别居第1、2位（表14-3）。另外，从国内外低纬度地区的优良品种中，测交筛选出著名的第一代恢复系，即泰引1号、IR24、IR661、古154、IR665、IR26、桂选7号。80年代又从国际水稻研究所和韩国引进的品种资源中，测交筛选出恢复力好、抗病性强、产量配合力高的新恢复系测64-7和密阳46，主要用于配制双季晚稻组合和早中熟中稻组合。同期还杂交选育出恢复系明恢63。这些第二代恢复系在2002年以前仍是主体亲本（表14-4），在杂交水稻生产中发挥了重要的作用。随着杂交水稻生产和种子产业的发展，迫切需要熟期配套、抗病性强、配合力更高的新恢复系，更需要米质较好，异交率高，易于繁殖制种的新不育系。显而易见，靠已有品种资源的测交筛选是难以完成这些育种任务的，必须走创新培育的技术路线。

1. 优良保持系及其不育系的培育

我国籼稻优良保持系的创制，主体亲源是珍汕97B、V20B、协青早B，并用外引优质稻资源和地方抗病种质，开展高配合力、优质、抗稻瘟病、高异交率等综合性状的改

良，并回交转育不育系，从而提升了三系杂交稻的育种水平。在高配合力创建方面，四川农业大学将四川地方品种雅矮早与长江中下游优良早籼保持系进行聚合杂交，从二九矮7号/V41//V20/雅矮早的后代中选育出穗型大、秆硬抗倒、剑叶挺立的早籼材料46B，并与冈二九矮7号A测交与回交，于“七五”初期育成新不育系冈46A。该不育系先后配制出优良杂交稻冈优12、冈优22、冈优725、冈优527等，是中籼稻区的主体不育系之一。1992—2005年，累计应用面积1 799.7万hm^2，居第4位，其中，最大年推广面积为195.1万hm^2（1998），2005年为124.5万hm^2，居第3位（表14-3）。广西壮族自治区博白县农业科学研究所从珍汕97/钢枝占后代中选出优良早籼保持系博B，继而转育成配合力好、异交率高、F_1有感光性的野败型不育系博A。通过博B再衍生出博ⅡA、博ⅡB和博ⅢA、博ⅢB，主要用于配制感光型优良杂交晚稻，如博优64、博优桂99、博Ⅱ优15等。在优质、高配合力早籼不育系选育方面，湖南常德市农业科学研究所从黄金3号/云南地方软米品种M//菲改B的复交后代中，选出谷粒细长、外观品质和叶型显著优于V20的优良保持系金23B，并回交育成野败型不育系金23A。该不育系一般配合力好，可广泛用于配制华中、华南双季早、晚稻和南方稻区杂交中稻组合，代表品种有金优402、金优207、金优77、金优桂99、金优725等。1994—2005年，累计应用1 611.1万hm^2。从2001年开始至今，该不育系配制的杂交稻的种植面积已稳居第一位，是目前我国最重要的主体不育系。利用抗病材料谷龙13、特特普等，福建漳州市农业科学研究所育成中抗稻瘟病的新不育系龙特甫A；福建省农业科学院稻麦研究所育成抗稻瘟病的新不育系福伊A。1990—2005年，龙特甫A配制的杂交稻，累计应用738.3万hm^2。在优质、高异交率不育系选育方面，“七五”至“九五”期间，湖南杂交水稻研究中心、中国水稻研究所先后育成印水型优IA、中9A，四川农业大学育成D62A，四川农业科学院水稻高粱研究所育成K17A、作物研究所育成野败型川香29A。这些不育系的繁殖制种产量一般可达250kg/亩以上。中9A、川香29A与成恢177配制的杂交中稻均达到3级优质米标准，中优207达到2级优质米标准。四川宜宾市农业科学研究所培育的不育系宜香1A，广东省农业科学院培育的不育系粤丰A等，米质达国标1级优质米标准。这些不育系的利用，改良了杂交水稻的米质。杨仕华等（2004）对1998—2003年南方区试杂交稻组合的稻米品质表现进行了分析，认为直链淀粉含量的优质达标率华中早籼和华南早粘超过60%，中籼和华南晚籼超过70%，华中晚籼超过80%；整精米粒率除早籼外，其他各类型均达到国标优质1～2级，优质达标率在70%以上。虽然垩白粒率、透明度等仍不理想，但与“八五”的杂交稻相比有明显改进。

表14-3　1991—2005主体不育系配制的三系杂交籼稻的种植面积（万hm^2）

序号	不育系	1991—1995	不育系	1996—2000	不育系	2001—2005	不育系	2005
1	珍汕97A	5 056.5	珍汕97A	2 492.1	金23A	1 285.3	金23A	273.1
2	V20A	1 191.7	冈46A	852.9	Ⅱ-32A	1 160.4	Ⅱ-32A	238.0
3	D汕A	427.3	Ⅱ-32A	836.5	冈46A	731.9	冈46A	124.5
4	博A	398.3	协青早A	615.7	珍汕97A	614.9	中9A	74.5
5	协青早A	307.9	V20A	610.8	协青早A	331.9	珍汕97A	69.8
6	冈46A	214.9	博A	402.0	龙特甫A	275.1	龙特甫A	62.2
7	Ⅱ-32A	144.2	龙特甫A	335.7	中9A	266.1	协青早A	47.8
8	龙特甫A	127.5	金23A	316.3	博A	252.5	博A	45.6

（续）

序号	不育系	1991—1995	不育系	1996—2000	不育系	2001—2005	不育系	2005
9	优ⅠA	66.9	优ⅠA	299.7	V20A	241.3	优ⅠA	29.5
10	枝A	40.4	K17A	34.1	D62A	185.3	V20A	28.8
11	金23A	9.6	D汕A	31.7	优ⅠA	137.7	D62A	28.5
12	K17A	3.8	枝A	27.1	新香A	135.3	新香A	22.3
13	粤泰A	0.7	D62A	26.5	粤泰A	81.4	粤泰A	22.1
14	—	—	新香A	15.7	宜香1A	40.5	T98A	21.5
15	—	—	中9A	1.5	川香29A	40.4	宜香1A	19.1
16	—	—	—	—	Y华农A	39.1	川香29A	14.9
17	—	—	—	—	T98A	38.4	粤丰A	10.1
18	—	—	—	—	K17A	38.3	Y华农A	8.8
19	—	—	—	—	粤丰A	37.2	K17A	2.8
20	—	—	—	—	D汕A	7.4	D汕A	2.7

2. 优良恢复系的创制

重点针对明恢63的抗病性减弱，加强了稻瘟病抗性改良研究，通过籼粳杂交途径，向籼稻恢复系渗入粳稻亲缘，提高产量配合力。在中稻恢复系选育方面，四川省水稻育种攻关协作组以明恢63为主体亲缘，育成抗病、高配合力骨干恢复系，主要有CDR22、多系1号、辐恢838、绵恢725等；以圭630为高配合力亲本，用IR1544-28-2-3为抗源，育成优良恢复系蜀恢527。这些恢复系配制的杂交稻成为“九五”、“十五”我国三系杂交中籼的集团当家品种（表14-4）。此外，福建、江苏、浙江还育成优良迟熟恢复系明恢86、航1号、镇恢084、盐恢559、中恢8006、浙恢7954等。在华中双季稻区，湖南省安江农业学校育成抗稻瘟病的早熟恢复系R402，并进一步衍生出R463，前者是“九五”、“十五”杂交早稻骨干恢复系。福建省三明市农业科学研究所育成的晚稻优良恢复系明恢77，是“九五”杂交晚稻主体恢复系之一。湖南杂交水稻研究中心采用籼粳杂交方法，从R432/轮回422的后代中，测交筛选育成抗稻瘟病、米质较优、产量配合力好的恢复系先恢207。该亲本是“十五”以来最主要的晚稻恢复系。在华南双季稻区，广西壮族自治区农业科学院水稻研究所从地方种质资源与IR系统恢复系的复合杂交后代中，育成抗稻瘟病、一般配合力好的优良恢复系桂99，可配制早、晚稻新组合。该恢复系是“八五”以来华南稻区的主体亲本。广东省农业科学院水稻研究所先后育成广恢128、广恢452等恢复系，特别是“九五”后期育成的广恢998，具有抗稻瘟病、配合力好等优点，配制的早籼组合优优998分别比对照汕优96、优优4480增产11.86%、11.38%；晚籼组合博优998也表现突出。这表明广恢998在华南稻区有着良好的应用前景。

表14-4 1991—2005主体恢复系配制的三系杂交籼稻生产应用动态（万hm^2）

序号	恢复系	1991—1995	恢复系	1996—2000	恢复系	2001—2005	恢复系	2005
1	明恢63	3 160.33	明恢63	1 708.60	明恢63	492.53	绵恢725	85.20
2	测64	1 107.07	CDR22	669.27	绵恢725	462.33	先恢207	69.20
3	密阳46	459.13	密阳46	572.27	先恢207	369.74	辐恢838	60.40
4	桂99	303.47	测64	405.13	辐恢838	324.07	明恢63	58.13
5	明恢77	192.93	明恢77	363.20	桂99	308.53	蜀恢527	54.20
6	桂33	172.60	桂99	350.20	蜀恢527	300.53	桂99	43.13

（续）

序号	恢复系	1991—1995	恢复系	1996—2000	恢复系	2001—2005	恢复系	2005
7	多系 1 号	117.60	多系 1 号	338.07	密阳 46	223.73	R463	28.60
8	CDR22	106.80	辐恢 838	257.13	CDR22	164.73	密阳 46	25.73
9	R49	98.00	晚 3	184.87	明恢 77	143.73	T0974	22.67
10	华联 2 号	91.87	绵恢 501	180.87	T0974	128.27	镇恢 084	20.07
11	R48	86.53	R402	143.87	R402	121.14	广恢 998	18.13
12	R1126	44.93	华联 2 号	131.53	盐恢 559	93.00	明恢 86	17.87
13	晚 3	43.27	广恢 3550	130.00	测 64	88.93	明恢 77	17.53
14	36 辐	42.67	盐恢 559	111.93	镇恢 084	80.67	R402	15.87
15	广恢 3550	33.80	R647	90.67	绵恢 501	73.93	CDR22	13.40
16	桂 34	23.80	绵恢 725	72.60	泸恢 17	73.87	泸恢 17	11.07
17	R402	16.87	T0974	36.73	明恢 86	59.53	广恢 253	10.67
18	绵恢 501	5.53	桂 33	23.20	R463	57.67	盐恢 559	8.47
19	R647	2.80	R1126	22.87	多系 1 号	57.20	R928	6.87
20	T0974	0.80	先恢 207	20.80	广恢 998	57.00	绵恢 501	5.60

第三节　三系杂交籼稻保持系及不育系系谱

一、野败型保持系及不育系

野败型不育系属于普通野生稻细胞质，以野败不育细胞质育成的质核互作型不育系，一般称野败型不育系，也是目前我国水稻生产上应用面广的一种不育类型。前期培育的不育系珍汕 97A、V20A 等仍然在生产使用外，全国各育种科研单位，通过人工制保，回交转育的方法培育了各具特色的优良不育系。这些不育系在抗病性、品质、配合力、异交习性等性状上有所改进。主要不育系有金 23A、博 A、龙特浦 A、川香 29A、粤丰 A 等。

1. 珍汕 97B 及珍汕 97A

珍汕 97A 是江西省萍乡市农业科学研究所 1971 年以野败为母本，用长江流域迟熟早籼品种珍汕 97 为父本杂交，并连续回交育成，是我国使用范围最广、应用面积最大、时间最长的不育系之一。与不同恢复系配组，形成多种熟期类型的杂交稻如华南早稻、华南晚稻、长江流域的双季早稻和双季晚稻及一季中稻。

2. V20B 及 V20A

V20A 是湖南省贺家山原种场以野败/6044//71－72 后代的不育株为母本，用早籼品种 V20 为父本杂交，并连续回交转育成。V20A 配制的组合主要作双季晚稻使用，也有作双季早稻。

3. 博 B 及博 A

博 A 是广西壮族自治区博白县农业科学研究所以珍汕 97A 作母本，用珍汕 97B/钢枝占的后代为父本杂交，转育成的早籼不育系，同时育成保持系博 B（图 14－2）。博 A 株高 70.5cm，主茎叶 12 片，播种至抽穗历期 95d，不育株率 100%，花粉败育以典败为主。

博ⅡA 是广西壮族自治区博白县农业科学研究所以博 A 作母本，用博 B/Ⅱ32B 的后代为父本杂交、回交转育成的早籼不育系，同时育成保持系博ⅡB（图 14-2）。博ⅡA 株高 65.4cm，主茎叶 14 片，株叶形态好，茎秆粗壮。不育株率 100%，镜检花粉不育度 99.94%，其中花粉典败、圆败 99.78%，染败 0.16%，黑染 0.06%。在广西博白 3 月上旬播种，播种至抽穗历期 70d 左右，7 月初播种，播种至抽穗历期 66d 左右。

博ⅢA 是广西壮族自治区博白县农业科学研究所以博ⅡA 作母本，用［博 B/1441］F_4/博ⅡB 的后代为父本杂交、回交转育成的早籼不育系，同时育成保持系博ⅢB（图 14-2）。

博 A、博ⅡA 和博ⅢA，其杂种具感光性，配制的组合主要作华南稻区晚籼种植。

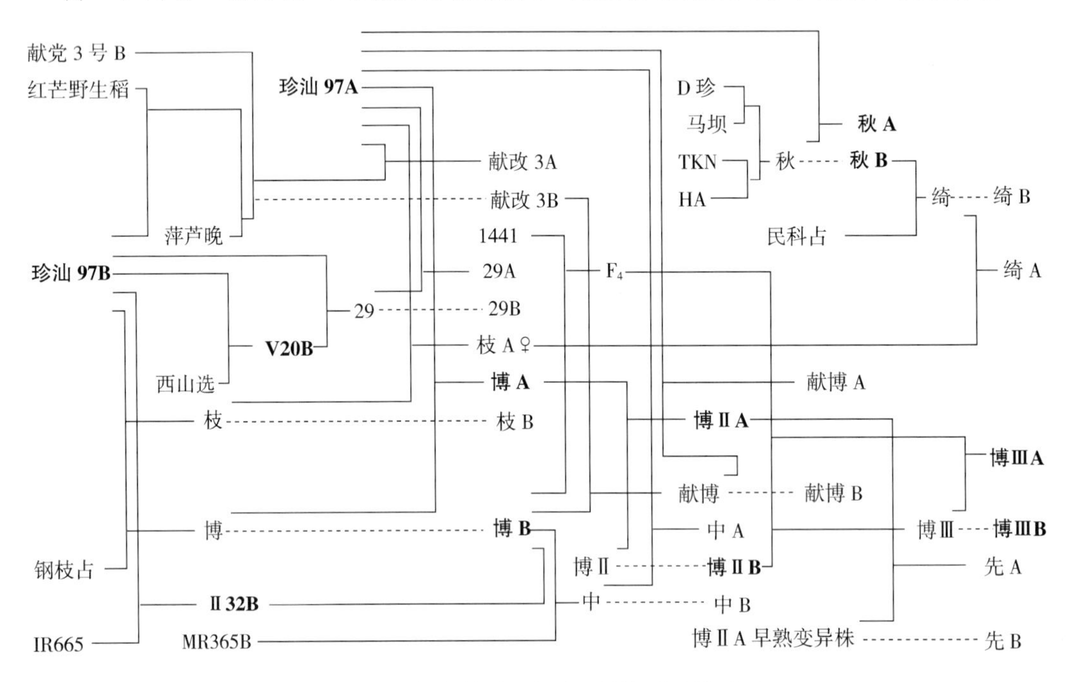

图 14-2　杂交籼稻不育系、保持系系谱（一）

4. 29B 及 29A

29A 是江苏省农业科学院沿海地区农业科学研究所以珍汕 97A 为母本，用珍汕 97B/V20B 的后代杂交回交转育成的三系籼稻不育系，同时育成保持系 29B（图 14-2）。29A 全生育期 106d，株高 60cm，不育株率 100%，自交结实率 0，镜检花粉不育度 100%，花粉败育为典败。柱头外露率 84.2%，双边外露率 25%左右，异交结实率高，每穗粒数 90 粒。

5. 龙特浦 B 及龙特浦 A

龙特浦 A 是福建省漳州市农业科学研究所以野败 V41A 为母本，用农晚/特特普的后代选系作父本杂交、回交转育而成的籼稻三系不育系，同时育成保持系龙特浦 B（图 14-3）。龙特浦 A 春播，其播种至抽穗历期 100d 左右，株高 90cm，不育株率 100%，镜检花粉不育度 99.7%，花粉败育以典败为主，中抗稻瘟病。

6. 川香 29B 及川香 29A

川香 29A 是四川省农业科学院作物研究所以珍汕 97A 为母本，用Ⅱ-32B/香丝苗 2

号的后代为父本杂交、回交转而成的优质香型不育系，同时育成保持系川香 29B（图 14－3）。川香 29A 播种至抽穗历期 106d，主茎叶 16 片，株高 90cm，每穗粒数 189 粒。叶缘、叶鞘、稃尖及柱头紫色。不育株率 100%，套袋自交结实率 0，镜检花粉不育度 99.96%，花粉败育以典败为主，有少量的圆败和染败。柱头外露率 78%，其中双外露率 46%。开花习性好，异交结实率高。一般繁殖、制种产量可达 4.5t/hm^2 左右。

7. 福伊 B 及福伊 A

福伊 A 系福建省农业科学院稻麦研究所以野败地谷 A 为母本，用天谷 B（珍汕 98－V41B/谷农 13）/IR24sB 的后代为父本杂交、回交转育而成的抗稻瘟病早籼不育系，同时育成保持系福伊 B（图 14－3）。福伊 A 株高 55～60cm，叶片挺，株型集散适中，叶鞘、柱头、稃尖紫色，谷粒长椭圆形。柱头外露率 70%，分蘖力强，在福州 3 月份播种，播种至抽穗历期 88～90d，4 月中旬播种，播种至抽穗历期 75～78d；在福建省内 7 月份播种，播种至抽穗历期 63～65d。不育株率 100%，镜检花粉不育度 100%，以典败为主，有少量圆败和浅染花粉。

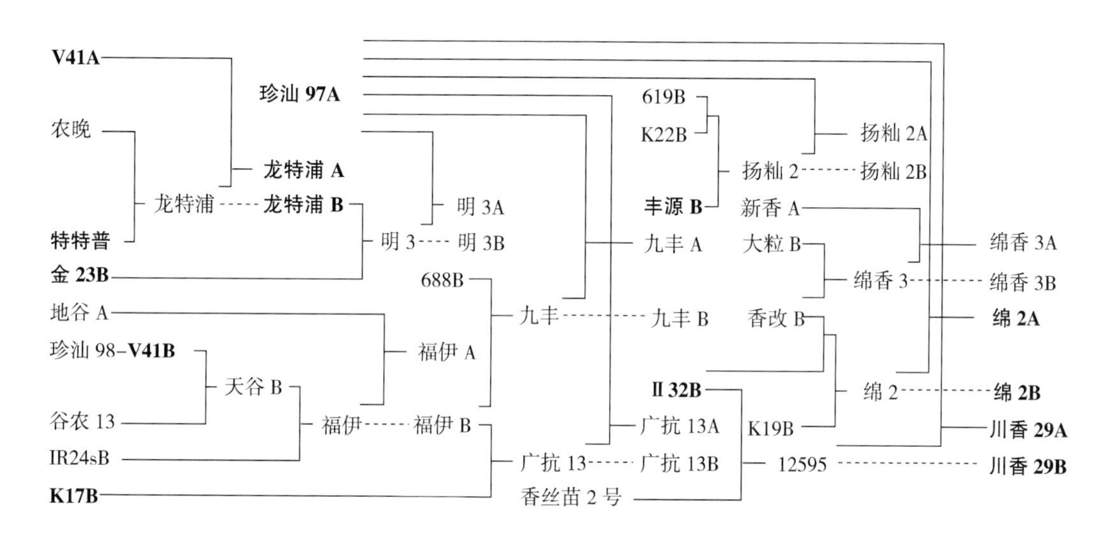

图 14－3　杂交籼稻不育系、保持系系谱（二）

8. 扬籼 2B 及扬籼 2A

扬籼 2A 是江苏省农业科学院里下河地区农业科学研究所以珍汕 97A 为母本，用 619B/K22B//丰源 B 的 F_4 单株为父本杂交、回交转育成的三系籼稻不育系，同时育成保持系扬籼 2B（图 14－3）。扬籼 2A 全生育期 98d，株高 70cm，不育株率 99.9%，套袋自交结实率 0，镜检花粉不育度 100%，其中典败花粉率 99.95%。开花习性好，花时集中，出鞘颖花柱头外露率 72.54%，其中双边外露率 43.85%。每穗粒数 120 粒。

9. 糯稻不育系 N2B 及 N2A

糯 N2A 是四川原子能应用技术研究所用桂朝 2 号的诱变系辐糯 101 与珍汕 97B 杂交，选糯性单株与野败珍汕 97A 测交、回交转育成的籼型糯稻不育系，同时育成保持系糯 N2B（图 14－4）。

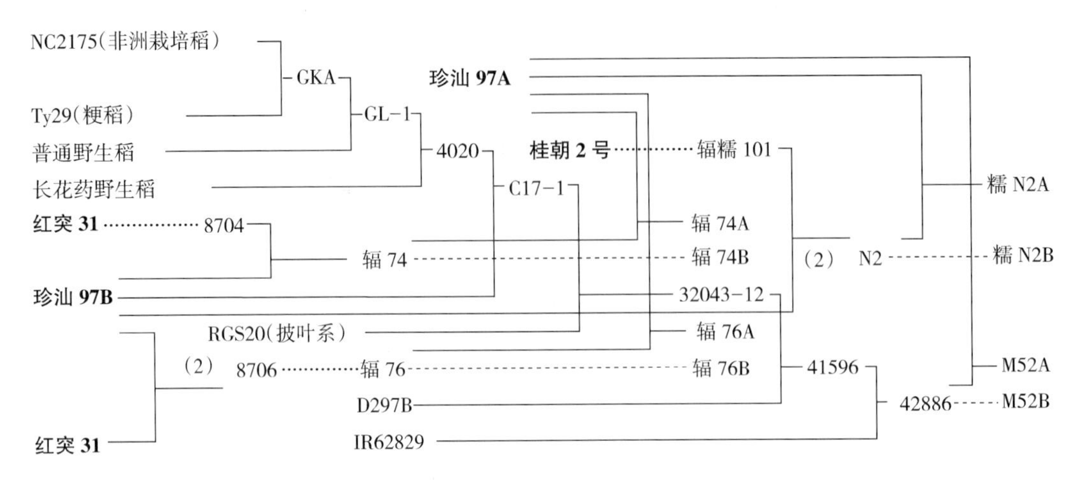

图 14-4 杂交籼稻不育系、保持系系谱（三）

10. 粤丰 B 及粤丰 A

粤丰 A 为广东省农业科学院水稻研究所用 IR58025B/协青早 B 的后代与野败珍汕 97A 测交、回交转育成的早籼型优质不育系，同时育成保持系粤丰 B（图 14-5）。粤丰 A 株高 80cm，分蘖力强，株型紧散适中，叶片较长略有内卷，叶较窄挺，叶色较深，叶缘、叶鞘及稃尖无色。不育株率 100%，镜检花粉不育度 100%，其中典败花粉率 99.82%，圆败花粉率 0.03%，染败花粉率 0.15%。套袋自交结实率为 0。在江苏省扬州市 5 月中、下旬播种，主茎叶 14 片，播种至抽穗历期 81d。

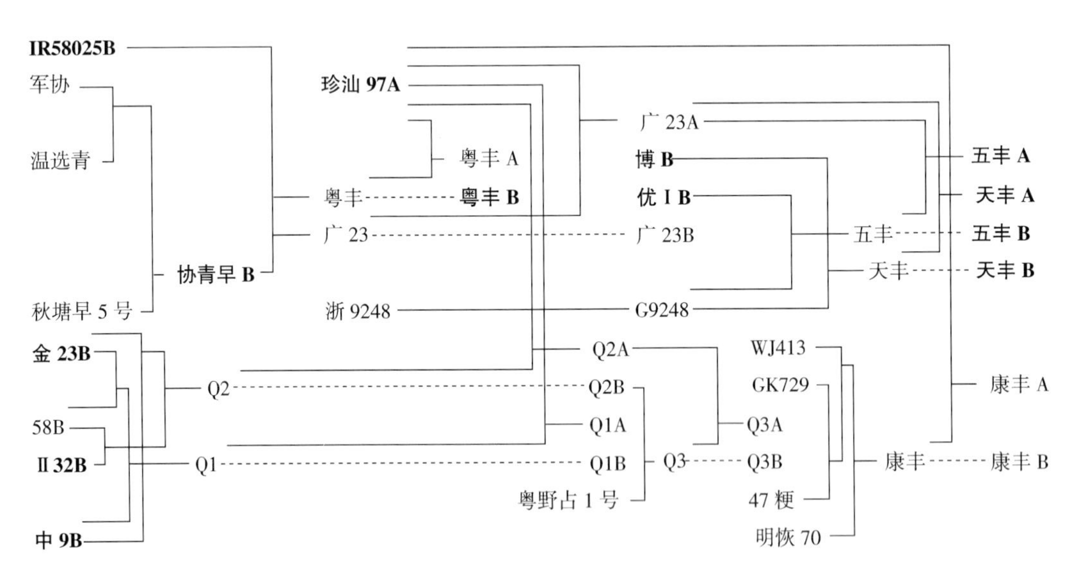

图 14-5 杂交籼稻不育系、保持系系谱（四）

11. 天丰 B 及天丰 A

天丰 A 为广东省农业科学院水稻研究所用博 B/G9248 的后代与野败广 23A 测交、回交转育成的早籼型优质不育系，同时育成保持系天丰 B（图 14-5）。天丰 A 株型紧凑，茎秆粗壮，剑叶稍宽，分蘖力中等。在广州早季 3 月初播种，播种至抽穗历期 83～85d，主茎叶 14.3 片；晚季 7 月下旬播种，播种至抽穗历期 66～68d，主茎叶 13.4 片，株高 78cm。柱头外露率 82.3%，其中双外露率 62.8%。

12. 金 23B 及金 23A

金 23A 是湖南省常德市农业科学研究所以 V20A 为母本，用黄金 3 号/云南地方品种软米 M//菲改 B 的后代作父本杂交、回交转育育成的不育系，同时育成保持系金 23B（图 14-5）。金 23A 属野败型中熟早籼不育系，感温性较强，播种至抽穗历期 60d。株高 57cm，株型较紧凑，茎秆较细，主茎叶 10.5～11.5 片。叶片青绿，叶鞘紫色，叶耳、叶枕淡紫色。包颈长度 43.4%，包内粒率 18%。穗长 17.5cm，每穗粒数 85 粒，千粒重 25.5g。谷粒长 9.9mm，宽 2.75mm，长宽比 3.6，稃尖紫色。花粉典败率 76.14%，圆败率 23.65%，染败率 0.16%，败育花粉率 99.95%，可育花粉率 0.05%。

13. 新香 B 及新香 A

新香 A 为湖南杂交水稻研究中心用 V20A 作母本与 V20B/湘香 2 号 B 的后代杂交、并连续回交转育成的香稻三系不育系，同时育成保持系新香 B（图 14-6）。新香 A 播种至抽穗历期 70d，株高 65～70cm，叶鞘、稃尖有色，叶色淡绿，分蘖能力强，株叶型适中，穗型中等，每穗粒数 100 粒。主茎总叶片数，在长沙春播 12～13 片，翻秋栽培为 11～12 片。柱头外露率 64.1%，其中双外露率为 31.8%。花粉败育率为 100%，以典败为主，有少数圆败，自然结实率为 0.017。米质较优，具有香味。可恢复性好，配合力较好。

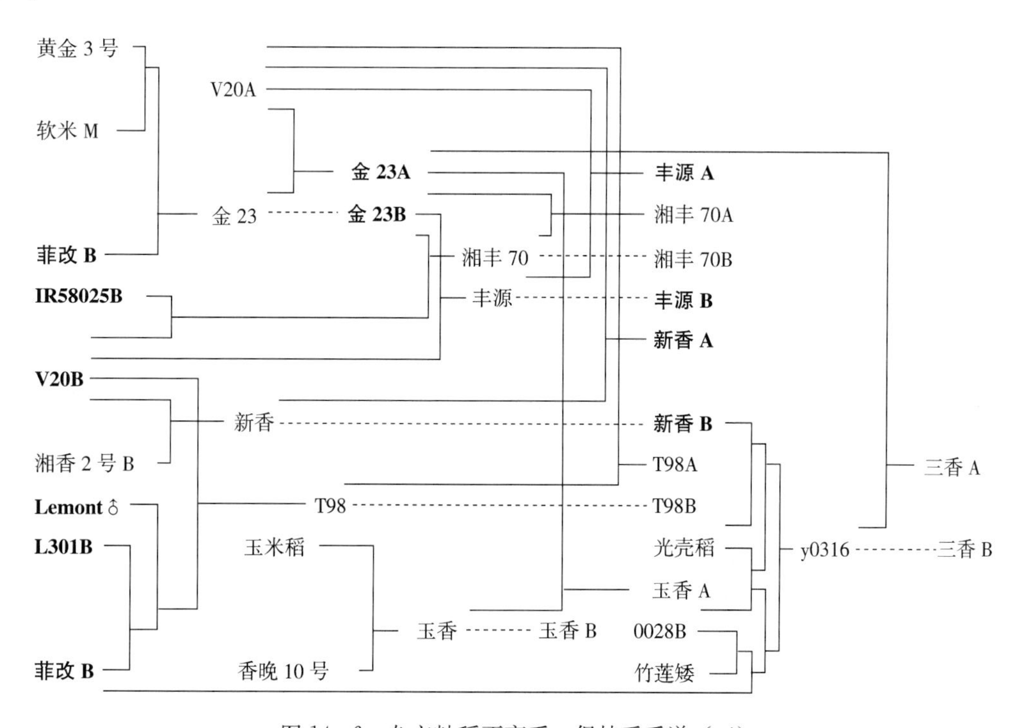

图 14-6　杂交籼稻不育系、保持系系谱（五）

14. 803B 及 803A

803A 是西南科技大学水稻研究所用 L301B/地谷 B 的后代与野败 L301A 测交、回交

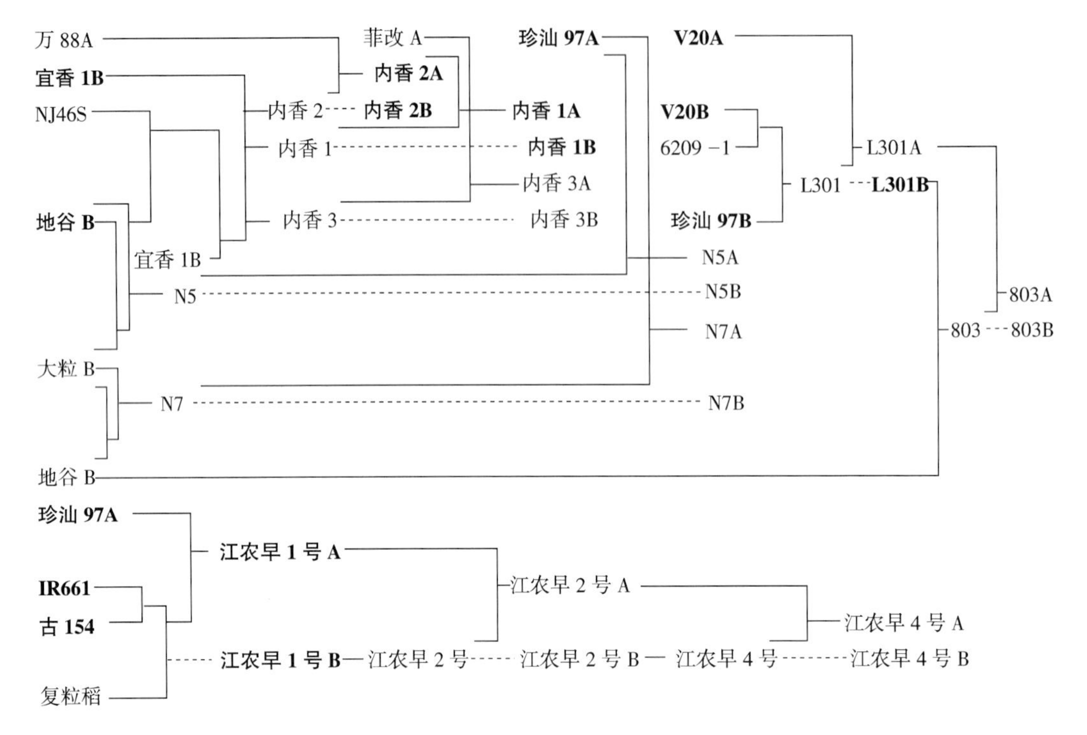

图14-7　杂交籼稻不育系、保持系系谱（六）

转育成的早籼型优质不育系，同时育成保持系803B（图14-7）。803A株高80cm，剑叶较长，叶鞘、叶耳、叶缘、颖尖紫色，长粒、无芒，每穗粒数160粒。不育株率100%，镜检花粉不育度100%，其中花粉典败率99.13%，圆败0.87%，套袋自交结实率为0。柱头外露率60%以上。在四川绵阳春播（4月中旬播种），播种至抽穗历期71～82d，主茎叶13.5片，夏播（5月下旬播种），播种至抽穗历期60～67d。

15. 中浙B及中浙A

中浙A系中国水稻研究所于1995年夏从种植于中国水稻研究所富阳试验基地的印度引进编号为Ps-21的材料群体中发现有植株明显偏高、抽穗时间不同、叶色较深、谷粒无顶芒的变异株，将其与珍汕97A成对测交，当年冬季将材料带至海南鉴定，发现其中1对表现不育性彻底。后经多代连续自交和定向回交转育至BC_5F_1，该世代的6个回交群体农艺性状和育性基本稳定，选定第6号回交群体进行人工授粉繁殖种子，编号为浙6A。经千株以上群体检查，不育株率100%，镜检花粉不育度99.995%以上，异交结实率40%，已达到三系不育系的不育性标准，定名中浙A。

16. 其他保持系及不育系

此外，还有广西壮族自治区农业科学院水稻研究所育成的枝B及枝A、秋B及秋A、绮B及绮A、先B及先A、美B及美A；四川省内江市杂交水稻科技开发中心培育的内香1B及内香1A、内香2B及内香2A、内香3B及内香3A、N5B及N5A、N7B及N7A；四川省绵阳市农业科学研究所育成的绵2B及绵2A、绵香3B及绵香3A；湖北省恩施自治州红庙农业科学研究所选育的三系不育系恩B及恩A；中国科学院华南植物研究所育成的优质不育系中B及中A；重庆市种子公司育成的Q1B及Q1A、Q2B及Q2A；湖南杂交水稻研究中心育成的T98B及T98A、丰源B及丰源A；江西省农业科学院水稻研究所育成的江农早2号B及江农早2号A和江农早4号B及江农早4号A（图14-2至图14-7）。

二、矮败型保持系及不育系

1979年，安徽省广德县农业科学研究所在厦门秋繁时从江西矮秆野生稻中发现一株雄性不育株，其花药瘦小不开裂，呈水渍状乳白色，套袋自交不结实，当季就用竹军、军协与其杂交，后又用协珍1号转育。1980年再用柱头外露率高、抗病力强的军协/温选青//秋塘早5号系选为父本，与矮败/竹军//协珍1号的BC_1F_1杂交，并连续回交获得不育性稳定、农艺性状一致的后代，从而发现了矮败不育细胞质。矮败型不育系的恢保关系与野败相同，雄性不育的遗传特性也属于孢子体不育。矮败型的主要不育系是协青早A。协青早A在长江流域属迟熟早籼，在安徽省广德县春播，播种至抽穗历期80d；在湖南省长沙市5月上、中旬播种，播种至抽穗历期60d左右。株高64～70cm，主茎叶13片左右。柱头、稃尖、叶鞘、叶缘紫色，柱头外露率高，开花习性好，中抗稻瘟病和白叶枯病，品质较优。

三、冈型保持系及不育系

四川农业大学水稻研究所1965年以西非晚籼良种冈比亚卡（Gambiaka kokum）为母本，矮脚南特为父本杂交，利用其后代分离的不育株杂交转育的一批不育系，从而发现了冈型不育细胞质。由冈型不育细胞质导致的雄性不育和育成的不育系，其恢保关系、雄性不育的遗传特性与野败基本相似，但可恢复性比野败好（林世成等，1991年）。

冈46A是四川农业大学水稻研究所以冈二九矮7号A为母本，用二九矮7号/V41B//V20/雅矮早的后代为父本杂交、回交转育成的早籼型不育系，同时育成保持系冈46B（图14-8）。该不育系株高75cm左右，播种至抽穗历期80d左右。不育株率100%，镜检花粉不育度100%，花粉败育为典败。柱头、稃尖、叶鞘、叶缘紫色。其配制的杂交中稻组合（冈优22、冈优527、冈优725等）在我国杂交中稻的生产中占有

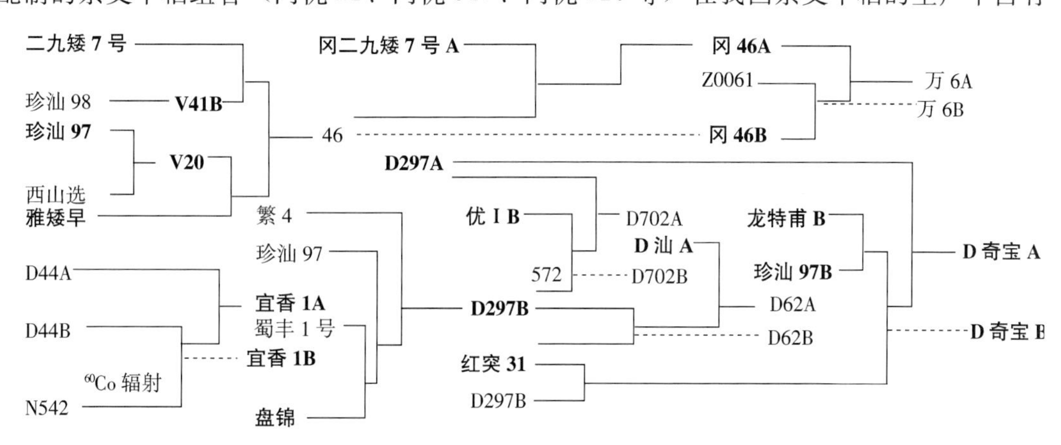

图14-8　D型保持系D62B系谱

重要的地位。

另外，还有重庆市三峡农业科学研究所育成的冈型保持系和不育系万 6B 及万 6A（图14－8）。

四、D 型保持系及不育系

1972 年，四川农业大学水稻研究所从“Dissi D52/37/矮脚南特” F_7 的一个早熟、大粒株系中发现一株花药白色、肥大，花粉圆败、自交不结实的单株，经用意大利 B 及汕-1、297 杂交回交转育成 D 珍汕 97A 和 D297A 等 D 型不育细胞质的不育系。其遗传特性为孢子体不育，恢保关系与野败类似，开花习性较好，异交率较高（林世成等，1991 年）。D 珍汕 97A（简称 D 汕 A）是四川农业大学水稻研究所育成。四川雅安夏播，株高 68cm，主茎叶 13.3 片，播种至抽穗历期 68d 左右。分蘖力中等，穗型较大，每穗粒数 116 粒，叶片稍大，不育性稳定，花时早而集中，可恢性好，一般配合力高。

1. D62B 及 D62A

D62A 是四川农业大学水稻研究所以 D 汕 A 为母本，用 D297B/红突 31 的后代作父杂交、回交转育成的早籼不育系，同时育成保持系 D62B（图 14－8）。D62A 籽粒细长，柱头、颖尖紫色，柱头外露率 75%左右，异交率高。

2. D702B 及 D702A

D702A 是四川农业大学水稻研究所以 D297A 为母本，用优ⅠB/D297B 的后代作父杂交、回交转育成的早籼不育系，同时育成保持系 D702B（图 14－8）。D702A 株高 70～75cm，秆硬抗倒，叶片直立，叶色深绿，分蘖力强，每穗粒数 100 粒，籽粒细长，柱头、颖尖紫色，不育株率 100%，镜检花粉不育度 100%，其中典败率 81.6%，圆败率 18.4%，套袋自交结实率为 0。柱头外露率达 94.6%，其中柱头双外露率达 55.4%。在四川成都地区夏播，播种至抽穗历期 70d 左右。

3. 宜香 1B 及宜香 1A

宜香 1A 是四川省宜宾市农业科学研究所以 D44A 为母本，用 D44B/N542（^{60}Co 辐射）的后代作父本杂交、回交转育成的早籼不育系，同时育成保持系宜香 1B（图 14－8）。宜香 1A 株高 89.5cm，播种至抽穗历期 100d，主茎叶 14～15 片，柱头外露率 62%，其中双外露率 30%。籽粒细长，柱头、颖尖无色，品质较优。不育株率 100%，花粉败育以典败为主，有少量圆败。

4. 川香 28B 及川香 28A

川香 28A 是四川省农业科学院作物研究所以 D90A 为母本，用湘香 2A 中的可育变异株为父本杂交、回交转育成的香型早籼不育系，同时育成保持系川香 28B。川香 28A 株高 63cm，播种至抽穗历期 59d，柱头紫色，不育株率 100%，花粉败育以典败为主。

五、K 型保持系及不育系

四川省农业科学院水稻高粱研究所于 1986 年从云南省引进的一个编号为 K52 的粳稻材料作母本的复合杂交组合 K52/泸红早 1 号//珍新粘 2 号的 F_2 群体中，发现几株花药干瘪、水渍状、半透明、I_2－IK 染色镜检花粉为典败的不育株，这些不育株比育性正常的植株矮小，有的柱头紫色，有的柱头无色。利用这些不育株与丰龙早/青二矮、泸红早 1 号、红突 5 号、83N5－80 等材料测交，同年秋在海南省陵水县种植观察测交 F_1 的育性表现。其中以丰龙早/青二矮作父本的测交 F_1 表现全不育，选株连续回交育成了 K 青 A、B；同时 83N5－80 等材料的测交 F_1 表现出一定的恢复力。表明其不育性属于核质互作雄性不育。由于不育胞质来源于 K52，因此，此类不育系称为 K 型不育系（王文明等，1995 年）。K 型杂交稻的恢保关系与野败型相似。

1. K 青 B 及 K 青 A

K 青 A 是四川省农业科学院水稻高粱研究所以 K52/泸红早 1 号//珍新粘 2 号的 F_2 中的不育株为母本，用丰龙早/青二矮的后代作父本杂交、回交转育成的早籼型不育系，同时育成保持系 K 青 B（图 14－9）。K 青 A 株高 60cm 左右，主茎叶 13 片，播种至抽穗历期 62d 左右，籽粒大，千粒重 28g，配合力高，但异交率较低。

2. K17B 及 K17A

K17A 是四川省农业科学院水稻高粱研究所以 K 青 A 为母本，用中 83－49/玻惠粘//温抗 3 号的后代作父本杂交、回交转育成的早籼型不育系，同时育成保持系 K17B（图 14-9）。K17A 株高约 65cm，主茎叶 12～13 片，播种至抽穗历期 63d 左右。叶鞘、叶缘、颖尖及柱头紫色。籽粒大，柱头外露率高，异交率高。

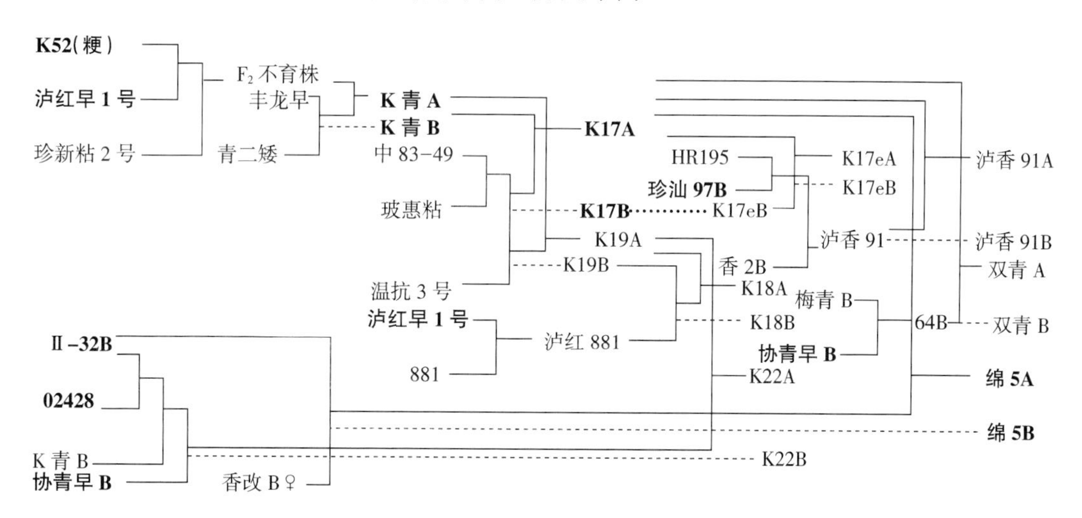

图 14－9　K 型杂交稻保持系、不育系系谱

3. K22B 及 K22A

K22A 是四川省农业科学院水稻高粱研究所以 K 青 A 为母本，用Ⅱ－32B/02428//协青早 B/K 青 B 的后代作父本杂交、回交转育成的早籼型不育系，同时育成保持系 K22B（图 14－9）。K22A 株高约 68cm，主茎叶 14 片，播种至抽穗历期 70d 左右。叶鞘、叶缘、颖尖及柱头紫色。籽粒大，柱头外露率高，异交率高。

另外，还有四川省农业科学院水稻高粱研究所育成的 K18B 及 K18A、K19B 及 K19A；广东海洋大学农业生物技术研究所育成的双青 B 及双青 A；四川省绵阳市农业科学研究所育成的绵 5B 及绵 5A（图 14－9）。

六、印水型保持系及不育系

湖南杂交水稻研究中心从印度尼西亚水田谷 6 号中发现不育株，其恢保关系与野败型相同，遗传特性也属于孢子体不育。Ⅱ-32A 系湖南杂交水稻研究中心用珍汕 97B 与 IR665 杂交育成定型株系后，再与印水珍鼎（糯）A 杂交回交转育成。全生育期 130d，开花习性好，异交结实率高，一般制种产量可达 3.0～4.5t/hm^2。是我国的主要三系不育系之一。

1. 优ⅠB 及优ⅠA

优ⅠA 是湖南杂交水稻研究中心以Ⅱ-32A 为母本，用协青早 B 的小粒变异株作父本杂交、回交转育成优质早籼型不育系，同时育成保持系优ⅠB（图 14-10）。优ⅠA 在长沙早稻正季播种全生育期 108～110d。开花习性好，花时早而集中，柱头外露率 80%以上，柱头双边外露率 60%以上，且柱头生活力强，繁殖制种产量一般可达 3.5t/hm^2 左右。

2. 中 9B 及中 9A

中 9A 是中国水稻研究所以优ⅠA 为母本，用优ⅠB/L301//菲改 B 的后代作父本杂交、回交转育成的早籼型不育系，同时育成保持系中 9B（图 14-10）。中 9A 株高约 65cm，播种至抽穗历期 60d 左右。不育株率 100%，镜检花粉败育为典败，花粉不育度 100%。叶缘、颖尖及柱头无色。柱头外露率高。籽粒细长，品质较优。已用其组配出国稻 1 号、国丰 1 号、中优 177、中优 448、中优 208 等组合应用于生产。

另外，还有广东省农业科学院水稻研究所育成的振丰 B 及振丰 A，重庆市作物研究所育成的 45B 及 45A、渝 5B 及渝 5A（图 14-10）。

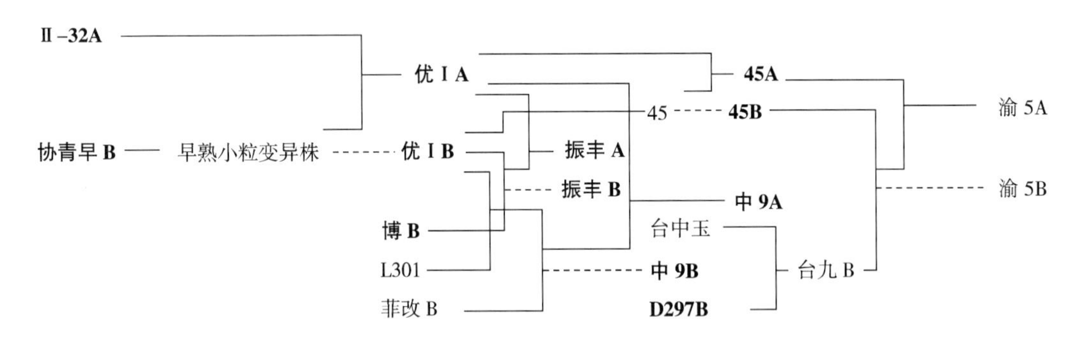

图 14-10 印水型杂交籼稻保持系、不育系系谱

七、红莲型保持系及不育系

红莲不育细胞质是武汉大学遗传研究室以海南红芒野生稻为母本，早籼品种莲塘早为父本杂交、回交筛选出来的。红莲细胞质的不育系统称为红莲不育系。红莲型杂交稻的恢保关系与野败型杂交稻不同，有些野败保持系可作为红莲型的恢复系。红莲型不育系的花药带黄色、瘦瘪、不开裂，花粉大多在二核期败育，以圆败为主。雄性不育的遗传特性为配子体不育（林世成等，1991）。

1. 丛广 41B 及丛广 41A

丛广 41A 是广东省农业科学院水稻研究所以莲塘早 A 为母本，用丛广 41 选系作父本杂交、回交转育成的红莲型不育系，同时育成丛广 41B（图 14－11）。丛广 41A 在广州地区春播，播种至抽穗历期 95～103d，主茎叶 15 片左右；秋播，播种至抽穗历期 70～72d，主茎叶 14 片左右。不育株率 100%，镜检花粉不育度 99.81%，花药瘦长，呈淡黄白色，一般不开裂。柱头外露率 60%左右，其中双外露率 25%左右。

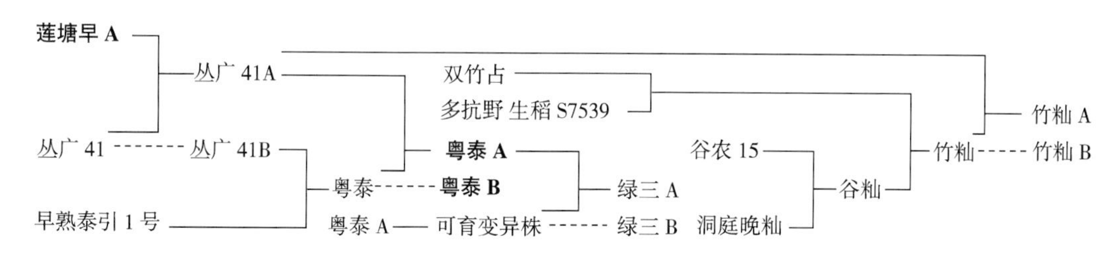

图 14－11　红莲型杂交稻保持系、不育系系谱

2. 粤泰 B 及粤泰 A

粤泰 A 是广东省农业科学院水稻研究所以丛广 41A 为母本，用丛广 41/早熟泰引 1 号的后代作父本杂交、回交转育成的红莲型不育系，同时育成粤泰 B（图 14－11）。粤泰 A 株高 88cm 左右，每穗粒数 165 粒，在南京的播种至抽穗历期 85d 左右，柱头外露率 97%。不育性稳定，不育株率 100%，镜检花粉不育度 99.98%。

另外，还有安徽省合肥三德绿色农业科技开发有限责任公司育成的绿三 B 及绿三 A；广东省湛江农业高等专科学校杂优研究室培育的竹籼 B 及竹籼 A（图 14－11）。

八、其他细胞质保持系及不育系

1. Y 华农 B 及 Y 华农 A

Y 华农 A 是华南农业大学以广东地方籼稻品种夜公作细胞质源培育的一新胞质不育系。夜公与建梅早杂交并回交 2 次，再与 6964 杂交，并用 6964 回交 8 次，然后再与籼薏杂交并回交 1 次，其不育株与莲籼矮与科东的后代杂交并连续回交育成的不育系和保持系（图 14－12）。Y 华农 A 株高 65～70cm，分蘖力强，株型集散适中，茎秆强韧，不易倒伏，叶片大小适中，叶色淡绿，叶鞘、茎节、稃尖、柱头和种皮均非紫色；穗中等偏大，每穗粒数 150 粒，着粒较密，粒形长椭圆，不育株率和不育度 100%，花粉败育：典败 95%以上，圆败率近 5%，极少染败，自交不结实。在广州早季 3 月初播种，播种至抽穗历期 92d 左右，主茎叶 15 片。晚季 7 月上、中旬播种，播种至抽穗历期 70d 左右，主茎叶 14 片。在正常天气条件下，Y 华农 A 早晚季多数穗子出穗当天开始开花，午前花占 60%左右，柱头外露率 70%，其中双边外露率 55%左右。夜公胞质不育的恢保关系与野败型相同。

2. 马协 B 及马协 A

马协 A 是武汉大学生命科学院以恩施土家族苗族自治州农家品种马尾粘中发现迟熟早籼稻类型细胞质雄性不育株作母本与协青早成对连续回交育成的不育系，同时育成保持系马协 B（图 14－12）。马协 A 株高 80cm，开颖角度大，花药呈乳白色，箭头形，柱头外露率达 72.1%；双边外露率为 39.3%。每穗粒数 90 粒。谷粒细长，谷壳薄，千粒重 30g。全生育期 114d，比珍汕 97A 短 3～5d。不育株率 100%。镜检花粉不育度 98.8%，套袋自交不结实率 99.97%。异交结实率高，最高达 74.0%。通过回交转育育成武金 2A 和武香 A 两个不育系。马尾粘胞质不育的恢保关系与野败型相同。

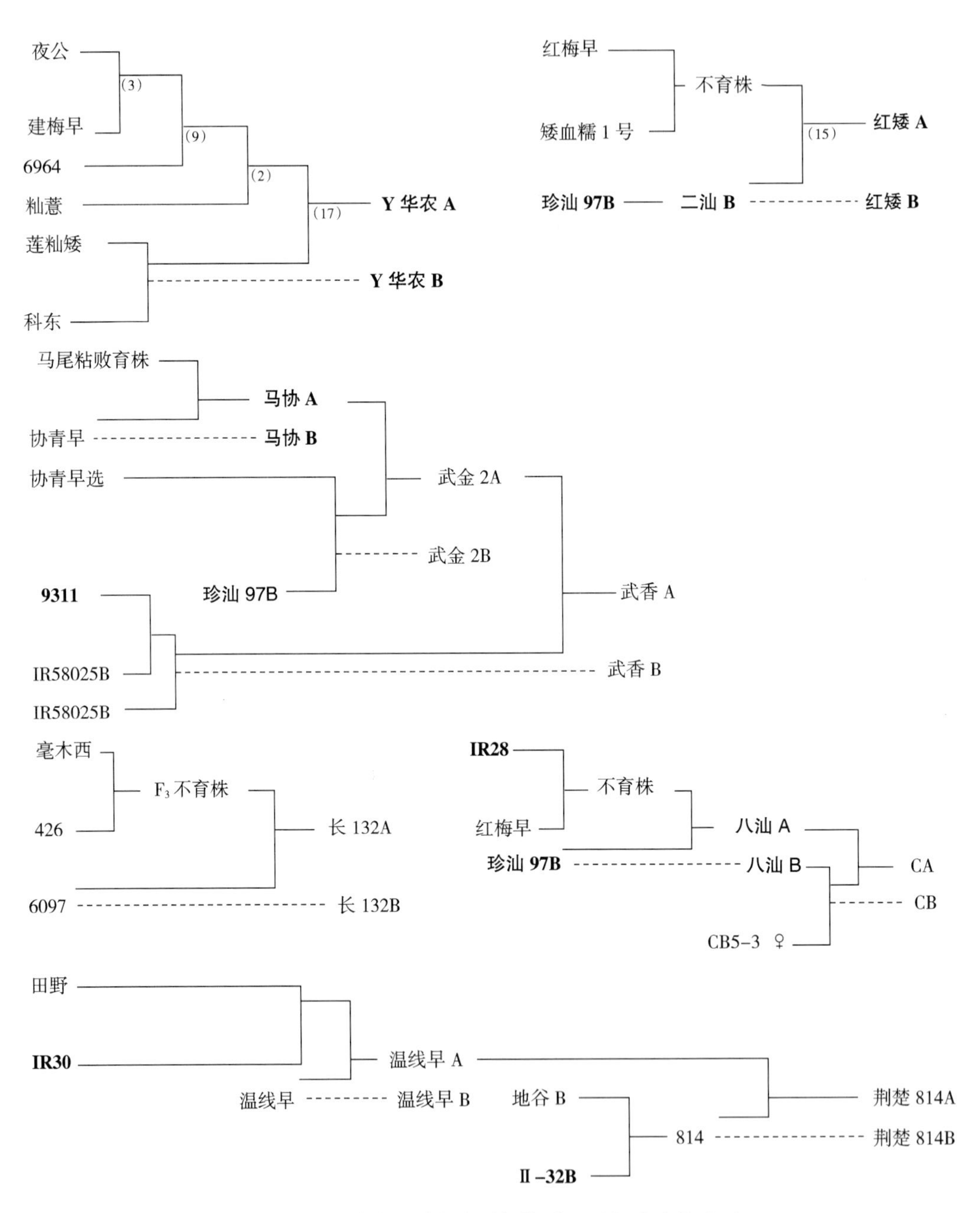

图 14-12　其他胞质杂交稻保持系、不育系系谱（一）

3. 红矮 B 及红矮 A

红矮 A 是西南科技大学水稻研究所以籼稻品种红梅早与矮血糯 1 号杂交的不育株与

二汕 B 成对回交育成的核质互作型雄性不育系，同时育成保持系红矮 B（图 14－12）。红矮 A 绵阳春播于 4 月上旬，播种至抽穗历期 80d 左右，主茎叶 13～14 片；绵阳夏播于 5 月，播种至抽穗历期 75d 左右。株高 80～85cm，叶鞘、叶耳、颖尖紫色，株型适中，繁茂性好，叶片微外卷、直立，籽粒长大、无芒（穗顶端个别籽粒有芒）。不育株率 100%，镜检花粉不育度 99.95%。花粉以典败为主。其恢保关系与野败型相同。

4. 东 B11B 及东 B11A

东 B11A 是江西省宜春市农业科学研究所以东乡野生稻与红优早籼及 HA79317－7 复合杂交的后代不育株作母本，与江农早 2 号 B 的选系成对连续回交育成的新不育系，同时育成保持系东 B11B。东 B11A 在江西省宜春春、夏播种，播种至抽穗历期分别为 77d 和 60～67d，主茎叶 12～13 片。株型松散，剑叶较宽大，茎秆粗壮，分蘖力中等，不育花粉以典败为主，少量圆败，染败极少。套袋自交结实率为 0，不育株率 100%。

5. 荆楚 814B 及荆楚 814A

荆楚 814A 是湖北省荆州市种子总公司以田野型温线早 A 为母本，用地谷 B/Ⅱ－32B 的选系 8－14 作父本杂交、回交转育而成的早熟籼型三系野败不育系，同时育成保持系荆楚 814B（图 14－12）。荆楚 814A 株高 60cm，株型松紧适度。叶片较窄挺，叶色深绿。分蘖力强，茎秆、稃尖紫色，柱头黑色。穗长 22cm，每穗粒数 105 粒，千粒重 25g。在荆州 4 月中旬播种，主茎叶片 11.5 片，播种至抽穗历期 65d，与金 23A 相当。花时早，午前开花率高，上午 8：30 左右开始开花，10：30 进入盛花，开颖角度 30°。柱头外露率 74.13%，其中双边外露率 40.06%。花药瘦小不裂，乳白色，箭头状。育性稳定，不育株率 100%，套袋自交不育度 100%，镜检花粉不育度 99.99%，属典败类型。高感白叶枯病，中感稻瘟病。主要组合有荆楚优 201 和荆楚优 148。

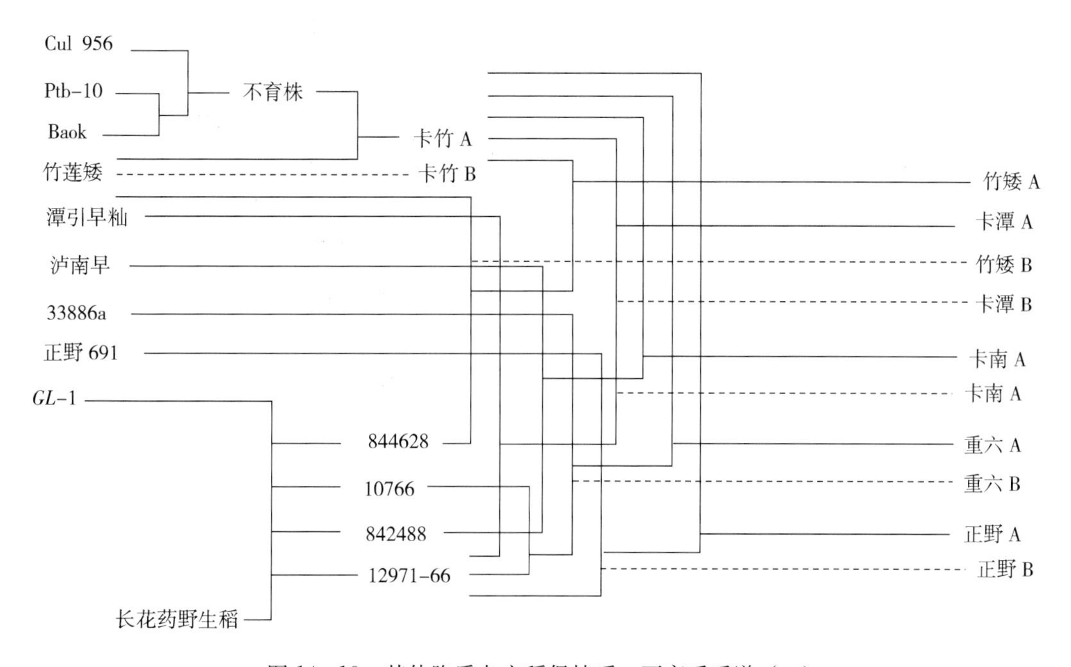

图 14－13　其他胞质杂交稻保持系、不育系系谱（二）

6. 新露 B 及新露 A

新露 A 是江西省萍乡市农业科学研究所以利托/测 64－7//桂 33 的 F3 中的不育株为母本，用 V20B/26 窄早的后代为父本测交并连续回交，转育而成的新质源不育系，同时育成保持系新露 B。新露 A 株高 80cm 左右，株型挺拔，分蘖力强。其不育特性与野败不育系珍汕 97A 相似，花药败育呈水渍状，乳白色，不开裂，花粉镜检为典败，套袋自交不结实。不育株和镜检花粉不育度均达 100%。柱头外露率 88.85%，其中双外露率 40.31%。在江西省萍乡地区 5 月中旬播种，播种至抽穗历期 67d。其恢保关系与野败型相同。

另外，还有西南科技大学水稻研究所育成 IR28 胞质保持系和不育系 CB 及 CA（图 14－12）；四川省绵阳市农业科学研究所育成的 Cul 956 胞质保持系和不育系卡谭 B 及卡谭 A（图 14－13）；四川省农业科学院作物研究所育成的 L301 胞质的保持系和不育系川 7B 及川 7A（图 14－14）、毫木西胞质的保持系和不育系长 132B 及长 132A（图 14－12）、菲改 B 胞质的保持系和不育系川 75B 及川 75A（图 14－14）。

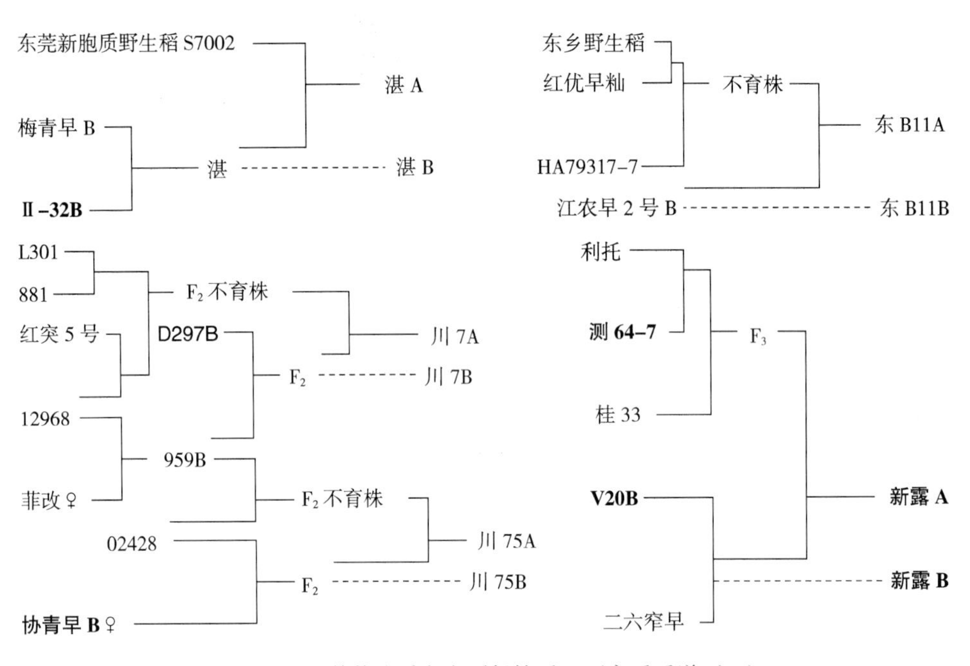

图 14－14　其他胞质杂交稻保持系、不育系系谱（三）

第四节　三系杂交籼稻恢复系系谱

一、野败型恢复系系谱

我国杂交水稻恢复系的选育经历了两个时期，一是发展初期的测交筛选；二是人工杂交制恢。人工杂交制恢则是以初期测交筛选出的恢复系 IR24、IR30、IR661、IR26、泰引 1 号等为主体亲本。明恢 63 的培育成功，是我国人工制恢杂交选育新恢复系的一个里程碑。除了初期测交筛选的恢复系之外，育成的恢复系明恢 63、桂 99 等成为新一轮杂交制恢的主体亲本，培育了一批新恢复系，促进了杂交稻组合的多样化。

1. 明恢 63 及其衍生的恢复系

明恢 63 系福建省三明市农业科学研究所以 IR30/圭 630 于 1980 年育成，组配的众多杂交稻组合（汕优 63、D 优 63、冈优 12、特优 63、金优 63 等）在我国水稻生产上得到广泛使用。明恢 63 衍生了众多恢复系，其衍生的恢复系占我国选育恢复系的 65%～70%，衍生的主要恢复系有 CDR22、辐恢 838、多系 1 号、广恢 128、恩恢 58、明恢 86、绵恢 725、盐恢 559、镇恢 084、晚 3 等。

（1）CDR22 及其衍生的恢复系

CDR22 系四川省农业科学院作物研究所以 IR50/明恢 63 育成的中籼迟熟恢复系。CDR22 在四川成都春播，播种至抽穗历期 110d 左右，株高 100cm 左右，主茎叶 16～17 片，穗大粒多，千粒重 29.8g，抗稻瘟病，配合力高，花粉量大，花期长，有利于制种。CDR22 是我国使用面积较大的恢复系之一，先后配制了汕优 22 和冈优 22 等强优势组合在生产中推广，特别是冈优 22 的培育与推广，打破了我国南方中籼稻区汕优 63“一统天下”的局面。

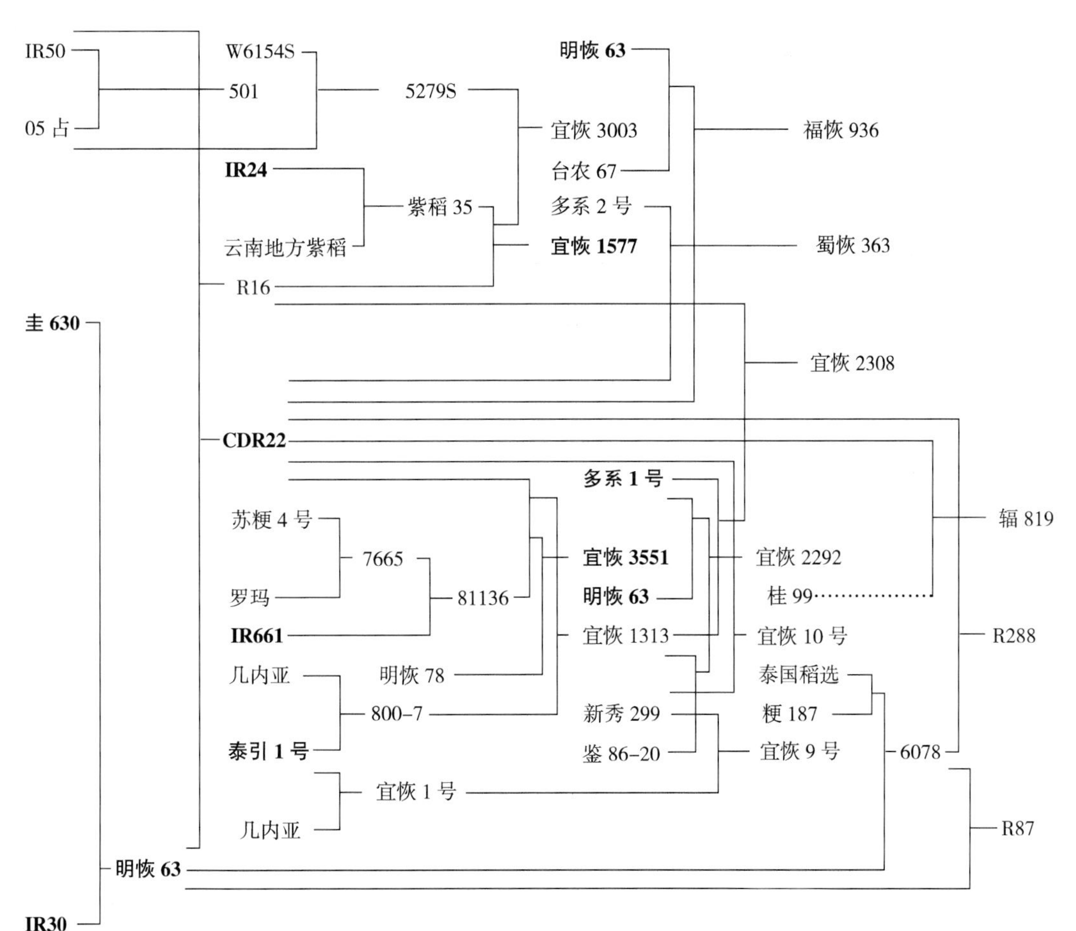

图 14-15　CDR22 及其衍生的恢复系

由 CDR22 衍生出了宜恢 3551、宜恢 1313、福恢 936、蜀恢 363 等（图 14 - 15）。

（2）辐恢 838 及其衍生的恢复系

辐恢 838 系由四川省原子能应用技术研究所以 226（糯）/明恢 63 辐射诱变株系 r552 育成的中籼中熟恢复系。辐恢 838 株高 100～110cm，茎秆粗壮，叶色青绿，剑叶硬立，叶鞘、节间和稃尖无色。主茎叶 15 片，全生育期 127～132d，播种至抽穗历期比明恢 63 短 7～8d。分蘖力中上，大穗大粒，每穗粒数 140～150 粒，千粒重 32～34g，配合力高，恢复力强，用其组配出的Ⅱ优 838 是我国南方稻区中稻的主栽组合之一。

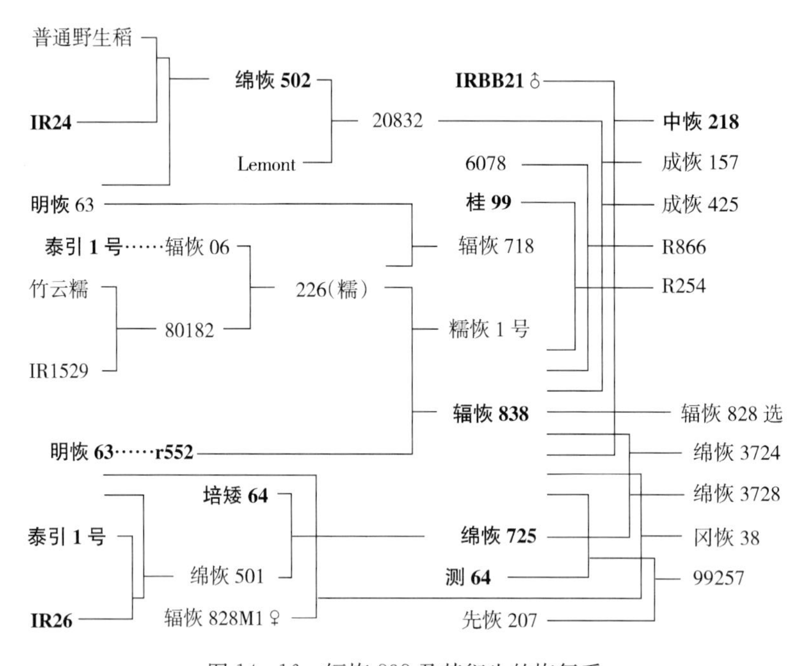

图 14 - 16　辐恢 838 及其衍生的恢复系

由辐恢 838 衍生出了辐恢 838 选、成恢 157、冈恢 38、绵恢 3724 等新恢复系（图14 - 16）。

（3）多系 1 号及其衍生的恢复系

多系 1 号是四川省内江市农业科学研究所以明恢 63 为母本，Tetep 为父本杂交，并用明恢 63 连续回交 2 次育成，同时育成的还有内恢 99 - 14 和内恢 99 - 4。多系 1 号在四川内江春播，播种至抽穗历期 110d 左右，株高 100cm 左右，主茎叶 16～17 片，穗大粒多，千粒重 28g，高抗稻瘟病，配合力高，花粉量大，花期长，有利于制种。多系 1 号是我国配制组合较多、推广面积较大的恢复系之一。先后配制了汕优多系 1 号、Ⅱ优多系 1 号、冈优多系 1 号、D 优多 1、D 优 68、K 优 5 号、特优多系 1 号等在我国南方稻区作中稻应用。

多系 1 号抗稻瘟病力强，国内科研单位用其作亲本育成了一批恢复系，并在生产得到应用。由多系 1 号衍生出的恢复系有：内恢 182、绵恢 2009、绵恢 2040、明恢 1273、明恢 2155、联合 2 号、常恢 117、泉恢 131、亚恢 671、亚恢 627、航 148、晚 R - 1、中恢

8006（图 14－17）；宜恢 2308、宜恢 2292（图 14－15）。

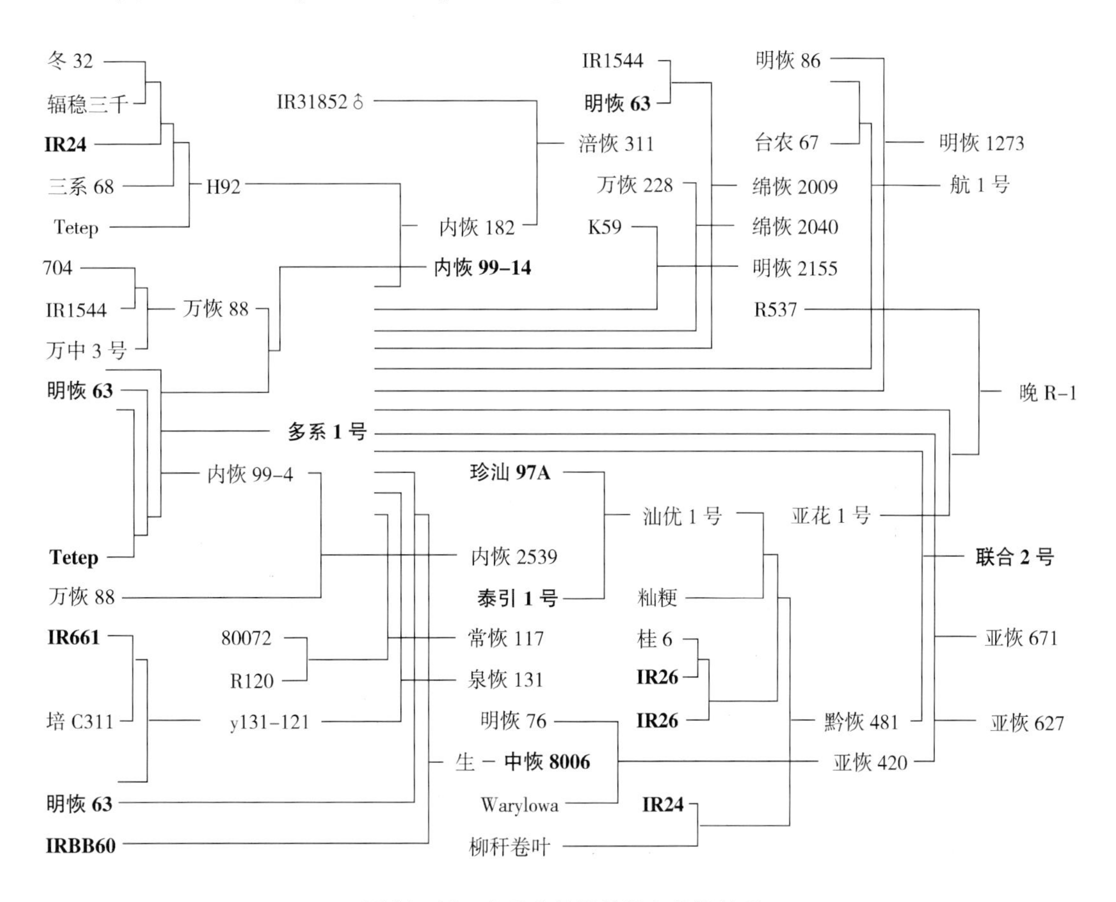

图 14－17　多系 1 号及其衍生的恢复系

由明恢 63 衍生的恢复系还有：HR196、R130、扬恢 336、R818、广恢 122、广恢 308、岳恢 44、玉 270、明恢 70、明恢 67、明恢 75、绵恢 734、乐恢 188、明恢 78、蜀恢 362、蜀恢 361、多恢 57、菲恢 6 号等（图 14－17，图 14－18，图 14－19）。

2. R402 及其衍生的恢复系

R402 是湖南省安江农业学校以制 3－1－6 与 IR2035 两个恢复系杂交的后代，经多代测配于 1986 年冬育成的“三系法”早籼恢复系。在湖南春季播种，全生育期 115d。株高 78.5cm 左右，株型集散适中，茎秆偏细，叶鞘、叶耳无色，叶片青绿色，主茎叶 14 片左右，剑叶长 28cm，宽 1.5cm，夹角较小，成熟时落色好。分蘖力中等，单株分蘖 11 个，成穗率 75%左右，有效穗 430 万/hm^2 左右。穗长 20cm 左右，每穗粒数 85 粒，结实率 85%以上。谷粒细长形，长 10mm，宽 2.7mm，长宽比 3.7。谷壳薄，呈黄色，有顶芒，千粒重 26.5g。抗稻瘟病和抗寒能力强，抗倒伏能力欠佳。恢复力强，恢复度达 90%以上，且配合力好。该品种谷壳薄，出糙率高，稻米呈长粒型，垩白粒率低，食味好，综合指标达中上水平。由 R402 衍生的恢复系有：R463、R227、R160、R356 和湘恢 299（图 14－20）。

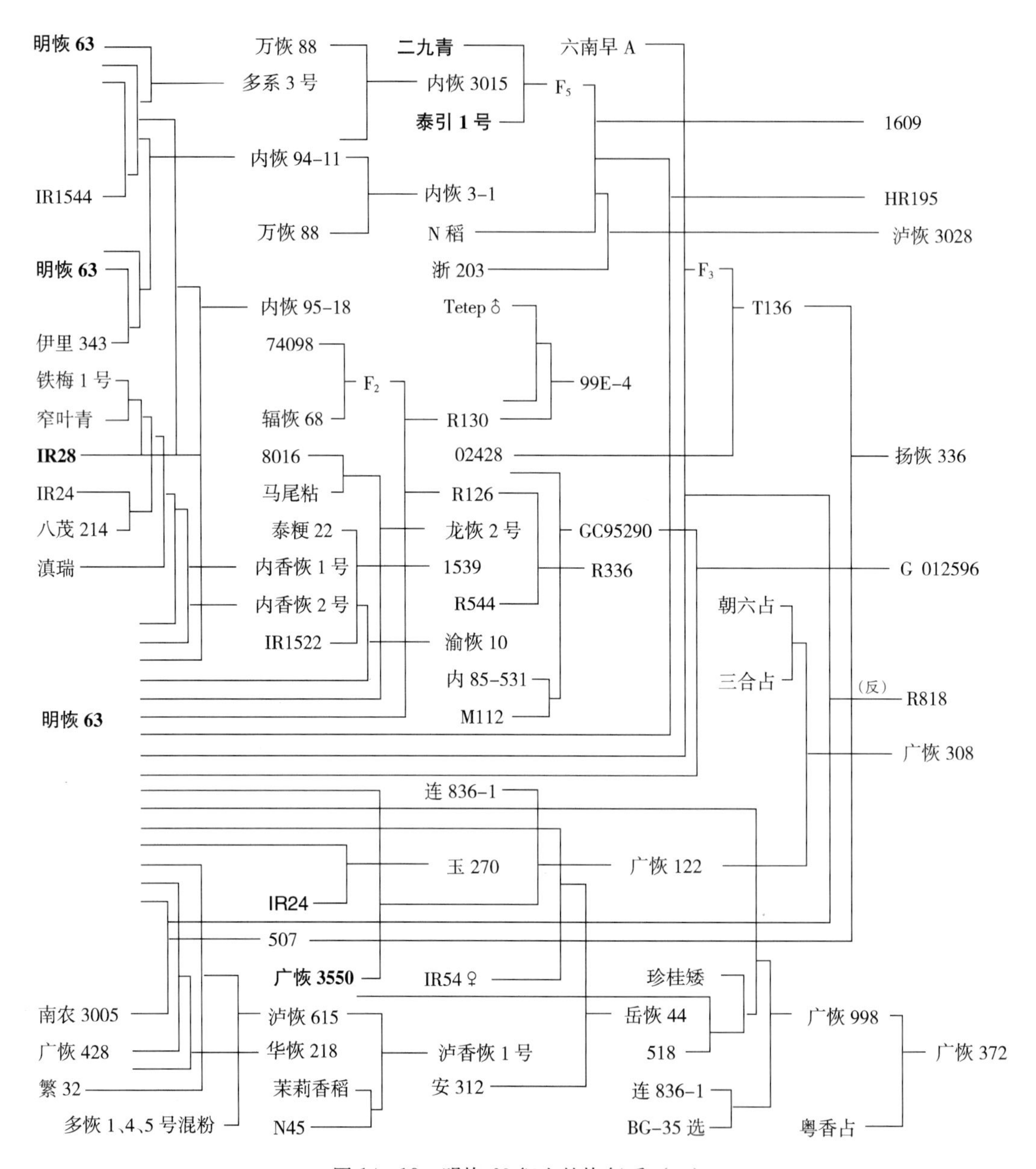

图 14-18　明恢 63 衍生的恢复系（一）

R463（To463）系湖南省衡阳市农业科学研究所以 To974（To498/26 窄早//水源 287///测 64）为母本，R402（制 3-1-6/IR2035）为父本杂交育成的早籼优质恢复系（图 14-20）。R463 在湖南衡阳 3 月下旬播种，播种至抽穗历期 82d，全生育期 112d，主茎叶 13.2 片；7 月中旬播种，播种至抽穗历期 58d，主茎叶 12.2 片。株高 90～95cm，茎秆较粗，分蘖力中等，成穗率较高，每穗粒数 128.5 粒，结实率 85.6%，千粒重 27.5g，花期较长，花时集中、偏早。已组配出新香优 463、金优 463、威优 463 应用于生产。

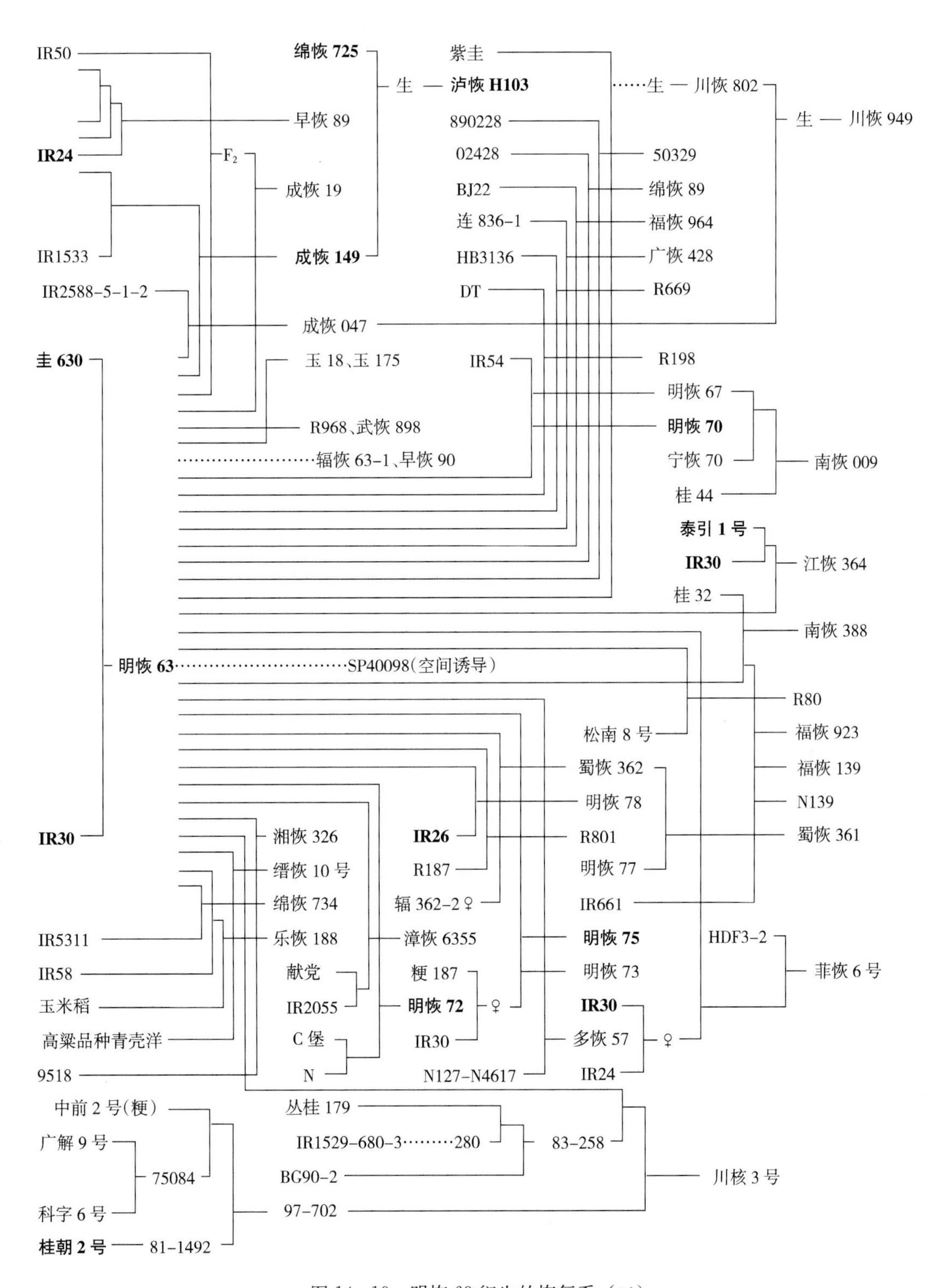

图 14-19　明恢 63 衍生的恢复系（二）

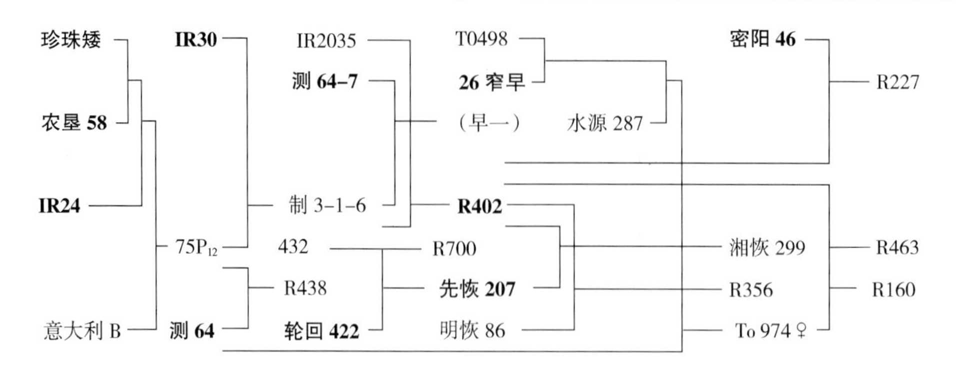

图 14－20　R402 及其衍生的恢复系

3. Lemont 及其衍生的恢复系

Lemont（Lebonnet//CI9881/PI331581）系引自美国的光身稻品种，具有中抗稻瘟病、高光效、品质优、广亲和等特性。四川省农业科学院作物研究所以绵恢 502 作母本与 Lemont 作父本杂交育成成恢 177 和成恢 448（图 14－21），成恢 177 是一个具有抗稻瘟病、优质等特点的恢复系；成恢 448 具有抗稻瘟病、优质、高收获指数和广亲和性的恢复系，其配制的组合为中、晚稻兼用型，并由成恢 448 衍生出了 R600。由 Lemont 衍生的恢复系还有成恢 761、成恢 157、成恢 425，四川农业大学水稻研究所育成的蜀恢 202 及江西省宜春地区农业科学研究所育成的 R1429（图 14－21）。

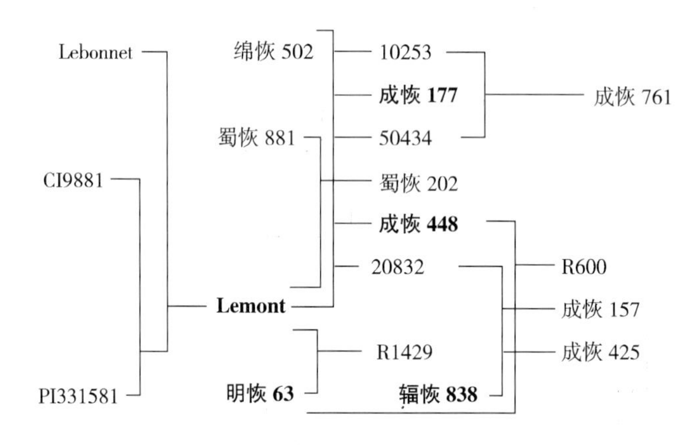

图 14－21　Lemont 衍生的恢复系

4. 测 64 及其衍生的恢复系

测 64 是湖南省安江农业学校从 IR9761－19 中系选测出。从测 64 衍生出的恢复系有广东省农业科学院水稻研究所培育的广恢 4480（广恢 3550/测 64）、广恢 128（七桂早 25/测 64）、广恢 96［测 64/518（丛桂/IR50）］、广恢 452（七桂早 25/测 64/早特青/青龙点）、广恢 368（台中籼育 10 号/广恢 452）（图 14－22）；福建省三明农业科学研究所培育的明恢 77（明恢 63/测 64）、明恢 07（泰宁本地/圭 630//测 64///777/CY85－43）、湖北省黄冈农业科学研究所培育的冈恢 12（测 64－7/明恢 63）和冈恢 152（测 64－7/测 64－48）等（图 14－22，图 14－23）。

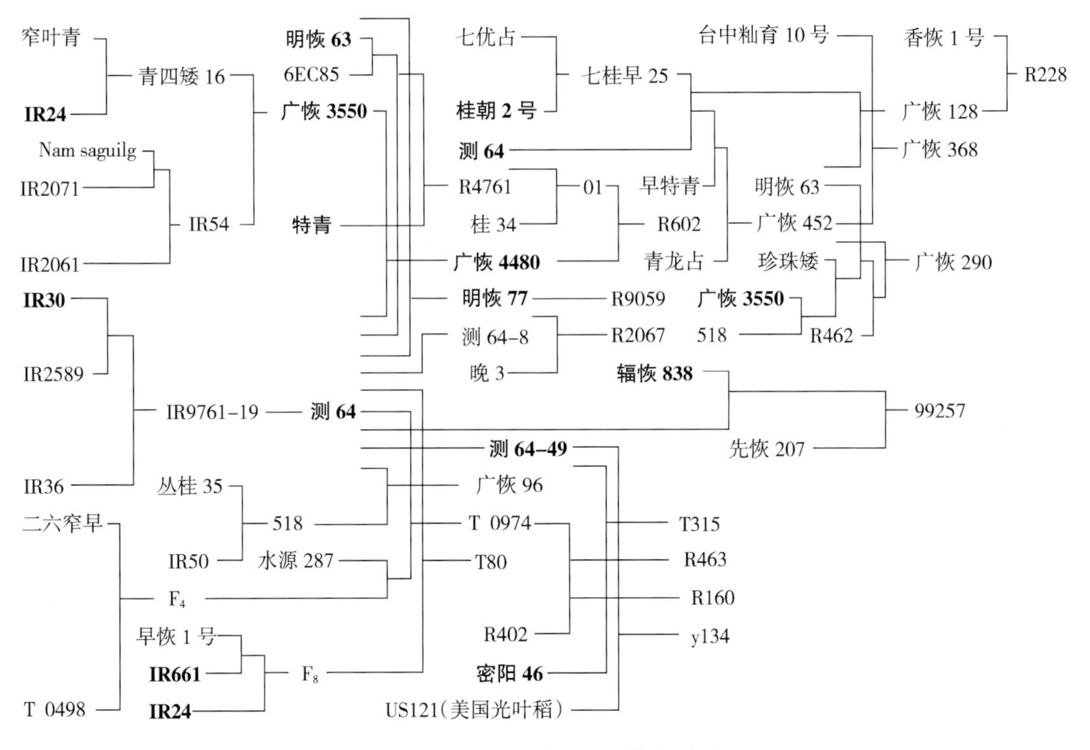

图 14－22　测 64 及其衍生的恢复系（一）

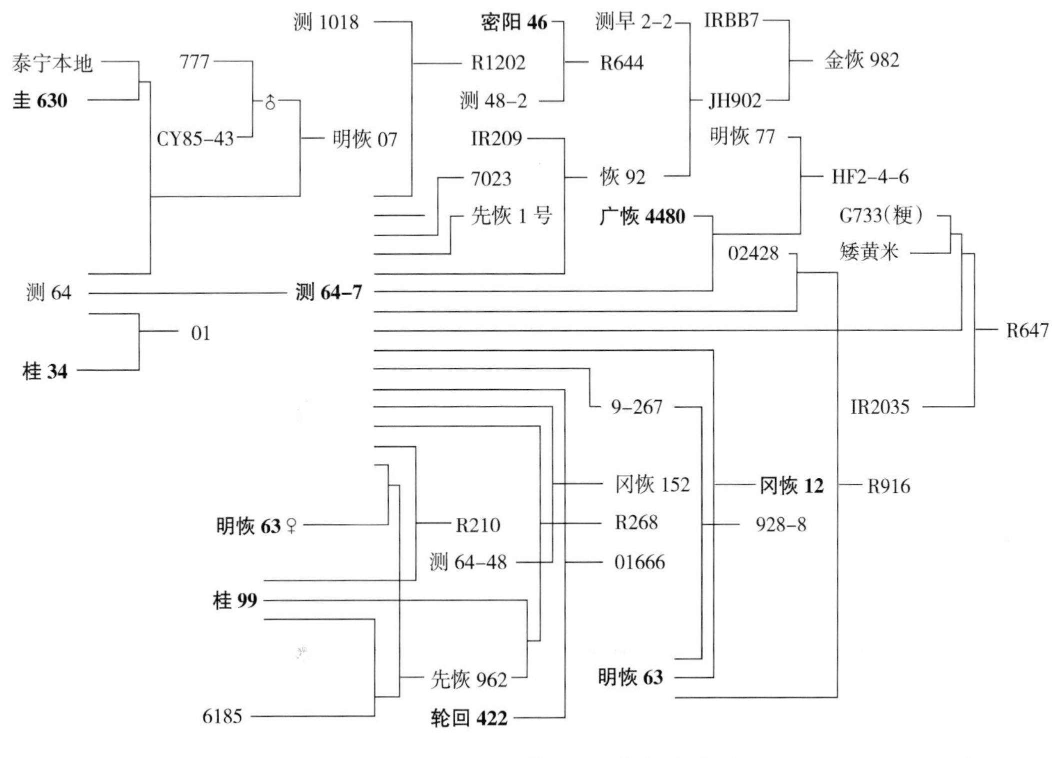

图 14－23　测 64 及其衍生的恢复系（二）

(1) 明恢 77

明恢 77 由福建省三明市农业科学研究所以明恢 63 作母本，测 64 作父本杂交培育的早熟恢复系（图 14-22）。明恢 77 分蘖力强，花粉量足，易于制种。明恢 77 在 3 月下旬播种，播种至抽穗历期 95d 左右，主茎叶 15～16 片。已配制出汕优 77、金优 77、协优 77、新香优 77 等应用于生产。

(2) 明恢 07

明恢 07 由福建省三明市农业科学研究所以泰宁本地和圭 630 杂交再与测 64 复交然后与 777/CY85-43 杂交育成（图 14-23），明恢 07 属基本营养型，作早稻播种，播种至始穗期 86d 左右，作中、晚稻播种，播种至抽穗历期 70d 左右。株高 110cm，主茎叶 14 片，每穗粒数 135 粒，结实率 88.5%，千粒重 23.8g。

5. 密阳 46 及其衍生的恢复系

密阳 46（统一［IR8//蛦/台中本地 1 号］/IR24//IR1317（振兴/IR262//IR262）/IR24）引自国际水稻研究所（IRRI），原产韩国的野败型籼型早熟恢复系。密阳 46 在浙江杭州 5 月 20 日左右播种，全生育期 110d 左右，播种至抽穗历期 80±2d，株高 80cm 左右，株型紧凑，茎秆细韧、挺直，主茎叶 17.2～17.4 片。花期较短，花时较早，当天花

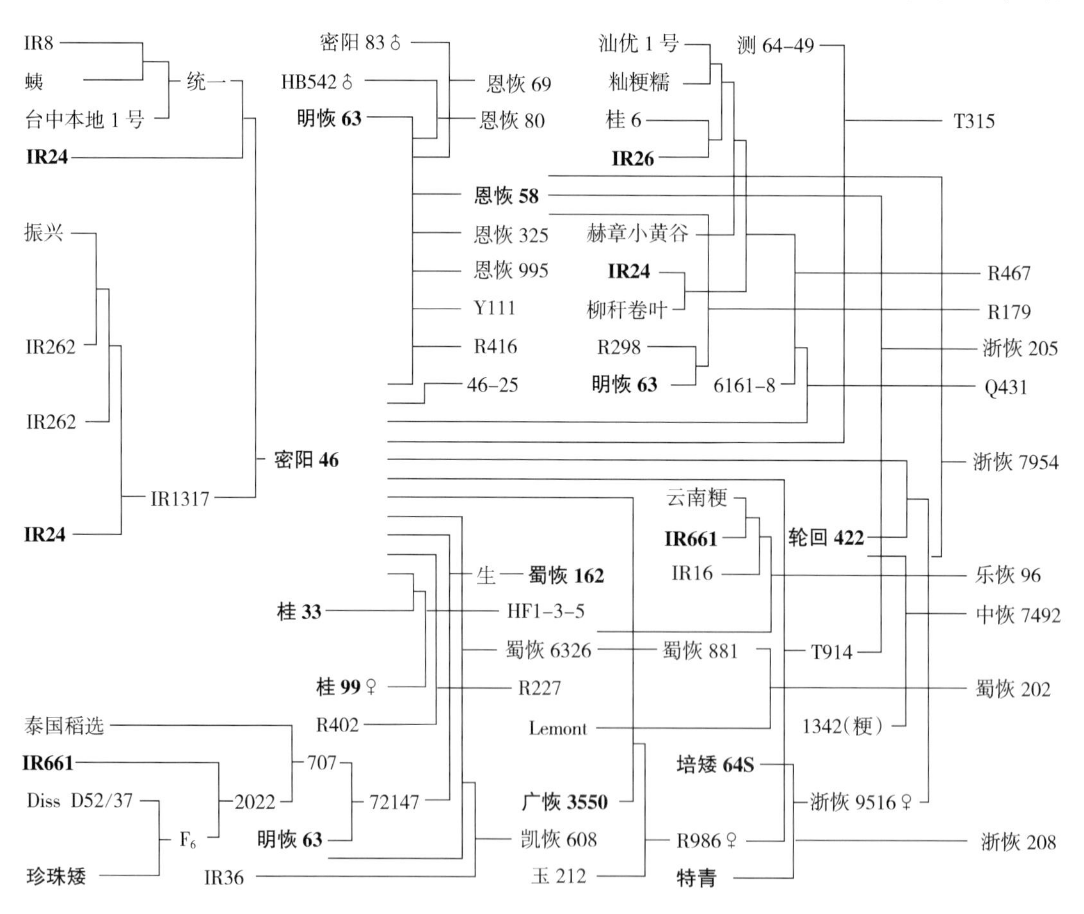

图 14-24 密阳 46 及其衍生的恢复系

时上午 9：00 始花，11：30 盛花，花粉量较多，穗长 20cm 左右，每穗粒数 100 余粒，结实率 85%～90%，千粒重 24g。抗稻瘟病力强。配制的杂交组合汕优 10 号（汕优 46）、协优 46、威优 46 是我国晚稻的主栽组合。

密阳 46 主要衍生的恢复系（图 14-24）有四川农业大学水稻研究所培育的蜀恢 6326，进而衍生出蜀恢 881、蜀恢 202、蜀恢 162；湖北省恩施土家族苗族自治州红庙农业科学研究所培育恩恢 58、恩恢 325、恩恢 995、恩恢 69，并由恩恢 58 衍生出浙恢 7954 和浙恢 203；湖南杂交水稻研究中心的 y111、R644 及凯恢 608、浙恢 208。

（1）蜀恢 162

四川农业大学水稻研究所 1975 年夏用 IR661 作母本同（Diss D52/37×珍珠矮）F_6 作父本杂交；1979 年夏用该组合 F_8 2022 株系作父本，泰国稻选作母本杂交；1984 年夏选定 707 株系，再用 707 作母本，明恢 63 作父本杂交，1988 年选定 72347 株系作父本，用韩国育成的含粳稻血缘、抗稻瘟病的密阳 46 作母本再杂交，1989 年 F_1 植株花培，1990 年获得一批花培系；1991 年同 D 汕 A 等初测，162 株系表现优良；1993 年双列杂交，162 株系不仅表现配合力好，还能同时配出多个熟期的杂种，定名蜀恢 162。蜀恢 162 在成都地区春播，播种至抽穗历期 103d，株高 95cm，主茎叶 15～16 片，抽穗整齐，花粉量较大，散花畅快，对九二〇反应的敏感性中等。蜀恢 162 已配制出 D 优 162、Ⅱ优 162 等应用于生产。

（2）恩恢 58

湖北省恩施土家族苗族自治州农业科学院 1985 年在恩施红庙试验田用明恢 63 作母本，密阳 46 作父本杂交，于 1991 年定型育成恩恢 58。恩恢 58 在恩施红庙 4 月初播种，播种至抽穗历期 107d 左右，全生育期 143d，株高 110cm，植株整齐，分蘖力强，叶色偏淡绿，叶鞘、叶耳、节间及茎均无色，主茎叶 16～17 片，每穗粒数 120～130 粒，结实率达 85%以上，千粒重 27g 左右。抽穗整齐，花时较集中，花粉量足。抗稻瘟病力强。已配制出Ⅱ优 58、Ⅰ优 58、汕优 58、恩优 58 等应用于生产，其中Ⅱ优 58 为武陵山区国家水稻新品种区域试验的对照品种。

6. 桂 99 系谱及其衍生的恢复系

广西壮族自治区农业科学院水稻研究所以龙紫 12/野 5 的选系作母本与 IR661/IR2061 的后代作父本杂交培育成三系恢复系桂 99。桂 99 在南宁春播，主茎叶 16 片；秋播，主茎叶 15 片。株高 90cm 左右，稃尖无色，叶鞘青绿。对九二〇较敏感。桂 99 已配制出汕优桂 99、金优桂 99、中优桂 99、特优桂 99 等应用于生产。

由桂 99 衍生出桂 55、桂 168、桂 648、桂 1025、R859、辐 819、R120、先恢 962、R210 等（图 14-25）。

桂 1025 是广西壮族自治区农业科学院水稻研究所通过复合杂交培育的三系恢复系，其系谱为：（桂 99//辽粳 5 号/CPSLO 18）F_5（BF657）/F_6（BF549）{[（Belement/皖恢 9 号）F_7/CPSLO 18] F_3/直龙}。桂 1025 株型紧凑，苗期长势较弱，植株矮小，分蘖力中等，叶片短小、直立，叶色浓绿，叶鞘绿色，颖尖无色。株高 80～90cm，千粒重 17g，谷粒细长。在南宁早季主茎叶 16～17 片；晚季 6 月底至 7 月初播种，播种至抽穗历期 68～73d，花期短而集中，花粉量较小，对温度较敏感，耐寒性稍差，遇过低温度会引起

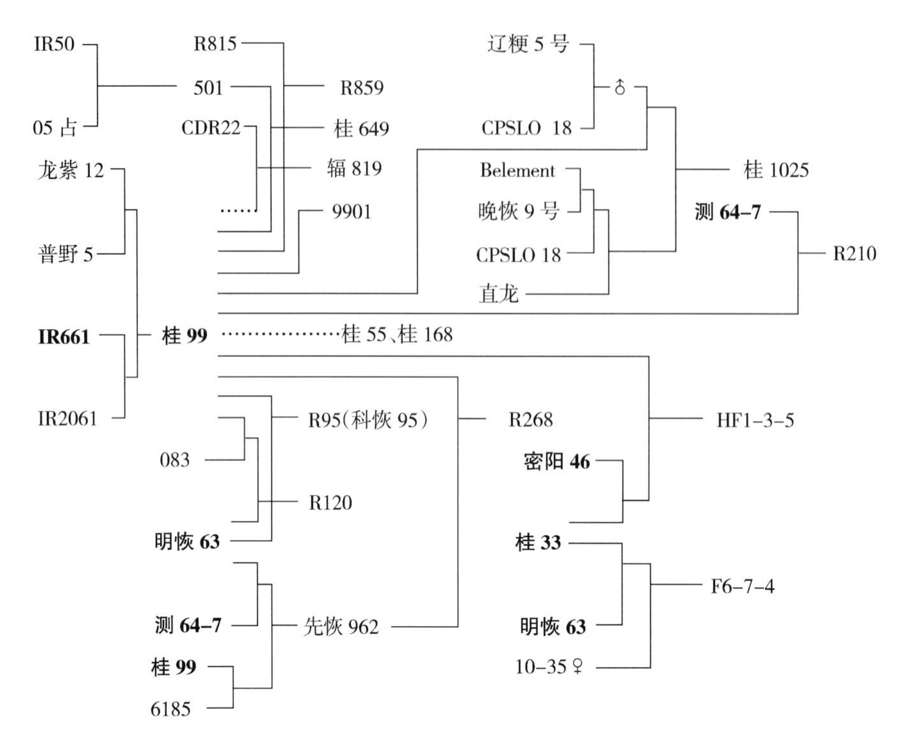

图 14-25　桂 99 及其衍生的恢复系

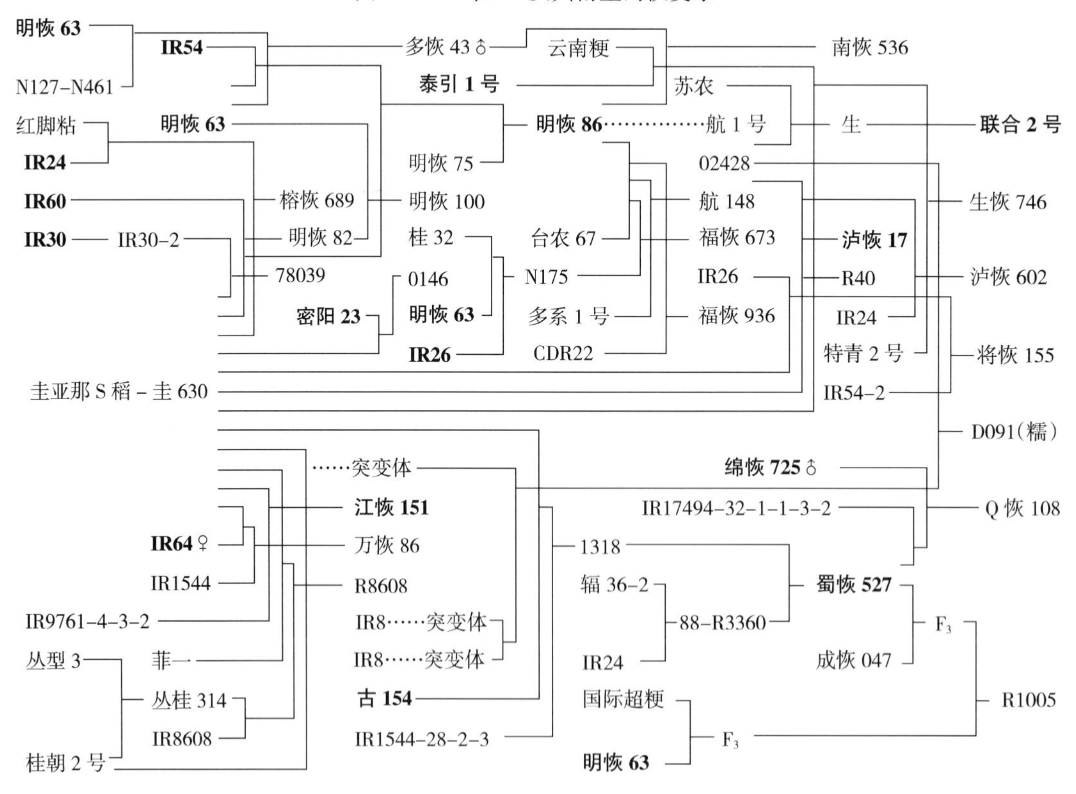

图 14-26　圭 630 及其衍生的恢复系

主茎叶片增加，生育期延迟，特别是在扬花授粉期间遇低温，易造成花粉活力丧失，自交结实率明显下降。桂 1025 已配制出秋优 1025、博优 1025、特优 1025 等应用于生产。

7. 圭 630 衍生的恢复系

明恢 63 衍生于圭 630 并衍生出众多恢复系之外，圭 630 非经明恢 63 而衍生的恢复系，由四川农业大学水稻研究所育成的蜀恢 527［1318（圭 630/古 154//IR1544－28－2－3）/88－R3360（辐 36－2/IR24）］（图 14－26），蜀恢 527 是我国杂交中籼的一个重要恢复系，配制的组合冈优 527、D 优 527、金优 527、协优 527 等在我国水稻生产上得到广泛的应用。福建省福州市农业科学研究所以红脚粘/IR24//圭 630 育成榕恢 689；福建省三明市农业科学研究所育成的明恢 82（IR60/圭 630）并衍生出明恢 100、明恢 86（IR54/明恢 63//IR60/圭 630///明恢 75），并衍生出航 1 号、南恢 536、明恢 1273。四川省农业科学院水稻高粱研究所以 02428 作母本，圭 630 作父本杂交育成泸恢 17、R40 及泸恢 602（02428/圭 630//IR24）。圭 630 衍生的恢复系还有将恢 155、D091（糯）、78039、R8608，万恢 86（IR64/圭 630//IR1544）和江恢 151（圭 630/IR9761－4－3－2）等（图 14－26）。

8. 衍生于特青的恢复系

特青是我国广东省的一个常规高产籼稻品种，用其作亲本衍生一批高配合力恢复系。如盐恢 559、镇恢 084、镇恢 129、浙恢 7954、广恢 452、广恢 998、广恢 368、广恢 290 等（图 14－27）。

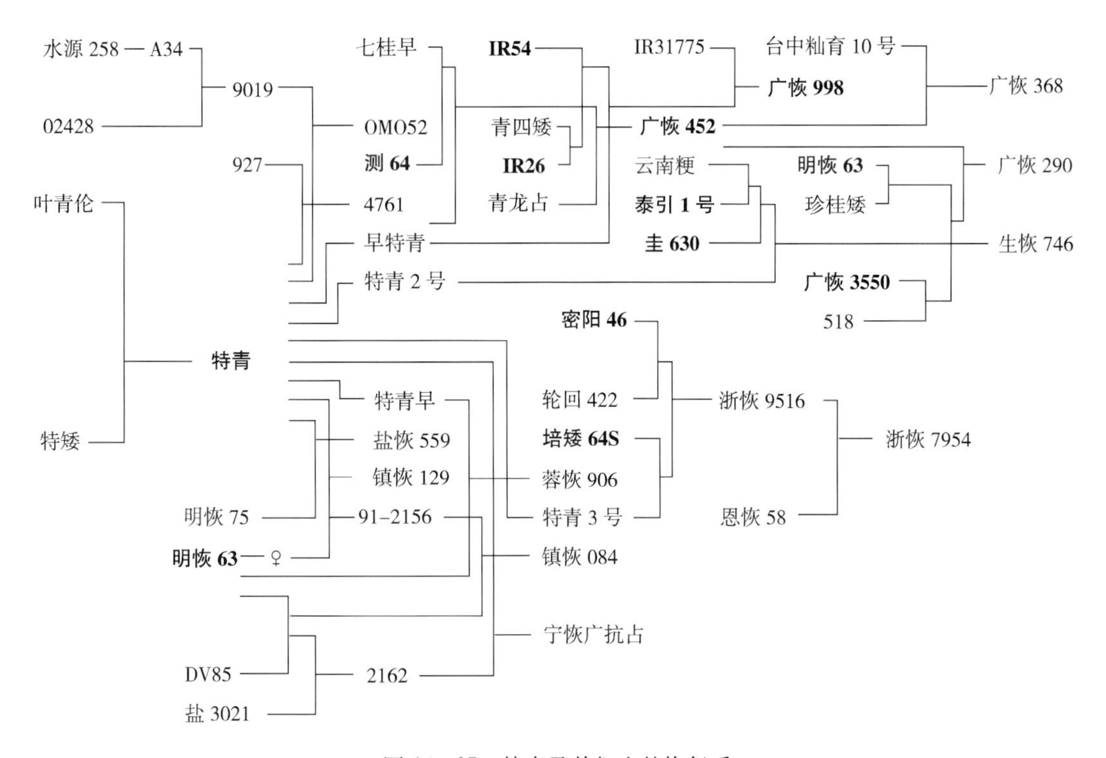

图 14－27　特青及其衍生的恢复系

（1）广恢 998

广恢 998 由广东省农业科学院水稻研究所培育的具特青血缘的高配合力恢复系（图

14-27)。广恢998在广州早季3月初播种，播种至抽穗历期91～95d，晚季7月下旬播种，播种至抽穗历期69～72d。主茎叶16～17片，株高100cm左右，穗长20～25cm，每穗粒数170粒，结实率高达90%以上。开花期10d以上。已配制出汕优998、天优998、Ⅱ优998、优Ⅰ998、丰优998、秋优998、博优998、华优998等应用于生产。

(2) 镇恢084

镇恢084是江苏省镇江市农业科学研究所于1996年定型的三系恢复系，该恢复系在江苏句容4月下旬播种，播种至抽穗历期105d左右，全生育期140d左右，主茎叶17片左右。株高110cm，穗长25cm，每穗粒数150粒，结实率93%以上，千粒重28g。抗白叶枯病。已配制出汕优084和Ⅱ优084应用于生产。

(3) 盐恢559

盐恢559是江苏沿海地区农业科学研究所用特青与明恢75杂交选育而成的高配合力恢复系。盐恢559在江苏盐城4月下旬至5月初播种，播种至抽穗历期105～110d，比明恢63早2～3d，主茎叶21片，株高110cm，每穗粒数140粒，结实率90%以上。已配制出特优559、汕优559、协优559等应用于生产。

9. 二六窄早衍生的恢复系

二六窄早是湖南杂交水稻研究中心和湖南省贺家山原种场培育的一个早熟恢复系（林世成等，1991）。由二六窄早衍生的恢复系有晚3、R141、R102、T0974、SG0329等（图14-28）。

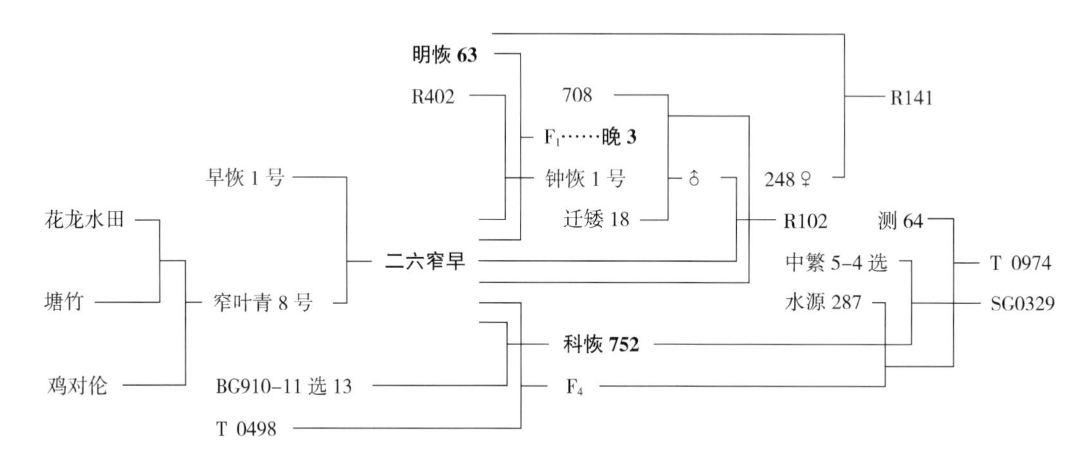

图14-28 二六窄早及其衍生的恢复系

晚3是湖南杂交水稻研究中心利用杂交（明恢63×二六窄早）与辐射相结合，于1993年选育成。父本晚3在长沙地区3月底春播，7月4日左右始穗，播种至抽穗历期约96d，主茎叶15.0～15.5片。植株高大（比测64-7高约10cm），叶片适中，分蘖力强，茎秆较粗壮坚韧，抗倒能力强，穗大粒多，花粉量充足。与珍汕97A、V20A、优IA等不育系配组，叶差小，花期易全遇，因此好制种、产量高，一般产量均在3.75t/hm² 以上。

10. IR661（IR24）**及其衍生的恢复系**

IR661（IR24）系引自国际水稻研究所（IRRI），其亲本为IR8/IR127。IR661

(IR24) 是我国第一代恢复系，也是我国人工制恢的骨干亲本之一。

衍生于 IR661 (IR24) 的重要恢复系还有广恢 3550。并由广恢 3550 衍生了广恢 4480、广恢 290、广恢 128，广恢 998、广恢 372、广恢 122、广恢 308 等。

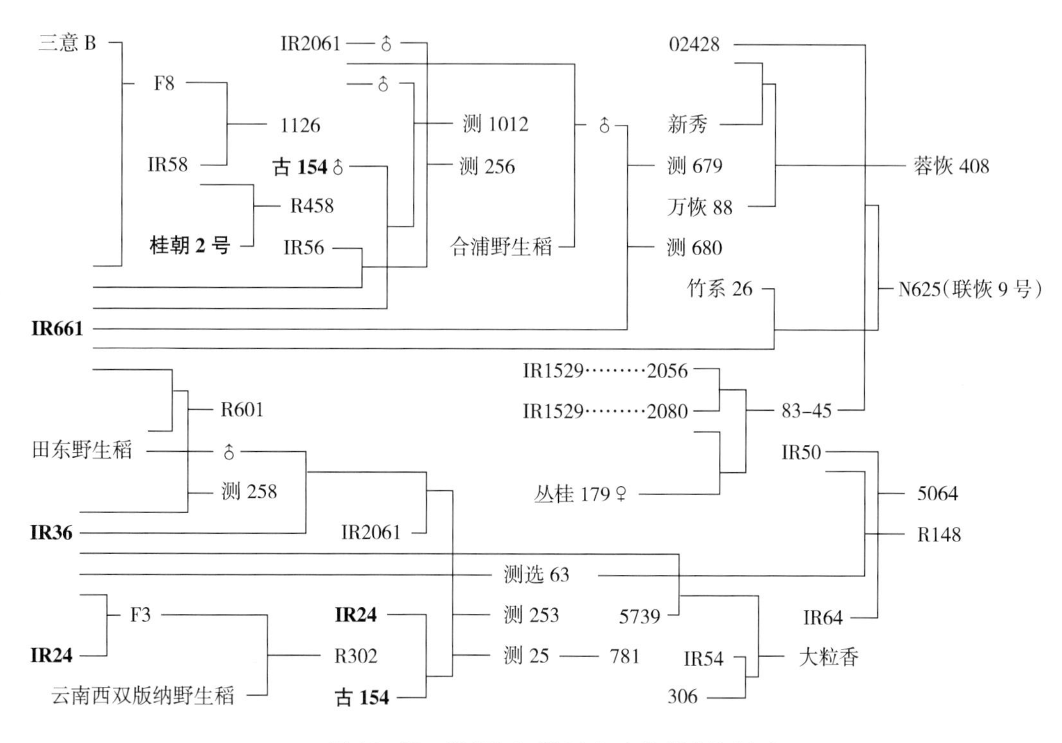

图 14-29　IR661 和 IR36 衍生的部分恢复系

用于我国杂交籼稻恢复系选育的 IR 系统还有 IR50、IR36、IR30、IR26、IR1533、IR2071、IR2061、IR58、IR1544 等。

(1) 广恢 3550

广恢 3550 是广东省农业科学院水稻研究所 1981 年利用株型好、带有 IR24 和窄叶青 8 号亲缘的青四矮 16 作母本，IR54 为父本杂交，1985 年选择定型的三系恢复系。广恢 3550 在广州正季播种，全生育期 140d，主茎叶 18～19 片，株高 90～95cm，茎秆粗壮，叶片短直，叶色深绿，分蘖力中等，叶鞘和稃尖无色，穗着粒密，千粒重 24g。中抗白叶枯病。

(2) 广恢 122

广恢 122 是广东省农业科学院水稻研究所 1990 年以明恢 63 为母本，广恢 3550 为父本杂交，选中间材料 836-1 作母本，进行复交，1993 年培育定型的三系恢复系（图 14-30)。

11. 其他一些主要恢复系

(1) 先恢 207

湖南杂交水稻研究中心以籼型三系恢复系 432 做母本，广亲和粳型恢复系轮回 422 为父本进行杂交。于 1993 育成（图 14-20)。先恢 207 在长沙正季栽培，播种至抽穗历期 96d 左右，主茎叶 16～17 片，株高 80～86cm，茎秆较粗，叶色浓绿，剑叶挺直，叶鞘、

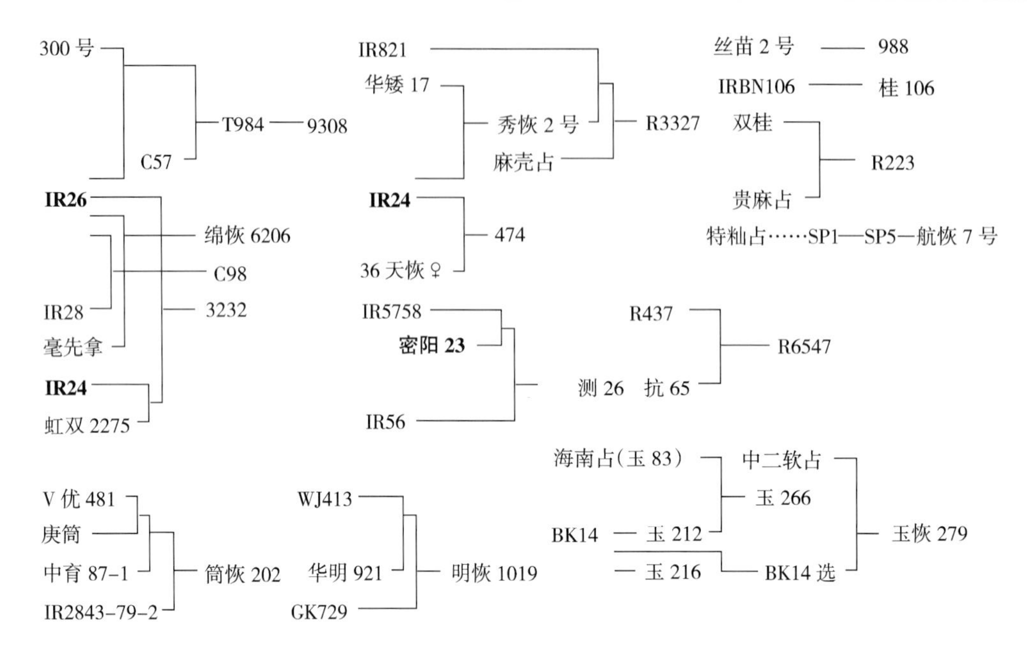

图 14-30 其他一些杂交籼稻恢复系系谱

叶间和稃尖无色，后期耐寒，剑叶长 20～23cm，分蘖力稍弱，穗大粒多，每穗粒数135～150 粒，充实度好，千粒重 23.3g，长粒型，约 1/3 籽粒有短芒，不易脱粒，结实率 90%以上，米粒半透明，外观品质优。该恢复系的主要特点是品质好、恢复度高、杂种优势强、抗性好、花粉量足、好制种。配组的组合有金优 207、威优 207 等。金优 207 是我国南方晚稻的主栽组合之一。

（2）绵恢 501

绵恢 501 是四川省绵阳经济技术高等专科学校 1984 年用明恢 63 作母本与泰引 1 号/IR26 的选系 975 杂交，1989 年定型的三系恢复系（图 14-16）。绵恢 501 在四川绵阳 4 月上旬播种，播种至抽穗历期 106～112d，主茎叶 16～17 片，株高 100cm 左右，株型较紧凑，分蘖力较强，叶片宽直、色绿、剑叶斜上举，叶鞘、叶间和稃尖无色。每穗粒数 150 粒，千粒重 27g。花期 11～13d，花粉量充足。已有Ⅱ优 501、冈优 501、二汕优 501 等应用于生产。

（3）宜恢 1577

宜恢 1577 是四川省宜宾市农业科学研究所 1991 年以云南地方偏粳型紫稻 NP35 作母本，用引自四川省农业科学院作物研究所的 IR50/明恢 63 的选系 R16 作父本杂交，1995 年定型的三系恢复系（图 14-16）。宜恢 1577 在四川宜宾 3 月上旬播种，播种至抽穗历期 116～118d，3 月下旬至 4 月上旬播种，播种至抽穗历期 105～108d。主茎叶 16～17 片，株高 95cm，穗长 24.5cm，每穗粒数 165.9 粒，结实率 91.5%，千粒重 26.5g。

（4）绵恢 725

绵恢 725 是四川省绵阳市农业科学研究所以培矮 64 与绵恢 501 杂交的 F_1 代经多代自交选育而成的恢复系（图 14-16）。绵恢 725 株高 110cm，茎秆粗壮，秆硬抗倒，叶片直立，每穗粒数 180 粒。结实率 87%左右，千粒重 26.5g，在绵阳 3 月至 5 月上旬播种，播种至抽穗历期 107～115d，比同期播的明恢 63 短 3～4d，主茎叶 16.15±0.87 片，花时集中，花粉量充足。已有冈优 725、Ⅱ优 725 等应用于生产。

二、红莲型恢复系系谱

1. 黄情

陕西省汉中市农业科学研究所以广西品种黄金 3 号（籼）为母本，以科情 3 号（粳型）为父本杂交育成的籼型红莲型恢复系（图 14－31）。全生育期 160d，主茎叶16～17 片，综合稻米品质优良，粒型细长，垩白度低，食味品质好。中感稻瘟病，中抗白叶枯病。

2. 绿稻 24

安徽省农业科学院绿色食品工程研究所以扬稻 4 号与中籼 2490 杂交育成的红莲型杂交稻恢复系（图 14－31）。

3. 扬稻 6 号

江苏省农业科学院里下河地区农业科学研究所以扬稻 4 号与盐 3021 的 F_1 经辐射诱变育成（图 14－31），原名 9311、R938。扬稻 6 号全生育期 145d，为中熟中籼类型。苗期矮壮，叶挺色深、繁茂性好，分蘖力中等。株高 115cm 左右，株型挺拔、集散适中，茎秆粗壮，地上部分伸长节间 5 个，主茎叶 17～18 片，穗长 24cm，穗层整齐，穗大粒重。已配出两优培九、粤优 938、红莲 6 号应用于生产。

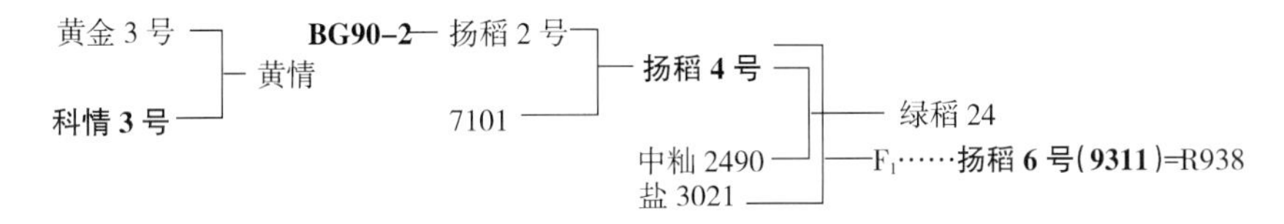

图 14－31　红莲型杂交稻恢复系系谱

第五节　三系杂交籼稻品种系谱

籼型杂交稻品种，由不同的籼型不育系和恢复系直接组配而成。变换不育系和恢复系就可以获得一个新的品种。由于我国育成了多种胞质的籼型不育系和恢复系，逐步形成了熟期配套的多组合的籼型杂交稻品种，已成为我国南方稻区的主要栽培类型。现将主要不育系所配制的组合亲缘系谱分述如下。

一、野败型杂交籼稻品种

1. 珍汕 97A 组配的品种（图 14－32）

（1）汕优桂 99

广西壮族自治区农业科学院水稻研究所以珍汕 97A 与桂 99 配组，属华南早籼，1989 年广西壮族自治区农作物品种审定委员会审定。株高 100～115cm，生育期似汕优桂 33，在桂南种植早稻 130d，晚稻 115d 左右。桂中、北作晚稻，全生育期 121～122d，高寒山

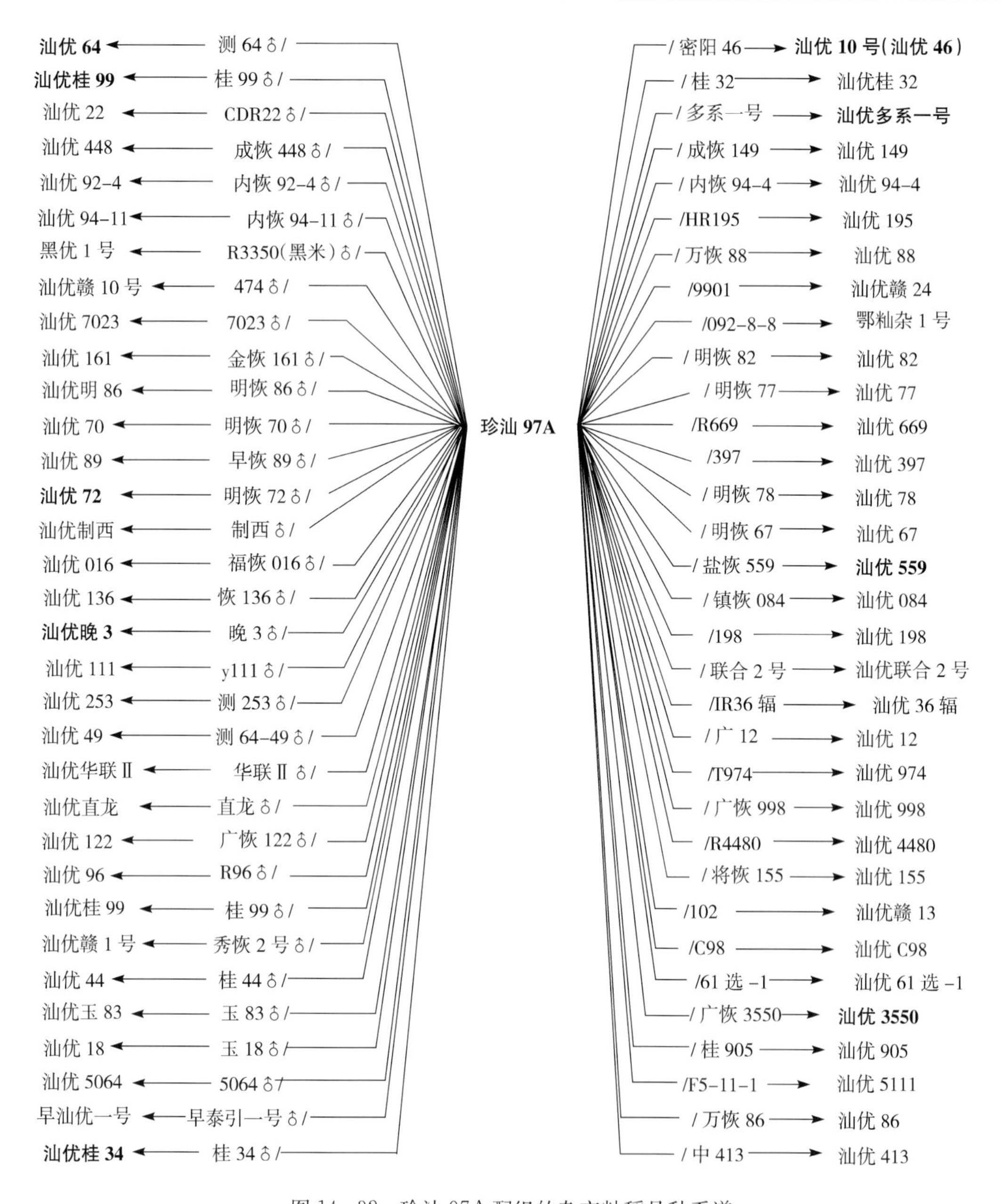

图 14-32　珍汕 97A 配组的杂交籼稻品种系谱

区作中稻，全生育期 132d。苗期较耐寒，分蘖力较强，繁茂性较好，株型集散适中，叶色青绿，熟色好，成穗率较高，有效穗 270 万～300 万/hm^2，结实率77%～82%，千粒重 26.5g，出糙率 80%，精米粒率 70%，腹白小，米质较优。缺点耐肥性稍差。该组合适应性较广，抗性较好，对稻瘟病抗性鉴定为 5 级，据北流县试种观察，其抗瘟病能力明显强于汕优桂 33、汕优桂 34。平均产量 7.5～8.25t/hm^2。在桂南可作双季杂交稻种植，在桂中、桂北作杂交晚稻或一季中稻种植。1994 年最大年推广面积 45.07 万 hm^2，1990—2005 年累计推广面积 378.93 万 hm^2。

（2）汕优 10 号

中国水稻研究所以珍汕 97A 与密阳 46 配组，晚籼型，又名汕优 46，1990 年通过全国农作物品种审定委员会审定。该组合全生育期 125～130d，比汕优桂 33 早熟 3～4d。株型较紧凑，茎秆坚实粗韧，上部叶片较挺直，后期不易早衰。分蘖力强，有效穗 300 万/hm^2；穗型较大，每穗粒数 120～130 粒，结实率 86%～90%，千粒重 27～28.5g；稻米品质较好，直链淀粉含量 22.7%；高抗稻瘟病、中抗褐飞虱；耐肥力强，抗倒性好，适应性广，增产潜力大。是我国南方稻区双季晚稻的主栽组合，1996 年最大年推广面积 47.53 万 hm^2。1990—2005 年累计推广面积 235.47 万 hm^2。

（3）汕优多系 1 号

四川省内江杂交水稻科技开发中心以珍汕 97A 与多系 1 号配组，属中籼类型，1993 年、1995 年、1996 年和 1997 年分别通过四川省、贵州省、福建省和国家农作物品种审定委员会审定。全生育期 148d，株高 110cm，每穗粒数 148 粒，结实率 85%以上，千粒重 27.5g。苗期耐寒，生长势旺，成穗率高，熟色好，不早衰，再生力强。抗稻瘟病能力强。经四川和全国多年多点抗性鉴定、病区试种、示范和大面积推广利用，均表现抗病、高产、稳产。汕优多系 1 号稻米品质优良，1992 年参加“四川省优质米暨首届稻香杯评选”，其主要品质指标达到或超过部颁二级优米标准，被评为四川省优质米，荣获“稻香杯”奖。1995 年获四川省科技进步一等奖、内江市科技进步特等奖。1999 年获福建省科技进步二等奖。1996 年最大年推广面积达 68.73 万 hm^2。1994—2005 年累计推广面积 307.47 万 hm^2。

（4）汕优 77

福建省三明市农业科学研究所以珍汕 97A 与明恢 77 配组。属早籼型。作早稻种植全生育期平均 128d，作晚稻种植全生育期平均 115d。株高 95～100cm，茎秆粗壮抗倒，穗大粒多，分蘖力中上，苗期耐寒性好，熟期转色好。有效穗 270 万～300 万/hm^2，穗长 22.48cm，每穗粒数 130～150 粒，千粒重 27g。较抗稻瘟病。糙米率 79.8%，精米粒率 73.0%，整精米粒率 59.9%，粒长 5.7mm，长宽比 2.2，垩白粒率 28%，垩白度 7%，糊化温度（碱消值）5 级，胶稠度 54mm，直链淀粉含量 24.8%，蛋白质含量 9.5%。平均单产 7.56t/hm^2。适宜在华南作早稻种植，长江中下游地区作连晚种植。1997 年最大年推广面积 43.13 万 hm^2，1992—2005 年累计推广面积 249.67 万 hm^2。

（5）汕优晚 3

湖南杂交水稻研究中心以珍汕 97A 与晚 3 配组，属双季晚籼，1994 年 9 月湖南省农作物品种审定委员会审定。生育期 115～120d。株高 95～105cm，株型集散适中，分蘖力中上，茎秆粗壮坚韧，耐肥抗倒。有效穗最高可达 345 万/hm^2，每穗粒数 120～130 粒，结实率 80%～85%，千粒重约 28g。秧龄弹性大，抗性较好，适应性广。出米率高，米质中上，食味好。平均单产 6.57t/hm^2。1997 年最大年推广面积 32 万 hm^2。1993—2005 年累计推广面积 179.2 万 hm^2。

2. V20A 组配的品种（图 14－33）

（1）威优 46

湖南杂交水稻研究中心以 V20A 与密阳 46 配组，属双季晚籼中熟型，1988 年湖南省农作物品种审定委员会审定。在湖南作中稻全生育期 130d 左右，作双晚栽培，全生育期 122d 左右。作中稻栽培株高 118～120cm，作双晚株高 90cm 左右。茎秆较粗壮，株型较紧凑。作双晚栽培主茎叶 15 片，分蘖力强，繁茂性好。中感光，弱感温，较耐肥、抗倒，适应性强，后期落色好，不早衰，优势强。有效穗 250.5 万～402 万/hm^2，穗长 22.3cm，每穗粒数 95～124 粒，结实率 76.4%，谷粒椭圆形，稃尖紫色，谷壳黄色，较薄，千粒重 29.6g。糙米率 80.9%，精米粒率 73%，整精米粒率 67%左右，垩白粒率 90%。中抗稻瘟病，抗白叶枯病 4～9 级。1997 年最大年推广面积 51.73 万 hm^2，1990—2005 年累计推广面积 361.53 万 hm^2。

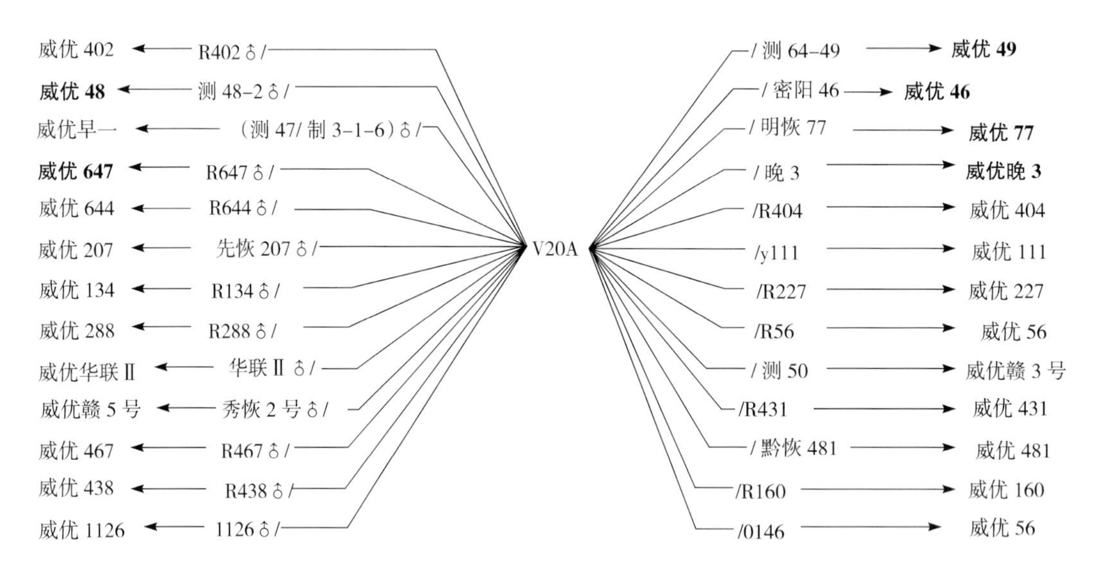

图 14-33　威优系列杂交籼稻品种系谱

（2）威优 77

湖南省岳阳市农业科学研究所以 V20A 与明恢 77 配组，属双季晚籼中熟类型，1994 年分别通过湖南省和全国农作物品种审定委员会审定。在湖南作双季晚稻栽培，全生育期 115d。株高 95cm 左右，株型集散适中，茎秆粗壮，分蘖力较强，叶色淡绿。穗大粒多，每穗粒数 100 粒，结实率 80%左右，谷粒长型，稃尖紫色，千粒重 28～29g。米质中上。较抗稻瘟病，耐肥、抗倒，后期落色较好。适合华南地区作双季早稻种植及长江流域因地制宜作中、晚稻栽培。1996 年最大年推广面积 32.67 万 hm^2，1991—2005 年累计推广面积 252.93 万 hm^2。

（3）威优 647

湖南杂交水稻研究中心以 V20A 与 R647 配组，属双季晚籼型，1994 年 9 月湖南省农作物品种审定委员会审定。作一季中稻 130d 左右，作晚稻全生育期 118d 左右。株高85～90cm，有效穗 330 万～360 万/hm^2，每穗粒数 110～120 粒，结实率 80%左右，千粒重 27.5g。抗性较强。米质好，出糙率 82%～84%，精米粒率 68.5%～71.6%，整精米粒率 44%～54%，食味佳。1999 年最大年推广面积 13.33 万 hm^2，1995—2005 年累计推广面积 77.13 万 hm^2。

（4）威优 402

湖南省安江农业学校以 V20A 与 R402 配组，迟熟双季早籼，1991 年、1995 年和 1999 年分别由湖南省、江西省及浙江省和国家农作物品种审定委员会审定。作双季早稻栽培，全生育期 115～119d。株高 85～90cm，株型松紧适度，剑叶中长，窄而直立，有效穗 300 万～330 万/hm^2，每穗粒数 100～110 粒，结实率 80%以上，谷粒长椭圆形，颖壳黄色、无芒，千粒重 29g。糙米率 81.2%，精米粒率 73.1%，整精米粒率 19.2%，垩白粒率 94%，蛋白质含量 8.9%，糊化温度（碱消值）5.1 级，胶稠度 28mm，直链淀粉含量 25%。区试抗性鉴定：抗稻叶瘟 4～6 级，抗穗颈瘟 3 级，抗白叶枯病 7～9 级，对白背飞虱和褐飞虱的抗性均为 7 级。抗稻瘟病能力不强，感白叶枯病。适宜范围：长江流域南部双季稻地区作早稻种植。1997 年最大年推广面积 20.07 万 hm^2，1992—2005 年累计推广面积 107.87 万 hm^2。

（5）威优 48

湖南省安江农业学校以 V20 与测 48 - 2 配组，属中迟熟早籼，1989 年 1 月湖南省农作物品种审定委员会审定。全生育期 112d，一般株高 85cm，株型松散适度，叶片清秀，根系发达，叶色深绿，叶片较厚，茎秆较粗。分蘖力较强，成穗率较高，生长势旺盛。有效穗 367.5 万/hm^2，每穗粒数 114.5 粒，结实率 83%，千粒重 27.5g。谷粒长粒形，米质中等。对纹枯病和稻瘟病抗性较差。1991 年最大年推广面积 41.47 万 hm^2，1990—1999 年累计推广面积 115.4 万 hm^2。

3. 金 23A 组配的品种（图 14 - 34）

（1）金优 207

湖南杂交水稻研究中心以金 23A 与先恢 207 配组，属晚籼。1998 年、2001 年、2002 年分别由湖南省及江西省、广西壮族自治区和湖北省农作物品种审定委员会审定。在湖南种植全生育期 114d 左右，株高 95～100cm，株型较紧凑，茎秆粗细中等。秧龄弹性大，后期较耐肥、抗倒。叶鞘紫色，剑叶直立，成熟时落色好。分蘖力中等，有效穗 270 万～315 万/hm^2。每穗粒数 120～140 粒，结实率 80%左右，千粒重 26g。后期耐寒，转色好。经鉴定，中抗稻瘟病，不抗白叶枯病。稻米品质：精米粒率 69.3%，整精米粒率 60%，精米长 7.3mm，米粒长宽比 3.3，垩白粒率 67%，垩白大小 12.5%，糊化温度（碱消值）6.2 级，胶稠度 34mm，直链淀粉含量 22%，蛋白质含量 10.6%。1999 年 1 月湖南省第四次优质稻品种评选中，评为三等优质稻品种。2004 年最大年推广面积 71.93 万 hm^2，1999—2005 年累计推广面积 321.53 万 hm^2。

（2）金优 402

湖南省安江农校以金 23A 与 R402 配组，属早籼类型。1997 年分别由湖南省、江西省、广西壮族自治区和湖北省农作物品种审定委员会审定。在湖南作早稻栽培全生育期 113～114d，比威优 48 迟熟 1～2d，属早籼中熟偏迟品种。株型好，集散适中，剑叶窄长直立。株高 83.7～86.4cm，分蘖力强，成穗率高，有效穗 390 万/hm^2，每穗粒数 94 粒，结实率 81%，千粒重 27g。后劲足，熟期转色好。茎秆偏细，抗倒伏性稍差。抗性鉴定：抗稻叶瘟 4 级、抗穗瘟 4 级，抗白叶枯 5 级。稻米品质：糙米率 83%，精米粒率 76.5%，整精米粒率 65.1%，米粒长 7.17mm，米粒长宽比 3.29，垩白粒率 48%，垩白大小 22%，垩白度10.56%，透明度3级，糊化温度（碱消值）6.3级，胶稠度36mm，直链淀粉含量22.87%，蛋白质含量10.59%。米饭柔软可口，冷不回生。适宜长江流域作双季早稻种植。2004年最大年推广面积11.72万hm^2，1995—2005年累计推广面积79.41万hm^2。

（3）金优77

广西壮族自治区桂林市种子公司以金23A与明恢77配组，属早籼，2001年广西壮族自治区农作物品种审定委员会审定。桂北种植全生育期早稻120d左右，晚稻105d左右。株叶型适中，生长势强，叶片细长挺直，叶色淡绿，分蘖力中等，后期熟色好，株高87～105cm，有效穗255万～300万/hm^2，每穗粒数110～145粒，结实率78%左右，千粒重26.5g。田间种植表现较抗稻瘟病。平均产量6.75～7.5t/hm^2。可在桂中、桂北作早、晚稻推广种植，2001年最大年推广面积28.53万hm^2，1996—2005年累计推广面积138.86万hm^2。

（4）金优974

湖南省衡阳市农业科学研究所以金23A与To974配组，属早籼，1999年和2001年分别由湖南省和江西省农作物品种审定委员会审定。全生育期105～115d，株高81～90cm，株型松紧适中，茎秆较粗，叶色淡绿，叶片窄挺，叶鞘、稃尖紫色。分蘖力较强，成穗率较高（75%以上），有效穗405万/hm^2。较耐肥，穗型中等，着粒适中，每穗粒数110粒，结实率80%，千粒重25g左右。稻米品质：出糙率81.1%，精米粒率71.9%，整精米粒率59.5%，直链淀粉含量19.8%，长宽比3.0，胶稠度65.3mm，蛋白质含量7.5%，糊化温度（碱消值）4.2级，腹白小，半透明有光泽。其中有8项指标达到农牧渔业部颁发的二级食用优质稻米标准。抗稻叶瘟3级，抗穗瘟3级，抗白叶枯病5级。适合长江中下游作早稻种植。2004年最大年推广面积27.33万hm^2，1993—2005年累计推广面积135.47万hm^2。

（5）金优63

湖南省常德市农业科学研究所以金23A与明恢63配组，属中籼，1996年湖南省农作物品种审定委员会审定。在湖南作中稻栽培全生育期139d，比汕优63早熟3d。平均株高108.8cm，每穗粒数130粒，结实率与汕优63相当，千粒重28g。植株生长整齐，繁茂性好，年度间稳产性好，后期转色好。抗性较好。糙米率80.7%，精米粒率73.6%，整精米粒率66.3%，米粒长宽比3.15，直链淀粉含量20.2%，糊化温度（碱消值）6.6级，蛋白质含量9.41%，胶稠度50mm；垩白粒率22%，垩白大小9.0%。2003年最大年推广面积13.93万hm^2，1998—2005年累计推广面积68.93万hm^2。

（6）金优桂99

湖南省常德市农业科学研究所以金23A与桂99配组，属中熟晚籼，1994年由湖南省农作物品种审定委员会审定。全生育期比威优46和汕优桂99短2～4d，可在长江流域作中稻和迟熟晚稻、在华南作早稻栽培。株高95cm，株型好，叶色深绿，分蘖力强。有效穗300万～330万/hm^2，穗长22～24cm，每穗粒数110～120粒，结实率80%，千粒重25.5g。抗性较强。根据湖南省植物保护研究所、湖南省水稻研究所接种鉴定和大面积栽培的结果，该组合对稻瘟病抗性一般，对白叶枯病、细菌性条斑病抗性较强，轻感纹枯病。抗寒性强，后期转色好。稻米品质：糙米率80.4%，精米粒率73.2%，整精米粒率66.7%，米粒长

7.16mm，糊化温度（碱消值）6.3 级，胶稠度 45mm，蛋白质含量 7.23%。外观和食味尤佳。1999 年最大年推广面积 6.44 万 hm^2，1993—2005 年累计推广面积 46.67 万 hm^2。

（7）金优 463

湖南省衡阳市农业科学研究所以金 23A 与 R463 配组。属早籼，2004 年分别由湖南省、江西省、广西壮族自治区农作物品种审定委员会审定。全生育期 113.9d，比金优 402

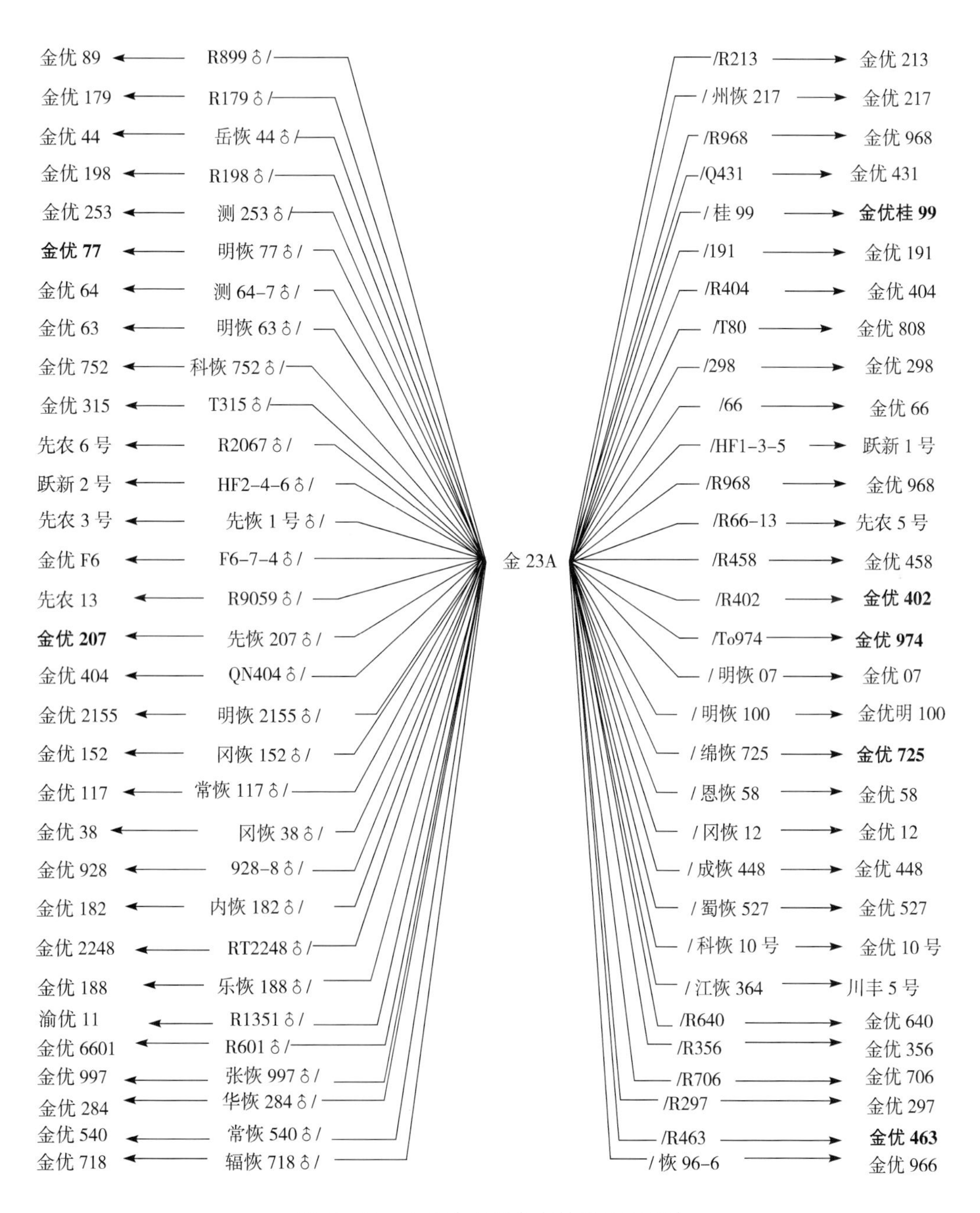

图 14-34　金 23A 系列杂交籼稻品种系谱

迟熟1.3d。该品种生长整齐，长势旺盛，分蘖力强，有效穗多，后期转色好。株高91.7cm，有效穗366万/hm²，每穗粒数106.5粒，实粒数78.8粒，结实率74.1%，千粒重26.5g。糙米率78.4%，整精米粒率31.2%，垩白粒率60.0%，垩白度12.0%，直链淀粉含量19.37%，胶稠度50mm，粒长7.1mm，长宽比3.1。稻瘟病抗性自然诱发鉴定：抗稻苗瘟0级，抗叶瘟0级，抗穗颈瘟0级。2005年最大年推广面积26.67万hm²，2002—2005年累计推广面积55.33万hm²。

4. 博A组配的品种（图14-35）

（1）博优64

广西壮族自治区博白县农业科学研究所以博A与测64-7配组，属杂交晚籼，1989年和1991年分别由广西壮族自治区和国家农作物品种审定委员会审定。杂种一代具感光性，适宜作早制晚用组合，全生育期120d左右，有利于避过寒露风，夺取晚稻增产。种子谷壳褐黄色，有部分种粒颖壳闭合不够紧密，米粒外露，但能正常发芽。部分谷粒稃端有短芒。粒型中长，精米粒率70%～72%，米质优，饭味可口。株高90～100cm，株型松散适中，生长前期叶片较披，后期较直。分蘖力强，属多穗型组合，有效穗300万/hm²。每穗粒数149.2粒，每穗实粒数132.9粒，结实率89.7%，千粒重23.7g。抗逆性较强。晚季较抗后期低温，较抗穗颈瘟、较抗褐飞虱，但易感纹枯病，中感细菌性条斑病。生长后期如遇干旱或脱肥则抽穗慢和部分穗有包颈现象。平均产量7.5t/hm²。适于华南南部稻作区作晚稻种植。1990年最大年推广面积67.07万hm²，1989—2005年累计推广318.07万hm²。

（2）博优桂99

广西壮族自治区农业科学院水稻研究所以博A与桂99配组，属杂交晚籼，1993年广西壮族自治区农作物品种审定委员会审定。博优桂99属感光型杂交晚籼品种，在桂南稻作区7月上旬播种，11月上旬可收获，全生育期121d，株高95.71cm，有效穗309万/hm²，每穗粒数124粒，结实率83.06%，千粒重23.32g。糙米率80.66%，精米粒率72.99%，整精米粒率57.93%，粒长6.32mm，长宽比2.76，垩白度12.74%，糊化温度（碱消值）6.7，胶稠度57mm，直链淀粉含量22.46%，蛋白质含量8.23%。广西区试鉴定，抗稻瘟病3～7级；抗白叶枯病2.5～4级。平均产量6.75t/hm²。适宜在桂南稻作区作晚稻种植。1997年最大年推广面积27.25万hm²，1991—2004年累计推广面积138.38万hm²。

（3）博优253

广西大学支农开发中心以博A与测253配组，属杂交晚籼，2000年和2003年分别由广西壮族自治区和国家农作物品种审定委员会审定。在华南作双晚种植，全生育期118.5d，比对照博优903迟熟2.5d。株高118.8cm，茎秆粗壮，繁茂性好，穗粒重较协调。有效穗261万/hm²，穗长23.9cm，每穗粒数140.9粒，结实率84%，千粒重23.8g。抗稻叶瘟6级，抗穗瘟7级，穗瘟损失率34.7%；抗白叶枯病7级，抗褐稻虱9级。整精米粒率66.4%，长宽比2.6，垩白粒率40%，垩白度5.9%，胶稠度43mm，直链淀粉含量19.3%。感稻瘟病和白叶枯病，高感褐稻虱。加工品质和蒸煮品质较好，外观品质中等偏上。平均产量7.5～8.25t/hm²，适宜在海南、广西中南部、广东中南部、福建南部双季稻区作晚稻种植。2002年最大年推广面积15.33万hm²，1999—2005年累计推广面积64.2万hm²。

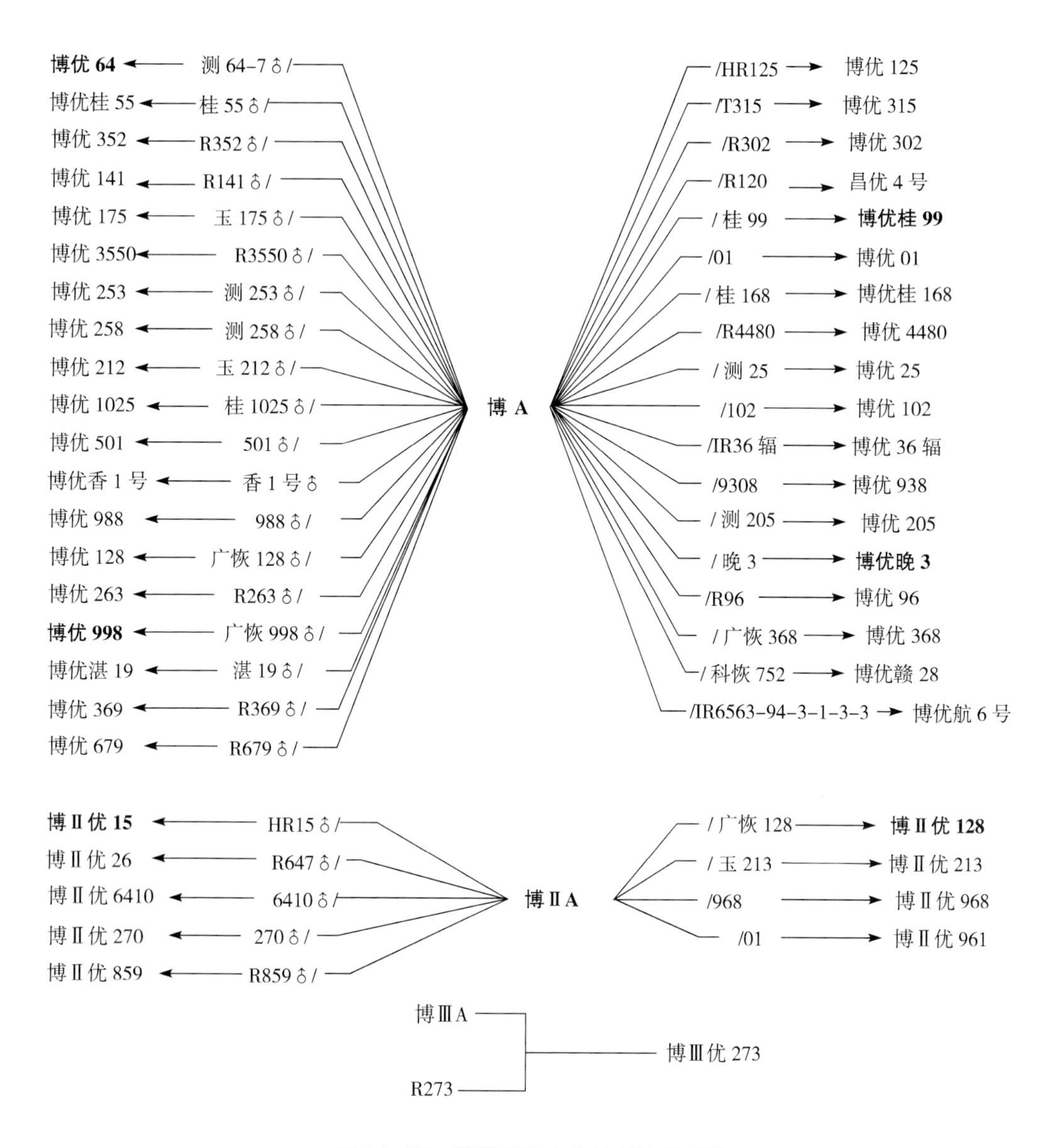

图 14-35　博优系列杂交籼稻品种系谱

5. 龙特浦 A 组配的品种

（1）特优 63

福建省漳州市农业科学研究所以龙特浦 A 与明恢 63 配组，属杂交中籼组合，1993 年和 1994 年分别由福建省和江苏省农作物品种审定委员会审定。作中稻种植全生育期 145d，作晚稻种植全生育期 130～135d。株高 110～115cm，茎秆坚韧，熟期转色好，分蘖力中等偏强。有效穗 240 万～330 万/hm^2，穗长 24.8～26cm，每穗粒数 141～175 粒，千粒重 29～30.5g。抗稻瘟病，轻感白叶枯病和细条病。精米粒率 73.6%，整精米粒率 57.5%，粒长 6.52mm，长宽比 2.5，垩白粒率 87%，垩白度 16.1%，透明度 1 级，糊化温度（碱消值）5.5级，胶稠度57mm，直链淀粉含量24.1%，蛋白质含量8.7%。平均单产6.53t/hm²。适宜在闽南及闽西南部低海拔地区作早晚稻种植，其他地区可作单晚或双晚种植，尤其适宜作中稻种植；适宜于江苏省中籼稻地区，尤其淮北地区中上等肥力条件下种植。1997年最大年推广面积43.07万hm²，1990—2005年累计推广面积343.53万hm²。

（2）特优559

江苏省农业科学院沿海地区农业科学研究所以龙特浦A与盐恢559配组，属杂交中籼，1996年江苏省农作物品种审定委员会审定组合。全生育期140d，株高110cm，株型紧凑，剑叶上举，叶色较深，茎秆较粗壮，分蘖力较强，穗大粒多，结实性较好，抗倒性强。有效穗248万/hm²，每穗粒数150粒，千粒重28g。颖尖、柱头紫色。精米粒率72%，长宽比2.9，垩白粒率93%，垩白度27.9%，直链淀粉含量21.8%，糊化温度（碱消值）5.8，胶稠度50mm。平均单产8.9t/hm²，适宜于江苏省中籼稻地区中、上等肥力条件下种植。1999年最大年推广面积22.33万hm²，1996—2005年累计推广面积111万hm²（图14-36）。

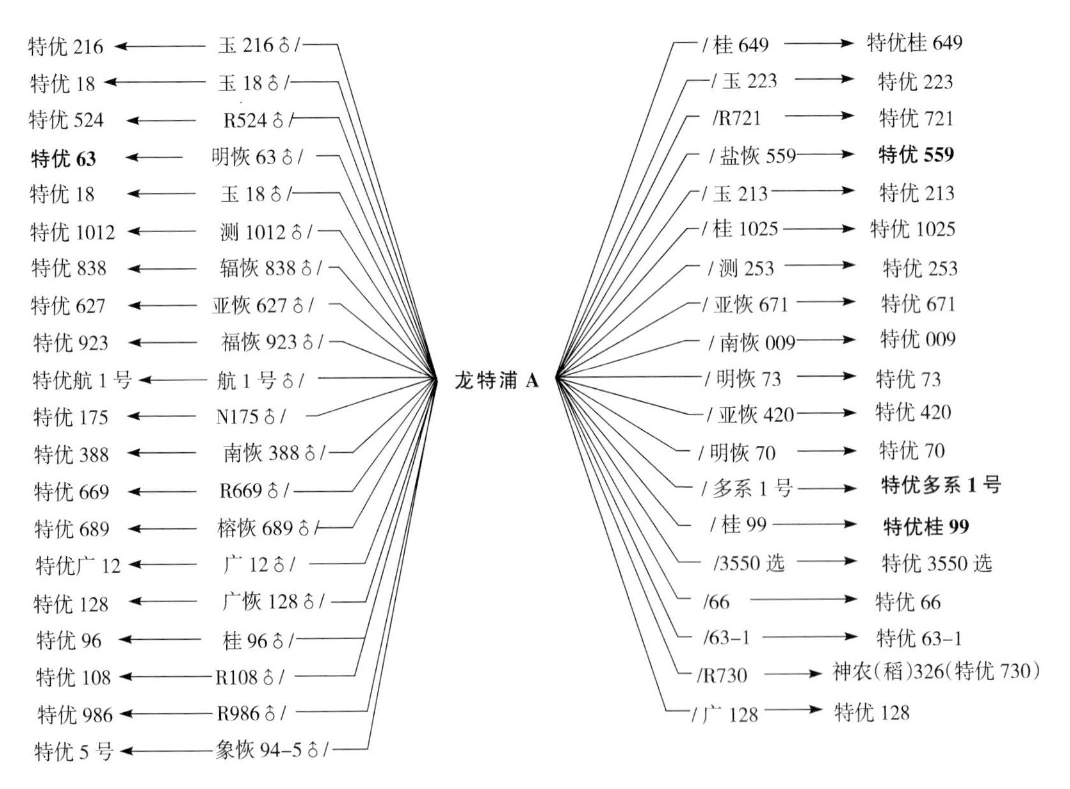

图14-36 特优系列杂交籼稻品种系谱

6. 川香29A组配的品种

（1）川香优2号

四川省农业科学院作物研究所以川香29A与成恢177配组，属杂交中籼，2002年和2003年分别由四川省和国家农作物品种审定委员会审定。在长江上游作中稻种植全生育期157.4d，比对照汕优63迟熟4.1d；在长江中下游作中稻种植全生育期137.7d，比对照汕优63迟熟2.3d。株高114.4cm。有效穗252万/hm^2，穗长24.6cm，每穗粒数159粒，结实率78%，千粒重29.1g。抗性：抗稻叶瘟7级，抗穗瘟5级，穗瘟损失率6.3%，抗白叶枯病9级，抗褐飞虱5级。米质主要指标：整精米粒率63.5%，长宽比2.8，垩白粒率27.5%，垩白度3.8%，胶稠度49.5mm，直链淀粉含量21.6%。平均单产8.36～9.15t/hm^2。适宜在四川、湖北、湖南、江西、福建、安徽、浙江、江苏省的长江流域和重庆市、云南、贵州省的中、低海拔稻区（武陵山区除外）以及陕西省汉中、河南省信阳地区白叶枯病轻发区作一季中稻种植。2004年最大年推广面积15.47万hm^2，2003—2005年累计推广面积34.93万hm^2。

（2）川香优6号

四川省农业科学院作物研究所以川香29A与成恢178配组，属杂交中籼，2005年国家农作物品种审定委员会审定。在长江上游作一季中稻种植全生育期158.8d，比对照汕优63迟熟4.9d。株高113.6cm，有效穗250.5万/hm^2，穗长25.2cm，每穗粒数167.2粒，结实率77.8%，千粒重28.6g。整精米粒率65.9%，长宽比2.7，垩白粒率25%，垩白度4.0%，胶稠度78mm，直链淀粉含量21.8%。在长江中下游作一季中稻种植全生育期136.7d，比对照汕优63迟熟3.8d。株高120.5cm，有效穗261万/hm^2，穗长25.4cm，每穗粒数158.3粒，结实率73.8%，千粒重28.8g。抗稻瘟病3.2级，最高5级；抗白叶枯病7级；抗褐飞虱7级。整精米粒率63.0%，长宽比3.0，垩白粒率27%，垩白度5.7%，胶稠度74mm，直链淀粉含量22.7%。平均单产8.25～8.73t/hm^2。适宜在云南、贵州、重庆、福建、江西、湖南、湖北、安徽、浙江、江苏的长江流域稻区（武陵山区除外）以及四川平坝丘陵稻区、陕西南部稻区、河南南部稻区的白叶枯病轻发区作一季中稻种植（图14-37）。

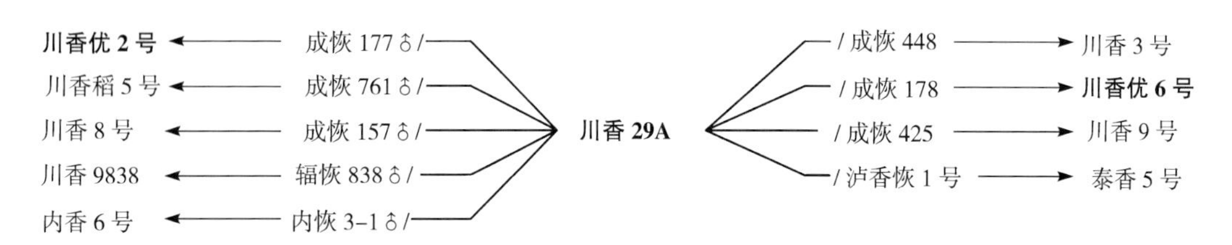

图14-37　川香优系列杂交籼稻品种系谱

7. 辐74A组配的品种

（1）辐优63

四川省原子核应用技术研究所以辐74A与辐恢63-1配组，属杂交中籼，1992年四川省农作物品种审定委员会审定。全生育期平均145d，株高110cm，分蘖力强，繁茂性好，叶色淡绿，熟期转色好。有效穗240万/hm^2，穗长27cm，每穗粒数160粒，千粒重28g。抗稻瘟病5～9级。整精米粒率53.6%，长宽比2.7，直链淀粉含量22.8%。平均单产8.02t/hm^2。适宜在四川省平坝和丘陵稻瘟病轻发区作一季中稻种植。1992—2002年累计推广面积65万hm^2。

（2）辐优838

四川省原子核应用技术研究所以辐74A与辐恢838配组，属杂交中熟中籼，

1997年四川省农作物品种审定委员会审定。全生育期平均145d，株高115cm，分蘖力中上，秆粗抗倒伏，熟期转色好。有效穗数240万/hm^2，穗长27cm，每穗粒数160粒，千粒重29g。抗稻瘟病0～5级。整精米粒率56%。平均单产8.25t/hm^2。适宜在四川省平坝和丘陵地区作一季中稻种植。1997—2005年累计推广面积100万hm^2（图14-38）。

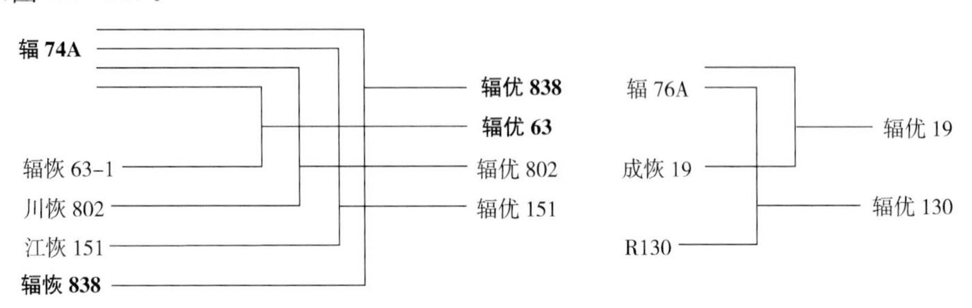

图14-38 辐优系列杂交籼稻品种系谱

8. 福伊A组配的品种

（1）福优964

福建省农业科学研究所以福伊A与福恢964配组，属晚籼，2000年福建省农作物品种审定委员会审定。作晚稻种植全生育期平均124d，株高98～110cm，株型集散适中，剑叶较长而挺直，分蘖力强，熟期转色好，较耐寒。有效穗270万/hm^2，穗长23.5cm，每穗粒数135～143粒，千粒重25g。抗稻瘟病，纹枯病轻。糙米率80.4%，精米粒率73.2%，整精米粒率70.0%，粒长6.2mm，长宽比2.4，垩白粒率40%，垩白度4.0%，透明度1级，糊化温度（碱消值）3.9级，胶稠度51mm，直链淀粉含量22.0%，蛋白质含量9.5%。平均单产6.54t/hm^2。适于在福建省各地作双季晚稻推广种植。2000—2005年累计推广面积5.33万hm^2。

（2）福优58

湖北省恩施土家族苗族自治州红庙农业科学研究所以福伊A与恩恢58配组，属杂交中籼，2001年湖北省恩施农作物品种审定小组审定。全生育期145.7d，株高107cm，生长势强，整齐度高，后期转色好。有效穗282.8万/hm^2，穗长22.3cm，每穗粒数124.4粒，千粒重27.2g。抗稻瘟病，田间穗瘟发病0～3.8%，病圃发病0～4.5%，纹枯病及稻曲病较轻，前期遇高温则恶苗病较重。胶稠度42mm，直链淀粉含量20.2%。平均单产8.43t/hm^2。适宜在湖北省恩施土家族苗族自治州海拔900m以下稻区种植。2002年最大年推广面积1.67万hm^2，2000—2005年累计推广面积6.24万hm^2。

（3）福优86

福建省农业科学院稻麦研究所以福伊A与明恢86配组，属中籼，恩施土家族苗族自治州农作物品种审定小组2000年审定。全生育期148d，株高100cm，田间生长繁茂，株型较好，主茎叶18～19片，上部叶片宽大，苗期叶片略披，后期转色好。有效穗300.0万/hm^2，穗长23cm，每穗粒数119.6粒，千粒重28.2g。稻瘟病抗性强。米质中上等，出糙率80.5%，食味佳。平均单产9.23t/hm^2。适宜在湖北省恩施土家族苗族自治州海拔900m以下稻区种植。2003年最大年推广面积2.0万hm^2，2000—

2005 年累计推广面积 7.20 万 hm^2（图 14－39）。

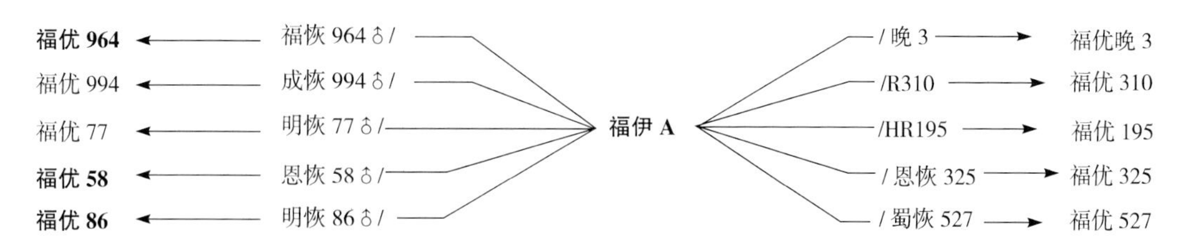

图 14－39　福优系列杂交籼稻品种系谱

9. 粤丰 A 组配的品种

江苏省农业科学院里下河地区农业科学研究所以粤丰 A 与 R6547 配组，属中籼，2002 年和 2003 年分别由江苏省和国家农作物品种审定委员会审定。全生育期 143d，株高 130cm，株型较紧凑，茎秆粗壮，剑叶宽大，叶色淡，穗型大，分蘖性较弱，抗倒性较好。有效穗 225 万/hm^2，每穗粒数 190 粒，千粒重 28g。稻米品质达国标二级优质稻谷标准。整精米粒率 57.4％，长宽比 3.5，垩白粒率 7％，垩白度 0.7％，透明度 1 级，直链淀粉含量 13.5％，糊化温度（碱消值）7 级，胶稠度 88mm。平均单产 9.6t/hm^2。适宜于江西、福建、安徽、浙江、江苏、湖北、湖南省的长江流域（武陵山区除外）以及河南省信阳地区稻瘟病轻发作区作一季中稻种植。2005 年最大年推广面积 10 万 hm^2，2002—2005 年累计推广面积 22.7 万 hm^2（图 14－40）。

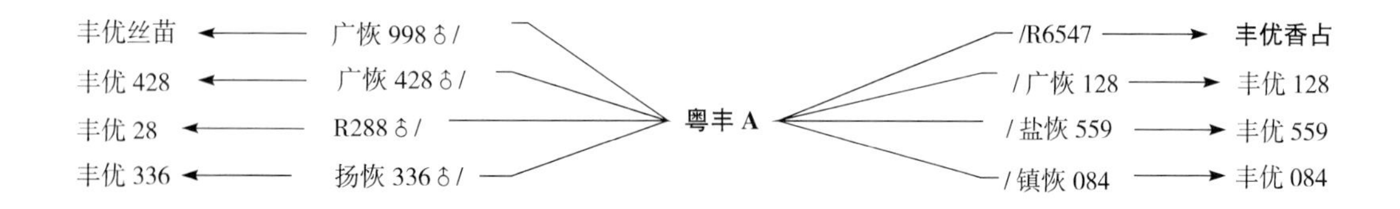

图 14－40　粤丰 A 配组的杂交籼稻品种系谱

10. 新香 A 组配的品种

新香优 80：湖南农业大学水稻科学研究所以新香 A 与 R80 配组，属晚籼，1997 年 2 月通过湖南省农作物品种审定委员会审定。双季晚稻栽培，全生育期 115d。株高 91cm 左右，茎秆较坚韧，根系发达，耐肥抗倒；叶片中长直立，叶色较浓绿，叶鞘、稃尖紫色，株叶形态好；分蘖力强，成穗率高，抗寒性较强，后期落色好。有效穗 345 万/hm^2，每穗粒数 110 粒，每穗实粒数 90 粒，结实率 80％以上，千粒重约 27g，谷色金黄，籽粒饱满。糙米率 82.4％，精米粒率 74.23％，整精米粒率 58.68％；垩白粒率 33％；粒长 6.4mm，宽 2.2mm，长宽比 2.9；蛋白质含量 8.72％，直链淀粉含量 21.15％，糊化温度（碱消值）6 级，胶稠度 30mm，米饭有香味，达二级优质米标准。抗稻苗瘟和穗颈瘟均为 5 级，抗白叶枯病 7 级。大田种植纹枯病发生轻。2003 年最大年推广面积 11.98 万 hm^2，1998—2005 年累计推广面积 76.48 万 hm^2（图 14－41）。

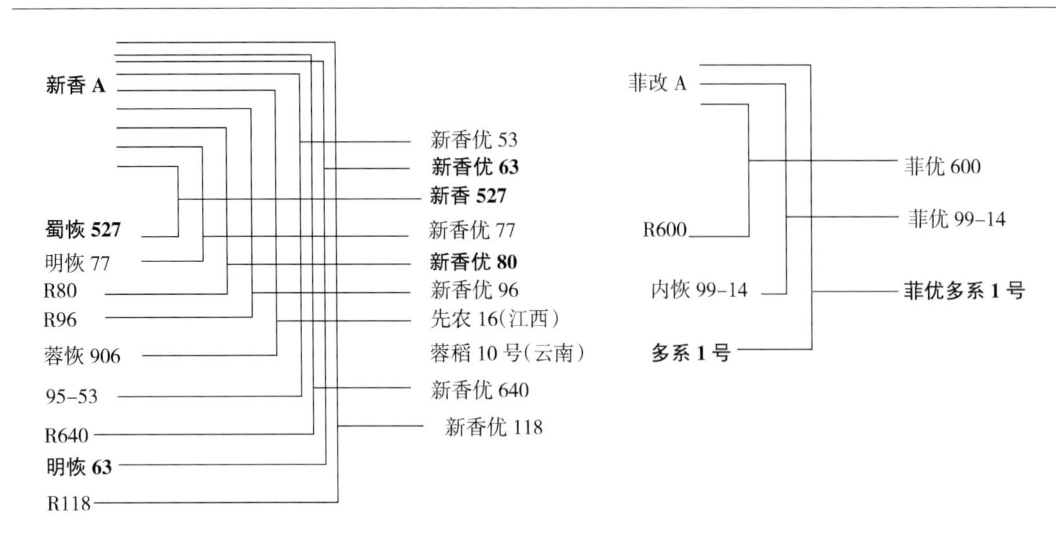

图14-41 新香优和菲优系列杂交籼稻品种系谱

11. 其他不育系组配的品种

（1）枝优桂99

广西壮族自治区博白县农业科学研究所以枝A与桂99配组，属早籼，1998年广西壮族自治区农作物品种审定委员会审定。在桂南早稻全生育期131d，株高116cm，晚稻全生育期116d。有效穗301.5万/hm^2，每穗粒数112.9粒，结实率77.9%；千粒重24g，糙米率77.0%，精米粒率71.08%，整精米粒率50.71%，无垩白，糊化温度（碱消值）3级，胶稠度53mm，直链淀粉含量18.98%，蛋白质含量9.05%。抗稻瘟病5级，抗白叶枯病3级。平均产量6.75t/hm^2。适宜桂南作早稻，桂中作早、晚稻，桂北作中晚稻推广种植。1995年最大年推广面积7.89万hm^2，1992—2004年累计推广面积33.99万hm^2（图14-42）。

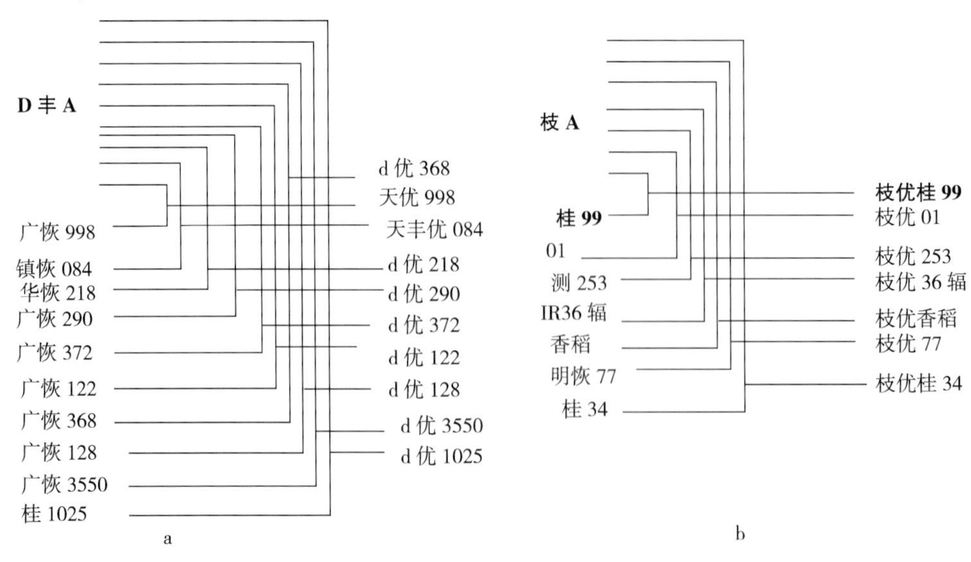

图14-42 D丰A系列和枝A系列杂交籼稻品种系谱

（2）T 优 207

湖南杂交水稻研究中心以 T98A 与先恢 207 配组，属中熟晚籼，2003 年 2 月湖南省农作物品种审定委员会审定。全生育期 116d，株高 100cm，株型松散适中，剑叶直立，长而不披，属叶下禾，剑叶角度小。每穗粒数 135.6 粒，结实率 80%，千粒重 26g。秧龄弹性大。对氮肥敏感，不耐高肥宜中等肥力种植。糙米率 82.3%、精米粒率 74.5%、整精米粒率 67.9%、粒长 7.0mm、长宽比 3.3、垩白度 0.79%、垩白粒率 8%、透明度 1 级，胶稠度 54mm、直链淀粉含量 23.1%，蛋白质含量 10.4%。稻瘟病抗性 5 级，白叶枯抗性为 3 级。适应在长江中下游双季稻区作双季晚稻种植，在海拔较高的一季稻区作一季中稻种植，也可在华南地区的广东、广西作双季早稻栽培。2005 年最大年推广面积 5.34 万 hm^2，2003—2005 年累计推广面积 10.5 万 hm^2（图 14-43）。

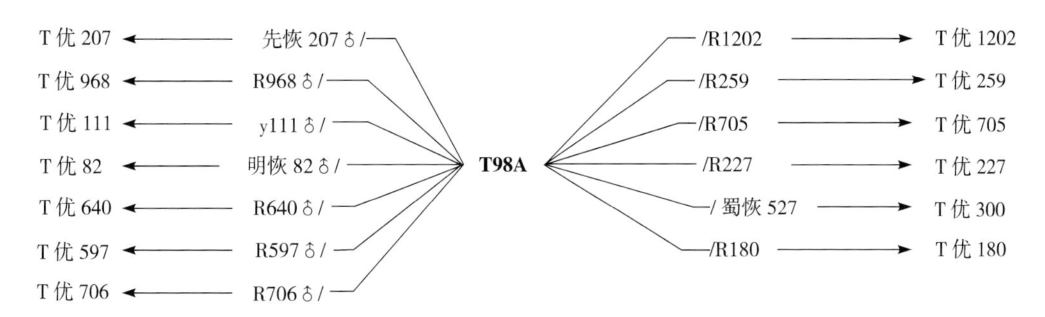

图 14-43　T 优系列杂交籼稻品种系谱

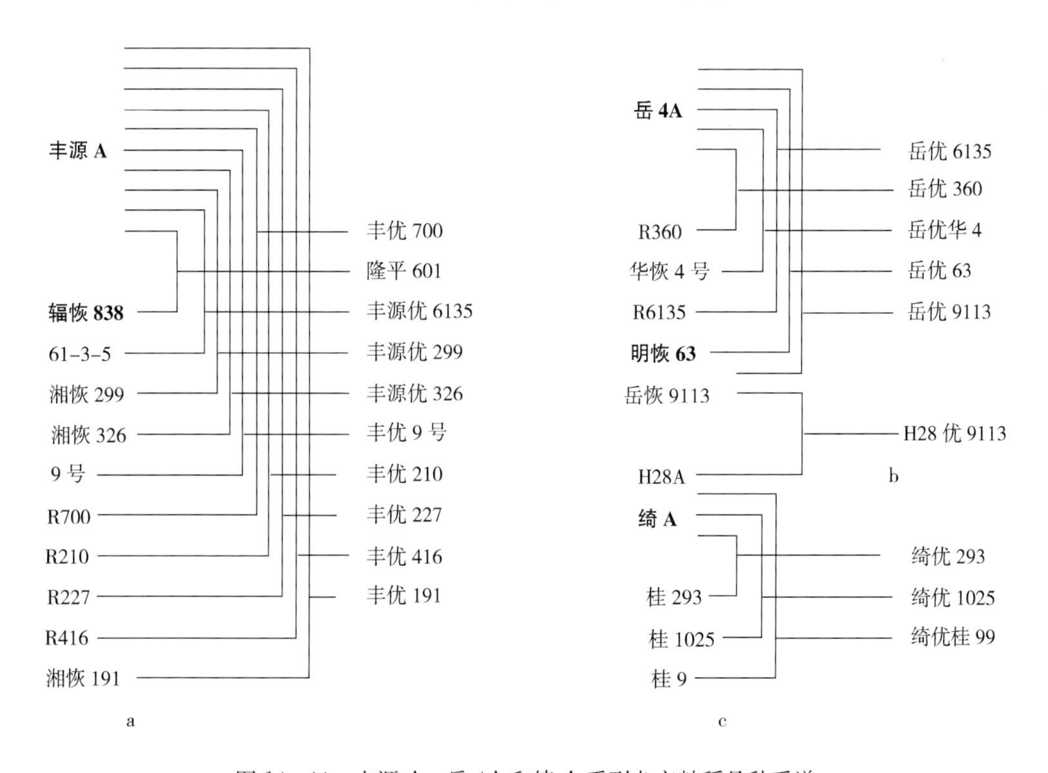

图 14-44　丰源 A、岳 4A 和绮 A 系列杂交籼稻品种系谱

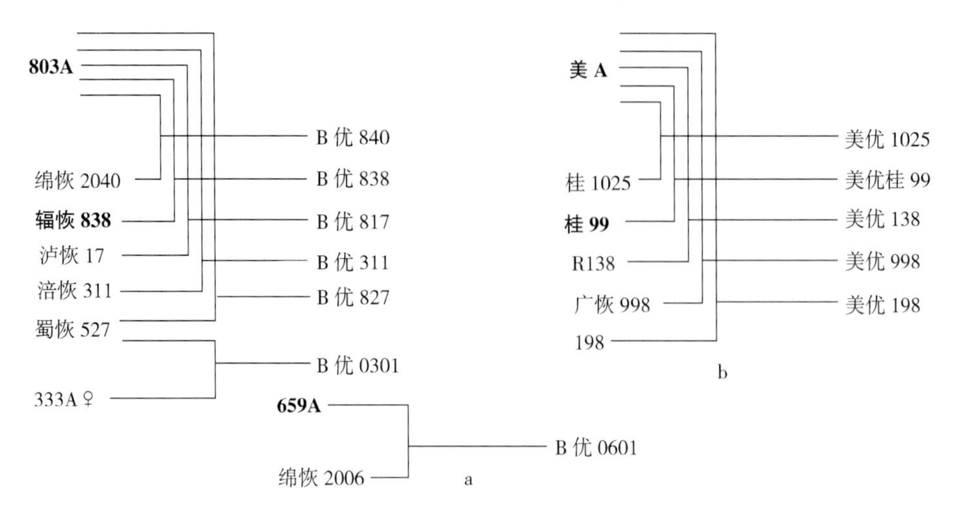

图14-45 B优（a）和美A（b）系列杂交籼稻品种系谱

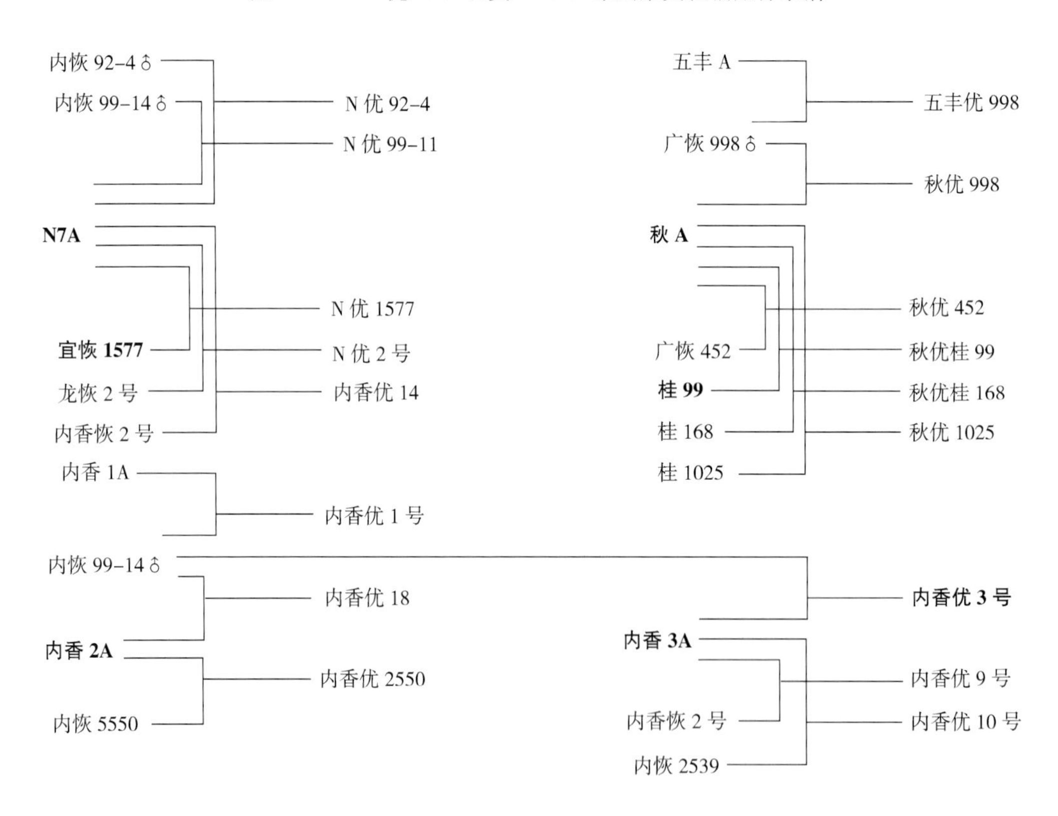

图14-46 内香优和秋优系列杂交籼稻品种系谱

(3) 秋优桂99

广西壮族自治区农业科学院水稻研究所以秋A与桂99配组，属感光型晚籼，2000年广西壮族自治区农作物品种审定委员会审定。桂南7月上旬播种，全生育期125～127d，比博优桂99迟熟5d。株叶型集散适中，叶片直立不披垂，分蘖力强，繁茂性好，后期耐寒，转色较好。株高100cm左右，有效穗285万～315万/hm^2，每穗粒数160粒，结实率85.0%左右，千粒重20g。糙米率82.3%，精米粒率75.2%，整精米粒率60.5%，长宽比3.0，垩白粒率23.0%，垩白度4.9%，透明度2级，糊化温度（碱消值）6.9级，胶稠度50mm，直链淀粉含量21.9%，蛋白质含量10.4%。抗稻叶瘟4级，抗穗瘟7～9级，抗白叶枯病2.5级。较易落粒，对产量影响较大。平均产量6.75～7.5t/hm²。可在桂南作晚稻种植。2001年最大年推广面积5.47万hm²，2000—2005年累计推广面积22.73万hm²（图14-44，图14-45，图14-46，图14-47，图14-48）。

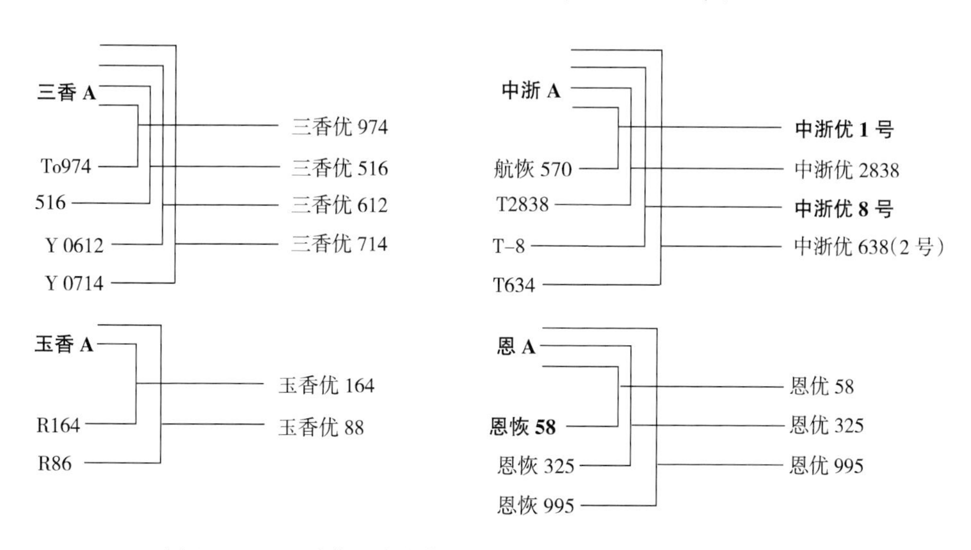

图14-47　三香优、中浙优系、玉香优和恩优杂交籼稻品种系谱

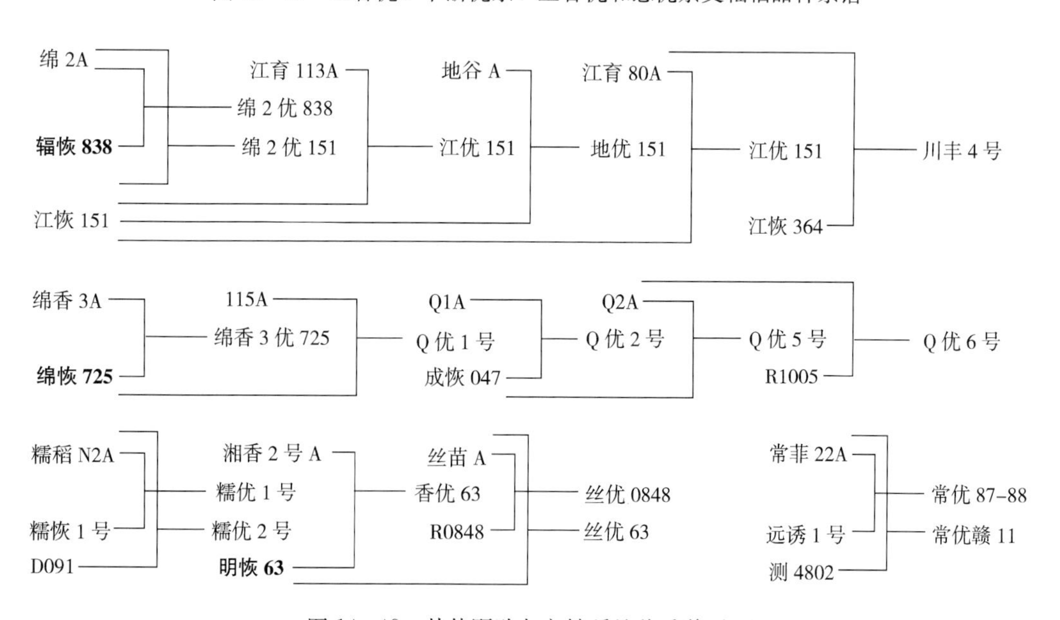

图14-48　其他野败杂交籼稻品种系谱（一）

二、矮败型杂交籼稻品种

协青早A组配的品种：

（1）协优 46

中国水稻研究所和浙江省开发杂交水稻组合联合体 1983 年以协青早 A 与密阳 46 配组，属晚籼，1990 年浙江省品种审定委员会审定通过。作单季晚稻栽培 145d 左右，作连晚稻栽培 134～136d，比汕优 6 号早 1～2d。株高 85cm 左右，茎秆粗壮，株型紧凑，分蘖力较强，成穗率高，有效穗 345 万/hm^2，穗长 20cm，每穗粒数 95～105 粒，结实率 85%左右，千粒重 27～28g，青秆黄熟。2000 年最大年推广面积 36.8 万 hm^2，1990—2005 年累计推广面积 293.67 万 hm^2。

（2）协优 432

湖南杂交水稻研究中心以协青早 A 与 R432 配组，属晚籼，1993 年通过湖南省农作物品种审定委员会审定。该品种在长沙地区作晚稻栽培，全生育期 115d 左右，株高 85～90cm，株叶型好，分蘖力较强，有效穗 375 万～390 万/hm^2，每穗粒数 100 粒，结实率 80%左右，千粒重 27～28g。抗性较强，米质较好，糙米率 81.06%，精米粒率 72.7%，整精米粒率 65%，垩白粒率 37.7%，垩白小。在大面积生产中，适应性广，较耐肥、抗倒，成熟时落色好，产量高。1997 年最大年推广面积 11.33 万 hm^2，1994—2005 年累计推广面积 72.13 万 hm^2。

（3）协优赣 15

江西省赣州地区农业科学研究所和江西省赣州地区种子公司以协青早 A 与辐 26 配组，属早籼，原名协优华联 2 号，原代号协优辐 26，1994 年 3 月江西省农作物品种审定委员会审定。全生育期 118d，株高 84cm 左右，分蘖力强，主茎叶 14 片，有效穗 327 万～375 万/hm^2，每穗粒数 91.19，结实率 74.29%，千粒重 26.68g。糙米率 82.7%，精米粒率 62.02%，整精米粒率 42.5%。米粒长 6.8mm，长宽比 2.72，胶稠度 55mm，糊化温度（碱消值）2.6 级，直链淀粉含量 29.6%。经接种抗性鉴定，稻瘟病为感，白叶枯病为中感，细条病为高感。适宜于赣中和赣中以南地区种植。1996 年最大年推广面积 14.86 万 hm^2，1992—2000 年累计推广面积 60.8 万 hm^2。

（4）协优 9308

中国水稻研究所以协青早 A 与 9308 配组，属中籼迟熟品种，1999 年浙江省农作物品种审定委员会审定。株型紧凑，分蘖中等偏弱，茎秆粗壮，耐肥抗倒，剑叶挺，后期青秆黄熟，转色好，穗大粒多，千粒重 28g。米质好，糙米率 81.8%，精米粒率 75.7%，整精米粒率 62.8%，长宽比 2.6，垩白粒率 82%，垩白度 3.9%，透明度 3 级，糊化温度（碱消值）5.2 级，胶稠度 44mm，直链淀粉含量 21.6%，蛋白质含量 9.4%，食味佳。抗白叶枯病、中抗稻穗颈瘟，抗倒性较强，但植株偏高，根量大、分布深、活力强，耐肥性中等。有一定感光性，类似于早熟晚籼，适合于浙江、安徽、江西、湖南、福建等省作单季稻种植。

（5）协优 57

安徽省农业科学院水稻研究所以协青早 A 与 2DZ057 配组，属中籼迟熟品种，1996 年和 1998 年分别由安徽省和国家农作物品种审定委员会审定。在长江中下游地区作一季中稻栽培，全生育期 143.7d，与汕优 63 相同，株型前紧后松，剑叶短、窄挺，株高 99cm，分蘖力中等，有效穗 264 万/hm^2，每穗粒数 155.1 粒，结实率 88.5%，千粒重 23.6g。对白叶枯病 KS-6-6 小种表现抗，对 J173 小种表现感，田间表现中抗白叶枯病，高感稻瘟病（9 级）。米质主要指标：整精米粒率 56.4%，长宽比 2.4，垩白粒率 69%，垩白度15%，胶稠度84mm，直链淀粉含量24%。平均单产8.64t/hm²。适宜在湖南、湖北、江西、陕西、安徽以及河南南部的稻瘟病轻发区作一季中稻种植。2004年最大年推广面积10.2万hm²，1997—2004年累计推广面积60万hm²（图14-49）。

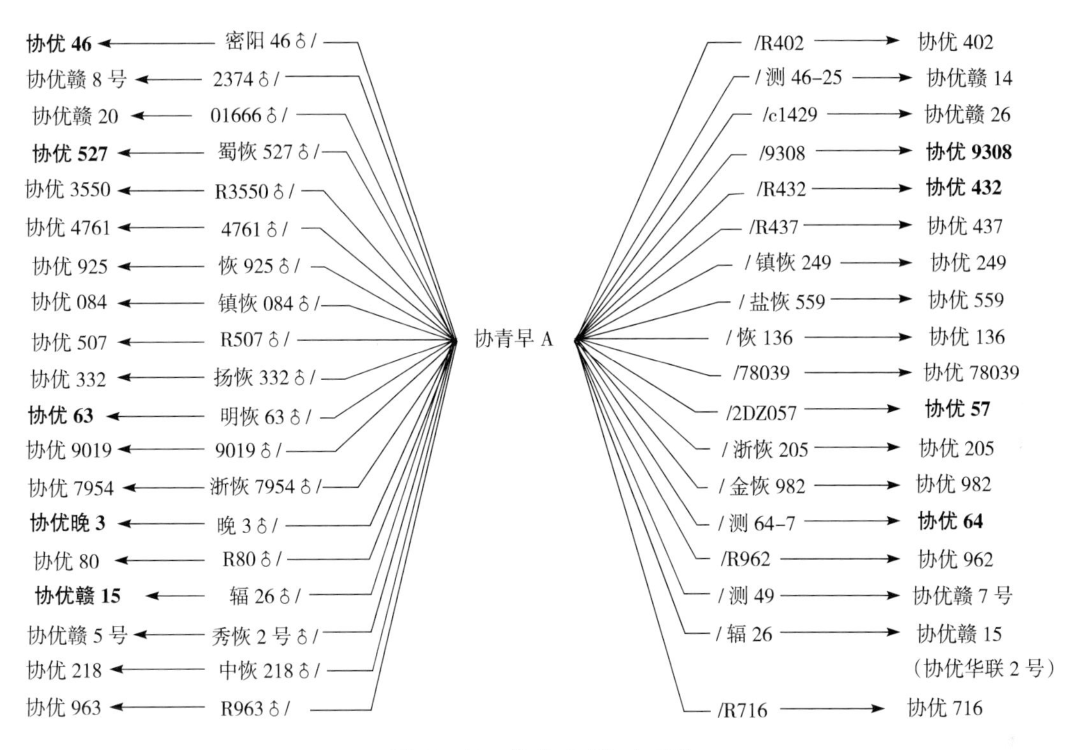

图14-49　协优系列组合系谱

三、冈型杂交籼稻品种

冈46A组配的品种：

（1）冈优22

四川省农业科学院作物研究所和四川农业大学水稻研究所以冈46A与CDR22配组，属中籼迟熟品种，1995年、1996年和1998年分别由四川省、贵州省和全国农作物品种审定委员会审定。全生育期154.8d，株高111.1cm，株型适中，茎秆粗壮，穗粒重协调，熟期转色好。有效穗272万/hm²，穗长25.2cm，每穗粒数143.4粒，结实率83.49%，千粒重26.6g。抗稻瘟病0～5级。平均单产8.30t/hm²。适宜在四川、重庆、福建、贵州、云南、陕西部分地区种植。1994—2005年累计推广面积900.6万hm²。

（2）冈优12

四川农业大学水稻研究所以冈46A与明恢63配组，属中籼迟熟品种，1992年四川省农作物品种审定委员会审定。全生育期145～150d，株高100～110cm，株型紧凑。有效穗240万～255万/hm²，穗长25cm，每穗粒数140～160粒，千粒重27.5g。感稻瘟病。平均产量8.30t/hm²。适宜四川省平坝、丘陵非稻瘟病常发区作一季中稻种植。繁殖、制种时，母本成熟期遇阴雨，易出现穗萌。1994 年最大年推广面积 47.07 万 hm^2，1992—2005 年累计推广面积 166.73 万 hm^2。

（3）冈优 725

四川省绵阳市农业科学研究所以冈 46A 与绵恢 725 配组，属中籼迟熟品种，1998 年四川省农作物品种审定委员会审定。全生育期 149.2d。株型适中，叶片长大，繁茂性好，穗层整齐，后期转色好，株高 114.7cm，穗长 24.8cm，有效穗 237.9 万/hm^2，每穗粒数 164.9 粒，结实率 85.6%，千粒重 27.5g。糙米率 80.4%，整精米粒率 51.6%。抗稻叶瘟 5 级，抗颈瘟 5～7 级。平均单产 8.53t/hm^2。适宜在种植汕优 63 地区种植。2002 年最大年推广面积 64.2 万 hm^2，1998—2005 年累计推广面积 330.13 万 hm^2。

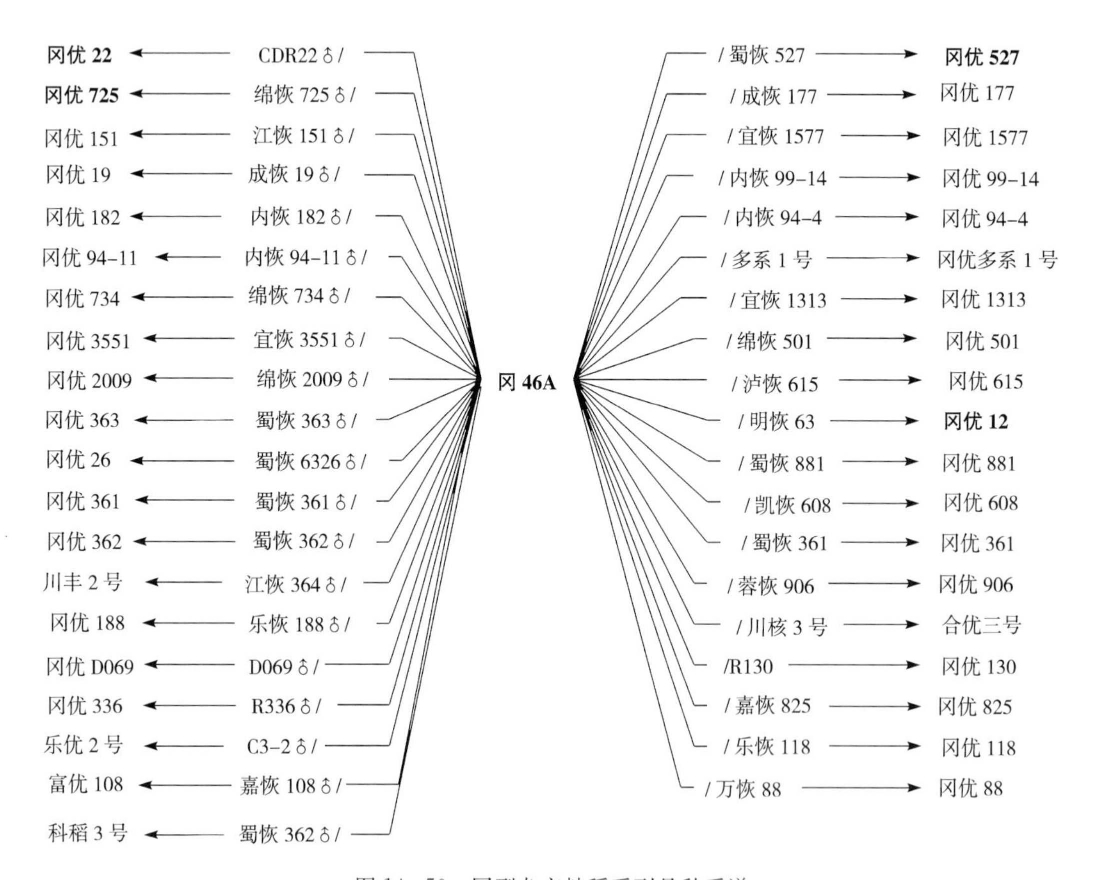

图 14-50 冈型杂交籼稻系列品种系谱

（4）冈优 527

四川农业大学水稻研究所以冈 46A 与蜀恢 527 配组，属中籼迟熟品种，2000 年分别通过四川省和贵州省农作物品种审定委员会审定，2003 年国家农作物品种审定委员会审定。全生育期 147.5d，株高 118.7cm，茎秆粗壮，株叶型好，叶色淡绿，苗期繁茂性好，分蘖力中等，有效穗 235.5 万/hm^2，穗长 25.5cm，每穗粒数 169.7 粒，千粒重 30g。整精米粒率 52.6%，长宽比 2.6，垩白粒率 67.8%，垩白度 15%，胶稠度 45mm，直链淀粉含量 20.9%。抗稻瘟病 3.5 级，最高级 7 级，抗白叶枯病 8 级，抗褐飞虱 7 级。平均产量

8.8t/hm²。适宜四川、重庆、湖北、湖南、浙江、江西、安徽、上海、江苏省、直辖市的长江流域（武陵山区除外）和云南、贵州省海拔 1 100m 以下以及河南省信阳、陕西省汉中地区稻瘟病轻发区作一季中稻种植。2002 年最大年推广面积 44.6 万 hm²，1999—2005 年累计推广面积 176.2 万 hm²（图 14-50）。

四、D 型杂交籼稻品种

1. D 珍汕 97A 组配的品种

（1）D 优 501

西南科技大学（原绵阳农业专科学校）以 D 汕 A 与绵恢 5101 配组，属中籼中熟品种，1993 年四川省农作物品种审定委员会审定。全生育期 144.8d，较对照矮优 S 长 1.5d。株高 107.3cm，株型松紧适中，分蘖力较强，抗倒伏，再生力强，后期转色好。有效穗 259.5 万/hm²，穗长 25.2cm，每穗粒数 161.4 粒，千粒重 26～27g。抗稻瘟病 3～5 级。糙米率 80.8%，精米粒率 72.1%，整精米粒率 55.2%，胶稠度 54mm，蛋白质含量 12.68%，直链淀粉含量 20.5%。平均单产 7.72t/hm²。适宜在四川、重庆等地作一季中稻种植，更适合川中作再生稻利用。2000 年最大年推广面积 18.67 万 hm²，1993—2000 年累计推广面积 50.0 万 hm²。

（2）D 优 162

四川农业大学水稻研究所以 D 汕 A 与蜀恢 162 配组，属中籼早熟品种，1996 年四川省农作物品种审定委员会审定。全生育期 143d，株高 90cm，苗期长势旺，分蘖力强，后期转色好。有效穗 270 万/hm²，穗长 22cm，每穗粒数 137.3 粒，千粒重 27.5g。抗稻瘟病0～5 级，最高级 5 级。整精米粒率 52.25%。平均产量 6.73t/hm²。适宜四川省盆周山区及粮经作物区种植。1999—2005 年累计推广面积 7.8 万 hm²（图 14-51）。

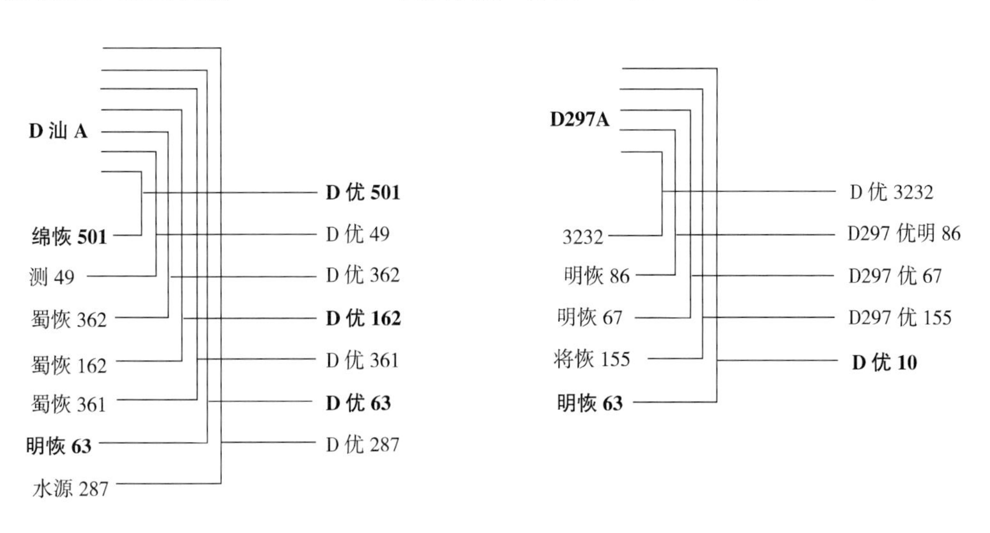

图 14-51　D 型杂交品种系谱（一）

2. D62A 组配制的品种

（1）D 优 68

四川农业大学水稻研究所和四川省内江杂交水稻科技开发中心以 D62A 与多系 1 号配

组，属中籼迟熟组合，1997 年、2000 年和 2000 年分别由四川省、陕西省和河南省农作物品种审定委员会审定，2000 年全国农作物品种审定委员会审定。全生育期 147d，株高 114.3cm，株型较紧凑，繁茂性较好，后期转色较好，穗长 23.7cm，有效穗 300 万/hm^2，每穗粒数 135.6 粒，千粒重 26.7g。中感稻瘟病，高感白叶枯病。整精米粒率 54.3%，垩白度 10.5%，直链淀粉含量 20.2%。平均产量 8.46t/hm^2。适宜于西南及长江流域和河南、陕西省南部白叶枯病轻发区作一季中稻种植。2002 年最大年推广面积 18.8 万 hm^2，1997—2005 年累计推广面积 96.53 万 hm^2。

（2）D 优 527

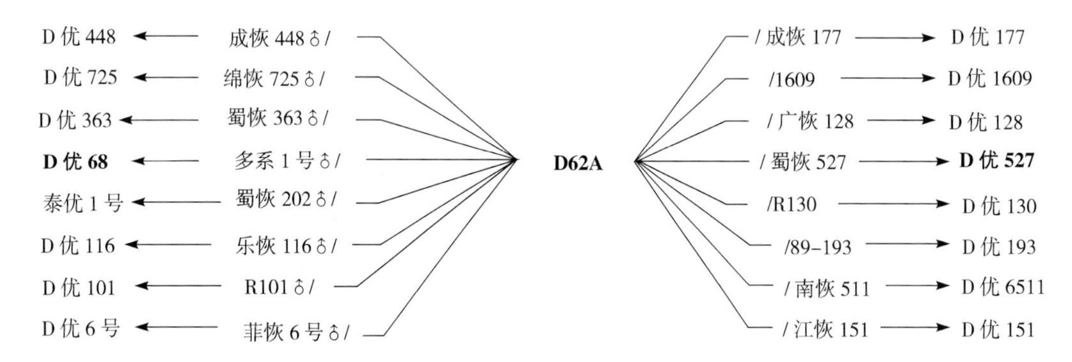

图 14－52　D 型杂交籼稻品种系谱（二）

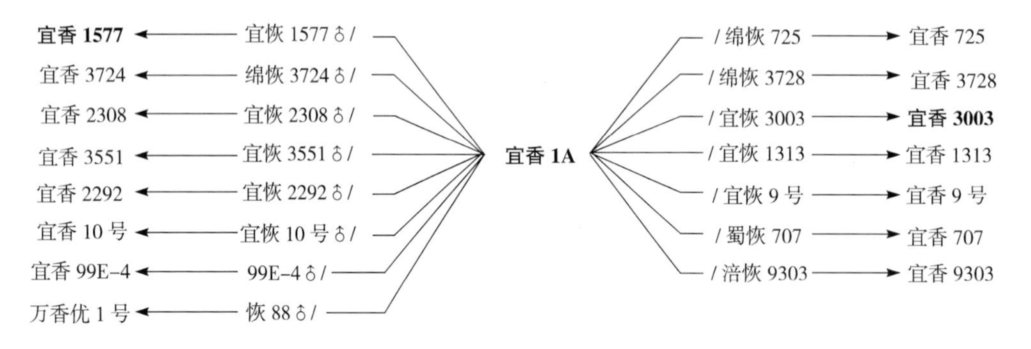

图 14－53　D 型杂交籼稻（宜香系列）品种系谱（三）

四川农业大学水稻研究所以 D62A 与蜀恢 527 配组，属迟熟中籼，2000 年、2001 年和 2003 年分别由贵州省、四川省和国家农作物品种审定委员会审定。在长江上游作中稻，全生育期 153.1d，株高 114.1cm，茎秆粗壮，株叶型好，叶色深绿，苗期繁茂性好，分蘖力强，后期转色好，叶鞘、颖尖紫色，有效穗 264 万/hm^2，穗长 25.4cm，每穗粒数 154.6 粒，千粒重 29.7g。平均产量 8.87t/hm^2。在长江中下游作中稻，全生育期 143.5d，株高 120.6cm，茎秆粗壮，株叶型好，叶色深绿，苗期繁茂性好，分蘖力强，后期转色好，叶鞘、颖尖紫色，有效穗 267 万/hm^2，穗长 25.7cm，每穗粒数 150.2 粒，千粒重 30g。平均产量 9.12t/hm^2。整精米粒率 52.1%，长宽比 3.2，垩白粒率 43.5%，垩白度 7%，胶稠度 51mm，直链淀粉含量 22.7%。抗稻瘟病 2.3 级，最高级 3 级，抗白叶枯病 7 级，抗褐飞虱 9 级。适宜四川、重庆、湖北、湖南、浙江、江西、安徽、上海、江苏省的长江流域（武陵山区除外）和云南、贵州省海拔 1 100m 以下以及河南省信阳、陕西省汉中地区白叶枯病轻发区作一季中稻种植。2003 年最大年推广面积 29.73 万 hm^2，2000—2005 年累计推广面积 115.2 万 hm^2（图 14 - 52，图 14 - 53）。

3. 其他 D 型不育系组配的品种

（1）宜香 1577

四川省宜宾市农业科学研究所以宜香 1A 与宜恢 1577 配组，属迟熟中籼，2003—2004 年分别由四川、江西、湖北、安徽、陕西、广西、贵州、浙江 8 个省、自治区和国家农作物品种审定委员会审定。全生育期 152.53d，株高 114.2cm，株型紧凑，茎秆粗壮，分蘖力强，繁茂性好，剑叶直立，后期转色好，米质优，香味浓。有效穗235.2 万/hm^2，穗长 26.8cm，每穗粒数 169.21 粒，结实率 82.74%，千粒重 27.03g，抗稻瘟病叶瘟 1～7 级，抗颈瘟 1～7 级，最高 7 级；抗白叶枯病 4～5 级；抗褐飞虱 5～9 级。整精米粒率 74.5%，长宽比 2.7，垩白粒率 27%，垩白度 2.2%，胶稠度 60mm，直链淀粉含量 21.2%，1999 获四川省第二届“稻香杯”优质米奖。平均单产 8.55t/hm^2。适宜我国南方稻区作一季中稻种植。2004 年最大年推广面积 12.0 万 hm^2，2003—2005 年累计推广面积 70 万 hm^2。

（2）二汕优 501

西南科技大学（原绵阳农业专科学校）和四川省绵阳市农业科学院研究所以二汕 A 与绵恢 501 配组，属中熟中籼，1993 年四川省农作物品种审定委员会审定。全生育期平均 146.0d，较对照矮优 S 长 2.6d。株高 106.8cm，株型适中，穗大粒多，后期转色好。有效穗 243.0 万/hm^2，穗长 25.0cm，每穗粒数 162.5 粒，千粒重 26～27g。稻瘟病 5～7 级。糙米率 80.5%，精米粒率 72.3%，整精米粒率 55.3%，胶稠度 54mm，蛋白质含量 12.77%，直链淀粉含量 20.7%。平均单产 7.67t/hm^2。适宜在四川、重庆等地作一季中稻种植。2000 年最大年推广面积 20.0 万 hm^2，1993—2000 年累计推广面积 53.3 万 hm^2（图 14 - 54）。

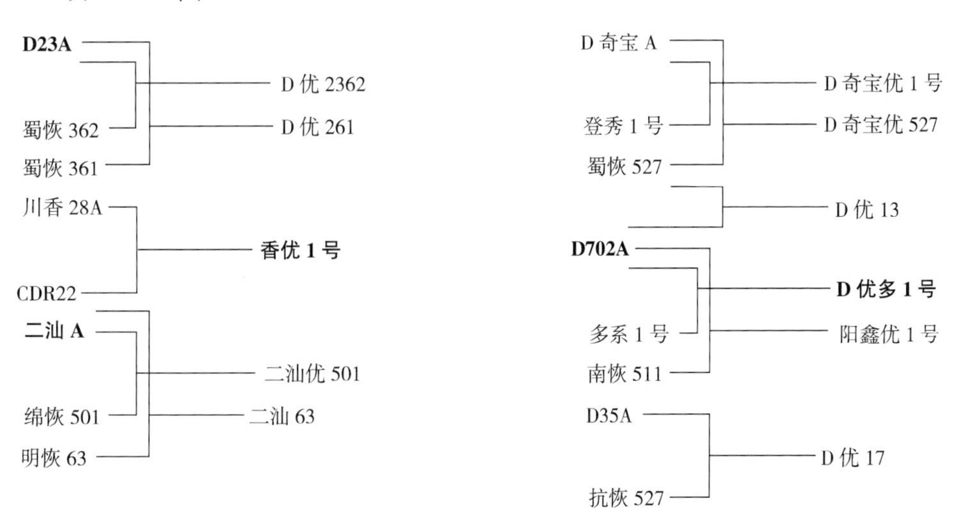

图 14 - 54　D型杂交籼稻品种系谱（四）

五、K 型杂交籼稻品种

1. K17A 组配的品种

(1) K 优 5 号

四川省农业科学院水稻高粱研究所和四川省内江杂交水稻科技开发中心以 K17A 与多系 1 号配组，属迟熟中籼，1996 年、1998 年和 1999 年分别由四川省、贵州省和全国农作物品种审定委员会审定。全生育期 144d，株高 110～115cm。苗期长势旺，株型紧凑，叶舌、叶缘均为紫色，少量短顶芒，茎秆粗壮，穗粒重协调，熟期转色好。有效穗 270 万/hm^2，穗长 23cm，每穗粒数 130～140 粒，千粒重 29g。精米粒率 70%，透明度好，米质中上等。中抗稻瘟病，中感白叶枯病。平均单产 8.50t/hm^2。适宜在四川省平坝、丘陵地区作一季中稻种植。

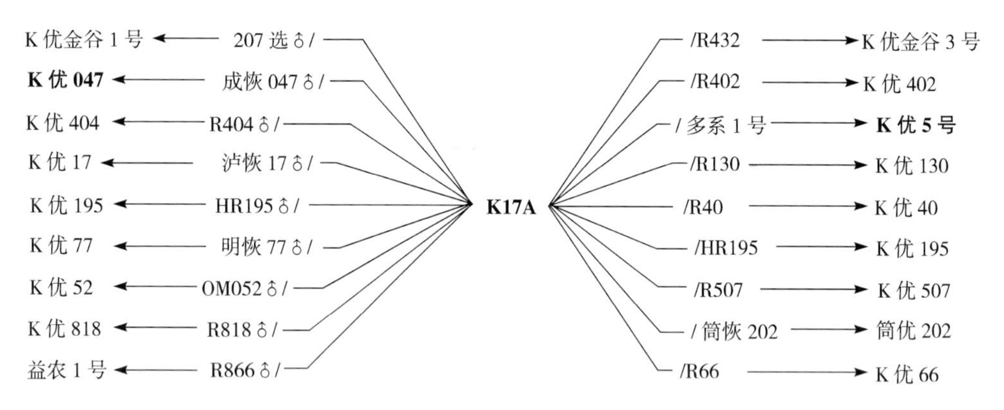

图 14-55　K 型杂交籼稻品种系谱（一）

(2) K 优 047

四川省农业科学院作物研究所和水稻高粱研究所以 K17A 与成恢 047 配组，属中籼迟熟组合，2001 年分别由四川省、重庆市、贵州省和国家农作物品种审定委员会审定。全生育期 149d，株高 109cm，穗纺锤形，稃尖紫色，无芒，后期转色好，每穗粒数 137 粒，千粒重 26.8g。整精米粒率 51%，垩白粒率 22%，垩白度 1.6%，胶稠度 44mm，直链淀粉含量 21%。抗稻瘟病 0～5 级，抗白叶枯病 1 级。平均产量 8.25t/hm^2。适宜四川省、重庆市种植和贵州省海拔 1 100m 以下地区作一季中稻种植。

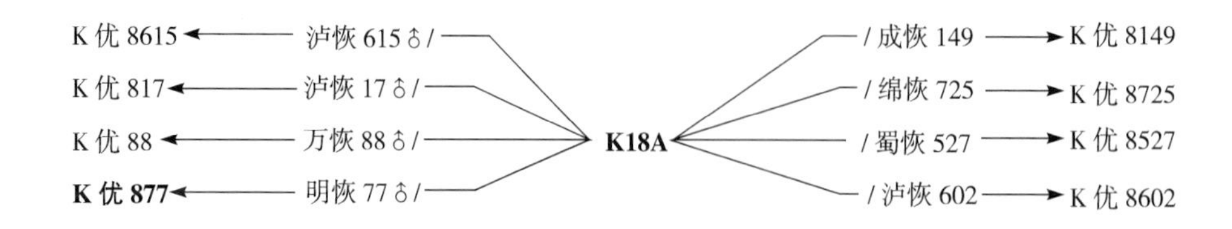

图 14-56　K 型杂交籼稻品种系谱（二）

K 优 818：江苏省农业科学院里下河地区农业科学研究所以 K17A 与 R818 配组，属迟熟中籼，2001 年和 2003 年分别由江苏省和国家农作物品种审定委员会审定。全生育期

149d，株高 124cm，株型集散适中，叶色较深，叶片较挺，剑叶长，分蘖力较强，穗型大，穗粒结构协调，丰产、稳产性好，粒重高，抗倒性中等。有效穗 255 万/hm^2，每穗粒数 160 粒，千粒重 30.5g。颖尖紫色、柱头紫色。整精米粒率 47.4%，垩白粒率 69%，垩白度 16.2%，透明度 2 级，直链淀粉含量 24.3%，糊化温度（碱消值）5.8 级，胶稠度 67mm。平均单产 9.2t/hm^2。适宜于江西、福建、安徽、浙江、江苏、湖北、湖南省的长江流域（武陵山区除外）以及河南省信阳地区稻瘟病轻发作区作一季中稻种植。2005 年最大年推广面积 10 万 hm^2，2002—2005 年累计推广面积 26.7 万 hm^2（图 14-55，图 14-56）。

2. 其他 K 型不育系组配的品种

（1）K 优 877

四川省农业科学院水稻高粱研究所以 K18A 与明恢 7 配组，属中籼品种，2001 年国家农作物品种审定委员会审定。全生育期 151d，株高 85cm，株型较紧凑，分蘖力较强，叶色深绿，叶鞘、叶缘和柱头均为紫色。有效穗 240 万～255 万/hm^2，穗长 21.5cm，每穗粒数 130～140 粒，千粒重 28.5g。平均单产 6.75t/hm^2。适宜在湖南、湖北、江西、安徽、浙江省稻瘟病、白叶枯病轻发区作双季晚稻种植。2003 年最大年推广面积 1.1 万 hm^2，2001—2005 年累计推广面积 3 万 hm^2。

（2）一丰 8 号

四川省农业科学院水稻高粱研究所和四川农业大学水稻研究所以 K22A 与蜀恢 527 配组，属中籼，2004 年四川省农作物品种审定委员会审定。全生育期 150d，株高 114cm，株型适中，叶鞘、叶缘和柱头均为紫色，分蘖力中等。有效穗 255 万～270 万/hm^2，穗长24～25cm，每穗粒数 153 粒，千粒重 31g。整精米粒率 38.9%，长宽比 2.9，垩白粒率 96%，垩白度 27.8%，胶稠度 89mm，直链淀粉含量 23.1%。抗稻瘟病 1～7 级。平均单产 8.44t/hm^2。适宜在四川省平坝、丘陵地区作一季中稻种植。2004—2005 年累计推广面积 1.3 万 hm^2。

六、印水型杂交籼稻品种

1. Ⅱ-32A 组配的品种

（1）Ⅱ优 838

四川省原子核应用技术研究所以Ⅱ-32A 与辐恢 838 配组，属迟熟中籼，1995 年和 1999 年分别由四川省和国家农作物品种审定委员会审定。全生育期 150d，株高 115cm，株型紧凑，秆粗抗倒伏，剑叶直立，熟期转色好。有效穗 240 万/hm^2，穗长 25cm，每穗粒数 147.2 粒，千粒重 29g。抗稻瘟病 0～7 级。整精米粒率 55.2%，长宽比 2.6，垩白粒率 62%，垩白度 10.5%，胶稠度 55mm，直链淀粉含量 22.8%。平均单产 8.75t/hm^2。适宜在福建、江西、湖南、湖北、安徽、浙江、江苏等省以及河南南部稻瘟病轻发区作一季中稻种植。2000 年最大年推广面积 79.07 万 hm^2，1995—2005 年累计推广面积 548.07 万 hm^2。

（2）Ⅱ优 501

四川省绵阳市农业科学研究所和原绵阳农业专科学校以Ⅱ-32A 与绵恢 501 配组，属

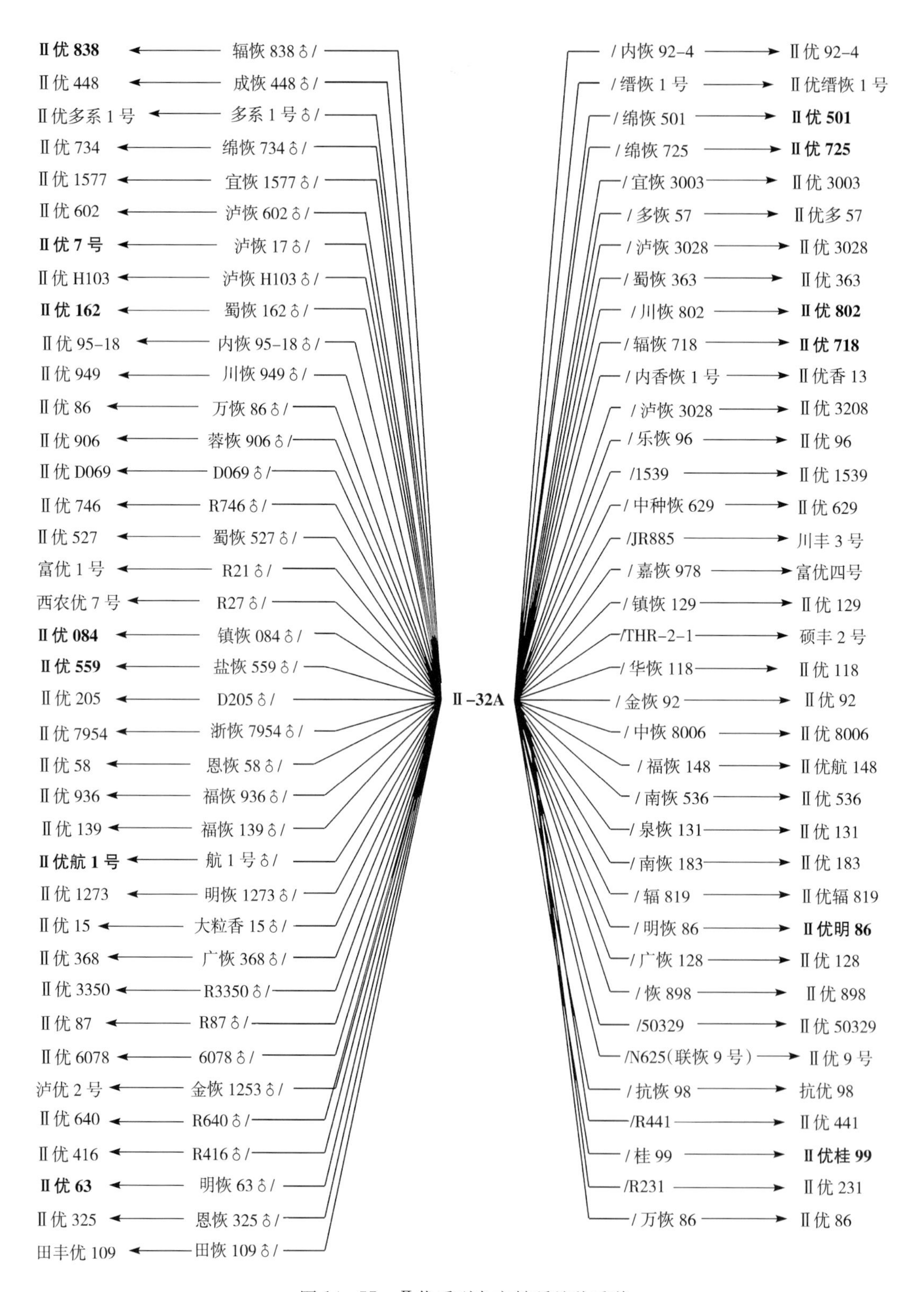

图14-57 Ⅱ优系列杂交籼稻品种系谱

迟熟中籼，1993年和1998年分别由四川省和湖北省农作物品种审定委员会审定。全生育期平均153.8d，株高115cm，分蘖力强，千粒重26.1g。稻瘟病鉴定：抗颈瘟5～7级。平均单产7.87t/hm²。适宜在四川省种植汕优63的地区种植。1999年最大年推广面积63.47万hm²，1995—2005年累计推广面积241.8万hm²。

（3）Ⅱ优58

湖北省恩施土家族苗族自治州红庙农业科学研究所以Ⅱ-32A与恩恢58配组，属中籼，1996年湖北省恩施土家族苗族自治州农作物品种审定小组审定。全生育期162d，株高110cm，株型适中。叶鞘紫色，叶片宽大略披，主茎叶17片左右；植株整齐，落色好；穗大粒多。有效穗300万/hm²，穗长23cm，每穗粒数105粒，千粒重27.5g。抗稻瘟病，纹枯病中等。对氮肥较敏感。整精米粒率56.8%，长宽比2.4，糊化温度（碱消值）7级，胶稠度28mm，直链淀粉含量23.22%。平均单产7.67t/hm²。适宜在湖北省恩施土家族苗族自治州海拔800m以下稻区种植。2003年最大年推广面积11.73万hm²，1996—2005年累计推广面积87.13万hm²。

（4）Ⅱ优162

四川农业大学水稻研究所以Ⅱ-32A与蜀恢162配组，属迟熟中籼，1997年、1999年和2000年分别由四川省、浙江省和全国农作物品种审定委员会审定。全生育期145d，株高114cm，生长整齐，株型紧凑，株植繁茂，叶色深绿，叶片直立，分蘖力强，有效穗300万/hm²，穗长24cm，每穗粒数156.5粒，千粒重28.4g。整精米粒率59.7%，垩白度18.9%，胶稠度45.5mm，直链淀粉含量20.3%。中感稻瘟病，高感白叶枯病。适宜于西南及长江流域白叶枯病轻发区作一季中稻种植。2004年最大年推广面积18.07万hm²，1997—2005年累计推广面积75.53万hm²。

（5）Ⅱ优725

四川省绵阳市农业科学研究所以Ⅱ-32-8A与绵恢725配组，属迟熟中籼，2000年四川省农作物品种审定委员会审定。全生育期153.2d，株型紧凑，繁茂性好，熟色好。株高114cm。有效穗240.0万/hm²，穗长24.5cm，每穗粒数166.2粒，结实率83.2%，千粒重26.3g。糙米率80.6%，整精米粒率53.9%，粒长6.3mm，长宽比2.5，垩白粒率36%，垩白度4.8%，胶稠度46mm，直链淀粉含量23.5%。抗稻叶瘟6～9级，抗颈瘟5～9级。平均单产8.5t/hm²。适宜四川省平坝、丘陵地区作一季中稻种植。2003年最大年推广面积32.8万hm²，1999—2005年累计推广面积141.07万hm²。

（6）Ⅱ优084

江苏省农业科学院镇江地区农业科学研究所以Ⅱ32A与镇恢084配组，属中籼，2001年和2003年分别由江苏省和国家农作物品种审定委员会审定。全生育期150d，株高124cm，株型集散适中，叶色较深，叶片较长但较挺，分蘖力较强，穗型大，穗粒结构协调，丰产、稳产性较好，抗倒性较强，熟相好。有效穗240万/hm²，每穗粒数180～200粒，千粒重27～28g。颖尖、柱头紫色。整精米粒率67.7%，长宽比2.6，垩白粒率57%，垩白度15.7%，透明度2级，直链淀粉含量21.4%，糊化温度（碱消值）4.4级，胶稠度44mm。平均单产9.5t/hm²。适宜于江西、福建、安徽、浙江、江苏、湖北、湖南省的长江流域（武陵山区除外）以及河南省信阳地区稻瘟病轻发作区作一季中稻种植。2003年最大年推广面积23.53万hm²，2001—2005年累计推广面积75.67万hm²。

（7）Ⅱ优明 86

福建省三明市农业科学研究所以Ⅱ-32A 与明恢 86 配组，属中籼，2001 年福建省农作物品种审定委员会审定。作晚稻种植全生育期 128d，株高 100～110cm，株型集散适中，茎秆粗壮，适应性较广，耐肥、抗倒，穗大粒多，熟期转色好。有效穗 243 万/hm^2，每穗粒数 134 粒，千粒重 27～28g。中抗稻瘟病。糙米率 81.2%，精米粒率 74.0%，整精米粒率 70.0%，粒长 6.3mm，长宽比 2.4，垩白粒率 32%，垩白度 9.0%，透明度 2 级，糊化温度（碱消值）6.2 级，胶稠度 37mm，直链淀粉含量 23.4%，蛋白质含量 8.8%。平均单产 6.67t/hm^2。适宜在贵州、云南、四川、重庆、湖南、湖北、浙江省、上海市以及安徽、江苏省的长江流域和河南省南部、陕西省汉中地区作一季中稻种植，在福建省作中晚稻种植。2004 年最大年推广面积 24.6 万 hm^2，2000—2005 年累计推广面积 58.33 万 hm^2（图 14-57）。

2. 优ⅠA 组配的品种

（1）优Ⅰ402

湖南杂交水稻工程研究中心选育的优ⅠA 为母本，湖南安江农校选育的 R402 为父本配制而成的杂交早稻，1999 年江西省农作物品种审定委员会认定。全生育期 116d，株高 88cm。株型紧凑，茎秆粗壮，叶片挺直。有效穗 373.5 万/hm^2，每穗粒数 93 粒，结实率 79%，千粒重 25.4g，糙米率 80.4%，精米粒率 67.4%，米粒长 6.90mm，长宽比 3.08，透明度 5 级，垩白粒率 78%，垩白度 19.5%，糊化温度（碱消值）3.8 级，直链淀粉含量 23.9%，抗白叶枯病较强，江西省各地均可种植。1999 年最大年推广面积 24.2 万 hm^2，1995—2005 年累计推广面积 117.73 万 hm^2。

（2）优Ⅰ华联 2 号

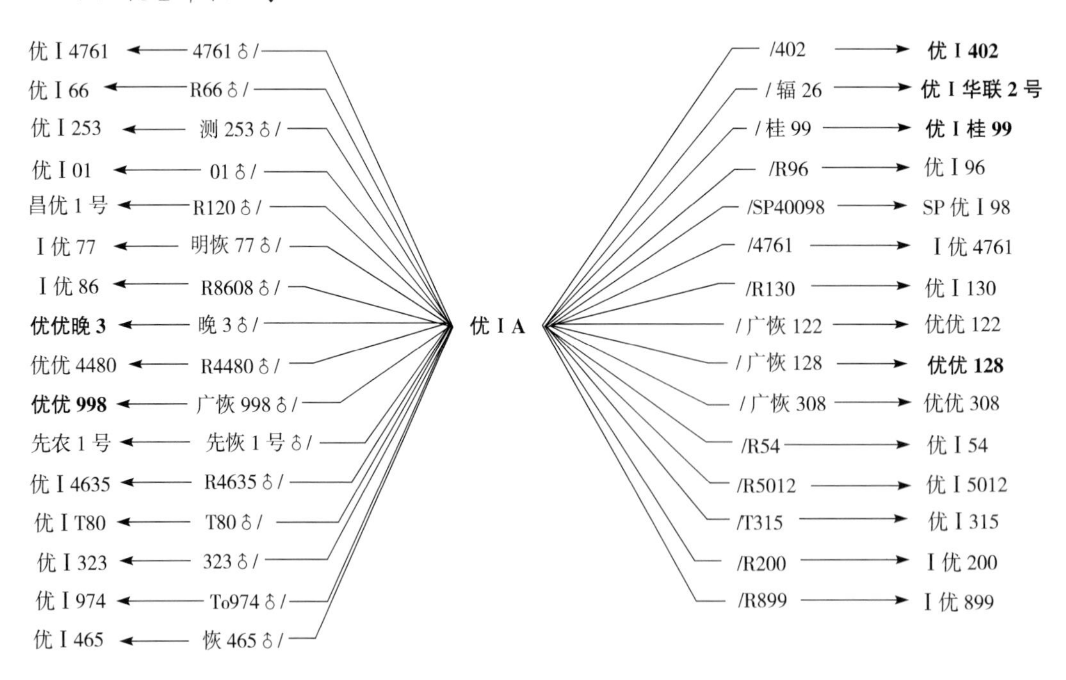

图 14-58 优ⅠA 系列杂交籼稻品种系谱

湖南省杂交水稻研究中心以优ⅠA与辐26配组，属早籼组合，1997年3月江西省农作物品种审定委员会审定。全生育期118d左右。株高85cm，株型松散适中。根系发达，剑叶挺直。分蘖力强，有效穗375万/hm^2，成穗率66%，穗长18cm，每穗粒数98粒，每穗实粒数74粒，结实率74%，千粒重25g。糙米率80%，精米粒率70%；米粒长6.3mm，长宽比2.43，垩白度15.6%；直链淀粉含量25.5%，胶稠度33mm，糊化温度（碱消值）4.3级；米质中等。抗苗瘟1级，抗叶瘟0级，抗穗颈瘟5级。适宜在江西省各地种植。1996年最大年推广面积33.4万hm^2，1992—2000年累计推广面积110.73万hm^2（图14-58）。

3. 中9A组配的品种

（1）国丰1号

中国水稻研究所和合肥丰乐种业股份有限公司以中9A与辐恢838选配组，中籼，2000年、2001年、2003年和2001年分别由广西壮族自治区、江西省、安徽省和国家农作物品种审定委员会审定。在安徽省作中籼栽培全生育期130d，比汕优63短5～6d，株

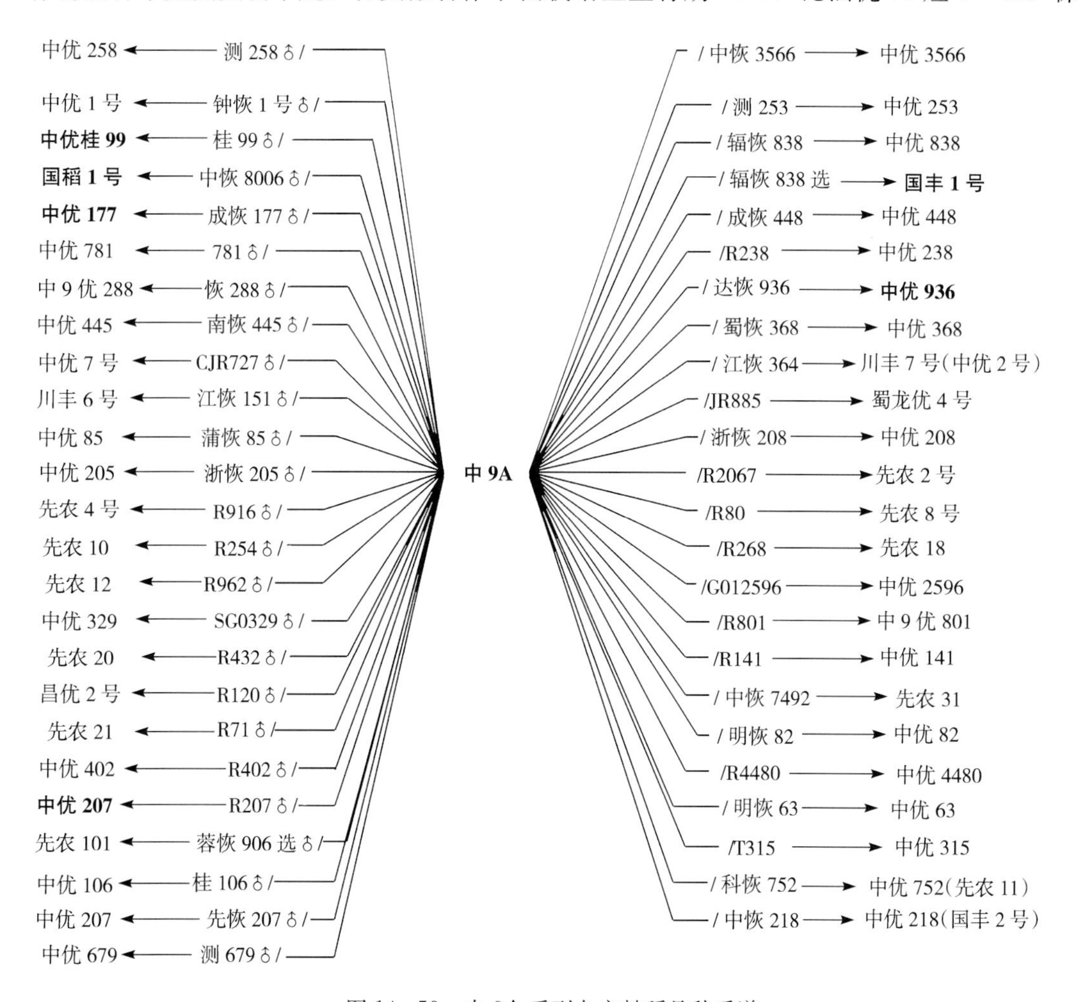

图14-59　中9A系列杂交籼稻品种系谱

高 99cm，分蘖力中等，穗长 22.8cm，有效穗 267 万/hm^2，每穗粒数 135 粒，结实率 78.8%，千粒重 27.5g。高抗白叶枯病，中感稻瘟病。整精米粒率 60.1%，长宽比 3.1，垩白粒率 42%，垩白度 7.1%，胶稠度 47mm，直链淀粉含量 22.2%。平均单产 8.2t/hm^2。适宜在广西、江西、安徽等稻瘟病轻发区作一季中稻或双季晚稻种植。2004 年最大年推广面积 15 万 hm^2，2001—2004 年累计推广面积 40 万 hm^2。

（2）中优 402

广西壮族自治区钟山县种子公司和中国水稻研究所以中 9A 与 R402 配组，属早籼，2000 年和 2001 年分别由广西壮族自治区、江西省农作物品种审定委员会审定。全生育期 112d，株高 95cm，每穗粒数 120 粒，千粒重 26g。平均产量 7.05t/hm^2。2003 年最大年推广面积 13.07 万 hm^2，2002—2005 年累计推广面积 40 万 hm^2。

（3）中优 207

中国水稻研究所和广西壮族自治区钟山县种子公司以中 9A 与先恢 207 配组，属杂交早籼，2000 年广西壮族自治区农作物品种审定委员会审定。全生育期 128d，株高 113cm，每穗粒数 130～150 粒，千粒重 24.5g。中抗稻瘟病，平均产量 7.2t/hm^2。

（4）中优桂 9

广西壮族自治区钟山县种子公司（中 9A/桂 99）育成，属杂交早籼，2000 年广西壮族自治区农作物品种审定委员会审定。全生育期 130d，株高 118cm，每穗粒数 130 粒，千粒重 25.5g，感稻瘟病，平均产量 6.9t/hm^2（图 14-59）。

七、红莲型杂交籼稻品种

1. 粤泰 A 组配的品种

（1）粤优 938

江苏省农业科学院粮食作物研究所以粤泰 A 与 R938（扬稻 6 号）配组，属中籼，2000 年江苏省农作物品种审定委员会审定。全生育期 150d，株高 120cm，分蘖力较强，生长繁茂且较清秀，叶片较长，后期熟相好。有效穗 248 万/hm^2，每穗粒数 185 粒，千粒重 27g。整精米粒率 55.8%，长宽比 3.2，垩白粒率 24%，垩白度 4.8%，透明度 1 级，直链淀粉含量 22.5%，糊化温度（碱消值）6 级，胶稠度 76mm。平均单产 9.5t/hm^2。适宜于江苏省苏中及以南地区中上等肥力条件下种植。2004 年最大年推广面积 23.93 万 hm^2，2002—2005 年累计推广面积 48.6 万 hm^2。

（2）红莲优 6 号

武汉大学以红莲粤泰 A 与扬稻 6 号配组，属中籼，2002 年湖北省农作物品种审定委员会审定。全生育期 139.0d，株高 118.9cm，株型较紧凑，茎秆粗壮，叶片窄而直立，柱头、稃尖、叶鞘绿色。分蘖力强，生长势旺。穗大粒多，千粒重较高，后期转色好。有效穗 297.0 万/hm^2，穗长 23.8cm，每穗粒数 156.7 粒，千粒重 27.21g。抗稻穗颈瘟病最高 5 级，抗白叶枯病最高 5 级。整精米粒率 67.1%，长宽比 3.1，垩白粒率 30%，垩白度 5.0%，胶稠度 52mm，直链淀粉含量 20.54%。平均单产 9.87t/hm^2。适宜在湖北省鄂西南以外地区作中稻种植。2004 年最大年推广面积 15.86 万 hm^2，2002—2005 年累计推广面积 32.8 万 hm^2（图 14-60）。

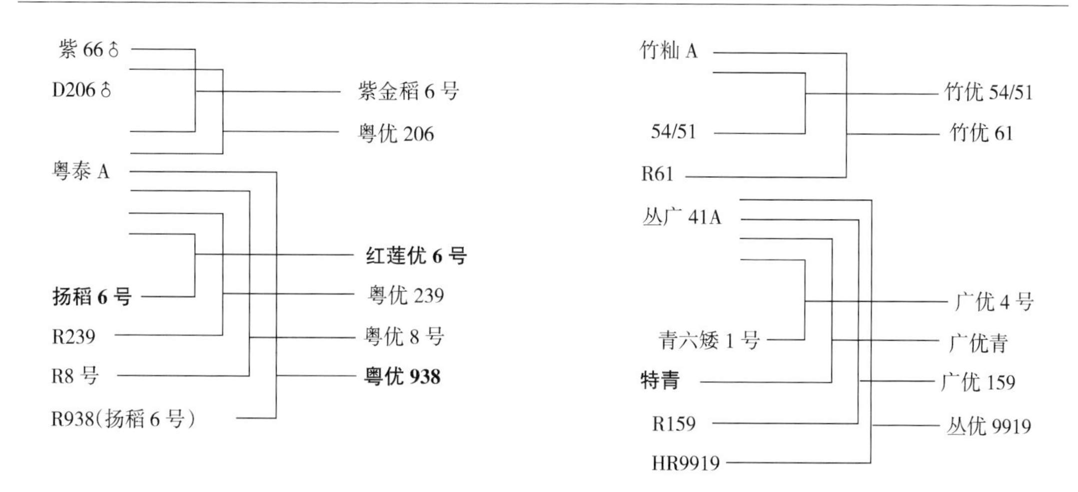

图 14-60　红莲型杂交籼稻品种系谱

2. 丛广 41A 组配的品种

（1）广优 4 号

广东省农业科学院水稻研究所以丛广 41A 与青六矮 1 号配组，杂交早籼，1993 年广东省农作物品种审定委员会审定。早稻全生育期 130～135d，比汕优 63 早熟 2～3d。株高 105cm，前期生势较弱，中后期转旺，分蘖力中等，有效穗 313.5 万/hm^2，每穗粒数 137～150 粒，结实率 80%～90%，千粒重 23.9g，后期熟色好，抗倒性中等。稻米外观品质为早稻部颁优质米三级，稻瘟病抗性比 65%，其中中 B、中 C 群分别为 71.43% 和 61.19%，白叶枯病 9 级为高感，适应性强，省肥易种。1997 年最大年推广面积 8.86 万 hm^2，1992—2005 年累计推广面积 34.8 万 hm^2。

（2）广优青

广东省农业科学院水稻研究所以丛广 41A 与特青 2 号配组，杂交早籼，1991 年广东省农作物品种审定委员会审定。早稻全生育期 131～141d，比特青 2 号早熟 3～4d。株型集散适中，叶直，前期生势较弱，中后期生长快，分蘖力中等偏弱，株高 102～105cm，有效穗 240 万～255 万/hm^2，成穗率 63%，穗长 19cm，每穗粒数 132 粒，结实率 87%，千粒重 25g。苗期耐阴、耐寒性较强，后期熟色好，制种产量高。稻米外观品质为早稻部颁优质米三级。不抗稻瘟病，抗白叶枯病，中抗褐飞虱。缺点是花期对低温较敏感。

八、其他胞质不育系组配的杂交籼稻品种

1. Y 华农 A 组配的品种

（1）华优 86

华南农业大学农学院以 Y 华农 A 与明恢 86 配组，属感温型杂交早籼，2000 年、2001 年和 2001 年分别由广西壮族自治区、广东省和国家农作物品种审定委员会审定。早稻全生育期 121d，比优优 4480 迟熟 2d。分蘖力较强，株型集散适中，叶窄直，后期熟色好。株高 100.9～103.0cm，穗长 20.4cm，穗大粒多，每穗粒数 142 粒，结实率 80.8%，千粒重 21.3g。早稻米质达部颁优质米三级，外观品质鉴定为部颁优质米一级至二级，整

精米粒率 62.4%，垩白粒率 18%，垩白度 4.5%，直链淀粉含量 22.6%，胶稠度 50mm，长宽比 2.8。高抗稻瘟病，全群抗性频率 90.8%，对中 C 群、中 B 群的抗性频率分别为 89.4%和 95%，田间稻瘟病发生轻微；中感白叶枯病，对 C4 菌群、C5 菌群均表现中感。抗倒力较弱。2000—2005 年累计推广面积 23.4 万 hm^2。

(2) 华优桂 99

华南农业大学农学院以 Y 华农 A 与桂 99 配组，属感温型三系杂交早籼，2000 年广西壮族自治区农作物品种审定委员会审定，2001 年广东省和国家农作物品种审定委员会审定。早稻全生育期 128～131d，株高 104cm，分蘖力强，有效穗 300 万/hm^2，穗长约 22cm，每穗粒数 134 粒，结实率 82%～87%，千粒重约 23g，抗倒力较弱。稻米外观品质鉴定为早稻部颁优质米二级，整精米粒率 58.6%，长宽比为 2.9，透明度 2 级，垩白度 6.4%，胶稠度 51mm，直链淀粉含量 20.1%。高抗稻瘟病，全群抗性比 100%，中感白叶枯病（5 级）。2000—2005 年累计推广面积 15.67 万 hm^2（图 14-61）。

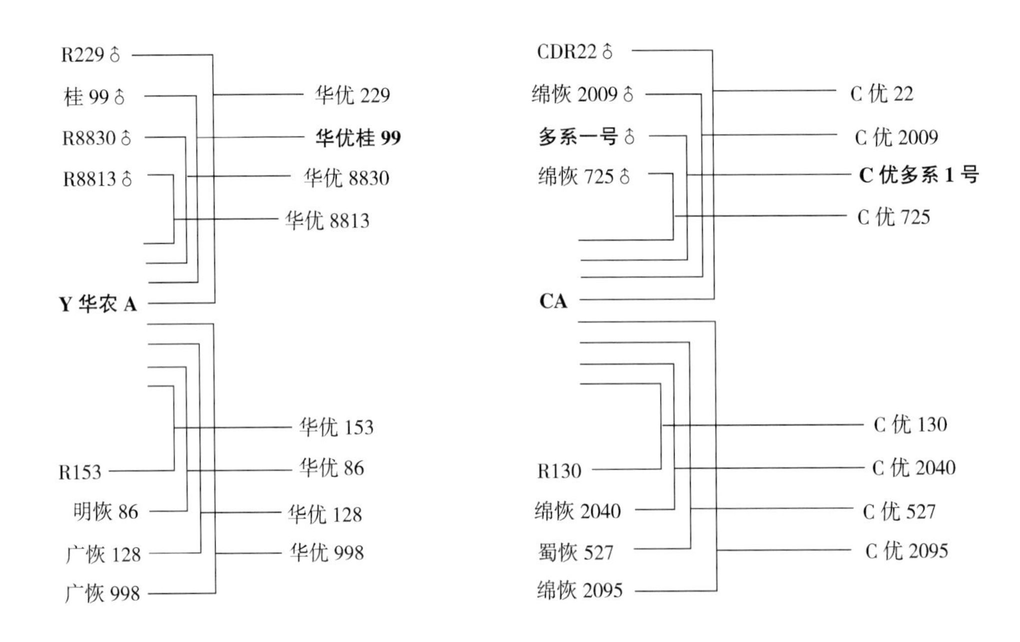

图 14-61　Y 华农 A、CA 系列杂交籼稻品种系谱

2. 马协 63

武汉大学生命科学院以马协 A 与明恢 63 配组，属中籼，1994 年湖北省农作物品种审定委员会审定。全生育期 139d，株高 100cm，分蘖力较强，茎秆粗壮，耐肥抗倒，后期转色好，中穗型，成穗率与结实率较高。千粒重 28g。稻瘟病人工接种鉴定：菌株数和毒性公式频率，马协 63 分别为 3 和 28.6，汕优 63 分别为 7 和 100。不抗白叶枯病。整精米粒率 61.75%，长宽比 3.2，垩白粒率 70%，胶稠度 44mm，直链淀粉含量 22.91%。平均单产 9.57t/hm^2。适宜在湖北省作中稻搭配种植。1995 年最大年推广面积 4.53 万 hm^2，1995—2005 年累计推广面积 11.63 万 hm^2（图 14-62）。

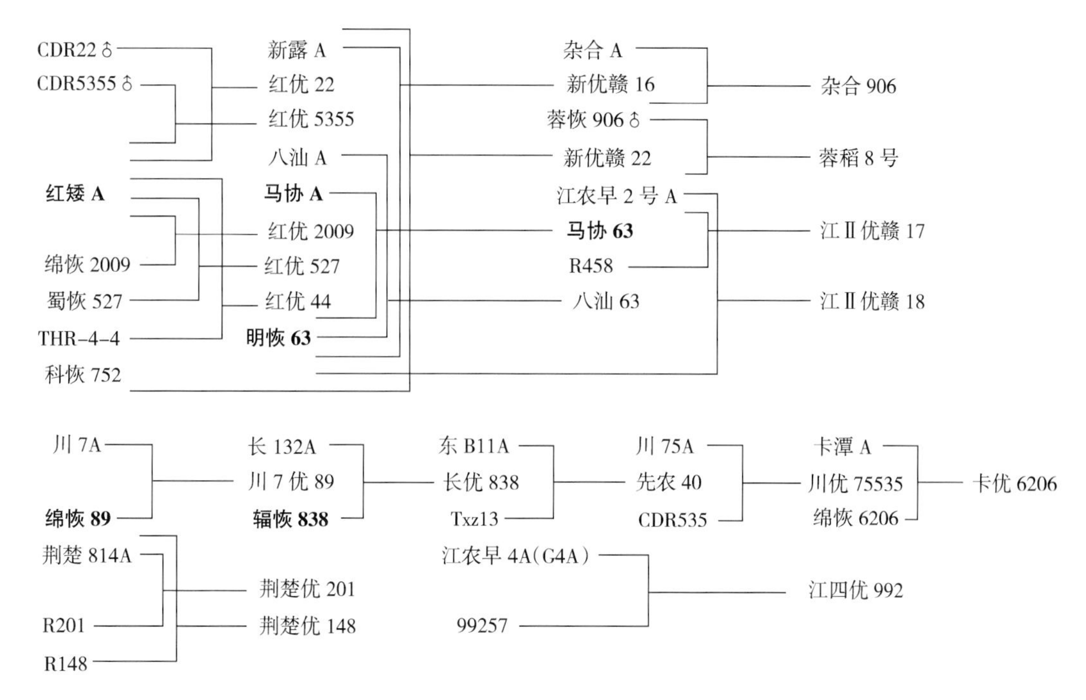

图 14－62　其他胞质杂交籼稻品种系谱

参　考　文　献

白和盛，詹存钰，王宝和，等 . 2001. 中籼扬稻 6 号及其在杂交稻育种中的应用［J］. 杂交水稻，16（6）：13－15.

蔡善信 . 2001. 水稻 Y 型细胞质雄性不育系 Y 华农 A 的选育［J］. 杂交水稻，16（6）：9－10.

陈萍，崔璀 . 1990. 新质源不育系新露 A 的选育与利用初报［J］. 杂交水稻，5（6）：37－38.

陈平，黄宗宏，刘伟，等 . 2002. 籼稻不育系博ⅡA 的选育［J］. 杂交水稻，17（3）：9－10.

陈志运，李传国，孙莹，等 . 2006. 籼型不育系天丰 A 的特征特性及其应用［J］. 广东农业科学（9）：54－55.

程式华，李建 . 2007. 现代中国水稻［M］. 北京：金盾出版社 .

邓达胜，广华蓉，邓文敏 . 1996. 杂交稻恢复系辐恢 838 的选育和利用［J］. 杂交水稻，11（4）：10－12.

邓应德，唐传道，黎家荣，等 . 1999. 籼型三系不育系丰源 A 的选育［J］. 杂交水稻，14（2）：6－7.

顾来顺，姚立生，何顺椹，等 . 1998. 强恢复系盐恢 559 的选［J］. 杂交水稻，13（1）：6－7.

郭建夫，张建中，蒋世河，等 . 2006. 优质籼稻不育系双青 A 的选育及利用［J］. 杂交水稻，21（6）：19－20.

况浩池，袁祚廉，陈国良，等 . 1997. 优质抗病恢复系多恢 57 的选应用［J］. 杂交水稻，12（1）：11－12.

旷一相，占丰溪，柒小毛 . 1991. 江农早 2 号 A 的选育经过及配制组合表现［J］. 杂交水稻，6（3）：38－39.

雷捷成，游年顺，黄利兴，等 . 1998. 籼稻不育系福伊 A 选育与利用［J］. 杂交水稻，13（3）：8－11.

李传国，梁世胡，符福鸿，等.2003. 优质籼稻不育系粤丰A在改良三系杂交稻品质中的作用 [J]. 杂交水稻，18 (4)：7-10.

李传国，伍应运，梁世湖，等.1998. 水稻红莲型不育系粤泰A在杂交稻育种中的利用特性 [J]. 杂交水稻，13 (4)：6-8.

李曙光，符福鸿，黄健文，等.2006. 广谱性恢复系广恢998的特征特性及制种技术 [J]. 广东农业科学 (2)：20-29.

李贤勇，王楚桃，李顺武，等.2004. 优质籼型不育系Q2A的选育 [J]. 杂交水稻，19 (5)：6-8.

李云武，林纲，贺兵，等.2005. 水稻重穗型恢复系宜恢1577的选育与应用 [J]. 杂交水稻，20 (4)：11-13.

林世成，闵绍楷.1991. 中国水稻品种及其系谱 [M]. 上海：上海科学技术出版社.

刘康平，张建中，蒋世河，等.1995. 水稻红莲型优质米不育系竹籼A的选育 [J]. 杂交水稻，10 (1)：5-9.

马玉清，李仕贵，黎汉云，等.2002. 优质籼型不育系D702A的选育与应用 [J]. 杂交水稻，17 (2)：1-2.

彭惠普，李维明，伍应运，等.1993. 广谱恢复系3550及其系列杂交稻的选育和应用 [J]. 杂交水稻，8 (6)：1-3.

彭兴富，曾宪平.1999. 强恢高配合力优良新恢复系CDR22的选育与应用 [J]. 西南农业学报，12 (1)：20-25.

任光俊，陆贤军，张翅，等.1998. 优质香稻不育川香28A的选育及利用 [J]. 四川农业大学学报 (4)：414-418.

任光俊，陆贤军，李青茂，等.1999. 水稻广亲和恢复系成恢448的选育及利用 [J]. 中国水稻科学，13 (2)：120-122.

盛生兰，龚红兵，刁立平，等.2002. 籼稻恢复系镇恢084的选育及利用 [J]. 杂交水稻，17 (2)：6-7.

粟学俊，陈彩虹.2006. 小粒型优质强恢复系桂1025的选育及利用 [J]. 杂交水稻，21 (4)：21-23.

谭长乐，张洪熙，戴正元，等.2001. 粤丰A特征特性及其制种技术 [J]. 杂交水稻，16 (4)：30-33.

覃惜阴，韦仕邦，黄英美，等.1994. 杂交水稻恢复系桂99的选育与应用 [J]. 杂交水稻，9 (2)：1-3.

王丰，刘振荣，李曙光，等.2004. 具互作型弱感光特性籼稻不育系振丰A的选育 [J]. 杂交水稻，19 (4)：10-11.

王培华，张晓春，刘太清，等.2000. 籼型优质不育系45A的选育 [J]. 杂交水稻，15 (5)：7-8.

王文明，文宏灿.1995. 水稻一种新雄性不育细胞质的选育与利用 [J]. 四川农业大学学报，13 (2)：135-139.

王文明，文宏烂，袁国良，等.1996. K型杂交水稻的选育与研究 [J]. 杂交水稻，11 (6)：11-13.

王玉平，李仕贵，黎汉云，等.2004. 高配合力优质水稻恢复系蜀恢527的选育与利用 [J]. 杂交水稻，19 (4)：12-14.

王志，褚旭东，刘定友，等.2002. 籼型优质不育系绵2A的选育 [J]. 杂交水稻，17 (4)：7-8.

王志，项祖芬，胡运高，等.2007. 高蛋白香稻不育系绵香3A的选育与利用 [J]. 杂交水稻，22 (4)：2-3.

汪旭东，周开达，高克铭，等.1997. 多用恢复系蜀恢162的选育及应用 [J]. 西南农业学报，10 (3)：35-42.

伍应运，彭惠普，李维明，等.1990. 红莲质源不育系丛广41A的选育及广优青的试验和试种 [J]. 杂交水稻，5（2）：36－38.
伍应运，彭惠普，李维明，等．1992. 从广41A不育系及其杂交稻新组合的评价和利用［J］．广东农业科学（4）：13－16.
夏胜平，李伊良，贾先勇，等．1992. 籼型优质米不育系金23A的选育［J］．杂交水稻，7（5）：29-31.
肖晓春，王云基，肖诗锦，等．2006. 新质源东乡野生稻胞质不育系的选育与利用［J］．杂交水稻，21（1）：7-9.
谢崇华，陈永军．1997. 杂交水稻恢复系绵恢501的选育及应用［J］．绵阳经济技术高等专科学校学报，14（1）：1－6.
谢崇华，陈永军，张玲．1997. 水稻恢复系绵恢501的选育及系列组合的应用［J］．杂交水稻，12（3）：8-10.
谢崇华，陈永军．2000. 新质源籼型不育系红矮A的选育与利用［J］．杂交水稻，15（5）：9－10.
谢崇华，陈永军，李兵伏．2002. 优质早籼不育系803A的选育与利用［J］．杂交水稻，17（2）：4－5.
徐旭增，陈昆荣，童海军，等．1989. 恢复系密阳46的开发利用［J］．杂交水稻（4）：22－24.
禤绮琳，粟学俊，陈彩虹，等．2002. 小粒型优质野败不育系绮A的选育与应用［J］．杂交水稻，17（5）14-15.
严明建，雷树凡，黄文章，等．2005. 籼型三系水稻不育系万6A的选育［J］．种子，24（5）：84－85.
杨隆维，袁利群，许敏，等．2007. 优质抗稻瘟病中籼迟熟恢复系恩恢58的选育与应用［J］．安徽农业科学，35（28）：8 819－8 820.
杨仕华，程本义，沈伟．2004. 我国南方稻区杂交水稻育种进展［J］．杂交水稻，19（5）：1－5.
曾宪平，李勤修，康海岐．2003. 优质披叶标记不育系M52A的选育与应用［J］．西南农业学报，16（1）：25－27.
张慧廉，邓应德．1996. 高异交率优质不育系优ⅠA的选育及应用［J］．杂交水稻，11（2）：4－6.
章善庆，童海军，童汉华．2004. 优质籼稻不育系中浙A的选育及利用［J］．杂交水稻，19（1）：11-13.
郑海波，黄健文，陈国荣，等．2002. R998系列杂交稻组合制种技术探讨［J］．广东农业科学（6）：8-9.
中国水稻研究所．1988. 中国水稻种植区划［M］．杭州：浙江科学技术出版社．
周继中，左晓斌，曾之晟，等．2006. 水稻不育系“江农早4号A”的特征特性及应用［J］．江西农业学报，18（3）：26－27.
周开达．1995. 杂交水稻亚种间重穗型组合选育［J］．四川农业大学学报，3（4）：403－407.
朱永川，郑家奎，蒋开锋，等．2001. K型不育系K18A的选育及应用［J］．杂交水稻，16（3）：11-12.

15 第十五章

杂交粳稻品种及其亲本系谱

第一节 概 述

我国的杂交粳稻研究始于1965年，基本与杂交籼稻研究同步，迄今已有40多年的历史。2005年我国杂交粳稻种植面积约有33.3万 hm^2，占粳稻总种植面积的4%左右。

一、杂交粳稻发展历史及现状

1926年，美国学者琼斯首先揭示水稻的杂种优势和雄性不育现象，引起了各国育种家的重视；1958年，日本东北大学胜尾清发现中国的红芒野生稻能导致藤坂5号产生雄性不育，最早开始杂交粳稻研究，并育成了野生稻细胞质的藤坂5号不育系；1966年，琉球大学的新城长有以印度籼稻钦苏拉包罗与中国台湾粳稻台中65杂交后回交，育成钦苏拉包罗细胞质的台中65粳稻核质互作不育系，称BT型雄性不育系，并且实现了BT型不育系的三系配套；1966年，日本的渡边育成了里德细胞质的藤坂5号不育系，并实现了里德型三系配套；美国学者Erickson也曾获得其他细胞质的粳稻不育系。但是上述不育系或由于没有找到恢复系未实现三系配套，或因为不育系和恢复系属近等基因系，杂种优势不强，未能在生产上应用。

1965年，云南农业大学的李铮友在台北8号大田中发现败育株，在国内最早开始杂交粳稻研究，并于1969年育成台北8号细胞质的红帽缨不育系，定名为滇Ⅰ型不育系，这是我国最早选育的粳型雄性不育系。辽宁省农业科学院等单位利用从日本引进的BT型台中65不育系育成了黎明A、秋光A等一批BT型粳稻不育系。各地相继利用滇Ⅰ型和BT型不育系转育成一批适合当地生态条件应用的不育系，BT型和滇型成为我国粳型不育系中最常用的两种细胞质类型。虽然粳型不育系的选育获得了成功，但是由于上述不育系经广泛测交没有找到恢复系，迟迟没有实现三系配套。1975 年，辽宁省农业科学院采用“籼粳架桥”人工制恢方法，育成了高恢复度和高配合力的恢复系 C57，利用黎明 A 和 C57 组配出黎优 57，揭开杂交粳稻大面积推广应用的序幕，黎优 57 于 1980 年通过鉴定并成为我国乃至世界上第一个大面积应用于生产的杂交粳稻品种。

C57 和黎优 57 的育成，带动了我国北方和南方的杂交粳稻研究。北京、安徽、天津、河北、浙江、江苏等地利用 C57 及其衍生材料，育成了一批新恢复系和杂交粳稻品种应用于生产，杂交粳稻开始进入较快发展阶段，到 20 世纪 80 年代中期，我国每年杂交粳稻推广达到 14 万 hm^2 左右的生产规模。80 年代后期，由于注重产量而对抗性和米质等性状重视不够，以及种子生产技术滞后等原因，杂交粳稻种植面积出现滑坡，到 90 年代前期，每年的杂交粳稻推广面积仅维持在几万公顷，杂交粳稻发展趋于缓慢。虽然杂交粳稻研究陷入困境，但是仍然有部分科研单位坚持杂交粳稻研究，至 21 世纪初，经过 10 多年的科研攻关，终于在杂交粳稻发展的关键技术上实现突破，先后育成了一批优良不育系和恢复系，并组配出一批优良杂交粳稻品种在相应稻区内较大面积应用，杂交粳稻研究开始走出低谷，进入一个新的发展阶段，近几年杂交粳稻年推广面积达 30 多万 hm^2。

二、杂交粳稻种植区划及种植制度

依据热量、日照、水分等气候生态条件和地理位置不同，我国适宜杂交粳稻种植的区域可划分为东北稻区、京津冀稻区、黄淮稻区、长江中下游稻区、云贵稻区、西北稻区和台湾稻区等 7 个稻作区，主要分布于辽宁、吉林、宁夏、河北、天津、江苏、安徽、河南、陕西、上海、浙江、云南等地（图 15 - 1）。

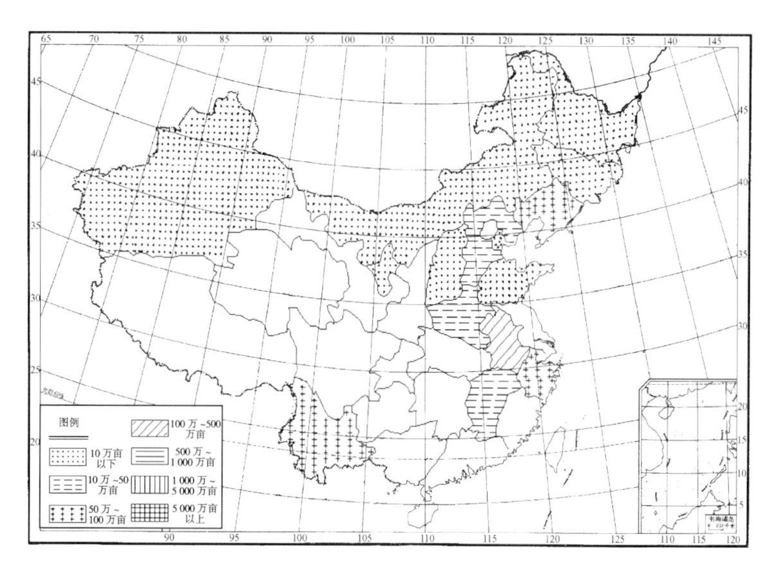

图 15 - 1　全国杂交粳稻 2005 年种植面积分布图

1. 东北稻作区

位于辽东半岛和长城以北，大兴安岭以东，主要包括黑龙江、吉林、辽宁和内蒙古自治区。该稻区约有 300 万 hm^2 的粳稻面积，其中杂交粳稻面积 5 万 hm^2，主要分布在辽宁和吉林两省。东北稻区是我国纬度最高的稻作区域，属中温带和寒温带半湿润季风气候，夏季温和湿润，冬季严寒漫长。稻作期间日平均气温 17～20℃，日较差 12℃左右；年≥10℃积温 1 400～3 600℃，黑龙江省北部只有 2 150℃。稻作生长季 110～180d，为全国最短。安全播种期自南向北为 4 月 25 日至 5 月 25 日，安全齐穗期为 7 月 20 日至 8 月 15 日。稻作生长期总日照时数 1 000～1 250h，日照百分率 55%～60%，光合辐射总量 1 003.2MJ/m^2，自北向南递增。降水量只有 300～600mm，西部少于东部。土壤多为草甸土、沼泽土、白浆土、盐碱土等发育而成的水稻土。东北稻区的主要水稻病害为稻瘟病和条纹叶枯病，目前条纹叶枯病只在辽宁省发生，但是有扩大的趋势。主要虫害有稻象甲、二化螟等。东北稻区是我国纬度最高的稻作区域，发生低温冷害的危险依然存在。种植制度较为单一，以一年一季稻为主。由于本稻区无霜期短，冬季严寒，农作物不能越冬，稻田冬季闲置，水稻常年连作，部分地区有少量的稻—稻—绿肥连作、稻—稻—豆（饲）和稻—稻—麦连作。

2. 京津冀稻区

包括天津、河北和北京，该稻区约有 16 万 hm^2 的粳稻面积，其中杂交粳稻种植面积约有 1.3 万 hm^2，主要分布在天津市和河北省。本区属暖温带半湿润季风气候，春季温度回升缓慢，秋季气温下降较快。稻作期间日平均气温 19～23℃，东部高于西部，南北差异较小；日较差 10～14℃，年≥10℃的积温为 3 500～4 500℃，自南向北，由东向西逐渐减少。年太阳辐射总量 4 500～5 800MJ/m^2，稻作期间日照时数为 1 200～1 600h，稻作生长季的光合辐射总量为 1 500～1 750MJ/m^2，自西向东逐渐增大，海河一带为本区的高值区。稻作生长季 140～200d，安全播种期为 4 月 1 日至 5 月 20 日，安全齐穗期为 8 月上旬至 8 月中下旬。稻作期间降水量一般为 400～800mm，东南多于西北。降水季节分布不匀，春雨特少，主要集中在 6～8 月，年际变化较大，多雨年平原洪涝成灾，少雨年干旱严重，致使稻作面积难以稳定。京津冀稻区的主要水稻病害为稻瘟病、稻曲病、纹枯病、条纹叶枯病，其中稻瘟病和条纹叶枯病是最主要的流行病害，纹枯病有时危害较重。该稻区主要虫害为稻象甲、二化螟、稻飞虱。该稻区以一年一季春稻为主，还有部分地区实行稻—麦两熟，极少数地区实行春稻—冬小麦—夏稻两年三熟制。

3. 黄淮稻区

包括江苏苏北灌溉总渠以北、安徽淮河以北、山东和河南等地区，该稻区约有 270 万 hm^2 的粳稻面积，其中杂交粳稻面积约有 10 万 hm^2，在江苏、安徽、山东和河南均有分布，是我国目前最主要的杂交粳稻种植区域。本区属中亚热带和北亚热带湿润季风气候，温暖湿润，四季分明。稻作期间日平均气温 21～25℃，日较差 6～10℃，年≥10℃积温 4 500～6 500℃，由南而北递减，东西差异不大。丘陵山地海拔每升高 100m，积温减少 100℃左右。稻作生长季为 200～260d，丘陵山地短于同纬度平原。早稻安全播种期：3 月中旬至 4 月中旬，由北而南逐渐提早；丘陵山地随海拔每增高 100m，推迟 3～4d。稻作期间日照总时数 900～1 600h；日照百分率 30%～50%，北多南少，沿海又少于内陆。稻作期的光合辐射总量 1 250～2 010MJ/m^2，沿海与山地丘陵，因云雨较多，总辐射量偏少。稻作生长季节总降水量为 750～1 300mm，北少南多，差异较大。平原为冲积土，土质肥沃，丘陵山地多由红壤、黄壤发育而成的水稻土，土质黏性大，有机质含量低，酸性强；低洼地区地下水位高，土壤次生潜育化严重。黄淮稻区水稻的病虫害种类较多，水稻纵卷叶螟、褐飞虱、白背飞虱、条纹叶枯病、纹枯病、白叶枯病、稻瘟病、稻曲病等多种病虫同时发生，目前条纹叶枯病已经成为本稻区危害最重的病害之一。黄淮稻区稻作制度类型多样，以麦—稻两熟为主，还有油菜—稻、绿肥—稻和蔬菜（瓜果）—单季稻等两熟，麦—稻—稻、油菜—稻—稻、绿肥—稻—稻、麦—瓜果—稻、麦—玉米—稻、冬春作物—春玉米—后季稻、冬季蔬菜—瓜类—后季稻等三熟类型。

4. 长江中下游稻区

位于年≥10℃积温 5 300℃等值线以北，淮河以南，主要包括上海、浙江省大部和安徽淮河以南和江苏苏北灌溉总渠以南等地区。该稻区约有 240 万 hm^2 的粳稻种植面积，其中杂交粳稻面积约有 12 万 hm^2，主要分布在上海、浙江、安徽、江苏四省、直辖市。年≥10℃积温 4 500～5 500℃，粳稻安全生育期为 170～185d，积温 3 900～4 500℃；3 月底到 4 月上旬为本稻区粳稻安全播种期，9 月中、下旬为本稻区粳稻安全齐穗期。长江中下游稻区气温变化四季分明，夏季炎热，局部地区极端最高气温可达 40℃以上。整个水稻生长季中降水量 700～1 300mm，分布趋势南部多于北部，春夏之交多“梅雨”，降水面大，时间较长，阴雨寡照。长江中下游稻区的主要病虫害有水稻纵卷叶螟、褐飞虱、条纹叶枯病、纹枯病、稻瘟病、稻曲病、细菌性条斑病等。长江中下游稻区种植制度有连作稻和绿肥—稻—稻、麦—稻—稻、油菜—稻—稻三熟制为主，还有少部分稻麦两熟和单季稻地区。

5. 云贵稻区

包括云南和贵州两省，该稻区属亚热带和温带湿润、半湿润高原季风气候，约有粳稻面积 40 万 hm^2，其中杂交粳稻 5.3 万 hm^2，主要分布在云南省。云贵稻区气候类型呈明显的立体分布，2 800m 以上地区已基本不能种稻。稻作期间贵州高原地区日平均气温 18～24℃，日较差 9～10℃，年≥10℃的积温 3 700～5 100℃；云南高原地区日平均气温 17～21℃，年≥10℃的积温 3 000～6 000℃。稻作生长季只有 190～220d，比同纬度华中稻作区少 15～30d。贵州高原地区稻作安全播种期，3 月底至 4 月中旬，比同纬度东部地区迟 15～20d；安全齐穗期，8 月下旬至 9 月上中旬，比同纬度东部地区提前 15d 左右。云南高原地区稻作安全播种期和安全齐穗期，分别比贵州高原地区推迟和提早 15d 左右。稻作期间总日照时数差异较大，贵州高原地区多云雾，光照不足，为 950～1 100h，日照百分率为 30％～38％，光合总辐射量为全国低值区；云南高原地区略高，日照总时数为 1 050～1 440h。贵州高原地区总降水量为850～1 000mm，由南向北，自东向西明显递减，西部多春旱。云南高原地区，降水充沛，总降水量在 1 100mm 左右，大致由北部中部向东、南、西三面递增；季节分配差异也很大，11 月到翌年 4 月为冬、春干旱季节，降水量仅占全年降水量的 15％，5 月至 10 月为雨季，尤以 6 月至 8 月为多，占全年雨量的 60％。栽培品种按海拔高度形成自然的粳籼分界线，海拔 2 000m 以上为粳稻区，1 750m以下为籼稻区，介乎其间的，为粳籼混栽区。云贵稻区的主要病虫害有稻瘟病、白叶枯病、纹枯病、细条病、褐飞虱、稻纵卷叶螟、二化螟、稻秆蝇等。云贵稻区中云南高原地区农业的垂直分布明显，海拔 3 000m 以上的高寒地带，有少量一年一熟的单季早熟粳稻；海拔 1 400～2 300m 的中暖地带，多为一年一熟或一年两熟的单季中粳稻；

1 400m以下的低热区为一年两熟的单季中籼稻，间有部分双季稻，有“立体农业”之称。贵州省以一年一季稻为主，还有部分地区蚕豆（小麦）—稻、油菜—稻、绿肥—稻两熟。

6. 西北稻区

主要包括山西、新疆、宁夏等省、自治区。本稻区约有粳稻面积 20 万 hm^2，杂交粳稻在新疆和宁夏有少量种植，约有 0.2 万 hm^2。年≥10℃积温 2 800～4 500℃，无霜期 100～230d，年平均气温 4～14℃，年降水量＜400mm。稻区大部分地区气候干旱，光能资源丰富，光照条件好，昼夜温差大，有利光合物质积累，易获高产，但水源不足、霜冻早，是限制西北稻区稻作生产的主要因素。同其他稻区相比，西北稻区的病虫害发生较轻，病害以稻瘟病为主，虫害有褐飞虱、稻蓟马、稻摇蚊等。西北稻区以一年一季稻为主，少部分地区发展了稻麦两熟，或稻、麦、旱秋作物轮换的两年三熟种植制度。

7. 台湾稻区

台湾稻区约有常规粳稻面积 30 万 hm^2，由于客观原因，目前没有杂交粳稻种植，是发展杂交粳稻的潜在稻区。

本区属于热带和亚热带气候。四面环海，受海洋性季风调节，年平均温度，除高山外在 22℃左右，最低温度 15℃左右，一般地区终年不见霜雪，气候宜人。年降水量多在 2 000mm以上。台湾稻区粳稻生产中主要病虫害有秧苗立枯病、黄萎病、稻热病、纹枯病、胡麻叶枯病、白叶枯病、褐飞虱、纵卷叶螟等，其中褐飞虱是目前台湾水稻最严重的水稻害虫。台湾普遍采用一年多熟的种植制度，复种指数高。主要轮作方式有稻—稻—甘薯、稻—稻—大豆、稻—稻—玉米、稻—稻—烟草、稻—稻—蔬菜、稻—蔬菜—稻、稻—黄麻—蔬菜、稻—稻—亚麻、稻—甘蔗—稻、稻—越瓜—稻—甘薯（小麦、马铃薯）、稻—蔬菜—稻—油菜、稻—越瓜—大豆—甘薯等。

三、发展杂交粳稻的主要问题及对策

1. 产量优势问题

当前生产上应用的粳型不育系主要由 BT 型及滇型不育系转育而成，恢复系主要是直接或间接利用籼稻恢复基因，因此，现有杂交粳稻品种实际上是部分利用籼粳亚种间杂种优势，即次亚种间杂种优势，其优势强度一般随着籼稻成分的增加而增强。然而，为避免出现结实率低、耐寒性差等问题，籼稻成分必须适中，这就降低了育成的杂交粳稻品种的优势强度。此外，由于 C57、C418、湘晴等骨干亲本被广泛应用以及细胞质类型过少（主要为 BT 型和滇型细胞质）等原因，造成杂交粳稻遗传基础的贫乏和单一，再加上配套栽培技术不完善，良种良法配套不到位，杂交粳稻品种的产量潜力没有得到充分发挥，最终导致多数杂交粳稻品种同常规粳稻相比产量优势并不十分显著。在今后的育种过程中，一方面要发掘 BT 型和滇型之外的新的可用细胞质，注意培育新型粳稻不育细胞质；另一方面，应该适当增加恢复系中的籼稻成分，进一步拓展双亲的遗传多样性，并提高双亲自身产量水平，增强杂交粳稻的产量优势。

2. 品质问题

随着生活水平的提高，我国开始由温饱型向质量型转变，人们对米质的要求越来越高。闵捷等对 1988—2005 年间我国各地选育的 267 份杂交粳稻品种的米质进行了分析，并与330份常规粳稻的米质相比较，结果表明，杂交粳稻10项米质指标均达到优质3级的样品数占供试样品数的45.4%，而常规粳稻占55.8%，两者相差约10个百分点。杂交粳稻与常规粳稻的垩白粒率优质达标率分别为53.3%和77.2%，垩白度优质达标率分别为67.1%和84.5%，由此可以看出，现有杂交粳稻品种的综合米质明显不及常规粳稻品种，限制了杂交粳稻的发展。在以后的杂交粳稻育种中，要加强品质育种的力度，在选育品质优良亲本的前提下，实现“优优配组”，组配米质优良的杂交粳稻新品种。

3. 适应性问题

杂交粳稻不像杂交早、中籼稻那样对光钝感、基本营养生长期稳定，因此杂交粳稻的生态适应范围较窄，缺乏诸如杂交籼稻中汕优63这样适应性广、利用期长的品种。加上我国幅员辽阔，南北跨度和气候差异较大，要求在不同生态区须有不同熟期的杂交粳稻品种与之适应。因此，杂交粳稻品种适应性狭窄一直是困扰杂交粳稻发展的重要因素。今后，应该加强适应性遗传机理研究，选育具有广泛适应性的杂交粳稻新品种，拓展现有杂交粳稻品种的适应性，加快杂交粳稻的发展速度。

4. 制种产量问题

品种本身性状优良是杂交粳稻品种大面积推广的前提条件，能否生产质优价廉的种子是大面积示范推广的保证。由于杂交稻的特殊性，是否易于制种和制种产量的高低是制约推广速度的关键，这就要求在选育异交性能优良的不育系和恢复系的基础上组配杂交粳稻品种。现有粳型不育系柱头一般不外露或者外露率极低，不育系和含有籼稻血统的恢复系的开花时间相差30min甚至1h，加上杂交粳稻的种子生产主要借鉴杂交籼稻的经验，没有形成系统的技术体系，导致杂交粳稻的制种产量较低，种子销售价格偏高，降低了杂交粳稻的市场竞争力，影响了杂交粳稻的推广规模和速度。今后，应该在亲本选育上下工夫，尤其是加强高柱头外露率不育系的选育，为制种高产奠定基础，加强种子生产技术研究，尤其加强花期预测和调节技术研究，以建立完善的制种技术体系，生产质优价廉的杂交粳稻种子。

四、杂交粳稻发展前景

尽管我国常规粳稻育种水平很高，发展很快，但单纯依靠形态改良潜力有限，难以更进一步提高产量水平。杂交玉米和杂交籼稻的成功实践证明，在常规育种形态改良的基础上，充分利用杂种优势发展杂交粳稻，将是提高粳稻区生产水平的首选技术途径；杂交粳稻的综合抗逆性强，种植过程中减少了农药使用量，易种好管，有利于环境保护和实现农业的可持续发展；杂交粳稻有利于保护育种家的知识产权和种子经营者的利益。杂种优势利用是实现粳稻生产再上台阶的必由之路，发展杂交粳稻是今后很长时期内不可回避的一次粳稻科技革命。

此外，在河南、湖北、安徽等地区的籼稻种植区域，随着人民生活水平的提高和产业结构的调整，对稻米品质的要求不断提高，“南籼北粳”消费模式发生改变，粳米消费量增加，粳米市场逐渐扩大，拉动部分传统籼稻区改种粳稻，河南、湖北、安徽等省开始加快籼改粳进程。但是，由于当地籼稻品种主要以杂交籼稻为主，只有在品种选择上以杂交粳稻取代杂交籼稻，才能满足稻农对产量、品质、抗性等性状的综合要求。

可喜的是，杂交粳稻的种植面积目前出现日益扩大的趋势。相对于种子产业化已经比较成熟的玉米、杂交籼稻等作物而言，杂交粳稻具有巨大的发展空间。

第二节　品种演变

杂交粳稻在我国于1975年实现三系配套后，开始在生产上大面积推广应用。据统计，1975—2005年的30年间，我国共育成通过审定的三系杂交粳稻新品种106个，其中省级审定99个，国家审定20个。根据育种目标和育成的杂交粳稻品种性状表现，杂交粳稻发展大致可分为高产育种阶段、高产和抗性兼顾阶段、高产和多抗基础上加强品质育种等三个阶段。

一、高产为主要育种目标阶段（1965—1987）

本阶段大致可分为两个时期，其中1965—1974年主要进行三系亲本选育，1975—1987年三系配套成功并开始大面积示范推广。本阶段杂交粳稻的种植面积呈逐渐递增趋势，1978年增加到仅0.1万hm^2，1982年达到7.2万hm^2，1985年推广15万hm^2，1987年推广18万hm^2。

不育系选育方面，随着BT型不育系的引进和滇型不育系的育成，各地相继转育成一批适合当地生态条件的新不育系。例如辽宁的黎明A、秋光A、秀岭A；江苏的六千辛A、筑紫晴A、农林140A、44640A、盐粳902A、南粳15r—2A；浙江的76—27A、双百A、709414A、78A；安徽的当选晚2号A、鄂宜105A、南粳8号A、选三A、丰沃A、T37A；上海的寒丰A；北京的京引66A、黄金A；天津的红旗系列不育系等。此外，也有部分单位开展了粳型野败细胞质不育系的选育，并取得一定进展，如湖南的野败型京引66A、新疆的杜字129A、辽宁的早丰A、浙江的农虎26A、安徽的珍5A等，但是由于找不到恢复系，一直无法实现三系配套。

恢复系的选育开始主要采取从现有粳稻资源中测交筛选，各省市做了大量的测交，但是未在粳稻中发现可利用的恢复基因。20世纪70年代初，辽宁省农业科学院采用“籼粳架桥”技术开始了人工制造粳型恢复系的探索，并通过采用“籼/籼粳中间材料//粳”杂交模式，筛选出了具有1/4籼核成分的粳型恢复系C57，并与BT型不育系黎明A配组育成强优势杂交粳稻品种黎优57，成为我国乃至世界上第一个在生产上大面积推广应用的杂交粳稻品种。C57育成后，全国各地直接或间接利用C57恢源，育成了一批适应不同生态地区应用的恢复系，如江苏的78220、印野选菲及宁恢3—2等；浙江的77302—1、2730、湘晴及T806等；安徽的C堡、皖恢3号、82022、粳恢39、晚恢4183；湖南的培C115、轮回422；天津的1244、1216等。

利用上述不育系和恢复系，继黎优57之后，经过杂交组配各地先后获得了一批杂交粳稻新品种在生产上推广应用，有代表性的如秀优57、秋优20、黎优K55、秋优73、六优1号、六优3—2、六优3号、盐优57、当优C堡等，育成的杂交粳稻品种数量相对较少，其中生产上北方稻区主要应用的是黎优57，该品种曾经在辽宁、天津、山东、河北、河南、北京等多个省、直辖市审（认）定，并在上述区域内大面积示范推广；南方稻区主要应用的是六优系列和当优C堡等。

由于这一阶段育成的恢复系主要是C57及其衍生系，恢复系中含有较多的籼稻血统，加之客观上本阶段的主要任务是实现三系配套，并没有在品质和抗性育种上设立明确目标，育成的杂交粳稻新品种虽然产量优势比较显著，但是米质较差。以黎优57为例，该品种1978年参加辽宁省区域试验6个点平均比对照丰锦增产8.3%，同年在沈阳苏家屯示范方验收，黎优57平均产量达到7.74t/hm²，比对照丰锦增产17%，在北京、山东、河南、山西、陕西等地试种也表现大幅度增产。虽然黎优57表现出较高的产量潜力，但是其抗性表现一般，腹白较大，口感不佳，明显差于主栽常规粳稻品种。

二、高产和抗性兼顾育种阶段（1988—1999）

黎优57等品种大面积推广伊始，对于杂交粳稻相应的种子生产技术没有给予足够的重视，导致生产上使用的杂种纯度较差，降低了品种的产量优势，加上品种本身未能把握高产和抗性的结合，许多杂交粳稻品种的稻曲病和稻瘟病较重，同时由于常规粳稻育种水平上升很快，杂交粳稻发展开始萎缩，种植面积从20世纪80年代末开始下降，至90年代末期每年全国的杂交粳稻种植面仅维持在7万hm²左右，许多单位将杂交粳稻材料清仓入库，杂交粳稻发展陷入低谷。

针对影响杂交粳稻发展的主要问题，杂交粳稻育种开始在高产的前提下注重加强抗性和品质性状的选择。育成的主要不育系有江苏的泗稻8号A、9201A、徐稻2号A；上海的8204A、69A；安徽的双九A、80—4A；北京的中作59A；天津的3A、5A、6A、10A；浙江的宁67A等。育成的主要恢复系有辽宁的C418等C系列恢复系；江苏的徐恢201、R16189、盐恢93005等；天津的津恢1号、津恢2号、R411等；安徽的MR19、HP121、皖恢4183等；浙江的湘晴、K1722、K1683、K4583、T1027等；上海的申恢1号、R254、R128等；云南的南29、南34等。利用这些不育系和恢复系，各地审定了一批杂交粳稻新品种，如江苏的六优3号、九优138和泗优系列；安徽的六优121、80优1027等；辽宁的屉优418和辽优系列；上海的八优161、闵优128、寒优湘晴；云南的榆杂29、寻杂29；宁夏的宁优1号等。这一阶段育成的杂交粳稻品种产量潜力进一步提升，综合抗性也较好，但是大多数品种的米质较差，主要表现在垩白率和垩白度不达标。据统计，1988—1999年间全国共审定杂交粳稻品种30个，其中仅有闵优128、京优6号、秋优62等少数几个品种能够达到现行国标优质稻谷三级标准，达标率不足15%。

三、兼顾高产和抗性基础上加强品质育种阶段（2000—2005）

从20世纪90年代末开始，随着生活水平的提高，人们对稻米品质要求有所提高，优质育种成为杂交粳稻新品种选育的重要育种方向。进入21世纪后，经过多年科技攻关，杂交粳稻研究在相关理论和技术研究方面实现突破。随着杂交籼稻和杂交玉米的基本普及，杂交粳稻成为我国粮食产量新的增长点，杂交粳稻发展开始受到重视，进入跨越式发展阶段。这一阶段全国共审定杂交粳稻品种多达67个，超过全国审定杂交粳稻品种总数的60%，主要有辽宁的辽优系列；天津的3优18、10优18、中粳优1号、津粳杂系列；

江苏的8优系列、常优系列、泗优系列、徐优系列、盐优系列；安徽的80优121、皖稻系列；浙江的甬优系列、寒优湘晴、秀优5号、嘉乐优2号；上海的闵优和申优系列；云南的滇杂系列等。这一阶段审定的部分杂交粳稻品种在产量高、抗性好的基础上，米质有了较大程度的改良，超过30%的审定品种品质能够达到国标优质稻谷三级标准，甚至少数品种达到国标优质稻谷二级标准，育成的杂交粳稻品种不论是数量还是质量都有了较大飞跃。

第三节　杂交粳稻主要品种系谱

一、主要不育系

目前我国杂交粳稻不育系主要采用BT型和滇型两种雄性不育细胞质源。BT型雄性不育系1966年由日本育成，1972年引入中国，滇型雄性不育系1969年由云南农业大学育成。BT型和滇型不育系都为配子体不育，败育时期为二核后期或三核初期，染败型为主。

1. 滇型细胞质不育系

滇型不育系是我国最早选育的粳型雄性不育系，滇型不育系又可分为滇Ⅰ型、滇Ⅱ型、滇Ⅲ型等多种类型，现在生产上应用的主要是滇Ⅰ型。

（1）滇寻1号A

滇寻1号是用台中31与昆明黑麻早杂交经多代连续选育而成。用滇农1号作母本，滇寻1号作父本，经多代连续回交，转育成滇寻1号A（图15-2）。滇寻1号A株高67.8cm，剑叶长23.5cm，宽1.1cm，穗长15.9cm，每穗粒数90.3粒，千粒重24.5g，全生育期178d，秆硬、抗倒伏，耐肥、抗病、抗逆性强。经多年套袋检查，不育率高，属配子体不育类型。

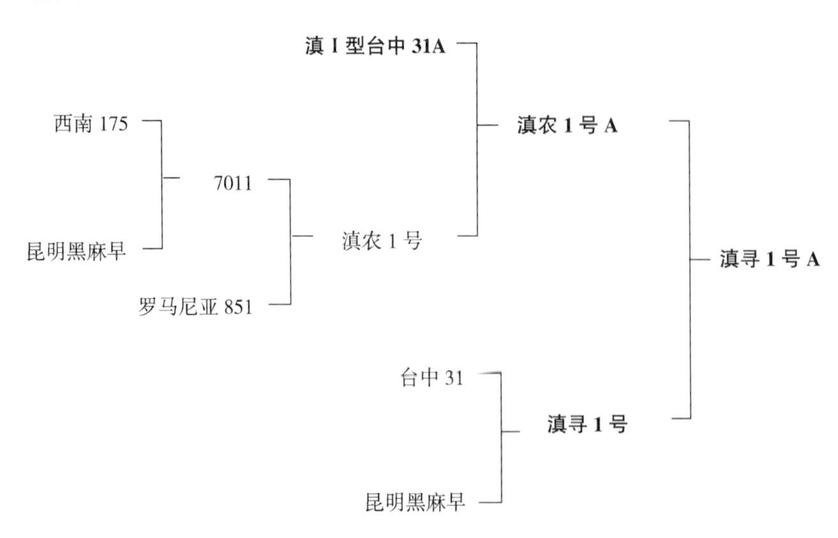

图15-2　滇寻1号A系谱

(2) 滇榆 1 号 A

滇榆 1 号是由低海拔粳稻科情 3 号与高海拔籼稻元江因远紫米杂交育成的具有籼粳交特性的偏粳型品种（图 15 - 3），株叶型理想，剑叶长、内卷，叶片挺直，分蘖紧凑，不早衰。1983 年用滇Ⅰ型黎明 A 作母本，滇榆 1 号作父本，经多代连续回交，转育成滇榆 1 号 A，经 1992—1993 年在海拔 1 300m 的蒙自县草坝农场套袋检查，均表现为全不育（不育株率 100%、镜检花粉不育度 100%），花粉败育以染败为主（染败 59.87%、圆败 36.84%、典败 3.29%）。

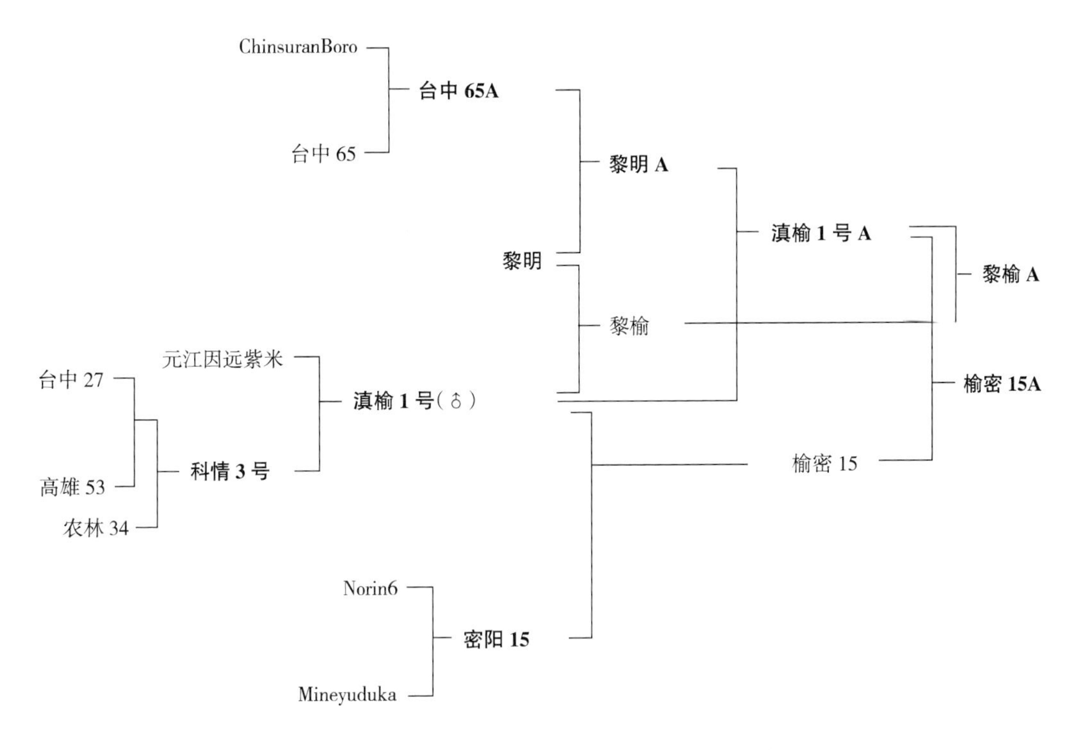

图 15 - 3　滇榆 1 号 A、黎榆 A、榆密 15A 系谱图

(3) 黎榆 A

云南农业大学稻作研究所用滇榆 1 号 A 作母本，黎榆作父本，经多代回交，转育成黎榆 A。黎榆 A 属籼粳亚种间杂交偏粳型的滇Ⅰ型不育系。主茎叶 12～13 片，株高 90.65cm，穗长 16.26cm，穗颈长 4.85cm，剑叶长 27.73cm，剑叶宽 1.35cm，单株有效穗6～8 穗，每穗粒数 90～100 粒。在海拔 1 300m 的云南蒙自草坝种植，2 月 27 日播种，6 月 12 日始穗，播种至抽穗历期 105d，全生育期 150d 左右。

(4) 榆密 15A

云南农业大学稻作研究所用滇Ⅰ型不育系滇榆 1 号 A 作母本，用榆密 15（滇榆 1 号×密阳 15）作父本杂交，以榆密 15 回交 7 代，转育而成。该不育系为染败型不育系，育性稳定。榆密 15A 属籼粳杂交偏粳型的滇Ⅰ型不育系，主茎叶 14～16 片，单株有效穗 8～10 穗，株高 92.36cm，穗长 17.32cm，穗颈长 4.95cm，剑叶长 25.42cm，剑叶宽 1.20cm，每穗粒数 100～110 粒；在海拔 1 300m 的云南蒙自草坝种植，3 月 1 日播种，6 月 23 日始穗，播种至抽穗历期 115d，全生育期 160d 左右。

（5）甬粳2号A

宁波市农业科学院以宁67A为母本，以甬粳2号为父本进行杂交，然后每个世代选择性状稳定的不育单株为母本，以甬粳2号为父本进行回交，再经过连续12代定向回交转育而成。甬粳2号A株高90cm左右，株型下紧上松，须根发达，分蘖力强，叶鞘包节，茎韧秆壮，剑叶挺直，叶鞘、稃尖无色。穗长17cm，每穗粒数100～110粒，单株有效穗10～12个，谷粒圆柱形，无芒，千粒重29～30g，转色好，熟相清秀。中抗白叶枯病、稻瘟病、细菌性条纹病，耐肥、抗倒性好。甬粳2号A感光性强，属中熟晚粳不育系，短光促进率40.2%。

（6）甬粳3号A

宁波市农业科学院作物研究所和宁波市种子公司以甬粳2号A为母本，以甬粳3号为父本进行杂交，再经过连续12代定向回交转育而成。甬粳3号A由滇Ⅰ型细胞质源转育而成，在宁波市5月上旬和6月上旬播种，其播种至抽穗历期分别为108d和76d，属早熟晚粳不育系。田间生长整齐，不育性和农艺性状稳定；花期花时集中，异交结实率高，其制种田和繁种田异交结实率分别达43.35%和41.26%。经自然和人工接种鉴定，甬粳3号A中抗褐飞虱。

（7）76-27A

浙江台州地区农业科学研究所以滇Ⅰ型丰锦A为母本，以自育的76-27（74-109//秋收1号/矮育粳）为保持系转育而成的滇型不育系，晚粳类型，含有籼稻矮子占的血统（图15-4）。株高65～70cm，育性稳定，中抗稻瘟病和白叶枯病，米质良好，花时正常，柱头外露率27.2%～32%，异交结实率较高，繁种、制种容易。抗病性和丰产性较好。

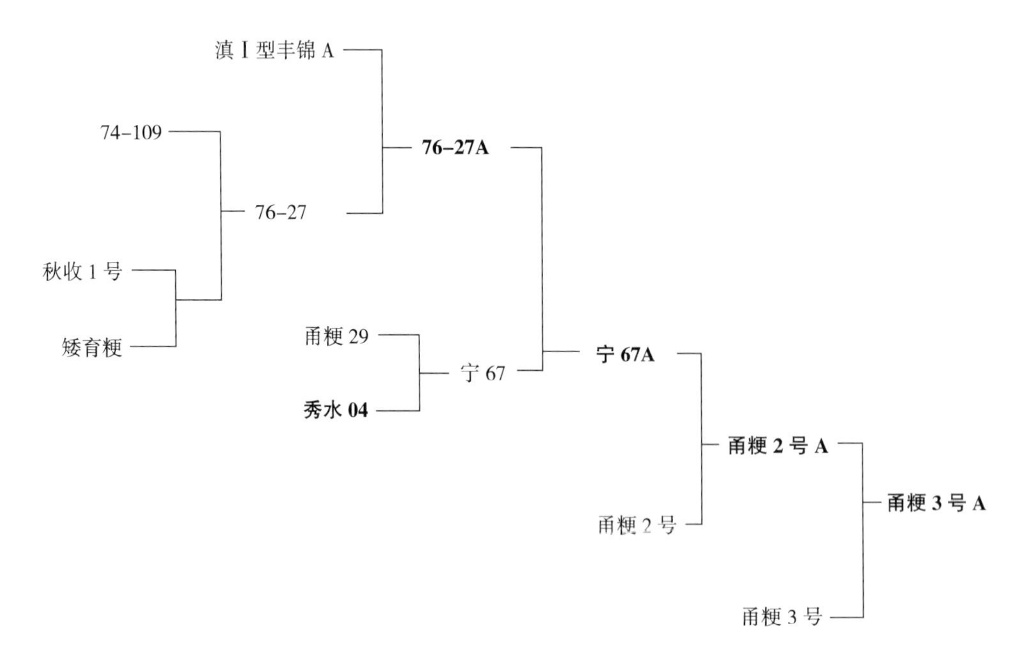

图15-4 76-27A、甬粳2号A、甬粳3号A系谱

2. BT型细胞质不育系

日本琉球大学的新城长有以印度籼稻 Chinsuran Boro Ⅱ 与中国台湾粳稻台中 65 杂交后回交，育成钦苏拉包罗细胞质的台中 65A 粳稻核质互作不育系，称 BT 型雄性不育系，是目前我国应用最为广泛的粳型不育系，约占我国粳型不育系的 90%（图 15－5），为我国杂交粳稻发展做出了巨大贡献。

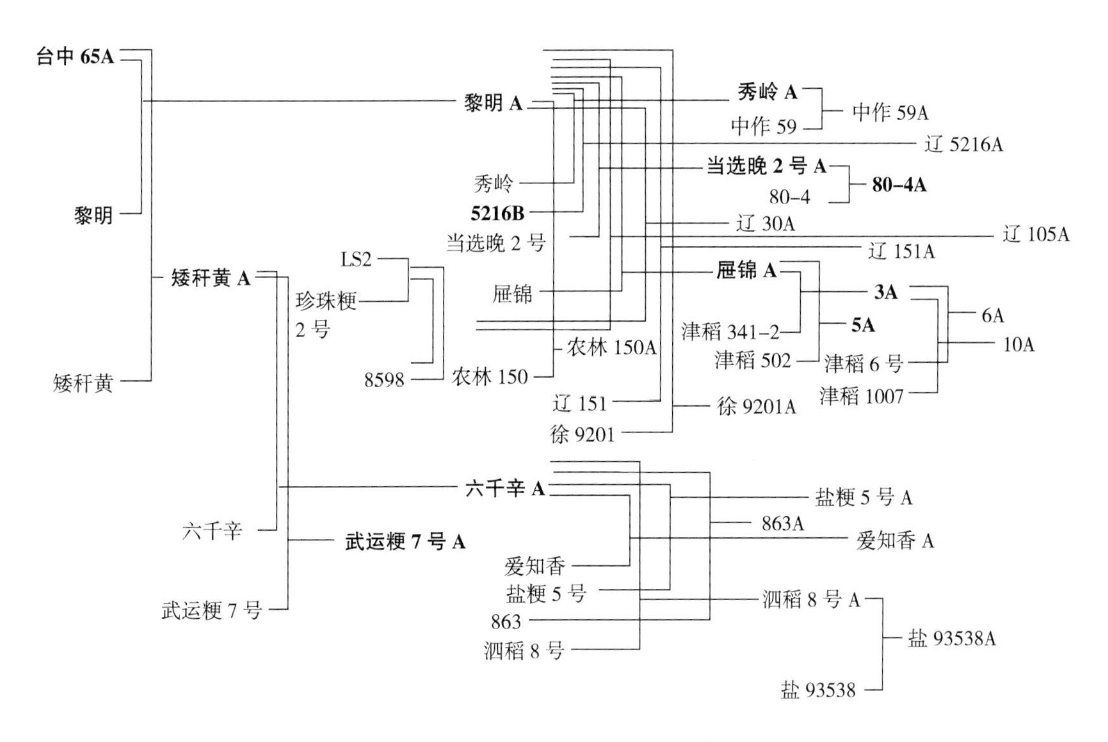

图 15－5　BT 型粳型不育系系谱

（1）辽 5216A

辽宁省稻作研究所以 BT 型细胞质不育系黎明 A 为母本，以高柱头外露率、株型理想、优质、高抗的保持系 5216B 为父本，1993—1995 年在海南和沈阳两地边选择边回交转育 6 代育成（图 15－6）。

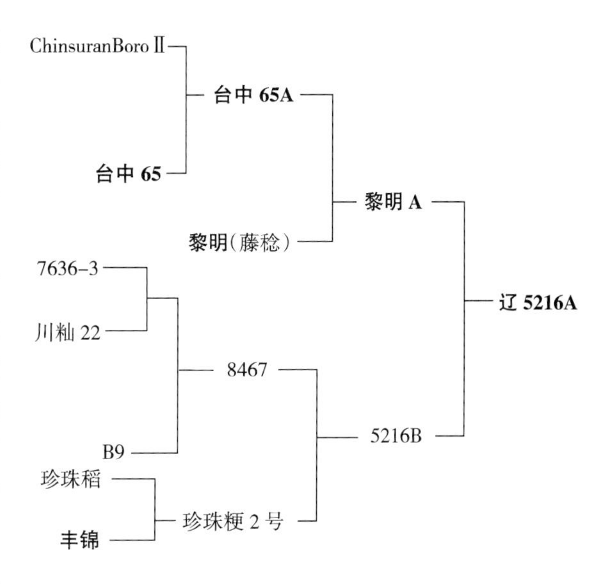

图 15－6　辽 5216A 系谱

辽 5216A 茎秆韧性强，株高 110cm，分蘖力强，成穗率高，每穴有效穗为 15，每穗粒数 160 粒，散穗型，穗长 22～24cm，千粒重 26g 左右，颖壳黄白色，粒型较长，着有稀短芒，米质优，叶色淡绿，主茎叶 16 片。生育期 155d 左右，播种至抽穗历期 101～108d。不育性稳定，大田鉴定 1 000 株以上，不育株率

100%。套自交袋200袋以上，自交结实率为零。花粉镜检鉴定败育率达99.5%，其中染败率61.3%，圆败率占17.7%，典败率占20.5%。

（2）辽30A

辽宁省稻作研究所以BT型胞质的黎明A为母本，在LS2/珍珠粳2号/151B复交后代中，选择高柱头外露率、大柱头、株型理想、株高偏低、分蘖力强、米质优的材料为父本，剪颖套袋回交，经过1996—1998年在沈阳和海南两地六次边选择边回交转育，终于育成高代育性稳定的完全相似的辽30A和优质、早熟的保持系材料辽30（图15-7）。辽30A镜检花粉不育度达99.8%，千株群体不育率为100%，自交结实率为零，米质优，配合力较高。

（3）辽105A

辽宁省稻作研究所以BT型胞质的黎明A为母本，在LS2/珍珠粳2号/8598复交后代中，选择高柱头外露率、大柱头、株型理想、株高偏低、分蘖力强、米质优的材料为父本，剪颖套袋回交，经过1996—1998年在沈阳和海南两地六次边选择边回交转育，育成高代育性稳定的完全相似的不育系（B_6F_1）和优质、早熟的保持系（F_7），并以1999年田间序号命名为105A和105B。

（4）辽151A

辽宁省稻作研究所以79-227为母本，辽粳326（C26/丰锦//银河/4/黎明/福锦//C31///Pi5/5/辽粳5）为父本经人工杂交于1995年育成辽151B。以辽151B为父本与BT型黎明A回交转育于1995年冬育成辽151A。该不育系农艺性状稳定一致，镜检花粉不

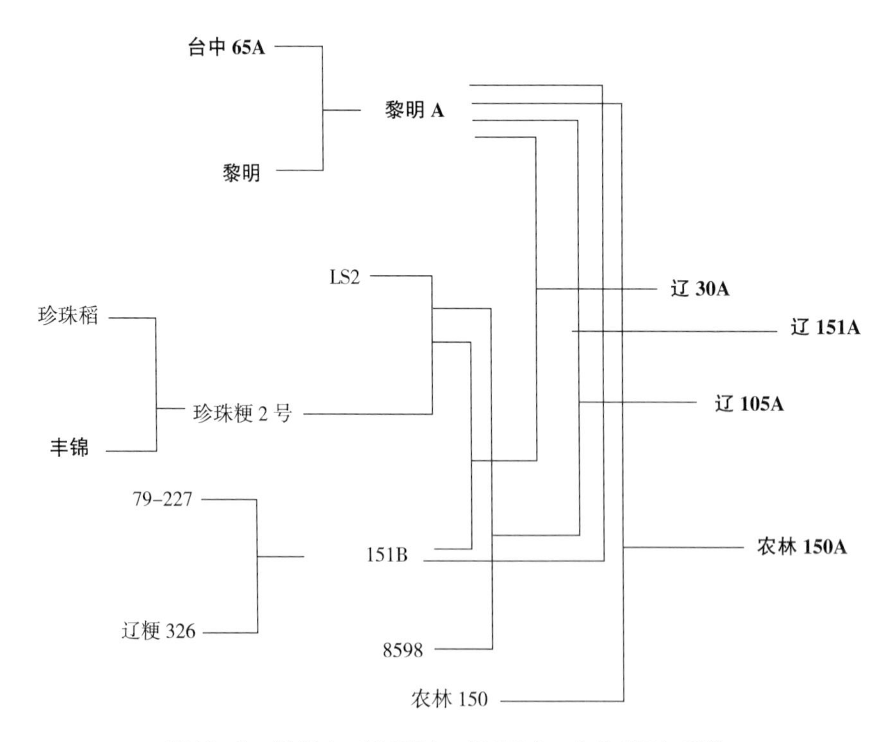

图15-7 辽30A、辽105A、辽151A、农林150A系谱

育度达 100%，千株群体不育率为 100%，套代自交结实率为零，株型理想，米质优，配合力高，抗病、抗倒、活秆成熟。

（5）农林 150A

辽宁省稻作研究所于 20 世纪 80 年代以包台型不育系黎明 A 为母本，以农林 150 为父本，经多代回交转育而成。以农林 150A 为母本配制的杂交组合，有较好的配合力，主茎叶 15.5 片左右，全生育期 155～156d，在沈阳常年情况下，8 月 4～5 日出穗，制种结实率也较高。

（6）早花二号 A

天津市水稻研究所以红旗 16A 为母本，以早花二号（花育 2 号系选）为父本转育而成（图 15-8）。该不育系株高 90cm 左右，单株有效穗 10 穗左右，穗长 17cm，每穗实粒数 170 粒，千粒重 21g 左右。

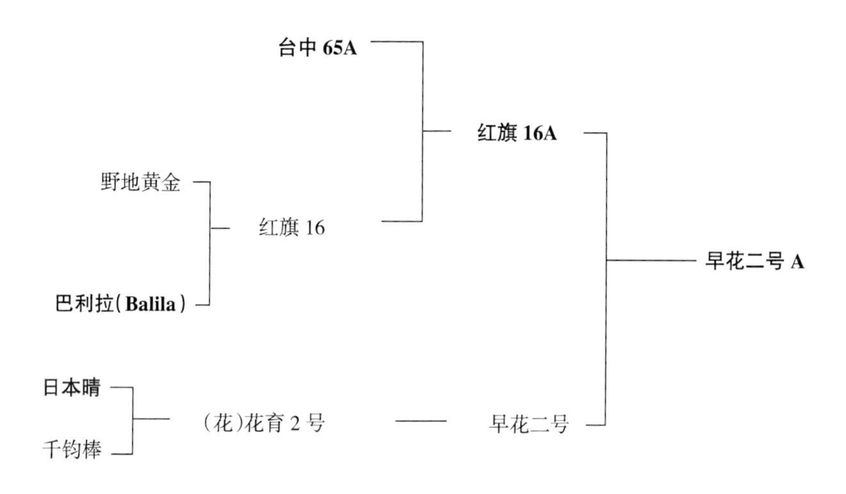

图 15-8　早花二号 A 系谱

（7）3A

天津市水稻研究所以屉锦 A 为母本，以津稻 341-2 为父本回交转育而成（图 15-9）。该不育系农艺性状稳定一致，株型紧凑，分蘖力较强，不包颈，在天津 4 月中旬播种，播种至抽穗历期 110d 左右，花时早，异交性能好。镜检花粉染败率达 99.99%以上，套袋自交结实率 0.01%，不育度 99.99%。

（8）5A

天津市水稻研究所以屉锦 A 为母本，以津稻 502 为父本回交转育而成。于 2003 年 10 月通过天津市科学技术委员会和天津市种子站组织的技术鉴定，该不育系群体农艺性状稳定一致，株型紧凑，分蘖力较强，不包颈，在天津 4 月中旬播种，播种至抽穗历期 120d 左右，花时早，异交性能好。5A 的镜检花粉染败率达 99.99%以上，套袋自交结实率 0.01%，不育度 99.99%。

（9）6A

天津市水稻研究所以 3A 为母本，以津稻 6 号为父本回交转育而成。于 2003 年 10 月通过天津市科学技术委员会和种子站组织的技术鉴定，该不育系群体农艺性状稳定一致，株型紧凑，分蘖力强，不包颈，在天津4月中旬播种，播种至抽穗历期120d左右，在江苏淮安5月上旬播种，播种至抽穗历期100d左右，花时早，异交性能好。

(10) 10A

天津市水稻研究所以3A为母本，以津稻1007为父本回交转育而成。2003年10月通过天津市科学技术委员会和天津市种子站组织的技术鉴定。该不育系农艺性状稳定一致，株型紧凑，分蘖力较强，不包颈，在天津4月中旬播种，播种至抽穗历期115d左右，花时早，异交性能好。10A的镜检花粉染败率达99.99%以上，套袋自交结实率0.01%，不育度99.99%。

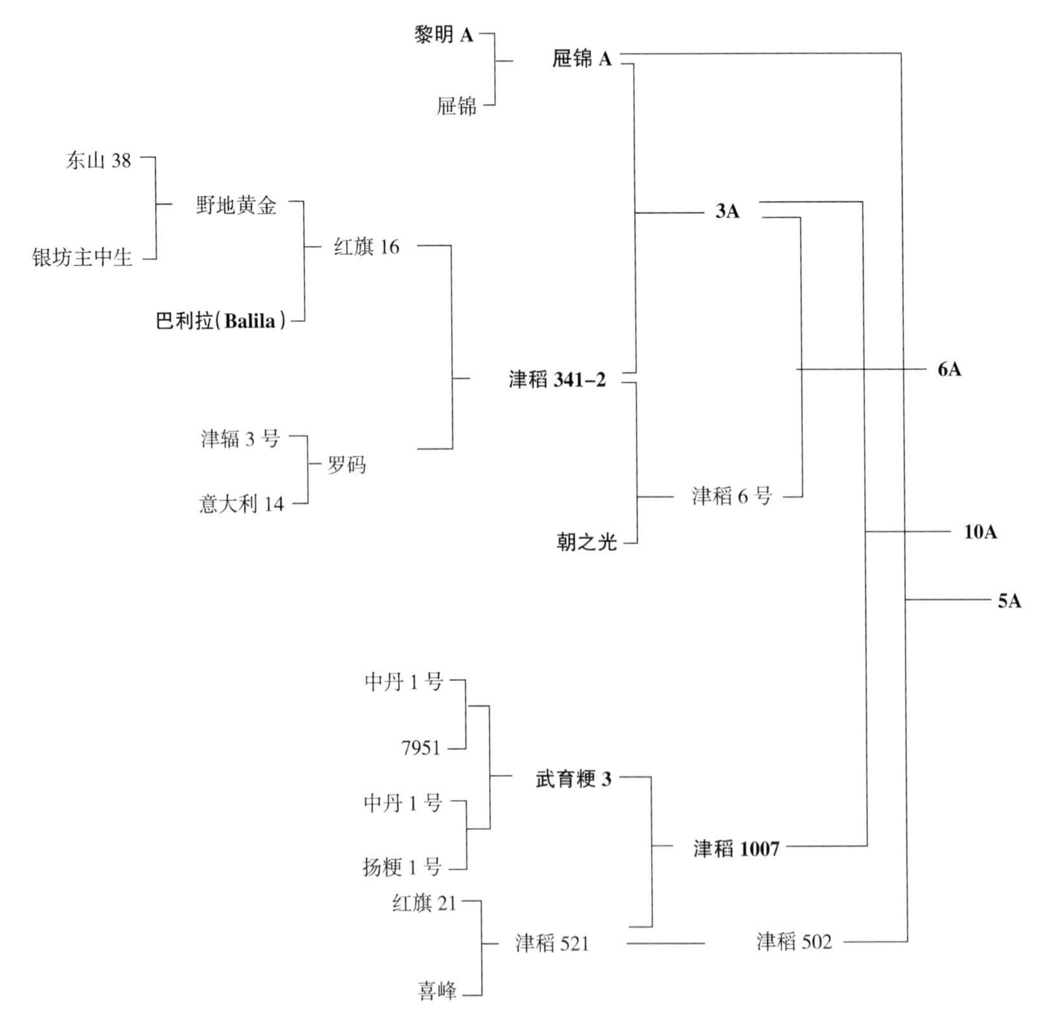

图15-9 3A、5A、6A、10A系谱

(11) 中作59A

中作59A是北京市农林科学院作物研究所1984年以秀岭A为母本，以中作59为父本多代回交转育而成的IR24胞质类型的不育系（图15-10）。中作59A株高80cm左右，

全生育期140d，穗长18cm，每穗粒数110粒，主茎叶16～17片，千粒重25g。

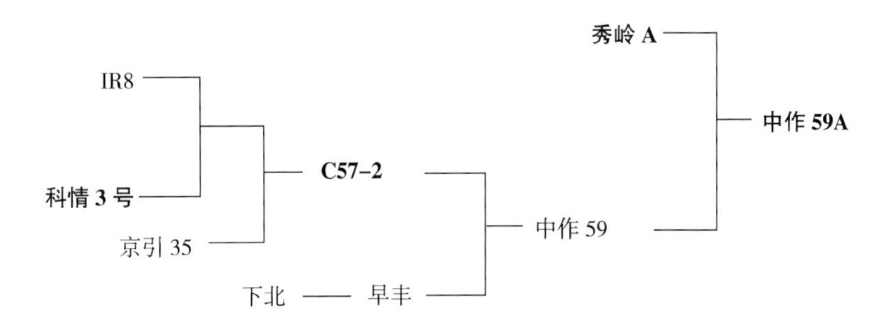

图15-10　中作59A系谱

（12）六千辛A

江苏省农业科学院以矮秆黄A为母本，以六千辛为父本转育而成（图15-11），该不育系不育株率和不育度均达100%，不育性稳定。六千辛A属BT型中粳不育系，全生育期145～150d。主茎叶17片左右，株高100cm左右，分蘖力强。叶色淡绿，生长清秀。穗型较大，穗长21～22cm，每穗粒数130～150粒，每穗实粒数100～120粒，千粒重25～27g，穗尖有芒，长短不一，不包颈。花粉以染败为主，其不育株率达100%，镜检花粉不育度达99.7%，经多年生产利用，不育性稳定。具弱感光性，抽穗期相对稳定，中抗白叶枯病及稻瘟病。开花习性好，群体花时早而集中，异交率高（30%～40%），繁制种产量一般1.5～3t/hm^2。

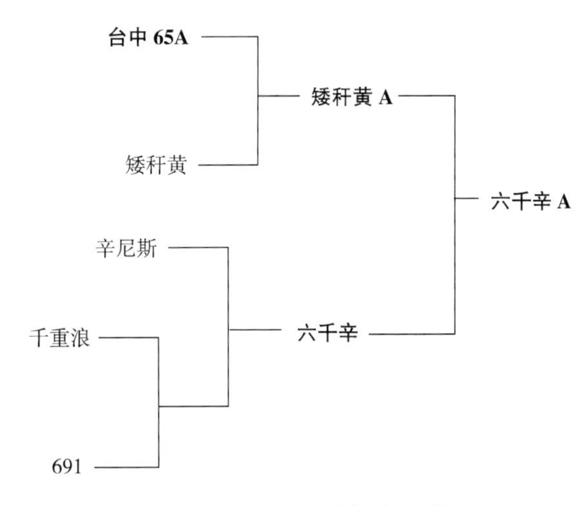

图15-11　六千辛A系谱

（13）徐稻2号A

江苏省农业科学院徐淮地区徐州市农业科学研究所以15r-2A为母本，以徐稻2号为父本转育而成的中熟中粳不育系（图15-12），1993年通过江苏省农作物品种审定委员会审定。该不育系全生育期平均135d，株高85cm，株型紧凑，叶片挺拔，叶色淡绿，分蘖力较强，穗大粒多，熟相较好，耐肥、抗倒。花粉圆败至染败类型，以圆败为主。不育性稳定，花期集中，开花习性好，开颖角度30°～40°，柱头外露率23.6%，花时较早，接近父本花时。盛花花时较为集中，一般在11：30～12：30。每穗粒数105粒，千粒重24.5g。

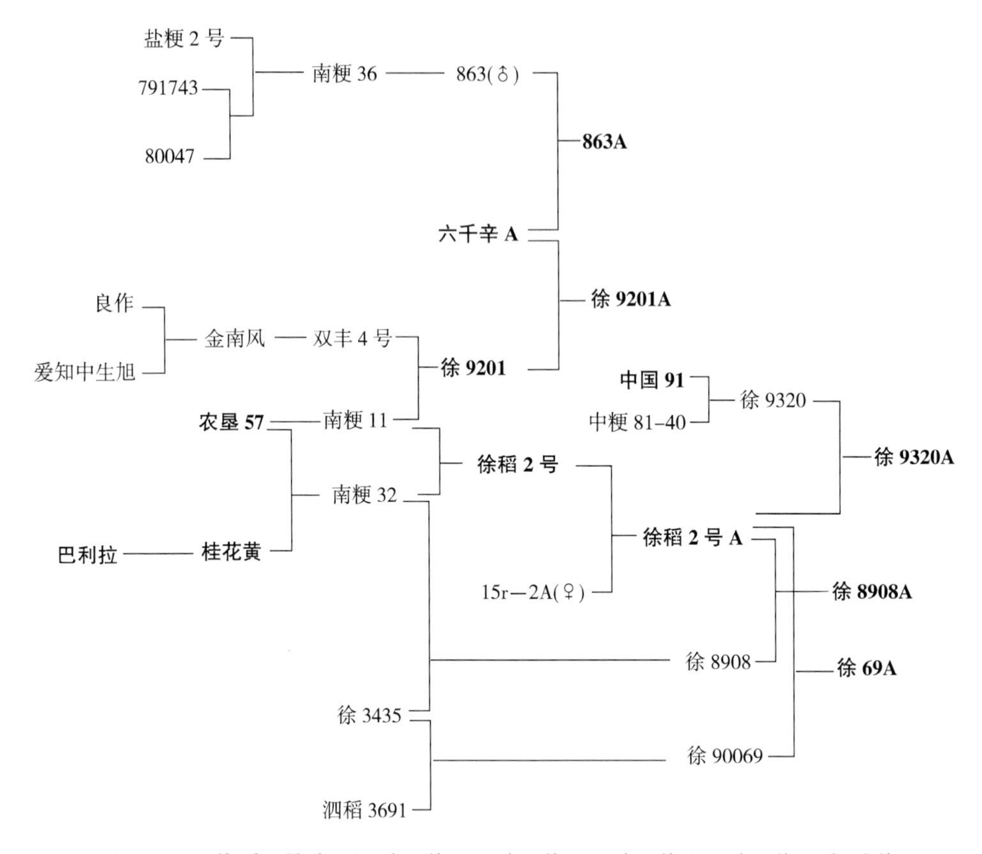

图15-12　徐稻2号A、863A、徐9201A、徐9320A、徐8908A、徐69A系谱

（14）徐9201A

江苏省农业科学院徐淮地区徐州市农业科学研究所以六千辛A为母本，以徐9201为父本转育而成的中熟中粳不育系，1996年通过江苏省农作物品种审定委员会审定。该不育系全生育期130～135d，株高90cm，株型较挺，叶色较深，繁茂性较好，分蘖性中等偏强，生长清秀，抗倒性好。不育性稳定，花粉败育以染败为主，约占85%，属配子体不育。正常年景套袋自交，不育株率和不育度均达100%。异交结实率高，配合力较强。柱头外露率22%～27%。开颖角度较大，花期、花时较集中，开花高峰明显。每穗粒数100粒，千粒重25g。

（15）徐8908A

江苏省农业科学院徐淮地区徐州市农业科学研究所以徐稻2号A为母本，以徐8908为父本转育而成的中熟中粳不育系，2000年通过江苏省农作物品种审定委员会审定。全生育期140～145d，株高85cm，叶色浓绿，叶片挺拔，剑叶上举。株型紧凑，后期熟相好。花粉败育在二核期至三核期，以染败为主，部分圆败，属配子体不育；花药淡黄色，田间表现瘦小，无散粉现象，不育株率和不育度均达100%。开花习性好，开颖角度34°～40°，柱头外露率20%左右，异交结实率40%以上。每穗粒数115粒，千粒重25g。

（16）863A

江苏省农业科学院粮食作物研究所以六千辛 A 为母本，以 863 为父本转育而成的迟熟中粳不育系，2000 年通过江苏省农作物品种审定委员会审定。全生育期 142d，株高 85～90cm，分蘖力中等，抽穗整齐，穗顶短芒，无包颈。大部分花粉败育时期在三核期，败育花粉形态正常，能被碘—碘化钾染色，但花药颜色发白，花粉粒明显变小且变皱，染色浅。套袋自交结实率为 0，人工授粉结实率在 40%以上。每穗粒数 130～140 粒，千粒重 26～27g。该不育系育性稳定，配合力强，繁殖制种产量较高。

（17）徐 69A

江苏省农业科学院徐淮地区徐州农业科学研究所以徐稻 2 号 A 为母本，以徐 90069 为父本转育而成的中熟中粳不育系，2002 年通过江苏省农作物品种审定委员会审定。全生育期 142d，株高 85cm，分蘖力较强，叶片挺举，生长清秀，剑叶上举，与茎秆夹角小，茎秆粗壮，叶色浓绿，生长繁茂，着粒密，落粒性中等。开花习性好，8 月中下旬晴天一般在 10：40～11：10 始花，11：40～12：10 进入盛花，13：10～13：40 开花基本结束，高峰期开花量占总颖花量的 70%左右，阴雨天开花略迟，单颖开颖历时 50～60min，开颖角度 30°～40°，自然柱头外露率 20%左右。育性稳定，花粉败育早，一般在二核至三核期，败育类型以染败为主，部分圆败，属配子体不育。花药淡黄色，田间表现为细长瘦小。1997—2000 年套袋鉴定，不育株率和不育度均为 100%，2001 年鉴定群体在自然隔离下自交结实率为 0.018%。每穗粒数 120～130 粒，千粒重 28g。

（18）盐粳 5 号 A

江苏省盐都区农业科学研究所以六千辛 A 为母本，以盐粳 5 号为父本转育而成的迟熟中粳不育系（图 15－13），2002 年通过江苏省农作物品种审定委员会审定。全生育期平均 148d，株高 85cm，幼苗直立，叶片较挺，叶色较深，分蘖力强，穗型松散。开花习性好，天气晴好，气温较高时，一般 10：30 左右始花，11：55 左右盛花，花时较集中，午前花率占 40%左右，阴雨、气温较低时，花时推迟 1h 左右。开颖角度 35°左右，开闭颖历时 30min，柱头外露率 6%～7%。育性稳定，花粉败育类型为染败，以浅染为主。1993—2000 年套袋自交，不育株率和不育度均表现正常。2001 年鉴定套袋穗，不育株率达 100%，镜检花粉不育度达 99.99%。每穗粒数 110～115 粒，千粒重 25～26g，长宽比 1.9。

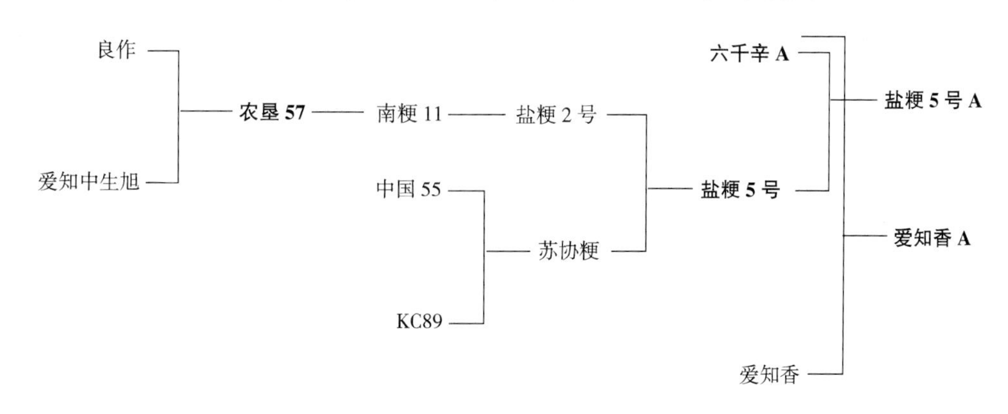

图 15－13　盐粳 5 号 A、爱知香 A 系谱

(19) 武运粳7号A

江苏省常熟市农业科学研究所以矮A为母本，以武运粳7号为父本转育而成的早熟晚粳不育系，2002年通过江苏省农作物品种审定委员会审定。全生育期146d，株高102cm，叶色适中，叶片直立矮壮，株型好，生长清秀，成熟时秆青粒黄，穗层整齐。育性稳定，花粉败育类型以染败为主，极少数为典败和圆败，扬州大学农学院检测，镜检花粉不育度为99.64%，田间现场鉴定，不育株率为100%。开花习性好，花期花时集中，开花期高峰明显，单穗花期5d左右，高峰期开花量占总颖花量的70%左右。晴到多云天气10：30～11：00始花，高峰期为11：00～12：00，13：00～14：00终花。不育系较保持系花时晚10～20min，阴天开花时间推迟1～2h。开颖角度30°～35°，开闭颖历时50～70min，柱头不外露。每穗粒数120粒，千粒重28g。长宽比1.8，垩白粒率49%，垩白度7.4%，透明度3级，直链淀粉含量17.04%，碱消值7级，胶稠度82mm。

(20) 爱知香A

江苏省宿迁市丰禾水稻研究所以六千辛A为母本，以爱知香为父本转育而成的中熟中粳不育系，于2003年通过江苏省农作物品种审定委员会审定。全生育期80d，株高85cm，分蘖力强，株型集散适中，茎秆柔软，叶色淡，剑叶直立，叶鞘、叶耳无色。不育性稳定，现场鉴定，不育株率为100%，自交结实率0，镜检花粉不育度为99.97%，花粉败育类型以染败为主。开花习性好，花时较早，开花较集中。抽穗当天始花，盛花期在开花后第3～7d，晴天花时为11：30～13：30，午前花率占80%。国标一级优质米。

(21) 泗稻8号A

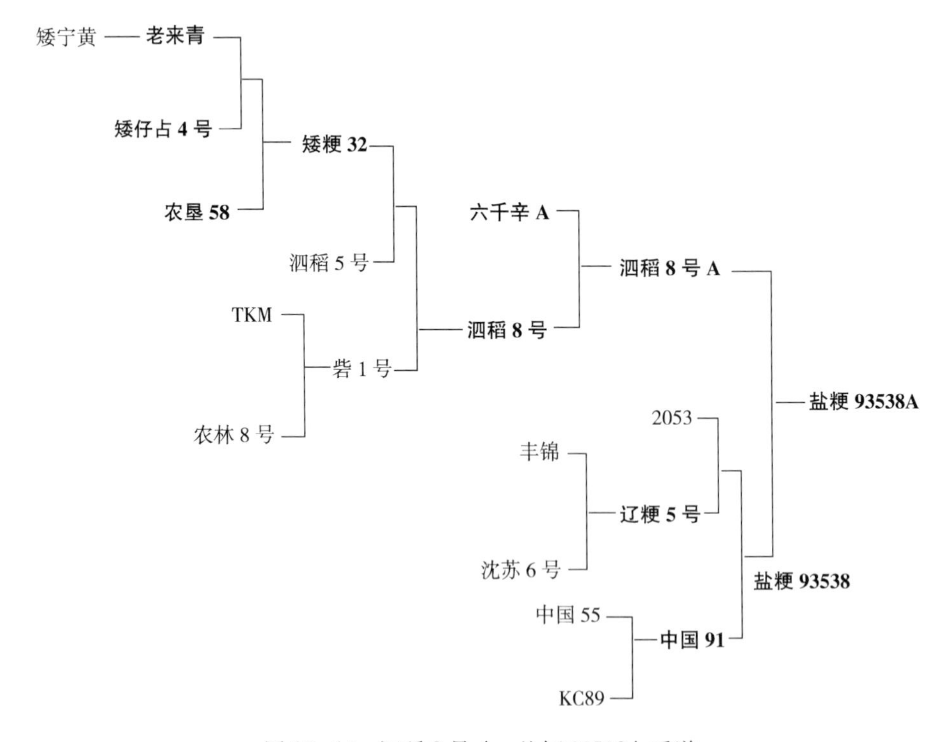

图15-14 泗稻8号A、盐粳93538A系谱

江苏省农业科学院粮食作物研究所以六千辛 A 为母本，以泗稻 8 号为父本转育而成的迟熟中粳不育系，1993 年通过江苏省农作物品种审定委员会审定（图 15 - 14）。全生育期 137d，株高 80～85cm，株型较紧凑，叶片较挺，叶色较深，分蘖力中等偏强，感温性较强，弱感光，耐肥、抗倒性好。花粉以染败为主。败育时期为三核期。套袋自交率在 0.1%以下。开花集中，单株花期 15～16d，高峰期 6～7d，每日开花盛期为 11：00～12：00,阴天推迟 1h 左右。开颖时间 1～1.5h，开颖角度 30°左右，柱头外露率 5%～10%，异交结实率 30%左右。每穗粒数 115 粒，千粒重 27g。

（22）盐粳 93538A

江苏省盐都区农业科学研究所以泗稻 8 号 A 为母本，以盐粳 93538 为父本转育而成的迟熟中粳不育系，2003 年通过江苏省农作物品种审定委员会审定。全生育期平均 145d，株高 85cm，幼苗直立，叶片较挺，叶色淡绿，分蘖性中等偏强。不育性稳定，现场鉴定，不育株率为 100%，镜检花粉不育度为 99.99%，花粉败育以染败为主。开花习性好，开颖历时 35min 左右，开颖角度 30°～35°，单穗开花 5～6d。柱头自然外露率 6%，异交结实率 40%左右。每穗粒数 110～120 粒，千粒重 23g，长宽比 1.8。

（23）徐 9320A

江苏省农业科学院徐淮地区徐州市农业科学研究所以徐稻 2 号 A 为母本，以徐 9320 为父本转育而成的中熟中粳不育系，2005 年通过江苏省农作物品种审定委员会审定。全生育期 145d，株高 88～90cm，叶色浓绿，苗壮叶挺，芽鞘无色，茎秆较粗壮且弹性好，穗层整齐，着粒均匀。育性稳定，不育株率和不育度均为 100%，花粉败育类型为染败，浅染为主。开花习性好，花期花时集中，开颖角度 30°～40°，柱头外露率 30%左右。每穗粒数 130～140 粒，千粒重 25～26g。

（24）宁 67A

浙江省宁波市农业科学院以滇Ⅰ型不育系 76 - 27A 作母本，以宁 67 作父本转育而成，1997 年 9 月通过浙江省科学技术委员会鉴定，定名为宁 67A。宁 67A 株型紧凑，剑叶挺直，茎秆坚韧，叶鞘包节，谷粒椭圆形，部分小穗略有顶芒，不包颈。株高 90～95cm，穗长 20cm，每穗粒数 120 粒左右，育性稳定，异交结实率高，花药黄色，呈箭头形略皱缩，气温较高时，花药尾端轻微孔裂散粉，但散粉性差，不育系与保持系容易识别，有利于提高制繁种纯度。宁 67A 感光性较强，短光促进率为 32%，抽穗期较稳定。中抗白叶枯病，米质达部颁一级优质米标准。

（25）寒丰 A

上海市农业科学院以 BT 型农虎 26A 为母本，以矮秆、多穗、优质、早熟的晚粳寒丰［（垦桂/科情 3 号）/黎明］为父本杂交转育育成（图 15 - 15）。不育株率 100%，镜检花粉不育度达 99.98%。植株矮而整齐，米质优。

（26）申 4A

上海市农业科学院以迟熟中粳材料 97 - 4 与 BT 型的寒丰 A 于 1997 年开始回交，1998 年春海南套袋表现全不育同时继续回交，1998 年正季在上海继续回交，同时套自交袋检查育性，表现不育。1999 年在海南基本稳定，不育株率和不育度都达到了 100%，定名为申 4A。播种至抽穗历期 102d 左右，分蘖力中等偏强，穗

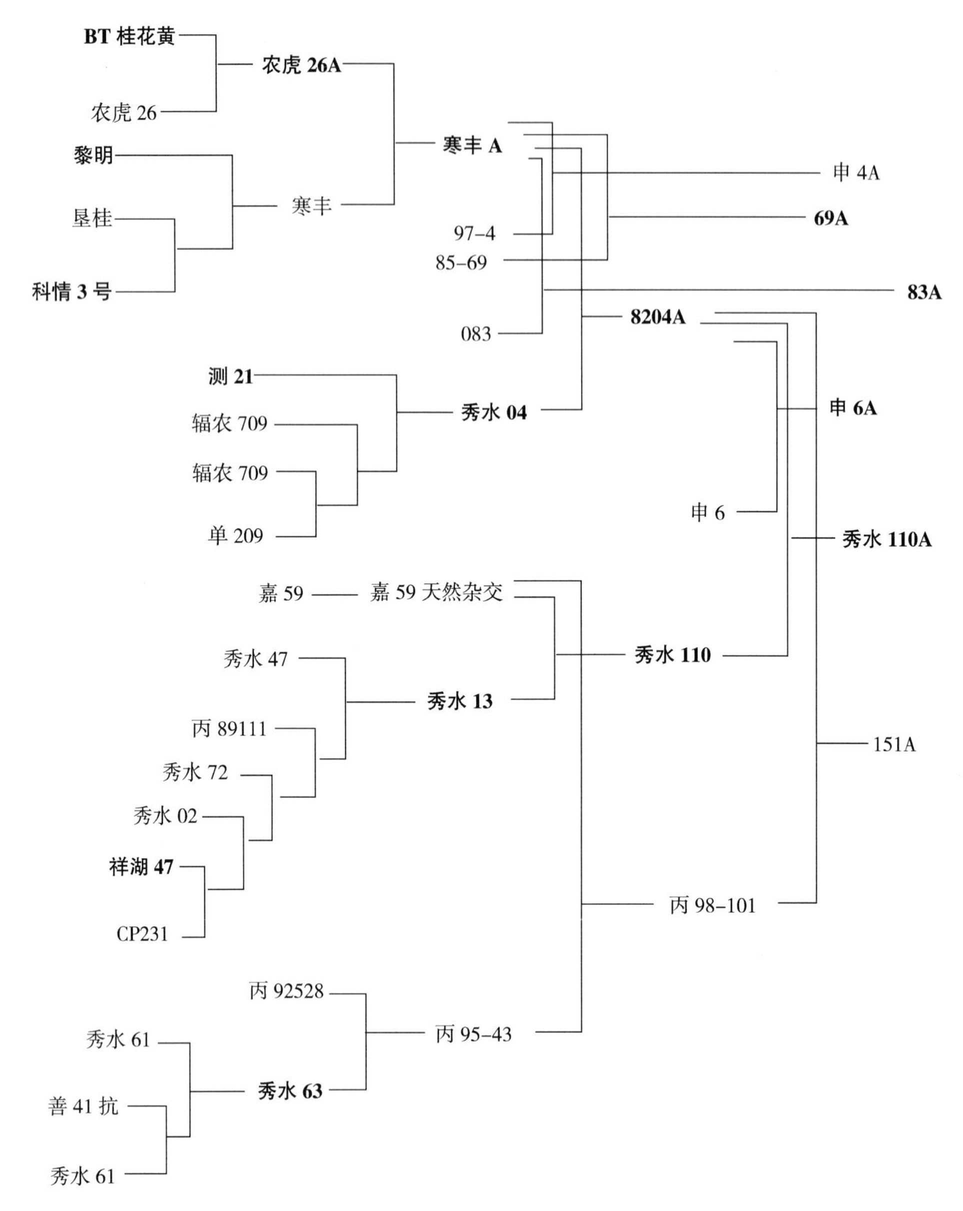

图 15-15　寒丰 A、申 4A、申 6A、8204A、83A、69A、秀水 110A、151A 系谱

型较大，株高 95cm，千粒重 26g 左右，植株挺直，后期青秆黄熟，异交结实率高，米质好。

(27) 83A

上海市闵行区种子公司以 BT 型不育系寒丰 A 与常规稻 083 杂交并回交转育而成。83A 株型紧凑，分蘖力强，成穗率高，叶片挺拔，全生育期 135d 左右，有一定的感光特性。83A 晴天开花高峰为 11：00 左右，历时约 1.5h，每朵花开颖时间 45min 左右。对九二〇反应不敏感，易感纹枯病。

(28) 69A

上海市浦东新区农业技术推广中心选育，从 1985 年开始采用 BT 型细胞质不育系寒丰 A 作为母本，以自育粳稻品系 85 - 69 为父本，1992 年转育成 69A 不育系。不育系生长整齐，不育率达 99.90%，2000 年 10 月通过专家验收。69A 为 BT 型不育系，其花粉属圆败性质。

（29）8204A

上海市农业科学院以 BT 型寒丰不育系和 8204 保持系采成对回交方法转育而成。1988 年不育性及主要性状已基本稳定。8204A 属中熟晚粳类型，分蘖力强，株高 105cm 左右，不育性稳定，1993 年套袋自交，不育株率为 100%，镜检花粉不育度为 99.95%，异交率较高。该不育系突出优点是产量的特殊配合力强，以 8204A 配组的后代还具有灌浆速度快，无二次灌浆现象的优点。

（30）申 6A

上海市农业科学院以矮秆优质常规品系申 6 与 BT 型的 8204A 连续回交而成。1997 年从矮秆优质常规品系申 6 中选单株与 BT 型粳稻不育系 8204A 测交，1998 年春海南套袋为全不育，同时回交，1998 年正季在上海继续回交，同时套袋自交检查育性，表现不育。2000 年不育性稳定，定名为申 6A，并开始小面积繁殖制种，表现花时集中，开花习性好，繁殖制种产量高。

（31）秀水 110A

浙江省嘉兴市农业科学研究院以 8204A 为母本，以秀水 110 为父本配组杂交后，再以秀水 110 为轮回亲本连续回交 8 代选育而成的晚粳不育系。株型优良，综合性状好，不育性稳定。秀水 110A 株高 90～95cm，矮秆包节呈半矮生型，穗部直立，着粒较密，不育系群体性状稳定，不育系株率 100%，套袋自交不育率 99.98%；孕花开花历时 65min 左右，内外颖花角 28°；结实率高；配合力强；中抗稻瘟病和白叶枯病；品质优良。

（32）151A

浙江省嘉兴市秀洲区农业科学研究所以 8204A 为母本和高产优质常规稻品种丙 98 - 101 杂交，经连续回交，2001 年秋编号为 151A 的株系整齐一致，套袋自交结实为零，不育株率 100%，已达到粳稻不育系的标准。151A 株高 82～87cm，比秀水 04A 矮 15cm 左右，叶片较狭，剑叶短小，分蘖力较强，穗型直立，单株有效穗 7～9 个，每穗粒数 120 粒左右，千粒重 25g。151A 属中熟偏早晚粳类型，感光性较强，抽穗期主要受日长影响，短日促进率为 27.1%。不育性稳定，群体不育株率 100%，花粉败育率 99.8%，开花习性好，制繁种产量较高，品质优良。

（33）80 - 4A

安徽省农业科学院水稻研究所以当选晚 2 号 A 为母本和常规稻品种徽粳 80 - 4 杂交，经连续回交转育而成的优质粳稻不育系（图 15 - 16）。80 - 4A 属 BT 型迟熟中粳不育系，株高 90cm，分蘖力强，每穗粒数 100～120 粒，育性稳定，5 月中旬播种，播种至抽穗历期95～97d，全生育期 138～140d，主茎叶 17.0 片左右。不包颈，开花习性良好，花时早而集中，开颖角度大，始花至盛花 1～2d，盛花持续 5～6d，异交结实率高。

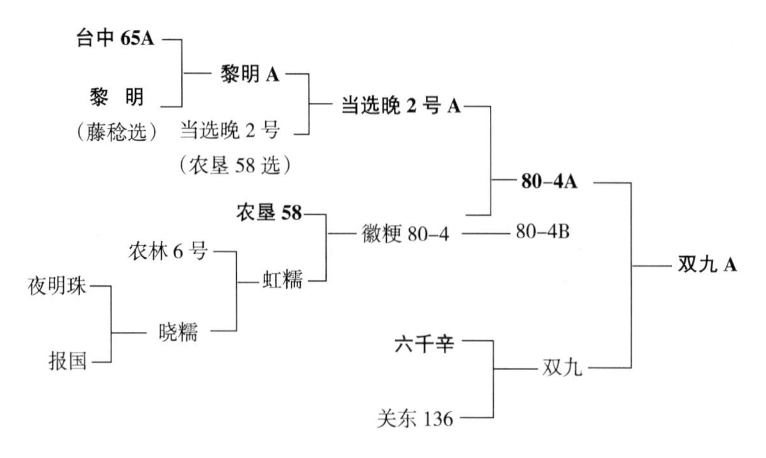

图 15－16　当选晚 2 号 A、双九 A、80－4A 系谱

（34）双九 A

安徽省农业科学院水稻研究所以 80－4A 作母本，以优质粳稻品系双九（六千辛/关东 136）作保持系，经多代回交转育而成的 BT 型优质粳稻不育系，1995 年冬育性基本稳定。双九 A 株高 80～90cm，穗长 19cm 左右，株型较松散，叶色淡绿，谷粒淡鲜黄色，谷壳薄，无芒，易脱粒，茎秆较细韧富有弹性，灌浆速度快，落色好。分蘖力强，成穗率较高，单株有效穗 8 个左右，不包颈。每穗粒数 75～80 粒，千粒重 25g 以上。主茎叶 14～18 片。属早熟晚粳类型，感光和感温性均较强。花粉败育时期较晚，以染败为主。在适宜的温度下，花药不开裂散粉，套袋自交不结实，败育彻底，繁制种有保障。2002 年在海南陵水基地通过安徽省农业科学院组织的专家鉴定：群体不育株率 100%，套袋自交不结实，花粉败育度为 99.54%。异交性状佳，花时早，异交结实率 50%以上。对稻瘟病和白叶枯病的抗性反应分别为 3 级和 5 级，品质优良。

（35）23A

安徽省农业科学院水稻研究所从台中 65A 和 MHB23 中用不对称原生质体技术育成，株高 75cm，主茎叶 14.6 片左右，每穗粒数 100 粒左右，千粒重 24.2g。感温性偏弱，感光性偏强，育性稳定。合肥地区 5 月 25 日播种，播种至抽穗历期 74d 左右，对九二〇较为敏感，幼穗分化天数约为 30d，抽穗快，花期短，单株见穗至全抽出约 7d。而在见穗后的第 3 天和第 4 天单株抽穗率达到 51%～85%，花时集中，一般开花高峰期在当天的 12：00～13：00。分蘖中等，叶色淡，稃尖无色，较耐肥。

二、主要恢复系

1. C57 及其衍生恢复系

C57 是辽宁省农业科学院利用"籼粳架桥"技术，通过籼（国际水稻所具有恢复基因的品种 IR8）/籼粳中间材料（福建的具有籼稻血统的粳稻科情 3 号）//粳（从日本引进的粳稻品种京引 35），从中筛选出具有 1/4 籼核成分的粳稻恢复系，它是我国第一个大面积应用的杂交粳稻品种黎优 57 的父本。C57 及其衍生恢复系的育成和应用，极大地推动了我国杂交粳稻的发展。据不完全统计，约有 60%以上的粳稻恢复系具有 C57 的血统（图 15－17）。

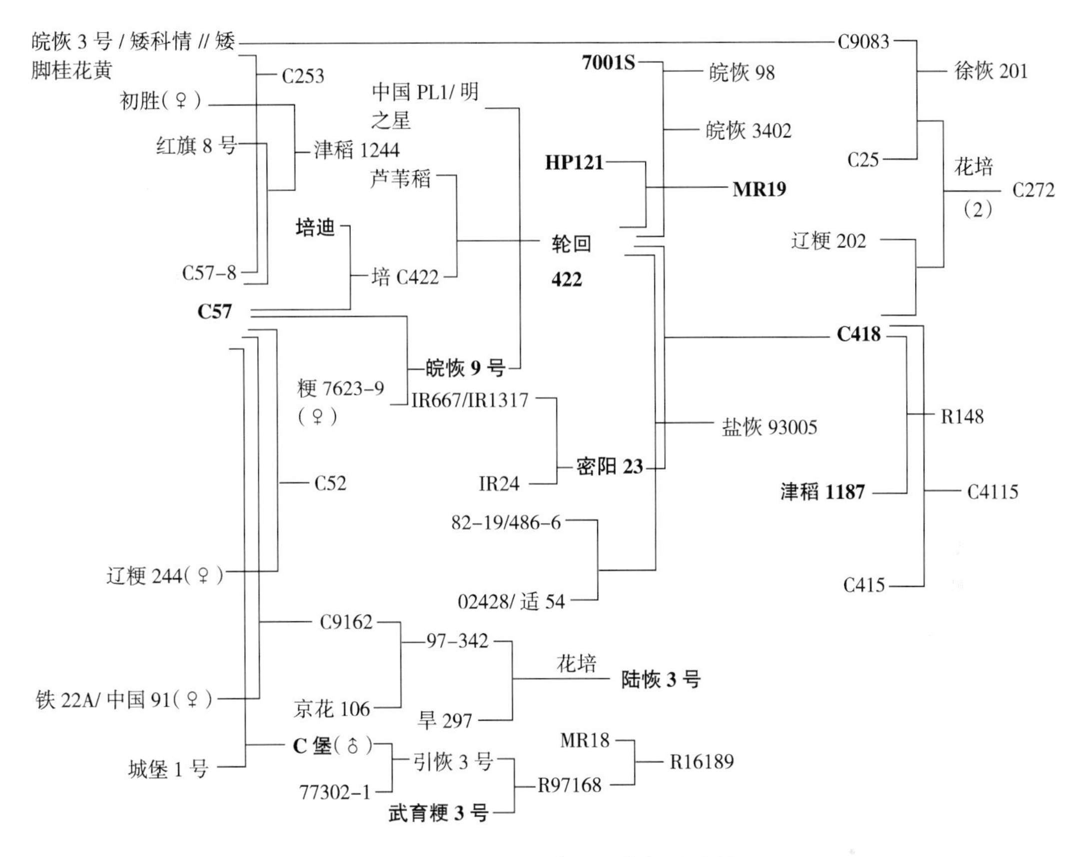

图 15-17　C57 及其衍生恢复系系谱

（1）C418

辽宁省稻作研究所用含有 C57 血统的晚轮回 422 与密阳 23 杂交配组后，经多次海南加代及本地选择，1992 年冬 F_8 稳定，定名为 C418。C418 在沈阳全生育期 165～170d，播种至抽穗历期 125d，主茎叶 17 片左右，株高 102cm 左右，穗长 28～32cm。分蘖力中等，茎秆粗硬，抗倒伏能力强，花粉量大，制种花期调节容易。

（2）C4115

辽宁省稻作研究所以 C418 为母本，以优质早熟的恢复系 C415 为父本杂交，经多代系谱选择，1999 年冬在海南 F_8 达到稳定，定名 C4115。C4115 在沈阳全生育期 160～162d，4 月 20 日播种，8 月 7 日左右抽穗。C4115 叶片宽厚，色浓绿，株高 116～120cm，主茎叶 16 片。

（3）C52

辽宁省稻作研究所以辽粳 244 为母本，以优质早熟的恢复系 C9083（皖恢 3 号/矮科情//矮脚桂花黄）为父本杂交，经多代系谱选择，2000 年冬在海南 F_8 达到稳定，定名 C52。C52 在沈阳全生育期 155～158d，4 月 20 日播种，8 月 3 日左右抽穗。C52 叶片宽厚，色浓绿，株高 115cm，主茎叶 15～16 片。

（4）皖恢 9 号

安徽省农业科学院用粳 7623－9/C57 杂交育成的粳型恢复系。播种至抽穗历期 105d

左右，其主茎叶数随肥水条件等变化波动较大，在16～18片之间，平均16.5±0.5片，单株开花分散，花粉量充足，始花至盛花需3～4d，盛花期持续7～8d。为使父母本抽穗和开花高峰期吻合，以父早母1～2d为佳。

（5）MR19

安徽省农业科学院选育。全生育期125d，播种至抽穗历期85d。株高100cm，茎秆粗壮，株型紧凑，剑叶角度小、内卷，叶色深绿，主茎叶15.5±0.5片，每穗粒数180粒，颖花量多。抽穗当天不开花，第2天进入盛花期，盛花持续5～7d，开颖畅，花粉量足，花时集中在10：00～13：00，晴天午前花数占当日开花数的90%以上。对九二〇反应较敏感，有利于高产制种。

（6）HP121

HP121是通过中国PL1/多收系2号与皖恢9号杂交选育而成的水稻粳爪型恢复系，属光身稻广亲和恢复系。株型紧凑，株高80cm左右。主茎叶16±0.5片，茎秆粗壮，分蘖力较弱，对九二〇不太敏感。叶片光身无毛，剑叶角度小、内卷，叶色深绿。穗大粒多，每穗粒数200粒，结实率80%，千粒重23g，颖花量多，花粉充足。5月下旬播种，全生育期125d左右，播种至抽穗历期85d左右。开花特点是抽穗当天不开花，第2天始花，花期约9d，盛花期在抽穗后3～8d之内，晴天花时集中在10：30～13：00之间，午前花数占当日开花数的90%左右。中抗白叶枯病和稻瘟病。

（7）恢93005

江苏省盐都区农业科学研究所选育。株高108cm左右，主茎叶15片，5个伸长节间。全生育期126d左右，5月26日播种，播种至抽穗历期89d，属感温品种。分蘖力中等，茎秆粗壮，抗倒，株型理想，叶片挺举，穗长26.2cm，每穗粒数223粒，结实率76%，千粒重28g。花时较早，较盐粳5号A早30min，单株花期与盐粳5号A相似，群体花期长1～2d。穗型大，花粉量足，米质优，无腹白，心白小，抗稻瘟病和白叶枯病。

（8）徐恢201

江苏省徐州市农业科学研究所以自育中粳恢复系徐恢37682与北方杂交粳稻工程技术中心育成的早粳恢复系C9083杂交，经系统选育于1998年育成的优质恢复系。株高100～105cm，主茎叶15片，全生育期135～140d，每穗颖花数200～220朵，结实率90%以上，恢复力强，花粉量足，与不同生态型粳稻不育系配组均表现出较高的特殊配合力。

（9）R16189

江苏中江种业以MR18为母本，以R97168为父本杂交育成。生长繁茂，叶色深，叶片挺，主茎叶15片左右，分蘖力强，单株有效穗10～12穗，穗型大，穗长24cm左右，每穗粒数200～230粒，结实率86%，千粒重24.5g，花粉量足，米质优，无心腹白，抗稻瘟病和白叶枯病。在南京种植5月30日播种，9月2日左右抽穗，播种至抽穗历期95d左右，全生育期138d左右。开花相对集中，有较明显的开花高峰，单穗花期5d，单株花期7～9d，花时与武运粳7号A同步性好。

（10）R148

天津市水稻研究所利用恢复系C418和常规粳稻品种津稻1187杂交，选择具有可恢复能力的后代育成。R148配合力高，米质优良，高度适中，开花习性好，恢复力强，以R148为父本制种容易获得高产。利用其组配的10优18已经通过国家审定。

(11) 津稻1244

天津市水稻研究所通过红旗8号/C57//初胜复交选育而成。全生育期135d左右，株高110cm，苗期繁茂性好，后期叶片上举，叶色黄绿，主茎叶13～14片。穗较大，纺锤形，穗长19～20cm，每穗粒数110粒，无芒或短顶芒。谷粒成椭圆形，颖及颖尖秆黄色，千粒重27g左右。米质优，垩白极少，透明度佳，糙米率83.1%，精米粒率74.2%，蛋白质含量8.76%，直链淀粉含量16.1%。

(12) 陆恢3号

北京市农林科学院作物研究所用水稻恢复系93-342与陆稻新品种旱297杂交，F_1稻穗进行花药培养后育成陆稻恢复系陆恢3号。陆恢3号米质优，抗旱性3级，抗倒力强，抗病性较强，对水稻不育系具有恢复力。

2. 湘晴及其衍生恢复系

湘晴是浙江省嘉兴市农业科学研究所以湘T302与晴3-2377杂交选育而成（图15-18）。湘晴茎秆粗壮，株高110～115cm，株型松散，叶片较长，分蘖力较弱，播种至抽穗历期105～108d，单穗花期6d左右，单株花期10～12d，花粉量足，花时相对集中，开闭颖历期较母本稍长。

(1) R161

上海市农业科学院采用复合杂交方法选育而成。1986年春以C832与T1027杂交，当年正季再以湘晴作父本复交，1987年起在上海和海南一年两季系圃选育，1989年基本稳定，当年在海南与8204A测交，1990年定名为R161。R161是一个品质特别优良的晚粳型强恢复系，经测交恢复力达到94.42%。全生育期165d左右，9月8～10日始穗，播种至抽穗历期112～122d，感光性强，株高110cm，分蘖力中等，穗大粒多，花粉量足。米质特别优良，米粒全透明，垩白粒率2%，垩白度0.2%，食味好。

(2) 申恢1号

上海市农业科学院从R161中选得早熟单株，经系统选育而成。原名R161-10，2002年定名申恢1号。表现比R161早抽穗7d，穗型比R161大，着粒较紧，抗倒性明显优于R161。1996年春天在海南与8204A测交，其后代表现恢复力强，杂交种比8优161早熟且优势强。

(3) 申恢254

上海市农业科学院育成。申恢254株高120～125cm，茎秆粗壮，株型松散，叶片较长，分蘖力较弱，播种至抽穗历期105～108d，单穗花期6d左右，单株花期10～12d，花期较母本长2～3d，花粉量足，花时相对集中，在正常天气条件下，开颖较母本略早，闭颖略迟，开闭颖历期较母本稍长，有利于扬花授粉。

(4) R192

上海市农业科学院选育而成。株高115～120cm，抽穗时与母本有一定的穗位差，利于授粉。正常播种一般在9月4日左右抽穗，播种至抽穗历期105d。生长繁茂，穗型大，花粉量足。

(5) R128

R128 是上海闵行区种子公司选育。株型紧凑，顶端优势较弱，分蘖力弱，叶片挺，剑叶角度小，穗型大。全生育期 125d 左右，主茎叶 16～18 片，播种至抽穗历期 87d 左右。日开花时间比 83A 早 15min 左右，抽穗慢，单穗开花历期较长，花粉量充足。

(6) T1027

浙江省宁波市农业科学研究所以反五-2 为母本，以湘虎 25 为父本杂交选育而成。具有分蘖力较强、穗大粒重、丰产性好，并具有高抗白叶枯病的特点。

(7) 津恢 1 号

天津市水稻研究所利用湘晴和金珠 1 号杂交后，经过系谱选择育成。津恢 1 号具有米质优良，农艺性状好，恢复力强，开花习性好，花粉量大等突出优点。利用津恢 1 号组配的杂交粳稻品种中粳优 1 号于 2005 年通过国家审定（图 15-18）。

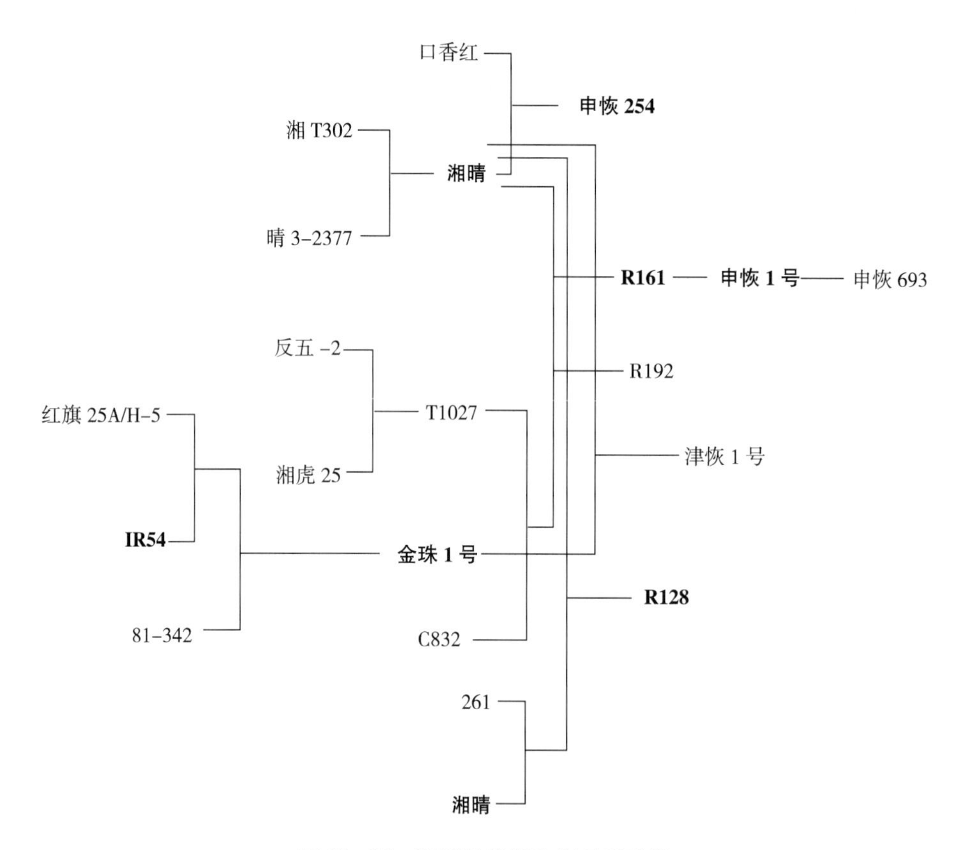

图 15-18　湘晴及其衍生恢复系系谱

3. IR8 衍生恢复系

IR8 是国际水稻研究所（IRRI）育成的籼稻品种，具有株型紧凑、叶片窄厚硬且直立上举、光合生产率高、大穗大粒等优良性状，于 1968 年引入我国，受 C57 选育的启发，国内许多单位利用“籼粳架桥”技术，以 IR8 为恢复基因来源，育成了宁恢 3-2、南 34、滇农 R-3 等一批优良恢复系（图 15-19）。

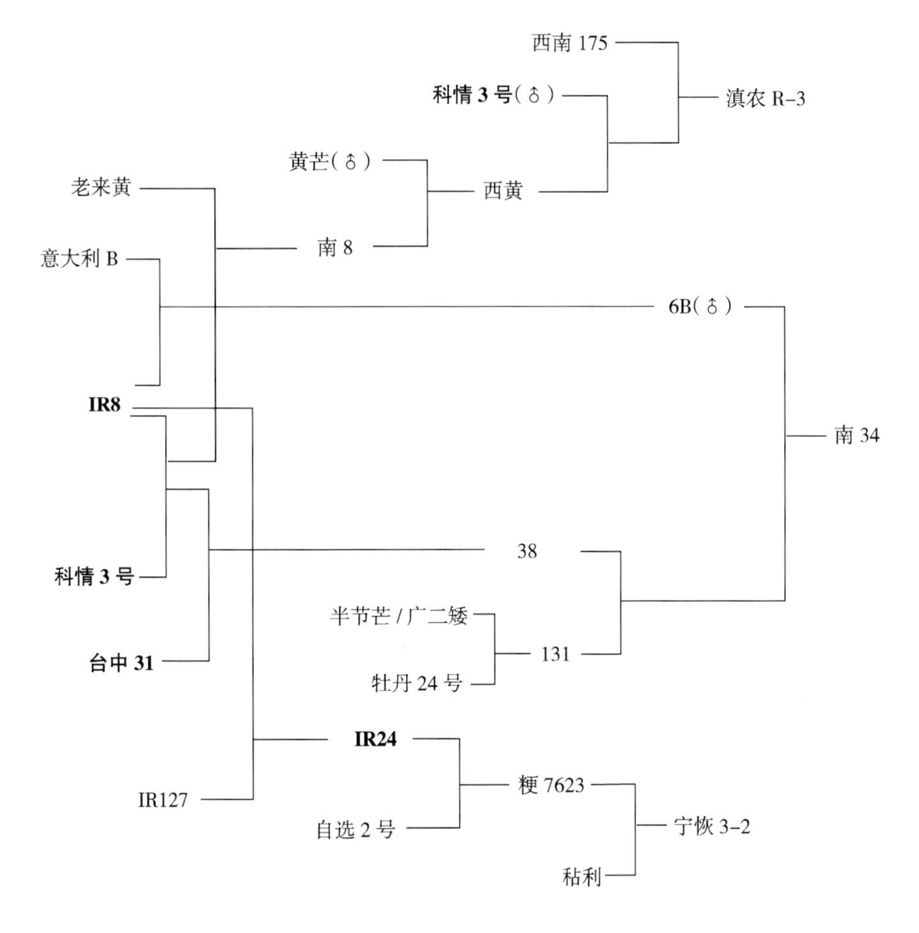

图 15-19　IR8 衍生的恢复系系谱

（1）宁恢 3-2

江苏省农业科学院以几内亚的粳型陆稻粘利作母本，选用籼粳杂交后代偏粳型恢复系粳 7623 为父本，杂交培育的中粳恢复系。株高 80cm 左右，株型紧凑，茎秆较粗，叶片较厚而直立，主茎叶 15～16 片，分蘖力中等，单株有效穗 5～6 个，穗颈节间短，每穗粒数 140～150 粒，穗长 20cm，千粒重 21g，产量 5.25t/hm^2 左右。播种至抽穗历期 79～89d，具有较强的感温性。单株花期 11d 左右，单株盛花期集中在见穗后的第 4～8d，单穗花期 8d 左右，抽穗当天即有少量开花，次日达高峰，群体花期 13～14d，日开花高峰时间为11：00～11：30 左右。阴至多云天气为 11：30～12：00。群体花时 3h 左右，花粉量充足。

（2）南 34

云南农业大学稻作研究所选育。株型紧凑，分蘖力弱，矮秆抗倒，主茎叶片数 14～16 叶，5 个伸长节间。单株有效穗 10～12 个，穗长 18.49cm，穗颈长 3.29cm，每穗颖花数 130 粒左右，千粒重 25g。播种至抽穗历期 116d，全生育期 160d。米质优，米粒透明，无心腹白，抗稻瘟病。当天始花在上午 11：15～13：10，盛花在中午 12：30～13：55，花时集中，花粉量充足。

（3）滇农R－3

云南农业大学稻作研究所采用籼、粳及水、旱稻复合杂交，按系谱选育方法，经昆明—宜良—玉溪—海南异地穿梭选育，1995年性状稳定，1996年开始用于测交，1997年定名为滇农R－3。该恢复系分蘖力强，抗寒性好，株高适中，米质好，对滇Ⅰ型不育系具有很好的恢复能力。滇农R－3与榆密15A生育期相近，对光温反应较一致，因此容易做到花期相遇。

三、主要杂交粳稻品种

根据利用的母本不育系类型，杂交粳稻品种可分为BT型细胞质杂交粳稻和滇型杂交粳稻，其中BT型杂交粳稻主要在中国东北稻区、京津冀稻区、黄淮稻区、长江中下游稻区的上海、浙江、江苏、安徽等地种植应用。滇型杂交粳稻主要在云贵稻区、长江中下游稻区的浙江等地种植应用。

1. 滇型杂交粳稻

（1）寻杂29

云南农业大学稻作研究所和寻甸县农业科学研究所用滇寻1号A为母本，以南29为父本组配成的三系法杂交中粳品种（图15－20），1991年通过云南省农作物品种审定委员会审定。全生育期147～176d，株高90cm，穗长17cm，每穗粒数95～120粒，千粒重26g，糙米率84%，精米粒率76%，蛋白质含量8.48%，中抗白叶枯病和稻瘟病，抗旱，抗寒，平均单产9.75t/hm²。适宜在云南省海拔1 400～1 800m山区及中低产地区种植。1991年最大年推广面积0.099万hm²，1990—1991年累计推广面积0.14万hm²。

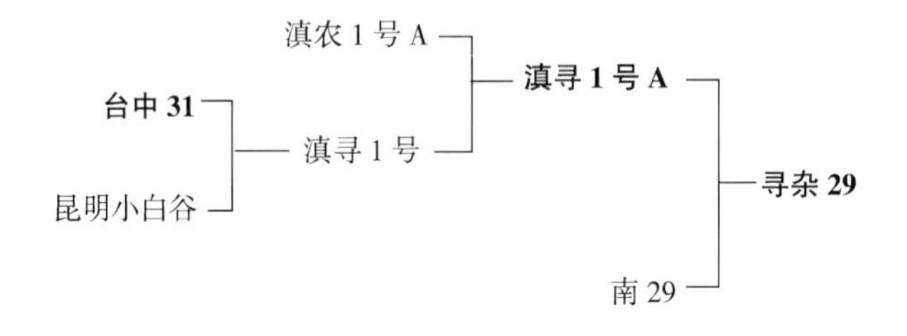

图15－20　寻杂29系谱图

（2）榆杂29

云南农业大学稻作研究所以滇榆1号A为母本，以南29为父本组配成的三系法杂交中粳品种（图15－21），1995年通过云南省农作物品种审定委员会审定。全生育期165～180d，株高80～90cm，穗长18cm，有效穗472万/hm²，每穗实粒数118粒，千粒重25.9g。出糙率83.8%，精米粒率74.7%，整精米粒率59.7%，米粒长4.88mm，宽3.08mm，长宽比为1.58，糊化温度（碱消值）7级，垩白粒率86%，直链淀粉含量20.8%，胶稠度100mm，蛋白质含量5.93%。易感稻瘟病。平均单产12.57t/hm²。适宜在云南省海拔1 280～2 000m地区种植。

（3）滇杂31

云南农业大学稻作研究所以榆密15A为母本，以南34为父本组配成的三系法杂交中粳品种（图15－21），2002年通过云南省品种审定委员会审定。全生育期165～180d，株

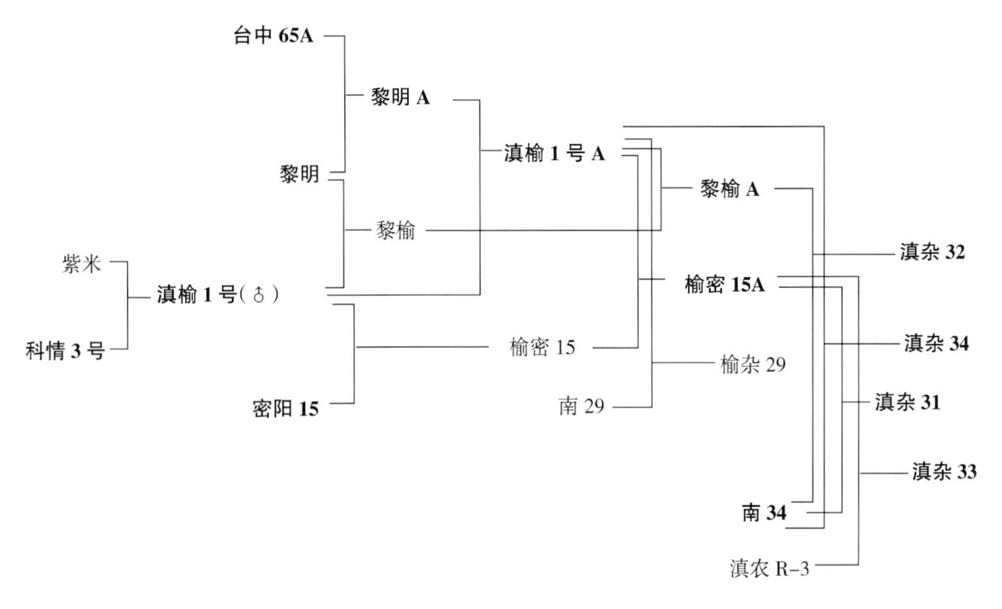

图 15-21　滇杂 31、滇杂 32、滇杂 33、滇杂 34 系谱

高 90～100cm，单株有效穗 8～12 穗，每穗粒数 143～180 粒，千粒重 24～25g。云南省农业科学院植物保护研究所 2002 年鉴定，对全部 8 个接种的稻瘟病菌株均为抗性；田间抗稻苗瘟为 3.8 级。糙米率 84.9%，精米粒率 77.6%，整精米粒率 76.6%，粒长 5.0mm，长宽比 1.7，垩白粒率 34%，垩白度 2.7%，透明度 1 级，糊化温度（碱消值）7.0 级，胶稠度 84mm，直链淀粉含量 17.4%，蛋白质含量 8.8%，2002 年 5 月被评为云南省优质米。2000—2001 年参加云南省杂交粳稻区试，平均单产 10.04t/hm^2。2005 年最大年推广面积 1.74 万 hm^2，2001—2005 年累计推广面积 2.68 万 hm^2。

（4）滇杂 32

云南农业大学稻作研究所以黎榆 A 为母本，以南 34 为父本组配成的三系法杂交中粳品种，2002 年通过云南省农作物品种审定委员会审定。全生育期 160～170d，株高 94～98cm，单株有效穗 10～14 穗，每穗粒数 149.8～190 粒，千粒重 24～25g。云南省农业科学院植物保护研究所 2002 年鉴定，抗 8 个接种稻瘟病菌株中的 6 个，另外两个 Y69 及 88A 有少数幼苗感病；田间抗稻苗瘟 4.1 级。糙米率 84.2%，精米粒率 76.3%，整精米粒率 70.1%，粒长 5.0mm，长宽比 1.7，垩白粒率 21%，垩白度 1.5%，透明度 1 级，糊化温度（碱消值）7.0 级，胶稠度 78mm，直链淀粉含量 17.8%，蛋白质含量 9.0%，2002 年 5 月，被评为云南省优质米。2000—2001 年参加云南省杂交粳稻区试，平均单产 9.75t/hm^2。2005 年最大年推广面积 0.31 万 hm^2，2001—2005 年累计推广面积0.717 万 hm^2。

（5）滇杂 33

云南农业大学稻作研究所以榆密 15A 为母本，以滇农 R-3 为父本组配成的三系法杂交中粳品种，2004 年通过云南省品种审定委员会审定。全生育期 165～185d，株高 100～115cm，单株有效穗 9～12 穗，每穗粒数 160～200 粒，千粒重 23.7g 左右。云南省农业科学院农业环境资源研究所鉴定，对接种的 18 个稻瘟病菌株，有 11 个菌株表现为抗病，

7个菌株表现为感病。出糙率 83.5%，整精米粒率 63.0%，垩白粒率 63%，垩白度 12.6%，直链淀粉含量 15.89%，胶稠度 89mm，粒长 4.9mm，长宽比 1.7，米质综合评定为部优二级。2002—2003 年参加云南省杂交粳稻区试，平均单产 10.34t/hm^2，比云光 8 号和合系 39 分别增产 11.78%和 16.83%。2005 年最大年推广面积 70hm^2，2003—2005 年累计推广面积 100hm^2。

（6）滇杂 34

云南省滇型杂交水稻研究中心以滇榆 1 号 A 为母本，以南 34 为父本组配成的三系法杂交粳稻品种，2004 年通过云南省农作物品种审定委员会审定。全生育期 170～180d，株高 100cm，单株有效穗 7～12 穗，穗长 18.6～22.1cm，每穗实粒数 140 粒，千粒重 24g，直链淀粉含量 16.26%，胶稠度 93mm，粒长 4.9mm，长宽比 1.8，糙米率 83.3%，垩白粒率 29%，垩白度 4.4%。抗稻瘟病和白叶枯病，耐肥、耐寒，抗倒伏。平均单产 10.42t/hm^2。适宜在云南省海拔 1 800m 以下稻区种植。

（7）甬优 1 号

浙江省宁波市农业科学院以宁 67A 为母本，以 K1722 为父本组配而成的杂交晚粳品种，2000 年通过浙江省农作物品种审定委员会审定。该品种株高 110cm，主茎叶 18 片，根系发达，须根粗壮，发根力强，分蘖扇形，集散适中，株型前期散，后期紧，叶角前期大，后期小，剑叶直立，叶色前期深，后期淡，抽穗后转色佳，叶鞘包节，茎韧秆壮，穗型下弯，着粒均匀，谷粒团圆，谷色黄亮，易脱粒，青秆黄熟。糙米率 83.0%，精米粒率 74.2%，整精米粒率 64.8%，粒长 5.2mm，长宽比 1.6，垩白粒率 69%，垩白度 9.8%，透明度 2 级，糊化温度（碱消值）7.0 级，胶稠度 75mm，直链淀粉含量 18.6%，蛋白质含量 8.6%。抗稻叶瘟 1.6 级，抗穗瘟 2.0 级，抗白叶枯病 5～7 级。1998 年参加品比平均产量 9.0t/hm^2，1999 年续试平均产量 8.7t/hm^2，两年平均产量 8.9t/hm^2。2004 年最大年推广面积5.4 万 hm^2，2000—2005 年累计推广面积 17.7 万 hm^2。

（8）甬优 2 号

浙江省宁波市农业科学院以甬粳 2 号 A 为母本，以 K1722 为父本组配而成的杂交晚粳品种，2001 年通过浙江省农作物品种审定委员会审定。全生育期 134d，分蘖力中等；中抗稻瘟病和白叶枯病；米质较优，整精米粒率、粒长、长宽比、糊化温度（碱消值）、胶稠度和直链淀粉含量 6 项指标达部颁食用优质米一级标准，糙米率、精米粒率和透明度 3 项指标达食用优质米二级标准。1998 年和 1999 年两年浙江省杂交晚粳稻区试平均单产分别为 7.1t/hm^2 和 6.0t/hm^2，比对照秀水 11 增产 12.44%和 6.10%，两年平均单产 6.5t/hm^2。2005 年最大年推广面积 0.3 万 hm^2，2001—2005 年累计推广面积 1.2 万 hm^2。

（9）甬优 3 号

宁波市农业科学院作物研究所和宁波市种子公司以甬粳 2 号 A 为母本，以 K1863 为父本组配而成的杂交晚粳品种，2003 年通过浙江省农作物品种审定委员会和国家农作物品种审定委员会审定。该品种在长江中、下游单季种植全生育期平均 146.4d，比对照秀水 63 迟熟 0.7d。株高 109.4cm，株型适中，长势繁茂，分蘖力较弱，易脱粒，籽粒有芒，熟期转色好。有效穗 272 万/hm^2，穗长 20.1cm，每穗粒数 133.4 粒，结实率 87.2%，千粒重 29.4g。抗稻叶瘟 5 级，抗穗瘟 5 级，穗瘟损失率 10.4%，抗白叶枯病 5

级，抗褐飞虱 9 级。整精米粒率 63.7%，长宽比 2.0，垩白粒率 20%，垩白度 1.9%，胶稠度 67.5mm，直链淀粉含量 17.4%。2001 年参加南方稻区单季晚粳组区域试验，平均产量 8.2t/hm^2，比对照秀水 63 减产 0.76%（不显著）；2002 年续试，平均产量 8.3t/hm^2，比对照秀水 63 减产 3.24%（显著）。2005 年最大年推广面积 1.2 万 hm^2，2002—2005 年累计推广面积 4.8 万 hm^2。

（10）甬优 4 号

浙江省宁波市农业科学院作物研究所和浙江省宁波市种子公司以甬粳 2 号 A 为母本，以 K2001 为父本组配而成的杂交晚粳品种，2003 年通过浙江省农作物品种审定委员会审定。该品种在长江中下游作单季晚稻种植全生育期平均 151.2d，比对照秀水 63 迟熟 2.5d。株高 123.7cm，株型适中，长势繁茂，较易落粒，熟期转色好。有效穗 276 万/hm^2，穗长 22.5cm，每穗粒数 166.0 粒，结实率 84.4%，千粒重 25.9g。抗稻瘟病 7 级，抗白叶枯病 3 级，抗褐飞虱 9 级。整精米粒率 68.1%，长宽比 2.2，垩白粒率 22%，垩白度 3.1%，胶稠度 80mm，直链淀粉含量 15.3%。2002 年参加长江中下游单季晚粳组区域试验，平均产量 9.4t/hm^2，比对照秀水 63 增产 9.76%（极显著）；2003 年续试，平均产量 9.1t/hm^2，比对照秀水 63 增产 14.48%（极显著）；两年区域试验平均产量 9.3t/hm^2，比对照秀水 63 增产 11.92%。2005 年最大年推广面积 0.1 万 hm^2，2003—2005 年累计推广面积 0.3 万 hm^2。

（11）甬优 5 号

浙江省宁波市农业科学院以甬粳 2 号 A 为母本，以 K6926 为父本组配而成的杂交晚粳糯品种，2005 年和 2007 年分别通过浙江省和国家农作物品种审定委员会审定。在长江中下游作单季晚稻种植全生育期平均 151.0d，比对照秀水 63 迟熟 3.4d。茎秆粗壮，叶色浓绿，长势繁茂，有效穗数 252 万/hm^2，株高 116.1cm，穗长 20.9cm，每穗粒数 126.6 粒，结实率 82.2%，千粒重 35.0g。抗性：抗稻瘟病 4.0 级，穗瘟损失率最高 9 级；抗白叶枯病 3 级。整精米粒率 74.2%，长宽比 2.1，胶稠度 100mm，直链淀粉含量 15%。2005 年参加长江中下游单季晚粳组品种区域试验，平均产量 8.3t/hm^2，比对照秀水 63 增产 4.47%（极显著）；2006 年续试，平均产量 8.7t/hm^2，比对照秀水 63 增产 6.90%（极显著）；两年区域试验平均产量 8.5t/hm^2，比对照秀水 63 增产 5.70%。2006 年生产试验，平均产量 8.97t/hm^2，比对照秀水 63 增产 9.79%。2005 年最大年推广面积 0.06 万 hm^2，2003—2005 年累计推广面积 0.1 万 hm^2。

（12）甬优 6 号

浙江省宁波市农业科学院以甬粳 2 号 A 为母本，以 4806 为父本组配而成的杂交晚粳品种，2005 年通过浙江省农作物品种审定委员会审定。株高 135.0cm，穗长 22.7cm，有效穗 186 万/hm^2，每穗粒数 194.7 粒，每穗实粒数 166.4 粒，结实率 85.5%，千粒重 25.5g。作连作晚稻栽培，有效穗 205 万/hm^2，株高 111.9cm，穗长 21.6cm，每穗粒数 209.3 粒，每穗实粒数 163.6 粒，结实率 78.2%，千粒重 24.7g。在浙江作单季栽培全生育期 156.4d，比秀水 63 迟 4.6d。在宁波江东 6 月 6 日播种，9 月 11 日齐穗，11 月 10 日成熟，播种至抽穗历期 98d，全生育期 159d，6 月 24 日播种，9 月 20 日齐穗，11 月 17 日成熟，播种至抽穗历期 88d，全生育期 146d。抗稻叶瘟 1.8 级，抗穗瘟 3 级，最高 5

级，损失率6.3%，抗白叶枯病5级，抗褐稻虱9级。茎秆粗壮、硬韧，叶鞘紧裹节间，田间抗倒性较强。精米粒率73.3%，垩白度14%，透明度1级，糊化温度（碱消值）5.8级，胶稠度74mm，直链淀粉含量15.3%，蛋白质含量10.8%。甬优6号于2002年参加浙江省单季粳稻区试，平均产量8.8t/hm^2，居首位，比对照秀水63增产11.39%；2004年参加温州市单季粳稻区试，平均产量8.6t/hm^2，居第2位，比对照汕优63增产10.22%。2005年最大年推广面积0.78万hm^2，2003—2005年累计推广面积0.8万hm^2。

（13）七优2号

浙江省台州地区农业科学研究所以滇型不育系台2A（76-27A）为母本，以恢复系T806为父本组配而成的杂交粳稻品种，又名台杂2号，1990年通过浙江省农作物品种审定委员会审定。全生育期130d左右，株高85cm，株型紧凑，茎秆粗壮，根系发达，抗倒力强。有效穗270万～300万/hm^2，每穗粒数140粒，结实率85%左右。糙米率82.4%，精米粒率72.3%，直链淀粉含量17.8%，蛋白质含量11.4%，米质中等。中抗稻瘟病和白叶枯病，易感恶苗病和稻曲病。1986年参加浙江省区试，平均产量6.2t/hm^2，比对照增产4.1%，1987年续试平均产量5.7t/hm^2，比对照减产2.4%，两年平均产量6.0t/hm^2。

（14）七优6号

浙江省台州地区农业科学研究所以滇型不育系台2A（76-27A）为母本，以自育恢复系2764（喜峰A/C57//矮粳23）为父本组配而成的杂交粳稻品种，1999年通过浙江省农作物品种审定委员会审定。全生育期130～140d，比秀水48迟熟1～2d，株高87cm左右，株型紧凑，茎秆粗壮，结实率85%以上，千粒重29.9g。对稻瘟病的抗性平均2.9级，对白叶枯病的抗性平均5.1级。糙米率84.0%，精米粒率76.5%，直链淀粉含量20.8%，胶稠度78mm，米质较优。1986—1988年连续三年参加浙江省区试，平均产量分别为6.3t/hm^2、6.1t/hm^2、7.0t/hm^2，分别比对照秀水48增产5.05%、3.6%、10.57%，三年平均产量6.5t/hm^2。

（15）七优7号

浙江省宁波市农业科学研究所以滇型不育系台2A（76-27A）为母本，以自育恢复系K1457（02428/77302）为父本组配而成的杂交晚粳品种，又名76优1457，1996年通过浙江省农作物品种审定委员会审定。作连晚栽培主茎叶13片，全生育期127d左右，株高约90cm，每穗实粒数110粒，结实率85%左右；作单晚栽培主茎叶15～16片，株高约100cm，每穗粒数130粒，每穗实粒数110粒，结实率85%以上。有效穗300万/hm^2，成穗率78%，千粒重27～28g。对稻瘟病的抗性平均2.9级，对白叶枯病的抗性平均5.1级。出糙率82.7%，精米粒率、整精米粒率、粒型、糊化温度（碱消值）和直链淀粉含量达部颁优质米一级标准，糙米率和胶稠度达二级标准。1994年滨海稻区省生产试验平均产量7.0t/hm^2，比对照秀水11增产24.77%，1995年滨海稻区省生产试验平均产量7.4t/hm^2，比对照秀水11增产25.42%，2年平均产量7.2t/hm^2。1996年最大推广面积0.1hm^2。

2. BT型杂交粳稻

（1）丹粳1号

辽宁省丹东市农业科学研究所以不育系早丰A为母本，以恢复系C57-11为父本组配而成的杂交粳稻品种，1987年通过辽宁省农作物品种审定委员会审定，定名为丹粳1号，统一编号为辽粳16。该品种全生育期160d，株高105cm，茎秆粗壮，叶色淡绿，主茎叶16片，穗长20cm，每穗粒数85粒。分蘖力中等，抗稻瘟病和稻曲病，中抗白叶枯病和纹枯病，结实率90%。糙米率82.5%，精米粒率70.3%，整精米粒率61.1%，垩白粒率12.0%，直链淀粉含量17.0%，蛋白质含量7.9%。一般产量7.5t/hm²，高产达9.7t/hm²。该品种曾小面积示范。

（2）辽优3225

辽宁省稻作研究所以辽326A为母本，以C253为父本组配成的杂交早粳品种，1998年通过辽宁省农作物品种审定委员会审定。全生育期163d。株高105cm，株型适中，茎秆粗壮，穗粒重协调，熟期转色好。有效穗310万/hm²，穗长18cm，每穗粒数160粒，千粒重26～27g。抗稻瘟病3级，最高5级；抗白叶枯病1级。糙米率82.4%，精米粒率73.9%，整精米粒率69.3%，粒长5mm，长宽比1.8，透明度2级，糊化温度（碱消值）7.0级，直链淀粉含量17%，蛋白质含量10.7%，胶稠度76mm，垩白粒率45%，垩白度9.7%。1995—1996两年省区试，平均产量8.8t/hm²，比对照辽粳326增产15.4%；1996—1997两年生产试验平均产量10.9t/hm²，比对照增产20.4%。适宜在沈阳以南稻区种植。2001年最大年推广面积0.66万hm²，2001—2005年累计推广面积3.33万hm²。

（3）屉优418

辽宁省稻作研究所以屉锦A为母本，以C418为父本组配成的杂交早粳品种，1998年通过辽宁省农作物品种审定委员会审定。全生育期173d。株高120cm，穗长25～30cm，成熟时穗在叶下。分蘖力适中，茎秆弹性好、基节粗短、抗倒伏力强。散穗型，每穗粒数110～130粒，结实率85%以上，千粒重27～29g。灌浆期较长，活秆成熟。有效穗320万/hm²。抗稻瘟病平均2级，最高3级；抗白叶枯病5级。糙米率82.4%，精米粒率76.2%，整精米粒率72.7%，垩白粒率56%，垩白度10.4%，透明度2级，糊化温度（碱消值）7.0级，胶稠度66mm，直链淀粉含量16.6%，蛋白质含量9.4%。1995—1996年参加辽宁省水稻区域试验，平均产量8.5t/hm²，比对照辽粳326增产11.6%，达显著水平。适宜在沈阳以南稻区种植。2004年最大年推广面积1.33万hm²，1998—2005年累计推广面积10万hm²。

（4）9优418

北方杂交粳稻工程技术中心和江苏省徐淮地区徐州市农业科学研究所以9201A为母本，以C418为父本组配成的杂交中粳品种，2000年通过全国农作物品种审定委员会审定。生育期150～155d，株高120～155cm，有效穗200万/hm²。半散穗型，穗长约25cm，每穗粒数170～190粒，结实率85%左右，千粒重26～27g。抗稻叶瘟0～5级，抗穗颈瘟0级，抗倒伏能力强。糙米率83.2%，精米粒率75.1%，整精米粒率61.1%，垩白粒率21.7%，垩白度6.0%，直链淀粉含量16.5%，胶稠度76mm。1998—1999年连续两年北方稻区区试平均单产9.33t/hm²，比对照豫粳6号增产9.61%。适宜在黄淮海麦茬稻稻区种植。2005年最大年推广面积5万hm²，1999—2005年累计推广面积15万hm²。

（5）辽优 5218

辽宁省稻作研究所以辽 5216A 为母本，以 C418 为父本组配成的杂交早粳品种，2001 年通过辽宁省农作物品种审定委员会审定。生育期 160d，株高 115～120cm。幼苗粗壮，色浓绿，抗寒，秧苗生长发育快；分蘖力较强，有效穗 330 万/hm^2。基部节间较短，成熟时不早衰，转色好。穗长 20～24cm，穗型松散，每穗粒数 152.4 粒，结实率 86.1%，千粒重 27g 左右。经苗期抗瘟性接种鉴定为中抗；田间鉴定对穗颈瘟抗性为高抗。中抗白叶枯病，对纹枯病中抗偏上，无稻曲病。出糙率 82.86%，整精米粒率 54.43%，垩白粒率 25%，垩白度 2.5%，直链淀粉含量 17.0%，胶稠度 61.1mm，粒型长宽比 2.1，米饭质地膨软，食味佳。1998—1999 年辽宁省水稻区域试验中平均产量 9.5t/hm^2，比对照辽粳 454 增产 14.02%，1999—2000 年生产试验平均产量 9.9t/hm^2，比对照辽粳 454 增产 16.5%。适宜在沈阳以南稻区种植。1998 年最大年推广面积 0.66 万 hm^2。

（6）辽优 5

辽宁省稻作研究所以辽盐 28A 为母本，以 C4115 为父本组配而成的杂交早粳品种，2001 年通过辽宁省农作物品种审定委员会审定。生育期 160d 左右，株高 110～115cm，有效穗 330 万/hm^2。半散穗型，穗长约 21cm，每穗粒数 150～180，结实率 80%左右，千粒重 27g 左右。苗期抗稻瘟病接种鉴定，混合菌种测定为 3 级、反应型为中抗；穗颈瘟田间接种表现为 1－R 和 0－HR，田间表现高抗穗颈瘟，抗白叶枯病和纹枯病，中抗稻曲病，抗倒伏能力强。糙米率 82.2%，精米粒率 74.2%。整精米粒率 71.3%，粒长 5.2mm，长宽比 1.8，垩白粒率 60%，垩白度 8.3%，透明度 3 级，糊化温度（碱消值）7.0 级，胶稠度 64mm，直链淀粉含量 15.4%，蛋白质含量 11.2%。1998—1999 年辽优 5 号参加省区域试验杂交粳稻组。1998 年平均产量 14.7t/hm^2，比对照品种辽粳 454 增产 19.5%，居第 1 位。1999 年平均产量 14.2t/hm^2，比对照辽粳 454 增产 11.5%，居第 5 位。两年平均产量 14.5t/hm^2，比对照品种辽粳 454 增产 15.5%。适宜在沈阳以南适宜种植辽粳 294 品种的稻区种植。正在小面积示范推广中。

（7）辽优 3418

辽宁省稻作研究所以辽 326A 为母本，以 C418 为父本组配而成的杂交早粳品种，2001 年通过全国农作物品种审定委员会审定。生育期 160d 左右，株高 105～110cm，有效穗 300 万/hm^2。半散穗型，穗长约 20cm，每穗粒数 150 粒，结实率 81.8%左右，千粒重 26.4g 左右。田间表现高抗稻穗颈瘟，抗白叶枯病和纹枯病，中抗稻曲病，抗倒伏能力强。整精米粒率 74%，垩白粒率 73%，垩白度 15.3%，直链淀粉含量 16.9%，胶稠度 79mm。1998—1999 年参加北方稻区国家区试，两年平均产量 9.3t/hm^2，比对照中丹 2 号增产 17.3%，2000 年生产试验平均产量 8.5t/hm^2，比对照中丹 2 号增产 19.6%。适宜在沈阳以南及北京、天津、河北、新疆等稻区种植。2004 年最大年推广面积 0.066 万 hm^2，2001—2005 年累计推广面积 0.33 万 hm^2。

（8）辽优 4418

辽宁省稻作研究所以秀岭 A 为母本，以 C418 为父本组配而成的杂交早粳品种，2001 年通过全国农作物品种审定委员会审定。生育期 156d 左右，株高 113～120cm，有效穗 360 万/hm^2。散穗型，穗长约 25cm，每穗粒数 125，结实率 90%左右，千粒重 28g 左右。

田间表现中抗—感穗颈瘟，抗稻曲病，抗倒伏能力中等。精米粒率76.6%，整精米粒率70%，垩白粒率86%，垩白度11.2%，直链淀粉含量16.9%，胶稠度77mm。1994—1995年北方杂粳区试平均产量7.5t/hm^2，比对照黎优57及辽粳326增产18.4%。1999年参加全国北方水稻品种区试平均产量10.8t/hm^2，较对照秋光增产15.4%。1998—1999年区试平均产量10.2t/hm^2，较对照秋光增产7.4%。适宜在辽宁、新疆、宁夏一季稻种植及北京、天津、河北等麦茬稻区种植。正在示范推广中。

（9）辽优1518

辽宁省稻作研究所以辽151A为母本，以C418为父本组配而成的杂交早粳品种，2002年通过辽宁省农作物品种审定委员会审定。生育期160d，株高110～115cm。幼苗粗壮，色浓绿，抗寒，秧苗生长发育快；分蘖力较强，有效穗360万/hm^2。基部节间较短，成熟时不早衰，转色好。穗长18cm，穗型半松散，每穗粒数155粒，结实率87%，千粒重27g左右。苗期稻瘟病接种鉴定，混合菌种测定表现病级为3级、反应型为中抗；田间表现抗穗颈瘟。高抗白叶枯病和纹枯病，中抗稻曲病，抗倒伏能力强。出糙率83.2%，精米粒率74.6%．整精米粒率69.5%，垩白粒率15%，垩白度1.0%，直链淀粉含量17.9%，胶稠度86mm，长宽比1.7，米饭质地松软、食味佳。2000年辽宁省杂交粳稻区域试验，平均产量10.02t/hm^2，比对照种辽粳454增产20.6%；2001年省区试复试，平均产量9.9t/hm^2，比对照种辽粳454增产15.2%。两年平均产量10t/hm^2，比对照增产18.1%。适宜在沈阳以南稻区种植。2004年最大年推广面积0.66万hm^2，2002—2005年累计推广面积3.33万hm^2。

（10）辽优0201

辽宁省稻作研究所以秀岭A为母本，以C4111为父本组配而成的杂交早粳品种，2002年通过辽宁省农作物品种审定委员会审定。生育期156d，株高115cm。秧苗生长发育快；分蘖力较强，有效穗360万/hm^2。基部节间较短，成熟时不早衰，转色好。穗长约25cm，为散穗型，在群体条件下平均每穗粒数130～150粒，结实率85%～90%，千粒重26g左右。米质特优、适口性好。经苗期稻瘟病接种鉴定，混合菌种测定表现病级为3级、反应型为中抗；对穗颈瘟田间接种和鉴定结果表现抗穗颈瘟。高抗白叶枯病和纹枯病，抗稻曲病，抗倒伏能力强。糙米率83.4%，精米粒率75.7%，整精米粒率72.3%，长宽比2.0，垩白粒率6%，垩白度0.7%，胶稠度71mm，直链淀粉含量17.9%，米质优。2000—2001年辽宁省区试平均产量9.4t/hm^2，比对照辽粳454增产11.5%，2001年省生产试验平均产量9t/hm^2，比对照辽粳454增产10.3%。适宜在沈阳以北适宜种植秋光品种的稻区种植。2004年该品种最大年推广面积0.33万hm^2，2002—2005年累计推广面积1.33万hm^2。

（11）辽优3015

辽宁省稻作研究所以辽30A为母本，以C4115为父本组配而成的杂交早粳品种，2003年通过辽宁省农作物品种审定委员会审定。全生育期160d左右，株高110～115cm，有效穗330万/hm^2。半散穗型，穗长约21cm，每穗粒数150～180粒，结实率80%左右，千粒重27g左右。苗期稻瘟病接种鉴定，混合菌种测定表现病级为3级、反应型为中抗；穗颈瘟田间接种和鉴定结果分别表现为1-R和0-HR，田间表现高抗穗颈瘟，抗白叶枯病和纹枯病，中抗稻曲病，抗倒伏能力强。出糙米率83%，整精米粒率70.6%，垩白粒率43%，垩白度7.75%，直链淀粉含量16%，胶稠度77mm，长宽比1.85，不完善粒1.8%。2001年辽宁省杂交粳稻区域试验，平均产量9.7t/hm^2，比对照辽粳454产量8.5t/hm^2，增产13.2%；2002年省区试复试，平均产量10.1t/hm^2，比对照种辽粳294增产17.5%。两年平均产量9.9t/hm^2，比对照增产15.4%。适宜在沈阳以南适宜种植辽粳294品种的稻区种植。2004年最大年推广面积0.066万hm^2，2003—2005年累计推广面积0.33万hm^2。

（12）辽优1052

辽宁省稻作研究所以辽105A为母本，以C52为父本组配而成的杂交早粳品种，2005年通过辽宁省农作物品种审定委员会审定。全生育期158d，株高109cm。秧苗生长发育快，分蘖力中等，有效穗330万/hm^2，基部节间较短，成熟时不早衰，转色较好，穗长约25cm，为直立穗型，每穗粒数130～150粒，结实率85%～90%，千粒重24g。苗期对稻瘟病的抗性表现为中抗，田间表现抗穗颈瘟，抗白叶枯病、纹枯病，易感稻曲病，抗倒伏能力和抗旱性强。整精米粒率70.7%，直链淀粉含量17.29%。垩白粒率为26%，垩白度1.8%，胶稠度66mm，米质优、适口性好，米带香味。平均单产9t/hm^2。适宜在沈阳以南适宜种植辽粳294品种的稻区种植。2005年最大年推广面积0.66万hm^2。

（13）辽优3072

辽宁省稻作研究所以辽30A为母本，以C272为父本组配而成的杂交早粳品种，2005年通过辽宁省农作物品种审定委员会审定。全生育期160d，株高116cm。幼苗粗壮，叶色浅绿，抗寒性强，分蘖力中等，有效穗330万/hm^2，基部节间较短，成熟时不早衰，转色较好，穗长约20cm，为半散穗型，每穗粒数156粒，结实率90%，千粒重26～27g。苗期对稻瘟病的抗性表现为中抗，田间表现抗穗颈瘟，抗白叶枯病、纹枯病，抗倒伏能力和抗旱性强。出糙率82.5%，整精米粒率72.4%，垩白粒率23%，垩白度2.0%，直链淀粉含量16.8%，胶稠度73mm，长宽比1.6。2002年辽宁省杂交粳稻区域试验，平均产量10.1t/hm^2，比对照辽粳294增产17.4%；2003年省区试复试平均产量9.6t/hm^2，比对照种辽粳294增产12.9%，两年平均产量9.9t/hm^2，比对照增产15.18%。适宜在沈阳以南适宜种植辽粳294品种的稻区种植。2004年最大年推广面积0.33万hm^2。

（14）辽优2006

辽宁省稻作研究所以辽20A为母本，以C2106为父本组配而成的杂交早粳品种，2005年通过辽宁省农作物品种审定委员会审定。生育期165d左右，株高115cm，幼苗粗壮、色浓绿，抗寒，成株叶片上冲直立，茎秆粗壮、有弹性，基部节间短，转色好。有效穗360万/hm^2，穗长约30cm，为散穗型，每穗粒数156粒，结实率90.3%，千粒重25g。一般产量在9.75t/hm^2。苗期对稻瘟病的抗性表现为中抗，田间表现高抗穗颈瘟和白叶枯病，无稻曲病，耐寒性强，抗倒伏能力和抗旱性强。糙米率83.1%，精米粒率75.6%，整精米粒率73.0%，垩白粒率14%，垩白度1.1%，透明度1级，糊化温度（碱消值）7.0级，直链淀粉含量17.7%，胶稠度82mm，长宽比2.1，蛋白质含量 8.2%。2003 年参加辽宁省中晚熟组区试，平均产量为 9.56t/hm²，较对照辽粳 294 增产 11.9%。2004 年复试，平均产量为 9.43t/hm²，比对照辽粳 294 增产 6.7%。两年区试平均产量 9.49t/hm²，比对照辽粳 294 增产 9.3%。2004 年参加生产试验，平均产量 9.87t/hm²，比对照辽粳 294 增产 9.96%。适宜在辽宁沿海稻区种植。2004 年最大年推广面积 0.06 万 hm²。

（15）辽优 853

辽宁省稻作研究所以不育系农林 150A 为母本，以恢复系 R853 为父本组配而成的杂交粳稻品种，2005 年通过国家农作物品种审定委员会审定。在辽南、新疆南疆及京、津地区种植全生育期 156.3d，与对照金珠 1 号相当。株高 104.6cm，穗长 18.1cm，每穗粒数 129.8 粒，结实率 84.7%，千粒重 25.8g。抗稻苗瘟 3 级，抗叶瘟 5 级，抗穗颈瘟 5 级。整精米率 65%，垩白粒率 43%，垩白度 6.5%，胶稠度 84mm，直链淀粉含量 15.7%。2002 年参加北方稻区金珠 1 号组区域试验，平均产量 10t/hm²，比对照金珠 1 号增产 6.2%（不显著）；2003 年续试，平均产量 10t/hm²，比对照金珠 1 号增产 8.9%（极显著）；两年区域试验平均产量 10t/hm²，比对照金珠 1 号增产 7.4%。2004 年生产试验平均产量 9.2t/hm²，比对照金珠 1 号增产 9.6%。适宜在辽宁南部、新疆南疆、北京、天津及河北芦台稻区种植。该品种处于小面积示范阶段。

（16）津优 2001

天津市水稻研究所以早花二 A 为母本，以恢复系 773 为父本组配而成的杂交中粳品种，又名津粳杂 5 号，2003 年通过天津市农作物品种审定委员会审定。全生育期 175d，株高 115cm，株型好，半紧穗，有效穗 270 万/hm²，穗长 20.4cm，每穗粒数 160 粒，千粒重 25.4g，无芒，抗稻瘟病平均 3 级（最高 5 级）。整精米粒率 65.2%，长宽比 1.6，垩白粒率 28.5%，垩白度 4.8%，胶稠度 85mm，直链淀粉含量 16.07%。2001 年参加天津市春稻区域试验平均单产 9.8t/hm²，比对照增产 14%，2002 年续试平均单产 9.8t/hm²，两年平均 9.8t/hm²。该品种适于在天津做一季春稻，处于试制种阶段。

（17）津优 2003

天津市水稻研究所以 341A 为母本，以恢复系 773 为父本组配而成的杂交中粳品种，2003 年通过国家农作物品种审定委员会审定。全生育期 175d，株高 115cm，株型好，茎秆粗壮，穗粒重协调，熟期落色好，有效穗 265 万/hm²，穗长 20cm，半紧穗，每穗粒数 208 粒，千粒重 26g，无芒或个别短顶芒，稻瘟病平均中抗，纹枯病轻。糙米率 83.4%，整精米粒率 64.2%，长宽比 1.8，垩白粒率 35%，垩白度 4.8%，胶稠度 86mm，直链淀粉含量 16.5%。2001 年参加国家北方水稻区域试验，平均单产 8.86t/hm²，比对照中作 93 增产 12.7%，2002 年续试，平均单产 9.94t/hm²，比对照中作 93 增产 17.3%，两年平均单产 9.25t/hm²。适于在天津、北京、河北东部及中部做一季春稻，目前处于试制种阶段。

（18）津优 29

津优 29，又名津粳杂 3 号，天津市水稻研究所以早花二 A 为母本，以超优一号为父本组配而成的杂交中粳品种，2001 年和 2003 年以津粳杂 3 号的名称通过天津市和国家农作物品种审定委员会审定。全生育期平均 160d，株高 107cm，株型紧凑，穗粒重协调，熟期落色好，有效穗 389 万/hm^2，穗长 19.4cm，半紧穗，每穗粒数 137 粒，千粒重 24.8g，无芒，抗稻瘟病平均 3 级（最高 5 级）。整精米粒率 70.28%，长宽比 1.8，垩白粒率 16%，垩白度 2.1%，胶稠度 92mm，直链淀粉含量 15.9%。1999 年天津市春稻区试，平均单产 8.5t/hm^2，比对照中作 93 增产 7.3%，2000 年续试平均单产 8.3t/hm^2，比对照中作 93 增产 9.7%，两年平均单产 8.4t/hm^2。适于在天津、北京、河北做一季春稻，目前处于试制种阶段。

（19）津粳杂 2 号

天津市水稻研究所以 3A 为母本，以 C272 为父本组配而成的杂交中粳品种，2001 年通过天津市农作物品种审定委员会审定，2003 年通过国家农作物品种审定委员会审定。全生育期 175d 左右，株高 116cm，主茎叶 18～19 片，株型紧凑，叶片宽厚舒展，叶色浓绿，茎秆粗壮，穗长 22.8cm，每穗粒数 190 粒，结实率 80%左右，千粒重 27g，颖尖秆黄色，无芒或稀顶芒，米白色。糙米率 83.4%，精米粒率 76.5%，整精米粒率 61.5%，粒长 5.1mm，长宽比 1.8，糊化温度（碱消值）7.0 级，蛋白质含量 9.4%，垩白粒率 41%，垩白度 7.2%，透明度 2 级，胶稠度 64mm，直链淀粉含量 18.6%。耐盐碱，感稻曲病，抗稻穗颈瘟、抗叶瘟。1998 年参加天津市春稻区试，平均单产 9.8t/hm^2，比对照津稻 1187 增产 19.8%，达极显著水平，居第 1 位；1999 年续试，平均单产 8.9t/hm^2，比对照津稻 1187 增产 18.6%，比对照中作 93 增产 11.9%，达极显著水平，居第 1 位。该品种适宜在天津、北京、河北做一季春稻种植。2005 年最大年推广面积 1.3 万 hm^2，2000—2005 年累计推广面积 1.5 万 hm^2。

（20）津粳杂 4 号

天津市水稻研究所以 5A 为母本，以 R411 为父本组配而成的杂交中粳品种，2002 年通过天津市农作物品种审定委员会审定。株高 115cm 左右，主茎叶 18～19 片，株型紧凑，叶片宽厚舒展，叶色浓绿，茎秆粗壮，穗长 20cm，每穗粒数 190 粒，结实率 85%，千粒重 26g，无芒或稀顶芒。全生育期 175d 左右。抗稻苗瘟、叶瘟、穗颈瘟。糙米率 85.1%，精米粒率 77.4%，整精米粒率 75.6%，直链淀粉含量 16.3%，垩白粒率 9%，垩白度 1.3%，粒长 4.8cm，长宽比 1.7，透明度 1 级，糊化温度（碱消值）7.0 级，胶稠度 72mm。2000 年春稻区域试验平均单产 9.1t/hm^2，比对照中作 93 增产 20.4%，居第 1 位。2001 年续试平均单产 10.2t/hm^2，比对照中作 93 增产 19.4%，居第 1 位。该品种适宜在天津一季春稻区种植。2005 年最大年推广面积 0.3 万 hm^2，2001—2005 年累计推广 0.5 万 hm^2。

（21）3 优 18

天津市水稻研究所以 3A 为母本，以 C418 为父本组配而成的三系杂交中粳品种，2001 年通过国家农作物品种审定委员会审定，2004 年通过河南省农作物品种审定委员会审定。在黄淮地区做麦茬稻种植，全生育期 150d。株高 115cm，分蘖力中等，株型紧凑挺拔，主茎叶 18～19 片，叶片宽厚上冲，叶色深绿，茎秆粗壮，抗倒伏。穗长 21.3cm，每穗粒数 180 粒，结实率 80%左右，千粒重 26.3g，颖尖秆黄色，稍有顶芒。糙米率 84.2%，精米粒率 75.3%，整精米粒率 62.4%，粒长 5.4mm，长宽比 1.9，垩白粒率 73%，垩白度 12.4%，透明度 2 级，糊化温度（碱消值）6.8 级，胶稠度 78mm，直链淀粉含量 17.0%。中抗稻瘟病。1998 年参加北方稻区豫粳 6 号组区试平均单产 8.7t/hm^2，较对照豫粳 6 号增产 2.0%。1999 年续试平均单产 9.8t/hm^2，较对照豫粳 6 号增产 14.6%，居第一位。两年平均单产 9.2t/hm^2，较对照增产 8.31%。该品种适宜在苏北、鲁南、皖北、豫北、豫南等地做麦茬稻或油茬稻栽培。2005 年最大年推广面积 4.8 万 hm^2，2000—2005 年累计推广面积 10 万 hm^2。

（22）中粳优 1 号

天津市水稻研究所以 6A 为母本，以津恢 1 号为父本组配而成的杂交中粳品种，2005 年通过国家农作物品种审定委员会审定。在京、津、唐地区种植全生育期 175.2d，与对照中作 93 相当。株高 103.9cm，穗长 19.4cm，每穗粒数 172.4 粒，结实率 83.3%，千粒重 26.4g。出糙率 82.5%，精米粒率 70.3%，整精米粒率 65.6%，垩白粒率 18%，垩白度 3.1%，直链淀粉含量 16.65%，胶稠度 84mm，粒长 5.0mm，长宽比 1.8，透明度 1 级，糊化温度（碱消值）7 级。抗稻瘟病。2003 年参加北方稻区京津唐组区试，平均单产 9.1t/hm^2，比对照中作 93 增产 11.7%，居第一位。2004 年续试平均单产 9.9t/hm^2，较对照中作 93 增产 8.8%，达极显著水平，居第一位。两年平均 9.5t/hm^2，较对照中作 93 增产 10.2%。2005 年最大年推广面积 0.2 万 hm^2，2003—2005 年累计推广面积 0.5 万 hm^2。

（23）10 优 18

天津市水稻研究所以 10A 为母本，以自育恢复系 R148 为父本组配而成的杂交中粳品种，2004 年通过国家农作物品种审定委员会审定。在苏北、鲁南、皖北、河南沿黄稻区及陕西关中地区做麦茬稻种植，全生育期 154d 左右；在京、津、唐地区做一季春稻种植，全生育期 176.9d。株高 115cm 左右，每穗粒数 180 粒，结实率 84.5%，千粒重 26.8g。稻瘟病 3 级。出糙率 83%，整精米粒率 69%，垩白粒率 38.5%，垩白度 5.3%，直链淀粉含量 15.8%，胶稠度 93mm，粒长 5.2mm，长宽比 1.9。抗稻瘟病，抗条纹叶枯病，抗白叶枯病。2001 年参加北方稻区豫粳 6 号组区试，平均单产 9.7t/hm^2，比对照豫粳 6 号增产 5.3%，居第一位。2002 年续试平均单产 9.4t/hm^2，较对照豫粳 6 号增产 3.2%，两年平均单产 9.6t/hm^2。该品种适宜在鲁南、江苏淮北、安徽淮北、河南沿黄稻区及陕西关中稻区及河北、北京、天津稻区种植。2005 年最大年推广面积 0.01 万 hm^2，2003—2005 年累计推广面积 0.04 万 hm^2。

（24）京优 6 号

北京市农林科学院作物研究所以中作 59A 为母本，以津 1244－2 为父本组配而成的杂交早粳品种，1993 年通过北京市农作物品种审定委员会审定。在北京平原地区做麦茬稻全生育期 133d，株高 100cm，植株粗壮，有效穗 301.5 万/hm^2，穗长 21.3cm，每穗粒数 114.8 粒，结实率 87.3%，千粒重 28.1g。糙米率 83.1%，精米粒率 75.4%，整精米粒率 67.0%，垩白粒率 15.3%，垩白度 3.5%，粒长 5.14mm，长宽比 1.7，直链淀粉含量 16.7%，蛋白质含量 8.37%，胶稠度 84mm，糊化温度（碱消值）6.9 级。中抗稻瘟病（在北京、宁夏以外地区为感病）、白叶枯病和白背飞虱。1990—1992 年麦茬稻区试平均单产 7.05t/hm^2。在宁夏全生育期 150～155d，株高 85cm，有效穗 600 万/hm^2，每穗粒数 80 粒，千粒重 27g。适宜在京津平原地区做麦茬稻或一季旱种，在北京山区、宁夏等地做一季稻种植，1997 年最大年推广面积为 0.17 万 hm^2，1992—2001 年累计推广面积 0.95 万 hm^2。

（25）秋优 62

北京市农林科学院作物研究所以秋光A为母本，以C9162为父本组配而成的杂交早粳品种，1997年北京市农作物品种审定委员会审定。在北京平原稻区做麦茬稻全生育期138d，株高100cm，株型适中，有效穗296万/hm^2，穗长19.8cm，每穗粒数120.5粒，结实率83.7%，千粒重26.7g，中抗稻瘟病和条纹叶枯病。对光温反应不敏感，后期耐低温，落黄好。糙米率84.34%，精米粒率76.63%，整精米粒率74.02%，长宽比1.7，垩白粒率9.5%，垩白度0.8%，透明度2级，糊化温度（碱消值）7级，胶稠度95mm，直链淀粉含量17.99%，蛋白质含量8.6%。1994—1996年北京麦茬稻区试平均单产6.75t/hm^2。适宜北京平原做麦茬稻或一季旱种栽培。1999年最大年推广面积0.02万hm^2，1997—1999年累计推广面积0.03万hm^2。

（26）京优15

北京农业生物技术研究中心以中作59A为母本，以Y772为父本组配而成的香粳型杂交早粳品种，2003年通过北京市农作物品种审定委员会审定。在京津地区做中稻或麦茬稻种植，全生育期150d，株高100cm，株型适中，熟期转色好。有效穗322.5万/hm^2，穗长21.2cm，每穗粒数125粒，结实率85.2%，千粒重24.1g，中抗稻瘟病和条纹叶枯病。糙米率83.1%，精米粒率74.8%，整精米粒率72.3%，粒长4.6mm，长宽比1.6，垩白粒率20%，垩白度3.0%，透明度1级，糊化温度（碱消值）7级，直链淀粉含量16.7%，胶稠度85mm。天津麦茬稻区试平均单产9.27t/hm^2，目前处于试制种和示范阶段。

（27）京优14

北京农业生物技术研究中心以中作59A为母本，以津1229为父本组配而成的杂交早粳品种，2003年和2004年分别由宁夏回族自治区和国家农作物品种审定委员会审定。在京津平原稻区做麦茬稻或迟插中稻全生育期140～150d，在辽宁等地一季稻全生育期155～165d，对光温反应不敏感，为穗数、粒数、粒重协调的中间型品种。有效穗441万/hm^2，穗长20.5cm，每穗粒数116.4粒，结实率88.9%，千粒重26.8g，中感稻瘟病，中抗条纹叶枯病，抗旱性较强，后期耐低温、落黄好。整精米粒率68.0%，垩白粒率34%，垩白度4.8%，直链淀粉含量16.0%，胶稠度90mm。2002年参加北方稻区金珠1号组区域试验，平均产量10.9t/hm^2，比对照金珠1号增产15.7%（极显著）；2003年续试，平均产量10.0t/hm^2，比对照金珠1号增产14.4%（极显著）；两年区域试验平均产量10.7t/hm^2，比对照金珠1号增产15.1%。宁夏区试平均单产12.7t/hm^2。适宜在京津唐平原地区做中稻或麦茬稻栽培，在辽宁中南部、河北承德、宁夏银川以南、新疆天山以南等地做一季稻种植。2002年以来在北京房山，宁夏吴忠、中宁等地试种示范0.01万hm^2。

（28）京优13

北京农业生物技术研究中心以中作59A为母本，以陆恢3号为父本组配而成的杂交早粳品种，2005年通过国家农作物品种审定委员会审定。全生育期151d，株高99.7cm，属散穗型，分蘖力偏弱，有效穗303.8万/hm^2，穗长20.5cm，每穗粒数104.6粒，结实率82.8%，千粒重27.3g，中感稻瘟病，中抗条纹叶枯病和白背飞虱。整精米粒率63.1%，垩白粒率19.0%，垩白度2.2%，胶稠度77mm，直链淀粉含量17.0%。区试平均单产 6.1t/hm²，在北京中稻、麦茬稻鉴定品比中比相应的金珠 1 号、中作 37 增产 10%以上。2003 年以来在北京延庆、房山水田示范 0.008 万 hm²。

（29）泗优 422

江苏省农业科学院粮食作物研究所以泗稻 8 号 A 为母本，以轮回 422 为父本组配而成的杂交晚粳品种，1993 年通过江苏省农作物品种审定委员会审定。全生育期 160d，株高 105～110cm，株型前期较松散，中后期则表现较紧凑，叶片上举，叶色较淡，分蘖力中等，穗大粒多，生长较清秀，后期转色好。有效穗 285 万/hm²，每穗粒数 180 粒，千粒重 26g。中抗白叶枯病。出糙率 85%，精米粒率 73.26%，精整米粒率 68.32%，垩白面积 8.0，长宽比 1.91，胶稠度 120mm，直链淀粉含量 18.2%。1991—1992 年江苏省杂交晚粳区试，两年平均产量 9.2t/hm²，比对照武育粳 7 号和秀水 04 分别增产 8.2%和 9.6%。在南方稻区杂交粳稻（单季组）区试中，两年平均产量 8.0t/hm²，比对照秀水 04 增产 12.3%。平均单产 9.2t/hm²。适宜江苏省太湖地区中上等肥力条件下种植。1999 年最大年推广面积 0.37 万 hm²，1995—2004 年累计推广面积 1.07 万 hm²。

（30）86 优 8 号

江苏省农业科学院粮食作物研究所以 863A 为母本，以宁恢 8 号为父本组配而成的杂交晚粳品种，2000 年通过江苏省农作物品种审定委员会审定。全生育期 160d，株高 110cm，生长较繁茂，分蘖力中等偏弱，叶片较长，抗倒性较强。有效穗 255 万/hm²，每穗粒数 160 粒，千粒重 25g。接种鉴定为高抗稻瘟病、抗白叶枯病，抗倒性较强。糙米率 83.4%，精米粒率 75.9%，整精米粒率 74.8%，粒长 5.1mm，长宽比 1.7，透明度 1 级，碱消值 7.0 级，胶稠度 76mm，直链淀粉含量 17.9%，蛋白质含量 8.2%，垩白度 2.4%，垩白粒率 16%。1997—1998 年参加江苏省区域试验，平均单产 9.2t/hm²。适宜江苏省太湖地区北部中上等肥力条件下种植。2005 年最大年推广面积 1.5 万 hm²，2001—2005 年累计推广面积 5.3 万 hm²。

（31）苏优 22

江苏中江种业以武运粳 7 号 A 为母本，以 R16189 为父本组配而成的杂交晚粳品种，2005 年通过江苏省农作物品种审定委员会审定。全生育期 162d，株高 105cm，株型较紧凑，生长整齐，分蘖力较高，成穗率适中，长势繁茂，叶片挺，抗倒性强。有效穗 255 万/hm²，每穗粒数 160 粒，千粒重 26g。长宽比 1.6，垩白粒率 15.3%，垩白度 2%，透明度 2 级，直链淀粉含量 17.8%，碱消值 7 级，胶稠度 76.3mm。中抗穗颈瘟。2003—2004 年参加江苏省区试，两年平均单产 9.0t/hm²，较对照 86 优 8 号增产 9.7%。适宜江苏省苏南地区中上等肥力条件下种植，目前处于小面积示范阶段。

（32）九优 138

江苏省农业科学院徐淮地区徐州市农业科学研究所以 9201A 为母本，以 N138 为父本组配成的杂交中粳品种，1996 年通过江苏省农作物品种审定委员会审定。全生育期平均 149d。株高 110cm，株型松散适中，茎秆富有弹性，叶色较深，繁茂性较好，分蘖性较强，穗大粒多，熟相较好。有效穗 285 万/hm²，每穗粒数 160 粒，千粒重 25.5g。糙米率 82.6%，精米粒率 73.7%，垩白粒率 6.6%，垩白度 2.3%，直链淀粉含量 16.6%，胶稠度 72mm，蛋白质含量 10.1%。中抗白叶枯病。1994 年江苏省杂交中粳区试平均产量

9.18t/hm²，比对照增产6.58%，居第一；1995年江苏省区试平均产量8.69t/hm²，比对照增产12.7%，两年平均产量8.94t/hm²，居首位，比对照增产9.5%。适宜江苏省淮北地区中上等肥力条件下种植。1999年最大年推广面积4万hm²，1996—2003年累计推广面积17万hm²。

（33）徐优3-2

江苏省农业科学院徐淮地区徐州市农业科学研究所以徐稻2号A为母本，以宁恢3-2为父本组配成的杂交中粳品种，1993年通过江苏省农作物品种审定委员会审定。该品种全生育期152d，株高95cm，株型较紧凑，茎秆粗壮，叶片厚挺，叶色较深，分蘖力较强，穗大粒多，熟相较好，耐肥抗倒。有效穗300万/hm²，每穗粒数160粒，千粒重25g。中抗白叶枯病。糙米率82.5%，精米粒率73.6%，直链淀粉含量19.71%，外观米质中等，食味较好。1991年江苏省杂粳稻区试，平均产量9.9t/hm²，比盐优57和盐粳2号分别增产1.3%和12.0%，较盐粳2号增产达极显著水平，名列第一。1992年江苏省杂粳区试，平均产量9.0t/hm²，比盐粳2号增产17.9%，达极显著水平。1992年江苏省杂粳生产试验平均产量8.1t/hm²，较盐优57增产4.7%，较汕优63增产0.9%，较泗稻9号增产15.4%，居首位。1991—1992年徐州市生产试验，两年平均产量9.0t/hm²，较盐粳2号增产28.0%，较汕优63增产13.8%，平均单产9.7t/hm²。适宜江苏省淮北和苏中地区中上等肥力条件下种植。1995年最大年推广面积3万hm²，1993—1997年累计推广面积6.5万hm²。

（34）六优3号

江苏省中江种业（省种子站）以六千辛A为母本，以引恢3号（77302-1/C堡）为父本组配而成的杂交中粳品种，1996年通过江苏省农作物品种审定委员会审定。全生育期150d，株高110cm，株型紧凑，剑叶挺举，叶色略深，繁茂性较好，分蘖性较强，穗大粒多，容易脱粒。有效穗292.5万/hm²，每穗粒数170粒，千粒重25.5g。中抗白叶枯病。1994年参加江苏省区试平均产量8.89t/hm²，1995年续试平均产量8.87t/hm²，两年平均单产8.88t/hm²。适宜江苏省苏中、沿江和丘陵地区中上等肥力条件下种植。1999年最大年推广面积3万hm²，1996—2001年累计推广面积8.7万hm²。

（35）泗优9083

江苏省农业科学院徐淮地区淮阴市农业科学研究所以泗稻8号A为母本，以C9083为父本组配而成的杂交中粳品种，1994年通过江苏省农作物品种审定委员会审定。全生育期150d，株高93cm，株型紧凑，茎秆粗壮，剑叶挺拔，叶片宽厚，叶色较深，分蘖力中等，穗大粒多，着粒较密，草盖顶，抗倒性较强。有效穗263万/hm²，每穗粒数175粒，千粒重28g。糙米率81.7%，精米粒率72%，直链淀粉含量18.31%，垩白度18.3%，透明度2级。1993年省杂粳区试平均产量8.8t/hm²，为第1名，比六优1号增产13.24%，比徐优3-2增产10.01%。1993年省杂粳生产试验平均产量9.3t/hm²，为第1名，比六优1号增产11.36%，比徐优3-2增产0.40%，一般单产8.9t/hm²。适宜于淮河两岸中上等肥力条件下种植。1996年最大年推广面积0.67万hm²，1994—1998年累计推广面积1.33万hm²。

（36）泗优418

江苏省农业科学院徐淮地区淮阴市农业科学研究所以泗稻 8 号 A 为母本，以 C418 为父本组配而成的杂交中粳品种，1999 年通过江苏省农作物品种审定委员会审定。全生育期 153d，株高 113cm，生长繁茂，茎秆粗壮有弹性，分蘖性中等偏弱，穗大粒多，后期熟相好，抗倒性强，较难脱粒。有效穗 225 万/hm^2，每穗粒数 190 粒，千粒重 28g。抗稻瘟病、白叶枯病。精米粒率 75.8%，整精米粒率 67.4%，透明度 2 级，垩白度 6.0%，糊化温度（碱消值）6.8 级，直链淀粉含量 15.4%，胶稠度 62mm。1997—1998 年参加江苏省杂交中粳区试，两年平均单产 9.52t/hm^2，比对照武育粳 3 号增产 8.43%，比对照九优 138 增产 8.8%，均达极显著水平。适宜江苏省沿江及苏中地区中上等肥力条件下种植。2001 年最大年推广面积 2.1 万 hm^2，1999—2004 年累计推广面积 4.13 万 hm^2。

（37）泗优 9022

江苏省农业科学院徐淮地区淮阴市农业科学研究所以泗稻 8 号 A 为母本，以 C9022 为父本组配而成的杂交中粳品种，1997 年通过江苏省农作物品种审定委员会审定。全生育期 150d，株高 110cm，株型较紧凑，叶片较宽挺，叶色浓绿，分蘖性较强，繁茂性好，穗大粒多，丰产稳产性较好。有效穗 270 万/hm^2，每穗粒数 180 粒，千粒重 25.5g。精米粒率 76.8%，整精米粒率 71.5%，糊化温度（碱消值）7.0 级，胶稠度 74mm，直链淀粉含量 13.0%，蛋白质含量 11.0%。1995 年参加江苏省杂交中粳区试，平均产量 9.31t/hm^2，居第 1 位，比六优 1 号增产 4.9%，达显著水平；比徐优 3-2 增产 20.71%，达极显著水平。1996 年江苏省杂交中粳区试平均产量 9.89t/hm^2，居第 1 位，比六优 1 号增产 14.75%，比徐优 3-2 增产 17.1%，均达极显著水平。综合两年平均产量 9.60t/hm^2，居第 1 位，比六优 1 号增产 9.75%，比徐优 3-2 增产 17.1%，均达极显著水平。适宜江苏省苏中及淮北地区中上等肥力条件下种植。1999 年最大年推广面积 1.4 万 hm^2，1997—2001 年累计推广面积 2.9 万 hm^2。

（38）泗优 88

扬州大学以泗稻 8 号 A 为母本，以恢 88 为父本组配而成的杂交中粳品种，1998 年通过江苏省农作物品种审定委员会审定。全生育期 153d，株高 100cm，株型紧凑，茎秆粗壮，剑叶挺拔，叶厚色深，分蘖性中等，穗粒结构较协调，熟相好。有效穗 270 万/hm^2，每穗粒数 160 粒，千粒重 28g。中抗白叶枯病、稻瘟病。糙米率 85.8%，整精米粒率 70.7%，长宽比 1.6，垩白粒率 82%，垩白度 3%，透明度 3 级，直链淀粉含量 17.8%，糊化温度（碱消值）6.2 级，胶稠度 86mm。1995—1996 年参加江苏省区试平均单产 9.1t/hm^2，比对照增产 3.71%。适宜江苏省苏中地区中上等肥力条件下种植。2000 年最大年推广面积 1 万 hm^2，1997—2002 年累计推广面积 3.3 万 hm^2。

（39）泗优 523

江苏省农业科学院里下河地区农业科学研究所以泗稻 8 号 A 为母本，以 R523 为父本组配而成的杂交中粳品种，1999 年通过江苏省农作物品种审定委员会审定。全生育期 150d，株高 100cm，株型紧凑，分蘖性中等，叶片短挺，穗型中等偏大，后期熟相好，落粒性中等，抗倒性强。有效穗 270 万/hm^2，每穗粒数 150 粒，千粒重 28g。抗白叶枯病、抗稻瘟病。垩白粒率 32%，垩白度 2%，透明度 2 级，直链淀粉含量 17.9%，糊化温度（碱消值）7 级，胶稠度 78mm。1997 年参加江苏省杂交中粳区试，平均单产

9.1t/hm²，1998 年续试平均单产 9.3t/hm²，两年平均单产 9.2t/hm²。适宜江苏省苏中及淮北地区中上等肥力条件下种植。

（40）8 优 682

江苏省农业科学院徐淮地区徐州市农业科学研究所以 8908A 为母本，以 R37682 为父本组配而成的杂交中粳品种，2000 年通过江苏省农作物品种审定委员会审定。全生育期 148d，株高 110cm，生长繁茂，分蘖力较强，抗倒性强。有效穗 247.5 万/hm²，每穗粒数 190 粒，千粒重 23g。抗白叶枯病。糙米率 83.3%，精米粒率 74.6%，整精米粒率 58.8%，长宽比 1.9，垩白粒率 88%，垩白度 19.5%，透明度 3 级，糊化温度（碱消值）6.8 级，胶稠度 82mm，直链淀粉含量 14.7%，蛋白质含量 10.5%。1997—1998 年江苏省杂粳区域试验两年 12 点次平均产量 9.4t/hm²，比对照九优 138 和对照武育粳 3 号分别增产 7.07%和 6.70%，均达显著水平，名列第二。1999 年江苏省生产试验平均单产 9.8t/hm²，比对照九优 138 平均增产 10.99%，居第一位。适宜江苏省淮北、苏中地区中上等肥力条件下种植。2003 年最大年推广面积 3.5 万 hm²，2001—2005 年累计推广面积 12 万 hm²。

（41）泗优 12 号

江苏省中江种业以泗稻 8 号 A 为母本，以 Z12 为父本组配而成的杂交中粳品种，2001 年通过江苏省农作物品种审定委员会审定。全生育期 148d，株高 105cm，分蘖力中等，株型集散适中，生长清秀，成穗率中等，穗型大，千粒重中等，抗倒性一般。有效穗 255 万/hm²，每穗粒数 150 粒，千粒重 26g。中抗白叶枯病、抗稻瘟病。长宽比 1.7，垩白粒率 86%，垩白度 3%，透明度 3 级，直链淀粉含量 14%，胶稠度 66mm。1999—2000 年参加江苏省区试平均单产 9.5t/hm²，较对照九优 138 增产 6.99%。适宜江苏省淮北、苏中北部地区中上等肥力条件下种植，目前处于小面积示范阶段。

（42）六优 8 号

江苏省宿迁丰禾水稻研究所和江苏省种子公司以六千辛 A 为母本，以 HP121-8 为父本组配而成的杂交中粳品种，2002 年通过江苏省农作物品种审定委员会审定。全生育期 151d，株高 110cm，分蘖力、成穗率中等，穗型较大，千粒重中等，抗倒性较好。有效穗 255 万/hm²，每穗粒数 180 粒，千粒重 27g。抗稻瘟病，中抗白叶枯病。糙米率 85.1%，精米粒率 75.6%，整精米粒率 62.8%，垩白粒率 80%，垩白度 14.8%，透明度 2 级，糊化温度（碱消值）7.0 级，胶稠度 71mm，直链淀粉含量 14.9%，蛋白质含量 9.2%。1999 年和 2000 年参加江苏省杂交中粳区试，平均产量分别为 9.44t/hm² 和 9.08t/hm²，比对照九优 138 分别增产 7.1%（达极显著水平）和 1.0%（不显著），两年平均产量 9.26t/hm²，比对照九优 138 增产 4.0%。2001 年参加江苏省中粳杂交稻生产试验，产量 9.06t/hm²，较对照增幅 1.51%。适宜江苏省沿淮地区中上等肥力条件下种植。

（43）69 优 8 号

江苏省农业科学院徐淮地区徐州市农业科学研究所以 69A 为母本，以 R11238 为父本组配而成的杂交中粳品种，2002 年通过江苏省农作物品种审定委员会审定。全生育期 150d，株高 114cm，分蘖力中等偏弱，成穗率较高，穗型大，千粒重高，茎秆粗壮，抗倒性强。有效穗 240 万/hm²，每穗粒数 180 粒，千粒重 28g。抗白叶枯病，抗稻瘟病。糙米率 83.5%，精米粒率 78.2%，整精米粒率 75.4%，粒长 5.5mm，长宽比 1.9，垩白粒率

40%，垩白度3.8%，糊化温度（碱消值）7.0级，胶稠度90mm，直链淀粉含量15.2%，蛋白质含量9.1%。1999年江苏省区试平均产量9.61t/hm²，较CK九优138增产9.02%，达极显著水平，居首位。2000年江苏省区试平均产量9.88t/hm²，比对照九优138增产9.93%，极显著。江苏省区试两年平均产量9.74t/hm²，比对照九优138增产9.4%，极显著，位居第一。2000年江苏省生产试验，平均产量9.29t/hm²，比对照九优138增产7.84%。适宜江苏省沿淮及苏中地区中上等肥力条件下种植。2003年最大年推广面积0.8万hm²，2003—2005年累计推广面积3.4万hm²。

（44）盐优1号

江苏省盐都区农业科学研究所以盐粳5号A为母本，以盐恢93005为父本组配而成的杂交中粳品种，2002年通过江苏省农作物品种审定委员会审定。全生育期148d，株高105cm，分蘖力较强，成穗率中等，穗型较大，千粒重偏低，抗倒性一般。有效穗255万/hm²,每穗粒数168粒，千粒重26g。中抗白叶枯、抗稻瘟病。糙米率84.8%，精米粒率76.3%，整精米粒率68.1%，粒长5.3mm，垩白粒率62%，垩白度9.6%，透明度2级，胶稠度74mm，糊化温度（碱消值）5.0级，直链淀粉含量16.5%，蛋白质含量8%。1999年参加江苏省杂交中粳区域试验，平均单产9.51t/hm²，名列第2位；2000年省杂交中粳区域续试，平均单产9.93t/hm²，名列第1位。两年平均单产9.72t/hm²，比对照九优138增产9.2%，达极显著，名列第2位。2000年参加江苏省杂交中粳生产试验平均单产9.20t/hm²，比对照九优138增产7.5%，列第3位。适宜江苏省沿淮及苏中地区中上等肥力条件下种植。2003年最大年推广面积0.1万hm²，2002—2005年累计推广面积1万hm²。

（45）盐优2号

江苏省盐都区农业科学研究所以93538A为母本，以轮回422为父本组配而成的杂交中粳品种，2003年通过江苏省农作物品种审定委员会审定。全生育期157d，株高105cm，株型紧凑，生长繁茂，叶色浓绿，剑叶挺直，草盖顶，穗大粒多，抗倒性强，结实率中等，后期熟相好，落粒性中等。有效穗292.5万/hm²，每穗粒数200粒，千粒重23～24g。抗白叶枯、中抗稻瘟病。糙米率83.5%，精米粒率75.9%，整精米粒率72.0%，垩白粒率34%，垩白度3.2级，胶稠度96mm，透明度2级，糊化温度（碱消值）7.0级，粒长5.0mm，长宽比1.9，直链淀粉含量15.6%，蛋白质含量7.6%。2001年江苏省区域试验，最高产量达13.08t/hm²，平均单产11.36t/hm²，比对照九优138增产13.53%，差异极显著，居第1位；2002年续试，平均单产11.00t/hm²，比对照九优138增产17.8%，差异极显著；2001年和2002年区试平均产量11.17t/hm²，比对照九优138增产15.2%。2002年生产试验平均产量9.23t/hm²，比对照九优138增产17.08%，差异极显著，居第一位。适宜江苏省苏中地区中上等肥力条件种植。2004年最大年推广面积0.1万hm²，2003—2005年累计推广面积1万hm²。

（46）香优18

江苏省宿迁丰禾水稻研究所以爱知香A为母本，以MR18为父本组配而成的杂交中粳品种，2003年通过江苏省农作物品种审定委员会审定。全生育期155d，株高130cm，株型较紧凑，生长繁茂，叶色绿，剑叶略披，穗大粒多，株高偏高，抗倒性一般，落粒性中等，后期熟相一般。有效穗285万/hm²，每穗粒数175粒，千粒重25g，糙米率

82.1%，整精米粒率69.2%，长宽比2.0，胶稠度78mm，直链淀粉含量16.3%，垩白度2.8%，垩白粒率28%。米质达国标三级优质稻谷标准。2001年参加江苏省杂交中粳区试，平均产量10.5t/hm^2，比对照九优138增产4.96%；2002年省区试平均产量10.4t/hm^2，比对照九优138增产10.4%；生产试验较九优138增产6.01%，平均单产10.4t/hm^2。适宜于江苏省苏中及沿淮地区中等肥力条件下种植。

(47) 徐优201

江苏省农业科学院徐淮地区徐州市农业科学研究所以徐9320A为母本，以徐恢201(R37682/C9083)为父本组配而成的杂交中粳品种，2005年通过江苏省农作物品种审定委员会审定。全生育期152d，株高115cm，株型较紧凑，植株繁茂，生长清秀，叶色淡，叶片宽长略披，着粒密，后期熟相好，抗倒性强，落粒性中等。有效穗225万/hm^2，每穗粒数160粒，千粒重25～26g。糙米率84.1%，整精米粒率64.2%，垩白粒率23.0%，垩白度2.1%，胶稠度82.3mm，直链淀粉含量15.7%。2003年参加江苏省杂交中粳区试，平均产量7.87t/hm^2，比对照九优138增产5.72%；2004年江苏省区试平均产量9.87t/hm^2，比对照九优138增产7.15%；两年区试平均产量8.87t/hm^2，比对照九优138增产6.44%，达极显著水平，居第1位。2004年江苏省生产试验平均产量8.88t/hm^2，比对照九优138增产13.94%。适宜于江苏省淮北、苏中北部地区中上等肥力条件下种植。

(48) 常优1号

江苏省农业科学院常熟地区农业科学研究所以武运粳7号A为母本，以R254为父本组配而成的杂交晚粳品种，2002年通过江苏省农作物品种审定委员会审定。全生育期165d，株高120cm，茎秆粗壮，剑叶挺直，直立穗，成穗率中等，较易落粒，抗倒性强。有效穗277.5万/hm^2，每穗粒数170粒，千粒重27g。长宽比1.7，垩白粒率17%，垩白度1%，透明度1级，直链淀粉含量17.1%，糊化温度（碱消值）7级，胶稠度92mm，米质达国标二级优质稻谷标准。抗稻瘟病、白叶枯病。2001年参加南方稻区单季晚粳组区域试验，平均单产8.8t/hm^2，比对照秀水63增产6.16%（极显著）；2002年续试，平均单产9.0t/hm^2，比对照秀水63增产5.46%（极显著），两年平均单产8.9t/hm^2。适宜江苏省太湖地区中上等肥力条件下种植。2004年最大年推广面积1.3万hm^2，2001—2005年累计推广面积4万hm^2。

(49) 常优2号

江苏省农业科学院常熟地区农业科学研究所以武运粳7号A为母本，以C53为父本组配而成的杂交晚粳品种，2005年通过江苏省农作物品种审定委员会审定。全生育期165d，株高110cm，生长较整齐，株型较紧凑，叶色淡绿，叶姿挺，生长清秀，长势繁茂，后期熟相好，落粒性中等，抗倒性强。有效穗255万/hm^2，每穗粒数185.2粒，千粒重26g。长宽比2.2，垩白粒率22.7%，垩白度2%，透明度2级，直链淀粉含量17.3%，糊化温度（碱消值）7级，胶稠度73mm，国标三级优质米。抗稻瘟病、白叶枯病。2004年参加长江中下游单季晚粳组品种区域试验平均单产9.2t/hm^2，比对照秀水63增产11.42%（极显著）；2005年续试平均单产8.3t/hm^2，比对照秀水63增产4.50%（极显著）；两年区域试验平均单产8.8t/hm^2，比对照秀水63增产8.03%。该品种适宜江苏省太湖地区东南部中上等肥力条件下种植。2005 年最大年推广面积 0.03 万 hm^2，2003—2005 年累计推广面积 0.1 万 hm^2。

（50）86 优 242

江苏省农业科学院太湖地区农业科学研究所以 863A 为母本，以 R242 为父本组配而成的杂交晚粳品种，2002 年通过江苏省农作物品种审定委员会审定。全生育期 167d，株高 115cm，分蘖力中等，抗倒性较好，穗型大，结实率和千粒重较低。有效穗 240 万/hm^2，每穗粒数 165 粒，千粒重 25g。对稻瘟病和白叶枯病抗性较好。长宽比 1.9，垩白粒率 30%，垩白度 2%，透明度 2 级，直链淀粉含量 17.4%，糊化温度（碱消值）7 级，胶稠度 88mm。平均单产 8.1t/hm^2。适宜江苏省太湖地区中上等肥力条件下种植。2002 年最大年推广面积 0.1 万 hm^2，2000—2002 年累计推广面积 0.15 万 hm^2。

（51）常优 3 号

江苏省常熟市农业科学研究所以武运粳 7 号 A 为母本，以 R192 为父本组配而成的杂交粳稻品种，2005 年通过国家农作物品种审定委员会审定。在长江中下游稻区作单季晚稻种植全生育期 148.1d，比对照秀水 63 早熟 0.6d。株型适中，剑叶挺直，长势繁茂，熟期转色好，株高 108.2cm，有效穗 282 万/hm^2，穗长 18.6cm，每穗粒数 152.0 粒，结实率 80.2%，千粒重 28.0g。抗稻瘟病 6.1 级，最高 9 级；抗白叶枯病 7 级；抗褐飞虱 9 级。整精米粒率 72.5%，长宽比 1.7，垩白粒率 28%，垩白度 3.5%，胶稠度 76mm，直链淀粉含量 16.1%，米质达到国家《优质稻谷》标准三级。2002 年参加长江中下游单季晚粳组区域试验，平均产量 9.0t/hm^2，比对照秀水 63 增产 5.26%（极显著）；2003 年续试，平均产量 8.6t/hm^2，比对照秀水 63 增产 8.99%（极显著）；两年区域试验平均产量 8.8t/hm^2，比对照秀水 63 增产 6.97%。2004 年生产试验平均产量 9.6t/hm^2，比对照秀水 63 增产 10.34%。适宜在浙江、上海、江苏、湖北、安徽的稻瘟病、白叶枯病轻发的晚粳稻区作单季晚稻种植，目前处于小面积示范阶段。

（52）皖稻 46

安徽省桐城市农业局以 80-4A 为母本，以 T1027 为父本组配而成的杂交晚粳品种，原名 80 优 1027，1997 年通过安徽省农作物品种审定委员会审定。可作双晚栽培，全生育期 130d 左右，分蘖力中等。株高 90～95cm，株型紧凑，茎秆粗壮，叶片稍宽。每穗粒数 110 粒，结实率 85%以上，千粒重 29g，米质中等偏上。中抗稻瘟病和白叶枯病。安徽省两年双季晚粳区域试验和一年双季晚粳生产试验，比对照 70 优 04 增产 5.3%～6.3%。平均单产 7.20t/hm^2。适宜在安徽省沿江江南及江淮之间作双季晚稻或单晚种植。

（53）皖稻 18

安徽省农业科学院水稻研究所以六千辛 A 为母本，以 82022 为父本组配而成的杂交晚粳品种，原名六优 82022，1992 年通过安徽省农作物品种审定委员会审定。作双晚全生育期 130d 左右，株高 100cm 左右，株型松散适中，茎秆坚韧，主茎叶 15～16 片，分蘖力中等，后期熟相好。穗大粒多，每穗粒数 120～130 粒，结实率 75%～80%，千粒重 27g。谷粒椭圆，稃尖浅红色。抗稻瘟病 3 级；抗白叶枯病 3 级。米质优，食味好。糙米率 83.3%，精米粒率 75.3%，整精米粒率 67.6%，长宽比 1.74，垩白粒率 85%，垩白度 9.0%，直链淀粉含量 19.7%，蛋白质含量 9.5%。平均单产 6.3t/hm^2。适宜在安徽省沿江中肥地区作双季晚稻种植。1993 年最大年推广面积 0.17 万 hm^2，1993—1995 年累计推广面积 0.3 万 hm^2。

（54）皖稻 22

安徽省农业科学院水稻研究所以 80-4A 为母本，以皖恢 9 号为父本组配而成的杂交晚粳品种，原名 80 优 9 号，1994 年通过安徽省农作物品种审定委员会审定。作双晚全生育期 130d 左右，株高 95cm 左右，株型松散适中，茎秆坚韧，主茎叶 15～17 片，分蘖力中等，后期熟相好。穗大粒多，每穗粒数 110～120 粒，结实率 75%～80%，千粒重 27g。谷粒椭圆，稃尖浅红色。抗稻瘟病 3 级；抗白叶枯病 3 级。米质优、食味好。糙米率 83.3%，精米粒率 75.3%，整精米粒率 67.6%，长宽比 1.74，垩白粒率 85%，垩白度 9.0%，直链淀粉含量 19.7%，蛋白质含量 9.5%。平均单产 6.3t/hm^2。适宜在安徽省沿江中肥地区作双季晚稻种植。1997 年最大年推广面积 3.46 万 hm^2，1995—2001 年累计推广面积 7.97 万 hm^2。

（55）皖稻 74

安徽省农业科学院水稻研究所以 80-4A 为母本，以皖恢 98 号为父本组配而成的杂交晚粳品种，原名 80 优 98，2003 年通过安徽省农作物品种审定委员会审定。作双晚全生育期 130d 左右，株高 105cm 左右，株型松散适中，茎秆坚韧，主茎叶 15 片，分蘖力中等，后期转色好。穗长 24cm，每穗粒数 160 粒，结实率 75%，千粒重 26g。谷粒椭圆。抗稻瘟病 5 级；抗白叶枯病 3 级。米质优、食味好。糙米率 81.9%，精米粒率 74.8%，整精米粒率 69.3%，粒长 5.4mm，长宽比 1.9，垩白粒率 59%，垩白度 8.3%，透明度 2 级，糊化温度（碱消值）7.0 级，胶稠度 80mm，直链淀粉含量 15.4%，蛋白质含量 7.5%。平均单产 7.50t/hm^2。适宜在安徽省沿江中肥地区作双季晚稻种植。2004 年最大年推广面积 1.1 万 hm^2，2003—2004 年累计推广面积 1.26 万 hm^2。

（56）皖稻 72

安徽省农业科学院水稻研究所以双九 A 为母本，以皖恢 4183 为父本组配而成的杂交晚粳品种，原名双优 4183，2003 年通过安徽省农作物品种审定委员会审定。作双晚全生育期 130d 左右。株高 105cm 左右，株型松散适中，茎秆坚韧，主茎叶 15 片，分蘖力中等，后期转色好。穗长 24cm，每穗粒数 125 粒，结实率 80%，千粒重 24g。谷粒椭圆。抗稻瘟病 3 级，抗白叶枯病 3 级。米质优、食味好。糙米率 84.9%，精米粒率 77.8%，整精米粒率 69.1%，长宽比 2.0，垩白粒率 24%，垩白度 3.6%，透明度 2 级，糊化温度（碱消值）7.0 级，胶稠度 80mm，直链淀粉含量 16.7%，蛋白质含量 11.1%。1997 年参加省双晚区试，平均单产 7.1t/hm^2，比对照鄂宜 105 增产 5.36%，比对照 70 优 04 减产 1.05%，1998 年续试，平均单产 7.7t/hm^2，比对照 D9055 增产 9.03%，比对照 70 优 04 增产 9.50%，2 年区试平均单产 7.4t/hm^2。适宜在安徽省沿江中肥地区作双季晚稻种植。2004 年最大年推广面积 1.67 万 hm^2，2003—2004 年累计推广面积 2.32 万 hm^2。

（57）皖稻 80

安徽省农业科学院水稻研究所以双九 A 为母本，以皖恢 3042 为父本组配而成的杂交晚粳品种，原名双优 3402，2004 年通过安徽省农作物品种审定委员会审定。作双晚全生育期 130d 左右。株高 105cm 左右，株型松散适中，茎秆坚韧，主茎叶 15 片，分蘖力中等，后期转色好。穗长 23cm，每穗粒数 120 粒，结实率 80%，千粒重 25g。谷粒椭圆。

抗稻瘟病3级，抗白叶枯病3级。米质优、食味好。糙米率81.4%，精米粒率73.1%，整精米粒率68.1%，粒长5.4mm，长宽比2.0，垩白粒率24%，垩白度1.8%，透明度1级，糊化温度（碱消值）7.0级，胶稠度84mm，直链淀粉含量16%，蛋白质含量8.0%。2002年参加安徽省双季晚粳组区试，平均单产8.4t/hm^2，2003年续试平均单产7.1t/hm^2，两年平均单产7.7t/hm^2。适宜在安徽省沿江地区作双季晚稻种植。2004年推广面积0.86万hm^2。

（58）皖稻66

安徽省农业科学院水稻研究所、中国种子集团公司和日本三井化学株式会社以23A为母本，以皖恢98（R-18）为父本组配而成的杂交中粳品种，原名Ⅲ优98，2002年和2006年通过安徽省和国家农作物品种审定委员会审定。全生育期148d，株高120cm左右，株型松散适中，茎秆健壮，剑叶上举，分蘖力强，后期熟相好。有效穗337.5万/hm^2，穗长24cm，每穗粒数180粒，结实率85%以上，千粒重25g。谷粒椭圆，有少量顶芒，不易脱粒。抗稻瘟病1级；抗白叶枯病5级。米质优、食味好。糙米率81.8%，精米粒率75.0%，整精米粒率73.6%，垩白粒率20%，垩白度3.8%，糊化温度（碱消值）7.0级，胶稠度82mm，直链淀粉含量16.7%，蛋白质含量8.8%，透明度2级。平均单产9.50t/hm^2。适宜在安徽省沿淮淮北地区作中稻种植。2003年最大年推广面积3.6万hm^2，2002—2004年累计推广7.48万hm^2。

（59）皖稻34

安徽省农业科学院水稻研究所和安徽省种子总公司以80-4A为母本，以HP121为父本组配而成的杂交中粳品种，原名80优121，1996年通过安徽省农作物品种审定委员会审定。全生育期144d，株高105cm左右，株型松散适中，茎秆坚韧，主茎叶16～18片，剑叶内卷挺立。耐肥、抗倒，分蘖力强，成穗率高，后期熟相好。穗大粒多，穗长22cm，每穗粒数180粒，结实率80%以上，千粒重26g。谷粒椭圆，无芒，易脱粒。抗稻瘟病3级；抗白叶枯病3级。米质优、食味好。糙米率85.4%，精米粒率76.4%，整精米粒率74.6%，长宽比1.76，垩白粒率40%，垩白度3.2%，直链淀粉含量14.8%。1993年参加安徽省中粳稻区试，平均单产8.4t/hm^2，1994年续试，平均单产8.3t/hm^2，两年平均单产8.4t/hm^2。适宜在安徽省沿淮淮北地区作中稻种植。2000年最大年推广面积3.9万hm^2，1996—2002年累计推广17.0万hm^2。

（60）皖稻50

安徽省农业科学院水稻研究所以六千辛A为母本，以HP121为父本组配而成的杂交中粳品种，原名六优121，1998年通过安徽省农作物品种审定委员会审定。全生育期144d，株高100cm左右，株型松散适中，茎秆坚韧，主茎叶16～18片，剑叶内卷挺立。耐肥、抗倒，分蘖力强，成穗率高，后期转色好。穗大粒多，穗长21cm，每穗粒数160粒，结实率80%以上，千粒重27g。谷粒椭圆，无芒，易脱粒。抗稻瘟病3级；抗白叶枯病3级。米质优、食味好。糙米率85.0%，精米粒率76.2%，整精米粒率74.8%，长宽比2.0，直链淀粉含量16.3%。1995—1996年参加安徽省中粳稻区试，平均单产7.9t/hm^2。适宜在安徽省沿淮淮北地区作中稻种植。2000年最大年推广面积2.1万hm^2，1998—2003年累计推广面积7.79万hm^2。

(61) 皖稻70

安徽省农业科学院以80-4A为母本，以MR19为父本组配而成的杂交中粳品种，原名金奉19，2003年通过安徽省农作物品种审定委员会审定。全生育期148d，株高120cm左右，株型松散适中，茎秆健壮，剑叶上举，分蘖力强，后期熟相好。有效穗337.5万/hm^2，穗长24cm，每穗粒数180粒，结实率85%以上，千粒重25g，谷粒椭圆。抗稻瘟病3级，抗白叶枯病3级。糙米率81.4%，精米粒率73.4%，整精米粒率64.9%，长宽比1.7，糊化温度（碱消值）7.0级，胶稠度90mm，直链淀粉含量16.7%，蛋白质含量8.2%，透明度2级，垩白度4.2%。2001年参加安徽省水稻区试单产10.41t/hm^2，比对照80优121增产9.6%，达极显著水平，居第1位；2002年参加安徽省水稻区试单产8.66t/hm^2，比对照80优121增产8.27%，居第2位；2002年同步参加安徽省水稻生产试验平均单产8.00t/hm^2，比对照80优121增产8.61%，增产达极显著水平，居参试品种第1位，两年区试平均单产9.03t/hm^2。适宜在安徽省沿淮一季中稻区栽培。2004年最大年推广面积1.01万hm^2，2003—2004年累计推广面积1.43万hm^2。

(62) 寒优湘晴

上海闵行区种子公司以寒丰A（6366A）为母本，以湘晴4144为父本组配而成的杂交中粳品种，1989年通过上海市农作物品种审定委员会审定。全生育期165d，株高105cm。主茎叶18～18.5片，株型松散适中，茎秆粗壮挺拔，叶片淡绿，生长势旺盛，分蘖力较强，后期不早衰，转色好，抗倒且抗稻瘟病。大苗栽培有效穗250万/hm^2，每穗粒数155～160粒，每穗实粒数135～140粒；直播栽培有效穗300万～330万/hm^2，每穗粒数140～145粒，每穗实粒数120～125粒，结实率88%左右，千粒重25g，谷粒卵圆形。糙米率83.1%，精米粒率77.7%，整精米粒率76.2%，米粒长4.9mm，长宽比1.7，垩白粒率15.0%，垩白度3.02%，透明度1级，糊化温度（碱消值）7级，胶稠度68mm，直链淀粉含量17.9%，蛋白质含量8.17%。适宜在上海、浙江、江苏等地种植。1987年参加上海市杂交粳稻区试平均产量8.2t/hm^2，比对照品种秀水04增产5.7%，增产达显著水平。1988年区试平均产量7.9t/hm^2，比秀水04增产3.8%，增产未达显著水平，两年区试平均产量8.1t/hm^2。1988年参加市单季晚稻生产试验，平均产量8.3t/hm^2，比秀水04增产3.3%。2002年最大年推广面积4万hm^2，1989—2005年累积推广面积45万hm^2。

(63) 寒优1027

上海市农业科学院作物研究所以寒丰A为母本，以恢复系T1027为父本组配而成的杂交晚粳品种，1990年通过上海市农作物品种审定委员会审定。感光性较强，全生育期158d左右，比秀水04迟熟3～4d，属中熟晚粳偏晚类型。株高100cm左右，主茎叶17～18片，叶色较深，叶片较挺，茎秆粗壮。分蘖中等，成穗率77%左右，有效穗320万/hm^2，穗型较大，穗长17cm左右，每穗粒数110～120粒，结实率85%左右。谷粒无芒，颖壳、颖尖秆黄色，千粒重27.5g左右。糙米率83.5%，精米粒率75%，整精米粒率72.5%，直链淀粉含量为17.23%，胶稠度78mm，米粒垩白较少而小，透明度较好，食味优于秀水04，抗倒性较强。稻瘟病、纹枯病均重于秀水04，易感稻曲病，制种产量较高。1988年参加上海市杂交粳稻区试平均产量8.3t/hm^2，比对照品种秀水04增产8%。1989年晚粳区试中平均产量8.2t/hm^2，比秀水04增产8.4%。1989年市单季晚稻生产试验平均产量7.6t/hm²，比秀水04增产4%。

（64）8优161

上海市农业科学院作物育种栽培研究所以8204A为母本，以R161为父本组配而成的杂交中粳品种，1994年通过上海市农作物品种审定委员会审定。全生育期160～165d，株高105～115cm。株型紧凑，叶片挺，分蘖力中等偏强，成穗率高。穗大粒多，有效穗300万/hm²，每穗粒数150粒，结实率85%以上，千粒重27g左右。糙米率84.58%，精米粒率77.43%，整精米粒率68.49%，米粒长4.98mm，宽2.91mm，长宽比1.71，垩白粒率24.0%，垩白度6.0%，透明度1级，糊化温度（碱消值）7级，胶稠度87mm，直链淀粉含量17.66%，蛋白质含量9.65%。1994年国家攻关组进行全国统一鉴定，在云南、吉林、广东表现高抗稻瘟病，在湖南、浙江对稻瘟病表现中抗。对白叶枯病抗性平均2.7级，最高5.0级，达到中抗水平。在1991—1993年上海市杂交粳稻区试中，3年都比寒优1027增产，增产幅度为1.7%～11.3%，1993年上海市生产试验平均产量8.35t/hm²，比对照寒优1027增产12.95%，比对照寒优湘晴增产11.1%，3年4组区域试验和生产试验平均产量8.65t/hm²，比对照寒优1027增产8.56%。

（65）申优1号

上海市农业科学院作物育种栽培研究所以8204A为母本，以R161-10为父本组配而成的杂交晚粳品种，2002年通过上海市农作物品种审定委员会审定。全生育期150～155d，株高105～110cm。株型紧凑，叶片挺直，茎秆粗壮，分蘖力中等，成穗率80%左右。穗大粒多，有效穗300万/hm²左右，每穗粒数150～160粒，耐肥抗倒，后期熟相好，青秆黄熟，抗病性强，米质优。灌浆快，结实率85%～90%，千粒重26.5～27.5g。糙米率85.9%，精米粒率78.7%，整精米粒率74.9%，米粒长4.9mm，宽2.7mm，长宽比1.8，垩白粒率26.0%，垩白度2.1%，透明度2级，糊化温度（碱消值）7级，胶稠度71mm。直链淀粉含量16.2%，蛋白质含量9.0%。品质优良，谷壳较薄，适口性好。对稻瘟病抗性中等。米质达国标三级米以上标准。2000年参加上海市区试平均单产8.9t/hm²，比寒优湘晴增产8.77%，增产达极显著水平。2001年同时参加上海市区试和生产试验，区试平均单产8.5t/hm²，比对照寒优湘晴增产2%，两年区试平均单产8.7t/hm²。同年参加市生产试验，平均单产8.6t/hm²，比对照寒优湘晴增产1.5%。适合在上海作单季晚稻种植。

（66）闵优128

上海闵行区种子公司以83A为母本，以R128为父本组配而成的杂交晚粳品种，1998年通过上海市农作物品种审定委员会审定。全生育期155d，株高100～105cm。主茎叶17～18片，株型紧凑，叶色深绿，秆硬叶挺，长宽适中，夹角小，生长势旺盛，分蘖力中强，成穗率75%，后期不早衰，转色好，耐肥抗倒。有效穗255万～270万/hm²，穗长18～20cm，每穗粒数150粒，结实率90%以上，千粒重26g。谷粒卵圆形、饱满、颖尖无色、无芒，谷粒脱落容易，适宜机械化收割。糙米率84%，精米粒率71.5%，整精米粒率68.8%，粒长5mm，长宽比1.7，糊化温度（碱消值）7.0级，蛋白质含量8.4%，透明度2级，直链淀粉含量18.2%，垩白粒率19%，垩白度2.5%，胶稠度60mm，米饭软硬适中，外观品质佳。1996年参加上海市中熟组晚粳区试，平均单产

9.96t/hm^2，比对照寒优湘晴增产5.5%，居参试品种之首，1997年继续参试，平均单产8.97t/hm^2，比对照增产4.2%，居第1位。适宜在上海作单季晚稻种植。1998年最大年推广面积0.7万hm^2。

(67) 申优4号

上海市农业科学院作物育种栽培研究所以申4A为母本，以湘晴4144为父本组配而成的杂交晚粳品种，2003年通过上海市农作物品种审定委员会审定。全生育期155d左右，株高适中，一般105cm左右。有效穗330万/hm^{2}左右，每穗粒数140～150粒，高产田块可达170粒以上。结实率90%以上，千粒重25g。出糙率84.2%，整精米粒率76.0%，垩白粒率16%，垩白度1.2%，胶稠度72mm。直链淀粉含量18.1%，外观透明，食味好，全部品质指标达国家二级优质米标准。经在上海、江苏、浙江三年来多点试种，田间未发现明显稻瘟病，对试种地区的稻瘟病有较强抗性。适合在上海作单季晚稻种植。2005年最大年推广面积0.5万hm^2，2002—2005年累积推广面积0.7万hm^2。

(68) 申优254

上海市农业科学院作物育种栽培研究所以申6A为母本，以申恢254为父本组配而成的杂交晚粳品种，2004年通过上海市农作物品种审定委员会审定。全生育期160～165d，株高100～105cm，有效穗330万/hm^{2}左右，每穗粒数160粒，结实率80%以上，千粒重27g，平均产量9.5t/hm^2。2002—2003年参加上海市区试和生产试验，其中2002年四点平均产量9.5t/hm^2，比寒优湘晴增产7%，增产极显著。2003年四点平均9.3t/hm^2，比对照增产10.7%，增产极显著。2003年同时参加市生产试验，三点平均产量8.3t/hm^2，比对照增产9.8%。两年三组试验平均产量9.0t/hm^2，比对照平均增产9.1%。株型较紧凑，分蘖力、成穗率中等，穗型较大。抗稻瘟病性较强，经上海、江苏、浙江两年来多点试种，田间未发现明显稻瘟病，对该地区稻瘟病有较强抗性。米质达国标3级米以上标准，外观透明，食味好。适合在上海作单季晚稻种植。

(69) 申优693

上海市农业科学院作物育种栽培研究所以申6A为母本，以R693为父本组配而成的杂交晚粳品种，2005年通过上海市农作物品种审定委员会审定。全生育期155d，株高100～105cm。株型紧凑，植株较矮，分蘖力较强，茎秆粗壮，穗型较大，粒重中等。后期熟相清秀，灌浆速度快，移栽和轻型栽培均可。有效穗270万～300万/hm^2，每穗粒数150～160粒，结实率90%左右，千粒重25～26g。糙米率84.5%，精米粒率77.0%，整精米粒率72.8%，垩白粒率16.0%，垩白度2.3%，长宽比1.9，直链淀粉含量14.7%，透明度2级，糊化温度（碱消值）7.0级，胶稠度58mm，蛋白质含量11.1%。经上海、苏州三年试种，田间未发生稻瘟病，对该地区稻瘟病有较强抗性。2004年区试平均产量8.9t/hm^2，与对照品种寒优湘晴持平；2003年区试平均产量9.0t/hm^2，比对照品种寒优湘晴增产6.7%，增产极显著；2004年生试平均产量8.8t/hm^2，比对照品种寒优湘晴增产4.1%。一般产量9.0t/hm^{2}左右，适合在上海作单季晚稻或早茬口双季晚稻种植。2005年最大年推广面积0.3万hm^2，2003—2005年累计推广面积0.5万hm^2。

(70) 浦优801

上海市浦东新区农业技术推广中心以69A为母本，以J60为父本组配而成的杂交晚粳品种，2002 年通过上海市农作物品种审定委员会审定。全生育期 153.3d，株高 96.7cm，株型适中，茎秆粗壮，穗数兼顾类型，后期转色好。有效穗 329 万/hm^2，穗长 16.4cm，每穗粒数 116.8 粒，每穗实粒数 105.2 粒，结实率 90.0%，千粒重 27.0g。在 2000 年市杂交粳稻区试中，浦优 801 平均单产 9.0t/hm^2，比寒优湘晴增产 10.01%，达极显著，位居参试品种之首。2001 年市区试单产 8.5t/hm^2，比对照寒优湘晴增产 3.8%，在生产试验中，单产 8.5t/hm^2，比对照寒优湘晴增产 0.5%，位居参试品种第二位。一般产量 9.4t/hm^2。整精米粒率 71.5%，垩白粒率 25%，垩白度 2.6%，胶稠度 75.0mm，直链淀粉含量 16.1%。品质达国家优质米二级标准，适宜在上海作单季晚粳种植。

（71）八优 8 号

浙江省农业科学院作物与核技术研究所以 8204A 为母本，以 R9525 为父本组配而成的杂交晚粳品种，2004 年通过国家农作物品种审定委员会审定。该品种在长江中下游作单季晚稻种植，全生育期 149.4d，比对照秀水 63 迟熟 3.7d。株高 112.2cm，株型适中，植株较高，剑叶挺直，长势繁茂，整齐度一般，二次灌浆现象较为明显。有效穗 304.5 万/hm^2，穗长 18.2cm，每穗粒数 139.5 粒，结实率 81.8%，千粒重 26g。2001 年参加长江中下游单季晚粳组区域试验，平均产量 8.5t/hm^2，比对照秀水 63 增产 2.96%（显著）；2002 年续试，平均产量 8.7t/hm^2，比对照秀水 63 增产 1.59%（不显著）；两年区域试验平均产量 8.6t/hm^2，比对照秀水 63 增产 2.23%。抗稻瘟病 3 级，抗白叶枯病 5 级，抗褐飞虱 9 级。整精米粒率 70.2%，长宽比 1.8，垩白粒率 31.5%，垩白度 5.2%，胶稠度 59.5mm，直链淀粉含量 19.5%。该品种适宜在浙江、上海、江苏、湖北、安徽作单季晚稻种植。2005 年小面积示范。

（72）秀优 5 号

浙江省嘉兴市农业科学院以秀水 110A 为母本，以 XR69 为父本组配而成的杂交晚粳品种，2005 年通过上海市农作物品种审定委员会审定。全生育期 158d，株高 115cm。株型适中，长势繁茂，茎秆粗壮，剑叶挺直，有效穗 242 万/hm^2，株高 111.3cm，穗长 17.8cm，每穗粒数 171.2 粒，结实率 85.2%，千粒重 26.7g。抗稻瘟病平均 2.9 级，最高 7 级，抗性频率 100%；抗白叶枯病 5 级。整精米粒率 74.0%，长宽比 1.7，垩白粒率 12%，垩白度 0.6%，胶稠度 78mm，直链淀粉含量 17.6%，品质达到国家《优质稻谷》标准二级。2003 年省单季杂交粳稻区试，平均产量 8.3t/hm^2，比对照甬优 3 号增产 8.4%，达显著水平。2004 年区试，平均产量 8.2t/hm^2，比对照秀水 63 和甬优 3 号分别增产 5.7%和 6.0%，均未达显著水平；两年区试平均产量 8.2t/hm^2，比对照甬优 3 号增产 7.2%。2005 年省生产试验平均产量 7.7t/hm^2，比对照秀水 63 增产 4.3%。适宜浙江、上海、江苏省太湖地区东南部中上等肥力条件下种植。2005 年小面积示范。

（73）嘉乐优 2 号

浙江省嘉兴市秀洲区农业科学研究所以 151A 为母本，以 DH32 为父本组配而成的杂交晚粳品种，2005 年通过浙江省农作物品种审定委员会审定。全生育期 161d，株高 101cm，分蘖力强，叶色深绿，株叶挺拔，茎秆粗壮，后期熟相与耐寒性较好，耐肥抗倒力强。有效穗 250.5 万/hm^2，穗长 17.5cm，每穗粒数 184.2 粒，千粒重 26.3g。2002 年嘉兴市单季杂交晚粳区试，平均产量 9.0t/hm^2，比对照秀水 63 增产 8.1%；2003 年续试，平均产量 8.4t/hm^2 比对照秀水 63 增产 6.8%，均达极显著水平，两年区试平均产量 8.7t/hm^2，比对照秀水 63 增产 7.4%。2004 年参加嘉兴市单季杂交晚粳稻生产试验，平均产量 9.5t/hm^2，比对照秀水 63 增产 10.2%。抗稻叶瘟平均 0.9 级，抗穗瘟平均 1.0 级，穗瘟损失率 1.9%；抗白叶枯病平均 4.4 级，抗褐飞虱 9.0 级。糙米率 84.4%，精米粒率 76.2%，整精米粒率 72.5%，粒长 5.2mm，长宽比 1.8，垩白粒率 38%，垩白度 8.8%，透明度 2 级，胶稠度 81mm，直链淀粉含量 17.8%，蛋白质含量 9.5%。适宜在嘉兴及浙江同类生态地区作单季晚稻种植，2005 年小面积示范。

(74) 浙优 9 号

浙江省农业科学院作物研究所、浙江农科种业有限公司和宁波市种子公司等单位联合，以 5016A 为母本，以浙恢 9816 为父本育成的杂交晚粳品种，2005 年通过浙江省农作物品种审定委员会审定。全生育期 154.2d，比对照甬优 1 号长 4.4d，株高 121.3cm，有效穗 250 万/hm^2，每穗实粒数 147.8 粒，结实率 86.0%，千粒重 27.0g。平均抗稻叶瘟 5.8 级，抗穗瘟 6.0 级，穗瘟损失率 13.8%；抗白叶枯病 8.0 级；抗褐飞虱 9.0 级，中感稻瘟病，感白叶枯病和褐稻虱。整精米粒率 63.1%，长宽比 1.7，垩白粒率 78%，垩白度 17.3%，透明度 3.0 级，胶稠度 71.0mm，直链淀粉含量 14.5%。2002 年宁波市单季杂交晚稻区试平均产量 9.2t/hm^2，比对照甬优 1 号增产 12.6%，达极显著水平；2003 年宁波市单季杂交晚稻区试平均产量 8.1t/hm^2，比对照甬优 3 号增产 27.0%，达极显著水平。2004 年宁波市单季杂交晚稻生产试验平均产量 8.6t/hm^2，比对照甬优 1 号增产 5.7%。2005 年小面积示范。

(75) 嘉优 1 号

嘉兴市农业科学院以嘉 60A 为母本，以嘉恢 40 为父本组配而成的杂交晚粳品种，2005 年通过浙江省农作物品种审定委员会审定。全生育期 160d，比对照秀水 63 长 2d。有效穗 231 万/hm^2，每穗粒数 182.7 粒，结实率 86.6%，千粒重 25.7g。平均抗稻叶瘟 1.1 级，抗穗瘟 3.0 级，穗瘟损失率 3.0%；抗白叶枯病 4.8 级；抗褐飞虱 5.0 级。整精米粒率 71.9%，长宽比 1.8，垩白粒率 12.0%，垩白度 3.5%，透明度 1.0 级，胶稠度 82.0mm，直链淀粉含量 17.8%。2002 年嘉兴市单季杂交晚粳区试平均产量 8.7t/hm^2，比对照秀水 63 增产 4.2%；2003 年嘉兴市单季杂交晚粳区试平均产量 8.3t/hm^2，比对照秀水 63 增产 5.8%，均达极显著水平，两年平均产量 8.5t/hm^2，比对照增产 5.0%。适宜在嘉兴及同类生态区作单季晚粳稻种植，2005 年小面积示范。

参 考 文 献

安叙林. 1994. 油—稻—稻吨粮田综合耕作栽培技术 [J]. 安徽农业科学：增刊，22：14-17.

蔡洪法，陈庆根. 1999. 21 世纪的中国稻业，水稻遗传育种国际学术讨论会文集 [M]. 北京：中国农业科技出版社.

常克琪. 1997. 论河南省沿黄稻区水稻增产潜力、途径及关键措施 [J]. 中国稻米 (2)：34-35.

陈进红，郭恒德，毛国娟，等. 2001. 杂交粳稻超高产群体干物质生产及养分吸收利用特点 [J]. 中国水稻科学，15 (4)：271-275.

范树国．1999. 水稻杂种优势利用研究．水稻遗传育种国际学术讨论会文集［M］．北京：中国农业科技出版社．
高永刚，张凌云，姚克敏，等．1998. 我国水稻生育期的生态规律及其区划［J］．南京气象学院学报，21（2）：181－188.
顾耀生，刘康．2001. 提高制种质量，促进杂交粳稻稳定发展［J］．上海农业科技（2）：8－9.
管耀祖，葛常青，赵红英，等．2004. 杂交粳稻与常规粳稻农艺性状比较研究［J］．浙江农业科学（6）：331－332.
华泽田，张忠旭，王岩．2002. 北方超级杂交粳稻育种进展［J］．中国稻米（2）：30－31.
黄开红，朱普平．2000. 稻—草—禽（渔）—水乡生态农业发展之评述［J］．江苏农业学报，16（1）：57－60.
李梅芳，周开达．2001. 水稻生物技术育种［M］．北京：中国农业科技出版社．
李茂稳．1998. 承德山区水稻发展趋向及对策［J］．河北水利水电技术（2）：22－23.
李香顺，姜浩，金石芬．2000. 吉林省水稻育种现状与今后的方向［J］．吉林农业科学，25（5）：33－35.
李清，王继红．2000. “油—瓜—稻”三杂品种配套高效栽培技术［J］．农业科技通讯（1）：28－29.
林世成，闵绍楷．1990. 中国水稻品种及其系谱［M］．上海：上海科学技术出版社．
刘超．1995. 加快淮北地区杂交粳稻发展的几个问题［J］．杂交水稻（1）：2－4.
刘学军，苏京平，马忠友，等．2004. 优质高产杂交粳稻新品种津粳杂 2 号［J］．杂交水稻（3）：74－75.
刘云舰，赵秉军．1994. 滨海稻区水稻旱育稀植栽培氮肥施用技术研究［J］．河北农业科学（3）：22－24.
马忠友，刘学军，孙林静，等．1998. 影响天津杂交粳稻发展的几个主要问题［J］．天津农业科学，4（4）：55－56.
毛振武．1994. 京郊水稻栽培的现状及其发展方向［J］．北京农业科学，12（5）：24－25.
尚德福．2006. 节水灌溉是宁夏引（扬）黄灌区改造的必由之路［J］．宁夏大学学报，21（2）：170－173.
盛承发，宣维健，邵庆春，等．2002. 我国粳稻主产省区比较优势及近期产量趋势分析［J］．农业现代化研究，23（4）：250－253.
孙克新．1999. 江苏省杂交粳稻存在的问题及对策［J］．作物杂志（5）：16－17.
苏京平，刘学军，马忠友，等．2004. 优质高产杂粳新品种津粳杂 4 号［J］．中国稻米（4）：20.
王才林，汤玉庚．1989. 我国杂交粳稻育种的现状与展望［J］．中国农业科学，22（5）：8－13.
王才林．2005. 江苏省水稻育种与生产现状及发展趋势［J］．江苏农业科学（2）：1－6.
王贵学，黄友钦，陈国惠，等．1995. 安徽省再生稻气候生态区区划研究［J］．西南农业大学学报，17（3）：207－211.
王际凤．2003. 贵州山区杂交水稻育种目标、技术路线与实践［J］．杂交水稻，18（1）：13－14.
王伯伦，刘新安，陈健，等．2002. 1949 年以来辽宁省水稻发展形势的分析［J］．沈阳农业大学学报，33（2）：83－86.
吴俊名，谷小平．1996. 贵州高原稻作生态气候分析［J］．贵州气象，20（2）：29－35.
吴跃进，李泽福，童继平．1999. 面向 21 世纪的中国粮食生产与水稻品种改良．国际水稻遗传育种学术讨论会文集［M］．北京：中国农业科技出版社．
吴洪恺，纪凤高．1999. 江苏中粳稻推广现状及发展杂交粳稻的优势［J］．杂交水稻，14（3）：4－5.
熊振民，蔡洪法．1992. 中国水稻［M］．北京：中国农业科技出版社．

杨佩文，王群，张树华，等．2001. 抗稻瘟病基因在粳型杂交稻育种中的利用［J］．云南农业大学学报，16（4）：325－327.

杨国花，陈健根，孙军华，等．2005. 浙江省新选育的杂交粳稻品种筛选研究［J］．上海农业科技（4）：17－18.

杨振玉．1994. 粳型杂交水稻育种的展望［J］．杂交水稻（3－4）：46－49.

杨振玉．1999. 北方杂交粳稻育种研究［M］．北京：中国农业科技出版社．

杨振玉．1998. 北方杂交粳稻发展的思考与展望［J］．作物学报，24（6）：840－846.

殷延勃，马洪文．2001. 宁夏水稻育种现状和发展与对策［J］．作物杂志（4）：39－40.

余本勋．2005. 贵州西北部高寒山区水稻育种回顾及展望［J］．安徽农业科学，33（2）：322－323.

翟文学，朱立煌．1999. 水稻白叶枯病抗性基因的研究与分子育种［J］．生物工程进展，16（9）：9－15.

张天真．2003. 作物育种学总论［M］．北京：中国农业科技出版社．

张培江．2003. 杂交中粳新品种Ⅲ优 98 特征特性及栽培技术［J］．安徽农业科学，31（1）：71－72.

张金刚．2005. 天津稻作五十年［J］．天津农学院学报，12（12）：43－48.

张忠旭，华泽田，郝宪彬．2004. 杂交粳稻新品种的生物学特性及高产栽培技术［J］．垦殖与稻作，（6）：7－9.

中国水稻研究所．1988. 中国水稻种植区划［M］．浙江：浙江科学技术出版社．

周毓珩，陈振野，孙天石．1996. 辽宁省水稻种植区划研究［J］．辽宁农业科学（3）：3－7.

朱勇，段长春，王鹏云，等．1995. 云南杂交水稻种植的气候优势及区划［J］．中国农业气象，20（2）：21－25.

邹应斌，唐启源，汪汉林，等．2003. 超级杂交稻优化栽培技术研究初报［J］．杂交水稻，5（1）：31－35.

第十六章 16

两系杂交稻品种及其亲本系谱

第一节 概 述

两系法杂交稻的培育与推广应用，是我国在杂交稻研究领域具有里程碑意义的育种技术革新，不但开辟了杂交稻育种的新途径，拓宽了稻种资源利用范围，而且丰富了水稻杂种优势利用理论，对杂交稻发展产生深远影响。

一、两系杂交稻发展简史

两系法杂交稻的发展及迅速推广，得益于光温敏不育水稻的发现与利用。1973 年，石明松在湖北沔阳县（现仙桃市）沙湖原种场种植的晚粳稻品种农垦 58 群体中发现了自然雄性不育株（后被命名为农垦 58S），该不育株具有在长日高温下不育、短日低温下可育的特性，其中日照长度对不育株的育性起主导作用，遂提出了在长日高温下制种、短日低温下繁种，一系两用选育杂交稻新品种的设想。1987 年 7 月，湖南省安江农业学校邓华凤等在早籼品系超 40/H285//6209－3 中发现了自然不育株，经过连续两代繁殖，育成我国第一个籼型温敏不育系安农 S－1。随后，福建农业大学杨仁崔等通过^{60}Co 辐射诱变的方法，在水稻品种 IR54 中也选育出了新的温敏不育系 5460S。光温敏不育材料的不断发现，引起了国内外广泛关注和重视。1983 年 5 月和 1986 年 3 月，国家先后将“湖北光敏感核不育水稻研究与应用”列入国家“六五”和“七五”攻关计划；1986 年 7 月，两系法水稻杂种优势利用与光敏核不育基因的研究又被列入国家“863 计划”，组织全国专家进行协作攻关。两系法杂交育种迅速发展为水稻育种界研究的热点和重点。

与三系法杂交稻相比，两系杂交稻只有不育系和恢复系，双亲配组自由，不受恢保关系的制约；且不需保持系，可避免三系杂交稻不育细胞质的负效应和细胞质单一可能带来的潜在危险，开发利用前景大。但两系法杂交稻在国内的发展过程并非一帆风顺，经历了一个探索、攻坚、完善与发展的历程：

1. 探索阶段（1973—1989 年）

石明松发现农垦 58S 后，当时的研究仅证明其育性转换只与日照长短密切相关，温度对不育度的影响不显著，排除了温度的作用。因此，通过农垦 58S 转育的其他类型核不育系（如 W6154S、N5047S 等），以及其他质源核不育材料（如安农 S-1、衡农 S-1、5460S 等）在通过专家鉴定时，都被认为有与农垦 58S 相似的随日照长短而发生育性转换的特性，故将它们都当作光敏核不育系，温度变化影响不大。选育光敏核不育系成为当时两系法杂交稻利用的前提，专题研究组制定了光敏核不育系的技术指标。在此期间，全国共有 18 个不育系通过了省级技术鉴定，并利用一些不育系配制了一些品种，如 N5047S/R9-1、KS-14/03、5460S/明恢 63 等，在全国种植示范达 2 万 hm^2。1989 年 7 月下旬至 8 月上旬，南方稻区的华中、华南及华东地区出现 40 年一遇的大范围持续低温天气，日平均温度在 23℃左右，导致许多所谓的“光敏”核不育系出现严重育性波动。如武昌 7 月 26 日至 8 月 1 日连续 7d 日平均温度仅 23.5℃，导致 W6154S、W7415S、16052S、农垦 58S 等不育系育性转换为可育，仅 3111S 不受影响；湖南等省的安农 S-1、衡农 S-1、5460S 等都出现了育性逆转甚至无任何不育期。同年 9 月，广西早制晚用的两系杂交品种桂光 3 号大面积示范失败，其原因在早制过程中遇到低温，不育系部分恢复结实，造成杂交种纯度降低。至此，人们才认识到温度对光敏核不育系的育性转换起着重大作用。1989 年 12 月，在“863-101-01”专题会议上，与会专家经过对 7 月下旬异常天气情况下不育系育性稳定的分析，重新划分了不育系的类型，将两系不育系分为三种类型：①光敏型；②温敏型；③光温互作型。

2. 攻坚阶段（1990—1995 年）

这一阶段的重点是开展全国性协作攻关，加强不育系育性转换的基础研究，选育实用光温敏核不育系；筛选强优品种，开展中试开发。

（1）*两系不育系育性转换的基础研究*

加强不育系育性转换的基础研究是“863 计划”两系杂交稻研究专题确立的四项课题之一，也是选育实用两用核不育系的前提。华中农业大学、中国水稻研究所等单位组织科研人员对其进行了系统研究，相继提出了光温敏不育系育性转换的光温作用模式，论述了温度在光温敏核不育水稻育性转换中的作用和光、温二因子在育性转换中的关系，为实用光、温敏核不育系选育技术路线的制定提供了理论指导。同时，对光温敏核不育系育性转换起点温度的遗传漂变也有了深入研究，提出了以生产“核心种子”为关键技术的光温敏不育系的提纯和原种生产程序，为安全有效利用光温敏不育水稻提供了方法上的指导。

（2）*两系不育系的选育*

在认识水稻光、温敏核不育系育性转换规律的基础上，重新确立了实用光温敏核不育系的选育标准，提出了不育系的攻关目标：即不育起点温度低（23～24℃）、光敏温度范围宽（23～29℃、24～29℃）、临界光长短（13h），并在武昌、贵阳、沈阳、北京和广州五个点开展全国性的光温敏不育系生态适应性联合鉴定试验。由于不育系选育技术的改进和完善，严格鉴定标准，大大提高了不育系的选育效率。其间全国共有 29 个两系不育系

（籼 24 个、粳 5 个）通过了省级技术鉴定，其中包括广亲和低温敏不育系培矮 64S、优质早籼不育系香 125S 等。

（3）强优品种筛选与示范

1994 年 1 月，两系杂交稻品种培两优特青在湖南通过品种审定，随后有皖稻 24、皖稻 26、鄂粳杂 1 号和华粳杂 1 号等 4 个两系品种相继通过省级以上品种审定，一批品种进入区试。与此同时，两系杂交稻的推广与示范在全国部分省、自治区、直辖市开展起来。这批两系品种示范效果良好，出现了许多高产典型：如 1994 年湖南怀化地区示范的 253.3hm^2 培矮 64S/特青，作中稻栽培平均产量 9 450kg/hm^2，比对照增产 1 500kg/hm^2 以上，创该地区大面积中稻单产新纪录；广东茂名市培矮 64S/山青 11 在 66.7hm^2 早稻示范片中，抽穗时受到台风袭击，其他品种均不同程度倒伏，减产严重，但该品种岿然屹立，平均产量仍超过 7 500kg/hm^2；云南永胜县试种 0.07hm^2 培矮 64S/特青，产量高达 17 112.75kg/hm^2，日产量高达 109.65kg/hm^2，创水稻单产最高纪录。

（4）中试开发

1993 年 9 月，湖南、湖北、安徽三省有关单位与中国生物工程开发中心率先签署两系杂交水稻中试开发合同，1994 年 9 月广东省加入，表明我国两系杂交水稻技术研究进入中试开发阶段。中试开发的主要任务是进行光温敏不育系的原种生产、高产繁殖与制种技术、新品种的示范与配套栽培技术等方面的研究，使之达到规模化应用水平。该阶段突出成就是用低温冷水串灌技术解决了培矮 64S 等不育系繁殖产量低的问题，使繁殖产量很快达到 3t/hm^2 的水平，破解了不育系应用的瓶颈。与此同时，对不育系制种的生态区域和季节进行了安全性评价与选择，降低了两系杂交稻种子生产的风险。由于中试项目进展迅速，两系杂交稻在全国的种植面积不断扩大。据统计，1990—1995 年期间，全国共推广示范两系杂交稻近 20 万 hm^2。

1995 年 10 月，我国宣布两系法杂交稻研究取得基本成功，同年 12 月，我国“两系杂交稻试验示范成功”被列入《中国科学技术年度述评 1995》“中国科学技术大事记”，标志着两系法杂交稻研究在我国取得了重大成就。

3. 完善与发展阶段（1996 年至今）

这一阶段重点是在强化不育系选育的基础上，开展适应不同季节和生态条件下的新品种选育与示范；加大中试开发力度；积极探索两系法超级稻研究。

（1）两系不育系选育

在两系不育系选育技术策略上，更注重广亲和基因的导入与利用，发掘不育系在籼粳亚种间杂种优势利用方面的潜力。针对不同区域，育成了一批实用的光温敏核不育系，实现了不育系生育类型和生态类型多样化。1996—2005 年，全国共有 50 多个两系不育系通过了省级技术鉴定，10 多个两系不育系所配品种通过省级审定，并在生产中应用。

（2）新品种选育与示范

至 2005 年底，全国共有 140 多个两系杂交稻品种通过省级以上品种审定。新品种的选育更多样化，早、中、晚类型均有。尤其在两系早稻选育方面，共选育出香两优 68、八两优 100、八两优 96、田两优 402、株两优 02、两优 287 等 10 多个早稻品种在生产中应用，这些品种一般比同期三系杂交早稻增产 5%～12%，米质普遍达到国标 1～2 级，长江流域早稻“早而不优，优而不早”的难题在相当程度上得到解决。1998—1999 年浙江、湖南、广东等省先后召开了 4 次大面积示范现场会，杂交早籼推广面积 40 多万 hm^2。

(3) 中试开发

这一期间全国先后有 10 多个省、自治区进入中试开发，开发速度加快，逐步建立起适合两系杂交稻特点的原种生产和质量保障技术体系以及“省提、省繁、基地制种”的种子生产管理体系。示范推广方面，在全国不同生态区建立 24 个试点，对新品种进行适应性、丰产性、抗逆性等方面的鉴定与示范。此外，各省相继建立了百、千、万亩的示范片，对宣传两系杂交稻起到辐射带动作用。据统计，至 2005 年底，全国已累计推广两系杂交稻超过 890 万 hm^2（图 16 - 1）。

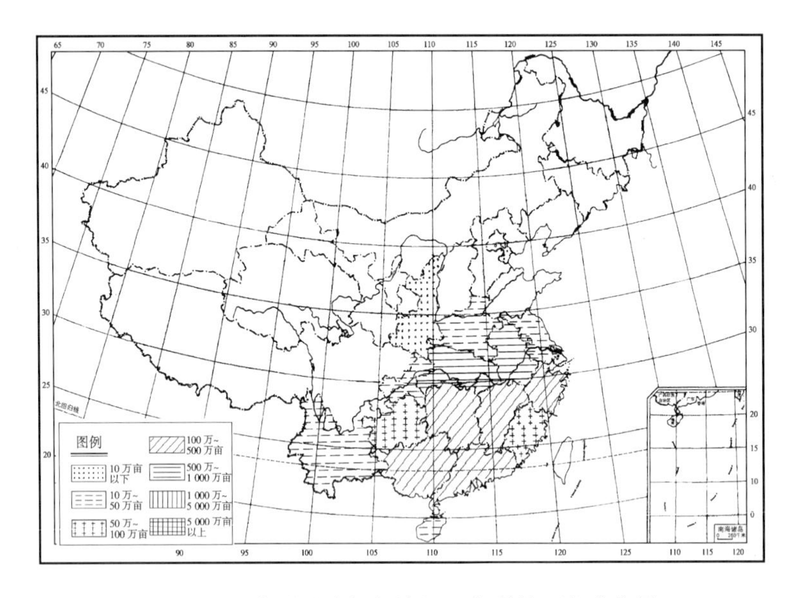

图 16 - 1　全国两系杂交稻 2005 年种植面积分布图

(4) 两系法超级杂交稻研究

1998 年 3 月，“国家‘863’两系杂交水稻 98 海南育种年会”在海南三亚召开，会议首次将杂交水稻超高产育种研究列入了议事日程，同年 12 月，“‘863 计划’超级杂交稻研究第一次工作会议”在广东肇庆召开，正式启动超级杂交稻研究。两系超级稻研究的目的是通过塑造理想株型与亚种间杂种优势利用相结合的技术路线，集成各种育种技术手段，培育具有增产 15%以上，达到农业部 1996 年确定的中国超级稻产量指标的超高产水稻品种。在解决亚种间杂交种结实率不高不稳的技术上，主要采用引入广亲和基因，选育具有广谱广亲和性的爪哇型种质配制籼爪交、粳爪交品种，实现“籼粳搭桥”，协调双亲间的籼、粳遗传成分；并通过选用籽粒充实度好、配合力强的双亲配组，以饱攻饱，解决籽粒充实度问题。两系超级稻项目实施以来，在长江中下游中稻区和华南双季稻区研究进展较迅速，成效显著。在长江中下游中稻区，共选育了两优培九、准两优 527、两优 287 等一批符合超级稻产量目标的品种通过省级以上品种审定，选育了培矮 64S/E32、Y58S/9311、P88S/0389、GD - 1S/RB207、P88S/0293 等一批达到超级稻一、二期目标的苗头品种。在华南双季稻区，粤杂 122、粤杂 889、培杂泰丰等超级稻苗头品种通过省级品种审定，粤杂 922 等品种进入区试；这些品种的特点是日产量均达到 100kg/hm^2，符合超级稻育种目标。在示范推广方面，截至 2005 年，全国共种植两系超级稻 530 万 hm^2 以上，一般较普通稻每公顷增产 750～1 500kg，累计增产粮食 398 万 t 以上，为确保我国粮食安全做出了巨大贡献。

二、两系杂交稻种植区划

两系杂交稻推广应用以来，已遍布全国 17 个省、直辖市、自治区，分布区域按品种类型及适应生态区域，可分为 4 大稻区。

1. 长江流域两系稻区

本区东起东海之滨，西至渝西山地以东，南接南岭山脉，北毗秦岭、淮河，包括江苏、上海、浙江、安徽、湖南、湖北、江西等省、直辖市的部分地区，属亚热带温暖湿润季风气候。稻作生长季 210～260d，年≥10℃的积温 4 500～6 500℃，年日照时数 700～1 500h，稻作期降雨量 700～1 600mm。稻作土壤在平原地区多为冲积土、沉积土和鳝血土，在丘陵山地多为红壤、黄壤和棕壤。本区稻作面积约占全国的 60%，稻米生产的丰缺，对全国粮食形势起着重要影响。太湖平原、里下河平原、皖中平原、鄱阳湖平原、洞庭湖平原、江汉平原历来都是中国著名的稻米产区。耕作制度为双季稻三熟或单季稻两熟制并存。长江以南多为单季稻三熟或单季稻两熟制，双季稻面积比重大，长江以北多为单季稻两熟制或两年五熟制，双季稻面积比重较小。本区水稻病害主要有稻瘟病、白叶枯病和纹枯病，在各地均有发生，其中纹枯病以湖南、江苏、浙江等省较重。虫害主要有二化螟、三化螟、稻纵卷叶螟、稻蓟马、褐飞虱、稻瘿蚊等。自然灾害包括冷害、洪涝、干旱、寒潮、干热风、冰雹等，其中冷害、洪涝、干旱在湖南、江西、湖北发生较频繁。区域内两系双、单季稻并存，籼、粳稻均有，2005 年两系杂交稻种植面积 169 万 hm^2 以上，约占全国两系杂交稻总面积的 81.6%，为两系杂交稻的主产区。按品种类型全区又可分 3 个亚区：即长江流域中晚籼稻区，长江中下游早籼稻区和长江流域粳稻区。

（1）长江流域中晚籼稻区

本区域位于年≥5 300℃积温等值线以北，淮河以南、渝西山地以东至东海之滨，包括渝中南山地，湘中、北的丘陵山区及洞庭湖平原区，湖北华中稻区，安徽中南部地区，浙江中南部以及江苏里下河、太湖稻区及宁镇扬丘陵稻区。其中双季晚稻多分布在湘北的洞庭湖区，栽培品种以培两优特青、培两优 288、培两优 981、培两优 210 等为主。年推广面积在 4 万 hm^2 左右。中稻及一季晚稻分布在湘中丘陵山区、渝中南以东华中稻区、安徽中南部、河南信阳、江西中北部、浙江中南部丘陵以及江苏里下河和太湖稻区。栽培品种主要有两优培九、扬两优 6 号、两优 273、丰两优 1 号、准两优 527 等，2005 年种植面积 134 万 hm^2 以上，为两系杂交水稻最大种植区域。

（2）长江中下游早籼稻区

本区位于年≥10℃积温 5 300℃线以南，南岭以北，湘鄂西山地东坡至赣东，包括湘中、北的丘陵及平原双季稻区，赣中、南丘陵稻区。年≥10℃积温 5 300～6 500℃，籼稻安全生育期 176～212d，双季稻占稻田的 66%。生长季降水量 900～1 500mm，日照 1 200～1 400h，春夏温暖有利于水稻生长，但“梅雨”后接伏旱，造成早稻高温逼熟。

本区推广的两系品种主要有香两优 68、八两优 96、八两优 100、株两优 02、株两优 112、田两优 402、安两优 25 等，2005 年种植面积已达 24 万 hm^2 以上。

（3）长江流域粳稻区

长江流域两系粳稻区包括湖北江汉平原，安徽安庆、巢湖地区，江西、浙江等省的部分稻区，地理位置处于长江中下游两岸地区。推广品种包括鄂粳杂 1 号、华粳杂 1 号、皖稻 24、皖稻 26、皖稻 48、闵优香粳等。2005 年推广面积约 7 万 hm^2，单产一般为 6.75～8.85t/hm^2，比常规粳稻品种增产 8%～12%。

2. 华南早晚兼用型籼稻区

本区位于南岭以南，为我国最南部，包括广东、广西、福建 3 省、自治区的南部和海南省的部分地区。地理位置在 23°N 以南，地形以丘陵山地为主，稻田主要分布在沿海平原和山间盆地。本区水热资源丰富，稻作生长季 260～365d，年≥10℃的积温 5 800～9 300℃，年日照时数 1 000～1 800h；稻作期降雨量 700～2 000mm，稻作土壤多为红壤和黄壤。区域内病虫害主要有稻瘟病、白叶枯病、三化螟、褐飞虱和稻纵卷叶螟等，稻瘿蚊在局部地区发生。自然灾害主要是台风，在每年 6 月下旬至 10 月上旬时有发生，影响水稻生产。本区推广的两系杂交稻主要有培杂山青、培杂双七、培杂 67、粤杂 122、粤杂 2004、两优 2163、金两优 36、培杂 266、培杂 1025 等，2005 年种植面积在 26 万 hm^2 以上，占该区域稻作总面积的 6.9%。本区稻作的安全播期为 2 月中旬至 3 月中旬，安全齐穗期为 9 月下旬至 10 月上中旬。两系杂交稻栽培方式多为双季早、晚稻兼用，平均单产大多在 6.7～7.5t/hm^2。

3. 云贵高原区

本区位于云贵高原，包括滇中北、桂西北和黔中西部的部分地区，属亚热带高原型湿热季风气候。气候垂直差异明显，地貌、地形复杂。稻田在山间盆地、山原坝地、梯田、垄脊都有分布，高至海拔 2 700m 以上，低至 160m 以下，立体农业特点非常显著。稻作生长季 170～220d，年≥10℃的积温 2 500～4 500℃，年日照时数 800～1 500h，稻作生长期降雨量 500～1 400mm。稻作土壤多为红壤、红棕壤、黄壤和黄棕壤等。稻作病虫害主要是稻瘟病、纹枯病、褐飞虱和稻纵卷叶螟等。自然灾害主要是冷害和干旱。本区籼粳稻并存，以单季稻两熟制为主，两系水稻垂直分布明显，海拔高地多种粳稻，海拔低地多种籼稻。滇中北区为云光 8 号、云光 9 号、70 优 9 号、云光 12 等中粳或早中粳类型，桂西北为两优培九、培两优 275、培两优 288、培杂 266 等中晚籼品种，黔中西部为两优 363、陆两优 106、黔两优 58、黔香优 2000 等。2005 年两系杂交稻种植面积约 6 万 hm^2，占区域内水稻总面积的 4.5%，单产一般在 6.75～10.0t/hm^2。

4. 北方单季两系稻区

本区位于秦岭—淮河以北，长城以南，关中平原以东的部分地区，包括陕南平川丘陵稻区、天津、河南的一部分。地理上属暖温带半湿润季风气候，夏季温度较高，但春、秋季温度较低，稻作生长季较短。常年稻作面积约 90 万 hm^2，占全国稻作总面积的 3%。本区稻作生长期≥10℃积温 2 000～4 000℃，年日照数 2 000～3 000h，年降雨量 350～1 100mm，但季节间分布不均，冬春干旱，夏秋雨量集中。稻作土壤多为黄潮土、盐碱土、棕壤和黑黏土。灌溉水源主要来自渠井和地下水，雨水少、灌溉水少的旱地种植有旱稻。

本区自然灾害较为频繁，水稻生育后期易受低温危害。水源不足、盐碱地面积大，是本区发展水稻的障碍因素。本区推广的两系杂交稻品种不多，主要有两优培九、培优特三矮、丰两优1号、津粳杂1号、信杂粳1号、两优培粳等，生产季节为一年一熟。两系稻累计推广面积达67.4万hm^2，近年来面积减少，年种植面积约3.4万hm^2，主要分布在河南南部（表16-1）。

表16-1　2005年两系杂交稻分省（市）种植面积

省（区、市）	面积（万hm^2）	省（区、市）	面积（万hm^2）
浙江	8.93	贵州	3.67
江苏	4.67	云南	1.72
上海	0.01	海南	1.33
安徽	58.11	福建	6.67
江西	21.87	河南	3.3
湖南	31.02	重庆	2.8
湖北	41.87	陕西	0.067
广东	12.87	天津	0.000 7
广西	8.53		

第二节　品种演变

1973年我国首次发现水稻光温敏核不育株，但直到1985年第一个光温敏不育系农垦58S才通过技术鉴定。1988年国内第一批光温敏核不育系选育成功后，两系杂交稻开始选配品种，进入实用阶段。两系杂交稻在我国的发展历史较短，但品种选育速度快，其发展大体经历了三个演变阶段。

一、试验、示范阶段

这一阶段为1988—1993年。其间选配品种主要用于试种示范，品种不多，类型较单一，在全国种植面积约2万hm^2。其中有一定示范面积的有N5047S/R9-1、W6154S/特青、8902S/明恢63、N5088S/R187、桂光1号（KS-14/03）、5460S/明恢63等品种。N5047S/R9-1、W6154S/特青、8902S/明恢63、N5088S/R187主要在湖北试种示范，桂光1号主要在广西试种，5460S/明恢63主要在福建试种。另外，新质源不育系衡农S-1所配品种“衡两优1号”（衡农S-1/明恢63）在湖南有一定的推广面积，该品种还于1992年2月通过了湖南省衡阳市农作物品种审定委员会审定，是我国最早通过审定的两系杂交稻。以上两系杂交品种在试种示范中比对照有明显增产优势，如N5047S/R9-1在1987年湖北洪湖的产量达到9.72t/hm^2，比对照鄂宜105增产20%；衡两优1号在1993年湖南怀化市铜湾镇的82.93hm^2示范片中，验收测产为9 112.5kg/hm^2，比对照威优64增收1 912.5kg/hm^2，增产幅度达26.6%。由于对光温敏核不育系育性转换认识不足，以上两系品种制种中不能解决不育系自交结实问题，未能大面积示范推广。通过1989年盛夏异常低温对光温敏核不育系的影响以及人工气候箱条件下的育性转换研究，光温敏核不育系育性转换与光温变化的关系才得以认识，不育系的选育步入实用阶段。

二、中试开发、推广阶段

这一阶段为1994—2000年。1993年9月，湖南、湖北、安徽三省与中国生物工程开发中心签署两系杂交水稻中试开发合同，我国两系杂交水稻技术研究开始进入中试开发阶段。随后，广东、四川、江西、云南、广西、江苏、河南等7省、自治区先后加入，使两系杂交稻中试开发的省份（自治区）达到10个。中试开发加速了两系杂交稻品种的选育和推广速度。这一阶段，全国两系中试单位通过对已鉴定的60多个不育系的筛选，选出了培矮64S、7001S、N5088S、安农810S、香125S等一批实用的光温敏核不育系。在品种选育技术上，以品种间品种选育为主，注重广亲和基因和部分籼粳成分利用，寻求籼粳亚种间杂种优势利用的突破。其间选育的两系稻籼粳品种均有，以两系杂交籼稻居多。杂交粳稻品种推广面积超过0.67万 hm^2 的有鄂粳杂1号、华粳杂1号、皖稻24（7001S/皖恢9号）、皖稻26（7001S/秀水04）、皖稻48（7001S/双九）和皖稻50（4008S/秀水04）等，主要分布在湖北、安徽、云南等省，累计推广面积达24.7万 hm^2，其中鄂粳杂1号推广面积最大，累计推广6万 hm^2 以上。两系杂交籼稻方面，则以培矮64S为母本的品种占大多数。在长江流域稻区，推广面积较大的品种有培两优特青、培两优288、两优培九等，单一品种推广面积均超过20万 hm^2，其中以两优培九推广面积最大，2000年一年推广了32.5万 hm^2。在华南稻区，共有培杂山青、培杂双七、培杂67、培杂茂三、培杂茂选、培杂粤马、培两优99、培两优275等一系列品种通过省级农作物品种审定委员会审定。其中推广面积最大的为培杂山青，1996—2000年累计推广29万 hm^2，其次为培杂双七，1998—2000年累计推广20万 hm^2，培杂茂三和培杂茂选的种植面积均超过了0.67万 hm^2，其他品种面积则相对较少。除此之外，以香125S和安农810S为母本的两个杂交早稻品种香两优68和八两优100在长江中下游双季稻区亦有较大种植面积，1997—2000年种植面积分别达到10万 hm^2 和6万 hm^2。另外田两优402、安两优25、两优2163、两优2186等在江西、福建等地有一定推广面积。根据全国农业技术推广中心数据统计，1994—2000年，全国两系杂交稻累计推广种植158.5万 hm^2。这一阶段，一方面通过建立核心种子生产程序，解决了光温敏不育系育性漂变问题，降低了不育系推广应用的风险；另一方面，通过应用冷水串灌技术和两系杂交稻种子生产两个“安全”期的选择，建立了相对完善的种子生产体系，实现了两系杂交稻的技术工程化，使两系杂交稻能在较短时期内实现快速发展。

三、多熟期、多类型稳定发展阶段

这一阶段为2001—2005年。两系杂交稻由于配组自由，增产优势明显，发展前景看好，但已有品种类型较单一，不能满足我国稻作生态条件多样性的需求。随着育种技术的不断完善和成熟，两系品种的选育步入多熟期、多类型的稳定发展阶段。重点培育六大系列品种：即长江流域中晚籼品种、长江流域早籼品种、长江流域双季晚粳品种、华南稻区早晚兼用型籼稻品种、云贵高原单季籼粳稻品种和北方稻区单季籼粳稻品种。

1. 长江流域中晚籼品种

2001—2005年，长江流域的湖南、湖北、江苏、江西、安徽、浙江六省共有41个中晚籼新品种通过省级以上品种审定。其中种植面积超过 0.67 万 hm^2 的有两优培九、丰两优 1 号、两优 273、培两优 210、雁两优 921、扬两优 6 号等。两系中籼品种两优培九，不但高产，而且生态适应性广，该品种 1999 年通过江苏省农作物品种审定委员会审定后，又于 2001 年先后通过了广西、福建、湖南、湖北、陕西和国家农作物品种审定委员会审定。2000—2005 年累计在全国推广种植 379 万 hm^2 以上，是我国目前推广面积最大的两系杂交稻，一般单产 9.75～10.5t/hm^2，高产可达 12t/hm^2。两系中晚籼品种丰两优 1 号在安徽、湖北、江西等省作中晚稻种植，推广面积在 40 万 hm^2 以上，该品种抗倒能力较强、高肥高产，适应性较广。另外，江苏里下河地区农业科学研究所选育的中籼品种扬两优 6 号，先后通过江苏、贵州、河南、湖北和国家农作物品种审定委员会审定，2005 年推广种植 13.3 万 hm^2，表现出产量高、米质优、稳产性好、适应性广的超优特性，推广潜力大。

2. 长江流域早籼品种

长江流域是我国双季稻的主产区，两系早籼品种的选育是早稻育种的一重大课题。中试开发阶段，区域内曾有香两优 68、八两优 100、田两优 402 等少数品种推广。2000 年以后，随着温敏不育系株 1S、陆 18S、M103S 等的成功选育，在早籼品种的选育方面取得较大进展。据统计，2001—2005 年，长江流域共有 23 个两系杂交早籼新品种通过省级以上农作物品种审定委员会审定，主要分布在江西、湖南、湖北、安徽等省。其中推广面积较大的有株两优 02、株两优 112、株两优 83、株两优 819、田两优 66 等。这些品种类型多样，生育期适中，在抗性、产量潜力方面具有一定优势。如早籼迟熟两系品种株两优 02，在两年国家区试中比对照金优 402 增产 4.13%，稻瘟病抗性 1 级，生态适应性广，已先后通过 3 省和国家农作物品种审定委员会审定，2001—2005 年累计在湖南、江西、安徽等地推广 10 万 hm^2 以上。早籼中熟品种株两优 819 在湖南省两年区试中比对照增产 10.06%，抗性、产量和米质达到国家规定的超级稻标准，有效解决了南方稻区早稻生产“早熟与高产、优质”的矛盾。由于新品种的不断选育和推广，长江流域杂交早籼品种布局发生较大变化，两系杂交早籼推广面积由 2000 年的 7 万 hm^2 上升到 2005 年的 18 万 hm^2 以上，约占区域内早稻总播种面积的 22%。

3. 长江流域双季晚粳品种

长江流域两系晚粳品种的数量相对较少，推广面积不大。20 世纪 90 年代，安徽、湖北两省共选育了鄂粳杂 1 号、70 优 9 号等 6 个两系杂交粳稻在长江流域部分稻区推广。2001—2005 年，区内有华杂粳 2 号、鄂粳杂 3 号、闵优香粳等两系杂交粳稻新品种通过审定，主要在湖北、安徽、浙江、江苏、上海等地种植，累计推广 3 万 hm^2 左右。这些品种作双晚种植一般单产 6.75～8.5t/hm^2，比常规粳稻增产 5%～10%。长江流域两系晚粳品种数量少与实用粳型两系不育系的选育进展有关，目前区域内仅有 7001S、5088S 和 261S 等少数几个不育系得到应用，培育新的粳型不育系成为晚粳品种选育的关键。

4. 华南稻区早晚兼用型籼稻品种

华南稻区早晚兼用型两系品种在初期多以培矮 64S 系列品种为主，类型较单一。随着 GD-1S、GD-2S、HS-3 等不育系的出现，区域内两系品种类型更加丰富，选育进展加快。据统计，2001—2005 年，华南稻区的广东、广西、福建和海南 4 省、自治区共有 36

个品种通过审（认）定并得到推广，累计推广两系杂交稻 142 万 hm^2 以上。其间，推广面积超过 1 万 hm^2 的品种有培杂青珍、粤杂 122、培杂泰丰、粤杂 2004、培杂航七、培杂 1025、培杂 266 等。这些品种在抗病、增产潜力方面、米质等方面各有特色。如：华南农业大学选育的两系品种培杂青珍，高抗稻瘟病，米质外观品质好，单产 6.5～7.5t/hm^2，2001—2005 年在广东、广西推广 10 万 hm^2 以上。广东华茂高科种业有限公司选育的粤杂 2004，中抗稻瘟病，增产潜力大，一般单产 6.9～8.6t/hm^2，2005 年推广了 1.22 万 hm^2。由广西壮族自治区玉林市农业科学研究所选育的两系品种培杂 266，品质较优，2000 年被评为广西优质米品种，一般单产 7.2t/hm^2，2002 年推广面积达 0.73 万 hm^2。

5. 云贵高原单季籼粳稻品种

云贵高原区受高海拔地势气候资源的影响，两系法杂交水稻的研究起步较晚，2000 年以前，该区内未有两系杂交水稻品种审定推广。2000 年后，随着育种技术的不断成熟，两系品种选育取得了较大进展。2000—2005 年，区内共有 15 个两系品种通过了省级农作物品种审定委员会审定，其中云南省 7 个，贵州省 8 个。这些品种均为单季稻，籼粳稻品种均有。两系杂交粳稻品种有鄂粳杂 1 号、70 优 9 号、云光 8 号（N5088S/云恢 11）、云光 9 号（7001S/云恢 124）、云光 12（95076S/云恢 124），主要分布在云南海拔 1 500～1 900m的稻作区，一般单产 9.9～11.0t/hm^2，年种植面积 1 万 hm^2 左右。两系杂交籼稻有云光 14（蜀光 612S/云恢 808）、云光 17（蜀光 612S/云恢 58）、两优 363、两优 211、陆两优 106、扬两优 6 号、两优 662、陆两优 63、黔两优 58、黔香优 2000 等品种。云光 14、云光 17 较抗稻瘟病，平均单产 10.5t/hm^2 左右，适宜在云南海拔低于 1 400m 的稻作区种植。两优 363、两优 662、黔两优 58、黔香优 2000 主要分布在贵州中高海拔稻区，已累计推广种植 19.5 万 hm^2，其中两优 363 米质好，一般单产 8.4t/hm^2，已累计推广 3.35 万 hm^2。两系品种陆两优 106 抗病性强、耐肥，主要分布在贵州中低海拔稻区，平均单产 8.6t/hm^2，2002—2005 年累计推广 8.67 万 hm^2。目前，云贵高原区两系杂交稻年种植面积在 8 万 hm^2 左右，约占区域内水稻总面积的 4.5%。

6. 北方稻区单季籼粳稻品种

北方两系稻区包括陕西、天津、河南的一部分稻区。20 世纪 90 年代后期，有培优特三矮、津粳杂 1 号两个品种通过省级农作物品种审定委员会审定，推广面积约 1 万 hm^2 左右。2001—2005 年，有 6 个两系品种通过省级农作物品种审定委员会审定推广，其中两优培九、丰两优 1 号、扬两优 6 号为引进籼稻品种，主要分布在河南南部、陕西南部一季中稻区，累计推广面积 1.2 万 hm^2 左右。两系杂交粳稻有信杂粳 1 号、两优培粳、盐两优 2818。信杂粳 1 号、两优培粳主要在河南沿黄河稻区推广种植，平均单产 8.7～9.0t/hm^2。盐两优 2818 由辽宁省盐碱地利用研究所选育，2003 年通过国家农作物品种审定委员会审定，全生育期 158d，比对照中丹 2 号晚熟 5d，丰产性较好，中抗稻瘟病，目前已有小面积推广。

两系法杂交稻经过近 20 年的发展，品种选育经历了从无到有，从单一类型向多样化的转变，在我国水稻生产中所占比重呈扩大趋势。目前，我国水稻育种已进入超级稻研究阶段，高产、优质、适应性广是水稻育种的方向。两系法杂交稻由于配组自由，恢复谱来源广泛，在培育超级稻方面，具有一定优势。目前已选育出两优培九、准两优 527 等两系超级杂交稻品种，这些品种显著特点是高产、米质较好，适应性广，推广潜力大。但总体而言，两系超级杂交稻品种相对少，培育超级杂交稻新品种成为两系水稻育种的重大课题。

第三节　两系杂交稻主要品种系谱

两系杂交稻由不育系和恢复系组成，不育系多为转育而成，系谱相对简单，而恢复谱来源广泛，类型众多，系谱较为复杂。

一、两系杂交稻不育系

据统计，目前我国已有100多个光温敏核不育系通过了省级以上鉴（审）定，其中在生产上大面积应用的有20多个。按照不育基因来源，实用光温敏核不育系可分为农垦58S衍生系列、安农S-1衍生系列及其他类型。

1. 农垦58S衍生的不育系

农垦58S是由湖北晚粳品种农垦58变异而来，1985年通过技术鉴定，以后用农垦58S为不育基因供体，转育了一批实用两用核不育系。

（1）培矮64S

湖南杂交水稻研究中心以农垦58S为母本，籼爪型品种培矮64（培迪/矮黄米//测64）为父本，通过杂交和回交选育而成的籼型温敏核不育系（图16-2），1991年通过湖南省技术鉴定。该不育系株高65～70cm，分蘖力强，株型集散适中，茎秆粗细中等，叶鞘、叶耳无色，柱头、稃尖浅紫色，叶色浓绿，主茎叶13～15片，剑叶长30～35cm，宽1.6～2.0cm，剑叶与穗夹角15°～30°。不育起点温度在13h光照条件下为23.5℃左右，海南短日照（12h）条件下不育起点温度超过24℃。中抗稻瘟病和白叶枯病，感稻粒黑粉病和纹枯病。谷粒长形，长宽比3.1，千粒重21g。培矮64S亲和谱广、亲和力强，目前已配制30多个两系杂交品种通过省级以上农作物品种审定委员会审定，推广面积超过800万hm^2，是我国应用面积最大的两用核不育系。一般制种产量2.25～3.00t/hm^2。

（2）GD-1S

广东省农业科学院水稻研究所用W7415S为不育基因供体，与高产抗病品种特青杂交，通过连续6年的单株系统选育而成（图16-2），1999年6月通过广东省技术鉴定。该不育系在广州早季种植，播种至抽穗历期102d，晚季78d左右；粒型长、大，千粒重26g左右；柱头大，外露率高达80%左右，开花习性和异交结实性好。在广州自然条件下稳定不育期长达120d（6月10日始穗至10月中旬）；该不育系为光温互作型，临界日长为12.5h，不育起点温度23℃，即在12.5h/23.1℃光温条件下开始转为不育，在其他光温条件下表现为稳定不育。该不育系配合力强，已配制出粤杂122、粤杂889、粤杂922、粤杂2004等两系杂交品种通过省级农作物品种审定委员会审定，2001—2005年累计推广面积3.8万hm^2以上。

（3）GD-2S

广东省农业科学院水稻研究所以 W7415S 为不育基因供体，与广东优质稻品系 17B 杂交，经系统选育而成的籼型温敏核不育系（图 16－2），1995 年通过广东省技术鉴定。该不育系起点温度 23℃左右，在 12h 光照、昼夜温度变化为 21～27℃、平均气温 23℃时，保持彻底不育。在广东省自然条件下种植，稳定不育期 133～153d，广州播种至抽穗历期71～96d。株高 62～71cm，穗长、大，千粒重 27g；柱头大，外露率 61.8％，异交结实率 38.6％～46％；中抗稻瘟病和白叶枯病。配合力好，已配制粤杂 89、粤杂 63 等两系杂交品种应用于生产。

（4）SE21S

福建省农业科学院稻麦研究所以 W6111S 为母本，与澳粘 88 杂交，获选系 164S，再以 164S 与 192 份 IR 优良亲本自由串粉，其后代在生态压力下定向选育而成的籼型光温敏核不育系（图 16－2），原名光补 S－1，1997 年 9 月通过福建省技术鉴定。该不育系播种至抽穗历期 80d 左右，已配制出两优 2163、两优 2186、两优 1019 等米质优良的两系杂交品种在生产中应用，2001—2005 年累计推广面积 29.5 万 hm^2。

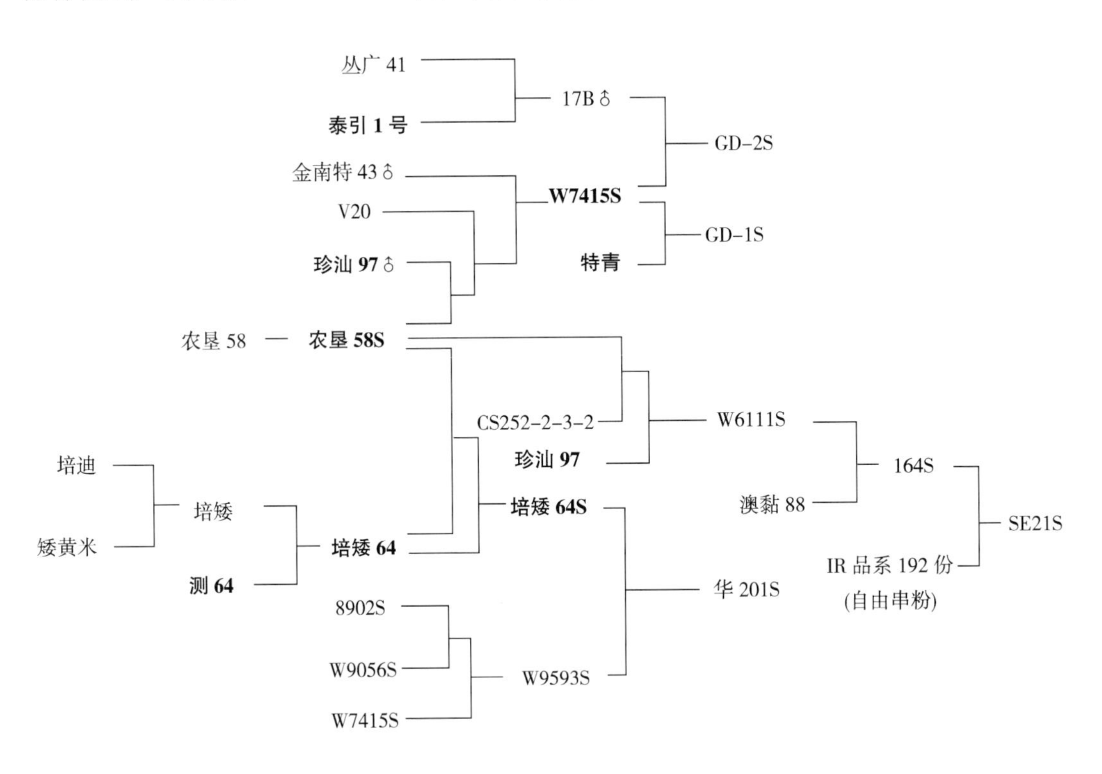

图 16－2 农垦 58S 及其衍生不育系系谱（一）

（5）华 201S

华 201S 是华中农业大学以光温敏核不育系培矮 64S 为母本，以光温敏核不育系 W9593S 为父本进行杂交，通过低温选择和人工气候箱鉴定选育而成的水稻光温敏核不育系（图 16－2），2005 年通过湖北省农作物品种审定委员会审定。特征特性：株型适中，分蘖力较强，叶色绿，剑叶挺直。不育期株高 78.3cm，穗型直立，穗长 20.3cm，每穗颖花数 104～187.8 粒。在海南可育期株高 72.1cm，穗型弧形，颖尖紫色，无芒，穗长 19.3cm，每穗粒数 124.9 粒，结实率 63.9%～81.0%，千粒重 25.87g。开花习性好，柱头总外露率 80.97%，其中双边外露率 45.27%，单边外露率 35.70%。在武汉 5 月上旬播种，播种至抽穗历期 82～90d，主茎叶 14～15 片。育性敏感期为抽穗前的 10～25d。在武汉稳定不育期 30d 以上。人工气候箱鉴定，在光照 14.5h、日均温 23.5℃条件下，镜检花粉不育度 99.75%，自交不育度为 100%。花粉败育属典败类型。中感白叶枯病，感稻瘟病，纹枯病较重。目前已配制华两优 103、华两优 1206 等品种在湖北推广。

（6）7001S

安徽省农业科学院水稻研究所用农垦 58S 作母本，迟熟中粳 917（泸选 19/IR661//C57）经一次杂交，多代选育而成的早熟晚粳型光敏核不育系（图 16-3），1989 年通过安徽省技术鉴定。该不育系不育株率 100%，平均花粉败育率 99.91%，套袋自交不实率 99.69%～100%，异交结实率 49.22%，正季合肥地区不育期 30d 以上，可育期自交结实率 69.2%，育性转换期明显，育性稳定。光敏温度范围 22～32℃，临界光长 14h，是典型的高低型光敏核不育系。高产繁殖产量 6.57t/hm^2，制种产量 5.1t/hm^2。高抗稻瘟病，中抗白叶枯病。米质较好，配合力强。已配制皖稻 26、皖稻 24、华粳杂 1 号、皖稻 48、云光 9 号等杂交晚粳品种，1995—2005 年累计推广面积超过 16 万 hm^2。

（7）N5088S

湖北省农业科学院粮食作物研究所以农垦 58S 为母本，中粳品种农虎 26 为父本，杂交后经多代连续选择育成的粳型光敏核不育系（图 16-3），1992 年通过湖北省技术鉴定。N5088S 在长日照条件下（14h）不育起点温度为 24℃，短光照条件下（13.75h）可育上限温度 28℃左右。其光敏温度范围宽、光温互补效应明显，不育期间败育彻底。在湖北江汉平原，7 月下旬至 8 月下旬为不育稳定时期。开花习性良好，柱头外露率达 48%，花时集中，在 12：30～14：30 期间颖花开放数占全天的 70%。一般繁殖产量 4.5t/hm^2。已配制鄂粳杂 1 号、鄂粳杂 3 号、华粳杂 2 号、云光 8 号等品种，2002—2005 年推广面积 14 万 hm^2 以上。

（8）4008S

安徽省农业科学院水稻研究所用 7001S 与热研 2 号（日本引进的广亲和粳稻品种）杂交选育的早熟晚粳型光敏核不育系（图 16-3），1 000 株以上群体不育株率 100%，平均镜检花粉不育度 99.08%，套袋自交不实率 99.94%，异交结实率 45%以上，正季合肥地区不育期 30d 以上，可育期自交结实率 50%左右，育性转换期明显，育性稳定。具广亲和性，株型紧凑。抗稻瘟病，中抗白叶枯病，米质优。用该不育系配制的晚粳品种皖稻 50，2000—2004 年在安徽省推广面积 1.8 万 hm^2 以上。

（9）广占 63S

北方杂交粳稻研究中心与合肥丰乐种业水稻研究所用 N422S 作母本，广东优质籼稻矮广占 63 为父本杂交，经 11 代选育而成的优质偏籼型光温敏不育系（图 16-3），2001 年 8 月通过安徽省技术鉴定。该不育系株高 80±5cm，主茎叶 12.5～14.8 片，为长江流域早熟中稻类型。穗长平均 22.5cm，单株有效穗 7～9 穗，每穗粒数 140.6～165.2 粒，千粒重 25.0g。柱头无色。正常晴好天气每日 10：00～12：00 开花量占全日开花量的

65%左右。柱头外露率74.2%，其中双外露率45%。高抗白叶枯病，中抗稻瘟病。在大于12.5h的光照条件下，不育起点温度低于24℃。用该不育系配制的皖稻87（原名丰两优1号），2002—2005年累计在安徽、湖北、湖南等地推广面积63.1万hm^2。

（10）广占63-4S

北方杂交粳稻研究中心从广占63S群体中系选而来（图16-3），2003年通过江苏省品种审定（江苏省里下河地区农业科学研究所引进）。该不育系平均播种至抽穗历期75d。株高85cm，株型集散适中，分蘖力强，叶片窄，叶色较深。地上部伸长节间数5个，主茎叶14～15片。不育性稳定。据南京气象学院和华中农业大学鉴定，在14.5h长日照条件下，不育临界温度低于23.5℃；在12.5h短日照条件下，不育临界温度低于24℃。不育期内的不育株率为100%，自交结实率为0，败育花粉为无花粉型。在可育期的育性恢复性也较好。与广占63S相比，不育性、品质、抗性相仿；生育期迟4～5d，株高3～5cm，每穗粒数160粒，千粒重25g。整精米粒率64.5%，长宽比2.9，垩白粒率4%，垩白度0.2%，透明度1级，直链淀粉含量12.7%，碱消值7，胶稠度78mm。用该不育系配制的两系中籼品种扬两优6号，2003—2005年累计推广种植18万hm^2。

（11）261S

上海市闵行区择优种子培育站用7001S作母本，中间品系261为父本杂交，从杂交后代中选育成的粳型光温互作型核不育系（图16-3），2002年通过上海市农作物品种审定委员会审定。该不育系起点温度为24℃，光长13.5h，不育期长（上海地区30d左右），可育期结实性好，可恢复性好，穗大粒多；柱头外露率高，配合力强，制种和繁殖产量高，测配品种有较大的产量优势。目前已配制闵优香粳、闵优55等晚粳类型两系杂交品种在上海、浙江等地推广，2001—2005年累积推广面积达1.2万hm^2。

（12）HS-3

福建农林大学用KS-14与M901S杂交，经低世代系统选育和高世代花药培养而成（图16-3），1999年8月通过福建省科技成果鉴定。该不育系具有明显的光敏特性，育性转换临界光长较短（＜12.5h）、不育起点温度低（＜23℃），自然条件下育性稳定，不育期长，秋季可繁性好。具有较强的感光性，株高87cm，株型适中；颖尖无色，剑叶较宽大；分蘖力强，大穗粒多，主穗长可达30cm左右，每穗粒数250粒；柱头外露率较高达68%。花时早，开花集中，制种和繁殖产量较高。HS-3具有较强的配合力，目前已配制金两优36、金两优33等品种，2004—2005年累计推广面积1.4万hm^2以上。

（13）新安S

安徽荃银农业高科技研究所用广占63-4S与M95（爪哇稻引进材料）杂交后选育而成的中籼型光敏核不育系（图16-3）。株高80cm左右，叶色深绿，叶片挺直。在合肥地区5～6月播种，播种至抽穗历期73～89d，全生育期120d左右。不育株率100%，花粉镜检，花粉败育率99.99%，套袋自交率为0。不育性稳定，经鉴定，光长14.5h，气温23.5℃条件下，花粉败育率99.57%±0.25%。每穗颖花数165～185个，柱头无色，柱头外露率79.5%。对九二〇敏感，异交率高。千粒重26g左右，颖壳褐色，米质较优。抗稻瘟病，中感白叶枯病。适于配制中籼类型杂交品种，已配组皖稻147（原名新两优6号）通过安徽省审定，2005年推广面积达2.1万hm^2。

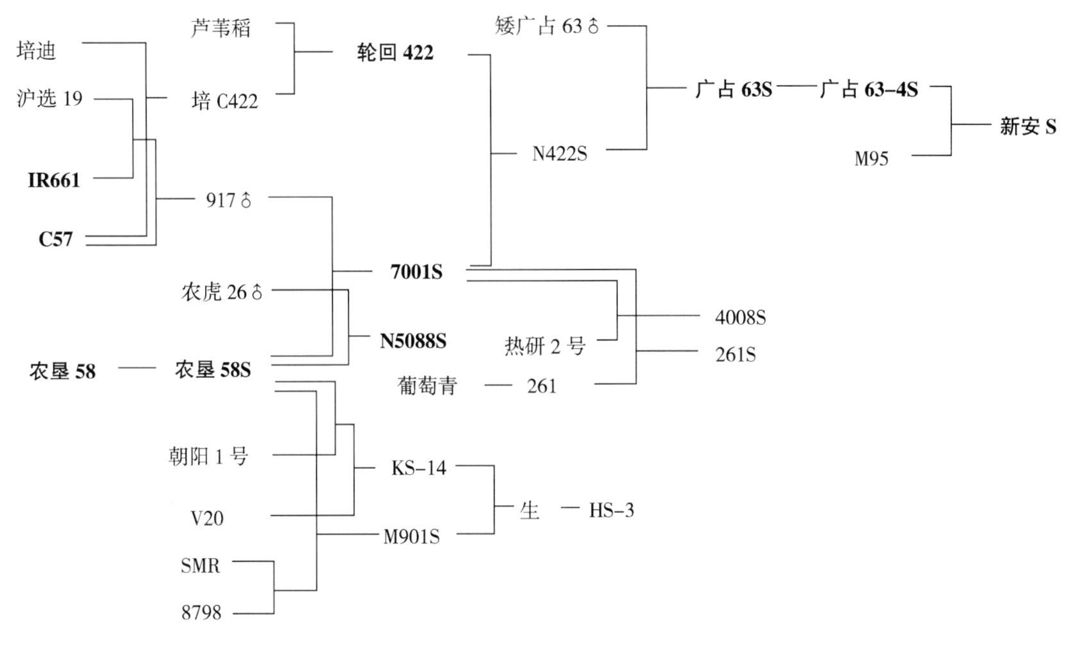

图 16－3　农垦 58S 及其衍生不育系系谱（二）

2. 安农 S－1 衍生的不育系

安农 S－1 是湖南省安江农业学校在早籼品系超 40/H285//6209－3 群体中选育的温敏型两用核不育系，1988 年 7 月通过技术鉴定。由于控制育性的遗传相对简单，用该不育系作不育基因供体，选育了一批实用的两用核不育系在生产中广泛应用。

（1）香 125S

湖南杂交水稻研究中心以安农 S－1 为母本、美国品种"Lemont"与"IR9761－19－1"的杂交后代"6711"为父本，经杂交在后代中选出不育株再与香 2B 杂交、连续 9 代选育而成的早熟籼型温敏核不育系（图 16－4），1994 年通过湖南省技术鉴定。该不育系株高 60～65cm，剑叶长 12～15cm，叶鞘、穗尖、柱头均为紫色，分蘖力强。在长沙夏播，播种至抽穗历期 60d 左右，主茎叶 12 片。不育起点温度为 23.5℃。柱头外露率 60%以上，柱头较大，活力较强。花时早，晴天开花高峰在 10：00～12：00，占全天开花数的 54.09%，午前花占 76.32%，花期长。分蘖力强，异交结实率高。用该不育系配制的杂交品种有香两优 68、香两优 98049 等，其中香两优 68 米质优，1999—2005 年累计在全国推广面积 39 万 hm^2 以上。

（2）安湘 S

原名 1356S，湖南杂交水稻研究中心用安农 S－1 与香 2B 的后代杂交选育而成的籼型温敏核不育系（图 16－4），1994 年 11 月通过湖南省技术鉴定。该不育系不育起点温度 23.5～24℃，不育期内花粉败育彻底，以典败为主，不育度和不育株率均为 100%。禾苗长势长相中等偏小；配合力较强，米质较优。开花习性好，午前花率在 70%以上。柱头外露率达 76%～95%。目前配制的品种有安两优 25、安两优 318、安两优 402、安两优 321、安两优青占等早、晚籼品种，2001—2005 年在江西、广西等地累计推广面积 14 万 hm^2 以上。

（3）田丰 S

原名F131S，江西赣州地区农业科学研究院用安农S-1与密粒广陆矮杂交，经多代定向单株选择育成的籼型早熟温敏核不育系（图16-4），1993年通过江西赣州地区技术鉴定，1994年通过江西省育性考察鉴定。该不育系生育期较稳定，主茎叶10～12片。在湖南长沙完全不育期在7月上旬至9月中旬，在江西赣州地区不育期在80d以上，不育株率及不育度均达100%。开花习性好，正常条件下上午9时左右始花，午前花率占81.1%，花时集中在10：30～12：00；柱头外露率60.08%，异交结实率48.50%；制种产量一般在3t/hm^{2}以上。目前已配制出早籼品种田两优402，2001—2005年在江西推广面积达2.7万hm^2。

（4）田丰S-2

江西省赣州市农业科学研究所以田丰S变异单株用定向单株选择选育而成的水稻两用核不育系（图16-4），2003年通过江西省农作物品种审定委员会审定。属早籼早中熟类型，播种至抽穗历期赣州57.67±10.33d。株高78cm，主茎叶10.0±1.0片。每穗粒数92.0粒。千粒重25.7g左右。米质较优，糙米率81.4%，精米粒率74.5%，整精米粒率65.7%，粒长6.6mm，长宽比3.1，垩白粒率11%，垩白度1.3%，透明度2级，碱消值6.4级，胶稠度40mm，直链淀粉含量25.0%，蛋白质含量11.1%。开花习性好，异交结实率高，柱头外露率72.04%，其中双边外露率35.12%，上午9时始花，下午3时终花，育性转换起点温度同田丰S。茎秆较细，肥料或九二〇施用不当易倒伏。所配品种产量和米质均较好，目前已配制田两优66、田两优9号等品种，2003—2005年在江西省推广面积2.3万hm^{2}以上。

（5）安农810S

湖南省安江农业学校以安农S-1为母本、水源287作父本，采用人工一次杂交后，经多代选育而成的早籼温敏型核不育系（图16-4），1995年通过湖南省技术鉴定。该不育系播种至抽穗历期为56～87d，感温性较强。株型较紧凑，叶片挺直较短窄、厚，叶色深绿，叶鞘、柱头均无色。不育性主要受温度控制，育性转换明显，不育起点温度在24℃以下。不育度与不育株率均为100%，花粉败育彻底，以典败为主。开花习性好，花时早。柱头外露率在70%以上，具有良好的异交结实性。用该不育系已配制出八两优100、八两优96等早籼类型品种，1997—2005年累计推广面积20万hm^{2}以上。

（6）准S

湖南杂交水稻研究中心以安农S-1衍生不育系N8S与香2B、怀早4号和早优1号经两轮随机多交加混合选择，再经系统选育而成（图16-4），2003年3月通过湖南省技术鉴定。该不育系株高65～70cm，株型松散，叶色淡绿，叶鞘、稃尖、柱头无色。播种至抽穗历期65～80d，主茎叶11～13片。分蘖力中等，穗长23cm左右。每穗粒数120粒，千粒重28g左右。不育起点温度23.5～24℃，不育期不育株率100%，花粉败育率100%，典败为主。花时早，柱头外露率75%以上，异交结实率一般在50%左右。白叶枯病3级。2004—2005年，用该不育系配制的两系中籼品种准两优527推广面积已达4.1万hm^2。

（7）360S

贵州省农业科学院水稻研究所1992年用安湘S与黔香1号杂交，于1997年育成的香型两系不育系（图16-4），1998年经中国水稻研究所人工气候箱鉴定，360S在长日条件下其育性转换临界起点温度较低，在温度24℃时，表现完全不育，符合国家“863”两系不育系的要求。用该不育系配制的两系中籼品种两优363、黔香优2000，2000—2005年在贵州省累计推广面积13万 hm^2 左右。

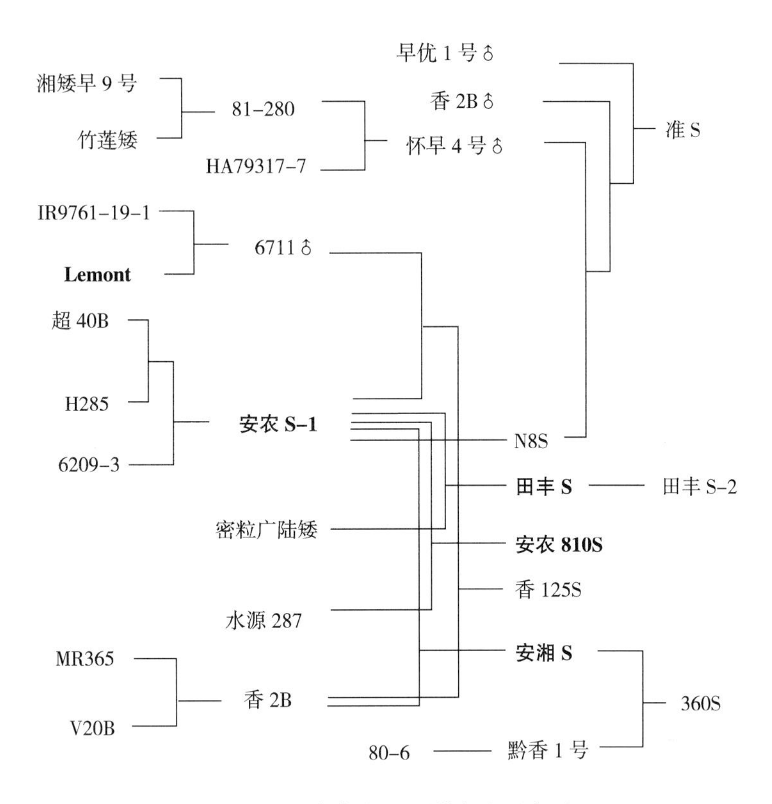

图16-4　安农S-1及其衍生不育系

3. 其他类型两系不育系

（1）株1S

湖南省株洲市农业科学研究所由遗传距离较远的不同生态类型材料杂交（抗罗早//4342/02428）的 F_2 群体中分离出的温敏核不育株定向培育而成（图16-5），1998年通过湖南省技术鉴定。该不育系株高75～80cm，株型紧散适中。前期叶片稍披，倒3叶直立，剑叶长25cm、宽1.65cm，较厚，夹角30°左右。叶色嫩绿，叶鞘、稃尖均无色。茎秆较粗，地上部伸长节4个，茎基部节间较短。一般单株分蘖11个，单株有效穗7.5个。每穗颖花数100～130个，颖壳淡绿，稃毛较少。谷粒饱满，千粒重28.5g。中抗稻瘟病和白叶枯病。育性转换临界温度在23℃以下。不育期抽穗卡颈较轻，穗粒外露率75%～80%。糙米率80.4%，精米粒率72.3%，整精米粒率44.3%，米粒长7.1mm，长宽比3.2，垩白粒率40%，垩白度5.5%，透明度2级，碱消值5.7，胶稠度42mm，直链淀粉含量26.3%，蛋白质含量11.2%，有7项指标达到部颁二级以上优质米标准。该不育系具有广亲和性，配合力强，已配制出株两优112、株两优02、株两优819等10多个品种通过省级以上品种审定，2002—2005年累计推广面积27.3万 hm^2。

（2）陆18S

湖南省亚华种业科学院与湖南省株洲市农业科学研究所合作，从遗传距离较远的不同生态类型材料杂交（抗罗早//4342/02428）的 F_2 群体中分离出的温敏核不育株定向培育而成（图 16-5），1999 年通过湖南省技术鉴定。该不育系株高 80cm 左右，茎秆较粗，株型紧散适中。前期叶片稍披，后三叶直立，剑叶长 24cm，宽 1.7cm，较厚，夹角 30°左右，叶色绿。叶鞘、稃尖紫色。一般单株分蘖 11 个，单株有效穗 7～8 穗，每穗粒数 11.5 粒。颖壳淡绿。谷粒长 9.5mm，长宽比 3.1，籽粒饱满，千粒重 29g。中抗稻瘟病，抗白叶枯病，黑粉病轻，耐寒性好。不育起点温度 23.5℃。花时早，午前花占 75%以上。喷施九二〇后，柱头外露率达 75%左右，其中双边外露率在 30%上，柱头生活力较强，异交结实率一般可达 40%以上，高者可达 60%。配合力较强，目前已配制陆两优 106、陆两优 28、陆两优 63、陆两优 105、陆两优 996 等品种通过省级以上农作物品种审定委员会审定，2002—2005 年累计推广面积 10 万 hm^2 以上。

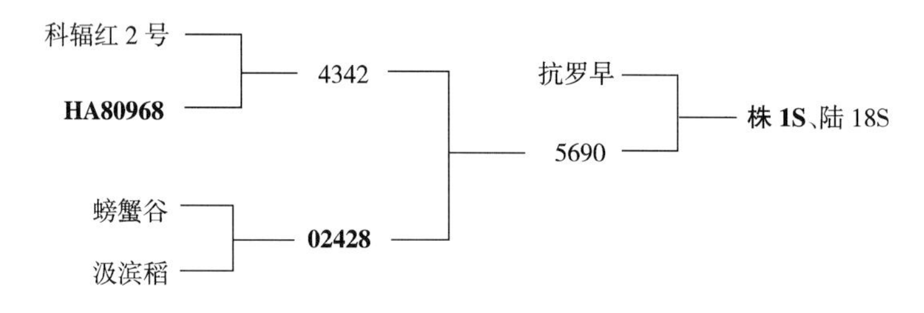

图 16-5　株 1S 及陆 18S 选育系

（3）YW-2S

华中师范大学用安农 S-1 衍生不育系 1356S 作母本，与农垦 58S 衍生不育系 5029S 杂交选育而成的重组型的光温敏核不育系，1997 年通过湖北省技术鉴定，花粉不育度 99.92%。该不育系系早熟中籼型，株高 80～85cm，分蘖力强，有效穗多，开花正常，闭颖后柱头外露率 80%左右，其中双边外露率 40%～70%，异交结实率高。在长日（14h）低温（23.5℃）下表现稳定不育，在武汉自然条件下，稳定不育期 30d 以上。5 月份播种至抽穗历期 87d 左右，用该不育系配制了两系品种两优 273、两优 277，2002—2005 年累计在湖北推广面积 1.9 万 hm^2 以上。

二、两系杂交稻恢复系

两系不育系恢复谱来源广泛，恢复系多数是生产上推广应用的常规品种或由常规品系选育而来，也有部分的恢复系同时也是三系杂交稻恢复系。两系恢复系按其属性，可分为籼型和粳型两大类。

1. 籼型恢复系系谱

（1）ZR112

湖南亚华种业科学院用中优早 2 号与湘早籼 7 号杂交后系选而成的早籼恢复系（图 16-6），用该恢复系与不育系株 1S 配组选育了早籼品种株两优 112，2002—2005 年累计在湖南推广面积 4 万 hm^2 以上。

（2）ZR02

湖南亚华种业科学院用浙辐 852//湘早籼 7 号///4333/湘早籼 15//浙 86－19 杂交，后代经系选而成的早籼类型恢复系（图 16－6）。选配品种株两优 02 耐肥抗倒，适应性广，2004—2005 年在全国推广面积 15.8 万 hm^2。

（3）怀 96－1

湖南省怀化市农业科学研究所用 87－249/湘早籼 7 号//4342－1/02428 杂交系选而成的早籼恢复系（图 16－6），选配品种八两优 96 耐肥抗倒，适应性广，2001—2005 年累计在长江中下游稻区推广面积 6.73 万 hm^2。

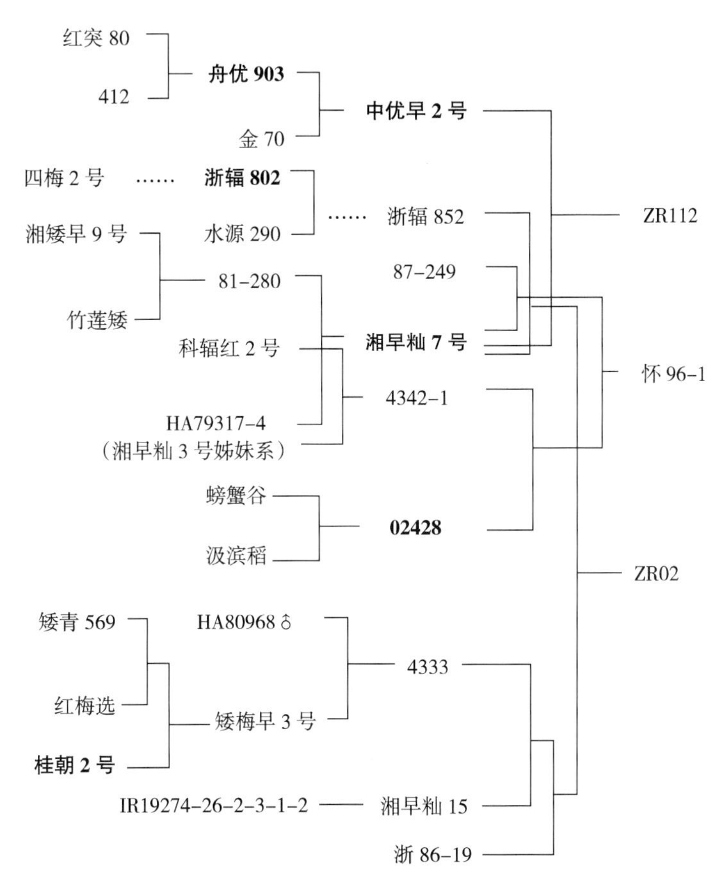

图 16－6　籼型恢复系系谱（一）

（4）潭早籼 4 号

湖南省湘潭市农业科学研究所用中 83－49 与浙 733 杂交系选而成的早籼常规品种（图 16－7），该品种具有分蘖力强、长势旺、成穗率高、高产稳产、抗病性强等特点。作恢复系选配的两系品种株两优 83 耐寒性强，2004—2005 年在湖南累计推广面积 2.33 万 hm^2。

（5）R402

湖南省安江农业学校用自选恢复系制 3－1－6 与 IR2035 杂交，经 14 代系选而成的早籼优良恢复系（图 16－7）。株高 78.5cm 左右，株型集散适中，茎秆偏细，叶鞘叶耳无色，叶片青绿色，主茎叶 14 片左右，剑叶长 28cm，宽 1.5cm，夹角较小，属叶下禾。分蘖力中等，单株平均分蘖 11 个，单株有效穗 7.5 穗，成穗率 75%左右，有效穗 430 万/hm² 左右。穗长 20cm 左右，每穗粒数 85 粒，结实率 85%以上。谷粒长形，长 10mm，宽 2.7mm，长宽比 3.7。谷壳薄，呈黄色，有顶芒，千粒重 26.5g。抗稻瘟病，配合力好，恢复力强，已配制 14 个杂交品种通过审定并推广应用。其中两系品种有田两优 402、安两优 402 等，2001—2005 年累计在江西省推广面积 4 万 hm² 以上。

（6）扬稻 6 号

原名 9311，江苏省里下河地区农业科学研究所用扬稻 4 号为母本，中籼“3021”为父本，F_1 种子经 $^{60}Co-\gamma$ 射线辐照诱变，定向选育而成（图 16-7）。1997 年 4 月、2000 年 11 月和 2001 年 3 月分别通过江苏、安徽、湖北三省农作物品种审定委员会审定。全生育期 145d 左右，为迟熟中籼类型。苗期矮壮，繁茂性好，分蘖性中等，株高 115cm，茎秆粗壮，地上部伸长节间 5 个，主茎叶 17～18 片，穗长 24cm，穗层整齐，熟相佳，抗倒能力强。有效穗 225 万/hm² 左右，每穗粒数 165 粒，结实率 90%以上，千粒重 31g 左右。米质：糙米率 80.9%，精米粒率 74.7%，长宽比为 3.0，垩白度 5%，透明度 2 级，直链淀粉含量 17.6%，糊化温度（碱消值）7 级，胶稠度 97mm，蛋白质含量 11.3%，品质主要指标达部颁一级米标准。米饭松散柔软，冷后不硬，适口性好。对白叶枯病表现抗

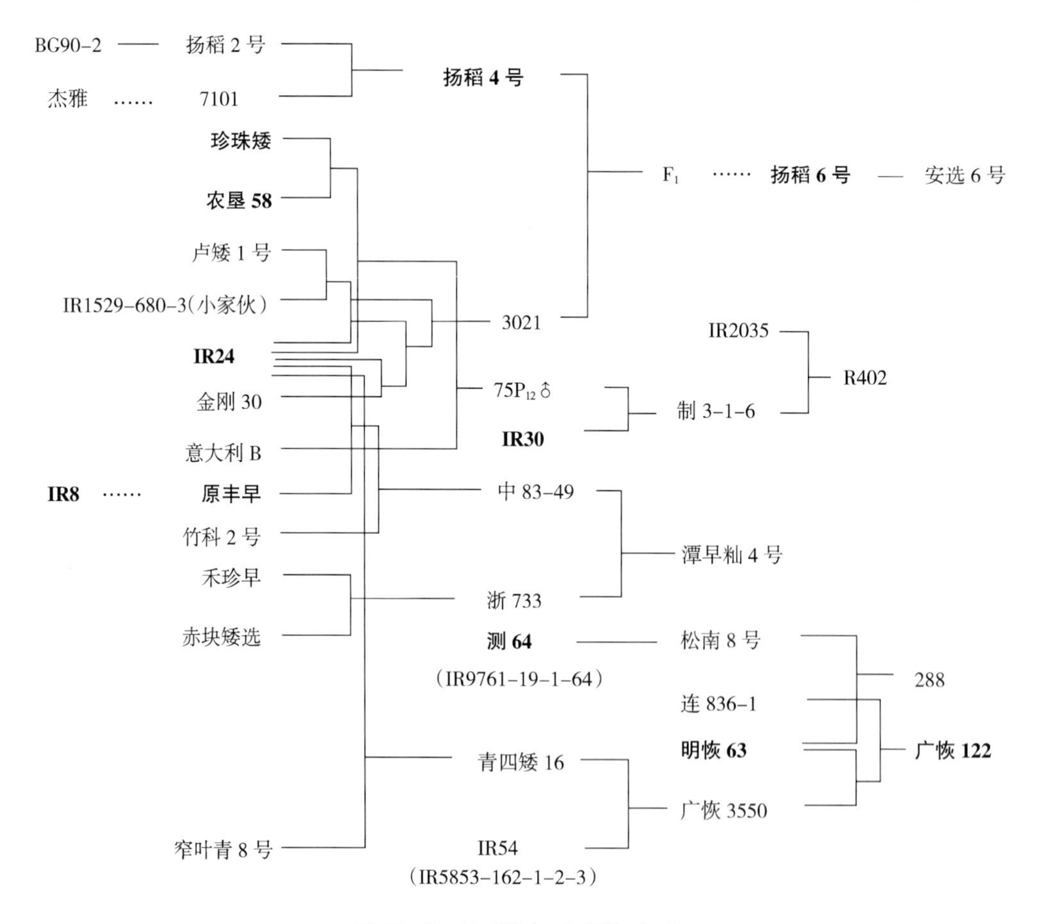

图 16-7 籼型恢复系系谱（二）

病（3级），稻瘟病表现高抗（病级为R）；耐热性和苗期耐冷性较强（均为3级）。扬稻6号是著名恢复系，已配制出两优培九、丰两优1号、扬两优6号、e福丰优11等优质高产两系杂交籼稻品种，2000—2005年累计推广面积在460万 hm^2 以上。

（7）安选6号

原名皖稻115，安徽农业大学从扬稻6号自然变异株系选而成（图16-7）。2004年通过安徽省品种审定委员会审定。全生育期141.6d，比汕优63长3.4d，属中籼中熟偏迟类型。株高115.8cm，茎秆健壮，分蘖力中等，叶片挺举浓绿，长相清秀，熟期转色好。有效穗230万/hm^2，每穗粒数155.5粒，结实率84.8%，谷粒细长，无芒，千粒重29.5g。整精米粒率53.9%，精米粒率72.1%，粒长6.6mm，糊化温度（碱消值）7.0级，胶稠度70mm，蛋白质含量11.0%，长宽比2.9，垩白粒率9%，垩白度2.3%，透明度2级，直链淀粉含量13.5%。用安选6号作恢复系选配的两系中籼品种新两优6号（皖稻147），2005年在安徽推广种植2.1万 hm^2。

（8）288

湖南农业大学水稻研究所用优质米品种松南8号作母本，优良恢复系明恢63作父本杂交，后代经7代系选而成（图16-7）。株高85cm，茎秆粗壮，主茎叶14～15片，剑叶中长直立，叶鞘无色。每穗粒数110粒，谷粒长形，部分有顶芒。分蘖力较强，中抗稻瘟病，不抗白叶枯病，后期耐肥，米质优。选配的晚籼品种培两优288米质优，1996—2005年累计在全国推广面积约100万 hm^2。

（9）广恢122

广东省农业科学院水稻研究所用连836-1作母本，明恢63与广恢3550的杂交后代（F_5）株系作父本杂交，经定向选择配育而成（图16-7）。该恢复系生育期适中，适应性广、配合力强、抗稻瘟病。目前已配制粤杂122、优优122、汕优122、博优122等4个两、三系杂交品种通过了广东省农作物品种审定委员会审定，其中两系品种粤杂122在广东2003—2005年累计推广面积3万 hm^2 以上。

（10）玉266

广西壮族自治区玉林市农业科学研究所利用海南省农业科学院育成的早籼中熟优质常规稻“海南占（玉83）”与玉林市农业科学研究所育成的“玉212”有性杂交、测交筛选，经8代选育而成（图16-8）。其中，玉212是玉林市农业科学研究所从引进泰国材料“BK14”的变异株中，经8代系选、测交筛选育成的恢复系。用不育系培矮64S与玉266配组选育品种培杂266，2002年在广西壮族自治区推广面积0.73万 hm^2。

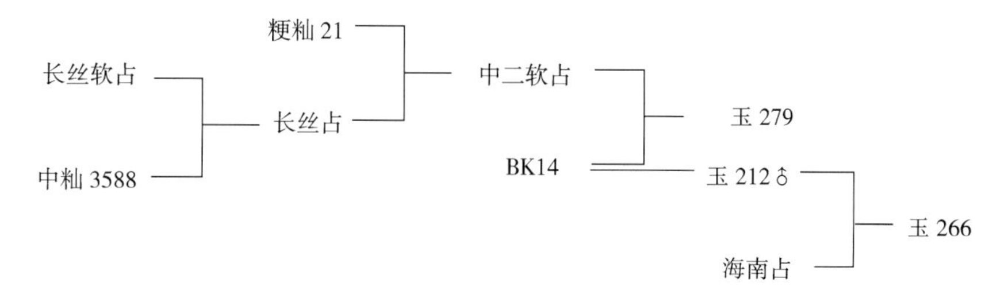

图16-8　籼型恢复系系谱（三）

(11) 玉 279

广西壮族自治区玉林市农业科学研究所利用中二软占与泰国引进品系 BK14 杂交系选而成（图 16-8）。其中中二软占是广东省农业科学院水稻研究所以粳籼 21（常规优质稻）为母本，长丝占为父本杂交育成的早、晚兼用常规优质稻新品种。长丝占是广东省农业科学院水稻研究所用软性、米质特一级的长丝占 2 号（长丝软占）与软性、高产的中籼 3588 杂交选育而成的优质高产、中抗的籼稻品种。用不育系培矮 64S 与玉 279 配组选育品种培杂 279，2003—2005 年累计在广西壮族自治区推广面积 0.75 万 hm^2 以上。

(12) 桂 99

广西壮族自治区农业科学院水稻研究所用龙紫 12/野 5//龙紫 12///IR661/IR2061 的杂交后代系选而成（图 16-9）。该恢复系株高 90cm 左右，株型集散适中，叶片竖直，稃尖无色，叶鞘青绿，主茎叶 15～16 片。苗期较耐寒，分蘖发生早。花粉量充足，开花习性好，花时较集中，花期较长。异交结实率一般在 40%～50%。配合力强，已选配培两优 99、田两优 9 号等两系杂交品种，其中培两优 99 于 2001 年在广西壮族自治区推广面积达 1.2 万 hm^2。

(13) 1025

广西壮族自治区农业科学院水稻所用桂 99//辽粳 5 号/Cplso18////Belement/皖恢 9 号//Cplso18///直龙杂交，后代系选而成（图 16-9）。所配品种培两优 1025 耐肥抗倒性较强，后期熟色好，2002 年在广西壮族自治区推广面积 0.8 万 hm^2。

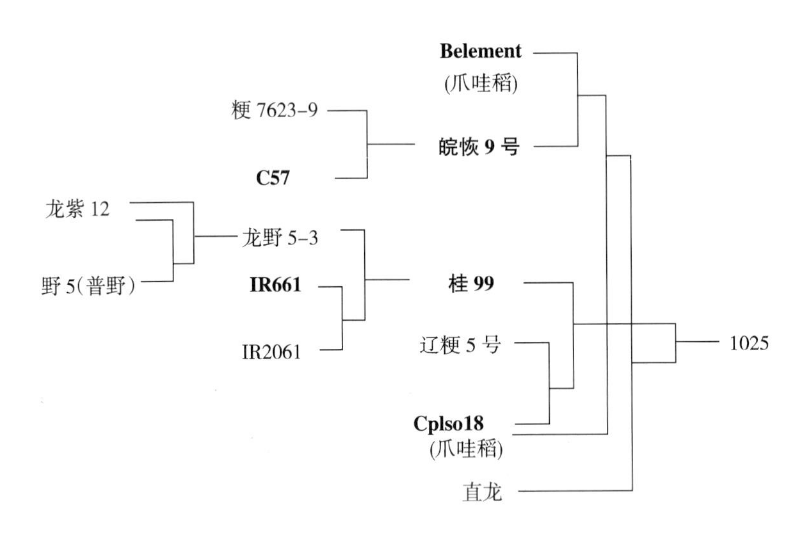

图 16-9 籼型恢复系系谱（四）

(14) 特青

广东省农业科学院用叶伦青与特矮杂交育成，由湖南杂交水稻研究中心测交筛选出。株高 90cm，株型集散适中，茎秆粗细中等，分蘖力较强。叶鞘、叶耳无色，叶色浓绿，剑叶直立，主茎叶 16 片。每穗粒数 120 粒，谷粒椭圆形，千粒重 25.5g，米质一般。开花习性较好，花粉量大，抗病能力弱，中感白叶枯病（5 级），高感稻瘟病（9 级）和稻曲病。选配品种培两优特青 1996—2001 年累计推广面积 21.6 万 hm^2。

（15）D68

D68 是湖南杂交水稻研究中心从引进材料 91－81 中筛选而成。株高 80cm，株型适中，叶色较绿，剑叶呈瓦状，直立，叶鞘无色，主茎叶 13 片。每穗粒数 85 粒，谷粒长形，浅黄色，稃尖无色，无芒，千粒重 25g，米质好。分蘖力中等，抗性一般，抗稻瘟病 7 级，抗白叶枯病 5 级。选配品种香两优 68 米质优，适应性广，1999—2005 年在湖南、广西、安徽等地累计推广面积 39 万 hm^2 以上。

（16）D100

原名 P48，为长江流域早籼品系。全生育期 95d 左右，株高 80cm，株型集散适中，茎秆粗细中等，叶鞘、叶耳均无色，叶色深绿，主茎叶 13～14 片，剑叶较直立，叶下禾。每穗粒数 103 粒，谷粒长形，稃尖无色、无芒，千粒重 29g，米质一般。分蘖力中等，抗性较强，抗稻叶瘟 3 级，抗穗颈瘟 4 级，抗白叶枯病 3 级，抗旱耐寒。选配品种八两优 100 耐肥抗倒，后期落色好，1997—2005 年在湖南、广西等省、自治区累计推广面积 13.6 万 hm^2。

（17）孖七占

广东省农业科学院水稻研究所用七加占/七青占杂交，后代经系选而成的优质常规稻品种。与培矮 64S 选配品种培杂双七耐寒性强，抗稻瘟病，1998—2005 年在华南稻区累计推广面积 64.5 万 hm^2 以上。

（18）G67

华南农业大学用 Cpslo17/毫格老//新秀 299 杂交，后代经系选而成的籼粳交常规优良品系，抗稻瘟病。与培矮 64S 测配品种培杂 67 高抗稻瘟病，2001—2005 年在广东省累计推广面积 9.3 万 hm^2。

（19）山青 11

广东省佛山市农业科学研究所育成的优质常规稻。株高 100cm 左右，茎秆粗壮，株型适中，分蘖力较强，叶片淡绿，剑叶直立，叶鞘、叶耳无色，主茎叶 15～16 片，每穗粒数 110 粒左右，千粒重 25g，米质中等。抗稻瘟病，中抗白叶枯病。与培矮 64S 选配品种抗倒力强，抗稻瘟病，1996—2004 年在华南稻区累计推广面积 41.9 万 hm^2。

（20）凯 106

贵州省黔东南州农业科学研究所用爪哇稻“VaryLana1312”与籼稻品种“胜优二号（双青 21/丛型 3 号）”杂交，经多代选育而成。与陆 18S 选配品种陆两优 106，抗逆抗病性强，2002—2005 年已在贵州累计推广面积 8.67 万 hm^2。

2. 粳型恢复系系谱

（1）皖恢 9 号

皖恢 9 号为 70 优 9 号（皖稻 24）父本，是安徽省农业科学院水稻研究所利用粳 7623-9 与 C57 杂交选育的早熟晚粳恢复系（图 16－9）。全生育期 145d 左右，播种至始穗期 96～106d，主茎叶 16～17 片，分蘖力强，单株有效穗 8～10 穗，每穗粒数 150 粒，千粒重 26g。米质中等偏上，抗稻瘟病和白叶枯病。花粉量大，一般配合力好，恢复力强，已配制 80 优 9 号、皖稻 24 等品种。其中两系品种皖稻 24 抗病性强，米质较好，1995—2002 年在安徽、云南等省累计推广面积 10 万 hm^2。

(2) 秀水 04

原名 30042，由浙江省嘉兴市农业科学研究所采用籼粳杂交后代单 209 同丰产晚粳辐农 709 杂交，再用优质、抗病晚粳测 21 回交选育而成，1987 年通过浙江省农作物品种审定。该品种耐肥抗倒、穗粒兼顾，对稻瘟病抗性好，品质较优，单双季通用，是中国南方晚粳稻区 1987—1989 年度种植面积最大的晚粳当家品种。用秀水 04 作恢复系，已配组皖稻 26、皖稻 50 两个品种，其中皖稻 26 在 2003 年推广了 1.1 万 hm^2，皖稻 50 在 2000—2004 年累计推广面积 1.8 万 hm^2。

(3) 双九

原名 2277，安徽省农业科学院水稻研究所用从江苏省引进的常规品种六千辛为母本，关东 136（从日本引进的粳稻品系）为父本进行杂交，经系谱法选育而成。全生育期 135d，株高 100～110cm，叶色淡绿，主茎叶 16.5 片，每穗粒数 133 粒。叶色淡绿，着粒较稀，谷壳淡黄色、较薄，米粒透明，食味好，灌浆快，结实率高，籽粒饱满，易脱粒，花时早（10：00～12：00），花粉量足，有利于高产制种，对九二〇钝感。与 7001S 选配品种皖稻 48 米质好，较抗稻瘟病，1998—2004 年累计在安徽省推广面积 5 万 hm^2。

(4) R187

由湖北省农业科学院粮食作物研究所从苏 512 经系选而成，选配品种鄂粳杂 1 号（N5088S/R187）2003—2005 年累计在湖北、云南等省推广面积 11.8 万 hm^2。

三、两系杂交稻品种

据统计，截至 2005 年底，我国已有 130 多个两系杂交稻品种通过省级以上农作物品种审定委员会审定，但在生产上大面积推广的品种并不多。按照品种的特性，两系杂交稻可分为籼、粳两种类型，现将推广面积较大的主要品种的系谱分述如下。

1. 两系籼型杂交稻品种

(1) 香两优 68

两系杂交早籼品种，湖南杂交水稻研究中心用香 125S 作母本，与 D68 配组育成（图 16-10），1998 年、2001 年和 2003 年分别通过湖南省、广西壮族自治区和安徽省农作物品种审定委员会审定。在湖南作早稻栽培全生育期 110d。株高 90cm 左右，株型适中，茎秆较粗壮，剑叶直立，叶色浓绿，分蘖力较强。穗长 20cm，每穗粒数 105 粒，结实率 80%以上。千粒重 26～27g，谷长粒形，谷壳薄，呈金黄色，稃尖紫色。抗倒伏能力较强，后期落色好，中抗白叶枯病，中感稻瘟病。湖南省区试平均单产 7.55t/hm^2，与对照威优 402 相当，但全生育期短 3d。糙米率 79.9%，精米粒率 73.4%，整精米粒率 50%，垩白粒率 12%，垩白大小 1.7%，糊化温度（碱消值）3.2 级，胶稠度 84mm，直链淀粉含量 13.4%，蛋白质含量 9.3%，米质优。适宜在湖南、广西、安徽等地稻瘟病轻发区作早稻种植。2002 年最大年推广面积 10.6 万 hm^2，1999—2005 年累计推广面积 39.3 万 hm^2。

(2) 八两优 96

两系杂交早籼品种，湖南省怀化市农业科学研究所用安农 810S 与自选恢复系怀 96-1 配组选育而成的早籼类型品种，2000 年、2001 年和 2003 年分别通过湖南省、广西壮族自治区和国家农作物品种审定委员会审定。在湖南作早稻种植，全生育期 108d 左右。株高

86.5cm，主茎叶12片。株型集散适中，叶片直立，剑叶夹角小，叶色较绿，穗部性状较好。谷粒饱满，谷壳薄，稃尖无色。抽穗整齐，成熟落色好，不早衰。生长繁茂，耐肥抗倒力强，分蘖力较强。有效穗368万/hm^2，每穗粒数101.5粒，结实率86.6%，千粒重24.2g。抗稻叶瘟5级，抗穗瘟7级，抗白叶枯病5级。整精米粒率35.3%，长宽比3.0，垩白粒率92%，垩白度30.7%，胶稠度44mm，直链淀粉含量24.8%。2000年、2001年南方早稻区试，平均单产7.58t/hm^2。适宜在长江中下游南方稻区作早稻种植。2001年最大年推广面积1.8万hm^2，2001—2005年累计推广面积6.73万hm^2。

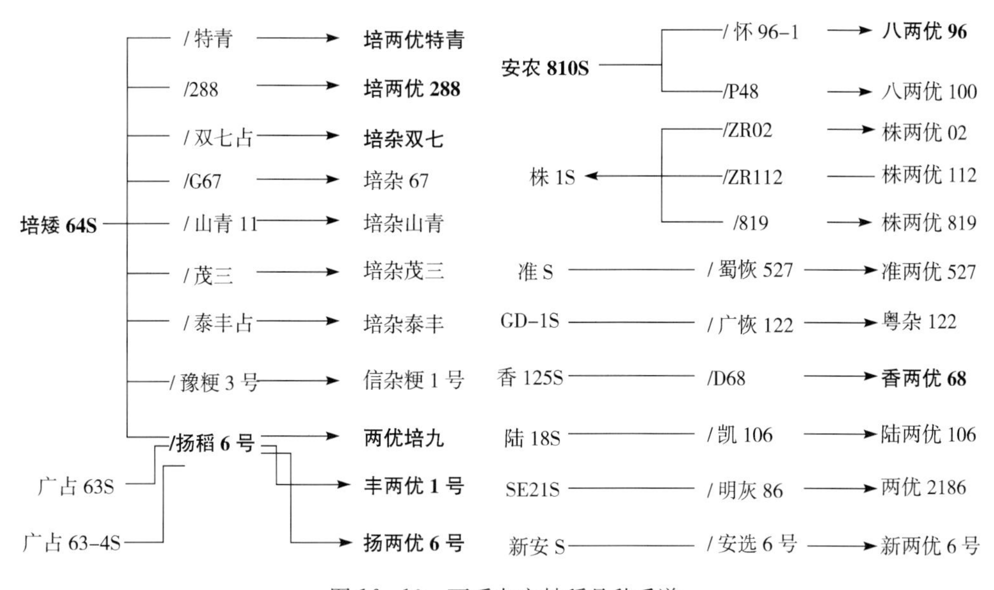

图16-10　两系杂交籼稻品种系谱

（3）八两优100

两系杂交早籼品种，湖南省安江农业学校以早籼型温敏核不育系安农810S与长江流域早籼品系P48（田间编号D100）配组选育而成，1998年通过湖南省农作物品种审定委员会审定。在湖南作早稻种植，全生育期111d，属迟熟类型，弱感光，中感温，短日高温生育期长。株高80cm左右，株型较紧凑，茎秆较粗壮。剑叶窄挺，叶色深绿，分蘖力中等。每穗粒数100粒，结实率80%以上。千粒重26g，谷粒椭圆形，谷壳金黄色，较薄，稃尖无色。抗倒伏能力较强，后期落色好，中抗稻瘟病，不抗白叶枯病。糙米率81%，精米粒率68.8%，整精米粒率44%，垩白粒率80%，长宽比2.7，米饭软硬适中。省区试平均单产7.22t/hm^2，与对照威优402相当，但全生育期短2d，适宜在湖南省作早稻种植。2001年最大年推广面积1.93万hm^2，1997—2005年累计推广面积13.6万hm^2。

（4）株两优02

两系杂交早籼品种，湖南省株洲市农业科学研究所与湖南亚华种业科学院用株1S与恢复系ZR02配组选育而成。在湖南作早稻种植，全生育期112d左右，比金优402短1d。株高92cm，株型适中，耐肥抗倒力强。分蘖力中等，成穗率高，生长势旺，剑叶短而直立，抽穗整齐，成熟落色好，不早衰。有效穗345万/hm^2，每穗粒数100粒，结实率87%左右，千粒重26.7g，谷长粒形，籽粒饱满，颖尖无芒。经国家和省区试统一鉴定：

抗稻叶瘟2级、抗稻穗颈瘟1级，抗白叶枯病5级，抗褐飞虱、白背飞虱均为3级，且苗期耐寒力强。整精米粒率34.6%，长宽比3.1，垩白粒率72%，垩白度20.5%，胶稠度42mm，直链淀粉含量19.8%。湖南两年区试平均单产7.65t/hm^2，大面积一般单产7.5t/hm^{2}以上，比主栽品种金优402等增产4%以上。适宜在长江流域的湖南、江西、浙江及福建省北部等地区作早稻种植。2005年最大年推广面积9.33万hm^2，2004—2005年在全国累计推广面积15.8万hm^2。

(5) 株两优112

两系杂交早籼品种，湖南省株洲市农业科学研究所用温敏核不育系株1S与恢复系ZR112配组选育而成，2001年通过湖南省农作物品种审定委员会审定。在湖南作早稻种植，全生育期109d左右。株高84.2cm，茎秆较粗，耐肥抗倒力较强。根系发达，活力强。分蘖力较强，成穗率高，生长势旺，抽穗整齐，后期落色好，不早衰。有效穗372万/hm^2，每穗粒数95粒，每穗实粒数77粒，结实率81%左右，千粒重26g，颖尖无芒。抗稻叶瘟5～7级，抗穗瘟3～7级，苗期耐寒能力强，田间纹枯病较轻。糙米率80.7%，精米粒率73.3%，整精米粒率50%，粒长6.7mm，长宽比3.0，垩白粒率50%，透明度2级，垩白度8.6%，糊化温度（碱消值）5.8级，胶稠度48mm，直链淀粉含量21.8%，蛋白质含量10.7%，米饭较软。两年区试平均单产7.14t/hm^2，适宜在湖南省作双季早稻种植。2004年最大年推广面积1.3万hm^2，2002—2005年累计推广面积4.4万hm^2。

(6) 株两优819

两系杂交早籼品种，湖南亚华种业科学院用株1S与恢复系819配组选育而成，2005年通过湖南省农作物品种审定委员会审定。在湖南作早稻种植，全生育期106d左右。株高82cm，株型好，耐肥抗倒。分蘖力强，成穗率高，抽穗整齐，成熟落色好。有效穗354万/hm^2，每穗粒数109.6粒，结实率79.8%，千粒重24.7g，谷长粒形，籽粒饱满，颖尖无色、无芒。糙米率81.8%，精米粒率72.2%，整精米粒率46.1%，粒长6.5mm，长宽比3.0，垩白粒率60%，垩白度9.9%，透明度2级，糊化温度（碱消值）4.9级，胶稠度60mm，直链淀粉含量22.1%，蛋白质含量10.8%，米饭较软，适口性较好。区试鉴定：抗稻叶瘟3～5级，抗稻穗颈瘟3级，抗白叶枯病5级，苗期耐寒。湖南省两年区试平均单产7.06t/hm^2，比对照湘早籼13增产10.0%，平均日产量4.42kg，比湘早籼13高0.43kg，为农业部主推超级杂交早稻品种。适宜在长江中下游双季稻区作早稻种植。2005年最大年推广面积0.88万hm^2。

(7) 培两优特青

两系杂交中晚籼品种，湖南杂交水稻研究中心用培矮64S与特青配组而成，1994年和2001年分别通过湖南省和广西壮族自治区农作物品种审定委员会审定。在湖南省作中稻种植，全生育期135～140d，晚稻全生育期118～130d，感温。株高100～110cm，株型适中，茎秆坚韧，剑叶直立，叶色浓绿，分蘖力较强。穗长24～25cm，每穗粒数150粒，结实率80%～90%。千粒重24g左右，谷粒椭圆形，谷壳金黄色、较薄，稃尖浅紫色，间有短芒。抗倒伏能力较强，后期落色好，中抗稻瘟病和白叶枯病，感稻曲病。糙米率81.1%，精米粒率70.2%，整精米粒率53.9%，垩白粒率85.0%，垩白度5.3%，直链淀粉含量22.0%，蛋白质含量10.38%，米质中上。一般单产中稻9.0t/hm²，晚稻7.5t/hm²。适宜在湖南、江西一季中稻区，广西桂林地区中等肥力以上田作晚稻种植。1998年最大年推广面积7.47万hm²，1996—2001年累计推广面积21.6万hm²。

（8）培两优288

两系杂交晚籼品种，湖南农业大学水稻研究所用培矮64S作母本，自选恢复系288为父本配组选育而成，1996年、2001年和2003年分别通过湖南省、广西壮族自治区和安徽省农作物品种审定委员会审定。在湖南作晚稻种植，全生育期115d，株高95cm。株型松紧适中，剑叶长而挺直，叶色较浓。叶鞘稃尖紫色；后期落色好，分蘖力较强，成穗率高。有效穗360万/hm²，每穗粒数110粒，结实率85%，千粒重23～24g。糙米率80.78%，精米粒率72.69%，整精米粒率64.58%，粒长6.3mm，长宽比3.0，属细长粒型，糊化温度（碱消值）7级，直链淀粉含量15.02%，胶稠度42mm，蛋白质含量10.38%，米质优。适宜在湖南、江西、安徽等省作双季或一季晚稻种植，一般单产6.75t/hm²。2001年最大年推广面积39.87万hm²，1996—2005年累计推广面积99.87万hm²。

（9）两优培九

两系杂交中籼品种，江苏省农业科学院粮食作物研究所用培矮64S与扬稻6号（9311）配组而成，1999年通过江苏省农作物品种审定委员会审定，2001年先后通过湖南省、湖北省、广西壮族自治区、福建省、陕西省和国家农作物品种审定委员会审定。全生育期126～148d，株高115～120cm，冠层130cm。株型适中，茎秆坚韧抗倒，叶色青绿。上部三片功能叶具有“长、直、窄、凹、厚”的特点。剑叶长45cm左右，宽1.8cm左右，与茎秆夹角10°～15°。分蘖力中等，有效穗270万/hm²左右。穗长25～30cm，每穗粒数180～200粒，千粒重27g，结实率80%左右。对稻瘟病和白叶枯病的抗性均为5级。苗期抗寒力强，抗倒特强。糙米率79.4%～81.3%，精米粒率65.5%～71.4%，整精米粒率38.9%～54.%，胶稠度80mm，直链淀粉含量21.6%，蛋白质含量10.2%，粒型细长，透明度2级。一般单产10.5t/hm²，为农业部主推超级稻品种。适宜在福建、江西、湖南、湖北、浙江、江苏、广西等省、自治区以及陕西省南部稻作一季中稻种植。2002年最大年推广面积82.53万hm²，2000—2005年累计推广面积379.1万hm²，为推广面积最大的两系杂交稻品种。

（10）皖稻87

两系杂交中籼品种，合肥丰乐种业股份有限公司与北方杂交粳稻工程中心用广占63S作母本，扬稻6号作父本配组选育而成，原名丰两优1号，2003年通过安徽省农作物品种审定委员会审定，2004年先后通过湖北省、河南省农作物品种审定委员会审定，2005年先后通过江西省和国家农作物品种审定委员会审定。在安徽省作中籼栽培全生育期140d，与汕优63相仿。株高120cm，分蘖力较强，剑叶挺直，株型紧凑，有效穗243万/hm²，每穗粒数160粒，结实率85%，千粒重29g。抗性：中抗白叶枯病（3级）、轻感稻瘟病（4级）。米质：整精米粒率56.5%，长宽比3.1，垩白粒率25%，垩白度2.8%，胶稠度63mm，直链淀粉含量16%。适宜在湖北、江西、安徽、湖南、河南南部等省的稻瘟病轻发区作一季中稻或双季晚稻种植，一般单产8.7t/hm²。2005年最大年推广面积27.3万hm²，2002—2005年累计推广面积63.1万hm²。

(11) 扬两优6号

两系杂交中籼品种，江苏省农业科学院里下河地区农业科学研究所用广占63-4S作母本，扬稻6号作父本配组选育而成，2003年、2004年和2005年分别通过江苏省及贵州省、河南省、湖北省和国家农作物品种审定委员会审定。在长江中下游作一季中稻种植全生育期平均134.1d，比对照汕优63迟熟0.7d。株型适中，茎秆粗壮，长势繁茂，稃尖带芒，后期转色好，株高120.6cm，有效穗249万/hm^2，穗长24.6cm，每穗粒数167.5粒，结实率78.3%，千粒重28.1g。抗性：抗稻瘟病4.8级，最高7级；抗白叶枯病3级；抗褐飞虱5级。米质主要指标：整精米粒率58.0%，长宽比3.0，垩白粒率14%，垩白度1.9%，胶稠度65mm，直链淀粉含量14.7%。平均单产9.5t/hm^2。适宜在福建、江西、湖南、湖北、安徽、浙江、江苏省的长江流域稻区（武陵山区除外）以及河南省南部稻区的稻瘟病轻发区作一季中稻种植。2005年最大年推广面积6.67万hm^2，2003—2005年累计推广面积18万hm^2。

(12) 准两优527

两系杂交中籼品种，湖南杂交水稻研究中心和四川农业大学用准S与蜀恢527配组而成，2003年和2005年分别通过湖南省和国家农作物品种审定委员会审定。全生育期134～147d。株高125cm，植株整齐，株型适中，叶色淡绿，主茎叶16片，剑叶长40cm，宽2.5cm，茎秆弹性好，叶片挺立。后期耐寒性强，熟期落色好，不早衰。分蘖力中等，成穗率70%左右。有效穗225万/hm^2，每穗粒数140粒，结实率85.5%～90.3%，千粒重31.9g。国家区试抗病性鉴定：抗稻瘟病4.0级，最高5级；抗白叶枯病7级；抗褐飞虱9级。米质：整精米粒率52.7%，长宽比3.4，垩白粒率27%，垩白度4.4%，胶稠度77mm，直链淀粉含量21.0%，品质达到国家《优质稻谷》三级标准。2003年参加南方稻区长江中下游中籼迟熟区试，平均单产8.03t/hm^2，比对照汕优63增产7.22%，达极显著水平。2003年参加武陵山区国家水稻区试，平均单产8.79t/hm^2，居第一位，比对照Ⅱ优58增产5.35%，增产极显著，高产栽培可达12t/hm^2，为农业部主推超级稻品种。适宜在福建、江西、湖南、湖北、安徽、浙江、江苏等省的长江流域稻区，河南省南部稻区的白叶枯病轻发区以及武陵山区稻区海拔800m以下的稻瘟病轻发区作一季中稻种植。2005年最大年推广面积2.8万hm^2，2004—2005年累计推广面积4.11万hm^2。

(13) 陆两优106

两系杂交中晚籼品种，贵州省黔东南州农业科学研究所和湖南亚华种业科学院用光温敏核不育系陆18S与恢复系凯106配组而成，2002年和2004年分别通过贵州省和湖南省农作物品种审定委员会审定。在贵州作中稻种植，全生育期145～159d。株高113.4cm，株型松散适中，叶片厚实直挺，叶色深绿，分蘖中等，长势旺盛，抗病性强，耐肥，抗早衰，后期青枝蜡秆，熟色好。有效穗242.7万/hm^2，穗长24.4cm，每穗粒数184.6粒，千粒重27.4g。抗性：抗稻叶瘟3级，抗穗瘟3级，抗白叶枯病3级。整精米粒率66.5%，长宽比2.79，垩白粒率72%，垩白度12.66%，胶稠度80mm，直链淀粉含量24.9%。平均单产8.6t/hm^2。适宜在贵州省和湖南省一季中稻区种植。2005年最大年推广面积5万hm^2，2002—2005年累计推广面积8.67万hm^2。

(14) 两优2186

两系杂交中晚籼品种，福建省农业科学院稻麦研究所用光温敏核不育系 SE21S 与恢复系明恢 86 配组而成，2000 年通过福建省农作物品种审定委员会审定。在福建作中稻全生育期 135～138d，比汕优 63 短 5～7d，作连晚种植，全生育期 123.4d，比汕优 63 早熟 2.3d。株高 106.5～126cm，株型集散适中，分蘖力中等。剑叶较宽长，直立且厚。穗长 24.3cm，每穗粒数 135 粒，结实率 89.4%～96%。谷粒长粒形，千粒重 29.8g。抗稻瘟病，高抗稻曲病，苗期耐寒性中等，后期抗倒伏性好。糙米率 82.3%，精米粒率 75.0%，整精米粒率 58.7%，粒长 7.0mm，长宽比 3.1，直链淀粉含量 17.4%，蛋白质含量 11.0%。在华南稻区可作早稻栽培，长江中下游地区可作中晚稻栽培。2004 年最大年推广面积 4.47 万 hm^2，2001—2005 年累计推广面积 20.27 万 hm^2。

（15）培杂双七

两系杂交籼型早晚兼用型品种，广东省农业科学院水稻研究所用培矮 64S 作母本，优质品系双七占为父本配组而成，1998 年、2000 年和 2001 年分别通过广东省、广西壮族自治区和国家农作物品种审定委员会审定。在广东省作早季种植，全生育期 125～130d，晚季全生育期 107～113d。株高 90～101cm，株型集散适中。叶片较硬直，叶色淡绿，茎秆坚韧，耐肥、抗倒，不早衰，后期熟色好，青枝蜡秆；分蘖力中等。有效穗 255 万～285 万/hm^2，每穗粒数 150～185 粒，结实率 85%左右，千粒重 19～21g。抗性较好，稻瘟病全群抗性 97%，高抗稻瘟病，中抗白叶枯病（3 级）。稻米外观品质为晚稻优质二级，直链淀粉含量 22.4%，碱消值 6.8 级，糙米率 81.2%，精米粒率 73.3%，整精米粒率 69.8%，籽粒长宽比 2.78，脂肪 2.98%。适宜在华南稻区作晚稻和广东省粤北以外地区作早稻种植，一般单产 6.5～7.5t/hm^2。2002 年最大年推广面积 11.87 万 hm^2，1998—2005 年累计推广面积 64.53 万 hm^2。

（16）培杂山青

两系杂交籼型早晚兼用型品种，广东华茂高科种业有限公司用培矮 64S 作母本，与优质稻山青 11 作父本配组而成，1996 年和 1999 年分别通过广东省和广西壮族自治区农作物品种审定委员会审定。在广东省作早季种植，全生育期 126～128d，晚季 106～108d。株高 92～105cm，有效穗 270 万～300 万/hm^2，每穗粒数 160～180 粒，结实率 85%左右，千粒重 22～23g。株型紧凑，叶片窄厚短直，分蘖力中强，茎秆结实，耐肥抗倒。穗型较大，着粒较密，后期成熟落色好。高抗稻瘟病，中抗白叶枯病。稻米外观品质为早籼优质三级，糙米率 80.7%，精米粒率 71.8%，整精米粒率 59.7%，籽粒长宽比 2.59，垩白粒率 95%，垩白度 51%，透明度 0.35，直链淀粉含量 22.5%，胶稠度 43mm，糊化温度（碱消值）4.2 级，蛋白质含量 9.5%。适宜在华南稻区早晚连种，一般单产 6.8～10.1t/hm^2 左右。1998 年最大年推广面积 7.67 万 hm^2，1996—2004 年累计推广面积 41.93 万 hm^2。

（17）培杂茂三

两系杂交籼型早晚兼用型品种，广东华茂高科种业有限公司用培矮 64S 与茂三配组而成，2000 年和 2001 年分别通过广东省及广西壮族自治区和国家农作物品种审定委员会审定。在广东省作早季种植，全生育期 123d，晚季全生育期 103d。株高 100cm，株型集散适中；茎秆粗壮抗倒，叶片厚直。穗大粒密，每穗粒数 145～180 粒，结实率 86%。分蘖力中等，后期叶青籽黄，千粒重 20～21g。稻米外观品质为早稻优质一级，糙米率 81.6%，精米粒率 73.6%，长宽比 3.2，垩白粒率 16%，垩白度 1.4%，直链淀粉含量 24.8%，胶稠度 90mm。高抗稻瘟病（全群抗性比 100%），中抗白叶枯病（5 级）。适宜在华南稻区作早、晚稻种植，一般单产 6.6～7.2t/hm^2。2002 年最大年推广面积 5.87 万 hm^2，1999—2005 年累计推广面积 20.2 万 hm^2。

（18）培杂 67

两系杂交籼型早晚兼用型品种，华南农业大学用培矮 64S 与籼粳交后代 G67 配组育成，2000 年和 2001 年分别通过广东省和广西壮族自治区农作物品种审定委员会审定。在广东省作早季种植，全生育期 129d，晚季全生育期 118d。株高 106～110cm，株型集散适中，茎秆粗壮，分蘖力较弱。叶片硬直，抗寒性较强，后期熟色好，穗大粒多，丰产性能好。每穗粒数 160～200 粒，结实率 80%左右，千粒重 19～20g。糙米率 80.1%，精米粒率 73.8%，直链淀粉含量 17.6%，长宽比 3.1，稻米外观品质为早稻优质一级，米饭软硬适中，适口性好。高抗稻瘟病，白叶枯病抗性 7 级。适宜在华南稻区作早、晚稻种植，一般单产 6.3～7.5t/hm^2。2002 年最大年推广面积 4.27 万 hm^2，2001—2005 年累计推广面积 9.27 万 hm^2。

（19）粤杂 122

两系杂交籼型早晚兼用型品种，广东省农业科学院水稻研究所用 GD-1S 与广恢 122 配组育成，2001 年通过广东省农作物品种审定委员会审定。在广东省作早季种植，全生育期 125d，晚季全生育期 112d。株高 97～100cm，前期早生快发，中后期茎叶挺直，株型集直，分蘖力较弱，成穗率高，抗倒力较弱。每穗粒数 129～147 粒，结实率 77.9%，千粒重 24.6g。稻米外观品质为晚稻优质二级，整精米粒率为 61.3%，垩白度 12.7%，长宽比 3.2，透明度 2 级，胶稠度达 94mm，直链淀粉含量 23.4%。抗稻瘟病，全群抗性比 85%，中 C 群抗性比 74.47%，中 A 群抗性比为 0，中感白叶枯病（5 级）。适宜在华南稻区作早、晚稻种植，一般单产 6.6～7.5t/hm^2。2004 年最大年推广面积 1.33 万 hm^2，2003—2005 年累计推广面积 3.07 万 hm^2。

（20）培杂泰丰

两系杂交籼型早晚兼用型品种，华南农业大学用培矮 64S 与泰丰占配组育成，2004 年和 2005 年分别通过广东省和国家农作物品种审定委员会审定。在华南作早稻种植全生育期 125.8d，比对照粤香占迟熟 2.5d。株型适中，叶色浓绿，分蘖力强，后期转色好，株高 107.7cm，有效穗 276 万/hm^2，穗长 23.3cm，每穗粒数 176.0 粒，结实率 80.1%，千粒重 21.2g。抗性：抗稻瘟病 4.9 级，最高 7 级；抗白叶枯病 9 级。米质主要指标：整精米粒率 64.1%，长宽比 3.4，垩白粒率 26%，垩白度 7.6%，胶稠度 75mm，直链淀粉含量 21.4%。适宜在海南省、广西壮族自治区中南部、广东省中南部、福建省南部的稻瘟病、白叶枯病轻发的双季稻区作早稻种植。单产一般为 6.8～7.5t/hm^2。2005 年最大年推广面积 1.73 万 hm^2。

（21）皖稻 147

两系杂交中籼品种，安徽荃银禾丰种业有限公司用新安 S 作母本，安选 6 号（扬稻 6 号变异株中系选）作父本配组选育而成，原名新两优 6 号，2003 年通过安徽省农作物品种审定委员会审定。在安徽省作一季中稻栽培，全生育期 140d。株高 115cm，叶色深绿，剑叶挺直；分蘖力较强，每穗粒数 185 粒，结实率 80%，千粒重 28g，谷粒呈浅褐色。区试抗性鉴定，抗稻叶瘟 2.7 级，抗穗瘟 7.0 级，抗白叶枯病 5.0 级，抗褐飞虱 9 级。米质晶莹透亮，粒型长，品质好，口味佳。2003—2004 年安徽省中籼区试，平均单产为 8.3t/hm^2 和 9.5t/hm^2。适宜在安徽省作一季中稻种植，一般单产 8.7t/hm^2。2005 年最大年推广面积 2.07 万 hm^2。

2. 两系粳型杂交稻品种

（1）鄂粳杂 1 号

两系杂交中晚粳品种，湖北省农业科学院粮食作物研究所以 N5088S 为母本，恢复系 R187 为父本配组选育而成（图 16-11），1995 年和 2001 年分别通过湖北省和云南省农作物品种审定委员会审定。在湖北省作连晚种植全生育期 125～130d，株高 90cm，株型较紧凑，茎秆粗壮，分蘖力中等，有效穗 300 万～375 万/hm^2，每穗粒数 100～120 粒，结实率 85%左右。云南省作一季稻栽培，全生育期 170～180d。穗粒结构为：基本苗 180 万～225 万/hm^2，有效穗 375 万～420 万/hm^2，每穗粒数 150～160 粒，结实率 85%。千粒重 23～24g，谷粒黄色，稃尖紫色，易脱粒。抗倒能力较强，后期落色好。中抗白叶枯病，中感稻瘟病，重感稻曲病。整精米粒率 67.17%，籽粒长宽比 2.0，垩白粒率 84%，胶稠度 40mm，直链淀粉含量 22.29%。适宜在湖北、江西、云南、浙江省作双季晚稻或一季稻栽培，一般单产晚稻 7.0t/hm^2，一季稻 8.8t/hm^2。2004 年最大年推广面积 4.8 万 hm^2，2003—2005 年累计推广面积 11.8 万 hm^2。

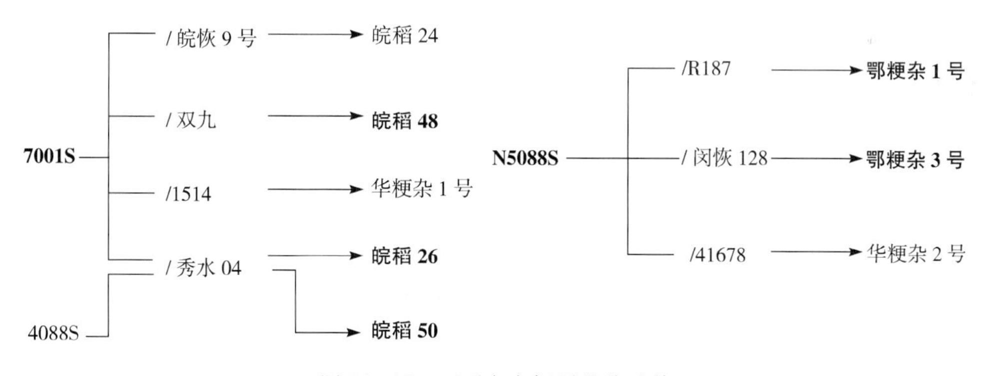

图 16-11　两系杂交粳稻品种系谱

（2）鄂粳杂 3 号

两系杂交晚粳品种，湖北省农业科学院粮食作物研究所用 N5088S 作母本，闵恢 128 作父本配组育成，原名两优 8828，2004 年通过湖北省农作物品种审定委员会审定。在湖北作晚稻种植，全生育期 126.9d，比鄂粳杂 1 号短 2.6d。株高 88.4cm，株型紧凑，茎秆粗壮，叶色深，剑叶较宽较挺。穗型半直立，穗轴较硬。谷粒椭圆形，有短顶芒，脱粒性中等。有效穗 295 万/hm^2，穗长 17.0cm，每穗粒数 115.1 粒，每穗实粒数 97.4 粒，结实率 84.5%，千粒重 27.29g。感稻穗颈瘟病，中感白叶枯病。出糙率 84.3%，整精米粒率 60.2%，长宽比 1.8，垩白粒率 23%，垩白度 3.3%，胶稠度 85mm，直链淀粉含量 17.3%。区试平均单产 7.38t/hm^2，适于湖北省稻瘟病无病区或轻病区作晚稻种植。2005

年最大年推广面积 1.0 万 hm^2，2004—2005 年湖北省累计推广面积 1.67 万 hm^2。

（3）华粳杂 1 号

两系杂交晚粳品种，华中农业大学用 7001S 与恢复系 1514 配组而成，1995 年通过湖北省农作物品种审定委员会审定。在湖北作晚稻种植，全生育期 125d。株高 100cm，茎秆粗壮，株型紧凑。有效穗 337.5 万/hm^2，每穗粒数 96.6 粒，千粒重 24g。穗颈稻瘟病最高 3 级，不抗白叶枯病，重感稻曲病。整精米粒率 63.3%，籽粒长宽比 2.0，垩白粒率 96%，胶稠度 50mm，直链淀粉含量 21.44%。适宜在湖北省双季晚稻区作晚粳栽培，平均单产 6.42t/hm^2。1997 年最大年推广面积 0.67 万 hm^2。

（4）华粳杂 2 号

两系杂交晚粳品种，华中农业大学用 N5088S 与恢复系 41678 配组而成，2001 年通过湖北省农作物品种审定委员会审定。在湖北作晚稻种植，全生育期 126d，比对照鄂粳杂 1 号短 4.6d。株高 89.4cm，有效穗 330 万/hm^2，每穗粒数 110.1 粒，结实率 78.1%，千粒重 26.08g。叶色偏淡，后期落色较好，不早衰，易脱粒。抗性鉴定感白叶枯病、高感稻穗颈瘟病。整精米粒率 62.11%，籽粒长宽比 1.9，垩白粒率 52%，透明度 3 级，胶稠度 47mm，直链淀粉含量 18.94%。适于湖北省稻瘟病无病区或轻病区作晚稻种植。一般单产 6.07～7.73t/hm^2。2002 年最大年推广面积 1.2 万 hm^2，2002—2005 年湖北省累计推广面积 1.27 万 hm^2。

（5）皖稻 24

两系杂交中晚粳品种，安徽省农业科学院水稻研究所用 7001S 与恢复系皖恢 9 号配组而成，原名 70 优 9 号，1994 年、2000 年和 2001 年分别通过安徽省、云南省和国家农作物品种审定委员会审定。在安徽省作双晚种植全生育期 131d 左右，在云南省作一季稻全生育期 175d。株型紧凑，茎秆中粗坚韧，株高 100cm 左右，主茎叶 16～18 片，叶片深绿。分蘖力中等，穗型中散，穗轴较长，每穗粒数 130 粒，结实率 75%～80%，千粒重 25～26g，谷粒椭圆形。较耐肥，高抗稻瘟病，中抗白叶枯病，对钾肥较敏感。米质较好，食味佳。安徽省两年品种区域试验和一年生产试验，平均单产比对照分别增产 7.28%和 9.37%，平均单产 7.2t/hm^2。适宜在安徽省中高肥地区作单晚和双晚种植，云南省1 500～1 800m 海拔范围内作一季稻种植。2001 年最大年推广面积 3.2 万 hm^2，1995—2002 年累计推广面积 9.8 万 hm^2。

（6）皖稻 26

两系杂交晚粳品种，安徽省农业科学院水稻研究所以 7001S 为母本，秀水 04 为父本选育而成，原名 70 优 04，1994 年通过安徽省农作物品种审定委员会审定。在安徽省作连晚栽培全生育期 130d 左右。株高 90cm 左右，株型紧凑，茎秆粗壮。剑叶直立，叶色浓绿，分蘖力中等。每穗粒数 120 粒，结实率 80%以上，千粒重 25～26g。抗倒伏能力较强，中抗稻瘟病和白叶枯病，轻感稻曲病。米质中等。该品种适宜在安徽省作单季和双季晚稻种植，一般单产 6.75t/hm^2。2003 年最大年推广面积 1.07 万 hm^2。

（7）皖稻 48

两系杂交晚粳品种，安徽省农业科学院水稻研究所用 7001S 作母本，双九作父本配组而成，原名 70 优双九，1997 年通过安徽省农作物品种审定委员会审定。在安徽省作双晚栽培，全生育期129d。株高90～95cm，株型松紧适中，叶色较淡，穗较大，穗型松散。每穗粒数110粒，结实率75%以上，千粒重25g，米质优。分蘖力中等，后期熟相好，较抗稻瘟病，中抗白叶枯病。安徽省两年双季晚粳区域试验和一年生产试验，与对照70优04产量相当，平均单产6.8t/hm^2。适宜在安徽省沿江江南地区作双季晚粳种植。2002年最大年推广面积1.8万hm^2，1998—2004年累计推广面积5.2万hm^2。

（8）皖稻50

两系杂交晚粳品种，安徽省农业科学院水稻研究所用4008S作母本，秀水04作父本配组而成，原名4008S/秀水04，1999年通过安徽省农作物品种审定委员会审定。在安徽省作双晚栽培，全生育期122d，比70优04短3～4d。株高100cm左右，株型松散适中，剑叶短而上举，分蘖力较强。有效穗330万/hm^2，每穗粒数135粒，结实率80%以上，千粒重25g。米质较好。抗稻瘟病，不抗白叶枯病。适宜在安徽省作双季晚粳种植，一般单产6.8t/hm^2。2003年最大年推广面积0.8万hm^2，2000—2004年累计推广面积1.8万hm^2。

（9）信粳杂1号

两系中粳杂交品种，河南省信阳市农业科学研究所用培矮64S与豫粳3号配组选育而成（图16-10），2003年通过河南省农作物品种审定委员会审定。全生育期140～145d。株高110～115cm，幼苗叶鞘紫色，叶片颜色浓绿，叶片形态微内卷。叶宽窄中等，叶直立，株型松散适中。穗型下垂，穗长23cm，穗分枝中等，每穗粒数140粒，结实率85%～90%，粒橙色、椭圆，粒长5.2mm，长宽比2.2，千粒重23g。高抗稻瘟病（穗颈瘟），高抗—中抗白叶枯病，感稻曲病。耐寒性强，抗倒性强。米质：糙米率82%，精米粒率75.2%，整精米粒率71.4%，蛋白质含量9.2%，垩白度1.5%，垩白粒率16%，直链淀粉含量19.3%，胶稠度88mm。适宜于河南省沿黄稻区推广种植，一般单产9.0t/hm^2。2004年最大年推广面积0.87万hm^2。

参考文献

陈立云.2001.两系法杂交水稻的理论与技术[M].上海：上海科学技术出版社.

邓华凤，李必湖，刘爱民，等.1996.安农810S的选育及初步研究[J].作物研究，10（1）：8-11.

郭国强，郭名奇，孟卫东，等.2005.优质高产两系杂交香稻新品种琼香两优1号[J].广西农业科学，36（4）：296-297.

何强，蔡义东，徐耀武，等.2004.水稻光温敏核不育系利用中存在的问题与对策[J].杂交水稻，19（1）：1-5.

胡如英，赵明富，郑建华，等.2001.水稻核不育系SE21S的选育与利用[J].福建农业学报，16（3）：1-4.

黄德宗，陈荣华，任兴华，等.2006.两系法中熟杂交早籼新品种株两优100[J].杂交水稻，21（4）：89-90.

李春海，牟同敏.2005.两系杂交早稻新品种“华两优106”[J].江西农业科学，17（3）：14-17.

廖亦龙，王丰，邹新华，等.2003.籼型光温敏核不育系GD-1S的选育与利用[J].杂交水稻，18（3）：8-10.

刘凯，胡刚，杨国才，等 .2006. 两系杂交晚籼两优 277 的选育与应用［J］. 湖北农业科学，25（4）：416-417.
林荔辉，官华忠，潘润森，等 .2006. 超高产两系杂交稻恢复系 JXR-33 及其品种金两优 33 的选育[J]. 福建农业学报，21（4）：299-303.
林世成，闵绍楷 .1991. 中国水稻品种及其系谱［M］. 上海：上海科学技术出版社.
卢兴桂，顾铭洪，李成荃 .2001. 两系杂交水稻理论与技术［M］. 北京：科学出版社.
罗孝和，袁隆平 .1989. 水稻广亲和系的选育［J］. 杂交水稻，4（2）：35-38.
吕川根，邹江石 .2000. 两系法亚种间杂交稻两优培九的选育与应用［J］. 杂交水稻，15（2）：4-5.
潘润森，李维明，林荔辉，等 .2000. 两系杂交稻金两优 36 的选育与应用［J］. 杂交水稻，15（5）：5-6，8.
彭海涛，刘荣秀，鄢祖林，等 .2006. 抗稻瘿蚊两系杂交水稻新品种培两优抗占［J］. 杂交水稻，21（4）：88-89.
全永明 .2005. 超级杂交稻先锋品种两优培九的示范与推广概述［J］. 杂交水稻，20（3）：1-5.
唐文帮，陈立云，刘国华，等 .2002. 两系杂交稻新品种金培两优 500 的选育［J］. 湖南农业大学学报：自然科学版，28（4）：287-289.
王丰，柳武革，廖亦龙 .2005. 两系超级杂交稻粤杂 122 的选育［J］. 广东农业科学，1：19-20.
王守海，王德正，罗彦长，等 .1998. 两系粳杂 70 优双九的选育［J］. 杂交水稻，13（6）：5-6.
熊振民，蔡洪法，闵绍楷，等 .1992. 中国水稻［M］. 北京：中国农业科技出版社.
徐启才，胡振大，王美琴，等 .2004. 优质高产杂交中籼新品种皖稻 93 的特征特性及栽培技术［J］. 安徽农业科学，32（4）：661，684.
杨远柱，唐平徕，杨文才，等 .2000. 水稻广亲和温敏不育系株 1S 的选育及应用［J］. 杂交水稻，15（2）：6-7，9.
杨振玉，张国良，张从合，等 .2002. 中籼型优质光温敏核不育系广占 63S 的选育［J］. 杂交水稻，17（4）：4-6.
易贤伟，吕重宏 .1994. 衡两优 1 号晚稻高产栽培技术探讨［J］. 杂交水稻，9（5）：36.
尹华奇，尹华觉，曾海清，等 .1998. 优质杂交早稻香两优 68 的选育与应用［J］. 杂交水稻，13（3）：6-7，26.
袁隆平 .2002. 杂交水稻学［M］. 北京：中国农业出版社.

附表　中国现代育成品种(1986—2005)的系谱及主要特性和种植面积

品种类型	品种名称	品种组合/来源	第一选育单位	首次审定	全生育期(d)	株高(cm)	千粒重(g)	直链淀粉(%)	区试单产(t/hm^2)	最大年推广面积(万 hm^2)和年份	累计推广面积(万 hm^2)和年份跨度
早籼	119	红 410/湘矮早 9 号	福建省建阳地区农科所	1986(福建)*	118.0	74～84	26～28	23.0	6.00	2.7	7.5(1986—1989)
早籼	601	78130/CQ064	福建省三明市农科所	1993(福建)	128.0	90.0	27.0	—	6.75	6.1(1995)	41.93(1991—2001)
早籼	8303	78130/梅红早 5 号	福建省漳州市农业学校	1992(福建)	126.0	90.0	27.0	—	6.10	2.1(1990)	3.6(1990—1991)
早籼	8706	78130/温抗 3 号	福建省三明市农科所	1991(福建)	120.0	87.0	25.0	25.6	6.00	0.7(1990)	0.7(1990)
早籼	78130	汕优 2 号/威 20B	福建省漳州市农业学校	1985(福建)	130.0	85～90	28.0	—	6.70	2.1(1990)	7.2(1990—2003)
早籼	79106	汕优 2 号/威 20B	福建省漳州市农业学校	1987(福建)	132.0	99.5	28.8	—	6.27	—	33.5(1990—2000)
早籼	292 选 2	湘早籼 1 号系选	湖南省农科院水稻所	1991(湖南)	109.0	82.5	32.0	30.0	6.30	—	3.0(1991—1998)
早籼	99 早 677	湘早籼 19/湘早籼 24	湖南省农科院水稻所	2004(湖南)	110.5	87.5	25.0	25.9	7.24	1.4(2005)	1.4(2005)
早籼	T_7	湘矮早 9 号/竹莲矮	湖南省农科院水稻所	1989(湖南)	110.0	85.0	30.0	23.1	6.60	—	3.0(1989—1997)
早籼	矮梅陆 1 号	矮梅早 3 号(矮青 569/红梅选//桂朝 2 号)/陆才号	福建省莆田市农科所	1994(福建)	105～115	80～90	25～27	—	5.30	—	5.0(1994—2000)
早籼	爱红 1 号	IR30/红 410	福建省农科院稻麦所	1988(福建)	125.0	93.5	30.5	—	5.70	—	7.0(1988—1995)
早籼	八桂香	中繁 21/桂 713(IR28125 - 79 - 3 - 3 - 2 选出)	广西壮族自治区农科院水稻所	2000(广西)	128.0	97.3	26.0	18.1	5.70	0.8(2003)	7.3(1999—2004)
早籼	长早籼 10 号	湘早籼 18 辐射	湖南宁乡县农技推广中心	2002(湖南)	107.0	87.0	27.0	13.8	6.40	—	1.7(2002—2005)
早籼	创丰 1 号	塘丝占/红突 31	湖南省农科院水稻所	2005(湖南)	112.0	86.0	28.0	27.7	7.48	—	1.0
早籼	东南 201	IR36/洲 8203	福建省农科院稻麦所	2004(福建)	145.0	105.0	25.0	19.5	6.50	1.5(2005)	2.4(2004—2005)
早籼	鄂早 11	P188/国际所 1 号	湖北省黄冈地区农科所	1995(湖北)	108.0	—	26.2	25.8	5.77	13.1(1995)	45.8(1995—2005)
早籼	鄂早 12	(四丰 43/特青)F8/四丰 43	湖北省荆州市农科院	2000(湖北)	108.0	74.8	22.1	20.1	5.68	2.7(2004)	12.1(2001—2005)
早籼	鄂早 13	常菲 22B/鄂早 6 号//湖大 242	湖北大学生命科学院	2001(湖北)	112.0	83.7	23.7	23.6	6.83	1.8(2001)	3.4(2001—2005)
早籼	鄂早 14	泸早 872/90D2	湖北省黄冈市农科所	2001(湖北)	108.0	90.6	25.3	25.7	5.91	6.8(2002)	30.1(2000—2004)
早籼	鄂早 16	泸红早 1 号/常菲 B	湖北省荆州市种子总公司	2002(湖北)	111.6	77.8	23.8	17.6	5.67	1.3(2004)	2.4(2004—2005)
早籼	鄂早 18	中早 81/嘉早 935	湖北省黄冈市农科所	2003(湖北)	115.5	86.8	25.3	17.1	6.88	7.5(2006)	17.6(2003—2006)
早籼	鄂早 6 号	红梅早/IR28//72 - 11/二九矮 7 号	湖北省农科院粮食作物所	1985(湖北)*	114～121	85.0	27.0	—	6.30	43.4(1995)	72.0(1986—1990)

注:为节省篇幅,第一选育单位采用简称　打 * 者表明已通过国家农作物品种审定委员会审定。

（续）

品种类型	品种名称	品种组合/来源	第一选育单位	首次审定	全生育期(d)	株高(cm)	千粒重(g)	直链淀粉(%)	区试单产(t/hm^2)	最大年推广面积(万 hm^2)和年份	累计推广面积(万 hm^2)和年份跨度
早籼	鄂早 9 号	678-1/2241	湖北省农科院	1993(湖北)	111.0	77.0	25.0	28.3	6.28	1.1(1992)	2.0(1992—1999)
早籼	二九丰	IR29/原丰早	浙江省嘉兴市农科院	1980(浙江)	132.0	80.0	23.5	—	6.80	17.0(1991)	120.0(1980—1997)
早籼	丰矮占 1 号	长丝占/丰青矮	广东省农科院水稻所	1997(广东)	133～136	95～103	20.0	25.3	6.07	2.2(1998)	8.4(1997—2002)
早籼	辐 8-1	早籼 8004 干种^{60}Co 辐照	中国水稻研究所	1988(浙江)*	110～115	75～80	31.0	—	6.00	—	13(1987—1990)
早籼	赣早籼 11	汕优 2 号花培	江西省农科院水稻所	1990(江西)	109.0	80.0	23.7	—	5.55	—	3(1990—1996)
早籼	赣早籼 12	温革/广陆矮 4 号辐射	江西省滨湖地区农科所	1990(江西)	121.0	84.9	25.0	—	5.6～6.0	—	3(1990—1996)
早籼	赣早籼 13	品系"1296"系统选育	江西省农垦学校	1990(江西)	106～113	75.9	24.7～26.1	—	6.00	—	3(1990—1996)
早籼	赣早籼 14	赣早籼 9 号系统选育	江西省吉安地区良种场	1990(江西)	117.0	80.0	25.4	25.1	6.80	—	3(1990—1996)
早籼	赣早籼 15	IR36/广陆矮 4 号//M79006	江西省农科院水稻所	1990(江西)	103.0	74.9	22.7	—	4.50～5.25	—	3(1990—1996)
早籼	赣早籼 16	桂朝 13/湘矮早 9 号	江西省宜春地区农科所	1991(江西)	112.8	71.0	23.3	—	6.00～6.75	—	3.0(1991—1998)
早籼	赣早籼 17	红 410 系统选育	江西省赣州地区农科所	1991(江西)	113.0	80.0	32.0	—	5.85	—	3.0(1991—1998)
早籼	赣早籼 18	V20/早熟金南特//6185	江西省农科院水稻所	1991(江西)	112.0	78.0	24.0	—	5.65	—	3.0(1991—1998)
早籼	赣早籼 19	广选早/芦苇//珍汕 97	江西省宜丰县农业局	1991(江西)	110.6	78.0	29.7	—	5.55～6.00	—	3.0(1991—1998)
早籼	赣早籼 20	千重浪/71-133//广陆矮 4 号	江西省农科院水稻所	1991(江西)	109.3	85.0	27.0	—	5.25	—	3.0(1991—1998)
早籼	赣早籼 21	广陆矮 4 号/红 410	江西省农科院水稻所	1991(江西)	115.2	89.0	30.1	—	5.55	—	3.0(1991—1998)
早籼	赣早籼 22	71-133/IR24	江西省抚州地区农科所	1991(江西)	112～113	79.0	—	—	5.25	—	3.0(1991—1998)
早籼	赣早籼 23	杂种谷选 2/不落籼	江西省抚州地区农科所	1991(江西)	111.6	80.6	24.1	—	5.55	—	3.0(1991—1998)
早籼	赣早籼 24	千里浪/71-133//广陆矮 4 号///红梅早	江西省农科院水稻所	1991(江西)	116.2	88.1	26.3	—	6.00	—	3.0(1991—1998)
早籼	赣早籼 25	湘矮早 9 号/秀江早 9 号(菲改 12/陆广矮)	江西省宜春地区农科所	1992(江西)	117.6	83.4	24.5	—	6.40	—	3.0(1992—1995)
早籼	赣早籼 26	赣早籼 7 号/优麦早(V20A/早熟金南特//麦颖稻)//HA 79317-7	江西省萍乡芦溪区农科所	1992(江西)	113.0	88.0	25.0	22.0	7.10	6.5(1998)	50.0(1992—2005)
早籼	赣早籼 29	80 晚 18/特矮丛生稻)	江西省萍乡芦溪区农科所	1993(江西)	117.0	82.0	24.3	24.1	7.30	1.2	10.0
早籼	赣早籼 32	闽糯 580/广陆矮 4 号	江西省吉安地区农科所	1994(江西)	113.0	83.0	26.7	—	5.90	—	4.0(1994—1997)
早籼	赣早籼 33	7055(矮仔占/惠阳珍珠早)/IR54 F_6 代辐射诱变	江西省吉安地区农科所	1994(江西)	108.0	74.0	25.2	—	5.25	—	5.0(1994—2000)

（续）

品种类型	品种名称	品种组合/来源	第一选育单位	首次审定	全生育期(d)	株高(cm)	千粒重(g)	直链淀粉(%)	区试单产(t/hm²)	最大年推广面积(万 hm²)和年份	累计推广面积(万 hm²)和年份跨度
早籼	赣早籼 34	赣早籼 21/7081	江西省农科院水稻所	1994(江西)	109.0	80.0	25.0	25.9	6.00	—	6.0(1994—2002)
早籼	赣早籼 35	51801/IR24	江西省上饶地区农科所	1994(江西)	112.0	82.0	23.9	—	5.70	—	3.0(1994—2001)
早籼	赣早籼 36	赣早籼 7 号/湘早籼 3 号	江西省萍乡市农科所	1994(江西)	114.0	89.0	22.7	31.4	6.00	1.1(1998)	10.0(1994—2005)
早籼	赣早籼 37	秋 4010(麦颖稻/7055)/赣早籼 15	江西省农科院水稻所	1995(江西)	105.0	80.0	24.2	—	4.95	10.0(2000)	70.0(1996—2005)
早籼	赣早籼 38	中 28/红突 5 号	江西省邓家埠良种场	1995(江西)	114.0	83.6	—	—	5.80	—	3.0(1995—1999)
早籼	赣早籼 39	赣早籼 14/优早 1 号(清江七十早/IR36)	江西省吉安地区良种场	1996(江西)	105.0	80.0	25.6	—	5.40	—	9.0(1995—2004)
早籼	赣早籼 40	85 - 140/珍龙 13	江西省农科院水稻所	1996(江西)	107.0	85.0	25.5	23.0	5.40	—	30.0
早籼	赣早籼 41	M1459/湘早籼 3 号	江西省农科院原子能所	1996(江西)	115.0	89.0	24.4	—	5.25	—	4.0(1996—2001)
早籼	赣早籼 42	赣早籼 28/国际占 5 号	江西省赣州地区农科所	1997(江西)	112.0	72.0	27.0	25.3	5.70	2.0(2000)	12.0
早籼	赣早籼 43	南特早/美国籼稻//意大利B	江西省农垦学校	1997(江西)	110.0	82.0	25.0	—	5.70	—	3.0(1997—2005)
早籼	赣早籼 44	(四丰/竹科 2 号)F_2//78130	江西省南城县农科所	1997(江西)	110.0	84.0	27.0	—	5.76	—	3.0(1997—2005)
早籼	赣早籼 45	“90 - 5”变异株，花培	江西省农科院杂交水稻中心	1998(江西)	94～102	88.0	22.0	24.7	4.50～5.25	1.0(1998)	10.0
早籼	赣早籼 46	赣早籼 7 号(红梅早/7055)/IR58	江西省上饶地区农科所	1999(江西)	112.0	85.0	23.5	20.2	6.45	—	13.0
早籼	赣早籼 47	86 - 70 航天诱变	江西省抚州地区农科所	2000(江西)	108.0	83.0	25.7	—	5.10	—	3.0(2000—2004)
早籼	赣早籼 48	赣早籼 7 号(红梅早/7055)/逢双香(引自湖南)	江西省芦溪县农业局	2000(江西)	111.0	90.0	25.8	—	6.75	—	3.0(2000—2004)
早籼	赣早籼 49	光叶稻 436 辐射(萍乡显性核不育/CPSLO17//培迪)	江西省农科院水稻所	2002(江西)	106.7	74.8	24.4	—	5.13	—	3.0(2002—2005)
早籼	赣早籼 50	中 156/早籼 12 - 2	江西农业大学农学院	2002(江西)	113.1	85.2	26.3	—	6.42	—	3.0(2002—2005)
早籼	赣早籼 51	中 86 - 44/中优早 3 号	江西农业大学农学院	2002(江西)	110.8	75.5	21.4	—	5.74	—	3.0(2002—2005)
早籼	赣早籼 52	浙 9248/遗传工程稻	江西农业大学农学院	2002(江西)	109.0	75.5	25.2	13.8	6.30	—	3.0(2002—2005)
早籼	赣早籼 53	赣早籼 41/赣早籼 35	江西省农科院原子能所	2003(江西)	108.0	89.6	23.1	24.5	6.25	—	1.0(2003—2005)
早籼	赣早籼 54	望稻 1 号/浙 9248	江西农业大学农学院	2003(江西)	111.4	87.1	25.5	—	6.04	—	2.0(2003—2005)
早籼	赣早籼 55	湘早籼 15/赣早籼 36	江西省萍乡市农科所	2003(江西)	112.0	86.0	22.9	13.1	6.36	1.2(2005)	2.0(2003—2005)

（续）

品种类型	品种名称	品种组合/来源	第一选育单位	首次审定	全生育期(d)	株高(cm)	千粒重(g)	直链淀粉(%)	区试单产(t/hm^2)	最大年推广面积(万 hm^2)和年份	累计推广面积(万 hm^2)和年份跨度
早籼	赣早籼 56	中优早 3 号/浙 9248	江西农业大学农学院	2004(江西)	110.0	95.0	20.0	23.0	6.80	—	2.0(2004—2005)
早籼	赣早籼 57	赣早籼 26 系选	江西省广丰县农技推广站	2004(江西)	111.0	93.2	23.7	—	6.74	—	2.0(2004—2005)
早籼	赣早籼 58	931-1/密野 1 号	江西省农科院原子能所	2004(江西)	111.8	86.8	25.1	—	6.64	—	2.0(2004—2005)
早籼	赣早籼 59	赣早籼 55 变异株选	江西省萍乡市农科所	2005(江西)	112.0	81.7	23.2	—	6.79	1.0(2005)	
早籼	赣早籼 9 号	7055(珍珠矮/南京 2 号)/红 410	江西省吉安地区良种场	1990(江西)	114.0	85.0	25.7	—	6.00	—	5.0(1990—1996)
早籼	桂 7113	从 IR28125-79-3-3-2 选出	广西壮族自治区农科院水稻所	1993(广西)	125.0	88.7	21.2	17.0	5.40	1.4(1994)	9.4(1993—2004)
早籼	桂丰 6 号	早丰 2 号系统选育	广西壮族自治区农科院水稻所	2001(广西)	125.0	110.0	17.8	14.9	6.00	—	7.2(2000—2004)
早籼	桂华占	七丝占(银丝占/七加占)/桂引 901	广西壮族自治区农科院水稻所	2001(广西)	126.0	105.0	18.6	12.2	6.50	2.0(2003)	23.0(2000—2004)
早籼	华稻 21	州 156/华矮 837	华中农业大学	1995(湖北)	110.0	85.0	24.0	25.4	5.84	—	21.0(1995—2004)
早籼	惠农早 1 号	不落籼糯/红 410	福建省惠安县农科所	1988(福建)	120.0	75.0	—	29.2	6.00	—	7.0(1988—1995)
早籼	佳辐占	佳禾早占/佳辐 418	厦门大学生命科学学院	2003(福建)	128～132	110～115	29.5～31.5	13.6	7.00	—	20.7(2003—2005)
早籼	佳禾 7 号	E94/广东大粒种//713///713	厦门大学生物系水稻所	1998(福建)	125.0	105.0	31.0	17.8	5.60	—	9.0(1998—2004)
早籼	佳禾早占	E94/广东大粒种//713///外引 30 花粉辐射	厦门大学	1999(福建)	125.0	100～105	26.8	16.4	5.70	6.9(2000)	10.6(2002—2005)
早籼	嘉兴香米	Jasmine85/嘉育 293	浙江省嘉兴市农科院	1991(浙江)	105.0	81.3	27.7	14.0	6.97	18.5	40.0
早籼	嘉育 143	嘉育 293/Z94-207	浙江省嘉兴市农科院	2003(浙江)	109.0	83.4	26.3	25.2	6.59	—	18.8(2003—2006)
早籼	嘉育 164	嘉育 948/Z94-207//嘉兴 13	浙江省嘉兴市农科院	2002(湖北)	108.2	75.7	27.2	13.4	6.93	1.3(2001)	3.2(2001—2005)
早籼	嘉育 202	嘉育 948/Z94-207//YD951	中国水稻研究所	2002(湖北)	106.8	73.2	25.3	14.3	6.81	1.3(2003)	2.5(2002—2005)
早籼	嘉育 21	G96-29(纯)/YD951	浙江省嘉兴市农科院	2005(浙江)	106.9	85.6	25.3	—	7.41	—	1.0
早籼	嘉育 253	G96-28-1/嘉育 143	浙江省嘉兴市农科院	2005(浙江)	—	84.3	—	—	7.21	—	1.0
早籼	嘉育 280	嘉育 293/ZK787	浙江省嘉兴市农科院	1996(浙江)	107.5	75.0	24.8	23.1	6.18	4.4(1999)	22.8(1996—2005)

（续）

品种类型	品种名称	品种组合/来源	第一选育单位	首次审定	全生育期（d）	株高（cm）	千粒重（g）	直链淀粉（%）	区试单产（t/hm²）	最大年推广面积（万 hm²）和年份	累计推广面积（万 hm²）和年份跨度
早籼	嘉育 293	浙辐 802/科庆 47//二九丰///早丰 6 号/水原 287////HA 79317-7	浙江省嘉兴市农科院	1993(浙江)	112.2	76.8	23.7	25.5	7.52	17.2(1995)	101.5(1993—2005)
早籼	嘉育 41	嘉育 293//广陆矮 4 号/ZK787	浙江省嘉兴市农科院	1999(浙江)	—	—	—	—	—	—	2.0(1999—2005)
早籼	嘉育 73	二九丰/194//矮早 21	浙江省嘉兴市农科院	1991(浙江)	110.2	74.1	25.1	26.9	6.60	2.8(1992)	10.6(1992—1996)
早籼	嘉育 935	优 905/嘉育 280//嘉早 43	浙江省嘉兴市农科院	1999(湖南)	106.0	82.0	26～27	—	7.20	7.3(1999)	20.7(1998—2005)
早籼	嘉育 948	YD4-4/嘉育 293	浙江省嘉兴市农科院	1998(浙江)*	107.3	77.2	22.4	12.9	5.76	35.5(2001)	132.9(2000—2005)
早籼	嘉早 211	嘉早 935//Z91-17/嘉早 43	浙江省嘉兴市农科院	2005(湖南)	104.0	75.0	25.8	14.1	6.70	1.6(2005)	1.6
早籼	金晚 1 号	(IR24/IR26//珍龙 13) ^{60}Co 辐照	福建农林大学	1986(福建)	110.0	95.0	29.0	19.9	6.0～6.8	—	10.0(1986—1993)
早籼	金早 22	金 87-38/鉴 89-72	浙江省金华市农科院	1998(浙江)	110.9	80.0	30.0	10.9	6.67	3.0	10.0
早籼	金早 47	中 87-425/陆青早 1 号	浙江省金华市农科院	2001(浙江)	109.9	82.5	25.4	21.5	6.80	3.3	14.2(2001—2005)
早籼	金早 6 号	IR58/南京 11//南京 11	福建农林大学	1988(福建)	120.0	90～95	27.0	26.5	6.00	—	7.0(1988—1995)
早籼	粳籼 89	677/IR36	广东省佛山市农科所	1992(广东)	132.0	97～99	19.8	27.4	6.12～6.24	34.0(1993)	189.2(1991—2005)
早籼	卡青 90	卡拉杜玛/温选青 $B3F_1$	湖南农业大学水稻所	1990(湖南)	113.0	81.3	—	—	6.50	5.2	37.6
早籼	连选 18	J 繁 287018 变异株	福建省连江县种子公司	2000(福建)	—	—	—	—	—	—	7.0(2000—2005)
早籼	龙特早	娄 314/特优 63	福建省漳州市农科所	1998(福建)	130.0	90～95	30.0	21.6	6.90	—	4.0(1998—2003)
早籼	娄早籼 5 号	浙辐 802/密阳 46 分离早熟株	湖南省娄底市农科所	1995(湖南)	104.3	85.4	22.0	12.1	6.34	—	10.0(1995—2005)
早籼	泸红早 1 号	1277/红 410	四川省农科院水稻高粱所	1986(四川)*	108～118	75.0	28～29	—	6.80	18.3(1991)	36.0(1984—1988)
早籼	泸早 872	窄叶青 8 号/七二早粳	四川省农科院水稻高粱所	1990(四川)	120.0	85.0	29.0	26.1	6.90	—	8.0(1990—1995)
早籼	陆青早 1 号	陆桂早 2 号/青谷矮 3 号	广东省农科院水稻所	1992(广东)	108.0	88.0	26.5	25.4	6.08	—	32.0(1992—1999)
早籼	陆伍红	广陆矮 4 号/PC5//红 410	安徽省农科院水稻所	1987(安徽)	115.0	78.4	26.5	—	5.80	—	6.7(1987—1991)
早籼	闽科早 1 号	78130 变异	福建省农科院稻麦所	1988(福建)	126.0	90～95	27.0	24.6	6.40	—	7.0(1988—1995)
早籼	闽科早 22	四丰/竹科 2 号//78130	福建省农科院稻麦所	1992(福建)	117.0	80～85	27.0	—	6.50	—	9.0(1992—2000)
早籼	闽科早 55	78130/IR806-298-3-1-1-2	福建省农科院稻麦所	1997(福建)	125.0	85～90	26～27	25.6	6.00	—	10.0(1997—2002)

（续）

品种类型	品种名称	品种组合/来源	第一选育单位	首次审定	全生育期（d）	株高（cm）	千粒重（g）	直链淀粉（%）	区试单产（t/hm^2）	最大年推广面积（万 hm^2）和年份	累计推广面积（万 hm^2）和年份跨度
早籼	闽泉 2 号	高丰 85/730	福建省泉州市农科所	2000(福建)	127.0	95～100	29～30	23.6	7.00	2.5(2001)	8.1(2000—2004)
早籼	南保早	红云 33/谷农//越冬青/圭辐 3 号	福建省南平市农科所	1997(福建)	120.0	85.0	29～30	—	5.80	—	10.0(1997—2002)
早籼	南系 1 号	悟农 1 号/湘矮早 9 号//119	福建省南平市农科所	1999(福建)	120.0	83.7	26.0	24.2	6.10	—	12.0(1999—2005)
早籼	南厦 060	佳禾 1 号/外引 30	福建省南平地区农科所	2000(福建)	125.0	100～105	26.0	—	—	—	7.0(2000—2005)
早籼	宁早 517	意珍红/IR50	福建省宁德市农科所	1994(福建)	120.0	85.0	28.0	24.0	6.00	0.87(1995)	0.9(1995)
早籼	农九	中农 45/温选 10 号	安徽省宁国县农科所	1987(安徽)	109.0	81.1	25.1	—	5.53	—	2.7(1987—1990)
早籼	七桂占	七丝占(银丝占/七加占)/桂引 901(新加坡引入)	广西壮族自治区农科院水稻所	2000(广西)	122.0	104.0	18.0	14.3	6.00	2.4(2001)	22.0(2000—2004)
早籼	七山占	七桂早 25/桂山早	广东省农科院水稻所	1991(广东)	110～115	93.2	18.7	24.0	5.66	21.3(1996)	45.4(1996—2002)
早籼	齐粒丝苗	巨丰占/澳粳占	广东省农科院水稻所	2004(广东)	125.0	99.2	18.3	—	6.19	—	19.7(2002—2005)
早籼	泉农 3 号	IR36/78130	福建省泉州市农科所	1996(福建)	124～128	89～95	28.6	24.2	6.50	9.33(1998)	33.8(1996—2004)
早籼	泉糯 101	科薏稻/珍汕 97//IR24/7-52	福建省泉州市农科所	1990(福建)	135.0	85～90	29～30	1.5	4.95	—	3.0(1990—1996)
早籼	泉珍 10 号	K169/K157	福建省泉州市农科所	2004(福建)	118.0	100.0	26.5	16.6	6.70	2.13(2005)	3.5(2004—2005)
早籼	绍嘉 1 号	鉴 41/嘉兴 98-112	浙江省绍兴市农科院	2004(浙江)	108.5	82.4	25.7	15.7	6.45	1.0	2.0
早籼	硕丰 2 号	油菜 DNA 导入优 1B	湖南省农科院水稻所	2005(湖南)	104.0	73.8	26.0	12.6	6.76	—	1.0
早籼	泰玉 14	BK14/玉 83(地方品种海南占)	广西壮族自治区玉林市农科所	2001(广西)	123.0	110.0	20.5	13.3	6.80	2.7(2003)	17(1999—2005)
早籼	特籼占 13	特青 2 号/粳籼 89	广东省佛山市农科所	1996(广东)*	128.0	98～100	20.0	25.6	7.00	9(1997)	42.8(1995—2005)
早籼	特籼占 25	特青 2 号/粳籼 89	广东省佛山市农科所	1998(广东)*	122.0	93.8～96.7	21.5	—	6.30～6.40	9.2(2001)	51.6(1997—2005)
早籼	田东香	泰国稻/如意香稻	广西壮族自治区种子总站	2001(广西)	128.0	108.0	19.2	16.3	6.00	7.5(2003)	23(1995—2004)
早籼	皖稻 139	超丰早 1 号系选	安徽省农科院水稻所	2005(安徽)	110.0	85.0	33.0	22.0	7.14	5.6(2006)	8.2(2004—2006)
早籼	皖稻 37	湘矮早 9 号/IR590	安徽省六安地区农科所	1992(安徽)	108.4	75.0	24.0	—	5.66	—	3.3(1992—1996)
早籼	皖稻 39	水源 258 经 ^{60}Co-γ 射线处理	安徽省肥东县水稻良种场	1992(安徽)	106.0	85.0	22.5	—	6.00	11.6(2004)	77(1990—2004)
早籼	皖稻 41	浙辐 802/BG90-2	安徽省宣城地区农科所	1992(安徽)	110.0	75.0	22～23	—	6.00	—	3.3(1991—1995)
早籼	皖稻 43	水源 287/8B-40	安徽省宣城地区农科所	1994(安徽)	108.0	75.0	22.5	—	6.20	3.9(1994)	23(1993—2004)

（续）

品种类型	品种名称	品种组合/来源	第一选育单位	首次审定	全生育期(d)	株高(cm)	千粒重(g)	直链淀粉(%)	区试单产(t/hm²)	最大年推广面积(万 hm²)和年份	累计推广面积(万 hm²)和年份跨度
早籼	皖稻 45	浙 15 经离子束注入辐照处理	安徽省农科院水稻所	1994(安徽)	110.0	88.0	24.0	—	6.70	2.0(1994)	7.0(1994—1999)
早籼	皖稻 61	早籼 213 系选	安徽省巢湖地区农科所	1996(安徽)	110.0	86.0	24.0	—	6.50	—	2.7(1996—1999)
早籼	皖稻 63	海竹/二九青选	安徽农业大学农学系	1997(安徽)	106.0	80.0	25.5	—	6.90	4.0(2003)	14.3(1998—2004)
早籼	皖稻 71	(嘉籼 293/浙农 10 号)F_7 经离子束辐照处理	安徽省农科院水稻所	1999(安徽)	110.0	80.0	23～24	14.5	6.80	3.2(2001)	6.8(1999—2004)
早籼	皖稻 83	海竹/舟 963	安徽农业大学农学院	2003(安徽)	108.0	80.0	26～27	14.4	6.90	0.8(2004)	1.5(2003—2005)
早籼	皖稻 85	HA79317 - 7//IR26/二九青	安徽省农科院水稻所	2003(安徽)	110.0	90.0	23～24	24.1	6.90	5.8(2004)	11.6(2002—2006)
早籼	温 12	辐 8349/浙农 8010	浙江省温州市农科院	2001(浙江)	116.0	83.5	24.9	9.5	6.70	—	5.4
早籼	乌珍 1 号	IR30//IR29/风选 4 号	厦门大学	1986(福建)	124.0	90.0	23～24	—	6.75	—	10.0(1986—1993)
早籼	溪选早 1 号	J 繁 29008 变异	福建省明溪县良种场	1999(福建)	123.0	95.0	27.0	21.0	6.00	—	12.0(1999—2005)
早籼	籼 128	78130/矮梅早 3 号	福建省农科院稻麦所	1991(福建)	128.0	90～95	28.0	—	6.20	2.1(1993)	7.2(1990—1996)
早籼	湘丰早 119	中鉴 100//湘早籼 3 号/泸红早 1 号	湖南省农科院水稻所	2003(湖南)	108.3	90.0	24.7	24.2	6.68	—	3.0(2003—2005)
早籼	湘丰早 1 号	娄早籼 4 号/中 86 - 44 经 8 代选育而成	湖南省双峰县农技推广中心	2002(湖南)	108.0	88.0	25.0	—	7.22	—	3.2(2003—2005)
早籼	湘辐 994	$^{60}Co\gamma$ 射线辐照 F_1(湘辐 87 - 12/湘早籼 20 号)干种子	湖南省原子能所	2003(湖南)	112.0	95.0	24.9	12.9	7.00	—	2.0(2003—2005)
早籼	湘早 143	龚品 6 - 29/95 早鉴 109	湖南省农科院水稻所	2005(湖南)	108.1	80.0	26.8	13.8	6.60	6.0(2007)	13.0(2005—2007)
早籼	湘早籼 10 号	湘早籼 3 号系选	湖南省农科院水稻所	1991(湖南)	104.2	80.0	26.0	—	6.99	3.1(1996)	13.3(1991—2005)
早籼	湘早籼 11	浙辐 802/湘早籼 1 号	湖南省农科院水稻所	1991(湖南)	109.0	80.0	28.0	24.3	7.21	6.7(1992)	16.2(1991—2000)
早籼	湘早籼 12	湘早籼 1 号系选	湖南省农科院水稻所	1991(湖南)	113.0	85.0	32.9	—	7.29	1.7	8.1
早籼	湘早籼 13	2279/湘早籼 3 号	湖南省怀化市农科所	1993(湖南)	110.0	85.0	26.5	25.0	6.70	25.4(1994)	99.2(1993—2003)
早籼	湘早籼 14	怀早 3 号/测 64 - 7	湖南省怀化市农科所	1993(湖南)	110.0	79.0	25.8	—	7.20	14.7(1993)	43.0(1992—2003)
早籼	湘早籼 15	IR19274 - 26 - 2 - 3 - 1 - 2 系选	湖南省农科院水稻所	1993(湖南)	117.0	93.0	24.7	10.1	5.91	3.5	16.9

（续）

品种类型	品种名称	品种组合/来源	第一选育单位	首次审定	全生育期(d)	株高(cm)	千粒重(g)	直链淀粉(%)	区试单产(t/hm²)	最大年推广面积(万 hm²)和年份	累计推广面积(万 hm²)和年份跨度
早籼	湘早籼 16	湘早籼 3 号/浙辐 802	湖南省农科院水稻所	1994(湖南)	107.0	82.0	28.5	27.6	6.74	1.6(1995)	4.3(1994—2003)
早籼	湘早籼 17	85 - 20///竹系 26/红 410// 74 -105	湖南农业大学水稻所	1995(湖南)	105.0	77.7	23.7	—	6.60	10.8(1996)	39.4(1994—2003)
早籼	湘早籼 18	湘早籼 10 号变异株 ^{60}Co - γ 射线辐射	湖南省农科院水稻所	1995(湖南)	107.0	85.0	25.0	12.1	6.45	2.6(1999)	9.2(1997—2003)
早籼	湘早籼 19	湘早籼 3 号/浙辐 802	湖南省农科院水稻所	1995(湖南)	110.0	87.3	29.0	—	6.95	10.0(1998)	38.1(1995—2003)
早籼	湘早籼 20	^{60}Co 处理 IR8179 - 47 后代 M3	湖南省农科院原子能所	1996(湖南)	110.5	90.0	25.7	23.8	6.67	18.3	50.0
早籼	湘早籼 21	^{60}Co - γ 射线辐照湘矮早 7 号干种子	湖南省农科院原子能所	1996(湖南)	105.0	75.0	23.0	25.0	6.00	3.8(1998)	17.3(1997—2003)
早籼	湘早籼 22	矮梅早 3 号/HA80968/浙辐 802	湖南省怀化市农科所	1996(湖南)	105.0	82.0	23.5	25.5	6.20	—	17.3(1996—2005)
早籼	湘早籼 23	湘早籼 7 号/浙辐 9 号	湖南省株洲市农科所	1997(湖南)	106.0	80.0	23.5	—	6.39	2.7(1998)	7.2(1996—2003)
早籼	湘早籼 24	湘早籼 11/湘早籼 7 号	湖南省农科院水稻所	1997(湖南)	108.0	72.5	24.5	25.6	6.62	8.7(1999)	42.0(1997—2005)
早籼	湘早籼 25	浙 733/辐 26	湖南省湘潭市农科所	1997(湖南)	111.0	82.0	24.4	—	7.58	4.7(1998)	8.5(1997—2003)
早籼	湘早籼 26	湘早籼 15 系选	湖南省湘潭市农科所	1998(湖南)	110.0	79.0	27.0	—	7.13	1.1(1999)	3.8
早籼	湘早籼 27	847 - 5(永早籼 3 号)系选	湖南省永州市农科所	1998(湖南)	111.0	84.0	28.0	—	7.20	0.9(2000)	2.3(1998—2003)
早籼	湘早籼 28	TAM 处理浙 733	湖南农业大学水稻所	1999(湖南)	107.0	84.0	26.0	24.7	7.90	3.8(2001)	9.8(2000—2003)
早籼	湘早籼 29	RP2151 - 21 - 22(印度)/千红35 -2	湖南省农科院水稻所	1999(湖南)	108.0	108.0	30.0	25.2	7.13	3.1	6.0
早籼	湘早籼 30	HA79317 - 4/二九丰 305	湖南省娄底市农科所	1999(湖南)	107.7	79.1	29.2	23.6	6.66	1.3(2001)	5.0(1999—2005)
早籼	湘早籼 31	85 - 183/舟 903	湖南省农科院水稻所	2000(湖南)	107.0	80.0	24.0	13.4	6.30	20.5(2004)	71.4(2000—2005)
早籼	湘早籼 32	湘早籼 11/湘早籼 18	湖南省农科院水稻所	2001(湖南)	102.0	78.0	25.7	26.3	6.90	3.6(2005)	11.7(2001—2005)
早籼	湘早籼 33	怀 5882 - 5/超丰早 1 号	湖南农业大学水稻所	2001(湖南)	107.0	89.0	26	25.8	6.90	—	3.0(2001—2005)
早籼	湘早籼 6 号	湘矮早 9 号/莲塘早	湖南省沅江市农科所	1989(湖南)	102.5	73.0	21.2	—	6.00	9.0(1991)	140.0(1990—2005)
早籼	湘早籼 7 号	81 - 280/HA79317 - 4	湖南省怀化市农科所	1989(湖南)*	108.0	75.0	22.5	25.1	6.33	30.5(1992)	166.6(1990—2003)
早籼	油占 8 号	澳粳占系选	广西壮族自治区农科院水稻所	2001(广西)	124.0	103.0	16.7	12.4	6.00	3.5(2003)	56.6(2000—2004)

（续）

品种类型	品种名称	品种组合/来源	第一选育单位	首次审定	全生育期（d）	株高（cm）	千粒重（g）	直链淀粉（%）	区试单产（t/hm²）	最大年推广面积（万 hm²）和年份	累计推广面积（万 hm²）和年份跨度
早籼	余赤 231 - 8	余晚 6 号/赤块矮 3 号	湖南农学院	1984(湖南)	121.0	80～90	22.3	—	6.00	—	50.0(1984—2001)
早籼	玉桂占	桂 99 系统选育	广西壮族自治区玉林市农科所	2003(广西)	121.0	112.0	18.2	12.0	6.00	4.7(2004)	10.0(2002—2005)
早籼	玉香占	281/西山香占	广西壮族自治区玉林市农科所	2004(广西)	122.0	103.0	22.7	14.3	6.00	0.4(2000)	10.0(1990—2004)
早籼	粤航 1 号	长丝占航天诱变	广东省农科院	2005(广东)	111～118	91～103	20.4	—	5.29～5.93	—	4.0(2005)
早籼	粤香占	三二矮/清香占//综优/广西香稻	广东省农科院水稻所	1998(广东)*	126～133	90.0	19.0	25.0	6.62～7.34	9.5(2002)	57.9(1998—2005)
早籼	早桂 1 号	双桂 36/早香 17	广西壮族自治区玉林市农科所	2000(广西)	119.0	95.0	21.0	15.2	6.30	9.0(2002)	34.0(2001—2005)
早籼	早莲 31	早二六选/庆莲 16	浙江省嘉兴市农科院	1989(浙江)	112.2	80～85	25.6	25.3	—	7.0(1991)	40.2(1989—1995)
早籼	早籼 403	早籼 403 中的变异株定向选择	江西省黎川县种子公司	1997(江西)	116.0	87.0	31.0	—	6.18	—	3.0(1997—2005)
早籼	早香 1 号	P4070F_3 - 3 - RH3 - IBA 选早 3/壮香(IR25907 - 43 - 3 - 3/85 优 09//NamSagui19)	广西壮族自治区农科院水稻所	2001(广西)	112.0	98.0	22.5	13.1	5.70	0.6(2001)	12.0(1998—2004)
早籼	漳佳占	佳禾早占//特丰矮/多系 1 号	福建省漳州市农科所	2005(福建)	116.5	120.1	24.3	15.9	6.20	1.3(2005)	1.3(2005)
早籼	浙 106	Z9512/浙 733	浙江省农科院作物所	2004(浙江)	110～115	89.0	28.0	27.4	7.10	2.2(2005)	5.0(2003—2006)
早籼	浙 733	禾珍早/赤块矮选	浙江省嘉兴市农科院	1991(浙江)*	111～115	80.0	25.6	26.1	7.30	37.4(1994)	390.0(1991—2005)
早籼	浙 852	(浙辐 802/水源 290)F_1 干种子 187 铯 γ 辐照	浙江省农科院作物所	1989(浙江)*	107～114	75.0	24.1	22.1	6.80	16.1(1992)	200.0(1989—1998)
早籼	浙 9248	紫珍 32/浙 852	浙江省农科院作物所	1997(浙江)	105～110	75.0	26.0	10.7	6.30	13.4(1998)	45.0(1997—2005)
早籼	浙辐 802	四梅 2 号种子^{60}Co 辐照	浙江农业大学	1980(浙江)	108.0	80.0	24.0	—	6.80	85.0(1991)	100.0(1994—2005)
早籼	浙辐 9 号	IR59/44—108	浙江农业大学核农所	1990(浙江)	108.0	80～85	22.2	23.1	6.50～7.50	8.0(1996)	60.0(1990—2002)
早籼	浙农 8010	科情 3 号/IR29//8004	浙江农业大学农学系	1993(浙江)	116.0	82.0	24.0	8.4	—	2.6(1996)	4.3(1996—1998)
早籼	珍桂占	珍桂矮 1 号/桂毕 2 号	海南省农科院粮作所	1999(海南)	130.0	95.0	23.0	25.4	6.45	0.3	1.5
早籼	珍优 1 号	珍木 85/四优 2 号	福建省农科院稻麦所	1986(福建)	134.0	95.0	23.4	—	6.00	—	10.0(1986—1993)

（续）

品种类型	品种名称	品种组合/来源	第一选育单位	首次审定	全生育期(d)	株高(cm)	千粒重(g)	直链淀粉(%)	区试单产(t/hm^2)	最大年推广面积(万 hm^2)和年份	累计推广面积(万 hm^2)和年份跨度
早籼	中 156	浙辐 802//湘 81 - 292/湘矮早 9 号	中国水稻研究所	1991(湖南)	106.5	85.5	28.5	22.4	7.20	5.4(1993)	11(1993—1997)
早籼	中 83 - 49	四丰 43/竹科 2 号	中国水稻研究所	1990(湖南)	115.0	82.5	29.0	25.4	7.50	2.2	35.3(1990—2005)
早籼	中 86 - 44	浙辐 802/广陆矮 4 号//湘早籼 3 号	中国水稻研究所	1992(湖南)	107.0	78.0	25.5	24.5	7.20	27.2	133.3
早籼	中 98 - 15	嘉育 948/台早 94 - 48	中国水稻研究所	2002(湖南)	105.0	85.0	25.5	—	7.20	—	2.0(2002—2005)
早籼	中 98 - 19	嘉育 948/嘉兴 39	中国水稻研究所	2001(湖南)	107.0	83.0	25.0	—	—	—	2.0(2001—2005)
早籼	中鉴 100	舟 903//红突 5 号/84 - 240	中国水稻研究所	1999(湖南)	114.8	74.0	24.2	15.4	6.20	25.3(2000)	102.6(1999—2005)
早籼	中鉴 99 - 38	中早 4 号/舟 903//浙农 8010	中国水稻研究所	2002(湖南)	107.0	87.0	25.6	—	6.20	3.5(2004)	10.0(2002—2005)
早籼	中丝 2 号	浙 8619/浙 8736//AT77 - 1	中国水稻研究所	1995(浙江)*	113.0	85.0	24.0	—	6.70	5.4	27.3(1996—2005)
早籼	中丝 3 号	G294/梅选 35 - 18	中国水稻研究所	1997(益阳)	105～108	75～80	23.0	—	6.00～6.70	1.0	3.0(1997—2005)
早籼	中协 4 号	泸红早 1 号/B3//泸///泸////泸	中国水稻研究所	1995(江西)	108.0	75～80	27.5	—	6.70	0.3	3.0(1995—2005)
早籼	中选 181	中丝 3 号///矮仔乌骚/中156//浙 733	中国水稻研究所	2003(国家)	111.5	97.7	28.9	23.6	6.70～7.50	0.7(2004)	2.0(2003—2005)
早籼	中选 5 号	泸红早 1 号/辐 83 - 49	中国水稻研究所	1998(浙江)	114.0	85.0	26～27	—	6.80～7.50	0.6	3.0(1998—2005)
早籼	中选 972	陆青早 1 号/浙 733	中国水稻研究所	2003(国家)	114.3	94.7	28.1	23.1	6.70～7.50	0.6	3.0(2003—2005)
早籼	中优早 3 号	84 - 240//红突 5 号	中国水稻研究所	1995(江西)	114.0	83.0	25.0	20.2	6.00	20.0	51.5(1994—2005)
早籼	中优早 5 号	测系 A345/84 - 17	中国水稻研究所	1997(湖南)*	112.0	76.0	25.0	17.8	6.20	20.6	86.5(1997—2005)
早籼	中优早 81	中早 4 号系统选育	中国水稻研究所	1996(江西)	107.0	82.5	24.0	16.5	6.60	19.1(1998)	258.6(1996—2006)
早籼	中早 1 号	中 156//军协/青四矮	中国水稻研究所	1990(浙江)	106.0	80.5	28.0	25.2	7.00	5.2	60.3
早籼	中早 22	(Z935/中选 11)F_6 花药培养	中国水稻研究所	2004(浙江)	110.0	90.5	28.0	24.3	7.45	0.9	1.3
早籼	中早 4 号	早籼中 86 - 44 系统选育	中国水稻研究所	1995(浙江)	110.0	84.5	24.5	23.4	6.39	1.2	12.3
早籼	舟 903	红突 80/电 412	浙江省舟山市农科所	1994(浙江)	106～114	75～80	24.0	16.4	6.50	30.0	113.0(1994—2005)
早籼糯	福糯	(IR24/温 F_3) 经 $^{60}Co-\gamma$ $7.74\times10^8 C/kg$ 处理	广西农业大学	1991(广西)	117.0	90.0	28.0	0.3	6.00	1.1(1993)	17.0(1991—2004)

（续）

品种类型	品种名称	品种组合/来源	第一选育单位	首次审定	全生育期（d）	株高（cm）	千粒重（g）	直链淀粉（%）	区试单产（t/hm²）	最大年推广面积（万 hm²）和年份	累计推广面积（万 hm²）和年份跨度
早籼糯	闽糯 580	IR2061/K. P. t	福建省龙岩市农科所	1988（福建）	142.0	95～100	27～30	1.9	6.00	—	7.0（1988—1995）
早籼糯	闽糯 706	F_1（7056/IR29）辐照	福建省农科院稻麦所	1993（福建）	114～120	80～85	28.0	1.2	5.40	—	3.0（1993—1999）
早籼糯	闽岩糯	闽糯 580/717	福建省龙岩市农科所	1995（福建）*	124.0	90.0	25.0	1.2	6.50	2.5（1998）	19.1（1994—2005）
早籼糯	西乡糯	小野糯（小家伙/野生稻）/双桂 1 号	广西壮族自治区农科院水稻所	1990（广西）	130.0	97.8	24.1	0.5～1.9	6.00	0.5（2000）	10.0（1990—2004）
早籼糯	湘早糯 1 号	IR29/温选青	湖南省原子能所	1985（湖南）	—	—	—	—	6.75	—	3.0（1995—2005）
早籼糯	越糯 2 号	Z94-207///越糯 1 号/黑宝//嘉育 293	浙江省绍兴市农科院	2001（浙江）	110.0	85.0	24.0	1.6	7.04	1.5	3.3
早籼糯	越糯 3 号	越糯 1 号/黑宝//嘉育 293	浙江省绍兴市农科院	2001（浙江）	107.0	85.0	21.9	1.8	6.48	—	2.0（2001—2005）
早籼糯	越糯 6 号	越糯 96-10///Z95-05	浙江省绍兴市农科院	2004（浙江）	110.6	90.0	25.5	2.1	6.74	2.0	6.7
中籼	9024	BG90-2//野生稻/IR24	安徽省广德县农科所	1989（安徽）	131.0	82.5	26.0	—	6.93	4.0（1992）	10.0（1988—1993）
中籼	622-4	六南/IR22	云南农业大学农学系	1989（云南）	150.0	97.0	31.4	17.7	—	1.7（1989）	7.3
中籼	安选 4 号	二九选系选	安徽农学院	1989（安徽）	129.0	905.0	27.0	—	6.78	5.5（1991）	20.0（1988—1993）
中籼	昌米 011	IR26/成都晚粳//罗密欧///黎优 57	四川省凉山州西昌农科所	1999（四川）	165.0	85.0	25～27	—	—	—	—
中籼	川米 2 号	台中选育 285 系选	四川省农科院水稻高粱所	1989（四川）	140.0	90～95	24.0	—	7.70～7.06	—	—
中籼	川植三号	桂朝 2 号/740098	四川省农科院植保所	1989（四川）	140.0	100.0	23～24	—	7.47	—	—
中籼	大粒香 12	密阳 23/毫双 7 号	云南农业大学	1997（云南）	160.0	105.0	29.0	16.0	7.71～8.00	2.6（1996）	9.2
中籼	德农 203	毫棍干号/IR22//滇陇 201	云南省德宏州农科所	1997（云南）	155.0	110.0	34.0	10.5	8.67	2.2（1999）	4.3
中籼	德农 211	滇陇 201/黄枚所//印选 1 号/毫安旺灭断	云南省德宏州农科所	2000（云南）	145～155	100～110	30.0	11.8	8.60	—	—
中籼	德优 11	德优 3 号/德农 211	云南省德宏州农科所	2005（云南）	132～143	115～117	28.0	—	8.57	—	—
中籼	德优 12	德优 3 号/德农 211	云南省德宏州农科所	2005（云南）	142～148	125～134	29.0	—	8.82	—	—
中籼	德优 2 号	滇陇 201/IR64//德农 204	云南省德宏州农科所	2003（云南）	140.0	110.0	32～34	—	7.01～8.65	—	1.7
中籼	滇陇 201	毫木细/IR24	云南省德宏州农科所	1986（云南）	145.0	105～115	32～35	11.0	—	2.0（1994）	30.0
中籼	滇瑞 408	毫木细/IR24	云南省农科院瑞丽稻作站	1986（云南）	176.5	88.5	33.0	11.9	—	1.67（1986）	3.3
中籼	滇屯 502	滇侨 20 号/毫皮	云南省个旧市种子公司	1993（云南）	155.0	80.3	31.7	13.6	—	3.33（1999）	13.3
中籼	鄂中 4 号	胜泰 1 号变异株系选	湖北省农科院作物所	2002（湖北）	135.3	122.0	21.9	15.6	8.20	4.0（2003）	10.1（2001—2005）

（续）

品种类型	品种名称	品种组合/来源	第一选育单位	首次审定	全生育期(d)	株高(cm)	千粒重(g)	直链淀粉(%)	区试单产(t/hm²)	最大年推广面积(万 hm²)和年份	累计推广面积(万 hm²)和年份跨度
中籼	鄂中 5 号	从西班牙引进的水稻种子中系选	湖北省农科院作物所	2004(湖北)	147.9	117.9	24.0	15.1	6.30	0.7(2005)	0.7(2005)
中籼	涪江 2 号	四优 1 号/矮优 3 号	四川省绵阳农业专科学校	1986(四川)	137～143	90～98	25.0	—	6.75	—	—
中籼	辐 415	桂朝 2 号经$^{60}Co-\gamma$射线辐照	四川农业大学	1988(四川)	140～145	97.0	25～26	—	7.58～7.79	—	—
中籼	光辉	黄壳美国稻系选	贵州农学院	1986(贵州)	153.0	91.0	24.6	17.0	6.20	0.2(1990)	0.7(1986—1992)
中籼	贵辐籼	籼稻品种 83-231 辐射	贵州省农科院综合所	1992(贵州)	144.0	90.0	33.0	19.6	8.22	0.7(1995)	3.0(1992—1998)
中籼	黑优粘	汉中黑糯/特优粘稻	广东省农科院生物所	1993(陕西)	148.0	107.3	21.8	21.3	7.05	1.0(1996)	2.67(1993—2000)
中籼	红优 3 号	四喜粘/滇屯 502	云南省红河州农科所	2005(云南)	152.0	98.0	31.9	—	8.54	—	—
中籼	红优 4 号	四喜粘/滇屯 502	云南省红河州农科所	2005(云南)	148.0	100.0	31.7	—	7.78	—	—
中籼	红优 5 号	滇屯 502 变异株系选	云南省红河州农科所	2005(云南)	155.0	118.0	26.4	17.2	9.50	—	—
中籼	宏成 20	优天杂/华成 2 号	云南省宏成水稻育种公司	2004(云南)	154.0	85～100	25～27	15.9	9.54	—	—
中籼	鉴真 2 号	珍稻系选	湖北省京山县种子公司	2001(湖北)	144.2	104.2	23.7	15.8	6.40	3.7(2001)	19.5(1998—2007)
中籼	金麻粘	(黎明/圭 630) B_3F_4/遵 7201	贵州省农科院水稻所	1986(贵州)	157.0	85.0	27.8	18.1	6.96	1.3(1990)	2.1(1986—1992)
中籼	科成 3 号	朝阳 1 号/秋长 3 号	中国科学院成都生物所	1986(四川)	143.0	98～102	25～26	—	7.39	—	—
中籼	凉籼 2 号	IR24/桂朝 2 号	四川省凉山州西昌农科所	1995(四川)	165.0	80.0	29	—	—	—	—
中籼	凉籼 3 号	88-16/特青	四川省凉山州西昌农科所	2001(四川)	165.0	100～110	29.0	19.0	9.20～10.66	—	—
中籼	临籼 21	龙特普/IR26	云南省临沧市农科所	2004(云南)	165.0	100～110	29～30	24.3	8.33	—	—
中籼	临籼 22	207(红帽缨/IR24)//1819-3(亳双 8 号选 3/香谷)	云南省临沧市农科所	2005(云南)	156.0	121.0	27.8	17.0	8.94	—	—
中籼	临优 1458	那招细老鼠牙/科砂 1 号	云南省临沧地区农科所	1998(云南)	180.0	100～120	27～29	16.7	7.22～8.34	0.72(1999)	2.1
中籼	龙川籼 1 号	扬稻 1 号/南农 2159	江苏省江都县农科所	1994(江苏)	139.0	100.0	27.5	—	—	—	—
中籼	南京 15	特青/南京 2157 (IR24/IR26)	江苏省农科院粮作所	1998(江苏)	136.0	105.0	25.5	24.9	8.75～9.40	3.3(1999)	6.7(1999—2001)
中籼	南京 16	SI-PI681032/UPR103-80-2	江苏省农科院粮作所	2000(江苏)	148.0	125.0	28.0	17.8	8.10	28.5(2003)	88.6(1999—2003)
中籼	南京玉籼	Basmati370 系选	江苏省农科院粮作所	1994(江苏)	143.0	100.0	26.5	—	7.62	—	—
中籼	南农籼 2 号	IR24/广陆矮 4 号//BG90-2	南京农业大学农学系	1989(江苏)	136.0	100.0	31～32	—	—	—	—

（续）

品种类型	品种名称	品种组合/来源	第一选育单位	首次审定	全生育期(d)	株高(cm)	千粒重(g)	直链淀粉(%)	区试单产(t/hm^2)	最大年推广面积(万 hm^2)和年份	累计推广面积(万 hm^2)和年份跨度
中籼	黔恢 15	东乡野生稻/厚叶稻//滇渝1号///黔恢 481	贵州省农科院水稻所	2000(贵州)	155.0	100.0	27.0	15.2	7.93	1.0(2003)	2.1(200—2005)
中籼	黔育 402	凯中1号/IR26	贵州省农科院水稻所	1986(贵州)	156.0	90.0	25.0	23.2	6.98	1.5(1989)	2.6(1986—1991)
中籼	黔育 404	桂朝2号/遵籼3号	贵州省农科院水稻所	1986(贵州)	158.0	85.0	26.0	24.4	7.12	1.8(1990)	3.6(1986—1991)
中籼	黔育 413	菲矮 115/5350-3-7	贵州省农科院水稻所	1988(贵州)	152.0	100.0	26.4	26.9	6.78	1.9(1991)	5.0(1988—1996)
中籼	黔育 417	广二矮 104/汕鸥1号	贵州省农科院水稻所	1988(贵州)	135～140	90.0	25.0	23.0	6.97	2.1(1991)	5.1(1988—1996)
中籼	青二籼	特青1号/81020	河南省信阳市农科所	2001(河南)	138.0	105.0	24.0	15.5	8.90	4.0(2001)	13.0(2001—2005)
中籼	蜀丰 108	6044/IR2061-464-2-4-5	四川农业大学	1988(四川)	143.0	91～94	25～26	—	7.37～8.15	—	—
中籼	蜀丰 109	6044/IR2061-464-2-4-5	四川农业大学	1989(四川)	146.0	90.0	27～28	—	7.44～7.90	—	—
中籼	双辐1号	桂朝2号 F_1 干种子 ^{60}Co-γ射线辐照	安徽省滁县地区农科所	1989(安徽)	132.0	91.0	26.6	—	6.59	4.2(1991)	12(1988—1993)
中籼	双桂科 41	双桂 210/大粒科六	四川省成都市第二农科所	1987(四川)	146.0	87～100	25～26	—	7.96	—	—
中籼	泰激2号选6	泰激2号变异单株	四川省西昌市良种场	2005(四川)	165.0	80.0	19.0	—	—	—	—
中籼	特优 2035	特三矮2号/81020	河南省信阳市农科所	2003(河南)	145.0	115.0	28.0	19.1	8.43	5.0(2004)	11.0(2003—2005)
中籼	皖稻 101	特三矮2号//南京 11/E164	安徽省农科院水稻所	2003(安徽)	138.0	110.0	26.0	14.6	7.71	2.5(2003)	6.2(2002—2005)
中籼	皖稻 115	9311 系选	安徽农业大学	2004(安徽)	142.0	110～115	29.0	—	8.48	3.0(2004)	5.5(2003—2005)
中籼	皖稻 117	Cpslo17/毫格劳//新秀 299	安徽省农科院水稻所	2004(安徽)	136.0	110.0	26.0	13.3	7.91	2.0(2005)	3.5(2003—2005)
中籼	皖稻 173	朝阳1号//矮利3号/矮脚桂花黄///巴 75////扬稻4号	安徽省农科院水稻所	2005(安徽)	140.5	120.0	28.8	14.9	8.38	1.2(2005)	2.2(2004—2005)
中籼	皖稻 25	(闽桂1号/谷梅2号)F_1 经 ^{60}Co-γ射线辐照	安徽省滁县地区原子能所	1990(安徽)	135.0	95～100	26.5	—	7.04	4.0(1993)	15.0(1988—1993)
中籼	皖稻 27	密阳 23/(IR4412-164-3-6/IR4712-108-1)F_1	安徽省农科院水稻所	1990(安徽)	136～138	96～105	26.4	19.6	7.50	12.5(1992)	35.0(1989—1994)
中籼	皖稻 57	(IR4412-16-3-6/IR4712-208-1)F_1 经 ^{60}Co-γ射线辐照	安徽省农科院水稻所	1994(安徽)	130.0	97.0	27.0	18.0	7.09	4.5(1994)	12.6(1991—1996)

（续）

品种类型	品种名称	品种组合/来源	第一选育单位	首次审定	全生育期（d）	株高（cm）	千粒重（g）	直链淀粉（%）	区试单产（t/hm²）	最大年推广面积（万 hm²）和年份	累计推广面积（万 hm²）和年份跨度
中籼	皖稻 69	朝阳 1 号//矮利 3 号/矮脚桂花黄///巴 75	安徽省农科院水稻所	1998（安徽）	140.0	110.0	29～30	18.6	8.02	5.5（1998）	32.5（1997—2005）
中籼	皖稻 77	朝阳 1 号//矮利 3 号/矮脚桂花黄///巴 75	安徽省农科院水稻所	2000（安徽）	136～140	110.0	30.0	16.8	8.04	4.2（2003）	15.2（1999—2004）
中籼	皖稻 89	扬稻 6 号系选	安徽省凤台县农科所	2003（安徽）	138.0	110.0	29.0	17.4	—	3.2（2003）	13.5（2002—2005）
中籼	皖稻 99	扬稻 4 号/2490	安徽省农科院绿色工程所	2003（安徽）	138.0	120.0	27～28	14.4	7.91	4.8（2003）	12.5（2002—2005）
中籼	万早 4 号	IR54/万野 763	四川省万县地区农科所	1987（四川）	134～138	90.0	29.0	—	7.05	—	
中籼	文稻 1 号	广南八宝米/滇瑞 408	云南省文山壮族苗族自治州农科所	1995（云南）	150～160	95.0	27.7	15.7	7.18	0.6（1998）	2.3
中籼	文稻 2 号	广南八宝米/滇瑞 408	云南省文山壮族苗族自治州农科所	1995（云南）	150～155	94.0	29.2	13.4	7.96	0.7（1999）	2.5
中籼	文稻 8 号	滇屯 502/泰引 1 号	云南省文山壮族苗族自治州农科所	2005（云南）	143～148	100～110	29.0	16.5	8.09	—	
中籼	香宝 3 号	马坝香稻/桂朝 2 号	河南省信阳农业专科学校	1995（河南）	137～142	105.0	25.0	15.8	8.29	7.4（2002）	20.7（1994—2005）
中籼	香优 61	IR24/云南香稻	四川省乐山市农牧科学所	2002（四川）	151.6	125.3	25.5	—	10.13	—	
中籼	湘中籼 2 号	矮包/双 36	湖南省农科院水稻所	1989（湖南）	133.0	97.5	24.1	29.6	—	1.1（1989）	2.3（1989—1991）
中籼	湘中籼 3 号	湘早籼 1 号/湘中籼 2 号	湖南省农科院水稻所	1992（湖南）	127.0	100.0	30.0	30.7	—	0.3（1992）	1.1（1992—1995）
中籼	湘中籼 4 号	91491/铁三矮 2 号	湖南省湘西自治州农科所	2000（湖南）	133.0	113.0	25.0	—	7.60	—	—
中籼	兴籼 1 号	古巴稻系选	江苏省兴化县农科所	1987（江苏）	138.0	96.0	30.0	—	—	—	
中籼	兴育 873	黔花 458///圭 630/6-10//桂朝 2 号/6-10	贵州省黔西南州农科所	1992（贵州）	140.0	100.0	25.6	15.8	8.64	2.0（1995）	5.0（1995—2004）
中籼	盐稻 2 号	盐 259/嘉农籼育 13	江苏省沿海地区农科所	1990（江苏）	139.0	105.0	25.0	27.0	—	9.8（1993）	52.0（1990—1998）
中籼	盐稻 3 号	3021/扬稻 4 号	江苏省沿海地区农科所	1993（江苏）	140.0	110.0	32.0	28.6	—	6.1（1997）	37.9（1993—1998）
中籼	盐稻 4 号	3021/扬稻 4 号	江苏省沿海地区农科所	1995（江苏）	136.0	115.0	31.0	26.3	8.50	11.1（1997）	63.0（1995—1998）
中籼	盐籼 1 号	小家伙/罗矮 3 号//IR29	江苏省盐城市郊区农科所	1987（江苏）	137.0	95～100	27.0	—	—	—	
中籼	扬稻 4 号	扬稻 2 号/7101	江苏省里下河地区农科所	1990（江苏）	143.0	120.0	29.5	26.4	—	47.7（1995）	211.4（1987—1995）
中籼	扬稻 5 号	鉴 42/鄂荆糯 6 号	江苏省里下河地区农科所	1994（江苏）	142.0	105.0	24.4	—	7.94	—	
中籼	扬稻 6 号	（扬稻 4 号/3021）F_1 经 ^{60}Co-γ 射线辐照	江苏省里下河地区农科所	1997（江苏）	145.0	115.0	30.0	14.7	9.21	88.8（2003）	424.7（1997—2003）

（续）

品种类型	品种名称	品种组合/来源	第一选育单位	首次审定	全生育期（d）	株高（cm）	千粒重（g）	直链淀粉（%）	区试单产（t/hm^2）	最大年推广面积（万 hm^2）和年份	累计推广面积（万 hm^2）和年份跨度
中籼	扬稻 7 号	特三矮 2 号//40013（密阳 23/IR2564 - 155 - 1）	江苏省里下河地区农科所	2000（江苏）	140.0	120.0	27.5	24.4	—	—	—
中籼	扬稻 8 号	扬稻 6 号经 ^{60}Co - γ 射线辐照	江苏省里下河地区农科所	2001（江苏）	149.0	124.0	32.5	16.6	8.72	—	—
中籼	扬辐籼 2 号	IR1529 - 68 - 3 - 2 经 ^{60}Co - γ 射线辐照	江苏省里下河地区农科所	1991（江苏）	143.0	105.0	29.5	24.1	—	29.4（1994）	102.8（1989—1994）
中籼	扬辐籼 3 号	IR2415 - 90 - 4 - 3 经 ^{60}Co - γ 射线辐照	江苏省里下河地区农科所	1993（江苏）	142.0	104.0	26.0	24.9	7.84	20.7（1997）	67.7（1992—1997）
中籼	扬辐籼 5 号	（3012/扬稻 4 号）F_1 经 ^{60}Co - γ 射线辐照	江苏省里下河地区农科所	2000（江苏）	143.0	125.0	30.0	16.4	—	30.7（2003）	96.7（1999—2003）
中籼	扬辐籼 6 号	扬稻 6 号经 ^{60}Co - γ 射线辐照	江苏省里下河地区农科所	2004（江苏）	142.0	120.0	30.0	14.7	9.24	10.6（2005）	—
中籼	银桂粘	IR2061 系选/湘东天杂 321 系选	贵州省农科院水稻所	1992（贵州）	136.0	95.0	29.0	18.5	7.87	1.0（1995）	5.0（1992—1998）
中籼	豫籼 1 号	科开 3 号//地 1 号/南京 11	河南省潢川县农科所	1990（河南）	143.0	103.0	26.0	—	—	—	—
中籼	豫籼 2 号	南京 11 选变异株系选	河南省确山县普会寺乡农技站	1991（河南）	136.0	100.0	27.0	27.2	—	—	—
中籼	豫籼 3 号	桂朝 2 号/IR24	河南省信阳市农科所	1994（河南）	135.0	105.0	27.5	15.2	7.83	15.0（1998）	63.0（1995—2005）
中籼	豫籼 4 号	桂朝 2 号/IR140	河南省信阳市农科所	1996（河南）	235.0	100.0	31.5	25.3	8.56	3.0（1999）	11.0（1997—2005）
中籼	豫籼 5 号	桂朝 2 号/银粘	河南省信阳农业专科学校	1997（河南）	140.0	110.0	25.8	—	8.73	7.6（2000）	23.3（1998—2005）
中籼	豫籼 6 号	特青 1 号/IET2938	河南省信阳市农科所	1998（河南）	138.0	105.0	25.0	24.5	8.15	2.4（1999）	6.9（1998—2005）
中籼	豫籼 7 号	（水源 290/73028）F_1/梅桂 1 号	河南省信阳农业专科学校	1999（河南）	140.0	110.0	26.0	24.6	8.95	1.9（1999）	7.2（1998—2005）
中籼	豫籼 8 号	（桂朝 2 号/银粘）F_1/余赤 231 -8	河南省信阳农业专科学校	2000（河南）	138.0	109.0	26.0	23.2	8.65	4.0（2003）	7.38（2001—2005）
中籼	豫籼 9 号	特青 1 号/湘早籼 1 号	河南省信阳市农科所	2000（河南）	137.0	105.0	29.0	25.8	8.75	5.8（2001）	16.0（2000—2005）
中籼	云超 7 号	八宝米/滇瑞 409//DR138	云南省农科院粮作所	2004（云南）	165.0	110.0	27.5	15.9	8.05	0.1（2005）	0.2
中籼	云恢 115	云恢 290/GUANG122//云恢 290	云南省农科院粮作所	2005（云南）	158.0	100.0	26.2	17.0	8.24	—	—

（续）

品种类型	品种名称	品种组合/来源	第一选育单位	首次审定	全生育期(d)	株高(cm)	千粒重(g)	直链淀粉(%)	区试单产(t/hm²)	最大年推广面积(万 hm²)和年份	累计推广面积(万 hm²)和年份跨度
中籼	镇恢 084	明恢 63/特青//明恢 63/DV85	江苏省镇江地区农科所	2004(江苏)	141.0	115.0	28.0	13.3	—	—	—
中籼	镇籼 122	明恢 63/特青 1 号	江苏省镇江地区农科所	1998(江苏)	142.0	120.0	28.0	16.3	—	—	—
中籼	镇籼 232	湘早籼 3 号/IR54	江苏省镇江地区农科所	1996(江苏)	145.0	110.0	24.5	19.2	8.01	—	—
中籼	镇籼 241	明恢 63/特青 1 号	江苏省镇江地区农科所	2000(江苏)	136.0	110.0	30.0	12.9	8.34	—	—
中籼	镇籼 272	明恢 63/特青 1 号//IR36/江恢 916	江苏省镇江地区农科所	1997(江苏)	140.0	110.0	30.0	25.4	—	—	—
中籼	镇籼 96	四喜占/镇籼 232	江苏省镇江地区农科所	2001(江苏)	142.0	126.0	31.0	24.6	8.95	—	—
中籼糯	E 优 512	同源三倍体 SAR-3/混合花粉	四川农业大学水稻所	2002(四川)	147.8	110.0	24.4	—	7.12	—	—
中籼糯	成糯 397	70681 天然杂交株系选	四川省农科院作物所	2002(四川)	147.4	121.0	26.0	1.8	—	—	—
中籼糯	德糯 2 号	德农 211///滇瑞 306//毫糯秕/IR22////云香糯/盈选 55	云南省楚雄州农科所	2003(云南)	140～158	110.0	32～34	—	7.0～8.7	—	—
中籼糯	滇瑞 306	地糯/IR24	云南省农科院瑞丽稻作站	1986(云南)	130.0	90.0	34.0	—	—	0.3(1987)	1.8(1986—1995)
中籼糯	滇瑞 313	SONA/三颗一撮	云南省农科院瑞丽稻作站	1991(云南)	170～180	90.0	32.0	0.0	—	0.1(1993)	0.7
中籼糯	滇瑞 501	滇瑞 306/滇瑞 500	云南省农科院瑞丽稻作站	1988(云南)	150.0	90.0	27.0	—	—	0.2(1995)	1.5(1993—2000)
中籼糯	滇新 10 号	意大利 B/科情 3 号	云南农业大学稻作所	1988(云南)	180.0	90～95	34.0	—	—	0.7(1986)	2.0
中籼糯	鄂糯 7 号	R82033-41/BG90-2	湖北省荆州市农科所	1995(湖北)	133.0	109.0	23.7	1.8	7.92	0.9(1997)	12.0(1997—2005)
中籼糯	辐龙香糯	龙晴 2 号经 ^{60}Co-γ 射线辐照	四川省原子核应用技术所	1995(四川)	140.0	95～100	24.5	1.0	7.12	—	—
中籼糯	辐糯 101	桂朝 2 号经 ^{60}Co-γ 射线辐照	四川省原子核应用技术所	1987(四川)	136.0	105.0	25.0	—	6.20～6.97	—	—
中籼糯	辐糯 402	龙桂朝 2 号经 ^{60}Co-γ 射线辐照	四川省原子核应用技术所	1989(四川)	140.0	105.0	26～27	—	6.58～6.33	—	—
中籼糯	桂白糯 1 号	桂花糯/白杨糯(地方品种)	贵州省绥阳县科委	1992(贵州)	158.0	95.0	27.0	1.4	6.10	2.0(1995)	9.8(1987—1995)
中籼糯	黑丰糯	菲一/米 1281//IR36///黑糯 2 号	陕西省汉中市农科所	1993(陕西)	155.0	106.0	22.5	1.2	7.88	1.0(1997)	3.3(1993—2001)

（续）

品种类型	品种名称	品种组合/来源	第一选育单位	首次审定	全生育期（d）	株高（cm）	千粒重（g）	直链淀粉（%）	区试单产（t/hm²）	最大年推广面积（万 hm²）和年份	累计推广面积（万 hm²）和年份跨度
中籼糯	荆糯 6 号	桂朝 2 号经 $^{60}Co-\gamma$ 射线辐照	湖北省荆州地区农科所	1989(湖北)*	136.6	100～110	26.0	1.0	7.50～9.00	3.7(1989)	120.0(1989—2000)
中籼糯	龙川糯	IR661/自交 2 号	江苏省江都县农科所	1988(江苏)	136.0	100.0	26.0	—	—	—	—
中籼糯	马坝香糯	泸南早/香洪糯	广东省曲江县农科所	1989(四川)	136.0	98.0	24.6	7.2	5.39	1.1(1992)	3.3(1990—2000)
中籼糯	眉糯 1 号	本地糯/余赤 231-8	四川省眉山农业学校	2001(四川)	175.0	115.0	29.0	0.4	—	6.0(2004)	20.3(2001—2005)
中籼糯	南农糯 2 号	81-3027/81-2159	南京农业大学	1993(江苏)	135.0	99.0	23.0	1.5	7.47	—	—
中籼糯	糯选 1 号	珍珠矮系选	四川省绵阳农业专科学校	1986(四川)	132.0	90.0	25.6	—	5.95	—	—
中籼糯	特糯 2072	92-05/鄂荆糯 6 号	河南省信阳市农科所	2002(河南)	137.0	112.0	27.0	1.9	8.28	1.0(2002)	2.2(2002—2005)
中籼糯	皖稻 51	IR4412-16-3-6-1/IR4712-208-1 后代经 $^{60}Co-\gamma$ 射线辐照，与 IR29 复交	安徽省农科院水稻所	1994(安徽)	140.0	100.0	26.0	5.3	7.07	7.2(1995)	30.0(1987—2004)
中籼糯	盐稻 5 号	特青/南农大 4011 糯	江苏省沿海地区农科所	1997(江苏)	141.0	100.0	23.0	1.6	8.98	4.1(1998)	9.6(1997—2000)
中籼糯	扬辐糯 1 号	IR29 经 $^{60}Co-\gamma$ 射线辐照	江苏省里下河地区农科所	1990(江苏)	135.0	93.0	25.0	—	—	5.5(1991)	22.8(1986—1991)
中籼糯	扬辐糯 4 号	IR1529-680-3-2 经 $^{60}Co-\gamma$ 射线辐照	江苏省里下河地区农科所	1995(江苏)	139.0	100～105	26.0	1.7	8.12	10.05(1998)	31.2(1992—1998)
中籼糯	豫糯 1 号	古 154/青二矮	河南省信阳市农科所	1993(河南)	138.0	100.0	27.0	1.7	—	2.0(1994)	6.0(1993—1996)
中籼糯	云香糯 1 号	IR29/毫糯干	云南农业大学农学系	1988(云南)	150～170	85～90	37～39	0.0	—	2.0(1991)	10.3
晚籼	47-104	港 2/IR58//叶青/龙菲 313	福建省农科院稻麦所	1993(福建)	128.0	92～97	—	—	6.00	1.6(1998)	8.1(1993—2003)
晚籼	矮梅早 3 号	矮青 569/红梅选//桂朝 2 号	广东省农科院水稻所	1986(广东)	125.0	82.0	26.3	—	5.85	0.7(1990)	0.7(1990)
晚籼	矮三芦占	丛芦 549/三黄占	广东省农科院水稻所	1994(广东)	105～110	95～110	17.5	—	5.25	—	—
晚籼	矮秀占	丰矮占 1//新麻占/七秀占	广东省农科院水稻所	2003(广东)	113.0	97.6	22.2	—	6.54	0.7(2005)	0.7(2005)
晚籼	爱华 5 号	湘晚籼 11 号/优丰 162	湖南省农科院水稻所	2004(湖南)	115.0	95.0	27.2	—	6.60	0.9(2005)	0.9(2005)
晚籼	澳青占	青六矮/澳洲袋鼠丝苗	广东省农科院水稻所	1995(广东)	127～129	96.5	21.2	—	5.53	—	—
晚籼	巴太早香	Basmati370 经聚焦太阳能辐射后系选	广东省增城市农科所	2005(广东)	108～113	101.6	16.8	13.4～15.0	5.60～6.50	—	—
晚籼	白钢占	从“钢枝占”白壳变异株选出	广西农业大学	1996(广西)	137.0	85.4	21.5	25.0	6.30	0.3(1996)	1.3(1995—2004)

（续）

品种类型	品种名称	品种组合/来源	第一选育单位	首次审定	全生育期(d)	株高(cm)	千粒重(g)	直链淀粉(%)	区试单产(t/hm²)	最大年推广面积(万 hm²)和年份	累计推广面积(万 hm²)和年份跨度
晚籼	丰矮占 5 号	长丝占/丰青矮	广东省农科院水稻所	1998(广东)	114～121	95.0	21.0	—	6.00	3.3(1998)	7.2(1996—2002)
晚籼	丰澳占	澳青占/丰青矮	广东省农科院水稻所	1999(广东)	124～126	98.0	22.0	25.4	6.06	2.2(2001)	9.4(1997—2002)
晚籼	丰八占	丰矮占 1 号/28 占	广东省农科院水稻所	2001(广东)	126.0	93.0	21.0	15.4	5.83	2.8(2003)	9.9(2000—2005)
晚籼	丰富占	丰丝占/富清占 4 号	广东省农科院水稻所	2004(广东)	110～115	95.4～96	21.8～22.2	23.3	6.03	—	—
晚籼	丰华占	丰八占 1 号/华丝占	广东省农科院水稻所	2002(广东)*	128.0	97.0	21.0	15.4	6.40	3.6(2004)	12.4(2002—2005)
晚籼	丰美占	新广美/中二占	广东省农科院水稻所	2005(广东)	108～116	93～94	20.3	15.3～17.3	6.00～6.37	—	—
晚籼	丰丝占	丰八占 1 号/珍丝占	广东省农科院水稻所	2004(广东)	124～127	103～109	21.5	13.8	6.55	0.7(2005)	0.7(2005)
晚籼	佛山油占	特籼占 25///三源 93//小直 12/三源 649	广东省佛山市农科所	2004(广东)	111～117	95～96	19.6	14.4	6.51～5.73	0.5(2004)	1.7(2001—2005)
晚籼	辐晚 81-548	^{60}Co-γ 射线辐照余赤 231-8 干种子	湖南省农科院原子能所	1989(湖南)	128.2	89.7	26.0	24.2	6.75	—	—
晚籼	赣晚籼 10 号	广秋 4309-2(广场矮/秋播了/油占子辐射	江西省宜春地区农科所	1990(江西)	123.0	80.0	21.0	—	6.20	—	—
晚籼	赣晚籼 11	IR24/溪选 4 号	江西省余江县农科所	1990(江西)	130.0	102.0	26.0	—	6.20	—	—
晚籼	赣晚籼 12	汕优 2 号系选	江西省农科院水稻所	1990(江西)	134.3	107.8	23.8	—	6.00	—	5.3(2000—2005)
晚籼	赣晚籼 13	IR24/温广青	江西省余江县农科所	1990(江西)	136.0	98.0	24.5	—	5.83	—	—
晚籼	赣晚籼 14	(红 410//IR26/清江七十早)F_3/(麦颖稻//7055/72-10)F_2	江西省农科院水稻所	1990(江西)	133.8	83.2	21.3	25.0	5.69	9.5(1999)	44.8(1995—2005)
晚籼	赣晚籼 15	毛特穗/军协//2422	江西省赣州地区农科所	1990(江西)	137.0	86.2	30.5	—	5.52	—	—
晚籼	赣晚籼 16	团黄占/桂朝 2 号	江西省吉安地区农科所	1990(江西)	130.0	86.0	23.5	—	5.50	—	—
晚籼	赣晚籼 17	赣晚籼 2 号/IR24	江西农业大学	1991(江西)	121.1	85.0	26.5	—	5.57	—	—
晚籼	赣晚籼 18	广秋 15 号/农垦 8 号	江西省上饶地区农科所	1991(江西)	131.0	90.0	22.0	—	5.71	—	—
晚籼	赣晚籼 19	黑石头/(矮秆糯/IR2061//芦苇稻)F_4	江西省农科院水稻所	1992(江西)	133.0	95.0	26.0	21.3	5.24	10.0(1995)	49.8(1995—2004)
晚籼	赣晚籼 20	汕优 2 号/双抗 3 号	江西省农科院水稻所	1992(江西)	132.0	85.0	24.0	19.5	4.50	—	—
晚籼	赣晚籼 21	汕优 2 号后代系统选育	江西省抚州地区农科所	1994(江西)	128.0	94.0	21.6	22.3	5.90	5.0(1995)	19.1(1994—2003)
晚籼	赣晚籼 22	IR841/84-06(IR36/桂朝 2 号)	江西省农科院水稻所	1994(江西)	131.0	92.0	24.6	20.1	4.95	6.5	33.3

（续）

品种类型	品种名称	品种组合/来源	第一选育单位	首次审定	全生育期(d)	株高(cm)	千粒重(g)	直链淀粉(%)	区试单产(t/hm^2)	最大年推广面积(万 hm^2)和年份	累计推广面积(万 hm^2)和年份跨度
晚籼	赣晚籼 23	IR841/M79215	江西省农科院原子能所	1994(江西)	135～140	86.0	23.0	15.0	4.40	—	—
晚籼	赣晚籼 24	温二 23/IR39	江西省余江县农科所	1996(江西)	130.0	96.0	23.7	21.8	5.50	—	—
晚籼	赣晚籼 25	“外 7”变异选择	江西省新干县种子站	1996(江西)	121～126	92.0	23.8	18.4	6.00	—	—
晚籼	赣晚籼 26	赣晚籼 18 号变异单株选择	江西省上饶地区农科所	1996(江西)	132.0	87.0	21.9	21.0	5.30	—	—
晚籼	赣晚籼 27	(H092s///GIIA//8504/02428)花培	江西省农科院杂交水稻中心	1997(江西)	132.0	88.0	26.0	—	6.26	—	—
晚籼	赣晚籼 28	Basmati/农原 85-1	江西省景德镇市农科所	1998(江西)	126.0	98.0	24.5	18.4	5.65	0.7(2003)	1.0(2003—2005)
晚籼	赣晚籼 29	粳籼 89/外 6	江西省鹰潭市农科所	1999(江西)	133.0	86.7	21.8	21.7	6.00	3.2(2003)	8.3(2002—2005)
晚籼	赣晚籼 2 号	IR20/马银矮	江西省吉安地区农科所	1990(江西)	123.0	80.2	22.5	—	5.37	—	—
晚籼	赣晚籼 30	涟选籼/[(莲塘早/IR36)F_6//外 3]F_1	江西省农科院水稻所	2000(江西)	135.0	93.0	27.6	14.9	5.60	12.4(2005)	47.1(2000—2005)
晚籼	赣晚籼 31	粤香粘选	江西农业大学农学院	2002(江西)	125.0	85.0	27.4	15.8	5.82	—	—
晚籼	赣晚籼 32	SR7019[IR841/84-06(IR36/桂朝 2 号)]/F9007(02428/湘中籼 2 号)	江西省农科院水稻所	2003(江西)	128.9	108.8	26.3	17.0	6.63	1.0(2004)	2.1(2003—2005)
晚籼	赣晚籼 33	GER-3 空间诱变	江西省抚州市农科所	2003(江西)	132.4	92.3	19.9	17.1	5.83	—	—
晚籼	赣晚籼 34	HK3045/50010	江西省农科院水稻所	2003(江西)	123.7	100.1	26.7	16.3	5.10	0.7(2003)	1.3(2003—2005)
晚籼	赣晚籼 35	粤香占/香籼 402	江西农业大学农学院	2004(江西)	120.3	109.1	22.2	23.7	5.62	—	—
晚籼	赣晚籼 36	高粱糯	江西省上饶市农科所	2004(江西)	131.3	101.6	24.7	17.2	6.59	—	—
晚籼	赣晚籼 37	赣晚籼 30 号自然杂交株系选	江西省农科院水稻所	2005(江西)	126.9	137.4	27.4	15.0	7.26	—	—
晚籼	桂农占	广农占/新澳占//金桂占	广东省农科院水稻所	2005(广东)	111～118	91～95	22.3	25.5～26.1	6.36～6.70	1.4(2005)	1.4(2005)
晚籼	桂青野	广西普通野生稻(81-377)/青华矮//双桂 1 号///双桂 36	广西壮族自治区农科院水稻所	1994(广西)	125.0	96.0	19.6	26.0	5.70	0.2(1993)	3.0(1992—2004)
晚籼	桂晚辐	包胎矮辐射诱变	广西壮族自治区农科院水稻所	1988(广西)	135.0	102.0	21.5	21.2	6.95	16.7(1990)	25.3(1983—1993)
晚籼	桂优糯	SLJ2-2 系选	广西壮族自治区农科院水稻所	2000(广西)	130.0	110.0	23.0	0.5	6.75	—	1.4(1994—2004)

（续）

品种类型	品种名称	品种组合/来源	第一选育单位	首次审定	全生育期(d)	株高(cm)	千粒重(g)	直链淀粉(%)	区试单产(t/hm^2)	最大年推广面积(万 hm^2)和年份	累计推广面积(万 hm^2)和年份跨度
晚籼	华航一号	特籼占13经空间诱变后系统选育	华南农业大学农学院	2001(广东)*	105.0	100.0	20.0	—	6.50～7.50	2.5(2003)	8.9(2001—2005)
晚籼	华粳籼74	Cpslo17/毫格劳//新秀299	华南农业大学农学院	2000(广东)	116.0	100～105	21.0	25.0	6.75～7.50	1.7(2002)	4.7(1999—2002)
晚籼	华籼占	粳籼89/袋鼠占	华南农业大学农学院	1996(广东)	110～115	103～106	19.0	—	6.50	2.3(1998)	3.6(1997—1998)
晚籼	华小黑1号	华粳籼74/联鉴33/4/华粳籼74	华南农业大学农学院	2005(广东)	116.0	100～105	21.0	25.0	6.75～7.50	—	—
晚籼	黄华占	黄新占/丰华占	广东省农科院水稻所	2005(广东)	129～131	94～103	22.2～23.1	13.8～14.0	7.03	—	—
晚籼	金晚3号	窄叶青8号钴60辐射	福建农学院	1986(福建)	120.0	95.0	24.0	22.0	6.75	—	—
晚籼	粳珍占4号	粳籼89/珍桂矮1号	广东省惠州市农科所	2001(广东)	113～119	94.3	19.0	—	4.20	1.7(2002)	1.7(2002)
晚籼	绿黄占	七袋占/绿珍占8号	广东省农科院水稻所	1999(广东)	124～129	108.0	20.0	27.8	6.00	4.2(2002)	21.3(1998—2005)
晚籼	绿源占1号	绿珍占8号/三源92	广东省农科院水稻所	2000(广东)	116～120	93～101	22.0	24.6	6.12	0.7(2002)	0.7(2002)
晚籼	满仓515	434大穗/FR1304//珍珠矮//闽科早1号	福建省农科院稻麦所	1996(福建)	134.0	95～100	28～29	26.2	6.70	8.4(1996)	34.4(1994—2003)
晚籼	茉莉丝苗	茉莉新占/丰丝占	广东省农科院水稻所	2005(广东)	130.0	106～109	22.7～23	14.1～15.0	6.85	—	—
晚籼	茉莉新占	茉莉占/丰矮占5号	广东省农科院水稻所	2001(广东)	116.0	95.0	20.0	25.9	6.25	2.6(2002)	9.3(2001—2005)
晚籼	七袋占1号	袋鼠占2/七黄占3	广东省农科院水稻所	1996(广东)	125.0	104.0	17.0	—	5.4～6.9	6.4(1996)	17.0(1996—2001)
晚籼	七桂早25	七优占/桂朝2号	广东省佛山兽专农学系	1986(广东)	125～128	90.0	18.5	—	5.70	15.0(1993)	76.1(1990—2005)
晚籼	七山占	七桂早25/桂山早	广东省农科院水稻所	1991(广东)	110～115	93.2	18.0	—	5.66	—	—
晚籼	七秀占3号	七山占/新秀299	广东省农科院水稻所	1996(广东)	119.0	95～101	19.0	21.8	4.96～5.53	3.1(1996)	5.7(1996—1998)
早籼	齐粒丝苗	巨丰占/澳粳占	广东省农科院水稻所	2004(广东)	125.0	99.2	18.3～18.4	13.7～15.4	6.19	7.5(2005)	19.7(2002—2005)
晚籼	青优辐桂	青四矮选21/辐桂	广东省农科院水稻所	1986(广东)	135.0	92.4	26.0	—	7.40	—	—
晚籼	三二矮	双二占/广二104	广东省龙门县农科所	1986(广东)	133.0	92.5	22.5	—	6.20	19.6(1990)	58.6(1990—2004)
晚籼	三阳矮1号	丰阳矮/三二矮	广东省农科院水稻所	1992(广东)	128～130	95.0	21.0	—	6.21	0.7(1993)	7.9(1992—1997)
晚籼	三源921	[(新会野生稻/341)F_1//834]F_1///株6	广东省佛山市农科所	1996(广东)	117～119	89	19.0	—	5.12～5.60	1.4(1996)	7.7(1994—2003)
晚籼	三源93	粳、籼、野三元杂交后代600/七桂早25	广东省佛山市农科所	1997(广东)	123～125	94～96	21.0	—	5.58～5.93	1.1(1997)	6.5(1995—2003)
晚籼	山溪占11	山溪占175/籼黄占8	广东省佛山市农科所	1999(广东)*	122～130	97～104	21.0	25.6	6.15	0.4(1998)	2.0(1997—2004)

（续）

品种类型	品种名称	品种组合/来源	第一选育单位	首次审定	全生育期(d)	株高(cm)	千粒重(g)	直链淀粉(%)	区试单产(t/hm²)	最大年推广面积(万 hm²)和年份	累计推广面积(万 hm²)和年份跨度
晚籼	胜巴丝苗	胜泰1号/增巴丝苗	华南农业大学农学院	2005(广东)	109～115	107～110	15.9～16.3	13.8～14.0	5.5～6.5	—	0.9(2004—2005)
晚籼	胜泰1号	胜优2号/泰引1号	广东省农科院水稻所	1999(广东)	116～117	94～95	23.0	16.6	5.41～6.02	—	—
晚籼	胜优2号	双青21/丛型3	广东省农科院水稻所	1994(广东)	135.0	104	25.9	—	6.47～6.78	—	—
晚籼	世纪137	矮窄/姬糯//C98/玉米稻///434大穗/FR1037	福建省农科院稻麦所	1999(福建)	135.0	95～105	28.0	24.4	6.30	1.2(2000)	2.5(2000—2003)
晚籼	双桂36	桂阳矮C17/桂朝2号	广东省农科院水稻所	1986(广东)	120～125	83～92	23.8	—	6.20	—	—
晚籼	特三矮2号	特青2号/三二矮	广东省农科院水稻所	1992(广东)*	136.0	95～100	26.0	—	6.94	—	—
晚籼	天龙香103	湘晚籼10号/优丰162	湖南省农科院水稻所	2000(湖南)	118.0	98.0	27.6	—	6.10	—	—
晚籼	溪野占10	山溪占6/野马占380	广东省佛山市农科所	2001(广东)	110～128	95.0	17.8	25.2	6.92	1.0(2004)	4.8(2000—2005)
晚籼	籼小占	粳籼570/马坝小占	广东省佛山市农科所	1995(广东)	110～126	89～98	16.4～17.4	25.6	6.00	9.9(2001)	58.6(1995—2005)
晚籼	湘晚籼10号	亲16选/80-66	湖南省农科院水稻所	1999(湖南)*	118.7	102.5	28～29	17.7	6.50	4.1(2000)	19.6(1999—2005)
晚籼	湘晚籼11	E179-F3-2-2-1-2选	湖南省农科院水稻所	1999(湖南)	118.0	107.0	26.3	16.0	6.40	10.1(2000)	42.2(2000—2005)
晚籼	湘晚籼12	湘33/GER3-3	湖南省农科院水稻所	2001(湖南)	114.0	97.0	26.0	15.3	6.40	2.1(2003)	5.3(2002—2005)
晚籼	湘晚籼13	湘晚籼5号/湘晚籼6号	湖南省农科院水稻所	2001(湖南)*	123.0	103.0	28.0	16.6	6.00	11.3(2004)	26.5(2002—2005)
晚籼	湘晚籼2号	IR19274-26系选	湖南省农科院水稻所	1991(湖南)	109.7	90～99	21.2	16.1	6.00	3.7(1992)	7.5(1992—1997)
晚籼	湘晚籼5号	80-66/矮黑粘	湖南省农科院水稻所	1994(湖南)	120.0	95～100	23～24	16.1	6.00	6.1(1998)	26.1(1995—2004)
晚籼	湘晚籼6号	明恢63/特青2号	湖南省农科院水稻所	1995(湖南)	103.0	100.0	26.5	17.2	6.30	4.9(1996)	14.7(1995—2000)
晚籼	湘晚籼7号	Caimioji202/红突5号	湖南省农科院水稻所	1996(湖南)	119.0	107.5	26.5	17.4	6.36	2.8(1996)	7.4(1995—1998)
晚籼	湘晚籼8号	四喜粘/湘晚籼1号	湖南农业大学水稻所	1998(湖南)	115.0	100.0	27.5	14.6	6.60	1.3(1998)	1.3(1994—2000)
晚籼	湘晚籼9号	圭巴/湘早籼5号	湖南省岳阳市农科所	1998(湖南)	123.0	100.0	23.0	18.4	6.36	10.3(2000)	41.4(1997—2005)
晚籼	野黄占	粤野软占/源籼占3	广东省佛山市农科所	2004(广东)	122.0	98.1	19.9～20.5	13.0～13.9	6.75	0.5(2005)	1.1(2003—2005)
晚籼	野丝占	溪野占10/中二软占	广东省佛山市农科所	2005(广东)	124.0	91～93	17.7～18.4	14.0～14.2	6.75	3.2(2005)	5.3(2003—2005)
晚籼	野籼占6号	桂野占2号/特籼占13//IR24	广东省惠州市农科所	2002(广东)	122～125	100.0	21.0	—	4.50	—	—
晚籼	野籼占8号	桂野占2号/特籼占13//IR24	广东省惠州市农科所	2005(广东)	110～117	99～103	20.2	23.6～24.4	4.56	—	—
晚籼	银花占2号	小银占/粤香占	广东省农科院水稻所	2005(广东)	131～132	100～105	19.3～19.5	13.7～15.0	6.42～7.03	—	—
晚籼	优丰162	巴西陆稻系选	湖南省农科院水稻所	2000(湖南)	124.0	105.0	26.8	20.9	6.00	1.0(2001)	1.6(2001—2003)

（续）

品种类型	品种名称	品种组合/来源	第一选育单位	首次审定	全生育期(d)	株高(cm)	千粒重(g)	直链淀粉(%)	区试单产(t/hm^2)	最大年推广面积(万 hm^2)和年份	累计推广面积(万 hm^2)和年份跨度
晚籼	余红一号	余金6号(余晚6号/金谷矮 F_6 稳定株系)/红410	湖南农业大学水稻所	1990(湖南)	120～123	90.0	27.0	—	6.90	6.1(1991)	10.9(1991—1995)
晚籼	玉晚占	云国1号(云玉糯/国粳4号)/八桂香(中繁21/桂713)	广西壮族自治区玉林市农科所	2005(广西)	118.0	101.8	21.5	13.6	6.75	3.3(2005)	4.5(2003—2005)
晚籼	玉香油占	TY36/IR100//IR100	广东省农科院水稻所	2005(广东)	126～128	106	22.6	23.7～26.3	6.95～7.77	—	—
晚籼	粤二占	粤香占/朝二占	广东省惠州市农科所	2005(广东)	127～130	98～101	19.8～20.0	15.0～16.1	4.62	—	—
晚籼	粤丰占	粤香占/丰矮占	广东省农科院水稻所	2001(广东)*	129.0	103.0	20.0	22.2	7.49～9.75	3.6(2003)	16.9(2000—2005)
晚籼	粤桂146	粤青312/桂朝2号	广东省佛山市农科所	1991(广东)	114～131	95.0	21.7	—	6.30	1.3(1991)	1.8(1990—1991)
晚籼	粤合占	粤香占/特粳占	广东省农科院水稻所	2005(广东)	120.0	95.0	21.3～21.9	23.7～26.1	5.85	—	—
晚籼	粤惠占	粤龙//Lemont/特青	广东省农科院水稻所	2005(广东)	123.0	105.0	23.2～23.6	15.0～26.2	6.28～6.85	—	—
晚籼	粤农占	粤香占/丰矮占	广东省农科院水稻所	2003(广东)	130.0	102.0	20.4	23.0	7.13～7.50	—	—
晚籼	粤野占26	粤桂146/粤山142//野粳籼///特籼占13	广东省佛山市农科所	2001(广东)	128.0	95～99	20.0	24.9	6.90	0.4(2001)	1.3(2000—2005)
晚籼	云国一号	云玉糯/国粳4号	广西壮族自治区玉林市农科所	1997(广西)	122.0	98.1	23.1	25.6	6.00	1.7(1999)	10.0(1991—2005)
晚籼	早圭巴	圭630/巴芒稻	湖南农业大学水稻所	1994(湖南)	126.0	110.6	22.6	21.5	6.90	3.3(1994)	4.9(1994—1995)
晚籼	漳龙9104	台农术/桂44	福建省漳州市农科所	1999(福建)	131.0	95.0	26～27	25.4	6.40	—	—
晚籼	中二软占	粳籼21/长丝占	广东省农科院水稻所	2001(广东)	125.0	95.0	19.0	13.6	6.26～7.50	4(2003)	17.7(2000—2005)
晚籼	中健2号	Starbonnet/IR841	中国水稻研究所	2003(湖南)	130.0	105.0	27.0	18.1	5.77	2.7(2002)	3.5(2001—2002)
晚籼	中香1号	80-66/矮黑	中国水稻研究所	1998(江西)	124.0	95.0	24.4	17.8	5.50	2.4(1998)	9.3(1997—2005)
晚籼糯	84-177	(洞庭晚籼/云南大粒) F_4 /(洞庭晚籼/IR1529-680-3-2) F_6	湖南省农科院水稻所	1989(湖南)	122.0	93.0	29.5	0.4	6.07	1.4(1995)	3.9(1991—1995)
晚籼糯	洞庭珍珠香糯	威优64选	湖南省农科院水稻所	1994(湖南)	108.0	90.0	—	—	5.80	1.3(1993)	2.3(1992—1993)
晚籼糯	南丰糯	南丛3/三五糯1号	广东省农科院水稻所	1998(广东)	129～133	113	26.5	0.5	5.63～6.06	1.6(2005)	4.8(2002—2005)
晚籼糯	泉糯101	科薏稻/珍汕97//IR24/7-52	福建省泉州市农科所	1990(福建)	135.0	85～90	29～30	2.6	4.95	—	—
晚籼糯	三五糯	省糯3号/HB580	广东省农科院水稻所	1992(广东)	126.0	100.0	28.0	—	5.55	2.4(1990)	4.5(1990—1993)
晚籼糯	余水糯	水源290/余赤231-8	湖南省农科院水稻所	1993(湖南)	113.6	96.0	23.6	0.5	6.65	—	—

（续）

品种类型	品种名称	品种组合/来源	第一选育单位	首次审定	全生育期（d）	株高（cm）	千粒重（g）	直链淀粉（%）	区试单产（t/hm^2）	最大年推广面积（万 hm^2）和年份	累计推广面积（万 hm^2）和年份跨度
早粳	87 - 9	S16 系选	宁夏回族自治区农科院作物所	1995（宁夏）	150.0	100～105	28～30	—	9.40	0.1(1996)	0.1(1995—1997)
早粳	80 - 473	金林 31/喜峰	山东省农科院水稻所	1990（山东）	147.0	95.0	26.0	—	8.73	1.1(1996)	2.0(1991—1996)
早粳	保丰 2 号	混合品种[$90I_1$ + $90I_3$ + $90I_6$ + $90I_{10}$ + $90I_7$]	吉林省农科院	2001（吉林）	135.0	98.0	25.4	18.2	8.10	—	—
早粳	北稻 1 号	吉 85 良 36/藤系 138	黑龙江省绥化市北方稻作所	2000（黑龙江）	131.0	89.0	26.0	17.8	8.30	0.2(2003)	0.4(2002—2005)
早粳	北稻 2 号	龙粳 4 号/富士光//藤系 138	黑龙江省绥化市北方稻作所	2002（黑龙江）	131.0	90.0	26.5	17.1	7.30	0.8(2005)	0.8(2005)
早粳	北陆 128	日本引进	吉林省农科院	1994（吉林）	138.0	90.0	26.0	17.7	6.40	—	—
早粳	长白 10 号	长白 10 号/秋田小町	吉林省农科院	2002（吉林）	130.0	95～100	27.5	16.9	7.70	1.0(2003)	3.7(2002—2005)
早粳	长白 11	长白 9 号/一目惚	吉林省农科院	2002（吉林）	133.0	95～100	28.0	16.9	8.10	—	—
早粳	长白 12	奇锦丰/稗种	吉林省农科院	2002（吉林）	132.0	106.0	28.0	17.4	8.10	—	—
早粳	长白 13	91ZB14 系选	吉林省农科院	2002（吉林）	132.0	96.0	27.0	16.4	8.30	—	—
早粳	长白 14	吉 90D33/89 目 114(F42)	吉林省农科院	2003（吉林）	132.0	105.0	28.5	17.8	8.10	—	—
早粳	长白 7 号	6914 - 11 - 1/合交 742	吉林省农科院	1986（吉林）	125.0	90.0	25.0	16.9	6.50	3.0(1988)	11.2(1986—1990)
早粳	长白 8 号	东北 131/东北 130	吉林省农科院	1995（吉林）	130.0	90.0	26.0	17.5	7.20	2.4(1997)	11.5(1995—2001)
早粳	长白 9 号	吉粳 60/东北 125	吉林省农科院	1995（吉林）	130.0	95.0	29.0	19.2	7.80	15.8(1995)	80.1(1995—2005)
早粳	长选 10 号	藤系 138/长白 7 号	吉林省长春市农科院	2002（吉林）	132.0	96.0	27.0	17.4	8.30	—	—
早粳	长选 12	早锦/合江 23	吉林省长春市农科院	2003（吉林）	138.0	105.0	27.0	17.4	8.60	—	—
早粳	长选 14	锦丰/长选 2 号	吉林省长春市农科院	2004（吉林）	140.0	105.0	24.5	16.6	8.20	—	—
早粳	长选 1 号	吉粳 60/雄基 9 号	吉林省长春市农科院	1995（吉林）	140.0	95～100	28～32	20.6	8.50	2.0(1995)	2.3(1995—1998)
早粳	长选 89 - 181	秋丰/长白 6 号	吉林省长春市农科院	1996（吉林）	136.0	95.0	27～30	20.2	7.68	6.2(1997)	8.3(1996—1999)
早粳	超产一号	青系 96/GB902//下北	吉林省农科院	1995（吉林）	145.0	95～100	26.0	18.4	8.40	6.6(1997)	28.3(1995—2004)
早粳	丹粳 10 号	旱 55/繁 4	辽宁省丹东市农科院稻作所	2005（辽宁）	171.0	106.5	23.9	15.2	7.28	—	—
早粳	丹粳 11	丹粳 3 号异株选	辽宁省丹东市农科院稻作所	2003（辽宁）	161.0	99.4	25.7	17.4	8.14	—	—
早粳	丹粳 12	88 - 119/中丹 2 号	辽宁省丹东市农科院稻作所	2003（辽宁）	170.0	105.3	26.9	18.1	7.94	—	—
早粳	丹粳 2 号	京引 83 变异株	辽宁省丹东市农科院稻作所	1989（辽宁）	150.0	95.0	25.0	—	—	—	—
早粳	丹粳 3 号	中科院 F3135 系选	辽宁省丹东市农科院稻作所	1989（辽宁）	160.0	105.0	25.0	—	—	4.2(1994)	7.3(1990—1994)
早粳	丹粳 4 号	B74 异型单株 85 - 3 系选	辽宁省丹东市农科院稻作所	1993（辽宁）	160.0	105.0	25.0	—	—	2.7(1994)	3.3(1994—1996)

（续）

品种类型	品种名称	品种组合/来源	第一选育单位	首次审定	全生育期（d）	株高（cm）	千粒重（g）	直链淀粉（%）	区试单产（t/hm²）	最大年推广面积（万 hm²）和年份	累计推广面积（万 hm²）和年份跨度
早粳	丹粳 6 号	中花 9 号/7041	辽宁省丹东市农科院稻作所	1996(辽宁)	130.0	89.0	25.0	—	—	—	—
早粳	丹粳 7 号	中花 9 号/7041	辽宁省丹东市农科院稻作所	1997(辽宁)	170.0	103.5	26.6	14.7	7.54	—	—
早粳	丹粳 9 号	丹粳 4 号/丹 253	辽宁省丹东市农科院稻作所	2001(辽宁)	165.0	115.0	26.6	18.3	8.02	6.1(2002)	10.4(2002—2005)
早粳	稻光 1 号	秋光/下北	吉林省通化市农科院	2004(吉林)	137.0	110.0	27.0	17.5	8.30	1.3(2004)	3.1(2004—2005)
早粳	东农 413	京引 66/东农 3134	东北农业大学	1988(黑龙江)	130.0	90.0	26.0	—	7.50	9.7(1987)	9.8(1987—1990)
早粳	东农 414	东农 320/吉粳 60	东北农业大学	1988(黑龙江)	—	—	—	—	7.00	0.4(1997)	0.4(1997)
早粳	东农 415	东农 320/城建 6 号	东北农业大学	1989(黑龙江)	135.0	100.0	26.0	14.9	8.00	10.7(1992)	40.4(1990—2001)
早粳	东农 416	京引 127//东农 363/吉粳 60	东北农业大学	1992(黑龙江)	132.0	87.6	26.3	18.2	7.50	21.5(1997)	116.0(1990—2004)
早粳	东农 419	秋光//庄内 32/东农 363	东北农业大学	1996(黑龙江)	132.0	88.5	25.9	16.6	7.70	11.6(1999)	41.2(1995—2003)
早粳	东农 420	松粳 2 号/东农 415	东北农业大学	1998(黑龙江)	130～133	82.5	24.8	15.3	8.30	2.3(1998)	5.3(1997—2002)
早粳	东农 421	屉锦/东农 415	东北农业大学	2000(黑龙江)	137.0	90～95	26.8	17.6	8.00	—	—
早粳	东农 422	富士光///珍味稻/东农 415//牡 86 - 2305	东北农业大学	2002(黑龙江)	132.0	86.5	26～28	16.8	7.80	0.7(2002)	2.0(2002—2005)
早粳	东农 423	东农 419/牡 86—2305	东北农业大学	2003(黑龙江)	138～140	86～95	26～28	15.6	8.20	0.6(2004)	0.7(2003—2004)
早粳	东农 424	东农 419/东农 4046	东北农业大学	2005(黑龙江)	135.0	86.9	24.6	18.8～20.0	7.70	2.1(2004)	2.2(2004—2005)
早粳	东选 2 号	辽粳 5 号//C20/丰锦	辽宁省东港农业中心	1997(辽宁)	165～168	100.0	24～25	16.8	6.75	—	—
早粳	丰民 2102	294/盐丰 47//1032/旱 72/越之华	辽宁省丰民农业高新公司	2005(辽宁)	160.0	110.0	26.0	16.6	9.31	—	—
早粳	丰选 2 号	双丰 9 号/福选 1 号	吉林省东丰县农技推广站	1995(吉林)	141.0	100.0	27.0	21.3	8.90	1.0(1998)	3.1(1995—2002)
早粳	丰选 3 号	丰选 2 号系选	吉林省东丰县农技推广站	2002(吉林)	137.0	103.0	27.5	18.4	8.40	1.7(2002)	3.9(2002—2005)
早粳	抚 105	新香糯/抚 8510	辽宁省抚顺市农科院	2005(辽宁)	145.0	103.2	26.2	17.5	8.68	1.0	—
早粳	抚 218	辽盐 6/抚 8510	辽宁省抚顺市农科院	2005(辽宁)	149.0	100.1	25.8	17.0	8.74	—	—
早粳	抚粳 2 号	黎明/BL1	辽宁省抚顺市农科所	1987(辽宁)	150.0	95.0	26.0	—	8.30	—	—
早粳	抚粳 3 号	科谱 1 号/粳 75 - 2 - 3 - 2	辽宁省抚顺市农科所	1997(辽宁)	151.0	91.5	26.4	17.6	8.35	—	—
早粳	抚粳 4 号	C57 - 1/色江克	辽宁省抚顺市农科院	2001(辽宁)	148.0	96.2	26.4	16.5	8.04	—	—
早粳	抚粳 5 号	79 - 159 - 8 - 1/寒 7	辽宁省抚顺市农科院	2005(辽宁)	146.0	100.8	27.5	19.9	7.65	—	—
早粳	富禾 5 号	省抗 34/中系 237	辽宁省开原市农科所	2003(辽宁)	154～157	95～100	25～26	17.4	8.53	—	—
早粳	富禾 66	辽粳 294/开 21	辽宁省东亚种业有限公司	2005(辽宁)	156.0	99.3	22.2	16.8	9.04	—	—

（续）

品种类型	品种名称	品种组合/来源	第一选育单位	首次审定	全生育期（d）	株高（cm）	千粒重（g）	直链淀粉（%）	区试单产（t/hm²）	最大年推广面积（万 hm²）和年份	累计推广面积（万 hm²）和年份跨度
早粳	富禾 6 号	盘锦 4 号/辽粳 5 号	辽宁省盘锦水稻所	2005(辽宁)	159.0	95.0	25.8	16.5	9.07	—	—
早粳	富禾 70	农林 727/沈 91-641	辽宁省东亚种业有限公司	2005(辽宁)	160.0	98～100	26.4	15.8	9.12	—	—
早粳	富禾 99	丰锦/9776(东选 2 号)	辽宁省东亚种业有限公司	2005(辽宁)	167.0	122.2	23.7	15.2	10.22	—	—
早粳	富士光	R151////藤系 71 号/藤系 67 号//越光///越光(日本引入)	黑龙江省牡丹江市农科所	2001(黑龙江)	132～134	90.0	25.8	16.3	8.07	8.2(2001)	39.8(1994—2005)
早粳	富源 4	(31116S/30301S//5047S///4018S)/(超产 1 号/超产 2 号)	吉林省农科院	2000(吉林)	137.0	100.0	26.0	17.9	8.10	2.8(2002)	11.2(2000—2005)
早粳	港辐 1 号	^{137}Cs 辐射中丹 2 号变异株种子	辽宁省东港市种子公司	1996(辽宁)	170.0	97.0	22.5	—	—	2.2(1997)	2.9(1996—1997)
早粳	港育 2 号	丹粳 7 号/垦育 2 号	辽宁省东港市农技推广中心	2005(辽宁)	165.0	110～115	28.5	15.1	7.46	—	—
早粳	港源 3 号	88-188 系选	辽宁省东港示范场	2005(辽宁)	170.0	110～115	28.3	17.7	8.14	—	—
早粳	寒 2	一穗传	吉林省农科院	1987(吉林)	128.0	80～90	26.9	19.5	5.00	0.5(1989)	1.5(1987—1990)
早粳	寒 9	一穗传	吉林省农科院	1987(吉林)	125.0	92.0	26.0	20.4	6.20	0.6(1989)	2.4(1987—1993)
早粳	旱 152	多元亲本杂交配制	辽宁省农科院稻作所	1989(辽宁)	140.0	70～80	23.0	—	—	—	—
早粳	合江 23	合江 20 号/松前	黑龙江省农科院水稻所	1986(黑龙江)	130～133	85～90	26.0～27.0	19.0	7.22	13.1(1991)	75.0(1986—2005)
早粳	黑粳 5 号	黑交 852/合江 20	黑龙江省农科院黑河农科所	1990(黑龙江)	110～120	75～85	28～30	16.2	6.60	0.8(1993)	2.8(1990—2005)
早粳	黑粳 6 号	黑交 812/合江 10 号	黑龙江省农科院黑河农科所	1992(黑龙江)	120.0	90～95	25.0	—	7.68	0.1(2002)	0.2(1994—2002)
早粳	黑粳 7 号	黑交 7819/龙粳 1 号	黑龙江省农科院黑河农科所	1995(黑龙江)	126.0	100.0	25.0	17.7	8.00	0.3(1999)	1.0(1996—2002)
早粳	花粳 15	中系 8468/花粳 45	辽宁省盐碱地利用所	2002(辽宁)	154.0	98.1	21.6	13.9	8.65	—	—
早粳	花粳 45	81041 选/沈农 976 的花药接种	辽宁省盐碱地利用所	1995(辽宁)	158～160	90～95	24～25	—	—	—	—
早粳	花粳 8 号	辽粳 294/盐粳 10	辽宁省盐碱地利用所	2005(辽宁)	163.0	105.4	24.9	18.0	9.30	—	—
早粳	恢粘	3074A//B8/京引 177	吉林省农科院	1995(吉林)	135.0	98.0	24.0	—	7.40	1.9(1997)	3.1(1995—2000)
早粳	辉粳 7 号	通育 124 自然变异株	吉林省辉南县	2005(吉林)	136.0	100.0	22.3	18.7	8.20	—	—
早粳	吉 87-1	不详	吉林省农科院	1992(宁夏)	134.0	83.0	26.0	—	10.50	0.04(1993)	0.1(1993—1996)
早粳	吉粳 101	T1034/T67	吉林省农科院	2005(吉林)	135.0	96.0	26.0	18.5	8.50	—	—
早粳	吉粳 102	超产 2 号/吉香 1 号	吉林省农科院	2005(吉林)	135.0	101.6	25.0	16.7	8.50	—	—

（续）

品种类型	品种名称	品种组合/来源	第一选育单位	首次审定	全生育期(d)	株高(cm)	千粒重(g)	直链淀粉(%)	区试单产(t/hm^2)	最大年推广面积(万 hm^2)和年份	累计推广面积(万 hm^2)和年份跨度
早粳	吉粳 104	松前/菰杂交后代幼穗培养	吉林省农科院	2005(国家)	152.7	93.1	25.5	17.7	9.50	—	—
早粳	吉粳 105	超产 2 号/吉 89-45	吉林省农科院	2005(国家)	152.7	96.5	24.0	16.3	8.70	—	—
早粳	吉粳 501	超产 2 号/吉玉粳	吉林省农科院	2005(国家)	138.0	100.0	28.8	16.4	8.40	—	—
早粳	吉粳 502	超产 2 号///铁 22/IR28//恢73-28	吉林省农科院	2005(吉林)	138.0	100.0	26.0	17.1	8.20	—	—
早粳	吉粳 504	98P42/5186	吉林省农科院	2005(吉林)	153.1	99.4	24.2	18.0	9.20	—	—
早粳	吉粳 62	Pi5-4/合交 752	吉林省农科院	1987(吉林)	137	95～105	25.0	20.1	7.70	6.0(1988)	14.2(1987—1990)
早粳	吉粳 63	中丹一号/雄基 9 号	吉林省农科院	1989(吉林)	138.0	95～100	28.0	20.1	8.10	7.0(1989)	12.2(1989—1991)
早粳	吉粳 64	寒九/C57-80	吉林省农科院	1993(吉林)	136.0	97.0	27.0	18.9	6.71	—	—
早粳	吉粳 65	关东 107 分离株中选	吉林省农科院	1995(吉林)	145.0	93.5	25.1	20.0	8.50	4.5(1997)	16.7(1995—2005)
早粳	吉粳 66	秋光/藤系 127//吉引 86-11	吉林省农科院	1998(吉林)	145.0	90～100	26.0	17.8	8.50	1.7(2001)	4.3(1998—2005)
早粳	吉粳 67	藤系 135/秋田 32	吉林省农科院	1998(吉林)	140.0	95.0	25.0	19.5	7.69	3.3(1997)	8.7(1998—2005)
早粳	吉粳 68	吉 B86-11/松 C19	吉林省农科院	1998(吉林)	135.0	95～100	28～30	17.9	8.10	1.1(1998)	3.7(1998—2002)
早粳	吉粳 69	769/02428///秋丰//化 127/黄皮糯	吉林省农科院	1998(吉林)	137.0	95.0	24.5	18.3	8.70	5.5(1999)	14.2(1998—2001)
早粳	吉粳 70	吉 K911/雪峰	吉林省农科院	1998(吉林)	142.0	105.0	25.0	17.6	8.20	—	—
早粳	吉粳 71	混合群体选育	吉林省农科院	1999(吉林)	135～137	96.0	25.0	17.7	8.30	—	—
早粳	吉粳 72	秋光诱变	吉林省农科院	1999(吉林)	145.0	95.0	26.0	16.5	7.90	—	—
早粳	吉粳 73	冷 11-2/萨特恩^{60}Co 辐射	吉林省农科院	1999(吉林)	146.0	96.0	23.0	19.3	7.50	2.5(2002)	10.1(1999—2005)
早粳	吉粳 74	冷 11-2/四特早粳///8	吉林省农科院	2000(吉林)	136.0	96.0	28.0	19.6	8.10	1.9(2000)	3.1(2000—2005)
早粳	吉粳 75	秋丰//化 127/黄皮糯///化 127/黄皮糯	吉林省农科院	2000(吉林)	136.0	96.0	26.0	18.0	8.20	2.0(2004)	4.2(2000—2005)
早粳	吉粳 76	超产 2 号(混合群体)	吉林省农科院	2000(吉林)	137.0	94.0	25.0	15.8	8.50	—	—
早粳	吉粳 77	青系 96 体细胞培养	吉林省农科院	1999(吉林)	145.0	100.0	25.5	19.1	8.50	—	—
早粳	吉粳 78	吉粳 67/北陆 128	吉林省农科院	2001(吉林)	138.0	95～100	25.5	18.0	8.70	0.9(2002)	2.8(2001—2005)
早粳	吉粳 79	青系 96 体细胞组培	吉林省农科院	2001(吉林)	135.0	95.0	27.0	17.9	8.30	1.7(1997)	2.7(1997—2001)
早粳	吉粳 80	吉 86-11/长白 7 号	吉林省农科院	2002(吉林)	136.0	95～100	27.7	16.8	8.40	—	—
早粳	吉粳 81	一目惚/舞姬体细胞植株	吉林省农科院	2002(吉林)	145.0	95.0	26.0	16.1	8.70	1.2(2004)	4.7(2002—2005)
早粳	吉粳 82	91DE 系选	吉林省农科院	2002(吉林)	136.0	98.0	28.0	17.1	8.40	—	—

（续）

品种类型	品种名称	品种组合/来源	第一选育单位	首次审定	全生育期 (d)	株高 (cm)	千粒重 (g)	直链淀粉 (%)	区试单产 (t/hm^2)	最大年推广面积(万 hm^2)和年份	累计推广面积 (万 hm^2) 和年份跨度
早粳	吉粳 83	东北 141//奇锦丰/稗 DNA	吉林省农科院	2002(吉林)	141.0	105.0	26.0	17.6	7.60	4.7(2004)	16.3(2002—2005)
早粳	吉粳 84	保丰 3 混合群体	吉林省农科院	2003(吉林)	145.0	86.7	24.8	16.4	8.30	—	—
早粳	吉粳 85	超产 2/吉 86-12(F56)	吉林省农科院	2003(吉林)	138.0	98.0	27.3	17.7	8.10	—	—
早粳	吉粳 86	庄 621 体细胞	吉林省农科院	2003(吉林)	137.0	96.0	25.0	18.6	9.30	—	—
早粳	吉粳 87	秋光 A//IR26/C44-22(F32)	吉林省农科院	2003(吉林)	137.0	97.0	26.6	17.9	8.50	—	—
早粳	吉粳 88	奥羽 346/长白 9 号	吉林省农科院	2005(吉林)*	143.0	100.0	23.0	15.6	8.10	11.6(2005)	11.6(2005)
早粳	吉粳 89	T1034/T67(T21)	吉林省农科院	2003(吉林)	141.0	105.0	28.0	19.5	8.30	—	—
早粳	吉粳 90	通 35/冷 11-2(高产 113)	吉林省农科院	2003(吉林)	145.0	105.0	27.0	18.4	8.20	—	—
早粳	吉粳 91	超产 2//青系 96/轰杂 135 (F41)	吉林省农科院	2003(吉林)	145.0	100.0	25.9	18.7	8.80	—	—
早粳	吉粳 92	津轻己女 D5-36	吉林省农科院	2003(吉林)	144.0	100.0	27.0	16.9	9.20	—	—
早粳	吉粳 93	吉 90-31 幼穗培养	吉林省农科院	2003(吉林)	147.4	111.0	25.4	19.1	8.20	—	—
早粳	吉粳 94	442 糯 A//R26-33/C44-2	吉林省农科院	2004(吉林)	138.0	100.0	26.6	18.5	7.80	—	—
早粳	吉粳 95	P17/超产 2 号	吉林省农科院	2004(吉林)	145.0	105.0	24.0	16.2	8.40	—	—
早粳	吉农大 13	奇稻 1 号/2284/秋光	吉林农业大学	2002(吉林)	138.0	105.0	26.0	16.8	8.50	—	—
早粳	吉农大 18	组培 7 号/93-14	吉林农业大学	2003(吉林)	140.0	105.0	27.0	17.5	8.60	—	—
早粳	吉农大 8 号	长白 7 号/吉粳 62//合江 23	吉林农业大学	1998(吉林)	136.0	96～100	26.0	18.2	7.70	—	—
早粳	吉引 86-11	原代号藤 747 日本引入	吉林省种子总站	1992(吉林)	142.0	92.0	25.0	—	8.10	1.3(1994)	4.3(1992—1995)
早粳	吉引 86-12	原代号藤 832 日本引入	吉林省种子总站	1991(吉林)	142.0	94.0	25.0	18.8	8.30	0.8(1994)	2.3(1991—1995)
早粳	吉玉粳	恢 73/秋光	吉林省农科院	1996(吉林)	135.0	95～100	25.0	18.8	7.90	10.7(1996)	24.3(1996—2004)
早粳	金浪 1 号	S16/藤系 144	吉林省宏业种业公司	2003(吉林)	132～134	100.0	26.5	19.9	7.70	—	—
早粳	金珠 1 号	红 25A/H - 5//IR54///81-342	天津市水稻所	1990(天津)	150.0	90.0	26.0	—	7.50	—	—
早粳	津 9540	天津原种场引进	东港示范场	2005(辽宁)	165.0	110.0	26.0	15.7	7.79	—	—
早粳	津稻 1187	66151/八重垣//台南 3 号	天津市水稻所	1992(国家)	165.0	110.0	27.0	—	8.30	6.6(1993)	—
早粳	津稻 1229	FH - 541A/金珠一号//84-11	天津市水稻所	2000(天津)	145.0	110～120	26～27	—	—	0.04(2004)	0.1(2004—2005)
早粳	津原 101	中作 321/S16	天津市原种场	2001(天津)	—	—	—	—	—	—	
早粳	津原 38	中作 17 变异株系选	天津市原种场	2001(天津)*	143.0	100.0	26.0	15.0	8.80	—	—

（续）

品种类型	品种名称	品种组合/来源	第一选育单位	首次审定	全生育期（d）	株高（cm）	千粒重（g）	直链淀粉（%）	区试单产（t/hm^2）	最大年推广面积（万 hm^2）和年份	累计推广面积（万 hm^2）和年份跨度
早粳	津原 45	月之光系选	天津市原种场	2001(天津)＊	176.0	110.0	26.0	17.4	9.03	—	—
早粳	津原 85	中作 321/辽盐 2 号	天津市原种场	2005(吉林)	157.2	89.7	26.2	—	9.20	—	—
早粳	锦丰	早锦变异株选	吉林省种子总站	1995(吉林)	142.0	95.0	26.0	—	8.40	9.5(1997)	13.1(1995—2000)
早粳	晋稻 3 号	京系 17/南 81//秋丰	山西省农科院作物所	1988(山西)	150.0	95.0	26.0	19.3	7.85	0.7(1992)	2.4(1989—1995)
早粳	晋稻 4 号	京系 17/南 81//秋丰	山西省农科院作物所	1992(山西)	157.0	95.0	26.0	—	8.50	0.2(1994)	0.75(1992—1998)
早粳	晋稻 5 号	C290/770304	山西省农科院作物所	1993(山西)	155.0	97.0	26.0	18.8	6.94	1.7(1998)	7.7(1992—2005)
早粳	晋稻 6 号	800157/喜峰//79 - 178	山西省农科院作物所	1999(山西)	160.0	96.0	26.5	—	6.89	0.9(2003)	3.5(1998—2005)
早粳	晋稻 8 号	晋稻 3 号/79 - 227	山西省农科院作物所	2004(山西)	158.0	95.0	27.5	—	10.46	0.4(2005)	0.6(2004—2005)
早粳	晋稻 9 号	辽盐 28/0KI - 6	山西省农科院作物所	2005(山西)	150.0	87.0	26.0	—	—	0.13(2005)	0.2(2004—2005)
早粳	京稻 19	冀 82 - 32/幸稔	北京市农科院作物所	1997(北京)	149.0	100.0	24.3	18.0	5.91	0.01(1997)	0.1(1995—2000)
早粳	京稻 21	冀 82 - 32/中百 4 号//京花 102	北京市农科院作物所	1998(北京)	170.0	106.0	24.5	17.1	7.50	0.2(2000)	0.6(1997—2005)
早粳	京稻 3 号	3373/IR24//68412	北京市农科院作物所	1990(北京)	135～140	100.0	25～26	—	—	—	—
早粳	京光 651	C9162 - 3/京花 106	北京市农科院作物所	2000(北京)	138.0	90.0	24.6	—	8.20	0.01(2001)	0.1(1999—2002)
早粳	京花 101	中花 9 号/京稻 2 号	北京市农科院作物所	1991(北京)＊	165～175	105～115	28.0	18.8	8.20	1.4(1994)	5.2(1991—1997)
早粳	京花 103	京稻 2 号/越富	北京市农科院作物所	1992(北京)	134.0	97.5	24.4	—	7.00	0.01(1992)	0.1(1992—1994)
早粳	京越 1 号	水源 300/越路早生	中国农科院作物所	1991(北京)	160.0	105.0	25.0	—	7.50	—	—
早粳	九稻 11	吉粳 60/松前//M71 - 11 - 3	吉林省吉林市农科院	1990(吉林)	140.0	95.0	25.0	18.3	7.60	3.8(1991)	9.0(1990—1994)
早粳	九稻 12	双丰 8 号/秋光	吉林省吉林市农科院	1992(吉林)	143.0	100.0	25.0	19.6	8.40	3.4(1994)	10.5(1992—1997)
早粳	九稻 13	福光系选	吉林省吉林市农科院	1993(吉林)	146.0	90.0	26.0	—	7.90	—	—
早粳	九稻 14	秋丰/双丰 8 号	吉林省吉林市农科院	1995(吉林)	138.0	100.0	27.0	18.5	8.70	1.0(1995)	2.7(1995—1998)
早粳	九稻 15	8420/中作 75	吉林省吉林市农科院	1995(吉林)	143.0	90～95	25.0	20.1	8.00	—	—
早粳	九稻 16	双丰 8 号/秋光	吉林省吉林市农科院	1995(吉林)	138.0	100.0	27.0	18.2	7.70	2.3(1997)	21.7(1995—2005)
早粳	九稻 18	吉 83 - 40/小田代 5 号	吉林省吉林市农科院	1997(吉林)	141.0	97.0	26.0	17.8	8.60	—	—
早粳	九稻 19	吉 83 - 16/广陆矮 4 号//山形 22	吉林省吉林市农科院	1998(吉林)	138.0	98～100	26～27	18.6	8.90	8.3(1997)	15.7(1998—2000)
早粳	九稻 20	福光辐射	吉林省吉林市农科院	1998(吉林)	135.0	95.0	26.0	17.5	8.70	8.0(2000)	11.1(1998—2003)
早粳	九稻 21	庄内 355 系选	吉林省吉林市农科院	2000(吉林)	142.0	115～120	26.0	19.1	7.90	—	—

（续）

品种类型	品种名称	品种组合/来源	第一选育单位	首次审定	全生育期（d）	株高（cm）	千粒重（g）	直链淀粉（%）	区试单产（t/hm²）	最大年推广面积（万 hm²）和年份	累计推广面积（万 hm²）和年份跨度
早粳	九稻 22	庄内 324/藤系 138	吉林省吉林市农科院	1999(吉林)	145～147	105～110	28.0	19.7	8.20	2.1(2001)	10.0(2000—2004)
早粳	九稻 23	青系 96/藤系 138	吉林省吉林市农科院	2000(吉林)*	142.0	100.0	26.2	19.2	8.20	—	—
早粳	九稻 24	吉粳 51/东北 125	吉林省吉林市农科院	1999(吉林)	130.0	95.0	26.5	18.0	8.40	1.0(2001)	1.8(1999—2005)
早粳	九稻 26	吉 86-11/S16//藤系 138	吉林省吉林市农科院	2000(吉林)	145.0	95.0	27.0	18.5	8.10	—	—
早粳	九稻 27	山形 38/藤系 144	吉林省吉林市农科院	2001(吉林)	141.0	105.0	26.0	16.8	8.50	—	—
早粳	九稻 29	藤系 144 系选	吉林省吉林市农科院	2002(吉林)	133.0	98.0	26.0	17.1	8.20	—	—
早粳	九稻 30	九 8711/秋丰	吉林省吉林市农科院	2002(吉林)	135.0	90.0	26.7	16.6	8.00	—	—
早粳	九稻 31	蒙齐/九 B366	吉林省吉林市农科院	2002(吉林)	138.0	96.0	29.0	17.9	8.50	—	—
早粳	九稻 32	D129/BT15//岩州 1 号	吉林省吉林市农科院	2002(吉林)	140.0	103.0	29.0	17.7	8.10	—	—
早粳	九稻 33	5088S//藤系 138/真系 8544	吉林省吉林市农科院	2002(吉林)	146.0	104.0	25.0	16.0	8.50	—	—
早粳	九稻 34	九 88619/山形 22//藤系 138	吉林省吉林市农科院	2002(吉林)	146.0	115.0	26.3	17.5	7.80	—	—
早粳	九稻 35	九引 1 号/吉玉粳	吉林省吉林市农科院	2003(吉林)	133.0	100.0	26.4	19.2	8.07	—	—
早粳	九稻 39	藤系 144/288-1//藤系 144///藤系 138	吉林省吉林市农科院	2003(吉林)	136.0	95.0	25.5	18.6	8.50	—	—
早粳	九稻 40	青系 96/藤系 144	吉林省吉林市农科院	2003(吉林)	139.0	100.0	25.8	20.0	8.80	—	—
早粳	九稻 41	九稻 15/浙辐 802	吉林省吉林市农科院	2003(吉林)*	142.0	110.0	30.4	17.8	8.20	—	—
早粳	九稻 42	云峰/九稻 19	吉林省吉林市农科院	2003(吉林)	138.0	100.0	25.8	16.0	8.60	—	—
早粳	九稻 43	黑香粘/九稻 18	吉林省吉林市农科院	2004(吉林)	143.0	100.0	24.5	17.9	7.80	—	—
早粳	九稻 44	吉 93D22/九稻 16	吉林省吉林市农科院	2004(吉林)	130.0	100.0	28.0	17.4	8.20	—	—
早粳	九稻 45	中作 191-1/风旱早	吉林省吉林市农科院	2004(吉林)	138.0	104.0	26.0	17.8	8.20	—	—
早粳	九稻 46	晚 129/九稻 19	吉林省吉林市农科院	2004(吉林)	140.0	104.0	25.0	17.9	7.40	—	—
早粳	九稻 47	吉引 8611/九 88-2	吉林省吉林市农科院	2004(吉林)	139.0	103.0	25.0	18.0	7.50	—	—
早粳	九稻 48	藤系 127/秋光//C91118	吉林省吉林市农科院	2004(吉林)	143.0	109.0	25.8	17.1	8.20	—	—
早粳	九稻 53	九稻 14/黑香糯	吉林省吉林市农科院	2005(吉林)	152.0	99.2	23.4	19.2	9.50	—	—
早粳	九稻 7 号	黄皮糯/福锦//黄皮糯/下北	吉林省吉林市农科院	1987(吉林)	133.0	95.0	25.0	15.9	7.00	4.5(1988)	7.5(1987—1992)
早粳	九稻 9 号	7619/7621	吉林省吉林市农科院	1988(吉林)	137.0	105.0	27.0	17.9	7.00	1.2(1989)	2.2(1989—1993)
早粳	九花 1 号	京 701//云 131/化 127	吉林省吉林市农科院	1995(吉林)	145.0	104.0	27.0	18.5	8.50	0.7(1995)	1.3(1995—1997)

（续）

品种类型	品种名称	品种组合/来源	第一选育单位	首次审定	全生育期（d）	株高（cm）	千粒重（g）	直链淀粉（%）	区试单产（t/hm²）	最大年推广面积（万 hm²）和年份	累计推广面积（万 hm²）和年份跨度
早粳	开粳1号	秋田32/C370 沈抗1585-3	辽宁省开原市农科所	2002(辽宁)	156～158	95～100	26.5～27.5	—	9.20	0.6(1999)	0.6(1999)
早粳	开粳2号	旱72变异株	辽宁省开原市农科所	2001(辽宁)	150～153	95～100	26～27	17.6	7.68	—	—
早粳	开粳3号	秋光/沈抗1585-3	辽宁省开原市农科所	2002(辽宁)	156.0	95～98	25～26	15.6	8.01	—	—
早粳	抗盐100	N84-5/丰锦	辽宁省盐碱地所	1994(辽宁)	153.0	110.0	31.0	—	—	—	—
早粳	垦稻10号	富士光/龙粳2号	黑龙江省农垦院水稻所	2002(黑龙江)	136.0	93.9	26.2	16.9	8.15	6.7(2002)	24.1(2002—2005)
早粳	垦稻7号	藤系138//藤系138/(垦稻3号/普选10)	黑龙江省农垦院水稻所	1998(黑龙江)	135.0	95～100	26.5	17.8	8.10	0.9(2001)	2.7(1998—2005)
早粳	垦稻8号	藤系138//藤系138/龙粳2号	黑龙江省农垦院水稻所	1999(黑龙江)	130.0	85.0	26.0	18.9	7.60	21.9(1999)	81.1(1991—2005)
早粳	垦稻9号	黑粳5号/牡丹江21号	黑龙江省农垦院水稻所	2001(黑龙江)	126.0	86.5	28.1	18.3	8.10	6.5(2001)	13.7(2001—2005)
早粳	空育131	空育110/北明(日本引入)	黑龙江省农垦院水稻所	2000(黑龙江)	127.0	80.0	26.5	17.0	8.20	86.6(2004)	458.7(1996—2005)
早粳	冷11-2	寒2/滨旭	吉林省农科院	1992(吉林)	135.0	105.0	25.0	18.6	8.10	—	—
早粳	辽粳135	84-233/C26179-178	辽宁省农科院稻作所	1999(辽宁)	155～156	95～100	24.1	17.6	8.20	—	—
早粳	辽粳207	79-227/83-326	辽宁省农科院稻作所	1998(辽宁)	152～155	95.0	25.8	17.0	8.04	0.9(1999)	2.7(1998—2001)
早粳	辽粳244	79-227/辽粳326	辽宁省农科院稻作所	1995(辽宁)	153.0	100.0	25～26	—	—	—	—
早粳	辽粳28	辽粳326自然杂交后代系选	辽宁省农科院稻作所	2003(辽宁)	158.0	105～110	25.1	17.0	9.01	—	—
早粳	辽粳287	秋岭/色江春//松前	辽宁省农科院稻作所	1988(辽宁)	160.0	90～95	25～26	—	—	2.4(1991)	5.4(1990—1992)
早粳	辽粳288	79-227//辽粳326	辽宁省农科院稻作所	2001(辽宁)*	160.0	100～105	26.7	16.7	7.89	2.4(2003)	6.3(2002—2004)
早粳	辽粳29	辽粳294系选	辽宁省农科院稻作所	2005(辽宁)	158.0	100～105	26.6	18.3	8.76	—	—
早粳	辽粳294	79-227/辽粳326	辽宁省农科院稻作所	1998(辽宁)	160.0	105.0	24.5	18.0	8.26	15.3(2003)	77.0(1997—2005)
早粳	辽粳30	花能水稻	辽宁省农科院稻作所	2001(辽宁)	153.0	95～100	27.5	15.6	8.91	—	—
早粳	辽粳326	82-308/辽粳5号	辽宁省农科院稻作所	1992(辽宁)	160.0	105.0	26.0	—	—	6.6(1996)	25.6(1992—1998)
早粳	辽粳371	87-675/辽开79	辽宁省农科院稻作所	2001(辽宁)	155.0	105～110	25.3	16.5	7.89	—	—
早粳	辽粳421	丰锦/C31//74-134///炬锦	辽宁省农科院稻作所	1990(辽宁)	154.0	95～105	27.8	—	—	—	—
早粳	辽粳454	辽粳326/84-240	辽宁省农科院稻作所	1996(辽宁)	156～158	95～100	25～26	—	8.00	17.8(1998)	78.1(1995—2004)
早粳	辽粳534	87-72/87-337	辽宁省农科院稻作所	2002(辽宁)	155～156	115.0	26.0	18.8	8.46	—	—

（续）

品种类型	品种名称	品种组合/来源	第一选育单位	首次审定	全生育期(d)	株高(cm)	千粒重(g)	直链淀粉(%)	区试单产(t/hm^2)	最大年推广面积(万 hm^2)和年份	累计推广面积(万 hm^2)和年份跨度
早粳	辽粳 912	旱 72/辽开 79	辽宁省农科院稻作所	2005(辽宁)	155.0	95～100	26.4	17.7	9.79	—	—
早粳	辽粳 92-34	87-73/87-337	辽宁省农科院稻作所	2002(辽宁)	155～157	95～100	23.0	15.7	8.50	—	—
早粳	辽粳 931	从辽粳 244 中系选	辽宁省农科院稻作所	2001(辽宁)	158.0	100～105	25.2	16.7	8.95	—	—
早粳	辽粳 9 号	辽粳 294/辽粳 454	辽宁省农科院稻作所	2003(辽宁)	160.0	100～110	25.6	16.4	9.04	—	—
早粳	辽开 79	C57/中新 120//辽粳 10	辽宁省农科院稻作所	1991(辽宁)	156.0	95～100	27～28	—	—	3.5(1997)	21.6(1990—1999)
早粳	辽农 938	辽粳 5 号/黄金光//76-152	辽宁省农科院栽培所	1998(辽宁)	151～153	90.0	25～26	17.1	8.20	—	—
早粳	辽农 968	C57 系选	辽宁省农科院稻作所	2001(辽宁)	157.0	102.0	23.9	16.8	8.66	—	—
早粳	辽农 979	C57 系选	辽宁省农科院稻作所	2001(辽宁)	165.0	102.0	26.3	17.2	8.09	—	—
早粳	辽农 9911	8411/合川一号//S81-675	辽宁省农科院稻作所	2002(辽宁)	155.0	100.0	25.7	14.9	8.79	—	—
早粳	辽星 10 号	辽粳 326/辽选 180//辽盐 2	辽宁省农科院稻作所	2005(辽宁)	158～160	95～100	25.1	18.4	9.46	1.3(2005)	1.3(2005)
早粳	辽星 1 号	辽粳 454/沈农 9017	辽宁省农科院稻作所	2005(辽宁)	156.0	104.0	23.9	17.3	9.62	10.0(2005)	10.0(2005)
早粳	辽星 2 号	C418/辽粳 534	辽宁省农科院稻作所	2005(辽宁)	155.0	95～100	25.6	16.4	9.41	1.3(2005)	1.3(2005)
早粳	辽星 3 号	辽粳 454/珍珠 2 号	辽宁省农科院稻作所	2005(辽宁)	160.0	100～105	25～26	16.5	9.05	1.0(2005)	1.0(2005)
早粳	辽星 4 号	辽粳-454 系选	辽宁省农科院稻作所	2005(辽宁)	160.0	105～110	26.0	16.1	9.15	0.1(2005)	0.1(2005)
早粳	辽星 5 号	87-73/87-675	辽宁省农科院稻作所	2005(辽宁)	160.0	108.0	24.4	15.7	9.23	1.3(2005)	1.3(2005)
早粳	辽星 6 号	79-159-8-1/寒 7	辽宁省农科院稻作所	2005(辽宁)	160.0	100～110	25.6	16.2	9.03	2.0(2005)	2.0(2005)
早粳	辽星 7 号	洼香糯中系选	辽宁省农科院稻作所	2005(辽宁)	154.0	102.0	25.0	1.7	9.39	0.1(2005)	0.1(2005)
早粳	辽选 180	辽丰 41-6/秀岭//丰锦	辽宁省农科院稻作所	1993(辽宁)	160.0	100.0	25.0	—	—	—	—
早粳	辽盐 166	盐粳 196/盐粳 32	辽宁省盐碱地利用所	2005(辽宁)	162.0	101.3	24.7	19.2	9.73	—	—
早粳	辽盐 12	M146 系选	辽宁省北方农技总公司	1998(辽宁)	157.0	90.0	26.0	17.8	8.04	—	—
早粳	辽盐 16	辽盐 2 号变异株	辽宁省盐碱地所	1994(辽宁)	158.0	88.0	26.0	—	—	1.3(1999)	1.7(1999—2003)
早粳	辽盐 241	营春 2 号系选	辽宁省盐碱地所	1992(辽宁)	153.0	95.0	28.0	—	9.01	9.0(1992)	40.4(1991—2000)
早粳	辽盐 282	中丹 2 号/长白 6 号	辽宁省盐碱地所	1991(辽宁)	155.0	100.0	26.0	—	7.50	1.6(1994)	2.0(1994—1996)
早粳	辽盐 283	中丹 2 号/长白 2 号	辽宁省盐碱地所	1993(辽宁)	152.0	100.0	26.0	—	—	1.3(1995)	1.7(1995—1997)
早粳	辽盐 2 号	丰锦变异株	辽宁省盐碱地所	1988(辽宁)	160.0	90.0	26～28	—	—	10.2(1991)	30.5(1989—1993)
早粳	辽盐 9 号	M147 品系变异株系选	辽宁省盐碱地所	1997(辽宁)	157.0	85～90	26.0	17.8	8.50	—	—
早粳	辽优 7 号	79-227/(82-308/S56)F_1	辽宁省农科院稻作所	2000(辽宁)	160.0	100～105	23.8	17.8	8.55	2.0(2002)	2.1(2002—2003)
早粳	临稻 10 号	临 89-27-1/日本晴	山东省临沂市水稻所	2002(山东)	157.0	95.0	24.8	16.5	7.80	2.1(2002)	6.8(2001—2005)

（续）

品种类型	品种名称	品种组合/来源	第一选育单位	首次审定	全生育期(d)	株高(cm)	千粒重(g)	直链淀粉(%)	区试单产(t/hm²)	最大年推广面积(万 hm²)和年份	累计推广面积(万 hm²)和年份跨度
早粳	临稻 4 号	南粳 15/京系 66-204	山东省沂南县水稻所	1992(山东)	149.0	110.0	28.5	—	7.50	3.5(1997)	30.2(1989—2005)
早粳	龙稻 1 号	彩/藤系 144	黑龙江省农科院耕作栽培所	2000(黑龙江)	133.0	92.0	28.0	10.9	7.68	0.1(2002)	0.1(2002)
早粳	龙稻 2 号	中母农 8 号/上育 397	黑龙江省农科院耕作栽培所	2002(黑龙江)	122.0	80.0	28.0	15.7	7.98	0.3(2002)	0.3(2002)
早粳	龙稻 3 号	上育 397//牡丹江 19/中国 91	黑龙江省农科院耕作栽培所	2004(黑龙江)	132.0	95.0	26.5	15.8～19.0	8.10	0.8(2005)	0.8(2005)
早粳	龙稻 4 号	上育 397//牡丹江 19/中国 91	黑龙江省农科院耕作栽培所	2005(黑龙江)	138.0	91.4	26.1	—	7.60	—	—
早粳	龙盾 101	富士光系选	黑龙江省监狱管理局农科所	1996(黑龙江)	130.0	95.0	30.0	15.5	8.00	1.1(1997)	1.5(1995—1997)
早粳	龙盾 102	牡 86-2342/牡 86-2355	黑龙江省监狱管理局农科所	2001(黑龙江)	130.0	84.0	26.3	17.5	7.98	0.2(2002)	0.3(1998—2003)
早粳	龙盾 103	牡 86-2342/牡 86-2355	黑龙江省监狱管理局农科所	2002(黑龙江)	121.0	75～80	27.3	17.2	7.68	0.5(2004)	0.9(2002—2004)
早粳	龙盾 104	空育 131/绥 88-22	黑龙江省监狱管理局农科所	2004(黑龙江)	131.0	90.5	26.6	—	8.40	0.1(2002)	0.1(2002)
早粳	龙锦 1 号	龙晴 4/屉锦	吉林省农科院	1994(吉林)	140.0	100.0	20.0	—	8.20	—	—
早粳	龙粳 10 号	龙花 84-106/藤系 138//雪光	黑龙江省农科院水稻所	2000(黑龙江)	130.0	90～95	24.0	17.9	7.70	0.5(1997)	1.2(1997—2005)
早粳	龙粳 11	沙 29/合江 21	黑龙江省农科院水稻所	2002(黑龙江)	125～130	85～90	27.0	16.0	8.70	0.2(2002)	0.2(2002)
早粳	龙粳 12	藤系 137/龙花 84-106	黑龙江省农科院水稻所	2003(黑龙江)	128.0	90.0	29.1	17.8	7.60	13.8(2005)	22.0(2003—2005)
早粳	龙粳 13	龙粳 10 号/空育 139	黑龙江省农科院水稻所	2004(黑龙江)	125～130	73.5	25.0	18.2	7.83	10.9(2005)	13.1(2003—2005)
早粳	龙粳 14	玉米龙单 13 号导入龙粳 4 号	黑龙江省农科院水稻所	2005(黑龙江)	125～130	86.5	26.4	18.6	8.40	33.5(2007)	60.0(2004—2007)
早粳	龙粳 1 号	合江 22/合 7319-6-5-3	黑龙江省农科院水稻所	1988(黑龙江)	130～133	80～85	26.5	—	8.25	0.9(1989)	1.9(1988—1991)
早粳	龙粳 2 号	合江 22/合单 76-090	黑龙江省农科院水稻所	1990(黑龙江)	125～130	85～90	26.0～27.0	18.9	8.50	1.7(1992)	5.7(1990—2005)
早粳	龙粳 3 号	合江 21/雄基 9 号//合江 16///滨旭	黑龙江省农科院水稻所	1992(黑龙江)	127～130	80～85	27.0	16.5	7.20	6.0(1998)	30.8(1990—2003)
早粳	龙粳 4 号	龙粳 1 号/滨旭	黑龙江省农科院水稻所	1993(黑龙江)	133.0	80～85	27.0	17.5	7.50	1.3(1991)	3.9(1990—2003)
早粳	龙粳 5 号	合良 682/BL7//龙粳 1 号	黑龙江省农科院水稻所	1996(黑龙江)	135.0	93.0	27.0	16.4	8.07	0.3(1997)	0.3(1997)
早粳	龙粳 6 号	东农 3134/罗萨启蒂//龙粳 1 号	黑龙江省农科院水稻所	1996(黑龙江)	133.0	90.0	26.0	15.5	8.60	1.0(1995)	1.2(1994—1995)
早粳	龙粳 7 号	藤系 137/龙花 84-106	黑龙江省农科院水稻所	1998(黑龙江)	133～137	85～90	26.5	17.6	7.59	1.6(1999)	2.1(1998—2000)

（续）

品种类型	品种名称	品种组合/来源	第一选育单位	首次审定	全生育期 (d)	株高 (cm)	千粒重 (g)	直链淀粉 (%)	区试单产 (t/hm^2)	最大年推广面积($万 hm^2$)和年份	累计推广面积 ($万 hm^2$) 和年份跨度
早粳	龙粳8号	松前/雄基9号//城堡2号/S56	黑龙江省农科院水稻所	1998(黑龙江)	125～128	85.0	23.5	16.1	8.14	7.7(2001)	32.8(1996—2005)
早粳	龙粳9号	粘稻系选	黑龙江省农科院水稻所	1999(黑龙江)	135～140	85～90	24～26	17.3	7.20	0.3(2000)	0.9(2000—2005)
早粳	龙香稻1号	龙青4号/746	黑龙江省农科院耕作栽培所	2003(黑龙江)	136.0	92.0	25.3	16.1	8.08	—	—
早粳	鲁稻1号	日本晴/(郑粳12/筑紫晴)F_1	山东农业大学	1993(山东)	150.0	105.0	25.0	—	9.00	0.8(1994)	1.1(1994—1997)
早粳	鲁粳12	零贵40/IR59606-119-3	山东省农科院水稻所	2000(山东)	155.0	103.0	23.0	—	8.80	0.6(1999)	0.9(1999—2001)
早粳	鲁香粳2号	曲阜香稻/农垦57//日本晴	山东省农科院水稻所	1994(山东)	145.0	95.0	25.0	—	6.53	0.2(1998)	0.3(1996—1998)
早粳	陆奥香	日本引入	吉林省通化市农科院	1999(吉林)	145～147	95.0	27.0	19.4	6.90	1.9(2001)	2.8(1999—2003)
早粳	民喜9号	丹粳4号/丹粳7号	东港市种子公司	2005(辽宁)	165.0	115.0	27.0	15.7	7.30	—	—
早粳	明悦	月之光/中作321//辽盐4号	天津市原种场	2004(国家)	176.9	97.2	26.8	—	8.90	—	—
早粳	牡丹江17	合交752/清杂6	黑龙江省牡丹江农科所	1986(黑龙江)	135～140	95.0	26.0	—	6.30	3.0(1988)	14.9(1986—1998)
早粳	牡丹江18	石狩/BL7	黑龙江省牡丹江市农科所	1987(黑龙江)	136.0	85.0	26.5	—	8.50	0.3(1988)	0.5(1988—1992)
早粳	牡丹江19	石狩/岩锦	黑龙江省牡丹江市农科所	1989(黑龙江)	135～137	90～94	26.5	19.3	7.17	6.3(1997)	19.3(1990—2004)
早粳	牡丹江20	福锦/石狩//中作87/牡80-341	黑龙江省牡丹江市农科所	1994(黑龙江)	142.0	94.0	28.5	18.0	7.80	0.1(1996)	0.3(1991—1997)
早粳	牡丹江21	福锦/石狩//中作87///合752/岩锦	黑龙江省牡丹江市农科所	1994(黑龙江)	138.0	80.0	26.1	17.1	8.60	0.3(1993)	0.5(1991—1994)
早粳	牡丹江22	福锦/石狩//中作87///牡80-341	黑龙江省牡丹江市农科所	1994(黑龙江)	135.0	97.0	27.5	17.9	8.60	0.3(1999)	1.5(1994—2003)
早粳	牡丹江23	牡89-1894辐射	黑龙江省牡丹江市农科所	1998(黑龙江)	136.0	98.0	26.0	16.8	7.61	0.2(1999)	0.2(1999)
早粳	牡丹江24	牡80-36/PI-5//牡丹江18	黑龙江省牡丹江市农科所	2000(黑龙江)	135.0	85.4	27.6	16.9	8.10	—	—
早粳	牡丹江25	藤系138/越光	黑龙江省牡丹江市农科所	2001(黑龙江)	135～137	90.0	25.5	17.0	8.00	—	—
早粳	牡丹江26	龙粳9号/通育35	黑龙江省牡丹江市农科所	2004(黑龙江)	139.0	90.0	26.8	—	8.30	—	—
早粳	牡丹江27	越华/彩	黑龙江省牡丹江市农科所	2005(黑龙江)	142.0	97.4	25.7	—	7.40	—	—
早粳	宁稻216	宁粳6号/州8023	宁夏回族自治区农科院作物所	1998(宁夏)	145.0	90.0	23.0	17.3	10.10	1.0(1999)	3.0(1998—2002)

（续）

品种类型	品种名称	品种组合/来源	第一选育单位	首次审定	全生育期 (d)	株高 (cm)	千粒重 (g)	直链淀粉 (%)	区试单产 (t/hm^2)	最大年推广面积(万 hm^2) 和年份	累计推广面积 (万 hm^2) 和年份跨度
早粳	宁粳 10 号	77-61/吉 69-7	宁夏农学院	1988(宁夏)	135.0	75～80	25.0	21.0	9.60	0.4(1990)	1.3(1988—1993)
早粳	宁粳 11	宁粳 3 号/82 混 7	宁夏回族自治区农科院作物所	1990(宁夏)	150.0	95.0	25.0	18.5	11.20	1.6(1992)	3.5(1990—1995)
早粳	宁粳 12	80K-479-1/清杂 52	宁夏回族自治区农科院作物所	1990(宁夏)	135.0	80.0	28.0	17.8	9.90	3.6(1992)	16.0(1990—1995)
早粳	宁粳 13	科情 3 号/IR24//76-1303	宁夏回族自治区农科院作物所	1992(宁夏)	135.0	85～95	27～29	19.2	11.20	0.03(1991)	0.1(1991—1995)
早粳	宁粳 14	$8131F_1/8035F_1$	宁夏回族自治区农科院作物所	1992(宁夏)	140.0	80.0	27.0	17.7	11.10	3.3(1995)	8.0(1991—1996)
早粳	宁粳 15	$(87F_1-129/84/Z-7)F_1$ 花培	宁夏回族自治区农科院作物所	1995(宁夏)	150.0	89.0	28.0	18.8	10.00	0.2(1995)	0.3(1995—1996)
早粳	宁粳 16	81D-86/81K-249-3	宁夏回族自治区农科院作物所	1995(宁夏)	150.0	90.0	25.0	20.4	9.90	4.0(1997)	20.0(1995—2005)
早粳	宁粳 17	86 混 5-2 系选	宁夏回族自治区农科院作物所	1995(宁夏)	140.0	90.0	24.0	20.3	9.90	0.1(1995)	0.1(1995—1996)
早粳	宁粳 18	宁粳 10 号系选	宁夏农学院	1998(宁夏)	140.0	84.0	25.5	18.6	9.70	0.1(1999)	0.1(1998—2000)
早粳	宁粳 19	83/XW-555/86JZ-12	宁夏回族自治区农科院作物所	1998(宁夏)	150～155	95～100	25～26	16.3	10.60	0.8(1998)	2.0(1997—2000)
早粳	宁粳 20	双丰 8 号/6-2	宁夏农学院	2000(宁夏)	145.0	90.0	33.5	16.3	10.50	0.1(2001)	0.3(2000—2001)
早粳	宁粳 21	$(88/W483/85D191)F_1$ 花培	宁夏回族自治区农科院作物所	2000(宁夏)	140.0	79.0	27.1	16.9	9.80	0.04(2001)	0.1(2000—2002)
早粳	宁粳 22	90BW180(81D86/81K249-3)系选	宁夏回族自治区农科院作物所	2000(宁夏)	145.0	90.0	26.0	17.8	9.60	0.1(2001)	0.2(2000—2002)
早粳	宁粳 23	88/XW-495-1/84/Z-7	宁夏回族自治区农科院作物所	2002(宁夏)	150～155	100.0	26.0	18.6	12.98	3.0(2002)	10.0(2002—2005)
早粳	宁粳 24	宁粳 12/意大利 4 号	宁夏回族自治区农科院作物所	2002(宁夏)	145～150	95.0	27.0	18.7	10.10	1.5(2003)	5.3(2002—2005)
早粳	宁粳 25	宁粳 10 号/农院 6-2	宁夏农学院	2002(宁夏)	140.0	84.0	27～28	16.5	11.30	0.3(2003)	0.7(2002—2005)
早粳	宁粳 26	引自日本	宁夏回族自治区原种场	2002(宁夏)	145～150	90.0	22.0	17.1	10.96	0.2(2003)	0.5(2002—2005)

（续）

品种类型	品种名称	品种组合/来源	第一选育单位	首次审定	全生育期(d)	株高(cm)	千粒重(g)	直链淀粉(%)	区试单产(t/hm^2)	最大年推广面积(万 hm^2)和年份	累计推广面积(万 hm^2)和年份跨度
早粳	宁粳 27	(冷 11 - 2/萨特恩)F_9 辐射	吉林省农科院水稻所	2002(宁夏)	150～155	86.0	21～23	18.8	10.20	1.8(2003)	5.0(2002—2005)
早粳	宁粳 28	山引一号/花 21	宁夏回族自治区农科院作物所	2003(宁夏)	150.0	96.0	27.0	24.9	12.50	1.5(2005)	2.2(2004—2005)
早粳	宁粳 29	山引一号/91/K - 65	宁夏回族自治区农科院作物所	2003(宁夏)	145.0	85.0	25.0	24.2	11.40	0.4(2005)	0.7(2004—2005)
早粳	宁粳 30	96D10 系选	宁夏回族自治区原种场	2003(宁夏)	142.0	88.0	24.0	25.6	11.70	0.1(2004)	0.2(2004—2005)
早粳	宁粳 31	不详	黑龙江省五常市种子公司	2003(宁夏)	144.0	88.0	23.5	19.4	10.60	1.2(2004)	2.0(2004—2005)
早粳	宁粳 32	489/藤 125	宁夏大学	2005(宁夏)	150.0	89.0	27.8	18.6	12.20	0.1(2005)	0.1(2005)
早粳	宁粳 33	93JZ - 5/93H - 1 -(1)	宁夏回族自治区农科院作物所	2005(宁夏)	145.0	100.0	26.5	17.9	10.80	0.3(2005)	0.3(2005)
早粳	宁粳 34	552A/恢 15	宁夏回族自治区农科院作物所	2005(宁夏)	140.0	85.0	26.0	18.5	11.00	0.1(2005)	0.1(2005)
早粳	宁粳 8 号	74 - 1044/松前	宁夏回族自治区农科院作物所	1986(宁夏)	125～130	77.0	22.0	18.2	8.25	0.03(1987)	0.1(1986—1988)
早粳	宁香稻 1 号	京香 2 号系选	宁夏农学院	1994(宁夏)	145.0	77～80	28～29	17.8	8.60	0.06(1995)	0.1(1995—1996)
早粳	宁香稻 2 号	香雪糯//A30/6 - 2	宁夏大学	2003(宁夏)	150.0	85.0	29.0	17.6	11.00	0.06(2004)	0.1(2004—2005)
早粳	宁香稻 3 号	香雪糯//A30/6 - 2	宁夏大学	2005(宁夏)	150.0	92.0	26.5	1.2	10.80	0.1(2005)	0.1(2005)
早粳	吉农大 19	合单 84 - 076/通系 $103F_2$ 花粉管导入大豆 DNA	吉林农业大学	2004(吉林)	132.0	98.0	26.0	18.6	7.40	4.8(2004)	7.3(2004—2005)
早粳	吉农大 3 号	吉 83 - 40/下北//吉粳 60	吉林农业大学	1995(吉林)	140.0	100.0	26～28	16.6	8.70	9.0(1996)	40.3(1995—2004)
早粳	吉农大 7 号	辽粳 10/九 87 - 11	吉林农业大学	1998(吉林)	145.0	100.0	26.0	17.2	8.90	6.7(2000)	17.7(1998—2005)
早粳	农粳 1 号	上育 397 系选	黑龙江省牡丹江农业学校	2003(黑龙江)	122.0	82.2	27.1	16.6	7.20	—	—
早粳	普选 30	早锦/普选 9 号	黑龙江省穆棱市水稻所	1999(黑龙江)	136.0	90～95	26～27	17.5	8.90	—	—
早粳	普粘 7 号	吉粳 53/普粘 1 号	黑龙江省穆棱市水稻所	1992(黑龙江)	123～127	80～85	24.0	0.5	7.22	1.4(2000)	3.6(1992—2005)
早粳	千重浪 1 号	沈农 265/沈农 9715	沈阳农业大学	2005(辽宁)	156.0	110.0	25.4	17.4	8.86	1.2(2005)	1.2(2005)
早粳	千重浪 2 号	沈农 159/95008	沈阳农业大学	2005(辽宁)	161.0	105.0	26.0	17.8	9.75	1.0(2005)	1.0(2005)
早粳	青系 98	原产日本	宁夏农学院	1994(宁夏)	140～145	88.0	33～36	—	8.50	0.1(1995)	0.3(1993—1996)
早粳	秋光	日本引入	吉林省农科院	1987(吉林)	145.0	90.0	25.0	20.2	7.30	9.3(1993)	58.8(1987—1995)
早粳	秋田 32	日本引入	吉林省吉林市农科院	1991(吉林)	140.0	97.0	27.5	19.0	7.50	1.8(1996)	3.3(1991—1998)

（续）

品种类型	品种名称	品种组合/来源	第一选育单位	首次审定	全生育期（d）	株高（cm）	千粒重（g）	直链淀粉（%）	区试单产（t/hm²）	最大年推广面积（万 hm²）和年份	累计推广面积（万 hm²）和年份跨度
早粳	秋田小町	日本引入	吉林省农科院	2000(吉林)	147.0	100.0	25.0	16.4	9.00	1.1(2002)	6.8(2000—2005)
早粳	三江 1 号	藤系 144/延粳 14	黑龙江省三江农科所	2003(黑龙江)	123.0	75.0	27.0	17.8	7.80	0.3(2005)	0.4(2004—2005)
早粳	沙 29	京引 57/黑粳 2 号	吉林省延边农科院	1996(吉林)	133.0	850	26.0	18.0	8.00	1.9(2003)	13.4(1994—2005)
早粳	上育 397	岛光/北明(日本引入)	黑龙江省牡丹江市农科所	2005(黑龙江)	133.0	85.0	26.0	—	7.70	1.9(2003)	13.4(1994—2005)
早粳	上育 418	秋田小町/道北 48//上育 397 号(日本引入)	黑龙江省农科院水稻所	2002(黑龙江)	125～130	85.0	26.2	14.3	8.20	0.2(2003)	0.4(2001—2005)
早粳	沈 988	秋田小町/93-65	辽宁省沈阳市农科院	2003(辽宁)	158.0	96～102	25.0	13.9	8.93	1.7(2001)	3.0(2004—2005)
早粳	沈稻 2 号	辽 947/珍优 2 号	沈阳农业大学	2005(辽宁)	159～160	95～100	25～26	18.7	9.28	—	—
早粳	沈稻 3 号	935/Y939	沈阳农业大学	2005(辽宁)	157～158	100～105	25～26	17.2	8.94	—	—
早粳	沈稻 4 号	沈农 91/S22//丰锦	沈阳农业大学	2002(辽宁)	156～157	95～100	25～26	17.1	8.73	—	—
早粳	沈稻 5 号	沈农 91/S22//丰锦	沈阳农业大学	2002(辽宁)	158～160	100.0	27.0	17.8	8.81	—	—
早粳	沈稻 6 号	沈农 8718/辽粳 454	沈阳农业大学	2005(辽宁)	155～157	100.0	25～26	17.7	9.28	—	—
早粳	沈稻 8 号	辽 947/珍优 1 号	沈阳农业大学	2005(辽宁)	158.0	100.0	25.0	17.2	8.91	—	—
早粳	沈稻 9 号	越光/辽粳 294	沈阳农业大学	2005(辽宁)	160.0	110.0	25.0	17.3	9.38	—	—
早粳	沈东 1 号	IA30/丰锦	辽宁省沈阳市东陵区农技推广中心	1993(辽宁)	153.0	95.0	25～27	—	11.50	—	—
早粳	沈农 016	92326/沈农 95008	沈阳农业大学	2005(辽宁)	160.0	105.0	25.0	16.9	9.35	1.0(2005)	1.7(2004—2005)
早粳	沈农 129	青系 96 变异株	沈阳农业大学	1991(辽宁)	153.0	100.0	25～26	—	—	—	—
早粳	沈农 159	黄金光/辽粳 5	沈阳农业大学	1999(辽宁)	159.0	95.0	25.0	17.2	8.46	—	—
早粳	沈农 2100	沈农 265/沈农 95008	沈阳农业大学	2005(辽宁)	161.0	105.0	25.5	18.0	9.22	0.2(2005)	0.2(2005)
早粳	沈农 265	辽粳 326//9308/02428	沈阳农业大学	2001(辽宁)	158.0	100～105	26.0	16.0	8.01	6.0(2003)	23.3(2002—2005)
早粳	沈农 315	农林 315/沈农 8834	沈阳农业大学	2001(辽宁)	152.0	100.0	26.0	16.3	7.25	1.1(2003)	1.3(2003—2005)
早粳	沈农 514	沈农 189//抗 1/中新 20	沈阳农业大学	1995(辽宁)	160.0	91.5	25.4	—	—	—	—
早粳	沈农 604	沈农 265/沈农 604	沈阳农业大学	2005(辽宁)	156.0	105.0	26.0	17.5	9.18	6.1(2005)	10.1(2004—2005)
早粳	沈农 606	92326/95008	沈阳农业大学	2003(辽宁)	158.0	105.0	25.0	16.4	8.54	3.0(2004)	11.3(2002—2005)
早粳	沈农 611	沈农 189//抗 1/中新 20	沈阳农业大学	1994(辽宁)	162.0	92.0	26.0	—	—	—	—
早粳	沈农 702	(辽粳 5 号/C3338411)F_1/滕系 127	沈阳农业大学	2002(辽宁)	156.0	95.0	25.0	18.5	8.75	—	—

（续）

品种类型	品种名称	品种组合/来源	第一选育单位	首次审定	全生育期（d）	株高（cm）	千粒重（g）	直链淀粉（%）	区试单产（t/hm²）	最大年推广面积（万 hm²）和年份	累计推广面积（万 hm²）和年份跨度
早粳	沈农 7 号	农林 315///沈农 91/S22//丰锦	沈阳农业大学	2004(辽宁)	152.3	93.8	26.2	—	7.30	—	—
早粳	沈农 8718	沈农 91/S22	沈阳农业大学	1999(辽宁)	158～160	100～105	25～26	16.5	8.23	—	—
早粳	沈农 87-913	秀岭 A/8411//御米糯	沈阳农业大学	1994(辽宁)	130.0	90.0	25.0	—	—	—	—
早粳	沈农 8801	沈农 91/S22	沈阳农业大学	1997(辽宁)	156～158	95～110	27.0	19.2	8.24	—	—
早粳	沈农 90-17	H60/陆奥小町	沈阳农业大学	1995(辽宁)	152.0	95.0	25～26	—	—	—	—
早粳	沈农 91	沈农 189/抗//中新 20	沈阳农业大学	1990(辽宁)	162.0	90～98	24.5	—	—	—	—
早粳	沈农 9741	沈农 159/沈农 1033	沈阳农业大学	2002(辽宁)	156.0	104.0	25.0	16.6	8.67	1.7(2003)	7.0(2002—2005)
早粳	圣稻 301	80-473/中国 91，F_1 花药培养选育而成	山东省农科院水稻所	1998(山东)	150.0	94.0	26.0	—	7.80	4.8(1998)	8.8(1998—2005)
早粳	松粳 10	辽粳 5 号/合江 20	黑龙江省农科院五常水稻所	2005(黑龙江)	128.0	95.0	26.0	19.3	8.14	4.3(2006)	8.4(2006—2007)
早粳	松粳 2 号	国光 A/云 358//16V36/V58-8///C57-80/BL-2	黑龙江省农科院五常水稻所	1988(黑龙江)	140～145	80～85	25～26	—	7.30	2.2(1996)	15.5(1986—2001)
早粳	松粳 3 号	辽粳 5 号/合江 20	黑龙江省农科院五常水稻所	1994(黑龙江)	140～145	85～90	25.0	16.8	7.40	1.5(2005)	5.3(1994—2005)
早粳	松粳 4 号	松 9331/牡丹江 17//双 152	黑龙江省农科院五常水稻所	2000(黑龙江)	135.0	95～100	26.0	15.5	8.40	0.3(2000)	0.3(2000)
早粳	松粳 5 号	通 5307/辽粳 294	黑龙江省农科院五常水稻所	2002(黑龙江)	140.0	92.3	25.8	15.9	7.20	0.4(2004)	0.4(2004)
早粳	松粳 6 号	辽粳 5 号/合江 20	黑龙江省农科院五常水稻所	2002(黑龙江)	135.0	95～100	26.5	17.5	8.15	8.3(2005)	18.9(2002—2007)
早粳	松粳 7 号	松 93—8/通 306	黑龙江省农科院五常水稻所	2003(黑龙江)	140.0	93.0	25.5	17.6	6.60	1.8(2003)	6.2(2003—2007)
早粳	松粳 8 号	松 93—8/通 306	黑龙江省农科院五常水稻所	2004(黑龙江)	138.0	90.3	25.0	—	8.39	3.4(2004)	5.2(2004—2005)
早粳	松粳 9 号	五优稻 1 号/通 306	黑龙江省农科院五常水稻所	2005(黑龙江)	138.0	95～100	25.0	—	7.89	10.0(2007)	22.7(2004—2007)
早粳	松辽 5 号	秋光/早锦//陆誉	吉林省松辽水稻所	2004(吉林)	138.0	98.0	30.0	19.2	8.70	—	—
早粳	苏粳 2 号	苏 91-44/秋光//辽粳 244	沈阳市苏家屯区示范农场	2005(辽宁)	155.0	104.0	25.6	17.1	9.08	—	—
早粳	绥粳 1 号	从合江 21 系选	黑龙江省农科院绥化农科所	1992(黑龙江)	130.0	85.0	27.0	—	7.50	3.8(1992)	20.7(1991—2002)
早粳	绥粳 2 号	松前/吉粳 60	黑龙江省农科院绥化农科所	1997(黑龙江)	127.0	80.0	26～27	18.0	7.30	0.7(2001)	1.5(1996—2004)
早粳	绥粳 3 号	藤系 138///滨旭//普选 10//合交 77-327	黑龙江省农科院绥化农科所	1999(黑龙江)	129.0	79.0	27.0	17.5	8.10	29.4(1999)	63.6(1997—2005)
早粳	绥粳 4 号	莲香 1 号//合江 18A//粳 67-38///松前/吉粘 2 号	黑龙江省农科院绥化农科所	1999(黑龙江)	134.0	95.0	27.7	14.9	8.19	7.9(2003)	19.9(2001—2005)

（续）

品种类型	品种名称	品种组合/来源	第一选育单位	首次审定	全生育期(d)	株高(cm)	千粒重(g)	直链淀粉(%)	区试单产(t/hm²)	最大年推广面积(万 hm²)和年份	累计推广面积(万 hm²)和年份跨度
早粳	绥粳 5 号	藤系 137/绥粳 1 号	黑龙江省农科院绥化农科所	2000(黑龙江)	134.0	86.5	26.6	17.2	8.60	—	—
早粳	绥粳 6 号	藤系 137/垦稻 5 号/龙粳 4 号	黑龙江省农科院绥化农科所	2003(黑龙江)	133.0	86.5	27.7	18.7	7.20	—	—
早粳	绥粳 7 号	牡丹江 19/绥 93-6032	黑龙江省农科院绥化农科所	2004(黑龙江)	135.0	96.0	26.9	19.3	8.10	11.4(2007)	22.3(2005—2007)
早粳	绥引 1 号	韩国引入	黑龙江省绥化市安全局	1997(黑龙江)	129.0	90.0	—	16.5	8.40	0.1(1995)	0.1(1995)
早粳	藤 747	原产日本	宁夏农科院作物所	1995(宁夏)	135.0	90.0	25.0	—	9.00	2.5(1996)	8.0(1995—2004)
早粳	藤光	日本引进	吉林省延边农科院	2002(吉林)	129.0	100.0	24.5	18.0	7.80	—	—
早粳	藤系 137	藤 453/秋光(日本引入)	黑龙江省农垦院水稻所	1992(黑龙江)	138.0	85.0	25.0	20.2	8.90	1.3(1993)	7.3(1990—1999)
早粳	藤系 138	日本青森藤坂支场引进	吉林省农科院	1990(吉林)	132.0～135.0	93.0	25.0	17.3	7.50	7.6(1993)	50.0(1988—2005)
早粳	藤系 140	藤系 108/藤系 113(日本引入)	黑龙江省农科院耕作栽培所	1994(黑龙江)	135～140	90.0	26.0	17.1	8.69	2.4(1998)	9.8(1991—2005)
早粳	藤系 144	日本引入	吉林省农科院	1995(吉林)	125.0～136.0	85～95	27.0	17.5	8.90	2.1(1995)	4.8(1993—1997)
早粳	天井 1 号	寒九/双 82	吉林省农科院	1994(吉林)	—	～	～	—	7.68	—	—
早粳	天井 4 号	H701/D7-38	吉林省农科院	2004(吉林)	136.0	71.3	22.0	15.4	8.20	—	—
早粳	天井 5 号	松粳 3/吉玉粳	吉林省农科院	2004(吉林)	143.0	74.8	23.2	16.3	4.10	—	—
早粳	天井 3 号	寒 2/滨旭	吉林省农科院	1995(吉林)	136.0	99.0	26.0	15.7	6.50	10.7(1995)	23.3(1995—2001)
早粳	添丰 9681	29-2 红粳米/2615-46	辽宁省绥中水稻所	2005(辽宁)	159.0	110～113	26.7	15.0	9.03	—	—
早粳	田丰 202	M163 系选	辽宁省盘锦市北方农技公司	2005(辽宁)	163.0	110.0	25.0	17.3	9.48	—	—
早粳	铁粳 2 号	京引 83/京引 177	辽宁省铁岭市农科所	1986(辽宁)	145.0	86.0	26.0	—	7.50	—	—
早粳	铁粳 4 号	7636-3/川籼 22	辽宁省铁岭市农科所	1992(辽宁)	158.0	96.0	26.5	—	—	3.4(1996)	12.5(1994—1997)
早粳	铁粳 5 号	7636-3/C131 川籼 22	辽宁省铁岭市农科所	1993(辽宁)	147.0	91.5	25.7	—	—	—	—
早粳	铁粳 6 号	78-T37/8739	辽宁省铁岭市农科院	2002(辽宁)	148.0	85～90	26.6	16.1	7.85	—	—
早粳	铁粳 7 号	辽粳 207/9419	辽宁省铁岭市农科院	2005(辽宁)	150～153	100.0	26.0	17.1	10.13	1.3(2005)	1.3(2005)
早粳	铁粳 8 号	8433/铁 9464	辽宁省铁岭市农科院	2005(辽宁)	153.0	100.0	27.0	16.9	8.93	—	—
早粳	通 31	松前/菰	吉林省通化市农科院	1995(吉林)	140～142	105.0	28.0	20.6	8.70	3.5(1997)	18.2(1995—2005)
早粳	通 35	松前/菰	吉林省通化市农科院	1993(吉林)	140.0	110.0	28.0	18.5	8.50	6.7(1998)	68.2(1995—2005)
早粳	通 88-7	云 73-1/下北	吉林省通化市农科院	1996(吉林)	136.0	94.6	25.8	19.4	7.20	6.5(1999)	18.7(1996—2005)
早粳	通 95-74	桂早生/腾系 138	吉林省通化市农科院	2002(吉林)	138.0	105.0	25.0	18.6	8.10	7.1(2004)	14.2(2002—2005)
早粳	通 98-56	丰选 2 变异株系选	吉林省通化市农科院	2003(吉林)	141.0	110.0	26.0	18.5	7.90	—	—

（续）

品种类型	品种名称	品种组合/来源	第一选育单位	首次审定	全生育期（d）	株高（cm）	千粒重（g）	直链淀粉（%）	区试单产（t/hm²）	最大年推广面积（万 hm²）和年份	累计推广面积（万 hm²）和年份跨度
早粳	通丰 5 号	桂早生/通系 103	吉林省通化市农科院	2003(吉林)	134.0	105.0	26.5	19.9	8.10	—	—
早粳	通丰 9 号	秋光/通育 313	吉林省通化市农科院	2005(吉林)	140.0	101.5	26.0	18.0	8.40	—	8.3(2005)
早粳	通粳 611	通粳 299/五优稻 1 号	吉林省通化市农科院	2003(吉林)	132.0	100.0	25.0	17.9	8.00	3.6(2004)	5.2(2003—2005)
早粳	通粳 791	通粳 288/吉玉粳	吉林省通化市农科院	2005(吉林)	136.0	105.0	28.0	18.4	8.20	—	—
早粳	通系 103	日本后代引进	吉林省通化市农科院	1991(吉林)	136.0	100.0	25.0	20.0	8.50	7.2(1993)	20.0(1991—1996)
早粳	通系 112	云 731/松前(吉林引入)	黑龙江省宁安市种子公司	1993(黑龙江)	135.0	90.0	27.3	—	7.10	2.4(1993)	12.2(1988—2000)
早粳	通系 12	双 152/秋丰	吉林省通化市农科院	2001(吉林)	140.0	110.0	27.0	18.2	7.90	—	—
早粳	通系 140	混合群体选育	吉林省通化市农科院	2003(吉林)	135.0	97.9	23.7	19.1	8.30	—	—
早粳	通系 158	通 35/秋光	吉林省通化市农科院	2005(吉林)	140.0	101.3	27.2	19.2	8.30	—	—
早粳	通系 9	友谊/桂早生	吉林省通化市农科院	2002(吉林)	135～137	95～100	27.5	19.6	7.90	—	—
早粳	通引 58	日本引入	吉林省通化市农科院	2002(吉林)	140.0	115.0	29.2	16.5	8.00	1.4(2002)	4.0(2002—2005)
早粳	通育 105	A577/1379	吉林省通化市农科院	2004(吉林)	145.0	99.8	26.0	17.1	8.10	—	—
早粳	通育 120	C113/71024//C25/C43	吉林省通化市农科院	2001(吉林)	145.0	110.0	27.0	19.1	7.90	—	—
早粳	通育 124	转揽后代材料 C20/秋光//C47	吉林省通化市农科院	1999(吉林)	142.0	100.0	27.0	19.7	8.70	12.2(2001)	25.1(1999—2005)
早粳	通育 207	2439//C25C43	吉林省通化市农科院	2002(吉林)	143.0	110.0	28.0	16.7	8.20	—	—
早粳	通育 211	松前/菰	吉林省通化市农科院	1998(吉林)	137.0	100～110	24.5	16.4	7.90		
早粳	通育 221	转揽后代 2236/C40	吉林省通化市农科院	2005(吉林)	140.0	107.0	26.0	17.5	8.10	—	3.3(2005)
早粳	通育 223	转揽基因后代材料	吉林省通化市农科院	2004(吉林)	142.0	101.3	26.0	17.7	7.70	—	—
早粳	通育 240	2433/2302	吉林省通化市农科院	2003(吉林)	140.0	110.0	25.0	18.6	8.70	—	—
早粳	通育 308	转揽后代 A579/A132	吉林省通化市农科院	2005(吉林)	140.0	105.0	28.0	17.3	8.40	—	7.7(2005)
早粳	通育 313	C27/C40//2499	吉林省通化市农科院	2002(吉林)	130.0	105.0	30.0	18.9	8.10	—	—
早粳	通育 316	C113/C25	吉林省通化市农科院	2002(吉林)	135.0	100.0	26.0	17.5	8.20	—	—
早粳	通育 318	转揽后代材料 C437/2208	吉林省通化市农科院	2003(吉林)	136.0	102.0	29.0	10.0	8.00	1.9(2004)	2.7(2003—2005)
早粳	通育 401	UA058/C20	吉林省通化市农科院	2005(吉林)	130.0	100.0	28.0	17.8	—	—	—
早粳	通院 6 号	通粳 288/通 92-36	吉林省通化市农科院	2005(吉林)	140.0	105.0	27.0	18.1	8.50	—	—
早粳	文育 302	辽盐 282 系选	吉林省四平市余粮农技所	2002(吉林)	142.0	95.0	28.0	18.2	8.70	—	—
早粳	五稻 3 号	丰田/下北//富士光	黑龙江省五常市水稻原种场	1994(黑龙江)	140.0	90.0	26.4	19.7	7.79	1.7(1998)	10.0(1994—2005)
早粳	五工稻 1 号	五优稻 1 号航天搭载	黑龙江省五常市种子公司	2003(黑龙江)	133～136	85.4	26.3～27.6	17.2	8.40	0.3(2004)	0.3(2004)

（续）

品种类型	品种名称	品种组合/来源	第一选育单位	首次审定	全生育期(d)	株高(cm)	千粒重(g)	直链淀粉(%)	区试单产(t/hm^2)	最大年推广面积(万 hm^2)和年份	累计推广面积(万 hm^2)和年份跨度
早粳	五优稻 1 号	松粳 3 号系选	黑龙江省五常市种子公司	1999(黑龙江)	143.0	97.0	25.0	17.2	7.20	8.4(2002)	55.9(1999—2005)
早粳	五优稻 2 号	新潟 37 系选	黑龙江省五常市种子公司	2001(黑龙江)	135～137	85.1	25.1	15.8	9.56	1.2(2002)	1.2(2002)
早粳	五优稻 3 号	五优稻 1 号系选	黑龙江省五常市种子公司	2005(黑龙江)	138.0	92.0～95.0	25.5	—	8.90	1.3(2003)	3.0(2002—2005)
早粳	系选 1 号	富士光系选	黑龙江省桦南县孙斌水稻所	2003(黑龙江)	136.0	104.0	26.1	16.8	7.98	2.7(2002)	4.8(2002—2005)
早粳	香粳 9407	香粳 1 号/82-1244	山东省农科院水稻所	2002(山东)	149.0	105.0	28.9	—	8.30	2.2(2002)	7.4(1998—2005)
早粳	祥丰 00-93	97-112/港辐 1 号	辽宁省庄河市祥丰水稻所	2005(辽宁)	162.0	115.0	26.0	17.3	7.68	—	—
早粳	新稻 2 号	吉粳 53/宁 74—108	新疆维吾尔自治区农科院粮作所	1988(新疆)	136.0	96.7	26.4	17.9	—	0.4	6.5
早粳	新稻 6 号	新稻 2 号/秋光	新疆维吾尔自治区农科院粮作所	1993(新疆)	145.0	85.0	26.5	12.5	9.04	0.4	5.5
早粳	新稻 7 号	秋光系选	新疆维吾尔自治区农科院粮作所	1996(新疆)	145.0	95.0	27.0	18.9	7.70	0.3	1.8
早粳	新稻 8 号	越光/84-6	新疆维吾尔自治区农科院粮作所	1996(新疆)	140.0	80～85	24～25	—	11.70	—	—
早粳	新稻 9 号	京香 2 号/G130 的 F_3 代辐射	新疆维吾尔自治区农科院粮作所	2000(新疆)	160.0	97.5	29.0	—	9.30	0.2	1.7
早粳	兴粳 2 号	秀岭变异株	辽宁沈阳兴隆台农业试验站	1991(辽宁)	157.0	100.0	26.0	—	—	—	—
早粳	幸实	万两/R4-B//山背锦	中国农科院品资所	1988(北京)	155.0	110.0	26.0	—	6.70	—	—
早粳	延粳 14	松前/石狩	吉林省延边农科院	1988(吉林)	120.0	80.0	27.5	18.6	6.20	0.8(1990)	1.2(1988—1990)
早粳	延粳 15	合江 20/农林 39	吉林省延边农科院	1988(吉林)	115.0	70.0	25.0	17.8	5.50	0.6(1990)	1.3(1988—1990)
早粳	延粳 16	东光 2 号/松前	吉林省延边农科院	1989(吉林)	128.0	90.0	25.0	—	5.90	0.6(1990)	1.4(1989—1991)
早粳	延粳 17	城堡 2 号/松前	吉林省延边农科院	1990(吉林)	125.0	80.0	27.0	17.3	5.50	0.6(1992)	1.7(1989—1992)
早粳	延粳 18	7716/24	吉林省延边农科院	1991(吉林)	135.0	83.0	25.0	—	7.00	—	—
早粳	延粳 19	通 8311 系选	吉林省延边农科院	1992(吉林)	122.0	80.0	26.7	—	7.50	—	—
早粳	延粳 20	秋丰/陆奥香	吉林省延边农科院	1994(吉林)	148.0	90.0	24.3	—	—	—	—
早粳	延粳 21	7721/延 8306	吉林省延边农科院	1996(吉林)	120.0	85.0	27.0	17.8	6.10	—	—
早粳	延粳 22	珍富 10 号/藤系 138	吉林省延边农科院	1999(吉林)	128～130	90.0	24.4	—	8.20	0.9(2000)	1.7(1999—2003)
早粳	延粳 23	云峰/SHORAR2	吉林省延边农科院	2000(吉林)	144.0	100.0	25.4	19.8	6.90	—	—
早粳	延粳 24	珍富 10/长寿锦	吉林省延边农科院	2002(吉林)	133.0	96.5	26.0	16.7	—	—	—
早粳	延粳 25	珍富 10 号/延 105	吉林省延边农科院	2003(吉林)	135.0	101.1	28.1	19.8	8.60	—	—

（续）

品种类型	品种名称	品种组合/来源	第一选育单位	首次审定	全生育期(d)	株高(cm)	千粒重(g)	直链淀粉(%)	区试单产(t/hm²)	最大年推广面积(万 hm²)和年份	累计推广面积(万 hm²)和年份跨度
早粳	延粳 26	韩国引进	吉林省延边农科院	2004(吉林)	131.0	93.6	26.0	16.7	8.40	—	—
早粳	延农 1 号	空育 134/上育 385	延边大学	1999(吉林)	122.0	80.0	26.0	—	8.30	—	—
早粳	延引 1 号	韩国引进珍富 10	吉林省延边农科院	1997(吉林)	140.0	105.0	24.0	18.8	8.00	1.0(2001)	2.9(1998—2005)
早粳	延引 6 号	日本引进(延 505)	吉林省延边农科院	2003(吉林)	141.0	103.3	25.5	16.7	8.10	—	—
早粳	延组培 1 号	下北突变体	吉林省延边农科院	2000(吉林)	125.0	85.0	24.0	18.5	8.10	—	—
早粳	盐丰 47	群体育种	辽宁省盐碱地利用所	2001(辽宁)	160.0	95～97	27.5	15.7	9.26	6.0(2005)	14.4(1999—2005)
早粳	盐粳 188	盐粳 196/盐粳 32//辽粳 294	辽宁省盐碱地利用所	2005(辽宁)	161.0	105.9	25.1	19.0	10.00	—	—
早粳	盐粳 1 号	农林糯 10/矢祖	辽宁省盐碱地利用所	1987(辽宁)	150.0	100.0	26.0	—	9.00	—	—
早粳	盐粳 34	辽盐 2 号/辽粳 326	辽宁省盐碱地利用所	2005(辽宁)	163.0	99.2	26.2	16.1	9.15	—	—
早粳	盐粳 48	农粳 35/丰锦	辽宁省盐碱地利用所	1999(辽宁)	160.0	100～105	26.5	19.0	8.36	—	—
早粳	盐粳 68	89F5-91/盐粳 32	辽宁省盐碱地利用所	2003(辽宁)	159.0	100.0	24.1	16.3	9.32	3.1(2005)	3.3(2003—2005)
早粳	盐粳 98	盐粳 31/盐粳 196	辽宁省盐碱地利用所	2005(辽宁)	155.0	94.0	25.0	17.1	8.84	—	—
早粳	营 8433	5094/C57-2-3//M95/S56	辽宁大石桥农技推广中心	1997(辽宁)	160.0	90～95	24.0	18.6	8.42	3.8(1997)	8.6(1995—1997)
早粳	营丰 1 号	5074/C57-2-3	辽宁大石桥农技推广中心	1988(辽宁)	165.0	95～100	25～26	—	—	—	—
早粳	雨田 6 号	M106 系选	辽宁省盘锦北方农技公司	2003(辽宁)	162.0	93.6	25.0	18.8	7.81	—	—
早粳	元丰 6 号	旱 72/沈农 129	沈阳农业大学	2005(辽宁)	150.0	100.0	26.0	17.3	8.39	—	—
早粳	早锦	日本引入	吉林省农科院	1987(吉林)	142.0	100.0	26.0	20.5	7.50	3.6(1993)	51.2(1987—2003)
早粳	中百 4 号	喜丰/南粳 15	中国农科院作物所	1991(北京)	165.0	110.0	26.0	—	7.40	1.4(1994)	5.0(1991—1997)
早粳	中丹 2 号	Pi5/喜峰	中国农科院作物所	1987(辽宁)	145～150	105.0	26～27	—	7.50	8.0(2002)	—
早粳	中丹 4 号	幸实/中作 9017	辽宁省丹东农科院水稻试验站	2005(辽宁)	170.0	92.9	28.0	18.2	8.41	—	—
早粳	中花 12	中花 9 号/中花 5 号	中国农科院作物所	1992(天津)	165.0	—	26.0	—	6.00	1.0(1991)	—
早粳	中花 17	中花 8 号//沈农 1033/IR20	中国农科院作物所	1997(天津)*	173.8	104.7	24.1	—	8.21	—	—
早粳	中花 9 号	从中国农科院引入	辽宁省丹东市农科所	1987(辽宁)	165.0	100.0	28.5	—	7.50	3.8(1986)	12.4(1985—1989)
早粳	中津 1 号	中作 321/丹繁 4 号	中国农科院作物所	2003(国家)	172.0	103.0	26.6	—	8.10	—	—
早粳	中辽 9052	C102/多收 3 号//辽粳 5 号	辽宁省农科院栽培所	2000(辽宁)	170～172	105.0	28.2	17.7	6.88	2.4(2005)	5.1(2002—2005)
早粳	中系 105	中丹 2 号/中系 7709	中国农科院作物所	1989(北京)	165.0	105.0	26.0	—	8.00	—	—

（续）

品种类型	品种名称	品种组合/来源	第一选育单位	首次审定	全生育期（d）	株高（cm）	千粒重（g）	直链淀粉（%）	区试单产（t/hm²）	最大年推广面积（万 hm²）和年份	累计推广面积（万 hm²）和年份跨度
早粳	中系 8121	喜峰/城堡 1 号	中国农科院作物所	1989(北京)	163.0	105.0	26.0	—	7.50	—	—
早粳	中新 1 号	84-15/喜峰	中国农科院作物所	1993(吉林)	155.0	95.0	28.0	—	8.50	—	—
早粳	中作 321	白金/科青 3 号////台中 39/水原 300 粒//白金///IR24	中国农科院作物所	1989(北京)	165.0	95.0	26.0	—	7.50	—	—
早粳	中作 58	中花 8 号/中系 8408	中国农科院作物所	2000(辽宁)	155.0	90.0	25.0	18.6	7.68	—	—
早粳	中作 9843	辽盐 2 号/中远 32	中国农科院作物所	2005(吉林)	173.2	104.0	25.3	—	9.90	—	—
早粳	中作 9936	中作 9037/中作 9059	中国农科院作物所	2004(国家)	153.0	109.3	25.9	—	9.00	—	—
早粳	众禾 1 号	通粳 288 变异株系选	吉林省通化市农科院	2003(吉林)	140.0	96.0	30.0	20.3	8.10	—	—
早粳	庄育 3 号	中辽 9052 系选	辽宁省庄河市农业中心	2005(辽宁)	167.0	108.0	27.7	17.3	8.05	1.0(2005)	1.0(2005)
早粳	组培 7 号	青系 96 体细胞培养	吉林省农科院	1995(吉林)	145.0	100.0	25.0	18.4	9.10	5.5(1997)	10.7(1996—2000)
早粳糯	北糯 1 号	普粘 6 号/藤系 138	黑龙江省绥化市北方稻作所	2000(黑龙江)	135.0	95.0	24.1	0.0	7.10	—	—
早粳糯	丹糯 2 号	繁 4/辽盐糯 4 号	辽宁省丹东市农科院	2001(辽宁)	162.0	100.0	23.5	1.5	6.86	—	—
早粳糯	东农 418	合江 23 号/秋光//普粘 2 号	东北农业大学	1994(黑龙江)	138～141	83.1	24.5	1.3	7.80	0.3(2004)	0.4(2004—2005)
早粳糯	黑糯 1 号	黑交 852/西风旱	黑龙江省农科院黑河农科所	1994(黑龙江)	122.0	80.0	24.0	3.5	7.40	0.1(1998)	0.1(1998—2000)
早粳糯	浑糯 3 号	H60/浑糯 1 号	辽宁沈阳市浑河农场	1999(辽宁)	158.0	95.0	25.1	1.5	8.44	—	—
早粳糯	吉糯 7 号	吉 86-11/通粘 1	吉林省农科院	2002(吉林)	138～140	102.0	27.0	—	8.70	—	—
早粳糯	吉粘 3 号	龙浩甲/龙糯 1 号	吉林省农科院	2002(吉林)	143.0	103.0	26.0	—	7.90	—	—
早粳糯	吉粘 4 号	龙浩甲/龙糯 1 号	吉林省农科院	2002(吉林)	145.0	109.0	25.0	—	8.60	—	—
早粳糯	吉粘 5 号	甜米/R24	吉林省农科院	2002(吉林)	145.0	103.0	25.0	—	7.80	—	—
早粳糯	晋稻 7 号	莲香 1 号/C286840495	山西省农科院作物所	2000(山西)	158.0	90.0	25.0	—	7.97	0.2(2005)	0.7(2000—2005)
早粳糯	九粘 4 号	A8865/中 12	吉林省吉林市农科研究院	2002(吉林)	140.0	102.0	25.6	1.6	8.50	—	—
早粳糯	垦香糯 1 号	普粘 6 号//普粘 6 号/莲香 1 号	黑龙江省农垦院水稻所	1999(黑龙江)	127.0	86.0	29.0	0.5	6.30	—	—
早粳糯	辽糯 1 号	秋光大泻村/丰锦	辽宁省稻作所	1988(辽宁)	153.0	93.0	27.0	—	—	1.3(1988)	2.7(1988—1989)
早粳糯	辽盐糯	辽粳 5 号变异株	辽宁省盐碱地利用所	1990(辽宁)	158.0	90.0	20～22	—	—	—	—
早粳糯	辽盐糯 10 号	辽粳 5 号变异株	辽宁北方农机开发公司	1997(辽宁)	153.0	90.0	23～24	0.9	8.13	—	—
早粳糯	龙糯 1 号	B639 系选	黑龙江省农科院水稻所	1990(黑龙江)	136～140	90.0	24.3	0.0	6.50	0.1(1990)	0.1(1990)

（续）

品种类型	品种名称	品种组合/来源	第一选育单位	首次审定	全生育期(d)	株高(cm)	千粒重(g)	直链淀粉(%)	区试单产(t/hm²)	最大年推广面积(万 hm²)和年份	累计推广面积(万 hm²)和年份跨度
早粳糯	龙糯2号	合良682/BL7//龙粳1号	黑龙江省农科院水稻所	2003(黑龙江)	130～133	85～90	27.5	0.0	8.90	0.1(2004)	0.1(2003—2005)
早粳糯	牡粘4号	牡粘3号/延粘1号	黑龙江省农科院牡丹江农科所	2005(黑龙江)	135.0	91.6	24.6	—	8.02	—	—
早粳糯	宁粳9号	78-4442/78-127	宁夏回族自治区农科院作物所	1988(宁夏)	150.0	90.0	25～26	1.6	11.50	2.8(1989)	7.5(1988—1992)
早粳糯	宁糯1号	66-6/藤公2号//78-127(糯)	宁夏回族自治区农科院作物所	1986(宁夏)	125.0	80～90	25.0	1.0	8.20	0.1(1986)	0.2(1986—1990)
早粳糯	宁糯2号	京引174(糯)辐射M2株选	宁夏农学院	1988(宁夏)	140～150	85.0	24～25	1.3	9.50	0.1(1988)	0.3(1988—1991)
早粳糯	宁糯3号	$8131F_1/8035F_1$	宁夏回族自治区农科院作物所	1990(宁夏)	150.0	80.0	28.0	1.5	10.40	0.1(1992)	0.3(1990—1995)
早粳糯	宁糯4号	84/Z-408/83/W-555	宁夏回族自治区农科院作物所	1995(宁夏)	145.0	90.0	25.0	1.3	9.40	0.1(1996)	0.1(1995—1996)
早粳糯	宁糯5号	(97天91/宁糯4号)F_1花培	宁夏回族自治区农科院作物所	2002(宁夏)	138～142	95～100	25.5	1.4	10.89	0.1(2003)	0.2(2002—2005)
早粳糯	宁糯6号	86/W-473-1/83/W-489	宁夏回族自治区农科院作物所	2002(宁夏)	140.0	75～80	27.0	0.9	10.40	0.01(2003)	0.1(2002—2005)
早粳糯	农粘1号	通粘1/香粘	吉林农业大学	2003(吉林)	140.0	100.0	27.2	—	8.60	—	—
早粳糯	沈农香糯1号	多元亲本杂交配制	沈阳农业大学	1996(辽宁)	157.0	95.0	27～29	—	—	—	—
早粳糯	沈糯1号	辽粳5号/北京香江米	辽宁沈阳市农科院	1996(辽宁)	158.0	97.7	23.5	—	—	—	—
早粳糯	松粘1号	日粘152/吉粘2号	黑龙江省农科院五常水稻所	1997(黑龙江)	135.0	90.0	25.0	0.0	8.30	—	—
早粳糯	绥糯1号	吉粘2号//莲香1号/R12-34-1	黑龙江省农科院绥化农科所	1999(黑龙江)	132.0	90.0	27.3	0.0	7.70	—	—
早粳糯	藤糯150	日本引进	吉林省种子总站	1995(吉林)	142.0	90～95	24.0	—	7.60	—	—
早粳糯	通粘2号	京引147系选	吉林省通化市农科院	2002(吉林)	142.0	102.2	27.3	—	8.20	—	—
早粳糯	通粘8号	通粘2号/Y32	吉林省通化市农科院	2004(吉林)	138.0	110.0	26.0	—	8.40	—	—
早粳糯	延粘1号	松前//古巴154/临果	吉林省延边农科院	1990(吉林)	133.0	85.0	24.0	—	7.00	—	—
早粳糯	月亭糯1号	乙女糯/水原糯1号	延边大学	2004(吉林)	134.0	96.0	26.0	—	7.30	—	—
早粳糯	紫香糯2315	香血糯/日本晴	山东省农科院水稻所	1999(山东)	156.0	90.0	23.4	—	8.20	1.3(2000)	2.4(1996—2002)

（续）

品种类型	品种名称	品种组合/来源	第一选育单位	首次审定	全生育期(d)	株高(cm)	千粒重(g)	直链淀粉(%)	区试单产(t/hm^2)	最大年推广面积(万 hm^2)和年份	累计推广面积(万 hm^2)和年份跨度
中粳	175 选 3	西南 175 系选	云南省玉溪地区农科所	1989(云南)	178.0	105.0	29.0	10.8	7.59	—	—
中粳	83 - D	台粳 CO12 系选	安徽省农科院水稻所	1994(安徽)	135.0	96.0	24.2	—	6.78	—	—
中粳	86 - 167	76174/50 - 701//768///秋光	云南省大理白族自治州农科所	1992(云南)	175.0	85.0	26～29	16.9	7.09	—	—
中粳	88—635	云粳 136 系选	云南省楚雄彝族自治州农科所	1993(云南)	186.0	105.0	25.0	—	8.06	—	—
中粳	91—10	楚粳 3 号/嘉 19	云南省玉溪地区农科所	1998(云南)	170～180	95～100	25～27	—	9.69	—	—
中粳	A210	174/大白谷//晋宁 277	云南省武定县农技推广站	1991(云南)	180.0	94.0	—	—	7.67	—	—
中粳	安粳 314	晚白米/IR261//密阳 23	贵州省安顺市农科所	1992(贵州)	161.3	91.5	26.6	19.1	6.29	—	—
中粳	毕粳 37	喜峰////IR24/丰锦//C57///C57 - 167	贵州省毕节地区农科所	1995(贵州)	165.0	95～100	25.0	18.8	8.25	—	—
中粳	毕粳 38	84 - 1 辐射选育	贵州省毕节地区农科所	1997(贵州)	165.0	95～110	26～32	—	6.90	—	—
中粳	毕粳 39	PSE001/V452	贵州省毕节地区农科所	2000(贵州)	168～175	100.0	26～30	18.0	7.43	—	—
中粳	毕粳 40	Y15 - 4/T2040	贵州省毕节地区农科所	2002(贵州)	166～172	105.0	28.8	18.2	7.43	—	—
中粳	昌粳 8 号	预 110 系选	云南省昌宁县农技推广中心	2004(云南)	170～176	90～105	25～26	19.5	8.70	—	—
中粳	成糯 88	成糯 24/艾糯	四川省农科院作物所	2003(四川)	140.1	105.0	26.7	1.8	5.69	—	—
中粳	楚粳 12	楚粳 4 号/楚粳 2 号	云南省楚雄彝族自治州农科所	1993(云南)	169～171	91.0	25～26	15.9	8.72	1.4(1993)	2.7(1993—1995)
中粳	楚粳 14	楚粳 4 号/滇榆 1 号	云南省楚雄彝族自治州农科所	1995(云南)	175.0	99.0	24.0	17.0	9.55	—	—
中粳	楚粳 17	楚粳 8 号/25 - 3 - 1	云南省楚雄彝族自治州农科所	1997(云南)	176.0	98.0	27.0	19.2	9.75	2.3(1996)	7.1(1995—1999)
中粳	楚粳 22	楚粳 7 号/辽宁 85 - 54	云南省楚雄彝族自治州农科所	1999(云南)	175～180	95～100	26～27	17.3	9.52	—	—
中粳	楚粳 23	25 - 3 - 3/楚粳 9 号//楚粳 8 号	云南省楚雄彝族自治州农科所	1999(云南)	170～175	95～101	23～24	19.4	9.85	—	—
中粳	楚粳 24	合系 2 号/楚粳 14	云南省楚雄彝族自治州农科所	2003(云南)	170.0	100.0	25.0	17.2	9.30	2.7(2006)	6.1(2003—2006)

（续）

品种类型	品种名称	品种组合/来源	第一选育单位	首次审定	全生育期（d）	株高（cm）	千粒重（g）	直链淀粉（%）	区试单产（t/hm²）	最大年推广面积（万 hm²）和年份	累计推广面积（万 hm²）和年份跨度
中粳	楚粳 25	楚粳 17/合系 24	云南省楚雄彝族自治州农科所	2002(云南)	167.0	95～105	27～28	18.5	9.95	—	—
中粳	楚粳 26	楚粳 2 号/768)//云玉 1 号///合系 30	云南省楚雄彝族自治州农科所	2005(云南)	165～170	95～100	25～27	15.0	10.37	2.4(2006)	4.3(2004—2006)
中粳	楚粳 27	楚粳 22/合系 39	云南省楚雄彝族自治州农科所	2005(云南)	170～175	100.0	23～24	17.5	9.86	4.7(2006)	8.7(2004—2006)
中粳	楚粳 2 号	植生 1 号/若叶	云南省楚雄彝族自治州农科所	1988(云南)	161～172	85～90	25～27	—	7.50	—	—
中粳	楚粳 3 号	植生 1 号/若叶	云南省楚雄彝族自治州农科所	1987(云南)	170～182	85～95	26～27	—	—	—	—
中粳	楚粳 6 号	城堡 1 号/国庆 20	云南省楚雄彝族自治州农科所	1990(云南)	170～175	95～100	25.0	—	7.56	—	—
中粳	楚粳 7 号	滇榆 1 号/楚粳 5 号	云南省楚雄彝族自治州农科所	1991(云南)	170.0	95.0	25.0	—	6.99	1.5(1992)	3.5(1991—1993)
中粳	楚粳 8 号	滇榆 1 号/楚粳 3 号	云南省楚雄彝族自治州农科所	1990(云南)	166.0	85～90	23～25	—	7.64	—	—
中粳	楚粳香 1 号	龙粳 3 号/84594	云南省楚雄彝族自治州农科所	2003(云南)	170.0	100～110	22～23	17.9	8.33	—	—
中粳	滇粳 10 号	云粳 2 号系选	云南省楚雄彝族自治州农科所	1987(云南)	175～190	105.0	24.0	—	—	—	—
中粳	滇粳 11	700 粒/老来黄	云南省沾益农场	1987(云南)	180～185	90～110	22～23	—	—	—	—
中粳	滇粳 9 号	西南 175 系选	云南省农科院粮作所	1987(云南)	185.0	110～120	28.0	21.0	7.58	—	—
中粳	滇系 4 号	越光/合系 24//合系 34	云南省农科院粳稻育种中心	2001(云南)	174.0	90.0	25.1	19.7	6.94	1.5(2003)	3.5(2002—2005)
中粳	滇系 7 号	合系 34//西南 175/勐旺谷	云南省农科院粳稻育种中心	2001(云南)	172.0	97.0	23.0	20.3	11.25	—	—
中粳	丰优 6 号	丰锦 A/C79-6	辽宁省农科院稻作所	1989(山东)	133.0	100.0	26.0	—	7.36	—	—
中粳	凤稻 8 号	金垦 181/崇良糯//诱变 2 号	云南省大理白族自治州农科所	1995(云南)	182.0	75.0	29.0	—	7.12	—	—
中粳	凤稻 9 号	中丹 2 号///轰早生//672/716	云南省大理白族自治州农科所	1997(云南)	185.0	90.0	26.0	17.9	8.30	0.9(1999)	0.9(1999)

（续）

品种类型	品种名称	品种组合/来源	第一选育单位	首次审定	全生育期（d）	株高（cm）	千粒重（g）	直链淀粉（%）	区试单产（t/hm²）	最大年推广面积（万 hm²）和年份	累计推广面积（万 hm²）和年份跨度
中粳	凤稻 11	滇榆 1 号/北京 7708	云南省大理白族自治州农科所	1999(云南)	185.0	90.0	25～27	—	7.40	—	—
中粳	凤稻 14	中丹 2 号/滇榆 1 号	云南省大理白族自治州农科所	2001(云南)	185.0	90.0	24～25	15.7	7.77	—	—
中粳	凤稻 15	04-2865/滇榆 1 号	云南省大理白族自治州农科所	2002(云南)	180.0	85～90	25～26	16.6	7.88	0.9(2003)	0.9(2003)
中粳	凤稻 16	合系 15/凤稻 9 号	云南省大理白族自治州农科所	2004(云南)	180.0	90.0	25～26	18.8	8.40～9.50	—	—
中粳	凤稻 17	合系 15/凤稻 9 号	云南省大理白族自治州农科所	2003(云南)	185.0	90～100	26～28	18.6	8.90	0.9(2005)	0.9(2005)
中粳	凤稻 18	合系 40 系选	云南省大理白族自治州农科所	2004(云南)	183.0	95～105	24～26	18.9	9.00	—	—
中粳	高雄 144	台粳育 30464//高雄 1 号/M301	台湾省高雄区农业改良场	1999(台湾)	107	88～98	24.6～26.3	—	4.70～7.40	—	—
中粳	广陵香粳	武粳 4 号/香粳 111	扬州大学农学院	2002(江苏)	153.0	100.0	26～27	17.7	9.09	2.9(2003)	4.1(2002—2003)
中粳	合系 10 号	轰早生/云粳 9 号	云南省农科院	1990(云南)	173.0	100.0	23～24	—	8.31	—	—
中粳	合系 15	BL/云粳 135	云南省农科院	1993(云南)	170.0	—	24.3	17.6	7.87	—	—
中粳	合系 22	喜峰/楚粳 4 号	云南省农科院	1991(云南)	165～167	105.0	26.0	—	8.75	—	—
中粳	合系 24	轰早生/楚粳 4 号	云南省农科院	1993(云南)	172.0	100.0	25.1	18.6	8.23	4.1(1995)	25.6(1993—2006)
中粳	合系 25	83-81/西光//云系 3 号	云南省农科院	1993(云南)	177.0	95.0	26.0	16.9	7.85	0.9(1998)	0.9(1998)
中粳	合系 2 号	轰早生/晋红 1 号	云南省农科院	1991(云南)	167.0	80.0	25.0	—	6.75	0.8(1995)	0.8(1995)
中粳	合系 30	喜峰/楚粳 4 号	云南省农科院	1995(云南)	164.0	88.0	23.8	—	8.46	—	—
中粳	合系 30	轰早生/楚粳 4 号	云南省农科院	1993(云南)	172.0	90.0	22.1	17.9	8.69	2.0(1996)	4.9(1995—1998)
中粳	合系 34	云系 2 号/滇榆 1 号	云南省农科院	1997(云南)	180.0	89.0	26.5	18.3	8.58	—	—
中粳	合系 35	合系 15/合系 4 号	云南省农科院	1997(云南)	174.0	100.0	25.7	17.3	8.80	2.0(1999)	11.0(1995—2006)
中粳	合系 39	楚粳 3 号/云亲 3 号	云南省农科院	1998(云南)	172.0	90～100	24.5	15.7	9.16	5.3(1999)	26.2
中粳	合系 40	合系 15/云冷 15	云南省农科院	1999(云南)	185～200	75～90	25.8	—	7.73	0.8(2002)	1.5(2001—2002)
中粳	合系 41	滇靖 8 号/合系 22-2	云南省农科院粳稻育种中心	1999(云南)	165～180	85～110	24.6	19.2	7.83	6.5(2002)	32.4(1997—2006)
中粳	合系 42	合系 24/合系 21	云南省农科院粳稻育种中心	1999(云南)	180.0	85.0	24.0	17.3	7.58	0.7(1998)	0.7(1998)

（续）

品种类型	品种名称	品种组合/来源	第一选育单位	首次审定	全生育期(d)	株高(cm)	千粒重(g)	直链淀粉(%)	区试单产(t/hm^2)	最大年推广面积(万 hm^2)和年份	累计推广面积(万 hm^2)和年份跨度
中粳	合系 4 号	轰早生/云粳 135	云南省农科院	1990(云南)	164～166	90～100	26～27	—	7.37	—	—
中粳	合系 5 号	轰早生/云粳 135	云南省农科院	1990(云南)	170.0	95.0	25～26	—	8.19	—	—
中粳	轰杂 135	轰早生/晋宁 768	云南省农科院粮作所	1989(云南)	175.0	110.0	—	16.0	7.62	—	—
中粳	红光粳 1 号	豫粳 7 号/黄金晴	河南省新乡县新科麦稻所	2005(河南)	161.0	101.0	24.7	16.6	8.25	—	—
中粳	花育 13	Cg-14S/津稻 681	天津市水稻所	1999(天津)	165～170	100～110	25.0	16.6	7.54	—	—
中粳	花育 3 号	(盐粳 902A/C57-R)花培	天津市水稻所	1997(天津)	165～170	105.0	26～27	17.8	7.90	—	—
中粳	花育 446	(农林 201/菲-2//中系 8215)F_1 花药培养	天津市水稻所	2004(天津)	165～170	110.0	25～26	16.0	8.20	—	—
中粳	花育 560	C602/中作 17	天津市水稻所	2002(天津)*	146.0	102.0	28.0	16.2	9.26	—	—
中粳	华粳 1 号	89-16 系选	江苏省大华种业集团公司	2002(江苏)	154.0	110.0	30.0	18.2	9.12	3.3(2003)	6.9(2002—2004)
中粳	华粳 2 号	武育粳 3 号/香粳 111//92-113	江苏省大华种业集团公司	2003(江苏)	150.0	100.0	25～26	17.5	10.15	3.1(2004)	3.6(2002—2005)
中粳	华粳 3 号	秀水 11/泗稻 10 号	江苏省大华种业集团公司	2004(江苏)	155.0	95.0	24.0	16.6	9.34	0.5(2004)	0.6(2003—2005)
中粳	华粳 4 号	镇稻 88/凤尾 6 号	江苏省大华种业集团公司	2005(江苏)	155.0	95.0	27.0	17.2	8.78	0.2(2005)	0.1
中粳	华粳 5 号	大华香糯变异株系选	江苏省大华种业集团公司	2005(江苏)	156.0	93.3	25.0	17.4	8.89	0.2	0.2
中粳	淮稻 2 号	8001/沈农 1033	江苏省徐淮地区淮阴农科所	1992(江苏)	142.0	95.0	28.5	17.1	8.36	—	—
中粳	淮稻 3 号	02428/泗稻 8 号	江苏省徐淮地区淮阴农科所	1996(江苏)	145.0	95.0	30.0	13.6	9.07	0.9(1996)	0.9(1996)
中粳	淮稻 5 号	7208/武育粳 3 号	江苏省徐淮地区淮阴农科所	2000(江苏)	150.0	93.0	28.0	20.3	9.33	0.7(2005)	0.7(2005)
中粳	淮稻 6 号	武育粳 3 号//中国 91/盐粳 2 号	江苏省徐淮地区淮阴农科所	2000(江苏)	150.0	100.0	28.0	18.6	9.74	4.9(2002)	11.0(2001—2005)
中粳	淮稻 7 号	丙 850/广陵香糯//早丰 9 号	江苏省徐淮地区淮阴农科所	2004(江苏)	150.0	95.0	27.0	15.0	9.78	2.1(2006)	4.5(2004—2006)
中粳	淮稻 8 号	武育粳 3 号天然杂交后代系选	江苏省徐淮地区淮阴农科所	2004(江苏)	150.0	100.0	27.0	16.2	9.51	0.4(2001)	0.4(2001)
中粳	会 9203	合系 4 号/云粳 23	云南省会泽县农技推广中心	1999(云南)	190.0	90.0	25.0	—	8.22	—	—
中粳	会粳 3 号	沾粳 7 号/会 8807	云南省会泽县农技推广中心	2005(云南)	180.0	90～105	23.8	—	7.81	—	—
中粳	会粳 4 号	合江 20/合系 40	云南省会泽县农技推广中心	2005(云南)	180.0	90～110	25～26	18.8	7.23～9.37	—	—
中粳	冀粳 10 号	日本晴/千钧棒	河北省农科院稻作所	1988(河北)	171.2	100～120	25.5	18.3	8.37	—	—
中粳	冀粳 11	地 1 号/杰亚//垦 77-9	河北省农科院稻作所	1992(河北)	169.8	106.5	25.0	18.8	8.25	1.0(1992)	2.6(1990—1993)

（续）

品种类型	品种名称	品种组合/来源	第一选育单位	首次审定	全生育期（d）	株高（cm）	千粒重（g）	直链淀粉（%）	区试单产（t/hm²）	最大年推广面积（万 hm²）和年份	累计推广面积（万 hm²）和年份跨度
中粳	冀粳 13	山彦/冀粳 1 号	河北省农科院稻作所	1994(河北)	165.0	95.2	25.0	17.0	7.88	2.2(1997)	7.3(1991—2003)
中粳	冀粳 14	山光系选	河北省农科院稻作所	1996(河北)	175.6	99.2	25.7	10.4	8.99	3.5(1995)	24.2(1997—2002)
中粳	冀粳 15	冀粳 8 号/中花 8 号	河北省农科院稻作所	1996(河北)	175.0	—	23.1	18.2	8.64	1.3(1995)	1.3(1995)
中粳	冀粳 16	京越 1 号/冀粳 10 号	河北省农科院稻作所	1997(河北)	180.7	108.8	24.9	15.7	8.51	0.9(1997)	1.0(1995—1997)
中粳	剑粳 3 号	合系 40 系选	云南省剑川县种子站	2005(云南)	190.0	90～95	25～26.4	—	10.24	—	—
中粳	金穗 1 号	早花 2 号/中粳 1660	河北省农科院稻作所	2003(河北)	170.0	105.1	24.4	16.9	8.72	—	—
中粳	津稻 1189	66151/八重垣//台南 3 号	天津市水稻所	1987(天)津	170.0	100.0	25.0	18.0	—	—	—
中粳	津稻 1244	旗 8 号/C57-10//初胜	天津市作物所	1989(天津)	135.0	100～110	27.0	16.1	—	—	—
中粳	津稻 308	85-1235 系选	天津市水稻所	1996(天津)	165～170	100～110	27～28	—	8.00	—	—
中粳	津稻 490	红 25A/H - 5//IR54///81-342	天津市水稻所	1990(天津)	150.0	90.0	26.0	17.4	7.13	—	—
中粳	津稻 521	红旗 21/喜峰	天津市水稻所	1990(天津)	140～150	90～105	28～29	—	7.35	—	—
中粳	津稻 5 号	津稻 521 系选	天津市水稻所	2001(天津)	176.0	110.0	25.0	16.9	7.15	—	—
中粳	津稻 681	城 1A*79-88/C57-88	天津市水稻所	1992(天津)	165.0	90.0	23.0	—	7.88	—	—
中粳	津稻 779	手 1 号/红旗 16	天津市水稻所	1994(天津)	170～175	90～105	25.0	14.9	7.49	0.9(1996)	0.9(1996)
中粳	津稻 937	冀粳 14/中作 321	天津市水稻所	2003(天津)	175.0	120.0	25.0	17.2	8.88	—	—
中粳	津稻 9618	朝之光系选	天津市水稻所	2004(天津)	168.0	95.0	25.5	17.9	8.13	—	—
中粳	津宁 901	红旗 21/IR//千钧棒///中作 321	天津市宁河县农技推广中心	2003(天津)	160～170	95～110	—	17.1	9.00	—	—
中粳	津星 1 号	津稻 521/中花 8 号	天津市水稻所	1996(天津)	170～175	105.0	28～29	17.7	8.49	—	—
中粳	津星 2 号	津稻 521/中花 8 号	天津市水稻所	1999(天津)	170.0	106.0	26～27	15.6	8.28	—	—
中粳	津星 4 号	津稻 341-2/中花 8 号	天津市水稻所	2002(天津)	170.0	110.0	26～27	16.4	8.65	—	—
中粳	津原 13	秀水 04/黄金光	天津市原种场	2004(天津)	173.0	115.0	24.0	18.2	8.35	—	—
中粳	津原 27	[(中作 9128/中作 23)F_2//日光]花培	天津市原种场	2004(天津)	175.0	110.0	24.0	17.7	8.38	—	—
中粳	津原 28	月光系选	天津市原种场	1999(天津)	168.0	105.0	28.0	16.0	8.04	—	—
中粳	津原 5 号	中作 17 系选	天津市水稻所	2004(天津)	172.0	100.0	26.0	18.6	8.90	—	—
中粳	京稻 24	幸实 A/月光//C93010	北京市农科院作物所	2002(北京)	169.0	109.8	25.9	16.4	8.30	—	—
中粳	京稻 25	京花 101/京稻 19	北京市农科院作物所	2004(北京)	155.0	108.0	25.0	18.5	8.21	—	—

（续）

品种类型	品种名称	品种组合/来源	第一选育单位	首次审定	全生育期(d)	株高(cm)	千粒重(g)	直链淀粉(%)	区试单产(t/hm²)	最大年推广面积(万 hm²)和年份	累计推广面积(万 hm²)和年份跨度
中粳	靖粳 10 号	楚粳 23/合系 41	云南省曲靖市农技推广中心	2005(云南)	176.0	95.0	25.0	17.2	9.85	—	—
中粳	靖粳 8 号	滇榆 1 号/西南 175//宾旭 2 号	云南省曲靖市农科所	2001(云南)	180～185	105～110	25.0	17.6	8.46	—	—
中粳	靖粳优 1 号	合系 34/合系 39	云南省曲靖市农科所	2003(云南)	171.0	90～103	25.0	—	9.37	—	—
中粳	靖粳优 2 号	大 91-01/合系 34	云南省曲靖市农技推广中心	2005(云南)	175.0	90～100	27.9	19.6	9.31	—	—
中粳	靖粳优 3 号	合系 41 号/合系 34	云南省曲靖市农技推广中心	2005(云南)	178.0	99.0	25.3	16.7	9.75	—	—
中粳	靖糯 1 号	子预-14/靖粳 1 号	云南省曲靖市农科所	1998(云南)	180～187	90～95	25～26	0.5	8.15	—	—
中粳	垦稻 2012	冀粳 14/春 42	河北省农科院滨海农科所	2005(河北)	172.3	112.3	27.2	16.9	8.72	—	—
中粳	垦稻 95-4	冀粳 14/中花 8 号	河北省农科院稻作所	1999(河北)	172.5	107.0	27.0	18.3	7.80	—	—
中粳	垦稻 98-1	冀粳 14//春 42/02428	河北省农科院稻作所	1999(河北)	173.4	109.1	25.6	18.0	8.20	—	—
中粳	垦优 2000	京越 1 号/冀粳 1 号//意大利 3 号	河北省农科院稻作所	2002(河北)	170.0	109.1	25.4	16.5	8.34	—	—
中粳	垦优 94-7	京越 1 号/8204	河北省农科院稻作所	2000(河北)	170.0	100.0	24.5	18.3	7.80	—	—
中粳	垦育 12	冀粳 8 号/中花 8 号//关东 100	河北省农科院稻作所	1997(河北)	175.8	113.2	24.9	24.1	8.58	—	—
中粳	垦育 16	冀粳 8 号/中花 8 号//关东 100	河北省农科院稻作所	1999(河北)	174.6	102.2	25.3	17.7	8.00	0.9(2000)	2.3(2000—2005)
中粳	垦育 20	冀粳 13/冀粳 14	河北省农科院滨海农科所	2005(河北)	168.2	105.1	24.4	16.9	8.72	—	—
中粳	垦育 28	冀粳 13/冀粳 14	河北省农科院稻作所	2004(河北)	173.0	103.7	24.4	17.6	9.06	—	—
中粳	垦育 8 号	冀粳 8 号/冀粳 13//冀粳 14	河北省农科院稻作所	2002(河北)	169.8	104.8	25.6	16.3	8.60	—	—
中粳	昆粳 4 号	768 选株/黎明	云南省昆明市农科所	1991(云南)	165.0	90.0	30.0	—	7.43	—	—
中粳	丽稻 1 号	中国 91/中作 321	天津市东丽区农技推广中心	2001(天津)	170.0	115.0	28.0	17.6	8.30	—	—
中粳	连粳 1 号	7266/大车粳	江苏省连云港市农科所	1989(江苏)	142.0	90.0	24～25	—	7.18	—	—
中粳	连粳 2 号	台湾稻变异株系选	江苏省连云港市农科所	1997(江苏)	146.0	105.0	27.0	—	9.35	0.2(1999)	0.5(1999—2000)
中粳	连粳 3 号	豫粳 6 号系选	江苏省连云港市农技推广中心	2001(江苏)	150.0	100.0	27.0	18.5	9.21	10.1(2003)	33.3(2001—2005)
中粳	凉粳 1 号	立新粳/藤稔	四川省凉山州西昌农科所	1987(四川)	160.0	104.0	25.0	—	8.18	—	—
中粳	临稻 11	镇稻 88 系选	山东省沂南县水稻所	2004(山东)	152.0	95.0	26.5	18.0	8.96	2.6(2006)	4.7(2004—2006)

(续)

品种类型	品种名称	品种组合/来源	第一选育单位	首次审定	全生育期(d)	株高(cm)	千粒重(g)	直链淀粉(%)	区试单产(t/hm^2)	最大年推广面积(万 hm^2)和年份	累计推广面积(万 hm^2)和年份跨度
中粳	临稻 4 号	南粳 15/京系 66-204	山东省沂南县水稻所	1992(山东)	149.0	109.5	28.5	—	8.57	3.5(1997)	24.8(1989—2005)
中粳	临稻 6 号	71-9-10/青须稻	山东省沂南县水稻所	1989(山东)	150.0	110.0	26.5	—	8.42	—	—
中粳	临稻 9 号	豫粳 6 号系选	山东省临沂市水稻所	2004(山东)	155.0	95.0	25.5	17.3	8.76	—	—
中粳	临粳 8 号	(台中 31/郑粳 12)A/36 天辐射	山东省临沂市河东区农业局	2000(山东)	150.0	106.0	28.0	—	7.89	0.7(2001)	0.7(2001)
中粳	鲁稻 1 号	日本晴//郑粳 12/筑紫晴	山东农业大学	1993(山东)	150.0	105.0	—	—	6.94	—	—
中粳	鲁粳 12	零贵 40/IR59606-119-3	山东省农科院水稻所	2000(山东)	155.0	103.0	23.0	18.2	8.81	—	—
中粳	鲁香粳 1 号	明水香稻/京引 99//山农 78-106	山东农业大学	1989(山东)	117.0	76.0	24.1	—	3.41	—	—
中粳	马粳 1 号	合系 35/合系 40	云南省马龙县种子管理站	2005(云南)	175～190	82～95	24.5	—	7.65	—	—
中粳	南粳 36	盐粳 2 号//791943/80047	江苏省农科院粮作所	1990(江苏)	150.0	100.0	26.5～27.0	—	7.78	—	—
中粳	南粳 37	南粳 36 系选	江苏省农科院粮作所	1994(江苏)	142.0	95.0	27.5	—	7.94	—	—
中粳	南粳 38	R405/南京 16//R405///南京 16/静系 46	江苏省农科院粮作所	2001(江苏)	155.0	90～95	27.0	17.9	9.23	0.3(2000)	0.4(2000—2001)
中粳	南粳 39	西光/武粳 4 号//丙 850	江苏省农科院粮作所	2001(江苏)	157.0	100.0	26.0	14.8	9.19	—	—
中粳	南粳 40	武育粳 3 号///77032//77032/南粳 33	江苏省农科院粮作所	2002(江苏)	153.0	100.0	27～28	18.0	9.16	—	—
中粳	南粳 41	R405/南京 16//静系 46	江苏省农科院粮作所	2003(江苏)	148.0	94.0	26～27	16.9	9.81	3.3(2004)	5.4(2003—2006)
中粳	南农 132	农垦 58 辐射	南京农业大学农业工程学院	1990(江苏)	147.0	100.0	26～27	—	8.04	—	—
中粳	圣稻 301	80-473/中国 91	山东省农科院水稻所	1998(山东)	150.0	94.0	26.0	15.7	8.73	4.7(1998)	7.9
中粳	水晶 3 号	郑稻 5 号/黄金晴	河南省农科院粮作所	2002(河南)	158.0	102.7	25.5	17.2	7.50	1.0(2003)	1.7(2003—2005)
中粳	泗稻 10 号	苏协粳/盐稻 2 号	江苏省泗阳棉花原种场	1996(江苏)	151.0	93.0	25.5	—	8.09	3.0(1993)	4.3(1993—2000)
中粳	泗稻 11	镇稻 5262 系选	江苏省泗阳棉花原种场	2000(江苏)	148.0	100.0	25～26	—	9.64	0.2	0.2
中粳	泗稻 8 号	矮粳 22/泗稻 5 号	江苏省泗阳棉花原种场	1986(江苏)	144.0	85.0	29.0	—	7.79	—	—
中粳	泗稻 9 号	泗稻 8 号/中丹 3 号	江苏省泗阳棉花原种场	1992(江苏)	140～145	90.0	28.0	15.8	8.38	4.1(1993)	15.7(1992—1997)
中粳	苏协粳	中国 55/KC89	江苏农学院农学系	1987(江苏)	143.0	100.0	24.0	—	7.65	—	—
中粳	台东 30	台粳 6 号/台粳育 35025	台湾省台东区农业改良场	1997(台湾)	1.1	98～104	24.8～24.9	16.9～18.9	5.80～6.40	—	—
中粳	台粳 10 号	台中育 284/台农 70	—	1993(台湾)	116～122	100～105	—	—	5.00～6.80	—	—
中粳	台粳 11	台南育 212/高雄 141//	台湾省农业试验所	1994(台湾)	99～120	93～92	23.5	19.4～19.5	5.20～6.60	—	—

（续）

品种类型	品种名称	品种组合/来源	第一选育单位	首次审定	全生育期(d)	株高(cm)	千粒重(g)	直链淀粉(%)	区试单产(t/hm²)	最大年推广面积(万 hm²)和年份	累计推广面积(万 hm²)和年份跨度
中粳	台粳 12	台农 72/J722302//J732020	台湾省农业试验所嘉义农业试验站	1994(台湾)	109～129	103～107	26.0	—	—	—	—
中粳	台粳 13	台农 67/C46-15//台农 67	台湾省台东区农业改良场	1994(台湾)	111～129	100～105	24.4～25.0	—	5.00～7.30	—	—
中粳	台粳 14	台粳育 2011/中育 418//中育 418	台湾省桃圆区农业改良场	1991(台湾)	113～127	96-102	24.4～25.2	—	5.00～6.90	—	—
中粳	台粳 15	台南育 212/高雄 441	台湾省台中区农业改良场	1995(台湾)	102～118	97～93	26.0～26.7	18.6/19.5	5.10～5.10	—	
中粳	台粳 16	台农 67/台粳 2 号	台湾省花连区农业改良场	1996(台湾)	113～127	102～108	24.5～25.2	—	5.10～7.00	—	
中粳	台粳 17	台农 70/密阳 79	台湾省农粮处农产科	1998(台湾)	127～112	102～104	23.7～24.3	—	5.50～6.30	—	
中粳	台粳 4 号	不详	台湾省花莲区农业改良所	1990(台湾)	113～129	89.3～90.7	24.7～24.8	—	—	—	
中粳	台粳 5 号	高雄育 1447/台农 68	台湾省高雄区农业改良场	1990(台湾)	110～127	89.3～90.7	—	—	4.50～6.20	—	
中粳	台粳 6 号	嘉农系比 J702361/嘉农育 263	台湾省花莲区农业改良所	1991(台湾)	113～127	99.4～96	—	—	4.60～6.20	—	
中粳	台粳 7 号	嘉系比 J69215 交福锦/嘉中 189	台湾省台东区农业改良场	1992(台湾)	114～122	102.0	—	—	4.70～6.30	—	—
中粳	台粳 8 号	台南育 210/台粳 2 号	台湾省台南区农业改良场嘉义分场	1992(台湾)	114～124	98.0	26.8/25.6	—	4.90～6.50	—	—
中粳	台粳 9 号	北陆 100/台农籼育 2414	台湾省台中区农业改良场	1993(台湾)	114～123	96.8～101	—	—	4.70～6.20	—	—
中粳	台农 72	嘉农系比 662007/大正撰	台湾省农业试验所	1987(台湾)	108～135	97.4～102	20.2/21.4	18.0～18.2	5.00～6.30	—	—
中粳	桃园 1 号	台粳育 4156/台粳育 3578	台湾省桃圆区农业改良场	2001(台湾)	107～115	—	—	—	—	—	—
中粳	桃园 3 号	台粳 4 号/台粳 2 号	台湾省桃圆区农业改良场	2004(台湾)	—	—	—	—	5.50～6.80	—	—
中粳	通粳 109	苏引粳 1 号系选	江苏省南通市种子公司	1998(江苏)	154.0	100.0	28.5	18.4	9.08	4.7(1998)	5.3(1998—2000)
中粳	通育粳 1 号	通粳 109 系选	江苏省通州市农科所	2003(江苏)	153.0	100.0	26.0	18.0	9.89	2.7(2004)	4.2(2003—2006)
中粳	皖稻 42	台粳 67 辐射选育	安徽省农科院水稻所	1997(安徽)	140.0	107.7	25.8	—	7.50	—	—
中粳	皖稻 54	88-22/T1003	安徽省阜阳市农科所	1999(安徽)	142.0	95.0	26.5	16.6	7.50	0.7(2003)	1.3(2003—2004)
中粳	武粳 4 号	复羽 1 号/8301	江苏省常州市武进稻麦育种场	1993(江苏)	150.0	95.0	26.0	15.6	8.44	—	—
中粳	武连粳 1 号	C22-3/测 18/丙 627	江苏省连云港市农技推广中心	2000(江苏)	151.0	95.0	25.0	15.6	9.98	0.4	0.7(2005—2006)
中粳	武凉 41	A210 天然杂交株系选	云南省武定县农技推广中心	1998(云南)	186.0	98.0	25.5	—	7.66	—	—

（续）

品种类型	品种名称	品种组合/来源	第一选育单位	首次审定	全生育期（d）	株高（cm）	千粒重（g）	直链淀粉（%）	区试单产（t/hm²）	最大年推广面积（万 hm²）和年份	累计推广面积（万 hm²）和年份跨度
中粳	武育粳 3 号	中丹 1 号/79 - 51//中丹 1 号/扬粳 1 号	江苏省常州市武进稻麦育种场	1992(江苏)	150.0	95.0	27.5	18.9	8.71	52.7(1997)	534.7(1992—2006)
中粳	武运粳 11	R917/武香粳 9 号//丙 9117/武香粳 9 号	江苏省常州市武进区农科所	2001(江苏)	151.0	100.0	30.0	15.2	9.53	2.0(2004)	3.8(2003—2006)
中粳	西光	农林 265 系选	安徽农业大学农学系	2003(安徽)	150.0	90～95	25.0	17.2	6.80	1.7(2003)	5.9(1998—2006)
中粳	西粳 4 号	西安大穗稻/秋津	陕西省西安市农科所	1998(陕西)	160.0	90.0	28.0	—	8.40	—	—
中粳	香粳 111	武育粳 3 号 * 3/秀水 04//紫金糯/武香粳 1 号	江苏省里下河地区农科所	1998(江苏)	148.0	90.0	26.5	16.3	9.24	—	—
中粳	香粳 9407	鲁香粳 1 号/82 - 1244	山东省农科研究院水稻所	2002(山东)	149.0	105.0	28.9	15.5	8.51	2.3(2002)	3.5(2001—2002)
中粳	香旗 25	香糯 117/红旗 25	江苏省常州市武进稻麦育种场	1988(江苏)	145.0	85～90	25.0	16.0	6.97	—	—
中粳	新稻 10 号	豫粳 6 号/新稻 89402	河南省新乡市农科所	2004(河南)	177.8	102.5	23.6	18.7	9.27	—	—
中粳	新稻 11	黄金增/豫粳 6 号	河南省新乡市农科所	2003(河南)	155.0	89.0	24.2	18.8	8.85	1.7(2004)	1.7(2004)
中粳	岫粳 11	合系 2 号/岫粳 4 号	云南省保山市农科所	2004(云南)	167～175	100.0	23～24	17.1	8.33	—	—
中粳	徐稻 2 号	南粳 32/南粳 11	江苏省徐淮地区徐州农科所	1992(山东)	—	—	—	—	—	5.8(1986)	31.0(1985—1997)
中粳	徐稻 3 号	镇稻 88/台湾稻 C	江苏省徐淮地区徐州农科所	2003(江苏)	152.0	96.0	27.0	18.4	9.96	33.3(2005)	72.0(2003—2006)
中粳	徐稻 4 号	镇稻 88/徐 41293	江苏省徐淮地区徐州农科所	2004(山东)	155.0	94.0	25.1	15.5	8.69	12.0(2006)	13.7(2005—2006)
中粳	徐稻 6 号	95 - 3/3114	江苏省徐淮地区徐州农科所	2005(山东)	158.0	97.0	24.0	16.4	7.97	—	—
中粳	盐稻 6 号	沪 8637/盐粳 91334 - 1	江苏省沿海地区农科所	2002(江苏)	155.0	100.0	27.5	16.0	9.48	—	—
中粳	盐稻 8 号	武育粳 3 号/H88 - 39	江苏省沿海地区农科所	2003(江苏)	150.0	98.0	27.0	16.7	9.67	10.3(2005)	23.0(2003—2006)
中粳	盐稻 9 号	武育粳 3 号/武运粳 8 号	江苏省沿海地区农科所	2005(江苏)	155.0	100.0	27.0	17.5	8.66	3.3(2006)	3.9(2005—2006)
中粳	盐粳 4 号	沈农 1071/南粳 11 系选	江苏省盐都区农科所	1993(江苏)	150.0	98.0	25.0	—	8.65	5.0(1996)	16.3(1993—1997)
中粳	盐粳 5 号	盐粳 2 号/苏协粳（中国 91）	江苏省盐都区农科所	1997(江苏)	145.0	80～85	25.0	15.8	8.42	1.5(2002)	3.7(1997—2002)
中粳	盐粳 6 号	盐粳 4 号/SE7	江苏省盐都区农科所	2000(江苏)	150.0	100.0	25.0	16.3	9.74	1.0(2004)	1.6(2002—2005)
中粳	盐粳 7 号	秀水 122/武粳 4 号	江苏省盐都区农科所	2001(江苏)	155.0	100.0	28.0	16.9	9.81	—	—
中粳	扬辐粳 7 号	扬粳 94 - 18/镇香 $24M_1$	江苏省里下河地区农科所	2004(江苏)	156.0	105.0	27.0	17.5	9.50	5.9(2006)	7.9(2005—2006)
中粳	扬粳 186	南粳 11/南粳 33//黄金晴	江苏省里下河地区农科所	1996(江苏)	146.0	100.0	27.0	15.0	8.45	0.7(1997)	0.7(1997)
中粳	扬粳 201	南粳 11/南粳 33	江苏省里下河地区农科所	1989(江苏)	130.0	105.0	23.0	—	7.43	—	—

（续）

品种类型	品种名称	品种组合/来源	第一选育单位	首次审定	全生育期(d)	株高(cm)	千粒重(g)	直链淀粉(%)	区试单产(t/hm^2)	最大年推广面积(万hm^2)和年份	累计推广面积(万hm^2)和年份跨度
中粳	扬粳687	盐粳187/香粳111	江苏省里下河地区农科所	2000(江苏)	145.0	90.0	24～25	15.8	9.64	0.9(1997)	1.7(1997—2001)
中粳	扬粳9538	武育粳3号/扬粳186	江苏省里下河地区农科所	2000(江苏)	149.0	85～90	30.0	19.4	9.29	14.6(2005)	26.7(2003—2006)
中粳	阳光200	淮稻6号系选	山东省郯城县种子公司	2005(山东)	154.0	95.0	27.3	17.2	8.64	0.9(2006)	0.9(2006)
中粳	银光	银条粳/合系40	云南省农科院粳稻育种中心	2001(云南)	170.0	90.0	26.0	5.1	7.66	—	—
中粳	优质8号	关东100//中花8号/冀粳8号	河北省农科院稻作所	2000(河北)	170.0	109.1	25.4	18.4	8.42	—	—
中粳	玉泉39	11536-31/京糯8号	北京市农科院作物所	2004(北京)	170.0	105.0	25.2	16.8	7.84	—	—
中粳	豫粳4号	郑粳12系选	河南省郑州市柳林乡农技推广站	1990(河南)	145.0	100.0	26.0	16.0	6.50	—	—
中粳	豫粳5号	[台中31/郑粳12A//36天]F_1辐射选育	河南省农科院粮作所	1994(河南)	139.0	100.0	27.0	15.2	6.75	—	—
中粳	豫粳6号	新稻85-12/郑粳81754	河南省新乡市农科所	1995(河南)	155～160	100.0	—	16.7	9.30	17.1(2002)	123.1(1996—2006)
中粳	豫粳7号	新稻68-11/郑粳107//IR26	河南省新乡市万农集团公司	1996(河南)	150.0	100.0	25～26	20.1	8.25	6.5(1998)	7.5(1998—2000)
中粳	豫粳8号	新稻68-11/郑粳107	河南省新乡市农科所	1998(河南)	140.0	105.0	25.2	17.8	8.34	1.3(1999)	1.3(1999)
中粳	远杂101	农垦57/枯姜草	山东省鱼台县种子公司	1998(山东)	158.0	115.0	24.5	—	6.61	1.0(1997)	1.0(1997—1998)
中粳	云超6号	密阳23/云玉1号//玉糯2号/金黄126///IR64719-168-3	云南省农科院粮作所	2005(云南)	160～170	90～110	24～27	16.9	9.26	—	—
中粳	云稻1号	IRGC10203/Boro5//滇系1号///轰杂135	云南省农科院粮作所	2004(云南)	172.0	100.8	25.4	16.0	9.07	—	—
中粳	云恢188	BL_4/晋红1号	云南省农科院粮作所	2005(云南)	158～170	90～98.5	—	14.5	9.22	—	—
中粳	云粳12	滇系4号//研系2057/合系30	云南省农科院粳稻育种中心	2005(云南)	177.0	97.0	24.8	15.9	8.43	—	—
中粳	云粳13	云粳优2号/云粳10号	云南省农科院粳稻育种中心	2005(云南)	164.0	100.0	24.2	15.5	9.33	—	—
中粳	云粳15	滇系4号//研系2057/合系24	云南省农科院粳稻育种中心	2005(云南)	180.0	94.0	24.0	16.4	8.84	—	—
中粳	云粳23	78-220/BL_4	云南省农科院粮作所	1992(云南)	180.0	95.0	26.0	18.2	7.78	—	—
中粳	云粳27	轰早生//(672/716)	云南省农科院粮作所	1994(云南)	186.0	110.0	29.0	17.4	6.99	—	—

（续）

品种类型	品种名称	品种组合/来源	第一选育单位	首次审定	全生育期（d）	株高（cm）	千粒重（g）	直链淀粉（%）	区试单产（t/hm^2）	最大年推广面积（万 hm^2）和年份	累计推广面积（万 hm^2）和年份跨度
中粳	云粳 33	沾农矮/城堡 2 号//早紫糯/辐 127///(672/716)	云南省农科院粮作所	1995(云南)	185.0	108.0	29.0	20.7	8.27	—	—
中粳	云粳优 1 号	银条粳/合系 34	云南省农科院粳稻育种中心	2004(云南)	180.0	92.6	25.5	17.2	9.45	—	—
中粳	云粳优 5 号	云粳优 1 号/云粳优 2 号	云南省农科院粳稻育种中心	2005(云南)	175.0	100.0	—	16.7	7.05	—	—
中粳	早丰 9 号	(武复粳/中丹 1 号)F_2//农林 205	江苏省常州市武进稻麦育种场	1997(江苏)	149.0	95.0	27～28	16.2	9.50	25.7(2000)	99.8(1998—2006)
中粳	沾粳 6 号	71-18-1/粳 118	云南省沾益农场	1991(云南)	180～185	110.0	28～30	—	6.45	—	—
中粳	沾粳 7 号	04-974/沾粳 6 号	云南省沾益农场	1993(云南)	185.0	90～110	29～30	19.2	8.17	0.9(1994)	1.7(1994—1995)
中粳	沾粳 9 号	F_{10}[日本晴/F_3(实践稻/粳 118)//黎明/T41]	云南省沾益农场	2005(云南)	189～195	195～201	26.9	—	7.16～9.82	—	—
中粳	镇稻 1 号	矮黄种/农林 22	江苏省镇江市农科所	1989(江苏)	145.0	105.0	24.0	17.8	7.21	—	—
中粳	镇稻 2 号	桂花糯系选	江苏省镇江市农科所	1992(江苏)	150.0	97.0	27.0	1.4	8.05	1.6(1995)	11.0(1992—2006)
中粳	镇稻 4 号	星光/南粳 11	江苏省镇江市农科所	1997(江苏)	150.0	85～90	26.0	16.1	8.02	—	—
中粳	镇稻 6 号	盐粳 2 号//秀水 04	江苏省镇江市农科所	1999(江苏)	160.0	100.0	25.0	17.0	9.26	—	—
中粳	镇稻 88	月光/武香粳 1 号	江苏省镇江市农科所	1997(江苏)	145.0	90.0	27.0	17.4	9.35	18.2(1997)	39.1(1996—2006)
中粳	镇稻 8 号	91-5242/R904-14	江苏省镇江市农科所	2001(江苏)	155.0	100.0	25.0	16.4	9.51	0.3(2006)	0.3(2006)
中粳	镇稻 99	镇稻 88/武育粳 3 号	江苏省镇江市农科所	2001(江苏)	155.0	110.0	27～28	18.1	9.54	7.13(2006)	27.1(2001—2006)
中粳	镇香粳 5 号	武香粳 1 号/512//8637	江苏省镇江市农科所	1998(江苏)	152.0	100.0	25.0	15.8	9.09	—	—
中粳	郑花辐 9 号	郑 90-1 辐射选育	河南省农科院粮作所	2004(河南)	157.0	107.5	25.1	17.9	8.25	—	—
中粳糯	大华香糯	香糯 9121 系选	江苏省大华种业集团公司	2001(江苏)	157.0	95.0	27～28	0.6	9.57	0.9(2005)	1.5(2002—2005)
中粳糯	广陵香糯	象牙 2 号/中国 45	扬州大学农学院	1994(江苏)	150.0	100.0	25.0	0.5	7.40	0.7(1996)	1.6(1996—2001)
中粳糯	黑香粳糯	洋县矮黑谷系选	陕西省洋县黑米名特作物所	1991(陕西)	162.0	89.0	23.6	—	6.00	—	—
中粳糯	冀糯 1 号	JG954 系选	河北省农科院稻作所	1992(河北)	172.4	100.2	24.8	1.2	8.21	—	—
中粳糯	江洲糯	紫金糯系选	江苏省扬中市种子公司	1993(江苏)	150.0	97.0	26.5	1.1	8.31	0.7(1995)	1.8(1995—2000)
中粳糯	江洲糯 2 号	镇 5080 系选	江苏省扬中市种子公司	1998(江苏)	145.0	95.0	27.0	1.4	8.19	—	—
中粳糯	江洲香糯	江洲糯系选	江苏省扬中市种子公司	2000(江苏)	149.0	95.0	27.0	—	8.69	0.1(2002)	0.3(2001—2004)
中粳糯	京香糯 10 号	香糯 5 号/繁 22	北京市农科院作物所	1999(北京)	155.0	104.3	23.6	1.2	5.93	—	—
中粳糯	粳香糯 1 号	LW2S/昌米 017-6	四川省凉山州西昌农科所	2003(四川)	150.0	100.0	28.0	1.7	5.86	—	—
中粳糯	连丰糯	79-9(台湾)系选	江苏省连云港市农科所	1998(江苏)	150.0	107.0	23.5	1.0	8.27	—	—

（续）

品种类型	品种名称	品种组合/来源	第一选育单位	首次审定	全生育期(d)	株高(cm)	千粒重(g)	直链淀粉(%)	区试单产(t/hm²)	最大年推广面积(万 hm²)和年份	累计推广面积(万 hm²)和年份跨度
中粳糯	鲁香糯1号	塘米系选	山东省临沂市农业局	1990(山东)	132.0	95.0	30.0	—	4.74	—	—
中粳糯	秦稻2号	黑香粳糯系选	陕西省洋县黑米名特作物所	2000(陕西)	160.0	110.0	25.0	—	7.10	—	—
中粳糯	青江糯2号	珍珠矮系选	四川省雅安地区农科所	1986(四川)	140.0	145.0	25.6	—	5.08	—	—
中粳糯	胜利黑糯	中国91/香血糯	山东省胜利油田	2000(山东)	169.0	98.0	—	—	8.98	—	—
中粳糯	台粳糯1号	嘉农育252/台南早系148//台南早系174	台湾省台南区农业改良所	(台湾)	128/103	93.5～95.2	24.6～25.1	—	4.90～6.60	—	—
中粳糯	台粳糯3号	J752019/台粳糯1号	台湾省农试所嘉义农试分所	1995(台湾)	125/112	89.2～93.3	25.9～26.8	—	5.00～6.70	—	—
中粳糯	台农糯73	台粳糯1号/台粳16	台湾省农业实验所	2004(台湾)	120/108	96～98	27.6～28.1	0.4～0.5	4.60～6.90	—	—
中粳糯	桃园糯2号	台农67号/太农糯育19	台湾省桃园区农业改良场	2002(台湾)	—	—	24.5～25.3	—	—	—	—
中粳糯	沱江糯5号	罗玛/内盘早	四川省内江市农科所	1986(四川)	143.0	100.0	22～23	—	5.76	—	—
中粳糯	皖稻68	育粳2号/太湖糯	安徽省凤台县水稻原种场	2003(安徽)	149.0	95.0	26.0	—	8.10	5.7(2006)	8.6(2005—2006)
中粳糯	武育糯16	642-1-7/京58	江苏省常州市武进稻麦育种场	2004(江苏)	141.0	100.0	28.0	1.8	9.37	—	—
中粳糯	西粳糯5号	西粳1号/秋筱糯	陕西省西安市农科所	2001(陕西)	150.0	95.0	27.2	—	7.80	—	—
中粳糯	香血糯	75069/香7-2//云南紫糯	江苏省常州市武进稻麦育种场	1988(江苏)	142.0	85.0	23.0	0.0	—	—	—
中粳糯	扬粳糯1号	香粳糯91-21//武粳4号/香粳111	江苏省里下河地区农科所	2004(江苏)	152.0	90.0	27.5	1.5	9.15	0.1(2005)	0.2(2005—2006)
中粳糯	宜糯841	IR661/城堡1号	四川省宜宾市农科所	1991(四川)	137.0	95～100	24.5	—	5.95	—	—
中粳糯	沾糯1号	66-46/宣威大糯稻	云南省沾益农场	1988(云南)	175.0	90.0	26.0	—	5.82	—	—
中粳糯	钟山糯	紫金糯系选	江苏省农科院粮作所	1994(江苏)	140～145	90.0	26.5	—	8.12	—	—
中粳糯	紫琅糯	704系选	江苏省南通市蔬菜种子公司	1990(江苏)	147.0	90.0	22.5	0.0	7.62	—	—
晚粳	矮优82	矮选A/红宇82	华中师范大学	1990(湖北)	112～129	90～106	26.0	15.8	8.39	—	—
晚粳	宝农12	82-2/秀水//紫金糯	上海市宝山区良种繁育场	1998(上海)	150.0	100～105	26～27	—	—	2.0(2000)	13.3(1998—2005)
晚粳	宝农14	寒丰/口香红糯	上海市宝山区良种繁育场	2002(上海)	150.0	95～98	27～28	18.4	—	0.3(2002)	0.8(2002—2005)
晚粳	宝农2号	82-2/秀水//紫金糯	上海市宝山区良种繁育场	1993(上海)	155.0	95.0	27～28	17.8	—	0.7(1994)	2.7(1993—2000)
晚粳	宝农34	寒丰/口香红糯	上海市宝山区良种繁育场	2003(上海)	155.0	95～100	27.0	—	—	0.3(2003)	1.0(2003—2005)
晚粳	常农粳1号	武育粳2号/太湖糯	江苏省常熟市农科所	1998(江苏)	166.0	95.0	26.5	18.2	9.75	4.1(1999)	11.4(1996—2000)

（续）

品种类型	品种名称	品种组合/来源	第一选育单位	首次审定	全生育期(d)	株高(cm)	千粒重(g)	直链淀粉(%)	区试单产(t/hm^2)	最大年推广面积(万 hm^2)和年份	累计推广面积(万 hm^2)和年份跨度
晚粳	常农粳 2 号	84G091/秀水 04//武育粳 2 号	江苏省常熟市农科所	2000(江苏)	164.0	105.0	29.0	17.4	9.35	6.8(2000)	13.7(1998—2002)
晚粳	常农粳 3 号	武运粳 7 号/常农粳 2 号	江苏省常熟市农科所	2002(江苏)	163.0	112.0	27.0	17.8	9.86	6.7(2003)	12.0(1999—2005)
晚粳	常农粳 4 号	秀水 63/武运粳 7 号	江苏省常熟市农科所	2004(江苏)	156.0	102.5	28.1	17.9	9.73	8.0(2004)	14.7(2002—2004)
晚粳	春江 03	秀水 11/T82-25	中国水稻研究所	1997(湖北)	130～135	80～85	28～29	19.3	6.68	2.5(2000)	11.8(1997—2005)
晚粳	春江 11	嘉 45/秀水 1067	中国水稻研究所	2000(浙江)	134.3	85.0	28～29	16.9	6.25	1.8	6.3
晚粳	鄂晚 11	丙 9117 选	湖北省孝南区农业局	2001(湖北)	128.6	80.5	26.0	16.4	6.71	2.4(2006)	8.0(2002—2007)
晚粳	鄂晚 12	8802/筑紫晴	湖北省黄冈市农科所	2003(湖北)	124.7	90.3	24.4	15.9	6.49	0.4(2004)	0.5(2004—2007)
晚粳	鄂晚 13	鄂宜 105/89-16//75-1	湖北省宜昌市农科所	2003(湖北)	125.5	85.8	25.7	17.7	6.90	—	—
晚粳	鄂晚 14	8 号/嘉 23	湖北省农科院粮作所	2005(湖北)	128.9	93.0	25.1	15.3	6.98	1.7(2006)	2.2(2006—2007)
晚粳	鄂晚 15	春江糯/9106	湖北省农技推广总站	2005(湖北)	130.2	88.5	26.6	16.7	7.33	2.5(2006)	27.7(2006—2007)
晚粳	鄂晚 16	鄂晚 8 号/春江 03 粳	湖北省孝感区农科所	2005(湖北)	130.4	87.3	25.0	17.1	7.36	1.4(2006)	1.9(2006—2007)
晚粳	鄂晚 7 号	鄂晚 3 号/台南 5 号	湖北省农科院	1989(湖北)	122.0	85.0	26.5	16.9	6.48	—	—
晚粳	鄂晚 9 号	香血糯/84-125	湖北省武汉市东西湖农科所	2001(湖北)	124.0	102.2	25.3	16.5	6.16	2.0(2005)	7.1(2002—2007)
晚粳	杭 43	武运粳 7 号/秀水 63	浙江省杭州市农科院	2005(浙江)	157.3	98.3	28.1	15.7	8.42	0.7(2005)	1.1(2003—2005)
晚粳	沪粳 06	矮香 2 号/秀水 04//紫金糯///水晶 1 号	上海市浦东区农技推广中心	1993(上海)	155.5	96.2	25.1	15.6	—	—	—
晚粳	沪粳 119	农虎 6 号//双丰 1 号/IR26///秀水 04	上海市浦东区农技推广中心	1993(上海)	158.3	92.5	26.2	19.0	9.75～10.50	—	—
晚粳	嘉 991	武运粳 7 号/SGY9	浙江省嘉兴市农科院	2003(浙江)	150.0	100.3	27.0	17.0	8.99	16.5(2005)	40.0(2001—2005)
晚粳	嘉花 1 号	秀水 110/秀水 344(花培)	浙江省嘉兴市农科院	2004(浙江)	155.0	90.0	26.0	17.9	8.79	15.0(2004)	67.0(2001—2005)
晚粳	金丰	92 冬繁 2/92 冬繁 1	上海市农科院作物所	2001(上海)	155.0	105～110	24～25	15.4	9.00～10.00	2.8	10.0
晚粳	粳系 212	农垦 58 系选	安徽农学院	1989(安徽)	131	106	22.9	—	6.14	1.0(2000)	4.3(1988—1991)
晚粳	连嘉粳 1 号	单晚 6/////秀水 42/秀水 27///丙 627///秀水 79////秀水 79	浙江省嘉兴市农科院	2003(江苏)	—	—	—	—	—	—	—
晚粳	明珠 1 号	丙 8103/713	浙江省农科院	1998(浙江)	100.0	82.7～98.0	25.5	16.3	5.33	6.5(1999)	16.8(1996—2002)
晚粳	宁 67	甬粳 29/秀水 04	浙江省宁波市农科院	1993(浙江)	138.0	81.9	27.3	17.7	6.94	8.8(1986)	56.7(1991—2005)
晚粳	宁粳 1 号	武运粳 8 号/W3668	南京农业大学	2004(江苏)	156.0	97.0	28.0	17.2	9.60	11.3(2005)	12.3(2004—2005)

（续）

品种类型	品种名称	品种组合/来源	第一选育单位	首次审定	全生育期（d）	株高（cm）	千粒重（g）	直链淀粉（%）	区试单产（t/hm²）	最大年推广面积（万 hm²）和年份	累计推广面积（万 hm²）和年份跨度
晚粳	浦粳 01	矮秋/香云 2 号//H88106///合 1	上海市浦东区农技推广中心	2002(上海)	156.6	85.5	25.9	15.7	—	—	—
晚粳	秋丰	847957/秀水 04	上海市农科院作物所	1996(上海)	156.0	100.0	27.0	17.2	9.20	3.5	13.0
晚粳	苏丰粳 1 号	苏粳 2 号/南粳 33//秀水 122/早单 8	江苏省农科院太湖农科所	1998(江苏)	166.0	95.0	26.5	—	9.52	—	3.4(1996—1998)
晚粳	苏香粳 1 号	新香糯 3007/单 125	江苏省农科院太湖农科所	1999(江苏)	160.0	105.0	28.0	16.8	9.05	10.0(2001)	60.0(1996—2005)
晚粳	苏香粳 2 号	太湖粳 4 号/苏香粳 1 号	江苏省农科院太湖农科所	2002(江苏)	166.0	115.0	26.0	15.2	8.74	3.0(2003)	5.0(2001—2003)
晚粳	台 202	秀水 11//76-27/农垦 58	浙江省台州市农科院	1993(浙江)	135.8	88.0	28.0	18.2	7.5	0.7(2000)	2.3(1996—2005)
晚粳	台 537	台 202/嘉 25	浙江省台州市农科院	1998(浙江)	135.0	90.0	28.3	18.1	7.8	0.3(2001)	1.5(1998—2007)
晚粳	太湖粳 1 号	秀水 04/早单 8 号	江苏省常熟市农科所	1993(江苏)	160.0	100.0	28.0	18.5	8.80	5.3(1994)	12.0(1991—1995)
晚粳	太湖粳 2 号	太湖糯/秀水 04	江苏省常熟市农科所	1994(江苏)	163.0	105.0	27.5	21.2	8.99	20.0(1996)	33.3(1993—1998)
晚粳	太湖粳 3 号	早单 8 号/秀水 04	江苏省苏州市水稻育种组	1995(江苏)	162.0	100.0	27.5	15.6	8.44	8.0(1996)	13.3(1994—1997)
晚粳	太湖粳 4 号	农桂早 3 号/越丰//82 鉴 5	江苏省吴县农科所	1995(江苏)	163.0	100.0	29.0	19.3	8.37	—	—
晚粳	太湖粳 6 号	香粳/秀水 04//秀水 04	江苏省农科院太湖农科所	1997(江苏)	162.0	95.0	26.5	17.7	9.33	2.1(1998)	3.4(1996—1998)
晚粳	皖稻 14	20285/日晴红	安徽省巢湖市农科所	1992(安徽)	133.0	90.0	28～30	—	5.68	1.2(1992)	2.1(1991—1995)
晚粳	皖稻 20	鄂宜 105 离子束辐照	安徽省农科院水稻所	1994(安徽)	130.0	85.0	24.0	—	5.91	1.9(1997)	10.7(1994—2001)
晚粳	皖稻 28	（花培 528/87B1087）F_1 花粉培养	上海市农科院	1996(安徽)	125～130	75～80	28.0	—	6.68	1.6(1997)	4.6(1996—2002)
晚粳	皖稻 30	望城-6 系选	安徽省安庆市农科所	1996(安徽)	135.0	80.0	25.0	18.9	5.99	0.8(1998)	2.1(1997—2000)
晚粳	皖稻 36	六千辛/青林 4 号	安徽省农科院水稻所	1996(安徽)	131.0	90.0	26.0	—	5.95	3.5(1998)	7.7(1996—2002)
晚粳	皖稻 40	越美 5 号/抗二//城堡	安徽省宣城市农科所	1996(安徽)	135.0	84.0	25.0	20.7	5.92	0.6(1997)	1.8(1996—2000)
晚粳	皖稻 44	（6769/沪选 19）F_1 离子束辐照	安徽省农科院水稻所	1997(安徽)	131.0	90.0	28.0	—	6.96	1.9(2001)	5.7(1997—2003)
晚粳	皖稻 52	秀水 664 系选	安徽省铜陵县农科所	1998(安徽)	135.0	86.0	26.0	—	6.59	0.9(2001)	1.7(1997—2003)
晚粳	皖稻 58	（C012/薄稻//SR19）后代经离子束诱变	安徽省农科院水稻所	1999(安徽)	128.0	100.0	29.6	—	6.53	1.6(2000)	4.4(1998—2004)
晚粳	皖稻 60	（枣红儿/中作 87//城特 231）F_6 离子束辐照	安徽省农科院水稻所	2000(安徽)	130.0	85～90	29.9	17.8	6.67	3.2(2001)	8.7(1999—2005)

（续）

品种类型	品种名称	品种组合/来源	第一选育单位	首次审定	全生育期(d)	株高(cm)	千粒重(g)	直链淀粉(%)	区试单产(t/hm²)	最大年推广面积(万 hm²)和年份	累计推广面积(万 hm²)和年份跨度
晚粳	皖稻 62	秀水 664 系选	安徽省巢湖市烔炀农技推广站	2002(安徽)	130.0	90～95	27～28	—	6.6	1.5(2004)	2.8(2002—2004)
晚粳	皖稻 64	2277/丙 814	安徽省农科院水稻所	2002(安徽)	126.0	80.0	26.5	16.4	5.88	2.8(2003)	7.8(2001—2005)
晚粳	皖稻 84	秀水 664 系选	安徽农业大学农学院	2005(安徽)	142.0	84.0	27.8	16.4	6.69	0.8(2005)	1.2(2004—2005)
晚粳	皖稻 86	广粳 40/嘉粳 104	安徽省广德县农科所	2005(安徽)	133	85	27.6	17.3	6.81	0.8(2005)	1.2(2004—2005)
晚粳	皖粳 1 号	嘉农 15/南粳 15	安徽省农科院水稻所	1987(安徽)	132	65	27.5	—	5.46	8.33(1989)	28.0(1986—1991)
晚粳	武粳 13	791/SR21	江苏省武进稻麦育种场	2003(江苏)	156.0	100.0	27.0	15.7	9.58	7.3(2005)	37.0(2000—2005)
晚粳	武粳 15	早丰 9 号/春江 03//武运粳 7 号	江苏省武进稻麦育种场	2004(江苏)	156.0	100.0	27.5	15.6	9.77	35.0(2005)	80.0(2002—2005)
晚粳	武粳 6 号	丙 620r 矮选//武粳 4 号/复羽 1 号	江苏省武进稻麦育种场	1997(江苏)	159.0	93.0	25.5	19.6	9.03	4.0(1995)	16.0(1992—1997)
晚粳	武香粳 14	京 58//248 - 5/254 - 13//武香粳 9 号	江苏省武进稻麦育种场	2003(江苏)	156.0	100.0	26.0	15.6	9.61	36.0(2004)	103.0(2001—2004)
晚粳	武香粳 1 号	新香糯 3007/单 125	江苏省常州市武进农科所	1987(江苏)	158.0	98.0	27.0	0.2	—	1.7(1986)	—
晚粳	武香粳 9 号	秀水 04/武育粳 3 号//武香粳 1 号	江苏省常州市武进农科所	1999(江苏)	160.0	94.0	26.0	15.4	9.45	14.0(1999)	56.7(1999—2005)
晚粳	武育粳 18	(武香粳 9 号/秀水 39//中花 8 号///秀水 42/Z20//中花 8 号)F_1 花粉培养	江苏省武进稻麦育种场	2005(江苏)	162.0	105.0	27.0	17.8	9.15	8.0(2004)	16.0(2001—2004)
晚粳	武育粳 2 号	中丹 1 号/79 - 51//中丹 1 号/扬粳 1 号	江苏省武进稻麦育种场	1989(江苏)	156.0	95～100	26.0	19.5	—	—	37.6(1988)
晚粳	武育粳 5 号	武育粳 3 号/丙 627	江苏省武进稻麦育种场	1997(江苏)	153.0	100.0	27～28	17.5	9.00	40.0(1997)	79.0(1994—1997)
晚粳	武运粳 10 号	丙 9117/矮秋//秋津/香糯 9121	江苏省常州市武进农科所	2000(江苏)	165.0	105.0	25.0	17.6	8.95	0.5(2000)	1.3(2000—2002)
晚粳	武运粳 7 号	嘉 40/香糯 9121/丙 815	江苏省常州市武进农科所	1998(江苏) *	159.0	95.0	27.5	15.6	9.65	72.0(1999)	340.0(1998—2005)
晚粳	武运粳 8 号	嘉 48/香糯 9121//丙 815	江苏省常州市武进农科所	1999(江苏)	152.0	98.0	28.0	14.6	9.85	25.3(1999)	140.0(1999—2005)
晚粳	秀水 03	秀水 110/嘉粳 2717//秀水 110	浙江省嘉兴市农科院	2004(浙江)	153(单晚)	95～98	25.0	17.8	6.83～8.12	—	—

（续）

品种类型	品种名称	品种组合/来源	第一选育单位	首次审定	全生育期(d)	株高(cm)	千粒重(g)	直链淀粉(%)	区试单产(t/hm^2)	最大年推广面积(万 hm^2)和年份	累计推广面积(万 hm^2)和年份跨度
晚粳	秀水 04	测 21///辐农 709//辐农 709/单 209	浙江省嘉兴市农科院	1987(浙江)*	162.0	105.0	26～27	—	—	—	—
晚粳	秀水 09	秀水 110/嘉粳 2717//秀水 110	浙江省嘉兴市农科院	2005(浙江)	159.0	95.0	26～27	14.9	8.69	6.5(2005)	67.0(2003—2005)
晚粳	秀水 1067	测 21/祥湖 25//秀水 40////秀水 46///秀水 11//测 21/P104/////祥湖 84/秀水 620	浙江省嘉兴市农科院	1996(浙江)	145.0	90～95	28～30	17.1	7.05	—	—
晚粳	秀水 11	测 21//测 21/湘虎 25	浙江省嘉兴市农科院	1988(浙江)	134.0	76.9	27.4	21.0	6.41	23.0(1991)	170.0(1989—2005)
晚粳	秀水 110	嘉 59 天杂/秀水 63	浙江省嘉兴市农科院	2002(浙江)	157.0	95.0	25～26	17.8	8.57	15.0(2003)	67.0(2001—2005)
晚粳	秀水 122	秀水 02/秀水 27//秀水 620	浙江省嘉兴市农科院	1992(浙江)	162.0	100.0	25.0	—	8.90	10.0(1995)	35.0(1992—2005)
晚粳	秀水 13	秀水 47////丙 98111///秀水 02/秀水 27//祥湖 47/CP	浙江省嘉兴市农科院	2002(浙江)*	135～138	80～85	26～26.5	17.2	7.16	—	—
晚粳	秀水 17	丙 815/秀水 122	浙江省嘉兴市农科院	1993(浙江)	150～155	95～105	25～26	16.8	6.25～8.54	10.0(1996)	35.0(1993—2005)
晚粳	秀水 209	丙 93-207///秀水 11//宁 67/嘉 45	浙江省嘉兴市农科院	2002(浙江)	136(连晚)	85～90	26.5	17.3	6.89	—	—
晚粳	秀水 217	丙 94-168///丙 95-237//丙 89-90/JF81	浙江省嘉兴市农科院	2002(浙江)	135(连晚)	85.0	29.0	17.3	7.04	—	—
晚粳	秀水 344	秀水 63/嘉 59 天杂//秀水 63	浙江省嘉兴市农科院	2002(上海)	—	—	—	—	—	—	—
晚粳	秀水 37	秀水 02/秀水 27	浙江省嘉兴市农科院	1991(浙江)	—	—	—	—	—	—	—
晚粳	秀水 390	丙 89-111/OS9	浙江省嘉兴市农科院	2000(浙江)	120～145	70～75	25.5～26.5	17.1	7.44	—	—
晚粳	秀水 417	春 17/丙 97405	浙江省嘉兴市农科院	2004(浙江)	118(连晚)	80.0	25.5～26	18.2	6.53	—	—
晚粳	秀水 42	秀水 61/丙 92-90	浙江省嘉兴市农科院	2001(浙江)	160.0	100.0	25.1	17.2	8.50	—	—
晚粳	秀水 47	秀水 40/秀水 02//CP///秀水 11/CP////丙 815	浙江省嘉兴市农科院	1998(浙江)	—	—	—	—	—	—	—
晚粳	秀水 52	丙 9375/秀水 63	浙江省嘉兴市农科院	2001(浙江)	140～155	100～103	25～26	17.1	8.40	—	—

（续）

品种类型	品种名称	品种组合/来源	第一选育单位	首次审定	全生育期(d)	株高(cm)	千粒重(g)	直链淀粉(%)	区试单产(t/hm²)	最大年推广面积(万 hm²)和年份	累计推广面积(万 hm²)和年份跨度
晚粳	秀水 59	秀水 63///秀水 42/秀水 17//秀水 122	浙江省嘉兴市农科院	2002(上海)	—	—	—	—	—	—	—
晚粳	秀水 61	秀水 72///秀水 620//祥湖 47/CP	浙江省嘉兴市农科院	1993(浙江)	—	—	—	—	—	—	—
晚粳	秀水 620	秀水 04///秀水 02/秀水 04//祥湖 24/CP	浙江省嘉兴市农科院	1990(浙江)	160.0	100.0	25.1	17.6	8.10	—	—
晚粳	秀水 63	善 41R/秀水 61//秀水 61	浙江省嘉兴市农科院	1996(浙江)	155.0	95～109	26.0	14.9	8.69	16.0(1997)	80.0(1996—2005)
晚粳	秀水 664	秀水 02//祥湖 47/CP	浙江省嘉兴市农科院	1993(浙江)	118～130	85～110	26.0	17.6	7.31	—	—
晚粳	秀水 72	不详	浙江省嘉兴市农科院	1990(浙江)	—	—	—	—	—	—	—
晚粳	秀水 79	秀水 37/秀水 664	浙江省嘉兴市农科院	1994(浙江)	149.0	90.0	26～26.5	—	8.25	—	—
晚粳	秀水 814	秀水 24/秀水 620	浙江省嘉兴市农科院	1993(浙江)	—	—	—	—	—	—	—
晚粳	秀水 850	秀水 02/秀水 27//秀水 02/T 81-01	浙江省嘉兴市农科院	1993(浙江)	—	—	—	—	—	—	—
晚粳	秀水 861	秀水 11///秀水 11//祥湖 47/CP	浙江省嘉兴市农科院	1993(浙江)	—	—	—	—	—	—	—
晚粳	秀水 994	嘉 59 天杂/丙 9543	浙江省嘉兴市农科院	2002(浙江)	158～160	93～95	25.0	18.0	8.98	—	—
晚粳	甬粳 18	丙 89 - 84//甬粳 33/甬粳 23	浙江省宁波市农科院	2000(浙江)	139.1	80.0	28.0	16.6	7.23	11.5(2001)	49.7(1998—2005)
晚粳	甬粳 44	甬粳 29/秀水 04	浙江省宁波市农科院	1995(浙江)	138.0	83.9	28.1	17.3	6.21	1.5(2005)	5.0(1993—1999)
晚粳	优丰	罗卡/6366//812084/812085	上海市农科院作物所	1999(上海)	155～160	90.0	24.0	18.2	7.80～8.25	1.8	10.0
晚粳	宇叶青	宇红 3 号/若叶	江苏省江阴市华士镇农科站	1990(江苏)	158.0	100.0	24.0	—	8.53	—	—
晚粳	玉丰	田杂/P127//双丰号 1	上海市农科院作物所	2003(上海)	158.0	105.0	25～26	16.7	8.25	0.3(2003)	0.7(2003—2005)
晚粳	原粳 35	早粳/R9223	浙江省农科院	2005(浙江)	149.0	102.0	24.8	15.7	8.82	0.4	1.0
晚粳	原粳 41	R915/R9471	浙江省农科院	2004(浙江)	154.0	100.0	26.3	16.3	8.13	1.0	2.0
晚粳	原粳 4 号	秀水 04 / 秀水 27	浙江省农科院	1990(浙江)	134.0	85.0	28.0	16.5	6.75	8.0	30.0
晚粳	越粳 2 号	绍糯 119/越光	浙江省绍兴市农科院	2000(浙江)	135.0	80.0	27.8	16.6	6.25	1.1(2005)	4.5(2000—2005)
晚粳	浙湖 894	测 21/台 24	浙江省农科院	1995(浙江)	135.2	85.0	28.5	19.1	6.82	4.8(1995)	8.9(1996—2005)
晚粳	浙粳 20	秀水 63^2/原粳 7 号	浙江省农科院	2002(浙江)	127.4	87.5	25.5	13.6	6.80	15.9(2004)	22.4(2000—2005)
晚粳	浙粳 27	ZH9318//绍糯 928/越光	浙江省农科院	2005(浙江)	158.0	90.0	30.0	17.0	8.43	0.9(2005)	1.4(2002—2005)

（续）

品种类型	品种名称	品种组合/来源	第一选育单位	首次审定	全生育期（d）	株高（cm）	千粒重（g）	直链淀粉（%）	区试单产（t/hm²）	最大年推广面积（万 hm²）和年份	累计推广面积（万 hm²）和年份跨度
晚粳	浙粳 30	秀水 63/原粳 7 号	浙江省农科院	2003（浙江）	134.5	88.5	25.7	15.7	7.01	0.5(2005)	1.0(2001—2005)
晚粳	浙粳 40	秀水 63＊2/嘉 59	浙江省农科院	2005（浙江）	136.5	85.7	25.9	15.8	7.20	0.7(2005)	0.7(2005)
晚粳	浙粳 50	秀水 63＊2/嘉 58	浙江省农科院	2005（浙江）	151.8	104.5	25.4	14.9	8.22	0.2(2005)	1.0(2003—2005)
晚粳	镇稻 3 号	7030/城特 232//秀水 04	江苏省农科院镇江市农科所	1995（江苏）	163.0	95.0	27.5	18.8	8.47	—	—
晚粳	镇稻 7 号	86-37/武育粳 2 号	江苏省农科院镇江市农科所	2001（江苏）	155～160	95.0	26～27	17.5	9.16	—	—
晚粳糯	R817	矮双糯辐射	浙江省农科院	1985（浙江）	155.0	105.0	20.0	1.2	6.50	1.5	6.0
晚粳糯	春江糯	秀水 11/T82-25	中国水稻研究所	1993（浙江）＊	130～135	82～87	26.0	1.3	6.20	1.9(1997)	16.6(1996—2005)
晚粳糯	春江糯 2 号	丙 92-124/春江糯	中国水稻研究所	2002（浙江）	130.0	85.0	26～27	1.2	6.92	2.1(2004)	5.2(2002—2005)
晚粳糯	鄂糯 10 号	香粳/加 44	湖北省宜昌市农科所	2005（湖北）	123.6	80.1	27.0	1.3	7.31	0.8(2007)	1.4(2006—2007)
晚粳糯	鄂糯 8 号	春江 03 粳	湖北省武汉市东西湖农科所	2001（湖北）	129.0	85.1	25.2	1.3	6.70	0.4(2003)	0.6(2002—2003)
晚粳糯	航育 1 号	ZR9（矮粳 23/IR2061-427-1-17-7-5/矮粳 23/晚香糯选）高空气球搭载诱变选育	浙江省农科院	1998（浙江）	118～125	90.0	28.0	1.2	5.93	3.7(2000)	17.6(1996—2002)
晚粳糯	金陵糯	4801-4-7-8	江苏省南京市农科所	1988（江苏）	150.0	100.0	23.5～24.0	0.0	—	—	—
晚粳糯	秋风糯	泗 87-2566/02428//武运粳 7 号///秋丰糯	江苏省张家港农业试验站	2005（江苏）	155.0	100.0	30.0	1.5	8.89	—	—
晚粳糯	绍糯 119	绍糯 43//绍粳 66/秀水 11	浙江省绍兴市农科院	1995（浙江）	131.4	83.0	27.3	1.1	5.96	3.2(2000)	18.0(1996—2005)
晚粳糯	绍糯 9714	绍紫 9012/绍糯 45//绍間 9///绍糯 119	浙江省绍兴市农科院	2002（浙江）＊	132.3	81.0	27.7	1.0	8.11	3.3(2005)	14.5(2000—2005)
晚粳糯	太湖糯	香粳/秀水 04//秀水 04	江苏省太湖地区农科所	1989（江苏）	162	105	26.5～27.0	—	—	—	100.0(1988—2005)
晚粳糯	皖稻 32	C81-40/加香糯 1 号	安徽省广德县农科所	1996（安徽）	137.0	85.0	27～28	1.0	5.28	0.6(1997)	1.6(1996—2000)
晚粳糯	皖稻 82	测 59/春江 03 糯	安徽省农科院水稻所	2005（安徽）	129.0	92.0	25.9	1.5	7.12	1.1(2005)	2.2(2005—2006)
晚粳糯	武香糯 8333	秀水 04/8301//新丰香糯	江苏省武进稻麦育种场	2001（江苏）	160.0	95.0	26～27	0.5	8.51	1.5(2003)	14.5(2001—2005)
晚粳糯	武运糯 6 号	紫金糯/武香粳 1 号//秀水 04///武育粳 3 号	江苏省常州市武进区农科所	1997（江苏）	156.0	95.0	27.0	1.2	9.38	3.3(1998)	10.0(1993—1998)
晚粳糯	香血糯 335	秀水 04///秀水 04/香血糯 86-301//新丰香糯	江苏省武进稻麦育种场	1999（江苏）	161.0	100.0	23.5	1.2	8.10	3.0(2003)	16.0(1999—2005)

（续）

品种类型	品种名称	品种组合/来源	第一选育单位	首次审定	全生育期（d）	株高（cm）	千粒重（g）	直链淀粉（%）	区试单产（t/hm²）	最大年推广面积（万 hm²）和年份	累计推广面积（万 hm²）和年份跨度
晚粳糯	祥湖 25	矮粳 23/祥湖 14//测 21/矮粳 23	浙江省嘉兴市农科院	1991(国家)	133～135	85～90	26.5	—	6.29～7.66	—	—
晚粳糯	祥湖 84	C81-45////测 21///辐农 709//辐农 709/单 209	浙江省嘉兴市农科院	1988(浙江)	162.0	98.0	25.0	—	6.16	—	525.7(1986—1992)
晚粳糯	祥湖 914	秀水 42/丙 9702 糯	浙江省嘉兴市农科院	2004(浙江)	155～158	105.0	24.0	1.7	8.27	—	—
晚粳糯	浙糯 2 号	R8617 辐射	浙江省农科院	1993(浙江)	135.0	85.0	29.0	1.1	6.50	2.5	16.0
晚粳糯	浙糯 36	丙 92-124//绍糯 92-8 选经 ^{60}Co-γ辐射处理	浙江省农科院	2003(浙江)	0.1	80.9	30.4	1.3	7.15	0.2(2005)	1.0(2003—2005)
晚粳糯	浙糯 3 号	R9256/宁 1081	浙江省农科院	2003(浙江)	122.0	90.0	29.0	1.5	6.80	0.4	1.5
晚粳糯	浙糯 4 号	武运 P17/丙 9302 当代辐射	浙江省农科院	2005(浙江)	129.0	87.0	26.0	1.5	7.20	0.5	1.0
晚粳糯	浙糯 5 号	R9682/丙 9302	浙江省农科院	2004(浙江)	154.0	105.0	28.0	1.6	6.80	2.0	4.0
旱籼	巴西陆稻	IAPAR9(巴西引进)	江西省农科院水稻所	1998(江西)	105～125	110～125	27.8	20.5	4.50～5.25	1.2(1998)	10.0(1996—2005)
旱籼	赣农旱稻 1 号	巴西陆稻(IAPAR9)系选	江西农业大学	2005(国家)	96.5	85.6	23.4	14.3	4.23	—	—
旱籼	井冈旱稻 1 号	巴西陆稻 IAPAR9 辐射诱变选育	江西省农科院水稻所	2004(国家)	954.0	92.9	24.3	15.2	4.96	—	—
旱籼	陆引 46	B6144F－MR－6(印度尼西亚引进)	云南省农科院粮作所	2000(云南)	105～130	90.0	24.0	28.6	3.30	2.0(2004)	7.0(2000—2005)
旱籼	绿旱 1 号	水稻 6527 人工诱变选育	安徽省农科院绿色食品所	2005(国家)	107.2	91.1	25.0	25.5	4.74	—	—
旱籼	中 86-76	水稻区域试验旱地稻瘟病抗性鉴定圃系选	湖南省农科院植保所	2003(湖南)	125.0	80.0	28.0	—	6.00～6.70	0.05(2001)	0.1(2000—2005)
旱籼	中旱 209	选 21/IR55419-04-1	中国水稻研究所	2004(国家)	111.7	94.2	26.0	23.9	4.39	—	—
旱粳	IRAT104	IRAT104	云南省农科院粮作所	1995(云南)	155.0	104.0	30.5	17.8	2.26	0.5(1997)	1.7(1995—1999)
旱粳	丹旱稻 1 号	中系 8834//IR24/早丰r///峰光/胜利糯	辽宁省丹东市农科院	2001(辽宁)	145.0	100.0	26.2	—	6.48	1.0(2005)	3.0(2001—2005)
旱粳	丹旱稻 2 号	丹粳 5 号系选	辽宁省丹东市农科院	2004(国家)	153.7	78.5	21.9	14.4	4.89	—	—
旱粳	丹旱稻 4 号	丹粳 5 号γ射线辐射诱变	辽宁省丹东市农科院	2005(国家)	145.0	88.2	26.3	15.5	5.65	—	—
旱粳	丹粳 5 号	5057//IR26/早丰 R	辽宁省丹东市农科院	1994(辽宁)	155.0	95.0	24.6	—	5.88	1.0(1998)	4.5(1995—2001)
旱粳	丹粳 8 号	丹粳 2 号/中院 P237	辽宁省丹东市农科院	1999(辽宁)	145.0	95.0	25.0	17.8	5.60	0.7(2001)	3.6(1999—2001)

（续）

品种类型	品种名称	品种组合/来源	第一选育单位	首次审定	全生育期（d）	株高（cm）	千粒重（g）	直链淀粉（%）	区试单产（t/hm²）	最大年推广面积（万 hm²）和年份	累计推广面积（万 hm²）和年份跨度
旱粳	地白谷选-2	文山大白谷自然变异系选	云南省文山壮族苗族自治州农科所	1998(云南)	136～140	96～116	28～33	13.9	2.22	0.06(1999)	0.1(1998—1999)
旱粳	滇604	黄浆谷/山地小白谷	云南农业大学	1998(云南)	137～156	104～118	30～32	—	2.22	0.01(1999)	0.03(1998—2000)
旱粳	东农陆稻1号	6904-1-2-1/7 稞穗//东农363/吉粳60	东北农业大学	1988(黑龙江)	—	—	—	—	—	—	—
旱粳	寒2	从抗寒鉴定圃混合材料中系选	吉林省农科院水稻所	1987(吉林)	135.0	85～90	27.7	—	—	—	4.0(1983—1987)
旱粳	旱152	78-8/76-78	辽宁省稻作所	1989(辽宁)	140.0	70～80	23.0	20.5	5.4～6	0.5(1990)	2.0(1989—1995)
旱粳	旱58	C26/丰锦//73-134-5	辽宁省稻作所	1992(辽宁)	140.0	80～85	21～23	17.9	5.20～6.60	—	3.0(1992—2000)
旱粳	旱72	C26/丰锦//74—134—5	辽宁省稻作所	1989(辽宁)	135～140	80～90	23.0	19.0	6.00～7.00	1.0(1992)	3.3(1989—1998)
旱粳	旱946	C26/丰锦//秋光///陆南旱谷	辽宁省稻作所	2000(辽宁)	140.0	80～85	24～25	15.8	5.50～7.20	0.5(2000)	1.0(2000—2004)
旱粳	旱9710	中系237/湘灵	辽宁省稻作所	2003(国家)	131～150	73.0	23.8	17.3	4.40	—	6.0(2004—2005)
旱粳	旱稻271	寒2/Khaomon	中国农业大学	2005(国家)	148.0	88.9	23.4	13.5	3.94	—	—
旱粳	旱稻277	秋光/班利1号	中国农业大学	2003(国家)	113.0	88.6	27.3	15.6	4.50	6.0(2001)	10.0(1999—2005)
旱粳	旱稻297	牡交78-595/Khaomon	中国农业大学	2000(北京)*	136.0	100～120	30.2	14.7	5.20	—	0.7(1998—2005)
旱粳	旱稻502	秋光/红壳老鼠牙	中国农业大学	2003(国家)	124.0	95.2	28.4	14.5	4.36	—	0.5(2003—2005)
旱粳	旱稻65	秋光/三磅七十箩	中国农业大学	2003(国家)	138.9	96.5	25.6	15.0	3.86	—	—
旱粳	旱稻8号	秋光/班利1号	中国农业大学	2005(贵州)	137.0	84.7	71.0	15.0	3.50～3.90	—	—
旱粳	旱稻9号	秋光/班利1号	中国农业大学	2003(国家)	153.2	98.1	25.4	13.8	4.64	—	—
旱粳	旱丰8号	沈农129/旱72	沈阳农业大学	2003(国家)	148.9	82.0	22.6	14.8	4.64	—	—
旱粳	沪旱3号	麻晚糯//IRAT109/P77	上海市农科院生物基因中心	2004(国家)	113.8	99.3	26.2	16.3	4.01	—	—
旱粳	沪旱7号	麻晚糯/P77//麻晚糯/IRAT109	上海市农科院生物基因中心	2004(上海)	125.0	109.0	28.0	13.9	6.00	—	—
旱粳	冀粳12	秦选1号/京系6号	河北大学	1992(河北)	95～105	80～85	24～26	—	4.50	3.0(1994)	8.0(1992—1994)
旱粳	辽旱109	HJ29系选	盘锦北方农业技术开发公司	2003(国家)	156.0	86.7	23.8	16.3	4.62	—	—
旱粳	辽旱403	科情3号/秋光//IR36/铁粳5号	辽宁省稻作所	2005(国家)	147.0	84.5	24.0	15.6	5.33	—	—

（续）

品种类型	品种名称	品种组合/来源	第一选育单位	首次审定	全生育期(d)	株高(cm)	千粒重(g)	直链淀粉(%)	区试单产(t/hm²)	最大年推广面积(万 hm²)和年份	累计推广面积(万 hm²)和年份跨度
旱粳	秦爱	秦农 2 号/爱新	中国农业大学	1987(天津)	90～100	85～95	26～28	—	3.00～3.75	5.0(1985)	7.0(1984—1990)
旱粳	水陆稻 6 号	水陆稻 4 号/合交 7001	黑龙江省农科院水稻所	1987(黑龙江)	125.0	72.0	26～27	—	—	—	—
旱粳	苏引稻 2 号	IRAT109(国际热带农业研究所引进)	江苏省农科院粮作所	1992(江苏)	120～125	90.0	31～33	14.2	5.40	0.4(1992)	0.4(1990—1995)
旱粳	天井 4 号	H701/D7—38	吉林省农科院水稻所	2004(国家)	136.3	71.3	22.0	16.5	4.47	—	—
旱粳	天井 5 号	松粳 3 号/吉玉粳	吉林省农科院水稻所	2004(国家)	140.3	74.9	23.2	17.0	4.41	—	—
旱粳	夏旱 51	秦选 1 号/京系 1 号	河北大学	2003(国家)	106.0	86.8	24.7	16.1	4.93	—	0.2(2000—2005)
旱粳	杨柳旱谷	思茅旱稻地方品种引入宣威后系选	云南省种子公司	1987(云南)	140～160	—	28～30	9.5	2.60～3.40	—	0.7(1981—1985)
旱粳	云陆 29	IRAT21/紫谷	云南省农科院粮作所	1999(云南)	102～106	110～113	26～28	18.3	3.32	0.1(1999)	0.1(1999—2000)
旱粳	云陆 52	陆引 29/东回 145	云南省农科院粮作所	2004(云南)	140.0	108.8	26.1	17.1	3.29	1.0(2005)	2.0(2003—2005)
旱粳	郑旱 2 号	郑稻 90-18/陆实	河南省农科院粮作所	2003(国家)	120.0	91.6	30.4	15.0	4.98	—	—
旱粳	郑旱 6 号	郑州早粳/郑稻 92-44	河南省农科院粮作所	2005(国家)	115.0	87.1	24.8	15.4	4.37	—	—
旱粳	中旱 3 号	CNA6187-3 系选(巴西引进)	中国水稻研究所	2003(广西)*	120～125	130.0	25.9	19.9	4.16	—	—
旱粳	中远 1 号	京引 1 号/原杂 10 号(高粱)//南 81	中国农科院作物所	1989(北京)	145～150	100.0	26～28	—	5.50～6.00	0.2(1989)	1.0(1989—1995)
旱粳	中远 2 号	银坊/亨加利(高粱)//京引 83	中国农科院作物所	1989(山东)	115.0	80.0	30.0	—	5.25～6.00	1.3(1989)	2.0(1989—1995)
旱粳	中作 59	C57-2/早丰	中国农科院作物所	2004(国家)	150.0	73.0	25.0	15.2	5.23	—	—
旱糯	丹旱糯 3 号	丹粳 5 号系选	辽宁省丹东市农科院	2004(国家)	114.0	94.8	24.5	1.6	4.06	—	—
旱糯	辽粳 27	岫岩不服劲系选	辽宁省稻作所	2003(国家)	141.5	89.8	24.3	1.3	3.92	—	—
旱糯	苏引稻 3 号	农林陆糯 12(从日本引进)	江苏省农科院粮作所	1992(江苏)	120～125	100.0	25～27	—	4.50～5.25	0.2(1991)	1.0(1990—1995)
三系旱粳	京优 13	中作 59A/陆恢 3 号	北京市农科院生物中心	2005(国家)	151.0	99.7	27.3	17.0	6.06	—	—
三系旱粳	辽优 14	辽 30A/C4115	辽宁省稻作所	2003(国家)	117.0	87.0	25.5	15.3	4.72	—	—
三系旱粳	辽优 16	辽 30A/C272	辽宁省稻作所	2004(国家)	116.0	89.7	24.6	15.4	4.31	—	—
两系旱粳	皖旱优 1 号	N422S/R8272	安徽省农科院水稻所	2004(国家)	121.0	91.5	24.1	16.2	4.86	—	—
三系旱籼	Ⅰ优 200	优Ⅰ A/R200	湖南省杂交水稻研究中心	1993(湖南)	109～116	87.2	26.0	24.1	—	1.7(1998)	7.6(1994—2005)
三系旱籼	Ⅰ优 323	优Ⅰ A/323	湖南省杂交水稻研究中心	1993(湖南)	114～117	85.9	25.9～26.5	—	—	0.03(1999)	—

（续）

品种类型	品种名称	品种组合/来源	第一选育单位	首次审定	全生育期（d）	株高（cm）	千粒重（g）	直链淀粉（%）	区试单产（t/hm²）	最大年推广面积（万 hm²）和年份	累计推广面积（万 hm²）和年份跨度
三系早籼	Ⅰ优 899	优Ⅰ A/明恢 80	湖南省永州市农科所	2004(湖南)	114.0	90.0	26.0	—	—	1.3(2005)	—
三系早籼	Ⅰ优 974	优Ⅰ A/To974	湖南省衡阳市农科所	2001(湖南)	111.0	85.0	26.0	—	—	1.4(1998)	3.7(1995—2005)
三系早籼	Ⅱ优 128	Ⅱ-32A/广恢 128	广东省农科院水稻所	1998(广东)	133.0	105.0	24.0	—	7.80	—	—
三系早籼	Ⅱ优 368	Ⅱ-32A/广恢 368	广东省农科院水稻所	2005(广东)	133.0	107.0	23.4	17.8	7.50	—	—
三系早籼	Ⅱ优桂 99	Ⅱ-32A/桂 99	广西壮族自治区桂林市种子公司	2001(广西)	128.0	100～110	26.5	—	7.20	2.7(2001)	4.3(1992—2004)
三系早籼	d 优 1025	天 A/桂 1025	广西壮族自治区科泰种业公司	2005(广西)	120～127	107.6	25.1	21.3	8.25	—	—
三系早籼	d 优 122	天丰 A/广恢 122	广东省农科院水稻所	2005(广东)	124.0	100.0	26.3	18.7	7.50	—	—
三系早籼	d 优 128	D 丰 A/广恢 128	广东省农科院水稻所	2004(海南)	120.0	94.1	25.8	—	7.92～9.14	—	—
三系早籼	d 优 290	天丰 A/广恢 290	广东省农科院水稻所	2005(广东)	124.0	97.0	24.5	18.2	8.00	—	—
三系早籼	d 优 368	天丰 A/广恢 368	广东省农科院水稻所	2005(广东)	126～127	97.5	23.5	18.7	7.80	—	—
三系早籼	d 优 372	天丰 A/广恢 372	广东省农科院水稻所	2005(广东)	122.0	96.8	25.0	23.3	7.80	—	—
三系早籼	D 优 49	D 汕 A/测 49	四川农业大学水稻所	1992(四川)	120～126	95.0	27.5	—	6.75	—	—
三系早籼	d 优 998	天丰 A/广恢 998	广东省农科院水稻所	2004(广东)	126.0	102.0	24.0	17.9	7.80	—	—
三系早籼	D 优赣 9 号	D 汕 A/秀恢 2 号	江西省宜春地区农科所	1992(江西)	120.0	93.2	26.4	—	6.50	—	—
三系早籼	K 优 402	K17A/早恢 402	四川省农科院水稻高粱所	1996(四川)*	126.0	94.0	29.0	—	7.50	2.3(1999)	7.5(1996—2005)
三系早籼	K 优 404	K17A/早恢 404	四川省农科院水稻高粱所	1999(国家)	125.0	95.0	30.0		7.60	2.5(2002)	6.8(1999—2005)
三系早籼	K 优 48-2	K 青 A/测 48-2	四川省农科院水稻高粱所	1993(四川)	124.0	92.0	29.0		7.20	1.5(1996)	2.5(1994—1998)
三系早籼	K 优 66	K17A/R66	江西省赣州市农科所	2002(江西)	116.0	89.6	20.5	24.0	6.35～7.15	—	—
三系早籼	T 优 1202	T98A/R1202	广西壮族自治区南宁市沃德农作物所	2005(广西)	124.0	113.9	25.9	22.4	7.50	—	—
三系早籼	T 优 705	T98A/R705	湖南省隆平高科种业公司	2005(湖南)	108.0	84.0	23.6	22.2	—	—	0.6(2005)
三系早籼	T 优 706	T98A/R706	湖南省隆平高科种业公司	2003(江西)	109.1	87.4	23.1	18.6	6.40～6.67	—	—
三系早籼	八红优 256	八红 A/测 256	广西大学支农开发中心	2004(广西)	122.0	123.2	26.6	21.4	7.50	—	—
三系早籼	博优湛 19	博 A/湛 19	广东省湛江市杂优种子公司	1996(江西)	111.0	80.0	23.0	25.8	5.93	—	—
三系早籼	常优赣 11 C1513	常菲 22A/测 48-2	江西省吉安地区农科所	1993(江西)	114.6	76.0	26.0	28.7	6.49	—	—
三系早籼	丰优 128	粤丰 A/广恢 128	广东省农科院水稻所	2001(广东)	132.0	105.0	24.0	—	7.50	—	—
三系早籼	丰优 428	粤丰 A/广恢 428	广东省农科院水稻所	2003(广东)	124.0	105.0	25.0	13.1	7.50	—	—
三系早籼	丰优丝苗	粤丰 A/广恢 998	广东省农科院水稻所	2003(广东)	126.0	105.0	23.5	17.0	7.50	—	—

（续）

品种类型	品种名称	品种组合/来源	第一选育单位	首次审定	全生育期(d)	株高(cm)	千粒重(g)	直链淀粉(%)	区试单产(t/hm^2)	最大年推广面积(万 hm^2)和年份	累计推广面积(万 hm^2)和年份跨度
三系早籼	福优 77	福伊 A/明恢 77	福建省农科院稻麦所	1997(福建)	130.0	92～99	25～26	24.3	7.04	1.9(1999)	4.8(1997—2000)
三系早籼	福优晚 3	福伊 A/晚 3	福建省农科院稻麦所	2000(福建)	131.0	103.2	26.5	25.4	6.87	—	—
三系早籼	广优 4 号	丛广 41A/青六矮 1 号	广东省农科院水稻所	1993(广东)	130.0	100.0	26.0	—	7.20	—	—
三系早籼	广优青	丛广 41A/特青 2 号	广东省农科院水稻所	1991(广东)	132.0	100.0	26.0	—	7.20	—	—
三系早籼	华优 107	Y 华农 A/R107	广西壮族自治区藤县种子公司	2003(广西)	122.0	105.0	21.9	26.5	7.50	—	—
三系早籼	华优 229	Y 华农 A/R229	广东省肇庆市农科所	2003(广东)*	113.0	104.0	24.5～25.0	—	6.60	—	—
三系早籼	华优 928	Y 华农 A/R928	广西壮族自治区藤县种子公司	2003(广西)	123.0	110.0	24.1	22.2	7.50	—	—
三系早籼	华优 998	Y 华农 A/广恢 998	广东省肇庆市农科所	2005(广东)	130.0	101.0	21.7	17.6	7.50	—	—
三系早籼	江Ⅱ优赣 17	江农早 2A/R458	江西省杂交水稻研究中心	1999(江西)	112.0	89.0	28.1	—	6.79	—	—
三系早籼	金优 152	金 23A/冈恢 152	湖北省黄冈市农科所	2002(湖北)	116.0	82.1	25.4	21.2	6.90	1.1(2004)	3.4(2002—2005)
三系早籼	金优 191	金 23A/R191	广西壮族自治区桂林市种子公司	2001(广西)	120.0	106.0	27.0	—	6.75～7.50	1.7(2004)	6.3(1998—2004)
三系早籼	金优 253	金 23A/测 253	广西大学支农开发中心	2000(广西)	118.0	119.0	25.0	20.1	7.20	13.4(2004)	48.5(1998—2004)
三系早籼	金优 315	金 23A/T315	广西大学	2004(广西)	117.0	113.1	25.4	25.5	6.90	—	—
三系早籼	金优 356	金 23A/R356	广西壮族自治区南宁市沃德农作所	2005(广西)	114～121	114.9	28.2	22.6	7.65	—	—
三系早籼	金优 402	金 23A/R402	湖南省安江农业学校	1997(湖南)*	113～114	83.7～87.4	27.0	22.9	6.51～7.22	48.8(2004)	268.1(1996—2005)
三系早籼	金优 458	金 23A/R458	江西省农科院水稻所	2003(江西)	115.8	84.8	28.5	18.2	6.92～6.99	—	—
三系早籼	金优 64	金 23A/测 64-7	广西壮族自治区桂林市种子公司	2001(广西)	120.0	98.0	24.0	—	6.75～7.50	—	3.3(1995—2001)
三系早籼	金优 66	金 23A/66	广西壮族自治区桂林市种子公司	2001(广西)	106.0	95.0	24.0	—	6.75	—	—
三系早籼	金优 6601	金 23A/R601	广西壮族自治区桂穗种业公司	2005(广西)	126.0	112.8	26.1	19.5	7.20	—	—
三系早籼	金优 706	金 23A/R706	湖南省隆平高科种业公司	2005(湖南)	108.0	80.0	25.0	21.3	6.74	4.8(2005)	4.9(2004—2005)
三系早籼	金优 77	金 23A/明恢 77	广西壮族自治区桂林市种子公司	2001(广西)	120.0	97.0	26.5	—	6.75～7.50	28.5(2001)	138.9(1993—2005)

（续）

品种类型	品种名称	品种组合/来源	第一选育单位	首次审定	全生育期（d）	株高（cm）	千粒重（g）	直链淀粉（%）	区试单产（t/hm²）	最大年推广面积(万 hm²）和年份	累计推广面积（万 hm²）和年份跨度
三系早籼	金优 808	金 23A/T80	广西壮族自治区柳州地区种子公司	2003(广西)	115～121	100.0	26.3～26.8	23.8	6.75	0.7(2005)	—
三系早籼	金优 89	金 23A/R89	湖南省永州市农科所	2004(湖南)	108～113	90.0	27.0	24.1	—	1.4(2005)	1.9(2003—2005)
三系早籼	金优 974	金 23A/T0974	湖南省衡阳市农科所	1999(湖南)	113～114	81～90	25.0	19.8	6.75	17.8(2004)	79.0(1999—2005)
三系早籼	金优 F_6	金 23A/F6-7-4	江西省农科院水稻所	2002(江西)	115.9	92.0	25.1	18.6	6.53	—	—
三系早籼	灵优 6602	灵红 A/R602	广西壮族自治区桂穗种业公司	2005(广西)	124.0	102.1	23.9	12.1	7.05	—	—
三系早籼	绮优 1025	绮 A/桂 1025	广西壮族自治区农科院水稻所	2001(广西)	130.0	105～110	19.0	20.5	6.30～7.50	—	—
三系早籼	绮优 293	绮 A/桂 293	广西壮族自治区农科院水稻所	2005(广西)	118～124	102.1	19.2	20.0	6.75～7.50	—	—
三系早籼	绮优桂 99	绮 A/桂 99	广西壮族自治区农科院水稻所	2003(广西)	128.0	100.0	21.9	21.3	6.45～7.50	—	—
三系早籼	三香优 974	三香 A/To974	湖南省衡阳市农科所	2005(湖南)	112.0	90.0	26.0	14.3	6.98	—	1.1(2005)
三系早籼	汕优 016	珍汕 97A/福恢 016	福建省农科院稻麦所	1991(福建)	128.0	90.0	26.0	22.3	6.52	4.0(2000)	25.3(1992—2003)
三系早籼	汕优 122	珍汕 97A/广恢 122	广东省农科院水稻所	2001(广东)	124.0	100.0	25.0	22.1	7.50	—	—
三系早籼	汕优 155	珍汕 97A/将恢 155	福建省将乐县良种场	1993(福建)	125～130	110～115	30.0	23.0	6.34	1.1(1995)	1.1(1995)
三系早籼	汕优 161	珍汕 97A/金恢 161	福建农业大学	2001(福建)	125.0	95～100	26.0	23.0	6.66	—	—
三系早籼	汕优 18	珍汕 97A/玉 18	广西壮族自治区玉林市农科所	1998(广西)	134.0	114.0	28.0	19.0	6.75	—	2.0(2000)
三系早籼	汕优 253	珍汕 97A/测 253	广西壮族自治区贺州市种子公司	2001(广西)	130.0	110～115	27.0	—	7.50	—	1.2(1998—2000)
三系早籼	汕优 397	珍汕 97A/397	福建省南平市农科所	1996(福建)	128.0	95～100	29～30	22.1	6.30	6.7(1999)	11.2(1997—2000)
三系早籼	汕优 4480	珍汕 97A/广恢 4480	广东省农科院水稻所	1997(广东)	126.0	98.0	25.0	—	7.50	7.5(1997)	29.2(1997—2005)
三系早籼	汕优 49	珍汕 97A/测 64-49	广西壮族自治区桂林市种子公司	1993(广西)	—	75.0	27.7	—	6.75	—	10.2(1988—1992)
三系早籼	汕优 61 选-1	珍汕 97A/61 选-1	广西壮族自治区农业学校	1987(广西)	120.0	95.0	26.5～27.5	—	6.75	—	0.3(1983—1987)
三系早籼	汕优 70	珍汕 97A/明恢 70	福建省三明市农科所	2000(福建)	175.0	70.0	27～28	22.7	9.08	2.7(1999)	16.2(1992—2003)
三系早籼	汕优 7023	珍汕 97A/7023	湖北省京山县种子公司	1992(湖北)	118.0	80.0	26.0	—	7.20	2.5(1991)	6.3(1991—1996)

（续）

品种类型	品种名称	品种组合/来源	第一选育单位	首次审定	全生育期(d)	株高(cm)	千粒重(g)	直链淀粉(%)	区试单产(t/hm²)	最大年推广面积(万 hm²)和年份	累计推广面积(万 hm²)和年份跨度
三系早籼	汕优 72	珍汕 97A/明恢 72	福建省三明市农科所	1994(福建)	128.5	110～120	29～30	24.2	6.21	15.3(1993)	41.9(1990—1997)
三系早籼	汕优 77	珍汕 97A/明恢 77	福建省三明市农科所	1997(湖南)*	128.0	95～100	27.0	24.8	7.56	43.1(1997)	252.7(1992—2005)
三系早籼	汕优 89	珍汕 97A/早恢 89	福建农业大学	1996(福建)	129.0	90～95	26～27	23.0	6.53	2.7(2000)	9.5(1998—2003)
三系早籼	汕优 905	珍汕 97A/桂 905	广西壮族自治区农科院水稻所	2000(广西)	120～125	105.0	28.3	—	7.50	—	—
三系早籼	汕优 96	珍汕 97A/R96	广东省农科院水稻所	1994(广东)	122.0	98.0	25.0	—	7.20	—	—
三系早籼	汕优 974	珍汕 97A/T974	广西壮族自治区桂林市种子公司	2001(广西)	108.0	90.0	28.5	—	6.83	—	1.0(1994—2001)
三系早籼	汕优 998	珍汕 97A/广恢 998	广东省农科院水稻所	2002(广东)	125.0	100.0	24.5	22.3	7.50	—	—
三系早籼	汕优赣 13	珍汕 97A/102	江西省萍乡市农科所	1992(江西)	118.0	92.0	25.6	26.8	—	—	—
三系早籼	汕优广 12	珍汕 97A/广 12	广西大学	1991(广西)	125.0	110.0	28～30	—	7.50	4.2(1992)	40.0(1990—2004)
三系早籼	汕优桂 32	珍汕 97A/桂 32	广西壮族自治区农科院水稻所	1987(广西)	128.0	111.0	27.6	—	8.25	0.6(1985)	1.6(1983—1986)
三系早籼	汕优桂 34	珍汕 97A/桂 34	广西壮族自治区农科院水稻所	1987(广西)	127.0	106.0	25.9	—	7.80	2.3(1985)	6.7(1984—1986)
三系早籼	汕优桂 99	珍汕 97A/桂 99	广西壮族自治区农科院水稻所	1989(广西)	130.0	110～115	26.5	—	7.50～8.25	4.0(1990)	140.0(1990—1993)
三系早籼	汕优玉 83	珍汕 97A/玉 83	广西壮族自治区玉林地区农科所	1989(广西)	120.0	100.0	27.0	—	6.75	3.3(1989)	6.7(1987—1989)
三系早籼	汕优制西	珍汕 97A/制西	福建省南平地区农科所	1993(福建)	131.0	110.0	26.0	28.7	6.37	—	—
三系早籼	丝优 0848	丝苗 A/R0848	海南省中海香稻研究所	2004(海南)	127.2	103.6	26.1	—	6.84～7.89	—	—
三系早籼	特优 009	龙特浦 A/南恢 009	福建省南平市农科所	2004(福建)*	125.0	117.6	29.6	21.3	7.84	—	—
三系早籼	特优 1012	龙特浦 A/测 1012	广西大学支农开发中心	2001(广西)	125.0	110.0	27.0	—	7.50～8.25	4.7(2004)	14.4(1998—2004)
三系早籼	特优 1025	龙特浦 A/桂 1025	广西壮族自治区农科院水稻所	2000(广西)	128.0	90～100	24.5	23.1	8.25	1.5(2001)	4.9(1999—2005)
三系早籼	特优 128	龙特浦 A/广恢 128	广西壮族自治区藤县	2001(广西)	130.0	110.0	24～27	—	7.50	0.7(2004)	—
三系早籼	特优 18	龙特浦 A/玉 18	广西壮族自治区玉林市农科所	1998(广西)*	129.0	113.0	28.0	19.3	7.50	—	183.3(1996—2004)
三系早籼	特优 216	龙特浦 A/玉 216	广西壮族自治区玉林市农科所	2000(广西)	128.0	105.0	24.3	26.0	7.50	15.3(2002)	68.7(2001—2005)

（续）

品种类型	品种名称	品种组合/来源	第一选育单位	首次审定	全生育期(d)	株高(cm)	千粒重(g)	直链淀粉(%)	区试单产(t/hm²)	最大年推广面积(万 hm²)和年份	累计推广面积(万 hm²)和年份跨度
三系早籼	特优 233	龙特浦 A/玉 233	广西壮族自治区玉林市农科所	2000(广西)	128.0	108.0	31.1	19.0	7.50	3.0(2001)	6.9(1999—2004)
三系早籼	特优 253	龙特浦 A/测 253	广西大学	2001(广西)	128.0	114.0	27～28	—	6.75～8.25	4.6(2004)	9.8(2001—2004)
三系早籼	特优 3550	龙特浦 A/广恢 3550 选	广西壮族自治区容县种子公司	2000(广西)	135.0	110.0	25.6～26.5	21.5	8.25	1.0(2004)	—
三系早籼	特优 5 号	龙特浦 A/象恢 94-5	广西壮族自治区象州县水稻所	1999(广西)	125.0	102.3	26.5	—	7.50	0.03(1997)	—
三系早籼	特优 63-1	龙特浦 A/63-1	广西壮族自治区容县种子公司	1999(广西)	125.0	110.0	28.8	20.0	7.50	0.6(1997)	1.1
三系早籼	特优 649	龙特浦 A/桂 649	广西壮族自治区农科院水稻所	2004(广西)	121.0	113.2	26.9	20.1	7.50	—	—
三系早籼	特优 838	龙特浦 A/辐恢 838	广西壮族自治区容县	2000(广西)	126.0	105.0	29～30	—	7.50～8.25	—	2.4(1997—2000)
三系早籼	特优 986	龙特浦 A/R986	广西壮族自治区博白县作物所	2005(广西)	125.0	108.9	28.7	20.4	8.25	—	—
三系早籼	特优多系 1 号	龙特甫 A/多系 1 号	福建省漳州市农科所	1998(福建)*	132.0	100.0	28.0	21.6	6.71	4.7(2002)	20.2(1997—2003)
三系早籼	特优广 12	龙特浦 A/广 12	广西壮族自治区容县种子公司	2000(广西)	125.0	110.0	26.4	—	7.50～8.25	1.4(1997)	3.4(1991—1999)
三系早籼	特优桂 99	龙特浦 A/桂 99	广西壮族自治区农科院水稻所	1998(广西)	131.0	105.5	24.5	—	—	2.3(1995)	7.9(1993—2004)
三系早籼	皖稻 47	351A/制选	安徽省农科院水稻所	1994(安徽)	113.0	80.0	24.7	—	7.36	—	4.8(1993—1998)
三系早籼	皖稻 67	351A/R9279	安徽省池州地区种子公司	1998(安徽)	108～110	80.0	27.0	—	6.57	—	2.7(1997—1999)
三系早籼	皖稻 73	351A/R9247	安徽省池州地区种子公司	1999(安徽)	109.0	85.0	27.1	—	6.47	—	3.0(1998—2000)
三系早籼	威优 1126	V20A/1126	湖南省杂交水稻研究中心	1989(湖南)	108～110	85.0	24～25	—	6.92	12.1(1997)	44.5(1991—1999)
三系早籼	威优 16	V20A/R160	广西壮族自治区桂林市种子公司	2005(广西)	108.0	90.9	30.0	22.6	7.20	—	—
三系早籼	威优 402	V20A/R402	湖南省安江农业学校	1991(湖南)*	115～119	85～90	29.0	25.0	7.16～7.18	20.1(1997)	107.9(1992—2005)
三系早籼	威优 438	V20A/438	湖南省杂交水稻研究中心	1992(湖南)	116～118	82～85	27.0	—	—	0.8(1991)	2.4(1991—1994)
三系早籼	威优 48	V20A/测 48-2	湖南省安江农业学校	1989(湖南)	112.0	85.0	27.5	—	6.75～7.50	52.1(1991)	81.8(1991—1999)

（续）

品种类型	品种名称	品种组合/来源	第一选育单位	首次审定	全生育期(d)	株高(cm)	千粒重(g)	直链淀粉(%)	区试单产(t/hm^2)	最大年推广面积(万 hm^2)和年份	累计推广面积(万 hm^2)和年份跨度
三系早籼	威优 49	V20A/测 64 - 49	广西壮族自治区桂林市种子公司	1993(广西)	—	75.0	29.3	—	6.75	—	10.0(1988—1992)
三系早籼	威优 86049	V20A/86049	安徽省青阳县种子公司	1992(安徽)	111～116	79～84	27.5	—	6.78	—	2.5(1992—1994)
三系早籼	威优 D133	V20A/D133	安徽省农科院水稻所	1992(安徽)	110.0	70.0	27.5	—	6.55	—	6.5(1992—1994)
三系早籼	威优赣 3 号	V20A/测 50	江西省赣州地区农科所	1990(江西)	121.0	93.0	26.0	—	7.19	—	—
三系早籼	威优赣 5 号	V20A/秀恢 2 号	江西省宜春地区农科所	1990(江西)	118.0	91.0	28.2	—	7.07	—	—
三系早籼	威优早一	V20A//测 47/制 3 - 1 - 6	湖南省杂交水稻研究中心	1992(湖南)	110.0	78～80	28.0	—	—	1.3(1998)	8.2(1993—2005)
三系早籼	五丰优 998	五丰 A/广恢 998	广东省农科院水稻所	2004(广东)	122.0	98.8	23.3	12.3	7.50	—	—
三系早籼	先农 13	金 23A/R9059	江西省宜春市农科所	2003(江西)	107.5	85.8	26.2	25.1	6.23	—	—
三系早籼	先农 1 号	优 IA/先恢 1 号	江西省种子公司	2005(江西)	112.8	90.8	26.2	18.9	7.52～7.71	—	—
三系早籼	先农 21	中 9A/R71	江西省种子公司	2003(江西)	110.1	86.5	23.8	—	5.46～6.67	—	—
三系早籼	先农 31	中 9A/中恢 7492	江西省种子公司	2005(江西)	110.1	85.9	24.8	19.6	6.85～7.0	—	—
三系早籼	先农 3 号	金 23A/先恢 1 号	江西省种子公司	2005(江西)	112.2	90.9	26.5	19.6	7.16～7.51	—	—
三系早籼	先农 5 号	金 23A/R66 - 13	江西省种子公司	2005(江西)	112.0	88.6	26.1	24.2	6.99～7.22	—	—
三系早籼	协优 9279	协青早 A/R9279	安徽省池州地区种子公司	1997(安徽)	108～110	80.0	28.0	—	6.93	—	2.4(1997—1999)
三系早籼	协优赣 15	协青早 A/辐 26	江西省赣州地区农科所	1994(江西)	118.0	84.0	26.7	29.6	6.42	—	—
三系早籼	协优赣 7 号	协青早 A/测 49	江西省赣州地区农科所	1990(江西)	107～119	87.6	27.0	—	7.07	—	—
三系早籼	新香优 53	新香 A/95 - 53	广西壮族自治区象州县水稻所	2003(广西)	125.0	105.0	28.2	15.7	6.75～7.5	—	—
三系早籼	优Ⅰ01	优ⅠA/01	广西壮族自治区博白县农科所	2001(广西)	115～118	90～100	23～24	—	6.75	—	2.3(1994—2001)
三系早籼	优Ⅰ253	优ⅠA/测 253	广西大学支农开发中心	2000(广西)	120～125	110.0	25.6	19.8	7.50	—	—
三系早籼	优Ⅰ315	优ⅠA/T315	广西大学	2003(广西)	119.0	113.0	24.8	26.8	6.75～7.95	—	—
三系早籼	优Ⅰ402	优ⅠA/R402	湖南杂交水稻研究中心	1999(江西)	116.0	88.0	25.4	23.9	6.75	24.2(1999)	117.7(1995—2005)
三系早籼	优Ⅰ54	优ⅠA/T54	广西壮族自治区博白县农科所	2001(广西)	126.0	115.0	25.6	—	7.05	—	0.2(1996—1999)
三系早籼	优Ⅰ66	优ⅠA/恢 66	中国水稻研究所	1997(江西)	118.0	94.0	26.0	24.5	6.49	6.8(2005)	30.7(1998—2005)
三系早籼	优ⅠT80	优ⅠA/T80	广西壮族自治区柳州地区农科所	2001(广西)	117.0	95.0	25.0	—	7.05	—	—

（续）

品种类型	品种名称	品种组合/来源	第一选育单位	首次审定	全生育期（d）	株高（cm）	千粒重（g）	直链淀粉（%）	区试单产（t/hm²）	最大年推广面积（万 hm²）和年份	累计推广面积（万 hm²）和年份跨度
三系早籼	优Ⅰ桂 99	优Ⅰ A/桂 99	广西壮族自治区蒙山县种子公司	2000(广西)	128.0	100.0	26.5	20.1	6.75～8.25	1.7(1996)	5.3(1995—2004)
三系早籼	优Ⅰ华联 2 号	优Ⅰ A/辐 26	湖南省杂交水稻研究中心	1997(江西)	118.0	85.0	25.0	25.5	6.52	33.4(1996)	110.7(1992—2000)
三系早籼	优优 122	优Ⅰ A/广恢 122	广东省农科院水稻所	1998(广东)	126.0	98.0	24.0	19.4	7.50	—	—
三系早籼	优优 128	优Ⅰ A/广恢 128	广东省农科院水稻所	1999(广东)	130.0	105.0	24.0	—	7.50	—	9.1(2000—2005)
三系早籼	优优 308	优Ⅰ A/广恢 308	广东省农科院水稻所	2005(广东)	122.0	95.6～99.1	24.0	22.1	7.80	—	—
三系早籼	优优 4480	优Ⅰ A/广恢 4480	广东省农科院水稻所	1997(广东)	124.0	95.0	24.0	—	7.00	7.0(1999)	33.9(1996—2005)
三系早籼	优优 998	优Ⅰ A/广恢 998	广东省农科院水稻所	2003(广东)*	125.0	100.0	24.5	22.1	7.20	—	—
三系早籼	优优晚 3	优Ⅰ A/晚 3	广东省湛江海洋大学水稻室	1999(广东)	123.0	102.5	27.0	—	6.69	5.9(1996)	17.1(1994—2005)
三系早籼	粤优 239	粤泰 A/R239	广东省肇庆市农科所	2003(广东)	130.0	108.5	23.8～25.5	18.0	7.22	—	—
三系早籼	粤优 8 号	粤泰 A/R8 号	广东省连山县农科所	2001(广东)	130.0	103.0	26.6～27.3	—	7.01	0.4(2005)	1.7(2001—2005)
三系早籼	湛优 1018	湛 A/HR1018	广东省湛江海洋大学水稻室	2003(海南)	124.1	102.6	23.3	—	8.17～8.96	—	—
三系早籼	枝优 01	枝 A/01	广西壮族自治区博白县农科所	1999(广西)	115.0	96.2	24.6	—	6.75	—	13.2(1991—1997)
三系早籼	枝优 253	枝 A/测 253	广西大学支农开发中心	2000(广西)	120～125	119.0	25.0	19.4	6.75	2.1(2001)	4.6(2000—2005)
三系早籼	枝优桂 99	枝 A/桂 99	广西壮族自治区博白县农科所	1998(广西)	131.0	116.0	24.0	19.0	6.75	7.9(1995)	34.0(1992—2004)
三系早籼	中优 106	中 9A/桂 R106	广西壮族自治区农科院植保所	2004(广西)	115～122	105.5	20.8	23.8	6.75～7.50	—	—
三系早籼	中优 1 号	中 9A/钟恢 1 号	广西壮族自治区钟山县种子公司	2000(广西)	115.0	98.0	26.0	19.5	7.05	0.9(2003)	3.0(1997—2003)
三系早籼	中优 207	中 9A/先恢 207	广西壮族自治区钟山县种子公司	2000(广西)	125.0	113.0	26.0	20.9	7.20	2.4(2004)	7.6(2000—2005)
三系早籼	中优 229	中 A/R229	广东省肇庆市农科所	2002(广东)	127.0	103.9～105	25.4	—	6.71	—	—
三系早籼	中优 238	中 A/R238	广东省肇庆市农科所	2004(广东)	126.0	104	22.3	20.3～22.9	6.89	—	—
三系早籼	中优 253	中 9A/测 253	广西大学	2000(广西)	125～130	110～115	24.5	—	7.20	16.8(2002)	75.9(1999—2004)
三系早籼	中优 258	中 9A/测 258	广西大学支农开发中心	2004(广西)	120.0	120.6	26.3	24.4	6.75～7.50	—	—
三系早籼	中优 315	中 9A/T315	广西大学	2003(广西)	121.0	115.0	25.4	25.7	6.75～7.95	—	—
三系早籼	中优 402	中 9A/R402	广西壮族自治区钟山县种子公司	2000(广西)	112.0	95.0	26.0	25.3	7.05	—	0.5(1997—1999)

（续）

品种类型	品种名称	品种组合/来源	第一选育单位	首次审定	全生育期(d)	株高(cm)	千粒重(g)	直链淀粉(%)	区试单产(t/hm²)	最大年推广面积(万 hm²)和年份	累计推广面积(万 hm²)和年份跨度
三系早籼	中优 4480	中 9A/广恢 4480	广西壮族自治区钟山县种子公司	2001(广西)	122.0	110.0	25.0	—	7.20	—	0.3(1998—2000)
三系早籼	中优 679	中 9A/测 679	广西大学	2004(广西)	119.0	121.0	26.4	19.4	6.75	—	—
三系早籼	中优 781	中 9A/781	广西壮族自治区种子公司	2001(广西)	123.0	110.0	26.5	—	7.50	0.8(2004)	—
三系早籼	中优 82	中 9A/明恢 82	广西壮族自治区钟山县种子公司	2001(广西)	118～120	100.0	24.5	—	7.20	0.7(2003)	1.7(1999—2004)
三系早籼	中优 838	中 9A/辐恢 838	广西壮族自治区钟山县种子公司	2000(广西)	128.0	110.0	27.5	22.0	7.50	1.4(2002)	3.9(1999—2004)
三系早籼	中优桂 99	中 9A/桂 99	广西壮族自治区钟山县种子公司	2000(广西)	130.0	118.0	25.5	19.4	6.75～7.50	2.5(2002)	5.6(1998—2004)
三系中籼	Ⅰ优 86	优Ⅰ A/R8608	陕西省汉中市农科所	2000(陕西)*	115.0	95.0	28.0	—	8.30	1.3(2004)	4.0(2000—2005)
三系中籼	Ⅱ优 084	Ⅱ32A/镇恢 084	江苏省农科院镇江市农科所	2001(江苏)*	150.0	124.0	27～28	21.4	9.52	4.0(2004)	25.0(2000—2004)
三系中籼	Ⅱ优 118	Ⅱ-32A/华恢 118	江苏省大华种业集团公司	2003(江苏)	145.0	123.0	28.0	22.0	9.98	10.0(2005)	20.0(2003—2005)
三系中籼	Ⅱ优 1273	Ⅱ-32A/明恢 1273	福建省三明市农科所	2004(福建)	145.0	120.0	28.0	22.7	8.06	—	—
三系中籼	Ⅱ优 129	Ⅱ32A/镇恢 129	江苏省农科院镇江市农科所	1999(江苏)	146.0	125.0	26.5	22.4	9.68	5.0(2004)	30.0(1999—2004)
三系中籼	Ⅱ优 131	Ⅱ-32A/泉恢 131	福建省泉州市农科所	2005(福建)	129.9	105.1	26.7	20.8	6.83	—	—
三系中籼	Ⅱ优 139	Ⅱ-32A/福恢 139	福建省农科院稻麦所	2005(福建)	130.2	105.7	26.7	21.1	6.79	—	—
三系中籼	Ⅱ优 15	Ⅱ-32A/大粒香 15	福建省南平市农科所	2001(福建)	126.0	96.0	29.0	23.2	6.19	7.0(2003)	15.7(2000—2004)
三系中籼	Ⅱ优 1539	Ⅱ-32A/1539	重庆市作物所	1998(重庆)	162.0	120.0	27.1	—	8.00～8.50	2.6(1999)	9.2(1998—2005)
三系中籼	Ⅱ优 1577	Ⅱ-32A/宜恢 1577	四川省宜宾市农科所	2002(四川)	155.4	115.3	25.1	26.0	8.53	15.0(2004)	55.0(2002—2005)
三系中籼	Ⅱ优 162	Ⅱ-32A/蜀恢 162	四川农业大学水稻所	1997(四川)*	145.0	114.0	28.4	20.3	9.11	18.1(2004)	75.5(1999—2005)
三系中籼	Ⅱ优 183	Ⅱ-32A/南恢 183	福建省南平市农科所	2004(福建)	145.0	110.0	27.0	22.0	8.14	—	—
三系中籼	Ⅱ优 205	Ⅱ-32A/D205	南京农业大学	2004(江苏)	146.0	125.0	28.6	21.4	9.71	—	—
三系中籼	Ⅱ优 3028	Ⅱ-32A/泸恢 3028	四川省农科院水稻高粱所	1997(四川)	143.0	115.0	27.0	—	7.50	1.3(2000)	4.2(1997—2005)
三系中籼	Ⅱ优 325	Ⅱ-32A/恩恢 325	湖北省恩施自治州红庙农科所	2002(恩施)	144.5	110.0	27.5	23.9	8.24	1.0(2001)	1.7(2000—2001)
三系中籼	Ⅱ优 363	Ⅱ-32A/蜀恢 363	四川农业大学水稻所	2004(四川)*	156.8	109.3	26.8	22.3	9.01	—	—
三系中籼	Ⅱ优 441	Ⅱ32A/R441	湖南省杂交水稻研究中心	2002(湖南)	144.0	111.5	27.7	20.3	—	1.1(2005)	3.8(2002—2005)
三系中籼	Ⅱ优 448	Ⅱ-32A/成恢 448	四川省农科院作物所	1998(四川)	145.0	100.5	26.9	22.0	8.52	—	—

（续）

品种类型	品种名称	品种组合/来源	第一选育单位	首次审定	全生育期（d）	株高（cm）	千粒重（g）	直链淀粉（%）	区试单产（t/hm²）	最大年推广面积（万 hm²）和年份	累计推广面积（万 hm²）和年份跨度
三系中籼	Ⅱ优 501	Ⅱ32-8A/绵恢 501	四川省绵阳市农科所	1993(四川)	136.7	122.4	26.7	21.1	8.93	63.5(1998)	241.8(1995—2005)
三系中籼	Ⅱ优 50329	Ⅱ-32A/50329	重庆市涪陵区农科所	2001(重庆)	162.5	112.1	26.7	21.0	7.80～8.30	2.0(2002)	3.2(2003—2005)
三系中籼	Ⅱ优 527	Ⅱ-32A/蜀恢 527	四川中正科技公司	2003(国家)	155.3	114.3	28.5	—	8.28	—	—
三系中籼	Ⅱ优 536	Ⅱ-32A/南恢 536	福建省南平农科所	2005(福建)	144.0	122.4	27.9	22.3	8.38	—	—
三系中籼	Ⅱ优 559	Ⅱ32A/盐恢 559	江苏省农科院沿海农科所	2002(江苏)	151.0	125.0	27.0	16.6	9.26	—	—
三系中籼	Ⅱ优 58	Ⅱ-32A/恩恢 58	湖北省恩施自治州红庙农科所	1996(恩施)	162.0	110.0	27.5	23.2	7.67	2.0(1997)	8.2(1997—2005)
三系中籼	Ⅱ优 602	Ⅱ-32A/泸恢 602	四川省农科院水稻高粱所	2002(四川)*	154.0	116.0	29.0	—	8.72	6.7(2004)	20.0(2002—2005)
三系中籼	Ⅱ优 6078	Ⅱ-32A/6078	重庆市作物所	1995(重庆)	165.0	120.0	27.1	—	8.00～9.20	6.7(1997)	19.0(1997—2005)
三系中籼	Ⅱ优 63	Ⅱ-32A/明恢 63	四川省种子公司	1990(四川)	153.0	115.0	27.0	—	8.00	—	—
三系中籼	Ⅱ优 718	Ⅱ-32A/辐恢 718	四川省原子核应用技术所	2002(湖北)*	148.2	115.4	30.4	22.5	8.93	75.0(2005)	150.0(2003—2005)
三系中籼	Ⅱ优 725	Ⅱ-32-8A/绵恢 725	四川省绵阳市农科所	2000(四川)*	153.2	114.0	26.3	23.5	8.50	32.8(2003)	270.0(2000—2005)
三系中籼	Ⅱ优 734	Ⅱ-32A/绵恢 734	四川省绵阳市农科所	1997(四川)	153.0	116.0	27.6	—	8.40	—	—
三系中籼	Ⅱ优 746	Ⅱ-32A/R746	中国科学院成都生物所	1997(四川)	154.0	107.8	27.0	—	8.28	5.3(2000)	9.5(1999—2001)
三系中籼	Ⅱ优 7954	Ⅱ-32A/浙恢 7954	浙江省农科院作核技术所	2004(国家)	136.0	119.0	27.3	25.2	9.21	10.0(2005)	11.2(2004—2005)
三系中籼	Ⅱ优 7 号	Ⅱ-32A/泸恢 17	四川省农科院水稻高粱所	1998(四川)	151.0	115.0	27.5	—	8.71	66.7(2002)	246.2(1998—2005)
三系中籼	Ⅱ优 8006	Ⅱ—32A/中恢 8006	中国水稻研究所	2005(浙江)	131.0	122～127	25.0	24.7	7.00～7.50	—	—
三系中籼	Ⅱ优 802	Ⅱ-32A/川恢 802	四川省农科院生核技术所	1996(四川)	150.0	—	28.0	—	8.52	46.7(1999)	133.3(1996—2005)
三系中籼	Ⅱ优 838	Ⅱ-32A/辐恢 838	四川省原子核应用技术所	1995(四川)*	150.0	115.0	29.0	22.8	8.75	79.1(2000)	548.1(1995—2005)
三系中籼	Ⅱ优 86	Ⅱ-32A/万恢 86	四川省万县市农科所	1994(四川)	154.0	124.3	28.6	—	8.25	—	—
三系中籼	Ⅱ优 87	Ⅱ-32A/R87	湖北省荆楚种业公司	2004(湖北)	137.6	114.9	29.6	21.2	8.39	1.8(2005)	2.4(2004—2005)
三系中籼	Ⅱ优 898	Ⅱ-32A/恢 898	湖北省江汉农业高科技中心	2005(湖北)	139.9	119.8	27.0	20.9	8.67	—	0.7(2005)
三系中籼	Ⅱ优 906	Ⅱ-32A/蓉恢 906	四川省成都市第二农科所	1999(四川)	153.0	115.0	24.9	25.9	8.62	7.5(2005)	18.4(1997—2005)
三系中籼	Ⅱ优 92-4	Ⅱ-32A/内恢 92-4	四川省内江杂交水稻研究中心	1998(四川)	152.0	118.0	28.0	20.7	8.54	—	—
三系中籼	Ⅱ优 936	Ⅱ-32A/福恢 936	福建省农科院稻麦所	2005(福建)	143.0	128.7	27.5	24.0	8.98	—	—
三系中籼	Ⅱ优 949	Ⅱ-32A/川恢 949	四川省农科院生核技术所	2001(四川)	153.0	114.0	27～28	—	8.14	—	—
三系中籼	Ⅱ优 95-18	Ⅱ-32A/内恢 95-18	四川省内江杂交水稻研究中心	2001(四川)	153～155	115～120	27.0	22.3	8.13	—	—

（续）

品种类型	品种名称	品种组合/来源	第一选育单位	首次审定	全生育期(d)	株高(cm)	千粒重(g)	直链淀粉(%)	区试单产(t/hm²)	最大年推广面积(万 hm²)和年份	累计推广面积(万 hm²)和年份跨度
三系中籼	Ⅱ优 96	Ⅱ-32A/乐恢 96	四川省乐山市农科所	2003(四川)	153.6	111.9	26.6	29.1	8.35	6.7(2005)	20.0(2003—2005)
三系中籼	Ⅱ优 9 号	Ⅱ-32A/N625(联恢 9 号)	四川省原子核应用所	2002(四川)	150～152	115～120	28.0	21.5	8.25	—	—
三系中籼	Ⅱ优 D069	Ⅱ-32A/D069	四川省原子核应用技术所	2001(重庆)	155.0	115.0	28.0	—	8.02	—	—
三系中籼	Ⅱ优 H103	Ⅱ-32A/泸恢 H103	四川省农科院水稻高粱所	2002(四川)	151.0	118.0	27.0	—	8.70	3.0(2005)	4.2(2002—2005)
三系中籼	Ⅱ优多 57	Ⅱ-32A/多恢 57	四川省农科院水稻高粱所	1996(四川)	150.0	110.0	27.0	—	8.31	30.6(1999)	106.1(1996—2005)
三系中籼	Ⅱ优多系 1 号	Ⅱ-32A/多系 1 号	四川省内江杂交水稻研究中心	2000(四川)	150.2	115.0	27.4	18.2	8.33	20.3(2003)	70.7(2000—2005)
三系中籼	Ⅱ优辐 819	Ⅱ-32A/辐 819	福建省南平市农科所	2003(福建)	128～130	100.0	26.0	22.4	6.84	2.9(2004)	4.1(2003—2004)
三系中籼	Ⅱ优航 148	Ⅱ-32A/福恢 148	福建省农科院稻麦所	2005(福建)	144.0	126.8	28.6	24.9	8.50	—	—
三系中籼	Ⅱ优航 1 号	Ⅱ-32A/航 1 号	福建省农科院稻麦所	2004(福建)*	129.0	100.0	27.0	21.3	8.33	1.5(2004)	1.5(2004)
三系中籼	Ⅱ优缙恢 1 号	Ⅱ-32A/缙恢 1 号	西南大学	2002(重庆)	160.0	110.0	26.0	26.1	7.60～8.20	1.4(2005)	3.0(2003—2005)
三系中籼	Ⅱ优明 86	Ⅱ-32A/明恢 86	福建省三明市农科所	2001(福建)*	128.0	100～110	27～28	23.4	6.67	24.6(2004)	40.5(2000—2004)
三系中籼	Ⅱ优香 13	Ⅱ-32A/内香恢 1 号	四川省内江杂交水稻研究中心	2004(国家)	156.8	116.4	27.9	21.9	8.43	—	—
三系中籼	80 优 151	江育 80A/江恢 151	四川省江油市水稻所	1999(四川)	147.5	113.1	29.6	—	8.24	—	—
三系中籼	B 优 0301	333A/蜀恢 527	西南科技大学水稻所	2005(四川)	152.5	117.8	31.1	—	8.21	—	—
三系中籼	B 优 0601	659A/绵恢 2006	西南科技大学水稻所	2005(四川)	150.0	112.0	31.0	22.9	8.47	—	—
三系中籼	B 优 811	803A/涪恢 311	西南科技大学水稻所	2003(四川)*	152.0	114.3	26.0	24.4	8.76	1.8(2005)	5.9(2003—2005)
三系中籼	B 优 817	803A/泸恢 17	西南科技大学水稻所	2003(四川)	149.0	119.0	27.2	—	7.90	—	—
三系中籼	B 优 827	803A/蜀恢 527	西南科技大学水稻所	2002(四川)*	150.0	115.0	29.0	22.5	9.12	23.3(2005)	50.0(2002—2005)
三系中籼	B 优 838	803A/辐恢 838	西南科技大学水稻所	2001(四川)	141.0	110.0	28.4	19.4	7.98	8.7(2005)	26.7(2001—2005)
三系中籼	B 优 840	803A/绵恢 2040	西南科技大学水稻所	2000(四川)	140.0	108.0	26.7	19.4	7.97	7.3(2005)	26.0(2000—2005)
三系中籼	C 优 1340	CA/R130	四川省绵阳经技高等学校	2000(四川)	150.2	117.6	30.0	21.4	8.33	—	—
三系中籼	C 优 2009	CA/绵恢 2009	西南科技大学水稻所	2002(四川)	151.0	118.0	30.8	22.5	8.32	16.7(2005)	41.7(2002—2005)
三系中籼	C 优 2040	CA/绵恢 2040	西南科技大学水稻所	2002(四川)	148.0	116.0	29.0	19.3	8.19	5.3(2005)	18.7(2002—2005)
三系中籼	C 优 2095	CA/绵恢 2095	西南科技大学水稻所	2004(四川)	151.0	121.3	31.5	21.9	8.35	—	—
三系中籼	C 优 22	CA/CDR22	四川省绵阳经技高等学校	1999(四川)	148.0	111.0	29.5	21.6	8.46	14.7(2005)	36.6(1999—2005)
三系中籼	C 优 527	CA/蜀恢 527	西南科技大学水稻所	2003(四川)	152.0	119.1	32.0	22.6	8.46	—	—
三系中籼	C 优 725	CA/绵恢 725	四川省绵阳市农科所	2003(四川)	151.5	115.4	29.6	—	8.37	—	—

（续）

品种类型	品种名称	品种组合/来源	第一选育单位	首次审定	全生育期 (d)	株高 (cm)	千粒重 (g)	直链淀粉 (%)	区试单产 (t/hm²)	最大年推广面积(万 hm²)和年份	累计推广面积 (万 hm²) 和年份跨度
三系中籼	C优多系1号	CA/多系一号	西南科技大学水稻所	2001(四川)	149.3	116.4	30.7	21.2	8.44	14.0(2005)	31.3(2001—2005)
三系中籼	D297优67	D297A/恢67	福建尤溪县管前农技推广站	1993(福建)	130～135	104.0	28.5	24.0	6.60	1.1(1995)	4.1(1995—1998)
三系中籼	D297优明86	D297A/明恢86	福建省尤溪县良种生化所	2003(福建)	143～145	110～115	29.0	21.4	8.18	—	—
三系中籼	d丰优084	d丰A/镇恢084	江苏省农科院镇江市农科所	2005(江苏)	140.0	110.0	27.0	22.8	8.40	—	—
三系中籼	D奇宝优1号	D奇宝A/登秀1号	福建省尤溪县良种生化所	2002(福建)*	126.0	115.9	28.2	20.3	7.30	—	—
三系中籼	D奇宝优527	D奇宝A/蜀恢527	福建省尤溪县良种生化所	2004(福建)*	130.3	113.5	29.7	21.2	8.20	—	—
三系中籼	D汕63	D珍汕97A/明恢63	四川农业大学水稻所	1987(四川)*	145～150	100～110	28.0	—	8.25	109.5(1990)	424.6(1987—2001)
三系中籼	D优101	D62A/R101	四川农业大学水稻所	2005(四川)	152.0	113.0	24.9	21.3	8.23	—	—
三系中籼	D优10号	D297A/明恢63	四川农业大学水稻所	1990(四川)	145～153	110～115	28.0	22.2	6.20	13.4(1998)	51.7(1990—2003)
三系中籼	D优116	D62A/乐恢116	四川省乐山市良种场	2003(四川)	149.8	113.0	27.2	21.2	8.37	—	—
三系中籼	D优128	D62A/广恢128	四川农业大学水稻所	2002(四川)*	155.0	111.5	24.5	26.2	8.73	—	—
三系中籼	D优13	D702A/蜀恢527	四川农业大学水稻所	2000(国家)	153.0	100～110	27.5	21.6	8.25	—	—
三系中籼	D优130	D62A/R130	四川省眉山职业技术学院	2003(四川)	154.9	114.3	28.2	—	8.36	2.5(2004)	4.0(2003—2005)
三系中籼	D优1609	D62A/1609	四川省农科院水稻高粱所	1991(四川)	140.0	110.0	28.0	—	7.76	0.7(1993)	3.3(1991—1997)
三系中籼	D优162	D汕A/蜀恢162	四川农业大学水稻研究所	1996(四川)	143.0	90.0	27.5	—	6.73	—	7.8(1999—2005)
三系中籼	D优17	D35A/抗恢527	四川农业大学水稻研究所	2005(四川)	149.0	109.0	29.3	21.7	8.05	—	—
三系中籼	D优177	D62A/成恢177	四川省农科院作物所	2003(四川)	153.9	108.9	26.9	22.6	8.19	—	—
三系中籼	D优193	D62A/89-193	四川省什邡市种子公司	2000(四川)	152.0	115.0	28.0	21.0	8.04	—	—
三系中籼	d优218	d丰A/华恢218	江苏省大华种业集团公司	2004(江苏)	144.0	110.0	25.0	—	8.40	—	—
三系中籼	D优2362	D23A/蜀恢362	四川农业大学水稻所	2005(四川)	151.0	89.0	26.4	22.4	7.40	—	—
三系中籼	D优261	D23A/蜀恢361	中国科学院遗传所	2003(四川)	150.0	97.0	25.4	—	7.05	—	—
三系中籼	D优287	D汕A/水源287	四川省种子公司	1989(四川)	141～150	80.0	26.0	—	8.38	—	—
三系中籼	D优3232	D297A/3232	原四川省万县市农科所	1997(四川)	153.0	110.0	28.6	—	8.49	—	—
三系中籼	D优361	D汕A/蜀恢361	四川农业大学水稻所	2000(四川)	146.3	94.8	26.5	—	7.05	—	—
三系中籼	D优362	D汕A/蜀恢362	四川农业大学水稻所	1997(四川)	150.0	87.8	26.2	—	7.50	—	—
三系中籼	D优363	D62A/蜀恢363	四川农业大学水稻所	2002(四川)*	154.6	110.8	27.3	21.8	8.70	—	—
三系中籼	D优448	D62A/成恢448	四川省农科院作物所	2001(四川)	147.7	100.0	27.1	21.0	7.96	—	—
三系中籼	D优501	D汕A/绵恢501	绵阳农业专科学校	1993(四川)	144.8	107.3	26～27	20.5	7.72	18.7(2000)	50.0(1993—2005)
三系中籼	D优527	D62A/蜀恢527	四川农业大学水稻所	2000(贵州)*	153.1	114.1	29.7	22.7	9.12	29.7(2003)	115.2(2000—2005)

（续）

品种类型	品种名称	品种组合/来源	第一选育单位	首次审定	全生育期(d)	株高(cm)	千粒重(g)	直链淀粉(%)	区试单产(t/hm²)	最大年推广面积(万 hm²)和年份	累计推广面积(万 hm²)和年份跨度
三系中籼	D优 6511	D62A/南恢 511	四川省南充市农科所	2005(四川)	153.2	113.6	30.0	2.8	8.21	—	—
三系中籼	D优 68	D62A/多系 1 号	四川农业大学水稻所	1997(四川)*	147.0	114.3	26.7	20.3	8.46	18.8(2002)	96.5(1997—2005)
三系中籼	D优 6 号	D62A/菲恢 6 号	福建省尤溪县良种生化所	2005(福建)	141.0	114.2	28.4	23.4	8.41	—	—
三系中籼	D优 725	D62A/绵恢 725	四川省绵阳市农科所	2001(四川)	153.0	113.2	27.0	—	8.22	—	—
三系中籼	D优 986	D62A/池恢 986	隆平高科种业公司	2005(安徽)	141.0	115.0	27.2	22.0	8.57	—	2.0(2005)
三系中籼	D优多 1	D702A/多系 1 号	四川农业大学水稻所	2000(四川)*	146.0	106.0	26.4	22.1	8.25	—	—
三系中籼	I优 4761	优 IA/4761	贵州省农科院水稻所	1998(贵州)	152.0	101.0	27.0	23.1	8.69	2.0(2003)	7.8(1998—2005)
三系中籼	K优 047	K17A/成恢 047	四川省农科院作物所	2001(四川)*	149.0	109.0	26.8	21.0	8.25	5.0(2001)	13.3(2000—2003)
三系中籼	K优 130	K17A/乐恢 130	四川省农科院水稻高粱所	1998(四川)	147.0	116.0	30.0		8.50	5.4(2001)	13.1(1998—2005)
三系中籼	K优 17	K17A/泸恢 17	四川省农科院水稻高粱所	1997(四川)*	140.0	107.0	28.5	—	8.73	20.0(2002)	97.0(1995—2005)
三系中籼	K优 195	K17A/HR195	四川省农科院水稻高粱所	1998(四川)	140.0	110.0	30.0		7.95	0.7(2000)	3.3(1999—2005)
三系中籼	K优 1 号	K青 A/明恢 63	四川省农科院水稻高粱所	1994(四川)	148.0	116.0	31.0	—	8.50	4.5(1997)	9.0(1994—2001)
三系中籼	K优 3 号	K19A/明恢 63	四川省农科院水稻高粱所	1993(四川)	149.0	118.0	30.0		8.30	3.3(1996)	7.0(1993—1999)
三系中籼	K优 40	K17A/R40	四川省农科院水稻高粱所	2000(四川)	148.0	110.0	28.0	—	7.95	0.4(2002)	1.3(2000—2005)
三系中籼	K优 507	K17A/R507	江苏省农科院里下河农科所	2002(江苏)	146.0	115.0	30.0	25.1	9.27	10.0(2005)	22.7(2002—2005)
三系中籼	K优 52	K17A/OM052	安徽省农科院水稻所	2004(安徽)*	133.0	118.0	29.5	23.1	8.86	—	1.0(2004—2005)
三系中籼	K优 5 号	K17A/多系 1 号	四川省农科院水稻高粱所	1996(四川)*	148.0	115.0	30.0	—	8.50	60.0(2002)	210.0(1996—2005)
三系中籼	K优 8149	K18A/成恢 149	四川省农科院水稻高粱所	2000(四川)	148.0	116.0	32.0	—	8.60	3.2(2003)	6.1(2000—2005)
三系中籼	K优 817	K18A/泸恢 17	四川省农科院水稻高粱所	2004(四川)	142.0	115.0	31.0	—	8.40	2.8(2005)	4.4(2004—2005)
三系中籼	K优 818	K17A/R818	江苏省农科院里下河农科所	2001(江苏)*	149.0	124.0	30.5	24.3	9.23	50.0(2005)	150.0(2000—2005)
三系中籼	K优 8527	K18A/蜀恢 527	四川省农科院水稻高粱所	2003(四川)	148.0	117.0	32.0	—	8.70	2.0(2004)	4.1(2003—2005)
三系中籼	K优 8602	K18A/泸恢 602	四川省农科院水稻高粱所	2002(四川)	149.0	110.0	31.0	—	7.88	0.1(2004)	0.2(2002—2005)
三系中籼	K优 8615	K18A/泸恢 615	四川省农科院水稻高粱所	2001(四川)	148.0	115.0	27.0		8.30	0.3(2003)	1.0(2001—2005)
三系中籼	K优 8725	K18A/绵恢 725	四川省农科院水稻高粱所	2000(四川)	148.0	117.0	29.0	—	8.60	3.8(2003)	5.6(2000—2005)
三系中籼	K优 877	K18A/明恢 77	四川省农科院水稻高粱所	2002(国家)	136.0	107.0	30.0	—	7.20	1.1(2003)	3.0(2002—2005)
三系中籼	K优 88	K18A/万恢 88	四川省农科院水稻高粱所	2000(重庆)	149.0	118.0	29.0	—	8.60	1.5(2004)	4.0(2000—2005)
三系中籼	K优 954	K17A/9M054	安徽省农科院水稻所	2004(安徽)	132.0	110.0	26.5	22.4	8.83	—	6.3(2004—2005)
三系中籼	K优绿 36	K17A/绿 36	安徽省农科院绿色食品所	2002(安徽)	136.0	113.6	27.4	—	8.46	—	6.5(2002—2004)

（续）

品种类型	品种名称	品种组合/来源	第一选育单位	首次审定	全生育期（d）	株高（cm）	千粒重（g）	直链淀粉（%）	区试单产（t/hm²）	最大年推广面积（万 hm²）和年份	累计推广面积（万 hm²）和年份跨度
三系中籼	N优1577	NJ7A/宜恢1577	四川省宜宾市农科所	2003(四川)	152.5	112.3	26.0	27.3	8.31	1.3(2005)	13.3(2003—2005)
三系中籼	N优2号	N7A/龙恢2号	重庆市九龙坡区农科所	2004(重庆)	158.0	116.0	30.0	23.3	8.50～9.50	1.2(2005)	1.2(2004—2005)
三系中籼	N优69	N5A/内恢97-69	四川省内江杂交水稻开发中心	2001(四川)	148.0	110～112	28.5	—	8.40	—	—
三系中籼	N优92-4	N7A/内恢92-4	四川省内江杂交水稻开发中心	2000(贵州)	153.8	115～120	29.3	—	8.40	—	—
三系中籼	N优94-11	N7A/内恢94-11	四川省内江杂交水稻开发中心	2001(四川)	148～152	115～120	30.0	—	8.30	—	—
三系中籼	Q优1号	115A/绵恢725	重庆市种子公司	2002(重庆)	154.0	115.0	27.0	23.0	8.00～10.00	25.0(2005)	50.0(2003—2005)
三系中籼	Q优2号	Q1A/成恢047	重庆市种子公司	2002(重庆)*	155.0	108.0	25.0	15.4	8.00～9.00	5.3(2005)	10.0(2003—2005)
三系中籼	Q优5号	Q2A/成恢048	重庆市种子公司	2003(重庆)*	154.0	111.6	25.7	15.8	8.50～9.00	3.3(2005)	5.3(2003—2005)
三系中籼	Q优6号	Q2A/R1005	重庆市种子公司	2004(重庆)	158.0	110.9	27.8	15.3	9.00～12.00	3.3(2005)	5.3(2004—2005)
三系中籼	T优227	T98A/R227	湖南省隆平高科种业公司	2005(湖南)	137.0	109.0	25.8	21.1	—	—	0.4(2005)
三系中籼	T优300	T98A/R527	湖南省杂交水稻研究中心	2005(湖南)	142.0	120.0	28.5	23.0	—	—	1.0(2005)
三系中籼	T优640	T98A/R640	湖南省杂交水稻研究中心	2005(湖南)	135.0	110.0	26.0	22.3	—	—	1.7(2005)
三系中籼	T优8086	T80A/明恢86	福建农林大学作物科学院	2004(国家)	148.4	107.7	27.7	22.1	8.00	—	—
三系中籼	T优82	T98A/明恢82	湖南省麻阳县种子公司	2005(湖南)	127.0	108.0	25.8	22.4	—	—	0.4(2005)
三系中籼	矮优L011	矮仔稻A/L011	安徽省农科院水稻所	1994(安徽)	125.0	95.0	27.0	—	7.77	—	2.3(1994—1996)
三系中籼	八汕63	八汕A/明恢63	原绵阳农业专科学校	1987(四川)	150.0	105.0	27.0	—	8.37	—	—
三系中籼	标优2号	M52A/成恢19	四川省农科院作物所	2003(四川)	148.8	95.0	24.0	17.1	7.00	—	—
三系中籼	博优141	博A/R141	江西省萍乡市农科所	2003(江西)	134.3	117.3	25.6	18.9	6.98～7.35	—	—
三系中籼	博优晚3	博A/晚3	湛江海洋大学	1999(广东)	121.0	103.0	24.0	—	6.34	—	—
三系中籼	昌优2号	中9A/R120	江西农业大学农学院	2004(江西)	140.7	128.4	25.5	21.3	7.38～7.82	—	—
三系中籼	昌优4号	博A/R120	江西农业大学农学院	2004(江西)	129.0	127.1	22.5	19.0	7.29～7.41	—	—
三系中籼	长优838	长132A/辐恢838	四川省农科院作物所	2002(四川)	147.6	105.0	28.7	21.6	7.82	—	—
三系中籼	常优87-88	常菲22A/远诱1号	中国科学院成都生物所	1994(四川)	146.0	124.3	28.5	—	8.10	—	—
三系中籼	川7优89	川7A/绵恢89	四川省绵阳市农科所	2002(四川)	153.0	119.0	31.1	—	8.58	—	—
三系中籼	川丰2号	冈46A/江恢364	四川省种子站	1999(四川)*	147.8	114.9	26.7	21.9	8.49	—	—
三系中籼	川丰3号	Ⅱ-32A/JR885	四川省川丰种业育种中心	2000(四川)	153.0	114.9	28.5	—	8.00	—	—

（续）

品种类型	品种名称	品种组合/来源	第一选育单位	首次审定	全生育期（d）	株高（cm）	千粒重（g）	直链淀粉（%）	区试单产（t/hm²）	最大年推广面积（万 hm²）和年份	累计推广面积（万 hm²）和年份跨度
三系中籼	川丰 4 号	江育 80A/江恢 364	四川省川丰种业育种中心	2001(四川)	149.6	111.7	27.4	—	8.33	—	—
三系中籼	川丰 5 号	金 23A/江恢 364	四川省川丰种业育种中心	2001(四川)	150.7	112.4	27.0	21.7	7.77	—	—
三系中籼	川丰 6 号	中 9A/江恢 151	四川省川丰种业育种中心	2002(四川)	150.6	120.5	27.5	22.6	8.19	—	—
三系中籼	川丰 7 号	中 9A/江恢 364	四川省川丰种业育种中心	2002(四川)*	151.0	117.0	25.4	—	8.27	—	—
三系中籼	川香 3 号	川香 29A/成恢 448	四川省农科院作物所	2003(四川)	150.5	99.8	29.0	21.3	7.60	—	—
三系中籼	川香 8 号	川香 29A/成恢 157	四川省农科院作物所	2004(四川)	154.0	116.0	28.0	21.7	8.18	—	—
三系中籼	川香 9838	川香 29A/辐恢 838	四川天宇种业公司	2004(四川)	152.0	118.7	30.4	23.2	8.28	—	—
三系中籼	川香 9 号	川香 29A/成恢 425	四川省农科院作物所	2004(四川)	151.0	105.0	31.0	19.5	7.71	—	—
三系中籼	川香稻 5 号	川香 29A/成恢 761	四川省农科院作物所	2004(四川)	153.0	117.0	28.2	21.0	7.69	—	—
三系中籼	川香优 2 号	川香 29A/成恢 177	四川省农科院作物所	2002(四川)*	137.7～157.4	114.4	29.1	21.6	8.36～9.15	15.5(2003)	34.9(2002—2005)
三系中籼	川香优 6 号	川香 29A/成恢 178	四川省农科院作物所	2005(国家)	136.7～158.8	113.6～120.5	28.7	21.8～22.7	8.25～8.73	—	—
三系中籼	川优 75535	川 75A/CDR535	四川省农科院作物所	2001(四川)	152.9	114.9	26.1	15.1	—	—	—
三系中籼	地优 151	地谷 A/江恢 151	四川省江油市种子公司	1997(四川)	142.0	104.0	27.4	—	7.98	—	—
三系中籼	恩优 325	恩 A/恩恢 325	湖北省恩施自治州红庙农科所	2000(恩施)	144.5	105.0	27.5	24.1	8.09	1.0(2002)	2.6(2001—2003)
三系中籼	恩优 58	恩 A/恩恢 58	湖北省恩施自治州红庙农科所	1998(恩施)	143.0	105.0	27.0	—	7.74	—	5.7(1997—2004)
三系中籼	恩优 995	恩 A/恩恢 995	湖北省恩施自治州红庙农科所	2001(恩施)	149.5	97.0	27.5	23.5	7.72	0.7(2001)	3.5(1999—2003)
三系中籼	二九优 559	29A/盐恢 559	江苏省农科院沿海农科所	2003(江苏)	145.0	120.0	30.0	22.4	10.11	—	—
三系中籼	二汕 63	二汕 A/明恢 63	四川省绵阳农业专科学校	1988(四川)	150.0	100～105	28～29	—	8.40	—	—
三系中籼	二汕优 501	二汕 A/绵恢 501	四川省绵阳农业专科学校	1993(四川)	146.0	106.8	26～27	20.7	7.67	20.0(2000)	53.3(1993—2005)
三系中籼	菲优 600	菲改 A/R600	中国水稻研究所	2004(浙江)	133.0	112～119	29.0	21.3	7.50～8.00	—	—
三系中籼	菲优 63	菲改 A/明恢 63	四川省内江市农科所	1988(四川)*	145～150	100～120	30.0	—	8.30	—	—
三系中籼	菲优 99-14	菲改 A/内恢 99-14	四川省内江市杂交水稻中心	2002(四川)	151.2	110～115	29.4	—	8.53	—	—
三系中籼	菲优多系 1 号	菲改 A/多系 1 号	四川省内江市杂交水稻中心	1998(四川)*	145～150	105～110	30.0	22.0	7.67～8.02	—	—
三系中籼	丰优 084	粤丰 A/镇恢 084	江苏省农科院镇江市农科所	2004(江苏)	142.0	120.0	27.0	15.6	9.27	—	—
三系中籼	丰优 28	粤丰 A/R288	陕西省汉中市农科所	2004(陕西)	156.0	118.7	26.5	—	9.00	0.7(2005)	1.00(2004—2005)
三系中籼	丰优 336	粤丰 A/扬恢 336	江苏省农科院里下河农科所	2004(江苏)	143.0	115.0	29.5	15.6	9.43	—	—

（续）

品种类型	品种名称	品种组合/来源	第一选育单位	首次审定	全生育期(d)	株高(cm)	千粒重(g)	直链淀粉(%)	区试单产(t/hm²)	最大年推广面积(万 hm²)和年份	累计推广面积(万 hm²)和年份跨度
三系中籼	丰优 559	粤丰 A/盐恢 559	江苏省农科院沿海农科所	2003(江苏)*	142.0	115.0	26.0	15.2	9.53	2.0(2005)	8.0(2000—2005)
三系中籼	丰优 58	丰 7A/丰恢 58	安徽省合肥丰乐种业公司	2005(安徽)	138.0	120.0	26.6	13.3	8.83	—	3.3(2005)
三系中籼	丰优香占	粤丰 A/R6547	江苏省农科院里下河农科所	2002(江苏)*	143.0	130.0	28.0	13.5	9.55	10.0(2005)	26.7(2002—2005)
三系中籼	福优 195	福伊 A/泸恢 195	湖北清江种业公司	2001(湖北)	153.3	96.5	26.7	20.9	7.55	0.7(2004)	1.0(2000—2004)
三系中籼	福优 310	福伊 A/R310	四川省成都西部农业工程所	2005(国家)	150.1	115.2	28.4	22.0	8.38	—	—
三系中籼	福优 325	福伊 A/恩恢 325	湖北省恩施土家族苗族自治州红庙农科所	2001(恩施)*	146.1	109.0	28.1	20.1	8.62	0.7(2004)	1.3(2004—2005)
三系中籼	福优 527	福伊 A/蜀恢 527	四川农业大学水稻研究所	2004(湖南)	141.0	112.0	27.0	—	—	0.9(2005)	1.1(2003—2005)
三系中籼	福优 58	福伊 A/恩恢 58	湖北省恩施土家族苗族自治州红庙农科所	2001(恩施)	145.7	107.0	27.2	20.2	8.43	1.7(2002)	6.2(2000—2005)
三系中籼	福优 86	福伊 A/明恢 86	福建省农科院稻麦所	2003(恩施)	148.0	100.0	28.2	—	9.23	2.0(2002)	7.2(2000—2005)
三系中籼	福优 994	福伊 A/成恢 994	四川省农科院作物所	2002(四川)	153.5	112.7	27.8	21.6	8.58	—	—
三系中籼	辐香优 98	辐香 A/滁辐 5098	安徽省滁州市原子能利用所	2005(安徽)	138.0	115.0	26.6	12.1	8.55	—	1.0(2005)
三系中籼	辐优 130	辐 76A/R130	四川省眉山农业学校	1997(四川)	150.0	116.0	29.3	—	8.53	20.0(2003)	100.0(1997—2005)
三系中籼	辐优 151	辐 74A/江恢 151	四川省江油市农科所	2002(四川)	152.2	114.6	27.6	—	8.32	—	—
三系中籼	辐优 19	辐 76A/成恢 19	四川省农科院作物所	2002(四川)	152.4	116.5	26.3	20.1	8.14	—	—
三系中籼	辐优 63	辐 74A/辐恢 63-1	四川省原子核应用所	1992(四川)	145.0	110.0	28.0	22.8	8.02	18.0	65.0(1992—2002)
三系中籼	辐优 802	辐 74A/川恢 802	四川省农科院生物与核技术所	1998(四川)	146.0	109.4	28.0	—	8.06	20.0(2001)	66.7(1998—2005)
三系中籼	辐优 838	辐 74A/辐恢 838	四川省原子核应用所	1997(四川)	145.0	115.0	29.0	—	8.25	25.0(2004)	100.0(1998—2005)
三系中籼	富优 108	冈 46A/嘉恢 108	四川省中正科技公司	2005(云南)	152.7	—	30.0	—	9.53	—	—
三系中籼	富优 1 号	Ⅱ-32A/R21	西南大学	2002(重庆)*	158.0	111.3	27.4	25.2	8.00～9.00	14.0(2005)	20.0(2003—2005)
三系中籼	富优 4 号	Ⅱ-32A/嘉恢 978	四川省嘉陵农作物品种研究中心	2004(国家)	155.0	115.0	26.5	24.5	8.53	—	—
三系中籼	冈优 118	冈 46A/乐恢 118	四川省乐山市良种场	2001(四川)	150.5	114.5	27.8	—	8.38	—	—
三系中籼	冈优 12	冈 46A/明恢 63	四川农业大学水稻研究所	1992(四川)	145～150	100～110	27.5	—	8.30	47.1(1994)	166.7(1992—2005)
三系中籼	冈优 130	冈 46A/R130	四川农业大学水稻研究所	2000(四川)	149.8	117.8	28.7	—	8.20	3.0(2004)	8.0(2000—2005)
三系中籼	冈优 1313	冈 46A/宜恢 1313	四川省宜宾市农科所	1998(四川)	148.0	110.0	28.0	—	8.33	5.6	30.0(1999—2005)
三系中籼	冈优 151	冈 46A/江恢 151	四川省江油市种子公司	1997(四川)	153.0	119.2	29.0	—	8.51	14.5(2000)	86.2(1997—2005)

（续）

品种类型	品种名称	品种组合/来源	第一选育单位	首次审定	全生育期(d)	株高(cm)	千粒重(g)	直链淀粉(%)	区试单产(t/hm^2)	最大年推广面积(万 hm^2)和年份	累计推广面积(万 hm^2)和年份跨度
三系中籼	冈优 1577	冈 46A/宜恢 1577	四川省宜宾市农科所	1999(四川)*	146.7	114.7	25.7	24.9	9.01	25.0	65.0
三系中籼	冈优 177	冈 46A/成恢 177	四川省农科院作物所	2000(四川)	150.0	112.6	27.7	22.7	8.28	—	—
三系中籼	冈优 182	冈 46A/内恢 182	四川省内江市农科所	2000(四川)	150.0	110～115	28.0	—	8.39	—	—
三系中籼	冈优 188	冈 46A/乐恢 188	四川省乐山市农牧科研所	2005(四川)	153.1	120.3	28.9	24.9	8.40	—	3.3(2005)
三系中籼	冈优 2009	冈 46A/绵恢 2009	西南科技大学水稻所	2000(四川)	150.0	113.0	27.0	—	8.25	13.3(2005)	52.0(2000—2005)
三系中籼	冈优 22	冈 46A/CDR22	四川省农科院作物所	1995(四川)*	154.8	111.0	26.6	—	8.30	161.3(1998)	900.6(1995—2005)
三系中籼	冈优 26	冈 46A/6326	四川农业大学水稻所	1997(四川)	149.1	113.0	28.5	—	6.73	—	—
三系中籼	冈优 336	冈 46A/R336	四川省眉山农业学校	2001(四川)	151.5	118.0	27.5	—	8.42	8.0(2003)	16.0(2001—2005)
三系中籼	冈优 3551	冈 46A/宜恢 3551	四川省宜宾市农科所	2001(四川)*	144.6	119.4	27.2	25.0	9.11	20.0(2003)	55.0(2001—2005)
三系中籼	冈优 361	冈 46A/蜀恢 361	四川农业大学水稻所	2002(四川)	153.8	88.0	25.6	—	7.50	—	—
三系中籼	冈优 363	冈 46A/蜀恢 363	四川农业大学水稻所	2002(四川)*	153.0	109.0	27.3	23.1	9.16	—	—
三系中籼	冈优 501	冈 46A/绵恢 501	四川省绵阳高等专科学校	1996(四川)	146.0	108.0	26.3	21.2	8.02	26.7(2005)	102.0(1996—2005)
三系中籼	冈优 527	冈 46A/蜀恢 527	四川农业大学水稻所	2000(四川)*	147.5	118.7	30.0	20.9	8.80	47.7(2004)	176.2(1999—2005)
三系中籼	冈优 608	冈 46A/凯恢 608	贵州省黔东南州农科所	2003(贵州)*	152.9	105.7	26.8	21.3	7.82	0.7(2005)	0.7(2004—2005)
三系中籼	冈优 615	冈 46A/泸恢 615	四川省农科院水稻高粱所	2000(四川)	150.0	116.0	27.0	—	8.25	2.0(2003)	6.7(2000—2005)
三系中籼	冈优 725	冈 46A/绵恢 725	四川省绵阳市农科所	1998(四川)	149.2	114.7	27.5	21.2	8.53	12.9(2005)	400.0(1998—2005)
三系中籼	冈优 734	冈 46A/绵恢 734	四川省绵阳市农科所	1997(四川)	150.0	116.0	27.6	—	8.32	—	—
三系中籼	冈优 825	冈 46A/嘉恢 825	四川省嘉陵农作物品种研究中心	2005(国家)	135.5	123.4	27.8	23.2	8.46	—	—
三系中籼	冈优 827	G2480/蜀恢 527	四川农业大学高科农业公司	2005(国家)	156.9	117.9	28.9	23.0	9.02	—	—
三系中籼	冈优 88	冈 46A/万恢 88	重庆市三峡农科所	1998(重庆)	158.0	111.0	27.0	—	9～9.5	8.0(2004)	12.0(1999—2005)
三系中籼	冈优 881	冈 46A/蜀恢 881	四川农业大学水稻所	1999(四川)	148.2	109.0	27.5	—	8.46	—	—
三系中籼	冈优 906	冈 46A/蓉恢 906	四川省成都市第二农科所	1997(四川)	148.0	114.0	26.0	23.2	8.48	5.0(2005)	14.5(1997—2005)
三系中籼	冈优 94-11	冈 46A/内恢 94-11	四川省内江杂交水稻中心	2000(四川)	148.9	117.8	28.7	—	8.33	—	—
三系中籼	冈优 94-4	冈 46A/内恢 94-4	四川省内江杂交水稻中心	2000(四川)	150.2	114.9	27.1	19.7	8.31	—	—
三系中籼	冈优 99-14	冈 46A/内恢 99-14	四川省内江杂交水稻中心	2005(四川)	150.0	110.0	26.5	22.2	8.17	—	—
三系中籼	冈优 D069	冈 46A/D069	四川省原子核应用所	2001(四川)	150.0	116.5	28.3	—	8.25	—	—
三系中籼	冈优多系 1 号	冈 46A/多系 1 号	四川省内江杂交水稻中心	1995(四川)	149.8	115.0	27.0	23.0	8.10	40.5(2000)	138.3(1993—2003)
三系中籼	冈优 19	冈 46A/成恢 19	四川省农科院作物所	2000(四川)	150.8	111.5	25.8	21.2	8.36	—	—

（续）

品种类型	品种名称	品种组合/来源	第一选育单位	首次审定	全生育期(d)	株高(cm)	千粒重(g)	直链淀粉(%)	区试单产(t/hm²)	最大年推广面积(万 hm²)和年份	累计推广面积(万 hm²)和年份跨度
三系中籼	广优 159	丛广 41A/R159	湛江海洋大学	1994(广东)	128.0	98.0	24.0	—	6.70	—	—
三系中籼	国稻 1 号	中 9A/中恢 8006	中国水稻研究所	2004(国家)	120.0	106～109	28.0	21.2	7.00～7.50	—	—
三系中籼	国稻 3 号	中 8A/中恢 8006	中国水稻研究所	2004(浙江)	120.0	105～108	26.0	20.1	6.50～7.00	—	—
三系中籼	国丰 1 号	中 9A/838 选	中国水稻研究所	2000(广西)*	130.0	99.0	27.5	22.2	8.20	15.0(2004)	40.0(2001—2004)
三系中籼	合优 3 号	G46A/川核 3 号	重庆市作物研究所	2001(重庆)	156.0	111.0	26.5	20.2	7.00～8.00	4.0(2005)	15.0(2003—2005)
三系中籼	黑优 1 号	珍汕 97A/R3350	中国科学院成都生物所	1997(四川)	156.1	109.9	26.1	—	7.13	—	—
三系中籼	红莲优 6 号	红莲粤泰 A/扬稻 6 号	武汉大学	2002(湖北)	139.0	118.9	27.2	20.5	9.87	13.0(2004)	28.0(2002—2005)
三系中籼	红优 2009	红矮 A/绵恢 2009	西南科技大学水稻所	2001(四川)*	150.0	114.5	30.5	21.7	8.82	16.7(2005)	40.0(2001—2005)
三系中籼	红优 22	红矮 A/CDR22	绵阳经济技术高等专科学校	1999(四川)	146.0	109.8	29.0	—	8.51	—	—
三系中籼	红优 44	红矮 A/THR-4-4	四川省江油市太和作物所	2005(四川)	150.1	115.7	30.0	23.6	8.47	—	—
三系中籼	红优 527	红矮 A/蜀恢 527	西南科技大学水稻所	2003(四川)*	150.3	108.6	31.4	22.4	8.92	2.0(2005)	—
三系中籼	红优 5355	红矮 A/CDR5255	绵阳经济技术高等专科学校	1999(四川)	146.6	113.7	29.7	—	8.60	—	—
三系中籼	华优 128	Y 华农 A/广恢 128	华南农业大学	2002(广东)	115.0	106.0	22.4	23.3	6.74～6.83	0.9(2004)	2.2(2002—2005)
三系中籼	华优 153	Y 华农 A/R153	广东省肇庆市农科所	2005(广东)	126～128	109～110	22.2	21.2～23.9	6.99～7.97	—	—
三系中籼	华优 86	Y 华农 A/明恢 86	华南农业大学	2000(广西)*	115.0	109.0	25.0	19.8～22.2	7.02～7.05	7.7(2004)	26.9(2000—2005)
三系中籼	华优 8813	Y 华农 A/R8813	华南农业大学农学院	2002(广东)	123.0	96.0	22.7	19.6	7.18～7.21	0.3(2004)	0.8(2004—2005)
三系中籼	华优 8830	Y 华农 A/R8830	华南农业大学农学院	2002(广东)	125.0	100.0	23.0	19.1	6.34	1.3(2005)	3.1(2002—2005)
三系中籼	华优广抗占	华丰 A/宁恢广抗占	江苏省农科院粮食作物所	2004(江苏)	142.0	122.0	28.0	15.4	9.45	—	—
三系中籼	华优桂 99	Y 华农 A/桂 99	华南农业大学	2000(广西)*	128～131	104.0	23.0	20.1	7.02～7.53	4.3(2004)	17.1(2000—2005)
三系中籼	江优 151	江育 113A/江恢 151	四川省江油市种子公司	1996(四川)	148.0	105.8	30.9	—	8.39	—	—
三系中籼	金谷 202	金谷 A/蜀恢 202	四川农业大学高科农业公司	2004(重庆)*	146.1	113.3	29.5	20.9	8.59	—	—
三系中籼	金优 07	金 23A/明恢 07	福建省三明市农科所	2005(福建)	199.9	98.0	26.7	20.2	7.05	—	—
三系中籼	金优 10 号	金 23A/科恢 10 号	中国科学院成都生物所	2000(国家)	150.0	107.0	26.0	21.5	7.90	—	—
三系中籼	金优 179	金 23A/R179	湖南省怀化职业技术学院	2004(湖南)	135.0	116.1	27.3	23.8	8.04	0.2(2004)	0.2(2004—2005)
三系中籼	金优 182	金 23A/内恢 182	四川省内江市农科所	2001(四川)	149.0	105.0	28.0	—	8.16	—	—
三系中籼	金优 188	金 23A/乐恢 188	四川省乐山市农科所	2004(四川)	150.8	119.6	28.8	25.1	8.45	6.7(2005)	13.3(2004—2005)
三系中籼	金优 213	金 23A/R213	湖南省杂交水稻研究中心	2004(湖南)	113.0	98.0	25.0	—	7.37	3.0(2005)	3.18(2004—2005)
三系中籼	金优 2155	金 23A/明恢 2155	福建省三明市农科所	2004(广西)	123.3	104.4	26.4	22.4	7.50	—	—
三系中籼	金优 217	金 23A/州恢 217	湖南省湘西自治州农科所	2003(湖南)	—	108.5	27.5	20.2	8.12	1.6(2005)	2.67(2003—2005)

（续）

品种类型	品种名称	品种组合/来源	第一选育单位	首次审定	全生育期(d)	株高(cm)	千粒重(g)	直链淀粉(%)	区试单产(t/hm^2)	最大年推广面积(万 hm^2)和年份	累计推广面积(万 hm^2)和年份跨度
三系中籼	金优 2248	金 23A/RT2248	中国科学院成都生物所	1999(四川)	147.0	110.0	27.5	—	7.50	—	—
三系中籼	金优 404	金 23A/QN404	贵州省黔南州农科所	2002(贵州)	149.0	101.0	27.4	22.2	8.08	1.0(2005)	2.33(2002—2005)
三系中籼	金优 431	金 23A/Q431	贵州省农科院水稻所	2000(贵州)	150.0	95.7	26.5	—	—	—	—
三系中籼	金优 527	金 23A/蜀恢 527	四川农业大学水稻所	2002(四川)*	151.2	111.5	29.5	23.3	9.14	—	—
三系中籼	金优 58	金 23A/恩恢 58	湖南省常德市农科所	2001(恩施)	149.8	106.1	27.2	19.4	8.69	1.4(2005)	3.73(2000—2005)
三系中籼	金优 63	金 23A/明恢 63	湖南省常德市农科所	1996(湖南)	139.0	108.8	28.0	20.2	9.72	2.7(2004)	19.12(1995—1999)
三系中籼	金优 718	金 23A/辐恢 718	四川省成都南方杂交水稻所	2003(四川)	148.0	105.7	29.6	—	7.69	—	—
三系中籼	金优 725	金 23A/绵恢 725	四川省绵阳市农科所	2002(四川)	149.4	112.0	27.5	20.0	8.30	—	—
三系中籼	金优 752	金 23A/科恢 752	江西省农科院水稻所	2002(江西)	140.0	118.0	27.2	20.4	6.59	—	—
三系中籼	金优 966	金 23/R96-6	四川中正科技公司	2005(云南)	150～154	105～110	30.0	—	10.08	—	—
三系中籼	金优 997	金 23A/张恢 997	湖南省张家界市武陵源种子公司	2005(湖南)	140.0	110.0	29.4	21.8	8.42	—	0.53(2005)
三系中籼	金优明 100	金 23A/明恢 100	福建省三明市农科所	2004(福建)	124.0	100.0	27.0	19.3	7.31	—	—
三系中籼	卡优 6206	卡潭 A/绵恢 6206	四川省绵阳市农科所	1997(四川)	153.0	94.0	30.6	—	6.90	—	—
三系中籼	抗优 98	Ⅱ-32A/抗恢 98	南京农业大学水稻所	2002(云南)	137～186	91～110	26.4～32.4	—	10.00～12.50	—	—
三系中籼	科稻 3 号	冈 46A/蜀恢 362	四川农业大学水稻所	2005(四川)	150.8	92.5	25.4	21.6	7.38	—	—
三系中籼	乐优 2 号	冈 46A/C3-2	四川省乐山市良种场	1999(四川)	149.6	110.0	27.8	—	8.46	—	—
三系中籼	六优 105	613A/明滇 105	中国科学院成都生物所	1998(四川)	151.0	124.3	29.0	—	6.56	—	—
三系中籼	庐优 136	庐 86A/恢 136	安徽省合肥峰海标记水稻所	2005(安徽)	137.0	121.0	27.9	21.1	8.73	—	0.8(2005)
三系中籼	泸香 615	泸香 91A/泸恢 615	四川省农科院水稻高粱所	2004(四川)	150.0	114.0	28.0	—	8.10	0.03(2005)	0.1(2004—2005)
三系中籼	泸优 2 号	Ⅱ-32A/金恢 1253	四川省泸州金土地水稻所	2005(云南)	156.0	101.5	30.0	—	10.54	—	—
三系中籼	泸优 502	泸 9A/绵恢 520	四川省绵阳市农科所	1995(四川)	146.9	101.1	28.7	—	7.58	—	—
三系中籼	绿优 1 号	绿 3A/绿稻 24	安徽省农科院绿色食品所	2004(安徽)*	136.0	124.0	26.0	23.1	8.30	—	6.2(2004—2005)
三系中籼	马协 63	马协 A/明恢 63	武汉大学生命科学院	1994(湖北)	139.0	100.0	28.0	22.9	9.57	4.5(1995)	11.6(1995—2005)
三系中籼	梅优 524	梅青早 A/R524	广东省汕头市农科所	1994(广东)	130～135	100～106	26～27	—	6.45～6.62	1.4(1996)	5.7(1993—2000)
三系中籼	绵 2 优 151	绵 2A/江恢 151	四川省绵阳市农科所	2002(四川)	152.0	114.9	28.7	—	8.35	—	—
三系中籼	绵 2 优 838	绵 2A/辐恢 838	四川省绵阳市农科所	2002(湖北)*	133.0	118.0	30.8	20.8	9.03	5.0(2003)	15.7(2002—2005)
三系中籼	绵 5 优 151	绵 5A/江恢 151	四川省绵阳市农科所	2004(福建)	146.0	110.0	29.0	22.0	7.93	—	—
三系中籼	绵 5 优 3551	绵 5A/宜恢 3551	四川省宜宾市农科所	2004(四川)	152.8	115.8	25.9	26.4	8.35	10.0(2005)	25.0(2004—2005)

（续）

品种类型	品种名称	品种组合/来源	第一选育单位	首次审定	全生育期(d)	株高(cm)	千粒重(g)	直链淀粉(%)	区试单产(t/hm²)	最大年推广面积(万 hm²)和年份	累计推广面积(万 hm²)和年份跨度
三系中籼	绵 5 优 527	绵 5A/蜀恢 527	四川省绵阳市农科所	2003(四川)	151.1	113.0	28.9	21.7	8.44	—	—
三系中籼	绵 5 优 838	绵 5A/辐恢 838	四川省绵阳市农科所	2005(湖北)	136.2	118.3	28.8	20.8	8.17	—	—
三系中籼	绵香 3 优 725	绵香 3A/绵恢 725	四川省绵阳市农科所	2005(陕西)	157.7	119.5	29.0	14.3	9.01	—	—
三系中籼	内香 2550	内香 2A/内恢 5550	四川省内江杂交水稻中心	2005(国家)	157.3	111.7	31.9	16.1	8.70	—	—
三系中籼	内香 6 号	川香 29A/内恢 3-1	四川省内江杂交水稻中心	2004(云南)	163.0	115.0	27.5	20.4	11.78	—	—
三系中籼	内香优 10 号	内香 3A/内恢 2539	四川省内江杂交水稻中心	2005(四川)	149.0	112.0	29.7	15.0	8.19	—	—
三系中籼	内香优 14	N7A/内香恢 2 号	四川省内江杂交水稻中心	2004(贵州)	148.0	113.0	28.5	11.2	8.01	—	—
三系中籼	内香优 18	内香 2A/内恢 99-14	四川省内江杂交水稻中心	2005(国家)	135.2～157.2	111.8～117.8	30.2～31.1	15.2～15.7	8.21～8.87	—	—
三系中籼	内香优 1 号	内香 1A/内恢 99-14	四川省内江杂交水稻中心	2004(四川)*	150.0	119.0	28.5	15.0	8.56	—	—
三系中籼	内香优 3 号	内香 3A/内恢 99-14	四川省内江杂交水稻中心	2004(国家)	150.0	115.0	29.1	15.5	8.70	—	—
三系中籼	内香优 9 号	内香 3A/内香恢 2 号	四川省内江杂交水稻中心	2004(贵州)	147.0	120.0	29.8	11.3	8.10	—	—
三系中籼	黔优 18	协青早 A/4761	贵州省农科院水稻所	2002(贵州)	154.0	95.0	26.9	—	8.50	0.3(2005)	0.8(2002—2005)
三系中籼	青优黄	青四矮 A/黄情	陕西汉中市农科所	1992(陕西)	152.0	100.0	25.9	—	8.30	0.7(1994)	2.0(1992—1995)
三系中籼	蓉稻 10 号	新香 A/蓉恢 906	四川省成都市第二农科所	2003(江西)	154.0	107.7	25.4	22.0	10.00～12.50	—	—
三系中籼	蓉稻 8 号	江农早ⅡA/蓉恢 906	四川省成都市第二农科所	2004(四川)	144.0	114.4	25.0	27.0	8.36	0.7(2005)	—
三系中籼	蓉稻 9 号	绵 5A/蓉恢 408	四川省成都市第二农科所	2004(四川)	151.8	119.4	28.3	23.9	7.63	1.0(2005)	—
三系中籼	汕优 084	珍籼 97A/镇恢 084	江苏省农科院镇江农科所	2002(江苏)	145.0	120.0	28.5	22.7	8.67	2.6(2004)	6.0(2002—2005)
三系中籼	汕优 111	珍汕 97A/Y111	湖南杂交水稻研究中心	2001(湖南)	137.0	117.0	28.0	—	—	1.2(2005)	1.7(2003—2005)
三系中籼	汕优 136	珍籼 97A/恢 136	江苏省农科院里下河农科所	1998(江苏)	147.0	110.0	28.5	21.4	9.48	—	—
三系中籼	汕优 149	珍汕 97A/成恢 149	四川省农科院作物所	1995(四川)	148.2	107.7	29.0	—	8.30	8.6(1999)	30.4(1997—2003)
三系中籼	汕优 195	珍汕 97A/HR195	四川省农科院水稻高粱所	1994(四川)	140.0	110.0	27.0	—	7.20	1.3(1998)	20.0(1995—2005)
三系中籼	汕优 198	珍汕 97A/R198	湖南农业大学水稻研究所	1998(湖南)	135.0	110.0	29～30	24.3	—	2.1(1998)	8.2(1999—2005)
三系中籼	汕优 22	珍汕 97A/CDR22	四川省农科院作物所	1993(四川)	150.0	104.0	27.0	—	8.01	13.7(1996)	40.2(1993—2000)
三系中籼	汕优 36 辐	珍汕 97A/IR36 辐	湖南农业大学水稻所	1992(湖南)*	125～130	90.0	26.0	—	6.75	2.7(1994)	7.6(1991—2004)
三系中籼	汕优 413	珍汕 97A/中 413	中国水稻研究所	1996(四川)	147.6	110.0	26.9	—	8.09	—	—
三系中籼	汕优 5064	珍汕 97A/R5064	四川省农科院作物所	1990(四川)	145.0	85.0	25～26	—	7.50	—	—
三系中籼	汕优 559	珍籼 97A/盐恢 559	江苏省农科院沿海农科所	1998(江苏)	146.0	113.0	27.0	16.3	9.88	—	—
三系中籼	汕优 63	珍汕 97A/明恢 63	福建省三明市农科所	—	131.0	100.0	29.0	—	7.82	2.3(1992)	3.1(1990—1992)
三系中籼	汕优 67	珍汕 97A/明恢 67	福建省三明市农科所	1993(福建)	130～155	100～110	28.5	—	8.8	681.3(1990)	6 255.1(1984—2005)

（续）

品种类型	品种名称	品种组合/来源	第一选育单位	首次审定	全生育期(d)	株高(cm)	千粒重(g)	直链淀粉(%)	区试单产(t/hm²)	最大年推广面积(万 hm²)和年份	累计推广面积(万 hm²)和年份跨度
三系中籼	汕优 82	珍汕 97A/明恢 82	福建省三明市农科所	1998(福建)	133.0	100.0	29.0	22.9	6.99	5.7(2002)	25.9(1998—2004)
三系中籼	汕优 86	珍汕 97A/万恢 86	四川省万县市农科所	1996(四川)	146.0	106.0	28.4	—	7.30	—	—
三系中籼	汕优 92-4	珍汕 97A/内恢 92-4	四川省内江杂交水稻中心	1999(四川)	148.0	110.0	27.0	—	8.61	—	—
三系中籼	汕优 94-11	珍汕 97A/内恢 94-11	四川省内江杂交水稻中心	1999(四川)	145.6	110～115	27.5	21.0	8.25	—	—
三系中籼	汕优 94-4	珍汕 97A/内恢 94-4	四川省内江杂交水稻中心	1999(四川)	146.7	108.2	26.9	20.8	8.21	—	—
三系中籼	汕优多系 1 号	珍汕 97A/多系 1 号	四川省内江市农科所	1993(四川)*	145～156	110.0	27.2	—	8.72	68.7(1996)	307.5(1994—2005)
三系中籼	汕优联合 2 号	珍汕 97A/联合 2 号	贵州省农科院水稻所	2002(贵州)	149.7	105.0	28.2	19.1	8.30	1.5(2004)	1.7(2004—2005)
三系中籼	汕优明 86	珍汕 97A/明恢 86	福建省三明市农科所	1998(福建)	142.0	110.0	29.0	22.9	6.84	3.7(1999)	11.3(1997—2001)
三系中籼	蜀龙优 3 号	Z833A/蜀龙恢 862	四川省蜀龙种业公司	2004(四川)	149.5	103.0	30.0	13.1	7.79	—	—
三系中籼	蜀龙优 4 号	中 9A/JR885	四川省蜀龙种业公司	2004(四川)	155.0	115.0	26.5	24.5	8.53	—	—
三系中籼	硕丰 2 号	Ⅱ-32A/THR-2-1	四川省江油市农科所	2004(四川)	154.0	118.0	27.0	24.3	8.27	—	—
三系中籼	丝优 63	丝苗 A/明恢 63	湖南省岳阳市农科所	1994(湖南)	128.0	100～110	26.0	21.3	—	1.7(2001)	3.2(1995—2005)
三系中籼	泰香 5 号	川香 29A/泸香恢 1 号	四川省农科院水稻高粱所	2004(四川)	152.0	119.0	27.0	—	8.50	1.0(2004)	3.0(2004—2005)
三系中籼	泰优 1 号	D62A/蜀恢 202	四川农业大学高科农业公司	2004(四川)	153.0	115.0	29.9	22.7	8.25	—	—
三系中籼	特优 388	龙特浦 A/南恢 388	福建省南平市农科所	1999(福建)	130～135	110.0	29.0	22.0	6.26	—	—
三系中籼	特优 420	龙特浦 AA/亚恢 420	福建省宁德市农科所	2000(福建)	142.5	114.0	29.4	26.3	7.82	—	—
三系中籼	特优 524	龙特浦 A/R524	广东省汕头市农科所	1997(广东)	130.0	107～111	29.0	22.2	7.25～7.30	5.5(1999)	35.7(1993—2005)
三系中籼	特优 559	龙特浦 A/盐恢 559	江苏省农科院沿海农科所	1996(江苏)	140.0	110.0	28.0	21.8	8.88	—	—
三系中籼	特优 627	龙特浦 A/亚恢 627	福建省宁德市农科所	2005(福建)	140.0	120.3	29.9	24.3	8.92	—	—
三系中籼	特优 63	龙特浦 A/明恢 63	福建省漳州市农科所	1993(福建)	145.0	110～115	29～30.5	24.1	7.03	43.1(1997)	343.5(1989—2004)
三系中籼	特优 669	龙特浦 A/R669	福建农业大学	1999(福建)	130.4	96.8	28.0	24.0	6.07	0.9(1999)	0.9(1999)
三系中籼	特优 671	龙特浦 A/亚恢 671	福建省宁德市农科所	2004(福建)	142.0	110.0	29.0	22.0	8.57	—	—
三系中籼	特优 70	龙特浦 A/明恢 70	福建省三明市农科所	1999(福建)*	140～150	—	28.0	22.2	6.90	9.6(2001)	34.3(1998—2004)
三系中籼	特优 721	龙特浦 A/R721	广东省汕头市农科所	2002(广东)	129～132	108～110	28.2～29.7	24.7	7.86～8.04	3.7(2005)	7.8(2002—2005)
三系中籼	特优 73	龙特浦 A/明恢 73	福建省三明市农科所	2001(福建)	144.0	120.0	29.4	20.4	7.70	0.7(2003)	0.7(2003)
三系中籼	特优航 1 号	龙特浦 A/航 1 号	福建省农科院稻麦所	2003(福建)*	150.5	112.7	28.4	20.7	8.88	—	—
三系中籼	田丰优 109	Ⅱ-32A/田恢 109	四川省田丰农业科技公司	2005(四川)	154.3	113.0	28.4	—	8.31	—	—
三系中籼	筒优 202	K17A/筒恢 202	贵州大学农学院水稻所	2003(贵州)*	155.0	108.0	28.0	21.0	7.75	1.1(2005)	1.4(2002—2005)
三系中籼	皖稻 163	M98A/MR0802	安徽省合肥新隆水稻所	2005(安徽)	136.0	115.0	27.3	19.3	8.73	—	1.2(2005)

（续）

品种类型	品种名称	品种组合/来源	第一选育单位	首次审定	全生育期 (d)	株高 (cm)	千粒重 (g)	直链淀粉 (%)	区试单产 (t/hm²)	最大年推广面积(万 hm²)和年份	累计推广面积 (万 hm²) 和年份跨度
三系中籼	皖稻 91	协青早 A/CW-18	安徽省怀远县纯王种业	2003(安徽)	138.0	115.0	29.0	22.5	8.45	—	6.5(2003—2005)
三系中籼	万香优 1 号	宜香 1A/万恢 88	重庆市三峡农科所	2004(重庆)	162.8	113.7	28.3	15.2	7.50～8.00	1.2(2004)	1.2(2004—2005)
三系中籼	万优 6 号	万 6A/万恢 88	重庆市三峡农科所	2004(重庆)	159.5	111.6	28.4	22.6	8.00～8.50	1.0(2005)	1.0(2004—2005)
三系中籼	威优 431	V20A/Q431	贵州省农科院水稻所	2000(贵州)	146.0	91.0	28.7	—	—	—	—
三系中籼	威优 46	V20A/密阳 46	湖南省杂交水稻研究中心	1988(湖南)	122～130	118～120	29.6	—	7.40	160.8(1997)	475.7(1988—2005)
三系中籼	威优 467	V20A/R467	贵州省农科院水稻所	1998(贵州)	150.0	90.0	28.5	—	—	—	—
三系中籼	威优 481	V20A/黔恢 481	贵州省黔东南州农科所	1992(贵州)	155.0	—	—	—	—	—	—
三系中籼	威优 77	V20A/明恢 77	湖南省郴州地区种子公司	1994(湖南)	115.0	95.0	28～29	—	—	22.1(1996)	152.3(1993—2004)
三系中籼	威优晚 3	V20A/晚 3	湖南省杂交水稻研究中心	1994(湖南)	110～115	94.8	31.1	23.6	7.10～7.33	5.6(1999)	17.4(1994—2005)
三系中籼	西农优 7 号	Ⅱ-32A/R27	西南大学	2004(重庆)	160.0	117.0	27.2	27.2	7.50～8.50	0.8(2005)	0.8(2004—2005)
三系中籼	先农 101	中 9A/蓉恢 906 选	江西省浮梁县种子公司	2005(江西)	125.6	128.9	23.8	24.7	7.94～8.09	—	—
三系中籼	香优 1 号	川香 28A/CDR22	四川省农科院作物所	1999(四川)	151.0	100.0	27.0	16.4	7.90	—	—
三系中籼	协优 084	协青早 A/镇恢 084	江苏省农科院镇江农科所	2004(江苏)	142.0	117.0	30.0	22.1	9.80	—	—
三系中籼	协优 129	协青早 A/镇恢 129	安徽省巢湖市农科所	2003(安徽)	142.0	115～120	27.7	21.6	7.97	—	4.5(2003—2005)
三系中籼	协优 136	协青早 A/恢 136	江苏省农科院里下河农科所	2000(江苏)	145.0	120.0	32.0	21.1	9.34	33.3(2004)	120.0(2000—2005)
三系中籼	协优 249	协青早 A/镇恢 249	江苏省农科院里下河农科所	1998(江苏)	146.0	115.0	30.0	21.4	9.42	2.0(2002)	10.0(1996—2002)
三系中籼	协优 332	协青早 A/扬恢 332	江苏省农科院里下河农科所	2003(江苏)	142.0	120.0	31.0	23.0	10.02	—	—
三系中籼	协优 437	协青早 A/R437	江苏省农科院里下河农科所	1996(江苏)	141.0	115.0	26.0	24.8	8.50	87.5(1999)	433.0(1996—2005)
三系中籼	协优 507	协青早 A/R507	江苏省农科院里下河农科所	1999(江苏)	145.0	108.0	30.0	24.7	9.60	6.5(2002)	53.0(1999—2005)
三系中籼	协优 527	协青早 A/蜀恢 527	四川农业大学水稻所	2003(四川) *	153.2	111.2	32.3	21.9	8.93	—	—
三系中籼	协优 559	协青早 A/盐恢 559	江苏省农科院沿海农科所	1999(江苏)	146.0	118.0	27.0	22.4	9.61	—	—
三系中籼	协优 57	协青早 A×2DZ057	安徽省农科院水稻所	1996(安徽) *	144.0	99.0	24.0	24	8.64	10.2(2004)	60.0(1997—2004)
三系中籼	协优 58	协青早 A/1058	安徽省农科院水稻所	2005(安徽)	137.0	113.0	24.5	21.8	8.72	—	1.9(2005)
三系中籼	协优 5968	协青早 A/t5968	浙江省台州市农科院	2004(国家)	138.1	117.5	29.0	20.6	8.42	—	—
三系中籼	协优 63	协青早 A/明恢 63	巢湖市种子公司	1988(四川) *	140.0	110.0	29.0	—	7.50	7.2(2001)	58.0(1990—2004)
三系中籼	协优 716	协青早 A/R716	四川农业大学	2004(湖南)	140.0	171.1	32.1	—	8.42	0.01(2005)	—
三系中籼	协优 78039	协青早 A/78039	安徽省农科院水稻所	1990(安徽)	141.0	99.0	28.0	21.27	7.71	1.2(1993)	2.6(1992—1994)
三系中籼	协优 7954	协青早 A/浙恢 7954	浙江省农科院作物与核技术所	2003(国家)	141～151	110.0	30.0	25.3	9.12	20.0(2005)	55.6(2003—2005)

（续）

品种类型	品种名称	品种组合/来源	第一选育单位	首次审定	全生育期（d）	株高（cm）	千粒重（g）	直链淀粉（%）	区试单产（t/hm²）	最大年推广面积（万 hm²）和年份	累计推广面积（万 hm²）和年份跨度
三系中籼	协优 8019	协青早 A/8019	安徽省农科院水稻所	2003(安徽)	137.0	110.0	27.2	21.8	7.94	—	10.2(2003—2005)
三系中籼	协优 9019	协青早 A×9019	安徽省农科院水稻所	2003(安徽)*	132.0	117.0	29.0	21.7	8.35	—	15.2(2003—2005)
三系中籼	协优 925	协青早 A/恢 925	江苏省农科院里下河农科所	1998(江苏)	145.0	107.0	29.5	24.5	9.40	56.2(2001)	175.0(1998—2005)
三系中籼	协优 9308	协青早 A/9308	中国水稻研究所	1999(浙江)	140.0	130～135	28.0	21.6	9.00～9.50	5.2(2002)	24.7(1998—2005)
三系中籼	新香 527	新香 A/蜀恢 527	四川省广汉大地种业公司	2005(四川)	150.0	107.0	30.5	23.7	8.25	—	—
三系中籼	新香优 63	新香 A/明恢 63	湖南省杂交水稻研究中心	2001(湖南)	135.0	102.0	29.0	22.8	—	1.2(2005)	4.1(1998—2005)
三系中籼	新香优 640	新香 A/R640	湖南省杂交水稻研究中心	2005(湖南)	135.0	107.0	28.8	21.9	8.23	—	1.0(2005)
三系中籼	研优 1 号	中 1A/2070F	中国水稻研究所	2005(浙江)	136.4	—	25.6	14.1	7.56	—	—
三系中籼	扬籼优 418	扬籼 2A/扬恢 418	江苏省农科院里下河农科所	2005(江苏)	143.0	115.0	26.0	22.3	8.64	1.5(2005)	2.9(2004—2005)
三系中籼	阳鑫优 1 号	D702A/南恢 511	四川省南充市农科所	2005(四川)	150.2	110.0	29.5	24.0	8.56	—	—
三系中籼	一丰 8 号	K22A/蜀恢 527	四川省农科院水稻高粱所	2004(四川)	149.0	117.0	31.0	—	8.70	1.0(2005)	1.3(2004—2005)
三系中籼	宜香 10 号	宜香 1A/宜恢 10 号	四川省宜宾市农科所	2005(国家)	155.6	119.2	28.9	16.9	8.76	3.5(2005)	5.5(2004—2005)
三系中籼	宜香 1313	宜香 1A/宜恢 1313	四川省宜宾市农科所	2005(四川)	151.2	118.4	31.1	22.5	8.33	1.5(2005)	2.5(2004—2005)
三系中籼	宜香 1577	宜香 1A/宜恢 1577	四川省宜宾市农科所	2003(国家)	153.5	114.2	27.0	21.2	8.55	12.0(2005)	70.0(2003—2005)
三系中籼	宜香 2292	宜香 1A/宜恢 2292	四川省宜宾市农科所	2004(国家)	136.3	120.7	29.9	14.9	8.03	5.3(2005)	12.5(2004—2005)
三系中籼	宜香 2308	宜香 1A/宜恢 2308	四川省宜宾市农科所	2004(四川)	151.8	121.7	29.2	15.5	7.82	6.5(2005)	15.0(2004—2005)
三系中籼	宜香 3003	宜香 1A/宜恢 3003	四川省宜宾市农科所	2004(国家)	153.1	115.3	29.9	15.3	8.89	33.3(2005)	43.5(2004—2005)
三系中籼	宜香 3551	宜香 1A/宜恢 3551	四川省宜宾市农科所	2005(四川)	153.9	118.4	28.3	23.3	8.49	3.3(2005)	4.6(2004—2005)
三系中籼	宜香 3724	宜香 1A/绵恢 3724	四川省绵阳市农科所	2005(四川)	150.0	117.0	30.1	16.0	8.23	—	—
三系中籼	宜香 3728	宜香 1A/绵恢 3728	四川省绵阳市农科所	2005(四川)	154.1	118.0	31.8	17.2	8.01	—	—
三系中籼	宜香 707	宜香 1A/蜀恢 707	四川农业大学水稻所	2005(四川)	150.3	117.0	31.5	15.4	8.27	—	—
三系中籼	宜香 725	宜香 1A/绵恢 725	四川省绵阳市农科所	2004(四川)	151.5	117.0	30.2	15.2	8.03	—	—
三系中籼	宜香 9303	宜香 1A/涪恢 9303	重庆市涪陵区农科所	2004(重庆)	163.0	115.7	28.2	15.0	7.00～7.50	1.0(2004)	1.0(2004—2005)
三系中籼	宜香 99E-4	宜香 1A/99E-4	四川省眉山职业技术学院	2004(四川)	152.0	120.0	29.4	16.3	8.00	2.8(2004)	—
三系中籼	宜香 9 号	宜香 1A/宜恢 9 号	四川省宜宾市农科所	2005(国家)	157.2	124.7	26.5	21.1	8.78	2.5(2005)	3.0(2004—2005)
三系中籼	宜优 3003	Ⅱ-32A/宜恢 3003	四川省宜宾市农科所	2004(四川)	154.0	117.1	27.7	20.5	8.37	4.0(2005)	8.5(2004—2005)
三系中籼	益农 1 号	K17A/R866	贵州省遵义市农科所	2004(贵州)	149.0	107.9	27.3	22.0	8.73	0.3(2005)	0.4(2004—2005)
三系中籼	优Ⅰ130	优ⅠA/R130	四川省眉山农业学校	1999(四川)	147.5	107.0	29.7	—	8.28	0.7(2001)	5.0(1999—2005)
三系中籼	渝优 10 号	45A/渝恢 10 号	重庆市作物所	2000(重庆)	155.0	113.0	26.5	—	8.50～9.10	2.2(2002)	5.0(2001—2005)

（续）

品种类型	品种名称	品种组合/来源	第一选育单位	首次审定	全生育期（d）	株高（cm）	千粒重（g）	直链淀粉（%）	区试单产（t/hm²）	最大年推广面积(万 hm²）和年份	累计推广面积（万 hm²）和年份跨度
三系中籼	渝优 11	金 23A/R1351	重庆市作物所	2004(重庆)	160.5	105.0	26.0	20.2	7.00～7.50	1.2(2005)	1.2(2004—2005)
三系中籼	岳优 6135	岳 4A/R6135	湖南省隆平高科种业公司	2005(湖南)	119.0	97.0	25.8	14.3	—	—	—
三系中籼	粤优 206	粤泰 A/D206	南京农业大学水稻所	2005(云南)	149.1	104.4	28.4	21.8	9.00	—	—
三系中籼	粤优 938	粤泰 A/扬稻 6 号	江苏省农科院粮作所	2000(江苏)	150.0	120.0	27.0	21.1	9.50	10.0(2005)	40.0(1999—2005)
三系中籼	早汕优 1 号	珍汕 97A/早泰引 1 号	四川省南江县种子站	1986(四川)	140.0	100.0	24～25	—	7.41	—	—
三系中籼	中优 141	中 9A/R141	江西省萍乡市农科所	2005(江西)	142.8	135.7	25.2	21.0	7.49～7.62	—	—
三系中籼	中优 177	中 9A/成恢 177	四川省农科院作物所	2003(国家)	151.0	108.0	27.3	22.2	8.87	—	—
三系中籼	中优 223	中 9A/R223	中国科学院华南植物所	2003(江西)	123.0	101.0	21.9	23.8	6.99～7.39	—	—
三系中籼	中优 368	中 9A/蜀恢 368	四川农业大学水稻所	2005(四川)	148.6	113.0	26.0	21.9	8.14	—	—
三系中籼	中优 445	中 9A/南恢 445	四川省南充市农科所	2005(四川)	149.8	120.0	29.2	22.8	8.21	—	—
三系中籼	中优 63	中 9A/明恢 63	中种集团绵阳水稻种业公司	2004(云南)	151.0	109.0	28.0	—	10.00～11.00	—	—
三系中籼	中优 752	中 9A/科恢 752	江西省农科院水稻所	2004(江西)	139.3	130.1	26.8	21.5	6.38～7.49	—	—
三系中籼	中优 7 号	中 9A/CJR727	四川省江油市川江水稻所	2004(国家)	151.8	113.2	26.0	22.0	8.79	—	—
三系中籼	中优 85	中 9A/蒲恢 85	四川省种子公司	2003(贵州)*	154.3	117.0	28.7	22.0	8.38～9.25	—	—
三系中籼	中优 936	中 9A/达恢 936	四川省达州市农科所	2004(四川)	150.0	111.0	27.6	19.5	7.71	—	—
三系中籼	中浙优 1 号	中浙 A/航恢 570	中国水稻研究所	2004(浙江)	—	115～120	27～28	13.9	8.03	—	—
三系中籼	竹丰优 009	竹丰 A/绵恢 2009	四川省绵竹市种子公司	2005(四川)	155.0	113.4	32.1	24.2	8.55	—	—
三系中籼	竹优 61	竹籼 A/R61	湛江海洋大学	1996(广东)	129.0	104.0	23.0	—	6.40	—	—
三系中籼	紫金稻 6 号	粤泰 A/紫 66	海南省神农大丰种业公司	2005(云南)	154.8	106.4	27.9	—	9.79	—	—
三系晚籼	Ⅰ优 77	优Ⅰ A/明恢 77	湖南省杂交水稻研究中心	1994(湖南)	114.0	92.0	25.9	—	—	2.7(1995)	14.3(1993—2005)
三系晚籼	Ⅱ优 231	Ⅱ-32A/R444	湖南省怀化职业技术学院	2005(湖南)	139.0	115.0	26.5	23.2	—	—	1.4(2005)
三系晚籼	Ⅱ优 3550	Ⅱ-32A/广恢 3550	广东省农科院水稻所	1997(广东)	124.0	100.0	25.0	—	7.80	9.9(1999)	57.9(1990—2005)
三系晚籼	Ⅱ优 416	Ⅱ-32A/R416	湖南隆平高科种业公司	2004(湖南)	140.0	110.0	28.0	—	—	0.8(2005)	0.8(2004—2005)
三系晚籼	Ⅱ优 629	Ⅱ-32A/中种恢 629	中国种子集团公司三亚分公司	2005(海南)	112.0	104.8	25.5	22.5	7.40	—	—
三系晚籼	Ⅱ优 640	Ⅱ-32A/R640	湖南省杂交水稻研究中心	2004(湖南)	140.0	112.9	—	—	—	0.5(2005)	—
三系晚籼	Ⅱ优 92	Ⅱ-32A/恢 92	浙江省金华市农科院	1999(国家)	123.0	90.0	25.5	20.7	6.75	10.5(2000)	60.0(1995—2004)
三系晚籼	D297 优 155	D297A/将恢 155	福建省将乐县种子公司	1997(福建)	128～130	110.0	29～30	25.3	6.40	1.8(1997)	4.7(1997—1999)
三系晚籼	D 优 151	D62A/江恢 151	福建省尤溪县良种生化所	2003(福建)	128.0	100	28～29	26.6	7.01	—	—

（续）

品种类型	品种名称	品种组合/来源	第一选育单位	首次审定	全生育期 (d)	株高 (cm)	千粒重 (g)	直链淀粉 (%)	区试单产 (t/hm²)	最大年推广面积(万 hm²)和年份	累计推广面积 (万 hm²) 和年份跨度
三系晚籼	d 优 3550	天 A/3550	广西壮族自治区科泰种业公司	2005(广西)	122.0	102.7	27.6	20.4	8.10	—	—
三系晚籼	eK 优 4480	K17eA/广恢 4480	江西省赣州市农科所	2005(江西)	112.3	103.3	24.3	25.5	6.79～7.29	—	—
三系晚籼	H28 优 9113	H28A/岳 9113	湖南省衡阳市农科所	2005(湖南)	110.0	94.0	28.5	21.9	7.01	—	—
三系晚籼	H37 优 207	H37A/先恢 207	湖南省杂交水稻研究中心	2005(湖南)	110.0	96.0	25.8	17.0	—	—	—
三系晚籼	K 优 583	K17A/35-28-3	安徽省铜陵县农科所	2004(安徽)	120.0	100.0	30.3	—	7.76	—	1.3(2004—2005)
三系晚籼	K 优 77	K17A/明恢 77	四川省农科院水稻高粱所	2001(国家)	137.0	108.0	29.0	—	7.20	2.0(2002)	8.0(2001—2005)
三系晚籼	K 优金谷 1 号	K17A/207 选	江西省赣州市农科所	2003(江西)	117.7	93.4	27.2	21.1	6.31～7.45	—	—
三系晚籼	K 优金谷 3 号	K17A/R432	江西省赣州市农科所	2003(江西)	114.2	87.1	26.5	20.7	5.88～7.41	—	—
三系晚籼	K 优晚 3	K17A/晚 3	安徽省潜山县种子公司	1999(安徽)	125.5	99.5	28.0	—	7.09	—	4.5(2000—2001)
三系晚籼	SP 优 Ⅰ 98	优 Ⅰ A/SP40098	江西省农科院水稻所	2004(江西)	121.3	99.1	26.9	23.3	6.49～6.63	—	—
三系晚籼	T 优 111	T98A/Y111	湖南省杂交水稻研究中心	2004(湖南)	123.0	108.0	26.0	—	—	0.4(2005)	0.8(2004—2005)
三系晚籼	T 优 180	T98A/R180	湖南农业大学	2005(湖南)	114.0	106.0	25.7	21.8	—	—	1.3(2005)
三系晚籼	T 优 207	T98A/先恢 207	湖南省杂交水稻研究中心	2003(湖南)	116.0	100.0	26.0	23.1	—	5.3(2005)	10.5(2003—2005)
三系晚籼	T 优 259	T98A/R259	湖南农业大学	2003(湖南)	114.0	105.0	—	21.5	7.35	1.5(2005)	2.2(2004—2005)
三系晚籼	T 优 597	T98A/R597	湖南省杂交水稻研究中心	2005(湖南)	116.0	103.0	26.5	24.3	—	—	—
三系晚籼	T 优 968	T98A/R968	江西省农科院水稻所	2005(江西)	110.3	100.2	25.5	21.5	6.24～7.40	—	—
三系晚籼	博Ⅱ优 128	博Ⅱ A/广恢 128	海南省农科院粮食作物所	2005(海南)	118.5	109.5	24.9	24.2	7.13	—	—
三系晚籼	博Ⅱ优 15	博Ⅱ A/HR15	湛江海洋大学	2001(广东)	112.7	104.3	23.4	—	5.00～6.80	—	—
三系晚籼	博Ⅱ优 213	博Ⅱ A/玉 213	广西壮族自治区玉林市农科所	2000(广西)*	123.0	110.0	25.2	20.7	7.50	12.7(2002)	200.0(1998—2005)
三系晚籼	博Ⅱ优 26	博Ⅱ A/粤野占 26	海南省农科院粮食作物所	2005(海南)	117.3	107.5	24.4	25.4	7.28	—	—
三系晚籼	博Ⅱ优 270	博Ⅱ A/玉 270	广西壮族自治区玉林市农科所	2003(广西)	123.0	103.0	23.7	18.2	7.50	9.3(2004)	35.6(2002—2005)
三系晚籼	博Ⅱ优 6410	博Ⅱ A/6410	海南省海亚南繁种业公司	2004(海南)	115.0	107.8	23.1	24.8	6.30	—	—
三系晚籼	博Ⅱ优 859	博Ⅱ A/R 859	广西壮族自治区博白县农科所	2005(广西)	121.0	107.0	25.8	21.0	7.20	—	—
三系晚籼	博Ⅱ优 961	博Ⅱ A/01	广西壮族自治区博白县农科所	2000(广西)	120.0	98.0	24.5	—	7.50～8.25	—	2.8(1996—2004)

（续）

品种类型	品种名称	品种组合/来源	第一选育单位	首次审定	全生育期(d)	株高(cm)	千粒重(g)	直链淀粉(%)	区试单产(t/hm²)	最大年推广面积(万 hm²)和年份	累计推广面积(万 hm²)和年份跨度
三系晚籼	博Ⅱ优 968	博Ⅱ A/968	广西壮族自治区博白县农科所	1999(广西)	122.0	97.0	26.3	—	7.20	2.5(2003)	8.2(2000—2004)
三系晚籼	博Ⅲ优 273	博Ⅲ A/R273	广西壮族自治区博白县农科所	2004(广西)	120.0	110.2	25.5	14.0	7.80	0.9(2004)	1.1(2000—2005)
三系晚籼	博优 01	博 A/01	广西壮族自治区博白县农科所	2001(广西)	117.0	95.0	23.0	—	6.75	1.2(1996)	7.3(1989—2002)
三系晚籼	博优 1025	博 A/桂 1025	广西壮族自治区农科院水稻所	2000(广西)*	116.0	102.0	21.6	20.0	7.20	4.8(2001)	13.8(1998—2004)
三系晚籼	博优 122	博 A/广恢 122	广东省农科院水稻所	2000(广东)	117.0	97.0	22.7	20.6	7.50	—	—
三系晚籼	博优 125	博 A/HR125	湛江海洋大学	2005(海南)	118.6	108.2	24.9	—	6.10～7.32	—	—
三系晚籼	博优 128	博 A/广恢 128	广西壮族自治区玉林第二种子公司	2003(广西)	122.0	110.0	23.0	23.5	7.50	—	—
三系晚籼	博优 175	博 A/玉 175	广西壮族自治区玉林市农科所	1997(广西)	123.0	109.0	25.5	22.8	6.75	16.7(1998)	206.7(1994—2004)
三系晚籼	博优 205	博 A/测 205	广西大学	2001(广西)	121.0	105～110	21.5	19.7	6.75～7.50	—	0.5(1996—2001)
三系晚籼	博优 212	博 A/玉 212	广西壮族自治区玉林市农科所	2000(广西)	124.0	105.0	21.0	—	6.75	8.0(2003)	36.7(1997—2005)
三系晚籼	博优 25	博 A/测 25	广西大学农学院	1998(广西)	125.0	100.0	24.0	24.0	6.90	1.4(1998)	3.7(1995—2000)
三系晚籼	博优 253	博 A/测 253	广西大学	2000(广西)*	118.5	118.8	23.8	19.3	7.5～8.25	22.1(2001)	103.9(1998—2004)
三系晚籼	博优 258	博 A/测 258	广西大学支农开发中心	2003(广西)	123.0	110.0	24.1	21.0	7.50	37.3(2004)	54.6(2001—2004)
三系晚籼	博优 263	博 A/R263	广东省肇庆市农科所	2004(广东)	123.0	97.2	21.3	24.0	6.57	—	—
三系晚籼	博优 302	博 A/R302	广西壮族自治区瑞恒种业公司	2005(广西)	120.0	107.6	24.2	21.6	7.80	—	—
三系晚籼	博优 315	博 A/T315	广西大学	2003(广西)	122.0	101.0	22.3	23.9	6.75～7.50	—	—
三系晚籼	博优 352	博 A/R352	广西壮族自治区容县农科所	2005(广西)	122.0	109.2	25.7	23.2	7.80	—	—
三系晚籼	博优 3550	博 A/广恢 3550	广东省农科院水稻所	1997(广东)	122.0	98.0	23.0	—	7.50	1.9(1996)	8.5(1995—2004)
三系晚籼	博优 368	博 A/广恢 368	广东省农科院水稻所	2004(广东)	122.0	92.7	21.2	20.6	7.50	—	—

（续）

品种类型	品种名称	品种组合/来源	第一选育单位	首次审定	全生育期（d）	株高（cm）	千粒重（g）	直链淀粉（%）	区试单产（t/hm²）	最大年推广面积（万 hm²）和年份	累计推广面积（万 hm²）和年份跨度
三系晚籼	博优 369	博 A/测 369	广西壮族自治区南宁庆农科技公司	2005(广西)	122.0	109.0	24.5	22.0	7.50	—	—
三系晚籼	博优 501	博 A/501	广西壮族自治区博白县种苗公司	1994(广西)	116.0	95.0	22.0	22.1	6.45	—	10.0(1992—2004)
三系晚籼	博优 64	博 A/测 64-7	广西壮族自治区博白县农科所	1989(广西)*	120.0	90～100	23.7	—	7.50	67.1(1990)	318.1(1989—2005)
三系晚籼	博优 679	博 A/测 679	广西壮族自治区博士园种业公司	2005(广西)	122.0	109.0	24.8	22.3	7.70	—	—
三系晚籼	博优 938	博 A/9308	广西壮族自治区钦州市农科所	2000(广西)	122.0	110.0	23.0	24.7	7.50	1.0(2004)	2.1(1998—2004)
三系晚籼	博优 96	博 A/R96	广东省农科院水稻所	1998(广东)	115.0	98.0	23.0	—	7.20	—	—
三系晚籼	博优 988	博 A/988	广西壮族自治区博白县农科所	2000(广西)	123.0	100～107	23.6	—	7.50	0.9(2003)	—
三系晚籼	博优 998	博 A/广恢 998	广东省农科院水稻所	2001(广东)	116.0	99.0	21.6	20.5	7.50	—	—
三系晚籼	博优赣 28	博 A/R752	江西省杂交水稻中心	1999(江西)	140.0	97.0	24.4	16.6	5.82	—	—
三系晚籼	博优桂 168	博 A/桂 168	广西壮族自治区农科院水稻所	1999(广西)	116.0	105.0	22.6	22.9	6.75	1.3(2003)	6.3(1997—2004)
三系晚籼	博优桂 55	博 A/桂 55	广西壮族自治区农科院水稻所	2000(广西)	121.0	98.0	26.0	21.0	7.80	—	—
三系晚籼	博优桂 99	博 A/桂 99	广西壮族自治区农科院水稻所	1993(广西)	121.0	95.7	23.3	28.5	6.75	27.3(1997)	138.4(1991—2004)
三系晚籼	博优航 6 号	博 A/IR65623-94-3-1-3-3	广西壮族自治区南宁三益新品农业公司	2005(广西)	115.0	111.2	22.0	24.2	7.50	—	—
三系晚籼	博优香 1 号	博 A/香 1 号	广西壮族自治区博白县农科所	2001(广西)	122.0	100.0	21.5	—	6.00～6.75	3.8(1993)	9.2(1992—2004)
三系晚籼	昌优 1 号	优 IA/R120	江西农业大学农学院	2005(江西)	121.6	108.5	26.2	21.3	6.63～6.92	—	—
三系晚籼	丛优 9919	丛广 41A/HR9919	湛江海洋大学	2004(海南)	124.0	94.1	25.8	—	7.19	—	—
三系晚籼	鄂籼杂 1 号	珍汕 97A/092-8-8	湖北省荆州市种子总公司	1996(湖北)	120.0	92.5	27.0	22.7	7.36	5.3(1998)	15.6(1996—2005)
三系晚籼	丰优 210	丰源 A/R210	湖南省杂交水稻研究中心	2003(湖南)	113.0	94.6	—	—	—	0.1(2004)	0.2(2004—2005)

（续）

品种类型	品种名称	品种组合/来源	第一选育单位	首次审定	全生育期 (d)	株高 (cm)	千粒重 (g)	直链淀粉 (%)	区试单产 (t/hm²)	最大年推广面积(万 hm²)和年份	累计推广面积 (万 hm²) 和年份跨度
三系晚籼	丰优 700	丰源 A/R700	湖南省杂交水稻研究中心	2003(湖南)	110～115	93.0	28.0	22.8	—	0.1(2004)	—
三系晚籼	丰优 909	丰源 A/YR909	安徽省荃银禾丰种业公司	2004(安徽)	120.0	93.0	26.7	24.7	7.77	—	3.3(2004—2005)
三系晚籼	丰优 9 号	丰源 A/9 号	湖南省杂交水稻研究中心	2002(湖南)	113.0	95.0	29.0	21.0	—	0.1(2005)	—
三系晚籼	丰源优 227	丰源 A/R227	湖南省杂交水稻研究中心	2005(湖南)	120.0	95.0	27.7	—	—	0.6(2005)	0.6(2005)
三系晚籼	丰源优 299	丰源 A/湘恢 299	湖南省杂交水稻研究中心	2004(湖南)	115.0	97.0	29.5	22.8	—	2.9(2005)	3.2(2004—2005)
三系晚籼	丰源优 326	丰源 A/湘恢 326	湖南省农科院水稻所	2005(湖南)	124.0	120.0	27.3	19.4	—	—	—
三系晚籼	丰源优 6135	丰源 A/R61-3-5	湖南省隆平高科种业公司	2005(湖南)	125.0	113.0	26.6	20.5	7.92	—	—
三系晚籼	福优 964	福伊 A/福恢 964	福建省农科院稻麦所	2000(福建)	124.0	98～110	25.0	22.0	6.54	3.1(2003)	5.3(2003—2004)
三系晚籼	红泰优 996	珞红 3A/RT996	中国热带农科院热带作物所	2005(海南)	125～147	95～122	27.4	—	7.27～8.34	—	—
三系晚籼	江Ⅱ优赣 18	江农早 2 号 A/明恢 63	江西省农科院水稻所	1995(江西)	125～130	106.6	29.3	23.0	6.21	—	—
三系晚籼	江四优 992	G4A/99257	江西省农科院水稻所	2004(江西)	111.4	98.0	25.7	22.4	6.36～6.68	—	—
三系晚籼	金优 117	金 23A/117	湖南省常德市农科所	2002(恩施)	121.0	105.0	31.0	—	7.78	3.7(2003)	8.2(2002—2005)
三系晚籼	金优 12	金 23A/冈恢 12	湖北省黄冈市农科所	2001(湖北)	125.0	95.6	28.1	22.1	6.10	3.0(2002)	7.7(2000—2005)
三系晚籼	金优 198	金 23A/R198	湖南农业大学	1999(湖南)	118～123	105～110	27～28	23.6	7.25	2.3(2002)	9.2(1997—2005)
三系晚籼	金优 207	金 23A/先恢 207	湖南省杂交水稻研究中心	1998(湖南)	114.0	95～100	26.0	22.0	7.05	71.9(2004)	321.5(1999—2004)
三系晚籼	金优 284	金 23A/华恢 284	湖南省亚华种业科学院	2005(湖南)	113.0	100.0	28.6	24.4	6.90	—	0.01(2005)
三系晚籼	金优 297	金 23A/R297	湖南省杂交水稻研究中心	2005(湖南)	110.0	96.0	27.0	21.5	6.90	—	—
三系晚籼	金优 38	金 23A/冈恢 38	湖北省黄冈市农科所	2004(湖北)	116.4	98.0	29.8	22.1	7.65	1.3(2005)	1.4(2004—2005)
三系晚籼	金优 44	金 23A/岳恢 44	湖南省岳阳市农科所	2002(湖南)	110.0	97.0	28.0	21.5	7.25	0.1(2005)	0.2(2004—2005)
三系晚籼	金优 448	金 23A/成恢 448	四川省农科院作物所	2004(国家)	112.0	88.0	28.0	22.0	7.13	—	—
三系晚籼	金优 463	金 23A/R463	湖南省衡阳市农科所	2001(广西)	115.0	93.4	27.9	19.4	—	—	3.8(2002—2004)
三系晚籼	金优 540	金 23A/常恢 540	湖南金健种业公司	2005(湖南)	120.0	100.0	29.0	23.8	7.15	—	1.6
三系晚籼	金优 601	金 23A/R601	海南省神农大丰种业公司湖南分公司	2005(湖南)	111.0	104.0	27.9	21.7	6.85	—	2.2
三系晚籼	金优 640	金 23A/R640	湖南省杂交水稻研究中心	2005(湖南)	120.0	94.0	28.8	23.9	7.32	—	—
三系晚籼	金优 928	金 23A/928-8	湖北省荆州市种子总公司	1998(湖北)	119.1	96.4	26.9	22.9	7.58	14.0(2002)	59.3(2000—2005)
三系晚籼	金优 968	金 23A/R968	江西省农科院水稻所	2005(江西)	110.5	92.2	26.7	22.9	5.26～6.99	—	—
三系晚籼	金优桂 99	金 23A/桂 99	湖南省常德市农科所	1994(湖南)	95.0	93.0	25.5	—	7.10～8.25	6.4(1999)	46.7(1993—2005)

（续）

品种类型	品种名称	品种组合/来源	第一选育单位	首次审定	全生育期(d)	株高(cm)	千粒重(g)	直链淀粉(%)	区试单产(t/hm²)	最大年推广面积(万 hm²)和年份	累计推广面积(万 hm²)和年份跨度
三系晚籼	荆楚优 148	荆楚 814A/R148	湖北省荆州市种子总公司	2002(湖北)	117.2	96.3	25.9	21.6	7.59	1.3(2004)	3.3(2003—2005)
三系晚籼	荆楚优 201	荆楚 814A/R201	湖北省种子集团公司	2005(湖北)	115.6	94.7	26.1	15.7	7.73	—	0.7(2005)
三系晚籼	隆平 601	丰源 A/辐恢 838	隆平高科种业公司江西分公司	2004(江西)	123.0	98.3	28.5	23.6	6.83～6.89	—	—
三系晚籼	美优 1025	美 A/桂 1025	广西壮族自治区农科院水稻所	2001(广西)	123.0	105.0	21.0	—	7.20	—	1.4(1999—2004)
三系晚籼	美优 138	美 A/R138	广西壮族自治区农科院水稻所	2001(广西)	125～127	108.0	21.3	24.8	6.75～7.50	—	0.6(1999—2004)
三系晚籼	美优 198	美 A/R198	广西壮族自治区农科院水稻所	2005(广西)	125.0	105.5	23.6	25.1	7.50	—	—
三系晚籼	美优 998	美 A/广恢 998	广西壮族自治区农科院水稻所	2005(广西)*	116.4	104.0	20.7	21.0	7.50～8.25	—	—
三系晚籼	美优桂 99	美 A/桂 99	广西壮族自治区农科院水稻所	2001(广西)	125.0	115.0	22.2	23.0	6.75～7.50	—	2.7(1998—2004)
三系晚籼	青优 1 号	中 9A/恢 207	安徽省青阳县种子公司	2005(安徽)	120.0	105.0	26.0	21.8	7.72	—	0.3(2005)
三系晚籼	秋长优 3 号	秋长 A/3 号	广西壮族自治区博白县农科所	2005(广西)	122～125	101.7	23.0	21.4	6.00	—	—
三系晚籼	秋优 1025	秋 A/桂 1025	广西壮族自治区农科院水稻所	2000(广西)*	120～122	100.0	18.3～19	22.5	7.50～8.25	4.5(2006)	14.7(2000—2006)
三系晚籼	秋优 452	秋 A/广恢 452	广东省农科院水稻所	2004(广东)	120.0	100.0	19.5	19.5	7.00	—	—
三系晚籼	秋优 998	秋 A/广恢 998	广东省农科院水稻所	2002(广东)	117～119	106.0	19.7	22.2	7.20	—	—
三系晚籼	秋优桂 168	秋 A/桂 168	广西壮族自治区农科院水稻所	2000(广西)	116.0	105.0	22.5	22.0	6.00～6.75	—	—
三系晚籼	秋优桂 99	秋 A/桂 99	广西壮族自治区农科院水稻所	2000(广西)	125.0	100.0	20.0	21.9	6.75～7.50	4.5(2000)	76.7(1997—2005)
三系晚籼	三香优 516	三香 A(316A)/516	湖南农业大学	2005(湖南)	126.0	131.0	25.9	21.0	7.80	—	—
三系晚籼	三香优 612	三香 A/Yo612	湖南省衡阳市农科所	2005(湖南)	124.0	128.0	27.1	21.5	7.83	—	—
三系晚籼	三香优 714	三香 A/Yo714	湖南省衡阳市农科所	2005(湖南)	123.9	111.1	30.1	2.5	7.11	—	—
三系晚籼	汕优 10 号	珍汕 97A/密阳 46	中国水稻研究所	1990(国家)	125～130	—	27～28.5	—	7.25	67.5(1996)	563.3(1990—2005)

（续）

品种类型	品种名称	品种组合/来源	第一选育单位	首次审定	全生育期(d)	株高(cm)	千粒重(g)	直链淀粉(%)	区试单产(t/hm²)	最大年推广面积(万 hm²)和年份	累计推广面积(万 hm²)和年份跨度
三系晚籼	汕优 3550	珍汕 97A/广恢 3550	广东省农科院水稻所	1990(广东)	125～130	100.0	24.5	—	5.74～5.99	—	—
三系晚籼	汕优 448	珍汕 97A/成恢 448	四川省农科院作物所	2003(国家)	120.0	95.0	29.3	21.4	7.05	—	—
三系晚籼	汕优 5111	珍汕 97A/F5-11-1	中国水稻研究所	1994(江西)	125～130	96.0	27.7	20.1	6.63	—	—
三系晚籼	汕优 669	珍汕 97A/R669	福建农业大学	1997(福建)	130.0	100.0	28.0	24.0	6.48	6.7(1991)	17.3(1998—2002)
三系晚籼	汕优 78	珍汕 97A/明恢 78	福建省三明市农科所	1994(福建)	130.0	95～100	28～29	23.6	6.29	13.7(1993)	19.5(1992—1993)
三系晚籼	汕优 C98	珍汕 97A/C98	安徽省徽州地区农科所	1987(安徽)	122.0	90.0	27.1	28.6	6.63	—	4.5(1987—1990)
三系晚籼	汕优赣 10 号	珍汕 97A/474	江西省九江市农科所	1990(江西)	123.3	90.1	24.6	—	6.09	—	—
三系晚籼	汕优赣 1 号	珍汕 97A/秀恢 2 号	江西省宜春地区农科所	1990(江西)	120.0	95.0	27.0	—	7.40	—	—
三系晚籼	汕优赣 24	珍汕 97A/9901	江西省萍乡市农科所	1998(江西)	134.0	100.0	25.0	—	4.81～6.62	—	—
三系晚籼	汕优桂 44	珍汕 97A/桂 44	广西壮族自治区农科院水稻所	1989(广西)	125.0	95～100	28.0	—	6.75	4.0(1988)	—
三系晚籼	汕优晚 3	珍汕 97A/晚 3	湖南省杂交水稻研究中心	1994(湖南)	115～120	95～105	28.0	—	6.57	32.0(1997)	179.2(1993—2005)
三系晚籼	汕优直龙	珍汕 97A/直龙	广东省湛江农业专科学校	1987(广东)	107～130	100.0	28.2	—	6.76～6.87	—	—
三系晚籼	神农 326	龙特浦 A/R730	海南省神农大丰种业公司	2005(海南)	120～148	96～108	28.5	—	8.24～8.74	—	—
三系晚籼	双优 8802	双青 A/HR8802	湛江海洋大学	2005(广东)	114.0	92.8	28.1	20.2	6.31	—	—
三系晚籼	特优 108	龙特浦 A/R108	海南省海亚南繁种业公司	2005(海南)	126～148	103.3	29.0	—	8.00～9.09	—	—
三系晚籼	特优 175	龙特浦 A/N175	福建省农科院稻麦所	2000(福建)	128～130	106～110	28.0	22.1	6.81	9.4(2004)	17.0(2002—2004)
三系晚籼	特优 689	龙特浦 A/榕恢 689	福建省福州市农科所	1996(福建)	128.0	100～110	26～27	22.5	6.59	—	—
三系晚籼	特优 923	龙特浦 A/福恢 923	福建省农科院稻麦所	2004(福建)	129.0	100.0	27.0	22.1	6.73	—	—
三系晚籼	威优 111	V20A/Y111	湖南省杂交水稻研究中心	1999(湖南)	125～130	109.0	29.0	—	—	3.0(2005)	5.9(2003—2005)
三系晚籼	威优 134	V20A/Y134	湖南省杂交水稻研究中心	2000(湖南)	110～111	98.0	29.3	—	—	1.0(2005)	—
三系晚籼	威优 207	V20A/先恢 207	湖南省杂交水稻研究中心	1999(湖南)	116.0	95～100	29～30	—	—	4.0(2001)	20.0(1999—2005)
三系晚籼	威优 227	V20A/R227	湖南省杂交水稻研究中心	2000(湖南)	118～124	103.0	28～30	—	—	1.5(2005)	2.2(2003—2005)
三系晚籼	威优 404	V20A/R404	湖南省安江农业学校	1998(湖南)	120.0	82～88	27.0	—	—	1.2(1999)	6.4(1995—2005)
三系晚籼	威优 56	V20A/0146	湖南农业大学水稻所	1997(湖南)	110.0	85.0	29～30	—	—	1.6(1999)	6.6(1998—2004)
三系晚籼	威优 63	V20A/明恢 63	福建省三明市农科所	1988(福建)	126.0	110.0	31.0	—	6.73	22.4	76.1(1988—2005)
三系晚籼	威优 644	V20A/R644	湖南省杂交水稻研究中心	1997(湖南)	125.0	100.0	28～29	21.5	—	6.6(2003)	37.1(1997—2004)
三系晚籼	威优 647	V20A/R647	湖南省杂交水稻研究中心	1994(湖南)	118.0	90.0	27.5	—	—	10.9(1999)	59.7(1994—2005)
三系晚籼	先农 10 号	中 9A/R254	江西省种子公司	2005(江西)	120.1	114.6	24.6	22.5	6.82～7.23	—	—

（续）

品种类型	品种名称	品种组合/来源	第一选育单位	首次审定	全生育期（d）	株高（cm）	千粒重（g）	直链淀粉（%）	区试单产（t/hm²）	最大年推广面积（万 hm²）和年份	累计推广面积（万 hm²）和年份跨度
三系晚籼	先农 12	中 9A/R962	江西省抚州市农科所	2005(江西)	118.0	111.6	26.2	24.7	6.70～7.15	—	—
三系晚籼	先农 16	新香 A/蓉恢 906	江西省利民水稻所	2003(江西)	124.5	92.3	24.8	22.0	6.83～7.41	—	—
三系晚籼	先农 18	中 9A/R268	江西省种子公司	2005(江西)	120.0	113.8	25.2	22.7	6.69～7.35	—	—
三系晚籼	先农 20	中 9A/R432	江西省种子公司	2004(江西)	109.4	94.8	24.2	23.0	6.21～6.64	—	—
三系晚籼	先农 2 号	中 9A/R2067	江西省种子公司	2005(江西)	113.4	106.2	24.9	22.4	6.68～7.56	—	—
三系晚籼	先农 40	东 B11A/TXZ13	江西省宜春市农科所	2005(江西)	122.1	109.0	26.0	25.8	7.08～7.59	—	—
三系晚籼	先农 4 号	中 9A/R916	江西省种子公司	2005(江西)	116.9	112.0	28.0	26.3	6.19～7.43	—	—
三系晚籼	先农 6 号	金 23A/R2067	江西省种子公司	2005(江西)	110.9	109.3	27.1	27.3	6.36～7.02	—	—
三系晚籼	先农 8 号	中 9A/R80	江西省种子公司	2005(江西)	112.3	102.7	24.7	22.7	6.45～7.29	—	—
三系晚籼	先农 90	宁早 517A/早恢 90	福建农林大学作物遗传育种所	2002(江西)	112.4	93.3	31.2	20.7	6.25	—	—
三系晚籼	先优 95	先 A/科恢 95	广西壮族自治区科泰种业公司	2001(广西)	125.0	108.0	22.3	22.1	7.80	0.9(2004)	1.6(2000—2005)
三系晚籼	香优 63	湘香 2 号 A/明恢 63	湖南省杂交水稻研究中心	1995(湖南)	126.0	100.0	29.1	22.0	6.70～6.80	—	—
三系晚籼	协优 205	协青早 A/浙恢 205	浙江省农科院作物与核技术所	2004(浙江)	128.3	101.0	29.9	20.7	7.02	—	—
三系晚籼	协优 218	协青早 A/中恢 218	中国水稻研究所	2002(江西)	125.2	92.3	33.0	22.0	6.80～7.15	—	—
三系晚籼	协优 29	协青早 A/恢 29	安徽省宣城市种子公司	2004(安徽)	123.0	92.0	28.5	—	7.28	—	1.8(2004—2005)
三系晚籼	协优 3550	协青早 A/广恢 3550	广东省农科院水稻所	1992(广东)	124.0	100.0	25.0	—	7.80	—	—
三系晚籼	协优 432	协青早 A/R432	湖南省杂交水稻研究中心	1993(湖南)	115.0	85～90	27～28	—	—	0.1(1999)	0.2(1996—1999)
三系晚籼	协优 46	协青早 A/密阳 46	中国水稻研究所	1990(浙江)	145.0	85.0	27～28	—	—	36.8(2000)	293.7(1990—2005)
三系晚籼	协优 64	协青早 A/测 64—7	安徽省广德县农科所	2000(湖北)	119.0	93.3	27.3	23.6	6.44	3.6(1997)	8.5(1997—2004)
三系晚籼	协优 80	协青早 A/R80	江西省宜黄县种子公司	2002(江西)	116.3	91.8	27.9	23.3	6.73～7.03	—	—
三系晚籼	协优 962	协青早 A/R962	江西省抚州市农科所	2002(江西)	124.0	97.0	28.3	24.8	6.66～6.70	—	—
三系晚籼	协优 963	协青早 A/R963	浙江省农科院作物所	2002(江西)	125.3	92.1	29.1	21.4	7.06～7.67	—	—
三系晚籼	协优 978	协青早 A/R978	安徽省池州地区种子公司	2004(安徽)	119.0	93.0	28.0	22.1	7.54	—	2.3(2004—2005)
三系晚籼	协优 982	协青早 A/金恢 982	浙江省金华市农科院	2002(浙江)	130.0	86.0	28.5	20.7	7.88	—	—
三系晚籼	协优赣 14	协青早 A/密阳 46 - 25	江西省农科院水稻所	1994(江西)	130.0	88.0	27.3	21.7	6.69	—	—
三系晚籼	协优赣 20	协青早 A/O1666	江西省宜春地区农科所	1996(江西)	126.0	100.0	23.2	—	6.15	—	—

（续）

品种类型	品种名称	品种组合/来源	第一选育单位	首次审定	全生育期(d)	株高(cm)	千粒重(g)	直链淀粉(%)	区试单产(t/hm²)	最大年推广面积(万 hm²)和年份	累计推广面积(万 hm²)和年份跨度
三系晚籼	协优赣 26	协青早 A/C1429	江西省宜春地区农科所	1999(江西)	130.0	95.0	26.9	15.0	6.47	—	—
三系晚籼	协优赣 8 号	协青早 A/2374	江西省农科院水稻所	1990(江西)	126.8	102.6	27.0	—	6.07	—	—
三系晚籼	协优晚 3	协青早 A/晚 3	安徽省潜山县种子公司	2000(安徽)	120～125	110.0	30.0	—	6.75	—	4.5(2001)
三系晚籼	新香优 118	新香 A/R118	湖南省永州市农科所	2005(湖南)	110.0	100.0	27.3	23.1	—	1.6(2005)	1.6(2005)
三系晚籼	新香优 77	新香 A/明恢 77	湖南省杂交水稻研究中心	1997(湖南)	115.0	98.0	27～28	24.0	—	1.1(2003)	3.7(1998—2005)
三系晚籼	新香优 80	新香 A/R80	湖南农业大学水稻所	1997(湖南)	115.0	91.0	27.0	21.2	—	32.3(2002)	135.0(1999—2005)
三系晚籼	新香优 96	新香 A/R96	湖北省荆州市种子总公司	2002(湖北)	122.0	94.3	26.7	21.4	6.51	0.7(2003)	1.1(2003—2005)
三系晚籼	新优赣 16	新露 A/明恢 63	江西省萍乡市农科所	1994(江西)	128.0	98.0	32.2	16.5	6.83	—	—
三系晚籼	新优赣 22	新露 A/R752	江西省杂交水稻研究中心	1997(江西)	128.0	101.0	30.0	17.4	6.19	—	—
三系晚籼	优 I 465	优 I A/恢 465	中国水稻研究所	1998(江西)	129.0	97.0	25.5	24.0	6.63	—	—
三系晚籼	玉香 88	玉香 A/R88	湖南省隆平高科种业公司	2005(湖南)	120.0	108.0	31.3	18.9	—	—	—
三系晚籼	玉香优 164	玉香 A/R164	湖南省隆平高科种业公司	2005(湖南)	119.0	107.0	31.4	18.0	—	—	—
三系晚籼	岳优 360	岳 4A/R360	湖南省岳阳市农科所	2004(湖南)	112.0	95.0	27.0	—	—	—	—
三系晚籼	岳优 63	岳 4A/明恢 63	湖南省岳阳市农科所	2000(湖南)	113.0	98～102	28.0	—	6.45	1.6(2002)	1.6(2002—2003)
三系晚籼	岳优 9113	岳 4A/岳恢 9113	湖南省岳阳市农科所	2004(湖南)	113.5	92.7	25.5	21.8	—	4.0(2005)	7.0(2003—2005)
三系晚籼	跃新 1 号	金 23A/HF1-3-5	江西省会昌县种子公司	2005(江西)	121.0	102.8	27.3	22.6	6.81～7.64	—	—
三系晚籼	跃新 2 号	金 23A/HF2-4-6	江西省会昌县种子公司	2005(江西)	108.3	103.1	25.5	26.6	6.19～6.79	—	—
三系晚籼	杂合 A906	杂合 A/906	江西省浮梁县利民水稻所	2004(江西)	122.4	104.9	24.6	26.7	6.77～6.92	—	—
三系晚籼	振优 998	振丰 A/广恢 998	广东省农科院水稻所	2004(广东)	120.0	94.9	24.3	21.8	7.50	—	—
三系晚籼	中 5 优 111	中 5A/中恢 111	中国水稻研究所	2005(江西)	119.2	106.5	28.9	20.7	6.93～7.71	—	—
三系晚籼	中 9 优 288	中 9A/恢 288	中国水稻研究所	2004(国家)	116.7	98.6	25.8	20.2	8.00	4.7(2005)	9.0(2004—2005)
三系晚籼	中 9 优 801	中 9A/R801	江西农业大学农学院	2003(江西)	124.4	102.1	28.1	16.4	6.50～7.18	—	—
三系晚籼	中优 205	中 9A/浙恢 205	浙江省农科院作物与核技术所	2004(浙江)	130.0	110.0	26.8	15.5	7.58	—	—
三系晚籼	中优 208	中 9A/浙恢 208	浙江省农科院作物与核技术所	2005(浙江)	122.0	116.0	25.8	22.0	7.12	—	—
三系晚籼	中优 218	中 9A/中恢 218	中国水稻研究所	2003(江西)	121.3	102.7	29.7	21.6	6.64～7.34	—	—
三系晚籼	中优 2596	中 9A/G012596	江西省农科院原子能利用所	2005(江西)	113.0	110.2	27.9	23.1	6.23～7.14	—	—
三系晚籼	中优 329	中 9A/SG0329	江西省农科院原子能利用所	2005(江西)	123.3	111.3	27.2	22.2	6.24～7.71	—	—

（续）

品种类型	品种名称	品种组合/来源	第一选育单位	首次审定	全生育期 (d)	株高 (cm)	千粒重 (g)	直链淀粉 (%)	区试单产 (t/hm²)	最大年推广面积(万 hm²)和年份	累计推广面积(万 hm²)和年份跨度
三系晚籼	中优 448	中 9A/成恢 448	四川省农科院作物所	2003(国家)	114.0	97.0	27.6	21.8	7.16	—	—
三系晚籼	中浙优 2838	中浙 A/T2838	中国水稻研究所	2003(国家)	—	95～100	26～27	16.2	6.80	—	—
三系籼糯	糯优 1 号	N2A/糯恢 1 号	四川省原子核应用技术所	1995(四川)	146.0	—	29.0	—	7.85	1.0	6.0(1996—2005)
三系籼糯	糯优 2 号	N2A/D091	四川省原子核应用技术所	1999(四川)	147.0	115.0	29.6	2.0	7.50	—	—
杂交早粳	丹粳 1 号	早丰 A/C57-11	辽宁省丹东市农科所	1987(辽宁)	160.0	105.0	—	17.0	7.50	小面积示范	小面积示范
杂交早粳	辽优 0201	秀 A/C4111	辽宁省农科院稻作所	2002(辽宁)	156.0	110.0	25.0	17.9	9.40	0.3(2004)	1.3
杂交早粳	辽优 1052	辽 105A/C52	辽宁省农科院稻作所	2005(辽宁)	158.0	115.0	24.0	17.3	9.00	0.7(2005)	3.3
杂交早粳	辽优 1518	151A/C418	辽宁省农科院稻作所	2002(辽宁)*	159.0	115.0	26.0	17.9	10.00	0.7(2004)	3.3(2002—2005)
杂交早粳	辽优 2006	辽 20A/C2106	辽宁省农科院稻作所	2005(辽宁)	170.0	115.0	25.0	17.7	9.50	0.1(2004)	0.3
杂交早粳	辽优 3015	辽 30A/C4115	辽宁省农科院稻作所	2003(辽宁)	159.0	110～115	27.0	16.0	9.30	0.1(2004)	0.3(2003—2005)
杂交早粳	辽优 3072	辽 30A/C272	辽宁省农科院稻作所	2005(辽宁)	160.0	125.0	26.0	16.8	9.90	0.3(2004)	1.3
杂交早粳	辽优 3225	辽 326A/C253	辽宁省农科院稻作所	1998(辽宁)	163.0	105.0	26～27	17.0	10.90	0.7(2001)	3.33(2001—2005)
杂交早粳	辽优 3418	326A/C418	辽宁省农科院稻作所	2001(国家)	160.0	108.0	26.4	16.9	9.30	0.1(2004)	0.3(2001—2005)
杂交早粳	京优 13	中作 59A/陆恢 3 号	北京市农业生物技术中心	2005(国家)	156.0	109.0	26.6	16.9	10.20	0.1(2004)	0.3
杂交早粳	京优 14	中作 59A/津 1229	北京市农业生物技术中心	2004(国家)	160.0	115.0	27.0	15.4	9.80	0.1(2002)	0.3
杂交早粳	京优 15	中作 59A/Y772	北京市农业生物技术中心	2003(北京)	158.0	127.0	27.0	17.0	9.90	0.7(2005)	3.3
杂交早粳	京优 6 号	中作 59A/津 1244-2	北京市农林科学院作物所	1993(北京)	156.3	104.6	25.8	15.7	10.00	小面积示范	小面积示范
杂交早粳	秋优 62	秋光 A/C9162	北京市农林科学院作物所	1997(北京)	151.0	110.0	27.0	16.2	9.30	小面积示范	小面积示范
杂交早粳	辽优 4418	秀 A/C418	辽宁省农科院稻作所	2001(国家)	155.0	110.0	27.0	16.0	10.72	小面积示范	小面积示范
杂交早粳	辽优 5	辽盐 28A/C504	辽宁省农科院稻作所	2001(辽宁)	150.0	100.0	24.0	16.7	9.27	小面积示范	小面积示范
杂交早粳	辽优 5218	辽 5216A/C418	辽宁省农科院稻作所	2001(辽宁)	133.0	100.0	28.0	16.7	7.10	0.2(1997)	1.0
杂交早粳	辽优 853	农林 150A/R853	辽宁省农科院稻作所	2005(国家)	138.0	100.0	27.0	18.0	6.75	0.02(1999)	0.1(1999—2005)
杂交早粳	屉优 418	屉锦 A/C418	辽宁省农科院稻作所	1998(辽宁)	165.0	125.0	27.5	16.6	8.50	1.3(2004)	10.0(1998—2005)
杂交中粳	10 优 18	10A/R148	天津市水稻所	2004(国家)	177.0	97.2	26.8	15.8	9.60	0.1(2005)	0.1
杂交中粳	3 优 18	3A/C418	天津市水稻所	2001(国家)	150.0	115.0	26.3	17.0	9.20	4.8(2005)	10.0
杂交中粳	69 优 8 号	69A/R11238	江苏省农科院徐州农科所	2002(江苏)*	150.0	114.0	28.0	15.2	9.70	0.8(2003)	3.4(2003—2005)
杂交中粳	8 优 682	8908A/R37682	江苏省农科院徐州农科所	2000(江苏)	148.0	110.0	23.0	14.7	9.40	3.5(2003)	12(2001—2005)
杂交中粳	9 优 138	9201A/N138	江苏省农科院徐州市农科所	1996(江苏)	149.0	110.0	25.5	16.6	8.90	4.0(1999)	17(1996—2003)
杂交中粳	9 优 418	9201A/C418	北方杂交粳稻工程中心	2000(国家)*	150～155	120～125	26～27	16.5	9.30	5.0(2005)	15.0(1999—2005)

（续）

品种类型	品种名称	品种组合/来源	第一选育单位	首次审定	全生育期（d）	株高（cm）	千粒重（g）	直链淀粉（%）	区试单产（t/hm²）	最大年推广面积（万 hm²）和年份	累计推广面积（万 hm²）和年份跨度
杂交中粳	滇杂 31	榆密 15A/南 34	云南农业大学稻作所	2002(云南)	165～180	90～100	24～25	17.4	10.04	1.7(2005)	2.68(2001—2005)
杂交中粳	滇杂 32	黎榆 A/南 34	云南农业大学稻作所	2002(云南)	160～170	94～98	24～25	17.8	9.80	0.3(2005)	0.717(2001—2005)
杂交中粳	滇杂 33	榆密 15A/滇农 R-3	云南农业大学稻作所	2004(云南)	165～185	100～115	23.7	15.9	10.30	0.1(2005)	0.01(2003—2005)
杂交中粳	滇杂 34	滇榆 1 号 A/南 34	云南农业大学稻作所	2004(云南)	170～180	100.0	24.0	16.3	10.40	小面积示范	小面积示范
杂交中粳	津粳杂 2 号	SA/R411	天津市水稻所	2001(天津)*	175.0	116.0	26.3	18.6	9.40	1.3(2005)	1.5
杂交中粳	津粳杂 4 号	502A/C272	天津市水稻所	2002(天津)	175.0	115.0	26.0	16.3	9.70	0.3(2005)	0.5
杂交中粳	津优 2001	早花二号 A/773	天津市水稻所	2003(天津)	175.0	115.0	25.4	16.1	9.80	小面积示范	小面积示范
杂交中粳	津优 2003	341A/773	天津市水稻所	2003(国家)	175.0	115.0	26.0	16.5	9.30	小面积示范	小面积示范
杂交中粳	津优 29	早花二号 A/超优 1 号	天津市水稻所	2001(天津)*	160.0	107.0	24.8	15.9	8.40	小面积示范	小面积示范
杂交中粳	六优 3 号	六千辛 A/引恢 3 号	江苏省中江种业	1996(江苏)	150.0	110.0	25.5	—	8.90	3.0(1999)	8.7(1996—2001)
杂交中粳	六优 8 号	六千辛 A/HP121-8	江苏省宿迁丰禾水稻所	2002(江苏)	151.0	105.0	27.0	17.0	6.06	0.01(2004)	0.1(2004—2005)
杂交中粳	泗优 12	泗稻 8 号 A/Z12	江苏省中江种业	2001(江苏)	148.0	105.0	26.0	14.0	9.50	小面积示范	小面积示范
杂交中粳	泗优 418	泗稻 8 号 A/C418	江苏省农科院徐州农科所	1999(江苏)	153.0	113.0	28.0	15.4	9.50	2.1(2001)	4.1(1999—2004)
杂交中粳	泗优 523	泗稻 8 号 A/R523	江苏省里下河地区农科所	1999(江苏)	150.0	100.0	28.0	17.9	9.20	小面积示范	小面积示范
杂交中粳	泗优 88	泗稻 8 号 A/恢 88	扬州大学	1998(江苏)	153.0	110.0	28.0	17.8	9.10	1.0(2000)	3.3(1997—2002)
杂交中粳	泗优 9022	泗稻 8 号 A/C9022	江苏省农科院徐州农科所	1997(江苏)	150.0	110.0	25.5	13.0	9.60	1.4(1999)	2.9(1997—2001)
杂交中粳	泗优 9083	泗稻 8 号 A/C9083	江苏省农科院徐州农科所	1994(江苏)	143～153	91.0	30.0	18.3	8.90	0.7(1996)	1.3(1994—1998)
杂交中粳	皖稻 34	80-4A/HP121	安徽省农科院水稻所	1996(安徽)	144.0	105.0	26.0	14.8	8.40	3.9(2000)	17.0(1996—2002)
杂交中粳	皖稻 50	六千辛 A/HP121	安徽省农科院水稻所	1998(安徽)	144.0	100.0	27.0	16.3	7.90	2.1(2000)	7.8(1998—2003)
杂交中粳	皖稻 66	23A/皖恢 98	安徽省农科院水稻所	2002(江苏)	148.0	120.0	25.0	16.7	9.50	3.6(2003)	7.5(2002—2004)
杂交中粳	皖稻 70	80-4A/MR19	安徽省农科院水稻所	2003(安徽)	148.0	120.0	25.0	16.7	9.03	1.0(2004)	1.4(2003—2004)
杂交中粳	香优 18	爱知香 A/MR18	江苏省宿迁丰禾水稻所	2003(江苏)	155.0	130.0	26.0	16.3	10.40	小面积示范	小面积示范
杂交中粳	徐优 201	徐 9320A/徐恢 201	江苏省农科院徐州农科所	2005(江苏)	152.0	115.0	25～26	15.7	8.90	小面积示范	小面积示范
杂交中粳	徐优 3-2	徐稻 2 号不育系/宁恢 3-2	江苏省农科院徐州农科所	1993(江苏)	152.0	95.0	25.0	19.7	9.40	3.0(1995)	6.5(1993—1997)
杂交中粳	寻杂 29	滇寻 1 号 A/南 29	云南农业大学稻作所	1991(云南)	147～176	90.0	26.0	—	9.80	0.1(1991)	0.2(1990—1991)
杂交中粳	盐优 1 号	盐粳 5 号 A/盐恢 93005	江苏省盐都区农科所	2002(江苏)	148.0	105.0	26.0	16.5	9.70	0.1(2003)	1.0(2002—2005)
杂交中粳	盐优 2 号	盐 93538A/轮回 422	江苏省盐都区农科所	2003(江苏)	157.0	105.0	23～24	15.6	11.20	0.1(2004)	1.0(2003—2005)
杂交中粳	榆杂 29	滇榆 1 号 A/南 29	云南农业大学稻作所	1995(云南)	165～180	80～90	25.9	20.8	12.57	0.1(1996)	0.1(1993—1996)
杂交中粳	中粳优 1 号	6A/津恢 1 号	天津市水稻所	2005(国家)	175.0	104.0	26.4	16.7	9.50	0.2(2005)	0.5(2005—2006)

（续）

品种类型	品种名称	品种组合/来源	第一选育单位	首次审定	全生育期（d）	株高（cm）	千粒重（g）	直链淀粉（%）	区试单产（t/hm^2）	最大年推广面积（万 hm^2）和年份	累计推广面积（万 hm^2）和年份跨度
杂交晚粳	86 优 242	863A/R242	江苏省农科院太湖农科所	2002(江苏)	167.0	115.0	25.0	17.4	8.10	0.1(2002)	0.2(2000—2002)
杂交晚粳	86 优 8 号	863A/宁恢 8 号	江苏省农科院粮作所	2000(江苏)	160.0	110.0	25.0	17.9	9.20	1.5(2005)	5.3(2001—2005)
杂交晚粳	8 优 161	8204A/R161	上海市农科院作物所	1994(上海)	160～165	105～115	26.0	17.7	8.65	1.3	3.3
杂交晚粳	常优 8 号	8204A/R9525	浙江省农科院作物与核技术所	2004(国家)	149.4	112.2	26.0	19.5	8.60	小面积示范	小面积示范
杂交晚粳	常优 1 号	武运粳 7 号/R254	江苏省农科院常熟农科所	2002(江苏)*	160～165	108.2	28.0	16.1	8.0	小面积示范 1.3(2004)	小面积示范 4.0(2001—2005)
杂交晚粳	常优 2 号	武运粳 7 号 A/C53	江苏省农科院常熟农科所	2005(江苏)	165.0	110.0	26.0	17.3	8.80	0.03(2005)	0.1(2003—2005)
杂交晚粳	常优 3 号	武运粳 7 号/R192	江苏省农科院常熟农科所	2005(国家)	160～165	108.2	28.0	16.1	8.0	小面积示范	小面积示范
杂交晚粳	寒优 1027	寒丰 A/T1027	上海市农科院作物所	1990(上海)	158.0	100.0	27.5	17.2	8.30	小面积示范	小面积示范
杂交晚粳	寒优湘晴	寒丰 A/湘晴 4144	上海闵行区种子公司	1989(上海)	160～165	105.0	25.0	7.4	8.10	4.0(2002)	45.0(1989—2005)
杂交晚粳	嘉乐优 2 号	151A/DH32	浙江省嘉兴市秀洲区农科所	2005(浙江)	152～168	101.0	26.3	17.8	8.70	小面积示范	小面积示范
杂交晚粳	嘉优 1 号	嘉 60A/嘉恢 40	浙江嘉兴市农科院	2005(浙江)	160.0	110.0	25.7	17.8	8.50	小面积示范	小面积示范
杂交晚粳	闵优 128	83A/128	上海闵行区种子公司	1998(上海)	150～160	100～105	27.0	18.2	9.50	0.7(1998)	1.7
杂交晚粳	浦优 801	69A/J60	上海市浦东区农技推广中心	2002(上海)	150.0	100.0	26.5	16.1	8.80	小面积示范	小面积示范
杂交晚粳	七优 2 号	76-27A/T806	浙江省台州地区农科所	1990(浙江)	130.0	85.0	—	18.8	6.00	小面积示范	小面积示范
杂交晚粳	七优 6 号	76-27A/2764	浙江省台州地区农科所	1999(浙江)	130～140	87.0	29.9	20.8	6.50	小面积示范	小面积示范
杂交晚粳	七优 7 号	76-27A/K1457	浙江省宁波市农科院	1996(浙江)	127.0	90.0	27～28	—	7.20	0.1	0.1
杂交晚粳	申优 1 号	8204A/R161-10	上海市农科院作物所	2002(上海)	150～155	105～110	26.5～27.5	16.2	8.70	1.3	5.0
杂交晚粳	申优 254	申 6A/申恢 254	上海市农科院作物所	2004(上海)	160～165	100～105	27.0	—	9.40	小面积示范	小面积示范
杂交晚粳	申优 4 号	申 4A/湘晴	上海市农科院作物所	2003(上海)	155～165	105.0	25.0	18.1	8.80	0.5	0.7
杂交晚粳	申优 693	申 6A/R693	上海市农科院作物所	2005(上海)	155.0	100～105	25～26	14.7	9.00	0.3(2005)	0.5(2003—2005)
杂交晚粳	泗优 422	泗稻 8 号 A/轮回 422	江苏省农科院粮作所	1993(江苏)	160.0	105～110	26.0	18.2	9.20	0.4(1999)	1.1(1995—2004)
杂交晚粳	苏优 22	武运粳 7 号 A/R16189	江苏省中江种业公司	2005(江苏)	162.0	105.0	26.0	17.8	9.00	小面积示范	小面积示范
杂交晚粳	皖稻 18	六千辛 A/82022	安徽省农科院水稻所	1992(安徽)	130.0	100.0	27.0	19.7	6.30	0.2(1993)	0.3(1993—1995)
杂交晚粳	皖稻 22	80-4A/皖恢 9 号	安徽省农科院水稻所	1994(安徽)	130.0	95.0	27.0	19.7	6.30	3.5(1997)	8.0(1995—2001)
杂交晚粳	皖稻 46	80-4A/T1027	安徽省桐城市农业局	1997(安徽)	130.0	90～95	29.0	—	7.20	小面积示范	小面积示范
杂交晚粳	皖稻 72	双九 A/皖恢 4183	安徽省农科院水稻所	2003(安徽)	130.0	105.0	24.0	16.7	7.40	1.7(2004)	2.3(2003—2004)
杂交晚粳	皖稻 74	80-4A/皖恢 98	安徽省农科院水稻所	2003(安徽)	130.0	105.0	26.0	15.4	7.50	1.1(2004)	1.3(2003—2004)

（续）

品种类型	品种名称	品种组合/来源	第一选育单位	首次审定	全生育期(d)	株高(cm)	千粒重(g)	直链淀粉(%)	区试单产(t/hm^2)	最大年推广面积(万 hm^2)和年份	累计推广面积(万 hm^2)和年份跨度
杂交晚粳	皖稻 80	双九 A/皖恢 3402	安徽省农科院水稻所	2004(安徽)	130.0	105.0	25.0	16.0	7.72	0.9(2004)	1.1(2004—2005)
杂交晚粳	秀优 5 号	秀水 110A/XR69	浙江省嘉兴市农科院	2006(江苏)	150~158	110~115	26.5~27.5	17.6	8.20	小面积示范	小面积示范
杂交晚粳	甬优 1 号	宁 67A/K1722	浙江省宁波市农科院	2000(浙江)	135~140	110.0	30.7	18.6	8.90	5.4(2004)	17.7(2000—2005)
杂交晚粳	甬优 2 号	甬粳 2 号 A/K1722	浙江省宁波市农科院	2001(浙江)	134.0	90~120	29.9	—	6.50	0.3(2005)	1.2(2001—2005)
杂交晚粳	甬优 3 号	甬粳 2 号 A/K1863	浙江省宁波市农科院	2002(浙江)*	146.4	90~105	29~30	17.4	8.30	1.2(2005)	4.8(2002—2005)
杂交晚粳	甬优 4 号	甬粳 2 号 A/K2001	浙江省宁波市农科院	2003(浙江)*	151.2	123.7	25.9	15.3	9.30	0.1(2005)	0.3(2003—2005)
杂交晚粳	甬优 5 号	甬粳 2 号 A/K4853	浙江省宁波市农科院	2005(浙江)	151.0	110~115	32.0	1.5	8.50	0.1(2005)	0.1(2003—2005)
杂交晚粳	甬优 6 号	甬粳 2 号 A/K4806	浙江省宁波市农科院	2005(浙江)	138~156	110~135	24~25	15.1	8.80	0.8(2005)	0.8(2003—2005)
杂交晚粳	浙优 9 号	5016A/恢 9816	浙江省农科院作物与技术所	2005(浙江)	154.2	121.3	27.0	14.5	8.70	小面积示范	小面积示范
二系早籼	安两优 25	安湘 S/早 25	江西省杂交水稻研究中心	1998(江西)	112.0	82.0	24.0	19.9	6.50	1.9(2001)	1.9(2001)
二系早籼	安两优 318	安湘 S/R318	湖南省杂交水稻研究中心	2001(江西)*	116.9	94.0	29.0	21.5	7.44	—	—
二系早籼	安两优 402	安湘 S/R402	江西省宁都县种子公司	2001(江西)	113.0	86.8	25.0	25.9	6.66	0.7(2005)	1.3(2003—2005)
二系早籼	八两优 100	安农 810S/D100	湖南省安江农业学校	1998(湖南)	108~111	80.0	26.0	—	7.22	1.9(2001)	13.6(1997—2005)
二系早籼	八两优 353	810S/353	广西壮族自治区桂林市种子公司	2001(广西)	110~118	94~100	27.0	—	6.95	0.4(2002)	0.7(2001—2003)
二系早籼	八两优 63	810S/明恢 63	湖南省安江农业学校	2000(湖南)	122.0	106.0	26.0	23.0	6.75	—	—
二系早籼	八两优 96	安农 810S/怀 96-1	湖南省怀化市农科所	2000(湖南)*	108.0	86.5	24.0	24.8	6.86	1.8(2001)	6.7(2001—2005)
二系早籼	福两优 63	FJS-1/明恢 63	福建省农科院稻麦所	2000(福建)	118~123(早)	96~105	29.1	23.2	6.49	—	—
二系早籼	贺两优 86	贺 S/明恢 86	广西壮族自治区贺州市农科所	2005(广西)	122~128(早)	124.0	28.9	12.7	8.33	0.4(2004)	0.8(2003—2005)
二系早籼	华两优 103	M102S/T1007	华中农业大学	2004(湖北)	106.5~113	92.5	25.4	22.4	6.59	—	—
二系早籼	华两优 105	M103S/T1007	华中农业大学	2005(江西)	105~111	82.4~93.1	27.2~28.9	14.0	7.15	—	—
二系早籼	华两优 106	M103S/T1005	华中农业大学	2004(江西)	106~110	95.0	27.2	13.7	6.93	—	—
二系早籼	九两优 F_6	莲九 S/F6-7-4	江西省农科院水稻所	2002(江西)	118.0	90.4	27.0	10.6	6.40	—	—
二系早籼	九两优丰	莲九 S/优丰稻	江西省农科院水稻所	2002(江西)	112.8	85.2	24.0	10.6	6.90	—	—
二系早籼	两优 287	HD9802S/R287	湖北大学	2005(湖北)	113.0	85.5	25.3	19.5	6.87	0.7(2005)	0.7(2005)
二系早籼	六两优 3327	6442S/R3327	江西省农科院水稻所	2003(江西)	118.6	92.7	27.3	22.9	7.00	—	—
二系早籼	陆两优 105	陆 18S/105	湖南亚华种业科学院	2005(湖南)	110.9	88.0	27.0	22.9	7.39	0.4(2005)	0.4(2005)
二系早籼	陆两优 28	陆 18S/华 28	湖南亚华种业科学院	2003(湖南)*	103~112	96.0	26.0	20.9	7.20	1.3(2005)	1.5(2004—2005)
二系早籼	陆两优 996	陆 18S/996	湖南农业大学	2005(湖南)	113.0	95.0	28.0	26.5	7.84	0.5(2005)	0.5(2005)

（续）

品种类型	品种名称	品种组合/来源	第一选育单位	首次审定	全生育期（d）	株高（cm）	千粒重（g）	直链淀粉（%）	区试单产（t/hm²）	最大年推广面积（万 hm²）和年份	累计推广面积（万 hm²）和年份跨度
二系早籼	培杂 279	培矮 64S/玉恢 279	广西壮族自治区玉林市农科所	2005(广西)	122～128	106.2	21.3	23.3	8.42	0.4(2004)	0.8(2003—2005)
二系早籼	培杂 28	培矮 64S/R8258	华南农业大学	2001(广东)	130.0	95～98	20～24	—	6.77	—	—
二系早籼	培杂 620	培矮 64S/HR620	湛江海洋大学	2002(广东)	128.0	105.0	25.4	—	6.61	—	—
二系早籼	培杂 629	培矮 64S/中种恢 629	中国种子集团公司三亚分公司	2005(海南)	120～124	105～115	24.0	19.7	7.97	—	—
二系早籼	培杂茂三	培矮 65S/茂三	广东省华茂高科种业公司	2000(广东)*	123～130	100.0	20～21	24.8	6.91	5.9(2002)	20.2(1999—2005)
二系早籼	培杂茂选	培矮 66S/茂选	广东省华茂高科种业公司	2000(广东)	126～130	94.0	21～22	25.1	7.00	0.9(2000)	1.7(2000—2002)
二系早籼	培杂山青	培矮 64S/山青 11	广东省华茂高科种业公司	1996(广东)	126～128	92～105	22～23	22.5	6.62	7.7(1998)	41.9(1996—2004)
二系早籼	培杂泰丰	培矮 64S/泰丰占	华南农业大学	2004(广东)*	125～129	105～108	21.4	17.9～22.4	7.15	1.7(2005)	1.7(2005)
二系早籼	琼香两优 1 号	琼香-1S/粤丰占	海南省农科院水稻所	2004(海南)	125～135	110～115	24.1	24.4	8.43	—	—
二系早籼	田两优 402	田丰 S/R402	江西省赣州地区农科所	1998(江西)	114.0	90.0	27.6	23.6	6.90	1.1(2005)	2.7(2001—2005)
二系早籼	田两优 66	田丰 S-2/R66	江西省赣州市农科所	2003(江西)	114.9	91.4	25.9	22.9	6.60	0.9(2003)	2.7(2003—2005)
二系早籼	香两优 68	香 125S/D68	湖南省杂交水稻研究中心	1998(湖南)	110.0	90.0	26～27	13.4	7.55	10.6(2002)	39.3(1999—2005)
二系早籼	香两优 98049	香 125S/98049	江西省吉安市农科所	2003(江西)	110.6	83.7	26.1	22.9	6.50	—	—
二系早籼	新两优 821	新华 S/821R	安徽省荃银农业高科技所	2004(广西)	116～122	112.1	26.4	11.9	6.94～7.87	—	—
二系早籼	雁两优 9218	雁农 S/92-18	湖南省衡阳市农科所	2004(广西)	117～121	110.8	24.1	25.5	7.86	—	—
二系早籼	粤杂 922	GD-1S/广恢 128	广东省农科院水稻所	2004(海南)	128.5	96.7	26.5	24.8	8.00	—	—
二系早籼	株两优 02	株 1S/ZR02	湖南省株洲市农科所	2002(湖南)*	111.0	92.0	26.7	19.8	7.65	9.3(2005)	15.8(2004—2005)
二系早籼	株两优 100	株 1S/中鉴 100	湖南省湘潭市农科所	2005(湖南)	105～108	85.0	26.2	23.2	6.70	1.1(2005)	1.1(2005)
二系早籼	株两优 112	株 1S/ZR112	湖南省株洲市农科所	2001(湖南)	109.0	84.2	26.0	21.8	7.16	1.3(2004)	4.4(2002—2005)
二系早籼	株两优 120	株 1S/华 120	湖南亚华种业科学院	2005(国家)	109.5	85.0	26.9	22.2	7.05	—	—
二系早籼	株两优 176	株 1S/97176	湖南省怀化市农科所	2002(湖南)	108.0	95.0	27.2	19.6	7.48	0.7(2005)	1.2(2004—2005)
二系早籼	株两优 505	株 1S/505	湖南省农科院水稻所	2004(湖南)	108～110	88.0	27.1	22.0	7.11	0.8(2005)	0.8(2004—2005)
二系早籼	株两优 819	株 1S/819	湖南省亚华种业科学院	2005(湖南)	106.0	82.0	24.7	22.1	7.06	0.9(2005)	0.9(2005)
二系早籼	株两优 83	株 1S/潭早籼 4 号	湖南省湘潭市农科所	2002(湖南)	109.0	90.0	27.5～28.2	24.0	7.42	1.4(2005)	2.3(2004—2005)
二系早籼	株两优 971	株 1S/971	湖南省怀化市农科所	2001(湖南)	109.0	90.0	26.2	24.2	7.14	—	—
二系早籼	株两优 99	株 IS/E599	湖南省农科院水稻所	2004(湖南)	109.6	90.0	28.0	19.4	6.84	0.8(2005)	0.9(2004—2005)

（续）

品种类型	品种名称	品种组合/来源	第一选育单位	首次审定	全生育期(d)	株高(cm)	千粒重(g)	直链淀粉(%)	区试单产(t/hm²)	最大年推广面积(万 hm²)和年份	累计推广面积(万 hm²)和年份跨度
二系中籼	e 福丰优 11	福 eS1/9311	福建农林大学作物遗传育种所	2004(江西)	135～140	118.0	26.5	—	7.80	0.7(2005)	0.7(2005)
二系中籼	赣亚一号	培 64S/R187	江西省滨湖农科所	2002(江西)	153.5	121.0	20.3	20.0	6.10	—	—
二系中籼	华两优 1206	华 201S/C131T226	华中农业大学	2005(湖北)	135.8	116.6	25.9	21.7	8.45	—	—
二系中籼	华两优 89	H155S/华 89	湖南省亚华种业科学院	2005(湖南)	133.0	105.0	27.5	23.6	7.65	—	—
二系中籼	金两优 33	HS-3/JXR-33	福建农林大学	2005(福建)	143～145	131.0	31.6	25.3	9.21	—	—
二系中籼	金两优 36	HS-3/946	福建农林大学	2000(福建)	148.0	118～130	30.0	22.0	8.11	0.8(2005)	1.5(2004—2005)
二系中籼	两优 108	培矮 64S/宁恢 108	江苏省农科院粮作所	2005(江苏)	150.0	120～125	23～24	18.3	9.17	—	—
二系中籼	两优 1169	1161S/9311	湖南省隆平高科公司	2004(江西)	121.7	113.1	25～27	22.1	7.53	—	—
二系中籼	两优 1193	1103S/810093	武汉大学	2003(湖北)	135.0	111.0	29.3	11.4	9.75	—	—
二系中籼	两优 211	2136S/多系 1 号	贵州省农科院水稻所	2001(贵州)	140.0	85.1	27.3	20.2	7.82	—	—
二系中籼	两优 2163	SE21S/明恢 63	福建省农科院稻麦所	2000(福建)	135～138	105～125	29.4	14.2	6.96	1.7(2002)	6.4(2001—2005)
二系中籼	两优 2186	SE21S/明恢 86	福建省农科院稻麦所	2000(福建)	136.0	106～126	29.8	17.4	6.60	4.5(2004)	20.3(2001—2005)
二系中籼	两优 273	YW-2S/92173	华中师范大学	2002(湖北)	133.5	125.4	28.9	21.9	8.24	1.2(2002)	1.9(2002—2003)
二系中籼	两优 277	YW-2S/双七	湖北省农科院粮作所	2004(湖北)	116.0	101.7	22.9	22.4	7.52	—	—
二系中籼	两优 363	360S/明恢 63	贵州省农科院水稻所	2000(贵州)*	150.0	95.0	28.0	14.1	7.10	0.9(2005)	3.4(2000—2005)
二系中籼	两优 662	611S/多系 1 号	贵州省农科院水稻所	2003(贵州)	150.0	95.4	27.7	20.2	7.43	—	2.7(2003—2005)
二系中籼	两优培九	培矮 64S/扬稻 6 号	江苏省农科院	1999(江苏)*	126～148	115～120	27.0	21.6	9.56	82.5(2002)	379.1(2000—2005)
二系中籼	陆两优 106	陆 18S/凯 106	贵州省黔东南州农科所	2002(贵州)	145～159	113.4	27.4	24.9	8.06	5.0(2005)	8.7(2002—2005)
二系中籼	培两优 275	培矮 64S/275	广西壮族自治区农科院杂交水稻中心	1999(广西)	130.0	105.0	23.0	21.2	6.57	—	—
二系中籼	培两优 500	培矮 64S/500	湖南农业大学	2002(湖南)	132.0	118.0	23～24	19.8	7.40	0.1(2003)	0.2(2003—2005)
二系中籼	培两优 559	培矮 64S/559	湖南省杂交水稻研究中心	2002(湖南)	135.0	110～115	24.0	20.0	9.60	—	—
二系中籼	培两优 93	培矮 64S/岳恢 9113	湖南省岳阳市农科所	2002(湖南)	132.0	106～108	23～24	22.9	7.78	0.7(2003)	0.9(2003—2005)
二系中籼	培两优 932	W9593S/胜优 2 号	湖北省农科院粮作所	2002(湖北)*	136.0	118.2	25.3	21.0	8.95	—	—
二系中籼	培两优慈 4	培矮 64S/慈 4	湖南省慈利县农业局	2003(湖南)	135～140	110.0	22.6	24.7	8.66	3.9(2005)	5.0(2004—2005)
二系中籼	培两优特青	培矮 64S/特青	湖南省杂交水稻研究中心	1994(湖南)	135～140	100～110	24.0	22.0	8.61	7.5(1998)	21.6(1996—2001)
二系中籼	培优特三矮	培矮 64S/特三矮 2 号	陕西省汉中市农科所	1998(陕西)	155.0	100.0	24.0	24.2	9.25	1.0(1999)	3.3(1998—2000)
二系中籼	黔两优 58	2136S/M86	贵州省农科院水稻所	2004(贵州)	147.5	95.7	28.5	15.8	8.51	2.2(2005)	3.9(2004—2005)

（续）

品种类型	品种名称	品种组合/来源	第一选育单位	首次审定	全生育期（d）	株高（cm）	千粒重（g）	直链淀粉（%）	区试单产（t/hm²）	最大年推广面积（万 hm²）和年份	累计推广面积（万 hm²）和年份跨度
二系中籼	黔香优 2000	360S/Uni2000	贵州省农科院水稻所	2004（贵州）	145.0	93.7	26.2	13.7	7.96	1.5(2005)	1.5(2005)
二系中籼	皖稻 103	2301S/H7058	安徽省农科院水稻所	2003（安徽）	137.0	118.4	24.0	20.3	8.36	—	—
二系中籼	皖稻 119	宣 69S/WH26	安徽省宣城市农科所	2004（安徽）	139.0	116.0	27.0	13.2	8.30	—	—
二系中籼	皖稻 147	新安 S/安选 6 号	安徽荃银农业高科技所	2005（安徽）	140.0	115.0	28.0	15.5	8.90	2.1(2005)	2.1(2005)
二系中籼	皖稻 153	1892S/RH003	安徽省农科院水稻所	2005（安徽）	138～140	110～115	24.0	21.3	8.69	—	—
二系中籼	皖稻 161	2301S/七秀占	安徽省农科院水稻所	2005（安徽）	135.0	115.0	26～27	26.3	8.59	—	—
二系中籼	皖稻 79	X07S/紫恢 100	安徽省农科院水稻所	2000（安徽）	134～140	118～125	27.0	21.7	8.45	—	—
二系中籼	皖稻 87	广占 63S/9311	安徽省合肥丰乐种业公司	2003（安徽）*	140.0	110～120	29.0	16.0	8.70	27.3(2005)	63.1(2002—2005)
二系中籼	皖稻 93	X07S/WH16	安徽省宣城市农科所	2003（安徽）	138.0	120.0	27.5	14.9	8.66	—	—
二系中籼	扬两优 6 号	广占 63-4S/扬稻 6 号	江苏省里下河农科所	2003（江苏）*	134.1	120.6	28.1	14.7	9.51	6.7(2005)	18.0(2003—2005)
二系中籼	云光 14	蜀光 612S/云恢 808	云南省农科院粮作所	2000（云南）	137～158	100.0	26.5～28.2	15.0	11.23	—	—
二系中籼	云光 17	蜀光 612S/云恢 58	云南省农科院粮作所	2005（云南）	150.0	99.0	26.8	16.0	10.43	—	—
二系中籼	准两优 527	准 S/蜀恢 527	湖南省杂交水稻研究中心	2003（湖南）*	134～147	125.0	30.6	21.0	9.82	2.8(2005)	4.1(2004—2005)
二系晚籼	e 福优 F_8	福 e-S-1/赣香 1 号	江西省赣州市农科所	2005（江西）	119.9	103.0	21.5	26.0	6.20	—	—
二系晚籼	安两优 1 号	安湘 S/ZSP 选 1	广西大学	2004（广西）	102～115	105.3	25.6	19.6	6.75	—	—
二系晚籼	安两优 321	安湘 S/321	广西壮族自治区农科院水稻所	2000（广西）	100～105	110.0	22.0	—	6.47	—	—
二系晚籼	安两优 9808	安湘 S/9808	江西省上饶市水稻良种场	2005（江西）	119.9	100.8	26.1	25.5	6.50	—	—
二系晚籼	安两优青占	安湘 S/抗蚊青占	江西省宁都县名林水稻所	2004（江西）	111.7	105.7	24.0	26.6	6.57	—	—
二系晚籼	光亚 2 号	M2S/T2	中国水稻研究所	2001（浙江）	130～133	100～110	30.0	16.8	6.68	—	—
二系晚籼	两优 1019	E21S/明恢 1019	福建省三明市农科所	2003（福建）	127.0	100.0	25～26	—	6.72	1.2(2004)	2.8(2003—2005)
二系晚籼	陆两优 63	陆 18S/明恢 63	湖南省亚华种业科学院	2001（湖南）	124.0	113.0	29.0	22.6	8.54	0.5(2003)	0.6(2003—2005)
二系晚籼	培两优 1025	培矮 64S/1025	广西壮族自治区农科院水稻所	2001（广西）	100～115	90～105	20.3	22.2	6.33	0.8(2002)	0.8(2002)
二系晚籼	培两优 210	培矮 64S/合 6	湖南省农科院水稻所	2001（湖南）*	122.3	95～105	26～27	14.6	6.53	1.1(2002)	1.1(2002)
二系晚籼	培两优 288	培矮 64S/288	湖南农业大学	1996（湖南）	115.0	95.0	23～24	15.0	6.73	39.9(2001)	99.9(1996—2005)
二系晚籼	培两优 981	培矮 64S/98 光制 1	湖南省农科院水稻所	2002（湖南）	116～122	101.5	24.0	26.0	7.57	0.8(2005)	1.4(2003—2005)
二系晚籼	培两优 99	培矮 64S/桂 99	广西壮族自治区农科院水稻所	1998（广西）	110～115	100～110	22～23	22.0	6.81	1.2(2001)	2.6(2001—2004)

（续）

品种类型	品种名称	品种组合/来源	第一选育单位	首次审定	全生育期(d)	株高(cm)	千粒重(g)	直链淀粉(%)	区试单产(t/hm²)	最大年推广面积(万 hm²)和年份	累计推广面积(万 hm²)和年份跨度
二系晚籼	培两优抗占	培矮 64S/抗蚊青占	江西省宁都县名林水稻所	2005(江西)	120～125	101.9	22.9	25.9	7.10	—	—
二系晚籼	培两优余红	培矮 64S/余红 1 号	湖南农业大学	1997(湖南)	124.0	97.0	24.0	23.1	6.88	0.01(1998)	0.02(1997—1999)
二系晚籼	培杂 180	培 64S/T180	华南农业大学	2003(广东)	110～113	101～105	19.4	—	6.19	—	—
二系晚籼	培杂 266	培矮 64S/玉 266	广西壮族自治区玉林市农科所	2001(广西)	110.0	106～110	21.2	23.2	7.63	0.7(2002)	0.7(2002)
二系晚籼	培杂 268	培 64S/R268	广东省肇庆市农科所	2003(广东)	110.0	105.0	22.0	24.5	6.41	—	—
二系晚籼	培杂 67	培矮 64S/G67	华南农业大学农学院	2000(广东)	118.0	106～110	19～20	17.6	6.18	4.3(2002)	9.3(2001—2005)
二系晚籼	培杂航七	培矮 64S/航恢七号	华南农业大学农学院	2005(广东)	109～111	101～107	21.5	25.0	6.48	1.0(2005)	1.0(2005)
二系晚籼	培杂南胜	培矮 64S/南胜 3 号	中国科学院华南植物所	2001(广东)	110～115	102～108	20.4	25.4	6.49	—	—
二系晚籼	培杂青珍	培矮 64S/青珍 8-2	华南农业大学农学院	2001(广东)	113.0	100.0	20～21	24.7	6.48	1.2(2002)	4.5(2002—2005)
二系晚籼	培杂双七	培矮 64S/双七占	广东省农科院水稻所	1998(广东)*	107～113	90～101	19～21	22.4	6.08	11.9(2002)	64.5(1998—2005)
二系晚籼	培杂粤马	培矮 67S/粤马占	中国科学院华南植物所	2000(广东)	131～133	102～108	21.0	—	6.66	—	—
二系晚籼	田两优 9 号	田丰 S-2/桂 99	江西省赣州市农科所	2004(江西)	116.0	107.5	24.1	19.6	5.73	—	—
二系晚籼	皖稻 111	2301S/288	安徽省农科院	2003(安徽)	119.0	92～96	25～26	22.4	7.59	—	—
二系晚籼	皖稻 129	培矮 64S/红 98	安徽省安庆市农科所	2004(安徽)	120～123	94.0	25.0	22.0	8.04	—	—
二系晚籼	先农 22	2148S/Q026	安徽省荃银农业高科技所	2004(江西)	117.3	108.6	27.0	17.0	7.51	1.3(2005)	1.3(2005)
二系晚籼	先农 24	2148S/Q056	江西省种子公司	2004(江西)	110.0	98～102	24～26	16.1	6.83	0.7(2005)	0.7(2005)
二系晚籼	雁两优 921	雁农 S/92-15	湖南省农科院水稻所	2001(湖南)	113.8	102.0	24.0	25.5	7.31	0.7(2002)	0.7(2002)
二系晚籼	宜 S 晚 2 号	宜农 3S/C20-7-85	江西省宜春学院	2004(江西)	112.0	97.8	27.1	22.2	6.32	—	—
二系晚籼	粤杂 122	GD-1S/广恢 122	广东省农科院水稻所	2001(广东)	112.0	97～100	25～26	23.4	6.57	1.3(2004)	3.1(2003—2005)
二系晚籼	粤杂 2004	GD-1S/MR2004	广东省华茂高科技种业公司	2004(广东)	110～112	102～106	23～24	24.6	6.54	0.7(2005)	1.4(2004—2005)
二系晚籼	粤杂 889	GD-1S/W889	广东省农科院水稻所	2004(广东)	116.0	93～101	25.6	25.3	6.60	—	—
二系晚籼	糯两优 6 号	糯 S/京糯 6 号	湖南省杂交水稻研究中心	2000(广西)	115～118	93.0	27～29	3.5	6.80	—	—
二系中粳	津粳杂 1 号	LS2S/中作 93	天津市种子管理站	1999(天津)	170.0	105～110	29.0	16.3	8.42	0.03(2000)	0.03(2000)
二系中粳	两优培粳	培矮 64S/粳稻 94205	河南省信阳市农科所	2003(国家)	132～150	118.4	24.2	20.0	9.17	—	—
二系中粳	信杂粳 1 号	培矮 64S/豫粳 3 号	河南省信阳市农科所	2003(河南)	140～145	110～115	23.0	19.3	8.95	0.9(2004)	0.9(2004)
二系中粳	盐两优 2818	gb028S/C418	辽宁省盐碱地利用所	2003(国家)	158.0	107.8	26.1	14.2	10.09	—	—
二系中粳	云光 12	85076S/云恢 124	云南省农科院粮作所	2003(云南)	172～181	80～106	25.3	16.0	10.76	—	—
二系中粳	云光 8 号	N5088S/云恢 11 号	云南省农科院粮作所	2000(云南)	147～183	90.0	24～29	17.4	8.96	—	—

（续）

品种类型	品种名称	品种组合/来源	第一选育单位	首次审定	全生育期(d)	株高(cm)	千粒重(g)	直链淀粉(%)	区试单产(t/hm^2)	最大年推广面积(万 hm^2)和年份	累计推广面积(万 hm^2)和年份跨度
二系中粳	云光 9 号	7001S/云恢 124	云南省农科院粮作所	2002(云南)	168.0	100～110	26.0	18.8	9.85	—	—
二系晚粳	鄂粳杂 1 号	N5088S/R187	湖北省农科院粮作所	1995(湖北)	130.0	90.0	23.5	22.3	6.75	4.8(2004)	46.5(1997—2007)
二系晚粳	鄂粳杂 3 号	N5088S/闵恢 128	湖北省农科院粮作所	2004(湖北)	126.9	88.4	27.3	17.3	7.38	1.0(2005)	4.2(2004—2007)
二系晚粳	华粳杂 1 号	7001S/1514	华中农业大学	1995(湖北)	125.0	100.0	24.0	21.4	6.42	0.7(1997)	0.7(1997)
二系晚粳	华粳杂 2 号	N5088S/41678	华中农业大学	2001(湖北)	126.0	89.4	26.1	18.9	6.28	—	—
二系晚粳	华粳杂 2 号	5088S/41678	华中农业大学	2001(湖北)	126.0	89.4	26.1	18.9	6.28	1.2(2002)	1.3(2002—2005)
二系晚粳	闵优 55	261S/闵 55	上海市闵行区择优种子站	2002(上海)	150.0	100.0	27～28	—	8.63	0.2(2001)	0.5(2001—2003)
二系晚粳	闵优香粳	261S/W 香 99075	上海市闵行区择优种子站	2003(上海)	160.0	105.0	28～29	18.5	9.24	0.2(2003)	0.7(2003—2005)
二系晚粳	皖稻 24	7001S/皖恢 9 号	安徽省农科院水稻所	1994(安徽)*	131～175	97～100	24～26	19.8	6.05～11.03	3.2(2001)	9.8(1995—2002)
二系晚粳	皖稻 26	7001S/秀水 04	安徽省农科院水稻所	1994(安徽)	130.0	90.0	25.8	19.3	7.26	1.2(2003)	1.2(2003)
二系晚粳	皖稻 48	7001S/双九	安徽省农科院水稻所	1997(安徽)	129.0	90～95	25.0	18.0	6.77	1.8(2002)	5.2(1998—2004)
二系晚粳	皖稻 50	4008S/秀水 04	安徽省农科院水稻所	1999(安徽)	122.0	100.0	25.0	15.5	6.80	0.8(2003)	1.8(2000—2004)

图书在版编目（CIP）数据

中国水稻遗传育种与品种系谱：1986～2005/万建民主编．—北京：中国农业出版社，2009.10
ISBN 978-7-109-13848-3

Ⅰ．中…　Ⅱ．万…　Ⅲ．①水稻－遗传育种－中国－1986～2005②水稻－品种－中国－1986～2005　Ⅳ．S511

中国版本图书馆 CIP 数据核字（2009）第 067571 号

中国农业出版社出版
（北京市朝阳区农展馆北路 2 号）
（邮政编码 100125）
责任编辑　舒　薇

北京中科印刷有限公司印刷　　新华书店北京发行所发行
2010 年 9 月第 1 版　　2010 年 9 月北京第 1 次印刷

开本：787mm×1092mm　1/16　　印张：47.25　　插页：8
字数：1 100 千字　　印数：1～3 000 册
定价：200.00 元